지리학 연구방법론

Key Methods in Geography Third edition by Nicholas Clifford, Meghan Cope, Thomas Gillespie and Shaun French All Rights Reserved Authorised translation from the English language edition published by SAGE Publications

지리학 연구방법론

초판 1쇄 발행 2022년 2월 14일

엮은이 니컬러스 클리퍼드·메건 코프·토머스 길레스피·숀 프렌치
옮긴이 이건학 외

펴낸이 김선기
펴낸곳 (주)푸른길
출판등록 1996년 4월 12일 제16-1292호
주소 (08377) 서울특별시 구로구 디지털로 33길 48 대륭포스트타워 7차 1008호
전화 02-523-2907, 6942-9570~2
팩스 02-523-2951
이메일 purungilbook@naver.com
홈페이지 www.purungil.co.kr

ISBN 978-89-6291-949-3 93980

지리학 연구방법론

니컬러스 클리퍼드·메건 코프·
토머스 길레스피·숀 프렌치 엮음

이건학 외 옮김

푸른길

역자 서문

　지리학은 인간의 다양한 삶의 터전을 탐구하고, 그 터전 위에 나타나는 인간과의 상호작용을 종합적으로 연구한다. 이를 위해 지리학은 자연과 인간의 관계, 지역에 대한 고찰, 공간 조직에 관한 탄탄한 학문적 전통을 만들어 왔고 다양한 연구방법론을 개발해 왔다. 지리학의 연구방법론은 다학문적 특성이 있어서 자연과학에서부터 인문사회과학, 그리고 AI, 빅데이터 분석 등과 같은 첨단의 최신 방법론을 자연스럽게 아우른다. 어떤 현상에 대한 '진정한' 이해를 위한 학문 탐구는 다차원적이며 다학문적인 접근에 의한 종합적인 통찰을 통해 가능하다. 이러한 측면에서, 항상 포켓 한쪽에 종합적 사고의 틀을 넣어 다니는 지리학자는 학문 탐구에 있어 최적화된 연구자이다.

　한때 전문화된 분업의 효율이 극적으로 작동하던 산업화 시기도 있었지만, 지금은 보다 복잡하고 고도화된 시대이다. 이 시대의 삶은 점차 정형화된 구조를 넘어서고 있고, 불확실한 사회 현상은 더 이상 기존의 분절되고 전문화된 접근법으로 잘 설명되지 않고 있다. 이러한 시대적 흐름을 잘 담아낼 수 있는 학문적 접근이 바로 '융합'과 '종합'이다.

　융합과 종합은 지리학적 접근의 본질이며, 바야흐로 지리학 성찰의 시대가 오고 있음을 의미한다. 지리는 우리 삶의 모든 것에 함께 하며, 다양한 자연, 인문사회 현상에 대한 지리학적 접근은 새로운 지식을 발견하고 새로운 가치를 부여하는 데 크게 이바지하고 있다. 고전적인 예로, 19세기 중반 근대 역학의 아버지라 불리는 존 스노 박사의 영국 콜레라 창궐에 대한 지리학적 분석은 의학과 지리학의 융합을 통한 새로운 지식의 생산이 어떻게 가능한지, 그리고 지리학적 사고가 인류의 생존과 진보에 얼마나 중요한 역할을 할 수 있는지를 단적으로 보여 주었다. 지리학은 다양한 철학적 기반과 접근법을 포괄하고 있다. 그뿐만 아니라 정량적·정성적 분석 방법을 모두 다루고 있으며, 실세계 모든 부문의 실천에 관여하고 있다. 이와 같은 지리학 연구방법론의 다채로움과 포용성은 분명 지리학 성찰의 시대에 축복일 것이다. 그러나 이러한 성찰은 기존의 접근과 연구방법으로만 가능하지는 않을 것이다. 보다 융합적이고 종합적인 접근이 요구되고 있으며, 새로운 자료와 분석 방법에 대한 수요가 점차 증가하고 있다.

　시대적 변화에 따른 지리학적 소명에도 불구하고 광범위한 지리학 연구방법론을 체계적으로 소개하고 있는 참고서는 많지 않다. 지리학이 포괄하고 있는 다양한 방법론들을 감안한다면 쉽게 이해가 안 될 수도 있지만, 오히려 이와 같은 종합적이고 융합적인 특성이 바로 그 이유일 수도 있다. 즉, 지리학만의 고유한 연구방법만을 골라 엮는다는 것이 기능적으로 어렵다는 것이다. 이러한 맥락에서 볼 때 『지리학 연구방법론』은 매우 의미가 있을 뿐 아니라 대단히 과감한 시도를 보여 준다. 이 책은 자연환경에서부터 인간 활동에 이르는 지리학의 광범위한 연구 영역을 포괄하고자 했으며, 연구방법에 있어서도 양적·질적 연구를 모두 포함함은 물론 전통적인 현장 조사에서부터 GIS, 위성영상 분석, 소셜 네트워크 분석과 같은 최신 방법론까지 소개하고자 했다. 만약 개별 방법론들을 단순히 나열했다면 이 책의 가치를 모두 담아 내지 못했을 것이다. 오히려 이 책은 지리학 연구의 전체적인 '과정' 속에서 행해지는 연구방법론를 종합적으로 보여 줌으로써 차별화된 의미를 담고 있다.

이 책은 지리학 영역 전반에 걸쳐 가장 포괄적인 지리학 방법론 개론서라 해도 과언이 아니다. 총 4부, 38장의 800쪽이 넘는 방대한 분량으로 지리학 연구의 시작에서부터 인문지리학과 자연지리학에서의 자료 수집과 조사 방법, 분석 및 해석에 관한 다양한 접근과 방법들을 소개하고 있다. 1부에서는 지리학 연구 과정의 전반을 소개하면서 현장 조사, 해외에서의 연구, 위험 및 안전 관리, 윤리 문제 등 연구를 시작할 때 간과해서는 안 되는 중요 이슈들을 다루고 있다. 2부는 인문지리학의 전형적인 설문, 인터뷰, 참여 관찰 접근에서부터 정동, 텍스트, 시각 이미지 분석, 나아가 온라인 공간에 대한 연구와 같이 다소 새로운 분야의 연구방법들을 폭넓게 소개하고 있다. 3부는 생물지리학, 경관생태학, 지형 분석, 환경 평가 등 자연 및 환경지리학 분야를 다루고 있으며, 야외 조사, 원격 탐사, GIS 분석, 시뮬레이션과 같은 다양한 자료 처리 및 분석 기법들을 소개하고 있다. 4부는 지리적 자료를 분석하고 해석하는 구체적인 방법들을 소개하고 있는데, 양적 자료에 대한 통계적 기법의 적용과 지도화, GIS의 사용, 그리고 질적 자료와 비디오·오디오 자료 분석 방법들에 대해 설명하고 있다.

이 책은 학위 연구, 학술지 논문, 또는 다양한 지리 프로젝트를 준비하고 수행하는 데 유용한 연구 가이드와 참고 자료를 제공하고 있다. 지리학을 전공하는 학부생 및 대학원생 모두에게 적절한 수준의 참고서라 할 수 있으며, 지리학 연구에 익숙하지 않은 일반 독자에게도 지리학의 학문적 범위와 융합적이고 종합적인 접근 방식을 이해하는 데 많은 도움을 줄 수 있을 것으로 기대한다. 이 책을 통해 지리학이 가진 다양한 접근 방법으로 우리 삶을 이해하고 세상을 통찰함으로써 지리학 연구의 진정한 가치와 재미를 맛볼 수 있기를 바란다. 또한 이제 막 지리학을 시작하는 학문 후속 세대가 훌륭한 연구자로 성장하는 데 필요한 밑거름이 될 수 있기를 기대한다.

지리학의 전 영역에 걸친 방대한 내용과 범위로 인해 함께 작업할 역자진을 구성하는 것은 무척 어려운 일 중 하나였다. 하지만 지리학을 공부하는 후학들에 대한 뜨거운 애정과 관심을 가진 여러 교수님들이 계셨고, 이 책의 가치에 모두 공감하며 기꺼이 긴 여정을 함께할 수 있었다. 다양한 세부 전공을 가진 12명의 지리학자가 참여했으며, 이들의 많은 연구 경험과 방법론에 대한 뛰어난 식견을 통해 정확하고 분명한 번역이 이루어질 수 있었다. 바쁜 와중에도 노고를 아끼지 않으신 역자분들에게 지면을 빌어 다시 한번 감사의 말씀을 드린다. 또한 이 책의 가치를 인정하고 출판의 시작부터 끝까지 도움을 준 푸른길 김선기 대표님께 감사드리며, 방대한 분량에도 불구하고 꼼꼼하고 세심한 편집으로 성공적인 마무리를 할 수 있도록 도와준 박미예 선생님께도 감사드린다.

2022년 1월

대표 역자 이건학

서문

제3판은 이전 책에 비해 많은 수정이 있었으며, 새로운 내용이 추가되었다. 신규 편집자 두 명이 편집팀에 합류했고, 각 장에 대한 수정·갱신·추가 작업을 도왔다. 새롭게 추가된 내용은 가상 커뮤니티에서의 연구, 정동과 감정에 대한 고려, 비디오 및 오디오 기술, 사례 연구, 생물지리학 및 경관생태학, 원격 탐사와 GIS와 같은 오랜 주제에 대한 새로운 시각을 포함한다. 저자 구성이 이전보다 훨씬 다양하고 국제화되었기 때문에 보다 폭넓은 학생 독자층과 지리학계 커뮤니티에 관심을 끌 것으로 믿는다.

종이책과 함께 완전히 새로운 온라인 자료(study.sagepub.com/keymethods3e)도 제공하는데, 여러 사례 연구뿐 아니라 다양한 형태의 지리 분석에 도움이 되는 데이터와 툴을 포함하고 있다. 제3판에는 보다 최신의 주제를 담았으며, 혼합적인 방법과 다중 자료를 통해 지리학적 탐구를 시도하는 보다 현대식 접근을 반영하고 있다.

지난 2년에 걸쳐 힘든 작업을 함께 해 준 공동 편집자들과 SAGE 출판팀에 감사의 말을 전한다. 또한 이 책과 해당 웹사이트에 포함된 많은 정보와 관점들을 독자들이 잘 접하길 바라고, 또 적절하게 이용하기를 바란다.

NJC

2016년 2월, 킹스 칼리지 런던 대학교

공식 웹사이트 소개

『지리학 연구방법론』을 위해 특별히 개발한 공식 웹사이트 주소는 다음과 같다.

study.sagepub.com/keymethods3e

공식 웹사이트에는 비디오, 학술지 논문, 심화 읽기자료, 연습, 보조 자료들이 포함되어 있다.

• 비디오 신판에 대한 소개와 지리학의 연구 방법들을 포함함.

• 학술지 논문 *Progress in Human Geography, Progress in Pysical Geography*에 실린 우수한 연 구 동향 논문들을 무료로 이용할 수 있음.

• 심화 읽기자료 각 장과 관련해 가장 좋은 인쇄 및 온라인 자료

• 연습 여러 방법론에 대한 이해를 평가하기 위한 다양한 활동들

• 보조 자료 슬라이드쇼, 데이터 등

＊ 각 장의 말미에도 공식 웹사이트에 대한 간단한 안내가 제공된다.

차례

1부 연구 프로젝트 계획: 연구의 시작

2부 인문지리학의 자료 수집과 조사

그림 차례

표 차례

1부

연구 프로젝트 계획

: 연구의 시작

01

지리학 연구의 시작

개요

지리학은 인간의 행위, 실세계와 심상 세계, 그리고 생물·생태·지구물리 시스템을 포함하는 자연환경을 연구하며, 나아가 이들 사이의 교차 영역에 대한 좀 더 다양한 연구 주제들을 다루는 학문 분야이다. 또한 지식에 대한 철학적 접근(실증주의에서부터 포스트구조주의)에서부터 사회적·물리적 관계들의 재현, 그리고 이를 형상화하는 체험과 실천에 이르기까지 매우 다양한 접근 방식을 포괄한다. 이러한 이유로 지리학자는 **정량적 방법**(통계적 및 수학적 모델링)뿐 아니라 **정성적 방법**(주관적 의미, 가치, 감정을 탐색하는 데 사용되는 심층 인터뷰, 참여 관찰, 시각 이미지와 같은 기법), 또는 이 두 가지를 혼합한 방법을 사용한다. 어떤 방법이든 광역적 연구 설계와 집중적 연구 설계에 모두 사용할 수 있다. 광역적 연구 설계는 '대표성을 가진' 대규모 데이터에서 기저의 어떤 인과적 규칙이나 과정에 따른 결과로 재현할 수 있는 패턴이나 규칙성을 강조하며, 집중적 연구 설계는 하나 또는 소수의 사례연구를 최대한 상세히 기술한다. 지리학 연구는 개별적으로 수행할 수도 있고 팀으로 수행할 수도 있으며, 학제적·다학제적·초학제적 연구방법론을 모두 수용할 수 있다. 하지만 이러한 다양성에도 불구하고 모든 지리학자는 자신의 철학적·방법론적 접근이 무엇이든 연구를 시작할 때는 항상 동일한 결정과 과정을 거쳐야 한다. 여기에는 준비 작업(문헌 연구, 건강 및 안전, 연구 윤리에 대한 고찰), 데이터 수집을 위한 현실적 측면(현장 답사를 할지 2차 자료에 의존할지, 양적 방법을 사용할지 질적 방법을 사용할지, 아니면 두 가지를 혼합해 사용할지), 생성된 데이터에 대한 관리 및 분석 계획, 연구 결과의 표현과 작성에 대한 사항들이 포함된다. 이 장은 프로젝트나 학위 논문 연구를 수행할 때 이러한 선택에 도움이 될 수 있는 조언을 해 줄 것이다. 또한 이 책의 구조와 내용을 설명하고, 특정 연구 기법이나 분석 방법을 이해하기 위해 어떤 장들을 참고해야 하는지 알려 줄 것이다.

이 장의 구성

- 서론: 지리학 연구의 본질
- 지리학의 정량적 접근과 정성적 접근
- 지리학 연구 프로젝트 설계
- 연구 철학과 연구 설계의 중요성
- 결론: 연구 시작에 있어 이 책의 유용성

1.1 서론: 지리학 연구의 본질

이 책의 목표는 지리학 연구를 준비하고, 설계하고, 수행하는 데 도움을 주고, 나아가 연구 결과를 어떻게 분석하고 보여 줄 수 있는지를 알려 주는 데 있다. 지리학자들은 지금까지 매우 광범위한 영역의 주제들을 다루어 왔다. 자연적(또는 환경적)으로 결정되거나 또는 정치적·경제적·문화적으로 만들어지거나 경험하는 세상의 많은 부분이 모두 지리학 연구에 적합한 것으로 간주되어 왔다. 이러한 지리학적 연구의 범위는 점점 더 확장되고 있다. 전통적으로 지리학자들은 당대의 인문 및 자연 세계를 항상 역사적 환경과 함께 고찰하면서 현재뿐 아니라 과거의 지리까지 연구해 왔으며, 오늘날에는 지리학 연구 범위가 보다 확장되어 자연지리, 인문지리 모두 예전에 비해 연구의 범위가 훨씬 더 넓어졌다(Walford and Haggett, 1995; Gregory, 2000; Thrift, 2002; Gregory, 2009). 자연지리학자들은 절대/상대 환경 연대 분석(environmental dating)이나 수리 모델링과 같은 새로운 기법들을 받아들였고, 점점 생물리학적 대기과학(bio-physical atmospheric science)과 지구과학 사이의 연결을 강조하는 '지구시스템과학(earth system science)' 분야 아래 수많은 연구를 수행하고 있다. 또한 지구 및 환경 변화의 동인 혹은 반응으로서의 인간 활동도 연구하고 있다(Pitman, 2005). 인문지리에서는 GIS와 같은 분야의 기술 진보로 보다 유연하고 창조적인 데이터 분석이 가능해졌고, '초공간' 속에 존재하는 '가상 지리(virtual geography)' 연구도 활발히 진행되고 있다. 다른 학문 분야와 마찬가지로 자연 및 인문 지리 역시 빅데이터 접근으로 대표할 수 있는 '4차 패러다임' 또는 연구 혁명의 한가운데 있다. 빅데이터 접근은 여러 분석 및 시각화 기술들과 결합해 점점 더 네트워크화되고 디지털화된 세계에서 일상적으로 수집할 수 있는 수많은 데이터를 분석함으로써 사람, 장소, 과정에 관한 오래된 주제들을 재해석할 수 있도록 한다(Graham and Shelton, 2013; Kitchin, 2014; Wyly, 2014). 빅데이터 혁명은 연구 기법과 연구 환경에 관한 세 가지 주요 변동 또는 패러다임이라 할 수 있는 실험적 패러다임, 이론적 패러다임, 계산적 패러다임 다음으로 출현했다. 디지털 데이터는 어디에서나 얻을 수 있는데 이로 인해 나타날 수 있는 도전과 기회는 결국 세계화 현상 또는 자연, 문화, 사회와 관련된 보다 전통적인 질문들에 대한 근본적인 재개념화나 연구 스케일에 대한 질문과 깊은 관련이 있다(Clifford, 2009). '인류세(anthropocene)'(Crutzen and Stoermer, 2000)라는 용어는 환경에 대한 인류의 전례 없는 영향의 시대를 압축적으로 말할 때 흔히 사용하는 용어가 되었다. 이러한 전례 없는 기술적·경제적·환경적 변화의 시대에 지리학은 필요에 따라 연구 방법에 있어 중요한 혼종성(hybridity)이나 새로운 담론을 수용할 수 있는 학문임을 기억할 필요가 있다(Whatmore, 2002; Lorimer, 2012; Castree, 2014; Johnston and Moorhouse, 2014). 보통 그러한 접근들은 전통적으로 심리학과 문화인류학의 탐구 영역이었지만, 최근 지리학에서도 실세계와의 연결성이나 토대가 경험적이라기보다 거의 완전히 해석에 달려 있고, 감성이나 감정(정동, 情動)이 핵심적인 연구 방안이 되는 심상 지리(imagined geography)와 같은 분야가 부각되고 있다(Thien, 2005; Pile, 2010). 자연지리학 역시 자연적 과정이나 지형을 기술하거나 설명하는 데 있어 내러티브 (narrative)나 담론, 민족지(ethnography) 방법이 할 수 있는 역할들을 탐색하고 있는 중이며(Tadaki et al., 2012; Brierley et al., 2013; Wilcock et al., 2013), 보다 급진적으로는 최근 등장한 비판자연 지리(critical physical geography)에서의 자원 분배나 공정성과 같은 질문들과도 연결하고자 한다 (Lave et al., 2014). 그럼에도 불구하고 오래되었지만 끊임없는 질문 중 하나인 스케일과 장소에 대한 중요성은 여전히 남아 있다(Richards and Clifford, 2008). 이러한 지리학적 탐구의 새로운 분야들은 관련된 연구 방법들이 근본적으로 달라 심지어 서로 절대 양립할 수 없거나 아니면 너무 새로워 아직 다른 연구 분야에 영향을 미칠 수 있도록 전환될 수 있는 방법을 갖추지 못하고 있기 때문에 항상 해석에 어려움을 안고 있다. 따라서 개방성을 추구하는 방법론적 다원주의가 점점 인정받고 있는 실정이다(Delyser and Sui, 2014).

1980년대까지 지리학은 대체로 자연과학(환경 또는 지질 과학)이나 사회과학, 또는 이 둘이 결합된 학문으로 인식되었다. 이는 방법까지는 아니더라도 학문의 목적에 있어 공통성, 즉 '일반적인' 설명을 목표로 하는 데 공유된 동의가 있었음을 의미한다. 하지만 최근에는 특정 분야의 경우, 어떤 형태로든 '과학'이라는 용어를 사용하는 데 있어 이의를 제기할지 모른다(과학의 의미, 생성과 응용 등 과학을 둘러싼 논쟁에 대한 입문서로 Chalmers, 2013 참조). 인문지리학에서 '문화적' 전환(cultural turn)은 점차 커지고 있는 페미니스트와 포스트구조주의(post-structuralism) 접근의 영향력이 어느 정도 반영된 흐름인데, 이는 인문학 분야와 보다 쉽게 연계된 의미, 재현, 감정 등을 새롭게 조명하도록 하고 있다. 연구의 목적이나 초점이 사회적 상호작용의 산물이나 결과를 재현하거나 설명하는 것보다 체험이나 실천에 맞춰져 있다면, 비재현 이론(non-representational theory)은 전통적인 접근 방식들을 위협할 수 있다(Thrift, 2007). (이와 관련한 이슈는 Cloke et al., 2013; Cresswell, 2014; Nayak and Jeffrey, 2011과 같은 서적이나 Clifford et al., 2009의 다양한 장에서 보다 자세하게 논의되고 있음.)

지리학 연구의 폭넓은 범위를 감안하면 지리학이 채택하고 있는 방법이나 철학적, 윤리적 입장에 따라 지리학 주제 역시 매우 다양할 수 있음은 당연하다. 이 책의 하위 장들의 개수나 범위는 이러한 현대 지리학의 다양성을 잘 반영하고 있다. 이 장에서는 다양한 연구 방법 및 연구 설계에 대해 소개하고, 이 책을 통해 지리학 프로젝트를 수행하는 데 있어 어떻게 스스로 연구를 설계할 수 있는지에 대한 조언을 제공하고자 한다.

1.2 지리학의 정량적 접근과 정성적 접근

이 책은 대체로 두 가지 형태의 데이터 수집과 분석 방법을 다루고 있는데, 정량적 방법(quantitative method)과 정성적 방법(qualitative method)이 그것이다. 정량적 방법은 지리적 현상을 이해하기 위한 자연과학적 개념과 추론, 수학적 모델링과 통계 기법들을 포괄하는 접근 방식으로 대체로 자연지리학 연구의 기본 토대가 되고 있다. 1950년대 인문지리학자들에 의해 수용되기 시작했지만 1960년대에 들어 영미 지리학계에 널리 확산되었고, 응용의 수준이 보다 높아지게 되었는데, 이 시기를 소위 '계량 혁명(quantitative revolution)' 시대라 부른다. 이 시기는 경제학이나 심리학과 같은 사회과학에서 채택되던 인간 행태에 대한 '과학적' 접근에 영향을 받아 인문지리학자들이 연구에 있어 과학적 엄격함에 관심을 가지기 시작한 시기라 할 수 있다. 특히, 가설을 만들고 인간의 공간 행태와 의사결정을 설명하고 예측하고 모델링하는 데 계량적 방법들을 사용하기 시작했다(Johnston, 2003; Barnes, 2014). ['객관성'의 도입, 계량화된 데이터 수집 방법, 가설 검정, 설명의 일반화를 통틀어서 실증주의(positivism)로 알려져 있음.] 이러한 계량적 연구의 많은 부분은 계획이나 입지에 관한 의사결정에 적용되었다(초창기 기초 연구로 Haggett, 1965; Abler et al., 1971 참고).

　하지만 1970년대 들어 지리학자들은 지리학에서의 실증주의적 접근을 비판하기 시작했고, 특히 인간을 합리적 행위자로 개념화하며 지극히 '객관적'이고 과학적인 방법들을 적용하는 것에 비판의 목소리가 커졌다(Cloke et al., 2013). 인본주의적 접근(humanistic approach)을 채택한 지리학자들은 오히려 인간의 행태는 사실 주관적이며, 복잡하고, 어수선하고, 비합리적이고, 모순적이라고 주장했다. 그런 까닭에 인본주의 지리학자들은 우리의 생활 세계를 구성하고 있는 의미, 감정, 의도와 가치를 탐색할 수 있는 방법들, 예를 들어, 심층 인터뷰, 참여 관찰, 초점 집단과 같은 방법을 이용하기 시작했다(Ley, 1974; Seamon, 1979). 마르크스 지리학자들 역시 과학적 방법이나 공간 법칙, 모델이 자본주의를 재생산할 수 있는 방식을 알지 못한 채 실증주의적 접근만을 취하는 사람들을 비난했고, 이러한 실증주의 접근의 비정치적 속성을 비판했다(Harvey, 1973). 보다 최근 지리학에서 페미니스트와 포스트구조주의적 접근은 실증주의와 마르크스주의가 지향하는 '거대 이론'이나 사람들의 다중적인 주관성에 대한 인식 실패를 비판하기 시작했다. 대신에 이들은 제보자의 의견을 착취하거나 억압하지 않는 방식으로 듣고(WGSG, 1997; Moss, 2001), 연구자의 위치성(positionality)이나

'타(other)' 사람과 '타' 장소가 재현되는 방식[*Environment and Planning: D*, 1992의 특집호(1, 2호)의 논문들과 Moss, 2001 참조]에 따른 지식 생산의 정치학에 보다 중점을 둘 수 있도록 질적 방법들을 개선할 것을 강조하고 있다.

인본주의적 연구는 사람들의 경험에 대한 스스로의 이야기뿐 아니라 이러한 경험들이 글, 문학, 예술, 소설 등에서 어떻게 재현되고 있는지에 관한 관심을 불러일으켰다(Pocock, 1981; Daniels, 1985). 포스트구조주의적 접근의 출현으로 이러한 시각적 방법들이 지리학에 알려지고 개발되었으며, 더 나아가 재현 이슈에 대한 인문지리학자들의 관심을 이끌어 냈다.

지리학적 사상이나 실천이 진화하는 특성을 가지고 있음에도 불구하고 정량적, 정성적 접근 모두 여전히 지리학 학문 내에 중요하게 남아 있다. 겉으로 보면 양립할 수 없는 연구 방법으로 보일 수 있지만, 이분법적 대립으로 두 접근을 보지 않는 것이 중요하다. 종종 주관적인 관심이 정량적 방법의 개발이나 사용에 영향을 미칠 수 있으며, 마찬가지로 질적 자료들을 매우 과학적인 방법으로 다룰 수도 있다. 어떤 방법을 택하든 연구 과정을 이해하기 위해서는 어느 정도의 철학적 성찰이 필요하고, 여러 연구 방법을 혼합하는 과정에서 두 접근은 자주 결합되기도 한다.

1.3 지리학 연구 프로젝트 설계

지리학 연구는 무엇을 연구해야 할지, 그리고 어떻게 접근해야 할지 갈피를 잡을 수 없을 정도로 무수히 많은 가능성을 내포하고 있기 때문에 지리학 연구를 잘 수행하는 것이 어쩌면 어려워 보일지도 모른다. 하지만 이러한 광범위한 지리학 연구 범위야말로 연구를 더욱 흥미롭게 만들고 의지를 북돋게 하는 또 다른 원천이라 할 수 있다. 핵심은 이러한 다양성에 압도되지 말고 이를 잘 활용하는 데 있다. 기본적으로 지리학 연구는 아마도 다른 어떤 인문, 자연 과학보다 더 많은 사고력을 요구할지 모른다. 이러한 사고력은 연구 계획을 구조화해 주는 어떤 공식적 방법의 도움, 아니면 아주 비공식적 형태로 자기비판이나 성찰을 통해 기를 수 있다. 그럼에도 불구하고 연구 기회의 인식이나 선택한 연구 질문의 한계와 맥락, 선택한 연구 방법의 적절성, 정보의 수집, 나열, 표현에 사용할 기법들, 그리고 궁극적으로 연구 결과를 보여 주는 방식 및 의도가 사고력보다 중요하다. 학생 프로젝트의 경우 대개 이러한 질문들은 프로젝트 할애 시간이나 연구를 수행하는 데 필요한 비용과 같은 현실적인 고려 사항들에 의해 결정된다. 이러한 제약들은 성과물의 기대 가능한 질적 수준을 우선적으로 파악할 수 있도록 프로젝트 초기 단계에 결정되어야 한다. 연구가 완료된 후에 이러한 제약들이 부분적인 성과나 불필요하게 한정된 프로젝트를 정당화하기 위한 핑계로 이용되어서는 안 된다.

'과학적' 관점

전통적으로 지리학 연구 계획은 일련의 단계나 절차로 제시되어 왔다(Haring and Lounsbury, 1992). 이러한 단계들은 지리학이 기본적으로 과학적 활동이라는 전제에 기반한다. 즉, 지리학은 연구 질문을 확인하고, 가능한 인과적 관계에 대한 가설을 검정하고, 보다 일반화되고 규범적인 형태의 진술이나 맥락으로 결과를 보여 주는 학문이라는 것이다. 각 단계의 작업을 분리해 개별화하는 목적은 작업에 소요되는 시간과 비용을 효과적으로 절약하고, 연구를 뒷받침하고 있는 사고 과정들을 구조화하도록 촉진하는 데 있다.

'과학적 지리학 연구' 형태에서 볼 수 있는 연구 단계들은 다음과 같다(Haring and Lounsbury, 1992).

- **연구 문제 공식화** 정확하고 검정 가능한 방식으로 연구 질문을 던지는 단계를 말하며, 작업 장소와 시간적 스케일을 고려해야 함
- **가설 정의** 조사의 기초로 사용되고 이후 연구를 통해 검정할 수 있는 하나 이상의 가정을 생성하는 단계
- **수집할 데이터 유형 결정** 얼마나 많은 데이터를 수집할지, 표본추출 방법이나 측정을 어떤 방식으로 할지 결정하는 단계
- **데이터 수집** 현장이나 기록보관소에서 직접 1차 데이터를 수집할지, 이미 출판된 자료를 분석하여 2차 데이터를 수집할지 결정하는 단계
- **데이터 분석 및 처리** 적절한 형태의 정량적 표현 기법들을 선택하는 단계
- **결론 진술** 연구 결과를 말이나 글의 형태로 표현하는 단계

오늘날 이러한 작업들은 반드시 독립적이지는 않으며, 연구 과정에 성찰적 요소가 유용하게 포함될 수 있다는 인식이 많다. 또한 지리학의 어떤 영역, 특히 인문지리학의 일부 영역에서는 공식화된 절차나 순서에 대한 전체적인 개념을 불필요한 것으로 여기고, 규범적이고 문제해결적 과학에 대한 개념도 제한된 주제 범위나 방법에만 적용될 수 있는 것으로 인식할 것이다. 나아가 앞서 언급한 것처럼, 많은 인문지리학자는 인간의 행태에 대한 과학적 접근을 아예 거부하거나 회의적으로 바라보

고 있으며, 보다 주관적인 접근을 채택하기를 선호하고 있다. 그럼에도 불구하고, 대부분의 질적 연구들이 완전히 같은 방식으로 개념화되지는 않더라도 위에서 서술한 기계적, 과학적 공식화 방법에 나타나 있는 것과 같은 단계들을 많이 포함하고 있다. 예를 들어, 질적 연구자도 어떤 연구 질문을 해야 하고, 어떤 데이터를 수집해야 할지, 그리고 어떻게 자료를 분석하고 표현해야 할지를 생각할 필요가 있다. 다시 말해, 지리학의 모든 연구는 철학적 입장이 무엇이든 방법론, 기법, 분석 및 해석 사이의 관계들에 대해 고민해야 하고, 이는 연구 설계 과정을 통해 잘 수행될 수 있다.

연구 설계의 중요성

가장 광의적 관점에서 연구 설계는 연구자로서 해야 하는 일련의 의사결정으로부터 출발한다. 이러한 의사결정은 학술 문헌을 통한 지식 탐색(4장)에서부터, 연구 질문, 친숙하지 않은 나라에서의 안전과 윤리(2장, 3장, 6장), 개념적 틀, 다양한 연구 기법들의 장단점에 대한 지식(인문지리학 기법은 2부, 자연지리학 기법은 3부, 지리학 분석의 공통적인 부분은 4부)에 대한 것들을 모두 포함하고 있다. 연구 설계는 연구자가 언제, 어디서, 어떻게, 왜 하고 있는지를 확실히 보여 줄 수 있도록 연구에 있어서 명시적인 부분이 되어야 한다.

설득력 있는 연구 설계를 위해 유념해야 하는 여섯 가지 주요 사항이 있다.

(1) 연구 질문

주제에 대한 스스로의 생각이나 관련된 이론적·경험적 문헌(4장 참고), 참고할 수 있는 2차 자료(7장, 16장, 30장 참조) 등에 기반해, 그리고 가능하면 동료나 지도 교수와 상의하면서 구체적인 연구 질문을 구성할 필요가 있다. 인문지리학자에게 연구 질문은 확인할 수 있는 담론이 무엇인지, 확정할 수 있는 인간 행태나 활동 패턴이 무엇인지, 사람들의 행위를 만드는 이벤트나 믿음, 태도가 무엇인지, 고려 중인 이슈에 의해 누가 어떤 식으로 영향을 받는지, 사회적 관계는 어떻게 발생하는지 등이 될 수 있다. 자연지리학자에게 연구 질문은 특정한 지형학적 과정의 속도와 위치, 선택된 지형들의 형태, 또는 어떤 지역의 특정 식생이나 동물종의 풍부성과 다양성 등과 관련될 수 있다(이 책의 다른 장들에서 연구 문제 예시들을 살펴볼 수 있음).

또한 연계성이 없는 다양한 질문을 산발적으로 나열하기보다는 본 연구와 관련된 핵심 질문에만 집중하는 것이 매우 중요하다. 이는 또한 연구에 제약을 줄 수 있는 시간이나 자원과도 관련된다. 핵심 목표들을 설정함과 동시에 유연성을 가져야 하고 현장 조사를 통해 상이한 연구 질문들의 관련성을 재정립함과 동시에 그러한 과정에서 예기치 않은 주제가 나타날 수 있음을 유념해야 한다. 마찬가지로 연구 주제에 대한 접근성이나 다른 어떤 현실적인 문제들이 연구의 목표 달성을 방해하거나 일의 초점을 완전히 바꿀 수도 있다. 따라서 연구 질문은 프로젝트를 수행하는 동안 항상 진화할 수 있음을 인식해야 한다.

(2) 연구 방법

사실 적절한 연구 방법에 관한 정답은 없다. 방법마다 저마다의 장점이 있고, 서로 다른 형태의 경험 자료를 수집하고 있다. 묻고자 하는 연구자의 질문이나 생성하고자 하는 정보 유형에 따라 가장 적절한 방법이 결정된다. 7~29장은 인문지리학과 자연지리학에서 사용되는 핵심적 방법론의 장단점을 잘 보여 준다. 인문지리학과 자연지리학의 많은 프로젝트가 사람들을 인터뷰하고 관찰하며, 또한 표본추출이나 측정을 위해 현장에 나가도록 하고 있지만, 컴퓨터 앞이나 거실, 도서관을 떠나지 않고 연구를 수행할 수도 있다. 예를 들어, 영화나 TV 프로그램과 같은 시각 이미지(15장, 38장)나 인터넷 가상 세계(16장, 17장), 현대 기록물, 역사 기록물 같은 2차 자료(7장), GIS와 원격 탐사(18장, 25장, 27장, 37장) 등에 기반해 연구할 수도 있다. 또한 어떤 인문지리학자들은 다이어리를 이용한 연구를 실험하고 있으며(10장), 감정의 영역이나 보다 심층적인 텍스트 분석의 영역으로 연구를 확장하고 있다(12장, 14장).

연구 설계 과정에서는 이러한 방법들을 각각의 제한된 선택지로 보지 않는 것이 중요하다. 그보다 여러 방법을 혼합하는 것이 가능하며 가끔 그게 더 필요하다. 서로 다른 출처나 관점을 이용하는 이러한 과정을 **삼각법**(triangulation)이라 한다. 이 용어는 측량에서 나왔는데, 정확한 위치를 찾기 위해 서로 다른 방위각을 사용하는 것을 의미한다. 따라서 연구자들은 연구 질문에 대한 이해를 최대한 높이기 위해 다중의 방법이나 서로 다른 출처의 정보를 사용할 수 있다. 이러한 방법들은 정량적일 수도 있고 정성적일 수도 있다(Sporton, 1999). 하지만 서로 다른 기법들은 단순히 각각의 방법에 대해 반복적인 것보다 다른 연구 질문을 추구하거나 새로운 유형의 데이터를 수집하는 것처럼 프로젝트 전체 과정상에서 고유한 기여를 할 수 있어야 한다.

(3) 자료의 생성과 관리

연구 방법의 선택에 있어 본질적인 요소는 기법 자체에 대한 성찰뿐 아니라 생성할 자료를 어떻게 분석하고 해석하고자 하는지와 관련되어야 한다. 19장과 30~37장은 양적 자료에 어떤 통계적 기법을 적용할지 결정할 때 고려해야 하는 이슈들을 논의하는 한편, 8장과 9장은 인터뷰 기록이나 다이어리 자료를 어떻게 분석해야 하는지를 보여 준다. 20~29장은 자연지리학에서 가장 중요한 자료 처리 방법들을 다루고 있는데, 특히 29장은 환경 감사 및 평가에서 이러한 방법을 어떻게 실행에 옮길 수 있는지 자세히 살펴본다. 정성적 기법(11~15장, 36장, 38장)은 정량적 기법에서 중요한 통계적 대표성이나 과학적 엄격성 대신에 질이나 깊이, 풍부성과 이해를 보다 강조하지만 그렇다고 대충 적용할 수 있다는 것은 아니다. 오히려 정량적 기법만큼 엄격한 방식으로 접근해야 한다.

(4) 현장 조사의 현실적 측면

현장 조사에 있어 누가, 언제, 어디서, 무엇을, 얼마나 오랫동안 할 수 있는지와 같은 중요한 현실적 측면들은 연구 목표, 방법, 표본 크기, 분석 및 관리할 수 있는 자료의 양 등에 대한 선택에 크게 영향을 미칠 수 있다(표본추출에 관해서는 19장, 컴퓨터 소프트웨어를 사용해 많은 양의 질적 자료를 처리하는 것은 8장 참조). 안전 및 위험과 관련한 인식이 변하고 법적 요구 사항들이 늘어남에 따라 허용 가능한 일의 형태가 점점 더 제한되고 있으며, 결국 현장 조사에서 할 수 있는 일의 범위나 규모도 제한되고 있다(현장 조사에서의 건강과 안전 및 위험 평가에 관해서는 2장 참고). 보통 학자들이 학술지나 책으로 저술한 연구는 수년에 걸쳐 막대한 연구비로 수행된 결과물이라는 것을 유념할 필요가 있다. 따라서 이러한 형태의 연구 규모는 학생 연구 프로젝트가 고려해야 하는 수준과는 매우 다르다. 3개월짜리 학생 논문이나 프로젝트에서 2년짜리 학술 연구의 모든 성과를 모사하거나 완전하게 개발하는 것은 불가능하다. 오히려 제안하고 있는 연구의 한계들을 확인하고, 결론에서 말할 수 있는 것과 없는 것을 구분하는 것에서 시작하는 것이 최선이 될 수 있다. 자연지리학에서의 현장 조사처럼 인문지리학에서도 양적이든 질적이든 현장 조사는 엄청난 집중과 정신적 에너지가 필요하다는 것을 명심해야 할 것이다. 스트레스에 노출될 수 있는 피곤한 작업이기 때문에 하루 동안 현장에서 할 수 있는 일에는 한계가 있기 마련이다. 현장 장비, 녹음기, 카메라, 기록자의 이용 가능성이나 교통 접근성과 같은 또 다른 현실적인 요소들도 프로젝트의 중요 변수가 될 수 있다. 또한 보다 폭넓은 일반화를 위해 구체적인 사례연구를 활용하거나(33장) 해외의 다른 문화권에서 연구할 때도(6장) 중요하게 고려해야 하는 여러 현실적 요소들이 있다.

연구 설계 단계에서 시간 관리표나 작업 일정표를 만드는 것은 연구에서 달성할 수 있는 목표치를 계획할 수 있는 효과적인 방법이다. 또한 차후에는 일의 진행 속도가 얼마나 뒤처져 있는지를 보여 줄 수 있는 유용한 지표가 될 수도 있다. 미리 계획한다는 것은 효과적인 연구 설계를 위해 매우 중요하지만, 동시에 항상 유연성을 가져야 한다는 것을 기억해야 할 것이다.

(5) 윤리적 이슈

연구 설계에 있어 최종 결정은 연구 질문이나 가능한 방법론들에 포함된 윤리적 이슈를 인식하는 것이다. 인문지리학에 있어 가장 공통적인 윤리적 딜레마는 참여, 동의, 개인정보 비밀 유지 및 보호, 연구에 따른 답례와 관련되어 있다(Alderson, 1995; Valentine, 1999). 한편, 자연지리학에서는 동의의 문제뿐 아니라 연구 기법의 환경에 대한 잠재적 영향력을 포함한다(예: 오염). 따라서 윤리적 이슈들은 연구 프로젝트 설계에 있어 본질적 요소라기보다 다소 일상적인 것이나 도덕적 질문처럼 보일 수 있다. 하지만 실제에 있어서는 우리가 하는 것들을 뒷받침하는 역할을 한다. 즉, 윤리적 이슈들은 어떤 질문을 할 수 있는지, 어디에서 관찰할 수 있는지, 누구에게 언제, 어디서, 어떤 순서로 이야기할 수 있는지를 안내해 줄 수 있다. 이러한 선택들은 결과적으로 어떤 종류의 자료를 수집할 수 있는지, 어떻게 분석하고 사용할 수 있는지, 그리고 프로젝트가 끝났을 때 다시 무엇을 할 수 있는지를 알려 줄 수 있다. 따라서 윤리적 문제는 단순히 도덕적 공정성에 대한 추가 질문이 아니라 모든 연구 설계의 중심에 있어야 한다(윤리적 이슈에 대한 전체적인 개관은 3장을 참고하고, 참여 연구와 관련한 윤리 문제는 12장과 13장을, 다른 문화적 맥락에서 연구할 때의 윤리적 이슈는 6장을, 그리고 인터넷 관련 연구에 대해서는 16장 참조).

(6) 연구 결과의 표현 형태

연구 설계의 규모와 범위는 연구하고자 하는 동기나 무엇을 위해 연구 결과를 사용하고자 하는지에 따라 어느 정도 결정될 것이다. 연구 결과를 학위 논문에서 보여 주고자 할 때는 보고서나 구두 형식의 세미나 발표에서 보여 줄 때보다 훨씬 좋은 결과를 보여 주어야 할 것이다. 발표 전략이나 방식은 5장에서 설명하고 있으며, 보다 상세한 내용은 4부의 여러 장에서 살펴볼 수 있다.

1.4 연구 철학과 연구 설계의 중요성

광역적 연구와 집중적 연구

연구 설계에 있어 가장 기본적이고 공식적인 구분은 광역적 접근(또는 횡단적 접근)과 집중적 접근(또는 종단적 접근)이다. 사회과학에 있어 이러한 대조적 접근이 가지는 있는 중요한 측면들은 세이어(Sayer, 2010)에서 상세하게 다루고 있다. 이 책은 복잡한 실세계를 이해하기 위한 연구 방법들에 대해 진지하게 생각할 수 있는 아주 이상적인 입문서이다. 특히, '이벤트(우리가 관찰하고 있는 것)'는 실세계의 기본적이고 본질적인 '구조'에 의해 결정되는 어떤 '메커니즘'의 작동을 반영하는 것이라는 인과 관계나 설명에 대한 이론들을 잘 정리하고 있다. 설명의 방법은 '구체적인' 연구와 '추상적인' 연구, 다시 말해 우리의 일반화가 얼마나 관찰에 의존하는지, 아니면 이벤트, 메커니즘, 구조가 연계된 방식들의 해석에 의존하고 있는지에 따라 달라질 수 있다. 대체로 자연과학에서는 과학적 설명의 보다 광의적인 주제에 초점을 맞추고 연구 설계는 그저 이러한 과학적 설명의 한 부분으로만 보고 있지만, 최근에 와서는 광역적 연구 설계(extensive research design) 및 집중적 연구 설계(intensive research design)의 함의들이나 보다 다양해지고 있는 연구 철학들도 자연지리학 내에서 다루어지기 시작했다(Richards, 1996).

광역적, 집중적 설계 모두 측정 또는 사례연구를 통해 도출된 개별 관측치 사이의 관계나 이러한 관측치에 기반해 일반화할 수 있는 능력과 관련된다. 두 접근의 보다 자세한 구분은 표 1.1에 나와 있지만 핵심적인 차이는 다음과 같다.

- **광역적** 연구 설계에서는 데이터의 패턴이나 규칙성을 강조하는데, 이것은 기저에 있는 어떤 인과적인 규칙성이나 과정에 따른 결과를 재현하고 있다고 가정한다. 대개 '대표성이 있는' 데이터세트임을 보장하기 위해 많은 사례연구로부터 많은 관측치들이 수집된다. 이러한 유형의 연구 설계는 종종 '대집단(large-n)' 유형의 연구로 불린다.

표 1.1 광역적 연구 설계와 집중적 연구 설계의 주요 차이점

구분	집중적 연구 설계	광역적 연구 설계
연구 질문	어떤 사례나 예시에서 무엇이, 어떻게, 왜, 발생했는가?	모집단의 특성이나 패턴 또는 속성이 얼마나 전형적인가?
설명 유형	심층 조사나 해석을 통해 원인을 해명함	반복적인 연구나 대규모 표본으로부터 전형적인 일반화를 시도함
전형적인 연구 방법	사례연구, 민족지(또는 문화기술지), 질적 분석	설문지, 대규모 조사, 통계 분석
한계	밝혀 내는 관계들이 대표성을 가지지 못하거나, 평균을 보여 주거나 일반화할 수 없음	일반화를 통해 설명하기 때문에 개별 관측치를 이해하는 것이 어려울 수 있음 조사 중인 집단이나 모집단에 한정된 일반화일 수 있음
철학	방법이나 설명이 이벤트, 메커니즘, 인과적 특성 사이의 연결성을 밝히는 데 집중함	분류된 집단의 정체성과 유사성에 대한 공식적 관계에 기반한 설명

출처: Sayer, 2010, Figure 13, 163-4

- **집중적** 연구 설계는 하나 또는 소수의 사례연구를 최대한 상세히 기술하는 것을 강조한다. 따라서 이러한 접근은 '소집단(small-n)' 연구 유형으로 알려져 있으며, 인류학에서는 '중층 기술(thick description)'이라는 용어로 알려져 왔다(Geertz, 2000). 집중적 설계에서는 하나의 자연 또는 사회 시스템의 작동을 철저하게 조사하거나 하나의 문화 집단이나 사회 집단에 몰두함으로써, 보다 근본적이고 인과적인 특성 요인들을 탐구한다. 따라서 '설명'은 이벤트, 메커니즘, 구조 사이의 연결성을 밝히는 데 있다. 이러한 설명은 일반적으로 관찰의 기저를 이루고 있는 구조를 확인하거나 상세한 '예시화'를 통해 드러난 연계성을 개연성 있게 전달함으로써 가능하다.

중요한 것은 두 접근 모두 정량적 방법으로 수행될 수도 있고 정성적인 방법으로 수행될 수도 있다는 것이다. 이는 사용할 기법에 있어서는 별도의 구분이 필요 없음을 의미한다. 하지만 철학적 기반이나 각 접근에 필요한 현실적, 실행적 요구 사항에 있어서는 어느 정도 차별성이 있다.

철학적으로 광역적 접근은 측정 오차나 '잡음'만 아니면 데이터 패턴이 기저의 원인이나 과정을 반드시 반영하고 있다는 생각에 기반한다. 하지만 실세계에서는 하나의 원인이 단순히 직접적으로 다른 하나의 '결과'를 낳는다는 것은 매우 드문 일이다. 인과 관계의 사슬은 생각보다 이해하기 힘들며, 오히려 '잡음'이 패턴처럼 보이는 어떤 다른 (알려져 있지 않거나 통제되지 않는) 결과를 보여 줌으로써 '인과 관계'의 중요 부분이 될지도 모른다. 또한 전체 그룹의 '평균적인' 행위에 근거해 개별적인 발생 현상을 설명할 수 없다는 생태학적 오류(ecological fallacy) 문제도 있다. 집중적 연구 설계에서는 대체로 기저의 인과적 실제와 관측치를 서로 다른 '층'으로 구분하는 데 동의한다. 따라서 지나친 단순화일 수도 있지만 광역적 접근은 실증주의적 방법론과 철학에, 집중적 접근은 현실주의적 방법론(realist approach)과 철학에 주로 연계되어 있다.

실제로 이 두 가지 연구 설계 유형은 데이터 유형이나 양뿐만 아니라 비용이나 시간적 측면에서 확실히 다른 요구 조건들을 가지고 있다. 광역적 설계는 많은 데이터가 이미 배포되어 있거나, 2차 자료로부터 데이터를 많이 생성할 수 있는 상황에 적합하다. 학생 프로젝트에서 1차 자료에 기반해 광역적 연구 설계를 수행한다고 가정하면, 많은 관측치를 비슷하거나 대조적인 현장에서 직접 구하는 것은 매우 어렵고 현실적으로 불가능할 수 있다. 여기에서 예외적일 수 있는 것은 연구실 형태의 연구인데, 일련의 실험들이 다양한 조건을 대표하는 데이터를 빠르게 만들어 낼 수 있기 때문이다. 집중적 설계는 아마 이보다 평범할 수 있지만, 기본적인 인과 과정을 밝힐 수 있는 연구 측면들을 제대로 파악하기 위해서는 좀 더 신경을 쓸 필요가 있다.

다학제적, 학제적, 초학제적 연구

인간과 자연 세계의 교차 영역을 연구하는 다른 학문들과 마찬가지로 지리학도 점점 복잡하고, 명확하게 정의되지 않고, 결과물을 예측하기가 쉽지 않은 문제들에 직면하고 있다. 기후변화가 아마도 가장 좋은 사례지만, 물, 에너지, 식량 안보와 같은 이슈[요즘은 상호 연계된 '넥서스 연구(nexus study)'로 인식함]나 도시화, 개발 및 지속가능성도 유사한 사례가 될 수 있다. 수행 중인 프로젝트의 맥락을 제시할 때나 보다 큰 연구팀에서 연구를 수행할 때라도 이러한 이슈들과 대략적으로 연결될 것이다. 연구의 규모가 점점 커지고 불확실성이 증가하고, 활용성이나 정책적 초점을 유지해야 하는 상황이 계속됨에 따라 점차 학문이나 관점 또는 방법론 사이의 '통합' 정도에 따라 연구를 구분하기 시작했다. 또한 연구 문제 및 이슈 제기, 연구 설계를 연구자가 스스로 하는지 아니면 공동으로 설계하는지에 따라서도 구분할 수 있다(다시 말해, 학계 참여자와 비학계 참여자의 '참여' 정도; 그림 1.1).

좀 더 상세히 설명하면, 통합의 정도는 1차적으로 연구 방법, 개념, 기법, 데이터, 타 지식이 서로 다른 학문 분야 사이에서 통합되는 수준을 의미한다. 2차적으로는 로컬에서 글로벌까지 다양한 지리적 스케일이나 국가와 문화를 포함한 다양한 부문에서의 통합 수준을 의미한다. 또는 과학과 사회를 넘나드는 통합의 수준을 의미하기도 한다(Mauser et al., 2013). 연구 과정의 설계나 전달, 해석에 있어 통합적으로 참여하는 것은 공동으로 연구 의제를 설계하면서 다룰 수 있는 유용한 연구 질문과 방법론, 기법들이 무엇인지 확인하는 것을 의미한다. 또한 조사자와 관련 당사자들이 전문 지식이나 방법, 결과들이 원래의 의제와 계속 관련될 수 있도록 함께 논의해 가는 것도 포함되며, 공식적인 결과들이 널리 알려지고, 옮겨지고, 공유될 수 있도록 전문 분야에 결과들을 함께 배포하는 것도 포함된다(Mauser et al., 2013: 427-8).

이러한 일반적인 연구 분류에서 공통으로 언급하는 것은 다학제, 학제, 초학제라는 용어이다. 스톡과 버턴(Stock and Burton, 2011)에 따르면 다학제적 연구(multi-disciplinary research)는 다양한 학문 분야로부터의 성과나 연구자들을 통합하지만, 공유된 이슈에 대해 각 학문 분야는 스스로의 학문적 관점을 가지고 있다. 따라서 연구에 있어 조정 작업이 필요하며 결과와 관점들이 결과의 최종 보고나 결론부에 합쳐져 있지만, 완전히 통합되어 있지는 않다. 한편, 학제적 연구(interdisciplinary research)는 명시적으로 통합되어 있으며, 공유된 목표를 추구함으로써 연구자들이 새로운 지식을 창출하도록 한다. 한 문제에 대한 여러 지식이나 접근을 단순 제시하는 대신 문제를 공유하고 서로 상이한 관점에서 각 지식에 접근한다. 따라서 학제적 연구는 보다 협력적이며 참여적

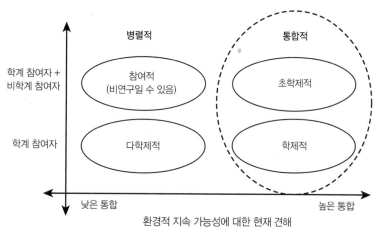

그림 1.1 통합과 참여에 따라 정의한 다학제적, 학제적, 초학제적 연구의 특성
출처: Tress et al., 2004, Figure 2, Mauser et al., 2013 재인용

이고 통합적이기 때문에 공통적으로 인지하는 문제나 방법, 분석이 있다. 이를 넘어 초학제적 연구 (transdisciplinary research)는 다중의 학문적 관점이나 참여자, 보다 결정적으로는 비학계 참여자를 포함한다. 초학제적 연구의 목적은 관련된 학문 분야보다 문제 자체에 초점을 맞추고, 과학과 비과학 사이의 전문가들을 연결하면서 사회적 또는 과학적 성과를 창출하거나 의사결정 역량을 향상하는 데 있다. 초학제적 연구는 다양한 지식 유형이나 여러 방법들 또는 연구 참여자를 조합하면서 복잡한 이슈들을 다루는 가장 확실한 접근이라 할 수 있다. 랑 외(Lang et al., 2014)는 다른 저자의 논문을 일부 요약하면서 초학제적 연구의 세 가지 핵심적 차원을 강조하고 있다.

(a) 사회적 관련성이 높은 문제에 초점을 둠. (b) 학계 내 다른 학문 분야나 다른 연구 기관의 연구자들, 심지어 학계 외 인사들 사이의 상호 학습 작용을 가능하게 함. (c) 문제해결적이고 사회적으로 강건하며 과학적, 사회적 실천으로 변환 가능한 지식을 생성하는 데 주안을 둠. 후자와 관련해 초학제적 연구가 사회적 역량 배양이나 정당화와 같은 기능들을 제공할 수 있다는 것을 인식하는 것이 중요하다(2014: 27).

그림 1.2는 다학제적, 학제적, 초학제적 연구의 주요 특성을 보여 준다.

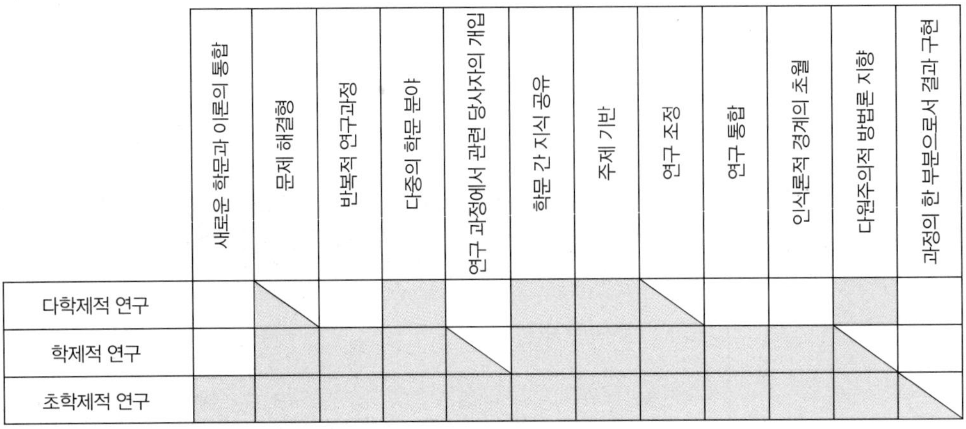

	새로운 학문과 이론의 통합	문제 해결형	반복적 연구과정	다층의 학문 분야	연구 과정에서 관련 당사자의 개입	학문 간 지식 공유	주제 기반	연구 조정	연구 통합	인식론적 경계의 초월	다원주의적 방법론 지향	과정이 한 부분으로서 결과 구현
다학제적 연구												
학제적 연구												
초학제적 연구												

그림 1.2 다학제적, 학제적, 초학제적 연구의 특성

출처: Stock and Burton, 2011, Figure 1

1.5 결론: 연구 시작에 있어 이 책의 유용성

다양하고 많은 지리적 현상들은 실제로 시공간상에서 여러 스케일을 초월해 발생하기 때문에 지리학 연구는 매우 복잡하다고 할 수 있다. 나아가 지난 수십 년 동안 지리학자들은 인간과 자연 세계를 이해하고 해석하기 위해 다양한 철학적 입장과 방법, 연구 설계들을 받아들여 왔다. 연구적 맥락에서 이러한 다양성을 이해하기 위해서는 지리학 연구의 모든 단계에서 상당한 정도의 사고력이 요구된다. 연구를 시작하는 시점에서 다소 부담스러울 수 있지만 좀 더 쉽게 접근할 수 있도록 이 책이 도와줄 것이다. 1부의 여섯 개 장은 연구 프로젝트를 계획하고 준비하고 연구의 맥락을 잡아 가는 데 필요한 조언과 지침을 제공한다. 1장은 연구 설계 과정을 설명하고, 2장은 현장 조사에서 건강 및 안전과 관련한 계획을 세울 때 현실적이고 실행적인 이슈들을 설명한다. 3장에서는 연구 설계에서 고려할 필요가 있는 윤리적 이슈들을 다루며, 4장은 연구 주제나 질문을 정의하는 데 도움을 줄 수 있는 문헌 검색을 어떻게 할 수 있는지 알려 준다. 5장은 최종적으로 연구 성과물을 보여 주는 방법들을 소개한다. 마지막으로 6장은 다른 문화적 맥락에서 연구를 하거나 참여 연구를 하는 특수한 상황에서의 이슈들을 다룬다.

　2부와 3부에서는 각각 인문지리학(7~19장)과 자연지리학(20~29장)에서 데이터를 생성하고 다루는 데 초점을 맞추고 있으며, 4부는 최대한 넓은 주제 범위에서 지리적 데이터를 분석하고, 시각화하고 해석하기 위한 기법들에 관해 보다 상세히 소개하고 있다. 모든 장을 다 읽기 어려울 수 있지만,

두루 살펴볼 수 있다면 같은 주제에 접근하는 서로 다른 방법들을 접할 수 있고 각 방법의 장단점을 알게 될 것이다. 또한 연구 설계가 끝나면, 선택한 방법들과 관련된 장들을 통해 어떻게 연구를 진행해야 할지에 대한 현실적인 조언을 참고할 수 있다.

이 장처럼 이 책의 다른 장 역시 서두에 해당 장의 내용과 구성을 간략히 보여 주는 개요를 포함한다. 그리고 말미에는 해당 장의 핵심 내용에 대한 요약과 주석이 달린 심화 읽기자료가 제공된다. 또한 일부 장들은 글상자로 되어 있는 별도의 조언이나 논의 주제를 이해하는 데 유용한 연습들을 포함하고 있다. 학술지 *Progress in Human Geography*와 *Progress in Physical Geography*의 주요 온라인 자료도 소개되어 있는데, 연구 중에 새롭게 접하거나 좀 더 추가적으로 탐구하고자 하는 주요 주제에 대한 중요한 후속 자료가 될 것이다. 몇몇 장에는 결론 이후에 좀 더 상세히 설명하고 있는 추가 온라인 자료도 있다.

학위 과정에서 가장 보람 있는 일 중 하나는 자신의 연구를 하는 것이다. 흥미로우면서 하고 싶은 무언가를 탐구할 수 있는, 그리고 동시에 지리적 지식 생산에 이바지할 수 있는 좋은 기회이다. 충분히 즐기길 바라고 또한 행운을 빈다.

| 요약

- 지리학자들은 어마어마한 잠재적 연구 주제와 데이터 수집, 시각화 및 분석 기법들에 노출되어 있다.
- 연구 설계는 데이터 수집, 방법, 기술을 함께 묶어 주고, 설득력 있고 의미 있는 결과들을 도출하는 데 중요한 역할을 한다.
- 연구 설계에 있어 가장 기본적인 선택은 광역적 설계와 집중적 설계 사이의 선택이라 할 수 있다. 정량적 방법이나 정성적 방법 모두 어디에든 사용할 수 있지만, 데이터 수집, 분석, 해석에 있어서는 매우 상이한 함의를 가진다. 또한 연구나 연구방법론에 대한 보다 폭넓은 맥락을 고려하거나, 연구가 다학제적 접근을 취하는지, 또는 학제적, 초학제적 접근을 포함하는지도 고려해야 할지 모른다.
- 어떤 형태의 연구 설계를 선택하든 연구의 윤리적 차원을 반드시 고려해야 한다.
- 윤리적 이슈와 함께 토지 접근 권한이나 시간적·재정적 제약, 현장 안전과 같은 현실적 이슈들도 선택할 수 있는 연구의 형태나 범위를 결정할 것이다. 대개 이러한 이슈들은 연구를 제약하는 사항들이지만, 이것들이 가져올 수 있는 결과를 미리 고려하는 것은 프로젝트에 있어 지적인 공정성과 가치를 잃지 않도록 해 줄 것이다.

심화 읽기자료

- 인문지리학 연구의 기저에 있는 다양한 철학들에 대한 개요는 에이킨과 밸런타인(Aitkin and Valentine, 2015), 크레스웰(Cresswell, 2014), 존스턴과 시더웨이(Johnston and Siddaway, 2015)를 포함한 여러 문헌에서 확인할 수 있다. 이와 유사하게 트루질과 로이(Trudgill and Roy, 2014)는 자연지리학에서의 방법론과 가

치들을 정리하고 있다. 클리퍼드 외(Clifford et al., 2009)의 여러 장들은 자연과학으로서의 지리학과 사회과학 또는 문과 과목으로서 지리학 사이에 존재하는 긴장 관계를 설명하고 있다. 또한 지리학적 사상에 대한 접근법이 발달함에 따라 지리학 핵심 개념에 대한 지리학자들의 이해가 어떻게 진화하고 있는지를 보여 준다.

- 세이어(Sayer, 2010)는 '방법론'과 그 방법론이 관찰, 실험, 조사 및 경험을 통해 세상을 이해하는 방식과 어떻게 연계되는지를 포괄적으로 다룬다. 또한 세상이 구조화되는 방식에 대한 우리의 철학은 우리가 연구 설계를 선택하거나 연구 설계를 실제 실행함에 있어 수집된 정보에 기반해 일반화하는 기법들을 선택하는 데 영향을 미쳐야 한다고 주장한다. 이 책은 특정한 접근, '현실주의'에 주로 의존하고 있지만, 철학과 연구 수행의 현실적 측면의 관련성이나 특정한 연구 방법의 장단점을 살펴보는 데 훌륭한 출발점이 될 수 있다.

- 차머스(Chalmers, 2013)는 과학 철학과 과학적 지식의 지위에 대한 다양한 접근을 다루는 엄청난 양의 자료를 포함한 학습자 중심 서적이다. 이 책은 과학적 설명에 대한 본질(관찰, 실험, 일반화 사이의 관계)을 살펴보며, 대조적인 관점과 접근에 대한 역사적·현대적 개관을 모두 보여 준다.

- 헤이(Hay, 2010)의 편집서는 지리학 연구에서 정성적 방법론을 선택하고, 운용하고, 결과물을 보여 주는 데 필요한 상세한 지침을 제공한다. 또한 이 책은 연구 설계, 윤리, 방법론, 인터넷 및 컴퓨터 관련 자료 사용을 다루는 장들을 포함한다. 모스(Moss, 2011)는 페미니스트 지리학을 실제로 탐색하고 있는 에세이 모음집이다. 이 에세이들은 특히 연구자의 위치성이나 '타' 사람과 '타' 장소가 재현되는 방식에 따른 윤리나 지식 생산의 정치학에 대한 관심을 공유하고 있다.

- *Progress in Human Geography*와 *Progress in Physical Geography*는 지리학 분야의 많은 연구 논문, 성과 보고서의 최신 동향 요약, 연구 자료 개관, 고전 연구에 대한 회고 자료들을 제공하며, *Anthropocene Review* 는 지구, 환경, 사회과학, 인문학 분야를 포괄하는 자료들을 제공한다.

* 심화 읽기자료에 관한 상세 정보는 아래 참고문헌에서 확인할 수 있음.

참고문헌

Abler, R.F., Adams, J.S. and Gould, P.R. (1971) *Spatial Organization: The Geographer's View of the World.* Englewood Cliffs, NJ: Prentice-Hall.

Aitkin, S.C. and Valentine, G. (eds) (2015) *Approaches to Human Geography: Philosophies, Theories, People and Practices* (2nd edition). London: Sage.

Alderson, P. (1995) *Listening to Children: Children, Ethics and Social Research.* Ilford: Barnardos.

Barnes, T. (2014) 'What's old is new, and new is old: History and geography's quantitative revolutions', *Dialogues in Human Geography* 4 (1): 50-3.

Brierley, G., Fryirs, K., Cullum, C., Tadaki, M., Huang, H. and Blue, B. (2013) 'Reading the landscape: Integrating the theory and practice of geomorphology to develop place-based understandings of river systems', *Progress in Physical Geography* 37, 5: 601-21.

Castree N. (2014) 'The Anthropocene and Geography I: The Back Story', *Geography Compass* 8 (7): 436-49. (See also follow-up companion articles II and III).

Chalmers, A.F. (2013) *What Is This Thing Called Science?* (4th edition). Cambridge, MA: Hackett.

Clifford, N.J. (2009) 'Globalisation: a physical geography perspective', *Progress in Physical Geography* 33: 5-16.

Clifford, N.J., Holloway, S.L., Rice, S.P. and Valentine, G. (2009) *Key Concepts in Geography* (2nd edition). London: Sage.

Cloke, P., Crang, P. and Goodwin (2013) *Introducing Human Geographies* (3rd edition). London: Routledge.

Creswell, J. W. (2014) *Research Design. Qualitative, Quantitative, and Mixed Methods Approaches.* 4th edition. Thousand Oaks, CA: Sage.

Crutzen, P. J., and Stoermer, E. F. (2000) 'The "Anthropocene"', *Global Change Newsletter* 41: 17-18.

Daniels, S. (1985) 'Arguments for a humanistic geography', in R. J. Johnston (ed.) *The Future of Geography.* London: Methuen. pp.143-58.

DeLyser, D. and Sui, D. (2014) 'Crossing the qualitative-quantitative chasm III: Enduring methods, open geography, participatory research and the fourth paradigm', *Progress in Human Geography* 38: 294-307.

Geertz, C. (2000) *The Interpretation of Cultures* (2nd edition). New York: Basic Books.

Graham, M and Shelton, T. (2013) 'Geography and the future of big data, big data and the future of geography', *Dialogues in Human Geography* 3 (3): 255-61.

Gregory, D.J. (2009) 'Geography', in D.J. Gregory, R.J. Johnson, G. Pratt, M.J. Watts and S. Whatmore (eds) *The Dictionary of Human Geography* (5th edition). Chichester: Wiley-Blackwell. pp.287-95.

Gregory, K.J. (2000) *The Changing Nature of Physical Geography.* London: Arnold.

Haggett, P. (1965) *Locational Analysis in Human Geography.* London: Edward Arnold.

Haring, L.L. and Lounsbury, J.F. (1992) *Introduction to Scientific Geographical Research* (4th edition). Dubuque, WC: Brown.

Harvey, D. (1973) *Social Justice and the City.* London: Edward Arnold.

Hay, I. (ed.) (2010) *Qualitative Research methods in Human Geography* (3rd edition). Oxford: Oxford University Press.

Johnston, R.J. (2003) 'Geography and the social science tradition', in S.L. Holloway, S. Rice and G. Valentine (eds) *Key Concepts in Geography.* London: Sage. pp.51-72.

Johnson, E. and Morehouse, H. (with other forum authors) (2014) 'After the Anthropocene: Politics and geographic inquiry for a new epoch', *Progress in Human Geography* 38: 439-56.

Johnston, R.J. and Siddaway, J. (1997) *Geography and Geographers: Anglo-North American Human Geography since 1945.* London: Routledge.

Johnston, R. and Siddaway, J. (2015) *Geography and Geographers: Anglo-American human geography since 1945* (7th edition). Abingdon: Taylor & Francis.

Kitchin, R. (2014) *The Data Revolution: Big Data, Open Data, Data Infrastructures & Their Consequences.* Thousand Oaks, CA: Sage.

Lang, D.J., Wiek, A., Bergmann, M., Stauffacher, M., Martens, P., Moll, P. Swilling, M. and Thomas, C. J. (2012) 'Transdisciplinary research in sustainability science: practice, principles, and challenges.', *Sustainability Science* 7 (Supplement 1): 25-43.

Lave, R., Wilson, M.W., Barron, E.S., Biermann, C., Carey, M.A., Duvall, C.S., Johnson, L., Lane, K.M., McClintock, N., Munroe, D., Pain, R., Proctor, J., Rhoads, B.L., Robertson, M.M., Rossi, J., Sayre, N.F.,

Simon, G., Tadaki, M. and van Dyke, C. (2014) 'Intervention: Critical physical geography', *The Canadian Geographer* 58 (1): 1-10.

Ley, D. (1974) *The Black Inner City as Frontier Outpost: Image and Behaviour of a Philadelphia Neighbourhood.* Monograph Series 7. Washington, DC: Association of American Geographers.

Lorimer, J. (2012) 'Multinatural geographies for the Anthropocene', *Progress in Human Geography* 36 (5): 593-612.

Mauser, W., Klepper, G., Rice, M., Schmalzbauer, B., Hackmann, H., Leemans, R. and Moore, H. (2013) 'Transdisciplinary global change research: The co-creation of knowledge for sustainability', *Current Opinion in Environmental Sustainability* 5: 420-31.

Moss, P. (ed.) (2001) *Feminist Geography in Practice.* Oxford: Blackwell.

Nayak, A. and Jeffrey, A. (2011) *Geographical Thought: An Introduction to Ideas in Human Geography.* London: Routledge.

Pile, S. (2010) 'Emotions and affect in recent human geography', *Transactions of the Institute of British Geographers* 35 (1): 5-20.

Pitman, A.J. (2005) 'On the role of geography in earth system science', *Geoforum* 36: 137-48. (See also subsequent discussions.)

Pocock, D.C.D. (ed.) (1981) *Humanistic Geography and Literature: Essays on the Experience of Place.* London: Croom Helm.

Rhoads, B.L. and Thorn, C.E. (eds) (1997) *The Scientific Nature of Geomorphology.* Chichester: John Wiley and Sons.

Richards, K. (1996) 'Samples and cases: Generalisation and explanation in geomorphology', in B.L. Rhoads and C.E. Thorn (eds) *The Scientific Nature of Geomorphology.* Chichester: John Wiley and Sons. pp.171-90.

Richards, K.S. and Clifford, N. J. (2008) 'Science, systems and geomorphologies: why *LESS* may be more', *Earth Surface Processes and Landforms* 33 (9): 1323-40.

Sayer, A. (2010) *Method in Social Science: A Realist Approach* (revised 2nd edition). London: Routledge.

Seamon, D. (1979) *A Geography of a Lifeworld.* London: Croom Helm.

Sporton, D. (1999) 'Mixing methods of fertility research', *The Professional Geographer*, 51: 68-76.

Stock, P. and Burton, R. J. F. (2011) 'Defining terms for integrated (multi-inter-trans-disciplinary) sustainability research', *Sustainability* 3(8): 1090-113.

Tadaki, M., Salmond, J., Le Heron, R. and Brierley, G. (2012) 'Nature, culture, and the work of physical geography', *Transactions of the Institute of British Geographers* 37 (4): 547-62.

Thien, D. (2005) 'After or beyond feeling? A consideration of affect and emotion *in* geography', *Area* 37 (4): 450-4.

Thrift, N. (2002) 'The future of Geography', *Geoforum*, 33: 291-8.

Thrift, N. (2007) *Non-representational Theory: Space, Politics, Affect.* London: Routledge.

Tress, B., Tress, G. and Fry, G. (2004) 'Clarifying integrative research concepts in landscape ecology', *Landscape Ecology* 20: 479-93.

Trudgill, S.J. and Roy, A.R. (eds) (2003) *Contemporary Meanings in Physical Geography: From What to Why?*

London: Arnold.

Trudgill, S. and Roy, A. (eds) (2014) *Contemporary Meanings in Physical Geography: From What to Why?* Abingdon: Routledge.

Valentine, G. (1999) 'Being seen and heard? The ethical complexities of working with children and young people at home and at school', *Ethics, Place and Environment*, 2: 141-55.

Walford, R. and Haggett, P. (1995) 'Geography and geographical education: some speculations for the twenty-first century', *Geography*, 80: 3-13.

Whatmore, S. (2002) *Hybrid Geographies: Natures, Cultures, Spaces*. London: Sage.

Wilcock, D., Brierley, G. and Howitt, R. (2013) 'Ethnogeomorphology', *Progress in Physical Geography* 37 (5): 573-600.

WGSG (Women and Geography Study Group) (1997) *Feminist Geographies: Explorations in Diversity and Difference*. London: Longman.

Wyly, E. (2014) 'The new quantitative revolution', *Dialogues in Human Geography* 4 (1): 26-38.

공식 웹사이트

이 책의 공식 웹사이트(study.sagepub.com/keymethods3e)에서 이 장과 관련한 가장 좋은 자료들에 대한 링크들을 확인할 수 있음.

02

현장 조사에서의 건강, 안전, 위험

개요

지리학자들이 현장 조사를 하는 동안 발생할 수 있는 건강과 안전의 문제는 스스로 혹은 주변 사람들에게 해를 줄 수 있는 사건이나 사고의 발생 가능성을 줄이기 위해 취할 수 있는 가장 현실적인 조치들과 관련된다. 이 장은 집단이나 개별 현장 조사에서 위험성을 최소화하고, 위험 요소를 줄이고 건강과 안전을 책임지는 데 초점을 맞추고 있다.

이 장의 구성

- 서론
- 건강과 안전 관리
- 현장 환경 숙지
- 조사 능력 한계 숙지
- 조사 장비 숙지
- 위급 상황 대처

2.1 서론

현장 조사는 지리학 전공 학생으로서 가장 보람 있는 일 중 하나일 것이다. 합숙 답사나 당일치기 견학은 졸업 후에도 오랫동안 학생들의 기억에 남는다. 하지만 현장 조사는 시간이 많이 소모될 수 있고, 불만족스러울 수 있으며, 때때로 어렵고 위험한 일이기도 하다. 이 장은 현장 조사의 위험성과 위험 요소를 최소화하는 데 필요한 일종의 지침을 제공할 것이다. 이러한 지침을 잘 이행하면 현장 활동에 내재된 위험을 줄일 수 있고, 그 결과 현장에서의 시간은 보다 보람차고, 즐거우며, 연구 효율성도 증대될 것이다.

지리학 전공 학생들은 감독 및 무감독 활동, 집단 및 개별 활동, 합숙 및 비합숙 조사, 국내 및 해외 활동과 같이 다양한 상황에서 현장 조사를 수행하게 될지도 모른다. 이렇게 서로 다른 상황들은 건강과 안전에 관한 상이한 고려 사항들을 필요로 하고, 그에 따라 학생이나 직원 모두 각자의 역할과 책임이 달라질 수 있다.

이 장은 현장 조사를 수행하는 데 관련되는 위험들에 대한 평가와 관리에 대해 논의한다. 현장 환경에서 발생할 수 있는 공통적인 위험들을 평가하고 최소화하는 내용이 포함되며, 미리 계획하는 것의 중요성을 강조할 것이다. 특히, 건강과 안전에 대한 적절한 예방책이 지켜지도록 현장 조사를 수행하는 개인으로서 또는 집단의 구성원으로서의 책임감을 강조한다.

이 장뿐 아니라, 모든 고등교육 기관(대학이나 학과)은 자체적인 건강 및 안전에 관한 정책을 갖고 있으며, 요즘은 각 기관의 웹사이트에서 쉽게 이용할 수 있음을 알아 두길 바란다. 아마 건강 및 안전에 관련한 지침을 읽고 이해했다는 진술서에 서명하도록 요구받을 것이다. 현장 조사를 나갈 때 해당 기관이나 학과가 요구하는 이러한 지침을 숙지하고 따르는 것은 학생으로서 가져야 할 중요한 책임 중 하나이다. 학위 논문과 같은 연구 프로젝트를 계획할 때는 종종 의무 사항이 되기도 한다.

2.2 건강과 안전 관리

대부분의 국가는 국가 법률에 따라 건강과 안전 관리를 위한 법적 체제가 갖추고 있다. 예를 들어, 영국의 대학은 「1974 산업안전보건법」을 준수하고 있으며, 오스트레일리아에서는 「1995 산업안전보건법」이 이와 유사한 기능을 하고 있다. 이러한 법률들은 고용주들이 피고용인뿐 아니라 그들의 활동으로 인해 영향을 받을 수 있는 모든 사람에 대해, 특히 대학의 경우 모든 학생과 일반인의 건강과 안전까지도 최대한 보장할 수 있도록 조치를 취하도록 의무를 부과하고 있다. 기관이나 국가에 따라 추가적 또는 보조적인 법률과 지침이 있을 수 있다. 영국에서는 고등교육을 위해 추가적으로 「현장 조사에서의 건강과 안전에 관한 지침(USHA-UCEA, 2011)」이 있다. 이 지침에 따르면 현장 조사는 '직원이나 학생들이 교육이나 연구 또는 그 외 다른 활동들을 목적으로 기관 외부에서 수행하는 모든 일'(p.7)로 매우 광범위하게 정의할 수 있다. 또한 영국을 벗어나 이루어지는 현장 조사, 탐험, 모험 활동과 관련한 영국 표준이 있으며 대학들은 아마도 이를 준수하고 있을 것이다(BS 8848: 2014; 심화 읽기자료 참고). 이러한 법률이나 지침은 일반적으로 안전 관리를 위해 반드시 필요한 일들을 확인하는 '위험성 평가'를 시행하도록 한다. 위험성을 평가하는 것은 대개 위험성과 위험 요소에 초점을 맞추고 있다. 간단히 말하면, 위험 요소는 위험한 환경에서 일할 때 잠재적으로 발생할 수 있고 피해를 줄 수 있는 환경 조건이나 동인 또는 물질을 의미한다. 위험성은 어떤 사람이 위험 요소에 의해 피해를 입을 수 있는 가능성이다. 현장 조사 동안 위험 요소와 위험성은 날씨 상황이나 정치적 활동의 변화 등에 따라 빠르게 변할 수 있으므로 계속해서 재평가되어야 한다.

많은 교육 기관이 위험성 평가를 위해 5단계 접근을 채택하고 있다.

1. **위험 요소 확인** 현장 조사 동안 해를 입힐 수 있는 요소 확인(예: 미끄러운 바다, 고공, 날씨 상황, 정치적 불안)
2. **잠재적 피해 가능자와 피해 형태 확인** 모든 현장 조사자와 일반인 포함
3. **위험성 평가 및 최소화** 알맞은 예방책이 마련되었을 때(예: 적절한 보호복 착용) 피해를 입을 수 있는 가능성이 얼마인지 평가
4. **결과 기록** 확인된 위험 요소와 상응하는 예방책 기록
5. **주기적 평가 검토** 상황이 항상 변할 수 있으며, 위험성과 위험 요소 역시 변할 수 있으므로 평가는 한 번이 아니라 필요할 때마다 자주 갱신되고 수정되어야 하는 상시적 평가임.

학위 논문의 일부로 현장 조사를 수행하기 위해서는 위험성 평가를 반드시 완료해야 한다. 실제로 위험성을 어떤 방식으로 얼마나 평가할지는 현장 조사를 조직하는 방식에 따라 달라질 수 있지만, 위험성 평가에서 규정하고 있는 예방적 조치나 안전성 측정은 반드시 따라야 한다.

감독 및 무감독 집단 현장 조사

감독 집단 현장 조사는 보통 대학의 학교 직원이 고안한 교육과정이나 교과목의 일부로 수행될 것이다. 감독 현장 조사 동안 담당 직원은 현장 조사 활동에 대한 전반적인 책임을 지며, 이와 동시에 위험성 평가도 시행하게 된다. 현장 조사의 책임자는 적절한 건강 및 안전 사항을 확인하고 동행하는 모든 직원과 학생이 이를 따르도록 해야 한다(Kent et al., 1997). 학생은 이러한 책무로부터 자유로울 수 있겠지만, 개인으로서 스스로의 안전과 자신의 행동으로 영향을 받게 될 다른 학생들, 그리고 직원 및 그 외의 일반인의 안전에 대해서는 책임 있는 인식을 가져야 한다. 기관 직원이 만들어 둔 지침이 있다면 반드시 따라야 한다. 만약 어떤 사고를 목격하거나 예기치 않은 문제들을 예감한다

면, 가능한 한 빨리 현장 조사 책임자에게 보고해야 한다. 책임을 다하지 못했을 때는 징계 조치를 받을 수 있으며, 극단적인 경우 형사 처벌을 받을 수도 있다. 또한 현장 조사 전날 저녁에 술을 마시는 것과 같은 행위는 당일 현장에서의 활동 수행이나 신뢰성에 좋지 않은 영향을 줄 수 있음을 주지해야 한다. 만약 본인이나 다른 사람에게 위험할 것으로 판단되면 현장 조사 참여가 허락되지 않을 수 있다.

대학에 도착하는 즉시 비밀이 보장되는 건강 설문지를 작성해야 할지도 모른다. 어떤 현장 조사든 조사를 시작하기 전에 상세한 건강 설문 조사를 실시하게 되는데, 만약 해외 현장 조사라면 특히 그러할 것이다. 이러한 설문은 당뇨, 알레르기, 청각 장애, 어지럼증과 같은 기존에 앓고 있는 질병이나 몸 상태, 장애, 또는 민감성에 대한 상세한 사항을 알기 위해서다. 현장 조사 중에 사건이나 사고가 생긴다면 이러한 정보는 즉각적이고 적절한 의료 조치를 받는 데 필수적이다. 설문 등을 하지 않았지만 자신이나 다른 사람의 건강과 안전을 위태롭게 할 수 있는 건강상의 어려움이 있다면, 현장 조사가 시작되기 전에 필요한 적절한 조치를 할 수 있도록 담당 직원에게 미리 알려야 한다.

한편 감독 없이 집단 현장 조사를 수행할 수도 있다. 보통 두 개 이상의 학생 집단으로 수행되는데, 현장 활동 중 담당 직원이 집단별로 방문하거나 특정한 장소에서 개인적으로 면담할 수 있다. 반면 어떤 대면도 없이 특정 기기만을 소지한 채 현장이나 외부에서 확인하는 식의 조사가 이루어지거나, 캠퍼스나 대학 도시 내에서만 조사하도록 지시받을 수도 있다. 이러한 상황에서는 함께 조사하는 학생 집단에 대해 각 개인이 책임이 있다. 집단으로 서로 협조하고 어려움이 있으면 논의하고, 상태가 좋지 못하거나 따라가기 어려운 학생들에게 주의를 기울여야 한다. 주요 지침에 따라 구급 상자를 지참하고, 학과나 담당 직원의 연락처를 알고 있어야 한다. 또한 어디에서 작업하고 있는지, 언제 돌아올 것인지에 대해 잘 알고 있어야 한다.

무감독 개별 현장 조사

감독이 없는 무감독 개별 현장 조사는 대학 생활 동안 언제라도 참여할 수 있지만, 대체로 학위 논문이나 다른 독립적인 연구 프로젝트의 일부로 현장 조사를 수행할 경우에 주로 이루어진다. 오늘날 많은 대학은 학생들이 개인 프로젝트를 수행할 때 위험성 평가를 개별적으로 완료할 것을 요구한다. 여러 형태의 평가가 있을 수 있지만, 대개 앞서 설명한 5단계 계획과 같이 구성될 것이다. 이러한 절차에 대한 상세한 논의와 예시는 히기트와 불러드(Higgitt and Bullard, 1999)를 참고할 수 있으며, 해당 양식은 각 기관의 웹사이트에서 이용할 수 있을 것이다. 또한 대부분 학과는 이와 관련해 자문을 해 줄 수 있는 안전 담당자가 임명되어 있을 것이다.

무감독 개별 현장 조사와 관련해 건강과 안전에 관한 가장 중요한 사항은 대부분 혼자 조사함으로 써 발생할 수 있는 문제들로, 가능하면 이러한 상황을 피해야 한다. 개별 프로젝트나 학위 논문을 수행하고 있다면 믿을 수 있는 친구나 형제를 설득해 현장 보조로 돕게 하는 것이 가장 좋다. 예컨대, 대학 친구와 번갈아 가며 해변에서 설문지를 돌리면서 조사할 수 있을 것이다. 만약 불가피하게 혼자 현장 조사를 할 수밖에 없거나 다른 한 명하고만 해야 한다면 갑작스럽게 발생할 수 있는 비상사태에 대비할 수 있는 전략을 세우는 것이 중요하다. 적어도 어디로 갈지(예: 현장 조사지의 위치나 인터뷰할 사람의 이름과 주소), 무엇을 할지, 언제 돌아올지에 대한 상세 내용을 책임 있는 누군가에게 서면으로 남겨야 한다. 또한 제시간에 돌아오지 못할 경우 어떻게 대처할지 기록해 놓아야 하고, 계획이 변경된다면 이 역시 그 사람에게 알려야 한다. 혼자 조사하는 것은 항상 위험할 수 있는 활동이며, 현장이나 환경 자체가 위험한 곳이라면 더욱 그러할 것이다.

집단으로 조사를 하든 개별로 하든 건강이나 안전 위험을 최소화하기 위해 항상 취해야 하는 기본 단계가 있다. 먼저 긴급 서비스에 연락할 수 있는 전화번호를 알고 있어야 한다. 영국에서는 999번이나 112번이 화재, 경찰 및 구급차 서비스, 해안 경비, 광산, 산지, 동굴 등의 추락 구조 서비스 등에 연결해 준다. 이와 유사한 서비스가 미국이나 캐나다에서는 911, 오스트레일리아에서는 000, 뉴질랜드에서는 111번에 해당한다. 해외에서 조사하고 있다면 일을 시작하기 전에 지역 긴급 번호나 대사관, 고등판무관 사무소(high commission), 혹은 영사관의 연락처를 확보하고 안전한 곳에 기록해 놓아야 한다(예: 구급상자 안쪽 카드). 긴급 상황을 알리는 또 다른 방법은 국제 산악 조난 신호(1분 간격으로 호루라기를 6번 연달아 길게 부르거나 손전등을 6번 깜박거리거나 도구가 없을 경우 도와달라고 소리치는 것을 반복함)나 모스 부호를 이용해 SOS를 보내는 것이다(호루라기를 부르거나 손전등을 깜박거리는 것을 3번 짧게 하고, 다시 3번 길게 한 후, 마지막으로 다시 3번 짧게 하고 멈추는 것을 필요한 만큼 반복함). 둘째, 현장에 항상 가지고 가야 하는 기본 도구 세트를 준비해야 한다. 어떤 환경에서든 펜이나 종이, 그리고 개인 의약품을 소지하지 않고는 절대로 현장 조사를 시작하지 말아야 한다. 만약 시골이나 외딴 환경에서 조사한다면 최소한 구급상자, 휴대전화, 호루라기, 나침반, 지도, 추가 의복(모자, 장갑, 양말, 여분의 스웨터), 음식과 마실 것이 꼭 필요할 것이다. 한편 도시 환경에서 현장 조사를 한다면 구급상자, 휴대전화, 거리 지도, 개인용 경보기가 기본적인 현장 세트로 필요할지 모른다. 셋째, 항상 자신이 현재 어디에 있는지를 정확히 알고 있어야 한다. 도심에서는 비교적 쉬운 문제이지만 익숙하지 않은 대도시나 랜드마크가 거의 없는 외딴 지역에서는 보다 심각한 상황에 처할 수 있다. 만약 최악의 상황이 발생하고 긴급 서비스의 도움이 필요하다면 위치 정보는 매우 중요한 요소이며, 이러한 경우 위성 위치 확인 시스템(Global Positioning System: GPS) 장비를 사거나 대여하는 것이 좋은 대안이 될 수 있다. 넷째, 여행하는 동안 사고나 차량 고장 등에 대한 보험이나 다른 형태의 보장이 필요한지 고려해야 한다. 대개 이러한 보장 장치는 긴급 서비스를 이용하기 전에 여러 가지 지원과 도움을 줄 수 있을 것이다(예: 고장 차량 지원, 외국 여행 상담 및 지원, 여행 중 사건 및 건강). 대학이 이러한 것들을 제공할 수도 있으며, 그렇지 않다면 스스로 준비해야 할지 모른다. 그 외 여행 전에 반드시 지켜야 하는 건강상의 요건들이 있을 수 있다.

이 외에도 현장 프로젝트에 필요한 위험성 평가를 수행하거나 다른 학생들과 현장 답사를 떠날 때 모두의 건강과 안전을 보장하기 위해 고려해야 하는 수많은 사항이 있다. 이는 대체로 현장 환경이나 조사 능력의 한계, 조사 장비 숙지와 관련된다.

2.3 현장 환경 숙지

현장 조사를 할 장소는 교외 어느 길거리에서부터 이스라엘 집단 농장인 키부츠, 채석장, 산속에 이르기까지 매우 다양할 수 있다. 어디를 가고자 하든지 시작하기 전에 어떻게 이동하고, 어떤 복장이 필요하며, 또한 어떻게 행동해야 하는지를 안내해 주는 사전 정보들이 많이 있을 것이다. 대개 현장에 도착하기 전에 위험성 평가를 마쳐야 하므로, 이러한 정보를 미리 수집하는 것이 매우 중요하다. 현장 조사지가 근처에 있거나 매우 익숙한 곳이라면 위험성 평가를 할 때 기존의 경험에 의지할 수 있지만, 한 번도 가보지 않은 곳이거나 해외 지역이라면 발생 가능성이 높은 위험성이나 위험 요소들을 예측하는 데 도움이 필요할 것이다.

조사 지역의 기상이나 기후 상태는 많은 현장 활동을 좌우하는 핵심 요소 중 하나이다. 따라서 현장 조사 전 기간 동안 지속적으로 해야 하는 위험성 평가의 일환으로 매일매일 기상 예보를 확인해야 한다(심화 읽기자료 참고). 기상이나 기후와 관련한 특정한 위험 요소는 저체온증, 동상, 일광 화상, 탈수증, 일사병이나 열사병이 있다. 대부분의 경우 지역의 날씨 예보를 알고 적절한 복장과 장비를 착용하면 이러한 위험 요소와 관련된 위험성을 많이 줄일 수 있다. 한편 많은 국가에서 산지나 해안 환경에 대한 전문가 정보를 이용할 수 있는데, 해안가에서 조사할 때는 가장 가까운 해안 경비 초소의 위치를 알고 있어야 하며, 조수 시간도 확인해야 한다.

모든 현장 조사에 해당하겠지만 특히 인터뷰, 설문, 참여 관찰을 위해 사람들과 가깝게 또는 정기적으로 접촉하고자 할 때는 해당 지역에 관해 면밀히 조사하고, 연구 추진 방식이나 프로젝트에 대한 사람들의 반응 방식에 영향을 줄 수 있는 그 지역의 관습, 정치적 이슈, 종교적 신념에 익숙해지는 것이 좋다. 이는 자칫 인신공격이나 신체적 상해 또는 학대로 이어질 수 있는 불쾌한 행위나 모욕적 언사에 대한 위험성을 최소화하기 위함이다. 지역 관습을 어떻게 존중할 수 있는지, 그리고 어떤 사회적·정치적 불안이 있는지 등에 관해서는 현지 접촉자에게 조언을 구하고, 연구를 수행하는 동안에는 그 지역의 환경과 문화에 적절한 복장을 착용하는 것이 좋다. 또한 젠더나 인종과 같은 개인적인 특성이 위험을 가져올 소지가 있는지도 고려해야 한다(Ross, 2015). 가능하면 '불편한' 곳으로 알려진 지역들은 피하고 익숙하지 않은 곳에는 혼자 들어가지 않도록 해야 한다. 잘 만들어진 거리 지도가 매우 유용할 것이며, 경로를 미리 계획해 목적을 가지고 자신감 있게 다니길 바란다.

감독 현장 답사에 참여한다면 아마도 답사 책임자가 지역의 상태를 확인해 알려 줄 것이다. 조수 시간이나 기피 지역과 같은 특정한 정보를 듣게 된다면 반드시 기록해 두어야 한다. 현장 답사 때 가져와야 하는 예상 환경 조건에 적절한 옷이나 장비 목록을 답사 전에 받을 수도 있다. 환경에 따라 튼튼한 워킹화나 방수 재킷, 장갑, 선글라스, 모자, 물병, 긴소매 옷 등이 포함될 수 있다. 어떤 기관에서는 적절한 복장을 갖추지 않는다면 현장 활동에 참여하는 것이 허락되지 않을 수 있다. 이는 절대 사소한 이슈가 아니며 잠재적으로 건강과 안전에 있어 매우 중요한 함의를 가질 수 있는 부분이다.

많은 정부 웹사이트가 해외여행을 하는 국민을 위해 상세한 정보를 제공하고 있다. 여기에는 기피 국가나 지역, 비자 요건, 지역 관습, 여행 전 예방 접종, 범죄 피해자가 되거나 아프거나 어려움에 처했을 때 어떻게 해야 하는지 등에 대한 정보가 있을 것이다. 또한 그 나라의 정치적, 군사적, 사회적 불안에 대해 인지하고 있어야 한다. 지역 신문이나 인터넷 사이트가 유용한 정보 출처가 될 수 있다. 개인 또는 작은 개별 집단으로 조사하고 있다면, 그 나라에 도착했을 때 가장 가까운 대사관이나 고등관무관 사무소 또는 영사관에 입국을 알려 해당 지역의 모든 위험 상황들을 안내받을 수 있도록 해야 한다. 내시(Nash, 2000)는 개별적인 해외 현장 조사를 계획할 때 고려해야 할 것들을 보여 주며, 중요한 정보 출처에 대한 목록을 제공한다. 해외 현장 방문을 계획하거나 방문하는 동안 또 다른 유용한 참고 자료는 그 나라나 지역에 대한 가이드북일 것이다. 『러프 가이드(Rough Guide)』나 『론리 플래닛(Lonely Planet)』 시리즈와 같은 인기 있는 가이드북은 건강 관련 위험이나 안전 예방, 그리고 복장 규정 등에 관한 내용을 포함하고 있다.

2.4 조사 능력 한계 숙지

대부분 사람은 현장 조사를 완수하는 데 소요되는 시간을 과소 추정한다. 사건이나 사고의 대부분은 사람들이 피로할 때 발생한다. 현장 조사의 목표는 실현 가능해야 하고, 목표를 달성하기 위해 충분한 시간을 할애해야 한다. 예컨대, 날씨 조건은 현장에서의 작업 효율성에 극적인 영향을 줄 수 있을 것이다. 폭우에서는 6시간 동안의 조사를 수행할 수 없지만, 햇볕이 좋은 날이라면 보다 쉽고 재미있게 할 수 있을 것이다. 물론 햇볕에 의한 화상이나 바람과 같은 위험을 주의하고 적절한 예방 조치를 해야 한다. 가장 효과적인 접근 방법 중 하나는 기본적인 목표를 달성하는 데 필요한 최소 작업 목록을 만들어서 일의 우선순위를 부여하는 것이다. 그다음, 만약 시간이 더 주어졌을 때 할 수 있는 보다 유용하거나 가치가 있는 일에 대한 목록을 만드는 것이다. 목록에 따라 순서대로 일을 하고 최소한의 목표량을 달성한 후, 그래도 시간이 가능하다면 새로운 일을 추가하는 것이 바람직하다. 적합하지 않은 상황에서 조금 더 일하기 위해 자신의 안전을 위협해서는 절대로 안 된다. 만약 감독 현장 조사를 하고 있고 어떤 현장 활동에 불편함을 느끼고 있다면 즉시 책임자에게 말해서 다른 대안을 문의하는 것이 좋다. 예를 들어, 고소공포증이 있거나 절벽이 있는 좁은 길을 따라 이동하는 데 어려움이 있다면, 다른 우회로가 있는지 알아보거나 그러한 환경에 보다 경험이 많은 사람과 동행할 수 있는지 알아보는 것이 필요하다.

대체로 조사 능력 한계 내에서 작업하려고 노력하겠지만 현장 조사는 항상 도전에 직면하고 평상시라면 하지 않을 것들을 해야 할 수 있다. 예를 들어, 완전히 모르는 사람과 인터뷰하거나 극한의 자연환경에서 작업해야 할 수도 있다. 현장에 뛰어들기 전에 자신의 기술과 능력을 좀 더 키워 잠재적 위험성을 줄일 수 있도록 스스로 노력해야 할 것이다. 이와 관련해 어떤 기관들은 교과 과정이나 워크숍을 제공하고 있으며, 유익한 출판물들을 제작하고 있다(심화 읽기자료 참조). 인구가 드문 지역에서 현장 조사를 하고자 한다면, 응급처치 교육과정을 듣는 것이 좋다. 이러한 교육과정들은 세인트존앰뷸런스나 세인트앤드루앰뷸런스협회와 같은 단체에 의해 정기적으로 운영되고 있으며, 대학의 야간 강좌로 개설된 경우도 있다. 또한 여행 계획이나 조직에 대한 안내는 영국의 여행자문센터(Expedition Advisory Centre)나 미국의 탐험가클럽(Explorers Club)과 같은 곳에서 이용할 수 있고(심화 읽기자료 참조), 동계 산악 기술이나 항해와 같은 전문가 과정은 특수한 기구나 단체에서 운영하고 있다.

2.5 조사 장비 숙지

현장 조사에 사용할 장비가 무엇이든지, 그것이 녹음기든지, 토양 시료 채취기든 전자 장비든지 해당 장비에 대한 사용법과 운반법에 대해 반드시 알고 있어야 한다. 어떤 장비는 매우 무거울 수 있고 안전하게 이동시키는 데 두 명 이상이 필요할 수 있다. 수준기(수평면을 구하는 기구), 표척(수준 측량을 할 때 높이를 재는 자), 삼각대로 구성된 단순한 측량 도구 세트조차도 한 사람이 관리하는 것이 힘들 수 있다. 한편 하천에서 표본을 수집하거나 땅을 깊게 파내는 작업, 또는 가구 방문 조사 등을 수행하는 데 있어 가장 안전한 방법을 학교나 기관의 담당자에게 자문하는 것이 좋다. 또한 장비가 배터리나 카세트와 같은 교환 매체가 필요하다면 반드시 여분을 준비해야 한다. 가구 방문에 설문지를 가지고 간다면 충분한 양의 여분 설문지와 거리 지도를 챙기는 것이 좋다. 이러한 사전 준비를 통해 현장 계획에 있어 예기치 못한 지연을 방지하고 적절치 못한 시간에 작업해야 하는 변수를 줄일 수 있을 것이다(예: 심야 시간의 설문 조사, 빠르게 들어오는 밀물 때의 해변 조사).

현장 데이터 수집에 스마트폰이나 태블릿과 같은 모바일 기기가 점점 많이 사용되고 있는데 (Glass, 2015; Medzini et al., 2015), 위급 시 긴급 서비스를 요청하기 위한 수단이 될 수 있다는 점에서 위험을 줄이는 데에도 유용하게 사용될 수 있다. 하지만 시골이나 계곡과 같이 경관의 지세가 무선 신호를 방해할 수 있는 곳에서는 휴대전화의 수신 범위가 고르지 못하기 때문에 현장 조사지 전체에 걸쳐 모바일 기기를 사용할 수 있는지를 반드시 확인해야 한다. 게다가 기술적 오류나 자주 발생하는 배터리 전력 부족은 모바일 기기를 쓸모없는 고철 덩어리로 전락시킬 수 있다. 이는 개인용 경보기도 마찬가지이다. 휴대전화나 개인용 경보기는 결코 개인 소재를 다른 사람에게 알리기 위해 잘 고안한 시스템(1인 조사 전략)을 완전히 대체할 수는 없을 것이다.

시골이나 외딴 지역, 또는 바다에서 조사한다면 휴대용 GPS를 준비해야 할 수도 있다. 이 기기는 정확한 경위도 좌표를 알려 줄 수 있고, 국가 지도 규칙을 준수하면 지도화나 내비게이션에 사용될 수 있다. 하지만 내비게이션에 GPS를 사용한다면 그것이 가진 기술적 한계 역시 알고 있어야 한다. 대부분 휴대용 GPS는 수 미터 정도의 정확성만을 보장하며, 수직 고도에 대한 정확성은 매우 낮다. 또한 배터리로 작동하기 때문에 불편한 순간에 작동이 멈출 수 있으며, 다른 기기처럼 제대로 작동하지 않거나 고장날 수 있다. 설사 현장에 GPS를 가지고 가더라도 방향을 탐지할 수 있는 나침반과 지도는 여전히 들고 가야 하며, 어떻게 사용하는지도 숙지하고 있어야 한다. 만약 해외에서 조사한다면, 대부분의 자기 나침반이 특정한 세계 구역[예: 3개의 나침반 구역 또는 조정 구역(balancing zone) – 자북 구역, 자남 구역, 자기 적도 구역]에 따라 다르게 보정되어 있으므로, 지정된 구역 바깥에서 사용하면 부정확할 수 있음을 주지할 필요가 있다.

2.6 위급 상황 대처

만약 현장 조사를 착수하기 전에 이 장에서 설명하고 있는 예방 조치를 하고, 주의 깊게 위험성 평가를 완전히 한다면 문제 발생의 가능성은 분명 최소화될 것이다. 그렇다고 위험성이 완전히 제거되는 것은 아니다. 자동차 사고나 차량이 파손될 수도 있고, 지나가다 돌에 걸려 넘어질 수 있거나, 날씨가 변할 수도 있다. 이처럼 예측할 수 없는 난처한 상황에 처한다면 가능한 한 진정하고 차분히 고민한 후에, 필요하다면 도움을 요청해야 할 것이다. 보험이 있으면 사건이나 상황의 심각성이나 유형에 따라 보험사에 상담을 받는 게 좋다. 이와 같은 상황에서 침착하게 대처한다는 것이 말로는 쉽지만 실제 행하기는 어렵다. 그래도 최대한 겁먹지 말고 다른 사람들에게 공포를 유발하지 않도록 하는 것이 중요하다. 상황을 좀 더 생각해 볼 수 있는 시간을 가지고 상식을 동원해 스스로나 다른 사람들을 위험에 빠뜨리지 않도록 해야 한다. 만약 건강과 안전을 위협할 수 있는 사건이나 사고가 발생한다면, 반드시 발생한 상황을 잘 이해하고 상황의 심각성을 정확하게 평가하는 것이 매우 중요하다.

뭔가 일이 잘못되기 시작하면 최대한 신속히, 그리고 충분히 현재 일어난 상황을 이해하려고 노력해야 한다. 산비탈에서 길을 잃는다면 어디에서부터 길을 잘못 들었는지 알 수 있겠는가? 그렇다면 이전에 왔던 길을 되짚어 정확한 경로로 되돌아갈 수 있는가? 만약 차량이 고장 나면, 예컨대 타이어에 펑크가 나면 왜 그런지 알 수 있겠는가? 안전하게 수리할 수 있는가? 만약 누가 다쳤다면 어떻게 사고가 났는지 알 수 있겠는가? 낙석이 있었는가? 가파른 경사로 미끄러져 내려왔는가? 이러한 질문들은 어떤 부상인지뿐 아니라 위험이 여전히 남아 있는지에 대해서도 이해할 수 있도록 도와줄 것이다. 예를 들어, 불안정한 절벽면은 낙석이 계속 발생하면 곧 붕괴될 수 있다. 자기 자신이나 사상자에게 발생할 수 있는 모든 위험을 조심해 절대로 위험에 빠지지 않도록 해야 한다. 필요하다면 가지고 있는 구급상자를 이용해 사상자를 응급 처치할 수 있어야 한다.

만약 스스로 해결할 수 없는 어려움에 처해 도움을 요청해야 한다면, 가능한 한 정확하게 상황을 평가할 필요가 있다. 스스로 응급 처치할 수 없는 사상자가 발생했다면 어떤 부상인지를 최대한 정확히 판단해야 한다. 긴급 서비스 또한 얼마나 많은 사상자가 있는지, 의식이 있는지 없는지, 호흡하고 있는지, 심장이 뛰고 있는지 등에 대한 정보가 필요할 것이다. 만약 환자에게 천식이나 심장 질환과 같은 지병이 있다거나 사고가 어떻게 발생했는지 알고 있다면(예: 물속에 빠졌거나 차량 충돌) 이러한 사항들을 긴급 서비스에게 알려 주어야 한다.

사건이 발생한 위치도 알 필요가 있다. 혹시 외딴곳에 있다면 격자 좌표와 랜드마크를 기록해야 하고, 도로 번호나 교차로의 상세 사항을 적어 두고, 가장 가까운 거주지와 얼마나 떨어져 있는지를 알고 있어야 한다. 도움을 청하기 위해 사건이 발생한 장소를 떠나야 한다면 출발하기 전에 이러한 정보들을 모두 기록해야 함을 명심해야 한다. 긴급 서비스는 모든 공중전화 부스나 고속도로 비상 전화로부터 신고를 추적할 수 있지만, 그 자리를 떠나야 하거나 휴대전화를 사용하고 있다면 정확한 위치를 알려 주기 위해 훨씬 더 주의를 기울여야 한다. 산속에서 걷다가 길을 잃고 되돌아갈 수 없을 때는 그 자리에서 멈춰 서고 산을 내려올 수 있는 가장 안전한 경로를 찾아야 한다. 먼저 방향을 잡기 위해 나침반을 사용하고 빌딩이나 수로, 도로 방면으로 향하는 것이 도움이 될 것이다. 외딴 지역에서 차량이 고장 난다면 가장 좋은 방법은 보통 조력자가 도착하기 전까지 차량에 머물러 있는 것이다. 특히나 날씨가 좋지 않다면 더욱 그러하다. 마지막으로 좋지 않은 시야, 불안정한 경사지나 홍수, 만조, 전기 등과 같은 위험스러운 상황이 사고에 영향을 미치거나 긴급 서비스 출동에 영향을 줄 것 같다면, 신고할 때 이러한 상황에 대해서도 반드시 알려 주어야 한다.

위기 상황이 끝나고 나면, 일어났던 상황들을 다시 상기하면서 무엇이 왜 잘못되었는지 가능하면 그때의 시간과 날짜와 함께 기록하길 바란다. 이러한 기록은 향후 유사한 사건이나 사고를 방지하기 위한 절차들을 수립하는 데 유용할 수 있으므로 학과의 안전 담당자에게 반드시 제출해야 한다.

| 요약

- 현장 조사는 위험한 작업일 수 있지만, 지리학자들이 현장 조사를 수행하고 있는 다양한 장소들과 현장에서 보내는 시간을 고려한다면 실제로는 사건이나 사고가 거의 발생하지 않고 있다.
- 현장에서의 건강과 안전을 위해 하는 예방 조치들은 대부분 상식에 해당하며, 주말에 쇼핑하거나 친구와 함께 산길을 걸을 때도 똑같이 적용될 것이다. 현장 조사의 모든 상황에 그것이 감독 집단 조사든 무감독 개별 조사든 이러한 상식을 적용할 수 있도록 유념하길 바란다.
- 위험성 평가 기법은 현장 조사의 가능한 위험 요소를 예측하는 데 이용할 수 있다. 위험을 최소화할 수 있는 모든 예방책을 확인하고, 이 모든 것들이 완전히 구현될 수 있도록 해야 한다.
- 간혹 특정한 장비나 환경과 관련해 학습하고 적용할 필요가 있는 특별한 절차가 있을 수 있으며, 전문 강사나 전문가 자문 서비스로부터 조언을 구할 수 있다.
- 적절한 건강 및 안전 지침을 만들어 개시하거나 스스로 따를 의무가 있으며, 현장에서 자기 자신과 다른 사람들의 건강과 안전을 보장하기 위한 모든 합당한 예방 조치를 따를 의무가 있다.
- 위의 조언들을 잘 따른다면 새로운 기술을 배울 수도 있고 새로운 임무를 맡을 수도 있다. 나아가 더 중요하게는 어떠한 심각한 사고나 사건도 발생하지 않도록 예방할 수 있을 것이다.
- 항상 본인이 다니고 있는 대학의 건강 및 안전에 관한 정보와 학과가 가지고 있는 특정한 정보를 알아보길 바란

다. 요즘은 각 기관의 웹사이트에서 이러한 정보를 쉽게 찾아볼 수 있을 것이다.

심화 읽기자료

현장의 건강 및 안전과 관련해 학생들만을 위한 글이 많지는 않지만, 다음 두 자료가 유용할 것이다.

- 히기트와 불러드(Higgitt and Bullard, 1999)는 학부 논문에서 왜 위험성 평가를 수행해야 하는지, 그리고 어떻게 수행하는지에 대해 상세히 알려 준다. 두 가지 사례연구(인문지리, 자연지리)를 통해 고려해야 할 위험 요소와 위험 유형에 관해 설명하고 있다.
- 내시(Nash, 2000)는 개별적인 해외 현장 조사를 수행하는 데 필요한 안내를 해 주는 첫 번째 글이라고 할 수 있다. 어디로 가야 할지, 해외 현장에 도착했을 때 무엇을 해야 할지, 그리고 조사를 시작하기 전 먼저 고려해야 하는 건강, 안전, 보험 이슈들에 대해 논의하고 있다.

* 심화 읽기자료에 대한 상세 정보는 아래 참고문헌에서 확인할 수 있음.

많은 정부 웹사이트가 국가별로 안전 및 치안, 지방 여행, 입국 요건, 보건 사항과 같은 해외여행을 위한 포괄적인 정보를 제공한다. 일부 정부는 웹사이트 내에 별도의 페이지를 구성해 여행자를 위한 도움말, 해외에서 휴대전화 구하는 방법, 위급 상황에서 해야 할 일 등을 안내하고 있다. 이러한 사이트들은 정기적으로 업데이트되고 있으며, 특히 정치적 소요나 자연재해에 관해서는 빠르게 업데이트되고 있다. 영국이나 미국, 오스트레일리아 국민을 위한 웹사이트는 다음과 같으며, 다른 국가는 각 정부의 여행 관련 부서 웹사이트를 찾아보길 바란다.

영국 외무성(Foreign and Commonwealth Office): www.gov.uk/foreign-travel-advice

미국 질병통제예방센터(Center for Disease Control and Prevention; 보건 문의): wwwnc.cdc.gov/travel

미국 국무부(United States Department of State; 여행 문의): travel.state.gov

오스트레일리아 외교통상부(Australian Department for Foreign Affairs and Trade): www.smartraveller.gov.au

지역의 최신 기상 예보는 신문이나 전화(전화번호는 지역 신문 참고), 기상청 웹사이트 등에서 확인할 수 있음.

영국 기상청(Meteorological Office): www.metoffice.gov.uk

미국 기상청(National Weather Service): www.weather.gov

오스트레일리아 기상국(Bureau of Meteorology): www.bom.gov.au

어떤 탐험을 계획하면서 떠나기 전 특별한 기술을 익히고 싶거나 자문이 필요하다면 다음 기관들이 유용할 것이다.

영국 왕립지리학회(Royal Geographical Society, www.rgs.org)/영국 지리학회(The Royal Geographical Society with the Institute of British Geographers)는 사륜구동 운전 연습, 사람 중심 연구 기법, 위험성 분석, 위기관리 등과 같은 주제에 관한 워크숍과 세미나를 운영하고 있으며, 열대우림에서 사막에 이르는 다양한 자연환경에서의 계획과 안전에 관한 많은 출판물을 발행하고 있다.

미국 탐험가클럽(Explorers Club)은 탐험 계획에 대해 안내하고 있으며, 현장 기술에 관한 여러 강의 시리즈를 보유하고 있다(www.explorers.org).

국제산악연맹(International Mountaineering and Climbing Federation, www.theuiaa.org)과 영국등산협회(British Mountaineering Council, www.thebmc.co.uk)는 고산지 여행과 안전에 관한 모든 사항을 안내하고 있다.

현장 조사 기회는 교육기관뿐 아니라 자선단체에서의 근무나 탐험과 같이 다양한 경로를 통해 제공될 수 있다. 영국표준협회(British Standards Institution)는 2007년에 처음으로 「영국 바깥에서 이루어지는 방문, 현장 조사, 탐험, 모험 활동 준비를 위한 BS8848 설명서」라는 규정을 제정했고 2014년에 개정했다. 이 문서는 모험적인 여행을 조직하는 사람들이 좋은 관행을 따르기 위해 반드시 충족해야 하는 요건들을 제시하고 있다. BS8848 (에베레스트산의 높이를 딴 이름)은 기본적으로 '제공자'에 초점을 맞추고 있지만, 2014 개정판은 다음 사항에 보다 활발하게 관여하도록 '참여자'의 책임을 특히 강조하고 있다.

• 위험성 평가로부터 요구되는 조치를 포함해 자신이나 다른 사람들을 합리적으로 돌보는 것
• 책임자의 지시를 따르는 것
• 자신이나 다른 사람들의 건강, 안전, 복지에 관한 우려에 대해 책임자나 감독관이 관심을 가질 수 있도록 하는 것
• 답사 조직자가 제시하는 행동 수칙을 준수하는 것(p.13)

만약 탐험이나 현장 조사를 조직하고 있다면, BS8848 부록에 유용한 점검 항목들이 있으니 참고하길 바란다. BS8848은 여러 도서관이나 영국표준협회에서 이용할 수 있다(www.bsigroup.com).

참고문헌

BS 8848: 2014 (2014) *Specification of the provision of visits, fieldwork, expeditions and adventurous activities out-sidethe United Kingdom*. British Standards Institution, London.

Glass, M.R. (2015) 'Enhancing field research methods with mobile survey technology', *Journal of Geography in Higher Education*, 39 (2): 288-98.

Higgitt, D. and Bullard, J.E. (1999) 'Assessing fieldwork risk for undergraduate projects', *Journal of Geography in Higher Education*, 23: 441-9.

Kent, M., Gilbertson, D.D. and Hint, C.O. (1997) 'Fieldwork in geography teaching: A critical review of the literature and approaches', *Journal of Geography in Higher Education*, 21 (3): 313-32.

Medzini, A., Meishor-Tal, H. and Sneh, Y. (2015) 'Use of mobile technologies as support tools for geography field trips', *International Research in Geographical and Environmental Education*, 24 (1): 13-23.

Nash, D.J. (2000) 'Doing independent overseas fieldwork 1: Practicalities and pitfalls', *Journal of Geography in Higher Education*, 24: 139-49.

Ross, K. (2015) '"No Sir, she was not a fool in the field": Gendered risks and sexual violence in immersed cross-cultural fieldwork', *The Professional Geographer*, 67 (2): 180-6.

USHA-UCEA (2011) 'Guidance on Health and Safety in Fieldwork including Offsite Visits and Travel in the UK and Overseas.' Universities Safety and Health Association (USHA) in association with the Universities and Colleges Employers Association (UCEA). Available from http://www.ucea.ac.uk/en/publications/index.cfm/guidance-onhealth-and-safety-in-fieldwork (accessed 8 December 2015).

공식 웹사이트

이 책의 공식 웹사이트(study.sagepub.com/keymethods3e)에서 이 장과 관련한 가장 좋은 자료들에 대한 링크들을 확인할 수 있음.

3

지리학 연구 윤리

개요

지리학에서 윤리적 연구란 진실하게 행동하고, 공정과 선, 존중하는 방식으로 행동하는 실천가들로 특징지을 수 있다. 윤리적인 지리학자는 자신이 종사하는 도덕 공동체 내에 존재하는 다양성에 민감하며, 궁극적으로는 자신의 행위에 도덕적 의미의 책임이 있다. 이 장은 윤리적 행동의 중요성을 설명하고 윤리적 연구를 수행하는 데 필요한 핵심적인 조언과 윤리적 딜레마에 관한 사례를 보여 준다.

이 장의 구성

- 서론
- 왜 윤리적으로 행동해야 하는가
- 윤리적 행동 원리와 이슈
- 진실 게임? 연구의 윤리적 딜레마에 대한 목적론적, 의무론적 접근
- 결론

3.1 서론

지리학 연구에서 윤리적으로 행동한다는 것은 우리가 도덕적으로 행동할 때처럼 옳고 그름에 따라 행동하기를 요구한다(Mitchell and Draper, 1982).[1] 윤리적 연구는 매사 훌륭하게 처신하는 사려 깊고 상황을 잘 파악하는 성찰적인 지리학자들에 의해 수행된다. 왜냐하면 누군가 시켜서 하는 것이 아니라 '옳은' 것이기 때문이다(Cloke, 2002; Dowling, 2016).[2]

이 장은 윤리적 연구를 해야 하는 이유와 기저에 있는 원리들에 대한 인식을 제고하고자 한다. 또한 연구하는 동안 직면할 수 있는 윤리적 딜레마를 다루는 방법에 관한 지침을 제공하고자 한다. 자

신의 '도덕적 상상력'(Hay, 1998b)에 따라 행동하고 연습할 수 있는 기회를 주면서 굳이 윤리적 처방을 필요로 하지 않더라도, 동료들이나 커뮤니티가 연구를 준비하고 수행할 때 공통으로 고려해야 할 특정한 윤리적 문제들을 전반적으로 제시하는 것은 매우 중요하다. 지리학자로서 어떤 형태든 의미를 갖는 행동을 하게 될 경우, 윤리적 중요성은 반드시 고려되어야 할 뿐만 아니라 그에 따르는 책임도 감수할 준비를 해야 한다. 비교문화 연구(cross-culatural research)와 같은 몇몇의 사례를 보면, 윤리적으로 성찰적인 실천은 서로 다른 집단 간의 윤리적 기대를 인정하고 조정함으로써 모든 집단이 만족할 수 있는 접근을 이끌어 낼 수 있다(Howitt and Stevens, 2016; Johnson and Madge, 2016; 6장 참고).

앞부분에서 지리학자가 왜 윤리적으로 행동해야 하는가에 대한 몇몇 이유를 제시했지만, 윤리적 행동을 토대로 한 몇 가지 근본 원칙에 대한 논의를 계속해 나갈 것이며, 지리학자로서 윤리적 연구를 실행함에 있어 도움이 될 수 있는 사항을 제시하고자 한다. 하지만 앞서 언급했다시피, 아무리 연구가 가져올 결과를 잘 예상한다고 해도 때때로 심각한 딜레마 상황에 놓이게 된다. 이러한 점에서 이 장은 윤리적 딜레마를 어떻게 해결할지에 대한 전략을 세우는 데 도움이 될 것이다. 또한 윤리적인 지리학자로서 성장하기 위해 필요한 몇 가지 제안을 할 것이다. 이 장에서 다루게 될 실제 윤리 사례들은 향후 연구를 수행할 때 직면할 수 있는 중요한 논의 대상이며, 관련해 유용한 자료가 되어 줄 것이다.

우선 두 가지 주의할 것이 있는데, 첫째는 윤리적 실천에 관한 결정이 특정 상황에 따라 정해져야 한다는 것이다. 모든 사람과 장소는 진실, 정의, 존중 등을 통해 설명되어야 하지만(Smith, 2000a), 윤리적 행위는 다양한 도덕적 공동체로부터 야기될 수 있는 것들을 예측할 수 있는 세심함을 필요로 할 뿐만 아니라 여러 자연적, 사회적 관계를 통해 행해지는 복잡한 것들에 대한 인정을 요구한다(6장 참고). 이러한 이유로 윤리적 실천을 위한 확고한 규칙들은 규정하기 힘들고, 특히 사람과 관련된 연구에서 더욱 그러하다(Hay, 1998a; Hay, 1998b; Hay and Israel, 2005; Israel and Hay, 2006; Israel, 2015). 그리고 이 장에서 사례연구로 논의된 지리학자들이 직면한 실제 난관들을 보면 알 수 있듯이, 대부분의 윤리적 딜레마에 대한 '정확한' 해결책은 없다. 둘째는 단순히 주변의 친구나 동료 혹은 어떤 기관(예: 동료 학생, 지리학자, 대학 윤리위원회)이 윤리적 행동이나 실천들의 불필요성에 대해 이야기한다고 해서 반드시 그것이 정답은 아니라는 점이다. 모든 것에 대한 결정은 자신과 자신의 양심, 그리고 함께 일하는 사람들에게 달려 있다. 그리고 그러한 결정에 대해 반드시 책임져야 한다.

3.2 왜 윤리적으로 행동해야 하는가

인간이 반드시 윤리적으로 행동해야 한다는 도덕적 논쟁은 차치하고, 지리학 연구자들이 윤리적으로 행동해야 하는 중요한 실제적인 근거들이 있다. 이는 다음 세 가지 범주에 해당한다.

첫째, 윤리적 행동은 우리가 하는 연구에 포함된 혹은 영향을 받을 수 있는 개인, 공동체, 그리고 환경의 권리를 보호해야 한다. 사회과학자나 자연과학자들이 '세상을 더 살기 좋은 곳'으로 만드는 것에 관심이 있는 것처럼 남에게 해를 끼치는 것을 피하거나 적어도 최소화해야 한다.

둘째, 어쩌면 이것은 지극히 개인적인 욕심일 수 있지만, 윤리적 행동은 지속적인 과학적 연구를 가능하게 하는 좋은 풍토를 보장해 줄 수 있다. 예를 들어, 월시(Walsh, 1992: 86)는 태평양 섬 지역의 연구 사례를 통해 문화적 의식 부족과 부주의하게 행해지는 경솔한 행동들이 연구 특권에 대한 지역 사회의 부정을 초래할 수 있음을 언급하면서 이와 관련해 윤리적 문제를 논의한 바 있다. 최근 들어 세계 곳곳의 토착 원주민과 공동체들이 그들의 연구에 대한 허가권이나 시행 방식 등을 만들어 감으로써 문제의 소지가 있는 연구 행동들에 목소리를 높이고 있다(Howitt and Stevens, 2016: 68). 연구자들은 윤리적으로 행동함으로써 그들의 신뢰를 얻을 수 있을 것이다. 그러한 신뢰를 통해 지속해서 연구할 수 있고, 연구의 주체가 될 그들의 의심과 두려움에서 벗어날 수 있을 것이다(사례연구 3.1 참조). 게다가 이러한 윤리적 행위는 연구 단체 내에서의 신뢰를 뒷받침하는 근거가 되기도 한다. 동료들과의 작업이 진실하고 완전해야 함은 반드시 필요한 부분이지만, 실제로 믿고 신뢰할 수 있는 실체가 존재하는 것은 연구를 지속할 수 있도록 자금을 지원받고 그들 단체에게 확신을 주는 데 있어서 중요한 요소가 되기도 한다.

사례연구 3.1 물에 빠진 게 아니라, 손을 흔들었을 뿐이야

미국에서 홍수해 위험 인식에 관한 조사를 해 오던 케이츠(Bob Kates)는 비록 드문 경우이기는 하지만 자신과의 대화를 통해 사람들의 걱정과 두려움이 증가한다는 것을 발견했다. 심지어 도로의 고도를 측정하는 연구팀은 일부 사람들의 집이 고속도로 확장으로 사라질지도 모른다는 소문을 퍼트렸다(Kates, 1994: 2).

논의

케이츠는 그의 연구가 가져온 의심과 소문에 책임이 있는가? 이에 대한 답을 설득력 있게 말해 보시오.

마지막으로, 대학과 같은 기관들이 소속 학생이나 구성원들의 비윤리적이고 부도덕한 행동에 대해 법적으로 통제하고 책임질 필요가 있다는 사회적 요구와 정서가 점차 증대되고 있다. 이는 예전에 비해 윤리적 행위가 더 강조되고 있음을 의미한다(Israel, 2015: 45-78).

분명한 것은 윤리적인 연구를 해야 할 보다 강한 도덕적이고 현실적인 이유가 있다는 것이다. 어떻게 하면 이러한 문제를 흥미롭게 다룰 수 있을까?

3.3 윤리적 행동 원리와 이슈

세계의 수많은 연구 지원 기관이 연구 제안서가 윤리적인가를 면밀히 살피기 위해 위원회를 열고 있다(Israel, 2015). 이러한 위원회들은 연구에서 발생할 수 있는 윤리적 함의들을 정기적으로 살펴보고 있으므로, 이들의 활동이나 운영 원리는 자신의 연구가 윤리적인가를 살펴볼 수 있는 좋은 출발점이 될 것이다.

일반적으로 위원회들은 정직한 연구의 이행과 결과에 대한 소통을 약속하는 의미에서 진실성을 가장 중요한 척도로 삼는다. 하지만 위원회는 보통 박스 3.1에서 제시한 것처럼 세 가지 기본 원리를 강조한다.[3] 이 원리들은 결국 윤리적 문제에 관한 개인적 고찰에 도움을 줄 핵심 질문들(박스 내 오른쪽 부분)로 귀결된다. 이 단순한 질문들을 자신의 연구에 반영해 본다면 생각보다 큰 도움이 된다는 사실을 알게 될 것이다. 우선 이 질문들은 윤리적 실천의 출발점을 제공한다. 예를 들어, 연구가 공정하고, 이로운 것을 하고 있고, 다른 이들에 대한 존중을 끊임없이 보여 준다면 아마도 윤리적 연구를 잘하는 중일 것이다. 반면 연구가 공정하다고 믿지만 다른 이를 존중하지 않거나 해를 끼치고 있다면 곧 윤리적 딜레마에 빠질 것이다. 이 장 후반부에 이러한 상황을 다루기 위한 전략에 대해 논

박스 3.1　윤리적 행동 원리

정의 이 개념은 이득과 부담의 분배를 강조　　　　　　　　　　　　　공정한가?

이로움/무해성 '이로운 것을 하는 것'과 '해를 끼치지 않는 것'을 의미　　　해를 끼치고 있는가?
우리가 하는 일들은 이로움을 증대하고, 물리적·감정적·경제적·환경적 손해와　　이로운 것을 하고 있는가?
불편함을 최소화해야 한다.

존중 모든 개개인을 자주적 주체로 인정해야 하고, 자율성이 저하된 사람(예: 지　존중하고 있는가?
적 장애인)은 특히 보호해야 한다. 이러한 문제는 연구와 관련된 사람들의 복지,
신앙, 권리, 그리고 유산과 관습 등과 관련해 매우 중요하게 고려되어야 할 것들
이다. 당연히 이러한 존중은 연구에 포함될 수 있는 어떠한 불편한 상황이나 트라
우마 또는 생물체나 환경에 영향을 미칠 수 있는 변형까지도 고려해야 한다.

의할 것이다.

박스 3.1에서 제시하고 있는 원리와 질문들은 꽤 괜찮은 일반적 틀이 될 수 있지만, 연구 초기에 그 연구가 윤리적인 부분을 잘 이해하고 있는지를 확인하기 위해서는 보다 구체적인 조언이 필요할 것이다(사례연구 3.2 참고).

일반적으로 윤리위원회는 연구 제안을 검토할 때 다섯 가지 주요 이슈에 대해 상세한 고려사항을 제시한다. 박스 3.2에서 각각의 이슈와 도덕적 사색을 위한 일련의 '질문'을 살펴볼 수 있다. 알다시피 '질문'은 어떠한 또는 모든 상황에서 해야 하는, 혹은 해서는 안 될 행동에 대한 구체적 방향을 제시하지는 못한다. 사회적·지리적 연구에서의 엄청난 변동성(Bosk and de Vries, 2004: 260), 세계의 복잡한 엮임(Popke, 2007), 그리고 유연한 연구 실천과 관련된 요구 등을 고려해 볼 때 질문을 실천하는 것은 사실상 불가능하기 때문이다. 또한 일괄적인 질문과 대답은 특정 이슈에 관한 연구 참여자와의 조정이 필요하지 않게 할 수 있다.[4]

사례연구 3.2 지난주에 이미 다 해 버렸어

대학생인 알리(Ali bin Ahmed bin Saleh Al-Fulani)는 지역 내 두 개의 고등학교를 대상으로 16세 학생의 두 '가정 집단'에 나누어 줄 설문지를 신중하게 만들었다. 이 설문 조사는 그의 학위 논문 중 비교 연구의 중요한 부분이었다. 정부 규정에 따라 알리는 학부모들로부터 설문 조사에 대한 허가를 받았을 뿐만 아니라 대학의 윤리위원회로부터 그의 연구에 관한 승인도 받은 상태였다. 대학 윤리위원회는 알리에게 설문에 참여하는 학생들에게 해당 설문은 어디까지나 자발적인 것이고, 어떠한 질문에 대한 대답도 강요하지 않는다는 설명이 담긴 편지를 동봉하도록 요구했다. 설문 조사를 시행하기 몇 주 전 알리는 해당 학교 교사들에게 그들의 의견을 듣기 위해 거의 최종안에 가까운 설문지를 보냈다. 그 설문지에는 동봉해야 할 편지가 포함되지 않았다. 교사들의 의견을 고려해 설문 내용을 수정할 계획이었고, 그다음 다시 설문지를 학교로 보내 '가정 집단' 면담 시간에 실제로 설문을 진행할 생각이었다. 설문지를 교사들에게 보낸 후 약 일주일 동안 알리는 설문지에 대한 그들의 의견을 듣고자 했다. 첫 번째 교사는 어떠한 수정도 없이 설문지를 우편으로 그대로 돌려보냈다. 하지만 알리는 두 번째 교사가 여러 개의 설문지 복사본을 만들어 자신의 '가정 집단' 학생들에게 이미 설문 조사를 했다는 사실을 알게 되었다. 심지어 알리에게 완성된 설문지를 수합해 달라고까지 했다. 알리는 황급히 학교로 향했고, 이미 가정 집단의 모든 학생이 설문 조사를 마쳤다는 사실을 알게 되었다. 30개가 넘는 학급 중에서 오직 한 명의 학생만이 결석했고, 응답률은 놀라울 정도로 높은 97%에 달했다. 교사들은 이미 몇 차례에 걸친 알리의 요구에 지쳐 있었기 때문에 그는 재설문을 요구하기 힘들었다.

논의
높은 응답률과 상황을 종합해 볼 때 학생들은 연구에 참여 여부를 자율적으로 결정하지 못했을 것이다. 자유와 동의 고지가 없는 상태에서 얻은 결과를 알리가 이용하는 것이 과연 윤리적인가? 만약 그 설문 조사가 성폭력 같은 민감한 문제를 다루고 있거나 물리력을 통해 동의 없이 이루어졌다면 당신의 의견은 바뀔 수 있는가?

박스 3.2 사색과 행동을 위한 질문

연구를 하기 전, 그리고 수행하는 동안 다음의 것들을 고려하고 있는가?

동의

- 목적, 방식, 다른 참여자, 후원자, 요구 사항, 위험성, 관련된 시간, 애로 사항, 잠재적 결과 등과 같은 주제에 대해 참여자에게 제공될 정보량
- 동의한 정보를 제공할 참여자에 대한 접근성 및 용이성
- 동의가 이루어지기 전 연구에 대한 숙고 시간
- 속임수를 쓰는 연구에 대한 주의[5]
- 종속된 관계에 있는 사람들로부터 동의를 얻는 것에 대한 주의
- 동의를 기록하는 것
- 프로젝트에 참여한 사람들에게 동의 문제에 대한 고지

기밀

- 연구 과정과 결과 발표에 있어 참여자들의 신분 노출
- 사적 혹은 기밀 정보의 수집과 동의
- 기밀 또는 사생활에 있어 개인정보 법률과 연구자 보증 사이의 관계
- 연구 과정 전후의 자료 저장(예: 현장 기록, 완료된 설문, 인터뷰 기록)

손해

- 연구 또는 그 결과가 가져올 잠재적인 신체적, 심리적, 문화적, 사회적, 재정적, 법률적, 환경적 손해
- 기존의 유사한 연구가 미친 손해 정도
- 종속된 인구에게 미치는 피해 문제
- 연구에 내재된 위험과 잠재적 이득 간의 관계
- 연구가 시작된 후 연구에서 빠진 참여자들을 위한 기회
- 연구자의 역량과 시설의 적절성
- 결과에 대한 재현

문화적 의식

- 개인과 개인이 속한 공동체가 바라보는 인격, 권리, 소망, 믿음 그리고 윤리적 관점

결과의 배포와 참여자에 대한 피드백

- 참여자의 결과에 대한 이용 가능성과 용이성
- 결과의 잠재적 해석(오해)
- 결과의 이용(오용)
- 결과의 '소유권'
- 후원
- 연구 해명(debriefing)
- 저자권(authorship)[6]

박스 3.2의 이슈들을 생각할 때, 진실의 가치와 앞서 제시한 원리(정의, 이로움/무해성, 존중)의 측면에서 살펴보면 좋을 것이다. 예를 들어, '동의가 이루어지기 전 연구에 대한 숙고 시간'이라는 질문에 대해 생각해 보자. 인문지리학자의 경우 식료품 가게에서 사람들의 소비 행동에 관한 2분짜리 인터뷰보다는 훨씬 복잡하고, 장기적인 관찰 연구에서의 사람들의 개입을 더 의미 있게 생각할지 모른다. 피해를 최소화하는 것과 관련된 다른 사례는 자연지리학자가 잡초 제거와 같은 현장 작업이 둥지를 트는 조류에게 끼칠 수 있는 잠재적 피해를 생각하고 그에 따라 행동하는 것이다. 사실 이전에 유사한 연구가 있었다면 같은 연구를 다시 할 필요는 없을 것이다.[7]

3.4 진실 게임? 연구의 윤리적 딜레마에 대한 목적론적, 의무론적 접근

프라이스(Price, 2012)와 리터부시(Ritterbusch, 2012) 같은 학자들이 분명히 말했듯, 인간 주체에 대한 보호는 단순히 윤리위원회와의 대화로 국한할 수 있는 것이 아니다. 아무리 철저히 준비하고, 올바르게 행동한다고 하더라도 우리는 예측하기 어려운 여러 윤리적 딜레마 상황에 놓이게 된다(사례연구 3.3과 3.4 참조).

사례연구 3.3과 3.4와 같은 상황에 어떻게 대처해야 할까? 이 문제에 대한 해답을 얻기 위해 잠시 철학자가 될 필요가 있다. 이에 앞서 딜레마를 해결하는 과정에서 앞서 언급했던 윤리적 원리(정의, 이로움, 존중) 중 한 가지를 '위반'하기 쉽다는 점 또한 말해 두고 싶다. 그래서 딜레마인 것이다. 하지만 행동에 관한 두 가지 핵심적이고 규범적인 접근 방법에 대해 기본적으로 잘 알고 충분히 숙고했다면 어려운 결정을 해야 하는 순간 오히려 자신감이 생길 것이다.

많은 철학자는 올바른 행동에 관한 일련의 이론적 범주로써 철저히 검토된 두 가지, 즉 의무론(deontology)과 목적론(teleology)을 제안하고 있다(Davis, 1993). 간단히 말해, 의무론은 행동을 윤리적으로 판단하고, 그 행동이 가져올 결과에 주목한다. 하지만 목적론적 측면에서 보면 놀랍게도 '옳은 것'이 반드시 좋은 것은 아니다.

결과주의(consequentialism)라고도 알려진 목적론적 관점에서는 선한 결과를 초래하는 행동은 도덕적으로 옳은 것이 된다(Israel, 2015). 따라서 만약 희귀 동물 서식지에 대한 정보를 대중에게 알림으로써 그곳을 관통하는 다리 건설 공사를 사전에 막을 수만 있다면 그러한 행동은 위법적일지언정 꽤 적절한 행동일 수도 있다. 왜냐하면 그렇게 함으로써 발생하는 '비용'보다 더 큰 좋은 결과를 맥도널드(Catriona McDonald)는 최근에 학부 연구 프로젝트의 일환으로 'ANZAC Helpers'라는 비정부 복지 기관에 보낼 비밀 설문지를 완성했다. 이 기관은 주로 제2차 세계대전에 참전했던 70세 이상의 재향군인들로 구성되어 있으며, 이들의 자원봉사 일 대부분은 큰 대도시권의 익숙한 곳들로 운전하는 것이다. 맥도널드는 이 기관에서 파트타임으로 일하며 자신의 고용 상태가 다소 불안정하다고 느끼고 있다. 맥도널드의 지도 교수는 완료된 연구 프로젝트를 공식적으로 평가했고, 맥도널드는 수정된 보고서를 ANZAC Helpers에 제출할 계획이었다. 어느 날 오후 맥도널드는 기관 구성원 중 한 명인 스미스(Montgomery Smythe) 씨를 만났는데 맥도널드는 그를 종종 문제를 일으키는 사람으로 인식하고 있었다. 몇 마디 가벼운 이야기를 나누던 중에 스미스 씨는 맥도널드에게 연구 결과에 관해 물었다. 맥도널드는 연로함과 좋지 못한 건강 상태로 인해 봉사 활동을 수행하는 데 어려움을 겪는 구성원의 비율 등과 같이 연구를 통해 알게 된 사실들을 대략 말해 주었다. 그러자 스미스 씨는 어려움을 겪고 있는 구성원이 누구인지 그 이름을 물었다. 누가 어려움을 겪고 있는지 알게 되면 스미스 씨는 그들을 도울 구체적 방안을 세울 수 있고, 같은 처지의 봉사자들이 성취감은 덜하지만 많이 찾지 않는 봉사 일을 할 수 있도록 조정해 줄 수도 있다.

논의

1. 맥도널드는 스미스 씨가 원하는 정보를 제공해야 하는가?
2. ANZAC Helpers의 구성원 일부가 실제로 목숨을 걸고 대도시권 운전을 하고 있을지 모른다는 점을 고려할 때, 맥도널드는 시각과 청각에 문제를 겪고 있는 구성원의 이름을 기관에 알려야 하는가?

콩(Tina Kong) 박사는 최근에 GIS를 이용해 주요 사회 문제를 설명하고 해결하는 연구 기관에서 박사 후 과정을 시작했다. 전임 연구원 지위가 가능한 자리였고, 주목할 만한 학문적 경력을 쌓기에 더없이 좋은 기회였다. 하지만 엄청난 연구 업적과 유명 학술지에 논문 기고 같은 조건이 수반되었다. 콩 박사는 주요 대도시권에서의 환경 발암물질에 관한 연구를 하기로 결정했다. 그녀는 연구의 필요성과 유용성을 평가하기 위한 배경 조사를 하는 데 거의 두 달을 허비했다. 이러한 초기 작업 이후, 콩 박사는 발암물질의 발생 빈도가 높은 지역을 효과적으로 지도화하는 데 GIS를 이용하기로 마음먹었다. 해당 연구의 이해 관계자들과의 회의에서 한 참석자는 연구 결과가 방송을 타게 될 경우, 상당한 경각심을 불러일으킬 수 있다는 점에 주목했다. 예를 들어, 공중 위생과 보건에 관한 광범위한 개인적·제도적 문제들, 발암물질이 높은 지역의 부동산이 받게 될 부정적 영향, 과거와 현재의 발암성 오염 물질을 만들어 낸 이들에 대한 책임 소송 문제 등이 있을 수 있고, 각 지방 정부 당국은 해당 지역에 유독성 물질이 있다는 것에 부정적으로 반응할 것이다. 선임 연구원은 콩 박사에게 만약 연구를 계속할 거라면 최대한 조심스럽게 진행할 것을 당부했다.

논의

콩 박사는 이 연구를 계속해야 할까? 이에 대한 답을 설득력 있게 말해 보시오. 콩 박사는 이 연구를 지금이라도 그만두고 논란의 소지가 적은 다른 문제에 관심을 두어야 할까?

박스 3.3　윤리적 딜레마를 해결하기 위한 전략

윤리적 딜레마에 빠졌을 때 무엇을 할지 어떻게 결정할 수 있을까? 두 가지 주요 접근법이 있다. 하나는 행동이 가져올 실제적 결과에 초점을 두는 **목적론적** 또는 결과주의자적 접근법으로, '아무 일도 일어나지 않았으니 괜찮아'와 같은 다소 냉정한 문구로 함축될 수 있다. 이에 반해 **의무론적** 접근법에서는 행동 자체가 옳은 것이었는가에 대해 질문하게 한다. '그 행동은 약속을 지켰는가?' 혹은 '충실했는가?'와 같은 질문들이 바로 그러하다. 의무론적 접근법의 본질은 아마도 '하늘이 무너져도 정의를 행한다'라는 구문을 통해 쉽게 이해할 수 있을 것이다(예: Quinton, 1988: 216). 이 두 가지 접근은 윤리적 딜레마에 대처하는 출발점으로 유용할 것이다.

1. 어떤 선택이 있는가?

이용 가능한 모든 유형의 대안적 행동 경로를 작성하라.

2. 결과 고려하기

서로 다른 행동 경로가 초래할 긍정적, 부정적 결과에 대해 신중하게 생각하라.

- 누가/무엇이 도움을 받는가?
- 누가/무엇이 피해를 받는가?
- 어떤 종류의 이득과 손해가 있고, 그것의 상대적 가치는 무엇인가? 어떤 것(예: 건강한 신체와 해변)은 다른 것(예: 새 차)보다 더 가치가 있다. 어떤 손해(예: 신뢰 위반)는 다른 것(예: 바다표범 서식지를 보호하기 위해 공청회에서 거짓말을 하는 것)보다 더 중요한 의미를 가질 때가 있다.
- 단·장기적 영향은 무엇인가?

위의 질문들에 대한 대답을 기반으로 이득을 극대화하고 손해를 최소화할 수 있는 가장 좋은 선택은 어떤 것인가?

3. 도덕적 원리에 따라 선택 분석하기

완전히 다른 관점에서 각각의 선택을 살펴볼 필요가 있다. 결과를 무시한 채 행동을 강조하거나 선택을 찾는 것은 문제가 있다. 선택은 정직, 공정, 평등, 그리고 사회적·환경적 취약함에 대한 인식과 같은 도덕적 원리에 어떻게 부합할 수 있는가? 다른 것보다 중요하다고 여기는 어떤 원리를 가지고 있는가?

4. 결정을 내리고 책임 있게 행동하기

이제 분석한 서로 다른 측면을 바탕으로 정보에 근거한 '자신'의 의사를 결정하라. 결정에 따라 행동하고 그에 대한 책임을 생각하라. '자신'이 선택한 행동을 정당화하기 위해 준비하라. 자신 외에 누구도 그 행동에 책임지지 않는다.

5. 시스템과 자신의 행동 평가하기

딜레마를 초래하는 상황에 대해 생각하고, 그러한 상황을 야기하는 조건들을 식별하고 제거하라. 자신의 행동뿐 아니라 행동이 가져올 다른 결과에 대해 고민하는 것을 잊지 마라.

출처: Stark-Adamec and Pettifor, 1995; Israel and Hay, 2012

사례연구 3.5 '티룸(공중화장실)'의 '워치퀸'

1966~1967년, 험프리스(Land Humphreys)는 공공장소에서의 동성애적 행동에 관한 연구를 위해 공중화장실[티룸(tea room): 남성 동성애자가 상대를 찾는 데 이용하는 장소]에서 그들의 동성애적 행동을 관음적으로 관찰하는 '파수꾼(lookout)' 또는 '워치퀸(watch queen)'이 되기로 했다. 워치퀸으로서 그는 경찰이나 낯선 사람이 나타나는지 망을 봐주며 그들에게 알려 주었고, 이 과정에서 험프리스는 그들이 타고 온 자동차 번호판을 모두 기록할 수 있었다. 그 후 자신을 시장 조사원으로 꾸미고 '아주 친절한 경찰'에게 정보를 요청해 그들의 이름과 주소를 알아냈다(Humphreys, 1970: 38). 일 년 뒤, 험프리스는 자신의 외모, 옷 스타일, 자동차 등을 바꾼 후 공공보건조사팀으로 취업했다. 그 자격으로 그는 자신이 관찰했던 동성애자들을 인터뷰할 수 있었고, 마치 그들이 연구를 위해 무작위로 선정된 것처럼 행동했다. 이 속임수는 대부분의 표본 집단이 기혼자라는 사실과 그들의 동성애적 행동에 대한 비밀 보장을 위해 반드시 필요한 것이었다(Humphreys, 1970: 41). 연구가 끝난 후, 험프리스는 그들의 익명성을 보장하기 위해 그가 인터뷰했던 이들의 이름과 주소를 모두 삭제했다. 그의 연구는 이후에 인간의 동성애적 행동에 관한 주요 연구로 발표되었다(Humphreys, 1970).[8]

논의

1. 험프리스의 연구는 참여 관찰의 형식이라 할 수 있는데, 연구 대상이 되는 주체가 자신이 관찰되고 있다는 사실을 인지하지 못할 경우 상당히 성공적일 수 있다. 그렇다면 험프리스가 공중화장실에서 동성애자들의 행동을 관찰하는 것이 비윤리적이었을까? 그런 행동이 공공장소에서 이루어졌다는 점이 생각에 변화를 가져오는가? 그렇다면 왜 그러한가?

2. 험프리스가 비공식적인 이유로 개인의 이름이나 주소를 유출해서는 안 되는 경찰로부터 얻은 정보를 이용한 것은 윤리적이었나? 만약 어떠한 속임수도 없이 그러한 정보들을 얻을 수 있었다면 괜찮았을까?

3. 조사를 마친 후 험프리스는 동성애자들에게 그들이 관찰되었고, 그들의 인터뷰가 연구에 이용되었다는 것을 알려야 했을까? 왜 그런가? 이 질문에 대한 답의 의미를 논의하라. 연구 결과는 다른 사람이 아니라 반드시 참여자들에게만 돌아가야 하는가? 그러한 부분은 어떤 기준으로 결정되어야 할까? 왜 그러한 기준들은 다른 것보다 더 중요할까?

4. 험프리스는 그가 이용한 이름과 주소들을 삭제했어야 할까? 그가 속이지 않았다는 걸 어떻게 알 수 있을까? 그러한 정보 없이 다른 이들이 어떻게 그의 연구 결과를 확증하거나 모사할 수 있을까?

5. 험프리스의 연구는 남성의 동성애적 행동에 있어서 중요한 사회과학적 통찰을 제공했고, 그의 저서 『공중화장실 거래(Tearoom Trade)』는 광범위한 커뮤니티 중 한 집단에 대한 대중의 이해를 증대했다고 주장할 수도 있다. 게다가 행동 관찰의 대상이었던 사람들에게 뚜렷한 해를 끼치지 않았다. 그렇다면 목적이 수단을 정당화할 수 있을까?

얻을 수 있기 때문이다.

의무론적 접근에서는 결과에 대한 이러한 강조를 거부하며 선과 악의 균형만으로 행동의 윤리성을 결정하는 것은 상당히 부족한 면이 있다고 설명한다. 대신, 어떤 행위는 그 자체로 훌륭한 것이어야 하고, 어떤 조건 없이도 약속을 지키고, 감사를 표시하며, 충실함을 나타낼 수 있어야 도덕적으로 올바른 것이 된다(Kimmel, 1988). 따라서 선과 악의 균형을 표방하지 못한다 해도 윤리적으로 옳은 행동이 있을 수 있는 것이다. 요점을 설명하기 위해 희귀 동물의 서식지를 알게 된 연구자의 예를 다시 살펴보면, 의무론적 관점에서 그 연구자는 정보의 비공개로 인해 서식지가 파괴되더라도 자신이 가진 특권에 대한 신뢰를 지켜야 한다.

특정 상황에서 잠재적으로 발생할 수 있는 윤리적 모순을 설명해 주는 두 개의 철학적 접근은 우리가 생각하는 것보다 도움이 되는 경우가 많다. 박스 3.3이 보여 주듯이 이 접근법을 통해 윤리적 딜레마에 대응할 경우 보다 더 심사숙고할 수 있고, 잘 파악할 수 있으며, 좀 더 효율적으로 대처할 수 있다.

사례연구 3.5에서 보여 주는 험프리스(Laud Humphreys)의 유명한(악명 높은) 연구를 통해 실제로 이 접근법을 연습해 볼 수 있다.

3.5 결론

윤리적인 지리학자가 되는 것은 중요하다. 그것은 우리의 연구가 영향을 미치는 사람, 장소, 생명체 등을 보호하는 일일 뿐만 아니라, 사회적·환경적으로 가치 있는 연구를 지속할 수 있도록 보장해 주기 때문이다. 연구를 준비하고 윤리적 문제를 해결하기 위해 앞서 설명한 방법들은 이러한 목적들을 달성하기 위한 방향으로 나아가야 할 것이다. 그러나 윤리적으로 책임 있는 지리학자로 성장하기 위해서는 이보다 더 많은 것들이 필요하다. 윤리적 이슈에 대한 의식을 지속적으로 높이고 딜레마 상황에서 사려 깊게 행동할 수 있는 능력을 신장해야 한다. 그러한 목적을 가지고 보다 윤리적인 지리학자가 되도록 노력하길 바란다.

| 요약

보다 윤리적인 지리학자가 되기 위해 무엇을 할 수 있을까?

• '도덕적 상상력'을 적극적으로 활성화하라. 연구에는 항상 윤리적 이슈가 있기 마련이다. 윤리를 연구 프로젝트 논의에 있어 유량 측정이나 설문지 작성처럼 자연스러운 한 부분으로 받아들여라. 윤리적 문제와 가능성에 대해 늘 동료들과 논의하라. *Ethics, Policy and Environment*와 같은 학술지를 읽어라. 맥락 속에서 윤리적 문제를 인지하는 법을 배우고, 행동에 잠재된 도덕적 중요성을 생각하라. 도덕적 관계들의 광범위한 네트워크 속에서 살고 있다는 점을 기억하라(Appiah, 2007). 특정 행동이 갖는 의미와 도덕적 위치가 예상 밖의 장소에서 이해될 수도 있으며(Smith, 1998), 다른 윤리적 관점에서 해석될 수도 있다. 숨겨진 가치관, 도덕적 논리, 충돌하는 도덕적 의

무들을 찾아내고 지역의 윤리적 실천에 대해 인식하라(Mehlinger, 1986).

- **철학적, 분석적 역량을 키워라.** 무엇이 '옳고', '바른 것'인가? 결정을 내린 근거는 무엇인가? 어려운 질문에 대비하라. 예를 들어, '멸종 위기에 처한 동식물들은 보호해야 한다(또는 그렇지 않아도 된다)'거나 '연구는 반드시 모든 참여자의 동의하에 이루어져야 한다(또는 그렇지 않아도 된다)'와 같은 규범적인 도덕적 진술을 어떻게 평가할 것인가?
- **도덕적 의무감과 개인적 책임감을 높여라.** '왜 도덕적이어야 하는가?', '왜 윤리에 대해 생각해야 하는가?' 도덕적 사고와 행동을 지리학자로서 전문가적, 사회적 정체성의 한 요건으로 받아들여라. 누군가가 시켜서 하는 것이 아니라 해야 할 '옳은 것'이기 때문에 도덕적으로 행동해야 한다는 것을 받아들여라.
- **의견 충돌과 모호함을 소극적으로 받아들이지 말고 오히려 기대하라.** 윤리적 문제는 거의 필연적으로 의견 충돌과 모호함과 관련되어 있다. 그러나 그런 부분을 토론과 비판적 사고를 회피하는 이유로 만들어서는 안 된다. 의견 충돌을 줄일 수 있도록 차이의 핵심을 발견하도록 노력하라. 그리고 자신의 결정에 최선을 다하라.

주

1 이 장에서 논의하는 대부분 원리는 환경 연구에서의 윤리에 적용될 수 있지만, 이 장은 인간과 관련한 연구에 좀 더 초점을 맞추고 있다. 따라서 환경 연구 윤리에 특히 관심이 있는 독자는 이와 관련해 많지 않은 선언 중 하나인 아스텍(ASTEC, 1998)을 참고하기를 바란다.

2 그럼에도 불구하고 다른 분야의 사회과학자뿐 아니라 지리학자와 지리학 전공 학생들은 학과나 대학, 연구 기금위원회에서 제공하는 윤리적 실천에 대한 공식적인 규정들을 점점 많이 고려해야 한다(Israel and Hay, 2006). 연구를 계획할 때는 자기 학과나 학교의 윤리 정책과 지침을 항상 참고해야 한다.

3 이 원리들은 개인의 자율성을 매우 강조한다. 어떤 사회나 상황(예: 어떤 원주민 집단이나 어린이들과 연구하는 것)에서는 개인의 자율성이 제한되고, 그 개인에 대해 권한을 가지고 있는 다른 관련 집단이나 개인들에 의해 영향을 받을지 모른다(NHMRC et al., 2007). 따라서 어떤 권리가 인정되고 있는지 특정한 지역적 맥락을 반드시 고려해야 한다.

4 연구 프로젝트에서 윤리적 측면은 연구와 관련된 개인이나 커뮤니티의 도덕적이고 실천적인 요구와 기대를 모두 만족시킬 수 있도록 연구자와 참여자 사이에서 조정해야 한다. 하지만 이러한 조정은 연구 참여자의 상이한 사회적, 지리적 위치와 이들 사이의 다른 권력의 차이에 의해 영향을 받을 수 있다. 어떤 경우에는 연구자가 정보원보다 더 많은 권력을 가질 것이며(예: 어린이를 대상으로 한 연구), 다른 상황(연구에 중요한 영향을 미칠 대기업 CEO와의 인터뷰)에서는 정보원이 더 많은 권력을 가질 수 있다(이러한 중요한 문제에 대한 사례나 이를 다루는 방법에 대해서는 Chouinard, 2000; Cloke et al., 2000; England, 2002; Harvey, 2010; Kezar, 2003; Dowling, 2016; Smith, 2006 참고).

5 윌턴(Wilton, 2000)과 루트리지(Routledge, 2002)는 속임수를 포함하는 지리학 연구에서 윤리적 딜레마에 대한 흥미로운 성찰을 제공한다.

6 키언스 외(Kearns et al., 1996)는 지리학에서 저자권/소유권에 대한 간결하고 유익한 윤리적 논의를 제공한다. 다른 분야이기는 하지만 국제 의학저널 편집자위원회(International Committee of Medical Journal

Authors, 2015)는 생물 의학 분야에서의 저작과 편집에 관한 포괄적인 보고서를 만들었다. 이를 주의 깊게 사용한다면 지리학 분야에도 적용해 볼 수 있을 것이다.

7 환경 현장 조사와 관련한 연구자의 윤리적 책임에 대한 상세한 논의는 아스텍(ASTEC, 1998: 21-24)과 스미스(Smith, 2002) 참조.

8 험프리스(Humphreys, 1970)는 그의 책 후기에서 자신의 연구에서 드러난 그릇된 설명(허위 사실), 비밀 유지, 결과, 그리고 상황과 관련된 윤리적 문제를 설득력 있게 다룬다. 그의 종교적 소명은 그의 주장을 더 강하게 뒷받침한다. 이와 관련한 또 다른 논의로 디에너와 크랜들(Diener and Crandall, 1978)이 도움이 될 것이다.

심화 읽기자료

지리학과 윤리에 관한 포괄적 고찰은 헤이(Hay, 2013)에서 시작하는 것이 좋다. 이 책은 지리학과 윤리 분야 사이의 실용적·철학적인 관련성을 개관하고 있으며, 사회 및 공간적 정의, 보살핌의 지리(geographies of care), 포스트식민주의 및 범세계주의적 윤리, 직업 및 연구 윤리와 같은 주제뿐 아니라 유용한 참고 자료와 관련 학술지에 대해 논의한다. 만약 윤리적 이슈를 이 장보다 광범위하게 탐구하고 싶다면 특별히 더 유용할 것이다.

• 다울링(Dowling, 2016)은 지리학 연구에 있어서 몇몇 핵심적 윤리 문제(예: 악영향, 동의)들을 제시하고, 비판적 성찰(즉 연구자로서, 그리고 연구 과정으로 지속적이고 의식적인 자각)의 당위성을 설명한다.

• 이즈리얼과 헤이(Israel and Hay, 2006)와 이즈리얼(Israel, 2015)은 이 장에서 제시한 몇몇 아이디어에 관해 더 명료하고 상세하게 서술한다. 헤이와 폴리(Hay and Foley, 1998)는 지리학에서 윤리적 행위에 관한 숙고된 교수 학습 전략과 더불어 실제 사례들을 제공한다.

• 호윗(Howitt, 2005)의 오스트레일리아 원주민을 대상으로 한 윤리 및 비교문화 연구에 관한 논문은 매우 도움이 된다. 비교문화 연구 윤리와 관계에 관한 이슈를 좀 더 깊이 검토하려면 오스트레일리아 원주민과 에베레스트산 원주민에 대한 방대한 경험을 가진 호윗과 스티븐스(Howitt and Stevens, 2016)를 참고하면 된다.

• 미첼과 드레이퍼(Mitchell and Draper, 1982)는 연구 윤리와 유관성(relevance) 이슈에 관심이 있는 지리학자들에게 고전적인 참고문헌이다. 비록 오래되었지만 읽을 만한 가치가 충분하다.

• 셰이븐스와 레슬리(Scheyvens and Leslie, 2000)는 해외 현지 연구에 있어서 권력, 젠더, 재현에 대한 윤리적 차원을 탐색하는 데 도움이 된다. 실제 현장 조사 경험 사례들을 통해 설명한다.

• 그리피스(Griffith, 2008)는 지리학뿐 아니라 여러 학문에서 범해지는 학문적 위법 행위에 대한 흥미로운 사례들을 소개한다. 이는 대학원 또는 그 후 과정에 있어 윤리 교육의 필요성에 대한 논의의 기초를 제공한다.

• 스미스(Smith, 2000b)는 지리학과 윤리, 도덕성 사이의 연결을 탐색하며, 도덕성의 실천에 관한 장기적 고찰을 핵심으로 한다.

* 심화 읽기자료에 대한 상세 정보는 아래 참고문헌에서 확인할 수 있음.

참고문헌

Appiah, K.A. (2007) *Cosmopolitanism: Ethics in a World of Strangers*. London: Penguin.

ASTEC (Australian Science, Technology and Engineering Council) (1998) *Environmental Research Ethics*. Canberra: ASTEC.

Bosk, C.L. and de Vries, R.G. (2004) 'Bureaucracies of mass deception: Institutional Review Boards and the ethics of ethnographic research', *Annals of the American Association of Political and Social Science*, 595: 249-63.

Chouinard, V. (2000) 'Getting ethical: For inclusive and engaged geographies of disability', *Ethics, Place and Environment*, 3: 70-80.

Cloke, P. (2002) 'Deliver us from evil? Prospects for living ethically and acting politically in human geography', *Progress in Human Geography*, 26: 587-604.

Cloke, P., Cooke, P., Cursons, J., Milbourne, P. and Widdowfield, R. (2000) 'Ethics, reflexivity and research: Encounters with homeless people', *Ethics, Place and Environment*, 3: 133-54.

Davis, N.A. (1993) 'Contemporary deontology', in P. Singer (ed.) *A Companion to Ethics*. Oxford: Blackwell. pp.205-18.

Diener, E. and Crandall, R. (1978) *Ethics and Values in Social and Behavioural Research*. Chicago: University of Chicago Press.

Dowling, R. (2016) 'Power, subjectivity and ethics in qualitative research', in I. Hay (ed.) *Qualitative Research Methods in Human Geography* (4th edition). Toronto: Oxford University Press. pp.29-44.

England, K. (2002) 'Interviewing elites: Cautionary tales about researching women managers in Canada's banking industry', in P. Moss (ed.) *Feminist Geography in Practice: Research and Methods*. Oxford: Blackwell. pp.200-13.

Griffith, D.A. (2008) 'Ethical considerations in geographic research: What especially graduate students need to know', *Ethics, Place and Environment*, 11: 237-52.

Harvey, W.S. (2010) 'Methodological approaches for interviewing elites', *Geography Compass*, 4: 193-205.

Hay, I. (1998a) 'From code to conduct: Professional ethics in New Zealand geography', *New Zealand Geographer*, 54: 21-27.

Hay, I. (1998b) 'Making moral imaginations: Research ethics, pedagogy and professional human geography', *Ethics, Place and Environment*, 1: 55-76.

Hay, I. (2013) 'Geography and ethics', in B. Warf (ed.) *Oxford Bibliographies in Geography*. New York: Oxford University Press. Available from http://www.oxfordbibliographies.com/view/document/obo-9780199874002/obo-9780199874002-0093.xml (accessed 5 November 2015).

Hay, I. and Foley, P. (1998) 'Ethics, geography and responsible citizenship', *Journal of Geography in Higher Education*, 22: 169-183.

Hay, I. and Israel, M. (2005) 'A case for ethics (not conformity)', in G.A. Goodwin and M.D. Schwartz (eds) *Professing Humanist Sociology* (5th edition). Washington, DC: American Sociological Association. pp.26-31.

Howitt, R. (2005) 'The importance of process in Social Impact Assessment: ethics, methods and process for crosscultural engagement', *Ethics, Place and Environment*, 8: 209-21.

Howitt, R. and Stevens, S. (2016) 'Cross-cultural research: Ethics, methods and relationships', in I. Hay (ed.) *Qualitative Research Methods in Human Geography*, 4th edition. Toronto: Oxford University Press. pp.45-75.

Humphreys, L. (1970) *Tearoom Trade: A Study of Homosexual Encounters in Public Places*. London: Duckworth.

International Committee of Medical Journal Authors (2015) *Uniform Requirements for Manuscripts Submitted to Biomedical Journals: Writing and Editing for Biomedical Journals*: available at: www.icmje.org (accessed 5 November 2015).

Israel, M. (2015) *Research Ethics and Integrity for Social Scientists* (2nd edition). London: Sage.

Israel, M. and Hay, I. (2006) *Research Ethics for Social Scientists: Between Ethical Conduct and Regulatory Compliance*. London: Sage.

Israel, M. and Hay, I. (2012) 'Research ethics in criminology', in D. Gadd, S. Karsted and S. Messner (eds) *Sage Handbook of Criminological Research Methods*. London: Sage. pp.500-14.

Johnson, J.T. and Madge, C. (2016) 'Empowering methodologies: Feminist and Indigenous approaches', in I. Hay (ed.) *Qualitative Research Methods in Human Geography* (4th edition). Toronto: Oxford University Press. pp.76-94.

Kates, B. (1994) 'President's column', *Association of American Geographers' Newsletter*, 29: 1-2.

Kearns, R., Arnold, G., Laituri, M. and Le Heron, R. (1996) 'Exploring the politics of geographical authorship', *Area*, 28: 414-20.

Kezar, A. (2003) 'Transformational elite interviews: Principles and problems', *Qualitative Inquiry*, 9: 395-415.

Kimmel, A.J. (1988) *Ethics and Values in Applied Social Research*. London: Sage.

Mehlinger, H. (1986) 'The nature of moral education in the contemporary world', in M.J. Frazer and A. Kornhauser (eds) *Ethics and Responsibility in Science Education*. Oxford: ICSU Press. pp.17-30.

Metzel, D. (2000) 'Research with the mentally incompetent: The dilemma of informed consent', *Ethics, Place and Environment*, 3: 87-90.

Mitchell, B. and Draper, D. (1982) *Relevance and Ethics in Geography*. London: Longman.

NHMRC (Australian National Health and Medical Research Council), Australian Research Council (ARC) and Australian Vice-Chancellors Committee (AVCC) (2007) National Statement on Ethical Conduct in Human Research (2007) - updated May 2015: available at www.nhmrc.gov.au/publications/synopses/e72syn.htm (accessed 5 November 2015).

Popke, J. (2007) 'Geography and ethics: Spaces of cosmopolitan responsibility', *Progress in Human Geography*, 31: 509-518.

Price, P.L. (2012) 'Introduction: Protecting human subjects across the geographic research process', *The Professional Geographer*, 64: 1-6.

Proctor, J. and Smith, D.M. (eds) (1999) *Geography and Ethics: Journeys in a Moral Terrain*. London: Routledge.

Quinton, A. (1988) 'Deontology', in A. Bullock, O. Stallybrass and S. Trombley (eds) *The Fontana Dictionary of Modern Thought*, 2nd edition. Glasgow: Fontana. p.216.

Ritterbusch, A. (2012) 'Bridging guidelines and practice: towards a grounded care ethics in youth participatory action research', *The Professional Geographer*, 64: 16-14.

Routledge, P. (2002) 'Travelling east as Walter Kurtz: Identity, performance and collaboration in Goa, India', *Environment and Planning D: Society and Space*, 20: 477-98.

Scheyvens, R. and Leslie, H. (2000) 'Gender, ethics and empowerment: Dilemmas of development fieldwork', *Women's Studies International Forum*, 23: 119-30.

Smith, D.M. (1998) 'How far should we care? On the spatial scope of beneficence', Progress in Human Geography, 22: 15-38.

Smith, D.M. (2000a) 'Moral progress in human geography: Transcending the place of good fortune', *Progress in Human Geography*, 24: 1-18.

Smith, D.M. (2000b) *Moral Geographies: Ethics in a World of Difference*. Edinburgh: Edinburgh University Press.

Smith, K.E. (2006) 'Problematising power relations in "elite" interviews', *Geoforum*, 37: 643-653.

Smith, M. (ed.) (2002) *Environmental Responsibilities for Expeditions: A Guide to Good Practice* (2nd edition) available from http://www.rgs.org/NR/rdonlyres/2AA7AFB6-2C92-4987-8098-C5AE94091DFA/0/YETEnvResp.pdf (accessed 5 November 2015).

Stark-Adamec, C. and Pettifor, J. (1995) *Ethical Decision Making for Practising Social Scientists: Putting Values into Practice*. Ottawa: Social Science Federation of Canada.

Walsh, A.C. (1992) 'Ethical matters in Pacific Island research', *New Zealand Geographer*, 48: 86.

Wilton, R.D. (2000) '"Sometimes it's OK to be a spy": Ethics and politics in geographies of disability', *Ethics, Place and Environment*, 3: 91-7.

공식 웹사이트

이 책의 공식 웹사이트(study.sagepub.com/keymethods3e)에서 이 장과 관련한 가장 좋은 자료들에 대한 링크들을 확인할 수 있음.

04

문헌 검색 방법

개요

관련성이 높고 신뢰할 수 있는 최신 참고문헌들을 찾는 것은 에세이, 보고서, 학위 논문을 준비하는 과정에서
가장 중요한 단계 중 하나일 뿐만 아니라, 평가를 위해 이루어지는 대학의 모든 활동에서도 매우 중요한 부분
이다. 하지만 그 중요성에 비해 때때로 체계적이지 못하고 짧은 시간에 서둘러 이루어지기도 한다. 이 장은 문
헌 검색의 질적인 측면을 향상하는 데 도움을 주고자 한다. 최근 들어 대학에서는 졸업 학년이 아니라 학부 과
정 전체에 걸쳐 자기 연구 또는 탐구 프로젝트를 수행하거나, 교수와 공동으로 연구하는 학생들에 대한 관심
이 높아지고 있다(Healey and Jenkins, 2009; Healey et al., 2013; 2014a; 2014b). 철저한 문헌 검색은
이러한 연구나 탐구 프로젝트를 성공적으로 수행하는 데 필요한 핵심 요소 중 하나라 할 수 있다.

이 장의 구성

- 문헌 검색의 목적
- 문헌 검색 시작
- 문헌 검색틀
- 검색 관리
- 검색 도구
- 문헌 평가

4.1 문헌 검색의 목적

이 장의 목적은 책이나 학술지뿐 아니라 문서나 웹과 같은 매체에 대한 문헌 검색 기술을 개발하거
나 사용할 수 있도록 지원하는 데 있다. 주로 인문지리학 또는 자연지리학의 연구 프로젝트나 학위
논문, 에세이를 위한 문헌 조사가 필요한 지리학과 학부생을 대상으로 한다. 하지만 검색 방법이나

원리는 모든 학문 분야에 적용할 수 있으며, 대학원생이더라도 연구의 시작을 도와줄 수 있는 유용한 재교육이 될 수 있을 것이다. 구체적인 접근 방식은 다를지 몰라도 전 세계에 이용 가능한 많은 자료가 있다. 국가에 따라 특정한 자료들은 영국, 미국, 오스트레일리아에서 이용 가능한 것들을 예로 들어 설명할 것이다.

정보 문해력(information literacy)은 모든 학생이 학위 과정 동안 공을 들여야 할 필수적인 기술이다. 바드케(Badke)는 다음과 같이 말하고 있다.

> 학문은 극심한 불만이나 보다 많은 것을 밝히기 위한 탐구, 사회 문제를 해결하고 보다 나은 세상을 만들고자 하는 뜨거운 욕구에 관한 것이다. 연구는 이러한 학문적 갈망의 핵심에 있으며, 구글 검색과 같이 질적으로 고르지 못한 엉뚱한 결과가 아니라 제대로 된 연구를 잘 수행할 필요가 있다 (2013: 67).

학생들이 과학기술을 사용하기 때문에 정보 검색에 있어 매우 능숙할 것이라는 인식은 불행히도 미신에 불과하다(Badke, 2015). 예를 들어, 'ERIAL 프로젝트'에서 시카고 지역에 거주하는 대학생 161명, 교수 75명, 도서관 사서 48명을 대상으로 상세한 설문 조사를 수행했는데, 다음과 같은 결론이 도출되었다.

> 거의 예외 없이 학생들은 검색 논리나 제한/확장 검색법, 주제 제목 사용법에 대한 이해가 부족하고, 결과를 조직하고 보여 줄 수 있는 검색 엔진(예: 구글)이 얼마나 다양하게 있는지 잘 알지 못하는 것으로 나타났다(Asher et al., 2010; Badke, 2015 재인용).

연습 4.1 왜 문헌을 읽는가?

연구 프로젝트를 위해 문헌을 반드시 읽어야 하는 이유를 나열하고, 박스 4.1에 나와 있는 이유와 비교하라. 지금 준비하고 있는 연구가 있으면 거기에 적용해 보아라.

학술 연구에서 문헌 읽기는 매우 중요한 요소이다. 이는 학위 논문뿐 아니라 에세이나 프로젝트를 수행할 때 자기 생각을 해당 주제의 여러 기존 연구들과 연결하는 데 필요하다. 또한 주제를 중심으로 읽어 가는 것은 자기 생각을 넓히고 정제하는 데 도움을 주고, 다른 글쓰기 방식의 사례를 통해 전공 학문에 대한 이해를 향상할 수도 있을 것이다. 학위 논문에서 문헌 읽기는 해당 연구의 부족한 부

박스 4.1　문헌 읽기를 해야 하는 열 가지 이유

1. 아이디어를 줄 수 있다.
2. 관련 분야의 다른 연구자들이 수행한 것을 이해할 필요가 있다.
3. 자신의 관점을 넓히고 맥락에 맞게 일을 조직하기 위해
4. 직접적인 개인 경험은 결코 충분할 수 없으므로
5. 주장을 정당화하기 위해
6. 기존의 생각을 바꿀 수 있으므로
7. 저작자는 독자가 필요하다.
8. 다른 사람이 했던 것을 효과적으로 비판하기 위해
9. 연구 방법과 실세계 응용에 대해 좀 더 배우기 위해
10. 기존에 연구되지 않았던 영역을 발견하기 위해

출처: Blaxter et al., 2010: 100

분을 확인하고, 다른 분야의 사례연구를 찾아 비슷하게 따라 하면서 자신의 결과와 비교할 수 있도록 해 준다. 또한 특정한 연구방법론과 실세계의 응용에 대해 보다 많이 배울 수 있도록 해 줄 것이다 (박스 4.1). 물론 효과적인 읽기란 목적에 따라 훑어보기에서부터 상세한 원문 분석에 이르기까지 매우 다양한 형태가 될 수 있으며, 단순히 시작에서부터 끝까지 읽는 일은 거의 없을 것이다.

4.2 문헌 검색 시작

문헌 검색 전략은 목적에 따라 다양할 수 있다. 때로는 특정한 것, 예를 들어, 어떤 주장을 뒷받침하기 위한 사례연구 하나를 찾기 원할 수 있다. 반면 다른 상황에서는 보다 일반적인 검색이 필요할 수도 있다. 예컨대, 에세이를 위해 특정 주제에 관한 15개 정도의 글을 찾고 싶을 수 있다. 검색 전략은 또한 교육 수준과 동기에 따라 달라질 수 있다. 초기 단계에서는 한 주제에 대해 여섯 권 정도의 최신 서적을 찾는 것이 적절할 것이다.

연습 4.2　검색 시작하기

아주 생소한 주제, 예를 들어, 유기 농업에 관한 연구 프로젝트를 시작한다고 가정하자. 해당 주제에 관한 기존의 문헌 자료를 찾기 위해 가장 먼저 해야 할 세 가지 일을 적어 보아라.

연습 4.2를 할 때 가장 일반적인 반응은 도서관 도서 목록의 주제별 섹션을 찾거나, 인터넷 검색 엔진을 이용하는 것, 또는 강사에게 물어보는 것이었다. 비록 검색 엔진을 통해 발견되는 사이트에 대한 규정이나 품질 관리가 부족하므로 대부분의 검색 엔진에 대한 유용성이 과장된 측면이 있지만, 이러한 방법들은 모두 합리적인 전략이라 할 수 있다. 하지만 연구를 시작하는 데 필요한 핵심 참고 문헌 한두 개를 찾아오는 과제를 부여한 강사나 교수에게 직접 물어보지 않는다면, 대체로 가장 먼저 해야 할 일은 과제에 필요한 주요 용어를 도출하고 정의한 후, 문헌 검색에 사용할 용어 목록을 만드는 것이다. 그다음 도서 목록, 참고 서적, 색인, 데이터베이스 및 웹사이트와 같은 검색 도구들을 살펴보고 필요하면 도서관 사서에게 도움을 구하는 것이 적절한 순서이다.

연구 프로젝트나 과제를 수행하는 데 있어 가장 어려운 단계가 바로 '시작하는 것'이다. 연구 주제를 도출하는 것과 관련된 이슈들은 1장에서 논의했다. 연구 주제나 사용하려는 연구 방법에 대한 잠정적인 아이디어가 정해졌거나, 이미 부여받은 연구 프로젝트나 과제가 있다면, 이제부터는 문헌 검색 계획을 세우는 데 시간을 할애하길 바란다. 아마도 연구 주제나 과제와 관련한 주요 용어를 정의하는 것이 좋은 출발점이 될 것이다. 모든 지리학 전공 학생에게 필수적인 참고서라 할 수 있는 인문지리학 사전이나 자연지리학 사전이 도움이 될 수 있다(Thomas and Goudie, 2000; Gregory et al., 2009). 또한 적절한 참고서의 색인 역시 도움이 될 것이다. 유의어 사전이나 훌륭한 영어 사전, 또는 양질의 백과사전 같은 참고서들은 용어 자체의 정의뿐 아니라 검색 용어를 도출하는 데도 도움을 줄 것이다. 예를 들어, 옥스퍼드 온라인 참고서(Oxford reference online, www.oxfordreference.com)는 영어 사전뿐 아니라 주제별 사전 및 백과사전을 모두 포함한다. 지리 기반 주제 분류(Geobase subject classification) 역시 또 하나의 좋은 자료가 될 수 있다(관련 내용은 다음 절 참고). 단어를 사용할 때 표준 영어 철자뿐 아니라 미국식 영어 철자도 허용해야 한다.

검색 용어를 도출할 때는 용어들을 포괄 그룹, 관련 그룹, 세부 그룹 등 세 개의 범주로 그룹화하는 것이 좋다. 포괄 그룹 용어는 연구 주제에 관한 유익한 부분이 포함되어 있을지 모르는 책들을 검색할 때 유용할 것이고, 관련 그룹이나 세부 그룹 용어는 학술지 논문이나 웹사이트를 찾거나 도서 색인을 사용할 때 특히 도움이 될 것이다. 박스 4.2는 유기 농업 연구 프로젝트에 필요한 문헌 검색을 어떻게 시작해야 하는지 잘 보여 준다.

박스 4.2   주요 용어 정의와 검색 용어 도출(예시)

주제 영국 유기 농업의 사회적, 경제적 영향력

정의

유기 농업: '이 농업 시스템은 일반적인 농업과 비교했을 때 농약이나 비료 등이 적게 들어가기 때문에 결과적으로 단위 농지당 더 적은 양의 작물을 생산하게 된다. … 하지만 보다 높은 출고가로 충분히 보상될 수 있다'(Atkins and Bowler, 2001: 68–69).

검색 용어

포괄 그룹	관련 그룹	세부 그룹
농업 지리학	유기 농법	인증받은 유기농 재배자
농장 조방화	유기 농업	유기농 단체
농장 다각화	유기농 생산	영국 토양협회
대안적 농장 시스템	유기농 재배자	유기농 식품 소매상
음식의 지리	유기농 식품	유기농 식품 시장
지속가능한 농업	유기농 운동	유기농 식품점

* *Dictionary of Human Geography*에는 '유기 농업'이 실려 있지 않다. 대신 '농업 지리학'과 '음식의 지리'에 관한 논의가 다소 유용한 맥락을 제공한다. '음식과 환경'이라는 강의의 읽기자료에 있는 앳킨스와 볼러(Atkins and Bowler, 2001) 책의 색인에서 '유기 농업'을 네 번 다루고 있음을 확인할 수 있다. 이 부분들은 유기 농업이라는 주제를 소개하고 최근의 관련 참고문헌들을 찾아보는 데 유용할 수 있다. 또한 위에서 언급한 일부 검색 용어들에 대한 자료로도 활용할 수 있다.

조언

연구 프로젝트의 일부로 데이터를 수집한다면, 연구 주제뿐 아니라 연구방법론과 기법에 관한 문헌 검색도 하길 바란다. 이와 관련해서는 이 책의 방법론과 관련한 이후 장들이 많은 도움이 될 것이다.

4.3 문헌 검색틀

그림 4.1은 어떻게 문헌 검색을 하는지 요약해 주는 동시에 이 장의 구조에 대한 틀을 보여 준다. 어디서부터 검색을 시작할 것인지는 연구 목적에 달려 있다. 예를 들어, 연구 주제에 관한 정부의 정책 문서들을 찾고자 한다면 정부 웹사이트에서 시작할 수 있을 것이다. 또한 뉴스 기사를 확인하고자 한다면 다른 문헌 자료에 나와 있는 신문 데이터베이스 사이트를 방문할 수 있고, 과제를 시작하기 위해 학술지 논문을 찾고 있으면 Web of Science와 같은 인용 색인을 이용할 수 있을 것이다. 그

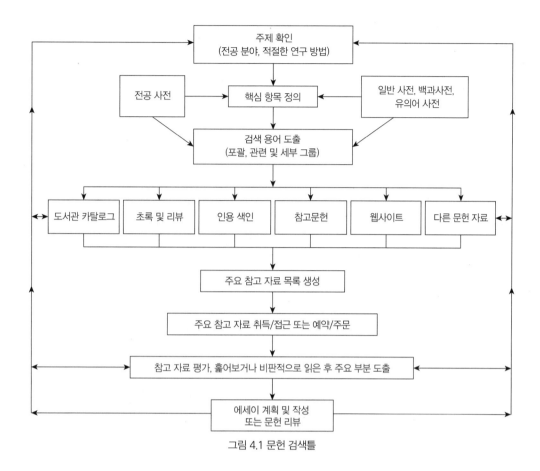

그림 4.1 문헌 검색틀

림 4.1의 문헌 검색틀에서는 문헌 검색, 에세이 작성 또는 문헌 리뷰 과정이 선형적인 것처럼 보인다. 하지만 실제는 훨씬 더 복잡해 단계 간 상호작용이 자주 발생한다. 주요 참고 자료를 찾아 훑어보기 시작하면 주제에 대한 지식과 이해가 점차 증가할 것이고, 이를 통해 더 상세하게 조사할 필요가 있는 특정 하위 주제들과 그렇지 않은 것들을 확인할 수 있게 된다. 그다음 새로운 주요 용어를 이용해 상세 검색을 할 수 있을 것이다. 반복적인 검색 과정이 필수적이며, 검색 엔진에 일반적인 주요어 하나를 입력한 후 검색을 그만두어서는 안 된다. 에세이를 작성하거나 문헌 리뷰를 하는 과정에서도 추가적인 생각들이 떠오를 수 있는데, 이 경우 추가로 검색해야 할 것이다.

조언
• 몇몇 주요 참고 자료를 찾아 훑어본 후, 새롭게 이해되는 것에 비추어 검색 기준을 다시 수정하라.
• 학위 과정 수준의 연구에 적절한 참고 자료를 사용하고 있는지 확인하라. 만약 중·고등학교나 학부 수준의

4.4 검색 관리

위에서 언급한 것처럼 검색 과정은 여러 연구 단계에서 필요할 때마다 지속해서 수행해야 하는 과정이다. 따라서 검색에 사용한 출처, 키워드, 관련 문헌에 대한 기록들을 간단한 노트와 같은 형태로 유지하는 것이 좋다. 이러한 검색 기록을 저장하는 데에는 아마도 문서 작성 패키지를 사용하는 것이 가장 좋을 것이다. 왜냐하면 문서 작성기는 키워드를 기록하고, 온라인 검색 결과를 복사하고 붙여넣기 하는 데 용이하며, 어떤 검색 엔진과 출처를 사용했는지 저장하기에 유용하기 때문이다. 대안적으로 EndNote나 Reference Manager와 같은 패키지도 참고문헌을 기록하는 데 유용할 수 있다. 하지만 어떤 프로그램은 사용하기 복잡해 훈련이 좀 더 필요할지 모른다. 온라인 검색과 관련해 돌로위츠 외(Dolowitz et al., 2008)는 인터넷을 사용한 검색 전략에 관한 아주 유용한 정보를 제공한다. 이들은 검색 전략을 수립할 필요가 있음을 강조하면서 세 가지 질문(무엇을 찾고 있나?, 가장 관련이 있는 검색 용어는 무엇인가?, 검색하는 데 있어 가장 유용한 도구는 무엇인가?)을 던지며 시작하기를 권고하고 있다(Dolowitz et al., 208: 52).

검색 과정에 할애되는 시간은 검색 목적에 달려 있다. 예를 들어, 에세이에 필요한 10개 핵심 참고문헌을 찾는 것인지, 아니면 학위 논문에 필요한 50개 이상의 참고문헌을 찾는 것인지에 따라 검색 시간은 다를 수 있다. 일반적으로 주제가 폭넓을수록, 주제에 관해 작성한 자료들이 많을수록 검색 시간이 더 길어진다. 이 때문에 중요하지 않거나 관련성이 없는 수백 개의 자료로부터 핵심 참고문헌을 파악하는 데 가장 많은 시간과 노력이 필요하다.

조언

과제나 프로젝트에 필요하다고 생각하는 참고문헌의 양보다 두세 배 많은 수의 문헌을 찾도록 하라. 실제로 문헌들을 찾았을 때 대부분은 진짜 필요한 것이 아니거나 내가 시간이 되는 시점에 접근이 어려울 수도 있다. 만약 너무 많은 관련 문헌들을 찾았다면 가장 최신의 것과 인용이 가장 많은 문헌에 집중하라. 또는 하위 주제를 살펴보거나 지리적 범위를 제한하면서 검색 범위를 좁혀도 좋다. 반대로 너무 적은 문헌이 찾아졌다면 새로운 검색 용어를 시도해 보고 주제나 지리적 지역을 확장하라. 여의치 않다면 사서에게 문의해도 좋다.

다른 사람의 연구를 인용 없이 사용하는 표절을 막으려면 저자 성명, 이니셜, 출판 연도, 도서 제목, 판수, 출판사, 출판사 소재지, 논문/장 제목, 학술지 제목, 권호와 쪽수, 편집본 편집자 성명 등을 포함한 참고문헌의 전체 정보를 반드시 기입해야 한다. 또한 모든 직접 인용은 인용 부호로 표기하고 쪽수와 출처를 표시해야 한다(Mills, 1994). 웹사이트 자료도 마찬가지이다. 하지만 너무 많은 직접 인용은 삼가고, 웹사이트에서 복사/붙여넣기 하는 것도 피하는 것이 좋다. 대신에 자료를 요약하거나 다른 말로 표현하는 것이 좋다. 특히 웹사이트를 인용할 때는 인터넷 주소뿐만 아니라 사이트를 책임지고 있는 저자나 기관명, 인용하는 페이지나 사이트의 가장 최근 업데이트 날짜, 페이지나

조언

- 부적합한 참고문헌 표기와 누락하거나 잘못된 문헌 정보는 학생 글쓰기에서 가장 공통으로 지적되는 내용이다. 대부분 지리학자는 하버드 방식(Havard style)의 참고문헌 인용법을 사용하지만, 문헌이 인용되는 방식은 전공마다 다를 수 있다. 웹사이트를 포함해 정확한 참고문헌 인용법은 닐(Kneale, 2011)을 참고하길 바란다. 참고문헌 인용 방식 중 한 가지를 일관되게 사용하는 습관을 갖는 것이 가장 좋다.
- 나중에 저자의 말을 직접 사용하려고 할 때 적절하게 인용할 수 있도록 차용한 모든 문장은 인용 부호로 표기하고 쪽수를 기입하라.

사이트 제목, 사이트 접근일 등의 가능한 정보를 모두 제공하도록 주의를 기울여야 한다.

4.5 검색 도구

데이터베이스와 웹을 검색하는 데 여러 방식을 사용할 수 있다. 이러한 방식은 다양하므로 '도움말' 기능을 확인하는 것이 중요하다. 대체로 정확한 형태의 어구를 사용할 수 있는데 간단히 큰따옴표로 어구를 묶어 주면 된다(예: "유기 농법"). 대부분의 검색 엔진은 불린 연산자(boolean operator)를 지원한다. 가장 기본적인 불린 연산자는 AND, OR, NOT으로 표현할 수 있다(예: "유기 농법" AND "UK", "유기 농법" OR "유기농 식품", "유기 농법" NOT "북아메리카"). 또한 와일드카드(*)를 사용할 수 있다. 예를 들어, "농장*"은 농장, 농장들, 농장주 등 '농장'이라는 단어를 포함하는 모든 기록을 찾아 줄 것이다. 벨(Bell, 2014), 플라워듀와 마틴(Flowerdew and Martin, 2005), 돌로위츠 외(Dolowitz et al., 2008)는 검색 도구 기법들에 대한 보다 심화된 정보를 제공한다.

도서관 카탈로그

대부분 경우 대학 도서관 카탈로그를 통해 관련 서적 검색을 시작하는데, 좀 더 포괄적인 검색 용어 목록을 사용할 필요가 있을 것이다. 불행히도 대부분 도서관에서 사용하는 분류 시스템은 지리학 서적들을 서로 다른 구역에 배치하고 있다. 하지만 제목에 '지리학'으로 명시된 책으로 한정 짓지 말길 바란다. 지리학의 통합적 특성으로 인해 사회학자, 경제학자, 계획가, 지구과학자, 수문학자, 생태학자를 위한 책들도 모두 관련될 수 있다. 관련 도서의 분류 번호를 찾고 나면 같은 번호의 다른 책들도 카탈로그에서 확인하고 관련 선반도 한번 훑어보길 바란다. 찾고자 하는 책들과 가까운 선반에 있는 도서들을 살펴보면 가끔 관련 있는 다른 참고 서적들을 찾을 수도 있다. 도서 색인을 탐색할 때는 좀 더 관련성이 높고 제한적인 탐색 용어를 사용하는 것이 유용하다. 또한 단기 대출이나 대형 도서 및 팸플릿이 어디에 비치되어 있는지도 잊지 말고 확인하길 바란다. 좀 더 오래된 서적은 서점에 있을지 모른다. 게다가 아마존과 같은 웹사이트에서 주제를 검색하면 해당 주제 분야에서 발간된 수많은 도서 목록을 찾을 수 있을 것이다(Ridely, 2008).

보다 광범위한 검색을 위해 영국과 아일랜드에서 가장 큰 90여 개의 도서관을 통합한 카탈로그를 이용할 수 있다. 이 카탈로그는 COPAC(copac.jisc.ac.uk)에서 온라인으로 이용할 수 있다. 영국 국립 도서관의 카탈로그는 전국에 걸친 자료 목록을 제공한다(www.bl.uk). 미국에서는 의회 도서관이 이와 유사한 기능을 하는데 Z39.50 Gateway(www.loc.gov)를 통해 미국뿐 아니라 다른 나라에 있는 많은 도서관의 카탈로그를 함께 검색할 수 있다. 책에 대한 상세 정보를 확인하기 위해서는 WorldCat(www.worldcat.org)을 이용하라. WorldCat은 세계에서 가장 큰 도서관 콘텐츠 및 서비스 네트워크로 전 세계 72,000개가 넘는 도서관에서 보유하고 있는 20억 개 이상의 문헌을 저장하고 있는 데이터베이스이다.

대학에서 멀리 떨어져 있을 때는 지역의 다른 대학이나 공공 도서관에 찾고자 하는 책들의 재고가 있는지 살펴볼 만하다. 영국 왕립지리학회(Royal Geographical Society)의 도서관 카탈로그는 500년에 걸친 지리학 연구에 해당하는 200만 개 이상의 문헌을 보유하고 있고, 800개 이상의 정기 간행물을 받고 있다. 만약 학과가 교육 단체로 가입되어 있다면 무료로 이용할 수 있으며, 그렇지 않다면 방문 시 소정의 비용을 지불해야 한다.

초록 및 리뷰

단순히 제목으로만 어떤 책이나 학술지 논문이 해당 연구에 관련이 있을지를 판단하는 것은 어렵다. 일반적으로 학술지는 각 호마다 학술지의 목적과 대상 독자에 대해 설명하고 있기 때문에 이를 통해 해당 학술지 논문 유형과의 관련성을 확인할 수 있다(Ridley, 2008). 초록은 논문 내용에 대한 보다 명확한 생각을 보여 준다. 지리학자에게 가장 유용한 초록 모음 중 하나는 Geobase(www.elsevier.com/solutions/engineering-village/content/geobase)로 지리학, 지질학, 생태학, 국제 개발의 모든 분야에 대한 문헌(특히 학술지 논문) 초록을 제공하고 있다. 이 데이터베이스는 2,000개 이상의 학술지를 포괄하고 있으며, 1980년 이후부터 280만 개 이상의 기록을 포함하고 있다. 또한 학술지에 요약된 서평들도 포함되어 있다. 이러한 서평들은 도서에 대한 평가뿐 아니라 최근에 어떤 도서가 출판되었는지를 살펴보는 데 유용하다. 일부 도서관이 Geobase 대신 사용하고 있는 Environment

Complete도 EBSCOhost(www.ebscohost.com/academic/environment-complete)를 통해 이용할 수 있다. 이는 농업, 생태계, 에너지, 재생 에너지, 자연 자원, 지리학, 오염 및 폐기물 관리, 사회적 영향력, 도시 계획 등의 분야를 깊숙이 포괄하고 있다. 1940년대까지 거슬러 340만 개 이상의 기록을 포함하고 있다. 한편, 특정 하위 분야의 최신 문헌이나 주요 논문을 찾기 위해서는 리뷰 학술지, 특히 *Progress in Human Geography*와 *Progress in Physical Geography*의 최신호를 반드시 확인하길 바란다.

인용 색인

아마도 문헌 검색을 위해 찾을 가장 유용한 도구는 ISI Web of Science일 것이다. 따라서 이를 어떻게 효과적으로 사용할 수 있는지를 탐색하는 데 일정 시간을 투자할 가치가 충분히 있다. ISI Web of Science는 국제회의, 심포지엄, 세미나, 컬로퀴엄, 워크숍, 전시회의 요약집을 포함하고 있으며, 7개의 온라인 데이터베이스를 갖추고 있다. 지리학자들과 가장 관련되는 데이터베이스는 사회과학, 예술인문학, 과학 등이라 할 수 있는데, 이는 영향력 있는 학술지에 게재된 논문들을 찾을 때 가장 좋은 출처라 할 수 있다. 매우 다양한 학술지에 게재된 논문들에 대해 다른 논문 저자의 인용 횟수뿐 아니라 초록과 리뷰를 확인할 수 있는 정보도 함께 제공하고 있다. 따라서 특정한 주제에 대해 영향력이 높은 논문뿐 아니라 초록을 동반한 논문 목록을 작성하는 데 유용하게 이용할 수 있다. 또한 '인용 지도(citation map)' 옵션을 사용해 적어도 한 번 이상 인용된 참고문헌과 검색한 항목을 함께 공유하고 있는 기록들을 확인하는 데 색인을 사용할 수 있다. ISI Web of Science는 또한 주제 분야, 발행일, 발행 국가와 같은 제한된 검색을 할 수 있는 정교한 방법들을 포함하고 있다. 하지만 모든 지리학 관

조언
- 어떤 논문은 심하게 비판받기 때문에 많이 인용되기도 하지만, 그럼에도 불구하고 그러한 논문들은 지적인 논쟁에 이바지한다. 인용 분석의 세계에서는 실제 과실이 무엇인지는 중요하지 않으며, 이는 대부분 출판된 논문들이 겪는 것이다. 하지만 오히려 몇몇 논문은 너무 시대를 앞서 있어 출판된 이후 수년이 흘러도 주목받지 못하기도 한다.
- 주제와 관련한 글을 쓴 주요 저자들을 확인한 다음, 그들이 쓴 다른 논문은 무엇이 있는지 초록과 인용 색인을 확인할 필요가 있다. 왜냐하면 그러한 논문 중 일부는 해당 주제와 관련될지도 모르기 때문이다. 검색할 때는 저자 이름의 인용 방식이 출판물마다 다르다는 것을 인식하도록 하라. 예를 들어, 이 장의 저자 이름은 Michael, Michael J, Mick, M, M J 처럼 다양하게 표기될 수 있다.

련 학술지가 ISI Web of Science 데이터베이스에 포함된 것은 아니다. 또 다른 유용한 인용 색인으로 SCOPUS(www.elsevier.com/solutions/scopus)가 있다.

지적인 논쟁에 대해 학술지가 가지고 있는 영향력을 순위화하기 위해 인용 분석(citation analysis)을 수행할 수 있다. 인용 분석은 어떤 학술지가 도서관에서 많이 활용되고 있는지, 그리고 겉보기에 거의 같은 관련성을 가지고 있는 두 논문이 있다면 어떤 것을 먼저 읽는 것이 좋은지에 대한 대략의 지침을 제공할 것이다(표 4.1). 학술지 순위 목록은 ISI 학술지인용보고서(Journal Citation Reports, jcr.clarivate.com/jcr/browse-journals)에서 확인할 수 있다. 한 가지 한계점은 지리학자들이 사용하는 많은 주요 논문이 지리학의 주류 학술지에만 게재되는 것이 아니라는 것이다. 무료 웹 검색 엔진인 구글 학술 검색(Google Scholar, scholar.google.co.uk) 또한 개별 출판물이나 저자들에 대한 인용 정보를 제공한다.

표 4.1 영향력 지수(impact factor)에 따른 지리학 학술지 순위(2014년 자료)

순위	학술지
1	*Global Environmental Change*
2	*Progress in Human Geography*
3	*Transactions of the Institute of British Geographers*
4	*Landscape and Urban Planning*
5	*Economic Geography*
6	*Political Geography*
7	*Journal of Transport Geography*
8	*Applied Geography*
9	*Journal of Economic Geography*
10	*Annals of the Association of American Geographers*
11	*Antipode*
12	*Regional Studies*
13	*Geographical Journal*
14	*Cultural Geographies*
15	*Population, Space and Place*

* 영향력 지수(특정 연도의 학술지 논문 1개당 평균 피인용 횟수)
출처: Journal Citation Report, Social Sciences Edition, 2014, Taylor and Francis 제공

참고문헌

많은 종류의 전문화된 참고문헌을 이용할 수 있다. 이 중 주석이 달린 참고문헌은 매우 유용할 것이다. 인쇄된 형태의 참고문헌도 있지만, 웹에서는 등록이나 비용 없이 많은 참고문헌을 이용할 수 있

표 4.2 웹 기반의 지리학 참고문헌 예시

참고문헌	설명
Australian Heritage Bibliography(www.environment.gov.au/heritage/publications/australian-heritage-database)	멜버른에 있는 정보 서버를 통해 접근 가능. 이 정보 서버는 검색 방식과 결과를 매우 유연하게 제공함
Bibliography of Aeolian Research(data.mendeley.com/datasets/675gwk5jp7/1)	1930년 이후 자료가 제공되며 매월 업데이트됨
Development Studies-BLDS Bibliographic Database(blds.ids.ac.uk)	영국 개발연구소(Institute of Development Studies) 내 도서관의 웹 검색 버전 도서관 카탈로그이자 학술지 논문 데이터베이스
Gender in Geography(jgieseking.org/gender-geography-bibliography)	페미니즘 지리학 논의 그룹의 구성원들이 만든 알파벳 순서로 된 참고문헌 목록
GIS Bibliography(gis.library.esri.com)	ESRI 가상 캠퍼스 도서관이 제공하는 152,000개 이상의 문헌에 대한 검색 데이터베이스
International Bibliography of the Social Sciences(IBSS, www.proquest.com/libraries/academic/databases/ibss-set-c.html)	네 개의 핵심 사회과학 영역(인류학, 경제학, 정치학, 사회학)에 초점을 맞춘 데이터베이스

* 모든 인터넷 주소는 2015년 11월 5일에 접속함.

조언

참고문헌 목록을 만들고 나면 도서관에 책의 재고가 있는지, 있다면 대출 중인지 아닌지를 확인하라. 만약 대출 중이라면 예약 대기 목록에 넣어 두어라. 학술지의 경우 도서관이 그 학술지를 보유하고 있는지, 전자적으로 접근할 수 있는지를 확인하라. 또한 도서관이 연구에 필요한 학술지를 온라인으로 원문에 접근할 수 있도록 구독하고 있는지도 확인해야 한다. 만약 도서관이 해당 학술지를 구독하고 있다면 어떻게 접근할 수 있는지, 도서관 외부에서의 접근은 어떤 식으로 이루어지는지 확인하라. 도서관이 책이나 학술지를 보유하고 있지 않다면 도서관 상호대차서비스(Inter Library Loan: ILL)를 통해 참고문헌을 요청할 수도 있다. 만약 한 개의 학술지 논문만 이용할 수 있다면 반드시 논문 초록을 먼저 읽어 그 논문이 연구에 관련성이 있는지를 확인해야 한다. 책의 관련성은 구글 학술 검색이나 아마존 검색을 이용할 만한데, 책을 주문하기 전에 서문 몇 쪽이나 미리보기 장을 읽을 수 있을 것이다. 최근에는 많은 책을 전자책으로 이용할 수 있다. 학술지 논문은 대개 24시간 내에 전자파일로 전송되거나 일주일이나 열흘 내에 출력 자료 형태로 이용할 수 있다. 회수 요청이나 상호대차서비스 요청은 조금 더 시간이 걸릴 수 있다. 이용하는 도서관이 무료 상호대차서비스를 몇 번 제공하는지, 서비스 요금이 얼마인지 확인해 보길 바란다.

다(표 4.2). 대학이 별도의 라이선스를 가지고 있다면 다른 것들도 이용할 수 있다.

웹사이트

점점 더 다양하고 많은 양의 유용한 정보가 웹에 게시되고 있다. 하지만 관련이 없거나 질이 떨어지는 수많은 정보로부터 유익한 정보를 구별하고 확인하는 것은 시간이 많이 드는 귀찮은 작업이다. 기관 웹사이트 인터넷 주소와 같은 특정한 정보를 검색하고자 할 때는 구글이나 야후와 같은 일반적인 검색 엔진이나 도그파일(Dogpile, www.dogpile.com), 익스퀵(Ixquick, www.ixquick.com)과 같은 메타 검색 엔진(다른 검색 엔진 데이터베이스를 검색해 주는 검색 엔진)이 꼭 필요할 것이다. 검색 엔진이 가진 문제 중 하나는 가장 큰 검색 엔진조차도 인터넷에서 이용할 수 있는 모든 정보 중 일부분만을 참고한다는 것이다(Dolovitz et al., 2008: 62). 딥웹(deep web)은 암호로 보호되는 사이트에서 이용 할 수 있는 데이터베이스, 비텍스트 파일, 콘텐츠로 구성되어 있다. 전화번호부, 사전적 정의, 구인 광고, 뉴스와 같은 항목이 모두 딥웹에 포함된 부분이라고 할 수 있다. 이러한 자료에 접근하기 위해서는 데이터베이스 사이트 검색(예: 영국 신문사)과 해당 데이터베이스 접근 및 정보 검색의 두 단계 과정을 거친다. 구글과 같은 보다 진보된 검색 엔진은 일부 딥웹에 접근하도록 도와줄 수 있을 것이다.

구글 학술 검색은 학술 자료에 초점을 맞춘 전문화된 웹 검색 데이터베이스로 무료로 이용할 수 있다. 하지만 검색 결과로 나오는 콘텐츠의 질에 유의해야 한다. 박스 4.3에서 보겠지만 구글 학술 검색은 엄청난 양의 자료를 찾아 주지만, 원하는 자료를 찾기 위해서는 주의를 기울여 걸러 내야 한다.

대부분의 검색 웹사이트에서 가장 관련성이 높은 자료들은 처음 몇 페이지에 있다. 따라서 검색 결과로 수백, 수천 개의 참고문헌이 나오더라도 처음 몇 페이지에만 집중하는 것이 가장 유용한 자료들을 찾아가는 데 도움이 될 것이다. 인터넷 게이트웨이나 포털은 특정 주제에 대해 품질 평가를 받은 사이트 링크를 알려 주기 때문에 보다 유용할 수 있다. 예를 들어, ELDIS(www.eldis.org)는 개발 정책이나 사례, 연구에 대한 게이트웨이를 제공한다.

> **조언**
> 검색 엔진과 데이터베이스가 좋은 검색 사이트를 찾도록 하라. 이러한 검색 사이트는 키워드, 지역, 출판일을 조합할 수 있거나 그 외 다양한 방법으로 검색을 시도할 수 있어 더 효율적인 검색이 가능하도록 해 준다.

박스 4.3 참고문헌 검색(예시)

과제 2,000 단어 분량의 에세이

주제 영국 유기 농업의 사회적, 경제적 영향력

도서관 카탈로그 글로스터셔 대학교(University of Gloucestershire) 도서관 카탈로그에서 "농업 지리학"에 관해 11건, "지속가능한 농업"에 관해 39건이 검색됨. "유기 농업"에 대해서는 11건이 검색됨. COPAC 검색에서는 "유기 농업"이라는 제목을 가진 424권의 책이 검색됨.

초록 및 리뷰 *Environment Compete*에서 "유기 농업"에 관한 검색으로 3,856개의 참고문헌이 검색되었지만 대부분 과학적 측면에 관한 것임. "유기 농업 AND 사회적, 경제적 효과 AND (영국 OR UK OR 브리튼 OR 잉글랜드 OR 웨일스 OR 스코틀랜드 OR 북아일랜드)"와 같은 보다 구체적인 검색에서는 2005년 이후 7개 논문으로 압축됨. "유기 농업"이라는 용어는 *Progress in Human Geography*에서 2005년 이후 총 25개 논문에 사용됨.

인용 색인 ISI Web of Science에서 사회과학인용지수(Social Science Citation Index: SSCI)에 초점을 맞추어 "유기 AND 농업"을 검색하면 2005년 이후 743개의 참고문헌이 찾아짐.

참고문헌 구글 학술 검색에서는 유기 농업에 관한 특정한 참고문헌 목록이 검색되지 않았지만, 위에서 언급한 검색 도구를 통해 도서 및 논문 목록을 찾았고, 경제지리학 강의 읽기자료와 같은 여러 가지 유용한 참고 자료를 찾았음.

웹사이트 "유기 농업"에 대한 구글 학술 검색 결과 85,000개의 자료가 검색됨. 하지만 "사회적, 경제적 영향력"과 "영국"을 추가했을 때는 2005년 이후 참고문헌 수가 214개로 줄어듦.

요약 과제 특성(2,000 단어, 전체 강의 평점의 30% 비중)과 초기 검색에서 확인된 참고문헌 수를 감안하면, 검색 범위를 좁히는 것이 합리적일 것이다(예를 들어, 2005년 이후 출판된 참고문헌). 또한 가장 많이 인용되거나 가장 최신의, 가장 포괄적으로 보이는 참고문헌, 웹사이트에서부터 시작하는 것이 좋을 것이다. ISI Web of Science와 같이 검색을 좁히기 위한 세련된 방법을 가지고 있는 웹사이트를 제외하고는 농사 방법이나 환경적 영향력과 같이 관련 없는 주제를 다루고 있는 자료들을 제거하는 데 엄청난 시간이 소요될 것이다. 주제에 점점 익숙해지면 보다 심화 자료를 찾거나 보다 구체적인 검색을 하길 바란다. 필요하다면 두 번이고 세 번이고 참고 자료 목록을 만들어 강사에게 보여 주고 핵심 자료가 무엇인지, 누락된 것이 있는지 조언을 얻길 바란다.

조언

인터넷을 사용해 검색할 때는 검색 용어를 보다 구체화하고 검색을 위한 특정 분야를 선택하는 것이 좋다(예를 들어, 검색을 좁히기 위해 전문 학술지나 학술적으로 인정받는 주제어로만 검색하는 것이 좋음). QUT(2014)는 정확한 검색 용어를 고려할 때 어휘들을 어떻게 조정할 수 있는지에 대한 연습을 제공하고 있다.

다른 문헌 자료

많은 주제에 있어 신문은 매우 유용한 정보 출처가 될 수 있다. 특히 최신의 사례연구에 매우 유용하다. ProQuest Newspaper는 도서관 이용자에게 1,500개의 신문에 접근할 수 있도록 해 준다(www.proquest.com/libraries/schools/news-newspapers/newsstand.html). Lexis®library는 원래 데이터베이스이지만 동시에 전국 및 지역 단위 신문에 접근할 수 있게 해 준다(www.lexisnexis. com/uk/legal). 많은 개별 신문들이 무료로 온라인 검색 데이터베이스를 제공하고 있으며, World Newspaper는 영어로 된 온라인 세계 신문이나 잡지, 뉴스 사이트에 대한 검색 디렉토리를 제공한다(www.world-newspapers.com).

학위 논문을 쓰고 있다면 유사한 주제로 논문을 쓴 사람이 있는지 ProQuest 학위 논문 검색을 통해 확인하는 것이 중요하다. 또한 영국의 Gov.UK(www.gov.uk), 미국의 DigitalGOV(search.digitalgov.gov) 검색을 통해 중앙 및 지방 정부가 보유하고 있는 많은 정보도 이용할 수 있다. 영국의 공식 통계는 통계청(Office for National Statistics, www.ons.gov.uk)을 통해 이용할 수 있고 유럽연합에 대한 정보는 Europa.eu 사이트를 통해 접근할 수 있다(europa.eu/index_en.htm).

유튜브(YouTube)나 아이튠스(iTunes)의 동영상이나 팟캐스트도 점차 대학에서 보편적으로 사용하고 있다. 이러한 자료들은 색다르면서 때로는 보다 쉽게 접근할 수 있는 미디어를 통해 지리적인 주제 영역에 대한 유용한 통찰을 제공할 수 있다.

> **조언**
> 제대로 된 유용한 참고 자료 목록을 구성하기 위해 그림 4.1에 나타난 순환을 이용해 검색을 계속 정제하기를 바란다. 초기 검색 단계에는 일반적인 자료에서 시작하고 나중에는 더욱 구체적인 자료에서 검색하는 것이 좋다(Dolowitz et al., 2008).

4.6 문헌 평가

찾아낸 문헌들을 모두 읽는 데에는 상당한 시간이 소요되기 때문에 박스 4.3에 나와 있는 것과 같은 체계적인 문헌 검색을 할 필요가 있다. 실제로 모든 자료를 읽을 수는 없다. 문헌 검색의 목적은 현재 연구에 가장 적절한 참고 자료를 찾는 것이다(Cornell University Library, 2015). 표 4.3은 읽기 자료를 어떻게 관리할 수 있는지에 대한 지침을 보여 준다. 특히 웹사이트는 출처, 목적, 권위, 신뢰성에 대해 비판적으로 평가할 필요가 있다.

만약 위에서 언급한 조언을 잘 따른다면, 참고 자료 목록을 상당히 줄일 수 있을 것이다. 예컨대, 가장 자주 인용되거나 가장 최신의 자료로 좁혀서 검색하면 책이나 학술지, 혹은 신문 기사나 웹사이트를 읽기도 전에 이미 자료의 양을 크게 줄일 수 있다. 제목과 초록 역시 참고문헌이 얼마나 관련성이 있을지 판단하는 데 도움을 줄 것이다.

표 4.3 참고 자료 목록을 관리 가능한 정도에 따라 줄이는 방법

기준	가능(4점)	약간 애매함(2점)	가능성 없음(0점)
주제와의 관련성: 주제, 초록으로 판단(점수×2)	높음	보통	별로 관계없음
최신성	5년 이내	6~15년 이내	15년 이상
권위: 저자나 논문이 이미 읽었던 논문에서 인용됨	폭넓게 인용	폭넓게 인용될 시간이 없었던 최근 논문	자주 인용되지 않거나 거의 인용되지 않은 오래된 논문
발행처의 우수성 및 신뢰성	지리학 또는 하위 분야, 또는 주제와 매우 밀접한 분야의 주요 출판사에서 발행됨	지리학이나 인접 분야의 출판물이 없는 출판사	비공식적 출판사나 신뢰할 수 없는 인터넷 출처
발행 특성	학계에서 인정된 전문 학술지나 단행본	참고서나 학술대회 논문집	대중 잡지
독창성	정보의 1차 출처: 신뢰할 수 있고 인정된 방법으로 정보를 직접 생성한 저자들	명확하게 확인되고 신뢰할 수 있는 2차 출처로부터 정보를 획득한 저자들	적절하게 뒷받침할 수 있는 증거 없이 정보를 생산하거나 사실을 주장한 저자들
접근성	즉각적 이용: 다운로드가 가능하거나 단거리 도보로 도서관에 접근 가능함	일정 부분 노력을 통해 취득할 수 있음: 예약, 상호 대차 서비스	취득할 수 없음

출처: 헤이그(Martin Haigh)의 아이디어를 수정함(개인적인 연락, 2002년 1월 29일).

조언

단순히 강사나 교수에게 좋은 인상을 주기 위해 찾은 모든 참고문헌을 나열할 필요는 없다. 각 문헌이 참고문헌 목록에 들어가 있어야 하는지를 정당화할 수 있는 이유나 자료가 필요하다. 각 분야의 인용 방식(예: 하버드 방식)을 따르며 반드시 참고문헌을 텍스트로 포함하라.

연습 4.3　문헌 평가하기

준비하고 있는 주제와 관련해 웹사이트, 참고서, 학술지 논문, 신문 기사 등의 다양한 자료 출처에서 네 개의 참고문헌을 선택하라. 이때 주제와의 관련성, 기원, 출처 신뢰성 등을 평가하기 위해 표 4.3에 있는 기준을 사용하라.

연습 4.4　문헌 읽기

연구 주제와 관련 있는 책이나 논문을 가져와서 5분 동안 그 자료가 포함하고 있는 핵심 요점을 도출하라.

　전문 연구자들의 경우 책을 처음부터 끝까지 다 읽는 경우는 드물다. 대개 시간이 별로 없으므로 전체의 일부분만 읽는다. 제목, 초록, 개요, 출판사 소개글, 목차, 색인, 서론, 결론, 부제목 등을 훑어

보면서 몇 분 내에 자료를 평가하도록 잘 훈련되어 있어 중요한 자료를 빠르게 선택할 수 있다. 대개는 절의 처음과 끝 문단, 그리고 문단의 처음과 끝 문장을 좀 더 주목해 읽음으로써 주요 절이 무엇인지를 확인할 것이다. 그렇다고 문헌에 대한 피상적인 지식만 있으면 된다는 말은 아니다. 오히려 주제에 대한 폭넓은 이해와 함께 특별히 유의미한 부분들에 대해서는 깊이 있는 지식을 모두 얻을 수 있도록 선택적이면서 동시에 비판적으로 읽어야 한다. 이러한 비판적 읽기나 전략적 읽기 과정에 익숙하지 않다면 블랙스터 외(Blaxter el al., 2010)와 닐(Kneale, 2011)의 관련 장들을 읽어 보길 바란다.

연습 4.5

다음 에세이나 연구 프로젝트에서는 이 장에서 기술하고 있는 문헌 검색틀(그림 4.1)을 잘 적용해 보길 바란다.

| 요약

이 장의 목적은 문헌을 체계적으로 검색하고 평가하기 위한 효과적이고 효율적인 방법들을 찾는 데 있다.
- 첫 번째 단계는 주제에 대한 주요어를 정의하고 검색 용어 범위를 산정하는 것이다.
- 그다음 도서관 카탈로그, 초록, 리뷰, 인용 색인, 참고문헌 목록, 웹사이트를 포함한 다양한 출처들을 체계적으로 검색해야 한다. 또한 검색 기록도 잘 보관해야 한다.
- 참고문헌 목록이 도출되면 각 자료에 대해 관련성, 우수성, 독창성, 접근성, 최신성, 권위와 같은 항목들을 평가해야 한다.
- 문헌 검색은 체계적으로 이루어져야 하지만 반복적이기도 하다. 주제에 대한 지식과 이해, 그리고 발견한 참고문헌의 질이 좋아질수록 어쩔 수 없이 검색을 수정하고 여러 단계를 반복하거나 정제해 나가야 할 것이다.
- 빠른 참조를 원한다면 이 장에 있는 연습, 박스, 표, 조언, 그리고 그림 4.1에 나와 있는 문헌 검색틀을 살펴보길 바란다.

심화 읽기자료

문헌 검색만을 다루는 책은 거의 없다. 하트(Hart, 2001)는 예외적이지만, 나머지 대부분 책은 학습 기술이나 연구하는 방법에 대해 안내하고 있으며, 보다 폭넓은 맥락에서만 문헌 검색 과정을 다루고 있다.
- 벨(Bell, 2014)은 문헌 검색에 관한 독립된 장을 포함한다. 이 장에서는 인터넷을 사용한 검색과 검색 기준을 제한하거나 확장하는 방법들에 대한 기초 지식을 잘 소개하고 있다. 이 부분은 연구 수행 안내의 일부에 해당한다.
- 블랙스터 외(Blaxter el al., 2010)는 연구하는 방법에 대해 사용자 친화적인 지침을 제공하고 있는데, 연구를 위한 읽기와 글쓰기에 관한 내용을 포함하고 있다.

- 코넬 대학교(Cornell University, 2014)는 정보 출처를 검색하고 비판적으로 평가할 수 있는 유용한 지침을 제공한다.
- 돌로위츠 외(Dolowitz et al., 2008)는 인터넷에서 정보를 검색하는 세밀한 지침을 알려 주는데, 어떻게 검색에 접근해야 하는지, 그리고 검색 전략 안에서 사용할 수 있는 여러 기술에 대한 조언을 포함한다.
- 플라워듀와 마틴(Flowerdew and Martin, 2005)은 인문지리학자가 연구 프로젝트를 수행할 때 필요한 지침을 제공한다. 선행 연구를 찾는 방법에 대한 것과 2차 데이터 출처를 사용하는 장점과 관련 이슈들을 설명하는 부분을 포함한다. 또한 검색 엔진을 가장 잘 활용하기 위해 어떻게 사용해야 하는지에 대한 추가 정보를 제공한다.
- 하트(Hart, 2001)는 사회과학에서 문헌 연구를 하는 데 필요한 보다 포괄적인 지침을 제공한다.
- 리들리(Ridley, 2008)는 문헌 리뷰에 필요한 단계별 지침을 보여 주며, 문헌 검색하는 방법과 정보 관리에 관한 내용을 포함한다.

* 심화 읽기자료에 대한 상세 정보는 아래 참고문헌에서 확인할 수 있음.

참고문헌

Asher, A., Duke, L., and Green, D. (2010) 'The ERIAL project: Ethnographic research in Illinois academic libraries', Academic Commons. www.academiccommons.org/2014/09/09/the-erial-project-ethnographic-research-in-illinoisacademic-libraries/ (accessed 6 November 2015).

Atkins, P. and Bowler, I. (2001) *Food in Society: Economy, Culture and Geography.* London: Arnold.

Badke, W. (2013) 'The path of least resistance', *Online Searcher* 37(1), 65-7.

Badke, W. (2015) 'Students as researchers: The faculty role'. http://williambadke.com/StudentsasResearchers.pdf (accessed 6 November 2015).

Bell, J. (2014) 'Literature searching', in *Doing Your Research Project: A Guide for First-Time Researchers in Education and Social Science* (6th edition). Buckingham: Open University Press. pp.87-103.

Blaxter, L., Hughes, C. and Tight, M. (2010) *How to Research* (4th edition). Buckingham: Open University Press.

Cornell University Library (2015) *Library Research at Cornell: The Seven Steps.* guides.library.cornell.edu/seven-steps (accessed 6 November 2015).

Dolowitz, D., Buckler, S. and Sweeney, F. (2008) *Researching Online.* Basingstoke: Palgrave Macmillan.

Flowerdew, R. and Martin, D. (eds) (2005) *Methods in Human Geography: A Guide for Students Doing Research Projects* (2nd edition). Harlow: Longman. pp.48-56.

Gregory, D., Johnston, R.J., Pratt, G., Watts, M. and Whatmore, S. (2009) *The Dictionary of Human Geography* (5th edition). Oxford: Blackwell.

Hart, C. (2001) *Doing a Literature Search: A Comprehensive Guide for the Social Sciences.* London: Sage.

Healey, M. and Jenkins, A. (2009) *Developing Undergraduate Research and Inquiry.* York: HE Academy. Available from www.heacademy.ac.uk/node/3146 (accessed 3 October 2015).

Healey, M., Lannin, L., Stibbe, A. and Derounian, J. (2013) *Developing and Enhancing Undergraduate Final Year Projects and Dissertations*. York: HE Academy.

Healey, M., Flint, A. and Harrington, K. (2014a) *Engagement through Partnership: Students as Partners in Learning and Teaching in Higher Education*. York: HE Academy. www.heacademy.ac.uk/engagement-through-partnershipstudents-partners-learning-and-teaching-higher-education (accessed 6 November 2015).

Healey, M., Jenkins, A. and Lea, J. (2014b) Developing Research-Based Curricula in College-Based Higher Education. York: HE Academy. www.heacademy.ac.uk/resources/detail/heinfe/Developing_research-based_curricula_in_CBHE (accessed 5 November 2015).

Kneale, P.E. (2011) *Study Skills for Geography, Earth and Environmental Science Students: A Practical Guide* (3rd edition). London: Arnold.

Mills, C. (1994) 'Acknowledging sources in written assignments', *Journal of Geography in Higher Education*, 18: 263-68.

QUT (Queensland University of Technology) (2014) *Study Smart: Research and Study Skills Tutorial*. studysmart.library.qut.edu.au/ (accessed 6 November 2015).

Ridley, D. (2008) *The Literature Review: Step-by-Step Guide for Students*. London: Sage.

Thomas, D. and Goudie, A. (2000) *A Dictionary of Physical Geography* (3rd edition). Oxford: Blackwell.

공식 웹사이트

이 책의 공식 웹사이트(study.sagepub.com/keymethods3e)에서 이 장과 관련한 가장 좋은 자료들에 대한 링크들을 확인할 수 있음.

05

효과적인 연구 소통

개요

이 장은 연구의 본질에 관해 설명하고, 연구 과정을 구성하고 연구 발표를 계획하는 데 도움을 줄 수 있는 주요 과정들을 확인하는 데에서 시작한다. 그리고 연구 과정을 마치고 결과를 다른 사람들에게 전달하는 상황에 직면할 때 지리학 학생으로 가질 수 있는 장점들에 초점을 맞추고 있다. 또한 글이나 말, 시각적 형식 등 다양한 방식으로 연구를 효과적으로 소통할 수 있는 원리들을 보여 준다. 더불어 특정한 상황에서 연구를 발표할 때 준비해야 할 것과 자신감을 가지는 데 도움을 줄 수 있을 사항들을 안내한다. 학과나 기관을 넘어 보다 다양한 대중에게 자신의 연구를 발표할 수 있는 수많은 장소를 확인할 수 있다. 구두 발표, 포스터 전시, 논문 출판, 웹페이지 및 블로그 게시는 연구 결과를 다른 사람과 소통할 수 있는 다양한 방법들이라 할 수 있다. 연구 결과를 외부의 다학제적 대상에게 배포하고자 한다면 졸업 후 관련 직업을 가지는 데 도움이 되도록 지적인 기량에서부터 조직적 기량, 대인관계 기량에 이르기까지 여러 역량을 폭넓게 길러야 할 것이다.

| 이 장의 구성

- 연구의 정의 및 필요성
- 연구 과정의 요소
- 학생 연구의 청중
- 효과적인 연구 소통 방법
- 효과적인 연구 소통 결과
- 결론

5.1 연구의 정의 및 필요성

지리학 학생은 기본적으로 연구자이다. 연구를 단순히 정의하면 답을 모르는 질문의 답을 찾아가는 것이다. 이러한 정의를 받아들인다면 교수가 내준 에세이 질문에 답변을 준비하기 위해 연구를 수행할 수도 있다. 하지만 독립적인 연구 프로젝트(예: 학위 논문)를 준비할 때는 한 걸음 더 나아가 연구 질문을 스스로 만들고, 이에 답하기 위해 1차 또는 2차 데이터를 수집해야 한다(5.2 참고). 에세이든 학위 논문이든 모두 잘 구조화되고 이해하기 쉬운 방법으로 자료를 조직하고 보여 주어야 한다. 또한 주장을 할 때는 주장에 대해 비판적으로 평가하고 합리적인 결론에 도달할 수 있도록 증거를 제시해야 한다. 옥스퍼드 영어 사전에 따르면, 연구란 "주의 깊은 숙고나 관찰, 또는 주제에 대한 학습을 통해 이론, 주제 등의 지식에 기여함을 목표로 하는 체계적인 조사나 탐구"이다. 누군가가 제시한 질문에 답변하기 위해 문헌을 통해 찾아가는 것은 지식을 증진하는 데 도움을 주지만, 1차 데이터나 2차 데이터의 최초 응용 연구를 통해 스스로의 질문에 답을 찾는 것은 연구의 궁극적인 가치라 할 수 있는 새로운 지식 창출로 이어질 수 있다.

지리학 학생으로서 연구를 수행하는 데 필요한 두 가지 동기, 다시 말해 외부적 동기와 내부적 동기가 있다(Plotnik and Kouyoumdjian, 2011). 외부적 동기는 연구 수행을 북돋아 주거나 보상을 해 주는 외부적인 동인이라 할 수 있다. 대학에서 가장 좋은 외부적 원동력은 평가이다. 아마도 가장 좋은 평점을 얻기 위해 자기 능력의 최대치를 연구에 쏟아부을지 모른다. 반면, 내부적 동기는 연구 자체를 잘 수행하고 싶고, 연구 결과가 정확하고 신뢰성 있어 다른 사람들에게 영향을 줄 수 있다는 것을 알고 싶은 내적인 욕구라 할 수 있다. 내부적 동기로도 충분히 연구를 수행할 수 있을 것이다. 왜냐하면 연구 문제에 대한 스스로나 다른 사람의 이해를 만들어 갈 수 있다는 점에서 개인적인 보상을 느낄 수 있을 것이기 때문이다. 내부적 동기는 장학금을 넘어 진정한 연구를 할 수 있도록 해 줄 것이다(표 5.1). 진정한 연구는 자신이 얻은 지식이나 이해가 공개적으로 검토될 수 있도록 보다 많은 청중과 소통할 때만 가능하다. 미국의 대학 학부 교육 증진을 위한 보이어위원회(Boyer Commission)에서도 이러한 점을 다음과 같이 강조하고 있다.

어떤 아이디어도 다른 사람과 의사소통되기 전까지는 완전하지 않다는 것을 학생들이 알아야 한다. 쓰기와 말하기에 필요한 조직화는 자료를 완전하게 이해할 수 있도록 하는 사고 과정의 일부분이다. 결과의 배포는 연구 과정에 있어 핵심적이고 필수적인 부분이다(1998: 24).

표 5.1 연구와 다른 조사 형태의 관계

조사 수준	조사 목적	조사 과정 확인	조사 결과
학구적 수준	스스로 알기 위해	스스로 확인	개인적 지식
학문적 수준	공유된 맥락 내에 있는 집단에게 알리기 위해	같은 맥락에 있는 사람들에 의해 확인	국지적 지식
연구적 수준	더 폭넓은 청중에게 알리기 위해	맥락 외부에 있는 사람들에 의해 확인	대중적 지식

출처: Ashwin and Trigwell, 2004: 122에서 수정

거의 습관적으로 연구 결과를 학술대회나 학술지를 통해 소통하는 학자와는 달리, 연구 과정(또는 연구 주기)에 대한 학생의 경험은 종종 불완전하다. 예를 들어, 학위 논문이나 졸업을 위한 캡스톤 프로젝트 연구 결과는 대개 마지막 연도에 제출하고, 지도 교수나 담당자로부터만 피드백을 받는다. 따라서 만들어진 연구 결과는 거의 외부로 배포되지 않는다. 이는 워킹턴(Walkington, 2008)이 연구 주기에서 '공백'이라고 언급한 것인데, 연구 과정을 완료하지 못하고 효과적인 의사소통 능력과 상관없이 연구를 마무리하는 것이다. 효과적으로 연구를 소통하는 데 필요한 능력을 의식적으로 인식하고 연마한다면 보다 많은 것을 배울 수 있을 것이다. 다시 말하면, 연구 과정을 배포 단계까지 반드시 완료해야 한다.

최근 대학도 변하면서 학생들 스스로 연구를 수행하고 연구 결과를 배포할 수 있는 여러 기회가 많아졌다. 정부 역시 국가 경제에 중추적인 역할을 할 수 있는 역량과 지식을 갖춘 대학 졸업생을 필요로 하므로, 세계 대학은 점차 경쟁적 환경으로 변하고 있다(Li et al., 2007; Hennemann and Liefner, 2010; Arrowsmith et al., 2011; Castree, 2011; Whalley et al., 2011; Erickson, 2012). 그 결과, 학생들은 교과과정 내에서 교수나 동료들의 평가를 받는 연구를 넘어 외부 청중과 연구 결과를 소통할 수 있는 기회를 점점 확대해 나갈 수 있다(Spronken-Smith et al., 2013). 이러한 측면에서 글이나 말, 시각적 형식 등의 다양한 방식으로 연구를 효과적으로 소통할 수 있는 원리들을 배우고 적용할 수 있어야 한다. 이 장은 이러한 과정을 적용하는 데 필요한 정보들을 제공할 것이다(5.4절). 연구 결과를 내부적으로 배포해 보는 경험은 자신감을 키워 주고, 학문에 대한 이해를 높여 주며, 대인관계 능력을 발전시킬 수 있도록 해 주는 한편, 외부 연구 발표는 보다 전문적인 학습 영역에 들어가야만 획득할 수 있는 부가적인 능력들을 키워 줄 것이다(5.5절).

5.2 연구 과정의 요소

연구는 본질적으로 그림 5.1과 같이 일련의 단계를 거치면서 수행하게 되는 문제해결 활동이다. 연구 과정의 시작은 연구 문제를 정의하고 연구의 최종 목표나 의도를 설정하는 것이다(Brause, 2000). 기본적으로 연구하고자 하는 것에 대해 자세히 설명하면서 왜 연구를 해야 하는지에 대한 이유를 명확하게 밝혀야 한다. 일단 관심이 있는 다양한 연구를 정의한 후, 연구 문제에 대한 이론적이고 개념적인 맥락들을 고려할 수 있을 것이다. 즉, 연구 주제와 관련된 문헌을 읽고 비판적으로 평가함으로써 주제에 대해 알려진 것과 그렇지 않은 것들을 밝혀 낼 수 있다. 문헌 리뷰는 연구 목표에 맞게 적절하게 이루어져야 한다. 문헌 리뷰를 잘 구조화하고 어느 정도 적절하게 비판적으로 완료하면, 조사에 필요한 가설이나 가정을 정의하고 정당화할 수 있을 것이다.

연구 질문에 답하거나 가설을 검증하기 위해서는 표본 조사를 설계하고 경험적 증거를 수집하기 위한 적절한 방법을 선택할 필요가 있다. 현장에서 접근할 수 있는 1차 자료나 이미 출판된 2차

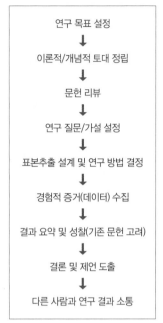

그림 5.1 연구 과정(단순화된 선형 구조로 표현)

자료로부터 데이터를 수집할 수 있다. 이러한 데이터는 정량적 기법(지리적 현상을 이해하기 위해 개념과 관련된 변수를 찾아 이를 측정하고, 통계적 기법이나 다양한 계량적 기법을 적용하는 것)이나 또는 정성적 기법(민족지, 참여 관찰, 심층 인터뷰, 초점 집단, 시각적 분석, 문서 분석과 같은 방법을 통해 개인의 주관적 경험 해석)을 이용해 수집하고 분석할 수 있다(Grix, 2010). 어떤 연구자들은 목적에 따라 정량적, 정성적 방법을 혼합한 접근을 취한다.

어떤 연구 방법을 선택하든 그것은 정당화될 수 있어야 하고 학문적으로 지지받을 수 있어야 할 것이다. 광범위한 경험 데이터를 수집해 표본으로부터 모집단에 관한 결과를 일반화하는 정량적 방법을 이용할 때는 표본추출의 타당성(연구 질문에 대해 표본추출이 얼마나 부합하는지에 대한 엄밀함 정도), 엄격성(표본추출 방법의 정밀한 정도), 대표성(모집단의 변동성에 대해 가능한 한 유사한 집단의 선정), 오차(변수에 내재된 부정확함), 유의성(표본이 모집단을 대표하는 신뢰 수준)과 같은 이슈들을 반드시 고려해야 한다(Creswell, 2014). 정성적 방법은 보통 사례연구를 수행하거나 인간 행위와 그러한 행위를 지배하는 사고를 심층적으로 이해하는 데 필요한 데이터를 수집할 때 사용한다

(Creswell, 2014). 따라서 정성적 연구 결과는 예측적이라기보다 대개 서술적이지만, 그럼에도 정량적 기법과 마찬가지로 신중한 추론이 반드시 적용되어야 한다. 연구를 위해 선택할 수 있는 가장 적절한 방법은 묻고자 하는 질문에 달려 있다.

데이터 수집을 완료하면, 핵심 결과를 도출하고 보여 주기 위해 적절한 기술적 또는 추론적 기법을 사용해 데이터를 분석해야 한다. 그다음 연구 질문이나 가설에 비추어 기존 문헌의 내용을 언급하면서 데이터를 해석해야 한다. 잘 유도된 해석은 주요 결과를 단순히 요약하는 것을 넘어 깊이 있는 통합적 결론을 도출할 수 있도록 해 줄 것이다. 또한 향후 연구를 위해 연구의 한계를 지적하거나 함의를 요약하고 제언을 할 수 있을 것이다. 이 시점이 오면 연구 결과를 다른 사람과 소통함으로써 연구 주기를 완료할 준비가 된다.

사실 연구 과정은 보다 실제적으로는 연구를 수행하는 방법이라기보다 연구를 소통하기 위한 방법이라고 할 수 있다(Philips and Pugh, 2010). 실제 현장에서 수행하는 과정은 대개 비선형적이며 반복적이다. 아마 전체 연구 과정에 있어 그림 5.1에 나와 있는 여러 단계를 수없이 반복해야 할 것이다. 따라서 학위 논문이나 구두 발표, 포스터, 또는 출판된 논문에서 연구 과정의 세부적인 성찰 방식은 보여 주지 않는다. 대신 연구 과정에 있어 주요 흐름을 체계적이고 명확하게 설명한다. 마찬가지로 완성된 결과물을 소통하고자 할 때 굳이 배포 단계를 연구 마지막에 둘 필요도 없다. 연구를 진행하는 동안 다른 사람들로부터 피드백을 얻거나 특정한 연구 단계를 개선하기 위해서는 어떤 통로를 통해 '진행 중'인 상태로 충분히 소통할 수 있다.

5.3 학생 연구의 청중

대학에서 점점 학생들이 연구의 주체가 되거나(Neary and Winn, 2009) 공동 연구자가 될 수 있는 분위기가 만들어지고 있다(Little, 2011l; Healey et al., 2014). 이러한 경향은 학생들이 자신의 연구를 외부로 소통할 수 있는 여지를 넓혀 준다. 스프론켄-스미스 외(Spronken-Smith et al., 2013)는 학생 연구를 외부로 배포하는 데 참조할 수 있는 틀을 개발했는데(그림 5.2), 지리학 학위 과정 동안 성취한 연구를 외부로 소통할 수 있는 노출 수준을 보여 준다. 과정이나 모듈에서 연구를 공유하는 것부터 시작해 학과 연구 학술대회, 학교 연구 포스터 행사 및 전시회, 국내 학제 간 학술대회(예: 영국학부생연구학술대회(British Conference of Undergraduate Research: BCUR), 북미학부생연구학술대회(North American National Conference on Undergraduate Research: NCUR), 심지어 지

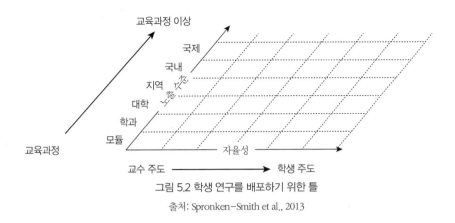

그림 5.2 학생 연구를 배포하기 위한 틀

출처: Spronken-Smith et al., 2013

표 5.2 학생 연구를 배포할 수 있는 대학 내외의 기회

대학 내 연구 배포	대학 외 연구 배포
모듈 – 동료나 교수가 읽는 에세이 – 수업의 구두 발표 및 포스터 – 연구 팟캐스트/비디오 – 동료나 교수가 읽는 연구 보고서/프로젝트 – 학생 주도 현장 연구 발표 – 모듈 기반의 자문회사 고객 대상 발표	**지역** – 고용주 발표/전시(자문 고객 프로젝트 발표) – 일반 대중 발표/전시 – 대중 블로그 서평 게재

학과/교수
– 학과/교수진이 개최하는 학부생 연구 학술대회(포스터,
  발표, 팟캐스트)
– 학과 복도나 강의실에 게시되는 연구 포스터
– 학생 운영 연구 블로그 및 온라인 잡지[예: 레스터
  (Leicester) 지리학과 학생들이 운영하는 블로그 포스트
  (예: studentblogs.le.ac.uk/geography와 environme
  ntalgeographies.wordpress.com)]
	국내
	– 학부생 연구 학술대회(예: British Conference of Under-
	  graduate Research; North American National Confer-
	  ences on Undergraduate Research)
	– 국내 전시회(예: 국회 포스터 전시회)
	– 학부생 연구 지리학 학술지 논문 게재(예: 영국 *GEOverse*; 오
	  스트레일리아 *Geoview*)

학교
– 학술대회(포스터, 발표, 팟캐스트) 및 학술지(예: *Plym-*
  outh Student Scientist, Diffusion)을 포함한 학내의 다
  학제적 연구 행사들
	국제
	– 국제 학부생 연구 학술지 논문 게재(예: *Reinvention*)
	– 전문 학술지에 학자와 함께 수행한 공동 연구 게재(예: 영국 왕
	  립지리학회, 미국 지리학회)
	– 웹 기반 팟캐스트 출판
	– 위키피디아 게재
	– 블로그 게재(예: The People's Journal)

* 모든 인터넷 주소는 2015년 9월 9일에 접속함.

리학 관련 국제 학술지나 학술대회에서 발표할 수 있을 것이다. 따라서 학부생 수준의 연구라 하더라도 학교나 그 이상의 물리적 환경에서 다양한 대상들에게 배포할 수 있다(표 5.2 참조).

다학제적 맥락에서 외부와 소통하는 경우, 보다 세련된 대중적 산물을 전달하기 위해서는 일반적으로 대학 내 강사나 동료에게 발표하는 것보다 높은 수준의 역량이 요구된다(Willison and O'Regan, 2008). 이는 부분적으로 지리학자로서 우리가 사용하는 언어와 일부 관련이 있다. 지리학 내의 사람들과 소통할 때는 지리학적 용어를 이해할 수 있다고 기대해도 좋지만 물리학자나 의사, 예술가, 심리학자들과 이야기한다면 매우 일반적인 언어로 자신의 연구를 기술해야 할 것이다. 지리학자들이 관여하는 많은 질문은 대개 다른 학문 분야의 사람들과 공유된다. 따라서 지리적 문제에 대해 다양한 관점에서 논의할 수 있도록 명확하게 의사소통하는 것이 필수적이다. 세계적 차원의 문제에 관해 점점 대규모의 다학제적 연구팀이 필요해짐에 따라, 전문 용어를 사용하지 않으면서 분명하게 의사소통할 수 있는 역량이 점차 중요해지고 있다. 고용주들은 팀 기반 연구를 수행하고 소통하는 데 과학적, 사회과학적 방법론과 담론을 모두 이해할 수 있는 능력을 가진 지리학자들이 있다면 매우 감사해 할 것이다.

내부 청중

학생 연구는 노출이 다소 적은 형태의 에세이, 리포트, 학위 논문, 포스터 발표, 수업 또는 현장 발표 등을 통해 학교 내에서 소개할 수 있다(Marvell, 2008; Marvell et al., 2013). 포스터나 발표의 경우 수업뿐 아니라 학과나 대학 내 다른 학술대회에서도 발표할 수 있다. 이러한 연구의 소통 대상은 동료나 교수, 또는 대학의 다른 학생이나 관련 사람들이 될 수 있다. 노출 정도를 팟캐스트나 비디오로 조금 확장한다면 보다 다양한 그룹의 사람들과 학생들이 연구 결과를 이용할 수 있고, 오랫동안 남을 기록이 될 수 있다(Walkington, 2014; 2015). 이러한 형태의 소통 대상은 차후 몇 년 후 지리학과에 들어오게 될 학생들일 수도 있다. 만약 교내 학술지가 있다면 거기에 논문을 게재할 수도 있다(Walkington and Jenkins, 2008; Walkington, 2012; Walkington et al., 2013).

외부 청중

학교를 넘어 학생 연구를 가장 최대로 노출할 수 있는 형태는 블로그, 비디오로그 및 팟캐스트, 자문 고객 발표 및 보고서, 학술지, 서적 내 논문이나 장, 전시회, 디스플레이 및 공연, 웹페이지, 위키피디아, 온라인 포스터 및 발표, 또는 대면 학술대회(학과/국내/국제) 등이 있다. 지리학에서 학부생 연구 논문만을 취급하는 온라인 학술지는 *GEOverse*(영국)와 *Geoview*(오스트레일리아)가 있다(표 5.2). 박사후 연구원은 표준적인 학계 전문 학술지를 이용해야 한다. 이러한 연구 발표는 개별적으로 할 수도 있으며, 다른 학생이나 학자와 공동으로 수행할 수도 있다. 보통은 다른 학자와 공동으로 학술 지에 논문을 게재하는 것이 좋은 출발점이 될 수 있다. 만약 연구를 논문으로 작성하고자 한다면 연구 결과를 완전히 분석하고 확실히 완료한 연구여야 한다. 하지만 블로그와 같은 다소 비공식적인 형태에서는 데이터 수집만 완료되었다면, 분석을 진행하면서 연구 결과를 변경하는 것도 가능하다.

로버트슨과 워킹턴(Robertson and Walkington, 2009)은 쓰레기 재활용 및 쓰레기 최소화 행동에 관한 연구로, 지리학과 학부생 학위 논문을 토대로 작성되었다. 이 연구는 우리가 기대하지 못했던 지역 당국에 매우 유의미한 함의들을 가지고 있어 학계를 넘어 다른 청중과 연구 결과를 공유하는 것이 중요했다. 학술지 심사 과정에 익숙한 지도 교수나 학자와 공동 저술하는 것은 보다 폭넓은 청중을 대상으로 글을 쓰는 데 도움이 될 수 있다. 물론 학생이나 공동 저술자 모두 보통의 대학 교육과정 이상의 상당한 노력과 시간을 투자해야 할 수도 있다. 공동 출판의 또 다른 사례는 영국의 왕립 지리학회 연례 학술대회와 같은 학회에서 함께 발표하는 것이다(Hill et al., 2013). 동료나 다른 학자와 공동 저술하거나 발표를 할 때 자료의 저작권은 확실하게 합의해야 한다. 기여도에 대한 인정은 보통 저자 순서를 통해 나타낼 수 있다. 저자는 아니지만 그림 제작, 현장 조사 보조, 원고 검토와 같이 도움을 준 사람들에 대해 감사를 전하고자 한다면 논문이나 발표에 별도의 사사(acknowledge-ment)를 추가할 수도 있다.

정보 기술의 발달로 대학을 넘어 학생 연구를 대중적으로 배포할 수 있는 기회가 점점 증가하고 있다. 웹페이지나 블로그, 또는 팟캐스트나 유튜브 보드캐스트(vodcast)를 통한 연구 홍보는 전 세계 청중을 대상으로 자신의 연구 결과를 공유할 수 있는 좋은 방법이다. 온라인으로 연구를 소통할 때는 좀 더 대중적인 스타일을 기반으로 하면서 소통의 창구나 청중에 따라 학구적 스타일을 주의 깊게 조정할 필요가 있을 것이다. 웹 기반의 자료를 필요로 하는 청중은 국제적이며, 잠재적으로는 비학문적인 대상이며, 미래 세대를 포함할 수도 있음을 기억해야 한다. 결과적으로 온라인 소통은 연구를 공유하고 지식에 이바지하는 매우 강력한 방법이자 동시에 정확하게 정보를 전달하고 현실에 맞는 주장을 해야 하는 책임을 동반한다.

마지막으로 연구도 하나의 상품임을 이해해야 한다. 연구의 저작권은 대개 출판 과정에서 양도하게 되는데 최근 연구 결과의 개방형 공유에 대한 약속이 점차 늘고 있다. 예를 들어, 크리에이티브 커먼즈 라이선스(Creative Commons License: CCL)는 몇 가지 표준 허가 조건을 원하는 형태로 지정하면서 연구 결과를 공유할 수 있도록 해 준다. 또한 연구에 사용한 자료를 만든 사람과 저작권에 관한 동의서를 반드시 작성해야 한다. 예를 들어, 데이터가 누구의 것인지 윤리적 절차를 통해 밝히거나 저작권 동의서를 통해 그들이 만든 그림이나 지도의 사용에 대해 동의를 얻어야 한다. 대학에서의 연구와 같이 표절을 피해야 하며, 자신의 저작물이 보호되고 온전하게 자신의 것으로 인정받을 수 있도록 주의해야 한다.

5.4 효과적인 연구 소통 방법

이 절은 다양한 상황에서 이루어지는 여러 소통 형태, 예컨대 글, 말, 시각적 형태에 적용될 수 있는 효과적인 연구 소통 원리를 소개한다. 이를 통해 어떻게 지식과 경험이 서로 다른 청중과 적절한 수준으로 소통할 수 있는지를 알려 줄 것이다. 각 상황에서 연구 과정 요소(그림 5.1)를 고려하는 것은 연구를 논리적이며 일관성 있게 구조화하는 데 도움을 줄 것이다. 이러한 과정들은 다음에서 반복적으로 언급될 것이다.

효과적인 구두 발표 원리

효과적인 구두 발표는 논리적인 방식으로 메시지를 명확하게 전달할 수 있게 한다. 청중의 관심을 끌고 그들의 이해를 고취하기 위해서는 청중의 요구를 고려해야 한다. 구두 발표를 준비한다면 반드시 예행연습, 상황, 내용, 전달 방식을 먼저 고려해야 한다.

예행연습
효과적인 발표를 준비하는 좋은 방법은 시간과 흐름을 확인하면서 스스로 연습한 후, 주장이 쉽게 전달되는지 점검하고 건설적인 조언을 얻기 위해 친구들 앞에서 예행연습을 하는 것이다. 동료나 지도 교수 앞에서 예행연습을 하는 것은 발표의 내용이나 전달력을 높이는 데 도움을 줄 것이다. 예행연습은 실제 발표에 섰을 때 자신감을 갖게 하고 긴장을 풀게 해 준다(Kneale, 2011). 또한 발표 마지막에 예상되는 질문에 대한 답변을 미리 생각해 보고 연습할 수도 있다.

상황
청중이 특정 학문 분야의 전문가인지 여러 학문에 걸쳐 있을지 확실히 설정할 필요가 있다. 그래야 청중의 예상 관심이나 지식수준에 맞게 발표 스타일, 언어, 내용을 맞출 수 있다(Kneale, 2011). 또한 발표장의 내부 배치나 사용할 수 있는 장비가 무엇이 있는지도 고려해야 한다. 충분히 일찍 도착해 모든 장비가 잘 작동하는지 확인해야 한다(Cryer, 2006). 발표 슬라이드가 장비와 소프트웨어에 적절하게 표시되는지 슬라이드를 넘겨 보면서 먼저 확인하고 인터넷 링크가 작동하는지 확인하길 바란다. 청중의 경험과 연결하면서 관심을 끌어도 좋다. 이해가 어려울 것 같은 기술적인 용어들을 설명하되 너무 지나치게 단순화하거나 구어체를 사용하는 것은 피하는 것이 좋다.

내용

내부 발표든 외부 발표든 대체로 발표 시간은 질문 시간을 포함해 15분 내외로 허용되기 때문에 발표 내용을 잘 구성해야 한다. 자신이 원하는 만큼 말할 수 있는 시간이 주어지는 경우는 거의 없다. 따라서 발표에서 생략할 부분을 정하는 것은 넣어야 할 것을 결정하는 것만큼 중요한 사항이다(Young, 2003). 대부분 발표에서 가장 어려운 부분은 아마 시작 부분으로, 청중의 주의를 끌어야 하고, 발표자에 대한 신뢰를 쌓아야 하며, 말하고자 하는 바를 잘 들을 수 있도록 해야 한다. 시작 슬라이드에는 명확한 연구 제목과 발표자 이름이 보일 수 있도록 해야 한다. 외부 청중이라면 소속이나 이메일 주소도 포함해야 한다. 그다음 슬라이드에는 내용을 짐작할 수 있도록 발표 목차를 넣어도 좋다. 연구 목적을 명확히 하고 개인적으로 던질 수 있는 강렬한 질문(예: 왜 그것이 당신에게 흥미롭습니까? 왜 다른 사람에게도 흥미로워야 하는가요?)을 통해 발표 초반 청중을 사로잡을 수 있도록 하라. 또한 적절한 문헌에 기반해 이론적이거나 개념적인 관점에서도 질문해야 하고, 현지 조사 지역의 주요 특성에 대한 지리적 관점의 질문도 해야 한다. 사용한 방법론을 간단히 설명하고 정당화해 주요 연구 결과를 명확하고 간결하게 전달해야 한다. 선행 연구를 언급하면서 주요 결과를 해석하고 학술 분야나 실용 응용 분야에 있어 함의를 보여 주면서 연구 결론을 명확하게 이끌어 내야 한다. 마지막으로 도움을 준 사람에게 감사의 뜻을 말하거나 청중에게 질문이 있는지 확인하면서 마치면 된다. 마지막 슬라이드에 발표 전반에 걸쳐 사용한 참고문헌을 넣어도 좋다. 전체적으로 권위 있는 주장을 전달하기 위해 발표 구조를 명확하게 만들어 가고 있다는 것을 기억하라.

전달 방식

발표는 기본적으로 시각적 행위이기 때문에(Kneale, 2011), 전달 방식은 효과적인 의사소통에 있어 중요한 측면이다. 발표를 준비할 때 발표 슬라이드와 외모 모두를 신경 써야 한다. 슬라이드의 텍스트와 시각 자료는 발표장 뒤편에서도 읽을 수 있어야 한다(24포인트 이상 크기의 폰트, 단순한 이미지). 많은 텍스트로 슬라이드가 복잡해서는 안 되며 핵심 이슈를 효과적으로 보여 주고 유관한 시각 자료를 강조할 수 있도록 구성해야 한다. 슬라이드 전체에 걸쳐 일관된 배경 색상, 폰트, 그래픽 스타일을 사용하도록 하라. 청중이 내용을 이해할 수 있도록 충분히 길게 슬라이드를 띄워 주고 복잡한 이슈나 그래픽은 시간을 갖고 설명해 주어야 한다. 또한 핵심 사항을 강조할 때는 주저하지 말아야 한다. 시각적 자료의 경우 수동적으로 제시하지 말고 능동적으로 설명하는 것이 좋으며, 애니메이션이나 오디오, 비디오 자료와 같은 기술을 포함해도 좋지만 단순한 시선 끌기용으로 사용하는 것은 좋지 않으며(Cryer, 2006) 청중에게 전달되는 메시지가 분명하도록 해야 한다.

적절한 속도와 다양한 억양으로 말하고 모두에게 들릴 수 있도록 충분히 크게 말하라. 발표 시작 때 발표자의 소리가 잘 들리는지 확인하고, 발표 중간에 오디오, 비디오 클립의 소리가 적절한지 확인하라. 너무 긴장해 준비된 스크립트를 그냥 읽어서는 안 된다. 대신 자신 있고 자유롭게 말할 수 있도록 발표 자료를 숙지해야 한다. 아마 한두 개 미리 준비한 큐 카드(진행 카드)를 사용해도 좋을 것이다. 스크립트 없이 말하는 것은 청중과 시선을 맞출 수 있도록 해 주고 청중이 몰입할 수 있도록 도와줄 것이다. 또한 청중이 혼란스러워하는지, 지루해하는지, 아니면 주의를 기울이며 고개를 끄덕이는지, 필기하는지 등을 알 수 있게 해 줄 것이다(Kneale, 2011). 가능한 한 많은 사람이 발표에 참여할 수 있도록 발표장을 돌아다니면서 초점을 바꾸는 것도 좋은 방법이다. 또는 청중과 직접 말로 접촉하며 친밀감을 표시해도 좋다. 또한 청중을 발표로 끌어들이기 위해 '이 그래프는 우리에게 중요한 사실을 보여 준다'와 같은 청중을 포함하는 언어를 사용할 수 있다. 텍스트나 그래프, 표의 주요 부분을 지시하기 위해 단상에서 슬라이드 쪽으로 움직여도 좋다. 이렇게 할 때는 손짓이나 동작을 잘 제어해 긴장하는 것처럼 보이지 않도록 해야 한다. 발표는 자기 개성을 보여 주고 청중의 호기심을 잡으려는 열정으로 '이야기'를 전달할 수 있어야 한다는 것을 기억하라. 청중이 자기 발표를 듣고 싶어 하고 자신 역시 그들에게 들려줄 흥미로운 이야기가 있다는 자신감을 가져야 한다.

발표장에 늦게 들어오는 청중은 무시하는 것이 좋다. 그들을 위해 이미 말한 내용을 다시 언급할 필요는 없다. 발표를 진행하면서 시계를 보며 시간을 맞추도록 해야 한다. 시간이 없다고 느끼면 발표 일부를 과감하게 끊거나 주요 이슈에 대해서만 언급하고 빠르게 슬라이드를 넘어가야 한다(Young, 2003). 교수나 세션 사회자가 발표를 끊더라도 슬라이드 중간에서 갑자기 멈추지 말아야 한다. 확실하게 마무리 주장을 하면서 결론 슬라이드에 도달하는 것이 좋다.

발표하는 동안 실수가 있더라도 걱정하지 않아도 된다. 미소를 지으며 침착하게 문장이나 설명을 다시 시작하면 된다. 슬라이드의 텍스트에 오류를 발견하면 그냥 오류를 지적하고 정확히 의미하는 바가 무엇인지를 알려 주면 된다. 글이나 말로 하는 의사소통에 있어 실수가 있다면 가장 좋은 대처 방법은 솔직해지는 것이다. 전문적인 연구자도 발표할 때는 틀릴 수 있고 실수를 한다. 그 사람들도 모든 것을 알 수는 없으며, 종종 자기 연구의 약점이 무엇인지 알기 위해 발표한다. 여러분의 발표도 마찬가지이다. 청중의 질문에 대한 답을 모르겠다면 솔직해지는 것이 좋고 오히려 질문자의 의견을 듣는 것도 좋다(Cryer, 2006). 괜히 똑똑한 것처럼 보이기 위해 억지로 답을 만들어 내려고 하지 마라. 결국은 들통나게 되어 있다. 청중에게 오히려 질문을 던지는 것은 문제를 함께 고민하고 해결하기 위한 토론에 청중을 끌어들이는 좋은 방법이 될 수 있다. 마지막으로 깔끔한 옷차림을 하고 자신감 있게 느긋한 자세를 보이면서 전문가처럼 행동해야 한다(Young, 2003).

표 5.3 일반적인 평가 기준에 기반한 구두 발표 점검표

자가 평가 점검표	
발표 내용	**발표 전달**
– 명확한 목적 및 의도	– 발표 속도, 음량, 억양
– 자료의 구성	– 전달의 능숙도 및 적절한 언어 사용
– 내용의 관련성	– 시선 맞춤을 포함한 발표의 열의와 자신감
– 지식의 폭과 깊이	– 외모와 몸가짐
– 주장의 명료성과 깊이	– 효과적인 시각 자료 사용(슬라이드나 유인물의 명료성)
– 입증 자료의 수준과 통용성	– 청중 참여
– 효과적인 결론 도출	– 시간 관리
– 참고문헌의 품질	– 질문 대처의 우수성
– 청중을 고려한 내용	– 동료와의 통합성(공동 발표의 경우)

발표의 방향성을 잡아 줄 수 있는 지침들을 학습해 자기의 연구와 관련지어 살펴보는 것이 중요하다. 이러한 지침은 자기 연구에서 무엇을 기대할 수 있는지를 알려 준다. 내부적인 평가를 위해 발표할 때는 교수가 처음부터 평가 기준을 알려 주어야 한다. 주요 평가 기준을 인지해 연구를 보다 비판적으로 접근하기 위한 외부적 동기로 활용해야 한다. 이는 보다 좋은 발표를 준비하고 실행할 수 있도록 해 줄 것이다. 표 5.3은 발표 내용과 전달에 관한 일반적인 평가 기준에 기반한 점검표이다. 보통 이러한 기준은 최종 발표를 평가하기 위한 전체 평가 구조를 설계할 때도 사용할 수 있다.

효과적인 포스터 발표 원리

포스터는 보통 간략한 형태로 연구를 보여 주기 위해 사용한다. 학교 안에서 어떤 평가를 위해 포스터를 발표한다면 교수의 질문에 답할 수 있도록 종종 포스터 옆에 서 있어야 할 것이다. 이와 비슷하게 외부 학술대회에서 포스터를 발표한다면 연구를 요약하고 질문에 답하기 위해 필시 일정한 시간 동안 포스터 옆에 대기해야 할 것이다. 포스터 발표에서 이루어지는 대화는 대개 비공식적이며 덜 위협적이다. 그렇지만 구두 발표 마지막에 하는 질의응답 형태보다는 더 파고드는 질문들이 많을 것이다. 포스터 발표에서는 자기 연구에 정말 관심을 두고 있는 사람과 보다 상세한 개인적 토론이 가능하다. 그러한 사람들의 지식은 전공 학문과 관련해 전문가에서부터 아주 초보자에 이르기까지 다양할지 모른다. 다양한 청중, 특히 비전문가에게 자신의 포스터를 설명하기 위한 대화는 대학원생으로서의 역량을 강화하는 데 중요한 수단이 될 것이다(5.2절 참고).

포스터는 매우 시각적인 매체로 대개 큰 사이즈(A0, A1 사이즈)로 만들어 눈길을 끌도록 디자인되어 있으며 동시에 정보도 잘 제공한다. 포스터는 연구나 창의력 모두를 연습할 수 있도록 한다

(Vujakovic, 1995). 효과적인 구두 발표에 필요한 여러 기준이 포스터 발표에도 똑같이 적용될 수 있다(표 5.4). 가장 기본적인 원리는 복잡한 연구를 부연 설명 없이 핵심 메시지만 전달할 수 있는 적은 수의 단어로 압축하는 것이다. 대개 500 단어 정도를 포함하며 어떤 학회의 경우 더 많은 단어 수를 허용하기도 한다(Hay and Thomas, 1999). 이러한 제한 내에서 자신의 연구에 익숙하지 않은 사람들이 쉽게 이해할 수 있도록 하고 보다 많은 것을 찾을 수 있도록 해야 한다. 내용에 관한 결정은 보는 사람이 상세한 정보를 요구하는 학계 전문가인지 아니면 이해하기 쉬운 요약을 찾는 비전문가인지에 달려 있다. 구두 발표에서처럼 준비에 많은 시간을 할애하고 포스터 제작 지침을 살펴보길 바란다.

주요 연구 메시지를 추출하고 나면 포스터 제목, 문체, 폰트 크기와 종류, 전체적인 포스터 배치, 색상 조합, 필요한 사진이나 그림, 표 선택을 고려해야 한다. 포스터 제일 위의 제목은 보는 사람들의 주의를 끄는 가장 큰 부분이 될 것이다. 제목으로만 포스터가 무엇에 관한 것인지를 이해할 수 있도록 대상에 맞게 적절히 작성해야 한다. 포스터 학술대회는 대개 저자와 제목으로 구성된 카탈로그를 제공하기 때문에 사람들은 관심 있는 제목을 중심으로 검색한다. 따라서 제목은 너무 길지 않게 연구를 명료하게 기술해야 한다. 외부 청중을 위해 제목 아래 이름과 소속 기관을 적는 것이 좋다. 본문은 객관적 3인칭 형식으로 매우 분명하고 정확하게 기술하고(예: 본 연구는 어떤 것을 발견하였다), 문장을 짧고 단순하게 하고, 오류가 없도록 교정해야 한다. 다학제적 분야의 청중이라면 모호함을 최소화하기 위해 과학적 언어를 사용하되 처음부터 전공 분야의 용어를 정의하는 게 좋다. 폰트 크기는 기능에 따라 다르게 할 수 있지만, 폰트 종류는 포스터 전체에 있어 일관되게 사용하는 것

표 5.4 일반적인 평가 기준에 기반한 포스터 발표 점검표

자기 평가 점검표	
포스터 내용	포스터 전달
– 명확한 제목	– 구두 설명과 응답 수준
– 명확한 목적/의도	– 관람자에 적합한 언어와 용어 사용 능력
– 논리적이고 일관된 구성/레이아웃	– 발표자의 외모와 몸가짐
– 내용의 유관성	– 다양한 수준의 질문에 대한 대처 능력
– 주장의 초점과 깊이	– 아이디어 논의를 통해 포스터에 부가적인 가치를 부여
– 입증 자료의 수준과 통용성(참고문헌 포함)	할 수 있는 능력
– 명확한 결론	– 동료와의 통합성(공동 발표의 경우)
– 문법, 철자 등 올바른 언어 사용	
– 발표의 질적 수준(텍스트와 이미지)	
– 시각적 호감도	
– 대상에 대한 적절한 고려	

이 좋다(Hay and Homas, 1999). 예를 들어, 전체 제목은 포스터에서 가장 크고 진한 글자로 하고, 그다음이 주제목, 부제목, 그리고 본문 순서로 크기를 작게 한다. 마지막 참고문헌은 가장 작은 폰트 크기로 한다. 포스터 역시 학술 문서이기 때문에 텍스트는 표준 양식을 통해 적절하게 인용되어야 한다. 본문은 포스터에서 약 1.5미터 떨어진 거리에서도 읽을 수 있도록 충분히 크게 하는 게 좋다(Vujakovic, 1995). Arial이나 Helvetica는 단순하고 세세한 장식들이 없으므로 포스터에 사용하기 좋은 영어 폰트이다(University of Leicester, 2009). 어떤 폰트를 선택하든 기울임이나 진하기, 밑줄은 자주 사용하지 않는 것이 좋다. 또한 줄 간격이나 텍스트 정렬도 고려해야 한다. 포스터 제목을 빼고는 줄 간격은 1.5(150%) 정도가 적절하다. 그다음 왼쪽 정렬이 좋을지, 양쪽 정렬이 좋을지 텍스트 정렬을 결정하면 된다.

포스터 배치는 보는 사람이 자연스럽게 정보 흐름을 따라갈 수 있도록 논리적으로 정렬해야 하며, 일관성 있는 텍스트 블록을 쉽게 분간할 수 있도록 배치해야 한다. 과학적 포스터는 대개 제목, 서론, 방법, 연구 결과, 결론, 참고문헌의 여섯 개 요소로 구성된다(Hay and Thomas, 1999). 이러한 구조는 자연지리나 인문지리 연구에 모두 효과적이다. 각 요소는 시각적으로 안정되도록 이미지나 여백과 함께 조화롭게 배치해야 한다(그림 5.3).

포스터에 사용하는 색상은 2~3개 정도로 제한하고 가장 작은 텍스트에는 검은색이나 짙은 파란색을 사용해 배경과 충분히 대조될 수 있도록 하라(University of Leicester, 2009). 텍스트를 읽는 데

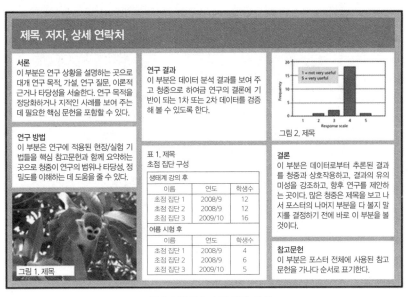

그림 5.3 연구 포스터 배치 예시

방해가 되는 질감이 있는 배경은 피하고 이미지 배경을 사용한다면 배경 이미지가 너무 두드러지지 않도록 투명도를 조절하는 것이 좋다. 이미지에 있는 색상을 잘 섞어서 사용하는 것도 좋은 방법이 될 수 있다. 같은 색상이더라도 색조를 사용하면 보색의 사용처럼 시각적으로 돋보이게 할 수 있다. 사용하는 이미지는 확대하거나 인쇄했을 때 화소로 분해되지 않도록 충분히 고해상도여야 하고, 그림이나 표는 단순하고 명료해야 한다. 어떤 이미지든 포스터에 사용하는 이미지는 연구 내용과 관련 있어야 하고, 자신의 이미지가 아니라면 적절히 출처를 밝혀야 한다. 이미지 사용 허가를 받거나 개방형 공유 라이선스하에 있는 것을 사용해야 한다.

보통 포스터는 다른 많은 포스터와 발표자가 뒤섞여 있는 방에 게시된다(그림 5.4). 따라서 첫눈에 청중의 시선을 끌 필요가 있으며, 소음이나 끊임없이 옆을 지나가는 사람들 속에서도 자신의 연구를 말할 준비가 되어 있어야 한다. 30초 정도의 짧은 시간 안에 연구의 핵심 메시지를 전달하고 청중을 포스터로 끌어들이는 엘리베이터 피치(elevator pitch)를 연습해 보는 것도 좋다. 포스터를 보러 오는 사람들이 던질 수 있는 질문 유형을 미리 생각해 답변을 연습해 보길 바란다. 포스터 청중은 연구에 대한 모든 측면을 서슴없이 질문할 수 있다는 것을 명심하라. 연구 자료를 설명하는 순서는 매번 달라질 수 있으므로 예상치 못한 질문에 답하는 것이 익숙해지도록 동료들과 계속 연습하길 바란다.

그림 5.4 의회에 전시된 포스터
출처: BCUR 허가

전문 학술지 게재를 위한 논문 작성 원리

몇 분 정도만 유지되는 학회 발표와 달리 전문 학술지에 게재하는 논문은 지속해서 지식에 이바지하게 된다. 학술지 논문은 비교적 오랫동안 남고 나중에도 사람들이 계속 이용할 수 있으므로 이러한 형태의 출판은 긴 심사 과정과 게재가 확정되기 전까지 여러 번의 투고가 필요할지 모른다.

학술지 논문을 쓸 때 학생들이 범하는 가장 공통적인 실수는 대학에서 제공하는 형식으로 에세이나 논문을 투고하는 것이다. 학생만을 대상으로 하는 일부 학술지만 이러한 양식을 받아 주며, 보통은 자교 학생들의 연구 출판을 독려하기 위한 목적으로 그 대학에만 맞는 형식이다(Walkington et al., 2013). 학생들을 위한 학술지를 취급하는 대학은 매우 적으며, 이들조차도 학술지 양식으로 재구성해 투고하도록 한다. 외부의 전문 학술지에 게재하기를 원한다면 반드시 논문을 재작성해야 한다. 외부 전문 학술지에 제대로 게재하기 위해서는 많은 시간을 투자해야 하지만 대학을 넘어 자신의 연구를 성공적으로 출판할 수 있는 가장 좋은 방법이다.

대부분 학술지는 학술지 평가 기준에 따라 익명의 심사를 하는 심사위원들이 있다. 논문 심사(peer review) 과정인데, 심사위원들이 서로의 평가를 보지 못하게 해 심사의 엄격함과 공정성을 보장한다. 학술지 편집장은 최종 결정을 하며 투고자에게 투고된 논문과 관련한 피드백을 주는데, 보통은 부가적인 정보나 분석, 설명, 또는 추가 문헌을 요구한다. 지적 사항을 고려해 수정하면서 학교나 기관으로부터 피드백을 받은 후 투고하는 것이 게재 확률을 좀 더 높여 줄 것이다. 아주 드물게 수정 없이 논문이 게재되기도 하지만 보통은 대폭 수정(major revision)이나 일부 수정(minor revision)의 시간이 주어질 것이다. 안타깝지만 대부분 학술지가 출판할 수 있는 양 이상의 논문을 투고받기 때문에 일부 원고들은 심사에서 떨어지게 된다. 게재 불가 통보에 대처하는 것도 학계에서 살아가는 일부이며, 해당 논문이 절대로 출판될 수 없음을 의미하는 것은 아니다. 다른 학술지에 다시 투고할 수 있지만, 반드시 한 번에 한 학술지에만 투고해야 한다. 이 말은 논문 심사가 이루어지는 동안 꽤 오랜 시간을 기다려야 한다는 것을 의미한다.

학술지에 게재되는 연구 논문은 보통 두 가지 유형이 있다. 5,000~8,000 단어 정도의 일반 논문과 종종 '진행 중(work in progress)'으로 일컬어지는 빠른 의사소통 형식의 단보(대개 2,000 단어 이내)이다.

일반 논문

일반적인 학술지 논문은 대부분 학위 논문이나 독립 연구 또는 프로젝트와 같은 중요한 연구 노력으로부터 파생된다. 이러한 상황에서는 대개 그룹이 아니라 혼자 스스로 논문을 작성해야 할 것이다. 일반적인 논문은 학술지 양식으로 작성해야 하는데, 저자를 위한 논문 작성 지침이 도움이 될 것이다. 또한 적절한 종류의 자료를 모두 가지고 있다면 대상으로 삼고 있는 학술지에 이미 게재된 논문을 읽어 보는 것도 준비하는 데 좋은 방법이 될 수 있다. 논문 작성 지침은 각 학술지에 따라 다를 수 있고 보통 엄격하게 따라야 하니 주의 깊게 읽기 바란다. 단어 수, 참고문헌 방식, 그림 및 표 작성법, 학술지의 목적이나 성격에 부합하지 않는다면 게재될 수 없을 것이다. 5.2절에 설명한 연구 과정은 서론에서부터 연구 지역, 연구방법론, 연구 결과, 결론을 맺기 전 해당 연구가 지리학 분야에 미치는 영향력에 관한 논의와 같이 논문이 포함해야 할 주요 요소를 강조하고 있다. 박스 5.1은 지리학 학술지 논문을 작성하는 원리에 대해 좀 더 자세하게 설명하고 있다.

박스 5.1   지리학 학술지 논문 작성 원리

학술지 논문은 에세이나 학위 논문, 프로젝트 보고서와 다르다. 새로운 형식으로 연구를 재작성할 필요가 있다. 첫 번째 단계는 대상 학술지의 배치와 양식에 익숙해지도록 대상 학술지에 게재된 논문을 읽는 것이다. 모든 학술지는 단어 수, 그림 작성법, 참고문헌 방식과 같은 논문 양식 지침을 따르도록 요구한다.

전문 학술지는 기존 연구들과의 차별성이나 지식에 이바지하는 연구를 게재한다. *GEOverse*는 자연지리학이나 인문지리학 관련 학부생 연구를 게재하기에 가장 좋은 학술지이다. 잠재적 저자로 자신의 논문이 어떻게 연구 문헌으로 이바지할 수 있고, 왜 독자들에게 흥미로운지, 그리고 기존의 연구들과의 차별성이 무엇인지 명확히 해야 한다.

제목, 주요어, 초록은 온라인 검색을 통해 해당 연구를 찾는 데 필수적이다. 제목은 자신의 연구가 무엇에 관한 것인지를 간결하게 전달할 수 있도록 해야 한다. 초록은 대개 200 단어 정도이며, 무엇을 어떻게 왜 했는지, 결과가 무엇인지, 향후 연구 방향은 무엇인지와 같이 연구를 명확하게 요약할 수 있어야 한다. 주요어는 검색 용어와 같으며 정보를 잘 담고 있어야 하고 명료해야 한다. 아래는 *GEOverse*에 게재된 논문의 제목, 초록, 주요어의 예시를 보여 준다.

Locavoracious: 지역 생산을 통한 식량 수요 해결의 영향과 실현 가능성
(Katie O'Sullivan, McGill University, Montreal, Canada, 2012. 5.)
세계 식량 안보와 환경적 지속가능성에 관한 관심이 증가함에 따라 산업화된 많은 국가에서 지역 식량 생산에 대한 움직임이 대중화되고 있다. 맥락에 따라 다른 부분도 있지만 다양한 식량 시스템을 지역화하는 것의 영향과 실현 가능성은 유사한 매개변수와 분석으로 접근해야 하는데, 아직 전체적으로 평가된 적이 없다. 본 연구에서는 지역 식량 시스템의 영향과 실현 가능성을 평가하는 연구 문헌들을 체계적으로 검토했다. 그 결과, 환경적 영향에 관한 연구가 경제적 요소나 사회적 요소에 비해 더 잘 이루어졌음을 알 수 있었다. 한편, 실현 가능성 분석은 식량 생산과 소비의 네트워크를 공급과 수요의 지리적 배열로 지나치게 단순화하고 있었다. 또한 정책 입안자는 다중 스케일에서 식량 안보를 개선하는 데만 힘

을 쏟기 때문에 지역적 식량 배분과 가용성을 결정하는 데 중요한 외부 시장의 힘과 기반 시설에 대해서는 적절하게 고려하지 못하고 있음을 알 수 있다.

주요어: 지역 식량 시스템, 체계적 검토, 영향, 실현 가능성(O'Sullivan, 2012).

제목은 상상력을 이끌어 내며 논문이 무엇인지를 명확하게 말하기 위해 쌍점(:)을 사용하고 있다. 주요어는 내용뿐 아니라 방법론(체계적 검토)을 포함하고 있다. 주요어로 '정책'을 추가한다면 논문 검색의 적중률을 높일 수 있을 것이다.

학술지 논문에서는 복잡한 생각을 명료하고 간결한 방식으로 전달할 필요가 있다. 데이와 피터스(Day and Peters, 1994)는 학술지 논문은 다음 사항들을 포함해야 한다고 제안한다.

- 연구 질문이 무엇인가? 그게 왜 중요한가?
- 어떻게 수행했는가? 그 방법이 왜 타당한가?
- 연구 결과가 무엇을 의미하는가? 분석 결과는 무엇을 보여 주는가? 지리학에 어떤 영향을 미칠 수 있는가?
- 연구 결과가 보다 심화된 연구 질문을 던지고 있는가?

학술지 논문은 최근 연구 동향을 잘 보여 주어야 하고 지지하는 입장이나 반대하는 입장 모두 설명해야 한다. 다른 사람의 그림이나 표, 지도를 사용해야 한다면 저작권자에게 허락을 받은 후 이를 명시적으로 밝혀야 한다(예: 그림 제목에 표시). 만약 본인이 소유하고 있는 사진을 사용한다면 '저자가 직접 촬영'과 같은 형식으로 해당 사항을 알려야 한다. 그래야 심사위원이 사진이 저자의 것임을 알 수 있으며, 그 사진을 사용하고 싶은 독자가 있다면 직접 저자에게 연락할 수 있을 것이다. 한편 연구가 윤리적으로도 문제가 없음을 보여 주어야 하고, 대화나 말이 익명 처리되었다 하더라도 연구 데이터로 참여한 사람들로부터 허락을 얻어야 한다. 마지막으로 꼼꼼하게 논문을 교정하고 학술지 참고문헌 방식과 규칙에 맞게 수정해야 한다.

단보

모든 학술지가 빠른 의사소통을 위한 논문을 받아 주지 않으므로, 연구 결과가 유의미하고 많은 사람과 빠르게 공유하는 것이 중요하다면 단보 형식을 출판하는 학술지를 찾아보는 것이 좋다. 그게 어렵다면 대안적으로 소셜 미디어를 통해 결과를 공유해도 좋다.

전문 학술지에 게재하는 논문은 궁극적으로 의사소통하기를 원하는 연구 결과가 다른 사람들도 읽고 싶어 하는 독창적인 결과물이어야 한다. 대학에서 수행하는 모든 독립 연구가 학술지 논문으로 적합할 수는 없기 때문에 학술지에 투고하기 전에 전체적인 상황과 해당 주제 분야에서 이미 출판된 것이 어떤 것이 있는지 잘 살펴보기를 바란다. 만약 스스로 확신할 수 없다면 투고하고자 하는 학술지 편집장에게 자기 생각을 알리고, 해당 학술지가 관심을 가질 만한 연구 주제인지에 대한 조언을 얻는 것이 좋다. 보통 학술지 편집장은 어떤 논문이 해당 학술지의 독자들에게 인기가 있는지 잘 알기 때문에 논문을 투고하기 전에 유용한 조언을 해 줄 것이다.

비공식 온라인 영역에서 효과적인 의사소통 방법

기술의 발달로 다양한 그룹의 사람들이 저자, 특히 온라인 콘텐츠의 저자가 될 수 있다. 이는 공신력이나 책임, 개인정보 보호와 같은 새로운 사회적 이슈를 가져오고 있다(Flanagin and Metzger, 2008). 지리학 전공 학생도 소셜 미디어, 블로그, 온라인 잡지, 사진 공유 사이트 등에서 연구를 소통할 수 있다. 어떤 블로그 사이트는 학문적으로 특화되어 있지만 다른 사이트들은 보다 일반적이고 비학문적 청중을 위한 글쓰기 연습을 할 수 있도록 지원해 주기도 한다. 새로운 블로그가 계속 생성되고 있으며, 거기에 새로운 글을 싣거나 기존의 글을 게재할 수 있을 것이다. *The People's Journal*은 공공 저널리즘에 기반한 개방형 출판 플랫폼으로 뉴스와 사설을 제공한다. 이 학술지는 편집 지침을 가지고 있고 연구에 기반한 이야기를 출판해 주므로, 일종의 이야기로 소통할 수 있는 연구 결과(자신의 연구나 이미 출판된 연구들을 분석해 주는 연구)를 게재할 수 있다.

연구 결과 해석에 대해 피드백을 원한다면 보다 폭넓은 대중을 끌어들이는 것이 좋을 것이다. 자기 생각을 검증받고 피드백 받을 수 있는 좋은 방법 중 하나는 블로그를 이용하는 것이다. 또한 연구 결과를 트위터에 올리는 것도 자기 연구에 관심을 둔 팔로워를 만드는 좋은 방법이 될 수 있다. 이러한 팔로워들은 향후 연구의 공동 연구자나 참가자가 될지 모른다. 박스 5.2는 온라인 청중을 대상으로 글을 쓸 때 참고할 수 있는 양식을 포함해 나중에 사용할지 모르는 소셜 미디어에 관해 설명하고 있다.

웹 미디어의 영향력 지수는 학술지의 영향력 지수와는 다르다. 공식 학술지에서는 영향력 지수가 해당 연구에 대한 중요한 측정치이지만, 온라인 출판에서는 글이 공유된 횟수가 영향력을 보여 주는 수단이다. 만약 학술지 논문으로 출판하길 원하지 않고 선호하는 미디어가 글이 아니라면 카메라 앞에서 짧은 비디오 형식으로 연구를 보여 주는 것이 나을 수도 있다. 오스트레일리아 퀸즐랜드 대학교(University of Queensland)와 유튜브가 개발한 '3분 논문(Three Minute Thesis)'이라는 박사과정생을 위한 국제 대회는 많은 수상 사례를 보유하고 있다. 보드캐스트도 지리학자를 넘어 보다 폭넓은 청중과 연구 결과를 효과적이고 명료하게 소통할 수 있는 좋은 모델이 될 수 있다. 유튜브에 짤막한 비디오 클립을 추가해 자신의 이력서나 링크드인 페이지에 링크를 만들어 보길 바란다. 이러한 것을 잘하는 것도 미래의 고용주에게 자신의 발표 역량을 선보일 수 있는 좋은 방법이다.

박스 5.2 효과적인 연구 소통을 위한 소셜 미디어의 사용

블로그 포스트나 트위터, 또는 다른 소셜 미디어를 통해 연구의 노출이나 확장성을 늘리는 것은 전통적인 형태의 연구 배포 방식을 보완하는 좋은 방법이다. 소셜 미디어는 초기 연구 설계에서부터 결과 출판에 이르기까지, 연구 프로젝트 협업을 위한 아이디어 탐색에서 참가자를 참여시키는 것에 이르는 연구 과정의 모든 단계에서 활용될 수 있다. 다음은 소셜 미디어를 연구 목적을 위해 활용할 수 있는 방법 일부를 보여 준다.

- 트위터를 통해 학술대회 원격 참여
- 유튜브에 연구 탑재
- 다른 사람과 공동 논문 작성을 위한 위키 사용
- 대중을 연구로 끌어들이기 위해 페이스북 사용
- RSS 피드를 이용해 문헌 소식 받기
- 링크드인(LinkedIn), Academia.edu 또는 자신의 블로그나 웹페이지에 연구 논문 게재

디지털 미디어에 글을 쓰는 것은 에세이나 공식적인 학술지 논문을 쓰는 것과는 다르다. 글은 최신이어야 하고, 많은 링크를 포함해야 하며, 비격식적이면서 주의를 끌 수 있어야 하고, 매우 포괄적이어야 한다(다양한 배경과 연령대의 전 세계 사람들이 접근할 수 있으므로 단어 사용에 신중해야 한다). 소셜 미디어를 통해 연구를 공유하는 데 필요한 일부 지침은 다음과 같다.

- 글의 목적이 명확해야 하고, 누가 청중인지 그리고 본인이 무엇을 원하는지 알고 있어야 한다.
- 글을 최대한 간결하게 하고 일관된 양식을 사용하라. 이미 인지도가 있는 블로그를 사용한다면 해당 블로그의 스타일을 사용하는 것이 좋다.
- 독자에게 친숙해지도록 그들의 언어를 쓰고 전문 용어를 피하라. 또한 사람들이 자신의 연구를 찾는 데 도움이 될 수 있는 용어를 사용하라.
- 제목과 짧은 문단을 사용하고 텍스트를 쪼개라. 온라인에서 읽는 것은 인쇄물을 읽는 것보다 어렵다. 독자들은 산만해지면 쉽게 사이트를 나가버릴 수 있다. 핵심 사항을 단도직입적으로 보여 주면서 독자들을 계속 머물도록 만들어라.
- 주장에 대한 근거를 제시하고 독자들을 속이는 진술은 절대 하지 마라.
- 글이 공신력이 있다는 것을 자신 있게 보여 줄 수 있도록 일체의 실수가 없도록 하라.

상호작용할 수 있는 경험을 만들고 독자의 주의를 끌기 위해 비디오나 오디오, 스틸 이미지도 포함할 수 있다. 다른 형태의 글과 마찬가지로 필요한 허가는 모두 얻어야 한다(예: 배경에 음악이나 비디오, 스틸 이미지를 사용한다면 이에 대한 허가를 이미 얻었다는 것을 보여 주어야 함).

5.5 효과적인 연구 소통 결과

학교 내에서의 연구 소통

의사소통 역량은 지리학과의 학생 교육에 매우 중요한 요소이다. 왜냐하면 지리학과 졸업자들이 자주 찾는 많은 직업이 그러한 역량을 필요로 하기 때문이다. 예를 들어, 옥스퍼드 브룩스 대학교(Oxford Brookes University)의 지리학과 졸업생은 다음과 같이 진술한다.

"내 경력에 있어 필요했던 모든 기초 역량은 학부생 연구자로서 배웠다. 의사소통은 내 연구 인생에 있어 가장 큰 부분이었다. 엄청난 양의 발표를 해야 했고 지리학 학부생 연구 학술대회를 포함해 대학에서 할 수밖에 없었던 수많은 발표를 통해 견고한 토대를 만들어 갔다."

"나는 다른 어떤 것보다 개성과 확신을 갖고 당당하게 발표하는 것이 경력에 더욱 많은 도움을 줄 수 있다고 생각한다. 내 지리학 학위 과정은 이를 제대로 해 내는 데 모든 초점이 있었다. 지금은 직장에서 매주 그렇게 하고 있다."

전 세계 고용주들은 대학 졸업생을 채용하는 의사결정에 있어 가장 중요한 것으로 글이나 말, 시각적 형태를 통한 의사소통 역량을 강조한다(Solem et al., 2008; Arrowsmith et al., 2011; Whalley et al., 2011). 결국 자신이 가진 취업 역량은 지리적 지식과 기술적 자신감, 개인적 특성이 적절한 방식으로 결합된 총체로 정의될 수 있다. 따라서 현재 모든 수준의 학위 프로그램에서 연구 자료를 말과 글, 그리고 시각적으로 발표하는 연습을 하고 있으며, 이러한 역량을 평가하고 있다.

학생으로 지내는 동안 주어지는 연구나 연구 소통에 참여할 수 있는 기회를 잘 활용해야 한다. 이러한 기회는 교육과정 안팎에서 기존 연구가 알려 주는 경험(전공 영역의 최신 연구에 대한 학습)으로부터 실제 연구를 통한 경험(연구 및 조사 수행)의 형태로 발전해 나가야 한다(Healey, 2005). 외부적인 동기에 따라 수행하는 연구와 배포는 주목받을 가능성이 높고 표 5.3과 표 5.4에 나와 있는 역량들을 계발시켜 줄 것이다. 특정 교육과정이나 학년에 상관없이 대학 내에서 수행하는 내부적 동기에 의한 연구와 배포는 졸업을 앞둔 학생들이 갖추어야 하는 모든 역량에 대한 포트폴리오(자신감, 학문 콘텐츠의 이해, 구두 의사소통 기술, 시각적 창의성, 정보 활용 능력, 비판적 사고, 성찰적 판단, 자기 평가, 비판 및 비판 수용 등)를 만들어 줄 것이다.

학교 외부에서의 연구 소통

대학을 넘어 보다 다양한 무대에서 학생으로서 자신의 연구를 배포하는 것은 분명 가치가 있다. 왜 나하면 '학위후 활동은 대학 강의실이나 가상 학습 환경이나 공식적인 시험 환경과는 매우 다른 공 간에서 일어날 것이기 때문이다'(Whalley et al., 2011: 389). 구두 발표를 준비해 시연하고, 대학 외 부 청중에게 포스터를 소개하고, 학술지 게재 논문을 작성하고, 소셜 미디어를 통해 소통하는 것은 다양한 형태의 지적, 조직적, 대인관계 역량을 개발시켜 줄 것이다. 만약, 다학제적 청중을 포함하는 상황이라면 특히 더 그러할 것이다.

영국학부생연구학술대회(British Conference of Undergraduate Research: BCUR)에서 구두 및 포스터 발표를 하는 학생들은 그곳에서 자신의 연구를 공개하며 연구 주기를 마무리할 수 있다 (Walkington, 2008). 참가 학생들은 학계, 나아가 보다 넓은 사회에 자기가 수행한 연구를 보여 줄 수 있는 기회로 인식하며 열정적으로 받아들인다. 또한 실제 학술대회로 인식되는 곳(동료들의 비평 도 있는 흥미롭고 다양한 학부생 커뮤니티)에서 발표하기 때문에 전문가로 인정받은 것 같은 자신감 과 성취감을 얻게 된다. 당연하게도 이 학술대회 참가자들은 학술 발표를 통해 길러지는 핵심 역량 은 효과적인 의사소통이라고 말한다. 덧붙여 발표 준비나 연습, 필요에 따른 연구 목적 수정이 중요 하다고 언급하고 있다(박스 5.3; Hill and Walkington, 2016). 부가적으로 포스터를 발표한 학생들 은 의사소통 역량을 기르는 데 있어 '대화'가 보다 중요하다고 강조한다. 대화를 통해 연구에 대한 다 른 해석들을 공유함으로써 다양한 관점에서 다른 의견이 있을 수 있음을 인식하며 연구를 재평가할 수 있다. 이러한 교류적 의사소통은 청중과 상호작용하면서 자기 생각을 명확하게 계발할 수 있는 기회를 가질 수 있기 때문에 학생들의 암묵적인 이해를 보다 명시적으로 만들어 준다. 대개 BCUR 에서 발표한 학생들은 이후 논문으로 발전시키는 방향으로 진척을 보이는데, 의식적으로 자기 전

박스 5.3   학부생 연구 학술대회에서의 연구 의사소통에 관한 학생 경험

BCUR에서 연구를 발표했던 지리학, 지구환경과학 학생들의 경험을 조사했다. 학생들은 발표 속도, 유창함, 청중 참여와 같은 구두로 전달할 때 필요한 측면들을 포함해 의사소통 역량을 연마해야 하는 것을 매우 잘 알고 있었다. 연구 내용을 비판적으로 생각했고 다학제적 외부 상황에 따라 연구 목적을 변경했다. 특히, 핵 심 메시지를 이해할 수 있게 전달할 자료의 우선순위를 매겼다.

"학위 논문을 마친 후, 연구 내용을 A1 크기에 16,000 단어로 압축하는 것은 매우 힘든 작업이다. 하지 만 그렇게 하는 것은 연구를 온전히 자신의 것으로 만들어 준다고 생각한다. 왜냐하면 말하고자 하는 바

를 제대로 이해하고 있지 않다면 그렇게 많이 축약할 수 없기 때문이다."

학생들은 학술대회에서 발표되는 많은 학문 분야가 쉽게 접근할 수 있는 내러티브가 되도록 발표 구조를 주의 깊게 계획했다. 포스터의 공간 배치와 슬라이드의 시간 순서도 고려했다. 특히 언어에 민감해 하며 기술적인 용어들을 번역했다.

"지리학과에서는 모두 같은 학문을 하고 있으므로 같은 방식으로 말할 수 있고 이해할 수 있다. 하지만 의대생들에게 말하는 것은 특정한 용어를 이해하지 못하기 때문에 무척 어렵다."

BCUR에 참가하는 것은 청중이나 해당 학문 및 과학 분야에 중요한 연구를 수행하고 있는 것처럼 학생들을 정당화해 주었다.

"여기 와서 발표하는 것은 논문을 쓴 이후 수년 동안 장롱에 묵혀 두는 것보다 낫다. 공개 발표는 자기나 지도 교수가 아니라 다른 사람들로부터 의견을 들을 수 있기 때문에 충분히 가치가 있다."

대다수의 학생은 발표 준비를 스스로 관리했다. 친구들 앞에서 연습하고 피드백을 받으면서 결과적으로 포스터나 논문 발표를 개선해 나갔다. 이러한 과정은 학술대회 동안에도 다른 사람들을 벤치마킹하면서 여러 번 계속했다.

"나는 다른 발표를 보면서 많이 배웠다. '사람들의 실수를 보면서 내가 발표를 하게 된다면 나는 그렇게 하지 않을 거야'라고 되새기게 된다."

포스터를 발표하는 학생들은 보다 '심층적인' 비판적 사고를 하면서 실시간으로 자기 생각을 절충하고 말로 조직하는 것을 배웠다.

"정상적인 범위에서 벗어난 질문을 받을 수 있다. 그러면 재빨리 대응하는 데 매우 좋은 경험이 된다. 보다 통제된 환경의 강의실에서 하는 것과는 차이가 있다."

학생들은 공식적인 평가로부터 구속되지 않고 대신 진짜 관심을 두고 있는 동료 집단으로부터 평가받으며 자신의 연구를 보여 줄 수 있는 기회를 매우 반겼다.

"평가받지 않는 것은 정말 좋다. 왜냐하면 압박감이 덜하기 때문이다. 정말 아무도 자신이 한 것을 끊임없이 적거나 점수를 주는 사람이 없다는 느낌을 받게 된다. 이는 자신이 한 연구에만 집중할 수 있도록 해 준다. 1등급을 받기 위해서가 아니라 청중을 끌기 위해 하나씩 준비하고 있지 않은가?"

BCUR는 진짜 연구 소통을 할 수 있도록 해 준다. 왜냐하면 BCUR의 발표는 답을 이미 알고 평가하고 있는 사람들에게 **전달하는** 것이 아니라 답을 모르고 발표자로부터 배우는 데 정말 흥미가 있는 사람들을 **위해** 하는 것이기 때문이다.

결론을 말하자면, 학생들은 BCUR에서 연구를 발표함으로써 자신의 취업 역량을 연마하고 증진해 나가고 있음을 깨달았다. 또한 대학을 넘어 세상에 대해 자신의 학문적 기량, 지식, 가치에 대한 연결을 만들게 되었다.

"나는 내 이력서에 학술대회에서 발표했다는 것을 넣을 수 있기를 원했다. 발표는 오늘날 어떤 직업이든 필수적인 사항이다."

공 지식의 맥락적 특성과 개인 내의 현실적 목표, 신념, 가치 사이에서 균형을 맞추려고 한다(Baxter Magolda, 2004). '공개' 발표는 다른 어떤 '평가' 형태도 주지 못하는 방식으로 동기를 부여한다. 따라서 BCUR는 학생들이 학업 기간 동안 전문성을 만들어 가는 데 필요한 기회를 제공하며, 잠재적으로는 자신의 일과 보다 넓은 사회적 삶을 찾아가는 데 도움을 줄 것이다.

GEOverse 학술지에 논문을 게재한 학생들은 많은 긍정적인 효과가 있었다. 석사 과정이나 박사 연구와 관련해 여러 학생이 학문적 경력을 이어 갔고, 후속 연구를 게재했다. 또한 학생들은 학술지 심사위원의 피드백으로부터 많은 도움을 받았다.

> "이것은 나의 첫 출판 경험이었다. 유용하면서 비판적인 피드백을 많이 받았다. 온라인 익명의 피드 백이었기 때문에 심사위원은 하고 싶은 말을 정확하게 할 수 있다. 처음에 내가 생각했던 것보다 길 고 복잡한 과정이었지만 통과되었을 때는 정말 자랑스러웠다."

*GEOverse*에서 성공적으로 게재한 학생 저자들은 출판 경험을 반복적인 학습 과정으로 설명했다. 논문을 보완하는 데 도움이 되는 상세한 지적을 받으며 다른 사람의 조언을 신뢰했다. 출판 자체는 학생들에게 스스로 연구자로서의 인식을 심어 주었다. 그러나 이메일을 통한 피드백이 인간미 없거나 심사위원과 대면 대화가 없다는 점은 학생들이 별로 좋아하지 않았다(Walkington, 2008; 2012).

5.1절은 연구 결과를 소통하기 위한 내부적, 외부적 동기를 보여 주었다. 몇몇 연구들(Walkington, 2012; Hill and Walkington, 2016)은 모듈이나 교육과정, 특히 학교를 넘어 연구를 배포하려는 학생들이나 내부적으로 좋은 평가를 받는 것보다 연구 활동에 대한 목소리를 개발하는 것을 보다 중요시한다고 말하고 있다. 지리학이나 정보 사회에서 영향력을 가지는 것은 일종의 권한을 부여받는 것이며 일찍이 자기 연구를 배포하는 데 성공한 학생들은 영향력을 계속 보여 주려는 경향이 있다. 이러한 목표는 내부적인 동시에 외부적인 동기라고 할 수 있다. 어떤 학생들은 학문 자체에 열정적인 반면, 어떤 학생들에게는 인정받는 것이 중요한 동기가 될 수 있다. 두 경우 모두 연구 결과를 공유해야 하는 목적의식은 학생들이 보다 심화된 연구를 하도록 자연스럽게 유도하거나 이러한 역량들을 인정받는 곳에 고용될 수 있게 해 줄 것이다.

5.6 결론

연구를 소통하는 데 능숙해지기 위해서는 계속 연습하고 피드백을 받을 필요가 있다. 지리학 학생으로 이용할 수 있는 연구 수행 기회나 동료 비평을 들을 수 있는 기회, 그리고 연구 결과를 배포할 수 있는 모든 기회를 잡기 바란다. 공식적인 교육과정과 함께 외부적으로 연구를 배포하는 것은 자신의 연구가 학위 프로그램을 구성하는 모듈이나 과제를 넘어 어떻게 가치를 가질 수 있는지 알게 되는 좋은 수단이 될 것이다. 또한 전체 연구 주기를 경험해 보는 것은 학위를 마치는 데 필요한 일련의 자질을 개발하고(Barrie, 2004) 스스로 저술하는 습관을 촉진하면서(Baxter Magolda, 2004) 매우 인상적인 학습 경험을 선사할 것이다(Spronken-Smith, 2013). 자신의 연구를 '대중적으로 공개'하는 데에서 배우는 역량들은 제한된 전공 학문의 영역을 뛰어넘을 수 있게 도와주며, 이를 통해 교육 기관 너머 역동적이고 불확실하며 불안정한 세상에서 맞닥뜨릴 수 있는 어떤 상황에도 유연하게 잘 대처할 수 있도록 해 줄 것이다(Barnett, 2004).

| 요약

- 지리학 학생은 기본적으로 연구자이다. 다양한 청중과 연구 결과를 소통하기 위해 현재 대학에 있는 기회들을 잘 활용한다면 학문 지식과 더불어 일반적인 기량이나 능력을 개발할 수 있을 것이다.
- 효과적인 구두 및 포스터 발표를 위해서는 아무리 자신감이 있더라도 반드시 연습이 필요하다. 청중에 대해 알고, 예행연습을 하고, 언어와 내용, 전달 방식을 적절하게 조정해야 한다.
- 청중에 맞추어 학술지 논문이나 온라인 매체에 적절한 글쓰기 양식을 개발해야 한다. 웹 기반 미디어는 매우 간결해야 하고 학술지 논문은 학술적이며 깊이가 있어야 한다.
- 자기 연구의 청중을 창의적으로 생각해 보고 소셜 미디어를 통해 연구를 공유하면서 새로운 청중을 만들도록 하라.
- 연구 소통을 일방적인 과정으로 간주해서는 안 된다. 자신의 연구에 대한 보다 심화된 피드백을 얻고 향후 연구를 계속 개발하기 위한 수단으로 연구 소통을 활용해야 한다.

심화 읽기자료

- 영국 고등교육원(Higher Education Academy: HEA)이 의뢰한 월러와 슐츠(Waller and Schultz, 2013; 2015) 자료는 대학에서, 특히 지리학과 유관 학문 분야에서 성공적인 연구를 수행할 수 있는 방법에 대해 살펴보고 있으며, 독립적인 연구를 수행하는 데 도움을 준다.
- 헤이(Hay, 2012)는 지리학이나 환경과학 학생들에게 명확하고 효과적인 학계의 의사소통에 대한 실용적인 지침을 제공하는 참고서이다. 현재 4판이 출판되었고 글, 말, 그래픽 형태의 다양한 의사소통 방식을 포괄하고 있다.

- 레스터 대학교의 학생 학습개발 웹사이트는 효과적인 구두 및 포스터 발표에 도움이 되는 많은 공개 자료를 제공한다. 이 웹사이트에서 사용자 친화적인 인쇄가 가능한 학습 안내와 온라인 튜토리얼에 접근할 수 있다. 유사하게 학술 포스터를 만드는 과정을 설명하고 있는 옥스퍼드 대학교의 문서도 이용할 수 있다(weblearn. ox.ac.uk/access/content/group/e05e05d2-f4ce-4a24-a008-031832bd1509/LearningRes_Open/Course _Book_Ppt_TIUD_Conference_Posters10.pdf).
- *Publishing and getting read: a guide for researchers in Geography* 3판(2015)도 온라인으로 이용할 수 있다(www.rgs.org/research/journals,-books-and-guides/guides). RGS-IBG에서 출판하는 이 무료 안내서는 어떻게 다양한 방식으로 연구를 출판할 수 있는지, 그리고 연구를 어떻게 널리 배포할 수 있는지에 대한 실용적인 조언을 해 준다.
- 영국학부생연구학술대회(BCUR) 웹사이트는 지리학이나 다른 학문 분야에서 학생 연구를 출판하는 데 필요한 유용한 자료와 전자 링크를 제공한다(eu.eventscloud.com/ehome/bcur2020/home).
- Reinvention 웹사이트는 처음 학술지 논문을 작성할 때 유용한 조언을 제공한다(www2.warwick.ac.uk/ fac/cross_fac/iatl/reinvention/contributors/toptips).

* 심화 읽기자료에 대한 상세 정보는 아래 참고문헌에서 확인할 수 있음.

참고문헌

Arrowsmith, C., Bagoly-Simó, P., Finchum, A., Oda, K. and Pawson, E. (2011) 'Student employability and its implications for geography curricula and learning practices', *Journal of Geography in Higher Education*, 35: 365-77.

Ashwin, P. and Trigwell, K. (2004) 'Investigating staff and educational development', in D. Baume and P. Kahn (eds) *Enhancing Staff and Educational Development*. London: Kogan Page. pp 117-31.

Barnett, R. (2004) 'Learning for an unknown future', *Higher Education Research and Development*, 23: 247-60.

Barrie, S.C. (2004) 'A research-based approach to generic graduate attributes policy', *Higher Education Research & Development*, 23: 261-75.

Baxter Magolda, M.B. (2004) 'Preface', in M.B. Baxter Magolda and P.M. King. (eds.) *Learning Partnerships: Theory and Models of Practice to Educate for Self-authorship*. Sterling, VA: Stylus Publishing. pp.xvii-xxvi.

Boyer Commission on Educating Undergraduates in the Research University (1998) *Reinventing Undergraduate Education: A Blueprint for America's Research Universities*. Stony Brook: State University of New York at Stony Brook.

Brause, R.S. (2000) *Writing Your Doctoral Dissertation: Invisible Rules for Success*. Abingdon: Routledge Palmer.

Castree, N. (2011). 'The future of geography in English universities', *The Geographical Journal*, 177, 294-9.

Cresswell, J.W. (2014) *Research Design: Qualitative, Quantitative and Mixed Methods Approaches* (4th edition). London: Sage.

Cryer, P. (2006) 'Giving presentations on your work', in *The Research Student's Guide to Success* (3rd edition). Buckingham: Open University Press. pp.177-86.

Day, A. and Peters, J. (1994) 'Quality indicators in academic publishing', *Library Review*, 43: 4-72.

Erickson, R.A. (2012) 'Geography and the changing landscape of higher education', *Journal of Geography in Higher Education*, 36: 9-24.

Flanagin, A.J. and Metzger, M.J. (2008) 'The credibility of volunteered geographic information', *GeoJournal*, 72: 137-48.

Grix, J. (2010) *The Foundations of Research* (2nd edition). Basingstoke: Palgrave Macmillan.

Hay, I. (2012) *Communicating in Geography and the Environmental Sciences* (4th edition). Oxford: Oxford University Press.

Hay, I. and Thomas, S.M. (1999) 'Making sense with posters in biological science education', *Journal of Biological Education*, 33: 209-14.

Healey, M. (2005) 'Linking research and teaching exploring disciplinary spaces and the role of inquiry-based learning', in R. Barnett (ed.) *Reshaping the University: New Relationships between Research, Scholarship and Teaching*. Maidenhead: McGraw-Hill/Open University Press. pp.30-42.

Healey, M., Flint, A. and Harrington, K. (2014) *Developing Students as Partners in Learning and Teaching in Higher Education*. York: Higher Education Academy.

Hennemann, S. and Liefner, I. (2010) 'Employability of German geography graduates: The mismatch between knowledge acquired and competencies required', *Journal of Geography in Higher Education*, 34: 215-30.

Hill, J. and Walkington, H. (2016) 'Developing graduate attributes through participation in undergraduate research conferences', *Journal of Geography in Higher Education* DOI: 10.1080/03098265.2016.1140128.

Hill, J., Blackler, V., Chellew, R., Ha, L. and Lendrum, S. (2013) 'From researched to researcher: Student experiences of becoming co-producers and co-disseminators of knowledge', *Planet*, 27: 35-41.

Kneale, P. (2011) *Study Skills for Geography, Earth and Environmental Science Students* (3rd edition). London: Hodder Education.

Li, X., Kong, Y. and Peng, B. (2007) 'Development of geography in higher education in China since 1980', *Journal of Geography in Higher Education*, 31: 19-37.

Little, S. (ed.) (2011) *Staff-Student Partnerships in Higher Education*. London: Continuum.

Marvell, A. (2008) 'Student-led presentations in situ: The challenges to presenting on the edge of a volcano', *Journal of Geography in Higher Education*, 32: 321-35.

Marvell, A., Simm, D., Schaaf, R. and Harper, R. (2013) *Journal of Geography in Higher Education*, 37: 547-66.

Neary, M. and Winn, J. (2009) 'The student as producer: Reinventing the student experience in higher education', in L. Bell, H. Stevenson and M. Neary (eds) *The Future of Higher Education: Policy, Pedagogy and the Student Experience*. London: Continuum. pp.192-210.

O'Sullivan, K. (2012) 'Locavoracious: What are the impacts and feasibility of satisfying food demand with local production?' Geoverse. http://geoverse.brookes.ac.uk/article_resources/osullivanK/imagesKOS/Locavoraciouspdf.pdf (accessed 9 November 2015).

Philips, E.M. and Pugh, D.S. (2010) *How to get a PhD: A Handbook for Students and their Supervisors* (5th edition). Buckingham: Open University Press.

Plotnik, R. and Kouyoumdjian. H. (2011) *Introduction to Psychology*. (10th edition). Belmont, CA: Wadsworth.

Robertson, S. and Walkington, H. (2009) 'Recycling and waste minimisation behaviours of the transient student population in Oxford: Results of an online survey', *Local Environment: The International Journal of Justice and Sustainability* 14: 285-96.

Solem, M., Cheung, I. and Schlemper, B. (2008) 'Skills in professional geography: An assessment of workforce needs and expectations', *The Professional Geographer*, 60: 1-18.

Spronken-Smith, R. (2013) 'Toward securing a future for geography graduates', *Journal of Geography in Higher Education*, 37: 315-26.

Spronken-Smith, R., Brodeur, J.J., Kajaks, T., Luck, M., Myatt, P., Verburgh, A., Walkington, H. and Wuetherick, B. (2013) 'Completing the research cycle: A framework for promoting dissemination of undergraduate research and inquiry', *Teaching and Learning Inquiry*, 1: 105-18.

University of Leicester (2009) 'Poster presentations'. http://www2.le.ac.uk/offices/ld/resources/presentations (accessed 21 Deccember 2015).

Vujakovic, P. (1995) 'Making posters', *Journal of Geography in Higher Education*, 19: 251-6.

Walkington, H. (2008) 'Geoverse: Piloting a national journal of undergraduate research in Geography', *Planet*, 20: 41-46. https://www.heacademy.ac.uk/sites/default/files/plan.1.20i.pdf (accessed 6 November 2015). doi: 10.11120/plan.2008.00200041

Walkington, H. (2012) 'Developing dialogic learning space: The case of online undergraduate research journals', *Journal of Geography in Higher Education*, 36: 547-62.

Walkington, H. (2014) *Get Published!* Keynote lecture to the British Conference of Undergraduate Research, University of Nottingham, UK.

Walkington, H. (2015) *Students as Researchers: Supporting Undergraduate Research in the Disciplines in Higher Education*. York: Higher Education Academy.

Walkington, H. and Jenkins, A. (2008) 'Embedding undergraduate research publication in the student learning experience: Ten suggested strategies', *Brookes eJournal of Learning and Teaching*, 2. http://bejlt.brookes.ac.uk/paper/embedding_undergraduate_research_publication_in_the_student_learning_experi-2/ (accessed 9 November 2015).

Walkington, H., Edwards-Jones, A. and Gresty, K. (2013) 'Strategies for widening students' engagement with undergraduate research journals', *Council on Undergraduate Research Quarterly*, 34: 24-30.

Waller, R. and Schultz, D.M. (2013) *How to Succeed at University in GEES Disciplines: Using Online Data for Independent Research*. York: HEA [online]. https://www.heacademy.ac.uk/sites/default/files/resources/gees_9_transitions_resource_wallerandschultz.pdf (accessed 9 November 2015).

Waller, R. and Schultz, D.M. (2015) *How to Succeed at University in GEES Disciplines: Enhancing Students' Information Literacy Skills*. York: HEA [online]. https://www.heacademy.ac.uk/sites/default/files/resources/how_to_succeed_in_gees_0.pdf (accessed 9 November 2015).

Whalley, W.B., Saunders, A., Lewis, R.A., Buenemann, M. and Sutton, P.C. (2011) *Journal of Geography in Higher Education*, 35: 379-83.

Willison, J. and O'Regan, K. (2008) *The Researcher Skill Development Framework*. Available at http://www.adelaide.edu.au/rsd/framework/rsd7 (accessed 9 November 2015).

Young, C. (2003) 'Making a presentation', in A. Rogers and H.A. Viles (eds) *The Student's Companion to Geography* (2nd edition). Oxford: Blackwell Publishing. pp.185-9.

공식 웹사이트

이 책의 공식 웹사이트(study.sagepub.com/keymethods3e)에서 이 장과 관련한 비디오, 연습, 자료 및 링크들을 확인할 수 있으며, 부가적으로 다음 논문들도 무료로 이용할 수 있음.

1. Winter, C. (2013) 'Geography and education III: Update on the development of school geography in England under the Coalition Government', *Progress in Human Geography*, 37: 3.
- 학문이 학교 시스템에서 어떻게 형성되는지를 이해하는 것은 중요한데, 특히 나중에 현장에서 가르치기를 원하는 학생들은 잘 알아야 한다.

2. Bridge, G.(2014) 'Resource geographies II: The resource-state nexus', *Progress in Human Geography*, 38: 1.
- 이 논문은 국가와 에너지 자원과의 관계를 이해하는 데 필수적이다.

3. Kent, M. (2007) 'Biogeography and landscape ecology', *Progress in Physical Geography*, 31: 3.
- 이 논문은 생물 다양성 보존에 있어 스케일 관련 이해가 중요하다는 것을 강조하면서, 생태학적 패턴, 과정, 측정 및 모니터링을 해석하는 데 경관 스케일이 중요함을 분명하게 밝히고 있다.

06

다른 문화와 언어권에서의 연구

개요

비교문화 연구는 다른 언어를 사용해 '타' 문화를 연구하는 것을 말할 때 사용하는 용어이다. 꽤 멀리 떨어진 장소에서 연구하는 것을 포함할 수 있고, 집에서 가까운 '타' 커뮤니티에 관해 연구하는 것도 포함할 것이다. 이러한 연구는 문화적 동질성과 이질성, 불평등한 권력관계, 현장 조사 윤리, 언어 사용의 가능성과 정치, 연구자와 통역자를 포함한 다른 참가자의 위치, 협력 또는 참여 연구 고려, 연구 작성에 대한 배려 등에 대해 세심함이 필요하다. 이 장에서는 이 모든 이슈를 다룬다.

이 장의 구성

- '다른' 문화에서 현장 조사: 차이와 같음의 이해
- 다른 언어로 연구하기
- 다른 위치에서 연구: 권력관계, 위치성과 그 이상
- '타' 문화 재현
- 결론

6.1 '다른' 문화에서 현장 조사: 차이와 같음의 이해

많은 지리학 학부생이 다른 문화적 맥락에서 현장 조사를 하게 되는 첫 번째 경험은 학술 답사나 학위 논문을 위한 현장 조사, 또는 해외 유학 프로그램이나 탐방 참가를 통해서이다(Nash, 2000a; 2000b; Smith, 2006). 예를 들어, 던디 대학교(University of Dundee)에서는 학생들을 스페인 남동부로 데려간다. 그곳은 학생들이 스코틀랜드와 '다른' 것을 경험할 수 있는 곳으로, 현지 학생 한 명을 동행해 '다른 환경과 문화에 대한 집중 학습 커브'를 제공한다. 현장 조사에 있어 이러한 '전형적인' 접근은 많은 지리학 학부 경력을 만들어 준다. 한편 해외 유학이나 현지의 학생이나 정보원과 함께 프로젝트를 수행하는 것도 '집중적이며' '정서적인' 경험을 제공해 줄 수 있다(Glass, 2014). 하지만 다른 문화를 경험하기 위해 항상 멀리 있는 곳으로 여행해야 하는 것은 아니다. 해머슬리 외(Hammersley et al., 2014)는 오스트레일리아 학생들이 원주민 관광 종사자와 함께 답사하면서 겪는 문화적 도전과 '예상치 못한 혜택들'을 보여 주며, 네언 외(Nairn et al., 2000)는 뉴질랜드 학생들이 다른 문화권에서 온 이민자를 만남으로써 '다른' 관점에서 그 나라를 인식할 수 있는 답사를 소개한다.

일반 대중의 상상력에서는 '타(other)' 장소와 문화로 여행하는 것이 학문으로서 '지리학'을 정의한다. 특히, 『내셔널 지오그래픽』과 같은 출판물이나 웅장한 모험에 관한 TV 프로그램에서 그렇게 비친다.[1] 이러한 생각은 현장 조사에 대한 일종의 로맨스를 만든다(Nairn, 1996). 현장 조사, 특히 해외나 좋지 않은 환경에서의 현장 조사는 보통 '제대로 된' 지리학자가 되기 위한 통과 의례(Rose, 1992), '캐릭터 생성' 과정으로 인식된다(Sparke, 1996: 212). 이러한 이미지가 매력적인 만큼 지리학자는 집에서 얼마나 떨어져 있는지 상관없이 다른 문화에서 현장 조사를 어떻게 할지에 대해 매우 신중하게 고민해야 하는 책임이 있다(Smith, 2006). 내시(Nash, 2000a: 146)는 '해외나 다른 문화를 가진 지방에서 현장 조사를 하는 모든 지리학자는 그들이 맞닥뜨리게 되는 자연환경뿐 아니라 문화를 모두 '존중'하는 방식으로 그 지역의 사고방식과 관습에 세심할 필요가 있다'고 주장한다. 나아가 그러한 현장 조사에 적용할 수 있는 윤리 규범을 제안한다(박스 6.1). 이 규범은 타 문화의 '차이'나 '비슷함'에 대해 생각하고, 불공평하고 불평등한 권력 관계를 고려하고, '자민족중심적'인 현장 조사 접근에서 벗어날 것을 강조한다(3장 참고).[2] 이러한 이슈를 다루기 위한 노력으로 많은 지리학 프로그램과 연구자는 보다 성찰적이며 협업적이고 커뮤니티 기반의 현장 조사 방식을 개발하고 있지만(Benson and Nagar, 2006; Hammersley et al., 2014; Hawthorne et al., 2014), 여전히 쉽지 않은 문제임을 인식하고 있다. 비교문화를 위한 현장 조사는 차이와 불균등, 지정학이라는 다중 측면을 신중하게 조정해 가면서 수행해야 한다(Sultana, 2007: 374).

이 절의 제목에 '다른'이라는 단어에 따옴표가 있는데, 문화를 어떻게 '타' 또는 '다른' 것으로 간주할 수 있는지에 대한 질문을 던지고자 의도적으로 표시한 것이다. 문화 간의 관계는 보다 다양한 방식으로 이해될 수 있다(Hall, 1995; Skelton and Allen, 1999; McEwan, 2008). '다른' 문화는 종종 외부 힘(대개 서구)에 의해 변화될 수 없는 '전통적이고' '원시적인' 것으로 간주된다(Cloke, 2014). 그러한 접근은 보통 타 장소나 차이에서 나타나는 '이국적 특성'과 위험성을 강조한다. 이는 식민 제국주의 통치 시절 동안 유럽인들이 만든 타 문화에 대한 재현(representation)에서 분명하게 나타나는

박스 6.1   책임 있는 관광객을 위한 윤리 규범(다른 문화의 현장 조사에 똑같이 적용 가능)

- 겸손한 마음과 그 나라의 사람들에 대해 배우고자 하는 진심을 가지고 여행하기. 공격적인 행동을 막기 위해 다른 사람들의 감정을 항상 세심하게 인식하기. 특히 사진을 찍을 때 주의해야 함.
- 단순히 수동적으로 듣고 보는 것이 아니라 귀 기울이고 관찰하는 습관 기르기
- 방문하는 나라의 사람들은 보통 다른 시간관념과 사고 패턴을 보일 수 있음을 인식하기. 이는 열등한 것이 아니라 다른 것임.
- '멋진 해변'을 찾는 대신 다른 눈으로 다양한 삶의 방식을 보는 즐거움 찾기
- 지역 관습에 익숙해지기. 특정 나라에서 공손한 것이 다른 나라에서는 완전히 다를 수 있음.
- '모든 것을 알고 있는 양'하는 서구적 방식 대신에 질문하는 습관 기르기
- 수천 명에 달하는 방문객 중 한 명임을 잊지 말고 특별한 대우를 바라지 않기. 내 집처럼 편안한 경험을 원한다면 여행에 돈을 쓰는 것은 어리석은 짓임.
- 쇼핑할 때 '물건을 싸게 사는 것'은 물건을 만든 사람에게 낮은 임금을 지불하기 때문임을 기억할 것
- 방문하는 나라의 사람과 이행할 수 없는 약속 하지 않기
- 이해를 높이기 위해 하루의 경험을 성찰하는 데 시간 보내기. '자신을 풍요롭게 해 주는 것이 타인의 것을 훔치거나 피해를 주는 것'일 수 있음.

출처: Nash, 2000a; 원저 O'Grady, 1975

데, 타 문화의 낯설고 이국적인 특성과 '야만적인' 사람들의 명백한 위험을 강조했고, '문명적'이고 '현대적'인 유럽 식민 문화의 영향력이 꼭 '필요'함을 강조했다. 이러한 접근들은 종종 세이드(Edward Said)의 책에서 나오는 '오리엔탈리즘'이라는 용어로 요약될 수 있다(Said, 1978; Driver, 2014; Phillips, 2014).[3] 서양인들이 자신의 경험을 타 문화가 열망하는 것으로 여기거나 타 문화를 자신의 풍요를 위한 일종의 배경으로 보는 당대의 기록 역시 오리엔탈리즘일 수 있다. 서양 여행객들이 다른 나라의 문화에 대한 이해 없이 어떻게 그 나라에 있는 흥밋거리와 모험에 집중하는지 생각해 보라. 이러한 접근은 '자기중심적'이거나 '자민족중심적'인 지리를 낳게 되며 자기의 문화가 다른 모든 문화에 대한 잣대가 된다(Cloke, 2014).

또 다른 접근은 문화를 보다 역동적이며 상호 연결된 것으로 간주하는 것이다(McEwan, 2008; Potter et al., 2008). 어떤 이는 세계화가 기술적·문화적으로 상호 연결된 '지구촌'에서 문화 간 차이를 없앴다고 주장하거나 맥도널드나 코카콜라, 애플 같은 브랜드에 내재된 하나의 동질적인 글로벌 소비문화가 출현하고 있음을 강조한다. 이러한 접근은 '타' 문화를 '우리와 같은' 문화로 보며, 급격하게 확장하고 있는 세계화된 커뮤니티가 이러한 생각을 더욱 뒷받침하고 있다. 하지만 이는 지리학자가 기본적으로 관심을 두고 있는 문화적, 사회적, 경제적, 기술적 세계화의 다양한 경험을 간과한다.

어떤 한 사건을 전 세계 많은 사람이 온라인 중계나 텔레비전으로 동시에 시청하더라도 그 사건이 가지는 의미는 사람마다 다를 수 있다. 이러한 다양성을 고려하는 것은 타 문화를 '이상하고' '변하지 않는 것' 아니면 '우리와 같은 것'처럼 이분법적으로 생각하는 대신, 타 문화를 그 자체로 이해하고 지역 장소나 문화가 국가적·세계적 과정과 어떻게 불평등한 방식으로 연결될 수 있는지를 이해하는 문화에 대한 제3의 새로운 관점을 제시한다(Massey and Jess, 1995). 예를 들어, 도시는 세계화의 경제지리에 중요한 중심이지만, 세계화 과정과는 불균형적으로 연결되어 있다. 즉 뉴욕은 글로벌 금융의 허브 역할을 하는 반면, 카이로는 중심적 역할을 하지는 못하지만 그래도 세계화와 연결되어 있다. 이러한 역할들은 시간에 따라 변할 수 있으며, 나아가 이 도시들에 거주하는 사람들은 노동 시장에서 위치, 교육 접근성, 젠더, 민족성 등에 따라 이러한 세계화 과정에 연결될 수 있는 능력이 모두 다르다. 연구자들은 연구 결과가 불평등이나 고정관념을 더 악화하거나 영속화하지 않도록 연구 참가자들이 어떻게 이러한 불평등한 사회적 관계에 처하고 있는지를 반드시 고려해야 한다. 그리고 이러한 광범위한 세계화 과정에서 자신들이 가지고 있는 상대적으로 특권적인 위치가 어떻게 연구가 가능하도록 해 주는지도 인식해야 한다(Laurie et al., 1999; Nagar et al., 2003).

문화에 대한 또 다른 접근은 세계화로 인한 만남이나 재배치, 흐름들이 '혼성적'이거나 '혼합된' 문화 형태를 만들기 위해 어떻게 사회적 관계를 공간적으로 확장하는지 고려한다. 특히 초국적 커뮤니티나 이주, 디아스포라(diaspora) 경험이 있는 서로 다른 장소들에 나타나는 다중적 문화 형태를 반영한다(Collins, 2009).[4] 드와이어(Dwyer, 2014: 669)는 이주민 문화나 초국적 연결은 종종 음악, 패션, 글, 음식, 미디어와 같은 분야에서 나타나며, 디아스포라와 초국적주의 이론은 글로벌 지리와 국지적 지리 사이의 연결을 이해하는 새로운 방법을 제공함으로써 국가의 틀을 넘어 사회와 공간 사이의 관계를 다시 생각해 볼 수 있게 해 준다고 말한다. 디아스포라 문화 분석의 한 사례로 길로이(Gilroy, 1993)의 연구가 있는데, 특히 음악과 관련한 서로 다른 문화적 전통의 출현을 분석하고 있다. 디아스포라 문화는 '검은 대서양(black Atlantic)'이라 불리는 이주민 문화나 펀자브 민속 음악, 힙합, 소울과 하우스 음악이 혼합된 형태의 영국의 방그라 음악(Bhangra music)이 대표적이다. 방그라 음악은 이후 동남아시아계 젊은 영국인의 다양한 문화라 할 수 있는 '아시안 쿨(Asian Kool)' 음악 형태로 발전했다(Dudrah, 2002). 또 다른 사례는 '아프리카계 영국인', '아프리카계 미국인', '일본계 캐나다인과 같이 '~계'로 표현된 정체성의 존재이다(Hall, 1995). 이는 '다른' 문화와 초국적 커뮤니티가 서로 매우 가까이에서 발견될 수 있음을 말해 준다. 아마도 주요 도시의 다양한 민족화된 공간에서 가장 명확하게 확인할 수 있으며[런던의 방글라타운(Banglatown)과 브릭 레인(Brick Lane)-Dwyer, 2014; 샌프란시스코의 차이나타운-McEwan, 2008], 런던과 밴쿠버의 예배 장소에 대한 드와이어의 논의나, 종교 활동이 이주나 디아스포라에 의해 재활성화되거나 중단, 변형되는 방식에 대한 연구들에서 언급되는 것처럼 점차 교외 지역에서 민족화된 공간을 확인할 수 있다(Levitt, 2007). 하지만 이러한 디아스포라 공간은 단순히 '타자'에 대한 이국적 공간이 아니라 다양한 사람들이 만나고 논쟁할 수 있는 공간으로 인식할 필요가 있으며, 종종 경제적 이익을 위해 혼합된 문화 형태가 상품화되거나 촉진되기도 한다는 것을 인식할 필요가 있다. 또한 '명백하게 다른' 문화로 보는 것도 좋지 않다. 예를 들어, 북미나 영국에서 '백인' 문화를 '표준적이고 일반적'인 것으로 보고 '타' 문화는 특이하거나 '다른' 것으로 인식하는 것이 아니라 오히려 백인 문화의 다양성을 분석해야 한다. 드와이어는 디아스포라 접근이 '희망적'이면서 동시에 '비판적'이라고 주장한다.

> 이주민의 삶이나 문화, 개념은 사회와 공간의 관계를 덜 경계 지으며 덜 배제하는 방식으로 구축하는 것을 도울 수 있다는 점에서는 희망적이지만, 이주와 주변화로 인해 겪게 되는 이주민의 고통에 대해서는 비판적이다(2014: 675).

이러한 생각의 중심에는 문화가 매우 천천히 변화하고 어떤 장소들과 영속적인 연결을 가진 고정된 믿음, 가치, 행동이 아니라 홀(Stuart Hall, 1995: 87)이 말한 것처럼 '서로 다른 영향력과 전통, 세력이 교차하는 만남의 지점'으로 '다른 문화적 세력과 담론의 병치(juxtaposition) 및 공존(co-presence)과 이들의 효과'에 의해 형성되며, '변화하는 문화적 실천과 의미'로 구성되어 있다는 관점이 있다. 이는 우리 '자신의' 문화도 타 문화만큼 변화할 수 있고, 문화와 장소 간의 연결도 매우 역동적일 수 있음을 의미한다. 하지만 대개 사람들이나 국가들은 그러한 유동성에 직면해서는 경관이나 영역을 언급하며 고정적이고 동질적이며 경계를 가진 문화를 재강조한다. 그러한 형태 중 하나가 민족주의 운동일 것이다(Grundy-Warr and Sidaway, 2008).

문화에 대해 보다 유동적으로 개념화하는 것은 비교문화 연구에 있어 유사성과 차이에 대해 어떠한 관점을 가질지 고민해야 함을 의미한다. 그럼에도 불구하고 문화의 변화하고 역동적인 본질을 너무 중시하거나 '비판적' 측면보다 '희망적'인 측면을 지나치게 강조해서는 안 된다. 대신에 어떻게 문화가 현재 진행 중인 세계적 불평등의 한 부분이 되고 있는지 주목할 필요가 있다. 이와 유사하게 각기 다른 사람들의 문화에 대한 경험이 그 사람들의 정체성을 이루는 여러 측면, 예를 들어, 인종, 젠더, 연령, 섹슈얼리티, 계급, 계층, 종교, 지리 등에 따라 어떻게 영향을 받을지 그리고 보다 다양한 환경에서 어떻게 달라질 수 있을지를 탐색하는 것도 중요하다(Skelton an dAllen, 1999: 4). 이 장의 나머지 부분은 비교문화 연구에 있어 지리학자들이 직면하는 어려움을 해결하기 위한 몇 가지 실제적인 방법을 살펴볼 것이다. 먼저 다른 언어로 연구하는 방법을 살펴본다.

6.2 다른 언어로 연구하기

서면으로 된 것을 다루는 번역과 구두로 된 것을 다루는 통역은 장기적인 전문 트레이닝 과정이 필요한 전문적인 활동이자, 이주자와 디아스포라 커뮤니티 사이에서 비즈니스, 교육, 관광, 외교 및 정치를 해야 하는 세계 도처의 많은 사람에게는 매우 공통적인 일상의 연습이라 할 수 있다. 실제로 어떤 연구자들은 우리가 미국에서 이중 언어를 하는 히스패닉 커뮤니티의 '번역 국가(Translation Nation)'[5]에 있든(Tobar, 2005) 다중 언어와 다국적의 유럽연합에 있든(Eco, 1993), 아니면 영국 셰필드의 소말리아 청년들의 삶이든, 점차 다른 언어와 문화적 참조들 사이에서 일하는 것이 우리 삶의 당연한 본질이 되고 있다고 말한다(Valentine et al., 2008). 세계의 많은 사람이 제1언어든 아니면 제2, 제3언어든 영어를 사용하고 있으며, 아이브스(Ives, 2010)가 '글로벌 영어'라 부르는 것이 점차 세계화의 중심 요소가 되고 있다. 결과적으로 영어가 모국어인 학생들은 대개 운이 좋은 상황에 있지만, 이로 인해 다른 언어를 학습하는 것을 게을리할 수도 있다. 다른 한편으로는 전 세계의 많은 학생이나 연구자는 이미 글로벌 대학 교육 속에서 다중 언어를 구사하고 있다. 어떤 상황에서든 만약 적절한 언어로 의사소통하려고 노력하지 않는다면 비교문화를 위한 현지 조사가 방해받을 수 있는 많은 맥락이 있다. 어려움이 없을 수는 없겠지만(Tremlett, 2009), 현실적인 전략을 가지고 연구와 현지 조사에 필요한 언어 사용과 관련한 주요 질문에 신경을 좀 더 기울인다면 현지 조사에 있어 큰 변화를 만들 수 있다(박스 6.2). 여기에서는 설문 조사, 통역사를 대동한 인터뷰, 이중 언어가 가능한 연구자로 연구할 때의 여러 이슈를 다룰 것이다.

박스 6.2의 일부 질문들이 설문 조사에서 어떻게 다루어질지 생각해 보기를 바란다. 일반적인 전략 중 하나는 원설문과 번역된 설문 사이에 '개념적 등가성'이 있게 설문을 번역하는 것이다(다른 언어로 수집된 설문 결과가 직접적으로 비교된다면 더욱 중요함). 이에 대한 핵심적 기술은 대상 언어로 먼저 번역하고 나서 다른 사람에게 모호한 것이나 실수를 수정하면서 원언어로 '재번역'시키는 것이다. 비교적 간단해 보일지 모르지만 번역한 용어들이 대상 언어에서 의미 있게 번역되었는지 확인하는 것이 중요하다. 예를 들어, 시킷 외(Thickett et al., 2013)는 에스토니아, 폴란드, 헝가리, 영국에서 알코올 소비와 알코올 중독에 대한 용어의 차이를 살펴보고, 이러한 다른 문화적 이해가 국제적 조사를 어떻게 어렵게 하는지 지적한다. 특히, 조사에 사용한 용어가 다른 나라의 응답자에게도 모

데이터 수집 및 현지 조사

- 어떤 언어를 사용하고 있는가? 혼자서 구사할 수 있는 언어가 있는가? 어떻게 배웠는가? 원어민인가? 학교나 대학에서 배웠는가? 아니면 보다 공식적인 학습을 통해 배웠는가? 얼마나 유창하게 읽고, 쓰고 말할 수 있는가?
- 번역이나 통역사를 이용하고 있는가?
- 프로젝트에 번역 전략을 고려한 적이 있는가? 특히, 데이터 수집이나 분석/해석과 관련해 번역가나 통역사의 역할이 무엇인지 생각해 본 적이 있는가?
- 이것이 연구와 수집된 데이터에 어떻게 영향을 미칠 수 있는가?
- 언어 사용 자체가 연구 초점의 일부가 되는가?

데이터 분석

- 분석할 데이터가 다른 언어에서도 같은 의미가 있다고 가정하는가? 데이터의 의미를 확인할 방법이 있는가?
- 질적인 자료를 분석하고 있다면, 원문을 분석하고 있나? 아니면 그 자료의 번역본을 분석하고 있는가? 이것이 데이터를 어떻게 분석해야 하는지에 영향을 미치는가?

배포와 출판

- 번역과 관련한 불확실성이나 어려움과 같은 이슈를 보고서에서 언급하고 있는가?
- 보고서의 언어가 수요자의 접근성에 영향을 미칠 수 있는가?

윤리적, 정치적 이슈

- 특정한 언어의 사용이 어떤 사회적 그룹을 연구에서 배제하거나 반대로 특혜를 주는 형태인가?
- 서로 다른 언어와 문화적 맥락 사이에서 민감한 주제나 개념을 번역할 때 주의를 기울이고 있는가?
- 연구에 참여했던 사람들이나 관심이 있는 사람들이 자료에 보다 쉽게 접근할 수 있도록 보고서나 연구 결과의 번역된 버전을 제공하는 것과 같이 언어 이슈에 특별한 신경을 쓸 것인가?

두 적절하고 다른 나라의 맥락에서도 같은 의미로 분석될 수 있음을 확인하고자 할 때 이러한 차이는 매우 중요하다. 사이먼(Simon, 2006)은 비교문화 연구에 참가한 사람들에게 보다 의미 있는 설문이 되려면 다른 달력 체계나 측정 단위, 그리고 지역적으로 다른 문화적 실천들에 대해 세심하게 주의하는 것이 필요하다고 제안한다. 재번역 역시 모호하거나 몰이해하고 불쾌할 수 있는 용어들을 걸러 내는 데 도움을 줄 수 있다.

다소 어려운 일처럼 보일 수 있지만, 보통 학생 프로젝트에서는 비교적 단순한 전략이 매우 유용할 수 있다. 예를 들어, 던디 대학교의 현장 조사 수업에서 관광 리조트의 지역 노동 시장에 관해 조사하는 학생들은 스페인으로 떠나기 전 이중 언어로 된 설문지를 만들었는데, 언어를 가르치는 아는 선생님께 영어를 스페인어로 번역해 달라고 부탁해 완성했다. 설문지에서는 두 언어로 자기들이 누구인지 그리고 무엇을 하고 있는지 설명하고 있으며, 각 질문 역시 두 가지 언어로 제공했다. 이렇게 함으로써 학생들은 고급 수준의 영어를 할 수 있는 스페인이나 다른 국적의 사람들, 그리고 영어권 사람들이 겪는 고용 경험에 대한 데이터를 수집할 수 있었을 뿐 아니라 아주 제한적인 영어만 할 수 있어 보수가 좋지만 영국 관광객이 대부분인 리조트에 접근이 어려운 사람들의 경험도 얻을 수 있었다. 설문은 또한 설문을 수행한 사람들의 친구나 친척과의 차후 대화들을 이끌어 냈다. 이들은 영어를 좀 더 잘 할 수 있는 사람들로 설문에 응하는 사람과 학생 사이의 논의를 번역해 주는 데 참여했다. 이러한 노력은 어떻게 언어 능력이 국제 관광 리조트 산업의 노동 시장에 대한 차별적인 접근성을 구조화하는 중요한 요인 중 하나가 될 수 있는지 학생들이 이해할 수 있도록 했고(예: 사이프러스 사례에 대해서는 Marneros and Gibbs, 2015 참조), 연구의 원래 목적이라고 할 수 있는 노동 시장 과정에 대한 데이터를 모을 수 있도록 했다. 이 사례는 언어의 정치에 주의를 기울이는 것은 위에서 언급한 관광업의 고용뿐 아니라 이주나 통합, 언어 정책 및 국가 조성에 관한 질문 등과 같은 다양한 맥락에서 중요할 수 있음을 말해 준다(Garibova, 2009).

다른 언어로 연구하는 데 있어 단순한 전략을 찾을 때는 구글 번역기(translate.google.com)와 같은 온라인 번역 프로그램을 사용하는 것도 권장한다. 이러한 온라인 번역 프로그램은 확실히 다른 언어로 된 자료들을 이해하는 데 어느 정도 도움되지만, 연구나 현장 조사 목적 측면에서는 문법이 이상하다는 등의 많은 오류 가능성이 있을 수 있다. 더욱이 매우 특정한 방식으로 연구에 사용되는 언어 형태는 매우 쉽게 오역될 수 있다. 설문을 준비할 때는 정확한 용어를 사용하고 정확하게 번역하는 것이 중요하다. 이러한 작업을 온라인 도구에 맡기는 것은 오히려 위험할 수 있다. 또한 온라인 번역 도구는 인터뷰를 기록할 때 만들어지는 글 형태에 대해서는 대체로 형편없다. 예를 들어, 구글 번역기에서 영어로 된 유학생 모집에 관한 인터뷰 일부를 독일어로 번역하면, 'bumper numbers(이례적으로 많은 수)'를 'Autonummern(자동차 등록번호)'과 관련이 있는 것으로 번역하는 결과를 가져온다. 따라서 일부 도움을 위해 번역 사이트를 이용할 수는 있지만 상세한 연구를 위해서는 안정적인 도구는 아니며, 참가자가 응답한 내용이나 그들이 사용하는 언어에 대해 부정확한 주장을 할 수 있는, 사실 아주 이상한 결과를 가져올 수 있다. 대부분 전문가 집단은 바로 이러한 이유로 기계적 번역을 노골적으로 사용하지는 않는다. 그래서 온라인 번역 도구가 기본적인 수준에서 유용하더라도 매우 세심하게 사용해야 하고 적어도 다른 언어 능력과 함께 사용되어야 한다.

물론 관련 언어를 직접 학습하는 데 시간을 쏟는 것도 가능하다. 이는 현장 조사가 장기간 지속된다면 확실히 필수적인데, 특히 기본적인 언어 능력이 없으면 일상생활조차 어렵기 때문이다

(Watson, 2004). 하지만 어떤 사람들은 연구 참여자의 언어를 구사할 수 있는 것이 이상적인 상황이라고 말하는 반면, 대부분의 연구자는 어느 순간에는 통역사와 함께 일하는 것이 필요하다고 깨닫거나 스스로 원하게 될 것이다.

학부생 연구 맥락에서는 적절한 언어 능력을 갖추고 있고 보수를 지불할 수 있는 정도의 통역사를 찾는 것이 어려운 일일지 모른다. 아마도 서로에 대한 기대치를 신중하게 조정해야 할지 모른다. 터너(Turner, 2010)는 다른 나라(중국과 베트남)에서의 상호 기대치나 문화적 역동성 및 차이와 같은 통역사와 연구자 사이의 관계를 조율하는 데 고려할 가치가 있는 여러 측면을 논의하고 있다. 이러한 조정은 통역사가 학교 친구라고 하더라도 해 볼 가치가 있다. 통역은 실제로 하는 사람에게 있어서는 쉽지 않은 과정이지만, 다른 연구자와의 관계를 포함해 연구에 있어 통역사의 역할이 제대로 주어지지 않는다면 팀원 사이에 불만을 야기할 수 있다(Ficklin and Jones, 2009). 통역사가 그 자리에서 얼마나 통역할 것인지, 그냥 인터뷰를 진행하고 주요 결과만 나중에 통역할지와 같은 이슈들을 사전에 논의하는 것은 통역 절차를 순조롭게 진행하는 데 상당히 도움될 것이다. 또한 일부 팀원이 모든 일을 다 한다 느끼고 다른 일부 팀원은 소외감을 느낄 수 있는 것도 막을 수 있다. 하지만 통역사를 찾더라도 번역/통역 활동은 한 언어에서 다른 언어로 단순히 의미를 옮기는 간단한 과정이 아니다. 두 가지 이슈를 고려해야 한다. 하나는 현장 조사에 적합한 번역이 무엇인지에 대한 것이며, 다른 하나는 통역사, 연구자, 연구 참여자와 연구와의 관계, 그리고 이들 사이의 사회적 관계이다.

케냐와 탄자니아의 가사 노동에 대한 부자(Bujra, 2006)의 연구 보고서는 어떻게 통역사와 어떤 문제에 대해 잘 논의할 수 있는지를 보여 준다. 그녀는 가사 노동과 이와 관련된 프로세스, 더 결정적으로는 이러한 실천에 부여한 의미들을 이해하기 위해 사람들의 사회적 역할에 대한 질문을 하는 데 적합한 용어들이 무엇인지 통역사와 함께 논의했다. 또한 통역사와 연구 목적을 조정했고, 현지 용어와 속어를 잘 보전해 주는 보다 거친 형태로 인터뷰나 논의를 번역하는 것이 표준 영어나 표준 스와힐리어로 번역하는 것보다 적절하다는 데 동의하면서 적합한 번역 형태를 함께 조율했다. 대개 번역은 한 언어에서 다른 언어로 의미를 직접적으로 변환하는 것으로 가정하고 대상 언어에서 같은 의미를 분명하게 만드는 데 목적이 있다. 예를 들어, 전문적인 번역 수칙은 '최대한의 통역 능력으로 어떤 진술도 변경하거나 빠뜨리지 않고 완전하고 정확한 통역을 하는 것'이 번역의 목표임을 강조하고 있다. 또한 '통역가는 있는 상태에서 덧붙여서도 안 되며, 요청받지 않은 설명을 넣어서도 안 된다'(Language Line Solutions, 2013). 이러한 접근은 '자국화 번역(domesticating translation)'으로 알려져 있으며(Venuti, 2012), 원칙을 고수하는 것은 전문성과 신뢰성 있는 번역 및 통역의 핵심이다. 하지만 부자에게 이러한 엄격한 접근은 어떻게 사람들이 가사 노동에서 자신의 삶을 잃어 가는지 이해하는 데 필요한 세부 사항을 의미했을 것이다. 따라서 그녀는 매우 세련된 번역 글이 아니더라도 사람들이 속해 있는 나라의 맥락에서 그 사람들이 가지는 의미의 느낌을 얻고자 하는 '이국화 번역 (foreignizing translation)' 방법을 선택했다(Venuti, 2012). 어떤 접근도 반드시 옳거나 그르지 않다. 오히려 이러한 선택은 의미—번역의 가능성과 언어와 문화에 나타난 모든 문화적 참조와 의미를 완전히 표현할 수 없는 불가능성 모두를 보여 준다(Smith, 1996; 2009).

또한 번역은 원래 의미의 일부가 소실되는 과정이 아니라 번역과 관련한 이슈에 집중함으로써 보다 폭넓은 뜻과 의미를 이해할 수 있는 과정이라고 생각할 수 있다. 에드워즈 외(Edwards et al. (2010)는 패로 제도(Faroe Islands)에 있는 특별한 형태의 토탄층(peat)을 둘러싼 의미와 문화적 실천이 직접적인 번역의 한계로 인해 일부만 이해되고, 어떤 나라 맥락에서는 너무나 자명한 토지 이용에 관한 번역이 다른 나라에서는 불분명해지는 복잡한 과정을 논의한다.

통역사를 중립적이며, 연구자와 연구 참여자 사이의 의미를 전달해 주는 거의 보이지 않는 송신자로 생각하기보다(Turner, 2010), 실제 연구에서 이들의 활발한 역할에 대해 고민해 볼 가치가 있다. 외부 통역사의 경우 지역 통역사보다 덜 편향적일지? 아니면 지역적 지식이 오히려 약할지? 지역 통역사가 지역 이슈를 더 잘 이해하고 있을지? 아니면 이미 그들이 잘 알고 있는 사람들을 인터뷰하도록 해서 오히려 편향을 만들어 낼지? 통역사의 젠더, 계급, 인종, 연령 특성이 특정 참가자를 좀 더 쉽게 접근할 수 있게 하는지 아니면 오히려 문제가 되는지 등을 고려할 수 있다. 많은 상황에서 통역사 역할을 할 수 있는 역량을 가진 사람들은 교육 수준이 높거나 사회에서 부유한 사람일 수 있으므로, 연구에서 통역사들이 의미를 만들어 가는 데 어떻게 관련할 수 있는지 고려하는 것은 도움이 될 것이다.

트위먼 외(Twyman et al., 1999)는 보츠와나의 방목장 관리에서 자연과 사회와의 연계성에 관한 연구에서 통역사의 역할을 논의하고 있다. 이 연구에서 영국의 현장 조사자들은 그 지역 언어의 범위가 너무 넓다는 것을 깨닫고, 통역사들의 높은 수준의 언어적 역량에 의존했다. 번역을 연구 과정의 일부로 받아들이며 '번역은 다른 문화를 최대한 그들의 방식대로, 그렇지만 우리의 언어로 이해하는 문화 간 소통의 실천'이라고 주장했다(p.320). 이러한 서술은 번역이 문화 사이의 '생각과 실천을 맞추어 가는 데' 관여한다는 것을 의미한다(Twyman et al., 1999: 320). 이들은 또한 이미 영어로 번역된 질문에 대한 대답만을 기록하는 것이 아니라 번역가를 포함해 다양한 연구 참여자 사이에 오고 가는 모든 의사소통 과정을 녹음하고 기록했다. 이를 분석한 결과는 인터뷰가 진행되는 동안 통역사는 인터뷰 대상자가 한 말의 의미를 어떻게 대략적으로 요약해야 했는지 잘 보여 주며, 인터뷰가 끝난 후 인터뷰 진행자와 통역사가 표현된 생각들을 보다 상세하게 논의할 수 있었다는 것도 알려 준다. 이는 연구 참가자들의 생각과 의미를 영어로 된 용어들로 '맞춘다'는 것이 정말 어렵다는 것을 말해 준다. 사실 많은 인터뷰 대상자들은 이미 모국어가 아닌 언어로 말하고 있었고, 토지와 목장 관리에 대한 사고방식과 실천을 전달하기 위해 다양한 언어의 용어들을 사용했다. 연구 논문을 작성하면서 트위먼 외(Twyman et al., 1999)는 특별히 문제가 되는 것이나 새로운 통찰을 주는 것에 주목하면서 문화 간에 의미가 어떻게 맞추어졌는지를 탐색했다.

언어 사용과 번역에 대한 인식은 특정 언어에 능통하고 유창하게 말할 수 있더라도 중요한 부분이다. 이중 또는 다중 언어를 사용하는 것은 상세한 논의 사항을 보다 직접적으로 인식하도록 하거나, 연구에 사용되는 번역 전략과 번역의 윤리 및 정치에 대해 의식적으로 인식하면서 다른 나라 사이에서 의미를 번역하는 것이 얼마나 어려운지 알려 준다. 단순한 전략 중 하나는 어떤 용어를 서로 다른 언어로 번역할 때의 어려움을 인식하고 명확하게 보여 주는 것으로, 이는 분석을 풍성하게 해 준다. 예를 들어, 학부 논문의 인터뷰 분석에서 클레크(Klek, 2014)는 'to be home(집에 있는)'이라는 구절의 다른 뉘앙스에 주목해 영국의 폴란드 이민자들이 어떻게 'byću siebie'(to be at mine, 내 집에 있는) 용어를 사용해 폴란드어로 대화하는지 분석했다. 이 분석은 이민자들 사이에서 가사와 소유에 관한 다른 의미와 과정을 보다 심도 있게 이해할 수 있도록 했다. 이와 유사하게 회르셸만(Hörschelmann, 2002)은 독일 통일의 문화적·사회적 결과에 관한 연구에 사용한 선택들에 대해 논의한다. 그녀는 독일어가 모국어인 사람과 인터뷰했고, 독일어로 인터뷰 내용을 기록했으며, 원본 녹취록을 분석했다. 영어로 최종 논문을 쓸 때 인용을 번역했지만, 번역해 작성한 인용에 최대한 원래 말의 의미와 스타일을 유지할 수 있도록 했다. 심지어 어떤 용어들은 번역하지 않고 주석으로 설명하였다(Venuti의 용어로 '자국화' 접근이 아니라 '이국화' 접근).

뮐러(Müller, 2007)는 의미를 만드는 과정이자 정치적 과정으로 번역을 대하는 전략들에 관해 논의하고 있다. 그는 지리학자가 번역을 비판적 접근으로 받아들이기를 원하며, 다른 언어로 용어를 번역하는 과정에서 용어의 의미가 손실되었을 때, 특히 가정, 국가, 가족, 환경, 권력, 불평등, 커뮤니티, 시민권과 같은 지리학적 연구의 핵심 용어에서 의미의 손실이 가져오는 정치적·문화적 영향력을 잘 이해할 수 있기를 바란다. 실제로 보다 미묘한 이해가 필요한 상황에서도 점차 단순 번역(국제 표준 영어로 된 용어)이 지배적인 통역 방식이 되고 있다. 위에서 언급한 접근들이 이러한 과정을 완화하는 데 도움을 줄 수 있다. 대안적으로 어떤 맥락에서는 번역과 통역 행위 자체가 사회운동가들이 지향하는 바가 되고 있다. 세계사회포럼(World Social Forum, www.babels.org)에서 통역하는 사회운동가에 대한 움직임도 한 사례가 될 수 있다. 하지만 번역이나 통역에 대해 보다 '운동가적' 접근이 가지는 상대적 이점이나 한계에 대해서는 상당한 논쟁이 남아 있다고 말하는 것이 타당할 것 같다. 전문 번역가나 통역사는 사회운동가에 의한 이러한 주도권을 효과적인 비교문화 의사소통을 가능하게 해 주는 가치 있는 직업에 대한 탈숙련화와 비정규직 채용으로의 움직임으로 인식한다 (Boeri, 2008).

이 절에 나온 사례들은 때때로 언어가 유창하지 않은 곳이더라도 다른 언어로 비교적 단순한 방식으로 연구할 수 있고, 이를 통해 연구하고 있는 문화에 대한 통찰력을 얻을 수 있음을 보여 준다. 하지만 이러한 과정과 과정 중에 사람들이 부여하는 의미에 대해 보다 상세한 이해를 원한다면 언어 간의 번역과 통역에서 발생할 수 있는 문제점과 가능성에 좀 더 주의를 기울일 필요가 있다. 나아가 언어 사용의 정치, 특히 한 언어에서 다른 언어로 의사소통할 수 있는 능력이 어떤 혜택이나 특권에 접근성이나 지위를 부여하는 곳에서의 정치에 대해 인식하고, 번역 자체도 정치적 행위가 될 수 있음을 알아야 한다.

6.3 다른 위치에서 연구: 권력관계, 위치성과 그 이상

차이, 불평등한 권력관계, 연구자 위치에 대한 보다 일반적인 질문으로 넘어가 비교문화 연구의 도전과 가능성을 보여 주는 지리학자들의 다양한 실제 대응을 살펴볼 것이다.

먼저 내 사례를 살펴보면, 나는 1990년대 박사학위 연구로 동독의 도시 변화를 연구하면서 동독의 많은 지역 사람들이 그들의 경험을 서구 사회와 비교하면서 느꼈던 불안감을 알게 되었다. 공산주의 붕괴 이후 서구의 '승리'에 대한 주장과 서구의 행정과 법 체제에 적응해야 하는 실제적인 필요성은 동독 사람들의 문화나 정치적 경험의 가치를 떨어뜨렸다. 내 연구에서는 사람들이 새로운 커뮤니티 정치에 다양한 경험을 할 수 있도록 노력했다. 지역 문화 박물관을 개발하고 있던 한 집단과의 만남에서 사람들은 자신들의 도시가 직면하고 있는 산업의 쇠퇴와 실업 문제들을 논의했다. 어떤 사람은 왜 내가 그 도시에 관심을 두고 있는지, 영국에서 내가 사는 도시가 어떤지를 물어보았다. 스코틀랜드 글래스고와 그들이 사는 도시 간에 탈산업화와 노동 시장 재구조화에 따른 효과에서 나타나는 어떤 유사성을 설명했지만, 이후 여러 사람은 글래스고의 상황은 자신들의 도시와 절대 같지 않다고 말하면서 내 주장을 묵살했다.

처음에는 좀 당황했지만 이내 '전형적인 서구인'처럼 볼 수밖에 없는 입장에서 말했다는 것을 깨달았다. 즉 서구 사회 밖의 모든 것을 (대체로 부정적으로) '정상적인' 서구와 비교하고, 앞서 서술한 것처럼 '자민족중심적' 접근을 취한 것이다. 좀 더 생각해 보니 그 도시의 변화 속도는 글래스고보다 더 빨랐기 때문에 부분적으로는 맞는 말이었다. 하지만 보다 중요한 것은 내가 그들에 대해 '가장 잘 알기' 위한 어떠한 요청도 하지 않고 단지 내가 관심이 있는 그들의 경험 자체를 연구틀로 만들었다는 것이다. '서쪽'과 '동쪽', 또는 자본주의와 공산주의의 차이와 함께 연결성을 추구하는 대신, 이들 차이에 대한 핵심적 부분은 의도적으로 건드리지 않으려고 했다. 그러고 나서 이 틀에서 나는 세계적 스케일에서는 그리 특이하거나 특별해 보이지 않는 많은 중복적인 경험이지만, 그들에게는 새롭고 어렵고 대개 매우 고통스러운 것을 시사하는 분위기를 소개해 주었다. 내 비교는 의도치 않게 개개인의 중요성과 그들 도시에 영향을 미치는 특별한 사회적, 정치적 관계를 부정함으로써 그 사람들의 혹독한 경험을 하찮게 만들었다. 분석하다 보니 그것이 현장 조사에서 단순히 '실수' 하나 한 것으로 보이지 않았다. 어떤 집단의 사람들이 내 비교를 절대 받아들일 수 없다라는 사실은 명명 과정이나 문화, 경험을 '비슷'하거나 '다른' 것으로 구분하는 정치적 행위임을 정확히 부각했다. 이는 공산주의 이후 과도기적 협상과도 관련된다. 에번스(Evans, 2012)가 칠레의 아버지들에 대한 연구와 관련해 연구 참가자와의 관계를 정립하는 데 필요한 공감의 가치와 다른 사람의 삶에 자신을 투영할 때 제국주의적 태도를 피하는 잠정적 접근의 필요성을 말하고 있는 것처럼, 이 사례가 좀 오래되어 보일 수 있지만 제기하고 있는 핵심은 오늘날 비교문화 연구에 있어 여전히 유효하다.

연구는 연구하고 있는 상황을 형성하는 권력관계에서 절대 벗어날 수 없다. 이러한 권력관계를 주의 깊게 고찰해야 하고, 현장과 현장을 넘어 진행 중인 일련의 협상에서 만들어 내는 해석뿐 아니라 연구를 실행하기 위한 선택들에서 이를 고려해야 한다. 이러한 불평등을 살펴보는 전략 중 하나는 연구자의 복잡한 위치성(positionality)을 통해 연구하는 것으로,6 연구 과정 자체를 면밀히 검토하고 연구자를 연구 과정과 분리된 존재로 가정하지 않는 것이다. 이는 '타 문화와 타인들'을 그저 '저자의 자아 발견을 위한 이국적 배경'으로 두는 자기중심적 연구 관점을 취하라는 의미가 아니다(Lancaster, 1996: 131). 또한 연구 참가자가 연구자를 어떻게 바라보는지를 연구자가 정확하게 알 수 있거나 자신의 정체성을 이루는 모든 요소의 의미를 설명할 수 있다고 가정하는 것도 아니다(Rose, 1997). 오히려 '연구 참여자의 위치뿐 아니라 자신의 위치를 인식하고 고려해야 한다. 또한 연구자의 존재가 만들어 내는 다름에 주의를 기울이면서 연구 실행에 있어 자신의 위치를 기록해야 한다'(McDowell, 1992: 409).

비교문화 연구에서 위치성에 대한 질문들은 많은 연구에서 상세히 논의되고 있다(Madge et al., 1997; Laurie et al., 1999; Sultana, 2007; Chattopadhyay, 2013). 스켈턴(Skelton, 2001: 89)은 위치성을 다음과 같이 정의한다.

나는 위치성을 '인종'과 젠더 … 또는 계급 경험, 교육 수준, 성별, 연령, 능력, 부모인지 아닌지와 같은 것들이라 말한다. 이 모든 것이 우리가 누구인지, 우리의 정체성이 어떻게 형성되는지, 그리고 우리가 어떻게 연구하는지와 관련된다. 우리는 결코 중립적이지 않고, 과학적 관찰자도 아니며, 우리가 연구하는 장소들의 감성적·정치적 맥락에 따라 영향받는다.

이는 우리 자신의 정체성과 관련한 측면들이 얼마나 중요한지, 공간적 또는 문화적으로 다른 나라로 여행할 때 어떻게 바뀔 수 있을지를 인식하는 것이라 할 수 있다. 스켈턴에게 있어 젊은 연구자로서 아이가 없다는 것은 그녀가 몬트세랏(Montserrat)에서 젠더 관계에 대해 인터뷰한 여성들과 다르다는 것을 의미했다. 그녀는 인터뷰에 응한 일부 여성들이 자기보다 운이 좋다거나 자기보다 성숙하다고 느끼고 있다는 것을 인식하면서 이와 관련한 질문들을 회피하는 대신 오히려 논의의 주제로 사용했다. '나는 이렇게 하는 것이 인터뷰 맥락에서 내가 가진 권력(질문을 하는 사람)을 소멸하면서 인터뷰 속의 복잡한 위치로 바꿀 수 있는 좋은 방법임을 알게 되었다'(Skelton, 2001: 91). 개개인의 위치성에 관한 스켈턴의 논의에 추가해 번역가/통역사나 대개 조용한 다양한 연구 및 현장 보조원들과 같이 연구에 관여하는 모든 유형의 사람들의 위치성과 관계를 보다 상세하게 고려할 수도 있다(Ficklin and Jones, 2009: Turner, 2010).

때때로 위치성에 관한 고민은 연구자들이 자신이 '외부인'인 곳에 관한 연구, 특히 외부인의 지위가 자칫 개발도상국 사람들의 경험을 서구 사람들이 재현하고 있는 것처럼(Madge, 1994) 약한 그룹이나 문화들을 보다 강한 위치에 있는 사람들이 재현하는 방식을 영구히 하게 될지 모르는 연구나, 연구 대상이 되는 사람들이 자신들의 경험이 대중에 공개되는 것을 선호하지 않을 수 있는 연구(Barnett, 1997)를 하는 것이 정말 적절한지에 대해 생각해 보도록 한다. 잉글랜드(England, 1994)는 캐나다 토론토의 레즈비언 커뮤니티를 연구하는 것을 중단했다. 왜냐하면 그녀 스스로 너무 '외부자'라고 느꼈고, 캐나다에서 동성애 혐오증을 가진 사람들은 그녀가 마치 레즈비언 커뮤니티를 위해 말하려 한다고 했으며, 반대로 레즈비언 커뮤니티에게 뭔가를 표명하는 것은 이 그룹 여성들의 경험을 식민화할 수 있는 위험을 초래했기 때문이다. 그래서 레즈비언 커뮤니티 연구는 다른 레즈비언 여성에게 맡겨 두는 것이 더 적절하다고 느꼈다. 하지만 영국에 거주하는 파키스탄 여성에 대한 모하마드(Mohammad, 2001)의 논의는 우리가 연구에 관여하고 있다는 그 사실만으로도 부분적으로는 '외부인'일 수 있으므로 '내부인'으로 보이는 곳이라 하더라도 위치성을 고려할 필요가 있다는 것을 보여 준다. 이와 비슷하게 정체성에 관한 다른 측면들(의복, 말투, 교육)도 유사성뿐 아니라 차이를 보여 줄 수 있는 표시가 될 수 있다. 외형적인 '내부인' 지위로 '진실'에 접근하는 대신, 모하마드는 참가자들이 연구 내에서 '다중적인 진실'을 표현했다고 말한다. 이때 힘든 부분은 말한 것 중 무엇이 진실인지, 그리고 특정한 재현에서 누구의 관심사가 표출되었는지를 이해하는 것이었다. 이와 유사하게 처토파드야이(Chattopadhyay, 2013: 154)는 인도의 나르마다 계곡(Narmada Valley)에서 현장 조사를 하는 동안 보다 추상적이고 이론적인 용어뿐 아니라 '내가 어떻게 먹고, 내가 어떻게 앉았고 … 내가 어디에 앉았고'와 같은 '일상 활동'에서의 용어로 계속 조정해야 했던 내부인과 외부인 위치에 따른 복잡하고 미묘한 서술을 보여 준다. 이러한 방식으로 자기를 표현하고 연구 참가자와 상호작용하는 것은 재미없을 수는 있지만 무의미하지는 않다. 왜냐하면 연구자로서 자신의 체화된 내재성을 보여 주기 때문이다.

비교문화 연구에 관여하고 있는 많은 지리학자는 위치성을 탐구하는 것이 중요하지만, 그 자체로는 연구 과정을 구조화하고 연구의 초점이 될 수 있는 불균등하고 불평등한 사회적 관계를 근본적으로 따져 보기에는 충분하지 않다고 주장한다. 이들은 위치성 이상을 탐구할 수 있게 하고, 성찰을 넘어 그러한 불평등에 직접 도전할 수 있는 방식으로 행동하는 연구 실천들을 만들어 갈 수 있는 목표와 실천을 만들기 위해 개인과 그룹이 함께 일하는 협업적 접근들의 역할을 오랫동안 탐색해 왔다(13장 참고). 여성에 의한 인도 구전 역사에 대해 파라 알리(Farah Ali), 상가틴 여성 공동체(Sangatin Women Collective)와 협업한 나가르(Nagar, 2003)의 연구, 캐나다 밴쿠버 이민자 커뮤니티와 장기적으로 함께 수행한 프랫(Pratt, 2007)의 연구, 가이아나 여성들 사이의 생식 및 성 건강 이슈에 대해 린다 피크(Linda Peake)와 함께 연구한 스레드(Thread, 2000)의 연구가 좋은 협업 사례라 할 수 있다. 미스트리 외(Mistry et al., 2009)는 가이아나 파트너와의 연구 관계에서 '상의하달식(top-down) 전문가'였다가 '참여하는 협력자'로 바뀔 때의 새로운 기회와 한계를 논의하는 자연지리학 사례를 보여 준다. 더 유용한 것은 상이한 기관의 요구 사항에서부터 의사소통과 자원에 대한 서로 다른 접근법에 이르기까지 협업 능력에 영향을 미칠 수 있는 매우 실제적인 이슈들을 다양하게 논의한다는 점이다.

이러한 사례들은 단순히 관련된 사람들에게 어떤 것을 표명하기 위한, 따라서 특권을 가진 연구자와 그와 달리 조용하게 보이는 연구 대상자들 사이에 존재하는 불평등한 사회적 관계를 그대로 유지하기 위한 것이 아니라, 그들과 함께 일하기 위해, 우선 사항이 무엇인지 듣기 위해, 사회적 변화의 정치와 실천에 관여하기 위해, 그리고 단순히 차이를 보여 주는 것이 아니라 차이를 가진 채 또는 차이를 넘어 연구하기 위해 필요한 책무를 보여 준다. 대개 참여 방법이나 협업적 접근을 채택하더라도 이 장에서 서술하고 있는 여러 도전을 다루어야 하는 필요성이 없어지지는 않는다. 대신에 얼마나 권력과 권한을 공유할 수 있을지에 대한 답을 미리 알 수는 없지만 협업 과정 자체를 통해 상상하고, 힘겹게 버티고, 함께 해결해 나갈 수 있는 협력적 관계에 있게 된다(Nagar et al., 2003: 369). 경계를 넘는 다중적 이동과 부문 간, 부문을 넘는 협력, 그리고 다름에 대한 다양한 형태는 상호주의에 대해 다시 생각하게 할지 모른다(Benson and Nagar, 2006: 581). 셴크(Schenk, 2013)는 협업적인 접근이 보다 많이 이루어지기 어려운 상황들도 있겠지만, 한 명의 '외부' 연구자와 다수의 '지역 대상자' 구성이 아니라 하나의 연구'팀'으로 보일 수 있는 다중 구성원 사이의 관계를 고려하는 명시적 접근이 갈등이나 위기 상황에서도 가능할 수 있다고 주장한다.

어느 정도 우리는 항상 '다른' 문화에서 연구하며, 이러한 문화가 멀리 있든 가까이 있든 연구에 있어 유사성과 차이에 대한 권력관계를 조정해 가야 한다. 내스트(Nast, 1994: 57)는 '우리는 우리와 분리되어 있고 우리와 다른 타자들과 일하지 않을 수 없다고 말한 것처럼, 다름은 우리가 항상 나와 내가 아닌 세상 사이 어딘가에 있거나 그 세상을 협상해 가기를 요구하는 모든 사회적 상호작용의 필수적인 측면이다.'라고 주장한다. 문제는 이러한 측면을 우리가 채택한 연구 전략과 연구 실천을 둘러싸고 계속 진행 중인 사회적 관계에서 어떻게 다루느냐이다. 라주(Raju, 2002)가 질문하는 것처럼, '우리는 달라. 그래도 대화할 수 있지 않나?'

6.4 '타' 문화 재현

마지막으로 연구한 사람들과 장소들을 현장 보고서나 학위 논문에서 어떻게 재현할지 고려하는 것이 중요하다. 보고서의 적절한 부분에 도와주었던 모든 사람에게 감사 인사를 적고, 보고서를 한 부씩 보내 주는 것이 좋은 출발점이 될 수 있다. 만약 다른 언어로 작업했거나 또는 학술적 결과가 사람들에게 부적절할 것 같다면(사람들은 연구자가 밝혀 낸 것에는 관심이 있을 수 있지만, 최신의 이론적 통찰에는 반드시 관심이 있다고 볼 수 없음), 어딘가에서 발표를 하거나, 지역 신문에 기사를 쓰거나, 사람들이 연구 결과에 접근할 수 있도록 프로젝트 웹사이트를 만들거나 또는 소셜 미디어를 이용해 결과를 출판하는 것과 같은 수정된 형태의 피드백 보고서가 더 적절할지 모른다. 또한 평가가 수반되는 연구를 하고 있다면 특정 기관의 요구에 맞게 조정해야 할지 모르지만, 그래도 보다 협업적인 접근을 위해 '전문가' 연구자가 흩어져 논문을 쓰는 '다중 의견' 접근을 취할 수도 있다. 공저자 형태의 글을 작성하지 않더라도 참여자로부터 분석에 대한 코멘트를 여전히 구할 수 있다. 또는 참여자들과 함께 협업해 분석을 좀 더 개발할 수도 있다. 이러한 상황은 대체로 복잡할 수 있고, 공동 연구자가 옳고 자신이 틀렸다고 자동적으로 인정하지 않는다. 대신 연구 참여자와 비교해 모든 것을 아는 연구자로 보일 수 있는 자신의 위치를 탈피하기 위해 연구 참여자들의 다른 해석과 함께 연구할 수 있다. 또한 특정한 대상에게 다른 종류의 분석이나 해석, 출판이 보다 중요하거나 적절한지 논의가 필요할 수도 있다(Nagar et al., 2003).

어떤 연구의 경우 특정한 언어로 읽어야 하거나 평가되어야 할 수도 있지만, 연구를 작성하는 데 사용하는 언어를 고민하는 것은 중요한 일이다. 영어로 출판된 학술 논문이 세계적으로 우세한 지리학에서 이러한 질문은 더 중요하다(Bański and Ferenc, 2013). 언어에 대한 고려는 지리학 지식의 발달에 어떤 언어와 개념들이 보다 중심이 될지를 결정하는 데 영향을 미친다(Garcia-Ramon, 2003). 아마 작문 전략도 이것과 관련될 수 있는데, 예를 들어 이중 언어로 작성할 수도 있다(Cravey, 2003). 언어에 대한 고민은 다음 사례가 보여 주는 것처럼 글뿐 아니라 시각적 재현에서도 동일하게 적용된다.

미국 인류학자 쿠내스트(Kuehnast, 2000)는 구소련의 자치공화국이었던 중앙아시아 키르기스스탄에서 농장 사유화로 영향을 받은 지역의 여성들이 직면하는 경제적 부담을 연구해 왔다. 그녀는 보고서 표지에 '반유목 생활을 하며 양을 치는 사람들이 입는 따뜻한 옷을 입은 키르기스스탄의 여성 노인과 아이를 안고 있는 며느리' 사진을 실었다(Kuehnast, 2000: 105). 하지만 그녀는 알고 지내던 정부에서 일하는 여성들이 자기 나라를 가난하게 보여 주는 것이라 느끼며 불쾌해 했을 때 매우 놀랐다. 처음에는 사회적 신분이 높은 여성들이 자기 나라의 유목 여성에 대한 문제를 다루는 것을 별로 원치 않아 한다는 정도로 치부하고 사진에 다른 어떤 문제가 있는지 궁금해 했다. 아마도 여성을 공산주의 억압의 희생물로 보는 관점을 너무 강하게 받아들여 교육과 고용에 있어 여성들의 성취를 재현하는 데 실패한 것은 아닐까? 아니면 여성을 강하고 능숙한 근로자로 보는 소비에트 시절의 중요한 사상을 부정했기 때문인가? 또 다른 해석은 쿠내스트가 인터뷰한 많은 여성은 서구의 미디어에서 화려한 여성의 이미지를 많이 보았고 독립 후 '서구적, 현대적' 여성상 또는 '미국적' 여성상에 대한 열망이 나라 전체에 넘쳐 났다는 것이다('제대로 된' 옷과 화장, 여가를 가진 삶). 이러한 맥락에서 전통 복장이나 일하는 여성으로서 키르기스스탄 여성을 묘사하는 것은 키르기스스탄 여성이 '서구화되거나' '현대화된' 젠더 정체성을 적절하게 받아들이는 데 실패했다는 것을 너무 신랄하게 드러내는 것처럼 보였을지 모른다.

재현은 기본적으로 문제의 소지를 안고 있다. 특히 비교문화 연구에서 더욱 그러하다. '정보를 분석하고 기록하고 배포하기 위해서는 대개 자기 스스로를 객관적으로 분리하고 '서구적 태도'로 전환해 글을 쓰고 정보를 이용하는 데 일정한 '거리'를 두어야 한다'(Madge, 1994: 95). 하지만 쿠내스트가 밝히고 있는 것처럼 도움을 주려는 분석이나 재현조차도 연구 참가자들에게는 문제가 될 수 있다. 따라서 각 연구자는 특정한 상황에 맞게 실용적인 대응을 선택하게 된다. 매지(Madge, 1994: 96)는 잠비아에 대한 연구에서 그녀와 친구가 된 사람들과 대화하면서 수집한 정보 일부는 분석에 포함하지 않기로 결정했다. 왜냐하면 그러한 정보를 이용하는 것은 '친구에 대한 신뢰'를 배신하는 것이기 때문이다. 고바야시(Kobayashi, 2001)는 캐나다 외부에서 '타' 문화를 연구하는 것을 그만두기로 했고, 대신에 운동가와 협업 연구로 캐나다 내의 일본계 캐나다인에 초점을 맞추기로 했다. 스켈턴은 가끔 스스로도 대항하려고 노력하는 불평등한 식민지적 관계를 재생산하지 않고 몬트세랫에 대해 논문을 쓰는 것이 불가능하다고 느껴 언젠가는 이 주제에 대해서는 논문을 쓰지 않겠다고 결심했다. 하지만 결국 그녀는 '성찰적이고 정치적으로 의식 있는 페미니스트 또는 비교문화 연구의 정치의 한 부분으로 연구 프로젝트를 지속하고 결과물을 출판하고 배포해야 한다고 결정했다. 만약 그러지 않는다면 다른 문화의 현장 조사 과정에 있어 정치적 염려와 세심함을 갖추지 못한 사람들이 이 일을 하게 될 것이기 때문이다'(2001: 95).

6.5 결론

다른 언어와 문화에서 연구할 때는 많은 어려움이 뒤따른다. 경험이 많은 연구자들도 늘 제대로 하는 것은 아니다. 하지만 핵심적인 것은 현장 조사를 계획하고 수행하고 발견한 것들을 분석하고 재현하고자 할 때는 '왜 우리가 이 연구를 하고 있고, 우리가 하는 연구가 다른 사람들에게는 어떤 의미가 있는지'를 항상 염두에 두면서 이 장에서 제기하는 여러 이슈에 주의를 기울이는 것이다(Skelton, 2001: 96). 제대로만 한다면 다른 언어와 문화에서의 연구가 매우 풍부해질 것이며, 생산적이고 세심한 방법으로 다름과 다양성에 대해 고민할 수 있도록 해 줄 것이다.

| 요약

• 비교문화 연구는 도전적이며, 풍성하며, 보람 있는 연구이다.
• 문화적 차이에 대한 개념은 다름에 대한 '희망적' 측면과 '비판적' 측면 사이의 균형을 잘 유지하면서 문화적 유동성, 불평등한 사회적 관계, 자민족중심주의의 탈피와 혼합적 문화에 대한 개방적 자세를 고려하는 연구들을 알려 주어야 한다.
• 가장 단순한 접근은 언어적 차이를 연구하는 것일지 모르지만 언어 사용에 얼마나 집중해야 할지는 고민해야 하며, 의미의 표현이 '타' 문화에 대한 통찰을 제공할 수 있을 것이다.
• 연구를 둘러싼 권력관계를 살펴보는 것이나 연구 해석에 연구자의 위치성을 기술하는 것, 또는 협업적 전략을 채

택하는 것은 자민족중심주의를 줄이거나 불평등한 사회적 관계에 대해 도전을 시작하도록 도와줄 수 있다. 또한 연구에서 '외부자'와 '내부자'의 관계를 주의 깊게 고려해야 하는데, 이는 특정한 상황에 대한 해석에 있어 단일한 정답이 아니라 다양한 설명을 제공할 수 있을 것이다.
- 글이나 말, 시각적 형태의 재현에 대한 선택은 불평등한 권력관계나 고정관념을 강화하지 않도록 해야 하며 연구의 윤리나 정치가 들어가 있어야 한다.

주

1 '타'는 문화 분석에서 자주 사용되는데, 특정 문화나 사회 집단, 또는 사회가 문화나 사회적 기준에 의해 구분되는 것만큼 다르지는 않다는 것을 함의하기 위해 인용 부호로 표기하거나 간혹 영어에서는 첫 글자를 대문자로 사용한다(예: 'Other' 또는 'other').
2 '자민족중심적', '자민족중심주의'는 자기 민족의 세계관이나 경험을 우선시하고 타 문화를 '낯섬', 개발 '부족' 또는 '이국주의(exoticism)'로 정의하는 '기준'으로 보는 것과 관련된다. 종종 서구적 경험을 표준으로 두는 것을 의미한다.
3 세이드(Said, 1978) 연구의 '오리엔탈리즘'은 제국주의 시절 '동양'을 묘사할 때 유럽인들이 가진 생각들을 서술하고 비판한다. 유럽인들은 동양의 사람, 장소, 문화가 가지는 매력과 함께 이국적인 특성을 강조하면서 동시에 유럽의 식민지 개척을 정당화하기 위해 위험과 비문명성을 강조한다. 이 용어는 나중에 모든 식민지 상황과 '타' 문화와 사람, 장소에 대한 현대적 재현에 보다 광범위하게 적용되었다.
4 '디아스포라'는 인구의 확산 또는 분산을 의미한다. 또한 흑인 디아스포라나 유대인 디아스포라와 같이 강제 이주되거나 흩어진 인구들을 특정하는 명사이기도 하다. 보다 이론적인 용어로 디아스포라 사상 또는 디아스포라 커뮤니티는 문화, 정체성, 장소 사이의 고정된 연결성에 대한 관념에 도전을 던진다. '초국적 커뮤니티' 용어는 경계화된 국가의 공간을 초월하거나 벗어난 사회적·문화적 관계를 기술할 때 사용하는데, 대체로 이주와 디아스포라 또는 사회적 그룹이 기존의 국가 경계에 맞지 않기 때문에 발생한 결과라 할 수 있다(예: 쿠르드인).
5 역주: 퓰리처상을 수상한 기자인 헥터 토바(Héctor Tobar)의 소설
6 위치성은 연구자의 상대적 위치가 연구 과정에 어떻게 영향을 미칠 수 있을지에 대한 고려로 이해할 수 있다. 예를 들어, 참가자가 제공하는 정보는 특정한 맥락에서 연구자가 어떻게 보이는지에 따라 달라질 수 있다(위협적이거나, 하찮게 보이거나, 강하게 보이거나). 또한 연구자는 위치성으로 인해 상대적으로 특혜를 받을지도 모른다.

심화 읽기자료

심화 읽기자료는 해외 현장 조사의 실제와 문화적 차이에 대한 논쟁, 번역 전략과 권력관계 조정과 같은 핵심 주제들에 대한 참고문헌이다.
- 내시(Nash, 2000a; 2000b)의 두 논문은 해외에서 독립적인 현장 조사를 수행하는 데 있어 실제적인 이슈들

을 다룬다. 첫 번째 논문은 연락처 섭외, 비자를 위한 법적 요구 사항, 표본의 수집 및 반출, 건강 및 안전 이슈, 훈련을 다루며, 두 번째 논문은 예산 책정과 자금 조달을 다룬다. 영국 왕립지리학회 웹사이트는 해외 현장조사에 대한 실제적인 자료에 접근할 수 있는 다양한 링크를 제공한다(www.rgs.org/in-the-field).

- 드와이어(Dwyer, 2014), 스켈턴과 앨런(Skelton and Allen(1999), 매큐언(McEwan, 2008)은 현대 문화 연구에 있어 최근의 논쟁들을 다루고 있으며, 모두 유용한 개관을 제공한다. 조금 오래된 자료이지만, 홀(Hall, 1995)도 최근 논쟁의 밑바탕이 되는 세계화, 문화, 차이 등에 대한 핵심적인 논의를 제공한다.

- 스미스(Smith, 1996; 2009), 트위먼 외(Twyman et al., 1999), 부자(Bujra, 2006), 뮐러(Müller, 2007), 터너(Turner, 2010)는 다른 언어 사이의 번역과 번역가와 작업할 때 발생할 수 있는 이슈들을 다룬다. 이들 모두 번역 자체가 어떻게 분석의 일부가 될 수 있는지를 논의한다.

- 번역 이슈와 관련된 웹사이트는 다음과 같다.

  - 번역 관련 웹사이트에 대한 한계들을 이 장에서 언급하고 있지만, 아마도 구글 번역기(translate.google.com)는 가장 잘 알려진 기계적 번역 사이트이다.

  - Linguee(www.linguee.com)는 일부 언어만을 제공하는 온라인 사전인데 번역할 원언어와 대상 언어 모두에 대해 보다 상세한 맥락을 가진 번역 예문을 제공해 번역에 있어 미묘함을 이해하는 데 도움이 된다.

  - 번역가와 통역사에 대한 윤리 규정은 Language Line Solutions에서 찾아볼 수 있다(www.languageline.com).

  - 번역과 통역에서 '운동가'적 접근에 대한 사례는 Babels.org(www.babels.org)에서 찾아볼 수 있다.

- 프랫 외(Pratt et al., 2007), 나가르 외(Nagar et al., 2003), 처토파드야이(Chattopadhyay, 2013)는 비교문화 연구에서 권력관계, 위치성, 재현에 대한 상세한 사례를 제공한다.

* 심화 읽기자료에 대한 상세 정보는 아래 참고문헌에서 확인할 수 있음.

참고문헌

Baker, M. (2013) 'Translation as an alternative space for political action', *Social Movement Studies*, 12: 23-47.

Bański, J. and Ferenc, M. (2013) '"International" or "Anglo-American" journals of geography?', *Geoforum*, 45: 285-95.

Barnett, C. (1997) '"Sing along with the common people": Politics, postcolonialism and other figures', *Environment and Planning D: Society and Space*, 15: 137-54.

Benson, K. and Nagar, R. (2006) 'Collaboration as resistance? Reconsidering the processes, products and possibilities of feminist oral history and ethnography', *Gender, Place and Culture*, 13: 581-92.

Boeri, J. (2008) 'A narrative account of the Babels vs. Naumann controversy: Competing perspectives on activism in conference interpreting', *The Translator*, 14: 21-50.

Bujra, J. (2006) 'Lost in translation? The use of interpreters in fieldwork', in V. Desai and R. Potter (eds) *Doing Development Research*. London: Sage. pp.172-9.

Chattopadhyay, S. (2013) 'Getting personal while narrating the "field": A researcher's journey to the villages of the Narmada valley', *Gender, Place and Culture*, 20: 137-59.

Cloke, P. (2014) 'Self-Other', in P. Cloke, P. Crang and M. Goodwin (eds) *Introducing Human Geographies* (3rd edition). London: Routledge. pp.63-81.

Collins, F.L. (2009) 'Transnationalism unbound: Detailing new subjects, registers and spatialities of cross-border lives', *Geography Compass*, 3: 434-58.

Cravey, A. (2003) 'Toque una ranchera, por favour', *Antipode*, 35: 603-21.

Driver, F. (2014) 'Imaginative geographies', in P. Cloke, P. Crang and M. Goodwin (eds) *Introducing Human Geographies* (3rd edition). London: Routledge. pp.234-48.

Dudrah, R.K. (2002) 'Drum n dhol: British Bhangra music and diasporic South Asian identity formation', *European Journal of Cultural Studies*, 5(3): 363-83.

Dwyer, C. (2014) 'Diasporas', in P. Cloke, P. Crang and M. Goodwin (eds) *Introducing Human Geographies* (3rd edition). London: Routledge. pp.669-85.

Eco, U. (1993) *La ricerca della lingua perfetta nella cultura europea/The Search for the Perfect Language in the European Culture*. Rome: Laterza.

Edwards, K.J., Guttesen, R., Sigvardsen, P.J. and Hansen, S.S. (2010) 'Language, overseas research and a stack of problems in the Faroe Islands', *Scottish Geographical Journal*, 126: 1-8.

England, K. (1994) 'Getting personal: Reflexivity, positionality and feminist research', *Professional Geographer*, 46(1): 80-9.

Evans, M. (2012) 'Feeling my way: Emotions and empathy in geographic research with fathers in Valparaíso, Chile', *Area*, 44: 503-9.

Ficklin, L. and Jones, B. (2009) 'Deciphering "voice" from "words": Interpreting translation practices in the field', *Graduate Journal of Social Science*, 6: 108-30.

Garcia-Ramon, M.D. (2003) 'Globalization and international geography: The questions of languages and scholarly traditions', *Progress in Human Geography*, 27(1): 1-5.

Garibova, J. (2009) 'Language policy in post-Soviet Azerbaijan: Political aspects', *International Journal of the Sociology of Language*, 198: 7-32.

Gilroy, P. (1993) *The Black Atlantic: Modernity and Double Consciousness*. London: Verso.

Glass, M.R. (2014) 'Encouraging reflexivity in urban geography fieldwork: Study abroad experiences in Singapore and Malaysia', *Journal of Geography in Higher Education*, 38: 69-85.

Grundy-Warr, C. and Sidaway, J. (2008) 'The place of the nation-state', in P. Daniels, M. Bradshaw, D. Shaw and J. Sidaway (eds) *An Introduction to Human Geography*. Harlow: Prentice Hall. pp.417-37.

Hall, S. (1995) 'New cultures for old', in D. Massey and P. Jess (eds) *A Place in the World? Places, Cultures and Globalization*. Oxford: Oxford University Press, Open University Press. pp.175-213.

Hammersley, L.A., Bilous, R.H., James, S.W., Trau, A.M. and Suchet-Pearson, S. (2014) 'Challenging ideals of reciprocity in undergraduate teaching: The unexpected benefits of unpredictable cross-cultural fieldwork', *Journal of Geography in Higher Education*, 38: 208-18.

Hawthorne, T.L., Atchison, C. and LangBruttig, A. (2014) 'Community geography as a model for international research experiences in study abroad programmes', *Journal of Geography in Higher Education*, 38: 219-

37.

Hörschelmann, K. (2002) 'History after the end: Post-socialist difference in a (post)modern world', *Transactions of the Institute of British Geographers*, 27: 52-66.

Ives, P. (2010) 'Cosmopolitanism and global English: Language politics in globalization debates', *Political Studies*, 58: 516-35.

Klek, A. (2014) *The Place-Making Process of Post-Accession Migrants in Dundee*. MA Dissertation. University of Dundee.

Kobayashi, A. (2001) 'Negotiating the personal and the political in critical qualitative research', in M. Limb and C. Dwyer (eds) *Qualitative Methodologies for Geographers*. London: Arnold. pp.55-70.

Kuehnast, K. (2000) 'Ethnographic encounters in post-Soviet Kyrgyzstan: Dilemmas of gender, poverty and the Cold War', in H. de Soto and N. Dudwick (eds) *Fieldwork Dilemmas: Anthropologists in Postsocialist States*. Madison, WI: University of Wisconsin Press. pp.100-118.

Lancaster, R.N. (1996) 'The use and abuse of reflexivity', *American Ethnologist*, 23(1): pp.130-2.

Language Line Solutions (2013) *Interpreter Code of Ethics*. Available from http://www.languageline.co.uk/assets/Interpreter_Code_of_Ethics.pdf (accessed 10 November 2015).

Laurie, N., Dwyer, C., Holloway, S.L. and Smith, F.M. (1999) *Geographies of New Femininities*. Harlow: Longman.

Levitt, P. (2007) *God Needs No Passport: Immigrants and the Changing American Religious Landscape*. New York: New Press.

Madge, C. (1994) 'The ethics of research in the "Third World"', in E. Robson and K. Willis (eds) *DARG Monograph No. 8: Postgraduate Fieldwork in Developing Areas*. Developing Areas Research Group of the Institute of British Geographers. pp.91-102.

Madge, C., Raghuram, P., Skelton, T., Willis, K. and Williams, J. (1997) 'Methods and methodologies in feminist geographies: Politics, practice and power', in Women and Geography Study Group, *Feminist Geographies: Explorations in Diversity and Difference*. Harlow: Longman. pp.86-111.

Marneros, S. and Gibbs, P. (2015) 'An evaluation of the link between subjects studied in hospitality courses in Cyprus and career success: perceptions of industry professionals', *Higher Education, Skills and Work-based Learning*, 5(3): 228-41.

Massey, D. and Jess, P. (1995) 'Places and cultures in an uneven world', in D. Massey and P. Jess (eds) *A Place in the World? Places, Cultures and Globalization*. Oxford: Oxford University Press, Open University Press. pp. 215-40.

McDowell, L. (1992) 'Doing gender: feminism, feminists and research methods in human geography', *Transactions of the Institute of British Geographers*, 16: 400-419.

McEwan, C. (2008) 'Geography, culture and global change', in P. Daniels, M. Bradshaw, D. Shaw and J. Sidaway (eds) *An Introduction to Human Geography*. Harlow: Prentice Hall. pp.273-89.

Mistry, J., Berardi, A. and Simpson, M. (2009) 'Critical reflections on practice: the changing roles of three physical geographers carrying out research in a developing country', *Area*, 41: 82-93.

Mohammad, R. (2001) '"Insiders" and/or "outsiders": Positionality, theory and praxis', in M. Limb and C.

Dwyer (eds) *Qualitative Methodologies for Geographers*. London: Arnold. pp.101-17.

Müller, M. (2007) 'What's in a word? Problematizing translation between languages', *Area*, 39(2): 206-13.

Nagar, R. in consultation with F. Ali and Sangatin Women's Collective, Sitapur, Uttar Pradesh, India (2003) 'Collaboration across borders: Moving beyond positionality', *Singapore Journal of Tropical Geography*, 24(3): 356-72.

Nairn, K. (1996) 'Parties of geography fieldtrips: Embodied fieldwork', *New Zealand Women's Studies Journal*, 12: 88-97.

Nairn, K., Higgitt, D. and Vanneste, D. (2000) 'International perspectives on fieldcourses', *Journal of Geography in Higher Education*, 24(2): 246-54.

Nash, D.J. (2000a) 'Doing independent overseas fieldwork 1: Practicalities and pitfalls', *Journal of Geography in Higher Education*, 24: 139-49.

Nash, D.J. (2000b) 'Doing independent overseas fieldwork 2: Getting funded', *Journal of Geography in Higher Education*, 24: 425-33.

Nast, H. (1994) 'Opening remarks on "Women in the Field"', *Professional Geographer*, 46: 54-66.

O'Grady, R. (1975) Tourism, the Asian Dilemma. *Report of a Study of Asian Tourism* (Christian Conference of Asia, Jan-Jun 1975).

Phillips, R. (2014) 'Colonialism and postcolonialism', in P. Cloke, P. Crang and M. Goodwin (eds) *Introducing Human Geographies* (3rd edition). London: Routledge, pp.493-508.

Potter, R., Binns, T., Elliott, J. and Smith, D. (2008) *Geographies of Development: An Introduction to Development Studies* (3rd edition). Harlow: Prentice Hall.

Pratt, G. (2007) in collaboration with the Philippine Women Centre of B.C. and Ugnayan ng Kabataang Pilipino sa Canada/Filipino-Canadian Youth Alliance 'Working with migrant communities: collaborating with the Kalayaan Centre in Vancouver, Canada', in S. Kindon, R. Pain and M. Kesby (eds) *Participatory Action Research Approaches and Methods: Connecting People, Participation and Place*. London: Routledge. pp.95-103.

Raju, S. (2002) 'We are different, but can we talk?', *Gender, Place and Culture*, 9(2): 173-7.

Red Thread (2000) *Women Researching Women: Study on Issues of Reproductive and Sex Health and of Domestic Violence against Women in Guyana*. Report of the Inter-American Development Bank (IDB) Project TC-97-07-40-9-GY conducted by Red Thread Women's Development Programme, Georgetown, Guyana, in conjunction with Dr Linda Peake. available at http://www.hands.org.gy/download/wom_surv.htm (accessed 10 November 2015).

Rose, G. (1992) 'Geography as a science of observation: The landscape, the gaze and masculinity', in F. Driver and G. Rose (eds) *Nature and Science: Essays in the History of Geographical Knowledge*. London: IBG Historical Geography Research Group. pp.8-18.

Rose, G. (1997) 'Situating knowledges: positionality, reflexivity and other tactics', *Progress in Human Geography*, 21(3): 305-20.

Said, E. (1978) *Orientalism*. Harlow: Penguin.

Schenk, C.G. (2013) 'Navigating an inconvenient difference in antagonistic contexts: Doing fieldwork in Aceh, Indonesia', *Singapore Journal of Tropical Geography*, 34: 342-56.

Simon, D. (2006) 'Your questions answered? Conducting questionnaire surveys', in V. Desai and R. Potter (eds) *Doing Development Research*. London: Sage. pp.163-71.

Skelton, T. (2001) 'Cross-cultural research: Issues of power, positionality and "race"', in M. Limb and C. Dwyer (eds) *Qualitative Methodologies for Geographers*. London: Arnold. pp.87-100.

Skelton, T. and Allen, T. (eds) (1999) *Culture and Global Change*. London: Routledge.

Smith, F.M. (1996) 'Problematizing language: Limitations and possibilities in "foreign language" research', *Area*, 28(2): 160-6.

Smith, F.M. (2006) 'Encountering Europe through fieldwork', *European Urban and Regional Studies*, 13(1): 77-82.

Smith, F.M. (2009) 'Translation', in R. Kitchin and N. Thrift (eds) *International Encyclopedia of Human Geography*. London: Elsevier. pp.361-67.

Sorgen, A. (2015) 'Integration through participation: The effects of participating in an English Conversation club on refugee and asylum seeker integration', *Applied Linguistics Review*, 6(2): 241-60.

Sparke, M. (1996) 'Displacing the field in fieldwork: Masculinity, metaphor and space', in N. Duncan (ed.) *BodySpace*. London: Routledge. pp.212-33.

Sultana, F. (2007) 'Reflexivity, positionality and participatory ethics: Negotiating fieldwork dilemmas in international research', *ACME*, 3: 374-85.

Thickett, A., Elekes, Z., Allaste, A.-A., Kaha, K., Moskalewicz, J., Kobin, M. and Thom, B. (2013) 'The meaning and use of drinking terms: Contrasts and commonalities across four European countries', *Drugs: Education, Prevention and Policy*, 20: 375-82.

Tobar, H. (2005) *Translation Nation: Defining a New American Identity in the Spanish-speaking United States*. New York: Riverhead Books.

Tremlett, A. (2009) 'Claims of "knowing" in ethnography: Realizing anti-essentialism through a critical reflection on language acquisition in fieldwork', *Graduate Journal of Social Science*, 6: 63-85.

Turner, S. (2010) 'The silenced assistant: Reflections of invisible interpreters and research assistants', *Asia Pacific Viewpoint*, 51: 206-19.

Twyman, C., Morrisson, J. and Sporton, D. (1999) 'The final fifth: Autobiography, reflexivity and interpretation in crosscultural research', *Area*, 31: 313-26.

Valentine, G., Sporton, D. and Nielsen, K.B. (2008) 'Language use on the move: Sites of encounter, identities and belonging', *Transactions of the Institute of British Geographers*, 33: 376-87.

Venuti, L. (ed.) (2012) *The Translation Studies Reader* (3rd edition) London: Routledge.

Watson, E.E. (2004) '"What a dolt one is": Language learning and fieldwork in geography', *Area*, 36: 59-68.

공식 웹사이트

이 책의 공식 웹사이트(study.sagepub.com/keymethods3e)에서 이 장과 관련한 비디오, 연습, 자료 및 링크들을 확인할 수 있으며, 부가적으로 다음 논문들도 무료로 이용할 수 있음.

1. Panelli, R. (2008) 'Social geographies: Encounters with Indigenous and more-than-White/Anglo geographies', *Progress in Human Geography*, 32(6): 801-11.
– 이 논문은 '백인 외' 또는 '원주민'의 지리에 대한 개념과 이해가 가정, 장소, 사회−환경과의 관계와 같은 사회지리학의 주요 개념들을 어떻게 재고하고 해체할 수 있는지 살펴본다.

2. Wright, M.W. (2009) 'Gender and geography: Knowledge and activism across the intimately global', *Progress in Human Geography*, 33(3): 379-86.
– 이 논문은 지식 생산(누구의 지식인지, 어떻게 받아들여지는지, 어떻게 재현되는지)과 연구와 관련한 행동주의(연구에서 발견한 것으로 무엇을 할 것인지)의 정치를 세계화와 사회적 정의 맥락에서의 로컬과 글로벌, 젠더에 대한 페미니스트 연구에 초점을 맞춰 논의한다.

3. Glassman, J. (2009) 'Critical geography I: the question of internationalism', *Progress in Human Geography*, 33(5): 685-92.
– 이 연구는 언어, 번역, 권력, 위치성과 같은 이슈가 지리학적 지식 발달에 어떻게 중요한 요인으로 등장하는지를 논의하기 위해 2007년 뭄바이에서 있었던 국제 비판지리학 대회(International Critical Geographies Conference)와 관련 답사에서의 경험을 비판적으로 보여 준다.

2부

인문지리학의
자료 수집과 조사

07

역사 및 아카이브 연구

개요

이 장은 문서에서부터 구전 역사 인터뷰, 건축물, 경관에 이르기까지 다양한 종류의 역사적 근거를 기술한다. 과거의 모든 것이 흔적을 남기는 것은 아니며, 모든 흔적이 보존되는 것도 아니기 때문에 역사적 근거는 항상 단절적이다. 또한 역사적 근거는 항상 부분적이다. 왜냐하면 역사적 근거는 그것을 생산하는 사람들의 관점, 우선순위, 지식을 반영하며, 특정 역사적 출처를 선택하고 보존하는 정부, 기업, 아카이브 전문가 및 개인의 관점과 우선순위에 따라 형성되기 때문이다. 따라서 역사적 근거는 '사회적으로 구성'된 것으로 이해되어야 한다. 다시 말해, 역사적 근거는 단순한 객관적 기록이 아니라 역사적 근거의 생산과 보존의 문화적, 정치적, 경제적, 사회적 맥락을 통해 형성된다. 역사적 '아카이브'는 단순한 가상적 또는 물리적 위치가 아니라, 권력관계를 통해 생산 및 재생산되는 선택적 기억의 장소로 개념화되어야 한다. 이처럼 역사적 근거는 단절적이고 부분적이며 사회적으로 구성되었기 때문에 신중한 평가와 분석이 요구된다. 이 장은 역사적 연구 질문 개발, 출처 찾기, 아카이브 컬렉션 접근 방식, 역사적 근거에 대한 분석 및 제시를 위한 실용적인 지침을 제공한다.

이 장의 구성

- 서론
- 역사적 질문 개발하기
- 역사적 출처 찾기
- 아카이브 컬렉션 접근 방법
- 데이터 분석 및 제시
- 결론

7.1 서론

'매혹적, 신비적, 유혹적, 중독적'이라는 단어는 역사적 연구와 연관 지을 수 있는 용어가 아니다. 그러나 이 용어들은 최근 밀스(Mills, 2013a: 703)의 논문에서 아카이브 기술을 위한 용어로 사용되었다. 많은 시간이 소요되고 도전적일 수 있지만, 역사적 근거를 보유한 자료는 연구자에게 독창적이고 역사적으로 중요한 자료로 이용될 수 있다. 대표적인 예로 스코틀랜드 탐험가이자 아프리카 선교사인 데이비드 리빙스턴(David Livingstone)의 모자(왕립지리학회 컬렉션 소장), 비틀스 최초의 콘서트 음반, 넬슨 만델라의 석방 보도 신문 기사 등을 들 수 있다. 또한 역사적 연구는 연구자들의 사적인 편지, 일기, 사진을 통해 개인의 일상생활, 희망, 두려움에 대한 아주 훌륭한 접근 방법을 제공할 수 있다. 연구자들은 최초 영국 이주자들의 영국 이주 경험을 청취할 수 있으며, 런던 공습에 휘말린 사람들의 일기를 볼 수 있다. 이와 같은 자료를 보고 만지고 검토하는 것에 대한 흥분, 밝혀지지 않은 의문을 해결하기 위해 잃어버린 증거 조각을 찾는 것과 같은 흥분, 그리고 기록보관소에서 전혀 예상치 못한 것을 발견하는 흥분은 많은 사람에게 역사적 연구를 수행할 수 있는 동기를 부여한다.

또한 역사적 관점은 과거의 삶에 대한 창을 제공하면서 우리가 살고 있는 현재를 다양하게 생각할 수 있도록 한다. 주요 관심사가 역사적이든 현대적이든 관계없이 과거의 삶과 장소를 재구성할 수 있는 구전 역사, 다큐멘터리 자료, 다이어리와 편지, 동영상 및 정지 이미지 등과 같은 다양하고 풍부한 자료가 있다. 심지어 지리학자들은 역사적 텍스트로서 경관의 개념을 도입했다(Duncan and Duncan, 1988; Duncan, 2004). 이 장은 유용하고 다양한 역사적 자료를 소개하고, 이를 사용하기 위한 가이드라인을 제공한다. 또한 이에 대한 평가 및 분석 방법을 제시한다.

이 장은 전반적으로 다른 유형의 데이터와 마찬가지로 이러한 역사적 자료에 신중하고 비판적으로 접근할 필요성을 강조한다. 모든 과거가 아카이브를 통해 밝혀지는 것은 아니다. 역사적 자료는 단편적이고 부분적인 기록만을 제공한다. 예를 들어, 법원 기록 또는 인구 조사 데이터와 같이 객관적이고 신뢰할 수 있으며 공식적인 기록 자료도 완벽한 그림을 제공하지 못한다. 특히 역사적으로 소외되었거나 권력이 약했던 여성, 하층 계급, 토착민과 같은 특정 집단은 종종 이와 같은 기록에서 배제되었다. 이와 같은 특정 집단이 기록에 나타나는 경우도 있는데, 이는 이들 집단이 직접 기록한 것이 아니라 보다 다른 강력한 집단에 의해 기록된 경우이다. 그 기록에는 이들 집단의 가사 경험(가사 노동 및 가정에서 수행되는 유급 노동 포함)보다는 노동과 공적인 활동에 대한 기록이 더 자주 나타난다(가사 노동에 대한 역사적 자료 및 방법에 대해서는 Blunt and John, 2014 참조). 따라서 역사적 연구는 관련 기록뿐만 아니라 신중한 분석을 통해 규명 가능한 것(그리고 규명할 수 없는 것)을 찾아내는 역할을 한다. 따라서 연구자의 임무는 자료를 찾고, 그 의미를 규명하는 데 시간을 할애하는 것이다.

7.2는 다양한 종류의 역사적 질문에 관해 묻고 답하는 방법에 대해 고찰한다. 7.3은 연구자가 이용할 수 있는 자료의 종류와 그것을 찾기 위한 전략을 전반적으로 살펴본다. 7.4는 아카이브 연구를 개념화하는 방법과 더불어 아카이브에 방문해 작업하기 위한 실질적인 조언을 제시하는 등 아카이브 접근 방법을 탐색한다. 마지막 7.5는 연구를 표현하는 창의적 방법과 함께 역사적 자료 분석에 대한 다양한 접근 방법을 제시한다.

7.2 역사적 질문 개발하기

일반적으로 역사 연구 프로젝트는 연구 질문에서 시작한다. 이러한 질문은 빈곤, 여행, 일, 여가, 도시화 등과 같이 수업에서 학습한 주제에서 개발할 수 있다. 또는 다른 연구자들의 질문에 대답하는 방식으로 논문과 저서에 미래 연구 방향을 제시함으로써 마무리하기도 한다. 연구 질문이 결정되면, 가장 먼저 고려해야 할 사항은 연구 질문에 답할 수 있는 자료의 존재 여부에 대한 조사이다. 만일 그 주제가 비교적 최근 현상이라면, 이와 연관된 사람들과 대화할 수 있다(반구조화 인터뷰에 관해서는 9장 참조, 지리학의 구술 역사 활용에 대해서는 Riley and Harvey, 2007 참조). 그렇지 않으면 이용 가능한 다른 방법을 고려해야 한다.

19세기 및 20세기 영국 여성의 여행 경험에 관한 연구 사례를 들어보자. 이와 관련된 정보는 어디에서 찾을 수 있을까? 영국 여성 여행자들은 자신의 경험을 일기, 편지 또는 출판물로 기록할 수 있다(Blunt, 2000; Keighren and Withers, 2011; 2012). 아마 그녀들은 여행하면서 사진을 찍거나 스케치했을 것이며, 최근이었다면 동영상으로도 녹화했을 것이다(Brickell and Garrett, 2013). 영국 여성들이 외국 여행을 준비하는 데 도움이 되는 지침도 만들어졌을 것이다(Blunt, 1999). 이들은 외국 여행을 위해 여행협회에 자금 지원을 신청했을 것이고, 여행에서 돌아온 후에는 강의도 했을 것이다(Evans et al., 2013). 이들이 길거리에서 만난 사람들이 기록물에 출현했을까? 이러한 사례는 이용 가능한 종류의 자료가 다양하고 풍부하다는 것을 보여 주지만, 이와 같은 기록이 중상류층 여성들에게 훨씬 더 광범위하게 적용될 수 있다는 점을 유의해야 한다.

다음 단계에서 고려해야 할 사항은 당시에 어떠한 기관이 이러한 종류의 자료를 수집했으며, 현재 누가 이러한 자료를 보관하고 있는지 확인하는 것이다. 위 사례에 제시된 자서전과 여행서와 같은 출판 자료 검색과 더불어 남성과 여성의 여행 계획, 자금 지원, 보고에 이르기까지 전 과정에 관여하는 왕립지리학회와 같은 기관의 아카이브를 탐색할 수 있으며, 여성 여행자들이 영국 해외 파견 관리와 접촉했다면 영국해외식민지관리청(UK Foreign and Colonial Offices)의 기록을 탐색할 수도 있다. 이용 가능한 자료를 찾는 좋은 출발점은 유사한 주제에 대한 다른 사람의 연구를 읽고 그들이 사용한 자료를 살펴보는 것이다. 동일한 아카이브 컬렉션 또는 자료 유형도 이용할 수 있다.

　연구 프로젝트를 개발하는 두 번째 접근 방법은 관심 자료 또는 자료 모음을 정확하게 찾아내고, 역사적 질문이 무엇인지 고려하는 것이다. 실제로 연구 프로젝트는 이 두 가지 전략의 결합을 통해 개발되는 경우가 많다. 관심 주제가 설정되면 그 관심 주제에 대한 초기 아카이브 검색을 수행하며, 이에 따라 발견된 자료를 토대로 기존 연구 질문을 수정하게 된다(Ogborn, 2010). 때때로 특정 질문에 대한 답을 찾기 위한 아카이브 검색은 전체 연구 질문의 방향을 바꿀 수도 있다. 이는 프로세스 초기에 사용 가능한 자료를 파악하고, 사용 가능한 증거에 접근할 때 유연하게 접근하는 것이 중요함을 의미한다(아카이브 연구 및 'make-do 방법론'에 대한 연구는 Lorimer, 2009 참조).

　또한 연구 프로젝트를 개발할 때, 실용성도 중요하다. 아무리 훌륭한 자료라도 자료가 있는 장소 또는 기록된 언어로 인해 접근할 수 없다면 전혀 쓸모없다. 번역, 기록의 재생, 여행 등의 문제에 대한 해결책이 있지만 종종 많은 시간과 비용이 소요된다(번역 관련 작업에 관해서는 6장 참조). 만일 연구와 관련한 자료가 신문, 세금 환급과 같은 한 종류의 자료에만 남아 있다면 필요한 모든 증거는 한 장소에서 찾을 수도 있다. 그러나 연구는 대체로 보다 완벽한 그림을 완성하기 위해 다양한 유형의 자료를 활용한다. 박스 7.1은 이러한 프로젝트의 사례를 보여 준다.

박스 7.1　다양한 아카이브 출처 활용

리브지(Tim Livsey)는 건조 환경(built environment), 식민지 및 민족주의 정치, 개발 간의 관계를 탐구하기 위해 나이지리아의 이바단 대학교(University of Ibadan)를 사례연구로 활용했다. 그의 연구는 광범위한 아카이브 및 출판 자료를 활용했다. 이바단 대학교의 기록보관소는 중요한 자료를 제공했다. 또한 나이지리아를 방문한 공식 사절단에 관한 기록이 이바단에 있는 나이지리아 국가기록원에서 발견되었다. 이바단 대학교에서 발견된 개인 논문에서 대학 관리 직원의 경험과 견해에 대한 증거가 제공되었던 반면, 이 대학교 학생이었던 시인 윌레 소잉카(Wole Soyinka)를 기념하는 출판물에서는 이 대학에 대한 다른 관점이 나타나기도 했다. 그러나 이 대학은 영국 식민지 프로젝트로 시작되었기 때문에 영국 기록보관소에서도 많은 중요한 기록물들이 발견되었다. 이 대학의 설립 이전의 서아프리카 고등 교육 현황에 대한 보고서가 전문 도서관 컬렉션(Institute of Education Library)에서 발견되었다. 대학에 대한 영국 의회 토론은 의사록에 기록되어 있으며, 런던에 있는 국가기록원와 영국 왕립건축협회(Royal Institute of British Architecture: RIBA)

는 이 대학교의 건축가들과 서신을 왕래했다. 사진 및 기타 대학 기록물은 현재 케임브리지 대학교 도서관의 왕립영연방협회컬렉션(Royal Commonwealth Society Collection)과 옥스퍼드 전(前) 로즈 하우스 도서관(Rhodes House Library: 이 컬렉션은 현재 Weston Library에 보관되어 있음)과 같은 영국의 다른 전문 컬렉션에서 발견되었다.

그림 7.1 1950년대 초에 케임브리지 대학교 도서관 평의회 승인으로 신축된 대학 기숙사 전경

출처: Livsey, 2014 인용

7.3 역사적 출처 찾기

박스 7.1의 사례에서 알 수 있듯이 역사 연구자는 매우 다양한 출처의 자료를 활용할 수 있다. 여러분들이 관심을 두는 시기에 출판된 책은 지나치기 쉽지만, 접근 가능하고 중요한 자료를 제공한다. 소설은 역사적 경관과 삶의 증거를 제공할 뿐만 아니라 작가와 독자의 더 넓은 가치와 비전에 대해 접근하게 한다. 예를 들어, 투안(Tuan, 1985)은 도시에 대한 빅토리아 시대의 아이디어를 밝히기 위해 아서 코넌 도일(Arthur Conan Doyle)의 『셜록 홈스』를 조사했고, 크레스웰(Cresswell, 1993)은 잭 케루악(Jack Kerouac)의 *On the Road*에서 이동성에 관한 이야기를 조사했으며, 모리스(Morris, 1996)는 프랜시스 호지슨 버넷(Frances Hodgson Burnett)의 *The Secret Garden*에 나오는 영국인의 성 정체성을 조사했다. 여행 이야기, 가이드북, 시, 정치 연설 및 선언문, 교과서, 백과사전, 학술

또는 대중 잡지 등은 과거의 가치와 관점에 대한 명확한 증거를 제공할 수 있다. 특히 전문가 협회에서 발간하는 정기 간행물은 과학, 지리, 기타 학문 분야의 지식 변화를 조사하는 데 좋은 자료로 활용된다(Philo, 1987). 한편 정치 및 기타 이해 집단에 의한 유사한 출판물은 현대의 정치적 관점에 대한 중요한 기록을 제공한다(Keighren, 2013은 최근 지리학적 지식에 초점을 둔 지리학 연구 동향을 정리했음). 영국 의회의 편집 기록물인 의회 보고서 및 의사록과 같은 인쇄 자료는 보건, 복지, 빈곤, 제국, 교도소 등과 같은 그 시대의 관심사가 어떻게 토론되며, 이해되고, 실천되는지에 대한 훌륭한 통찰을 제공한다(교도소와 관련된 연구는 Ogborn, 1995 참조; 빈민법에 대해서는 Driver, 1993 참조).

전문 분야의 도서관은 특정 장소와 관련된 컬렉션을 보유하고 있다. 지역 연구 도서관은 타운 또는 카운티에 관한 출판 및 미발표 자료를 보유하고 있으며, 한편 다른 기관은 주로 신문(영국국립도서관의 신문도서관) 또는 지도(왕립지리학회, 영국국립도서관, 웨일스국립도서관)와 같은 특정 유형의 자료를 보유하고 있다. 런던정경대학교(London School of Economics)의 의학 역사 전문 도서관인 웰컴도서관(The Wellcome Library), 또는 지난 150년간 영국의 정치적·경제적·사회적 변화를 중심으로 여성들의 삶을 기록한 기록물을 주로 보유한 여성도서관(The Women's Library) 등은 여전히 특정 주제에 대한 자료를 수집하고 있다. 여성도서관은 500개 이상의 아카이브와 5,000개 이상의 박물관 전시물과 함께 지난 150년 동안 60,000개 이상의 책과 팸플릿, 3,000개의 정기 간행물을 보유하면서 기존의 전통을 유지하고 있다. 대학 도서관은 기타 전문 분야의 컬렉션을 보유하고 있다. 킹스칼리지런던 대학교(King's College London)는 외무 영연방부 역사 컬렉션을, 노팅엄 대학교(University of Nottingham)는 데이비드 로런스(David Lawrence) 컬렉션을, 서식스 대학교(University of Sussex)는 대중 조사 컬렉션(Mass Observation Collection)을 보유하고 있다. 만일 아직 연구 주제를 결정하지 못했다면, 속해 있는 기관 또는 지역에서 보유한 아카이브 컬렉션을 조사해 볼 필요가 있다. 이러한 조사는 프로젝트 수행을 위한 추진력을 제공할 수 있다.

디지털화된 기록물(아래 참조)과 같은 온라인 자료와 함께 플리커, 인스타그램, 트위터(16장 및 17장 참조)와 같은 온라인 '아카이브'가 성장함에 따라 소장물의 물리적 공간의 중요성도 점차 감소하고 있다. 그럼에도 불구하고 여전히 많은 역사적 연구는 보다 전통적인 아카이브에서 이루어진다. 어떤 국가에서든 가장 잘 알려져 있고 가장 큰 아카이브는 정부의 공식 기록을 보유한 기록보관소이다. 영국에서는 모든 사람에게 개방된 런던 큐(Kew)의 국가기록원(National Archives)을 들 수 있다. 특히 이러한 국가 기록물은 보건, 교육, 주택, 복지, 치안, 법과 정의, 대외 및 식민 관계와 관련된 국가 정책의 기록 증거를 제공한다. 또한 기타 공식 기록물은 군대 인사, 이민, 세금, 출생, 결혼 및 사망 등의 기록을 통해 국가와 국민의 상호작용에 관한 기록을 제공한다. 그러나 공식적 기록은 사람들의 감정, 사적 관계, 여가 활동은 물론 불법 활동 등을 포함한 사람들의 다양한 삶의 양상을 기록하는 데 적합하지 않다(감정에 관한 연구는 12장 참조). 또한 공식 기록은 종종 관련 행정 기관의 잘못을 배제하기도 한다(박스 7.5 참조).

가끔 접근하기 어려운 컬렉션이 공식적인 기록물에 남겨진 공백의 일부를 채울 수 있다. 예를 들어, 1937년에 설립되어 1950년대까지 활동한 사회 연구 기관인 대중조사(Mass Observation)는 영국인들의 일상생활에 대한 기록물 또는 그 기관이 지칭했던 '우리 자신의 인류학(anthropology of ourselves)' 제공을 목표로 삼았다. 작가, 사진작가, 관찰자 팀의 기록과 이후의 대중 조사 프로젝트는 일, 여가, 성, 종교, 알코올, 기타 많은 이슈에 대한 태도뿐만 아니라 사람들의 일상적인 실천을 관찰해 기록했다. 영국방송협회(British Broadcasting Corporation, www.bbc.co.uk/archive), 영국카툰아카이브(British Cartoon Archive, www.cartoons.ac.uk), 영국필름협회 아카이브(British Film Institute National Archive, www.bfi.org.uk/bfi-nationl-archive)와 같은 컬렉션 기관은 대중문화와 관련된 자료를 제공한다.

또한 비즈니스 아카이브는 국가가 보유한 아카이브와는 다른 유형의 정보를 제공할 수 있다. 비즈니스 아카이브는 경제 거래, 사업 관행, 무역 네트워크에 대한 기록물을 제공할 수 있다. 한편, 비즈니스 아카이브는 지정학적 구조와 변화에 대한 통찰도 제공할 수 있다. 예를 들어, 바클리 은행(Barclays Bank)과 잉글랜드 은행(Bank of England)의 아카이브는 탈식민화 과정을 조사하기 위해 다양한 방식으로 활용되었다. 이들 은행의 고용 정책과 서신은 아프리카 은행 지점 직원의 '아프리카화(Africanisation)'를 조사하는 데 활용되었으며, 영국 왕립조폐국(Royal Mint)이 보유한 통화 디자인에 대한 기록은 신생 독립 국가의 국가 이미지를 보여 준다(Decker, 2005; Eagleton, 2016). 따라서 비즈니스 아카이브는 우리에게 비즈니스뿐만 아니라 사회적, 문화적 정치에 대해서도 알려 줄 수 있다. 비즈니스아카이브위원회(Business Archives Council) 웹사이트는 비즈니스 역사 연구를 위한 유용한 정보를 제공한다(www.businessarchivescouncil.org.uk).

기타 기관 역시 중요한 자료를 보유할 수 있다. 개별 학교, 예배당, 특정 영리 단체, 협회, 스포츠팀, 정당, 캠페인 그룹, 자선 단체는 자체 아카이브 컬렉션을 보유할 수 있다. 예를 들어, 밀스(Mills, 2013b; 2013c)는 영국 스카우트협회의 다양한 기록을 통해 청소년·교육·시민권의 역사 지리를 조사했으며, 브라운과 야피(Brown and Yaffe, 2013)는 '인종 격리 정책에 반대하는 논스톱 아카이브'를 통해 런던에서의 반인종격리정책(anti-apartheid) 운동과 연대를 조사했다(영국 반인종격리정책 운동의 온라인 아카이브는 www.aamarchives.org 참조).

마지막으로 다락의 신발 상자부터 공식적으로 분류된 광범위한 컬렉션에 이르는 개인 아카이브 역시 흥미롭고 중요한 통찰을 제공할 수 있다. 종종 가정 공간의 개인 아카이브를 이용해 본 경험은 매우 색다르며, 개인 아카이브는 아카이브 제작자와 협업할 수 있는 기회를 제공하기도 한다(Ashmore et al., 2012). 개인 아카이브는 '일상생활의 사적 영역'을 알려 줄 수 있으며, 종종 개인과 가정을 넘어서는 통찰을 제공할 수 있다(2012: 82-3).

이와 같은 아카이브 컬렉션을 추적하는 방법을 살펴보자. 유용한 카탈로그와 연구 지침을 제공하는 영국 국가기록원은 영국에 대해 연구할 때 좋은 출발점이 된다(이와 같은 카탈로그에 대한 자세한 내용은 박스 7.2 참조). 연구를 시작하는 데 도움이 되는 또 다른 장소는 2차 자료를 볼 수 있는 곳이다. 유사 주제를 다룬 다른 학자들의 연구는 그들의 연구에 사용한 상세한 역사적 자료를 제공한다. 마지막으로 특정 개인, 기관 또는 이벤트를 염두에 두고 있다면 간단한 인터넷 검색을 하는 것도 좋다. 많은 경우 개인이나 온라인 아카이브가 보유한 불확실한 컬렉션이 이와 같은 경로를 통해 나타난다[예를 들어, 1960년대 원정대를 재현하기 위해 온라인 사진·일기·회상을 이용한 크래그스(Craggs, 2011) 참조].

박스 7.2   아카이브 및 온라인 컬렉션의 카탈로그 리스트

Discovery 영국 국가기록원에서 관리하는 영국 및 기타 국가의 아카이브 기록물에 대한 포괄적인 온라인 목록으로 국가기록원 컬렉션(이 중 900만 개는 다운로드 가능한 형식)을 포함해 3,200만 개의 기록물과 기타 아카이브 컬렉션에 대한 기록물을 검색할 수 있다(discovery.nationalarchives.gov.uk).

Research Guides 영국 국가기록원에서 제공한다. 연구 가이드는 초기 연구에 유용한 조언을 제공하며, 국가 기록물과 영국 및 기타 국가의 저장소와 관련된 아카이브 정보, 접근 방법 및 위치에 대한 실용적인 정보를 제공한다(nationalarchives.gov.uk/records).

History of Britain 영국 역사에 관한 1차 및 2차 자료의 전자 도서관이다. 영국 역사 온라인(www.british-history.ac.uk)에서 이용할 수 있다.

Digital History Projects 역사 연구의 훌륭한 출발점으로, History Online(www.history.ac.uk/research/digital-history/digital-projects) 리스트에 제공되어 있다.

Vision of Britain 영국의 역사 지도, 인구 센서스 정보, 통계 지도를 제공한다(www.visionofbritain.org.uk).

Hansard 투표, 성명서, 의회 질문에 대한 서면 답변을 포함해 영국 의회에서 발언된 기록물을 편집한 것이다. 온라인에서 1803년 이후부터 검색할 수 있다(hansard.millbanksystems.com).

Old Bailey Online 1674년부터 1913년까지 런던중앙형사법원(London's central criminal court)에서 판결한 약 20만 건의 범죄 재판에 관한 상세한 기록을 검색할 수 있다(www.oldbaileyonline.org).

출처: Ogborn, 2010에서 각색

7.4 아카이브 컬렉션 접근 방법

실용적인 고려 사항

컬렉션과 자료에 접근하는 방법을 살펴보자. 컬렉션 및 자료 접근 방법은 부분적으로 활용하고자 하는 자료가 온라인에 있는지 또는 물리적 장소에 있는지에 따라 다르다(자료 방문 전에 고려해야 할 실용적인 질문은 박스 7.3 참조). 활용하고자 하는 아카이브가 가상 공간에 있든지 현실 공간에 있든지 간에 방법론적 및 개념적 이슈를 염두에 두어야 한다.

아카이브를 이용할 때, 연구와 가장 관련성이 높고 중요한 자료에 접근할 수 있는 다양한 방법이 있다. 카탈로그가 있다면, 이는 가장 확실한 출발점이다. 다양한 전략을 시도해 보자. 검색(핵심어 입력) 및 탐색(예를 들어, 하나의 기록물에서 같은 주제 또는 동일 저자의 밀접한 기타 기록물로 이동)은 다양한 종류의 자료를 발견하게 해 준다. 조사한 기록물을 자세히, 체계적으로 기록하는 것이 중요하다. 만일 참조 코드를 기억할 수 없다면, 반복해서 같은 자료를 보게 될 뿐만 아니라 발견한 흥미로운 결과물도 쓸모없게 된다. 세부 참고문헌은 모든 연구에 필요하며, 이는 찾아낸 기록물을 다른 사람들이 활용하고 확인할 수 있게 한다.

아카이브 연구는 종종 개인 작업으로 이루어지지만, 모든 컬렉션을 최대한 활용하려면 그곳에서 다른 사람들과 대화를 나누는 것이 중요하다(Cameron, 2001). 기록 보관인은 자료 전문가이며, 자료에 대한 지침과 조언을 제공해 줄 수 있다. 특히 문서화가 잘 이루어지지 않은 컬렉션에서 기록 보관인의 지침과 조언은 매우 귀중한 자원이다. 개인 또는 비공식 아카이브에 문의하는 경우, 컬렉션 소유자와 관계를 구축하는 것도 컬렉션에 보관된 자료에 접근하고 복제 권한을 확보하는 데 매우 중요하다. 애시모어 외(Ashmore et al., 2012)가 지적한 바와 같이, 개인 아카이브 제작자와의 대화는 자료에 대한 통찰을 제공하고, 구두 역사 인터뷰로 확대될 수 있기 때문에 연구 과정에서 중요한 부분이 될 수 있다. 유사한 주제를 연구하는 다른 연구자들의 도움을 받을 수도 있다. 이러한 관계의 중요성을 감안할 때 연구 사본을 요청하거나 뉴스레터나 웹사이트에 글을 작성하는 데 여러분이 도움을 준 다른 연구자들과 지속적인 관계를 맺고 있다면, 이 또한 소규모 컬렉션에서 높이 평가될 수 있다. 심지어 자료를 분류하거나, 전시회를 기획하거나, 여러분의 연구 또는 아카이브 및 대중에게 가치 있을 수 있는 공동 연구를 하기 위해 기록 보관인과 함께 일할 수 있는 기회가 생길 수 있다(Mills, 2013c; Ashmore et al., 2012; Craggs et al., 2013).

박스 7.3 아카이브 방문 전 고려 사항

아카이브 접근 방식 컬렉션에는 컬렉션에 접근할 수 있는 사람을 관리하는 규정이 있다. 영국국립도서관, 스코틀랜드국립도서관 또는 영국 국가기록원과 같은 국가적 수준의 기록보관소는 모두에게 개방되어 있지만, 기록물 열람 신청을 하려면 신분증과 주소 증명이 필요하다. 옥스퍼드 대학교와 케임브리지 대학교의 경우에도 학생 신분증, 교원증, 교수의 협력 신청서 등을 요구한다. 제3세계를 포함한 일부 아카이브는 입장료를 내야 한다(해외 연구에 대한 실질적인 기타 고려 사항은 6장 참조). 또 다른 기타 아카이브는 기록관에게 신청해 방문 일정을 예약한 경우에만 개방한다. 사설 아카이브를 이용하는 경우에는 항상 소유자와 협의해야 하며, 시간과 인내가 필요할 수 있다. 심지어 규모가 큰 아카이브의 경우에도 매일 개방하지 않을 수 있다는 것을 명심해야 한다. 방문하기 전에는 기관 웹사이트의 최신 정보를 확인하는 것이 좋다.

자료 접근 방식 많은 아카이브에는 온라인 카탈로그가 있으므로 방문 전에 숙지해야 한다. 일부 장소에서는 방문 전에 자료를 신청할 수 있어서 방문 시간에 맞춰 자료를 준비해 놓는다.

검색 자료 기록 방식 아카이브는 기록물에 대한 다양한 규정이 있다. 복사를 허용하는 경우도 있지만, 이는 최신 자료로만 한정되거나 많은 비용이 들 수 있다. 때때로 사진 촬영이 허용되는 경우(플래시를 사용하지 않는다는 조건하에)도 있지만, 나중에 읽을 수 있도록 모든 분량을 촬영하려는 유혹에 직면하게 된다(컴퓨터 화면에서 문서를 촬영한 사진으로 문서를 읽는 것이 원본 문서를 보는 것보다 훨씬 더 어려움). 메모는 컴퓨터로 할지 또는 수기로 할지를 고려하라. 수기 메모의 경우, 많은 아카이브에서는 펜을 사용할 수 없으므로 연필을 가지고 가야 한다.

개념적 및 방법론적 고려 사항

아카이브 컬렉션을 포함한 역사적 자료를 토대로 연구할 때 중요한 것은 여러분 앞에 놓여 있는 증거에 대해 보다 개념적인 의문을 가지는 것이다. 대규모 컬렉션에서는 엄청난 양의 자료에 압도될 수 있지만, 아카이브에는 참조할 수 없는 자료들도 많다. 과거에 일어난 모든 일이 흔적을 남기는 것은 아니며, 모든 흔적이 보존되는 것도 아니다(Ogborn, 2010). 문서화된 기록물이 좀 더 쉽게 현재로 전달되는 것은 명백하다. 모든 유형의 연설, 노래, 기타 소리는 매우 일시적이다(연설 공간에 대해서는 Livingstone, 2007 참조, 새 소리에 대해서는 Lorimer, 2007 참조). 일상적인 경험과 실천은 너무나 진부하고 평범한 것으로 간주되어 거의 기록되지 않았으며, 특히 글의 재료가 귀하고 소수의 사람에게만 제한되어 있을 때는 더욱 기록되지 않았다.

이미 우리는 공식 기록물이 국가의 관심사에 따라 관리되는 한편, 기타 많은 자료는 제작 당시의 경제적·사회적·정치적 권력 집단의 관점과 가치를 반영한다는 사실을 목격했다. 이와 같은 사실은 사적 기록물뿐만 아니라 모든 아카이브 컬렉션에 적용된다. 컬렉션은 사적 문서와 마찬가지로 사회적으로 구성된다. 다시 말해, 아카이브 컬렉션은 아카이브 전문가와 소유자의 결정에 따라 구성된다. 선정, 순서, 접근성에 대한 선택은 문화적, 경제적, 정치적 우선순위에 따라 결정된다(Craggs, 2008). 무어(Moore, 2010)는 낙태에 관한 연구에서 가치 있는 자료는 지방 기록실에 소장되어 있던 '현명한 여성', '약초학', '여성의 역사'와 같은 표제어에서 발견되었다고 언급했다. 이러한 분류 결정은 자료가 수집되었을 당시 낙태의 사회적 및 법적 상태가 반영된 것이며, 수집된 자료가 파괴되기보다는 역사적 기록의 일부로 남을 수 있도록 기록을 은폐하려고 했던 기록 보관인의 영리한 행동도 반영되었을 것이다(Moore, 2010). 다양한 우선순위와 맥락이 유용한 증거에 어떤 영향을 미칠 수 있는지 고려하고, 아카이브의 패턴과 존재 여부가 무엇을 알려 줄 수 있는지 의문을 가지는 것은 매우 중요하다(박스 7.4).

영국 국가기록원의 사례를 살펴보자. 국가기록원은 정부 부처 및 기관, 법원, 의료 서비스(National Health Service: NHS), 군대, 공공 기관의 기록을 보관하고 있다. 여기에 보관된 기록물은 국가 및 지방 정부 서비스의 일상적인 업무에서 생성되지만, 지금은 정부의 개방성과 책임성을 보장하고, 과거의 기록을 유지하며, 연구 지원을 위해 수집된다(National Archives, 2012). 영국 국가기록원은 세계에서 가장 큰 아카이브 중 하나이지만, 정부의 모든 기록을 보관하고 있는 것은 아니다. 그리고 모든 기록물이 보관되는 것도 아니다. 독창성과 중요성 기반의 선정 기준을 활용해 어떠한 기록물을 보관할 것인지 결정한다. 이때 보관 선정 대상의 비율은 매우 낮다(National Archives, 2012). 그리고 일단 자료가 보관되면, 30년간 2,000개의 정부 기록물이 폐쇄될 때까지 오랜 기간 접근이 제한된다(현재는 20년으로 수정되었으며, '정보의 자유'를 통해 최근 문서에 접근을 요청할 수 있는 조

박스 7.4 아카이브에 대한 질문

- 누가 수집을 시작했으며, 그 이유는 무엇인가? 원래의 목적은 무엇인가?
- 자료가 생산되고 조합되는 정치적, 문화적, 경제적 맥락은 무엇인가?
- 현재 컬렉션을 소유하고 자금을 조달하는 사람은 누구이며, 우선순위는 무엇인가?
- 컬렉션의 목적은 무엇인가?
- 어떠한 선택 결정이 내려지며, 이러한 결정이 이용 가능한 증거에 어떤 영향을 미치는가? 무엇을 보관하고 무엇을 버렸는가? 보류된 것은 무엇인가? 그리고 지금까지 수집되지 않은 것은 무엇인가?
- 어떠한 배치 전략이 장소에서 수행되었는가? 그리고 그 배치 전략은 특정 가정과 스토리를 어떻게 반영하고 재생산하는가?
- 아카이브에 대한 실무 경험이 수집된 데이터에 어떻게 영향을 미치고, 이러한 데이터는 어떻게 해석되는가?

항이 있음). 그러나 민감한 비밀 정보는 훨씬 더 오랜 기간 폐쇄되거나 완전히 제거된다(박스 7.5). 디지털화된 자료에만 의존하게 되면, 가장 우선시되는 주제가 정치적 관심사 또는 대중 토픽이다. 이로 인해 많은 연구자가 컬렉션을 통해 특정 비전의 생산 방식, 부분적 역사의 형성 방식, 제도적 관심의 반영 방식을 고려하면서 연구 주제로 아카이브에 초점을 두기 시작했다(Craggs, 2008). 따라서 아카이브는 이미 형성된 객관적인 과거를 검색하는 장소가 아니라, 권력과 (선택적) 기억의 장소로 이해되어야 한다. 이와 같은 쟁점은 아카이브 자료가 소용이 없다는 것을 의미하는 것이 아니라 신중하고 비판적으로 다루어져야 한다는 것을 의미한다(Duncan, 1999; Burton, 2003; 2005). 예를 들어, 스톨러(Stoler, 2002; 2009)는 기록 속에 숨겨진 소외된 식민지 시민의 침묵, 선택 의지, 저항 행위를 밝히기 위해서는 '순리를 거슬러서', 식민지 개척자의 범주와 착취를 이해하기 위해서는 '순리에 따라서'와 같은 식민지 시대의 기록물을 읽어야 한다고 강조한다.

우리는 아카이브 사용자로서 우리가 고찰하고 분석하고 재현한 문서에 일종의 의미의 층을 제공

박스 7.5 식민지에서 유입된 아카이브

탈식민화 과정에서 많은 영국의 식민지 기록물이 신생 독립 국가의 새로운 정부에게 이양되기보다는 런던으로 송환되었다. 영국으로 송환된 식민지 기록물은 중앙 정부 또는 지방 정부를 난처하게 했고, 경찰, 군대, 공공 기관, 경찰 정보원들을 당황하게 했으며, 차기 정부의 장관들에 의해 비윤리적으로 이용되었을 것이다(Badger, 2012: 799-800). 이 기록물은 영국 국가기록원으로 이관되지 않고, 연구자들이 접근할 수 없는 핸슬로프 공원(Hanslope Park)의 별도 시설에 보관되었다. 이렇게 유입된 일부 아카이브는 1950년대 케냐 식민지 고문 사건에 영국 정부가 개입되었다는 사실을 밝히려는 케냐 시민의 법률 소송으로 알려지기 시작했다.

많은 식민 기록을 유입하려는 결정과 더 많은 기록을 파기하기로 한 결정(탈식민지화로 수많은 식민 기록이 몇 달에 걸쳐 소각되었음)은 당시 정치적 긴박함(이 식민 자료는 탈식민지화 및 냉전 시대에 외무부에서 계속 사용되었으며, 신생 독립 국가와 영국 정부의 관계를 위협했을 수 있음)과 영국 제국주의 통치가 평화롭고 공정했다는 역사 이야기를 하고 싶은, 즉 역사학자 드레이턴(Drayton, 2013)이 지칭한 '역사적 자기애(historical narcissism)'가 모두 반영된 것이었다.

식민지에서 유입된 아카이브 사례는 아카이브 연구를 수행할 때 염두에 두어야 할 중요한 쟁점이 무엇인지를 알려 준다.

- 아카이브 선정 및 해제 정책은 정치적 우선순위를 반영할 뿐만 아니라 아카이브 공간, 저장 및 관련성을 반영한다.
- 정부(그리고 기업, 조직)가 역사적 기록물을 보유하는 것은 상대적으로 쉽다(Curless, 2013).
- 이는 역사 연구자들이 이용할 수 있는 증거에 영향을 끼친다.
- 이는 정부, 기업, 기타 조직을 차지하려는 사람들의 능력에도 영향을 미친다.

(Cook and Schwartz, 2002)하기 때문에 역사 형성에서 우리 자신의 역할을 고려하는 것도 중요하다. 조사하고 있는 역사적 과거와 우리의 관계는 무엇인가? 연구에서 획득할 수 있는 가치는 무엇인가? 연구하고 있는 현재 정치적, 사회적, 경제적, 지리적, 문화적 맥락이 증거에 대한 자신의 해석에 어떤 영향을 미칠 수 있는가? 어떤 가정을 만들고 있는가? 기타 기록을 선택하거나 동일한 기록을 상이한 지리적 또는 정치적 관점에서 본다면 증거는 어떻게 다르게 해석될 수 있는가? 세계에서 자신의 위치는 연구 대상과 수집 증거에 대한 조사 및 해석 방식에 영향을 끼친다. 자신의 위치성을 성찰하고, 그 위치성이 연구 결과에 어떤 영향을 끼치는지 고찰해야 한다. 그러나 최근 많은 학자가 언급했듯이, 이러한 위치성은 명확해야 한다. 실제로 지난 몇 년간 가장 흥미로운 연구의 대부분은 그들이 연구하는 지역 사회의 정치와 투쟁에 깊이 관련된 학자와 운동가들에 의해 생성되었다(참여 및 활동 연구는 11장 참조, 아카이브 운동은 Cameron, 2014 참조, 아카이브 연구에서 신뢰의 영향은 Bailey et al., 2009 참조).

연구자로서 아카이브에 있었던 경험을 반영하는 것도 중요하다(Burton, 2005). 밀스(Mills, 2012: 361)는 아카이브에서 그녀가 느꼈던 '일련의 감정과 감각, 즉 고독, 반복, 발견의 기쁨과 잃어버린 동기에 대한 낙담, 역사적 기록을 수집하는 사람들에게 익숙한 감정과 같은 일련의 감정과 감각'에 대해 자세히 열거했다. 이와 같은 감정은 반복해서 연구자에게 동기를 부여하고 실망시킬 수 있다. 따라서 감정을 실질적이고 방법론적 관점으로 표현하는 것이 중요하다. 밀스가 제안했듯이, 이와 같은 감정은 아카이브 정의에서 대치했던 사람들을 어떻게 할 것인지, 그리고 그들을 어떻게 공정하게 표현할 것인지에 대한 윤리적 문제와도 부딪힌다. 따라서 아카이브의 윤리적 실천은 '개인 사생활, 기밀성(confidentiality), 저작권과 출판'을 둘러싼 이슈에 대한 인식과 더불어 보다 광범위한 연대감과 책임감을 수반한다(Mills, 2012: 359).

7.5 데이터 분석 및 제시

인터뷰 녹취록이나 토양 표본과 마찬가지로 역사적 자료도 분석이 필요하다. 여기에서는 역사적 자료에 대한 접근 방법 및 분석 방법을 제시한다. 더불어 텍스트(1장), 시각 이미지(15장), 온라인 자료(16장과 17장), 질적 데이터(36장)의 분석에 대해 상세히 설명하는 다른 장들도 도움이 될 것이다.

박스 7.6은 역사적 자료의 제작, 품질, 독자와 관련된 기본적인 질문을 정리한 것이다. 이와 같은 기본적인 질문을 넘어 역사적 자료의 분석 방법은 해결하고자 하는 질문의 유형과 데이터의 종류에 의해 결정된다. 일련의 뉴스, 일기, 사업 거래 기록과 같이 유사한 자료의 대규모 컬렉션은 전반적인 자료 내용을 제공하고, 시간에 따른 변화를 강조하는 분석에 적합하다. 특정 주제에 관한 기사 또는 단어 발생 빈도를 다루는 내용 분석 방법은 이러한 환경에서 일반적으로 사용하는 방법 중 하나이며, 많은 역사적 자료를 다루는 연구자들도 종종 이러한 자료를 관리하기 위해 표본추출 기법을 활용한다. 이러한 방법은 '누가', '무엇을', '어떻게'에 대한 해답을 제시하는 데 효과적이다. '누가 관여했는가?', '무엇을 말했고 또는 수행했는가?', '상황이 어떻게 바뀌었는가?'

담론 분석(36장 참조)과 같은 정성적 분석 방식은 '왜 결정이 내려졌는가?', '상이한 시대에서 사람과 장소는 어떻게 기술되고, 이해되며, 평가되는가?', '사람들은 특정 이벤트를 어떻게 보고 경험했는가?'와 같은 의미, 경험, 이해에 관한 질문에 더 적합하다. 이러한 방법은 자료를 추출하고, 자료에 포함된 내용을 검증하기 위해 일종의 코딩(coding) 또는 범주화(categorization: 형광펜을 사용해 색상으로 코딩하며 간단히 할 수도 있음)를 사용한다. 이와 같은 분석 방식은 같은 종류의 자료를 분석하는 효과적인 방법이기도 하며, 이질적인 자료를 비교하는 데에도 활용할 수 있다. 예를 들어, 박스 7.1에 제시한 이바단 대학교에 관한 연구에서 영국 관료, 지역 엘리트, 대학 학생 및 교직원이 가지고 있었던 대학에 대한 관점을 증명하기 위해 왕래 서신, 일대기, 공식 보고서, 신문 등을 분석했다. 그 결과, 나이지리아의 근대성 및 발전의 의미와 가치에 대해 보다 광범위한 담론이 밝혀질 수 있었

박스 7.6　역사적 자료에 대한 접근 및 분석 방법

- 진본인가?
- 정확한가?
- 누가 이 자료를 제작했으며, 이 자료는 어떤 차이를 만들 수 있나? (예: 어떤 개인 또는 그룹이 글을 썼는가, 그림을 그렸는가, 또는 누가 글 또는 그림을 다른 방식으로 구성했는가? 누가 글 또는 그림을 의뢰하거나 지금을 지원했는가? 작가와 의뢰인의 요구, 견해, 지식이 관찰 방식에 영향을 끼칠 수 있는가?)
- 왜 제작되었는가? 의도는 무엇인가? (예: 정부 정책을 알리기 위한 공식 문서인가, 또는 한 사람에게만 공개되는 개인 노트인가? 설득, 공개 아니면 현혹하기 위해서인가? 역사적 자료에 사용된 언어, 포함된 정보의 종류가 만들 수 있는 차이는 무엇인가?)
- 역사적 자료는 어디에서 제작되었으며, 제작된 장소(예: 현장 또는 집? 직접 관찰 또는 입소문이 역사적 자료의 내용에 어떤 영향을 미치는가?
- 자료가 복제 또는 번역되었는가? 원본인가, 아니면 복사본인가? 보고 있는 출판 자료는 원본과 어떤 관련이 있는가? 동일한 언어로 되어 있는가? 출판사와 편집자는 자료를 만드는 데 어떤 역할을 했는가? (예를 들어, 이 질문에 대해서는 Withers and Keighren, 2011 참조)
- 역사적 자료는 어떻게 소비되며, 누가 소비했는가? 독자는 누구였는가? 독자의 반응은 어떠했는가?

다. 박스 7.7과 박스 7.8은 이러한 다양한 접근 방식의 가치를 강조한다. 박스 7.7은 제미니 뉴스 에이전시(Gemini News Agency)에 대한 최근 연구를 요약한 것이며, 해당 기관의 사본을 만든 사람과

박스 7.7 내용 분석: 제미니 뉴스 아카이브

제미니 뉴스 서비스(Gemini News Service)는 1968~2002년에 활동했던 언론 기관이다. 급속한 탈식민지화 맥락에서 형성되었고, 목표는 다음과 같다.

- 주류 언론이 무시한 남반구 사람들의 이야기를 전달한다.
- 개발도상국에 거주하는 기자의 보도보다는 서구 특파원의 '낙하산' 보도에 대항한다.

크로슨(Ashley Crowson)의 연구 목적은 제미니가 이러한 목표를 어느 정도 성공적으로 달성했는지 조사하는 것이었다. 이러한 질문에 답하기 위해 현재 『가디언(Guardian)』 아카이브에 보관된 제미니 오리지널 스토리 장부를 사용했다. 제미니 오리지널 스토리 장부는 출판된 기사의 헤드라인 및 저자, 날짜, 주제 범주 (예: 뉴스, 경제, 문화 등) 및 해당 기사의 주요 국가 및 지역에 대한 세부 정보를 포함해 1968년부터 1997년까지 구독자에게 전송된 대부분의 스토리가 기록되어 있다. 빨간색 표지의 이 장부는 약 16,850개의 이야기를 담고 있다.

이와 같은 분석은 어떤 영연방 국가가 기사에 주로 나타나는지를 보여 준다. 또한 제미니가 현지 언론인을 활용하는 데 있어 상대적이지만 불균등한 성공을 거두었음을 보여 준다. 인도에 관한 기사의 90% 이상을 인도 언론인이 제작했으며, 인도 기사의 45%를 인도의 언론인이 제작했다. ArcGIS로 제작한 그림 7.2는 역사 연구에서 비교적 드문 표현 방법으로, 국가별로 해당 국가의 현지 기자가 쓴 기사 수의 분포를 시각화한 것이며, 연구 결과의 시각적 표현의 가치를 보여 준다(지리 데이터 시각화는 이 책의 4장 참조).

그림 7.2 국가별 현지 기자를 활용한 해당 국가의 기사 수 통계 지도

출처: Ashley Crowson, 2014

출처: Ashley Crowson 박사 논문에서 인용

박스 7.8 담론 분석: 『리더스 다이제스트』

1922년에 설립된 『리더스 다이제스트』는 1991년까지 1,600만 부 이상 발간되었다. 샤프(Joanne Sharp)는 잡지 창립부터 1990년까지 미국과 소련의 냉전을 포함해 두 국가의 담론이 어떻게 형성되었는지 연구했다. 그녀는 제시된 주장뿐만 아니라 사용된 언어를 포함해서 잡지의 내용을 주의 깊게 읽음으로써 소련의 특성과 가치에 반해 미국의 정체성이 어떻게 형성되었는지 보여 주었다. 또한 그녀는 잡지가 이분법적 구분을 통해 미국과 소련의 지리를 형성했던 방법을 보여 주었다. 예를 들어, 그녀는 1984년 『다이제스트』에 게재된 「러시아의 겨울(Russian Winter)」이라는 제목의 기사를 인용했다.

> 일부 사람이 거주하는 장소는 지도에 있는 것보다 더 북쪽에 있고 실제로 춥지만, 러시아의 고립과 후진성의 유산은 그곳을 더욱 얼어붙게 했다. 러시아는 심리적으로 가장 북쪽 국가로 남아 있다(Feifer, 1984; Sharp, 2000: ix 재인용).

전반적으로 샤프의 연구는 이 잡지가 소련에 대해 매우 부정적이라는 것을 발견했다. 1980~1990년 사이에 게재된 소련에 관한 89개 기사 중 오직 한 개의 기사만이 소련의 관점에 대해 동정심을 보였다(Sharp, 1993). 잡지 기사에 대한 담론 분석 결과, 샤프는 다음과 같이 주장했다.

> 미국과 소련 간에 이원론이 형성되어 있어 소련의 사건 또는 특성(전체주의, 팽창주의 등)에 관한 기술은 자동적으로 미국과 반대로 적용됨(민주주의, 자유 등)을 의미한다. 소련은 『리더스 다이제스트』가 '미국'의 가치를 정반대로 투영하는 부정적인 공간이 되었다. 이 시스템에서는 공존할 수 없지만 상이한 가치를 가질 수 있다. 항상 한쪽의 가치가 옳다면 다른 하나는 반대편에 존재하기 때문에 잘못된 것이다. 이러한 이분법적인 가치 구분에서 긍정적인 측면은 미국의 긍정적인(개념적이고 물리적인) 공간에서 발견될 수 있다(1993: 496).

출처: Joanne Sharp의 'Publishing American identity: Popular geopolitics, myth and The Reader's Digest'(1993)와 Condensing the Cold War: Reader's Digest and American Identity(2000)에서 인용

그 보도의 초점이 되는 국가를 조사하기 위해 사용된 콘텐츠 분석 사례를 보여 준다. 한편, 박스 7.8은 대중 주간지 『리더스 다이제스트(Reader's Digest)』에 제시된 지정학적 담론을 탐색하기 위한 담론 분석의 가치를 보여 준다.

7.6 결론

역사 연구는 도전적이지만 흥미롭고 중요하다. 이 장에서는 역사적 주제에 접근할 때 고려해야 할 몇 가지 핵심 개념, 방법론 및 실질적 쟁점에 관해 간략히 소개했다. 특히 아카이브에 초점을 맞추면

서 역사적 기록물은 단편적이고 부분적이지만 강력한 힘을 가지고 있기 때문에 역사적 기록물을 연구에 활용할 때는 이러한 특성을 인식할 필요가 있음을 알려 주었다. 또한 역사적 기록물과 같은 자료를 분석하는 몇 가지 방법을 제안했다.

| 요약

- 아카이브에는 일기, 편지, 사진, 예술, 영화, 음악 및 소리, 사물, 건물, 풍경에 이르기까지 연구자들이 이용할 수 있는 아주 다양한 역사적 자료가 있다. 이 중 많은 것을 온라인에서 이용할 수 있지만, 여전히 많은 사람은 박물관에서 개인 주택에 이르기까지 도서관, 아카이브 또는 기타 저장소를 방문해야 한다.
- 역사적 자료와 수집물은 단편적이고 부분적이며 권력관계로 가득하다.
- 아카이브는 역사 연구자들에게 중요한 증거를 제공하지만, 비판적이고 윤리적으로 분석되어야 한다.
- 역사적 자료는 정부 정책을 알리고, 토지 및 보상 권리 캠페인에 대한 증거를 제공하기 때문에 오늘날에도 중요하다.
- 또한 아카이브 연구는 공동 연구의 기회를 제공한다.

심화 읽기자료

- 게이건 외(Gagen et al., 2007)는 도시 계획, 녹음, 일기, 책, 이론의 활용을 포함한 아카이브 연구에 대한 일련의 성찰을 제공한다.
- 로리머(Lorimer, 2009)는 아주 쉬운 아카이브 방법론과 역사적 연구에서 즉흥적인 임시변통의 필요성을 제시한다.
- 스톨러(Stoler, 2009)는 포스트식민주의 관점에서 아카이브의 권력과 아카이브 방법론에 대한 자세한 논의를 제시한다.
- 블런트와 존(Blunt and John)은 *Home Cultures*(2014) 특집호에서 가정 내 실천에 접근하기 위한 역사적 자료와 방법론을 탐색한다.
- 캐머런(Cameron, 2014)은 캐나다 원주민 권리에 관한 역사적 연구를 탐구한다.
- 밀스(Mills, 2013c)는 아카이브에서 협업 기회에 대한 좋은 토론을 제공한다(Ashmore et al., 2012 및 Craggs et al., 2013 참조).
- 라일리와 하비(Riley and Harvey, 2007)가 편집한 *Social and Cultural Geography* 특집호는 지리학에서 구전 역사를 사용하는 방법을 훌륭히 소개하고 있다.

감사의 글

연구를 활용할 수 있도록 허락해 준 애슐리 크로슨(Ashley Crowson), 팀 리브지(Tim Livsey), 조앤 샤프(Joanne Sharp)에게 감사드린다. 또한 이 책의 이전 판에 게재된 장의 정보를 활용할 수 있게 허락해 준 마일스

오그본(Miles Ogborn)에게도 감사드린다.

참고문헌

Ashmore, P., Craggs, R. and Neate, H. (2012) 'Working-with: Talking and sorting in personal archives', *Journal of Historical Geography* 38: 81-8.

Badger, A. (2012) 'Historians, a legacy of suspicion and the "migrated archives"', *Small Wars & Insurgencies* 23: 799-807.

Bailey, A., Brace, C. and Harvey, D. (2009) 'Three geographers in an archive: Positions, predilections and passing comment on transient lives', *Transactions of the Institute of British Geographers* 34: 254-69.

Blunt, A. (1999) 'Imperial geographies of home: British women in India, 1886-1925', *Transactions of the Institute of British Geographers NS* 24: 421-40.

Blunt, A. (2000) 'Spatial stories under siege: British women writing from Lucknow in 1857', *Gender, Place and Culture* 7: 229-46.

Blunt, A. and John, E. (2014) 'Domestic practice in the past: Historical sources and methods', *Home Cultures* 11(3): 269-74.

Brickell, K. and Garrett, B. (2013) 'Geography, film and exploration: Amateur filmmaking in the Himalayas', *Transactions of the Institute of British Geographers* 38: 7-11.

Brown, G. and Yaffe, H. (2013) 'Non-Stop Against Apartheid: Practicing solidarity outside the South African Embassy', *Social Movement Studies* 12: 227- 34.

Burton, A. (2003) *Dwelling in the Archive: Women Writing House, Home, and History in Late Colonial India.* Oxford: Oxford University Press.

Burton, A. (ed.) (2005) *Archive Stories: Facts, Fictions and the Writing of History.* Durham, NC Duke University Press.

Cameron, L. (2001) 'Oral history in the Freud archives: Incidents, ethics, and relations', *Historical Geography*, 29: 38-44.

Cameron, L. (2014) 'Participation, archival activism and learning to learn', *Journal of Historical Geography* 46: 99-101.

Cook, T. and Schwartz, J. (2002) 'Archives, records and power: From (postmodern) theory to (archival) performance', *Archival Science* 2: 171-85.

Craggs, R. (2008) 'Situating the imperial archive: The Royal Empire Society Library 1868-1945', *Journal of Historical Geography* 34: 48-67.

Craggs, R. (2011) '"The long and dusty road": Comex Travel cultures and Commonwealth citizenship on the Asian Highway', *Cultural Geographies* 18: 363-84.

Craggs, R., Geoghegan, H. and Keighren, I. (ed) (2013) *Collaborative Geographies: The Politics, Practicalities, and Promise of Working Together.* London: Royal Geographical Society (Historical Geography Research Series; no. 43).

Cresswell, T. (1993) 'Mobility as resistance: A geographical reading of Kerouac's *On the Road'*, *Transactions of the Institute of British Geographers NS* 18: 249-62.

Crowson, A. (2014) 'News From Elsewhere: Journalism, Geopolitics and the Decolonisation of Knowledge'. Unpublished PhD thesis, King's College, London.

Curless, G. (2013) 'Covering Up the Dark Side of Decolonisation'. http://imperialglobalexeter.com/2013/12/10/ coveringup-the-dark-side-of-decolonisation (accessed 11 November 2015).

Decker, S. (2005) 'Decolonising Barclays Bank DCO? Corporate Africanisation in Nigeria, 1945-69', *Journal of Imperial and Commonwealth History* 33: 419-40.

Drayton, R. (2013) 'The Foreign Office secretly hoarded 1.2m files. It's historical narcissism,' *The Guardian, Comment is Free*. www.theguardian.com/commentisfree/2013/oct/27/uk-foreign-office-secret-files (accessed 11 November 2015).

Driver, F. (1993) *Power and Pauperism: The Workhouse System, 1834-1884*. Cambridge: Cambridge University Press.

Duncan, J. (1999) 'Complicity and resistance in the colonial archive: Some issues of method and theory in historical geography', *Historical Geography* 27: 119-28.

Duncan, J. (2004) *The City as Text: The Politics of Landscape Interpretation in the Kandyan Kingdom*. Cambridge: Cambridge University Press.

Duncan, J. and Duncan, N. (1988) '(Re)reading the landscape', *Environment and Planning D: Society and Space* 6: 117-26.

Eagleton, C. (2016) 'Designing change: Coins and the creation of new national identities', in R. Craggs and C. Wintle (eds) *Cultures of Decolonisation: Transnational Productions and Practices, 1945-1970*. Manchester: Manchester University Press. pp.222-44.

Evans, S., Keighren, I. and Maddrell, A. (2013) 'Coming of age? Reflections on the centenary of women's admission to the Royal Geographical Society', *The Geographical Journal* 179: 373-6.

Gagen, E., Lorimer, L. and Vasudevan, A. (eds) (2007) *Practising the Archive: Reflections on Method and Practice in Historical Geography*. London: Royal Geographical Society (Historical Geography Research Group Series; no. 40).

Keighren, I. (2013) 'Geographies of the book: Review and prospect', *Geography Compass*, 7: 745-58.

Keighren, I. and Withers, C.W.J. (2011) 'Questions of inscription and epistemology in British travelers' accounts of early nineteenth-century South America', *Annals of the Association of American Geographers*, 101: 1331-46.

Keighren, I. and Withers, C.W.J. (2012) 'The spectacular and the sacred: Narrating landscape in works of travel', *Cultural Geographies* 19: 11-30.

Livingstone, D. (2007) 'Science, site and speech: Scientific knowledge and the spaces of rhetoric', *History of the Human Sciences* 20: 71-98.

Livsey, T. (2014) "Suitable lodgings for students': modern space, colonial development and decolonization in Nigeria', *Urban History* 41(4): 664-85.

Lorimer, H. (2007) 'Songs from before shaping the conditions for appreciative listening', in E. Gagen, H. Lorimer, A. Vasudevan (eds) *Practising the Archive: Reflections on Method and Practice in Historical Geography*.

London: Royal Geographical Society (Historical Geography Research Group Series; no. 40). pp.57-73.

Lorimer, H. (2009) 'Caught in the nick of time: Archives and fieldwork', in D. DeLyser, S. Aitken, M.A. Crang, S. Herbert and L. McDowell (eds) *The SAGE Handbook of Qualitative Research in Human Geography*. London: Sage. pp.248-73.

Mills, S. (2012) 'Young ghosts: ethical and methodological issues of historical research in children's geographies', *Children's Geographies* 10: 357-63.

Mills, S. (2013a) 'Cultural-historical geographies of the archive: Fragments, objects and ghosts', *Geography Compass* 7: 701-13.

Mills, S. (2013b) '"An Instruction in Good Citizenship": Scouting and the historical geographies of citizenship education', *Transactions of the Institute of British Geographers* 38: 120-34.

Mills, S. (2013c) 'Surprise! Public historical geographies, user engagement and voluntarism', *Area*, 45: 16-22.

Moore, F.P.L. (2010) 'Tales from the archive: Methodological and ethical issues in historical geography research', *Area* 42: 262-70.

Morris, M. (1996) '"Tha'lt be like a blush-rose when tha' grows up, my little lass": English cultural and gendered identity in *The Secret Garden*', *Environment and Planning D: Society and Space* 14: 59-78.

National Archives (2012) *National Archives Record Collection Policy*, available at http://www.nationalarchives. gov.uk/documents/records-collection-policy-2012.pdf (accessed 7 December 2015).

Ogborn, M. (1995) 'Discipline, government and law: Separate confinement in the prisons of England and Wales, 1830-1877', *Transactions of the Institute of British Geographers* 20: 295-311.

Ogborn, M. (2010) 'Finding historical sources' in N. Clifford, S. French, and G. Valentine (eds) *Key Methods in Geography*. London: Sage. pp.89-102.

Philo, C. (1987) 'Fit localities for an asylum: The historical geography of the nineteenth century "mad business" in England as viewed through the pages of the Asylum Journal', *Journal of Historical Geography* 13: 398-415.

Riley, M. and Harvey, D. (2007) 'Talking geography: On oral history and the practice of geography', *Social and Cultural Geography* 8: 345-51.

Sharp, J. (1993) 'Publishing American identity: Popular geopolitics, myth and The Reader's Digest', *Political Geography* 12: 491-503.

Sharp, J. (2000) *Condensing the Cold War: Reader's Digest and American Identity*. Minneapolis: University of Minnesota Press.

Stoler, A. (2002) 'Colonial archives and the arts of governance', *Archival Science* 2: 87-109.

Stoler, A. (2009) *Along the Archival Grain: Epistemic Anxieties and Colonial Common Sense*. Princeton, NJ: Princeton University Press.

Tuan, Y-F. (1985) 'The landscapes of Sherlock Holmes', *Journal of Geography* 84: 56-60.

Withers, C.W.J. and Keighren, I. (2011) 'Travels into print: authoring, editing and narratives of travel and exploration, c.1815-c.1857', *Transactions of the Institute of British Geographers* 36: 560-73.

공식 웹사이트

이 책의 공식 웹사이트(study.sagepub.com/keymethods3e)에서 이 장과 관련한 비디오, 연습, 자료 및 링크들을 확인할 수 있으며, 부가적으로 다음 논문들도 무료로 이용할 수 있음.

1. Offen, K. (2013) 'Historical Geography II: Digital imaginations', *Progress in Human Geography*, 37(4): 564-77.

– 이 논문은 지리학자와 다른 분야의 사람들이 새로운 디지털 기술과 미디어를 사용하는 방법을 보여 준다.

2. Offen, K. (2014) 'Historical Geography III: Climate matters', *Progress in Human Geography*, 38(3): 467-89.

– 이 논문은 2007년 뭄바이에서 열린 국제비판지리학회의 경험과 언어, 번역, 권력, 위치성과 같은 이슈가 어떻게 지리학적 지식의 발달에 중요한 요인으로 나타나게 되었는지를 논의했던 관련 답사에 대해 비판적으로 성찰한다.

3. Mayhew, R.J. (2009) 'Historical geography 2007-2008: Foucault's avatars - still in (the) Driver's seat', *Progress in Human Geography*, 33(3): 387-97.

– 이 논문은 2007년에서 2008년 사이의 역사 지리학 분야를 잘 요약했으며, 아카이브 연구를 통해 수행할 수 있는 다양한 연구 분야에 관한 좋은 사례들을 보여 준다.

8 설문 조사

개요

지리학에서 설문 조사는 다양한 지리적 맥락에서 사람들의 인식, 태도, 경험, 행동, 공간적 상호작용 등을 탐색하는 데 사용된다. 이 장에서는 설문 조사의 이유와 방법을 설명한다.

이 장의 구성

- 서론
- 설문 설계
- 설문 조사 전략
- 표본추출
- 결론

8.1 서론

설문 조사 연구는 수십 년 동안 지리학에서 중요한 도구였다. 설문 조사의 목표는 개인 표본을 선정해 표준화된 설문 항목을 만들어 조사함으로써 모집단의 특성, 행동 및 태도에 대한 정보를 획득하는 것이다. 설문 조사는 자연재해의 위험 인식, 사회연결망, 에이즈 환자의 대응, 환경문제에 대한 태도, 이동 패턴 및 행동, 심상지도, 기업 간 권력관계, 가사 노동의 젠더 차이, 일자리 접근성 등 광범위한 지리적 이슈를 다루는 데 활용된다. 지리학에서 설문 조사 방법을 최초로 도입한 분야는 행태주의 지리학이며, 사람들의 환경 인식, 이동 결정, 소비자의 선택을 분석하는 데 이를 사용했다(Rushton, 1969; Gould and White, 1974). 이후 설문 조사는 여타 인문지리학 분야로 빠르게 퍼져 나가 오늘날 인문지리학자가 활용하는 연구 방법의 필수 구성 요소가 되었다.

설문 조사는 사람 혹은 조직에 관한 정보를 수집하는 여러 방법 중 하나일 뿐이다. 예를 들어, 2차 데이터(30장 참조)나 관찰(11장 및 13장 참조)을 통해 수집된 정보에 의존하는 것보다 설문 조사를 수행하는 것이 더 합리적이라 할 수 있을까? 설문 조사는 근린 생활에 있어 삶의 질이나 환경 문제 및 위험과 같은 사회적·정치적·환경적 이슈에 대한 사람들의 태도와 견해를 이해하는 데 특히 유용하다. 또한 복잡한 행동과 사회적 상호작용을 파악하는 데에도 좋다. 끝으로 설문 조사는 활자화된 출판물(예: 식단, 건강, 고용과 같은 영역에서의 행동 및 태도 데이터)에서 얻을 수 없는 사람들의 삶에 대한 정보를 수집하는 도구이다. 정부가 제공하는 데이터가 오래되었거나 품질이 좋지 않은 경우가 많은 개발도상국에서는 설문 조사가 사람들과 그 특성에 대한 데이터를 수집하는 주요 수단이다.

설문 조사를 시작하기 전에 연구자 자신이 주목하는 연구 주제 및 질문이 무엇인지 명확히 이해하는 것이 매우 중요하다. 연구 목적은 무엇인지, 답하고자 하는 핵심 질문 혹은 이슈는 무엇인지, 연구 대상인 모집단을 구성하는 사람 혹은 조직은 무엇인지, 연구 대상 지역과 시기는 어떠한지 등을 파악하고 있어야 한다. 이로써 설문 조사를 설계하고 실행하는 방안을 도출할 수 있다. 설문 조사는 적지 않은 비용과 시간이 소요될 수 있으므로 수집된 정보의 질과 유형 모두 중요하다.

설문 조사마다 다루는 주제는 다를지라도 특정 모집단에 대해 설문 조사를 실행하는 과정에는 세 가지의 공통된 이슈가 있다. 첫 단계는 설문 설계이다. 연구자는 연구 목적을 달성할 수 있고, 응답자가 쉽고 명확하게 이해할 수 있는 설문 문항과 도구를 만들어야 한다. 둘째로 설문 조사를 어떻게 운영할지 결정할 필요가 있다. 온라인 설문과 전화 인터뷰는 설문을 실행하는 수많은 전략 중 일부에 불과하다. 셋째, 설문 조사에서 종종 표본추출을 통해 설문 대상을 선정해야 한다. 이 장에서는 지리학 연구를 사례로 이상의 이슈들을 간략히 다룬다.

8.2 설문 설계

설문 문항이 설문 조사 연구의 핵심이다. 설문지는 연구 프로젝트에 맞게 맞춤형으로 제작되어 관심 주제를 다루는 일련의 질문을 포함한다. 수십 년간 누적된 설문 조사를 보면 설문 설계와 질문 문구가 응답자들의 답변에 상당한 영향을 미친다는 것을 알 수 있다. 명확하고 효과적인 질문을 담고 있는 '훌륭한' 설문지를 개발하기 위한 절차는 이미 정해져 있다(Groves et al., 2009).

좋은 질문이란 연구자가 알고자 하는 바에 대한 유용한 정보를 제공하는 것이다. 이것이 단순하고 직접적인 충고로 보일 수 있지만 구현하기 까다로운 경우가 많다. 질문은 응답자에게 정보를 제공하도록 요청하는 단순 사실에 관한 물음부터 태도와 선호를 묻는 의견에 관한 질문까지 다양하다. 좋은 질문을 작성하려면 우리가 얻으려는 정보가 무엇인지 파악해야 할뿐만 아니라, 연구 대상 집단이 특정 질문을 어떻게 해석해 받아들일지 예상해야 한다. 다음 질문을 살펴보자. '당신의 동네에서 일어나는 환경 파괴에 대해 우려하고 있습니까?' 이 질문은 명확한 답을 유도하기보다 우려의 정의는 무엇인가, 환경 파괴는 무엇을 의미하는가, 사람들이 그것을 알고 있는가, 개별 응답자가 자신의 동네를 어떻게 정의하는가와 같은 많은 의문을 야기한다. 설문 질문은 응답자가 쉽고 명확하게 이해할 수 있어야 할 뿐 아니라 추가 의문을 유발하지 않아야 하며, 연구 목적에 부합하는 유용하고 일관성 있는 정보를 제공해야 한다.

설문지를 준비할 때 가장 중요한 원칙 중 하나는 질문을 단순한 형태로 만드는 것이다. 응답자를 혼동시킬 수 있는 복잡한 문구나 긴 단어를 피해야 한다. 한 번에 두 가지 질문을 던지지 말아야 한다. '집을 선택한 이유가 직장과 가깝고 가격이 저렴하기 때문인가요?'라는 질문처럼, 둘 중 하나만이 중요한 이유일 경우 응답자는 혼란스러울 수 있다. 전공 용어와 전문 기술 용어 또한 문제가 된다. '접근성', '권력' 또는 'GIS'와 같은 용어는 지리학자에게는 익숙하지만 응답자 대부분에게는 모호하고 혼란스럽다. 응답자가 지리학에서 사용하는 개념에 익숙하다고 가정하지 않아야 한다. 용어를 최대한 명확히 정의하고 모호하고 포괄적인 개념을 피해야 한다. 한 예로, 활동 유형과 참여 정도를 특정하지 않고 공동체 활동 참여에 대해 단순히 묻는다면 유용한 대답을 얻을 수 없다. 하나의 모호한 질문보다 특정 유형의 참여에 대해 여러 개의 질문을 순차적으로 하는 것이 낫다. 마지막으로, 질문에 부정적 단어를 쓰지 말아야 한다. 부정문은 응답자를 혼돈에 빠뜨리는 경향이 있다(Babbie, 2013; 박스 8.1).

설문에서 응답 방식은 질문 그 자체만큼이나 중요하다. 응답자는 개방형 질문(open-ended

박스 8.1 설문 질문 설계 가이드라인

기본 원칙	기피 사항
• 단순하게 만들어라.	• 길고 복잡한 질문
• 용어를 명확히 정의하라.	• 한 번에 두 개 이상의 질문
• 가급적 단순한 문구를 사용하라.	• 전문 용어
	• 편향되거나 감정적 문구
	• 부정문

question)에는 스스로 자유로이 답변할 수 있지만, 폐쇄형 질문(fixed-response question)에는 제한된 선택지로만 답변할 수 있다.

개방형 질문은 질적 방법론으로 분석할 수 있는 정성적 정보를 수집하기 위한 것이다(36장 참조). 많은 지리학자는 질적 방법론으로의 전환의 일환으로 설문 조사에서 개방형 응답을 점점 더 많이 사용하고 있다. 개방형 질문에는 몇 가지 장점이 있다. 설문 응답자는 응답에 제한받지 않고 자신의 언어로 태도, 선호, 감정, '진정한' 의견을 최대한 표현할 수 있다. 길버트(Gilbert, 1998)는 개방형 및 폐쇄형 질문을 혼합해 근로 빈곤층 여성의 생계 전략과 장소 기반 소셜 네트워크 활용을 분석한 바 있다. 폐쇄형 질문은 응답 여성의 인구 및 가구 특성과 사회적 상호작용 패턴에 대한 데이터를 얻는 데 사용한 반면, 개방형 질문은 해당 여성의 대처 전략과 삶의 환경에 대한 통찰력을 상세하게 파악하기 위한 것이었다.

폐쇄형 질문은 설문 조사에서 널리 사용되며, 질문을 설계하는 원칙은 지난 수십 년 동안 정착되었다. 폐쇄형 응답에는 몇 가지 장점이 있다. 첫째, 고정된 선택지는 응답자에게 가이드 역할을 해 질문에 더 수월하게 답할 수 있도록 한다. 둘째, 응답을 분석하고 해석하는 것이 용이하다. 그 이유는 응답이 제한된 범주에 속하기 때문이기도 하고(Fink, 2013), 단순한 백분율 그리고 다양한 통계 기법을 활용해 정량적 분석이 가능하기 때문이다. 반면 폐쇄형 질문의 단점은 개방형 질문에서 얻을 수 있는 세부 사항, 풍부한 내용과 개인적 견해를 파악하기 어렵다는 것이다.

폐쇄형 질문의 단순한 유형은 사실 확인 질문이다. 예를 들면, 나이, 소득, 가용 시간 혹은 활동 패턴에 관한 물음이다. 응답은 수치 형태이거나 점검표, 범주, 혹은 가부(예/아니오)를 선택하는 형태이다. 이들 유형의 질문을 설계하는 데 있어 핵심은 가능한 모든 응답을 예측하는 것이다. 설문 조사를 설계하는 여타 모든 단계에서와 마찬가지로 연구에 필요한 정보의 종류와 응답에 영향을 줄 수 있는 연구 모집단의 특성에 대해 사고하는 것이 중요하다. '모름' 또는 '기타' 선택지는 응답 범위를 최대한 허용하기 위해 포함된다. 수치 정보(예: 연령, 소득)의 경우 범주(예: 15~24세, 25~34세)를 만들 것인지, 아니면 실제 숫자를 쓰게 할 것인지 결정해야 한다. 범주로 분류한 정보는 분석에 용이하지만, 등간 척도(interval scale)에서 서열 척도(ordinal scale)로 전환되면서[1] 상세한 응답 정보는 손실된다. 또한 나이나 연 소득과 같은 민감한 주제의 경우, 특정 숫자를 쓰는 응답 방식보다 넓은 범주에서 선택할 때 응답자가 답할 가능성이 더 높다.

응답자의 인적 사항을 확인하는 질문은 간단해 보이지만, 종종 설문 설계자와 응답자 간 요구와 견해에 차이가 있어 아슬아슬한 균형을 이루는 경우가 많다. '인종'에 대한 질문이 좋은 예가 된다. 인종은 사회적으로 구성되기 때문에 설문 조사에 쓰인 개별 응답 범주에 딱 맞아떨어질 수 없다. 미국 센서스에서 인종 정보를 얻는 데 사용되는 범주와 옵션은 사회적 인식의 변화에 발맞춰 변화했다. 1850년 센서스는 응답자가 자신의 인종 정체성을 '백인', '흑인', '물라토(mulato)'[2] 중 하나를 선택해 밝히도록 했다. 이에 반해 2010년 센서스는 14개의 선택지를 제공할 뿐 아니라, 복수 응답을 허용해 혼혈임을 표현할 수 있게 허용했다. 이처럼 선택지를 넓혔음에도 불구하고, 현실에서 많은 응답자는 선택지에 응답하지 않고 자신의 인종 정체성을 별도의 글로 표현한다.

태도와 의견을 파악하기 위해 보다 복잡한 유형의 폐쇄형 응답 형식을 쓴다. 일반적으로 응답자는 응답의 범위를 단순하게 표현한 서열 척도 중에서 등급을 부여하도록 요구받는다. 리커트 척도(Likert scale)는 반대되는 양극단을 갖는 일정 범위의 응답을 제공한다. 예를 들어, 주민은 자신이 거주하는 근린에 있는 학교를 '우수', '만족', 혹은 '나쁨'으로 평가하도록 요청받을 수 있다. 양극단인 '우수'와 '나쁨'이 기준점 역할을 하며 여러 선택지가 그 사이에 포함된다(박스 8.2). 중간값이 중립적 응답이 되도록 홀수의 선택지(3, 5, 7개가 일반적임)가 가장 좋다. 응답자는 어느 한쪽에 강한 감정을 느끼지 않는다면 종종 중립적 응답을 선택한다. 이에 반해 짝수 개의 선택지를 가진 순서 척도는 어느 한쪽의 의견을 표현하도록 강제한다.

또 다른 방식은 스케일을 양극단을 잇는 연속선으로 표시하는 것이다. 응답자는 자신의 의견을 일직선 위에 체크 표시를 함으로써 의견의 강도를 표현한다. 이것은 유연성을 최대화하는 방식이지만 응답자는 종종 설문 응답 방식에 대해 혼란스러워하며, 응답자들 간 상이한 결과를 비교하기 어렵다. 그래서 연구자 대부분은 고정된 리커트 척도를 주로 사용한다.

박스 8.2 리커트 척도의 사례

당신이 사는 동네의 학교의 품질을 평가하시오.

우수				나쁨	(연속)
우수		만족		나쁨	(3개 척도)
우수	양호	만족	적절	나쁨	(5개 척도)

태도에 대한 척도를 평가하기 어려울 수 있는데, 응답의 정확성을 파악할 수 있는 '객관적' 표준이 없기 때문이다. 그럼에도 불구하고 유효성을 증진할 수 있는 몇 가지 방법이 있다. 일반적으로 응답자에게 더 많은 선택지를 제공하는 것이 낫다. 예를 들어, 3점 척도 보다는 5점 척도가 더 많은 정보를 제공한다. 그러나 선택지가 늘어날수록 응답자는 선택지 간 차이를 식별하지 못하게 되고 답변은 의미를 잃게 된다. 적절한 수의 선택지가 바람직한데 보통 5~7개이다. 답변은 질문의 표현 방식

에 따라 달라지므로 대안으로 한 사안에 대해 여러 질문을 다른 단어와 형식으로 물어보는 것이 좋다. 질문들의 답변을 비교하면 응답자가 일관성 있는 답을 하는지 알 수 있다. 일관적이라면 해당 응답을 평균화하거나 통계적으로 결합해 기본 개념이나 태도를 나타낼 수 있다. 이러한 전략은 영국 브리스틀 지역의 주거 환경에 대한 주민 인식과 사회적 박탈에 대한 객관적 지표 사이의 상관관계를 연구하는 데 사용되었다(Haynes et al., 2007). 주민이 생각하는 주거 환경의 질을 측정하기 위해 연구자는 응답자에게 지역의 소음, 오염, 친근감, 범죄 및 사회적 상호작용 수준을 평가하도록 요청했다. 이러한 다양한 질문에 대한 응답들을 통계적으로 결합해 주택 품질과 사회적 박탈에 대한 지역 기반 지표와 상관관계가 있는 복합 척도를 만들었다.

설문지에는 개별 응답을 안내하는 명확한 지침 또한 포함해야 한다. 온라인 및 우편/이메일 설문과 같이 설문자가 응답자와 현장에 같이 있지 않은 설문의 경우 자세한 설명이 설문지에 제시되어야 한다. 응답자를 위한 지침은 간단하고 직설적으로 작성해야 하며, 도움 없이도 설문지를 작성할 수 있도록 최대한 명확하고 명료해야 한다.

폐쇄형 질문은 위와 같은 자기 관리형 설문지에서 가장 잘 작동하는데, 여기에서 설문지의 설계와 레이아웃은 매우 중요하다. 면접관이 관여하는 설문지에 있어 핵심은 면접관이 준수해야 할 명확하고 일관된 지침을 마련하는 것이다. 면접관이 관리하는 설문지를 디자인하고 틀을 짜기 위해 충분히 검증된 가이드라인을 제시하는 참고문헌이 있다(Groves et al., 2009).

설문지 작성에 있어 마지막이자 매우 중요한 단계는 사전 테스트(파일럿 테스트)이다. 이 단계에서는 소수의 사람을 대상으로 설문지를 배포해 설문 문항, 응답, 레이아웃 그리고 응답 지침을 확인한다. 질문을 이해할 수 있는가? 설문지에서 가능한 모든 답변을 할 수 있는가? 응답 지침이 명확하고 따르기 쉬운가? 설문지가 너무 길지는 않은가? 응답자를 불쾌하게 만드는 질문은 없는가? 사전 테스트는 연구자가 미처 생각하지 못했던 설문지의 결함을 종종 드러낸다. 그런 다음 설문지가 수정되고 본 설문을 실시하기 전에 다시 한 번 사전 테스트를 수행할 수 있다. 완성도 높은 설문지를 디자인하기 위해서는 몇 번의 사전 테스트가 필요할 수 있다. 인터뷰에 의존한 설문의 경우, 사전 테스트는 다른 이점이 있다. 면접 기술을 습득할 수 있고 인터뷰하는 사람이 자신감을 얻고 응답자와 친밀감을 키울 수 있다. 한 마디로, 사전 테스트는 성공적인 설문 조사를 위한 필수 단계라 할 수 있다.

8.3 설문 조사 전략

설문 조사를 실행하는 데에는 많은 전략이 존재한다. 전통적인 방법으로 전화 설문, 대면 인터뷰 그리고 우편 설문이 있다. 지난 10년 동안 디지털 통신망의 괄목할 만한 성장과 더불어 인터넷, 이메일 그리고 소셜 미디어 설문으로 극적으로 확장되었다. 설문 조사 전략은 비용, 시간과 같은 실행 이슈에서부터 수집될 수 있는 정보의 양과 질에 관련된 이슈에 이르기까지 여러 측면에서 상이하다. 어떤 설문 조사 전략은 면접관이 필요한데 반해, 어떤 설문은 자기 관리형 설문지가 적합하다.

대면 인터뷰

대면 인터뷰는 가장 유연한 설문 조사 전략 중 하나로 거의 모든 유형의 질문과 설문지를 소화할 수 있다. 면접관은 복잡한 순서로 질문할 수 있고 긴 설문을 관리하며 애매모호한 응답을 확인하고 제약을 두지 않고 물으며 숨겨진 의미를 탐색할 수 있다. 면접관과 응답자 간의 개인적인 접촉은 종종 더 의미 있는 답변을 유도하며 응답률을 높인다. 인터뷰는 신중한 계획이 필요하다. 모든 면접관이 동일한 프로세스를 밟도록 훈련시켜 준비할 필요가 있다. 따라서 대면 인터뷰는 일반적으로 비용과 시간이 가장 많이 소요되는 설문 전략이다. 또 다른 단점은 면접관에 의한 편향이 발생할 가능성이 있다는 점이다. 젠더, 인종, 민족성, 권력 이슈에서 그 근원을 두고 있는 불평등 관계가 면접관과 응답자 사이에도 존재하며 이것이 응답에 영향을 미칠 수 있다(Kobayashi, 1994).

전화 인터뷰

비록 온라인 커뮤니케이션의 성장으로 위축되고 있지만 유무선 전화 인터뷰는 시장 조사에 널리 활용되고 있다. 전화 인터뷰는 개인적 인터뷰 방식을 보다 효율적이고 저렴한 전화 형식과 결합한 것이다. 많은 곳에서 전화 설문을 전문으로 하는 업체를 이용할 수 있게 됨에 따라 연구자가 면접관을 훈련하거나 콜센터와 같은 시설을 갖추는 데 드는 시간과 비용을 절약할 수 있게 되었다. 그럼에도 불구하고 전화 설문 조사는 일반적으로 응답이 고정된 짧은 설문으로 한정된다. 전화 설문 조사는 전화가 없거나 전화를 골라 받는 사람들은 놓치게 된다. 전화 설문은 유무선 모두 가능하지만, 통화 건당 비용은 무선이 일반적으로 비싸며, 무선 전화 설문에 응한 응답자는 특정 지리적 위치와 연계시키기 어렵다. 응답률은 일반적으로 무선 전화 설문 조사에서 더 낮다. 끝으로 면접관과 응답자가 단지 원격으로 연결되어 있다손 치더라도 권력과 편향은 전화 설문 조사에서도 나타날 수 있다.

우편 및 배포-회수 설문

우편 설문 조사는 조사자가 송부하고 대상자가 회신하는 방식으로 이루어지는 자기 관리형 설문지다. 완성된 설문 응답을 보낼 수 있도록 우표가 붙은 회신용 봉투가 포함되며, 추후에 응답을 독려하는 메모를 보내기도 한다. 인터뷰 대상자에게는 즉시 응답해야 하는 시간 압박이 없고 편한 시간에 응답할 수 있다. 우편 설문의 주요 단점은 응답률이 낮다는 것이다. 일반적으로 회수율은 30% 미만이다. 설문에 응답한 사람들이 조사 모집단을 대표하지 못할 수 있다. 교육 수준이 낮거나 바삐 생활하는 사람은 응답하지 않을 가능성이 높다. 과거에 널리 사용되었던 우편 설문은 대체로 온라인 설문으로 대체되고 있다.

유관 전략으로 '배포-회수(drop and pick-up)' 설문지가 있다. 이는 자기 관리형 설문지를 설문 대상자의 집에 전달하고 며칠 뒤 회수하는 것이다. 전달자는 설문에 대한 간단한 지침이나 설명을 제공할 수 있다. 설문을 전달하는 과정에서 개인적 접촉은 응답률을 대면 인터뷰 수준으로 끌어올릴 수 있는 반면, 시간 소요나 면접관 교육에 따른 부담은 적다. 즉, 이 방법은 인터뷰의 장점과 자기 관리형 설문지의 장점을 결합한 것이다. 비용은 우편, 온라인, 혹은 전화 설문에 비해 상당히 높지만 개인 대면 인터뷰에 비하면 적다.

온라인 설문

이메일, 인터넷, 소셜 미디어를 통해 배포되는 온라인 설문 조사는 지리학 연구에 있어 점점 더 중요한 수단이 되고 있다. 많은 온라인 설문이 표준 설문지와 동일한 형식을 가지고 있지만, 온라인 기술은 연구자가 사람들의 응답을 확인하고 인도하는 '지능형' 컴퓨터 지원 설문지를 만들 수 있게 한다. 매지와 오코너(Madge and O'Connor, 2002)는 새롭게 부모가 된 이들이 육아 정보를 얻고 사회 지원 네트워크를 형성하는 데 인터넷을 어떻게 활용하는지 탐구하기 위해 인터넷 설문지를 사용했다. 그들 연구방법론의 모든 단계는 인터넷에 의존했다. 응답자들은 온라인으로 지원했다. 육아 관련 유명 웹사이트에 있는 '가상부모' 링크를 클릭함으로써 프로젝트 참여를 자원했다. 웹 기반 설문지는 하이퍼링크가 있는 일련의 고정된 형식의 질문을 포함했다. 그 후 보다 심도 있는 정보를 얻기 위해 온라인 인터뷰와 그룹 토론이 이루어졌다.

매지와 오코너가 사용했던 것과 같은 인터넷 설문 조사에는 몇 가지 장점이 있다. 관리 비용이 저렴하고 응답자에게 편리하며 데이터를 자동으로 입력할 수 있다. 또한 지리적으로 분산된 모집단이나 물리적으로 이동하지 않는 집단에 저렴한 비용으로 접근할 수 있다(Sue and Ritter, 2012). 또 다른 중요한 장점은 온라인 설문지에 지도, 사진, 비디오 클립, 애니메이션과 같은 자세한 컬러 그래픽을 넣을 수 있다는 것이다. 영국 노퍽 브로드랜즈(Norfolk Broadlands)의 레크리에이션에 대한 설문 조사에서 베어먼과 애플턴(Bearman and Appleton, 2012)은 온라인 설문 조사에 구글 지도 API를 포함해 설문 참가자가 선호하는 레크리에이션 활동 장소를 직접 입력할 수 있도록 했다(그림 8.1). 이와 유사하게, 자연재해 연구자는 사람들이 극단적인 자연 현상에 어떻게 반응하고 그것을 어떻게 이해하는지 살펴보기 위해 재해에 관한 공간 비디오를 사용했다(Lue et al., 2014). 이와 같은 GIS 지도와 설문지의 역동적 결합은 지리학에서 온라인과 앱 기반 설문 조사 연구의 흥미롭고 높은 가능성을 보여 준다.

온라인 설문의 단점은 온라인상에서 설문지를 배포하면 표본 문제가 많이 발생한다는 것이다. 응답자는 누구인가? 응답자는 어디에 있는가? 응답자는 표적 모집단을 대표하는가? 어떤 유형의 사람들이 인터넷 설문에 응답하거나 응답하지 않는가? 명백한 점은 이메일이나 인터넷에 접근할 수 없는 사람들은 표본에 아예 포함되지 않는다. 비록 많은 우려가 있지만, 온라인 설문은 설문 조사 연

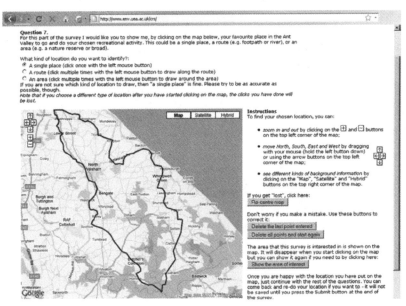

그림 8.1 영국 노퍽 브로드랜즈의 레크리에이션 활동 관련 선호도를 조사하는 온라인 설문의 사용자 인터페이스

출처: Bearman and Appleton, 2012, Figure 1, p.162

구에서 점차 주도적 역할을 하는 중대한 혁신이다.

전통적인 형태의 설문지를 뛰어넘어 인터넷과 모바일 기술은 사람들의 일상생활 속 행동과 경험을 조사하고 분석하는 새로운 설문 기법의 발전을 추동하고 있다. 생태 순간 분석(Ecological Momentary Assessment: EMA)은 모바일 전자 통신 장치를 통해 응답자의 인식과 행동을 표본추출 한다. 이러한 기법에는 전자일기, 설문지, 신체 활동이나 심장 박동수와 같은 생리적 반응을 감지하는 센서가 포함된다. 던턴 외(Dunton et al., 2012)는 EMA 분석 기법을 통해 소위 '스마트 성장' 공동체라 불리는 소규모 걷기 좋은 동네에 사는 어린이와 전형적인 저밀도 교외 지역에 거주하는 어린이의 신체 활동 수준을 비교 분석했다. 신체 활동과 관련된 행동과 경험에 대한 데이터가 어린이의 휴대전화를 통해 스스로 설정한 시간 동안 일정 간격으로 수집되었다. 이와 같은 실시간 조사는 혁신적인 연구 기회를 제공한다고 할 수 있으나 개인 정보 보호, 기밀 유지 및 개인 모니터링과 관련된 중요한 윤리 문제를 유발하기도 한다.

각각의 설문 조사 전략은 뚜렷한 장단점을 가지고 있으며 '최상의' 선택은 연구 과제마다 다르다. 설문 전략을 선택하기 위해서는 응답률, 질문 유형, 그리고 면접 기술의 필요 여부와 같은 연구와 관련된 사항과 더불어 시간과 비용의 제약과 같은 실천과 관련된 고려 사항을 따져 봐야 한다. 종종 연구 맥락이 조사 전략의 선택을 제약하기도 한다. 개발도상국에서의 설문 조사는 종종 개인 인터뷰에 의존한다(Awanyo, 2001). 지도와 관련한 응답자의 인지를 조사하는 설문은 종종 컴퓨터 지원 설문지, '스마트폰', 인터넷을 활용한다. 어쩔 수 없는 선택이었다 할지라도 연구자는 조사 방법의 한계를 유념하고 그에 따라 발생하는 부정적 효과를 최소화하려고 노력해야 한다.

8.4 표본추출

표본추출은 설문 조사 연구에서 핵심 이슈인데, 설문 응답자가 누구냐에 따라 설문 결과가 크게 달라질 수 있기 때문이다. 표본은 설문지가 주어질 사람들의 하위 집합이다. 일반적으로 표본은 더 큰 규모의 관심 모집단, 연구 대상으로 선정된 사람 혹은 기관을 대표하도록 추출된다. 모집단은 '영국의 모든 사람'과 같이 매우 광범위할 수 있고, '시카고에 거주하는 직장에서 일하며 자녀를 둔 기혼 여성'과 같이 특정할 수 있다. 모집단은 시간과 공간에 한정되며 특정 기간에 걸쳐 특정 지리적 영역에 있는 사람이나 기관의 그룹을 대표한다. 효과적인 표본추출을 위해 관심 집단이 명확하게 정의되어야 한다.

표본추출의 첫 단계는 표본추출 틀, 즉 표본에 포함될 가능성이 있는 개인들을 확인하는 작업이다 (Groves et al., 2009). 표본추출 틀은 모집단 전체가 될 수도 있고, 그 하위 집합이 될 수도 있다. 때때로 설문 조사의 설계에 따라 추출 틀이 제한되기도 한다. 예를 들어, 전화번호부에 의존한 전화 설문에서 표본추출 틀은 오직 (유선) 전화를 사용하며, 전화번호부에 등재된 가구만을 포함한다. 유사하게 인터넷 설문은 인터넷에 접속할 수 없거나 접속하지 않는 사람들을 제외한다. 그 결과 표본추출 틀에서 배제된 표본과 포함된 표본이 크게 다르다면 표본추출은 편향될 수밖에 없다.

표본추출을 위해서는 표본 규모와 선정 방법에 관한 결정도 이루어져야 한다. 일반적으로 사용되는 표본추출 절차에는 개별 사례를 무작위로 선택하는 무작위 표본추출(random sampling)과 블록을 따라 세 집 건너 한 집과 같이 일정 규칙을 바탕으로 선택하는 계통적 표본추출(systematic sampling)이 있다. 무작위 표본추출은 각 개인이 동일한 선택 기회를 부여받는 데 반해, 계통적 표본추출은 표본추출 틀 내에 있는 모집단을 고루 다룰 수 있도록 해 준다. 때때로 모집단 내에서도 특별한 관심이 주어지는 하위 그룹(예: 한 도시 내에서 성격이 다른 근린 혹은 모집단에서 특정 민족 집단)이 있을 수 있다. 만일 하위 그룹 간 규모 차이가 크다면 무작위 표본추출로 추출한 표본이 소수 그룹을 과소 대표할 수 있다.

층화적 표본추출(stratified sampling) 기법은 표본이 다양한 하위 그룹을 적절히 대변하도록 한다. 층화적 표본추출은 모집단으로 몇몇 하위 그룹으로 나눈 후 각 그룹에서 무작위로 혹은 계통적으로 표본을 추출한다. 그룹 간 혹은 지리적 영역 간 차이를 분석하는 설문 조사는 종종 이러한 층화적 표본추출을 활용한다. 팬(Fan, 2002)은 층화적 표본추출을 활용해 중국 광저우에 거주하는 임시 이주민, 영구 이주민, 원주민 등 세 그룹이 노동 시장에서 겪는 경험에 있어서 차이를 연구했다. 표본은 1,500명 이상의 응답자로 이루어졌으며 3개 이주민 그룹뿐만 아니라 도시 내 다양한 직업군 및 구역을 대표할 수 있도록 분류했다(Fan, 2002). 응답자는 개별 직업 그룹과 지역 그룹 내에서 무작위로 선정되며 세 개 이주민 그룹이 적절히 대표되도록 조정된다.

또 다른 주요 이슈는 표본 수다. 표본 수가 많으면 모집단의 특성을 더 정확히 살필 수 있고, 연구 주제에 대한 보다 많은 정보를 얻을 수 있다. 하지만 표본 수가 많을수록 설문과 분석에 많은 시간과 노력이 필요하다. 설문 조사 비용은 표본 수에 비례해 증가한다. 표본 수를 결정하는 데 있어 연구자는 추가되는 정보 및 개선된 측정과 설문을 관리하고 분석하는 데 드는 비용, 이들 양자 간 절충점을 찾아야 한다.

표본 수를 결정하는 한 가지 방법은 모집단 전체가 아닌 하위 일부 집단에 집중하는 것이다. 비교 분석의 대상이 되는 각각의 하위 집단을 정확히 측정할 수 있도록 표본 수는 충분히 많아야 한다. 많은 표본 수도 하위 집단으로 나누다 보면 금방 적어진다. 예를 들어, 여행 패턴을 성별, 도시/촌락 거주지별, 3개의 인종/민족별로 분석한다고 할 때 하위 집단은 12개에 달한다(2×2×3). 표본 수가 100이라면 각 집단별로 평균적으로 단지 8개의 응답만 얻은 셈이어서 하위 집단들에 대한 신뢰할 만한 추정치를 얻을 수 없다. 이러한 문제를 방지하기 위해 연구자는 먼저 다양한 하위 집단을 확인하고 각각에 대한 적정한 표본 수를 책정한다. 이러한 작업은 층화적 표본추출 디자인에서 수행하기 수월하다. 다른 표본추출 방식에서는 문제가 더 까다로워진다. 전체 표본 개수가 많지 않다면 소수의 하위 집단은 누락된다. 연구자는 표본 크기를 정할 때 다양한 하위 그룹에 신중히 접근해야 한다.

또한 표본 수는 여러 측정에 요구되는 정확성과 신뢰성이 어느 수준인가에 따라 달라진다. 모집단 값에 근접한 정도를 뜻하는 정확성은 항상 표본 수가 증가함에 따라 높아지지만, 표본 수가 이미 많다면 정확성이 향상되는 정도가 떨어진다. 인구 비율을 측정하기 위해 설문 조사를 할 때 표본 수가 200~300개를 넘어서면 정확성이 개선되는 정도가 감소한다.

설문 조사 데이터를 분석하는 방법에 대해서도 고려해야 한다. 일반적으로 연구자는 카이자승법과 분산분석(ANOVA)과 같은 통계 기법을 사용한다. 이러한 기법은 25개 이상의 표본을 요구한다. 다중 회귀 분석과 로지스틱 회귀 분석과 같은 다변량 통계 기법에서 표본 수는 더 많아야 한다. 만약 표본 내에 다른 하위 집단을 위해 별도의 통계 분석이 필요하다면 하위 집단별 표본 수는 통계 분석에 적합한 규모여야 한다.

끝으로 표본 수는 매우 현실적인 예산이나 시간 제약으로 결정되기도 하는데, 이는 연구자의 통제 밖에 있다. 요약하면 표본 수를 결정함에 있어 단일한 해법이 있는 것은 아니다. 어떤 데이터를 어떻게 분석할지를 예측하고, 이를 고민, 시간, 비용의 현실과 균형 맞춰 결정해야 한다.

표본추출 절차는 중요한데 그에 따라 연구 프로젝트에 여러 다양한 편향을 유발할 수 있기 때문이다. 표본추출 편향은 표본 수가 연구 대상이 되는 모집단이나 그 하위 집단을 정확히 대변할 정도로 충분히 많지 않을 때 발생한다. 보다 중요하게 전화나 인터넷 설문에서와 같이 표본 선정 기준 틀이 편향될 수 있다. 설문 절차 때문에 가난한 사람, 노숙자, 소수 민족 등 취약 집단이 과소 대표될 수 있다. 이들 집단을 연구 프로젝트에서 배제하지 않도록 각별한 노력이 필요하다. 마지막으로 응답자와 다른 의견을 가진 사람들이 응답을 거부한다면 무응답 편향이 발생한다. 무응답은 종종 연령, 사회 계층, 교육, 정치적 성향과 연관되며, 표본이 모집단을 대변하지 못하는 문제를 낳는다. 비록 무응답 편향을 제거할 수 없더라도 좋은 표본추출 디자인이라면 편향에 따른 부정적 영향을 최소화해야 한다. 설문 결과는 종종 표본의 특성에 따라 크게 달라지기 때문에 편향은 표본추출과 설문 조사 설계에 중요한 이슈이다.

8.5 결론

설문 조사는 설문지 설계와 사전 테스트, 설문 전략 수립, 잠재적 응답자 표본 확인, 설문 조사 관리 등 일련의 단계를 거친다. 이러한 복잡한 결정 과정은 밀접하게 상호 연결되어 있다. 설문지 설계는 대면 인터뷰의 필요 여부를 결정하는 데 영향을 미친다. 많은 연구 프로젝트에서 금전적 제약 때문에 온라인 혹은 전화로 설문 조사를 하거나 표본 수를 줄인다. 따라서 어떤 설문 프로젝트에서든 연구자가 추구하는 노력의 목표와 제약에 따른 상이한 요인들 간의 끊임없는 상호작용이 있다.

설문 조사에는 앞서 여러 논점에서 언급된 것처럼 잘 알려진 한계들이 있다. 지리학 연구에서 명확하지 않은 질문, 애매모호한 답변, 무응답 편향은 주의해야 할 이슈이다. 일부 지리학자들은 심층 인터뷰나 참여 관찰에서 얻을 수 있는 풍부하고 자세한 정보에 비해, 설문 조사에서 얻은 정보의 가치는 제한적이라고 주장한다(Winchester, 1999). 보다 균형 잡힌 관점은 설문 조사의 장점을 인정하는 것인데, 그 장점으로 다수의 표본에서 대규모의 다양성이 높은 모집단에 대한 정보를 얻는 능력, 정보를 이끌어 내기 위해 개방형/폐쇄형 질문과 훈련된 면접관 활용을 결합하는 능력, 끝으로 인터넷 시대에 혁신적이고 컴퓨터나 모바일 앱에 기반하며 풍부한 그래픽을 활용하는 설문지를 활용해 넓은 지역에 흩어져 있는 모집단에 접근하는 능력을 들 수 있다. 일정한 한계가 있음에도 불구하고 설문 조사는 여전히 모집단에 대한 정보를 가장 효율적이고 효과적으로 모을 수 있는 수단이다.

설문 조사는 지리학 연구에서 오랜 역사를 가지고 있으며, 그 역사는 지리학의 변화와 더불어 진화해 왔다. 1970년대 설문 조사 방법론은 2차 데이터에 기반한 통계 분석에서 행태주의적 환경 인식 연구로의 전환을 용이하게 했다. 1980~1990년대 설문 조사 방법론은 인문지리학에서 '질적 방법으로의 전환(qualitative turn)'으로 인해 인기가 시들해졌다. 오늘날 지리학자들이 정량적 방법론과 정성적 방법론 간 공존을 모색하게 됨에 따라 설문 조사는 혁신적 '혼합' 방법론으로 중요한 역할을 하고 있다. 이러한 전개 과정에서 알 수 있듯이 설문 조사는 다양한 지리적 맥락에서 사람들의 삶과 복리에 대한 풍부한 정보를 지속해서 제공할 것이다.

| 요약

- 설문 조사는 사람들의 특성, 인식, 태도 그리고 행동에 대한 정보를 수집하는 데 유용하다.
- 설문 조사를 시작하기 전에 연구 프로젝트의 목표와 목적을 명확히 파악해야 한다. 그리고 설문 조사를 통해 수집하려는 정보를 결정해야 한다.
- 설문 조사는 세 단계로 구성되는데, 설문지 설계, 설문 전략 선택, 설문 응답자 선정(표본추출)이다.
- 설문지는 연구 주제에 관한 유용한 정보를 획득할 수 있도록 설계되어야 한다. 설문지는 개방형 질문과 폐쇄형

질문을 포함할 수 있다. 어떠한 경우든 질문 문항은 명확하고 간결하게 기술되어야 하며, 전문 용어 사용이나 '유도성' 질문은 피해야 한다.

- 설문 전략의 유형으로 대면 인터뷰, 전화 설문, 우편 설문, 배포-회수 설문, 온라인 설문이 있다. 각각은 고유한 장단점이 있고 설문지 유형, 목표 응답률, 시간 및 예산 제약에 따라 선택된다.
- 표본추출은 설문지가 운용되는 사람들의 집단을 식별하는 작업을 포함한다. 표본은 표적 모집을 대변하고 무응답 편향을 최소화하도록 선정해야 한다. 표본 수는 모집단 내 다양한 하위 집단을 대표할 수 있고 효과적인 통계 분석을 위해 충분히 많아야 한다.

주

1 부연 설명하면, 동일 간격(예: 연령-년, 소득-달러)에 바탕을 둔 수치 데이터를 수집하는 방식에서 순서화, 서열화, 등급화(예: 연령 범주 또는 소득 범위)된 데이터로의 전환을 뜻한다.

2 조사 당시 물라토는 백인과 흑인 혼혈을 언급하기 위해 사용되었지만, 요즘은 불쾌한 용어로 인식되고 있다.

심화 읽기자료

사회과학에서 설문 조사에 관한 많은 연구가 있었다. 다음은 수많은 연구 결과물 중 일부로 저자가 유용하다고 판단한 것들이다.

- 브라이먼(Bryman, 2012)은 포괄적인 관점에서 인터넷과 그에 기반한 연구 접근법을 포함한 설문 조사와 다른 사회 조사 방법론을 개관한다.
- 핑크(Fink, 2013)는 '실행 방법'과 실용적인 조언에 초점을 맞춰 설문 조사를 시행하는 방법을 보여 주는 좋은 입문서이다.
- 그로브스 외(Groves et al., 2009)는 광범위한 참고문헌과 함께 설문 조사 연구방법론에 관한 탁월하고 자세하며 최신의 논의를 알려 준다. 이 책은 무응답 편향, 타당성, 표본추출 틀, 설문지 평가, 면접관 편향, 윤리 이슈와 같은 방법론 주제를 주요하게 다루고 있다.
- 수와 리터(Sue and Ritter, 2012)는 설문 연구 설계 과정에서 적절히 확립된 단계를 온라인 상황에 적용하는 온라인 설문 조사 연구를 실제 적용 측면에서 소개한다.
- 시카고 일리노이 대학교의 설문 조사 연구소(www.srl.uic.edu/links.html)는 관련 학술지, 기관, 설문지 예시, 설문 데이터 분석을 위한 소프트웨어 패키지, 표본추출 관련 소프트웨어와 웹사이트에 대한 링크를 포함하는 설문 조사 연구를 위한 포괄적인 인터넷 사이트이다.

* 심화 읽기자료에 대한 상세 정보는 아래 참고문헌에서 확인할 수 있음.

참고문헌

Awanyo, L. (2001) 'Labor, ecology and a failed agenda of market incentives: The political ecology of agrarian reforms in Ghana', *Annals of the Association of American Geographers*, 91: 92-121.

Babbie, E. (2013) *The Practice of Social Research* (13th edition). Belmont, CA: Wadsworth.

Bearman, N., and Appleton, K. (2012) 'Using Google Maps to collect spatial responses in a survey environment', *Area*, 44: 160-9.

Bryman, A. (2012) *Social Research Methods* (4th edition). Oxford: Oxford University Press.

Dunton, G., Intille, S., Wolch, J., and Pence, M.A. (2012) 'Investigating the impact of a smart growth community on the contexts of children's physical activity using Ecological Momentary Assessment'. *Health and Place*, 18: 76-84.

Fan, C. (2002) 'The elite, the natives, and the outsiders: migration and labor market segmentation in urban China', *Annals of the Association of American Geographers*, 92: 103-24.

Fink, A. (2013) *How to Conduct Surveys: A Step-by-Step Guide* (5th edition). Thousand Oaks, CA: Sage.

Gilbert, M. (1998) '"Race", space and power: The survival strategies of working poor women', *Annals of the Association of American Geographers*, 88: 595-621.

Gould, P. and White, R. (1974) *Mental Maps. Baltimore*, MD: Penguin Books.

Groves, R.M., Fowler, F.J., Couper, M.P., Lepowski, J.M., Singer, E. and Tourangeau, R. (2009) *Survey Methodology* (2nd edition). New York: Wiley.

Haynes, R., Daras, K., Reading, R. and Jones, A. (2007) 'Modifiable neighbourhood units, zone design and residents' perceptions', *Health and Place*, 13: 812-25.

Kobayashi, A. (1994) 'Colouring the field: Gender, "race" and the politics of fieldwork', *The Professional Geographer*, 46: 73-9.

Lue, E., Wilson, J.P. and Curtis, A. (2014) 'Conducting disaster damage assessments with Spatial Video, experts, and citizens', *Applied Geography*, 52: 46-54.

Madge, C. and O'Connor, H. (2002) 'On-line with e-mums: Exploring the Internet as a medium for research', *Area*, 34: 92-102.

Rushton, G. (1969) 'Analysis of spatial behavior by revealed space preference', *Annals of the Association of American Geographers*, 59: 391-406.

Sue, V.M. and Ritter, L.A. (2012) *Conducting Online Surveys*. Thousand Oaks, CA: Sage.

Winchester, H.P.M. (1999) 'Interviews and questionnaires as mixed methods in population geography: The case of lone fathers in Newcastle, Australia', *The Professional Geographer*, 51: 60-7.

공식 웹사이트

이 책의 공식 웹사이트(study.sagepub.com/keymethods3e)에서 이 장과 관련한 비디오, 연습, 자료 및 링크들을 확인할 수 있으며, 부가적으로 다음 논문들도 무료로 이용할 수 있음.

1. Schuurman, N. (2009) 'Work, life, and creativity among academic geographers', *Progress in Human Geography*, 33(3): 307-12.
– 지리학자를 대상으로 강의, 연구, 학술 활동에서 느끼는 정신적 압박, 도전, 기회에 대해 설문 조사한 연구이다.

2. Houston, S., Wright, R., Ellis, M, Holloway, S. and Hudson, M. (2005) 'Places of possibility: Where mixed-race partners meet', *Progress in Human Geography*, 29(6): 700-17.

‒ 이 논문은 일상생활의 장소와 공간이 어떻게 상이한 인종 간 상호작용의 방식, 이유, 지리에 영향을 미치는지 분석한다.

3. Bailey, A. (2009) 'Population Geography: Lifecourse matters', *Progress in Human Geography*, 33(3): 407-18.

‒ 이 연구는 개인이 생애에서 겪는 전환이 어떻게 이동성, 사회적 교류, 건강, 사회경제적 웰빙을 결정하는지 분석한다.

9

반구조화 인터뷰와 초점 집단

개요

반구조화 인터뷰는 한 사람, 즉 면접관이 질문을 통해 다른 사람으로부터 정보를 이끌어 내려고 시도하는 구두 발언의 교환이다. 비록 면접관은 이미 정해진 질문 목록을 준비함에도 불구하고 반구조화된 인터뷰는 대화하는 방식으로 이루어짐으로써 참여자가 중요하다고 느끼는 이슈를 탐구할 기회를 제공한다. 초점 집단 인터뷰는 보통 6~12명의 참여자로 구성된 그룹으로 연구자가 선정한 특정 주제에 대해 비공식적인 환경에서 만난다. 진행자는 초점 집단이 주제에 집중하도록 하지만, 특정 방향으로 유도하지 않아야 참여자가 만족할 만한 다양한 각도에서 주제를 탐구할 수 있다. 이 장에서는 대면 혹은 온라인상에서 반구조화 및 초점 집단 인터뷰를 수행하는 방법을 제시한다.

이 장의 구성

- 서론
- 반구조화 인터뷰와 초점 집단
- 질문 구성
- 연구 참여자 선정 및 모집
- 만남의 장소
- 토론 녹음 및 녹취록 작성
- 윤리 이슈
- 결론

9.1 서론

사람들과 대화를 나누는 것은 정보를 수집하는 아주 좋은 방법이다. 그러나 때때로 일상생활에서 우리는 너무 빨리 말하고 주의를 기울여 듣지 않거나 상대방 말을 끊는 경향이 있다. 이는 대면 대화와 온라인 대화 모두에 적용된다. 비형식, 대화형 또는 '소프트' 인터뷰라고도 불리는 반구조화 인터뷰(semi-structured interview)와 초점 집단 인터뷰라고 일컬어지기도 하는 초점 집단(focus group)은 자기 의식적이며 질서 있고 부분적으로 구조화된 방식으로 대화하는 것을 말한다. 크루거와 케이시(Krueger and Casey)는 초점 집단과 반구조화 인터뷰를 다음과 같이 정의하고 있다.

> 초점 집단과 반구조화 인터뷰는 대화에 관한 것이지만 듣기에 관한 것이기도 하다. 또한 주의를 기울이는 것이다. 사람들이 말하는 것을 듣기 위해 귀를 여는 것이다. 판정을 내리지 않으며, 사람들이 공유할 수 있는 편안한 환경을 만드는 것이다. 또한 사람들이 하는 말에 체계적으로 주의를 기울이는 것이다(2000: xi).

지난 수십 년간 반구조화 인터뷰와 초점 집단을 포함한 질적 방법론의 유용성과 타당성에 대한 흥미로운 논쟁이 특히 페미니스트 지리학자들 사이에서 진행되었다(Pile, 1991; Nast, 1994; Bennett, 2003; Crang, 2003; 2004; 2005; Schoenberger, 2007; McDowell, 2007; Davies and Dwyer, 2007; Longhurst et al., 2008; Secor, 2010; Hutcheson, 2013). 상당수의 지리학자는 지리적 패턴을 만드는 권력관계와 사회 과정을 분석하고자 수량적 일반화를 추구하는 광역적 방법(extensive method)과 대조되는 집중적 방법(intensive method)(Sayer and Morgan, 1985)으로 나아갔다.

최근 '집중적 방법'은 훨씬 더 '집중적'이 되었다. 어쩌면 연구자 스스로가 자기 신체를 '연구의 도구(Longhurst et al., 2008)'로 활용한다는 의미에서 '수행적'(Dewsbury, 2010; Pile 2010)으로 변했다고 표현하는 것이 더 나을지도 모른다. 수행적 방법론은 상이한 신체적 실천이 여러 감각과 관여하는 방식에 주목한다. 예를 들어, 롱허스트 외(Longhurst et al., 2008)는 인터뷰를 했을 뿐만 아니라 연구 참여자와 함께 음식을 요리하고 먹었다. 더피 외(Duffy et al., 2011)는 면접관과 인터뷰 대상자를 에워싼 음악에 반응하는 신체적 리듬을 느끼기 위해 축제에서 '현장' 인터뷰를 진행했다. 카인(Cain, 2011)은 의상과 신체에 관한 이야기를 이끌어 내기 위해 연구 참여자의 옷장을 함께 '뒤적거렸다'.

지리학자들은 이제 이 책에 기술되어 있는 폭넓은 범위의 집중적 혹은 수행적 방법들을 사용한다.

그럼에도 불구하고 반구조화 인터뷰는 가장 일반적으로 사용하는 정성적 방법론 중 하나일 것이다 (Kitchin and Tate, 2000: 213). 초점 집단은 일반적으로 사용되지 않지만, 1990년대 중반 이후 점차 대중적 인기를 얻고 있다(예: 학술지 *Area*의 1996년 28권 2호를 보면 초점 집단에 대한 소개와 5편의 논문이 실려 있음).

지리학자들은 초점 집단을 사용해 다양한 주제에 대한 데이터를 모아 왔다. 일찍이 1988년 버제스와의 그의 동료는 사람들이 환경에 부여한 가치를 탐구하기 위해 '소그룹'이라 명명한 초점 집단을 활용했다(Burgess et al., 1988a; 1988b). 10여 년 후 밀러 외(Miller et al., 1998)는 쇼핑과 정체성 간 연계를 파악하기 위해 북부 런던 지역에서 쇼핑 패턴에 대한 설문 조사 및 민족지(ethnographic) 연구와 초점 집단 기법을 썼다. 월치 외(Wolch et al., 2000)는 미국 로스앤젤레스를 사례로 도시 내 동물에 대한 태도를 형성하는 데 문화적 차이가 미치는 영향을 분석하기 위해 초점 집단 기법을 사용했다. 스콥(Skop, 2006)은 인구지리학적 연구에서 초점 집단의 방법론적 가능성을 타진해 보았다. 허치슨(Hutcheson, 2013)은 뉴질랜드 크라이스트처치에서 대규모 지진과 여진을 경험하고 다른 도시로 이주한 가족들을 인터뷰하고 초점 집단 기법을 적용했다. 그는 인터뷰와 초점 집단의 수행적 특성을 정확히 파악하고 있었고, 자신의 차로 돌아오자마자 연구 참여자의 신체 반응과 표정을 기록했다.

또한 지리학자들은 동일하게 다양한 주제에 대한 데이터를 수집할 때 반구조화 인터뷰를 사용해 왔다. 윈체스터(Winchester, 1999: 61)는 오스트레일리아 뉴캐슬에서 '홀아버지'의 특성과 결혼 파경과 결혼 후 갈등의 원인에 대한 다양한 정보를 얻기 위해 인터뷰(그리고 설문지)를 활용했다. 밸런타인(Valentine, 1999)은 가정 내 젠더 관계를 파악하기 위해 부부를 때로는 함께 때로는 따로 인터뷰했다. 존스턴(Johnston, 2001)은 뉴질랜드 오클랜드에서 열린 게이 프라이드 퍼레이드에서 참가자 (혹은 주체-'참가자'와 '주체' 두 용어 사이의 논쟁적 성격에 대해서 McDowell, 1992의 각주 4를 참조할 것) 그리고 주최자를 인터뷰 및 초점 집단 인터뷰했다. 펀치(Punch, 2000)는 볼리비아 남부의 시골 마을 추르키알레스(Churquiales)에서 어린이와 그 가족을 인터뷰 및 참여 관찰했다. 더피 외(Duffy et al., 2011)는 오스트레일리아에서 스위스-이탈리아의 유산을 보여 주는 노래와 춤을 공연하는 민속 퍼레이드 참가자와 간단한 현장 인터뷰를 실시했다.

이 장에서는 반구조화 인터뷰와 초점 집단이 의미하는 바를 간략히 설명할 것이다. 이 두 방법론은 몇 가지 공통점을 가지면서 어떤 측면에서는 다른 특성을 가지고 있다. 반구조화 인터뷰와 초점 집단을 계획하고 직접 대면 혹은 스카이프(Skype)와 같은 매체를 통해 온라인으로 실행하는 방법에 대해서도 논의한다. 이러한 논의에는 반구조화 인터뷰와 초점 집단을 실행하는 데 있어 질문 일정 계획, 참석자 선정 및 모집, 장소 선정, 데이터 기록, 연구 윤리와 권력에 관한 이슈 등이 포함된다. 핵심 논의에는 경험적 사례를 함께 제시할 것이다.

9.2 반구조화 인터뷰와 초점 집단

던(Dunn, 2005: 79)은 인터뷰를 한 사람인 면접관이 다른 사람으로부터 정보를 이끌어 내기 위해 구두 발언을 교환하는 과정으로 정의한다. 기본적으로 인터뷰에는 구조화(structured), 비구조화 (unstructured), 그리고 반구조화(semi-structured) 등 세 유형이 있는데, 이들을 구분된 별개의 것이 아닌 연속체로 이해해야 한다. 던은 다음과 같이 설명한다.

> 구조화된 설문은 미리 결정되고 표준화된 질문 목록에 따라 이루어진다. 질문을 항상 거의 동일한 방식과 순서로 묻는다. 반대편 극단에는 구술사와 같은 비구조화 인터뷰가 있다. … 이들 인터뷰에서 대화는 미리 짜인 질문들이 아닌 정보를 제공하는 사람에 의해 실질적으로 방향이 정해진다. 이들 양극단 사이에 반구조화 인터뷰가 있는데, 이는 미리 정해진 순서를 일정 정도 따르지만 정보 제공자가 제기하는 이슈를 다루는 유연성을 갖는다(2005: 80).

반구조화 인터뷰와 초점 집단은 대화를 보장하고 비형식적이라는 점에서 유사하다. 두 가지 방법 모두 '예' 또는 '아니오' 형태의 답변이 아닌, 연구 참여자가 자신의 언어로 자유롭게 답변할 수 있도록 한다.

초점 집단은 보통 6~12명으로 구성되며 연구자가 설정한 특정 주제에 대해 비형식적인 환경에서 만나 이야기를 나눈다(다른 방식의 정의는 Merton and Kendall, 1990; Greenbaum, 1993; Morgan, 1997; Stewart et al., 2006; Gregory et al., 2009 참조). 이 방법은 시장 조사에 뿌리를 두고 있다. 초점 집단의 진행자 또는 중재자는 정해진 주제에 집중하도록 이끌되, 그렇지 못하더라도 지시적이지 않은 방식으로 초점 집단 참가자들이 만족할 만큼 다양한 관점에서 주제를 다룰 수 있도록 허용해야 한다. 종종 연구자는 그룹을 가능한 한 균질하게 구성해 공통점이 있고 편안하게 서로 이야기 나눌 수 있는 친구 혹은 사람들의 그룹으로 조사한다(다른 접근에 대해서는 Goss and Leinback, 1996 참조). 허니필드(Honeyfield, 1997; 또는 Campbell et al., 1999 참조)는 텔레비전 맥주 광고에서 장소와 남성성이 재현되는 방식을 연구하면서 두 개의 초점 집단을 구성했다. 한 그룹은 다섯 명의 여성으로, 다른 그룹은 일곱 명의 남성으로 구성했다. 두 그룹 모두 참여자들은 서로 만난 적이 있거나 친구였거나 '룸메이트'로 같이 거주하고 있었다.

초점 집단은 보통 한두 시간 동안 이루어진다. 핵심 특징은 그룹 구성원 간 상호작용이다(Morgan, 1997: 12; Bedford and Burgess, 2001; Cameron, 2005). 이것이 면접관과 피면담자 간 상호작용에 의존하는 반구조화 설문과 다른 점이다. 초점 집단은 또한 상대적으로 적은 시간과 비용으로 다수의 의견을 모을 수 있다는 점에서도 인터뷰와 다르다. 최근 스카이프상에서 소규모 초점 집단을 운영해 사람들의 스카이프 사용 경험을 조사해 왔다. 페이스타임 혹은 구글 행아웃과 같은 소프트웨어를 통해서도 초점 집단 분석이 가능하다('온라인 동시 인터뷰'에 대해서는 Madge and O'Connor, 2002 참조, '연구 매개체'로 스카이프의 활용에 대해서는 Hanna, 2012 참조).

초점 집단은 종종 새로운 분야로 나아가려는 연구자들에게 권해진다(Greenbaum, 1993; Morgan, 1997). 예를 들어, 1992년 나는 뉴질랜드 해밀턴에서 임산부의 공공 공간에 대한 경험을 연구하기 시작했다. 이 주제는 기존 연구가 없어서 다른 방법을 사용하기 전에 프로젝트의 매개변수를 설정하고 싶었다. 당시 해밀턴의 임산부들이 임신한 자기 몸을 지칭할 때 사용하는 단어가 무엇인지 몰랐다. 불룩한 배(tummy)인지, 위(stomach)인지, 가슴(breast)인지, 유방(boob)인지 몰라 인터뷰하는 것이 매우 어려웠다. 초점 집단은 주제에 대해 예비 정보를 수집하는 훌륭한 기회가 되었다(이들 초점 집단에 대한 자세한 설명은 Longhurst, 1996 참조)

반구조화 인터뷰와 초점 집단 모두 '독자적인 방법'으로, 다른 방법의 보완용으로, 혹은 다중 방법에 기반한 연구에서 교차 점검용으로 사용될 수 있다. 연구자는 종종 다양한 방법과 이론을 쓴다. 밸런타인은 다음과 같이 설명하고 있다.

> 종종 연구자들은 작업하는 과정에서 다양한 관점과 자료를 쓴다. 이를 소위 삼각법(triangulation)이라 부른다. 이 용어는 정확한 위치를 찾기 위해 상이한 방위각을 활용하는 측량에서 유래했다. 동일한 방식으로 연구자들은 연구 질문에 대한 이해를 극대화하기 위해 다양한 방법 혹은 출처가 다른 자료를 활용할 수 있다(2005: 112).

지금까지의 논의를 요약하면, 반구조화 인터뷰와 초점 집단은 다양한 연구에 활용될 수 있다. 이들은 비형식적이고 상호 대화적 성격을 가지며, 대면과 온라인 상황에서 실행될 수 있고, 다른 방법 및 이론과 결합될 수 있다는 측면에서 유연하다. 또한 반구조화 인터뷰와 초점 집단은 명백히 단순한 '수다' 이상이다. 연구자는 정성적 연구에서의 윤리 이슈와 권력관계에 유의하면서 설문 질문을 만들고 응답자를 선정하고 모집하며 매체 혹은 장소를 선택하고 데이터를 기록해야 한다. 다음 절에서는 이러한 주제들에 대해 논의한다.

9.3 질문 구성

던(Dunn, 2005: 81)은 '모든 인터뷰 맥락에 적용할 수 있는 좋은 실행 방법에 대한 엄밀한 가이드 공식을 만드는 것은 불가능하다'고 했다. 모든 인터뷰와 초점 집단은 자체적인 사전 준비, 생각, 그리고 실행법이 필요하다. 사회적 상호작용이기 때문에 모두가 따르는 엄격하고 신속한 규칙은 존재하지 않는다(Valentine, 2005). 그럼에도 불구하고 연구자들이 주의를 기울이도록 유도할 수 있는 특정 절차가 있다.

먼저 연구자는 주제에 대해 전반적으로 간략히 설명해야 한다. 설명을 끝내고 연구 참여자에게 질문할 주제 혹은 질문 목록을 작성하는 것이 중요하다. 인터뷰 혹은 초점 집단 운영에 확신 있는 사람은 종종 단지 주제 목록만 준비한다. 하지만 대화가 중단될 경우를 대비한 질문도 준비하는 것이 좋다. 질문은 '사실적', 서술적, 성찰적, 감정적, 정서적 정보를 얻기 위해 설계된다. 연구 주제에 따라 서로 다른 유형의 질문을 조합하는 것이 효율적이다. 연구자들은 종종 참여자가 답변하기 편하다고 느낄 만한 질문으로 대화를 시작한다. 보다 어렵고 민감하고 혹은 숙고할 질문은 연구 참여자들이 더 편안하다고 느끼는 후반부에 남겨 둔다. 박스 9.1은 덩치가 크고 체중이 많이 나가는 사람들의 장소에 대한 경험을 분석할 때 사용한 질문 목록이다. 이러한 스케줄은 반구조화 인터뷰 혹은 초점 집단에 사용될 수 있다. 괄호 안에 후속 질문을 넣었다.

이 질문들을 반드시 목록에 쓰인 순서대로 물어볼 필요는 없다. 토론을 대화식으로 진행하면 연구 참여자들이 자신들 스스로 중요하다고 느끼는 이슈를 이야기할 기회를 얻게 된다. 인터뷰 혹은 초점 집단 말미에 진행 과정의 어떤 단계에서든 모든 질문이 다루어졌는지 인터뷰 스케줄에서 확인할 수 있다.

연구 참여자가 반구조화 인터뷰와 초점 집단을 위해 '워밍업' 하는 데 시간이 소요될 수 있다는 점을 기억하는 것이 중요하다. 가능하다면 참여자를 편안하게 하는 방법으로 음료나 음식을 제공하는 것도 좋다. 물론 온라인으로 연구를 진행한다면 불가능하지만 말이다. 또한 초점 집단 초반에 참가자가 토론 주제에 집중할 수 있도록 하는 어떤 활동을 하게 하는 것도 유용하다. 예를 들어, 참여자에게 사진을 보여 주거나 특정 상황을 상상하도록 하고 그림을 그리도록 요구할 수 있다. 이 기법은 시

박스 9.1　반구조화 및 초점 집단 인터뷰 스케줄

Longhurst(1996) 연구 관련 질문들

- 삶에서 체격이 크거나 체중이 많이 나가지 않았을 때를 기억하십니까? (이에 대해 설명해 주세요. 당시 사람들은 당신을 어떻게 대했습니까?)
- 큰 체격 때문에 피하는 곳이 있습니까? (왜인가요? 만일 그 장소를 방문하면 어떤 기분입니까?)
- 체격에 맞거나 편안하다고 느끼는 곳이 있습니까? (그러한 장소를 말해 주고 그곳에서 어떻게 느끼는지 알려 주십시오.)
- 뉴질랜드에는 해변에서 시간을 보내는 전통이 있습니다. 해변에 가십니까? (설명해 주십시오. 해변에서 당신은 어떻습니까?)
- 옷을 사러 갔을 때의 경험을 말해 주세요. (어디에서 쇼핑합니까? 점원이 도움이 됩니까? 탈의실은 편합니까? 다른 손님이 체격을 가지고 당신을 판단한다고 느낀 적이 있습니까?)
- 식료품을 사러 가거나 공공 공간에서 외식할 때 기분이 어떻습니까? (왜 그렇습니까?)
- 체격과 관련해 직장에서 발생한 문제가 있습니까? (어떤 이슈들입니까?)
- 어떤 장소에서 답답함을 느끼십니까? (예로, 영화관 좌석, 소형차, 비행기)
- 운동하십니까? (그렇다면 무엇을 그리고 어디에서 합니까?)
- 체격에 맞도록 집을 고친 적이 있습니까? (예로, 출입구 개조, 특정 가구 선택, 가구를 특정 방식으로 배치, 욕실/화장실 시설 개조 등이며 설명해 주십시오.)
- 체격이 더 작다면 삶이 달라졌을 것이라고 상상하십니까? (설명해 주십시오.)
- 중요하다고 생각하지만 인터뷰/초점 집단에서 논의할 기회가 없어 지금이라도 제기하고 싶은 이슈가 있습니까?

장 분석가들이 사용하는 것인데 사회과학자에게도 효과적일 수 있다. 키칭어(Kitzinger, 1994)는 초점 집단 참여자들에게 에이즈 '위험에 처한' 사람들에 대한 진술이 담긴 카드 다발을 주었다. 그는 참여자들에게 카드를 개별적 '사람 유형'에 따라 처한 '위험'의 정도별로 카드를 분류해 쌓도록 했다. 키칭어(Kitzinger, 1994: 107)는 '이러한 활동은 토론 중재자로부터 최소한의 영향을 받으면서 참여자들이 함께 작업할 수 있도록 하며, 이어지는 토론에서 중재자보다는 다른 참여자들에 집중할 수 있도록 독려한다'고 설명했다.

9.4 연구 참여자 선정 및 모집

반구조화 인터뷰와 초점 집단을 위한 연구 참가자를 선정하는 일은 매우 중요하다. 연구 참가자는 일반적으로 연구 주제와 관련된 경험을 기준으로 선정한다(Cameron, 2005). 버제스(Burgess, 1996, Cameron, 2005: 121 재인용)의 시골 공포에 관한 연구는 '목적 의식이 분명한 표본추출' 기법을 보여 주는 좋은 사례이다. 정량적 방법론을 사용할 때 목표는 종종 무작위 또는 대표 표본을 선정하는데, 이는 '객관적'이고자 하거나 데이터를 복제할 수 있도록 하기 위해서이다. 정성적 방법론을 사용할 때는 그렇지 않다. '대부분 설문지와는 달리 인터뷰의 목표는 대표성을 확보하는 것(일반적 인식이나 잘못된 비판임)이 아니라 개인이 어떻게 자기 삶을 경험하고 이해하는가를 파악하는 것이다'(Valentine, 2005: 111).

예를 들어, 만약 '인종 폭력'을 연구하고 있다면 서로 다른 민족 집단, 특히 인종 폭력과 연루되어 있다고 생각하는 서로 다른 민족 집단 사람들을 인터뷰하거나 초점 집단으로 구성해 운영하는 것을 고려해 볼만하다. 또한 인종 폭력을 낳는 과정을 더 깊이 탐구하기 위해 젠더, 섹슈얼리티, '이민자 여부', 나이와 같은 다른 정체성과 민족적 혹은 인종적 정체성이 교차하는 방식을 살펴볼 수도 있다. 연구를 실행할 때 고려해야 하는 것은 연구 참여자의 정체성만은 아니다. 밸런타인(Valentine, 2005: 113)은 '인터뷰하고자 하는 사람을 생각할 때 연구자가 누구이며 자신의 정체성이 다른 사람과 어떻게 상호작용할지 생각하는 것이 중요하다'고 지적했다. 그녀는 이것이 학계에서 말하는 자기 성찰적(reflexive) 과정, 즉 자신의 위치성(positionality)을 인식하는 것이라 설명했다(연구 과정에서 '감정 이입과 자기 인식'에 대해서는 England, 1994: 82; Moss, 2002; Bondi, 2003, 새로운 위치성으로서 개성에 대해서는 Moser, 2008 참조).

반구조화 인터뷰와 초점 집단을 위한 연구 참여자를 모집하는 데에는 여러 가지 전략이 있다. 어떤 모집 전략은 양자 모두에 사용될 수 있으나, 다른 전략은 둘 중 하나에만 더 적합하다. 만약 인터뷰 참여자를 모집한다면 '기본적인 사실 정보를 수집하고 추가 조사를 위한 답신 주소와 전화번호를 묻는 간단한 설문 조사를 하는 것(Valentine, 2005: 115)'이 일반적이다. 지방 신문이나 라디오 방송을 통해 참여자 모집을 광고하고 관심 있는 사람이 연락하도록 요청하는 것도 가능하다.

대안 혹은 추가 전략으로 연구자는 특정 초점 집단에 잠재적 참여자에게 접촉하기 위해 소셜 미디어와 웹기반 설문 조사(SurveyMonkey)를 점점 더 많이 사용한다. 대면 혹은 온라인 인터뷰나 초점 집단을 구성하기 위해 시도하는 과정에서 경험이나 배경을 공유하는 특별한 그룹을 확인하고 설문 링크, 이메일, 문자 메시지를 통해 접촉할 수 있다. 예로, 박사과정생 토드(Cherie Todd)는 대규모 멀티플레이어 온라인 롤플레잉 게임(MMORPG)인 월드 오브 워크래프트(World of Warcraft)상에서 사람들의 사랑과 로맨스에 대한 체험을 연구 분석하면서 게임 플레이어를 초청해 온라인 설문지에 응답하게 했다. 그러고 나서 가까이 사는 플레이어는 대면으로, 멀리 떨어진 사람은 스카이프로 인터뷰할 수 있는지 물었다(Todd, 게재 예정 논문).

　연구 참여자를 모집하기 위해 소셜 미디어를 사용하는 것은 인터뷰 의도를 묻기 위해 보통 낯선 사람들에게 실제로 전화하는 '콜드 콜(cold calling)'을 일정 정도 대체한다. 이것은 보통 거절당하는 비율이 높아서 신경 쓰이는 방식이다.

　앞서 언급했듯이 초점 집단은 공통점을 가지고 있거나 서로 아는 사람들로 구성한다. 따라서 그룹 회원 목록이 연구 참여자 모집에 유용하다. 스포츠 클럽, 온라인 그룹, 공동체 활동, 교회 모임 혹은 직장 모임 등을 통해 서로 아는 사람들로 이상적인 초점 집단을 구성할 수 있다. 남성의 집안 욕실(지리학자들이 거의 연구하지 않았던 사적 공간)에서의 체험에 대해 초점 집단 분석을 수행할 때 나는 친구의 도움을 받아 네 개의 남성 그룹을 짜는 데 성공했다. 첫 번째 그룹은 같은 럭비 클럽의 회원이었고, 두 번째 그룹은 정부 부처 동료였으며, 세 번째 그룹은 '구직자'였고, 네 번째 그룹은 가족/친구였다.

　초점 집단 참여자를 확보하는 또 다른 유용한 경로는 크루거(Krueger, 1988: 94)가 '현장 모집'이라고 말한 방법이다. 나는 임산부의 공공 공간에 대한 경험을 연구하기 위해 생애 처음으로 임신한 여성을 모집할 때 이 방법을 썼는데, 출산 준비 교실, 조산원, 산부인과 병원에서 임산부를 섭외했다. 이들 여성은 다른 임산부와 이야기하면서 나에게 '문을 열었다'. 사회과학자는 이러한 방식을 '눈덩이(snowballing) 표본추출'이라고 한다. '이 용어는 한 사람과의 접촉이 다른 사람과의 접촉을 돕는 방식으로 순차적으로 여러 다른 사람과 접촉할 수 있음을 기술한다(Valentine, 2005: 117).'

9.5 만남의 장소

연구 참여자를 선정하고 모집하는 방법을 정하는 것도 필요하지만 인터뷰나 초점 집단 모임을 어디에서 가질 것인지 정할 필요가 있다. 먼저 인터뷰나 모임을 대면으로 할 것인지 아니면 온라인에서 할 것인지 정해야 한다. 인터뷰나 모임의 장소가 차이를 만든다는 점은 대부분의 지리학자에게 놀라운 일이 아니다. 이상적인 장소는 상대적으로 중립적이어야 한다. 나는 한때 지방의회의 서비스 품질을 논의하는 초점 집단 모임을 의회 사무실에서 개최하는 실수를 범했다. 논의는 자유롭지 못했고, 연구 참여자는 의회 사무실에 있으면서 의회를 비판하는 데 주저하는 모습이 곧 역력해졌다. 하지만 '기업인이나 기관, 조직의 공무원을 인터뷰하는 대부분의 경우 어쩔 수 없이 그들의 사무실에서 인터뷰를 진행할 수밖에 없다'는 점을 주목할 필요가 있다(Valentine, 2005: 118; 또는 런던의 투자은행 인터뷰에 대해서는 McDowell, 1997 참조). 연구하는 환경에서 만나는 것도 효과적인 것으로 증명되었다. 반구조화 인터뷰 혹은 초점 집단을 온라인상에서 하기로 했다면, 어떤 소프트웨어(예: 스카이프, 페이스타임, 구글 행아웃 등)가 사용자 친화적이고 연구자와 연구 참여자에게 가장 효과적인지 생각해야 한다.

인터뷰와 초점 집단을 '완벽한 환경'에서 실행하는 것이 항상 가능한 것은 아니다. 하지만 중립적이고 비형식적이며 시끄럽지 않고 접근하기 쉬운 장소를 찾으려 최대한 노력해야 한다. 예를 들어, 소규모 초점 집단을 운영한다면 하나의 컴퓨터 화면이나 식탁에 편히 둘러앉는 것이 가능할 수 있다(저녁 식사와 함께 진행된 초점 집단에 대한 예시로 Fine and Macpherson, 1992 참조). 두말할 것도 없이 대규모 초점 집단은 여러 컴퓨터 화면이나 학교, 동호인 모임의 방과 같은 더 넓은 공간이 필요하다. 반구조화 인터뷰와 초점 집단 양자 모두 핵심 고려사항은 실제 공간이든 온라인 공간이든 상관없이 인터뷰 응답자가 편안하다고 느껴야 한다는 점이다. 면접관 또한 편안하다고 느끼는 것도 중요하다(2장 참조). 밸런타인(Valentine, 2005: 118)은 '안전을 위해 편하지 않은 사람과 인터뷰를 계획하거나 안전이 취약하다고 느끼는 장소에서 낯선 사람과 만나는 것에 동의하지 말라'고 경고한다.

9.6 토론 녹음 및 녹취록 작성

반구조화 인터뷰나 초점 집단을 실행할 때 토론 내용을 기록하거나 녹음/녹화할 수 있다. 온라인상에서 연구를 진행할 경우, 대화를 녹화할 수 있는 내장 소프트웨어(Windows의 Sound Recorder, OS X의 QuickTime)나 상업 응용 프로그램을 사용할 수 있다. 녹화는 연구 참여자의 발언을 노트에 받아쓰는 데 느끼는 압박감을 덜어 주어 상호작용에 전적으로 집중할 수 있도록 해 준다(Valentine, 2005). 인터뷰 직후 대화의 일반적 어조, 제기된 핵심 주제, 대화 중에 감동하거나 놀랐던 것을 문서로 작성하는 것이 좋다. 이러한 문서화 작업은 어떤 의미에서는 데이터 분석의 한 형태라 할 수 있다(정성적 데이터 분석은 36장과 Miles and Huberman, 1994; Kitchin and Tate, 2000 참조).

인터뷰와 초점 집단이 끝난 후 가능한 한 빨리 녹취하는 것이 바람직하다(녹취를 코드화하는 방법은 35장 참조). 기억이 여전히 생생할 때 대화 녹음을 듣는 것이 녹취록 작성을 용이하게 한다. 초점 집단, 특히 대규모 그룹은 진행자를 포함한 개별 발언자가 누구인지 확인할 필요가 있기에 녹취가 어려울 수 있다. 박스 9.2는 자녀를 양육하는 과정에서 다양한 기술을 사용한 경험을 서로 만나 이야기한 젊은 어머니로 구성된 초점 집단을 녹취한 사례이다. '다른 사람의 기여에 대해 반응할 때의 역

박스 9.2 초점 집단의 녹취록

레이킨: 페이스북에 올린 사진이 페이스북 자산이 된다는 말을 방금 들었습니다. 심지어 삭제를 해도 여전히
 페이스북의 자산으로 남는다더군요. 페이스북은 모든 사본을 가지고 있다네요. //.

재스민: **하지만 누가 신경이나 쓰나요?** 페이스북이 그 사진으로 무엇을 할 수나 있나요? (.)

테리사: 글쎄요. 어떤 면에서는 저도 그것에 대해 무관심해요 [찡그린 표정] 정말 무서워요.

재스민: 하지만 거기에는 수백만 장에 달하는 엄청난 양의 사진이 있어요.

테리사: 그래도 어떤 사람이 그 사진들을 갖게 된다고 상상해 보세요. 우리는 학교에서 아이들 사진을 함부
 로 인터넷에 올리지 못하도록 하잖아요. 나쁜 사람들이 아이들 사진을 얻게 될 수도 있을까 봐서요.
 그것처럼 만약 사진들이 페이스북 자산이라 어떤 사람이 페이스북 데이터베이스에 들어가 어떤 사
 진이든 얻을 수 있다면 오직 신만이 어떤 일이 생길지 알 거예요.

출처: 2009년 롱허스트가 수행한 초점 집단으로부터 얻은 오디오 테이프 발췌문
(이 데이터를 바탕으로 출판한 Longhurst, 2013 참조)

동성과 에너지'에 주목하라(Cameron, 2005: 17). 이 발췌문에서 연구 참여자 중 한 명은 다른 참여
자에게 질문한다. 재스민은 '페이스북이 이용자 사진으로 무엇을 하는지 누가 신경이나 쓰나요?'라
고 묻는다. 이것은 참여자들 간 의견의 차이가 있음을 뜻한다. 다양한 녹취 코드에 주목하라. 대화 중
겹치는 부분의 시작점에 이중 빗금(//)으로 표기하고, 일시적 중지는 괄호 안 마침표(.)로 표시한다.
그리고 비언어적 행동, 제스처, 표정은 대괄호로 표시하고, 큰 탄성은 굵은 글씨체로 표시한다(녹취
코드에 대한 보다 자세한 내용은 Dunn, 2005: 98 참조).

 녹취록에서 알 수 있듯이 때로는 연구 참여자가 견해를 달리하고 데이터는 '민감'해 질 수 있다(어
떤 어머니는 인터넷에서 소아 성애자를 두려워함). 따라서 반구조화 인터뷰나 초점 집단을 실행할
때 고려해야 할 수많은 윤리 문제가 있다는 점은 놀라운 일이 아니다(3장 참조).

9.7 윤리 이슈

중요한 윤리 문제 두 가지는 기밀 유지와 익명성이다. 연구 참여자에게 수집된 모든 데이터가 봉인
되어 열쇠가 있어야 접근할 수 있거나 컴퓨터 데이터베이스에 저장되어 암호로만 접근 가능해 안전
한 상태에 있다는 확신을 주어야 한다. 또한 제공된 정보는 기밀로 유지되고 별도 요구가 없다면 참
여자의 익명성이 유지되어야 한다. 그리고 연구 참여자는 어떠한 별도 설명 없이 연구에서 참여를

철회할 권리가 있다는 확신도 주어야 한다. 연구 과제가 완료되면 연구 결과에 대한 요약문을 참여자에게 제공한다는 제안을 하고 이를 이행하는 것이 바람직한 연구 관행이다. 요약문은 종이 사본이거나 웹사이트에 게재된 전자 사본의 형태로 제공된다[예: 더럼대학교 지리학과는 교원이 수행한 다양한 연구 과제에 대한 보고서를 학과 홈페이지(www.dur.ac.uk/geography/research)에 게시함].

초점 집단은 기밀 유지가 보다 복잡하다. 왜냐하면 연구자뿐 아니라 그룹 구성원들도 정보에 접근할 수 있기 때문이다. 따라서 연구 참여자들 모두는 토론 내용을 비밀로 유지하도록 요구받는다. 다음은 캐머런(Cameron)의 설명이다.

기밀성이 완벽하게 보장될 수 없으므로, 초점 집단 밖에서 반복적으로 언급되어도 괜찮다고 느껴지는 것들만 공개하도록 주문하는 것이 적절하다. 물론 연구자는 주제가 논란의 소지가 많거나 너무 민감하지는 않은지 그리고 개별 심층 인터뷰와 같은 다른 기법을 통해 다루는 것이 나은지 항상 주의 깊게 살펴야 한다(2005: 122).

또 다른 윤리 이슈는 인터뷰 혹은 초점 집단 참가자가 성 차별적, 인종 차별적 혹은 여타 공격적인 견해를 표현할 수 있다는 것이다. 앞선 인용문에서 크루거와 케이시(Krueger and Casey, 2000: xi)는 연구자가 경청하고 주의하며 판단하려 들지 말아야 한다고 주장했다. 그러나 때로는 판단하지 않는 것이 인터뷰 대상자가 보인 차별적 견해를 단순히 재생산하고 심지어 공모해 정당화해 주는 격이 될 수 있다(Valentine, 2005). 연구자는 손쉬운 해결 방법이 없으므로 이러한 상황을 매우 신중하게 사고할 필요가 있다.

연구자가 다른 문화적 맥락에서 어떻게 인터뷰하거나 초점 집단을 운영할 것인지도 신중하게 고민해야 한다(6장 참조). 예로, '제3세계', '주체'를 탐구하는 '제1세계' 연구자는 현지의 행동 규범에 매우 민감해야 한다(Valentine, 2005). 요컨대 반구조화 인터뷰나 초점 집단을 실행할 때 주의해야 할 윤리 이슈와 권력관계가 복잡하게 얽혀 있다(사회과학 연구에서 '엉망진창'에 대해 Law, 2004 참조). 특히 여성주의 지리학자는 이 분야에 많은 공헌을 했다(McDowell, 1992; Dyck, 1993; Katz, 1994; England, 1994; Gibson-Graham, 1994; Kobayashi, 1994; Moss, 2002; Bondi, 2003).

9.8 결론

이 장은 두 가지 정성적 방법론, 반구조화 인터뷰와 초점 집단 인터뷰를 개관하고 지리학 연구에서 어떻게 사용될 수 있는지 살펴보았다. 두 방법론 모두 대면이든 온라인이든 사람들과 반구조화된 방식으로 이야기하는 것이다. 하지만 반구조화 인터뷰는 면담자와 피면담자 간 상호작용에 의존하는 반면, 초점 집단은 피면담자들 간 상호작용을 기반으로 한다. 양자 모두 많은 지리학자의 의제에서 특히 의미, 정체성, 주체성, 감정, 정동(情動, affect), 정치, 지식, 권력, 수행성, 재현 등에 대한 지리학 연구에 심대한 공헌을 했다. 지리학에서 지식과 담론이 구성되는 과정을 비판적으로 분석하게 됨에 따라(Rose, 1993), 연구 과정을 면밀히 성찰하는 방법론적 전략을 발전시키는 데 관심을 두게 되었다. 반구조화 인터뷰와 초점 집단은 복잡한 행위, 견해, 감정, 정동을 탐구하는 데, 그리고 다양한 경험을 수집하는 데 유용하다. 이들 방법론은 연구자에게 '진실'에 도달하는 경로를 제시하는 것이 아니라, 사람들이 무엇을 행하고 어떻게 사고하는지에 대해 부분적인 통찰력을 얻는 경로를 제공한다.

| 요약
- 반구조화 인터뷰와 초점 집단은 대면으로 혹은 온라인으로 자의식을 가지고, 질서 있게, 부분적으로 구조화된 방식으로 사람들과 대화하는 것이다.
- 이들 방법론은 복잡한 행동, 견해, 감정, 정동, 다양한 경험을 수집하는 데 유용하다.
- 모든 인터뷰와 초점 집단은 나름의 준비, 생각, 그리고 연습이 필요하다.
- 연구 참여자를 모집하는 데에는 광고하거나, 인터넷 메일링 목록을 포함한 회원 명부에 접근하거나, 소셜 미디어를 이용하거나, 현장 모집 및 '콜드 콜'을 포함한 다양한 방법이 있다.
- 인터뷰와 초점 집단은 연구 참여자와 면접관 모두 편하다고 느끼는 장소 또는 공간에서 진행되어야 한다.
- 반구조화 인터뷰 또는 초점 집단을 실행할 때 토론을 기록하거나 녹음·녹화한다.
- 이들 방법론을 사용할 때 주의해야 할 윤리 이슈와 권력관계가 있다.
- 반구조화 인터뷰와 초점 집단은 지리학 연구에서 특히 의미, 정체성, 주체성, 감정, 정동, 정치, 지식, 권력, 수행성, 재현 등이 지리학자의 핵심 의제가 된 현재 중대한 공헌을 하고 있다.

심화 읽기자료

지리학자와 여타 사회과학자들이 집필한 반구조화 인터뷰(더 일반적인 인터뷰)와 초점 집단에 대한 많은 훌륭한 책과 논문이 있다. 권장할 만한 자료는 아래와 같다.
- 덴진과 링컨(Denzin and Lincoln, 2011)은 인터뷰(예: Peräkylä와 Ruusuvuori가 쓴 32장)와 초점 집단(예:

Kamberelis와 Dimitriadis가 쓴 33장)을 포함해 여러 개의 유용한 장을 제공하며, 전체적으로 윤리, 정치, 페미니즘, 수행, 기술 및 우편 정성적 연구 등을 다룬다.

- 매지와 오코너(Madge and O'Connor, 2002)는 어머니 그룹과 함께 '반구조적 동기화된 가상 그룹 인터뷰'라고 불리는 인터뷰를 수행한 경험을 논의한다. 인터넷 기술을 연구에 사용하는 것이 동기식 오디오 및 시각적 커뮤니케이션에 대한 더 많은 가능성이 열림에 따라 인기를 얻고 있다.
- 캐머런(Cameron, 2005)은 지리학자의 관점에서 초점 집단 인터뷰의 다양한 방법론을 보여 주며, 인터뷰 계획에서부터 수행 및 분석, 결과 제시에 이르는 여러 방법을 설명한다.
- 밸런타인(Valentine, 2005)의 '대화 인터뷰'에 관한 장은 읽기가 매우 쉬운데 누구와 대화해야 하는지, 연구 참가자를 모집하는 방법이 어떤지, 인터뷰 장소를 정하는 방법에 대해 조언한다. 인터뷰에 있어 윤리와 정치 권력 이슈에 관련해 흥미로운 질문을 제기하고, 독자들에게 연구에서 발생할 수 있는 잠재적 위험에 대해 경고한다.
- 던(Dunn, 2005)은 지리학에 있어 구조화된, 반구조화된, 구조화되지 않은 인터뷰에 관해 논의하고, 각 방법의 상대적 강점과 약점을 비판적으로 평가한다. 또한 인터뷰 설계, 실행, 녹취문 작성, 데이터 분석과 발표에 대해 조언한다. 밸런타인과 마찬가지로 던은 해당 장의 말미에 추가 읽을거리를 제시한다.

* 심화 읽기자료에 대한 상세 정보는 아래 참고문헌에서 확인할 수 있음.

참고문헌

Area (1996) 28(2) 'Introduction to focus groups' by J.D. Goss and five papers on using focus groups in human geography by Burgess; Zeigler, Brunn and Johnston; Holbrook and Jackson; Longhurst; and Goss and Leinback.

Bedford, T. and Burgess, J. (2001) 'The focus-group experience', in M. Limb and C. Dwyer (eds) *Qualitative Methodologies for Geographers*. London: Arnold. pp.121-35.

Bennett, K. (2003) 'Interviews and focus groups', in P. Shurmer-Smith (ed.) *Doing Cultural Geography*. London: Sage. pp.153-62.

Bondi, L. (2003) 'Empathy and identification: Conceptual resources for feminist fieldwork', *ACME: International Journal of Critical Geography*, 2: 64-76. http://acme-journal.org/index.php/acme/article/viewFile/708/571 (accessed 12 November 2015).

Burgess, J. (1996) 'Focusing on fear: The use of focus groups in a project for the Community Forest Unit, Countryside Commission', *Area*, 28: 130-35.

Burgess, J., Limb, M. and Harrison, C.M. (1988a) 'Exploring environmental values through the medium of small groups. 1. Theory and practice', *Environment and Planning A*, 20: 309-26.

Burgess, J., Limb, M. and Harrison C.M. (1988b) 'Exploring environmental values through the medium of small groups. 2. Illustrations of a group at work', *Environment and Planning A*, 20: 457-76.

Cain, T.M. (2011) 'Bounded bodies: The larger everyday clothing practices of larger women', PhD thesis, Massey University, Albany, New Zealand.

Cameron, J. (2005) 'Focusing on the focus group', in I. Hay (ed.) *Qualitative Research Methods in Human Geography* (2nd edition). Melbourne: Oxford University Press. pp.116-32.

Campbell, H., Law, R. and Honeyfield, J. (1999) '"What it means to be a man": Hegemonic masculinity and the reinvention of beer', in R. Law, H. Campbell and J. Dolan (eds) *Masculinities in Aotearoa/New Zealand*. Palmerston North: Dunmore Press. pp.166-86.

Crang, M. (2002) 'Qualitative methods: The new orthodoxy?', *Progress in Human Geography*, 26: 647-55.

Crang, M. (2003) 'Qualitative methods: Touchy, feely, look-see?', *Progress in Human Geography*, 27: 494-504.

Crang, M. (2005) 'Qualitative methods: There is nothing outside the text?', *Progress in Human Geography*, 29 (2): 225-33.

Davies, G. and Dwyer, C. (2007) 'Qualitative methods: Are you enchanted or are you alienated?', *Progress in Human Geography*, 31: 257-66.

Denzin, N.K. and Lincoln Y.S. (eds) (2011) *The SAGE Handbook of Qualitative Research* (4th edition). Thousand Oaks, CA: Sage.

Department of Geography, Durham University, Projects: https://www.dur.ac.uk/geography/research/ (accessed 10 November 2016).

Dewsbury, J.D. (2010) 'Performative, non-representational, and affect-based research: Seven injunctions', in D. DeLyser, S. Herbert, S. Aitken, M. Crang and L. McDowell (eds) *The SAGE Handbook of Qualitative Geography*. London: Sage. pp.321-34.

Dunn, K. (2005) 'Interviewing', in I. Hay (ed.) *Qualitative Research Methods in Human Geography* (2nd edition). Melbourne: Oxford University Press. pp.79-105.

Duffy, M., Waitt, G., Gorman-Murray, A. and Gibson, C. (2011) 'Bodily rhythms: Corporeal capacities to engage with festival spaces', *Emotion, Space and Society*, 4, 17-24.

Dyck, I. (1993) 'Ethnography: A feminist method?', *The Canadian Geographer*, 37: 52-7.

England, K. (1994) 'Getting personal: Reflexivity, positionality and feminist research', *The Professional Geographer*, 46: 80-9.

Fine, M. and Macpherson, P. (1992) 'Over dinner: Feminism and adolescent female bodies', in M. Fine (ed.) *Disruptive Voices: The Possibilities of Feminist Research. East Lansing*, MI: University of Michigan Press. pp. 175-203.

Gibson-Graham, J.K. (1994) '"Stuffed if I know!": Reflections on post-modern feminist social research', *Gender, Place and Culture*, 1: 205-24.

Goss, J.D. and Leinback, T.R. (1996) 'Focus groups as alternative research practice: Experience with transmigrants in Indonesia', *Area*, 28: 115-23.

Greenbaum, T. (1993) *The Handbook for Focus Group Research*. Lexington, MA: Lexington Books.

Gregory, D., Johnston, R.J., Pratt, G., Watts, M. and Whatmore, S. (2009) *A Dictionary of Human Geography* (5th edition). Oxford: Blackwell.

Hanna, P. (2012) 'Using internet technologies (such as Skype) as a research medium: A research note', *Qualitative Research*, 12 (2): 239-42.

Honeyfield, J. (1997) 'Red blooded blood brothers: Representations of place and hard man masculinity in television advertisements for beer.' Master's thesis, University of Waikato, New Zealand.

Hutcheson, G. (2013) 'Methodological reflections on transference and countertransference in geographical research: Relocation experiences from post-disaster Christchurch, Aotearoa New Zealand', *Area*, 45: 477-84.

Johnston, L. (2001) '(Other) bodies and tourism studies', *Annals of Tourism Research*, 28: 180-201.

Kamberelis, G. and Dimitriadis, G. (2011) 'Focus groups: Contingent articulations of pedagogy, politics, and inquiry', in N.K. Denzin and Y.S. Lincoln (eds) *The SAGE Handbook of Qualitative Research* (4th edition). Thousand Oaks, CA: Sage., pp.545-53.

Katz, C. (1994) 'Playing the field: Questions of fieldwork in geography', *The Professional Geographer*, 46: 67-72.

Kitchin, R. and Tate, N.J. (2000) *Conducting Research into Human Geography*. Edinburgh Gate: Pearson.

Kitzinger, J. (1994) 'The methodology of focus groups: The importance of interaction between research participants', *Sociology of Health and Illness*, 16: 103-21.

Kobayashi, A. (1994) 'Coloring the field: Gender, "race", and the politics of fieldwork', *The Professional Geographer*, 46: 73-9.

Krueger, R.A. (1988) *Focus Groups: A Practical Guide for Applied Research*. Thousand Oaks, CA: Sage.

Krueger, R.A. and Casey, M.A. (2000) *Focus Groups. A Practical Guide for Applied Research* (3rd edition). Thousand Oaks, CA: Sage.

Law, J. (2004) *After Method: Mess in Social Science Research*. London: Routledge.

Longhurst, R. (1996) 'Refocusing groups: Pregnant women's geographical experiences of Hamilton, New Zealand/Aotearoa', *Area*, 28: 143-9.

Longhurst, R. (2013) 'Using Skype to mother: bodies, emotions, visuality, and screens', *Environment and Planning D: Society and Space*, 31(4): 664-79.

Longhurst, R., Ho, E. and Johnston, L. (2008) 'Using "the body" as an "instrument of research": kimchi'I and pavlova', *Area*, 40: 208-17.

Madge, C. and O'Connor, H. (2002) 'On-line with e-mums: Exploring the internet as a medium for research', *Area*, 34: 102.

McDowell, L. (1992) 'Doing gender: Feminism, feminists and research methods in human geography', *Transactions, Institute of British Geographers*, 17: 399-416.

McDowell, L. (1997) *Capital Culture: Gender at Work in the City*. Oxford: Blackwell.

McDowell, L. (2007) 'Sexing the economy, theorizing bodies', in A. Tickell, E. Sheppard, J. Peck and T. Barnes (eds) *Politics and Practice in Economic Geography*. London: Sage. pp.60-70.

Merton, R.K. and Kendall, P.L. (1990) *The Focused Interview: A Manual of Problems and Procedures* (2nd edition). New York: Free Press.

Miles, M.B. and Huberman, A.M. (1994) *Qualitative Data Analysis: An Expanded Sourcebook*. Thousand Oaks, CA: Sage.

Miller, D., Jackson, P., Thrift, N., Holbrook, B. and Rowlands, N. (1998) *Shopping, Place and Identity*. London: Routledge.

Morgan, D.L. (1997) *Focus Groups as Qualitative Research*. (Qualitative Research Methods: 16). Thousand Oaks, CA: Sage.

Moser, S. (2010) 'Personality: A new positionality?' *Area*, 40: 383-92.

Moss, P. (ed.) (2002) *Feminist Geography in Practice: Research and Methods*. Oxford: Blackwell.

Nast, H. (1994) 'Opening remarks on "women in the field"', *The Professional Geographer*, 46: 54-5.

Peräkylä, A. and Ruusuvuori, J. (2011) 'Analyzing talk and text', in N.K. Denzin and Y.S. Lincoln (eds) *The SAGE Handbook of Qualitative Research* (4th edition). Thousand Oaks, CA: Sage. pp.529-43.

Pile, S. (1991) 'Practising interpretative geography', *Transactions of the Institute of British Geographers*, 16: 458-69.

Pile, S. (2010) 'Intimate distance: The unconscious dimensions of the rapport between researcher and re-searched', *The Professional Geographer*, 62: 483-95.

Punch, S. (2000) 'Children's strategies for creating playspaces', in S.L. Holloway and G. Valentine (eds) *Children's Geographies. Playing, Living, Learning*. London and New York: Routledge. pp.48-62.

Rose, G. (1993) *Feminism and Geography: The Limits of Geographical Knowledge*. Cambridge: Polity Press.

Sayer, A. and Morgan, K. (1985) 'A modern industry in a reclining region: Links between method, theory and policy', in D. Massey and R. Meegan (eds) *Politics and Method*. London: Methuen. pp.147-68.

Schoenberger, E. (2007) 'Politics and practice: Becoming a geographer', in A. Tickell, E. Sheppard, J. Peck and T. Barnes (eds) *Politics and Practice in Economic Geography*. London: Sage. pp.27-37.

Secor, A.J. (2010) 'Social surveys, interviews and focus groups', in B. Gomez and J.P. Jones III (eds) *Research Methods in Geography*. Chichester: Blackwell. pp.194-205.

Skop, E. (2006) 'The methodological potential of focus groups in population geography', *Population, Space and Place*, 12: 113-24.

Stewart, D.W., Shamdasani, P.N. and Rook, D.W. (2006) *Focus Groups: Theory and Practice* (2nd edition). Newbury Park, CA: Sage.

Todd, C.J. (forthcoming) '"Male blood elves are so gay": gender and sexual identity in online games', in G. Brown and K. Browe (eds) *The Ashgate Research Companion to Geographies of Sex and Sexualtie*s. Farnham: Ashgate.

Valentine, G. (1999) 'Doing household research: Interviewing couples together and apart', *Area*, 31: 67-74.

Valentine, G. (2005) 'Tell me about ... using interviews as a research methodology', in R. Flowerdew and D. Martin (eds) *Methods in Human Geography: A Guide for Students Doing a Research Project* (2nd edition). Edinburgh Gate: Addison Wesley Longman. pp.110-27.

Winchester, H.P.M. (1999) 'Interviews and questionnaires as mixed methods in population geography: The case of lone fathers in Newcastle, Australia', *The Professional Geographer*, 51: 60-7.

Wolch, J., Brownlow, A. and Lassiter, U. (2000) 'Constructing the animal worlds of inner-city Los Angeles', in C. Philo and C. Wilbert (eds) *Animal Spaces, Beastly Places*. London and New York: Routledge. pp.71-97.

공식 웹사이트

이 책의 공식 웹사이트(study.sagepub.com/keymethods3e)에서 이 장과 관련한 비디오, 연습, 자료 및 링크들을 확인할 수 있으며, 부가적으로 다음 논문들도 무료로 이용할 수 있음.

1. Crang, M. (2003) 'Qualitative methods: Touchy, Feely, look-see?', *Progress in Human Geography*, 27(4): 494-504.

– 이 논문은 지리학에서의 정성적 방법론에 대한 다양한 논문과 서적을 알려 준다. 또한 반구조화 인터뷰와 초점 집단을 고려할 때 양자 모두에 관련성 있는 연구자의 위치성과 수행적 접근 방법에 대해서도 논의한다.

2. Davies, G. and Dwyer, C. (2007) 'Qualitative methods: Are you enchanted or are you alienated?', *Progress in Human Geography*, 31(2): 257-66.

– 이 논문은 반구조화 인터뷰와 초점 집단과 같은 방법론은 '인문지리학에서 정성적 방법론의 핵심'으로 남아 있지만, 지식을 구성하고 전달하는 데 사용하는 방식에서 전환이 있다고 주장한다. 행위 주체, 체험과 감성, 자연에서의 존재, 장소의 수행성과 관련된 이슈를 논의한다.

10

응답자 다이어리

개요

다이어리는 일정 기간 개인의 일상을 비체계적 방식으로 기록하는 일종의 자서전이다. 다이어리는 연구자들이 연구 프로젝트의 목적 또는 특정 시간대의 사건을 이해하기 위한 일종의 기록물이다. 기본적으로 다이어리 기반 접근 방법의 목적은 개인의 일상 또는 일생의 일부에 대한 루틴, 리듬, 맥락에 대한 정보를 획득하기 위함이다. 이 장은 특정 연구 프로젝트의 목적을 이해하기 위해 다이어리 접근 방법을 살펴보고자 한다.

이 장의 구성

- 서론
- 다이어리는 언제 유용한가
- 다양한 종류의 다이어리
- 응답자 다이어리의 실천 방안
- 기대 자료 및 활용 방식
- 응답자 다이어리의 한계

10.1 서론

지리학자는 종종 개인 일상생활의 리듬과 질감(texture)에 관심을 가진다. 지리학자는 특정한 사회적 실천이 일어나는 시공간적 맥락을 이해하기를 원한다. 예를 들어, 지리학자는 특정 행위가 매일, 매주, 매달, 또는 매년 특정 시간대에 발생하는 경향성이 있는지를 알고 싶어 한다. 또한 지리학자는 특정 사회적 실천의 빈도나 기간을 알고 싶어 하며, 이러한 사회적 실천이 개인의 일일, 주간, 월간 생활 경로에서 나타나는 다른 사건들과 어떠한 관계가 있는지를 알고 싶어 한다. 예를 들어, 영국인들의 음주 패턴을 이해하기 위해서는 그들의 음주 습관이 업무 시간의 리듬과 관련이 있다는 것을 인식하는 것이 매우 중요하다. 이와 유사하게 어떤 도시의 직장 출퇴근 시간 또는 학교 등하교 시간에 대한 정보 없이 특정 도시의 교통 흐름에 관한 일상 변수를 만드는 것은 어렵다. 응답자 다이어리 (respondent diary)는 이러한 사례에 관한 연구 자료를 매우 효율적으로 생산한다.

10.2 다이어리는 언제 유용한가

일상생활의 리듬과 패턴을 탐색하는 연구 자료를 생성하는 방법은 매우 다양하다. 인터뷰, 설문지, 참여 관찰(participant observation), 초점 집단(focus group) 모두 통찰력 있는 자료를 생성할 수 있다. 그러나 이러한 접근 방법에는 한계가 있다.

첫째, 인터뷰, 설문지, 초점 집단 접근 방법을 통해 개개인의 루틴에 대한 행위 빈도를 파악하는 것은 비합리적이다. 예를 들어, 이번 주에 버스, 자전거, 자가용을 몇 번 이용했는지를 본인 스스로에게 물어보고, 지난주에 이용했던 모든 시간과 목적지를 기록해 보자. 개인 다이어리를 보지 않고서는 신뢰할 말한 목록을 만드는 것이 매우 어렵다는 것을 발견하게 될 것이다.

둘째, 연구자는 특정 공간(공공 공간, 직장 내부 등)에서 나타나는 사람들의 일상적인 상호작용에 관심을 두고 있다. 이와 같은 상호작용은 순식간에 발생하고 지나가 버려 사회적 영향력이 명확하게 나타나지 않거나, 경직된 루틴에서는 잘 나타나지 않기 때문에 일반적으로 잠재적 연구 응답자는 이러한 상호작용에 대한 응답을 꺼린다. 아주 드물게 응답자는 특정 상호작용에 관한 특정 사례를 제시하거나, 구체적 사실에 대한 근거 없이 모호하게 응답하기 때문에 이에 대한 해석과 일반화가 어렵다. 이 외에도 사람들은 본인이 특정 종류의 상호작용과 관계되어 있는지를 전혀 인식하지 못하고 있다. 사람들은 자신이 조간신문을 구매하는 곳의 판매원에게 미소로 아침 인사를 하거나, 점심식사하는 식당에서 항상 특정 좌석을 선택한다거나, 늘 같은 점심 메뉴를 주문한다는 사실을 간과한다. 실제로 사람들은 본인의 생활이 특정 루틴과 습관적 행위로 이루어지고 있다는 사실을 인식할 때 종종 놀라기도 한다. 참여 관찰은 이와 같은 상호작용에 대한 연구 자료를 생성하는 방법 중 하나다. 그러나 온종일 개인의 일상을 추적하지 않는 한 참여 관찰은 조사된 상호작용이 사람들의 광범위한 루틴과 일상생활에 어떻게 적용되는지 명확한 결론을 내리기 어려울 것이다. 몇몇 연구자들이 관찰 대상자(응답자)들의 하루 일상의 루틴을 추적하더라도(Laurier and Philo, 2003), 연구자와 응답자 모두에게 의미 없는 결과를 가져올 수 있다. 또한 만일 관찰 대상자가 실질적으로 루틴 행위와 관련된 시간을 적게 사용했다면, 이와 같은 연구 전략(참여 관찰 접근)이 매우 비생산적이라는 것을 반증하는 것이다.

연구자들이 탐색하고자 하는 사회적 실천에 수반된 것들로 생성된 다이어리는 앞에서 제시한 두 가지 문제의 해결 방법을 제시할 수 있다. 본인이 특정 행위에 연루될 때 또는 특정 행위에 연루된 이후 사람들에게 그 상황을 곧바로 기록해 달라고 부탁하면, 연구는 왜곡된 기억으로 인한 잘못된 영향을 받지 않을 것이다. 따라서 다이어리는 다른 방법보다 더 정확하고 신뢰 있는 자료를 제공할 수 있다. 더욱이 연구 응답자들이 사회적 실천 또는 사건에 참여해 생성한 다이어리는 연구자의 대리인으로서 역할을 하게 한다. 불특정인의 하루, 일주일, 한 달 또는 불특정 기간의 일상을 추적하기 위해 연구자가 늘 있어야 하는 것은 아니다. 연구자가 응답자들에게 많은 시간을 할애하지 않아도 그들은 그들의 일상생활을 계속해 나가기 때문에 다이어리는 가상 세계에서 연구자가 응답자와 함께 있는 효과를 가져온다. 참여 관찰 기반의 연구 전략은 단 한 명의 응답자에 대한 데이터만 획득할 수 있는 반면, 다이어리 기반의 연구는 4~5명의 다이어리 응답자로부터 데이터를 획득할 수 있다. 여기에서 참여 관찰에서 획득한 상세한 관찰 데이터가 훨씬 더 질적이라는 사실을 인지하는 것도 중요하다.

응답자 다이어리[응답형 일지(solicited diary)로도 알려져 있음. Meth, 2003 참조]는 또 다른 매력이 있다. 첫째, 사람들은 다른 사람에게 여행, 언행, 식사 습관 등 무엇이든 특정 습관에 관해 물어봄으로써 자신들의 습관을 더 잘 알게 된다. 예를 들어, 상호작용에 관한 연구에서 담화와 같이 명백한 참여 행위가 없다고 해도 응답자들은 상호작용을 통해 본인과 타인의 연계 정도를 더 확실히 파악할 수 있다. 또는 푸드 다이어리를 쓰는 사람은 이를 통해 TV 시청과 같은 특정 유형의 여가 활동이 특정 유형의 음식 소비와 함께 즐거움이 배가되는 방식을 인지할 수 있다.

둘째, 다이어리는 응답자 본인의 생활을 체계적이고 지속적인 방식으로 계획할 수 있는 기회를 제공한다. 응답자 다이어리는 응답자 본인의 일상적이고 반복적인 생활에 관한 이야기를 기획할 기회를 제공한다. 또한 다이어리는 응답자에게 본인의 다이어리에 표현한 사건 및 행위의 의미를 더 폭넓게 재단할 수 있는 기회를 제공하고, 열정적으로 다이어리를 쓰는 사람에게 본인의 다이어리에 자세히 열거되었던 일상의 사건들을 제대로 배치할 기회를 준다. 따라서 응답자들은 특정 음식의 즐거움을 본인이 어렸을 적 어머니가 어떻게 요리해 주었는지에 관한 이야기 방식으로 설명할 수 있다. 또는 어린 시절에 걸어서 학교로 가던 기억을 떠올리면서 도보 출근의 매력을 이야기할 수 있다. 셋째, 다이어리가 적절하게 개방되어 있다면, 다이어리에 나열된 사건들과 그 사건들에 관한 기술 방식은 연구자가 생각하지 않았던, 또는 관계가 없거나 사소한 것이라고 생각했던 것들을 잘 보여 줄 수 있다. 넷째, 토머스(Thomas, 2007)가 남아프리카의 에이즈 연구에서 강조했듯이, 응답자는 다이어리를 통해 아주 감정적이고 개인적으로 민감한 이슈를 솔직하고 개방적으로 설명하고 탐색할 수 있다. 마지막으로 응답자의 일상생활에 대한 계획과 특정 참여 요인을 반영하는 데 있어서 응답자는 연구자의 이론적 문헌 체계를 수립할 수 있도록 도와 줄 수 있는 전통적인 이론과 설명을 요구할 수 있다.

10.3 다양한 종류의 다이어리

지리학자들은 광범위하고 다양한 주제를 연구하기 위해 응답자 다이어리를 활용한다. 다이어리 연구 사례는 도시 보행도로에 대한 경험(Middleton, 2009; 2010), 음식 소비 습관(Valentine, 1999), 폭력의 경험(Meth, 2003), 카페, 바, 기타 접대 공간의 사회성(Latham, 2004; 2006), 새로운 시대 정신(Holloway, 2003), 시각 장애인의 이동성(Cook and Crang, 1995), 어린이의 통학(Murray, 2009b), 소비자의 쇼핑 의사결정(Hoggard, 1978), 거리 어린이의 생활(Young and Barrett, 2001), 짐바브웨 어부와 야생의 관계(McGregor, 2005), 볼리비아 촌락의 초기 단계(Punch, 2001), 런던 동유럽 이민자의 생활(Datta, 2011), 무주택자의 루틴(Johnsen et al., 2008), 여성 에이즈 환자의 생활(Thomas, 2007) 등에 이르기까지 다양하다. 이러한 주제의 다양성은 연구 기법으로서 응답자 다이어리의 융통성을 보여 준다. 또한 이러한 융통성은 응답자 다이어리가 다양한 방식으로 인문지리학에 활용될 수 있다는 것을 보여 주는 것이기도 하다.

앞에서 언급한 몇몇 사례연구는 다이어리 접근 방법으로만 이루어졌다. 그 외 사례연구에서는 다이어리가 참여 관찰, 심층 면접 등과 같은 접근 방법과 함께 활용되었다. 그러나 이러한 연구에서 다이어리 생성은 후속 인터뷰와 직접적으로 연관되어 있다. 몇몇 연구자들은 다이어리를 쓰는 사람들에게 좁은 범위의 매개변수에 집중해 달라고 요청하는 한편, 또 다른 연구자들은 다이어리를 쓰는 사람들에게 어떤 특정 형식과 내용에 얽매이지 말고 본인의 판단에 따라 그들이 중요하다고 느끼는 것만을 기술해 달라고 요청하기도 한다. 어떤 경우에는 연구자가 응답자 본인의 일상에 대한 사진 다이어리와 비디오 다이어리를 만들어 달라고 부탁하기도 한다. 따라서 응답자 다이어리는 아주 다양한 연구 기법으로 구성된다. 응답자 다이어리는 다음의 다섯 개 유형으로 분류할 수 있다.

다이어리 로그(diary-Log) 다이어리 로그는 응답자가 특정 주요 행위에 대한 세부 사항을 가능한 한 정확하게 기록한 일지이다. 다이어리 로그는 여행 패턴 또는 작업 시간과 같은 데이터와 같이 신뢰가 높은 양적 데이터가 꼭 필요한 곳의 데이터를 만드는 데 유용하다. 다이어리 로그는 연구 설계자의 지침에 따라 작성되기 때문에 작성자의 해석 범위를 거의 제공하지 않는다(Carlstein et al., 1978; Schwanen et al., 2008).

문자 기록 다이어리(written diary) 문자 기록 다이어리는 가장 일반적으로 응답자 다이어리와 연계된 다이어리 유형이다. 일반적으로 다이어리로 불리는 문자 기록 다이어리는 일정 기간 연구자가 규정한 방식대로 응답자가 본인의 생활을 기술한 것이다. 이의 범위는 매우 다양할 수 있다. 연구자는 다이어리를 쓰는 사람에게 단순히 그들의 하루 일상을 기술한 다이어리를 제공해 달라고 요청한다. 또는 그들의 특정 행위 또는 특정 장소에서 발생하는 행위에 초점을 둔 다이어리를 제공해 달라고 요청하기도 한다. 이 유형의 다이어리는 다이어리 로그의 요소를 포함할 수 있다. 예를 들어, 연구자들은 개인의 일상생활 행동에 관심을 가질 수 있고, 다이어리를 쓰는 사람들의 일상 행동의 지도를 생산하기 위해 다이어리의 자료를 이용하고자 한다. 이러한 경우에 연구자들은 다이어리를 쓰는 사람에게 기존 여행에서 보낸 시간과 목적에 대해 아주 상세한 사항까지 포함해 달라고 제안한다. 전형적으로 다이어리는 특정 양식이 없기 때문에 다이어리 기반의 프로젝트에서 생성된 다이어리의 스타일, 세부 사항, 초점, 깊이는 응답자별로 매우 다양하다.

사진 다이어리(photographic diary) 사진 다이어리는 연구 응답자가 사진 매체를 통해 본인의 생활을 기술 또는 설명하도록 요청받는다는 점에서 문자 기록 다이어리와 다르다. 일반적으로 응답자들은 마음대로 사용할 수 있는 카메라를 제공받아 본인이 생각하기에 가장 연관성이 높은 사진을 찍어 달라는 요청을 받는다. 일단 카메라 필름을 다 사용하면 다이어리가 끝난 것으로 이해된다. 이는 다이어리 영역의 명백한 한계라 할 수 있다. 그러나 디지털카메라는 더 많은 사진 촬영이 가능하고, 언제든지 삭제, 편집, 재촬영이 가능하다. 때때로 작성자는 사진 촬영 시기, 장소, 이유에 대해 메모를 요청받기도 한다. 대부분의 경우 작성자는 다이어리가 완료될 때 연구자에게 촬영된 사진에 관해 설명한다. 사진 다이어리의 장점은 높은 수준의 문서 작성 능력을 요구하지 않는다는 점이다. 그 외에도 일반적으로 문서 다이어리와 비교해 사진 다이어리는 작성에 소요되는 시간이 짧다는 장점이 있다. 작성자는 단순히 카메라를 통해 사진을 촬영하기만 하면 된다. 사진 다이어리는 비교적 간단하며, 종종 문자 기록 다이어리와 결합되기도 한다.

비디오 다이어리(video diary) 비디오 다이어리는 지리학 내에서 상대적으로 새롭고 많이 활용되지 않는 유형이다. 비디오 다이어리는 두 가지 유형이 있다. 첫 번째 유형은 다이어리를 쓰는 사람이 정적으로 하루의 일과를 자세히 열거하는 식으로 녹화하는 방식이다. 또는 머리(Murray, 2009a)의 사례와 같이 비디오가 응답자의 하루에서 아이의 학교 가는 경로와 같은 주요 일과를 녹화하는 장치로 활용되는 방식이다. 비디오의 장점은 중요한 시간대를 통으로 녹화하고 특정 움직임을 포착해 문자 기록 및 사진 다이어리에서 담보하기 어려운 맥락을 직접적으로 제공할 수 있다는 것이다. 반면에 비디오 다이어리는 여러 가지 단점도 있다. 비디오 다이어리는 문자 기록 또는 사진 다이어리에 비해 훨씬 더 눈에 띄고 거슬리는 측면이 있다. 또한 품질 좋은 녹화를 위한 필수 장비가 상대적으로 비싸고, 다이어리의 유용성은 비디오 촬영자의 장비 활용 능력에 의해 결정된다.

다이어리 인터뷰(diary interview) 엄밀히 말해 다이어리 인터뷰는 기타 다이어리 유형과 별다르지 않다. 미국의 저명한 민족지학자 짐머먼과 와이더(Zimmerman and Wieder, 1977) 이후에 다이어리를 연구방법론으로 활용한 많은 지리학자는 다이어리 기록을 반복 과정으로 취급했다(Latham, 2006; Middleton, 2009; 2010). 연구자는 응답자에게 다이어리 기록을 요청한다. 다이어리 종료 시점에 연구자는 다이어리를 기반으로 작성자와 심층 인터뷰를 수행한다. 연구자는 다이어리 인터뷰에서 작성자에게 본인이 작성한 다이어리에 관해 설명해 달라고 요청한다. 이는 자신이 기록한 다이어리에서 모호한 부분을 설명하게 하는 것이다. 그리고 인터뷰는 작성자에게 다이어리에 표현된 것을 확대, 보완할 수 있는 기회를 제공하기도 한다. 더 나아가 다이어리 인터뷰는 연구자들에게 더 광범위한 맥락에서 다이어리에 기술된 사건에 대한 설명을 요청하는 기회로 작용한다. 연구자들은 응답자 다이어리에 기록된 주요 행위자들과 작성자 간의 관계를 탐색할 수 있는 기회를 가질 수 있으며, 작성자가 어느 정도 수준에서 다이어리에 그들의 전형적인 삶을 기록했는지 탐색할 수 있다.

10.4 응답자 다이어리의 실천방안

응답자 다이어리 조직은 명확한 정석이나 정답이 있는 것은 아니다. 따라서 다음에 제시하는 여섯 가지의 규칙은 다이어리 기반 연구 프로젝트를 운영할 수 있게 하는 조언 정도로 받아들이면 된다.

1. 응답자 다이어리를 통해 어떤 유형의 정보를 만들고자 하는지 주의를 기울일 것 만일 주요 관심사가 사람들의 특정 행위에 대한 상세한 정보를 획득하는 것이라면, 응답자에게 일주일 동안의 모든 경험을 기록하라고 요청하는 것은 불필요한 일이다. 이와 유사하게 사람들의 일상에 대한 일반적인 패턴에 관심이 있다면, 작성자가 다이어리에 기록된 모든 사건의 정확한 시간과 날짜를 나열하지 않도록 해야 한다. 응답자에게 요청하려는 그 방식대로 다이어리를 작성하는 데 1주일 정도의 시간을 보내는 것은 좋은 생각이다. 이는 응답자에게 집중시키려고 했던 세부 사

항이 무엇인지 파악할 수 있도록 해 준다. 또한 스스로 다이어리를 작성함으로써 추후 응답자가 다이어리를 작성하는 데 어느 정도의 시간이 필요한지 알 수 있다.

2. **어떤 작성자를 모집하고 싶은지, 어떻게 모집할 것인지에 대해 주의를 기울일 것** 연구 과정에서 다이어리 작성자 모집에 가장 많은 시간이 투입될 수 있다. 운이 좋다면, 기존 연구에 참여했던 경력자를 만날 수 있다. 모집 시에는 더 창의적인 방식을 고려해야 한다. 가장 믿을 만한 방법은 자신이 원하는 참여자의 프로필에 맞는 사람을 알고 있는 사람이 있다면, 그 사람에게 물어보는 것이다. *London's Time Out*과 같은 지역 신문 광고 또는 인터넷 토론방에 공지하는 것도 효과적이다. 이와 유사하게 참여 가능한 사람들이 자주 방문하는 장소에 구인 광고를 활용하는 것도 좋다. 일단 초기에 여러 명의 참여자를 확보할 수만 있다면, 그 이후에는 눈덩이식 확대(snowbolling)가 효과적이다.

3. **모집하려는 참여자의 역량을 고려할 것** 응답자 다이어리의 가장 큰 강점 중 하나는 다이어리를 작성하는 사람의 내러티브 숙련도를 활용하는 것이다. 만일 특정 인구 집단에게 다이어리 작성을 요청한다면, 마땅히 그들은 그 역량을 가지고 있어야 한다. 낮은 수준의 문해력을 가진 사회 집단과 작업을 한다면, 문자 기록 다이어리는 적절하지 않다. 문자 기록 다이어리는 상대적으로 교육을 많이 받은 특권층에게 적절한 반면, 문자 해독력이 낮은 집단에게는 사진 다이어리와 같은 다른 유형의 다이어리가 더욱 적절할 수 있다(Meth, 2003; Thomas, 2007).

4. **다이어리 작성자에게 연구자의 기대를 명확하게 설명할 것** 작성자는 그들이 제공하고자 하는 것을 정확하게 인식하고 있어야 한다. 또한 그들이 기여해야 할 프로젝트 목적을 잘 이해해야 한다. 연구자가 프로젝트 목적을 작성자에게 직접 설명하는 것이 이상적이다. 이러한 행위는 연구자 자신이 원하는 바를 명확하게 확인할 수 있는 기회를 제공한다. 또한 응답자에게도 상세한 지침이 제공되어야 한다. 지침서는 연구자, 연구자 소속 기관, 연구 프로젝트 관리 연구자 등의 상세한 접촉 창구 정보를 포함해야 한다. 지침서는 작성자에게 주어진 다이어리에 같이 동봉되어야 한다.

5. **작성자에게 도구와 장비(펜, 노트, 카메라 등)를 제공할 것** 연구자는 작성자에게 다이어리 작성을 요청하기 때문에 반드시 다이어리를 제공해야 한다. 다이어리는 이동이 편리하고 내구성이 좋아야 하고, 응답자의 기록을 모두 정리할 수 있도록 쪽수가 충분해야 한다. 휴대전화나 컴퓨터에 생각과 행동을 문서나 음성으로 기록할 경우, 디지털 매체를 선택해 공유할 수도 있다.

6. **완료된 다이어리를 회수하기 위한 명확한 절차를 수립할 것** 다이어리를 회수하는 작업에는 정말 많은 시간이 소요될 수 있다. 가장 신뢰할 수 있는 다이어리 회수 방법은 직접 받는 것이다.

이 방법은 작성자에게 다이어리 기록 절차를 직접 물어볼 수 있는 장점이 있다. 다이어리와 다이어리 인터뷰를 결합한다면, 직접 다이어리를 회수받는 방법은 인터뷰 시간을 조율할 수 있는 기회를 제공한다. 그러나 한꺼번에 많은 참여자의 기록을 받으려고 한다면, 작성자는 매우 바쁠 것이다. 작성자가 광범위한 지역에 분산되어 있다면, 개인적으로 각 다이어리를 받는다는 것은 실용적이지 않을 것이다. 이러한 경우 선불 회신용 봉투를 동봉해 완성된 다이어리를 우편으로 회송해 달라고 요청해야 한다.

10.5 기대 자료 및 활용 방식

응답자 다이어리를 통해 생성된 연구 자료는 작성 참여자에게 주어진 지침서에 따라 결정된다.

다이어리 로그의 경우 작성자는 정량적(양적) 데이터베이스에 쉽게 적용될 수 있는 응답을 할 것이다(Schwanen et al., 2008). 보다 개방적이고 확장 가능한 다이어리는 일련의 정성적(질적) 데이터처럼 접근해야 한다. 인터뷰 녹화와 같이 다이어리 문자를 워드 프로세싱 문서 또는 엔비보(NVivo, www.qsrinternational.com), 민족지와 같은 질적 연구 프로그램으로 전환하는 것은 좋은 방법이다. 다이어리의 품질과 세부 내용은 매우 다양하다는 것을 인지하는 것이 중요하다(그림 10.1). 사실 작성자가 생성한 다이어리 자료를 설명하는 것은 흥미로운 일이다. 길고 자세한 다이어리는 인용과 설명을 위해 보다 명확한 출처를 제공할 수 있는 한편, 간결한 다이어리는 중요한 결론의 요지를 잘 보여 준다. 어떤 사회적 상황에 대한 다양한 실체가 있다는 것을 인식하고, 이를 최대한 고려해 설명할 수 있도록 열심히 연구해야 한다.

사실 다이어리 분석에서 가장 흥미로운 것은 다이어리 자료에 기술된 삶의 조직(질감, 텍스처)에 대한 작성자의 설명 방식을 찾는 것이다. 특히, 응답자 다이어리를 활용하는 이유가 사람들의 일상생활에 대한 리듬과 루틴을 이해하기 위한 것이라면, 사람들의 삶의 활력을 보여 줄 수 있는 연구 지표를 만드는 것이 중요하다. 이는 단순히 응답자 다이어리에서 생성된 연구 지표가 다이어리 원본에서 자유롭게 인용되었다는 것을 의미하는 것은 아니다. 또한 이는 연구 자료에 대한 다양한 기술 방식의 필요성을 제안한다(36장 참조). 이는 시공간을 새롭게 도표화하는 방식(그림 10.2)에서부터 단순히 다이어리 자료 그 자체가 시공간을 대변할 수 있도록 하는 방식에 이르기까지 다양한 전략적 범위를 수반할 수 있다.

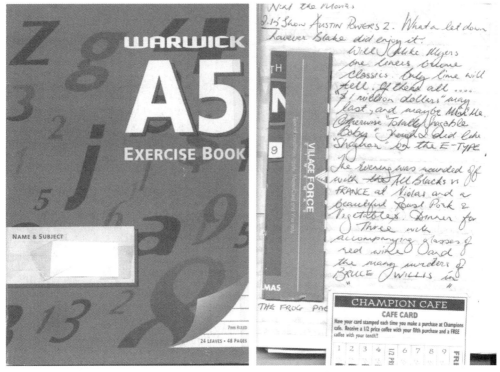

그림 10.1 다이어리 발췌

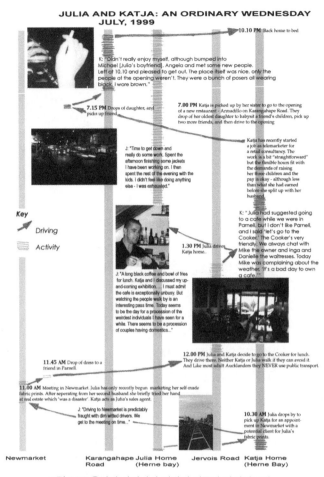

그림 10.2 응답자 다이어리 기반의 시공간 다이어그램

10.6 응답자 다이어리의 한계

응답자 다이어리는 생산적인 연구 자료를 제공할 수 있다. 그러나 연구 기법으로서 다이어리의 한계를 강조하는 것도 중요하다.

첫째, 응답자 다이어리는 연구자와 응답자 모두에게 중요한 수요를 창출한다. 연구자의 경우, 프로젝트 연구 목적에 부합하는 방식으로 다이어리를 확실히 완성할 수 있고, 완성된 다이어리를 확실히 회수할 수 있으며, 다이어리 인터뷰를 주선할 수 있는 적합한 참여 작성자를 찾는 것은 매우 중요하다. 물론 좋은 연구는 연구자의 시간과 지식이 필요하다. 더 중요하게, 다이어리는 인터뷰 또는 초점 집단과 같이 일반적으로 활용되는 기법보다 연구자의 시간을 훨씬 더 많이 필요로 한다. 더욱이 응답자 다이어리는 작성자에게 지속적인 헌신을 요구한다. 이러한 것이 참여자 모집을 어렵게 할 수 있다. 또한 이는 이상적인 다이어리 주제를 만들고자 하는 많은 집단이 시간 제약으로 다이어리 작성을 거부할 수 있다는 것을 의미한다.

둘째, 앞에서 언급했듯이 다이어리는 특정한 개인의 역량을 추정할 수 있다. 비서구적 맥락에서 응답자 다이어리를 활용했던 맥그레거(McGregor, 2006), 메스(Meth, 2003), 토머스(Thomas, 2007)는 다이어리가 서구적 전통에 깊게 뿌리내린 서구적인 자기성찰(self-reflection) 기법이라는 것을 인식해야 한다고 강조했다. 좀 더 쉽게 말하면, 다이어리 작성은 수기 능력, 카메라 활용 능력, 시간의 흐름을 추적할 수 있는 능력 등 특정 기본 기법이 필요하다. 일반적으로 이러한 기법은 대부분이 다 지니고 있다. 그러나 영국, 미국, 캐나다, 뉴질랜드와 같이 고도로 교육된 사회에서조차 개인마다 문해력 수준, 자기 조직 능력 등에서 차이가 있다. 심지어 아주 유능한 개인도 그들의 일상생활에서 자발적으로 글을 쓰지 않는다면, 그들에게도 다이어리를 작성하는 일은 부담될 수 있다. 컴퓨터 키보드 사용이 일상화된 사회에서 손으로 다이어리를 작성하는 일은 구시대적인 행태이고 이질적인 소통 기술이기 때문에 온라인 형태의 다이어리 작성을 고안해야 한다.

셋째, 글, 사진 또는 동영상 기반의 응답자 다이어리는 생성된 자료의 품질과 깊이에 있어 엄청난 다양성을 창출할 수 있다. 다이어리 기술의 장점이 응답자가 연구자를 대신 할 수 있다는 점이라면, 그 반대는 불행히도 많은 사람이 열악한 관찰자와 리포터라는 것이다. 모든 정성적 기법이 그렇듯이 응답자 다이어리는 가장 상세하고 설득력 있게 설명하는 응답자에게 초점을 맞추려고 한다. 그러나 표현을 잘못하고 부주의한 사람들의 설명이 일반적 현상을 대표할 수도 있으므로 그들에게도 똑같은 가중치를 부여하는 것이 중요하다.

| 요약

이 장은 응답자 다이어리의 활용에 대해 소개한다.

• 응답자 다이어리는 각 다이어리 작성자의 생활에 대한 정보를 획득하기 위해 연구자가 의뢰한 다이어리이다.

• 응답자 다이어리는 사람들의 일상생활의 리듬과 루틴에 대한 자료를 생성하는 데 아주 훌륭하다.

• 응답자 다이어리를 작성하는 다양한 접근 방법이 있다. 응답자 다이어리의 내용은 아주 실천적이지만, 완성도는 전적으로 다이어리 작성자에게 달려 있다.

• 지리학자와 사회과학자도 문서 다이어리뿐만 아니라 사진 및 비디오 다이어리를 사용한다. 때때로 사진 및 비디오 다이어리는 문서 다이어리와 함께 이용된다.

• 응답자 다이어리 구성은 때로 복잡한 과정을 수반한다. 연구자는 반드시 참여 작성자에게 다이어리 접근 방법에

대해 명확한 지침을 제공해야 한다. 또한 다이어리 연구 목적도 제시해야 한다.
- 다이어리 인터뷰는 문서 또는 사진 다이어리의 훌륭한 보완 자료가 되기도 한다.
- 응답자 다이어리를 통해 생성된 연구 자료는 다양한 표준 사회과학 분석 기법으로 분석할 수 있다.
- 응답자 다이어리를 통해 생성된 연구 자료는 일상생활의 리듬을 다양한 방식으로 도표화할 수 있는 차별적 기회를 제공한다.

심화 읽기자료

다음의 논문과 저서는 응답자 다이어리에 관한 좋은 사례를 제공한다.
- 알래스체프스키(Alaszewski, 2006)는 사회과학 분야에서 다이어리의 다양한 활용 방식을 제시한다.
- 레이섬(Latham, 2006)은 다이어리 기반의 자료를 표현하기 위해 사진 다이어리, 문서 다이어리, 다이어리 인터뷰 기반의 도시 사회성에 관해 설명하고, 다양한 탐구 방식을 보여 준다. 이러한 자료를 수집하기 위해 사용된 방법론의 개발에 대한 고찰은 레이섬(Latham, 2004)의 연구에서 잘 나타난다.
- 메스(Meth, 2003)는 응답자 다이어리 활용의 장점에 대한 고찰에서 감정적으로 민감한 이슈에 관한 연구 자료를 생성할 수 있는 다이어리 사례를 제시한다.
- 맥그레거(McGregor, 2005)는 장기적 관점에서 응답자 다이어리가 제공할 수 있는 변화에 관한 좋은 사례를 제시한다. 통가(Tonga) 어부가 작성한 응답자 다이어리는 과학자의 설명과 악어 보호 캠페인과는 아주 대조적인 설명을 제시한다.
- 미들턴(Middleton, 2010)은 도보 출근의 실천에 대해 시사하는 바가 큰 연구를 제시하며, 경험의 느낌과 그 경험이 더 광범위한 루틴과 연계되는 방법을 전달하는 데 있어 다이어리의 유용성을 보여 준다.
- 짐머먼과 와이더(Zimmerman and Wieder, 1977)는 두 명의 민속학자가 본인들이 접근하기 어려운 사회 공간을 관찰하는 방법으로서 다이어리 인터뷰 방식을 어떻게 발전시켰는지 설명한다.

* 심화 읽기자료에 대한 상세 정보는 아래 참고문헌에서 확인할 수 있음.

참고문헌

Alaszewski, A. (2006) *Using Diaries for Social Research*. London: Sage.

Carlstein, T., Parkes, D. and Thrift, N. (eds) (1978) *Timing Space and Spacing Time: Human Activity and Time Geography*, vol. 2. London: Edward Arnold.

Crang, M. and Cook, I. (1995) *Doing Ethnographies*. Norwich: Geobooks.

Datta, A. (2012) '"Where is the global city?" Visual narratives of London among East European migrants', *Urban Studies*, 49(8): 1725-40.

Hoggard, K. (1978) 'Consumer shopping strategies and purchasing activities,' *Geoforum*, 9: 415-23.

Holloway, S. (2003) 'Outsiders in rural society? Constructions of rurality and nature-society relations in the racialisation of English gypsy-travellers, 1869-1934', *Environment and Planning D*, 21(6): 695-715.

Johnsen, S., May, J. and Cloke, P. (2008) 'Imag(in)ing "homeless places": Using auto-photography to (re)examine the geographies of homelessness', *Area*, 40: 194-207.

Latham, A. (2004) 'Researching and writing everyday accounts of the city: An introduction to the diary-photo diaryinterview method', in C. Knowles and P. Sweetman (eds), *Picturing the Social Landscape: Visual Methods and the Sociological Imagination*. London: Routledge. pp.117-31.

Latham, A. (2006) 'Sociality and the cosmopolitan imagination: National, cosmopolitan and local imaginaries in Auckland, New Zealand', in J. Binny, J. Holloway, S. Millington and C. Young (eds), *Cosmopolitan Urbanism*. London: Routledge. pp.89-111.

Laurier, E. and Philo, C. (2003) 'The region in the boot: Mobilising lone subjects and multiple objects', *Environment and Planning D*, 21(1): 85-106.

McGregor, J. (2005) 'Crocodile crimes: People versus wildlife and the politics of postcolonial conservation on Lake Kariba, Zimbabwe', *Geoforum*, 36(3): 353-69.

McGregor, J. (2006) 'Diaries and case studies', in V. Desai and R. Potter (eds), *Doing Development Research*. London: Sage. pp.200-6.

Meth, P. (2003) 'Entries and omissions: Using solicited diaries in geographical research', *Area*, 35(2): 195-205.

Middleton, J. (2009) '"Stepping in time": Walking, time, and space in the city', *Environment and Planning A*, 41(8): 1943-61.

Middleton, J. (2010) 'Sense and the city: Exploring the embodied geographies of urban walking', *Social and Cultural Geography*, 11(6): 575-96.

Murray, L. (2009a) 'Looking at and looking back: Visualization in mobile research', *Qualitative Research*, 9(4): 469-88.

Murray, L. (2009b) 'Making the journey to school: The gendered and generational aspects of risk in constructing everyday mobility', *Health, Risk and Society*, 11(5) 471-86.

Punch, S. (2001) 'Multiple methods and research relations with young people in rural Bolivia', in M. Limb and C. Dwyer (eds), *Qualitative Methodologies for Geographers*. London: Arnold. pp.165-80.

Schwanen, T., Kwan, M-P. and Ren, F. (2008) 'How fixed is fixed? Gendered rigidity of time-space constraints and geographies of everyday activities', *Geoforum*, 39: 2109-21.

Thomas, F. (2007) 'Eliciting emotions in HIV/AIDS research: A diary-based approach', *Area*, 39 (1): 74-82.

Valentine, G. (1999) 'A corporeal geography of consumption', *Environment and Planning D: Society and Space*, 17: 329-51.

Young, L. and Barrett, H. (2001) 'Adapting visual methods: Action research with Kampala street children', *Area*, 33(2): 141-52.

Zimmerman, D. and Wieder, D. (1977) 'The diary: Diary interview method', *Urban Life* 5(4): 479-98.

공식 웹사이트

이 책의 공식 웹사이트(study.sagepub.com/keymethods3e)에서 이 장과 관련한 비디오, 연습, 자료 및 링크들을 확인할 수 있으며, 부가적으로 다음 논문들도 무료로 이용할 수 있음.

1. Davies, G. and Dwyer, C. (2007) 'Qualitative methods: Are you enchanted or are you alienated?', *Progress in Human Geography*, 31(2): 257-66.

  – 이 논문은 질적 연구의 최근 동향을 잘 요약한다. 특히 인문지리학에서 질적 연구가 어떻게 점점 세계를 매혹하는지를 이해하는 데 도움이 된다.

2. Crang, M. (2005) 'Qualitative methods: There is nothing outside the text?', *Progress in Human Geography*, 29(2): 225-33.

  – 이 논문은 질적 연구가 단순 텍스트와 언어를 넘어서는 방법을 논의한다.

3. Lorimer, H. (2005) 'Cultural geography: The busyness of being "more-than-representational"', *Progress in Human Geography*, 29(1): 83-94.

  – 이 논문은 소위 비재현 이론(non−representational theory)을 연구한다는 것이 어떤 것인지를 제대로 보여 준다.

11
참여 및 비참여 관찰

개요

참여 관찰은 용어가 의미하는 것처럼 장소, 실천, 사람에 대한 참여 및 관찰을 수반하는 최소한의 연구 방법이다. 참여 관찰은 두 가지 경로로 진행된다. 첫 번째 경로는 연구자가 연구하고자 하는 사회적 또는 문화적인 현상이 나타나고 있는 환경을 발견하고, 그 환경의 구성원들과 친밀해지는 과정이다. 첫 번째 경로와 평행하게 움직이는 두 번째 경로는 연구자가 그 환경과 구성원을 이해하는 방식을 스스로 변화시키는 과정이다. 연구자는 참여 관찰을 통해 장소에 있는 사람들에 대한 보다 나은 이해를 얻고자 하며, 해당 문화의 중요 요소, 장소의 조직 방식, 지역 주민의 차별적 행위의 요인을 파악하고자 한다(연구 환경 딜레마에 대해서는 Sultana, 2007 참조). 지리학자는 공동체, 공공장소, 기관, 구체화된 실천, 게임, 질병, 정치적 행위, 온라인 통신, 일상생활, 기타 공간 현상을 연구하기 위해 참여 관찰을 활용한다.

이 장의 구성

- 참여 관찰
- 합법적 주변 참여
- 외부자에서 내부자로
- 친숙한 것에서 흥미를 찾는 방법
- 수기 노트
- 강점과 약점

11.1 참여 관찰

참여 관찰(participant observation)은 어디에나 있는 것이고 모두가 이미 할 수 있어서 아마 세상에서 가장 사용하기 쉬운 방법일 것이다. 태어난 순간부터 우리는 다양한 방식으로 우리 주변의 세계를 관찰하고 참여하려고 노력한다. 처음 언어를 습득하는 아이들은 부모가 하는 일, 방법, 시기를 듣고 지켜본다. 아이들은 처음에 부모가 인사하는 방식을 보고 난 이후에 상대방에게 인사 및 작별 인사를 위해 손을 흔드는 행위와 말을 함으로써 궁극적으로 사회적 상호작용에 참여를 시도하는 것이다. 이와 같은 방법을 사용해 기술을 습득하는 것은 단지 어린아이에게만 해당하는 것이 아니다. 항공 교통 관제사도 처음에는 항공 교통을 관찰하는 데 아주 많은 시간을 할애한 다음 정식 항공 교통 관제사로서 점차 실질적인 항공 교통을 통제하게 된다. 국제 이주자는 새로운 문화에 참여하기 위해 그들이 했던 수많은 활동과 그들이 활동한 방식을 관찰하는 막중한 임무를 가지고 있다. 국제 이주자는 인사, 커피 주문, 버스 대기, 잡담, 세금 납부 등과 같이 지역 주민이 일상생활에서 당연하게 여기는 행위들을 가장 먼저 습득해야 한다.

참여 관찰은 민족지학적 연구(ethnographic research)의 기초이며, 관찰과 참여라는 두 가지 부문으로 구성된다. 공간 현상에 대한 관찰은 빙하의 움직임을 관찰하든, 도시의 교통 흐름을 관찰하든지 간에 처음부터 지리학의 핵심적인 연구 방법이었다. 연구자들은 제한된 공간에서 합리적으로 시점, 올바른 도구, 데이터 기록 테이블 등을 이용해 개인, 집단, 인구의 이동, 특징 등을 수집해 비교하고 설명할 수 있다. 참여는 집단, 실천, 이벤트 등에 개입하는 형태이다. 자연과학의 관찰 방법으로 훈련받은 학생들에게 관찰의 타당성은 참여보다는 거리와 중립에 기반한다. 관찰과 참여가 결합되면 거리와 중립에 기반한 관찰 방법으로 수집된 데이터의 품질이 손상될 위험이 있다. 그러나 참여 관찰의 힘은 연구 장소, 실천, 사람들과의 관계와 이들에 대한 관점에 있다. 참여 관찰 방법을 통해 얻은 지식은 관찰에 의존하는 만큼 참여에도 많이 의존한다. 이 점을 강조하기 위해 인문지리학자들은 종종 '참여 관찰'의 순서를 바꿔 '관찰적 참여(observant participation)'라고 칭하기도 한다.

참여 관찰은 지리학자로서 물어볼 수 있는 질문을 다시 고찰하게 하고, 그 방법의 합리적 실행 여부를 판단하기 위한 기준을 변경한다. 이러한 접근 방식에 따라 '과학적 엄밀성(scientific rigour)'에 대한 전형적인 지표들은 반드시 재고되어야 한다. 그렇다고 과학적 엄밀성을 포기한다는 의미는 아니다(사회지리학의 엄격한 기준에 대해서는 Baxter and Eyles, 1997 참조). 민족지학자들은 일반적으로 가설 검정을 하지 않지만, 예상치 못한 것들과 비판적 견해를 수용한 연구 질문에 대해 개방적 태도를 취함으로써 관점을 바꿀 수 있다. 표준화된 데이터를 수집하고 변수를 동일하게 유지할 수 없지만, 패턴을 식별하고 유사성과 차이점을 드러낼 수 있다. 참여 관찰을 수행하는 데 있어 참여하고 있는 상황에 대한 연구와 관련된 것들을 수집할 수 있다. 또한 이러한 것들이 우리가 참여하고 있는 그룹 또는 실천에 왜 중요한지 다른 연구자들에게 설명할 수 있다. 무엇보다 가장 중요한 사실은 일상적인 것이나 비범한 것이 우리가 연구하는 사람들에 의해 어떻게 성취되는지를 설명할 수 있다는 것이다. 요약하면, 참여 관찰은 사회 및 문화적 생활 세계를 구성하는 국지적인 **과정, 실천, 규범, 가치, 이유, 기술** 등을 설명하는 데 강점이 있다.

간단히 교통의 흐름을 예로 들면, 참여 관찰은 교통 체증과 관련된 모든 집단과 교통에 대한 지역적 이해가 다른 하나의 그룹을 대상으로 수행할 수 있다. 예를 들어, 교통 계획 및 공학자들이 교통 혼잡을 관리하는 방법을 이해하기 위해 낯선 교통 관제소에서 그들과 함께 시간을 보내면서 교통의 흐름을 참여 관찰할 수 있다(Gordon, 2012). 또한 교통 혼잡 속에서 직접 운전하면서 본인들의 운전 습관, 방식, 경로 선택 이유를 이해하기 시작한 통근자를 동반해 교통의 흐름을 참여 관찰할 수도 있다(Laurier et al., 2008).

참여 관찰은 친숙하고 생소한 생활 세계와 맞물린 연구 방법으로서 지리학뿐만 아니라 인류학과 사회학 분야에서도 오랫동안 확립된 연구 방법이다. 참여 관찰은 하나의 관점에서 다른 관점으로 이동하는 경로로써 수행되며, 이 연구 방법은 이전에 참여하지 않았던 장소, 공동체, 직장, 기관과 같은 생소한 환경에서 가장 두드러지게 수행된다. 참여 관찰을 통해 영국 고속도로 교통 통제 관리소(Gordon, 2012), 사회복지사의 도시 봉사 활동(Hall and Smith, 2013), 프랑스 법원 시스템(Latour, 2010)을 연구하려면 많은 노력과 시간이 필요하다. 이같이 생소한 곳에서 무슨 일이 일어나고 있는지를 파악하는 것은 어렵지만, 이러한 곳의 조직이 그 사회 구성원의 일상 지식에 의해 구성되는 것이 아니라는 사실을 발견할 수 있다는 사실만으로도 참여 관찰은 그 가치를 인정받을 수 있다.

참여 관찰이 슈퍼마켓 쇼핑(Cochoy, 2008), 해안 산책로 걷기(Wylie, 2005), 엘리베이터 타기(Hirschauer, 2005)와 같은 친숙한 환경에서 이용된다면, 연구자는 이같이 무심코 지나쳐 버릴 수 있는 환경에서 발생하는 것들에 대해 더 많은 관심을 가질 수 있다. 다시 말해, 문제는 이러한 친숙한 상황에서 소위 현상학자들이 말하는 '자연스러운 태도(natural attitude)'로 일상적인 현상을 관찰하는 방식을 어떻게 변화시킬 것인가이다. 이러한 공통 문화(common culture)의 참여자로서 연구자들은 우리가 평범한 사회 구성원으로서 일상적인 현상에 유관한 것이나 무관한 것, 그리고 이러한 현상에 대한 가정이나 살아가는 방식에 대해 아무런 관심이 없다는 것에 익숙해진다.

젠더는 참여 관찰을 통해 연구되는 각 사회의 공통 문화에 대한 관점을 보여 주는 전형적인 사례이다. 남성의 경우, 자신이 속한 지역 문화에서 남성으로서 그들이 지향하고 생산한 방식은 처음부터 자연스럽게 학습된 것이며, 당연한 것으로 간주된다. 예를 들어, 영국 또는 미국의 참여 관찰 연구는 체육관과 같이 남성성을 형성하고 드러내는 데 특별한 의미를 갖는 여러 대상 중 하나를 선택한 다음에 남성들이 체육관에서 무엇을 어떻게 하는지 관찰하고 참여한다. 또한 이러한 연구는 참여 관찰에 대한 지속적인 방법론적 문제를 제기한다. 각 사회가 보유한 기존의 젠더화에 따라 연구자는 차별적인 내부자의 지식을 요구하고, 그 사회에 참여하는 데 한계가 있다. 그 사회에서 인식된 연구자의 위치는 주변 환경과 다른 사람들의 행위에 영향을 끼치기 때문에 지리학의 주요 연구 주제인 연령, 인종, (무)능력, 그 외 사회적 부문에 대한 참여 관찰 연구는 이와 유사한 도전과 기회를 제공한다 (Sultana, 2007). 심지어 보다 쉽게 동화될 수 있는 사회 집단의 경우에도 참여 관찰자가 그 사회 집단에 어느 정도 접근 가능한지, 또는 그 사회 집단의 구성원이 될 수 있는지를 신중하게 분석해야 한다.

11.2 합법적 주변 참여

참여 관찰의 주요 가정은 사회적 행위에 대한 관찰은 참여를 전제로 한다는 것이다. 그러나 학생들은 종종 자신이 관찰하고 있는 행위에 참여하지 않았다고 생각하기 때문에 본인 연구 과제에 '비참여 관찰(non-participant observation)'을 통해 수행된 소연구라는 제목을 표기한다. 학생들이 도시의 거리를 연구할 때 학생들은 본인들이 단순히 의자에 앉아서 메모만 할 뿐 도시 주변 환경과 그 주변의 사건에 개입하지 않는 것으로 생각한다. 그렇다면 이 학생들은 비참여 관찰자인가? 학생들이 바라보는 바로 그 공간에는 우리의 존재가 수용되어 있고 우리의 역할이 제공되어 있기 때문에 그 학생들은 비참여 관찰자라고 할 수 없다. 다소 정도의 차이는 있지만, 비록 외견상으로 수동적으로 보일지라도 우리가 존재하는 공간은 우리가 변화시키는 것이다. 즉 우리는 사람들을 관찰하고, 그 사람들에 의해 관찰될 수 있는 공공 공간에 참여하고 있다.

공공 공간 이외에도 무슨 일이 일어나고 있는지를 관찰하면서 최소한의 방식으로 참여할 수 있는 장소가 많이 있다. 교육 연구자인 레이브와 웬저(Lave and Wenger, 1991)는 이러한 장소(환경)에서 차지할 수 있는 위치를 이해하는 데 유용한 용어를 제시했다. 그들은 이와 같은 환경에 대한 연구자의 참여를 '합법적 주변 참여(legitimate peripheral participation)'라고 했다. 부분적 참여가 허용되는 장소가 많지만, 그 장소들은 다양한 방식으로 사람들의 참여를 허용하며 다양한 권리를 제공한다. 직장 사무실에서는 신입 직원이 선배 직원을 따라 하는 것이 허용되고, 교실에서는 교사 연수생이 수업에 참여하는 것이 허용되며, 인터넷 포럼에서는 '눈팅족(lurkers)'이 허용된다. 연구자가 지역 문화의 구성원이 되지 않더라도 이러한 주변적 관점을 통해 연구자는 그 문화에 대한 유익한 정보를 발견할 수 있다.

11.3 외부자에서 내부자로

지금까지 특정 집단 또는 활동에 대한 제한된 참여 관찰을 수행하기 위한 합법적 주변 참여의 가능성을 살펴보았다. 이제 초기에 설정한 목표로 돌아가 보자. 외부자가 내부자 입장에서 참여 관찰을 하면 연구 대상에 대한 관점이 바뀔 것이다. 이 말이 다소 거창하게 들릴 수 있는데 정확히 말하면 다음과 같다. 몇 개월간 쓰레기 수거 작업을 한다면 더 이상 거리의 쓰레기와 이웃을 과거와 똑같이 보지 않을 것이다. 쓰레기 수거 청소부 입장에서 쓰레기통의 상태를 인식하고, 살펴보고, 수거하는 방식을 습득하기 시작할 것이다. 그러나 앞에서 언급했듯이, 연구 대상 그룹의 합법적 구성원이 되는 데에는 분명히 한계가 있다. 연구자가 쓰레기 수거 청소부가 되는 경우, 이 사실을 몰래 숨기고 은밀하게 수행할 것인지 또는 공개하고 수행할 것인지, 의례적인 업무만 수행할 것인지, 그 업무를 수행할 수 있는 능력 여부, 연구가 종료되면 일을 그만두는 것 등에 대한 여러 가지 제한에 놓일 수 있어 외부자가 내부자의 입장으로 전환되는 것은 미묘할 수 있다.

참여 관찰을 수행할 때 많은 연구자는 '외부자'에서 '내부자'로 전환되는 과정을 거친다. 여기에서 수반되는 제한 요소는 연구 분석에 개방적인 장소, 실천, 집단이며, 이는 연구 결과의 일부가 된다. 참여 관찰에서 정석이라는 것은 없지만, 외부자에서 내부자로 전환되는 과정은 수행해야 할 작업에 대한 진행 여부를 파악할 수 있다는 특징이 있다. 사람들이 특정 실천을 성취하는 방식을 파악하게 되면서 자신의 관점 변화를 감지할 수 있어야 한다. 또한 그 실천을 수행하는 이유도 점점 더 분명해질 것이다. 카츠(Katz, 2001; 2002)는 이러한 현상을 '어떻게(how)에서 왜(why)로의 진행 과정'이라고 했다. 더 중요한 것은 연구자가 '초보자'에서 적격자, 해당 집단의 일원 또는 실무자 등으로 전환됨에 따라 연구자 주변의 집단은 그 연구자를 다르게 분류할 것이다. 즉 '우리 중 하나'로 불리는 일원이 될 수도 있고, 또는 앞서 언급한 바와 같이 항상 부분적인 구성원으로만 받아들여질 수도 있다. 연구에 익숙해지는 데 걸리는 시간과 익숙한 상태에 도달할 가능성은 연구 대상과 주체에 따라 다양하다. 동네 카페 종업원, 마라톤 수영 선수 또는 마약 조직 보스 중 수행하고자 하는 역할이 무엇인가? 어떤 역할은 실현 가능하고 합법적이지만, 신중한 고려가 필요한 역할도 있다.

쇼핑객으로서 또는 물건을 진열하는 직원으로서 슈퍼마켓을 연구하기로 했다고 해서 이러한 활동에 익숙해져야 하는 것은 아니다. 그러나 도시의 범죄 조직, 낙농업자, 택시 운전사와 같은 실무적인 공동체에서는 해당 집단의 구성원으로 인정받기까지 상당한 시간과 노력이 필요할 수 있다. 참여하는 활동이 무엇이든 간에 참여 집단에서 받는 교육 방식에는 공식적인 방법(강의, 워크숍, 코스, 규정집 등)에서 비공식적인 방법(팁, 농담, 담소)에 이르기까지 일반적이고 전문적인 다양한 방식이 있다. 그러나 참여 관찰자는 기록물을 제공하고, 본인의 경험, 다른 사람들의 행위 방식, 연구 현상에 대한 본인 관점의 변화를 되돌아보기 위해 모든 의견을 기록해야 한다. 이는 세계의 일부에 대해 관심을 가지고 새로운 관점을 받아들이는 과정이다.

11.4 친숙한 것에서 흥미를 찾는 방법

일상을 연구하는 데 있어 공유 문화의 참여자로서 볼 수 있는 일상의 명료성을 뒤엎는 일종의 전문가적 의구심을 가지는 것은 어렵다. 새로운 관점을 찾으려고 할 때 지나치게 벗어나 마치 지구에 착륙한 화성인처럼 행동할 위험이 있다. 이러한 존재는 지역의 환경을 이해할 방법이 없다. 여기에서 파악할 수 있는 사실은 우리가 공유된 생활 세계에 참여하고 있다는 것과 그 생활 세계가 언어의 범주로 인식될 수 있다는 것이 관계가 있다는 사실이다.

이미 살고 있고 눈에 보이는 사물의 외관을 당연한 것으로 여기는 장소에서 참여 관찰을 수행할 때, 참여 관찰한 내용을 올바르게 기술하는 방법은 보고 듣고 또는 즉흥적으로 느낀 것에 대해 낯선 화성인의 입장을 취하지 않는 것이다. 그 대신, 지역 주민들이 관찰하고 기술해 온 사물의 범주를 인식하고 밝히는 동시에 분석하는 데 초점을 두어야 한다.

만약 자신이 '지역 주민'이고 '내부자'라면, 지역 주민이 사물을 어떻게 인식하고, 왜 그렇게 인식하는지 설명하는 데 있어 많은 장점을 가질 것이다. 그러나 사물은 당연하게 받아들일 만큼 친숙하고, 드러나 보이지 않고, 누구도 관심을 가지지도 않기 때문에 사물이 어떻게 이루어졌는지를 인식하지 못하는 외부자와 똑같이 불리한 입장에 있다. 지역 주민이 활용하는 사물의 일반적인 사회 및 문화적 범주를 고려해 보자. 예를 들어, 체육관 학생의 노트에서 '피곤해 보이는 나이 많은 여성'이 '다른 나이 많은 여성'과 '친근한' 시선을 교환했다거나, 또는 '십대 소녀가 다른 십대 소년의 시선을 피했다'는 내용을 발견했다고 가정하자. 그 학생은 사람들의 호감을 얻기 위한 시선 처리 방식에 관심을 가지게 되거나 또는 누군가의 관심을 피하려고 뒤도 돌아보지 않을 것이다. 그리고 그 학생은 공유 장소의 구성원으로서 다른 사람들의 시선을 인식하기 시작한다. 사람들이 바라보는 방향이 정확히 어디인지를 파악함으로써가 아니라 사람들이 바라보고 싶은 것 또는 시선을 교환하고 싶은 사람을 봄으로써 사람들이 보려고 했던 대상이 무엇인지를 알 수 있다(예를 들어, 운동 기구의 다음 순서를 기다리는 남성이 시계를 보고 있으며, 같은 사회적 범주의 '나이 많은 여성' 두 명이 시선을 교환하고 있음).

새로운 참여 관찰 기법을 활용한다면 참여 관찰의 과제는 달라질 수 있다. 지리학자들은 역사적 재현(Crang, 1996), 텔레뱅킹 업무(Harper et al., 2000), 멕시코 여성의 근로 조건(Wright, 2001), 마라톤 수영(Throsby, 2013), 길거리 정신 질환자들의 생활(Parr, 1988)과 같은 다양한 소규모 공동체와 사건들을 연구했다. 이와 같은 연구에서 참여 관찰자로서 적절성은 연구자가 다른 연구자들이 모르는 것을 학습했는지에 달려 있다. 외부자들은 '시선 교환', '전화 응답', '신문 구매' 등과 달리 잘 알려지지 않고, 전문적이며, 비밀스럽고, 주변적이며, 익숙하지 않은 지역 문화가 어떻게 형성되는지 잘 모르고, 지역적 실천이 무엇인지, 그리고 그 지역 실천이 의미하는 바가 무엇인지 모르기 때문에 내부자보다 쉽게 '뉴스'를 전달할 수 있다. 참여 관찰을 통해 얻은 성과가 합리적 수준의 적절성을 획득하기 위해서는 조사 지역 환경의 실천에 맞추어 조사할 수 있는 능력을 갖추어야 한다. 참여 관찰의 목적은 지역(또는 공동체) 구성원이 일상적으로 실천과 사건에 대한 심도 있는 기술, 분석, 판단을 가능하게 하는 것이다.

11.5 수기 노트

참여 관찰을 수행하는 모든 단계에서 발견한 것을 기록하는 일은 매우 중요하다. 만약 외부자라면 처음에는 특이해 보이는 실천을 많이 발견할 것이며, 내부자가 될 때쯤에는 그 실천들의 특이함을 망각할 수도 있다. 처음에 최종 현장 조사 보고서의 독자로서 '어떤 사람'의 관점이든 모두 가질 수 있으며, '진입자', '관광객', '손님' 등으로서 지역 환경에 대한 관점을 제시할 것이다. 앞에서 언급했듯이, 젊은 청년이 어린이의 문화 또는 노인의 삶을 연구한다면, 대상에 대한 관점과 이해는 바뀔 수 있지만 절대 어린이로 되돌아갈 수 없으며 노인도 될 수 없다. 사람들이 무엇을 하고, 어떻게 하며, 왜 그것을 하는지를 이해하고자 하는 자신의 노력을 기록하지 않는다면, 분명히 처음에 가졌던 관점을 잊어버리게 된다. 그 결과 외부자의 눈에 이상하고 이해할 수 없는 것으로 보이는 지역 문화를 더 이상 이해할 수 없게 된다. 훌륭한 현장 노트를 작성하기 위해서는 이러한 어려움을 해결해야 한다.

일상생활의 특징을 연구할 때 이미 내부자라면, 기록 과정은 당연히 여기는 세상을 새롭게 보게 할 것이다. 노트 형식의 기록, 사진, 동영상은 참여 관찰 내용 작성을 위한 자료가 된다. 매우 효과적인 참여 관찰 보고서를 작성하기 위해서는 참여 관찰이 진행되는 모든 과정을 문서화해야 한다. 참여 관찰의 세부 내용은 매우 빠르게 사라지며, 문서화 과정은 분석의 시작이 된다.

물론 참여 관찰은 인식하고 있는 것을 기록하는 것만으로는 충분하지 않다. 참여 관찰은 추가적인 검토 및 고찰을 위해 참여 관찰자가 내부자의 관점을 보여 줄 수 있도록 도와주는 기술과 부합해야 한다. 다음은 참여 관찰을 위한 세 가지 노트 작성 기법, (1) 현상에 괄호치기(박스 11.1), (2) 실천을 지침으로 전환하기(박스 11.2), (3) 규범 및 규칙 위반에 관한 내용이다.

현상에 괄호치기

이 노트 작성 기법은 익숙한 현상을 자세히 기록할 때 가장 효과적이다. 관찰하고자 하는 대상에 대해 당연하게 여겨지는 지식이 적용되는 것을 원하지 않을 것이다. 박스 11.1의 사례는 비어 있는 카페에 대한 일반적인 인식에 관한 내용이다. 말 그대로 인식 가능한 [비어 있는] 현상에 괄호를 치는 것이다. 카페가 [비어 있는] 것은 일반적인 상태가 아닐 수 있다. 이는 스케이트 보더가 [알리(ollie: 보드 뒷부분을 이용해 점프하는 것)]를 하는 것과 같다. 일반적인 현상에 괄호를 친다면, 참여 관찰 자로서 임무는 이와 같이 괄호 친 상태가 어떻게 형성되었는지, 그것이 어떻게 인식되는지를 기술하고, 그것이 집단에게 미치는 함의를 추적하는 것이다.

친숙한 세계의 특징에 괄호를 칠 때는 외부자의 관점을 취하지 않도록 유의해야 한다. '내부자'로서 이미 관찰 대상이 어떻게 기능하고 있는지에 대한 실질적인 지식을 가지고 있다면, 할 일은 내부의 지식을 공개하고, 조사하고, 분석하는 것이다.

박스 11.1   [비어 있는] 카페

카페에 직원이 있지만, 손님이 없는 카페는 [비어 있다]고 할 수 있다. 이러한 상태를 인식할 수 있는 무엇인가가 또 있을까? 그렇다. 손님이 카페가 [비어 있다]고 인식하는 방식인데, 카페의 내부 건축 모습과 관련된다. 손님이 카페에 들어가며 얼마나 바쁘게 돌아가는지 주변을 한눈에 살피는 것이다. 이는 그날의 시간과 관련이 있다. 이 카페에서 '이른 시간'(예: 오전 7시경)이 그렇고, 주중 이 시간대의 '평상시 모습'이다. 같은 시간에 공항 또는 꽃 시장, 카페는 손님으로 가득 차 있을 가능성이 매우 많다. 손님이 카페가 [비어 있다]고 생각하는 것은 그날의 '자각'과 관련이 있다. 즉 비어 있는 이유는 시간적으로 위치한 것이다. '카페 문을 방금 열었다'는 말이다. 손님은 개장 시간 동안에 비어 있음을 대수롭지 않게 여기지만, 오후 1시에도 확연하다면 그렇지 않을 것이다. 왜 비어 있지? 음식이 나쁜가? 직원이 무례한가? 가격이 비싼가? 등의 의문을 남길 것이다(자세한 내용은 Laurier, 2008 참조).

실천을 지침으로 전환하기

지리학의 일부 방법론은 시스템의 절차적 특성에 대한 최소한의 정보를 제공하는데, 그중 참여 관찰은 사람들이 일을 단계적으로 수행하는 방법을 기술하는 데 탁월하다. 노트 작성에서 시도하고자 하는 기법은 기술하고자 하는 내용을 다른 사람이 다른 곳에서 재실행할 수 있는 지침, 즉 일련의 순차적 행위들로 전환하는 것이다. 외부자에서 내부자로 전환되면, 주위 사람들이 그것을 실행하는 방식을 보여 주거나 실제로 이에 대한 지침 목록을 제공할 수 있기 때문에 이러한 현상은 더욱 쉬워질 것이다.

지침을 만들 때 실천에 대해 정의 내리거나 그것이 중요한 이유와 의미는 설명하지 않는다. 사람들은 어떤 것을 인식하고 수행하는 데 필요한 실천이 세상에 있다는 것을 그냥 받아들이고 있고, 그 실천을 지침으로 전환하는 과정에서 실질적인 지식을 활용하기 시작한다. 일단 스스로가 그 행위의 중심으로 들어가면, 이러한 실천에 나타난 문제를 가시화할 수 있다. 박스 11.2의 '셀카' 사례는 자신이 공개적으로 촬영한 얼굴이 여러 상황에서 어떻게 보이는지를 탐색한 것이다.

처음 제시한 기본 지침을 통해 해당 현상의 특징을 더 많이 고려할 수 있다. 처음 작성한 것이 놓친 부분이 있기 때문이다. 더 나은 이해를 위해 이 지침에 추가할 수 있는 것은 무엇인가? 누가 그 행동을 했는지 중요한가? 다른 사람들의 기대는 어떠했는가? 성공 또는 실패의 기준은 무엇인가? 실천을 지침으로 만든 후에 나타나는 추가적인 질문에 대한 답은 그와 같거나 유사한 현상을 조사했던 다른 연구를 통해서도 찾을 수 있다.

박스 11.2 셀카 찍기

'셀카' 찍기: 스마트폰을 들고 셀카를 몇 장 찍는다. 방금 한 작업을 여러 가지 지침들로 나누어 본다.

1. 다른 사람의 셀카를 살펴볼 것
2. 현재 외모를 점검할 것
3. 머리를 정리하고, 안경을 똑바로 쓸 것
4. 카메라 어플을 실행할 것
5. 뻗은 팔로 스마트폰을 잡을 것(이 과정은 특히 어렵기 때문에 반복해서 연습할 것)
6. 보여 주고 싶은 장소가 배경으로 포착되는지 확인할 것(핵심이 표정이라면 주변이 산만한지 확인할 것)
7. 표정을 연출할 것(어떤 표정을, 왜?)
8. 촬영하고 싶은 표정이 완성되면 촬영 버튼을 누를 것(집중하기 때문에 표정의 변화 없이 이 과정을 진행하기 어려움. 3~4번 버튼을 누를 것을 추천함)

---

9. 카메라에서 생성된 이미지를 확인할 것

10. 대부분을 삭제할 것

11. 앞의 것을 기초로 재실행해 볼 것

12. 셀카의 제목을 만들 것(여기에서 생각할 것이 필요함. 이 셀카로 뭐하지? 명백한 제목? 더 나은 것은 없나?)

셀카 지침을 여러 단계로 분류한 다음에 진행할 작업은 각 단계가 그다음 단계와 어떻게 연결되어 있는지 살펴보고, 사람들이 단계별 수행 방식을 관찰하기 위해 각 단계의 설명 내용을 확대하는 것이다. 다른 사람들의 셀카를 통해 사람들의 표정 범위를 파악할 수 있으며, 사람들이 '만들고 싶은' 표정, 예를 들어, 멋있게 보이는 표정, 바보처럼 보이는 표정, 또는 놀란 표정이 무엇인지 고려할 수 있다. 이것이 내 '셀카'와 어떤 관련이 있는가?(이는 셀카 제작 단계를 분류할 때 이미 제시했음) 주요 스포츠 행사에 참석하려고 친구들과 외출하려고 하는데, 남자 친구가 방금 나에게 결별을 선언했다고 가정하자. 사람들이 방금 남자 친구와 결별한 나의 '놀란' 표정을 인식할 수 없게 실제 내 모습과 셀카에 찍힌 내 모습이 일치해야 한다. 그렇지 않다면 사람들은 나의 실제 모습을 인식할 수 있을 것이다. 그렇다면 셀카가 만드는 사회적 세계와 대비해 나의 '놀란 표정'이 보여 주고 전달하고자 하는 것이 무엇인가?

'위반'에 의한 참여와 관찰

위반 실험(breaching experiment)은 사회과학자들이 급진적 문화 요소를 차용해 사회적 규범을 파괴하기 위해 시도한 1960년대 고전 연구에서 출현했다. 일상 환경의 구성원이 사회적 규범의 파괴를 이해하기 위해서, 바로 그 사회적 규범을 활용하기 때문에 위반 실험은 일상 환경을 연구할 목적으로 계속 진전되었다.

1960년대의 위반 실험은 대학 윤리위원회 및 절차에 의해 설정된 규제 때문에 수행하기가 더 어려워졌다. 그러나 상점에서 실망스러운 상품을 원래의 위치에서 다른 곳으로 옮기는 것과 같이(박스 11.3) 가벼운 형태의 위반은 당연하게 여기는 규범과 규칙을 밝히는 데 유용하다. 위반 실험은 위반에 대한 다양한 반응과 반응 이후의 계획을 포함할 수 있도록 신중히 설계해야 하며, 그 실험이 진행되는 장소를 관리하는 구성원들로부터 위반의 성격에 따라 보고 받을 내용이 포함되어야 한다.

특정 장소에서 일상적인 실천의 중단으로 나타나는 현상에 대한 분석을 통해 규범 및 규칙의 개념과 다른 장소 구성원의 규범 및 규칙에 대한 활용 방식을 파악할 수 있다. 중단 계획은 장소의 작동 방식에 대한 관점을 변화시키고, 위반 가능한 대상을 밝힐 수 있기 때문에 이와 같은 분석의 시작이 될 수 있다. 또한 위반은 중단된 특정 실천의 일반적인 모습에 대한 환경 구성원의 유지 및 보수 방법을 표면으로 이끌어 내기도 한다.

박스 11.3　샌드위치 줄 세우기

영국 워릭 대학교(University of Warwick)의 루엘린(Nick Llewellyn)이 학생들을 위해 준비한 실험은 슈퍼마켓의 계산대에 길게 선 줄 맨 끝에 샌드위치를 바닥에 두어 슈퍼마켓 계산대에서의 규범이 깨지도록 유도한 실험이다. 샌드위치 또는 유사한 상품을 바닥에 둔 학생들은 멀리 떨어져서 고객이 그 샌드위치를 어떻게 하는지 기록한다. 줄 맨 끝에 도착한 고객이 샌드위치 뒤에 서서 샌드위치를 앞쪽으로 옮기자 줄이 그것을 따라 움직였다. 그 고객은 어깨를 살짝 움직이거나 뒤에 샌드위치를 버린 고객을 둘러볼 것이다. 샌드위치는 거의 항상 계산대 직원과 주변 고객이 걱정스럽거나 불만스럽게 샌드위치의 상태를 논의하는 포스(Point of Sales: POS)로 옮겨졌다. 발생할 수 있는 가능성에 대한 많은 분석이 있다. 여기에서는 슈퍼마켓 내에서 상품이 발견된 자리가 어떻게 이용되는지 간단하게 살펴볼 수 있다. 학생들이 바닥에 둔 샌드위치는 판매용 샌드위치 또는 단순히 바닥에 떨어진 샌드위치로 취급되지 않았지만, 줄에 대한 샌드위치의 근접성을 조사하는 과정에서 샌드위치는 무슨 이유에서든 그 줄에서 빠진 쇼핑객의 자리 지킴이로서 역할을 했다. 고객들은 그 줄에서 비어 있는 쇼핑객의 자리를 지키기 위해 단체로 행동했다. 사실 비어 있는 쇼핑객의 자리를 없애는 것은 줄에서 해당 고객을 빼내는 것을 의미하기 때문에 문제가 될 수 있다.

11.6 강점과 약점

대부분의 다른 사회과학과 마찬가지로 인문지리학은 권력, 계급, 인종, 정체성, 경관과 같은 다양한 차원의 사회적 차별성을 연구한다. 이와 같은 사회적 차별성은 실질적인 참여 관찰의 관심사에 대한 복잡한 배경이 되기도 하지만, 연구자로서의 지위, 자신의 프로젝트에 대한 다른 사람들의 견해, 많은 성과를 퇴색시키기도 한다. 한 세기 이상 사회과학을 괴롭힌 문제를 드롭인센터(drop-in center), 슈퍼마켓, 공항 도착 게이트 연구를 통해 해결할 가능성은 매우 희박하지만, 참여 관찰의 활용은 참여 그룹의 실질적 문제를 통해 이와 같은 차원의 차별성을 완화할 수 있다. 동네 수영장에서 발생한 일에 관한 서술은 스포츠 실천의 즐거움이나 괴로움에서 남성성과 여성성이 표출되는 방식에 대한 분석에서 시작할 수 있다(Throsby, 2013). 또는 직장 참여 관찰을 통해 다국적 패스트푸드 기업의 직원이 회사가 제시한 내규에 어떻게 저항하고, 이를 어떻게 와해시키고, 어떻게 준수하는지를 파악할 수 있다(Leidner, 1993).

　참여 관찰은 본질적으로 탐색적이다. 보통 연구 성과는 다른 사람의 연구 또는 이론적 설명으로 완전히 예측할 수 있거나 미리 결정되는 것이 아니다. 실질적으로 참여 관찰에서 얻은 많은 통찰력은 연구 수행 이전에는 상상할 수 없었던 자료가 될 것이다. 따라서 참여 관찰은 주변 세계에 대한 의식을 공개하고, 심지어 가장 익숙한 현상까지 기록한 다음 사회생활의 패턴, 과정, 연계성을 이해하기 위한 노트 및 기타 기록물을 이용하려는 신진 또는 중견 연구자들에게 많은 기회를 제공한다.

참여 관찰의 강점은 다음과 같다.

- 특정 그룹 또는 특정 실천에 중요 사항을 결정할 수 있다.
- 공간 행위 및 이벤트 구성 방식을 자세히 설명할 수 있다.
- 특정 그룹 또는 실천의 수행 방식을 이해할 수 있다.
- 당연하게 여기는 일상의 면모를 찾아내고 철저히 검토하고 분석할 수 있다.
- 기술적 지식을 요구하지 않지만, 새로운 관점으로의 전환이 요구되기 때문에 도전적이다.

참여 관찰의 약점은 다음과 같다.

- 참여 관찰은 연구 대상, 그룹, 실천을 넘어 일반화하도록 설계되지 않는다. 이는 참여 관찰 연구가 다른 연구와 비교해 효율성이 없다거나 일반화 타진을 위해 다른 방법론을 활용하는 연구의 토대가 될 수 없다는 것을 의미하는 것이 아니라, 참여 관찰의 임무가 구체적이고 근거 있는 대상을 발견하는 것임을 의미한다.
- 참여 관찰은 가설 검정에는 적합하지 않은 탐색적 방법론이지만, 다른 의미에서 이는 처음 설정했던 가정이 변경되어야 한다는 것을 의미한다.
- 참여 관찰은 다양한 설정을 비교하기 위한 현상의 표준화를 허용하지 않는다.
- 데이터 활용 권한은 연구자에게 있으므로 공유하기 어렵다.

참여 관찰은 연구 대상 그룹의 생활을 인식할 수 있도록 처음부터 끝까지 자세하게 기술한다. 여기에 제시된 근거를 통해 일반적 특징을 발견하고 탐색할 수 있으며 아주 복잡한 유형의 현상을 연구할 수 있다. 나는 참여 관찰에서 제시된 세부 기술 방식을 강조했지만, 참여 관찰은 연구 대상과 이론적 접근 방법(예: 경관, 젠더, 아동 지리학, 비재현 이론, 수행성, 비판적 실제론 등)으로 회귀한다.

| 요약
- 참여 관찰은 그룹, 이벤트 또는 실천에 대해 지역적이고 맥락화된 지식을 수집하는 방법론이다.
- 이미 잘 알고 있는 장소(이미 내부자인 장소) 또는 새로운 실천, 세계를 이해하는 방법, 지역의 도덕적 질서에 익

숙해지도록 요구하는 현 상황과는 거리가 먼 장소에 대한 내부자의 지식이 수집될 수 있다.

- 참여 관찰은 처음부터 끝까지 모든 과정을 메모해야 하며, 현상에 괄호치기, 실천을 지침으로 전환하기, 위반 실험을 통해 도움을 받을 수 있다.
- 참여 관찰은 노하우의 이전을 도와주며, 문화적 차이와 유사성을 탐색하도록 해 준다.

심화 읽기자료

다음 저서와 논문은 실제 참여 관찰의 좋은 예를 제공한다.

- 크랭(Crang, 1994)은 웨이터의 업무를 조사하기 위해 이용된 참여 관찰 사례이다. 이 연구를 통해 직장 내 감시와 전시에 대해 배울 수 있다.
- 하퍼 외(Harper et al., 2000)는 두 명의 저자가 새로운 텔레뱅킹 시설 및 전통적인 은행에서 직원들과 함께 근무하면서 참여 관찰한 연구이다.
- 파(Parr, 1998)는 도시 취약 집단에 성공적으로 접근해 은밀히 참여 관찰을 수행함으로써 취약 집단에 대한 이해를 높여 주고 있다.
- 배니니(Vannini, 2012)는 캐나다 서해안 페리 여행을 참여 관찰하면서 그 내용을 매우 야심차고 광범위하고 생생하게 기록했다. 참고 웹사이트도 있다(ferrytales.innovativeethnographies.net).
- 벤카테시(Venkatesh, 2009)는 도시의 흑인 범죄 조직을 참여 관찰한 유명한 연구이다. 벤카테시는 합법적 주변 참여자가 되기 이전에 범죄 조직에 인질로 잡혔던 적이 있다.

* 심화 읽기자료에 대한 상세 정보는 아래 참고문헌에서 확인할 수 있음.

참고문헌

Baxter, J. and Eyles, J. (1997) 'Evaluating qualitative research in social geography: Establishing "rigour" in interview analysis', *Transactions of the Institute of British Geographers*, 22: 505-25.

Cochoy, F. (2008) 'Calculation, qualculation, calqulation: Shopping cart arithmetic, equipped cognition and the clustered consumer', *Marketing Theory*, 8(1): 15.

Crang, M. (1996) 'Living history: Magic kingdoms or a quixotic quest for authenticity ?', *Annals of Tourism Research*, 23(2): 415-31.

Crang, P. (1994) 'It's showtime: On the workplace geographies of display in a restaurant in South East England', *Environment and Planning D: Society and Space*, 12: 675-704.

Gordon, R.J. (2012) *Ordering Networks: Motorways and the Work of Managing Disruption*. PhD Thesis, University of Durham, Durham.

Hall, T. and Smith, R.J. (2013) 'Knowing the city: Maps, mobility and urban outreach work', *Qualitative Research*, 14(3): 294-310.

Harper, R., Randall, D. and Rouncefield, M. (2000) *Organisational Change and Retail Finance: An Ethnographic Perspective*. London: Routledge.

Hirschauer, S. (2005) 'On doing being a stranger: The practical constitution of civil inattention', *Journal for the Theory of Social Behaviour*, 35(1): 41-67.

Katz, J. (2001) 'From How to Why: On luminous description and causal inference in ethnography (Part 1)', *Ethnography*, 2(4): 443-73.

Katz, J. (2002) 'From How to Why: On luminous description and causal inference in ethnography (Part 2)', *Ethnography*, 3(1): 64-90.

Latour, B. (2010) *The Making of Law - An Ethnography of the Conseil d'État*. Cambridge: Polity Press.

Laurier, E. (2008) 'How breakfast happens in the cafe', *Time and Society*, 17: 119-143.

Laurier, E., Lorimer, H., Brown, B., Jones, O., Juhlin, O., Noble, A., Perry, M., Pica, D., Sormani, P., Strebel, I., Swan, L., Taylor, A., Watts, L. and Weilnemann, A. (2008) 'Driving and "passengering": Notes on the ordinary organization of car travel', *Mobilities*, 3(1): 1-24.

Lave, J. and Wenger, E. (1991) *Situated Learning*. Cambridge: Cambridge University Press.

Leidner, R. (1993) *Fast Food, Fast Talk: Service Work and the Routinization of Everyday Life*. Berkeley, CA: University of California Press.

Parr, H. (1998) 'Mental health, ethnography and the body', *Area*, 30(1): 28-37.

Saldanha, A. (1999) Goa trance in Goa: Globalization, musical practice and the politics of place. Unpublished paper, 10th Annual IASPM International Conference, Sydney. http://nicocarpentier.net/koccc/Publications/Arunsydney.html

Saldanha, A. (2007) *Psychedelic White: Goa Trance and the Viscosity of Race*. Minneapolis: University of Minnesota Press.

Sultana, F. (2007) 'Reflexivity, positionality, and participatory ethics: Negotiating fieldwork dilemmas in international research', ACME 6(3): 374-5.

Throsby, K. (2013) '"If I go in like a cranky sea lion, I come out like a smiling dolphin": Marathon swimming and the unexpected pleasures of being a body in water', *Feminist Review*, 103(0): 5-22.

Vannini, P. (2012) *Ferry Tales: Mobility, Place, and Time on Canada's West Coast*. London: Routledge.

Venkatesh, S. (2009) *Gang Leader for a Day*. Harmondsworth: Penguin.

Wright, M.W. (2001) 'Desire and the prosthetics of supervision: A case of maquiladora flexibility', *Cultural Anthropology*, 16(3), 354-73.

Wylie, J. (2005) 'A single day's walking: Narrating self and landscape on the South West Coast Path', *Transactions of the Institute of British Geographers*, 30 (2): 234-47.

공식 웹사이트

이 책의 공식 웹사이트(study.sagepub.com/keymethods3e)에서 이 장과 관련한 비디오, 실습, 자료 및 링크들을 확인할 수 있으며, 부가적으로 다음 논문들도 무료로 이용할 수 있음.

1. Crang, M. (2003) 'Qualitative methods: Touchy, feely, look-see?', *Progress in Human Geography*, 27(4): 494-504.

2. DeLyser, D. and Sui, D. (2014) 'Crossing the qualitative-quantitative chasm III: Enduring methods, open geography, participatory research, and the fourth paradigm', *Progress in Human Geography*, 29(2): 294-307.

3. Coombes, B., Johnson, J.T. and Howitt, R. (2014) 'Indigenous geographies III: Methodological innovation and the unsettling of participatory research', *Progress in Human Geography*, 38(6): 845-54.

12

정동과 감정의 탐구

개요

이 장에서는 정동과 감정이 중요한 이유, 이를 연구하는 데 부딪치는 난관, 그리고 지리학자들이 그런 난관에 대처하는 방식을 소개한다. 이 글은 정동과 감정의 지리적 현실에 '관한' 연구 과제에 바로 적용할 수 있는 기법을 소개하는 '정석' 매뉴얼이라 할 수 없다. 그 대신, 정동과 감정은 연구의 실천에서 구체적인 난관으로 다가오기 때문에 연구의 과정에서 꾸준히 성찰해야 할 것임을 논할 것이다. 정동과 감정은 무형의 것이고 빠르게 흘러가며 덧없이 사라지기 때문에 어려운 연구와 학습의 대상이다. 이러한 난관에 지리학자들이 대처하는 방식을 상세히 다룰 것이다. 정동과 감정에 대한 관심이 증대하고 그것의 정의와 작용에 대한 여러 가지 이론이 공존하는 맥락에서 이 글을 집필했다. '감정의 지리학'에 대한 연구에서는 대체로 발언 중심의 방법론이 사용된다. 감정에 대한 사람들의 표현이 중시된다는 말이다. '정신분석 지리학'과 '비재현 지리학'의 방법론은 정동과 감정의 경험 중 말로 표현되지 못하는 것이 존재한다는 가정으로부터 출발한다. 비재현 지리학의 경우, 방법론에 대한 고찰이 깊지 못하고 특정한 스타일의 연구 수행 방식을 기르는 데 집중하고 있다. 동시에 페미니스트 방법론의 지대한 영향으로 지리학자들은 정동과 감정을 가지고, 그리고 그것들을 통해서 연구를 수행한다.

이 장의 구성

- 서론
- 정동과 감정 탐구의 어려움
- 정동과 감정 연구의 방법 및 이론
- 비재현 지리학
- 결론

12.1 서론

전쟁에서 벗어나 프랑스 칼레의 임시 난민 캠프에 머무는 한 시리아 남성은 희망에 대해 부정적으로 말하고 있다. 아마드(Ahmad)라는 이름의 이 남성은 1,600만 명에 이르는 시리아 난민 중 한 명이다. 그는 난민 캠프에서의 삶에 관한 질문을 받고 다음과 같이 말했다.

> 여기에서는 거의 비슷할 겁니다. 일어나서 아침을 먹고 담배 좀 태운 다음, 농담 따먹기 하고, 웃고 또다시 먹지요. 그리고 밤이 오면 영국으로 탈출하는 시도를 합니다. 매일 밤을 말이지요.[1]

이 남성과 다른 사람들이 공유하는 실낱같은 한 줌의 희망이 상실감, 수치심 등 강제적 망명의 또 다른 정동(情動, affect) 및 감정(emotion)과 뒤섞인다. 아마도 보다 나은 것에 대한 희망 때문에 그는 비자발적 이주와 망명의 삶을 견디고 있을 것이다. 아마드를 비롯한 난민 캠프의 사람들은 참기 힘든 조건하에서 간신히 일상을 버틴다. 그들이 가질 수 있는 희망은 단지 일시적일 수 있다는 말이다. 이러한 난민 캠프에서의 희망을 이 장의 출발점에서 하나의 예시로 삼고자 한다. 어떤 지리에서든, 즉 모든 지리에서 정동과 감정이 구성 요소가 된다는 점을 강조하기 위해서다. '정동'의 지리학과 '감정'의 지리학을 이들과 다른 주제, 이슈, 관심으로부터 명확하게 분리하는 것은 거의 불가능하다. 인용한 사례에 나타난 강제 이주의 사적(私的) 지리와 글로벌 지리의 경우, 희망을 고려하지 않고서는 이해하는 것이 불가능하며 동시에 또 다른 정동과 감정도 거기에 뒤섞여 있다는 점도 분명하다. 희망의 자극으로 육지와 바다를 건너는 절실하고 위험한 여정이 시작되었고, 이는 패닉 상태의 미디어가 조장하는 '이주민'에 대한 공포, 불안, 증오와 맞닿아 있다. 동시에 멀리 떨어진 곳에서 난민 위기의 고통에 공감하면서 여러 가지 지원의 네트워크도 활발하게 형성되었다.

인문지리학 연구에서 정동과 감정에 침묵하며 그것들을 배제해 드러나지 않게 했던 과거가 있지만(Anderson and Smith, 2001), 이러한 분위기는 더 이상 지속되지 않는다. 지난 10여 년간 지리학자들은 여러 스케일에서 엄청나게 다양한 지리의 정동 및 감정 측면에 관심을 기울여 왔다. 가정 폭력, 전쟁과 군사 폭력, 2008~2009년 위기 이후 현시대의 금융 자본주의, 인종, 정체성 및 소속감, 긴축재정 등을 포함해서 말이다. 정동과 감정은 상당히 다양한 방식으로 이해되지만, 한 가지 입장만은 분명히 하고 싶다. 그것은 바로 대부분 연구가 한 가지 통찰력으로부터 시작된다는 사실로, 느낌의 방식과 원인은 자연적이거나 고정불변의 영원한 것이 아니라는 점이다. 이에 대한 정확한 연결망은 다채로운 방식으로 이해되지만, 삶에서 정동의 형성 과정은 사회의 패턴 및 조직과 서로 영향을 주고받는다는 가정에 대한 지리학자들의 공감대가 커지고 있다. 물론, 정동과 감정을 저절로 자연스럽게 발생하는 것으로 여기는 사람들도 있다. 이들의 경우, 어떻게 사회가 정동과 감정에 '도달'하는지 의문을 제기한다. 페미니스트 학계는 젠더화된 지식 생산의 양식에서 정동과 감정이 소외되는 문제를 지적하며, 정동과 감정에 뒤섞여 사람들이 세상과 관계되는 방식에 주목할 필요성을 제기했다(Rose, 1993). 이러한 페미니즘의 영향으로 정동과 감정에 관한 연구가 싹텄다고 할 수 있다. 페미니스트들은 남성다운 이성과 여성스러운 비이성 사이의 지리사적 이분법을 약화하려고 노력하면서 감정 문제를 경시했던 풍조에 정면으로 도전했다. 정동과 감정을 탐구해야 하는 이유는 아주 간단하다. 정동과 감정을 통해 사람들은 주변 세상과 연결되기 때문이다. 정동과 감정은 인간의 애착과 소속감에 지대한 영향력을 행사하며, 또 다른 한편으로 사람들을 거시적 사건과 과정에 마음을 쓰며 연루되게 한다. 일례로, 유럽의 난민 위기가 동정의 감정을 자극해 지원 욕망을 활성화했던 때를 생각해 보자. 참기 힘든 환경을 탈출할 가능성에 대한 미약한 희망 속에서 느끼는 감정을 상상해 보아도 좋다.

정동과 감정에 관한 지리학적 연구의 정당성을 논하는 것은 더는 문제가 되지 않는다. 형태가 없고 덧없이 쉽게 사라지는 속성을 가지지만 정동과 감정이 공간적 경험과 삶에서 중요한 측면이라는 사실은 오늘날 지리학계에서 널리 받아들여지고 있다. 정동과 감정의 다양한 형태를 고려하고, 이에 관한 연구를 설계하며, 이에 적절한 연구 방법을 고안하는 것이 보다 중요한 일이 되었다. 정동과 감정의 탐구에는 어떤 어려움이 있는가? 이러한 난관을 해결하기 위해 어떤 방법과 방법론이 실험적으로 사용되었는가? 다음 절에서는 정동과 감정 연구에 나타나는 여러 가지 어려움을 정리할 것인데, 이때에는 정동과 감정을 구분하지 않고 서술할 것이다. 그리고 이어지는 나머지 부분에서는 정동과 감정을 구분해서 다룰 것이다.

12.2 정동과 감정 탐구의 어려움

정동과 감정은 학문적 탐구의 대상이 아니다? 오히려 정반대이다. 앞으로 더 자세히 살펴보겠지만, 민족지, 인터뷰, 일기, 연극 기법, 초점 집단, 실천 미술 등을 활용한 여러 가지 방법론적 실험이 정동과 감정에 관한 연구에서 진행되었고, 여기에서는 정동과 감정을 통한 참여도 중요하게 여겨진다. 정동과 감정이 지리학에서 합당한 탐구 주제가 된 것은 적합한 방법론에 대한 개방성이 증대되었기 때문이다. 그리고 구체적 연구 과제와 방법론 사이의 관계 재정립도 정동과 감정 연구의 중요한 기폭제로 작용했다(Shaw et al., 2015). 다른 한편으로 정동과 감정은 지리학의 관습적 연구 모델에 대한 도전으로 파악할 수도 있다. 정동과 감정은 관찰 가능한 물질적 존재가 지리학의 다른 연구 주제에 비해 부족한 것으로 인식되었다. 실제로 현상의 집단으로서 정동과 감정을 찾아내고 고정하는 것은 매우 어려운 일이다. 시위와 같이 정동과 감정이 충만한 이벤트를 생각해 보자. 여기에서 정동과 감정은 시위 참여자의 분노가 가득 찬 구호에서나 비폭력 몸짓의 차분함에서도 나타난다. 또한 연대의 분위기에서 참여자들이 자각하지 못할지라도 우리는 정동과 감정을 확인할 수 있다. 이것은 아마도 뇌와 신체 사이의 무의식적 상호작용 속에서 발생하는 것인지도 모른다. 정동과 감정은 이런저런 장소에서 모두 발견할 수 있는 것이다. 찾아내고 고정하는 것이 대체로 어렵지만, 상당히 드물게 명확하고 두드러지며 쉽게 구별할 수 있는 특정한 정동과 감정도 존재한다. 어떤 식으로 이론화하든, 정동과 감정이 다른 것들과 꾸준하게 뒤섞여 혼란스럽게 되기 때문인 것은 분명하다. 시위의 사례를 다시 생각해 보면, 연대, 차분함 등의 정동/감정은 행진의 리듬, 깃발, 몸짓, 구호, 경찰의 전략 등 시위의 다른 요소들과 결합된다. 그러나 이름이 없어 고정할 방법이 없는 정동/감정들을 명확하게 구별하는 것은 거의 불가능하다. 그렇다면 어떻게 시위의 분위기를 특정해야 하는 것일까? 시위에서 또는 시위와 관련된 현안에 대해 개인 및 집단 참여자들이 부여하고 투입하는 정동은 어떻게 특정할 수 있을까? 그것은 변화할 것이고, 아마도 설명하기 곤란할 것이며, 분절적으로 다각화되어 모순적일 수도 있다. 어쩌면 정동/감정은 지리사적으로 특수한 기존 명칭들, 가령 공포, 희망, 불안감 등 사이의 경계를 흐릿하게 할지도 모르며, 감정적 경험에 대한 현재의 단어와 잘 맞아 들어가지 않을 수도 있다. 다시 말해, 정동과 감정은 명확하게 구분할 수 없을 뿐 아니라, 꾸준히 변화하고 다른 것과 뒤섞이며 경계도 흐려지기 때문에 뭐라 말하기도 참으로 어렵다.

여기에서 잠깐 멈추고 정동과 감정 탐구의 난관이 얼마나 독특한지에 대해 생각해 보자. 일부는 모든 사회적 연구에서 일반적인 것이다. 특히 인과관계의 경우, 어떻게 정동과 감정이 특정한 장소와 공간에 '도달'하는지에 대한 문제가 발생할 수 있다. 사람들이 느끼는 것과 느끼는 방식은 자연스러운 것은 없다는 점을 감안하면, 정동과 감정이 특정한 상황에서 무엇을 수행하는지 이해하는 것으로 관심의 방향을 틀어야 한다. 시위의 분위기를 다시 생각해 보자. 우리는 이 분위기가 '수행'하는 것을 어떻게 이해할 수 있을까? 시위 참여에서 활력을 받은 사람들은 해당 이슈에 더 강렬한 애착을 느낄까? 그들이 연대감을 느끼게 되면서 다른 시위에도 참가할까? 시위에 참여하지 않고서는 느끼기 어려운 것을 다시 경험하기 위해서 말이다. 각각의 예시 질문에서 분위기는 무엇인가를 '수행'하지만, 이는 명백하게 구별하기 어려운 방식으로 진행된다. 특정한 상황에서 정동과 감정이 어떻게 중요한지, 그리고 정동과 감정이 생성하는 차이를 추적하는 것은 매우 어려운 일이다. 정동과 감정은 특정 장소와 공간을 구성하는 다른 것들과 뒤섞여 있기 때문이다. 그래서 어떤 방식으로 이론화가 이루어지든, 정동과 감정은 지리학 연구의 계획, 수행, 재현과 관련해 여러 가지 어려움을 안겨 준다. 앞서 암시했던 바와 같이, 정동과 감정에 대한 일치된 정의는 존재하지 않는다. 정동과 감정이 어떻게 장소와 공간에 '도달'하는지, 그리고 장소와 공간이 정동과 감정에 어떻게 영향을 주는지에 대한 이해도 마찬가지이다. 지금의 인문지리학에서 정의와 이해의 다양성은 그다지 독특한 것이 아니며, 최근의 현상도 아니다. 두 가지 용어 모두는 항상 경합적이며 다양한 방식으로 이해된다. 매코맥(McCormack)의 신중한 해설을 되새겨 보자.

> 지리학자들이 정동과 감정에 관해 이야기할 때 항상 동일한 것을 말하는 것은 아니다. … 이들의 개념적, 경험적, 윤리적, 정치적 강조점은 항시 본질적으로 상이하다(2006: 330).

차이는 중요한 것이다. 연구의 수행과 결과는 정동과 감정을 이론화하는 방식에 따라, 그리고 이로 인해 고려되는 것들의 종류에 따라 다르게 나타나기 때문이다. 이어지는 절에서는 지금의 인문지리학에서 정동과 감정에 접근하는 두 가지 방식, 즉 '감정의 지리학(emotional geography)'과 '비재현 지리학(non-representational geography)'을 소개할 것이다. 여기에는 정동과 감정이 연구에서 가지는 함의도 포함된다. 이것은 다분히 인위적인 구분에 불과하다는 점을 잊지 말아야 한다. 두 접근법 사이의 관련성을 무시할 수 없기 때문이다. 둘 사이의 구분을 빠르게 변화하는 연구 분야 내에서 서로 다른 지향점 정도로만 인식하는 것이 좋다.

12.3 정동과 감정 연구의 방법 및 이론

지리학에서 정동과 감정에 관한 연구는 페미니스트 지리학에서 힘을 얻었다고 서론에서 강조한 바 있다. 페미니스트들은 정동과 감정을 부적절하고, 시답지 못하며, 사소한 것으로 여겼던 기존 인식론에 파열을 일으켰다. 특히 남성 중심의 권위와 지식 생산의 형식 때문에 정동과 감정을 부인하고 배제했다고 지적한다(Bondi, 2005; Rose, 1993). 이와 같은 비판의 결과로 수많은 이슈와 관련한 '감정의 지리학'의 실사(實査) 연구가 등장했다. 감정은 '어디에나 존재해 만연하는 것'으로 가정되었고 (Bondi, 2005: 445), 파일(Pile, 2010)은 최근 지리학계에서 논의되는 몇 가지 감정을 다음과 같이 나열한다.

… 양가(兩價) 감정, 분노, 염려, 경외감, 배반감, 애정, 친밀감, 안도감과 불안감, 사기 저하, 우울함, 욕정, 절망감, 필사적임, 혐오감, 환멸, 거리감, 두려움, 당혹감, 부러움, 소외감, 친밀감, 포비아를 포함한 공포감, 나약함, 슬픔, 죄책감 … (2010: 17)

감정에 관한 관심의 증대에는 명백한 이유가 있다. 본디 외(Bondi et al., 2005: 1)가 *Emotional Geographies* 서론의 초반에서 서술한 바와 같이 감정은 '삶의 모든 측면을 알려 준다'. 감정을 통해 세상이 의미 있게 되는 것으로 가정한다는 이야기다. 이 책의 편저자들이 감정의 중요성을 정당화하는 아래의 글을 살펴보자.

… 명백히 우리의 감정은 중요하다. 감정은 우리가 과거, 현재, 미래의 것들을 느끼는 방식에 영향을 미친다. 우리의 감정적 전망에 따라 모든 것이 밝게 보이기도 하고, 같은 이유로 따분함과 암울함을 느끼기도 한다. 평정 상태를 열망하든, 흥분된 전율을 추구하든 우리 삶에서 감정의 지리는 역동적이라 할 수 있다. 감정은 유아기, 청소년기, 중년기, 노년기를 거치며 변화하고, 출생, 사망, 관계의 시작과 단절 등 극단적인 이벤트에 즉각적으로 반응한다. 즐겁든, 아니면 가슴이 터질 것 같거나 망연자실한 상태이든지 감정은 우리 삶의 모습을 변화시키는 힘과 권력을 발휘한다. 감정에 따라 우리의 지평이 넓어지거나 좁아질 수 있으며, 우리가 전혀 기대하지 못했던 새로운 틈새나 새로운 정착 상황이 만들어지기도 한다(2005: 1).

따라서 감정은 인간의 삶에 의미를 부여하는 주체적(주관적) 상태라고 할 수 있다. 이러한 관점에서, 감정은 특정한 시간과 장소에서 특정한 사람이 개인적으로 느낀다고 할지라도 절대로 단순히 개인적인 것에 불과하지 않다. 감정의 지리학에서는 감정의 관계적 속성을 강조하면서 감정을 관계적으로 개념화한다. 감정을 사람의 마음속에서 구분되는 내적인 심리 상태만으로 축소할 수 없기 때문이다. 앤더슨과 스미스(Anderson and Smith, 2001: 9)는 '감정의 관계'와 '감정을 통해 형성되는 사회적 관계의 삶' 모두에 주목했다. 티엔(Thien, 2005: 450)은 '감정을 상호주체적 관계의 맥락에 위치'시켰다. 본디 외(Bondi et al., 2005: 3)는 '감정을 측정해 탐구하는 "사물", 즉 "객체"로 파악하지 않고, 사람과 장소 사이에서 관계적 흐름과 유동에 주목해 감정을 인식하는 비객체화의 관점'을 제시했다.

이러한 형식의 개념화로 연구는 중대한 문제에 직면하게 되었다. 연구의 목적은 1) 어떻게 세상은 여러 가지 감정을 통해 의미를 갖는지, 2) 어떻게 감정이 관계들로 구성되는지를 동시에 파악하는 것이기 때문이다. '감정의 지리학'에서는 민족지, 전기(傳記), 생활력(生活歷) 등 발언 중심의 정성적 방법이 주로 사용된다. 이러한 연구 방법의 장점은 '특정 감정 표현을 (불)가능하게 하는 사회적 세계, 즉 연구 대상자와 다른 사람들 사이의 관계, 그리고 특정 행동을 유발하는 "규칙"과 구조에 관한 정보'에 대해 민감성을 가진다는 것이다(Bennett, 2004: 416). 발언 중심의 방법과 감정의 지리학을 동일시하는 것은 아니다. 발언 중심의 방법은 감정을 특정한 종류의 것, 즉 개인이 느끼는 주체적 상태로 파악한다. 그리고 적절하게 수행된 인터뷰를 통해 감정 연구 대상자의 성찰적 자각을 자극할 수 있다고 여긴다. 모든 감정을 말로 표현할 수 있다는 순진한 가정만 피하면, 인터뷰를 통해 여러 상황에 대한 정보 제공자의 개인적 이해 방식을 파악하고, 개인적 느낌이 어떻게 여러 가지 상황적 관계를 통해 형성되는지 탐구할 수 있다.

범죄에 대한 여성의 공포를 다룬 밸런타인(Valentine, 1989)의 선구적 연구 성과를 사례로 들어보자. 이는 영국 레딩에서 여성 범죄에 관한 인식과 경험을 중심으로 인터뷰를 수행하며 진행한 연구다. 밸런타인은 인터뷰를 신중하게 설계해 감정적으로 편안한 공간을 제공함으로써 공포와 폭력에 대한 여성들의 개인적 성찰을 자극할 수 있었다. 그녀는 '남성 폭력에 대한 여성의 공포는 공간과 밀접하게 관련되고, 다양한 사람이 다양한 시간에 공공 공간을 사용·점유·통제하는 방식에 좌우'된다는 사실을 밝히며 '악순환'의 고리를 파악했다(Valentine, 1989: 389). 이 연구는 인터뷰를 통해 생활 경험을 심층적으로 이해할 수 있도록 하는 분석 자료, 즉 발언을 생성해 여성의 공공 공간 사용 방식과 이유에 대한 기존 지식을 성찰한 모범 사례라고 할 수 있다. 감정의 지리를 분명히 할 목적으로 인터뷰를 사용한 것은 일반적인 정성적 연구 방법의 이유와 일맥상통한다. 정성적 방법은 정량적 방법으로는 파악하기 불가능한 실제 경험의 구체성과 다양성에 대한 감수성이 뛰어나다. 연구 대상자와의 정동적, 감정적 관계 때문에 인터뷰는 윤리적 문제도 내포한다(9장 참고). 생활 세계, 그리고 이에 대한 사람들의 해석을 이해하고자 한다면, 감수성과 신중함을 가진 인터뷰는 적절한 수단이 될 수 있다. 실질적 감정의 지리를 구체화하려고 설계된 인터뷰와 연구에서는 항상은 아니지만 일반적으로 감정이 동반된다. 가정 폭력의 지리에 관한 페인(Pain)의 연구를 생각해 보자. 페인은 밸런타인과 마찬가지로 인터뷰를 사용해 시간에 따른 공포의 성격, 효과, 경험을 이해하고자 했다. 이를 위해 폭력을 말할 필요성과 트라우마를 되새겨야 하는 고통 사이의 긴장 관계를 페미니스트 방법론과 상담 기법을 활용해 탐구했다. 이 연구에서 페미니스트 방법론은 연구 참여자의 신체적·감정적 안정감을 확보하고, 연구 윤리 및 연구자와 대상자 사이의 권력관계를 성찰하는 데 유용하게 사용되었다. 상담 기법은 다음의 두 가지 이유로 사용되었고, 두 가지 모두 인터뷰가 감정적으로 충만한 교류와 상호작용임을 상기시켜 주었다.

첫째, 상담 기법은 청취하는 방법을 습득하고 연구 참여자가 자신의 감정을 일상적 언어와 대화로는 표현하기 어려울 수 있는 다양한 방식으로 발언하도록 자극하는 데 도움을 준다. 둘째, 상담 기법은 공감이나 일치와 같은 상호작용의 원리를 밑바탕에 깔고 있으며, 상담자(연구자)와 참여자 사이의 배려를 증진하고 위해 요소를 경감시키는 목적을 가진다. 예를 들어, 서로를 위해서만 자리를 같이하고 당사자의 이슈만 다루면서 타인의 개입을 허락하지 않는다(Pain, 2014: 130)

페인의 사례를 통해 감정에 '관한' 연구에서는 여러 가지 감정을 내포할 수밖에 없는 연구자와 연구 대상자 사이의 관계를 파악할 수 있다. 일반적으로, 페미니스트 방법론에 영향을 받은 실질적 '감정의 지리학'에 대한 연구에서는 지식 생산이 감정적으로 구성된다는 사실이 성찰적으로 드러난다. 이는 특정 주제나 프로젝트에 대한 감정적 투사나 애착, 특정 방법을 통한 연구자와 연구 대상자 사이에 형성되는 감정적인 관계, 연구를 수행하는 (예를 들어, 글을 '마무리'하는) 감정적 경험 등을 망라한다. 위도필드(Widdowfield, 2000)는 기존 연구에서 파악했던 '비호감 근린 지역'의 불공정과 불평등에 대한 그녀의 분노, 거부감, 고통이 잉글랜드 북부 주택 단지의 편부모에 관해 연구하면서 보다 '긍정적인 감정'으로 변화되는 경험을 했다. 유사한 사례로 파와 스티븐슨(Parr and Stevenson, 2015)의 실종자 가족의 '증언'에 대한 감정의 지리를 상세히 기술한 연구를 들 수 있다. 이들은 배려와 보살핌의 윤리에 따라 인터뷰 활동을 프레이밍했고, 이것을 진술에 대한 '긍정적인 관심'으로 언급했다. 동시에 '사람의 부재로 발생하는 여러 감정에 이름을 붙이고 그것들을 목록화하는 것 이상의 노력을 쏟았다. 실종은 경계를 규정하기 어려운 "모호한 상실"의 상태였기 때문이다. 그리고 연구자들은 가족의 대화에서 실종된 "타자"를 언급하지 않는 것이 오히려 가족 상실로 인한 고통의 감정을 생산한다는 사실도 깨달았다'(Parr and Stevenson, 2015: 310).

'감정의 지리학'이란 이름으로 수행되는 연구에서는 참여자가 성찰적으로 감정을 표현할 수 있도록 분위기를 조성하는 것에 관심을 기울이고, 감정이 타인과의 관계 속에서 그리고 타인과의 관계를 통해서 형성되는 방식을 이해하고자 한다. 사람들이 감정을 통해 세상과 관계된다는 가정을 기초로 어떻게 세계에 애착을 느끼고 연결되는지를 이해하기 위한 수단으로 발언 중심의 방법이 활용된다. 페미니스트 방법론의 영향을 받은 감정의 지리학 연구에서는 감정에 '대한' 것뿐 아니라, 감정과 함께 그리고 감정을 통해 연구하는 것도 중시한다. 이는 모든 연구 실천에서 감정은 구성적 요소이며 궁극적으로는 지식 생산의 모든 실천에 작용한다는 사실을 자각하는 것이다.

그러나 '표현된 감정'에 중점을 두는 것에 문제를 제기하는 일부 감정의 지리학 접근법도 존재한다. 여기에는 주체의 표현된 감정과 더불어 주체성을 구성하는 비인간적 영향력과 이벤트에도 주목하는 페미니스트 지리학의 분과도 포함된다(Colls, 2012). 정신분석 지리학(psychoanalytic geography)도 '표현된 감정'의 한계에 도전하는 연구 분야 중 하나라고 할 수 있다. 이는 프로이트 및 포스트프로이트 이론에 영향을 받아 무의식과 공간 사이의 관계에 관심을 두는 관점이다(Kingsbury and Pile, 2014의 요약 참조). 여전히 인문지리학에서 간과되고 있는 사실이지만, 정신분석 지리학은 표현된 감정과 특별한 관련성을 가지고 있다. 파일은 다음과 같이 설명한다.

> 정신분석 지리학에서는 표현된 감정에 의문을 품는 경향이 있지만, 이는 표현된 감정을 전혀 고려하지 않고 있다는 것은 아니다. 그 대신 정신분석 지리학은 욕망과 불안, 쾌락과 공포에 초점을 맞추는 경향이 있다. 특히, 표현할 수 없는 정동과 표현된 감정 사이의 중간지대에서 … (2010: 14)

'중간지대(middle ground)'에 대한 관심으로 정신분석 지리학자들은 표현되는 것과 표현할 수 없는 것 사이를 이동하는 방법론적 실험을 시도한다. 여기에서 모든 감정적 경험이 표현될 수 있다거나 기존의 의미나 감각 체계와 맞아떨어진다는 가정은 부인된다. 빙글리(Bingley, 2003)의 연구에서는 자아와 타자 사이의 의식적, 무의식적 관계를 탐구해 감성적으로 설명하기 위해 발언의 심층 청취와 함께 모래놀이와 같은 실천적 활동이 이용되었다. '공감'과 '인식'에 대한 정신분석적 실천/원리(Bondi, 2003), '무의식적 의사소통'(Bondi, 2014) 등으로 비정신분석적 인문지리학 방법을 구성하는 청취 활동을 보완하는 연구도 있다. 이러한 연구에서는 일부 감정의 지리학 분야에서처럼 모든 감정이 표현된다는 가정을 버리고 표현되지 않는 것에 주의를 기울인다. 이는 편협한 시각이나 실패의 원인이 되는 방법으로부터도 배울 것이 있다는 시사점을 가진다. 국가주의에 대한 감정의 지리를 연구하면서 축구 팬을 인터뷰하는 어려움에 봉착했던 프라우드풋(Proudfoot, 2010)의 성찰을 사례로 생각해 보자. 라캉의 정신분석학을 기초한 이 연구에서 그는 향락은 말로 표현하고자 할 때 소멸된다는 사실을 목격했다. 이러한 이유로 그는 주체들이 향락을 재현하는 방식과 더불어 눈물, 환호, 찬양 등 향락의 발생 그 자체에 대해서도 관심을 쏟아야 한다고 주장했다. 프라우드풋의 논의는 아주 절묘한 것이다. 발언 기반의 방법을 단순히 비판만 하는 것이 아니라, 다른 정신분석 방법에서 추구하는 바와 같이 정동과 감정 연구에서 한계를 가진 기존의 방법 안에서 전략 개발의 필요성을 강조했기 때문이다. 대안적인 연구 실천 방법을 사용했던 빙글리와 달리 프라우드풋은 '우회 질문(asking awry)'으로 이름 붙인 방법론적 전략을 제시했다. 연구 참여자에게 '향락'과 국가주의를 직접적으로 묻지 않고 경기 방식, 팀 구성 등에 대해 간접적으로 질문했다. 공간의 경험에 있어 중요한 측면이지만 규정하기 어렵고 일시적이라는 연구의 어려움을 인식하면서 향락이라는 특정한 정동/

감정에 우회적으로 접근한 것이다.

12.4 비재현 지리학

정신분석 지리학에서와 마찬가지로 비재현 지리학에서도 '표현된 감정'만을 중시했던 기존 연구에 우려를 표하고 감정을 '포착'해 '재현'하는 시도에 대해서 회의적인 입장을 취한다. '비재현 이론(non-representational theory)'은 '자명하게도 인간 너머의, 텍스트 너머의 다감각적인 세계'(Lorimer, 2005: 8)를 중시하는 일련의 이론들을 통칭하는 용어이다(Thrift, 2007; Anderson and Harrison, 2010). 그리고 비재현 지리학은 행동, 즉 실천과 수행에 최우선적인 관심을 두고, 실천적 활동을 통해 공간이 생성되는 방식에 주목한다. 앤더슨과 해리슨(Anderson and Harrison, 2010: 2)이 논하는 바와 같이, '수많은 활동과 상호작용을 통해 의미와 의의가 나타나고, 담론, 이데올로기, 상징적 질서는 부수적인 차원에 불과'하다는 점이 강조된다. 이처럼 비재현 지리학은 사람들이 무엇을 어떻게 행하는지에 관심을 기울인다. 그렇다고 해서 사람들에게만 주목하는 것은 아니다. 여러 가지 방식으로 인간 이외의 영향력과 사물도 동반하는 실천적 활동의 성격을 중시한다. 비재현 연구에서는 '수많은 것들이 모이는 방식에 관심을 둔다. 여기에는 의도성을 가진 인간뿐 아니라 다채로운 행위자와 힘도 포함된다. 우리가 자각할 수 있는 것도 있고, 그렇지 못한 것도 있으며, 일부는 우리 의식의 구석에 존재할지도 모를 일이다'(Anderson and Harrison, 2010: 10). 이와 같은 관계를 강조하면서 이벤트 역시 비재현 지리학의 중대한 관심사가 되었다. 불확정성과 과잉 상태의 이벤트를 통해서 질서의 우연성을 파악할 수 있다.

비재현 지리학은 정동과 감정에 대해 지금까지 살펴본 이론들과는 다른 방식의 설명을 제시한다. 여기에서 감정은 주체적 상태로 여겨지지 않고, 정동은 무의식하에서 발생하는 신체적 집약(bodily intensities)으로 파악된다. 인종적으로 표시된 신체 사이의 조우에서 인종주의가 강화되어 생기는 적대감(Swanton, 2010), 성적인 의도를 가진 눈빛에 깜짝 놀라는 것(Lim, 2007), 신체가 조화를 이루는 '안락함'(Bissell, 2008), 춤을 추는 느낌(McCormack, 2013) 등을 예로 들 수 있다. 정동은 신체를 통해 나타나며 두 가지 역량을 발휘한다. 즉 신체는 정동을 발산하는 동시에 정동의 영향력하에 있다. 기존과는 다른 이러한 방식의 설명에서 정동은 감정과 구분된다. 감정은 영향을 주고받는 역량을 의식하며 생성되고, 이미 존재하고 있는 의의와 의미의 체계에 끼워 맞출 수 있는 것이다. 동시에 과잉된 신체적 집약의 흔적은 감정으로 남는다. 매수미(Massumi, 2002: 25)의 설명에 따르면, 감정은 정동의 가장 강렬한 표현인 동시에 신체로부터 정동의 지속적인 탈출을 표시하는 것이다.

　정동과 감정의 구분은 논쟁으로 이어져 비판, 방어, 수정의 대상이 되기도 했다(Thien, 2005; Pile, 2010; Anderson, 2014). 그리고 둘 사이의 구분은 연구의 실천에 중대한 함의를 갖는다. 비재현 지리학에서 정동에 관한 관심으로 인해 기존의 정성적 방법, 특히 발언 기반 방법은 감정의 지리에 대한 정신분석 및 페미니스트 분석에 부분적으로 나타나는 것처럼 두 가지 난관에 부딪히게 되었다. 인터뷰 기법을 생각해 보자. 인터뷰는 발언이라고 하는 특정한 표현과 상호작용 형식을 중심으로 조직된다. 그리고 대부분의 인터뷰 연구에서 발언과 말하는 행위는 중대한 의미를 가진 것으로 간주된다. 특정인과 특정 주제 사이의 관계가 말로 표현되거나 말을 통해 지배 구조가 표현되고 반복된다고 여기기 때문이다. 비재현 이론으로 정성적 방법에 제기되는 첫 번째 문제는 발언과 정동/감정적 경험 사이의 관계에 대한 것이다. 대부분의 정동/감정적 경험은 말로 전달되지 않거나 그럴 수 없기 때문이다. 이러한 비판은 말/발언을 넘어서 느낌, 감정 등을 떠올려 포착하고 보여 줄 수 있는 다른 방식의 표현을 찾자는 요구로 이어졌다. 스리프트(Thrift, 2000)의 경우, 지리학자들에게 정동적 삶을 탐구하기 위해 공연 예술이나 신체를 가지고 활동하는 다른 연구의 전통을 습득해 도입할 것을 요구했다. 여기에는 '길거리 공연, 커뮤니티 공연, 입법 연극'과 '무용 치료, 음악 요법, 자유롭게 움직이며 타인과 몸으로 대화하는 접촉 즉흥'이 포함된다(Thrift, 2000: 3). 이밖에 인터뷰 기법에서 가정하는 것은 무엇인가? 인터뷰를 방법론적으로 당연시하는 것에 비판적인 사람들은 주어진 인터뷰 주제에 대해 자기 생각과 느낌을 표현할 수 있는 의식적인 주체의 존재를 가정하는 것에도 문제를 제기한다. 이러한 입장에 따르면, 대부분의 정동/감정적 삶은 의식의 밖에서 발생하기 때문에 인터뷰의 상황에서 말로 표현되거나 전달되지 못할 수도 있다.

　어느 비판이나 그렇듯이 위의 문제 제기에서도 인터뷰 기법을 너무나 단순화시킨 한계가 있다. 인터뷰 가이드에서 제시하는 일반적인 주의 사항 몇 가지를 되짚어 보아도 알 수 있는 사실이다. 연구자는 특정한 형식의 상호작용으로서 대화가 진행되는 목소리 톤과 태도에 대해서도 주목하도록 요구받는다. 연구 대상자에게 의미와 가치가 있는 것이 말로는 표현되지 않는 방식으로 드러나는 경우가 있기 때문이다. 로즈(Rose, 1997)는 연구 대상자와의 조우를 돌이켜 성찰성의 신호로서 '침묵'에 대해서도 주목해야 한다고 강조했다. 나아가 인터뷰를 정동과 감정으로 뒤섞이고 정동과 감성이 활발해지는 조우로 인식해야 한다. 이는 연구자와 면담 대상자 사이의 권력 불균형, 면담의 상황이 인터뷰가 전개되는 방식에 주는 영향 등으로 표출된다. 그러나 세상을 발언으로 축소하는 것에 대한 비판에 대응해 인문지리학자들은 발언 이외의 표현 형식을 포함하는 여러 가지 다른 방법들을 가지고 실험을 할 필요가 있다. 다양한 방법들이 정동 기반 연구에서 사용되었다. 이들의 공통점은 생산하는 자료의 형태와 조우의 유형을 확대하고자 노력하고 있다는 점이다.

여기에서는 정동에 대한, 그리고 정동을 통한 연구 사례 두 가지만 살펴보자. 배니니(Vannini, 2015)가 강조한 바와 같이 전형적인 것으로 받아들여지는 비재현 방법이란 것은 없고, 정동 기반 연구의 공통점은 하나의 정신을 공유한다는 것이다. 첫 번째 사례는 매코맥(McCormack, 2003)의 무용동작치료(Dance Movement Therapy: DMT)와의 조우이다. 그는 18개월 동안 영국 브리스틀(Bristol)의 한 센터에서 매주 2시간 동안 DMT에 참여했다. 이것의 목적은 DMT를 사례로 기술과 실천이 어떻게 정동과 감정에 작용하는지를 이해하는 것이었다. 그런데 문제가 발생했다. 일어난 것들을 성찰하기 위해 동작을 멈추면 참여와 관련된 중요한 무엇인가를 상실하는 듯했다. 동작의 대부분은 무의식적으로 이루어졌기 때문이다. 이처럼 매코맥은 발언 중심 방법으로 움직임의 관계와 실천에 대한 감각을 사후에 파악하는 데 어려움을 느꼈다. 그래서 그는 실행 중에 발생하는 '무언의 집약'(2003: 493)에 주목해 민감하게 반응할 수 있는 다른 방법을 고안했다. 그것은 '움직임의 수행에서 펼쳐지는 관계와 이동에만 충실'하자는 것이었다(2003: 493). 이에 따라 그는 전개되는 대로 참여하며, 신체의 이동에 따라 발생하는 것에만 주목하는 방법을 찾았다. 다음은 그가 참여한 실습 중 하나이다.

그 공간의 모든 이들에게 짝을 지으라고 했다. 한 사람은 다른 사람의 가이드가 되었다. 가이드를 받는 이는 눈을 감아야 했고, 이것은 말없이 이루어진 실습이었다. 나는 오른손으로 파트너의 왼손을 잡고 나의 정면에서 약간 바깥쪽으로 놓았다. 느슨하면서도 상대방에게 영향을 줄 수 있는 위치였다. 그리고 아주 천천히 손을 움직여 파트너를 공간 곳곳으로 인도했다. 나의 파트너가 다른 사람이나 사물과 부딪치지 않도록 조심했고, 가능한 한 부드럽게 손의 방향과 힘에 변화를 주었다(2003: 497).

매코맥의 연구는 최소한 세 가지의 중요한 요소로 구성된다. 첫째는 실천에 몰입하는 것이다. 연습과 다른 활동에 참여하면서 연구가 수행되었다는 말이다. 두 번째는 그와 다른 참여자 사이에서 나타나는 무의식의 역동성에 주목한 것이다. 이것은 '이벤트에 대한 표면적 이해나 몰입을 넘어 배후를 캐면서' 심층에 숨겨진 의미를 찾는 노력의 중단을 의미한다(McCormack, 2003: 493). 세 번째는 앞의 두 가지 사항과 관련되는데, 실천과 이벤트에 대한 감흥을 일으키며 표현하기 위해 느리고 인내심 있는 기술의 방식을 습득한 것이다.

두 번째 사례는 현시대 미국의 '일상적 정동'을 기술한 스튜어트(Stewar, 2007)의 연구이다. 한정된 공간에서 이루어진 실천에 참여했던 매코맥과는 달리, 스튜어트의 연구에서는 미국의 일상생활을 구성하는 일상적 조우들을 환기하며 기술한다. 이는 상세한 민족지와 결합된 특정 사건, 상황, 인물 등을 보여 주는 짤막한 글인 비네트(vignette), 스토리텔링, 비판적 분석 등의 시리즈로 구성된다. 스튜어트의 방법은 분리되고 파편화된 일상생활에 집중력을 기를 수 있도록 한다. 비네트를 대표적인 것으로 꼽을 수 있는데, 여기에서 그녀는 일상생활을 구성하는 소소한 해프닝에 차분하게 집중하며 '지켜보는' 일상적인 활동을 담았다.

> 편의점에서는 과할 정도로 일상적이며 별로 특징이 없는 것들을 지켜볼 수 있다. 반쯤은 은밀하고 반쯤은 따분하다. 계산대 앞에서 기다리는 줄은 느슨하다. 사람들은 대체로 서성거린다. 복권, 담배, 맥주 등을 사려는 사람들이다. 대용량의 싸구려 맥주 캔을 아침 일찍 사는 이들도 있다. … 모든 종류의 차이는 금세 알아차릴 수 있다. 짜증 나는 것, 우스꽝스러운 것이 있지만, 무감각하고 냉정할 만큼 다른 사람들이 하는 것에 관심이 없다. 이따금 친절한 모습이 나타나기도 한다. 대충 표현되는 몸짓으로 짧고 약하며 순식간에 지나가지만, 이를 알아차리기만 하면 그날의 가장 기쁜 순간이 된다. 그러나 대체로 무시한다(2007: 83).

매코맥과 마찬가지로, 스튜어트도 정해진 절차를 융통성 없이 적용하는 단일한 '방법'을 사용하지 않는다. 매코맥과 스튜어트의 방법 모두 정석의 가이드로 받아들여 다른 연구 과제에 그대로 적용시킬 수는 없다. 스튜어트의 출발점은 자신을 개방적이며 미정의 역동성을 가진 일상적 상황에 놓는 것이었다. 정동과 감정에 관한 대부분의 연구와 마찬가지로, 그녀는 민족지적 감수성을 발휘해 살아가는 경험의 진전에 주목하며 연구 대상자로부터 그들의 세계를 배우고자 노력했다(Herbert, 2000). 스튜어트와 매코맥의 실천 양식은 스리프트의 구분에 따라 관찰자적 참여(observant participation)로 유형화할 수 있다(Thrift, 1996). 둘 모두가 다사다난하게 펼쳐지는 상황에 직접 참여하며 발생하는 것에 주목하려고 노력했기 때문이다. '관찰자'라는 용어가 함의하는 바를 뛰어넘었다는 말이다. 생산된 자료와 자료의 생산을 가능하게 했던 조우의 형태는 다르지만, 스튜어트와 매코맥의 실험에는 몇 가지 공통점이 있다. 모든 정동적, 감정적 경험을 하나도 빠짐없이 전부 다루고자 하지 않았다. 살아가는 경험 전부를 완벽하게 포착하는 방식으로 정동과 감정을 재현할 목적도 없었다. 그 대신 상황에 대한 느낌을 제대로 살릴 수 있도록 충만한 표현력으로 감각을 자극하는 글을 썼다.

다양한 기법을 충만하게 활용하려는 정신에서 정동 기반 연구의 중요한 특징을 찾을 수 있다(Dewsbury, 2009). 정신은 무형의 것이기 때문에 이 특징을 명확하게 기술하는 것은 상당히 어려운 일이다. 스튜어트는 모든 '비재현 이론'을 망라하지는 않지만 정동 기반 연구의 목적에 대한 느낌을 요약하며 다음과 같이 기술한다.

> … 판단이 아니라 하나의 실험이어야 한다. 이미 잘 알려진 세상의 모습을 재확인하는 설명과 진리에 집착하지 말자. 그 대신 단순한 짐작과 호기심에 몸을 맡기고 구체적인 것을 따라가 보자. 그러면 습관이나 놀라움, 로맨스나 영향력 등을 보이게 하는 힘에 대한 집중력이 살아날 것이다(Stewart, 2007: 1).

여기에서 우리는 엄격함이나 정확성 이외의 다른 방식으로 세상에 참여하는 것이 얼마나 가치 있는 일인지 깨달을 수 있다. 스튜어트의 경우, 그것은 단순한 짐작과 호기심이었다. 연구의 목적은 세상을 재현하는 것이 아니라 '집중력을 발휘'하는 것이다. 이러한 측면에서 스튜어트의 연구는 정동적으로 수행되었다 할 수 있고, 이는 페미니스트 관점에서 이루어지는 감정의 지리학과 부분적으로 합치된다. 스튜어트와 마찬가지로, 듀스버리(Dewsbury, 2009)도 특정한 참여의 상황에서 정동의 상태에 대한 개방성을 강조하는 정신을 다음과 같이 정리해 서술한다.

> 현장에 휘말려 보자. 조사하는 특정한 경험과 실천의 노력, 투자, 유행 등에 몸을 직접 담아 보자는 말이다. 이를 단순히 참여라고 말하는 사람도 있겠으나, 나는 예술가적인 참여의 방식이라 하겠다. 예술가적 감각이 충만한 활동의 효과로 우리는 예민하고 자기성찰적인 사람이 된다. 활동에 참여하며 우리 자신을 잃고 학문적 소관부터 철저하게 벗어나 있으라는 말이 아니다. 거리를 두고 옆으로 벗어나 판단하라는 것은 더욱더 아니다. 공간에 몰입해 민족지적 '노출'의 포트폴리오를 수집하라는 것이며, 이는 추후에 사유의 피뢰침 역할을 할 것이다. 그다음 참여의 '휴식기' 동안 학문적 자세로 포트폴리오에 개입해 그것을 전달하는 창의적인 방법을 마련해야 한다. 이 방법을 통해 데이터, 즉 실천에 대한 증언의 시리즈가 생성되는 것이다(Dewsbury, 2009: 326-7).

정동 기반 연구를 특징 짓는 정신에는 몇 가지 공통점이 있다. 첫째, 참여와 몰입에 방점을 두며 '경험적 자료'의 범위를 확대한다. 영국 북부의 카일리(Keighley)에서 인종주의에 대한 스완턴(Swanton, 2010)의 연구를 훌륭한 예로 꼽을 수 있다. 스완턴은 이 도시의 일상 공간 여러 곳에서 시간을 보냈고, 그의 경험적 설명은 일상적 조우에서 인종주의가 집약되어 사라지기 전에 정동으로 충만해지는 장면을 중심으로 조직화되었다. 구체적으로 대화, 인터뷰, 민족지 기술 등을 병렬적으로 나열하며 인종주의의 장면을 제시했다. 둘째, 정동 기반 연구에서 방법론적 실험의 감흥을 중시한다. 듀스버리는 이것을 '연구의 수단을 확대하고 실험이 실패해도 항상 노력이 부족하다고 느낄 정도로 꾸준히 매진하는 정신'으로 이야기했다(Dewsbury, 2009: 323). 예를 들어, 레이너(Raynor, 2015)는 긴축재정이 전개되며 영국 게이츠헤드(Gateshead)에 있는 여성의 삶에서 그것이 어떻게 느껴지는지를 이해하기 위해 드라마 기반의 방법을 사용했다. 레이너는 참여 여성과 함께 연극을 만들어 긴축의 삶이 어떻게 경험되지를 극적으로 보이게 만들었다. 이 연구에서는 인터뷰와 함께 기존 관습을 벗어난 드라마 게임과 기법이 사용된 것이다. 새로운 방식의 이동을 활용하는 '일상의 모빌리티'에 대한 스피니(Spinney, 2015)의 연구 프로젝트에서도 실험 정신을 확인할 수 있다. 그는 전기 피부반응(Galvanic Skin Response: GSR) 센서를 사용해 참여자가 걷고, 뛰고, 자전거 탈 때 경험하는 무의식적인 신체의 변화, 즉 정동을 측정했다. 그리고 '신체 데이터를 정면에 내세울' 방안으로 녹화 장면을 인터뷰의 도구로 활용하는 비디오 유발(video elicitation) 인터뷰도 실시했다.

이상의 연구들은 반향성이 있는 경험 세계의 성격을 이해하려는 희망을 품고 실험에 몰두한다는 공통점을 가진다. 이들을 가지고 정동 기반 연구에 대한 일련의 방법론적 처방을 내려 이를 읽고 단순히 적용할 수 있도록 하는 것은 불가능하다. 연구자들은 몰입과 실험 정신을 추구하며, 여러 가지 방법을 가지고 다채로운 방식으로 정동적 삶의 무의식적 역동성과 조우하며 그것을 다루기 때문이다. 레이섬(Latham, 2003: 2000)이 설명한 바와 같이, 기존의 정성적 연구 방법은 '창의성, 현실성, 실천성'의 감각으로 채워졌다. 그는 인터뷰, 사진, 일기 자료를 조합해 오클랜드에서 일상적인 공공의 삶을 기술했다. 이를 위해 발생하는 정동적 삶의 다각적 측면에서 오랫동안 머물러 있었다. 인터뷰를 다른 형태의 자료로 보완, 대체하면 정동적 삶의 역동성을 예민하게 드러낼 수 있다(Dowling et al., 2015). 장문의 심층 인터뷰를 사용한 비셀(Bissell, 2014)의 통근의 정동에 관한 연구를 사례로 생각해 보자. 여기에는 통근의 특정한 시점에서 스트레스가 집약되는 모습도 포함된다. 비셀은 자각하지 못하고 스쳐 지나갈 수 있는 정동의 변화에 대한 성찰적인 조율의 모습을 제시하면서 그런 자료의 사용을 다음과 같이 정당화한다.

나는 인터뷰를 예측 불가능하고 즉흥적인 조우로 여기며 사용한다. 인터뷰 시점에서 변덕스럽고 예측 불가하며 인지의 범위를 벗어난 정동의 긴장 상태에 대한 조율이 고조될 수 있다. 이러한 관점에서 인터뷰 조우는 인터뷰 대상자에게 미묘한 변화에 노출된 상태를 질문해 자기성찰을 자극하는 기법이라 할 수 있다. 그런 변화를 감지한 후에는 역추적으로 알아낼 수 있는 것들이 쏟아져 나온다(Bissell, 2014: 193).

여기에서는 '감정의 지리학' 연구의 중심에서 사용된 방법, 즉 인터뷰 기법을 정동 기반 연구의 용도에 맞게 고쳐 사용할 수 있다는 사실이 나타난다. 구체적으로, 비셀은 성찰에 따른 미묘한 신체 변화를 인터뷰를 통해 탐구했다. 이는 '감정의 지리학'과 '비재현 지리학' 사이의 단순한 구분을 무효화하는 효과를 가진 시도로도 보인다. 인터뷰를 보충 자료로 사용했던 레이섬의 연구에서도 확인할 수 있는 것처럼, 정동과 감정을 탐구하는 어려움은 어떤 시도를 해도 완벽하게 사라지지 않는다.

12.5 결론

지난 10년간 정동과 감정에 관한 연구는 크게 확대되었다. 인문지리학자들은 더 이상 정동/감정을 경시·무시·배제하지 않고, 이를 모든 지리의 구성 요소로 인식하고 있다. 여기에서 페미니스트 지리학자들이 그 누구보다 중요한 영향력을 발휘했다. 특히 정동/감정을 사소함과 주변부의 영역으로 내몰았던 기존의 인습적 관행을 약화했다. 그러나 정동/감정의 이론화 및 접근 방법에 대해서는 동의가 이루어지지는 않았다. 정동과 감정에 대해 어떠한 경험적 자료가 가능하며 적합한지는 여전히 미궁에 속의 질문이다. 형태가 없고 변화무쌍하며 덧없이 지나가는 속성 때문에 정동/감정은 인문지리학의 관습적인 연구 수행 방법에 중대한 난관으로 작용한다. 결과적으로 새로운 방법이 도입되거나 기존 방법의 대체 및 보완 전략이 출현하기 시작했다. 이러한 전략들은 구체적인 정동/감정의 지리가 어떻게 구성되는지를 이해할 목적을 지닌다. 정동/감정 연구에는 유일한 방법이 존재하지 않고 그럴 수도 없다. 실제로 정동/감정의 의미와 작용에 대한 개념화는 다양하게 이루어진다. 이에 걸맞게 각양각색의 기법들을 활용해 서로 다른 측면의 정동/감정적 삶에 맞추어 그것을 밝히고 전달하려는 작업이 진행되고 있다.

| 요약

- 정동과 감정에 대한 이론화 및 연구방법론은 동의가 이루어지지 않았다. 그렇지만 특정 지리의 구성에서 정동과 감정이 중요하다는 사실은 이제 널리 받아들여진다.
- 형태가 없고 쉽게 사라지는 속성 때문에 정동과 감정은 연구가 불가능하다는 주장은 더 이상 받아들여지지 않는다. 그러나 연구의 방점을 '표현된 감정'에만 둘 것인지, 아니면 표현되지 못하는 정동/감정에도 주목할 것인지에 대해서는 접근법에 따라 차이가 있다.
- 최근 연구를 통해서 새로운 접근이 도입되고 기존의 방법이 변화하며 연구 방법의 다양성도 증대하고 있다. 그리고 정동과 감정을 실어 연구를 수행하는 여러 가지 방식에 대한 성찰도 진행되고 있다.

1 '"I am strange here" Conversations with the Syrians in Calais', www.theatlantic.com/international/ar-chive/2015/08/calais-migrant-camp-uk-syria/401459 (accessed 13 November 2015).

심화 읽기자료

- 데이비슨 외(Davidson et al., 2005)는 감정과 공간의 교차점에서 지리학자와 사회학자가 모여 다양한 사례연구와 접근법을 제시한다. 젠더, 인종, 섹슈얼리티, 정신병, 노화와 같이 이미 자리를 잡은 기존의 관심사에 대해서는 새로운 접근법을 제시하며, 사망이나 상실과 같이 보다 심층적인 감정에 대한 것도 포함되어 있다. 이러한 것들은 더 광범위한 환경 및 문화 정치의 맥락에 놓여 있다.
- 매코맥(McCormack, 2013)은 무용 치료, 안무, 라디오 스포츠 중계 등 움직이는 신체에 초점을 맞춰 비판 이론의 통찰력을 소개한다. '리토르넬로(ritronello)'를 중심 개념으로 활용하며 실험적 참여의 지리학을 제시한다. 이는 경험의 지도를 재고찰하고 재생산하는 새로운 방법이라 할 수 있다.
- 배니니(Vannini, 2015)는 비재현 이론을 연구에 활용하는 방안을 제시한다. 자료, 증거, 방법, 연구의 장르와 스타일, 연구의 발표 등의 주제를 망라하고 있으며, 연구 과정에서 이러한 주제에 비재현 이론과 관점이 미치는 영향도 논의한다.
- 위도필드(Widdowfield, 2000)는 연구 수행에 대한 개인적 설명을 제시한다. 연구 과정에 감정을 포함하는 것의 장단점을 일반적인 수준에서 논의한다. 그리고 정동과 관련된 논쟁을 보다 심도 있게 파악할 수 있는 기회를 제공한다.

* 심화 읽기자료에 대한 상세 정보는 아래 참고문헌에서 확인할 수 있음.

참고문헌

Anderson, B. (2014) *Encountering Affect: Capacities, Apparatuses, Conditions*. Farnham: Ashgate.

Anderson, B. and Harrison, P. (2010) 'The promise of non-representational theories', in B. Anderson and P. Harrison (eds) *Taking-place: Non-representational Theories and Geography*. Farnham: Ashgate. pp.1-34.

Anderson, K. and Smith, S. (2001) 'Editorial: Emotional geographies', *Transactions of the Institute of British Geographers*, 26(1): 7-10.

Bennett, K. (2004) 'Emotionally intelligent research', *Area*. 36 (4): 414-22.

Bingley, A. (2003) 'In here and out there: Sensations between self and landscape', *Social & Cultural Geography* 4(2) 329-45.

Bissell, D. (2008) 'Comfortable bodies: sedentary affects', *Environment and Planning A* 40(7): 1697-712.

Bissell, D. (2014) 'Encountering stressed bodies: Slow creep transformations and tipping points of commuter mobilities', *Geoforum* 51: 191-201.

Bondi, L. (2003) 'Empathy and identification: Conceptual resources for feminist fieldwork', *ACME: An International Journal of Critical Geography* 2: 64-76.

Bondi, L. (2005) 'Making connections and thinking through emotions: Between geography and psychothera-py', *Transactions of the Institute of British Geographers* 30: 433-48.

Bondi, L. (2014) 'Understanding feelings: Engaging with unconscious communication and embodied knowl-edge', *Emotion, Space and Society* 10: 44-54.

Bondi, L., Davidson, J. and Smith, M. (2005) 'Introduction: Geography's "emotional turn"', in J. Davidson, L. Bondi and M. Smith (eds) *Emotional Geographies*. Farnham: Ashgate. pp.1-16.

Colls, R. (2012) 'Feminism, bodily difference and non-representational geographies', *Transactions of the Institute of British Geographers* 37: 430-45.

Davidson, J., Bondi, L. and Smith, M. (eds) (2005) *Emotional Geographies*. London: Ashgate.

Dewsbury, J.D. (2009) 'Performative, non-representational, and affect-based research: Seven injunctions', in D. Delyser, S. Aitken, M. Crang and L. McDowell (eds) *The SAGE Handbook of Qualitative Geography*. Lon-don: Sage. pp.322-35.

Dowling, R., Lloyd, K. and Suchet-Pearson, S. (2015) 'Qualitative Methods 1: Enriching the interview', *Prog-ress in Human Geography* (online early). doi: 10.1177/0309132515596880.

Herbert, S. (2000) 'For ethnography', *Progress in Human Geography* 24(4): 550-68.

Kingsbury, P. and Pile, S. (2014) *Psychoanalytic Geographies*. Farnham: Ashgate.

Latham, A. (2003) 'Research, performance, and doing human geography: Some reflections on the diary-photo-graph diary-interview method', *Environment and Planning A* 35: 1993-2017.

Lim, J. (2007) 'Queer critique and the politics of affect', in K. Browne, J. Lim and &G. Brown (eds) *Geogra-phies of Sexualities: Theory, Practices and Politics*. Farnham: Ashgate. pp.53-68.

Lorimer, H. (2005) 'Cultural geography: The busyness of being "more-than-representational"', *Progress in Hu-man Geography* 29: 83-94.

Massumi, B. (2002) *Parables for the Virtual: Movement, Affect, Sensation*. London: Duke University Press.

McCormack, D. (2003) 'An event of geographical ethics in spaces of affect', *Transactions of the Institute of Brit-ish Geographers* 28(4): 488-507.

McCormack, D. (2006) 'For the love of pipes and cables: A response to Deborah Thien', *Area* 38(3): 330-2.

McCormack, D. (2013) *Refrains for Moving Bodies: Experience and Experiment in Affective Spaces*. Durham and London: Duke University Press.

Pain, R. (2014) 'Seismologies of emotion: Fear and activism during domestic violence', *Social and Cultural Ge-ography* 15(2): 127-50.

Parr, H. and Stevenson, O. (2015) '"No news today": Talk of witnessing with families of missing people', *Cul-tural Geographies* 22(2): 297-315.

Pile, S. (2010) 'Emotion and affect in recent human geography', *Transactions of the Institute of British Geogra-phers*. 35(1): 5-20.

Proudfoot, J. (2010) 'Interviewing enjoyment, or the limits of discourse', *The Professional Geographer* 62(4): 507-18.

Raynor, R. (2015) 'Dramatizing austerity: On suspended dissonance' (unpublished manuscript).

Rose, G. (1993) *Feminism and Geography: The Limits of Geographical Knowledge*. London: Polity.

Rose, G. (1997) 'Positionality, reflexivities and other tactics', *Progress in Human Geography* 21(3): 305-10.

Shaw, W., DeLyser, D. and Crang, M. (2015) 'Limited by imagination alone: Research methods in cultural geographies', *Cultural Geographies*, 22(2): 211-5.

Spinney, J. (2015) 'Close encounters? Mobile methods, (post)phenomenology and affect', *Cultural Geographies* 22: 231-46.

Stewart, K. (2007) *Ordinary Affects*. Durham, NC: Duke University Press.

Swanton, D. (2010) 'Sorting bodies: Race, affect, and everyday multiculture in a mill town in Northern England', *Environment and Planning A* 42: 2332-50.

Thien, D. (2005) 'After or beyond feeling? A consideration of affect and emotion in geography', *Area* 37(4): 450-6.

Thrift, N. (1996) *Spatial Formations*. London: Sage.

Thrift, N. (2000) 'Dead or alive?', in I. Cook, D. Crouch, S. Naylor and J. Ryan (eds) *Cultural Turns/Geographical Turns: Perspectives on Cultural Geography*. Harlow: Prentice-Hall. pp.1-6.

Thrift, N. (2007) *Non-representational Theory: Space, Politics, Affect*. London: Routledge.

Valentine, G. (1989) 'The geography of women's fear', *Area* 21(4): 385-90.

Vannini, P. (2015) 'Non-representational research methodologies: An Introduction', in P. Vannini (ed.) *Non-Representational Methodologies: Re-Envisioning Research*. London: Routledge. pp.1-18.

Widdowfield, R. (2000) 'The place of emotions in academic research', *Area* 32(2): 199-208.

공식 웹사이트

이 책의 공식 웹사이트(study.sagepub.com/keymethods3e)에서 이 장과 관련한 비디오, 연습, 자료 및 링크들을 확인할 수 있으며, 부가적으로 다음 논문들도 무료로 이용할 수 있음.

1. Ballard, R. (2015) 'Geographies of development III: Militancy, insurgency encroachment and development by the poor', *Progress in Human Geography*, 39: 2.

2. Fuller, D. and Askins, K. (2010) 'Public geographies II: Being organic', *Progress in Human Geography*, 34: 5.

13

참여행동 연구

개요

참여행동 연구는 하나의 이슈나 현상에 영향을 받는 사람들의 삶에 동참하며 연구를 수행하는 방법을 뜻한다. 이러한 연구에서는 연구 설계의 민주화를 추구한다. 구체적으로 연구 어젠다의 개발, 데이터 수집, 비판적 분석의 수행, 인간 삶의 개선을 위한 행동, 사회적 변화의 추구 등은 대체로 연구 대상자와 협력적으로 이루어진다.

이 장의 구성

- 참여행동 연구의 의미와 목적
- 참여행동 연구의 원칙
- 연구 문제 설정
- 연구 설계와 자료 수집 방법
- 방법론적 문제와 한계
- 왜 참여행동 연구인가

13.1 참여행동 연구의 의미와 목적

참여행동 연구(Participatory Action Research: PAR)는 하나의 이슈나 현상에 영향을 받는 사람들과의 완벽한 동참을 추구하며 연구를 수행하는 것이다. 연구의 민주화 및 탈신비화가 이 방법론의 두드러진 장점이며, 연구 결과는 참여자들의 삶을 개선하고 궁극적으로는 사회 변화를 촉진하는 데 사용된다. 이러한 점에서 PAR는 방법론의 차원을 넘어 행동주의의 한 형태로도 이해할 수 있다. 자료 수집, 비판적 탐구, 행동은 PAR를 정의하는 핵심 요소이다. 변화를 추구하는 다른 형태의 사회적 연구와 가장 큰 차이는 목적을 이루고자 하는 **수단**에 있다. 데이터와 새로운 지식을 연구 대상자와 공동으로 창출하고, 이에 대한 해석을 협력적으로 토론하는 수단은 PAR에서 추구하는 변화 과정의 핵심이다.

PAR는 착취적 연구에 대한 대응, 그리고 급진주의적 사회 어젠다의 일부로 발전했다. 이것의 역사, 이론, 실천과 관련된 문헌은 수없이 많다(Fals-Borda and Rahman, 1991; Park et al., 1993; Greenwood and Levin, 1998; Reason and Bradbury, 2001; Bloomgarten et al., 2006; Kindon et al., 2007). 실천적 참여 연구자의 대부분은 해방운동의 전통과 국제개발에 대한 비판적 이해에 입각하고 있다. 그래서 타인을 대신해 사회적 연구를 수행하는 목적, 윤리, 결과에 의문을 제기하고, '아래로부터' 지식을 습득하는 참여 연구의 역할을 강조한다(Paulo Freire, 1970; Fals-Borda, 1982). 참여 연구를 촉진하는 데 있어 페미니스트의 역할이 특히 중요했다(Maguire, 1987; Gluck and Patai, 1991; McDowell, 1992; Stacey, 1998; Kindon, 2003; Cahill, 2007a). 페미니스트들은 연구의 수혜자에 대한 문제를 지적하며 이익의 호혜성이 증진될 수 있기를 바란다. 이를 위해 연구 대상자는 '단순히 조사의 대상에 머물러서는 안 되며'(Benmayer, 1991: 60), 그들이 성찰을 통해 보다 나은 삶을 추구할 수 있도록 사회적 공간을 창출하는 것이 중요하다(Cameron and Gibson, 2005). PAR는 시민권 및 흑인 민족주의 운동 전통에서도 뿌리를 찾을 수 있는 실천이며, 사회적 불평등을 일으키는 근본 원인의 해소를 추구한다(Bell, 2001).

벙기(William Bunge)는 1960년대 후반과 1970년대 초반 사이에 디트로이트에서 '지리학 탐험(Geographical Expedition)'을 펼쳤는데, 이것을 지리학에서는 참여적 자료 수집의 효시로 여긴다. 벙기는 근린 지구에서 활동하는 '민중 지리학자(folk geographer)'임을 자처하며 창의적으로 데이터를 수집·분석했고, 이를 통해 빈곤에 처한 사람들의 관점을 드러내고자 했다(Bunge, 1997; Bunge, et al., 2011). 벙기의 업적은 다음과 같이 PAR의 핵심 개념을 포괄한다.

- 교육 도구로서 현장 연구의 중요성
- 지식의 힘으로 사회적 활동을 설계하고 인간 삶의 변화를 추구
- 교수자와 학습자 모두를 전문가로 인식

벙기의 선구자적 업적 직후부터 상당수의 지리학자, 환경교육가, 계획가, 건축가들이 참여 연구 기법을 받아들이기 시작했다. 워드(Colin Ward)는 영국 도시·농촌계획학회(Town and Country Planning Association)를 통해 청소년과 함께하는 참여 연구 확산에 중요한 역할을 했으며, 건조환

박스 13.1   이스트세인트루이스 활동 연구 프로젝트(ESLARP)

1987년, 일리노이주 한 하원의원이 일리노이 대학교 어바나-샴페인(University of Illinois Urbana-Champaign: UIUC) 총장에게 이스트세인트루이스의 저소득층 근린 지역에서 교육 및 연구 활동을 권고하면서 ESLARP가 시작되었다(Reardon, 1997; 2005).[1] 미주리강 너머 세인트루이스와 인접한 이스트세인트루이스는 대학 캠퍼스에서 175마일(약 280km)이나 떨어져 있는 곳이다. 초창기 연구는 건축학, 경관 조경, 도시 및 지역 계획 프로그램을 중심으로 이루어졌지만, 더 많은 UIUC의 학과와 이스트세인트루이스의 공동체 기반 조직이 참여하는 프로그램으로 확대되었다.

　1990년 도시계획 교수 리어던(Kenneth Reardon)은 30세의 여성 자원봉사자 시올라 데이비스(Ceola Davis)에게 공동 연구를 제안했다. 그녀는 '또 한 명의 교수가 여기에 와서 초등학교 6학년도 알만한 소리만 을 하는 일은 없길' 바란다며 리어던 교수의 제안을 받아들였다(Reardon, 2002: 17). 그리고 두 번째 미팅에서 그녀는 교수 및 대학생과 파트너십을 결성하는 데 다음과 같은 조건을 제시했고, 이것은 나중에 '시올라 합의(Ceola Accords)'로 알려졌다(Reardon, 2002: 18).

- 대학 사람이 아니라 지역 주민이 활동 현안을 결정할 것
- 계획의 모든 과정에 지역 주민의 참여를 적극 보장할 것
- 최초 6개월간 시범 운영 후, 성공적이라는 조건하에 최소 5년간 활동할 것
- 비영리 기관 설립을 기대하는 지역 주민을 지원할 것

　데이비스처럼 외부인을 의심의 눈초리로 바라보는 것은 공동체 관련 연구에서는 아주 흔한 일이다. 공동체를 실험실처럼 다루며 지역 주민에게 역할을 부여하지 않고 현지인에게 성과의 혜택을 주지 못한 연구가 대다수였기 때문이다. 이스트세인트루이스의 경우, 리어던이 참여하기 전까지 이미 60건의 연구 보고서가 있었지만, 그 어떤 것도 이 지역의 개선을 위해 사용되지 못했다. 그러나 이후 이스트세인트루이스와 일리노이 대학교 간 파트너십은 참여 연구의 대표적 성공 사례로 발전하게 된다.

　데이터를 수집해 근린 지구의 문제와 제대로 이용되지 못하는 자원을 지도로 작성하는 것에서부터 프로젝트는 시작되었다. 그리고 사진, 토지대장, 여러 가지 물리적 환경에 대한 GIS 기반 지도, 센서스 자료 등을 바탕으로 이스트세인트루이스를 인근 교외 지역과 비교했다. 이를 통해 확인된 불균등 발전의 패턴을 기초로 후속 연구 및 변화를 위한 활동이 이루어졌다. 우선, 학교 실적 평가와 거리의 청결 유지 활동을 시작했고, 관련 문제들을 해결하기 위한 직접적 활동도 추진했다. 어린이의 놀이 공간을 조성하고, 적정 가격 주택을 공급하기 위한 연구와 계획이 실행되었으며, 근린 지구를 관통해 계획되었던 기존 경전차 노선을 변경했다. 공동체 참여자들은 대학에 여러 가지를 요구했고, 이에 대학은 네이버후드 칼리지(Neighborhood College)라는 이름의 지역 지부까지 세웠다. 이곳에서는 주민 주도의 커리큘럼을 만들어 적정 주택 개발, 정치경제학, '조직 결성의 첫걸음(ABCs of Organizing)' 등의 강좌를 제공한다. 30명 이상의 공동체 파트너가 꾸준히 참여하는 이 참여행동 연구는 학제적 접근을 추구하고 장기적 활동을 지향한다. 그리고 현실 문제에 집중해 주민의 기술과 역량을 증진하는 노력이 이루어지고 있다. 일례로, UIUC 교수와 학생은 지역 주민과 함께 식량 안보의 문제를 연구해 해결하려고 노력한다. 양질의 식품을 적정 가격에 구입할 수 있는 곳은 이 근린 지구에서 매우 드문 것으로 밝혀졌기 때문이다.

경을 비판적 학습의 도구로 활용했다(Ward and Fyson, 1973; Ward, 1978; Breitbart, 1992; 2014; Burke and Jones, 2014). 하트(Roger Hart) 또한 1970년대부터 참여 연구의 방법을 수용했다. 그를 비롯한 여러 연구자는 어린이와 함께하는 문화 놀이터 사업에 효과적인 모델을 개발했고, 이는 전 세계에서 참된 PAR 프로젝트로 받아들여졌다(Hart, 1997; Chawla, 2002; Driskell, 2002). 어린이와 청소년이 동참하는 PAR 프로젝트는 최근 급증하는 추세이다(Breitbart, 1998; Wridt, 2003; Cope, 2009; Donovan, 2014; Flores Camona and Luschen, 2014; y-plan.berkeley.edu). 그리고 성인과 함께하는 참여 연구도 확대되고 있다(Cahill, 2007b; Kindon et al., 2007; mrs. c kinpaisby-hill, 2011). 페인(Pain)이 밝히는 바와 같이, 참여 연구는 공통으로 현장의 지식을 발굴하고 활용해 물리적, 사회적 환경의 개선을 추구한다(2004: 653). 이것의 구체적 모습은 장기적인 이스트세인트루이스 활동 연구 프로젝트(East St Louis Action Research Project: ESLARP)에서 확인할 수 있다(박스 13.1).

13.2 참여행동 연구의 원칙

PAR는 반드시 지켜야 할 절차를 가진 방법론도, 특정한 자료 수집 기법도 아니다. 참여적 자료 수집 과정에서는 연구의 대상으로만 여겨졌던 사람들의 지식과 완벽한 참여에 큰 가치를 둔다(Park, 1993). 이러한 이유로 참여 연구는 형식적인 자료 수집 방법이나 외부 전문가에게 의존하지 않는다. 그 대신 공동체를 중심으로 문제를 해결하고 행동을 설계하고자 노력한다.

참여 연구에서 가장 기초적이며 특징적인 원칙은 외부 연구자와 공동체 연구자 사이의 **지속적인 대화**라 할 수 있으며, 이는 연구의 상황과 환경에 대한 완벽한 이해의 바탕이 된다. 카힐(Caitlin Cahill)이 지적하는 바와 같이, 활동적 참여 연구는 이웃에서의 변화를 추구하는 가운데 개인적인 관찰을 축적하며 새로운 탐구와 이해의 지평을 넓히는 방법이라고 할 수 있다. 예를 들어, 카힐은 뉴욕의 로어 이스트사이드(Lower East Side)에서 인종적으로 다양한 여성 집단을 연구하며 글로벌 불균등 발전의 부분으로서 젠트리피케이션의 원인과 개인적 영향을 명확하게 파악할 수 있었다. 동시에 환경주의 활동과 미디어 프로젝트를 통해 신유입층 사이에 팽배한 젊은 여성에 대한 고정관념의 재현(representation)에 정면 도전하는 것도 가능했다(Cahill, 2007b).

PAR는 **권력 공유** 활동이며, 연구의 성과를 바탕으로 지역의 자산을 증진하며, 가시적인 혜택을 공동체에 부여하는 노력이다. 공동체 구성원에게는 연구 파트너로서 가급적이면 고용 및 훈련의 기회가 주어진다. 이들은 조사의 시작점에서 삶의 경험을 바탕으로 연구의 목적을 정하고 자료 수집 방법에 대해 의견을 개진할 수 있는 권력을 가진다. 예를 들어, 카힐은 뉴욕의 사례연구를 근거로 참여했던 젊은 여성이 새로운 지식 창출에 이바지함을 밝혔다(Cahill, 2007a). 참여자의 협력적 연구 역량은 삶의 경험을 통해 축적되고, '실행 학습'의 과정으로 지속된다는 사실도 파악했다. 카힐과 젊은 여성 참여자들은 프로젝트의 결과 산출을 위해 현실적인 집단 활동을 실천하는 '연구자 공동체'의 창출을 위해 노력했던 것이다.

참여 연구는 보통 상아탑 밖에서 시작되며, 대학 구성원은 정보와 기술적 역량을 제공하는 자문 또는 협력자의 역할을 수행한다. 이 과정에서는 기술적 숙련도보다 대인 관계 역량이 훨씬 더 중요할 수 있다. 선택을 강요하지 않고 대화를 촉진하는 능력, 자신의 편견과 이것이 연구에서 초래할 결과에 대한 인식 등이 중요하다는 말이다. 연구자가 탐구 문제 선정에서부터 연구 수행, 글쓰기, 결과 확산에 이르기까지 모든 것을 한다면 연구는 결코 참여적인 것이 되지 못한다. 많은 시간을 공동체 구성원과 보내며 연구 결과를 비롯해 여러 가지에 대한 의견을 청취하더라도 말이다.

참여 연구는 문제를 파악하고 해결하는 동시에 공동체의 자산과 역량에 대한 지식을 축적하는 도구로 사용될 수 있다. 예를 들어, 미국 동부 매사추세츠주에 위치한 홀리요크(Holyoke) 공동체 예술창고 프로젝트에 참여한 예술가들은 자신의 문화적 자산을 탐구하며 지역 주민이 삶 속에서 그것에 부여하는 다양한 의미를 파악하고자 노력했다. 이 프로젝트의 목표는 도시재생 전략의 일부로서 예술을 활용해 경제와 공동체 발전에 이바지하는 것이었다. 연구의 또 다른 목표는 표준화된 '창조계급(creative class)' 개념에 의문을 제기하며 PAR를 통해 숨겨진 지역 인재를 발굴하는 것이었다(Breitbart, 2013). 포스트구조주의 입장을 수용해 PAR에서는 '나름의 권력을 보유한 다양한 지식의 재현들'을 중요하게 인식한다(Cameron and Gibson, 2005). 공동체 참여자가 자신을 인식하는 방식은 자료 수집에서부터 연구 결과의 출간에 이르기까지 연구 과정 내내 지속해서 변화하는 경향이 있다. 공동체 기반 연구자들이 재현되어서만은 안 된다. 대신에 그들 스스로 자신을 재현할 수 있도록 하는 것이 PAR의 핵심 원칙 중 하나이다. 그래서 공청회나 학술발표, 출간 업적에서 재현의 주체에 대한 문제가 발생한다. 재현의 맥락과 형식에 대해서도 마찬가지다. PAR에 참여하는 다수의 학계 연구자들은 연구 성과와 행동 계획을 공동체 협력자와 공동으로 발표하고 출간한다(Breitbart and Kepes, 2007; Cahill and Torre, 2007; mrs. c kinpaisby-hill, 2008; 2011; Cope, 2009).

일반적으로 참여 연구 문헌은 연구 과정보다 접근법의 이데올로기와 정치에 대해 보다 많은 설명을 할애한다(Reason, 1994). 그러나 실천의 맥락에서 지금까지 서술한 원칙을 프로젝트 전반에 적용하는 사실을 절대 간과해서는 안 된다. 참여 연구 프로젝트마다 사용하는 연구 기법에서도 상당한 차이가 나타난다는 점도 잊지 말기를 바란다.

13.3 연구 문제 설정

참여 연구에서는 공동체 주도로 연구 주제를 선정하는 것이 가장 이상적이다. 초기 단계에서 공동체 구성원은 교수나 학생과 파트너십을 결성할 수 있다. 공동체 기반의 조직체가 면접을 통해 학계 협력자를 선정하는 것도 드문 일은 아니다. 자료 수집 이전에 미팅이 이루어지는 초기 단계가 아주 중요한 시기이다. 지식이 공유되고 신뢰가 형성되는 시점이기 때문이다.

PAR에서 자료 수집은 협력적 참여자가 살아온 경험으로부터 시작하고, 여기에서는 공유된 지식의 기반을 마련할 근린 지구나 지역에 대해 연구자를 교육하는 것도 중요하다. PAR 실천가들은 지난 수십 년 동안 수많은 종류의 창의적 방안을 마련해 참여의 진입 장벽을 낮추고자 노력했다. 이들의 공헌은 유용하고 효과적인 데이터 창출의 가능성을 높인 것에서도 찾을 수 있는데, 여기에는 현지 참여자를 대상으로 특정 방법론의 사용법에 대한 교육 워크숍을 제공하는 것도 포함된다(Kindon et al., 2007; Percy-Smith and Thomas, 2010).

연구 문제가 미결 상태라면 사전 탐색의 방법을 활용해 정보를 수집하고 연구 문제를 결정할 수 있다. 브레인스토밍, 초점 집단, 주변 탐방, 사진 스토리보드 등이 그에 적절한 방법이다. 앞서 소개한 홀리요크 공동체 예술창고 프로젝트의 경우, 일반 도시민이 참여하는 초점 집단으로부터 시작되었는데, 이들은 예술 관련 활동에 참여하면 삶이 어떻게 변하는지 토론했다. 토론장은 '예술'과 '문화'가 보다 많은 역할을 하는 도시 미래 비전을 공유하는 무대이기도 했으며, 여기에서 창출된 아이디어들은 연구 프로젝트를 정의하는 데 보탬이 되었다. 그다음, 공동체 예술 지도를 만들고 지역 고유의 재능과 역량을 보다 상세히 알아가면서 취득한 정보가 도시재생 계획에 반영되도록 했다(Breitbart, 2013).

브레인스토밍 워크숍, 소셜 매핑(social mapping), 모델 만들기 등의 활동은 참여자의 기존 지식을 끄집어 내는 데 매우 효과적인 방법이다. 일례로, *Youth Vision Map for the Future of Holyoke*의 출간으로 이어졌던 프로젝트는 청소년 주도의 도시 걷기로부터 시작되었다. 참여자들은 잠재력을 가지고 있는 것으로 느꼈던 환경과 즉각적인 조치가 필요한 곳을 촬영했다. 그다음, 수집한 이미지를 지도에 올려놓고 평가하며 분석했다(Breitbart and Kepes, 2007). 이스트세인트루이스 활동 연구 프로젝트에서도 비슷한 자료 수집 및 자원 목록 작성 기법이 활용되었다(박스 13.1 참조). 여기에서 주민들은 일회용 카메라를 사용해 인근에서 중요한 이슈와 장소, 그리고 '유휴' 자원에 관한 정보를 수집했다. 두 가지 프로젝트 모두에서 사전 수집된 정보와 의견은 추후 연구 주제의 우선순위 결정에서 기초 자료로 활용되었다.

13.4 연구 설계와 자료 수집 방법

참여자 사이에 지식 공유와 함께 관계가 형성되었다면, 어떠한 추가 정보를 무슨 방법으로 수집할 것인지 결정해야 한다. 선정한 연구 방법에 익숙하지 않은 참여자를 교육하는 방법 또한 이 시점에서 중요한 논의 대상이다. 연구의 모든 단계에서 자료 수집 방법은 연구 문제와 직결되며, 적절하고 확실한 데이터를 산출할 수 있는지를 따져 선정되어야 한다. 개인과 사회의 변화를 자극할 수 있는지, 참여자의 창의·비판 역량을 증진할 수 있는지도 자료 수집 방법 선정에서 중요한 고려 요소이다.
   참여 연구에서는 선정한 방법이 공동체 목표의 달성과 연구의 탈신비화에 이바지하는지도 살펴야 한다. 참여의 최대화와 참여자 간 권력의 균형을 도모할 수 있는지에 대해서도 고민해야 한다. 질문의 단어 선택부터 순서 배열까지 모든 의사결정 사항이 토론의 대상이 될 때 이상적인 완전 참여라고 할 수 있다. 참여자 모두가 의사소통의 규칙 및 구조를 완벽하게 이해하며, 연령에 관계없이 민주주의적 과정을 보장해야 한다(Hart, 1997; Percy-Smith, 2014). 이와 같은 숙의 과정에서 참여자들이 제공해야 하는 역량의 범위와 연령, 젠더, 민족, 문화적 배경 등 집단의 다양성도 중요한 고려 사항에 포함된다. 안전, 장비, 교통 접근성 이슈도 중요하다. 대부분의 경우, 폭넓은 역량을 끌어모으기 위해 다수의 조사 방법이 사용된다.
   정량적(양적) 방법(8장, 16장 참조)과 정성적(질적) 방법(7~10장 참조) 모두가 참여 연구의 자료 수집 방법으로 사용된다. 브레인스토밍, 사진 수집, 인터뷰, 구술사, 스토리텔링, 초점 집단, 그림, 소셜 매핑, 지역 조사, 환경 목록 작성 등이 일반적으로 사용하는 정성적 자료 수집 방법이다. 이들은 어린이와 성인 모두에게 쓰이는 방법들이다. 이 책 전반에서 다양한 자료 수집 기법을 논의하고 있기 때문에 여기에서는 참여 연구에서의 활용법만을 살펴보도록 하겠다. 이를 위해 킴봄보(Kimbombo)라 불리는 홀리요크의 연극 단체와 함께했던 연구 사례에 주목해 보자. 킴봄보는 스페인어를 모국어로 삼는 주민을 대상으로 고교 검정고시 준비와 영어 교육을 지원하는 한 단체에서 수행되었던 프로젝트이다. 현지 학생들과의 인터뷰를 통해 중요하다고 여겨지는 이슈를 발굴하고, 이를 주제로 극본을 만들어 연극을 공연했다. 구체적으로 가정 폭력, 당뇨병에 대한 인식, 에이즈 보균자에 대한 관용 등과 관련된 활동을 펼쳤다. 극본 작성과 연극 공연을 통해 중대한 건강 이슈를 알리며 공동체는 자신들에 대한 재현을 스스로 통제할 수 있는 기회를 얻었다(Breitbart, 2013). PAR에서는 학문 연구자와 공동체 연구자 사이에 상호 인터뷰와 초점 집단 활동을 수행하는 것이 일반화되었고, 구술사와 스토리텔링 기법도 빈번하게 사용된다. 다양한 기법을 사용함으로써 연구 파트너는 관점을 공유하고 경험 자료를 축적할 수 있다. 참여 연구는 여러 가지 방법을 사용해 최초의 논의 문제를 구상하고 검토한 다음, 문제를 재구성해 연구를 새롭게 하는 유기적인 과정으로 진행된다. 이는 보다 순차적인 일방향의 과정으로 진행되는 전형적인 사회과학 연구와 차별화된 모습이다. PAR는 이슈와 주제에 대한 심층적 이해를 기초로 진행되며, 단일 프로젝트로서 시작해 끝을 맺는 것이 아니라 '지속적인 교육의 과정'이라고 말할 수 있다(Park, 1993: 15).

정성적 조사를 사용하는 PAR는 수없이 많이 존재한다. 유타 대학교(University of Utah) 소속 교수와 학생이 메스티소 문화예술협회의 청소년과 협력한 PAR 프로젝트를 적절한 사례로 들 수 있다. 이는 다양한 정성적 방법을 사용해 이주민에 대한 부정적 고정관념과 그릇된 재현의 감정적·물질적 효과를 탐구한 연구이다(박스 13.2).

PAR에서는 지리학적 시각화 방법도 자료를 생산하고 재현하는 데 중요한 도구로 활용된다(31

박스 13.2 청소년 주도의 이주민에 대한 프레임 다시 짜기 참여행동 연구

솔트레이크시티에서 유타 대학교와 메스티소 문화예술협회는 메스티소 예술행동주의 컬렉티브를 출범해 어린 이주민들이 주도하는 참여행동 연구 프로젝트를 수행했다. 이는 청소년에게 공간을 제공해 자신들의 관심사와 힘든 점을 조사할 수 있는 기회를 제공하는 것이었다. 특히, 일상생활과 미디어에 나타나는 해외 이주민에 대한 적대감에 주목했다. 여기에는 청소년 이주민을 '불법 체류자'나 범죄자로 낙인찍는 인종주의적 고정관념도 포함되어 있었다. 이러한 고정관념에 따른 담론과 행동을 획기적으로 변화시킬 목적으로 프로젝트는 '사전 판단 없는 사회를 꿈꾸며'라는 이름으로 수행되었다.

자료의 수집은 자신의 관점과 의견이 정치인이나 지역 주민에게 무시당한다고 느끼는 청소년과 함께 진행되었고, 이들은 라티노, 치카노(멕시코계 미국인), 흑인, 아시아계, 혼혈인으로 다양하게 구성되었다. 청소년들은 자신에 대한 그릇된 재현과 고정관념의 경험을 공유했다. 그리고 지역의 웹사이트와 유타주 법에서 반이주민 정서를 지배적으로 자극하는 방식을 탐구했다. 입법 공청회 참관도 연구 방법 중 하나였는데, 여기에서 청소년들은 주 의회 의원과 일반 대중 사이에 만연한 외국인 혐오를 깨달았다. 이주민들이 일상적으로 경험하는 문제에 대한 이해와 공감이 부족하다는 사실도 파악했다. 이주민에 대한 지역 주민의 공포는 청소년 자신들을 포함해 이주민들이 일상적으로 경험하는 공포와 비교되었다. 연구자들은 특정 집단의 공포가 다른 집단의 공포보다 우선시되는 이유에 대해 의문을 제기했고, 이주민에 대한 부정적 재현에 정면 도전해 이주민 논쟁의 프레임을 다시 짤 목적으로 PAR를 활용했다. 개인 및 초점 집단의 이야기를 보다 광범위한 청소

년층과 공유하면서 고정관념이 감정과 경제에 주는 영향에 대한 새로운 지식을 생산할 수 있었다. 실제로 이 주민 청소년은 교육과 일자리 기회를 박탈당하며 물질적 빈곤을 경험하고 있었다.

이와 같은 자료 수집 과정은 프로젝트에 참여한 청소년들의 성찰로 이어져 이들의 활동가적 개입의 효과를 낳았다. 그들이 발견한 것을 공유하며 고정관념을 바꾸기 위한 행동이 있었기 때문이다. '사전 판단 없는 사회를 꿈꾸며' 프로젝트의 일환으로 웹사이트를 만들어 보다 많은 청소년이 참여해 고정관념에 대한 저항적 행동을 이어 나갔다. 이들은 소속감과 권리에 대한 목소리가 정책 입안자들에게 전해질 수 있도록 문학과 공연 예술도 활용했다. 일례로, 'We the People'이란 공연극을 창작해 유타주 의회에서 상연했다. 이는 정치인들이 이주민 청소년에 대한 그릇된 재현을 퍼뜨리며 그들을 희생양으로 삼은 행태에 대한 저항이었다. 이 프로젝트와 관련해 두 편의 학술논문이 발표되었는데(Cahill, 2010; Cahill et al., 2010), 모두 참여행동 연구가 참여자에게 현실적 의미를 가진 탐구 문제를 수행한다는 점을 명백히 한다. 동시에 참여자가 스스로 선정한 자료 수집 방법이 연구 문제의 프레이밍뿐 아니라 그들 삶과 직결된 행동 목표를 설정하는 데도 보탬이 된다는 사실을 보여 준다. 이러한 연구와 행동을 통해 현재의 상황을 변화시킬 수 있다는 희망의 분위기가 조성되었다.

장, 34장 참고). 스케치부터 포토보이스(photovoice)를 비롯한 주해 사진(annotated photograph)에세이와 다양한 형태의 지도에 이르기까지 공간적 재현을 창출하는 방법은 수없이 많이 존재한다(www.social-life.co/publication/atlas_social_maps). 특히, **소셜 매핑**은 아주 유용한 적정 기술의 자료 수집 도구라 할 수 있으며, 참여 연구를 수행하는 지리학자와 건축가 사이에서 환경 목록 원자료의 정리 방식으로 널리 사용된다. 일례로, 아르볼레다(Gabriel Arboleda)는 가이아나 원주민과 함께하는 주택 계획 프로젝트에서 다양한 형태의 시각화 지도 도구를 사용했다. 이를 통해 관례적 참여 방식을 탈피하고 새로운 형태의 PAR를 설계해 주택 수요 조사, 가구의 우선순위 결정, 영향 평가 등을 수행했다(박스 13.3).

소셜 매핑은 보통 연구 지역의 백지도를 획득하는 것에서부터 시작하며, 이는 대개 현지의 계획

박스 13.3　가이아나 농촌 지역 주택에 관한 참여 연구

제2차 저소득층 주거 프로그램(Second Low-Income Settlement Program: LISP II)은 가이아나의 농촌 지방에서 공공기관이 아메리카 원주민을 대상으로 실시하는 주택 사업이다. 이는 참여형 계획과 실행에 지역 주민이 동참한다는 점에서 주류의 기존 방식과 상당히 차별화된다. 가이아나의 농촌 지역은 풍부한 천연자원을 보유하고 있지만 매우 높은 빈곤율에 시달린다. LISP II는 아르볼레다가 제안해 주도한 프로젝트이다. 이는 8개의 마을에서 실시되었고, 연구와 활동의 모든 단계, 즉 계획, 설계, 행정 운영, 자금 조달, 건축에 이르기까지 원주민이 적극적으로 참여했다. 이를 통해 200여 채의 신규 주택을 공급했고, 지원자의 약 60%에

게 주택 개량의 혜택이 돌아갔다(Arboleda, 2014).

　　마을 사람들은 현재의 주거 상황을 평가해 우선순위를 판단했다. 우선순위에 대해 동의한 후, 마을 사람들은 소셜 매핑에 참여하며 주택 문제의 성격과 범위를 결정했다. 여기에서 수집된 데이터는 주택, 거주자, 자재, 물 자원, 화장실, 통신 도구, 전기와 같은 기술 등에 대한 상세한 정보를 포함했다. 빈곤과 과밀의 문제는 명백한 사실이었지만, 지도화 작업을 통해 원주민들이 '자치적인 행동을 수행할' 욕망과 역량이 있다는 사실도 확인되었다(Arboleda, 2014: 206).

　　그리고 현지의 물자와 토착적으로 형성된 지식을 활용해 주민 참여형 계획, 디자인, 건축을 실시하며 마을 사람들은 '행위주체성'의 성취를 맛보았다. 외부 계약업체의 필요성이 부인되었기 때문이다. PAR 과정에서 지역 주민의 어려움, 요구 사항, 자원이 한데 모였고, 현지 고용과 물자 조달, 주민의 문화적 선호를 반영한 설계, 비자발적 이주의 근절 등에 대한 동의가 이루어졌다. 마을 사람들은 현지의 건축업자, 장인 등과 다양한 방식의 팀 활동에 참여하며 주택 설계를 제안했고, 이를 바탕으로 각 지역에 대한 최종안이 마련되었다. 주민회에서 행정 운영을 맡았고, 이를 통해 수혜자 및 현지 조달에 관한 결정이 이루어졌다. 그리고 현지의 문화적 선호에 따라 초가집은 빗물 수집 시스템을 포함하는 금속 아연 지붕으로 개량되었다. 마을 사람들은 자금이 아니라 노동력과 물품을 제공하며 주택을 소유할 수 있게 되었다. 이처럼 PAR는 현지 지식에 대한 고취, 투자 자산으로서 문화 자본의 재발견 등을 가능케 하였다. 결과적으로 주민은 그토록 바라던 생활환경의 극적인 변화를 누릴 수 있게 되었다(Arboleda, 2014: 224).

부서에서 얻을 수 있다. 홀리요크 프로젝트에서는 청소년 및 성인 참여자를 몇 개의 소그룹으로 나누어 정보를 가지고 백지도를 채우게 하는 활동을 했다. 이들은 자신만의 아이콘을 디자인했고, 여러 가지 색의 포스트잇을 사용해 중요하다고 파악한 주변 환경의 모습을 표시했다. 예를 들어, 선호하는 곳은 붉은색, 유흥 장소는 녹색, 피하고 싶은 곳은 파란색으로 표시했다. 이것은 종이 지도뿐 아니라 오픈 소스 지도 작업 프로그램이나 스마트폰 애플리케이션을 활용해 수행할 수 있다(16장, 18장 참조).

　소셜 매핑 참여자가 축적한 지리 정보에 대한 분석에서는 특정 환경의 '현실'과 인지한 특징 사이의 관계를 토론하는 것이 매우 중요하다. 이처럼 대비되는 공간적 재현에 대한 성찰은 참여 연구의 초기 단계에서 매우 유용하다. 참여자의 젠더, 연령, 사회-경제적 지위, 민족성 등에 따라 달리 나타나는 다양한 관점에서 지역의 문제와 보유 자산을 파악할 수 있기 때문이다. 이러한 정보는 토론을 자극하고 후속 연구의 초점을 결정하는 데 도움을 주기도 한다. 하트(Roger Hart)는 뉴욕 브롱크스의 한 근린 지구에서 참여 연구를 수행하며 위험한 장소, 10대 청소년만 있는 곳 등을 재현하는 지도 템플릿을 사용했다. 이는 다양한 주민 집단이 서로 다른 방식으로 지역을 인식하는 것을 지도화하기 위함이었다. 이렇게 만들어진 지도에 대화 녹음 기록 및 공간 패턴 분석을 추가해 새로운 형태의 레크리에이션 공간의 조성 방안을 마련해 제안했다(Hart et al., 1991).

소셜 매핑 실시 이전에 연구 지역을 도보나 차량으로 돌아보는 것도 연구자와 참여자에게 도움이 된다. 이를 통해 주해 사진을 만들고 종이 또는 디지털 지도에 붙이면서 주변 환경에 대한 자료를 재현하고 유형화할 수 있다. 이러한 과정에는 창의적 해석의 여지가 많다. 햄프셔 대학교(Hampshire College)의 인턴과 공동체 개발 조직인 뉴에스트라스 레이시스(Nuestras Raices)의 청소년들은 공동 연구를 수행할 때 메모장과 카메라를 들고 도시 곳곳을 누비며 생태적으로 건전한 곳과 생태적 위기의 장소에 대한 정보를 수집했다. 이들은 세계적인 그린맵(Green Map) 프로젝트(www.greenmap.com)에서 이미 고안한 기호들이 자신들의 사례에서는 부적합하다는 사실을 깨닫고 현장에서 발견한 사실을 기초로 지도를 만들었다. 청소년 참여자들의 '녹색 지대' 개념에는 푸에르토리코 식당과 현지 소유의 사업체가 포함되었다. 인터뷰에서 건강 정보도 수집해 지도로 제작했으며, 이를 통해 천식과 같은 질병의 지리적 패턴을 발견하고 보다 상세한 추후 연구의 필요성을 제시했다. 이들이 제작한 'Holyoke Youth Green Map'은 공동체 텃밭으로 사용하기 위해 비어 있는 땅을 발굴하는 일에도 이용되었다(Breitbart and Ferguson, 2002).

브레인스토밍 모임에서 이끌어 낸 아이디어들은 Youth Vision Map for the Future of Holyoke 제작에 유용하게 사용되었다. 이 지도는 청소년들이 도시 경관에서 수정되기를 바라는 여러 장소를 밝은색 기호로 표시했다. 예를 들어, 벽화, 청소년에게 안전한 성 상품을 제공하는 안전 가게, 음악을 들으며 저렴한 음식을 즐길 수 있는 10대 카페, 건강 이슈와 청소년 프로그램에 대한 정보를 제공하는 청소년 밴(van) 등이 지도에 표시되었다. 여기에서 펼칠 수 있는 행동의 가능성은 다양했기 때문에 자료 수집에 참여했던 모든 청소년 기관들의 대표 회의를 개최해 우선순위에 대해 토론했다. 토론 결과는 공유되었고, 각각의 집단은 완수해야 할 과제를 가지고 돌아갔다(Breitbart and Kepes, 2007).

PAR에서 자료 수집의 과정은 교육적 가치를 가진다. 다양한 연구 참여자의 정보와 관점에 대한 고려가 필수적이기 때문이다. 소셜 매핑 등 시각화 작업을 통해 드러나는 참여자 관점의 공통점과 차이점은 토론의 소재가 되고, 후속 연구와 행동의 밑바탕이 된다. 그러나 소셜 매핑으로 모은 정보의 의미는 항상 명백하지만은 않다. 그리고 시각적인 그래픽 재현만으로 연구의 초점을 정하기도 어렵다. 다양한 해석을 발견하고 우선순위를 결정하기 위해서는 참여자 사이의 토론이 필수적이다. GIS처럼 고도 기술의 지도화 방법을 분석 도구로 사용할 때 더욱 그러하다. 훈련에 드는 시간과 값비싼 장비를 구매하는 데 드는 비용은 사용의 제약 요소로 작용한다. 이럴 때는 현지 조사 자료를 GIS로 분석하는 방법에 대한 기술적 조언을 대학의 지리학과에 요구하는 것도 하나의 해결책이 된다. 실제로 이 방안은 많은 연구에서 여러 가지 방식으로 실행된 바가 있다(커뮤니티 GIS 활용의 예는 18장 참조). 엘우드(Sarah Elwood)는 비판 지도학(critical cartography)을 활용하는 효과적인 방법을 마련했고, GIS와 PAR를 결합해 공동체 권한 신장의 도구로도 활용했다(Elwood, 2006). 많은 공동체에 만연한 '디지털 격차(digital divide)' 해소를 추구하는 사례라 할 수 있다.

어린이, 청소년과 함께하는 참여적 방법의 데이터 수집은 오랜 역사를 가지며, 이와 관련해 이미 상당수의 문헌이 축적되어 있다. 시민으로서 아동의 권리에 관한 관심의 증대를 반영하는 것이다(The Article 15 Project, crc15.org; Driskell, 2002; Kindon et al., 2007; Percy-Smith and Thomas, 2010). 이제는 고인이 된 워드(Colin Ward)의 선구적 업적에 영향과 자극을 받은 PAR 프로젝트에서는 아동과 청소년이 근린 지구의 환경을 탐구하고 비판적으로 분석하면서 변화의 행위주체가 되도록 동기를 부여한다(Ward and Fyson, 1973; Ward, 1978; Burke and Jones, 2014; Breitbart, 2014). 자료 수집 방법은 다양하며 창의적이다. 정보와 통찰력을 전달하기 위해 그림, 사진, 지도, 비디오 스토리텔링 등 시각화 도구를 활용한다. *Youth Power Guide*(Urban Places Project, 2000)는 홀리요크의 청소년, 교수, 대학생이 참여한 PAR 프로젝트이며, 공동체 계획에 청소년을 참여시키는 데 있어 단계별 지침을 상세하게 제시한다. 자료 수집과 관련해 20가지 이상의 활동 목록을 제공하는데, 각각은 한두 시간 안에 끝낼 수 있는 것이며 모두 청소년 주도로 진행된다. 여기에서 설정한 브레인스토밍의 기본 규칙은 성인을 대상으로도 활용할 수 있다. 캘리포니아 대학교 버클리(University of California, Berkeley) 도시 학교 센터의 교육 및 활동 연구 프로그램인 Y-PLAN(Youth-Plan, Learn, Act, Now!)에서는 공간 및 지도 기술을 활용하는 협력 프로젝트를 개발했다. 이는 청소년층이 미국과 전 세계에서 공동체 재생 및 공공 공간 변혁에 참여하는 것이다. Y-PLAN 웹사이트에서는 공동체 기반 연구 및 활동 프로젝트를 청소년과 함께 수행하는 도구와 PAR 원칙을 활용한 사례에 대한 다양한 정보를 제공한다(http://y-plan.berkeley.edu).

일반적으로 PAR에서 다양한 사회 연구 방법을 이용하지만 참여 개인의 물질적, 기술적 한계를 넘어서는 방법의 사용은 최소화된다. 이는 청소년, 성인 어떤 연령층과 함께해도 마찬가지이다. 수치 자료의 경우, 계량 분석에 대한 상당한 수준의 전문성 없이도 참여자들은 공공 데이터베이스와 기술통계(descriptive statistics)를 사용해 이야기를 만들어 비교하며 인과 관계를 파악할 수 있어야 한다. 앞서 살핀 ESLARP에서 교수와 학생은 센서스를 비롯한 여러 통계 자료를 온라인에 게시하며 소프트웨어도 제공했다. 그래서 주민들은 제기된 문제에 대해 자료를 가지고 차트, 다이어그램, 지도 등 다양한 형식의 분석 결과를 산출할 수 있었다. 분업도 괜찮은 전략이다. 가령, 일부는 자료를 수집하고 다른 이들은 수집한 데이터를 그래픽이나 수치의 형태로 만들어 분석을 수행할 수 있다.

참여 연구를 수행하고자 하는 학생들은 이 책에서 소개하는 기본적인 사회 연구 기법에 대한 지식을 가지고 현장에서 활용할 수 있어야 한다. 공동체 기반 학습 교과목은 그런 기법을 활용해 경험을 축적하는 효과적인 방법이 될 수 있다. 코프(Cope, 2009)의 사례에서 확인할 수 있는 것처럼, 지리학 이론과 사례연구를 결합해 현장 프로젝트에 대한 실습을 제공할 수 있기 때문이다. 공동체 참여자들이 자료 수집 방법에 익숙하지 않다면, 이들에 대한 훈련 프로그램도 실시해야 한다. 디트로이트에서 벙기의 연구, 시카고에서 엘우드(Elwood)의 커뮤니티 GIS 프로젝트, 현재 진행 중인 ESLARP 모두에서 지리학적 분석 기법의 전수는 중요한 부분을 차지했다. ESLARP의 경우, 사회 연구 기술 습득에 관심이 있는 성인에게 강의를 무료로 제공한다.

PAR에서 모든 참여자가 연구의 모든 단계에 참여할 필요는 없지만, 이들의 능동적 참여를 적극적으로 지원할 필요가 있다. 다양한 연구 방법을 사용하고 분업이 효율적으로 이루어진다면, 각각의 협력자는 의식적으로 자신만의 강점을 발굴하게 될 것이다. 이것이 정보 수집과 정보 교류에서 참여를 증진할 수 있는 한 가지의 확실한 방안임은 분명하다.

13.5 방법론적 문제와 한계

참여행동 연구에는 여러 가지 어려움이 존재하는데, 이는 방법론 자체의 문제와 시스템상의 구조적인 문제로 구분된다. 전자와 관련된 현실적인 난관 중 하나는 참여자마다 다른 역량과 숙련도의 차이를 조화시키는 것이다. 코프(Cope, 2009)는 Children's Urban Geographies 수업의 일환으로 지도했던 PAR 프로젝트를 회고하며 몰입도, 경험, 현지 문화 습득 등에서 나타나는 학생들의 수준 차이는 완전한 참여의 방해 요소로 작용한다는 점을 지적한다. 이 경우, 간극을 채운다고 대화에 끼어들어 타인의 침묵을 조장하는 실수를 범하지 말아야 한다. 그 대신, 자기 아이디어가 높이 평가되지 못했거나 의견을 개진했던 경험이 부족한 참여자들을 자극하는 촉진자 역량을 발휘해야 한다. '연구자 공동체'의 집단 역량을 강화하는 방법을 개발하는 것에도 시간을 투자할 필요가 있다. 노트 정리법, 슬라이드와 같은 시각화 도구 사용법, 발표 준비 등과 같이 기초적인 것부터 시작해도 좋다.

공동체 주도로 우선순위를 결정하는 모든 프로젝트에는 예측 불가능성이 내재한다. 이러한 PAR의 특성은 실행의 어려움으로 작용한다. 개인적, 사회-경제적, 정치적 상황 때문에 프로젝트의 수행 과정에서 우선순위는 빈번하게 변화하고, 이는 연구 초점의 변화로도 이어진다. 나는 토론을 통해서 많은 프로젝트 아이디어를 얻었고, 이를 바탕으로 대학의 동료 및 공동체 파트너와 함께 주택 및 도시 개발 공동체 지원 파트너십 센터의 지원 사업에 참여했던 적이 있다. 지원금을 받고 1년이 지난 후, 공공서비스 예산이 대규모 감축되어 프로젝트의 우선순위를 재조정해야만 하는 상황이 발생했다. 이와 같은 상황에서 학계의 연구자들은 PAR의 비선형성을 받아들이고 학생과 함께 예기치 못한 사건과 환경에 대비해야 한다. 목표 변화에 대해 주요 참여자들의 동의를 구하지 못하는 경우도 종종 발생한다(Pain, 2009). 불가피하게 발생하는 예측이 불가능한 사건에 성공적으로 대처하기 위해서는 평소에 공동체 협력자들과 긴밀한 사회적 관계를 형성할 필요가 있다. 진정성 있는 의사소통과 문제 해결을 통해 공고한 신뢰를 구축하는 것이 무엇보다 중요하다. 이렇게 해야만 대학–공동체 사이의 파트너십 관계도 유기적으로 유지될 수 있다.

대학에서 시민 참여의 중요성에 대한 인식이 증진함에 따라 공동체 기반 조직과의 파트너십에서 지속성 및 호혜성의 이슈에도 더 많은 관심이 집중되고 있다. 여러 직업을 전전하면서 과도한 업무에 시달리며 자금이 부족한 공동체 협력자들이 PAR 프로젝트에 참여하는 경우가 종종 있다. 많은 공동체 조직은 연구 파트너십에서 발생하는 자금 조달의 한계나 대학생을 훈련하고 관리하는 데 필요한 시간과 노력의 문제를 호소한다(Bushouse, 2005). 교수와 학생들도 시간 관리의 문제에 직면한다. 이들은 보통 '실세계'와는 완전히 다른 기간 동안 일을 수행하기 때문이다. 대학은 뮤지컬 제목이자 작품의 무대인 100년에 한 번 나타나는 마을 '브리가둔(Brigadoon)'처럼 운영되는 것만 같다. 따라서 PAR를 유지하는 것은 매우 어려운 일이다. 참여자들이 결정적인 순간에 사라졌다가 다시 나타나 떠나기 전의 상황을 파악하려 드는 경우가 허다하다. 학사일정 때문에 학생들이 한 학기를 초과하는 활동에 참여하는 것은 거의 불가능한 반면, 많은 교수는 오랫동안 공동체 파트너와 프로젝트를 진행해야 하는 의무감에 사로잡혀 있다. 그래서 가르침의 책무를 재협상해야 하는 상황이 종종 발생하고, 프로젝트의 지속성을 보장하기 위해 전문 분야 안팎에서 새로운 학생과 교수를 섭외해야 하는 경우도 생긴다. 참여 연구는 시간이 많이 드는 작업이며 신뢰의 관계와 프로젝트 기간 동안의 헌신에 기초한다. 프로젝트 기간이 짧다면 한 학기 동안 일을 완수하는 것이 가능하겠지만, 일반적인 참여의 과정은 기간을 더 유연하게 설정해야 한다.

참여 연구 프로젝트의 보고서 작성법은 전통적인 수업 보고서나 전문적인 지리학 학술논문과 같은 학계의 글쓰기와는 상당히 다르다. 진보적 변화를 추구하는 '현실 지향적인' 공동체 협력자와 학문적 커리어의 성공이 학술 발표에 좌우되는 '이론 지향적인' 교수/학생 사이에 긴장 관계가 형성될 수도 있다(Perkins and Wandersman, 1997). 이스트세인트루이스에서 데이비스가 리어던과 그의 학생들에게 요구했던 것처럼, 공동체 협력자는 학계 참여자가 받아들여야 하는 연구의 기준을 제시하는 경우가 흔하게 발생한다. 이러한 요구 때문에 프로젝트의 한계가 설정되고 연구의 초점이 재조정되기도 한다. 카힐과 파인(Cahill and Fine, 2014: 70)은 공동체 기반의 학습과 연구를 수행하면서

'대학과 공동체 사이에 그릇된 구분'의 문제가 발생하는 것도 지적했다. PAR에 참여하는 학생 중 상당수가 현지 출신이거나 적정 가격 주택, 식량 정의, 교육 등의 유사한 이슈를 가진 다른 곳의 공동체에서 살았을 수도 있기 때문이다. 그리고 하나의 프로젝트로 이해 당사자의 모든 요구를 충족시킬 수 없기 때문에 참여 연구에서는 프로젝트가 추가되는 상황도 종종 발생한다. 이럴 때는 외부 연구 파트너에게 지속적 참여를 부탁하는 수고도 필요하다. 한마디로, 파트너십의 지속가능성 자체가 헤쳐 나가야 할 난관이 된다.

'인간 참여자' 연구에 주어지는 제약 사항은 PAR에 참여하는 학생에게 큰 어려움으로 작용한다 (Pain, 2004; Cahill et al., 2007; Dyer and Demeritt, 2009). 이는 미국 대학에서의 기관심의위원회 (Institutional Review Board: IRB) 정책, 영국에서는 대학 및 연구기관의 윤리적 지침 및 체계와 관련된 것이다(3장 참조). 이러한 정책에서는 대개 연구 문제, 방법, 목적 등을 공동체 협력자와 협상하기 이전에 명시할 것을 요구한다. 학계 인사의 상당수는 윤리적 절차에 대한 지나친 관료주의적 행태에 불만을 표시하며 IRB의 정책을 비판한다. IRB의 정책이 풀뿌리 조직화와 반인종주의, 페미니즘 등 비판 이론의 오랜 역사와 함께하는 PAR의 원칙과 실천 방식에는 적합하지 않다는 지적도 있다. PAR는 사회 내에서, 그리고 대학과 공동체 사이의 불평등한 권력관계를 해소하려는 노력이기 때문이다. 인간 참여자에 대한 규제는 현실에서 그와 같은 불평등한 관계를 강화하는 경향이 있고, 공동체 참여자에게는 행위주체성 실현의 제약 요소로 작용한다. 이렇게 모순적인 긴장 관계 때문에 보다 효과적인 윤리적 실천과 IRB 정책의 재구성을 요구하는 대학 사회의 목소리가 커지고 있다(Cahill et al., 2007: 309). 동시에 대학이 위치하는 도시와 지역의 시민으로서 대학의 책무를 강조하는 경향도 나타난다(Bloomgarten et al., 2006). 최근 홀리요크에서는 지역의 대학과 공동체 조직 간에 협약을 맺고 파트너십을 활성화해 공동으로 발견한 지역 문제를 해결하기 위한 노력을 진행하고 있으며, 이것은 다른 기관의 모델로도 활용될 수 있다.

많은 대학이 학생들의 사회적 책임감에 대한 중요성을 자각하게 되면서 봉사 학습과 공동체 기반 연구는 공동 커리큘럼 활동으로 인식되기 시작했다. 햄프셔 대학교와 킹스버러 커뮤니티 대학교 (Kingsborough Community College)처럼 공동체 기반의 연구와 학습을 학생들의 졸업 요건에 포함하는 학교도 아주 드물기는 하지만 존재한다(www.hampshire.edu/academics/cel-2-requirement; Cahill and Fine, 2014). 이러한 학문 프로그램은 학생들의 학습력 증진보다 원대한 목표를 가진다. 공동체 파트너에게 시급한 현안에 참여함으로써 사회 정의 실현에 공헌하는 것이기 때문이다.

참여 연구의 옹호자들은 명백한 정치적 목적을 가지고 있다. 지금까지 살펴본 여러 사례에서 파악할 수 있는 바와 같이, PAR는 허점투성이의 고정관념을 거부하고 소외된 공동체의 강점과 자산을 드러내 보여 주고자 한다(Cahill, 2013). PAR는 단순한 방법론, 또는 지식이나 교육 이론으로만 이해되지 않는다. 그것이 지리학을 전공하는 학생과 교수의 관심을 끌 수 있는 이유는 환경의 개선과 사회 정의의 실현을 추구하고 있기 때문이다. 추구하는 변화와 기간에 대해 실현 가능성을 중심으로 사고할 필요가 있지만, 한계에 꾸준히 도전하는 자세도 절실하다(Klocker, 2012). 특히, 차별화된 권력에 주목하며 연구를 사회적 활동으로 이행하는 노력이 필수적이다(Pain, 2004; Arboleda, 2014).

PAR 프로젝트는 산발적이며 때로는 충돌을 일으킬 수 있는 여러 목표를 동시에 충족하려는 경향이 있다. 가령, 공동체 형성, 지역 자산과 문제에 대한 비판적 이해 등을 동시에 진행할 수 있다. 햄프셔 대학교의 학생과 인근 도시의 공공 주택 주민 사이의 PAR 협력 과정에서 두 집단이 동시에 주택 개량 사업의 계획에 참여했을 때 해결하기 어려운 문제가 발생한 적이 있다. 공공 주택 주민들은 정치적 활동을 통해 시내 중심가에 있는 그들의 거주지를 철거하려던 시정부의 기존 계획을 무효화할 수 있었다. 그다음에 주민 대표가 학생들에게 시정부에서 참여적 방식으로 진행하는 계획 변경 과정에 동참해 도움을 달라고 요청했는데, 여기에서부터 참여는 집단마다 다른 것을 의미하는 것이 되었다. 주로 스페인어를 사용하는 주민들은 정보와 번역 서비스에 대한 접근성을 적절하게 누리지 못했다. 그래서 그들은 충분한 시간을 가지고 연구를 진행하지 못했고, 의사결정 과정에서도 영향력을 제대로 행사하지 못했다. 이러한 구조적 장애 요소 때문에 학생 협력자들도 연구를 돕는 과정에서 한계를 느꼈다. 이들은 스스로가 파트너로서 부적절하다고 느꼈고 외부인으로서 불편해하기도 했다. 건축과 계획을 전공하는 학생으로서 주민보다 많은 지식과 권력을 가지고 있을 것으로 가정되었음에도 불구하고 말이다. 20세기 중반에 도시 재개발에 따른 불평등을 참여의 과정을 도입해 해소하려 했을 때 발생한 문제를 논했던 안스타인(Arnstein, 1969)을 떠올리게 하는 상황이다. 그녀는 '시민 참여의 사다리' 개념을 제시하면서 참여 과정의 동기가 조작을 위한 것인지 아니면 권한 및 통제권을 이양하는 것인지에 따라 다른 형태의 참여가 나타난다고 지적했다. 이와 유사하게, 채터턴 외(Chatterton et al., 2007)도 의미 있는 사회적 변화는 특정한 참여의 기법에서 기인하는 것이 아니라 정책의 기능을 이해하고 변화할 목적으로 공동체 파트너와 함께하며 노력하는 가운데 창출될 수 있다고 강조했다.

지금까지 살펴본 문제점을 통해서 PAR는 불완전한 작업이며, 중요하지만 본질적으로 복잡성을 가진 방법이라는 것을 확인할 수 있다. 이와 관련해 실패했거나 심각한 난관에 봉착했던 프로젝트들에 대한 진심 어린 논의도 증가하고 있다. 이러한 논의는 변혁적 실천의 개선에 공헌하고, 동시에 참여적 실천이 사회 변화를 증진하는 유일한 방법인 양 과도하게 낭만화하는 경향에도 경종을 울린다.

13.6 왜 참여행동 연구인가

참여 연구는 겸손함을 키우는 경험이라고 할 수 있다. 스토커(Stoeker, 1997)는 수년간 지역 주민과 협력적 프로젝트를 수행하며 신들린 것처럼 하나의 '질문에 사로잡혀' 있었다고 한다. 질문은 참여 연구에서 '권한 신장과 해방'을 동시에 이루는 방법에 관한 것이었다. 그러나 그는 '무력함'을 느낄지라도 '옳은 것을 행함'에 있어 지나친 걱정은 삼가라고 말한다. 데이비스나 가이아나의 원주민 같은 공동체 협력자들은 실수를 범할 때마다 그것을 있는 그대로 말할 것이다. 정직하고 존경심을 보이며 차근차근 일을 진행한다면, 협력자들은 의문을 제기하며 연구를 이로운 방향으로 이끌 것이다. '순수'한 형태의 PAR라는 것은 존재하지 않는다. 현실 세계의 한계 때문에 참여적 실천의 수준만이 있을 따름이다.

　PAR를 통해 산출되는 데이터는 사람들의 현실적인 수요와 욕구를 충족시키는 데 적합하고 유용하며, 관련된 행동을 마련하는 것에도 보탬이 된다. 개러시(Guarasci, 2014)는 시민 참여 프로그램이 학생에게 주는 영향을 논하면서 여성 대학원생 한 명의 이야기를 소개했다. 그녀는 협력자에게서 근린 지구 이슈를 수없이 많이 배웠던 사실을 강조하며, 협력적 연구를 공동체 안에서 '제2의 교수를 발견하는' 방법이라고 말했다(2014: 61). PAR는 공동체 기반 연구자들이 보여 주는 새로운 관점을 축적하며 고등교육 기관의 변화를 자극하기도 한다. 미국에서 100여 개의 대학이 참여하는 아메리카 상상(Imagining America) 컨소시엄을 사례로 생각해 보자. 이것은 PAR와 공동체 조직 활동을 바탕으로 예술, 인문학, 공간 설계 분야의 학자 및 활동가를 지역 공동체와 연결함으로써 시민 문화의 민주화를 추구하는 프로그램이다. 비판적이지만 '기대'를 가지고 국가와 고등교육 기관에 대한 새로운 상상력을 자극해 공동체의 요구에 더 잘 대처하고 공동체 기반의 지식과 재능을 새로운 형식으로 창출하는 것을 목표로 삼는다. 전통적으로 교육 서비스에서 소외된 사람들에게 고등교육 접근성을 높이는 것도 아메리카 상상이 지향하는 바이다(www.imaginingamerica.org).

　아메리카 상상이 지향하는 바와 마찬가지로, 스탠퍼드 대학교(Standford University)의 하스 공공 서비스 센터(Haas Center for Public Service)에서 센터장을 역임했으며 현재는 자문으로 활동하는 크루즈(Nadinne Cruz)는 봉사 학습 컨퍼런스에서 생각을 자극하는 질문 하나를 던졌다. 교수와 학생의 지식이 세상의 중요한 문제를 해결하는 데 얼마나 적합할까? 이를 평가하는 것이 대학의 사회적 책무가 아닐까? 대답하기 복잡한 질문이다. 그러나 참여 연구의 경험으로 한 가지만은 확실하게 말할 수 있다. 혜택을 받을 수 있는 개인 및 집단과 함께 방법론 설계, 자료 수집, 분석 및 행동을 공동으로 수행하면 그 문제는 해결될 가능성이 높다.

| 요약

- PAR에서 데이터를 공동으로 생성하고 해석하며 활동을 설계하는 데 쓰이는 협력 수단은 사회 변화에 중요한 역할을 한다.
- PAR에서 학문 연구자와 협력자는 호혜적 관계를 지향한다. 참여자가 권력, 지식, 의사결정 역할을 공유한다는 말이다.
- 참여 연구는 협력자의 살아온 경험, 외부 연구자의 연구 대상 장소의 기초 지식 학습으로부터 시작된다.
- 다양한 데이터 수집 방법의 활용, 팀 구성원의 경험과 장점을 기초로 짜인 분업은 모든 참여자의 창의 및 비판 역량의 증진으로 이어진다.
- PAR는 사회적 불평등 문제의 해결과 더 나은 사회 정의 실현에 공헌한다.

주

1 ESLARP 프로젝트는 현재 램지(Howard Rambsy) 박사 주도로 서던일리노이 대학교 에드워즈빌(Southern Illinois University, Edwardsville)의 도시연구소에서 수행되고 있다. 상세한 정보는 프로젝트 홈페이지 (www.siue.edu/artsandsciences/political-science/about/iur/projects/eslarp)를 참조하길 바란다.

심화 읽기자료

다음의 책에서 여러 가지 형태의 PAR 예시를 찾아볼 수 있다.

- 파크 외(Park et al., 1993)는 프레이리(Paulo Freire)가 서문을 쓴 책이다. 세계적 석학으로 알려진 프레이리는 참여 연구를 개인적, 정치적 변화의 수단으로 활용했다. 이 책에서는 북미를 중심으로 많은 사례연구를 소개하며, 권력과 지식, 연구 방법과 사회적 행동 사이의 관계를 논의한다. 부록에서는 참여 연구를 장려하는 주요 조직을 소개한다.
- 리슨과 브래드버리(Reason and Bradbury, 2001)는 학계 독자에게 적합한 사회과학의 활동 접근법 관련 논문을 모아 놓은 책이다. 총 4부로 구성되는데, 각각 참여 연구의 이론, 방법, 활용, 필수 역량을 주제로 한다. 활동 연구에서 대학의 역할에 관한 내용도 포함한다.
- 킨던 외(Kindon et al., 2007)는 참여 연구에 관한 편저로, 세계 곳곳의 사례연구를 소개하며 PAR에 대해 진정성 있고 비판적인 성찰도 제시한다. 비교적 짤막한 장으로 구성되어 있고 읽기에 편한 문체로 서술되었다. 공간과 장소를 강조하며 지리학에서 PAR를 활용하는 방법에 대한 다양한 조언도 제시한다.
- 퍼시-스미스와 토머스(Percy-Smith and Thomas, 2010)는 가족 및 공동체 환경에서 어린이의 의사결정 참여와 관련된 최신 이론과 실천을 소개한다. 포함된 사례는 세계 곳곳의 다양한 환경을 망라하며, 이외에도 참여 활동의 문제를 극복해 개선할 수 있도록 청소년과 어른의 관점을 비판적으로 성찰한다. 이 책의 결론에서는 어린이와 청소년의 능동적 시민성을 촉진할 방안에 대한 새로운 이론적 관점을 제시한다.
- 버크와 존스(Burke and Jones, 2014)는 영국 출신으로 교육자이자 건축가이며, 사회적 무정부주의자로도 알려진 콜린 워드의 사상과 실천에 주목하는 책이다. 내용 대부분은 어린이와 청소년이 참여하는 일상적 학습

과 생활환경 개선 활동에 대한 것이다. 학제적 관점에서 서술되었고, 워드가 장려한 원칙과 실천을 중심으로 각 장이 서술되어 있다. 이를 활용한 과거와 현재의 사례도 소개하고 있다.

* 심화 읽기자료에 대한 상세 정보는 아래 참고문헌에서 확인할 수 있음.

참고문헌

Arboleda, G. (2014) 'Participation practice and its criticism: Can they be bridged? A field report from the Guyana Hinterland', *Housing and Society*, 41(2): 195-27.

Arnstein, S. (1969) 'A ladder of citizen participation', *Journal of the American Institute of Planning*, 35(4): 216-24.

Bell, E. (2001) 'Infusing race into the US discourse on action research', in P. Reason and H. Bradbury (eds) *Handbook of Action Research: Participative Inquiry and Practice*. London: Sage. pp.48-58.

Benmayer, R. (1991) 'Testimony, action research, and empowerment: Puerto Rican women and popular education', in S. Gluck and D. Patai (eds) *Women's Words: The Feminist Practice of Oral History*. New York: Routledge. pp.159-74.

Bloomgarten, A. (2013) 'Reciprocity as sustainability in campus-community partnerships', *Journal of Public Scholarship in Higher Education*, 3: 129-45.

Bloomgarten, A., Bombardier, M., Breitbart, M., Nagel, K. and Smith, P. (2006) 'The Holyoke planning network: Building a sustainable college/community partnership in a metropolitan setting', in R. Forrant and L. Silka (eds) *Inside and Out: Universities and Education for Sustainable Development*. Amityville, NY: Baywood. pp.105-18.

Breitbart, M. (1992) '"Calling up the community": Exploring the subversive terrain of urban environmental education', in J. Miller and P. Glazer (eds) *Words that Ring Like Trumpets*. Amherst, MA: Hampshire College. pp.78-94.

Breitbart, M. (1995) 'Banners for the street: Reclaiming space and designing change with urban youth', *Journal of Education and Planning Research*, 15: 101-14.

Breitbart, M. (1998) '"Dana's mystical tunnel": Young people's designs for survival and change in the city', in T. Skelton and G. Valentine (eds) *Cool Places: Geographies of Youth Cultures*. London: Routledge. pp.305-27.

Breitbart, M. (2013) *Creative Economies in Post-Industrial Cities: Manufacturing a (different) Scene*. Farnham: Ashgate.

Breitbart, M. (2014) 'Inciting desire, ignoring boundaries and making space: Colin Ward's considerable contribution to radical pedagogy and social change', in C. Burke and K. Jones (eds) *Education, Childhood and Anarchism*. London: Routledge. pp.175-85.

Breitbart, M. and Ferguson, B. (2002) 'Partnerships for social change: Community-based learning at Hampshire College', *New Village Journal: Building Sustainable Cultures*, 3.

Breitbart, M. and Kepes, I. (2007) 'The YouthPower story: How adults can better support young people's sustained participation in community-based planning', *Children, Youth and Environments*, 17: 226-53.

Bunge, W. (1977) 'The first years of the Detroit Geographical Expedition: Personal report', in R. Peet (ed.) *Radical Geography*. London: Methuen. pp.31-9.

Bunge, W., Barnes, T. and Heynen, N. (2011) *Fitzgerald: Geography of a Revolution*. Atlanta: University of Georgia Press.

Burke, C. and Jones, K. (eds) (2014) *Education, Childhood and Anarchism*. London: Routledge.

Bushouse, B. (2005) 'Community non-profit organizations and service learning: Resource constraints to building partnerships with universities', *Michigan Journal of Community Service Learning*, 12(1): 32-40.

Cahill, C. (2007a) 'The personal is political: Developing new subjectivities in a participatory action research process', *Gender, Place, and Culture*, 14: 267-92.

Cahill, C. (2007b) 'Negotiating grit and glamour: Young women of color and the gentrification of the Lower East Side', *City and Society*, 19: 202-31.

Cahill, C. (2007c) 'Including excluded perspectives in participatory action research', *Design Studies*, 28(3): 325-40.

Cahill, C. (2010) '"Why do they hate us?" Reframing immigration through participatory action research', *Area*, 42: 152-61.

Cahill, C. (2013) 'The road less traveled: Transcultural Community Building', in J. Hou (ed.) *Transcultural Cities: Border Crossing and Placemaking*. London: Routledge. pp.193-206.

Cahill, C. and Fine, M. (2014) 'Living the civic: Brooklyn's public scholars', in J. N. Reich (ed.) *Civic Engagement, Civic Development and Higher Education: New Perspectives in Transformational Learning*. Washington, DC: AC&U. pp.67-72. Available from http://archive.aacu.org/bringing_theory/documents/4CivicSeries_CECD_final_r.pdf (accessed 16 November 2015).

Cahill, C., Quijada Cerecer, D.A. and Bradley, M. (2010) '"Dreaming of...": Reflections on Participatory Action Research as a feminist praxis of critical hope', *Affilia: A Journal of Women and Social Work*, 25(4): 406-15.

Cahill, C., Sultana, F. and Pain, R. (2007) 'Participatory ethics: Politics, practices, institutions', *ACME: An International E-journal for Critical Geographies*, 6: 304-18.

Cahill, C. and Torre, M. (2007) 'Beyond the journal article: Representations, audience, and the presentation of participatory action research', in S. Kindon, R. Pain and M. Kesby (eds) *Connecting People, Participation and Place: Participatory Action Research Approaches and Methods*. London: Routledge. pp.196-206.

Cameron, J. and Gibson, K. (2005) 'Participatory action research in a poststructuralist vein', *Geoforum*, 36(3): 315-31.

Chatterton, P., Fuller, D. and Routledge, P. (2007) 'Relating action to activism: Theoretical and methodological reflections', in S. Kindon, R. Pain and M. Kesby (eds) *Connecting People, Participation and Place: Participatory Action Research Approaches and Methods: Connecting people, participation and place*. London: Routledge. pp.216-22.

Chawla, L. (ed.) (2002) *Growing Up in an Urbanising World*. London: Earthscan.

Cieri, M. (2003) 'Drawing on perception: Re-territorializing space and place from African-American perspectives'. Paper presented at the Association of American Geographers, New Orleans.

Cope, M. (2009) 'Challenging adult perspectives on children's geographies through participatory research methods: Insights from a service-learning course', *Journal of Geography in Higher Education*, 33(1): 33-50.

Donovan, G.T. (2014) 'Opening proprietary ecologies: Participatory action design research with young people', in G.B. Gudmundsdottir and K.B. Vasbø (eds) *Methodological Challenges When Exploring Digital Learning Spaces in Education*. Rotterdam: Sense Publishing. pp.65-78.

Driskell, D. (2002) *Creating Better Cities with Children and Youth: A Manual for Participation*. London: Earthscan.

Dyer, S. and Demeritt, D. (2009) 'Un-ethical review? Why it is wrong to apply the medical model of research governance to human geography', *Progress in Human Geography*, 33(1): 46-64.

Elwood, S. (2006) 'Critical issues in participatory GIS: Deconstruction, reconstructions and new research directions', *Transactions in GIS*, 10: 693-708.

Fals-Borda, O. (1982) 'Participation research and rural social change', *Journal of Rural Cooperation*, 10: 25-40.

Fals-Borda, O. and Rahman, M. (1991) *Action and Knowledge: Breaking the Monopoly with Participatory Research*. New York: Apex.

Flores Carmona, J. and Luschen, K. (eds) (2014) *Crafting Critical Stories: Toward Pedagogies and Methodologies of Collaboration, Inclusion and Voice*. New York: Peter Lang.

Freire, P. (1970) *Pedagogy of the Oppressed*. New York: Seabury.

Gluck, S. and Patai, D. (eds) (1991) *Women's Words: The Feminist Practice of Oral History*. New York: Routledge.

Greenwood, D. and Levin, M. (1998) *Introduction to Action Research: Social Research for Social Change*. Thousand Oaks, CA: Sage.

Guarasci, R. (2014) 'Civic provocations: Higher learning, civic competency, and neighborhood partnerships', in J. Rich (ed.) *Civic Engagement, Civic Development, and Higher Education: New Perspectives on Transformational Learning*. Washington, DC: AAC&U. pp.59-62.

Hart, R. (1997) *Children's Participation*. London: Earthscan.

Hart, R., Iltus, S. and Mora, R. (1991) *'Safe Play for West Farms': Play and Recreation Proposals for the West Farms Area of the Bronx Based Upon the Residents Perceptions and Preferences*. City University of New York: Children's Environments Research Group.

Kindon, S. (2003) 'Participatory video in geographic research: A feminist practice of looking?', *Area*, 35: 142-53.

Kindon, S., Pain, R. and Kesby, M. (eds) (2007) *Connecting People, Participation and Place: Participatory Action Research Approaches and Methods*. London: Routledge.

Klocker, N. (2012) 'Doing participatory action research and doing a PhD: Words of encouragement for prospective students', *Journal of Geography in Higher Education*, 36(1): 149-63.

Maguire, P. (1987) *Doing Participatory Research: a Feminist Approach*. Amherst, MA: Center for International Education, University of Massachusetts.

McDowell, L. (1992) 'Doing gender: Feminism, feminists and research methods in human geography', *Transactions: Institute of British Geographers*, 17: 399-416.

mrs c kinpaisby-hill (2008) 'Publishing from participatory research', in A. Blunt (ed.) *Publishing in Geography:*

A Guide for New Researchers. London: Wiley-Blackwell. pp.45-7.

mrs. c kinpaisby-hill (2011) 'Participatory praxis and social justice: Towards more fully social geographies', in V. Casino, M. Thomas, P. Cloke, and R. Panelli (eds) *A Companion to Social Geography*. Oxford: Blackwell, pp. 214-34.

Pain, R. (2004) 'Social geography: Participatory research', *Progress in Human Geography*, 28: 652-63.

Pain, R. (2007) 'Guest editorial: Participatory geographies', *Environment and Planning A*, 39: 2807-12.

Pain, R. (2009) 'Working across distant spaces: Connecting participatory action research and teaching', *Journal of Geography in Higher Education*, 33: 81-7.

Park, P. (1993) 'What is participatory research? A theoretical and methodological perspective', in P. Park and M. Brydon-Miller, B. Hall and T. Jackson (eds) *Voices for Change: Participatory Research in the U.S. and Canada*. Westport, CT: Greenwood Press. pp.1-20.

Park, P. and Brydon-Miller, M., Hall, B. and Jackson, T. (eds) (1993) *Voices for Change: Participatory Research in the U.S. and Canada*. Westport, CT: Greenwood Press.

Participatory Geographies Working Group (2006) http://www.pygywg.org.

Percy-Smith, B. (2014) 'Reclaiming children's participation as an empowering social process', in C. Burke and K. Jones (eds) *Education, Childhood and Anarchism*. London: Routledge. pp.209-20.

Percy-Smith, B. and Thomas, N. (eds) (2010) *A Handbook of Children and Young People's Participation: Perspectives from Theory and Practice*. London: Routledge.

Perkins, D. and Wandersman, A. (1997) 'You'll have to work to overcome our suspicions', in D. Murphy, M. Scammel and R. Sclove (eds) *Doing Community-based Research: A Reader*. Amherst, MA: LOKA Institute. pp.93-102.

Reardon, K. (1997) 'Institutionalizing community service learning at a major research university: The case of the East St Louis Action Research Project', *Michigan Journal of Community Service Learning*, pp.130-6.

Reardon, K. (2002) 'Making waves along the Mississippi: the East St. Louis Action', *New Village: Building Sustainable Cultures*, 3: 16-23.

Reardon, K. (2005) 'Empowerment planning in East St. Louis: A People's Response to the deindustrialization blues', *CITY*, 9(1): 85-100.

Reason, P. (1994) 'Three approaches to participatory inquiry', in N. Denzin and Y. Lincoln (eds) *Handbook of Qualitative Research*. Thousand Oaks, CA: Sage, pp.324-39.

Reason, P. and Bradbury, H. (eds) (2001) *Handbook of Action Research: Participative Inquiry and Practice*. London: Sage.

Stacey, J. (1998) 'Can there be a feminist ethnography?', *Women's Studies*, 11: 21-7.

Stoeker, R. (1999) 'Are academics irrelevant? Roles for scholars in participatory research', *American Behavioral Scientist* 42(5): 840-54.

Urban Places Project (eds) (2000) *The YouthPower Guide: How to Make Your Community Better*. Amherst, MA: UMass Extension.

Ward, C. (1978) *The Child in the City*. New York: Pantheon.

Ward, C. and Fyson, A. (1973) *Streetwork: The Exploding School*. London: Routledge & Kegan Paul.

Wridt, P. (2003), 'The Neighborhood Atlas Project: An example of Participatory Action Research in Geography Education', *Research in Geographic Education*, 5: 25-47.

공식 웹사이트

이 책의 공식 웹사이트(study.sagepub.com/keymethods3e)에서 이 장과 관련한 비디오, 연습, 자료 및 링크들을 확인할 수 있으며, 부가적으로 다음 논문들도 무료로 이용할 수 있음.

1. Davies, G. and Dwyer, C. (2007) 'Qualitative methods: Are you enchanted or are you alienated?', *Progress in Human Geography*, 31(2): 257-66.

– 정성적 방법론, 해석 전략, '확실성'에서 탈피하는 경향 사이의 관계에 대한 성찰을 제시한다. 연구자들이 '직조된 (textured) 세계의 성격'을 받아들이기 시작한 것이 이 글의 맥락이다.

2. Blomley, N. (2008) 'The spaces of critical geography', *Progress in Human Geography*, 32(2): 285-93.

– 비판 지리학의 위치를 둘러싼 논의를 살피고 있다. 학계와 출판물에서만 나타나는 것은 아닌지, 활동가의 공동체와 장소에서 얼마나 찾아볼 수 있는지 검토한다. 그리고 후자의, 즉 협력적 형태의 지식 생산의 중요성을 논의한다.

3. Davies, G. and Dwyer, C (2008) 'Qualitative Methods II: Minding the gap', *Progress in Human Geography*, 32(3): 399-406.

– 공공 및 정치의 영역에서 지리학자가 수행하는 연구와 관련해 여러 가지 문제를 제기하고 몇 가지 가정에 대한 비평을 제시한다. 또한 다양한 '공공들' 사이에 연결망을 구축하고 있는데, 여기에는 참여적 동참의 실천과 연구의 공동 생산이 포함된다.

14
텍스트 분석

개요

텍스트는 특정인 또는 그 이외의 사람들, 즉 타자를 대상으로 무엇인가를 **기호화**하는 것이다. 일상생활에서 구름이 가득한 하늘, 해질 무렵의 어스름한 경관, 반점이 많은 피부, 멋지게 꾸며진 책의 페이지 등을 비롯해 수없이 다양한 텍스트를 접한다. 각각을 하늘–텍스트, 지구–텍스트, 신체–텍스트, 책–텍스트로 부를 수 있다. 세상은 텍스트로 가득 차 있기 때문에 우리는 세상을 육안으로 읽을 수 있는 텍스트처럼 직조된 것으로 인식하게 된다. 이처럼 '텍스트'와 '텍스처'의 관념을 동시에 언급할 수 있는 이유는 세상의 모든 텍스트는 필연적으로 **물질성**을 가지기 때문이다. 반드시 '뜻이 통할' 목적으로만 텍스트가 읽히는 것은 아니라는 말이다. 피부의 반점이 암의 신호는 아닌지 의심의 눈초리로 살피는 의사가 있을 수 있는 반면, 연인들 사이에서는 그것이 기쁨의 정동(情動, affect)을 표출하는 것으로도 읽힌다. 피부–텍스트는 의미를 찾는 지각의 목적으로 감정 없이 조사를 수행하는 시각의 눈, 그리고 감각과 느낌을 추구하며 열정적으로 어루만지는 촉각의 눈 모두에게 관심의 대상이 된다. 아마도 세상은 텍스트와 텍스처 그 이상, 그 이하도 아닐 것이다. 세상이 지각과 감각으로만 구성된다는 것도 사실이다. 그래서 텍스트는 예술적, 문학적인 창작물에만 국한되지 않고 일상적인 모습으로도 존재한다. 일상생활의 부스러기와 같이 텍스트가 온 세상에 흩어져 있다는 말이다. 인문지리학자에게는 그라피티, 눈길 위에 발자국 같은 것들이, 자연지리학자에게는 암석의 찰흔(擦痕), 테프라 퇴적물 같은 것들이 텍스트의 역할을 한다. 이러한 맥락에서 이 장에서는 문헌 중심의 텍스트 개념에 정면 도전하고자 한다. 특정인 또는 타자에게 무엇인가를 기호화하는 방식과 함께 텍스트가 사회적 대립을 표현하는 양상도 같이 살필 것이다.

이 장의 구성

14.1 서론: 지리학의 지구-글쓰기

그가 바라보고 있을 때 별들은 미끄러져 사라지기 시작했다. 그에게 어떤 메시지를 전하는 듯이 까만 캔버스에 새롭게 놓였다. … 어르신, 쟤들이 뭐라고 하나요? 그가 물었다. 저 별들이 뭐라고 떠드는 겁니까?. … 꽤 오랫동안 정적이 흐른 뒤에 인디언이 답을 건넸다. 우주는 조용하다고 말하네요. 이렇게 사람들만이 떠들고 있던 것이다. 아무것도 말할 게 없음에도 불구하고.

로버트 쿠버(Robert Coover), *Ghost Town* (1998: 83)

20여 년 전부터 인문지리학에서는 '문화적 전환(cultural turn)'의 물결이 일기 시작했다(Cook et al., 2000). 이후 경제지리학에서부터 도시지리학, 정치지리학, 의료지리학 등에 이르기까지 모든 하위 학문 분야에서 '문화화'가 두드러지게 나타났다. 그래서 청년 하위문화, 자연의 문화, 문화경제와 같은 것에 대한 탐구는 지리학에서 더 이상 생경한 것이 아니다(Amin and Thrift, 2004). 지리학 내에서 독립성이 강했던 문화지리학은 과학적, 사회과학적, 인문학적 관심을 포괄하는 분야로 변화했다. 기존의 민족, 경관, 건조환경 등에 대한 관심을 넘어 화폐, 가전제품, 수입 과일 등도 문화지리학의 분석 대상이 되었다(Cloke et al., 2014; Horton and Kraftl, 2013). 모든 것에 역사와 지리가 있는 것처럼 모든 것에 문화가 있는 것으로 이해되었다. 눈으로 볼 수 있는 모든 것을 문화적 텍스트라 해도 과언은 아니다. 우리 주위를 둘러싸고 있는 세상은 읽어 달라고 아우성치는 것 같지만(Perec, 2010), '문화적 전환'이 도래하기 전까지 그런 요구는 철저하게 묵살되었다. **문화의 제국**이 온 세상의 구석구석으로 침투해 있는 사실은 중요하지만, 기호의 표현적 요소를 이루며 의미적 요소인 기의(起義, signified)와는 대조되는 **기표**(記表, signifier)의 **독재**[1] 때문에 세상 구석구석은 무언가를 의미하게 되었다. 뜻이 통하는 세상이 되어야 한다는 의무에 대한 저항도 여기저기에서 등장했지만, 의미와 기표의 지배력은 표준시, 회계 관습, 나사의 막대한 영향력과 흡사하게 대체로 의문 없이 받아들여지고 있다(Bartky, 2000; Fleischman et al., 2013; Rybczynski, 2000). 오늘날 뜻이 부족한 것, 의미가 와 닿지 않는 것, 지각을 회피하는 것은 인내하기 어려운 것이다. 단순히 존재하다는 자체만으로 사람들의 인내심을 자극하기에 부족하다. 존재하려면 **무엇이든 의미를 가져야** 하며, 그래야 **가치** 있는 존재가 된다. 심지어 침묵조차도 큰 소리로 말해야만 한다!

'문화적 전환'의 중요한 유산으로, 즉 '문화지리학'의 보편적 확장 때문에 세상은 텍스트로 가득 찬 것으로 인식할 수 있게 되었다. 그러나 대부분 텍스트는 문헌의 형태를 취하지 않는다. 고층 빌딩 건축에 관한 남근 사상에서부터 보다 낮은 곳에 있는 거리 노동자의 '평범한 발언'에 이르기까지

(De Certeau, 1985), 소셜 미디어에 가득한 횡설수설하는 순간적인 발언부터 장난스러운 표절 작가의 '비창조적인 글쓰기'에 이르기까지(Goldsmith, 2011) 모두 텍스트라 할 수 있다. 세상은 텍스트로 가득 차 있다. 아마도 세상은 텍스트와 텍스처(texture) 그 이상, 그 이하도 아닐 것이며, 지각과 감각으로만 세계가 구성된다고도 할 수 있다. 이에 대해 지리학이라는 학문은 더할 나위 없는 적합성을 가지고 있다. 지리학의 어원은 그리스어의 지오그라피아(gēographia)에서 찾을 수 있는데, 이는 **지구-글쓰기**(earth-writing)를 뜻한다. 모든 지리학자는 지구-작가이자 지구-독자이다. 지리학자는 세계에 관해 기술하는(de-scribe) 동시에 세계에 글을 새겨 넣는다(in-scribe). 세상 위에, 그리고 세상 속에 흔적을 남긴다는 말이다. 이처럼 지리학자는 세상에 대한 기록을 남기며 세상을 이해할 수 있는 것으로 정리한다. 한마디로 세계라는 것은 지리학적 행위로 구성되고 변형되며, 이 과정은 상당한 수준의 폭력성을 동반하기도 한다(Pakenham, 1991; Weizman, 2007). 그래서 청명한 하늘을 바라보면서도 가시적이지는 않지만 구름의 존재를 파악할 수 있어야 한다(Hamblyn, 2001).

　모든 지리학자는 텍스트를 분석하는 방법을 필수적인 기술로 습득해야 한다. 이 장에서는 텍스트 분석(textual analysis)의 올바른 방향성을 제시하고자 한다. 특히, 네 가지 중요한 현안에 초점을 맞출 것이다. 첫째, '텍스트'는 우리가 본능적으로 생각하는 것과 정확하게 일치하지 않을 수도 있다. 둘째, 텍스트를 천천히, 아니 아주아주 천천히 읽도록 권하고 싶다. 미국의 인기 작가이자 만화가인 닥터 세우스(Dr. Seuss)가 자신의 책에 대해 '차근차근 받아들이세요. 이 책은 아주 위험합니다'라고 경고하는 것처럼 말이다. 셋째, 그럼에도 불구하고 텍스트 분석은 어렵지 않게 성취할 수 있는 기술이다. 물론, 그 비법을 제대로 파악하고 있어야 한다. 마지막으로, 효과적인 텍스트 분석을 위한 기초적인 점검표를 제시할 것이다.

　텍스트 분석에 대한 소개 글을 난해하게 쓰는 것은 그다지 어려운 일이 아니다. 기술적인 전문 용어와 교훈적인 인용문으로 가득 채우는 것도 가능하기 때문이다. 그러나 가급적이면 모든 것들을 단순하게 서술하려 한다. 텍스트 분석의 맛보기 정도만을 제시하면 스스로 실력을 키워 보다 많은 맛을 찾을 수 있을 것으로 확신하기 때문이다. 메시지는 단순하다. 최악의 상황은 자신의 독서가 바르지 못하기 때문에 일어나는 것이 아니다. 전혀 읽지 않는 상태가 가장 나쁘다. 한때 복사기 덕분에 독서의 노력을 덜 수 있게 되었다. 비디오 녹화기가 TV 시청의 부담을 줄였던 것처럼 말이다. 이제는 PDF 다운로드, 검색창, 복사/붙여넣기로 인해 독서의 노고가 훨씬 더 줄어들었다. 컴퓨터를 활용해 전자책, PDF 같은 것들을 손쉽게 '워드 클라우드(word-cloud)'로 시각화할 수 있게 되었다. 이러한 때에 푸코(Foucault, 2008)의 *This is Not a Pipe*, 라자라토(Lazzarato, 2014)의 *Signs and Machines*과 같은 선구적인 서적을 읽을 필요가 있을까? 앤비보(NVivo, 구 NUD*IST)와 같은 컴퓨터 보조 질적 자료 분석 소프트웨어(CAQDAS)가 쏟아져 나오게 되면서 **독서의 기술**, 특히 '결을 달리하여 읽기'(Eagleton, 1986)는 컴퓨터로 자동화하는 **코딩의 노동**으로 급속하게 대체되고 있다. 인터뷰 녹취록, 정책 문서, 신문과 잡지의 기사처럼 엄청난 분량의 비수치적인 텍스트 자료를 저장, 정렬, 검색, 분류, 연계, 지도화, 패턴화하는 데 코딩의 노동이 널리 활용되고 있다. 평생 읽어야만 할 분량의 자료를 두어 시간 안에 다운로드받아 컴퓨터로 처리할 수 있게 되었기 때문이다. 신속화를 추구하는 문화가 정점에 다다르면(Noys, 2014; Schivelbusch, 1993), 끝자락만 남은 독서의 숨통이 마침내 끊어지고 더욱더 많은 텍스트가 사전에 처리되어 자동적으로 소비될지도 모른다.

14.2 텍스트의 다양성

'텍스트'란 단어는 별다른 감흥을 주지 못하고, 여전히 고상함, 엘리트주의, 여가 활동 등의 이미지를 자아내는 경향이 있다. 텍스트에 심취하는 것을 사소한 행위로 치부하는 행태도 이해할 만하다. 경제위기, 지역분쟁, 지구온난화처럼 증거에 기초한 분석과 즉각적인 대처가 요구되는 훨씬 더 긴급하고 중대한 사안과 비교되기 때문이다. 현대 세계에 만연한 수많은 공포에서 탈피할 수 있을 만큼 운 좋은 사람에게나 텍스트가 차별성의 신호, 계급투쟁의 수단, 일상생활의 혼돈에서 벗어날 수 있는 방안이 된다고 할 수 있다. 텍스트는 교양과 계몽을 추구하는 학구파와 여가와 오락을 즐길 수 있는 한량에게나 적합한 것이지, 좁다란 길, 감옥, 쇼핑센터에 있는 사람과는 어울리지 않아 보인다. 그러나 좁다란 길, 감옥, 쇼핑센터에서도 손쉽게 텍스트를 발견할 수 있다. 으리으리한 상아탑 환경에서만 존재하는 것이 아니라는 말이다. 그라피티(graffiti)도 흥미로운 독서를 가능케 하는 텍스트의 예로 언급할 수 있다(@149 St; Banksy, 2006; Lewisohn, 2011). 어떤 이는 그라피티를 이유 없는 공공 기물 파손의 신호로 여긴다. 성가시고, 불경스러우며, 위협적인 것으로 생각하기 때문일 것이다. 그러나 그라피티를 어린이, 범죄 조직원, 예술가 지망생 등 배제와 소외에 시달리는 사람들이 거리에 대한 권리를 회복하려는 노력으로 읽는 사람들도 있다. 또 다른 사람들은 그라피티를 세상을 향해 내던지는 익명의 메시지로 이해한다. '정학당하고 싶다', '몸에 좋은 것 좀 먹어라', '화장실 테니스 어때? 왼쪽을 봐'처럼 말이다. 마지막으로, 오랫동안 잃어버린 세계에 대한 통찰력을 제시하는 것으로 그라피티를 파악하는 이들도 존재한다(Baird and Taylor, 2011). 그래서 텍스트를 분석하고자 한다면 그라피티, 쓰레기, 쇼핑백 같은 것들을 문학 작품, 법률, 유전자만큼이나 신중하게 읽어야 한다. 물론 여러분이 단어, 그림, 몸짓, 표정, 분위기, 거리 설치물, 립스틱 자국 등 일상생활에서 다양한 기호에 익숙할 것으로 믿는다. 이미 예민한 지각과 감각을 가지고 세속적 텍스트를 능숙하게 분석할 수 있을 것이다. 그리고 모든 종류의 지리도 **의미**와 **감정**을 전달한다. 이는 심지어 도시의 소리 경관(soundscape)에서 끊임없이 발생하는 소음(Attali, 1985), 탐험가의 지도에서 비어 있는 지역(Olsson, 2007), 무역업자의 회계 장부에 나타난 냉정한 계산(Hochschild, 2006)처럼 '무'의미하고 '무'감정의 것에서도 나타난다.

시작 단계에서 지리학적 분석에 대한 편견을 버리는 것이 중요하다. 지리학자가 읽어야 하는 것, 읽지 말아야 하는 것을 사전에 정할 필요가 없다는 것이다. 관심 가는 특정 맥락에 따라 분석하고자 하는 텍스트가 달라질 수 있다. 영국 문화, 도시 문화, 정치 문화, 마약 문화, 신자유주의 문화, 대중 문화, 청년 문화 등 분석의 맥락도 다양하다. 지리학자에게 중요한 것으로 용인되는, 또는 사소한 것으로 무시되는 텍스트에 대한 전제를 거부하고 본인의 관심사에 따라 움직이길 바란다. 도시의 경우, 정책 토론, 계획 문서, 수치 모델만큼이나 영화, 문학 작품, 만화도 탐구해 많은 것을 배울 수 있는 텍스트이다(Clarke, 1997; Moretti, 1999; Ahrens and Meteling, 2010; Dittmer, 2014; Pratt and San Juan, 2014). 나는 소비문화에 큰 관심을 두고 있는데, 내가 가장 선호하는 문화 텍스트는 듀럭스(Dulux)사의 가정용 페인트를 소개하는 두 페이지짜리 색상표이다(2000-2003). 왼쪽 페이지에 '시어 애미시스트(sheer amethyst)', '블루 토파즈(blue topaz)', '로즈 래커(rose lacquer)' 등 42개의 컬러가 임의적인 것으로밖에 보이지 않는 세 개의 그룹으로 분류되어 있다. 이 컬러들이 도대체 무슨 의미인지 생각해 보라고 학생들에게 한 시간 동안의 과제로 던져 준 적이 있는데 대부분이 제대로 파악하지 못했다. 그러고 나서 흐르는 침묵을 참을 수 없었을 때 색상표의 오른쪽 분류에 나타난 여섯 개의 단어를 제시했다. 그것은 '도시의 발견', '아프리카의 발견', '오리엔트의 발견'이었다. 수업의 나머지 시간 동안 학생들은 고국에 대한 이데올로기적 감상에서부터 '발견'의 담론에 대한 식민주의적 발상에 이르기까지 수없이 많은 해석을 지리적 상상력을 동원해 제시했다. 듀럭스사의 색상표에서 도시 색상은 공기와 물을 모티브로 하는 블루그레이(청회색) 색조를 중심으로 구성되어 있고, 이들은 냉정함, 적막함, 공허함의 느낌을 자아낸다. 이는 익명성, 소외감, 인간에 대한 기계의 호환성으로 점철된 피상적이고 인공적인 포스트산업 세계에 딱 들어맞는 색상이라고 할 수 있다. 블루 그레이는 이미 자본의 색채로 널리 알려져 있다(Lyotard, 1998). 듀럭스사의 블루그레이에는 매디슨연보라, 시티리미트, 맨해튼뷰, 플라자, 닷컴, 로프트, 카페라테, 플래티넘, 브러시드스틸 등의 명칭을 붙여 젠더화되고 계급 특수적인 생활양식의 느낌도 자아낸다. 이러한 명칭은 특히 빠르게 변화하는 전자상거래의 세계에 몰입하고 세계인으로서의 안락함을 즐기는 미혼의 전문직 남성 모습과 관련된 연상 작용을 일으킨다(Baudrillard, 1996; 1998).

반면, 아프리카 색상은 땅과 불의 색채가 주를 이루며, 열정적이고 생동감 있는 지표의 느낌을 자아낸다. 도시 색상이 생경함으로 점철된 반면, 이국적인 땅의 모습과 연관된 아프리카 색상은 타자의 모습을 보여 준다. 이는 강황색, 황토색, 암갈색, 청동색, 백열색, 바자색(bazaar) 등으로 구성된다. 마지막으로, 오리엔트 색상에는 크림색과 녹색조가 뚜렷하게 나타난다. 도시의 근대적 **냉정함**과 아프리카의 전통적 **열정**과는 달리, 비단길, 해초, 야자수, 대나무 발, 기(氣), 연꽃, 골드베일, 이스턴 골드의 이름으로 표현된 오리엔트 색상들은 자연의 **고요함**을 발산한다. 요컨대, (글로벌) 북부/서부의 도시와 남부의 아프리카는 각각 공기와 물, 불과 대지의 요소를 가지며, 동부의 오리엔트에는 고요한 자연의 정신이 퍼져 있다. 이는 듀럭스사가 이데올로기적으로 만들어 낸 세계의 모습이다.

이 사례는 서로 다른 것들을 몇 가지로 구분해, 즉 도시/아프리카/오리엔트, (글로벌) 동/서/남/북, 세속적/정신적, 냉정/열정/고요함, 근대/전통/자연 등으로 분류해 배치함으로써 기능을 수행하는 하나의 전체가 조직될 수 있다는 사실을 보여 준다. 이를 통해 텍스트 분석의 맛을 알 수 있기를 바란다. 텍스트가 제시하는 구체적 내용, 개별적 구성 요소 등 디테일의 늪에 빠지지 않도록 유의할 필요가 있다. 그 대신, 세세한 것들을 전반적 형태, 전체적인 표현 등 하나의 형상으로 구조화하는 여러 가지 구분에 관심을 기울여야 한다. 이러한 구분을 통해 의미, 감정, 가치, 중요성, 가시성 등에 대한 차별화와 분류가 나타난다. 구분을 정확하게 짚어 파악하는 것이 어려운 경우가 가끔 있는데, 그것은 대체로 너무나도 명백해 보이도록 포장되어 있기 때문이다. 즉 명백해서 오히려 너무 쉽게 간과한다는 의미다(Blonsky, 1985; Perec, 1999).

14.3 결이 다른 독서

이 세상에 텍스트는 차고도 넘치고, 이는 지면 위에 고정된 단어들의 집합으로 한정할 수 없다. 텍스트는 [실, 줄, 끈 등을] 엮어서 [천, 카펫, 바구니 등으로] 만든다는 뜻을 가진 라틴어 텍세레(texere)에서 어원을 찾을 수 있는 용어이다. 모든 텍스트는 기호를 엮어 짠 티슈와 같아서 손수건이나 종이 접기처럼 다양한 방식으로 접고, 펼치고, 다시 접을 수 있다. 지배적인 독서는 기호의 티슈에 (판에 박힌 내러티브처럼) 큰 주름과 (진부하고 상투적인 문구와 같은) 지워지지 않는 얼룩을 남긴다. 이들은 결이 다른 방식의 독서로만 제거될 수 있다. 세탁하고 다림질하는 것처럼, 텍스트에서 주름과 얼룩을 제거하기 위해서는 힘 있는 독서가 요구된다. 그런 것들을 텍스트에 머무르게 하는 폭력이 존재하기 때문이다. 그래서 지배적 용어에 대한 **부드러운 세탁**만 가지고는 ('중요한 것은 경제야, 멍청아!'로 대표되는) '자본주의적 현실론'이나 (국가에 순응해 시민이 투표하는) '민주주의적 노예 상태'에 대한 판에 박힌 내러티브와 상투적 표현은 조금도 바뀌지 않을 것이다. 긍정적인 모습에 주목하는 신선한 자본주의, 트위터를 활용한 산뜻한 민주주의라는 것처럼 말이다. 그 대신 지배적 용어를 섬멸하고 대체하는 **혁명**이 필요하다(Badiou, 2018; Dean, 2012; Derrida, 2009). 결이 다른 독서는 존재하는 권력에 도전하기 때문에 반헤게모니적 **저항운동**으로도 언급할 수 있다. 현실을 지배하는 권력만이 저항의 대상은 아니다. 현실에서 지배를 가능케 하는 상징과 상상에 대해서도 결이 다른 독서가 필요하다. 여기에는 마르크스주의 독서, 페미니스트 독서, 포스트식민주의 독서, 정신분석적 독서, 소수민 독서 등이 포함된다. 이와 관련해서 상세한 사항은 *Reading Theory Now*를 찾아보길 바란다(Dunne, 2013).

기호의 티슈로서 텍스트는 기호화의 구조를 가지는데, 이는 해석, 해독, 주해, 번역 등을 가능케 하는 모든 것을 말한다. 그래서 텍스트는 다른 곳에서, 즉 다른 텍스트, 규정, 상황, 맥락, 언어, 제도 등에서 의미를 언급하는 모든 것이라 할 수 있다. 이러한 언급의 과정은 한없이 지속되고 무수히 많은 영역으로 확장될 수 있다. 그러나 현실에서 연구자들은 분석을 마무리할 목적으로 그러한 확산의 구조와 범위를 한정 짓는 경향을 보일 수밖에 없다(연습 14.1).

연습 14.1 무(無)의 기호화 - 도덕 지리학 맛보기

(1) 텍스트는 필연적으로 여러 다른 곳으로 인도한다. (2) 이러한 인도의 과정은 끝이 없다. (3) 그래서 텍스트는 어디로든 이끌릴 수 있다. (4) 텍스트를 독서하며 형성된 감각, 의미, 행동은 절정의 경지라기보다 중단의 상태라고 할 수 있다. 이러한 주장들이 믿어지는가? 그렇지 않다면, 금연 기호(🚭)에 대해 생각해 보자. 이것의 지배적 권력은 바이러스처럼 경관 곳곳에 박혀 있다. 🚭를 천천히, 아니 아주 아주 천천히 읽어 보자. 그리고 두 가지 물음에 답을 해보자. 🚭는 무엇을 말하는가? 🚭가 다른 어떤 것을 언급하기도 하는가?

아주 기초적인 10개의 답을 한번 나열해 보겠다. 첫째, 🚭는 '금연'을 말한다. 둘째, 🚭는 범위와 기간을 한정하지 않은 채로 금연의 장소와 시간을 말한다. 셋째, 🚭는 그 자체로 여러 사람에 대해 언급한다. 이 표시를 읽는 사람, 공간 이용자, 흡연자, 비흡연자, 연기를 들여 마시는 비흡연자(수동적 흡연자 및 무임승차자), 담배를 피우지 않는 흡연자(담배를 가지고 다니지만 피우지 않는 '선량한' 흡연자) 등으로 말이다. 넷째, 이 사람들이 취하는 행동도 언급한다. 구체적으로 그들은 담배를 피우지 않는다. 그러나 🚭는 사실에 대한 단순한 진술 그 이상이며, 해당 장소에서 흡연은 없다는 것도 말한다. 다시 말해, 담배를 피워서는 안 된다며 요구되는 행동을 제시한다. 흡연은 존재해서는 안 되며 그것의 부재 상태는 지속되어야 한다는 말이다. 필요시에는 강제력이 동원된다. 다섯째, 기대치, 규칙, 제재까지도 언급하고 있는 것이며, 그렇게 함으로써 사람과 장소 사이의 관계를 규정한다. 동시에 기대와 규칙을 설계, 부과, 집행하는 사람들과의 관계도 형성한다. 그래서 신뢰성, 전문성, 권위, 이데올로기 등을 동원해 그것들을 정당화하는 생명 정치의 원천으로 작동하게 된다. 이는 법, 정치, 상거래, 미디어, 보건업계, 학계 등과 연관된 것들이다. 여섯째, 🚭가 '금연'의 행동을 유도한다면, 비흡연 공간의 조성이 현실화된다. 그러나 일곱째, 흡연 금지의 효력

범위는 어디까지일까? 표지판 바로 앞에서? 그 주위에서? 아니면 그것을 읽을 수 있는 모든 곳에서? 또 다른 한편으로 여덟째, 어떤 이도 금연을 준수하지 않으면 ⊗는 여전히 기능을 하는 것일까? 표지판이 거꾸로 뒤집힌 경우는 어떨까? 나뭇잎으로 가려져 보이지 않는 경우는? 이 박스에 실린 금연 표시는 기능을 하는 것일까? 아홉째, ⊗가 일반적으로 금연을 언급하더라도 그것은 특정한 사람들을 실제로 호명(呼名, interpellation or hailing)해야 한다(Althusser, 2001). '이봐요, 거기 당신 말입니다!'라고 하는 것처럼 말이다. 마지막으로, '금연' 표시의 현실적인 결과는 불분명하다. 담배를 금지하는 것인지, 담배를 피우는 행위를 금지하는 것인지, 둘 모두를 의미하는지 말이다. 불붙인 담배를 손에 들고 피우지 않을 수도 있을 것이다. 금연 구역을 통과해야만 할 때 나는 종종 그렇게 한다. '자전거 금지' 구역을 통과할 때 자전거에서 내려 끌고 가는 것처럼 말이다. 그리고 담배 말고 다른 것은 피울 수 있지 않을까? 전자 담배의 출현으로 담배 없는 흡연이 가능해졌다. 불행하게도 이와 같은 흡연 흉내를 금지하는 움직임도 나타나고 있다. 전자 담배에서 배출되는 수증기로 말미암아 진짜 흡연을 금지해야 한다는 본질이 흐릿해졌기 때문이다. 전자 담배가 진짜 담배에 대한 소비를 '다시금 당연시할' 위험성도 존재한다는 낭설도 존재한다. 과거에 담배 모양의 초콜릿과 사탕이 그랬던 것처럼 말이다. 1870년대 이후 지속된 버터와 마가린 사이의 적대적인 우열 논쟁에서처럼(Genosko, 2009), 무색, 무향 기술을 통해 '진짜' 담배와 비교되는 전자 담배의 차별성이 부각되어야만 할 것 같다. 담뱃갑의 모습이 점점 더 역겨워지고 있는 상황에서 말이다. 이러한 역겨운 모습은 슈퍼마켓의 '가치(value)' 상품 패키지에서도 나타난다. 최저 할인 가격에 이끌리는 소비자를 풍자하고 조롱하는 표시처럼 보인다. 할인된 통조림 콩, 오렌지 주스 따위를 '가치' 상품이라 부르는 게 과연 타당한 말이겠는가?

열 가지 답의 나열은 여기에서 끝났지만, 수없이 많은 방식으로 ⊗에 대한 서술을 제시할 수 있다. 텍스트와 기호에 대한 해석을 끝내는 것은 불가능한 일이다. 우리는 독해에 중독된 상태이다. 우리는 수수께끼 같은 기호들에 매혹되어 빠져 있다(Baudrillard, 1990). 그렇지만 그런 것들이 사회적·공간적으로 구조화된 방식에서 우리는 통찰력을 얻을 수 있다. 본래의 나의 질문을 다른 방식으로 서술해 보자. 끝없는 해석을 유발하며 공간적 분석의 미로로 인도하지 않는 것이 과연 존재할까? 지금부터 모든 '오더워드(order-word)', 즉 올바른 장소에 묶어 두는 명령어를 '패스워드(pass-word)'인 것처럼 고찰해 보자. 그러면 묶인 곳으로부터 탈출이 가능해질 것이다. 거대 스케일의 족쇄와 같은 '세계 질서'도 '표류하는 세계'로 상상해 보자(Malabou and Derrida, 2004). 한 마디로, 결이 다른 독서를 해 보자는 말이다.

말, 글, 인간게놈 못지않게 음식, 옷, 도구 등에서도 기호화가 나타난다(Barthes, 1993; Maines, 1999; Summers, 2001; Doy, 2002). 지리학자들은 어떤 사물을 가지고도 암호처럼 존재하는 의미, 가치, 성향, 욕망, 지식, 권력관계, 실천 등을 파악할 수 있어야 한다. 따라서 법령, 상징적인 랜드마크, 유명 예술품처럼 사물이 분명한 장소와 문화의 모습을 가지는지는 별로 중요하지 않다. 사물을 통해 세상 문화의 존재, 경험, 실천에 접근할 수 있다는 사실 자체가 중요하다. 비즈니스의 국제 공용어를 생각해 보자. 영어, 미국 달러, 스프레드시트 같은 것이 아니겠는가? 세계를 묶어 주는 기술도 고려해 보자. 정보통신 기술, 동기화된 시계, 보잘것없겠지만 나사 정도가 좋겠다. 법령, 상징적인 랜드마크, 유명 예술품의 소멸과 화폐, 스프레드시트, 시계, 나사의 부재 중에서 무엇이 세상에 가장 큰 영향력을 행사할까?

모든 것에 대한 해석이 가능하므로 모든 것을 텍스트라고 할 수 있다. 그리고 모든 것은 사회적 세계로 개방되어 있다. 텍스트는 의도적으로만 메시지나 의미를 전달하는 것은 아니다. 해석적 몸짓의 요구에 응답하는 어떤 것이든 텍스트라고 할 수 있다. 텍스트는 명시적으로나 또는 암묵적으로든 어떤 사람에게 무엇인가를 의미할지도 모른다고 상상할 수 있도록 하는 것이다. 경관을 예로 들어보자. 경관은 코드화된 다양한 삶의 양식의 물질적 흔적으로 읽힌다. 그래서 경관은 식물, 동물, 기술, 정치권력, 지표 과정, 사회 형성 등 인간 및 비인간 행위자가 오랜 시간에 걸쳐 일으키는 수많은 변형이 누적된 집합적 표현으로 파악될 수 있다. 이것이 '현실'이라 불리는 것이다. 언덕배기 조망, 지도 탐구, 컴퓨터 활용 데이터 처리 등을 통해 역사지리와 관련된 진리를 추출하는 방식으로 경관을 이해하려는 경향이 있다. 또 다른 한편으로 경관은 수수께끼와 같은 여백의 기능을 하며 상이한 집단이 서로 다른 이익을 가지고 다양한 의미, 가치, 중요성을 투사하는 것으로도 파악할 수 있다. 점성술, 숫자 점, 음모론에서처럼 의미와 가치가 사물에게 부여되기도 한다. 따라서 경관은 수없이 많은 이유로 자연, 완벽함, 질서, 아름다움, 적막함, 소속감, 신성함, 부유함, 소외감, 영원함, 여성, 미래, 공동체, 국가, 인간 등 온갖 것을 기호화하는 것이 될 수 있다. 이러한 것은 '상상' 또는 '상징'으로 불린다. 이러한 방식의 재현(representation)은 습관적인 연상 작용을 통해 일정 정도 일관성을 지니지만, 이는 동시에 사회적으로 구성되며 불가피하게 경합적이다. 당연하고 자명해 보이는 것이라도 오랜 사회적 투쟁의 산물인 경우가 많다(Schivelbusch, 1993). 이성애, 평생학습, 생업처럼 모든 것은 당연한 것이 아니라 당연한 것으로 여겨지는 것이다. 다시 말해, 당연하고 자명한 것은 이 세상의 본질적인 속성이 아니라 특정한 사회적 환경의 산물이다. 즉 그것은 사회적 구성물이다. 예를 들어, 도시는 어떤 것으로든 재현될 수 있다. 기념비적인, 이국적인, 황량한, 에로틱한, 혼란스러운, 제멋대로인, 신성한, 즐거운, 사막 같은, 정글 같은, 사회적인, 소외시키는, 덧없는, 영원한, 두려운, 인공적인, 제2의 자연인, 야생적인, 바다와 같은 등의 수많은 재현이 도시를 대상으로 가능하다. 그러나 이러한 것들은 결과가 없는 단순한 재현에 머물지 않는다. 각각은 특정한 **실천**을 불러일으켜 건조환경과 사회적 삶을 변형시키며 도시에 영향을 미치기 때문이다. 이러한 물질적 흔적과 재현을 연구함으로써, 즉 현실인 동시에 상상인 경관을 해독함으로써 인간과 장소 간의 관계를 형성하는 실천과 가치에 대한 안목을 키울 수 있을 것이다(Lefebvre, 1991; 연습 14.2).

연습 14.2 사회 공간에서 자명한 것의 기호화

지금 자신이 있는 방을 둘러보자. 그리고 그곳의 사람, 예술품, 식물, 물건, 환경, 텍스처, 감정, 크기 등에 주목하자. 이들은 자신의 존재, 다른 사람들과의 관계, 사회에서 자신의 위치 등에 대해 무엇을 말하는가? 그중에서 아무것이나 하나를 선택해 보자. 그것은 왜 그곳에 있는가? 어디에서 온 것인가? 그것을 통해 자신과 바깥세상은 어떤 관계를 맺는가? 이제 방 전체를 총체적으로 생각해 보자. 이를 아상블라주(assemblage) 또는 '주거를 위한 기계'라 해도 좋다. 그곳에서 어떤 종류의 활동이 가능한가? 어떤 활동이 제약되거나 미연에 방지되는가? 무엇이 방의 초점이며, 그것은 자신이 처하고 받아들여야 할 삶의 양식에 대해 무슨 말을 전하는가? 마지막으로, 그 방에 완벽하게 존재하지 않는 활동과 사물을 각각 세 가지씩 말해 보자. 그리고 이제는 방에 없는 것들을 그 자리에서 자명하고 당연한 것으로 여기는 삶의 양식을 생각해 보자. '공간적 실천'과 '공간적 재현'을 중심으로 상상하는 것이 좋을 것이다.

'담론'이라는 용어는 특정 사회 집단의 재현과 실천 모두를 고려하며 사용된다. 하나의 담론은 특정한 지식과 실천의 모둠이라고 할 수 있으며, 이를 통해 삶의 양식은 물질적 표현을 갖게 된다. 이는 담론 특수적인, 그래서 부분적이고 상대적일 수밖에 없는 세계의 형상을 창출하고 이를 자연스럽게 당연시한다. 지식과 실천의 물질적, 비물질적 모둠을 서술하고자 할 때 '지배 담론'과 '저항 담론'(또는 '피지배 담론') 사이의 사회−공간적 권력 투쟁에 주목할 필요가 있다. 담론 분석은 지식과 권력의 모둠이 구조화되는 방식을 드러내는 것이며, 이를 위해 그것이 처한 사회적·문화적·지리사적 맥락을 파악하는 것이 중요하다. 예를 들어, 성인과 아동, 부유층과 빈곤층, 식민 통치자와 피지배자, 환경론자와 자본가 등 사이에 존재하는 담론 갈등을 생각해 보자. 각각은 각기 다른 지리적 상상력을 동원해 세상에 대한 자신의 해석틀을 마음속에 그린다. 틀을 그리는 행위는 선택적이고 부분적일 수밖에 없지만 인지적 '판단력을 좌우'한다(Rancière, 2004). 틀 때문에 어떤 것은 보고 들으며 상상할 수 있지만 보거나 듣고 상상하지 못하는 다른 것도 존재한다. 틀로 인해 어떤 것은 중요하고 가치 있는 것으로 인식되지만, 다른 것은 사소하고 무가치한 것이 된다. 이처럼 각각의 틀은 서로 다른 공간적 실천의 레퍼토리를 동원하며 우월성 경쟁을 한다.

그러한 갈등에 대한 아주 적절한 예시로 앨런과 프라이키(Allen and Pryke, 1994)의 연구를 살펴보자. 이 연구는 런던 금융가에 관한 것이며, 구체적으로는 외환 딜러, 청원 경찰, 음식 제공자, 청소부가 '금융의 무대'에서 살아가는 모습을 살핀다. 이들은 동일한 **물리적 장소**를 동시에 점유하고 있지만 서로 다른 **사회적 공간**에서 일을 수행하며 삶을 영유한다. 외환 딜러의 경우, 컴퓨터 스크린, 전화, 사회적 관계망 등을 통해 활발하게 작동하는 '흐름의 글로벌 공간'에 연결되어 있다. 반면에 청소부들은 '장소의 국지적 공간'에서 금융의 무대를 구성하는 일상적 사물(카펫, 나무, 금속, 유리, 플라스틱, 대리석 등)과 교류한 다음에 사라져야만 한다.

지배 담론과 피지배 담론 사이의 권력관계는 비대칭적으로 계층적이기 때문에 담론 분석은 중립적이지 않으며 비판적인 경향이 있다(36장 참조). 비판적 담론 분석이 절실해 보이는 채무, 재난, 회복력 등의 담론 사례를 생각해 보자(Dyson, 2006; Giroux, 2006; Klein, 2007; Graeber, 2011;

Lazzarato, 2012; Neocleous, 2014). 강력한 기호의 체제를 통해 지배하고 억압하는 모습을 드러내는 목적으로만 비판적 담론 분석이 수행되지 않는다. 비판적 담론 분석은 지배 담론에 저항하고 그것을 전복하고자 한다. 해체, 정신분열 분석, 다양한 텍스트와 기술을 바탕으로 국가 및 기업의 폭력과 연관된 인권 침해를 조사하는 포렌식 아키텍처 등을 급진주의적 신선함을 지향하는 전복적인 형태의 텍스트 분석 사례로 언급할 수 있다(Derrida, 1988; Guattari, 2011; Weizman, 2011).

요컨대, 문화 텍스트와 경쟁 담론에 대한 지리학적 분석에서는 재현과 실천이라는 기호화 구조의 현실과 상상의 공간적, 시간적, 사회적 흔적들을 가급적으로 철두철미하게 추적해야 한다. 참고할 필요가 있는 전문성의 영역은 광대하며 인문지리학을 넘어 여러 학문에 걸쳐 있다. 이러한 방대함 때문에 텍스트 분석은 버거운 작업이지만, 세상을 이해하는 능력은 신이 내린 영감이 아니라 끈질긴 독서로 성취할 수 있다는 사실에 안심할 필요도 있다. 천천히 이동하고, 가능한 연결망에 주의를 기울이며, 상식을 무비판적으로 받아들이는 함정에 빠지지 말아야 한다. 이것이 텍스트 분석에 관한 최선의 조언이다. 영화를 감상하고 소설을 탐독하는 것처럼 사진, 사물, 문서에 몰입해 보자. 세상 속의 또 다른 세상, 사회 공간 속에 또 다른 사회 공간을 알아차릴 수 있을 것이다. 헤게모니적 담론이 처방하는 것을 생각 없이 수동적으로 받아들여서는 안 된다. 자신의 세계 속에서 체계적으로 탐구하고 조사해야 한다. 이러한 방식으로 풍경화, 법령, 신축 주택의 광고 등을 들여다보자. 교량, 자연보호구역, 행운의 골무 같은 것도 좋다. 그리고 다음과 같은 질문을 해 보자.

- 누가 무슨 이유와 방법으로 만들었는가?
- 어떤 물질, 실천, 권력관계를 가정하고 옹호하는가?
- 어떤 규범, 가치, 성향, 관습, 고정관념, 연상 관계에 근거하고 있는가?
- 어떤 종류의 개인 및 집단 정체성을 촉진하는가? 그리고 다른 정체성과 어떤 관계를 맺고 있는가?
- 의미는 무엇인가? 의미를 구조화하는 어떤 수단을 동원하는가? 대립 관계? 분류의 구분? 메타포? 도표? 전형적인 사례? 이러한 것들은 어떠한 방식으로 내용의 선정과 배열 상태를 중층적으로 결정하거나 제한하는가?
- 보다 중요하게, 어떤 형식의 일을 수행하는가? 이로 인해 이익을 받는 사람은 누구인가?
- 누가/무엇이 포섭되거나 배제되는가? 누구/무엇의 권한을 강화하는가? 누구를/무엇을 억압하는가?
- 무엇을 보고 들으며 생각할 수 있는가? 가치 있고 중요하게 표현되는 것은 무엇인가? 역으로 시

각, 청각, 인지력, 가치, 중요성, 표현력 등에서 손해를 입는 것은 무엇인가?
- 어떻게 수정, 변형, 해체할 수 있는가? 그리고 이와 같은 사회 공간에서 어떻게 다른 방식으로 살아가는가?

마지막으로, 어떤 것도 독존할 수 없다는 사실을 감안하며 분석하고자 하는 것이 어떻게 다른 아상블라주와 맞아 들어가며 반향을 일으키는지 파악할 필요가 있다. 다른 아상블라주와 시너지 효과를 유발하는가? 아니면 반목 관계에 있는가? 사회지리학, 인구지리학 등에서 관심을 두는 아상블라주와 어떤 관계를 맺는가? 맥락화와 재맥락화의 작업은 끊임없이 반복될 수 있으므로 텍스트 분석에서 다채로운 흔적을 추적하는 일에는 '최종'의 상태가 존재할 수 없다.

아마도 지리학자들이 가장 손쉽게 텍스트 분석을 시작할 수 있는 곳은 지도일 것이다. 제대로 그린 지도가 진리를 전달한다고 가정하기 때문이 아니다. 사진, 측정, 수치 등 다른 어떤 재현과 마찬가지로 지도는 일정한 사회적, 문화적, 경제적, 정치적 상황에서 일정한 목적을 추구하기 위해 만들어진다. 지도는 정해진 이익에 따라 세계를 편집하고 변형하며 재생산한다. 지도가 표현하는 '지표상의 진리'는 구성된 진리인 동시에 부분적 진리이다(Pickles, 2004; Wood and Fels, 2008; Brotton, 2012). 이렇게 불가피한 부분성 때문에 지리학자들은 **공동으로 추구하는 장**(Golledge et al., 1988)이 없는 상태에서 **공동의 장을 찾아**(Gould and Olsson, 1982) 나서고 있다. '장(ground)'과 '공동(common)'이라는 것은 모두 감을 잡기 어려운 것이다. 절대 진리의 밝은 부분이 영원히 가라앉는 수평선의 소실점처럼 말이다.

14.4 독서의 기술

지금까지 텍스트에 다가가는 방법을 명확히 하려고 노력했다. 천천히 주의를 기울이며 개방적이고 폭넓게 텍스트에 다가가야 하고, 사회 공간에 대한 재현적·실천적 우월성을 확보하기 위해 경쟁하는 담론 간의 투쟁에 주목해야 한다. 그런데 이 책의 편집자는 나에게 좀 이상하고 무의미해 보이는 것을 요구했다. 그것은 바로 독자에게 독서의 방법을 가르치라는 것이다. 이는 '방법론'에 주목하는 이 책의 목적과 관계된다. 읽는 방법을 이미 알지 못한다면 어떻게 지금 이 장을 읽고 있겠는가? 정작 필요한 것은 독서의 방법이 아니라 독서의 여부이며, 무엇을 얼마나 많이 읽느냐는 것도 중요하다. 이러한 질문에 대해 내가 줄 수 있는 도움은 거의 없다. 다른 선생님들이 이미 지겹도록 말했을 것이기 때문이다. '자신만의 독서 목록을 작성해 최대한 많이 독서하라'고 말이다. 아마도 독서 자체에는 별 문제가 없을 것이고, 훨씬 더 힘들게 하는 것은 작문의 방식일 것이다. 학문의 텍스트는 악명 높게 건조하고 장황하며 지루할 뿐 아니라, 허튼소리 같은 전문 용어로만 가득 채워져 있어 거만하기까지 하고 재미없이 둔감하며 따분하게만 느껴진다.

학생들에게 작문과 발표에 관한 질문은 많이 받았다. 질문은 주로 글과 발표의 구조, 흐름, 균형, 객관성, 참조, 인용, 예시, 맥락화, 분량과 관련된 것이었다. 그러나 내가 기억하는 한 그 어떤 학생도 나에게 독서의 방식에 관해 질문하지 않았다. 참 신기한 일이 아닐 수 없다. '학문적' 텍스트를 읽는 데 어려움을 겪는 학생들이 많고, 독서는 일반적으로 훈련이 요구되는 숙련의 활동이기 때문이다. 정량적, 정성적 분석 방법을 배우는 것처럼 독서의 기술을 습득해야 한다. 수없이 많은 독서의 방식이 존재하지만, 모든 단어와 페이지를 속속들이 읽도록 하는 경우는 거의 없다. 여기에서는 해석학, 기호학, 정신 분석, 정신분열 분석, 구조주의, 해체, 담론 분석, 프레임 분석, 대화 분석, 마르크스주의 문학이론, 페미니스트 문학이론, 독자반응이론 정도가 괜찮은 독서법이라고 간단히 언급만 해두고 싶다. 아이콘북스(Icon Books)에서 '초급자'를 대상으로 출판한 만화 시리즈를 맛보기로 활용할 만하다. *Introducing Baudrillard Introducing Cultural Studies, Introducing Derrida, Introducing Postmodernism, Introducing Semiotics*가 특히 흥미로웠던 것으로 기억한다. 어떤 방식으로든 혁신적 독서 전략의 중요성을 깨달아야 한다(연습 14.3).

연습 14.3　문헌 리뷰

'문헌 리뷰'는 매우 중요한 작업이지만 학생들에게는 완수하기 힘든 부담스러운 일이다. 이는 기본적으로 특정 주제에 관해, 가령, 살인 산업, 미생물을 이용해 폐수를 처리하는 혐기성 소화 등을 지리학자들이 어떻게 연구해 왔는지 점검하는 일이다. 그에 관한 자신만의 에세이를 쓰는 것이 아니라는 말이다. 15편의 학술 논문과 몇 권이 책이 있고, 4주의 시간이 남았다고 생각해 보자. 많이 읽은 학생이라도 학계의 논의를 파악하는 데 어려움이 있을 수 있다. 그렇다면 어떤 것이든 최신 교재 하나를 선정해 그것을 읽고, 1990년대 정도의 아주 오래된 교재도 하나 더 도서관에서 찾아 읽어 보자. 교재 끝부분의 주요어 색인을 찾아 핵심 용어와 구문 목록 세 가지를 작성하자. 1) 양쪽에 모두 나와 있는 것, 2) 오래된 교재에만 있는 것. 3) 최신 교재에만 있는 것의 목록을 말이다. 각각의 목록에서 두드러지는 용어는 무엇인가? 꾸준히 지속되고 있는 것(목록 1), 사라진 것(목록 2), 새롭게 추가된 것(목록 3)을 비교하자. 지리학과 지리학자들 사이에 변화하는 관심사는 무엇인가? 이러한 변화를 진보라고 할 수 있는가? 시간이 부족하다면, 목차를 대신 이용해 같은 방식으로 조사해 보는 것도 좋다. 이와 같은 방식으로 연구 주제가 구조화되는 방식을 파악할 수 있으며, 다양한 현안과 논쟁의 상대적 중요성도 이해할 수 있을 것이다.

주요어 색인이 너무 많아 불편함을 느낀다면 텍스트 분석을 수행 가능한 범위로 한정해 보자. 가령, M부터 R까지만 하는 것도 좋다. 계량 분석에 흥미를 느끼고 있다면, 이 표본의 색인 집단을 추론해 보고, 이것을 적어 놓은 다음 기대하는 결과와 전체의 실제 모습을 비교해 보자. 이를 통해 계량 분석이 통계 자체를 넘어 특정한 사고의 방식이라는 것을 깨닫게 될 것이다. 이를 훨씬 더 방대한 텍스트 데이터에 적용해도, 가령, 의회 회의록에 나타난 발언, 셰익스피어 작품 전체, 소셜 미디어에서 지난 3개월 동안 'I feel'이 포함된 진술 등을 분석하면, '집단' 전체에 대한 기술적·추론적 통계 결과를 얻어 데이터의 패턴을 파악할 수 있을 것이다. 예를 들어, 소셜 미디어가 감정 표현의 통로로 이용되는 점을 감안해, 젊은 여성이 어디에서 행복, 고독, 격노 등의 감정을 가지는지 탐구할 수 있을 것이다. 이처럼 '실제 세계' 텍스트 표본을 통해 언어를 분석하는 것은 코퍼스(말뭉치) 언어학(Corpus Linguistics)이라고 불린다. 디지털 형태의 텍스트 자료가 폭발적으로 증가하고 워드스미스(WordSmith)처럼 대규모 자료를 처리할 수 있는 애플리케이션이 등장하면서 코퍼스 언어학은 번성하는 분야가 되었다.

14.5 아이를 조심하세요

텍스트 분석 사례 하나와 텍스트 분석을 위한 점검표를 소개하며 이 장을 마치고자 한다. '아이를 조심하세요!(Mind that child!)'란 표현은 광고 슬로건으로 종종 등장하지만 어린 시절 내가 기억할 수 있는 유일한 문구이기도 하다. 내가 살던 곳에 나타났던 아이스크림 차 뒷면에 적혀 있던 것이다. 별로 어려운 단어는 아니었지만 나를 항상 불안하게 만들었던 문구였다. 그것을 볼 때마다 수수께끼 같이 불길한 예감이 들어 아이스크림을 먹는 기쁨이 사라졌다. 믿기지 않겠지만, 내가 아이스크림 차와 불길한 징조 사이의 연상 작용에서 벗어난 것은 2년 전쯤 일이다. 아이스크림 차를 막 추월하려 할 때 '아이를 조심하세요!'가 보였다. 갑자기 어린이가 아니라 어른에게 하는 말이란 생각이 들었다. 아이스크림에 들떠 주위를 제대로 살피지 못하는 아이들을 조심하라고 운전자에게 보내는 경고였던 것이다. 그전까지 나는 아이들에게 '그것'을 조심하라고 경고하는 것인지 알았다. 너무나도 끔찍해 어른들이 감히 말로 표현하지 못해 '그것'이라고 쓴 줄로만 알았다. 즉 '얘야, 그것을 조심하렴!(Child: mind *that*!)'으로 읽었고, 아이들을 자주 치는 못된 운전자의 출현을 경고한다고 생각했었다. 어린 시절 과장된 반응을 보이며 도덕적 공황 상태에 빠지게 하는 문구였다. 이후에 나를 괴롭혔던 성병, 헤로인 남용, 본드 흡입, 핵전쟁, 테러리즘, 근본주의 등에 대한 공포와도 같은 것이었다. 도로에서만 경고 문구를 볼 수 있다는 점은 이상하다고 여겼지만, 아이를 죽이고자 하는 못된 속임수일지도 모른다고 생각했다. 나치의 은폐 방식을 읽으며 무시무시했던 아이스크림 차가 떠올랐다. 아우슈비츠 강제 수용소 입구 위의 간판에 쓰인 '노동이 그대를 자유롭게 하리라', 샤워 시설처럼 보이게 만들어 놓은 가스실, 차량을 개조해 만든 이동식 가스실에 쓰인 '특수 차량' 표시처럼 느껴졌다 (Lanzmann, 1985; Friedlander, 1995). 마땅히 응징의 대가를 치러야 할 것들이다. 어쨌든 텍스트를 분석할 때는 겉으로 드러나는 메시지만 읽어서는 안 된다. 다른 사람들도 자기와 같은 방식으로 의미를 파악한다고 가정해서도 안 된다. 실제로도 거의 그렇지 않다. 텍스트의 독자를 제대로 파악한다면 이미 분석은 효과적으로 시작되었다고 할 수 있다.

마지막으로 텍스트 분석을 위한 점검표를 제시하고자 한다. 우선, **누가, 어떤 목적**을 가지고, **누구를 대상**으로 텍스트를 생산했는지 조사해 보자(Du Gay et al., 1997). 이 모든 것들이 의식적으로 의도된 경우도 있다. 그러나 무의식적이고 의도되지 않은 것들도 존재한다는 것에 유념해야 한다. 그 다음, 텍스트의 **형식, 내용, 가정**을 살펴보자. 이때는 텍스트상에 존재하는 것만큼이나 **부재하는 것**에도 관심을 기울여야 한다. 텍스트를 적절한 **맥락**에 위치시키고 그것을 다른 텍스트, 생활양식, 신념의 체계, 실천, 사물 등 관련된 자료와 비교하는 것도 중요하다. 각양각색의 사람과 집단이 텍스트를 이용하거나 남용하면서 **권력과 저항** 활동에 연결하는 방식도 탐구해 보자. 무엇보다 중요한 것은 텍스트가 **어떤 일**을 수행하는지 파악하는 것이다. 특히, 사회와 공간에 어떤 영향력을 행사하는가? 이러한 것들을 마친 후에 권력, 지식, 욕망, 진리, 정확성, 의미, 배제, 계급, 인종, 젠더, 섹슈얼리티 등 각자의 관심사에 맞춰 텍스트 분석에 착수할 수 있게 된다. 지리학적 텍스트 독해를 무시하는 사람에게는 콜럼버스의 달걀 이야기를 해 주면 좋다. 콜럼버스의 항해를 축하하기 위한 향연이 열렸을 때 **누구든** 아메리카를 발견할 수 있었다고 폄훼하는 참석자들이 있었다. 그들에게 콜럼버스는 달걀을 세워 보라고 했고 모두 실패했다. 그러자 콜럼버스는 달걀의 한쪽을 깨뜨리고 평평하게 만들어 세웠다. 그리고 누군가를 따르는 것은 쉽지만, 처음으로 발견하는 것은 그렇지 않다고 말했다.

| 요약

- 최근 '문화적 전환'의 영향으로 '텍스트'와 '텍스트성(textuality)'은 지리학의 핵심 용어가 되었다.
- 이 세상은 텍스트로 충만한 상태이며, 텍스트는 어느 곳으로든 인도할 수 있다.
- 텍스트가 중요한 이유는 그것이 사회적 공간과 공간적 실천을 형성 또는 제약할 수 있기 때문이다.
- 텍스트의 생산자와 소비자, 텍스트의 형식과 내용을 구분하는 것이 중요하다.
- 텍스트에는 권력관계가 배어 있으며, 보통은 권력의 작용이 정상적이고 자연스러우며 자명한 사실인 것처럼 나타난다.
- 독서는 쉬운 일처럼 보인다. 그러나 공정하게 독서하는 것은 말처럼 쉬운 것이 아니다. 지배 담론이 상상력을 왜곡하고 현실을 은폐할 경우에 특히 그렇다.
- 다양한 방식의 텍스트 분석이 존재한다(담론 분석, 코퍼스 언어학, 기호학, 정신분열 분석, 해체 등).
- 시간을 가지고 여유 있게 읽어 보자. 그리고 비판적으로, 공정하게, 일반적이지 않게, 즉 지배적이고 강제적이며 당연한 것으로 받아들여지는 방식을 초월해 독서하는 방법을 습득하자.

주

1 여기에서까지 '기표의 독재'을 장황하게 설명하는 것은 어리석은 일이지만, 기표가 우리의 지각과 감각을 좌우한다는 정도만 말해 두겠다. 이는 자본이 우리의 삶과 세계에 영향력을 행사하는 것과 유사하다. 모든 것이 자본의 권력에 종속되는 것처럼 현재의 모든 것은 기표의 권력에 굴복한다. 모든 것은 무엇인가를 '의미'해야 한다. 그래야 무엇이든 '가치' 있는 것이 된다. 허튼소리도 의미가 되고 아무것도 아닌 무(無)라도 가치 있게 된다(Rotman, 1983). 자본의 제국과 마찬가지로 기표의 제국은 해가 지지 않는 나라이다. '의미가 있어야만 기호는 존재한다. 그리고 인간은 기호 속에서 사유한다'(Derrida, 1997: 50). 의미의 제국은 돈의 제국과 마찬가지로 완벽하게 글로벌화되었다. '기호의 독재'는 구조주의적 발상이다. 페르디낭 드 소쉬르의 언어학, 자크 라캉의 정신분석학이 대표적이다. 이러한 독재를 거부하며 포스트구조주의의 움직임이 나타났다(Harland, 1987; Dosse, 1977; Dews, 2007; Howarth, 2013). 해체(Derrida, 1988), 정신분열 분석(Guattari, 2011), 상징의 거래(Baudrillard, 1993), '표류 사상'(Lyotard, 1984; 2011) 등이 포스트구조주의 사유에 속한다.

심화 읽기자료

다음 목록은 다양한 형식의 텍스트 분석을 나열한 것이다.

- 블론스키(Blonsky, 1985)는 '기호'의 분석에 관한 에세이를 모아 놓았다.
- 단턴(Darnton, 2010)은 인터넷 시대 훨씬 더 이전의 감시 사회에서, 구체적으로 18세기 파리를 대상으로 '바이러스처럼' 퍼진 소통 네트워크의 저항 권력에 관해 설명한다.
- 두게이 외(Du Gay et al., 1997)는 한때 최신식이었던 소니 워크맨을 사례로 '문화적 전환'이 인간 삶에 파고드는 방식을 서술한다.
- 라자라토(Lazzarato, 2014)는 주체를 생산하는 것이 자본주의의 핵심적 생산 과정이고, 이는 인간의 사회적 복종과 '기계적 예속'을 보장하는 '기호 체제'를 통해 달성됨을 말하고 있다. 이에 따르면 우리는 금융 자본의 부채를 짊어진 주체일 뿐이다.
- 페렉(Perec, 1999)은 유명 소설, *Life: A User's Manual*(2008)의 저자로 수많은 공간의 '종(種)'에 관해 설명한다(책의 페이지에서부터 침실과 아파트, 국가와 세계). 티스푼에 대해 질문해 보길 바란다.
- 리브친스키(Rybczynski, 2000)는 지난 1,000년간 가장 중요한 발명으로 나사와 드라이버를 소개하며 그것들의 놀라운 역사를 서술한다. 어떤 것도 당연시해서는 안 된다는 교훈이 담긴 사례이다.
- 시벨부슈(Schivelbusch, 1993)는 후추, 커피, 초콜릿, 담배, 아편이 유럽에 전해지는 과정에서 발생한 사회적 마찰과 문화적 투쟁을 다룬 글이다. 문화의 근대화와 산업화에 관한 면밀한 연구라고 할 수 있다.

* 심화 읽기자료에 대한 상세 정보는 아래 참고문헌에서 확인할 수 있음.

참고문헌

@149 St. New York City Cyber Bench. http://www.at149st.com (accessed 11 December 2015).

Ahrens, J. and Meteling, A. (eds) (2010) *Comics and the City: Urban Space in Print, Picture and Sequence*. London: Continuum.

Allen, J. and Pryke, M. (1994) 'The production of service space,' *Environment and Planning D: Society and Space*, 12: 453-76.

Althusser, L. (2001) *Lenin and Philosophy and Other Essays*. New York: Monthly Review Press.

Amin, A. and Thrift, N. (eds) (2004) *The Blackwell Cultural Economy Reader*. Oxford: Blackwell.

Attali, J. (1985) *Noise: The Political Economy of Music*. Minneapolis, MA: University of Minnesota Press.

Badiou, A. (2008) *The Meaning of Sarkozy*. London: Verso.

Baird, J.A. and Taylor, C. (eds) (2011) *Ancient Graffiti in Context*. Abingdon: Routledge.

Banksy. (2006) *Banksy: Wall and Piece*. London: Century.

Barthes, R. (1993) *Mythologies*. London: Vintage.

Bartky, I.R. (2000) *Selling the True Time: Nineteenth-Century Timekeeping in America*. Stanford, CA: Stanford University Press.

Baudrillard, J. (1990) *Seduction*. London: Macmillan.

Baudrillard, J. (1993) *Symbolic Exchange and Death*. London: Sage.

Baudrillard, J. (1996) *The System of Objects*. London: Verso.

Baudrillard, J. (1998) *The Consumer Society: Myths and Structures*. London: Sage.

Blonsky, M. (ed.) (1985) *On Signs*. Baltimore, MY: Johns Hopkins University Press.

Brotton, J. (2012) *A History of the World in Twelve Maps*. London: Allen Lane.

Clarke, D.B. (ed.) (1997) *The Cinematic City*. London: Routledge.

Cloke, P., Crang, P. and Goodwin, M. (eds) (2014) *Introducing Human Geographies* (3rd edition). Abingdon: Routledge.

Cook, I., Crouch, D., Naylor, S. and Ryan, J. (eds) (2000) *Cultural Turns/Geographical Turns: Perspectives on Cultural Geography*. Harlow: Prentice Hall.

Coover, R. (1998) *Ghost Town*. New York: Henry Holt.

Darnton, R. (2010) *Poetry and the Police: Communication Networks in Eighteenth-Century Paris*. Cambridge, MA: Harvard University Press.

Dean, J. (2012) *The Communist Horizon*. London: Verso.

De Certeau, M. (1985) 'Practices of space,' in M. Blonsky (ed.) *On Signs*. Baltimore, MY: Johns Hopkins University Press. pp.122-45.

Deleuze, G. and Guattari, F. (1988) *A Thousand Plateaus: Capitalism and Schizophrenia*. London: Athlone.

Deleuze, G. and Guattari, F. (1984) *Anti-Oedipus: Capitalism and Schizophrenia*. London: Athlone.

Derrida, J. (1988) *Limited Inc*. Evanston, IL: Northwestern University Press.

Derrida, J. (1997) *Of Grammatology*. Baltimore, MY: Johns Hopkins University Press.

Derrida, J. (2009) *The Beast and the Sovereign*. Chicago, IL: Chicago University Press.

Dews, P. (2007) *Logics of Disintegration: Post-Structuralist Thought and the Claims of Critical Theory*. London: Verso.

Dittmer, J. (ed.) (2014) *Comic Book Geographies*. Stuttgart: Franz Steiner.

Dosse, F. (1997) *History of Structuralism,* two volumes. Minneapolis, MA: University of Minnesota Press.

Doy, G. (2002) *Drapery: Classicism and Barbarism in Visual Culture.* London: I. B. Tauris.

Du Gay, P., Hall, S., Jones, L., Mackay, H. and Negus, H. (1997) *Doing Cultural Studies: The Story of the Sony Walkman.* Milton Keynes: Open University Press.

Dunne, E. (2013) *Reading Theory Now: An ABC of Good Reading with J. Hillis Miller.* London: Bloomsbury.

Dyson, M.E. (2006) *Come Hell or High Water: Hurricane Katrina and the Color of Disaster.* New York: Basic Civitas.

Eagleton, T. (1986) *Reading Against the Grain: Essays 1975-1985.* London: Verso.

Fleischman, R. K., Funnell, W. and Walker, S. P. (eds) (2013) *Critical Histories of Accounting: Sinister Inscriptions in the Modern Era.* Abingdon: Routledge.

Foucault, M. (2008) *This is Not a Pipe.* Berkeley, CA: University of California Press.

Friedlander, H. (1995) *The Origins of Nazi Genocide: From Euthanasia to the Final Solution.* London: North Carolina University Press.

Genosko, G. (2009) 'Better than butter: Margarine and simulation,' in D. B. Clarke, M. A. Doel, W. Merrin and R. G. Smith (eds) *Fatal Theories.* Abingdon: Routledge. pp.83-90.

Giroux, H.A. (2006) *Stormy Weather: Hurricane Katrina and the Politics of Disposability.* Boulder, CO: Paradigm.

Goldsmith, K. (2011) *Uncreative Writing: Managing Language in the Digital Age.* New York: Columbia University Press.

Golledge, R., Couclelis, H. and Gould, P. (eds) (1988) *A Ground for Common Search.* Santa Barbara, CA: Santa Barbara Geographical Press.

Gould, P. and Olsson, G. (eds) (1982) *A Search for Common Ground.* London: Pion.

Graeber, D. (2011) *Debt: The First 5,000 Years.* New York: Melville House.

Guattari, F. (2011) *The Machinic Unconscious: Essays in Schizoanalysis.* Los Angeles, CA: Semiotext(e).

Hamblyn, R. (2001) *The Invention of Clouds: How an Amateur Meteorologist Forged the Language of the Skies.* London: Picador.

Harland, R. (1987) *Superstructuralism: The Philosophy of Structuralism and Post-Structuralism.* York: Methuen.

Hochschild, A. (2006) *King Leopold's Ghost: A Story of Greed, Terror and Heroism.* London: Pan.

Horton, J. and Kraftl, P. (2014) *Cultural Geographies: An Introduction.* Abingdon: Routledge.

Howarth, D.R. (2013) *Poststructuralism and After: Structure, Subjectivity and Power.* London: Palgrave Macmillan.

Klein, N. (2007) *The Shock Doctrine: The Rise of Disaster Capitalism.* London: Penguin.

Lanzmann, C. (1985) *Shoah: An Oral History of the Holocaust.* New York: Pantheon.

Lazzarato, M. (2012) *The Making of the Indebted Man: Essay on the Neoliberal Condition.* Los Angeles, CA: Semiotext(e).

Lazzarato, M. (2014) *Signs and Machines: Capitalism and the Production of Subjectivity.* Los Angeles, CA: Semiotext(e).

Lefebvre, H. (1991) *The Production of Space.* Oxford: Blackwell.

Lewisohn, C. (2011) *Abstract Graffiti*. London: Merrell.

Lyotard, J.-F. (1984) *Driftworks*. New York: Semiotext(e).

Lyotard, J.-F. (1998) *The Assassination of Experience by Painting, Monory*. London: Black Dog.

Lyotard, J.-F. (2011) *Discourse, Figure*. Minneapolis, MA: University of Minnesota Press.

Maines, S. (1999) *The Technology of Orgasm: 'Hysteria,' the Vibrator, and Women's Sexual Satisfaction*. Baltimore, MY: Johns Hopkins University Press.

Malabou, C. and Derrida, J. (2004) *Counterpath: Traveling with Jacques Derrida*. Stanford, CA: Stanford University Press.

Moretti, F. (1999) *Atlas of the European Novel*, 1800-1900. London: Verso.

Neocleous, M. (2014) *War Power, Police Power*. Edinburgh: Edinburgh University Press.

Noys, B. (2014) *Malign Velocities: Accelerationism and Capitalism*. Alresford: Zero Books.

Olsson, G. (2007) *Abysmal: A Critique of Cartographic Reason*. Chicago, IL: Chicago University Press.

Pakenham, T. (1991) *The Scramble for Africa*. London: Weidenfeld & Nicholson.

Perec, G. (1999) *Species of Spaces and Other Pieces* (revised edition). London: Penguin.

Perec, G. (2008) *Life: A User's Manual*. London: Vintage.

Perec, G. (2010) *An Attempt at Exhausting a Place in Paris*. Cambridge, MA: Wakefield Press.

Pickles, J. (2004) *A History of Spaces: Cartographic Reason, Mapping and the Geo-Coded World*. London: Routledge.

Pratt, G. and San Juan, R. M. (2014) *Film and Urban Space: Critical Possibilities*. Edinburgh: Edinburgh University Press.

Ranciere, J. (2004) *The Politics of Aesthetics: The Distribution of the Sensible*. London: Continuum.

Rotman, B. (1993) *Signifying Nothing: The Semiotics of Zero*. Stanford, CA: Stanford University Press.

Rybczynski, W. (2000) *One Good Turn: A Natural History of the Screwdriver and the Screw*. New York: Simon & Schuster.

Schivelbusch, W. (1993) *Tastes of Paradise: A Social History of Spices, Stimulants, and Intoxicants*. New York: Vintage.

Summers, L. (2001) *Bound to Please: A History of the Victorian Corset*. Oxford: Berg.

Weizman, E. (2007) *Hollow Land: Israel's Architecture of Occupation*. London: Verso.

Weizman, E. (2011) *The Least of All Possible Evils: Humanitarian Violence from Arendt to Gaza*. London: Verso.

Wood, D. and Fels, J. (2008) *The Nature of Maps: Cartographic Constructions of the Natural World*. Chicago, IL: Chicago University Press.

공식 웹사이트

이 책의 공식 웹사이트(study.sagepub.com/keymethods3e)에서 이 장과 관련한 비디오, 연습, 자료 및 링크들을 확인할 수 있으며, 부가적으로 다음 논문들도 무료로 이용할 수 있음.

1. Crang, M. (2005) 'Qualitative methods: There is nothing outside the text?', *Progress in Human Geography*,

29(2): 225-33.

– 인문지리학은 구불구불한 선을 조합해 만든 단어로 구성되어 있다. 여기에는 기호, 선, 음영, 숫자 등이 포함된다. 이러한 것들은 우리의 진리, 감각, 지혜의 신뢰성에 지대한 영향력을 행사한다. '지구–글쓰기'란 뜻을 내포하는 지리학이란 학문의 이름 자체가 중요한 단서이다. 단어에 대한 신뢰가 속속들이 흔들리면 무슨 일이 생길까? 질적 방법론을 단어 이상의 것에 적용할 수 있지 않을까? 예를 들어, 사진이 단어보다 더 많은 것을 이야기할 수 있다면, 언어의 감옥을 탈출해도 좋지 않을까? 다른 종류의 매체와 감각을 이용하면 '다시 말해' 수준에 머물러 있는 것보다 약간은 낫지 않을까?

2. Richardson, D.M. and Pyšek, P. (2006) 'Plant invasions: Merging the concepts of species invasiveness and community invasibility', *Progress in Physical Geography*, 30(3): 409-31.

– 인류학자 베이트슨(Gregory Bateson)은 '잡초의 생태계가 존재하는 것처럼 나쁜 아이디어의 생태계도 존재한다'고 경고했다. 이러한 진술은 이 시대의 정치적 무의식으로 스며든 악의적인 '전쟁–톡(war–talk)'에 아주 잘 들어맞는다. '침입 생태학(invasion ecology)'의 담론을 나쁜 아이디어의 생태계의 모습을 지닌 전쟁–톡의 사례라고 할 수 있다. '생물학적 침입', '침략 붕괴', '외래종', 철도 침목의 보급으로 유입되는 '침목 잡초(개망초)' 등이 침입 생태학과 관련된 개념이다. 자연지리학의 정치적 무의식으로 인해 인문지리학자들이 혼란스러워하는 것이라 할 수 있다.

3. Caquard, S. (2013) 'Cartography I: Mapping narrative cartography', *Progress in Human Geography*, 37(1): 135-44.

– 세계에 대한 우리의 확고한 이익을 재현하는 것 이상의 역할을 지도가 수행한다. 그리고 지도에는 일부의 이익만이 재현되며, 생략을 통해 불완전한 재현이 행해진다. 이익이 되지 않는 것이 지도에서 생략되는 경향이 있다. 재현되는 대부분의 이익은 시간의 흐름에 따라 약해지지만, 국가와 사유재산의 이해관계는 예외라고 할 수 있다. 지도는 이해, 주장, 활동의 수단으로 활용된다. 지도의 활동 중 중요한 것은 '이야기 전달'이고, 최근까지 변화시키기 어려운 방식으로 이루어졌다. 종이나 천 같은 물질 위에 말 그대로 쓰여 있었다. 그리고 이야기는 '옛날 옛적에'와 같은 표현으로 은은한 형식을 띠었다. 대부분 지도는 시간을 초월하는 것처럼 보인다. 간선도로와 전쟁터에서부터 송전탑, 하수도, 전망대와 기차역, 심지어 폐허의 유적과 애추에 이르기까지 지표에 흩어져 있는 흔적들은 지도에서 영원한 것으로 보이기 때문이다. 특히 경계는 그럴듯한 동화처럼 상당히 오래 지속된다. 역동적인 디지털 지도의 등장과 멀티미디어 일상에서 지도가 진부한 것이 되어 가면서 지도는 어떤 새로운 이야기를 전달하게 될까? 그런 이야기들은 누구의 이익을 대변할까?

15

시각 이미지 해석

개요

이 장에서는 지리학자들이 재현으로서, 그리고 사람들이 서로 다른 방식으로 관여하는 대상으로서 시각 이미지를 연구하는 다양한 방법을 살펴본다. 지리학자들이 어떻게 서로 다른 이유로 이미지에 관심을 두게 되는지(역사적 시대의 문화에 대해 그림이 말하는 바가 무엇인지, '집'의 의미를 만들기 위해 가족사진을 어떻게 사용하는지), 그리고 이미지를 파악하는 데 어떻게 여러 다른 방법을 사용하는지 보여 준다. 이들 방법론은 지리학자들이 이미지의 재현 콘텐츠를 연구하고, 사람들에게 이미지를 생산하고 보여 주는 방법에 관해 묻고, 개인적 설명을 제공하거나 이미지를 바라보는 사람들을 관찰하는 것을 포함한다. 지리학자들은 무엇보다도 시각 이미지의 다양한 사회적, 공간적 효과에 주목한다. 시각 이미지를 연구하는 데 커다란 영향을 미쳐 왔던 몇몇 핵심 이론적 용어와 논쟁은 다음과 같다.

• 이미지는 독자에 의해 해독될 수 있는 기호의 언어로 구성된다는 '텍스트로서의 이미지'라는 사고
• '상호텍스트성'의 개념 – 다른 텍스트와의 관계를 통해 의미가 형성되는 방식, 특정 사회적 위치에 따라 기호를 다르게 해석하는 방식
• 이미지가 사회의 산물이 되는 방식 – 이미지는 당대의 공통된 사고, 지식, 사회적 관계를 통해 생산되고 이들을 재생산한다.
• 물질적 객체로서의 이미지 – 이미지는 스스로 '행동'하고 실제 효과를 낸다. 사람들은 어떤 일을 하기 위해 이미지를 사용한다.
• 어떻게 이미지가 신체에 관여하는지, 그리고 사람들이 이미지를 해석할 때 어떻게 자신의 지식 및 문화적 참조사항과 결부시키는지에 관한 논쟁 – 본다는 것은 체현적이고, 정동적이며, 다중감각적이다.

이 장의 구성

• 서론
• 문화적 텍스트로서의 시각 이미지
• 생산과 소비
• 시각 이미지와 체현적 정동적 조우
• 결론

15.1 서론

지리학자는 연구하면서 지도, 그림, 사진 및 벽의 낙서 등과 같은 다양한 시각 이미지를 분석해야 하고 영화, 광고, 공공 예술, 웹사이트, 비디오 게임에 나오는 이미지도 분석해야 한다. 다양한 시각 이미지를 해석하는 여러 접근 방법이 있는데, 대부분은 비전, 재현(representation), 주체성, 신체에 대한 철학적 논의를 통해 정보를 얻는다. 이 장에서는 시각 이론의 세 가지 중요한 이론적 가닥들과 관련 방법들에 초점을 맞추고, 지리학자들이 이를 어떻게 사용하는지 사례를 들어 설명할 것이다. 첫 번째 절은 이미지를 '텍스트'로서 파악한다. 즉 기호를 이해함으로써 '읽고' 또는 '해독'할 수 있는 것으로, 의미를 전달하는 것으로, 그리고 다른 문화적 텍스트와 연계되는 방식으로 이미지를 고찰한다. 이것은 지리학자가 경관을 이해하는 데 있어 중요한 역할을 해 왔다. 두 번째 절에서는 로즈(Gillian Rose)의 생산의 현장, 이미지 콘텐츠, 소비를 통해 이미지의 사회적 효과에 주목하는 '비판적 영상분석론(critical visual methodology)'을 살펴본다. 이 방법론은 이미지 해석에 중요한 감상을 가능하게 하는 조건, 청중, 감상의 맥락을 강조한다. 마지막 절은 특히 비디오 게임과 같은 보다 쌍방향 시각 매체를 사례로 감상의 비재현적(non-representational), 신체적 측면이 보완되어야 한다고 주장하는 보다 최근의 지리학 업적을 살펴본다. 이러한 논의에서는 우리 자신을 이해하고 세상과 접하는 방식을 이해하는 중심에 신체를 놓는다. 이 장의 결론에서는 시각 이미지를 해석하는 윤리, 그와 관련된 자기성찰에 관한 핵심적인 시사점들을 제시한다. 즉 해석학적 접근을 함에 있어 지리학자로서 스스로의 역할에 (우리의 신체, 정체성, 성향이 작동하는 방식을 생각해 보는 것과 같이) 어떻게 반응하고 투명성을 제고할 수 있는지 살펴본다.

시각 이론의 세 가지 가닥은 지리학자가 이미지를 진지하게 받아들이고, 이미지를 생산하는 문화에 의해 형상화된 신체에 대해 사고하며, 현실의 단순한 반영 혹은 재현을 넘어 세계에 실질적 영향을 미치는 방식을 보여 준다. 이와 같은 방식으로 지리학자는 이미지가 세상에 '말하는 것'과 '행하는 것'이 무엇인지 분석하고, 이미지가 다른 사람과 장소를 재현하는 방법을 통해 그리고 이미지가 그들을 구성하는 데 이바지하는 의미를 통해 권력 불평등과 같은 사회적 관계를 창출하고 재생산한다는 점을 강조한다. 이미지의 특별한 힘은 그 의미가 자연스럽고 이미 주어진 것처럼 보이게 하는 데 있다. 예로, 인종적 그리고 다수의 영화와 비디오 게임에서 재생산되는 젠더에 대한 고정 관념의 유형을 들 수 있다. 이들은 '현실 효과'를 통해 기존의 사회적 불평등을 재생산함과 동시에 그것을 자연스러운 것으로 여기게 한다. 지리학에서 보다 최근 연구는 이미지가 사회의 광범위한 담론 혹은 이데올로기의 일부라는 것을 지적함으로써, 이미지가 더 복잡한 정치적 아이디어일 뿐만 아니라 고도의 구성적 속성을 가진다는 점에 주목하도록 한다. 한편으로 시각 이미지는 일반적으로 현실 세계를 투명하게 반영하고 있다고 이해되므로 참조적 성격을 가지며, '현상 유지'를 강화하도록 돕는다. 다른 한편으로 시각 이미지는 그와 같은 지배적인 의미를 전복하는 저항의 형태로 작동할 수 있다. 몇몇 지리학 연구는 이와 같은 정치적 의도를 담고 있는 새로운 형태의 현실 참여적 시각 예술 프로젝트에 초점을 맞춘다. 예를 들어, 루프맨스 외(Loopmans et al., 2012)는 빈곤한 근린에 대한 묘사에서 부정적 의미와 재현을 뒤엎는 두 개의 공동체 기반 사진 프로젝트의 효과에 대해 논했다.

시각 이미지에 대해 사고하고 지리적으로 고찰하는 방법에는 여러 가지가 있다. 실제로 지리학자는 다양한 이론과 방법을 사용한다. 하지만 지리학자는 종종 자신이 사용하는 시각적 방법을 명시적으로 말하지 않고, 자신이 선택한 방법을 분석함에 있어 함의나 해석함에 있어 자신의 역할을 항상 성찰하지는 않는다. 따라서 지리학자가 시각 이미지를 해석하는 데 사용하는 명확한 방법을 파악하기 어려운 경우가 많다. 지리학자는 자신이 분석하고 있는 이미지에 가장 적절하다고 스스로 판단하는 아이디어와 접근법을 사용하는 경향이 있다. 로즈가 지적했듯이, 오늘날의 해석적 접근에서는 종종 '아마도 라캉(Lacan)이나 들레즈(Deleuze)의 영향을 받은 담론적·기호학적 분석'(Rose, 2012: 191)을 혼합해 사용한다. 그래서 해석은 대체로 이론과 연구 방법이 혼재된 양상으로 나타난다. 로즈의 접근은 대신에 사회과학자들이 시각 이미지에 접근하는 보다 체계적인 방법론을 발전시킨 것이다. 하지만 그녀는 이러한 접근이 지침 혹은 규칙이라기보다는, 고려해야 할 수많은 질문을 유발한다고 고백한다. 연장선상에서 이 장은 각 절의 말미에 해석에 관한 비판적 질문을 제기한다.

시각 이론의 첫 번째 가닥으로 넘어가기 전에 지리학자가 시각 이미지와 엮이는 몇몇 방법과 그 이유를 간략히 살펴보는 것이 좋다. 연구 주제와 질문에 따라 분석할 이미지를 선택하는 방법을 조언하려고 시도하기보다, 지리학자가 선택하는 시각 이미지의 유형들과 분석 방법들의 사례를 제시한다. 몇몇 지리학자들은 시각 이미지의 지정학적 함의에 관심을 가지고, 영화나 비디오 게임의 전쟁 시뮬레이션이 인종적 혹은 민족적 '타자(other)'에 대해 익숙한 대본을 재생산하는지, 아니면 전복하는지를 분석한다(Carter and McCormack, 2006: 228; Schwartz, 2006). 다른 지리학자들은 중요한 지리적 주제들이 다양한 형태의 시각 이미지로 재현되는 방식에 관심이 두는데, 예로 기후변화 이슈가 어떻게 뉴스 미디어에서 재현되는지 이해하려고 기후변화에 관한 기사에서 사용된 여러 형태의 이미지를 분석하거나(DiFrancesco and Young, 2011) 기후변화 과학에 도전하고 재고하는 여러 예술-과학 공동 협력 프로젝트를 탐구하기도 한다(Gabys and Yusoff, 2012; Gibbs, 2014). 이러한 사례들을 통해 지리학자가 시각 이미지를 연구하는 이유와 방법은 다양하다는 것을 명확히 알 수 있다. 무엇보다도 지리학자는 시각 이미지의 실질적이고 강력한 효과를 강조하는 데 많은 관심을 기울인다.

15.2 문화적 텍스트로서의 시각 이미지

이미지의 힘은 지리학자들이 경관을 해석하는 방식에서 명확히 드러난다. 학문 분야에서 '문화적 전환(cultural turn)'의 일환으로 지리학자가 경관을 이해하는 방식에 있어 문화의 중요성이 점점 커졌다. 경관 연구는 지역의 물리적·물질적 형태를 넘어, '상상과 감각의 욕망이 추구되고 기억되는 신체의 공간'(Cosgrove, 2003: 249)뿐만 아니라 그림, 영화, 문학적 텍스트와 사진에서의 재현을 포괄한다. 경관은 그것을 바라보는 사람과 분리되어 '저기 있는' 것이 아니며 관찰자의 마음과 눈에 존재하기도 한다(Cresswell, 2003). 이로써 시각은 경관에 '도달하는' 기본 방법이며, 어떻게 경관을 정확히 바라보는지 생각해야 한다는 점을 의미한다. 경관을 바라보는 방식은 단지 시각의 생물학적 과정으로 여겨지지만은 않는다. 문화적, 상상적, 상징적 측면이 시각의 과정에 내재한다. '시각성(visuality)'이라는 용어가 이러한 차이를 기술하는 데 사용된다. 우리가 볼 수 있는 방식은 사회적 조건의 영향을 받고, 사회적 규범과 아이디어로 결정된다. 다시 말해, 경관은 '사회적, 문화적 산물이며 땅으로 투사된 것을 보는 방식'이다(Cosgrove, 1984: 69). 그래서 경관도 도상학에서 그림과 마찬가지로 읽고 해독할 수 있는 것이다. 다른 말로, 경관 분석은 이미지의 콘텐츠를 연구하는 것이다.

이러한 독해와 코드화에 접근하는 하나의 방법으로 기호학이 있다. 이는 이미지의 기호를 연구하는 것이다. 영어로는 semiology나 semiotics로 불리는 분야이며, 회화, 광고, 예술, 사진, TV, 영화, 웹미디어 분석에 활용된다. 이미지는 '기호(sign: 이미지의 여러 구성 요소)'로 이루어져 있으며 의미를 전달한다는 원칙으로 작동한다. 기호는 언어의 단위이다. 기호는 그와 관련된 실제 물체인 '지시 대상(referent)'과 더불어 '기의(記意, signified: 개념 또는 대상)'와 '기표(記標, signifier: 단어 또는 이미지)' 양자로 구성된다(Barthes, 1977; Rose, 2012; 그림 15.1).

기표는 기의를 닮을 필요가 없다. 단어 '개'는 실제 개와 닮지 않았으며 네잎 클로버는 오직 자의적으로 운을 상징하는 예에서 나타나는 것처럼, 기표는 단지 의미를 전달하는 것으로 인식해야 한다(보다 자세한 설명은 Chandler, 2014 참조). 그렇다면 기호는 '외연적' 의미와 '내포적' 의미를 가진다. 즉 기호는 어떤 것을 외연적으로 기술하는 동시에 문화적으로 정해진 내포적 의미를 가진다. 오늘날 사회과학자들은 기호(이미지와 그 의미에서 인식할 수 있는 구성 요소)와 그 지시 대상(세계에서 그와 연관된 대상) 사이에는 어떠한 정해진 연계도 없다고 생각한다. 의미는 대상 혹은 그 재현에

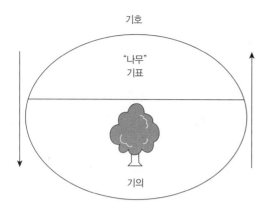

기호

"나무"
기표

기의

그림 15.1 가장 단순한 형태로 표현한 기호의 구성 요소

내재하는 것이 아니라, 해석하는 사람들의 문화적 시스템을 통해 닻이 내려지듯 고정된다. 그리고 의미는 청중이 알고 있는 다른 텍스트와 어떻게 관계를 맺는지에 따라서도 결정된다. 이를 '상호텍스트성(intertextuality)'라 부르는데, 다른 문화 텍스트를 참조하고 시각 이미지의 의미를 떠올리는 것을 말한다.

예를 들어, 디즈니-픽사가 제작한 영화『메리다와 마법의 숲(Brave)』(2012)이 우리에게 의미 있는 이야기가 되기 위해서는 우리의 '해석 레퍼토리'에 있는 디즈니의 전작들, '디즈니 공주' 특유의 표현, 결혼식 장면이 영화의 클라이맥스를 장식하는 낭만적 서사의 관행에 비추어 이 영화의 주인공 메리다 공주를 인식할 수 있어야 한다. 그림 15.2와 같이 메리다의 야생 생강 모양 머리, 활동적 자세, 활과 화살은 자기 자신을 방어할 수 있는 능력을 갖추었다는 것과 전형적인 공주가 아니라는 것을 보여 준다. 일반적인 디즈니 영화와 달리, 메리다는 미혼으로 남거나 신랑을 스스로 선택하는 등 영화 내내 독립적 존재가 되려고 투쟁한다. 스코틀랜드 역사에 대한 지식과 그에 관련된 문화적 텍스트는 킬트(kilt) 착용(용기 넘치고 자연과 하나가 되는 전형적인 스코틀랜드 남성 영웅의 이미지에 반하는 모습)에 관한 황당한 사건과 같이 영화 속 몇몇 시각적 장면을 이해하는 데 도움이 된다(www.youtube.com/watch?v=sKg_KVmvAFY 참조). 이러한 특정 이미지는『브레이브하트(Braveheart)』(1995)와『롭 로이(Rob Roy)』(1995)와 같은 상징적 영화에서 강화되었다. 그리고 시각적·상징적으로 참조되어 여러 문화 형태로 다수 만들어져 왔기 때문에, 『메리다와 마법의 숲』에서 원작 영화의 재강화된 의미들을 파악하고자 청중이 원작 영화까지 찾아볼 필요는 없다. 하지만 기표가 관객에 따라 다른 의미를 가질 수 있다는 점에 유의해야 한다. 스코틀랜드 관객은 영화 속 경관에서 (웃음을 자아낼 목적이라 하더라도) 재생산된 문화적 고정관념에 기분 나빠할 수도 있는 반면, 미국 관객은 스코틀랜드 경관을 낭만적이고 야생의 신비로움으로 바라볼 수 있다. 하지만 실제로는 많은 스코틀랜

그림 15.2 디즈니-픽사의 영화 『메리다와 마법의 숲』의 메리다

드 영화관에서 연장 상영되었다. 이는 영화가 스코틀랜드 청중들에게 호평을 받았다는 것을 의미한다.

지리학자는 시각 이미지에서 기호를 통해 생성된 의미와 시각 이미지가 다른 텍스트와 맺는 관계에 관심을 갖는다. 이러한 방식으로 이미지의 상호텍스트성을 탐구하면 사회에 널리 퍼진 보다 광범위한 담론에 대해 무언가 이야기할 수 있다. 시각 이미지에 다른 이미지, 텍스트와의 공통 주제나 시각 모티브를 연결함으로써, 사회-정치적 맥락의 발현으로 자리매김하는 것이 가능해진다. 예를 들어, 역사지리학자는 역사적 시각 이미지에 맴도는 광범위한 담론을 탐색하기 위해 편지나 신문과 같은 아카이브된 텍스트나 현대 소설과 같은 문화적 텍스트를 사용한다. 이와 달리, 디프란체스코와 영(DiFrancesco and Young, 2011)은 기후변화에 관한 캐나다 뉴스 미디어 담론의 일관성을 분석하기 위해 신문 기사의 텍스트를 이미지와 비교했다. 기호를 연구함으로써 광고주가 어떻게 상품을 팔려는지에 대한 흥미로운 사실, 시각 이미지가 생산되었을 당시 중요한 생각과 사회적 관계 등을 알 수도 있다. 몇몇 지리학자는 풍경화에서 문화적 재현은 특정 관점을 부각함으로써 불평등한 사회적 관계를 은폐, 미화, 제거한다고 주장한다. 예를 들어, 18세기와 19세기 영국 풍경화는 상류층의 관점을 재현하고 상류층을 위해 제작되어 계급, 젠더 위계를 드러낸다(Berger, 1972; Rose, 1993). 그와 같은 이미지는 당대에 땅을 둘러싼 지주와 소작인 간 관계나 남편과 아내 간 관계와 같은 지배-피지배 관계(Rose, 2012)를 뒷받침하는 규범적 생각들의 묶음, 즉 지배적 이데올로기를 강화하는 데 이바지한다. 따라서 경관의 시각 이미지는 이전 현실을 재현하는 것으로 보이지만, 현실을 구성하는 강력한 수단이며 경관을 바라보고 이해하는 방식까지 만들어 낸다. 지리학자의 임무 중 하나는 이미지의 콘텐츠뿐만 아니라 이미지가 생산된 당시의 보다 넓은 사회-역사적 관행을 고찰함으로써 경관의 재현에서 숨겨진 사회적 진실을 벗겨 내 밝히는 것이다.

독해 가능한 텍스트로서 경관을 해석한다는 것은 시각의 문화적, 상징적, 상상적 측면을 통해 경관과 시각 이미지를 바라보는 방식들이 반영되고 있음을 의미한다. 시각 이미지는 불평등한 권력관계를 재생산하는 데 이바지하기 때문에, 시각 이미지를 연구하는 것은 그러한 권력관계를 밝히는 것이라 할 수 있다. 지리학자는 기호와 상징뿐 아니라, 구도, 원근, 배치 등 재현적 특성과 같은 시각 이미지 콘텐츠의 여러 측면을 해석함으로써 권력관계를 밝힐 수 있다. 이미지의 콘텐츠를 해석할 때 다음과 같은 사항에 주의를 기울여야 한다.

- 이미지의 목적이 무엇인가?
- 그림, 벽화, 사진 등 어떤 유형의 미디어가 사용되는가? 이것은 생성된 의미에 무슨 영향을 주는가?
- 이미지의 핵심 구성 요소는 무엇인가? 어떤 구성 요소(또는 기호)가 다른 요소보다 우선시되며, 그 이유는 무엇인가?
- 그것은 무엇을 의미하고 함의하는가?
- 이미지에 참조된 다른 텍스트는 무엇인가?
- 어떤 유형의 이데올로기나 고정관념이 강화되거나 도전받는가?

지리학자는 풍경화뿐 아니라 공공 예술 조각품, 영화, 광고, 만화, 신문 삽화, 잡지 사진 등에 대해 위와 같은 종류의 질문을 해 왔다. 하지만 이러한 접근법은 이미지 경관을 단지 재현으로 여긴다는 점에서 비판받았고, 무엇인가를 '하는' 사물이 아니라, 그것이 '말하는' 것에 대해서만 가치를 둔다는 점에서 비판받았다.

15.3 생산과 소비

시각 이미지를 읽을 수 있는 텍스트로 간주하는 것은 오늘날 시각 이미지를 연구 분야의 일부에 불과하다. 로즈(Rose, 2012)의 '비판적 영상분석론'은 지리학자로 하여금 생산의 현장(site), 이미지(콘텐츠)의 현장, 수신(청중)의 현장 등 세 가지 관점에서 이미지의 사회적 효과를 고찰하도록 한다. 마찬가지로, 호킨스는 예술 작품의 '의미하는' 바가 무엇인지 뿐만 아니라 예술 작품이 그 제작(생산)과 수신(소비)의 맥락과 어떻게 연관되는지 차원에서 지리와 시각 예술에 대해 기술하고 있다.

> … 18세기 풍경화에서 현대의 도시 공공 예술 프로젝트, 사진 및 기타 시각 문화 자료에 관한 연구에 이르기까지 분석은 예술의 생산 및 소비의 현장과 그것이 표현하거나 감정을 유발하는 현장 간의 긴장 관계에서 진행된다(Hawkins, 2013: 57).

지리학자에게 그러한 상호 연결된 현장은 시각 이미지를 해석하는 데 매우 중요하다. 로즈의 영상 분석론에는 세 가지 기준이 있는데, 우리 스스로 이미지를 어떻게 볼 것인가를 사고한다는 의미에서 이미지가 자신만의 효과를 가진다는 점, 이미지에는 사회적 조건이 있다는 점, 이미지를 연구할 때 청중-해석자에 의한 자기 성찰이 필수적이라는 점을 인식해야 한다. 이미지의 세 가지 현장에서 더해, 이미지의 기술과 물질적 특성 및 사회적 양식, 즉 '경제적·사회적·정치적 관계, 이미지에 나타나고 사용되는 제도와 실천'(Rose, 2012: 20)에 관심을 두고 있다. 이와 같은 분석틀은 넓고 다양한 시각 이론과 방법을 구성하는 하나의 방법을 제시한다.

비록 대부분이 시각 이미지를 탐구하는 데 있어 하나 혹은 둘의 현장과 기준을 취하지만 모든 지리학자가 앞서 언급한 분석틀을 직접적으로 사용하는 것은 아니다. 앞 절에서 이미지(콘텐츠)의 현장에 초점을 맞춘 바 있으며 이 절은 생산과 수신의 현장에 집중한다. 여기에서는 이미지의 물질성, 이미지 제작 과정의 중요성, 그리고 이미지가 '행하는' 바를 강조한다. 그리고 지리학자가 청중은 동질적이지 않다는 점, 즉 모두 같지 않으며 동일한 방식으로 이미지를 해석하지 않는다는 점을 인지하면서 이들을 분석에 어떻게 포함하는지를 논의한다.

지리학자는 시각 이미지 생산의 다양한 측면에 관심이 있다. 비디오 게임 산업에 관한 연구는 신흥 산업과 제품의 문화적 차이에 주목하는 데 반해, 영화지리학자는 영화 산업의 제작 장소, 경제, 그리고 공간성을 탐구한다(Izushi and Aoyama, 2006; Johns, 2006). 시각 예술을 연구하는 지리학자는 시각 이미지 창조 과정에 초점을 맞추며 그 과정을 최종 생산품만큼이나 중시한다. 이들은 시각 이미지를 만드는 사람을 인터뷰하거나 그들과 시간을 보내기도 하며 비평 등에 의한 작품의 폭넓은 수신을 기록하거나(Morris and Cant, 2006; Hawkins, 2010), 참여적 예술 프로젝트에 동참하고 참여자들을 인터뷰하기도 한다(Mackenzie, 2004; Burk, 2006). 종종 지리학자는 다른 방법과 결합해 창조된 시각 혹은 공연 예술 작품의 내용을 기술한다. 더 중요한 것은 예술에 관한 지리학 연구 혹은 공동 작업은 시각 이미지의 콘텐츠보다 예술을 만들고 경험하는 데 치유적·권한적·감각적·사회적 측면들을 더 주의해서 살펴본다는 것이다(Macpherson, 2008; Sharp, 2007). 호킨스(Hawkins, 2013: 56)는 이것을 '주체, 물질, 청중과 같은 공동체를 포함하는 "사회적 현장"으로서 예술 현장에 대한 사고로의 전환이라 불렀다. 여기에서 소비의 현장으로부터 생산의 현장을 분리하는 것은 어렵다. 청중은 예술 감상이라는 전통적 관념에서처럼 일정 거리를 두고 예술품을 응시하지 않는다. 도리어 청중은 예술품의 일부이다. 자신의 지식, 기억, 특이성을 담아 예술품을 만든다. 청중은 예술품의 적극적 참여자가 된다. 적극적 청중에 대한 이와 같은 사고는 시각 이미지의 청중에 관한 많은 지리학 연구에서 명백히 드러나고 있다.

시각 이미지의 소비[수신] 현장에 대한 연구를 이미지의 다른 청중과 소통하고, 시각 콘텐츠를 넘어 이미지에 대해 충분히 숙고하려고 노력하는 것이다. 지리학자는 이미지가 물질적 객체로 '행하는' 것이 무엇인지, 사람들은 어떻게 이미지를 보고 전시하며 이용하는지, 이미지가 인간의 삶, 정체성, 사회관계(예: 가족)에 어떤 역할을 하는지에 관심을 둔다. 이미지는 갤러리와 영화관뿐만 아니라 사람들의 집, 앨범, 그리고 세상에서 물리적 객체로서 물질 상태를 가지는 다양한 시각 기술에서도 전시된다. 오늘날 이미지는 TV, 휴대전화 또는 컴퓨터와 같은 화면에 종종 보인다. 이는 보이는 이미지의 유형들이 순수하게 디지털 창작물이거나 화면에 나타나도록 변형된 것인데, 이미지들(특히 아래 논의되는 비디오 게임)이 청중/사용자와 상호작용하거나 그들에 의해서 조작될 수 있기 때문이다. 소위 '융합 문화(convergence culture)'에서 이미지는 수많은 미디어에서 볼 수 있는데, 미디어에 따라 이미지의 의미와 수신이 변하는지도 매우 중요한 고려 사항이다(Rose, 2012). 예를 들어, 이미지는 종종 화면에서 다른 이미지나 텍스트와 함께 보이기 때문에 그 콘텐츠는 청중의 핵심적인 관심이 아닐 수 있다(그림 15.3). 다양한 물질적 형태와 화면/기술을 통해 마주하는 이미지의 다양한 효과, 그리고 이미지를 바라보는 경험과 의미가 어떻게 변화하는지를 살펴보는 것이 중요하다.

시각 이미지를 물질적 속성을 가진 사물로 이해하기 위해 지리학자는 인터뷰와 민족지학적 방법론을 사용해 다양한 시각 이미지와 관련된 사회적 실천이 어떻게 구성되는지를 명확히 파악하려 노력한다. 지리학자는 인터뷰를 활용하고 가정집에서 시간을 함께 보냄으로써 어떻게 전시된 사진이 가족의 정체성 형성을 돕고 가족의 집단적 기억을 북돋거나 저해하는 '보철 기억(prosthetic memory)'으로 작용하는지, 이민 2·3세대 가정에서 장소에 대한 소속감을 구축하는 시각적-물질적 전시의 일부를 형성하는지 알아내려 한다(Rose, 2003; Tolia-Kelly, 2004; Roberts, 2012). 시각 이미지와 직접적으로 관련되지 않지만, 스피니 외(Spinney et al., 2012)는 태블릿과 스마트폰의 성장과 더불어 시각 이미지가 점점 더 많이 보이는 화면 중 하나인 노트북 사용에 관한 연구를 한 바 있다. 그들은 노트북의 '항상 작동 상태', 모바일 방식, 사용자가 노트북과 상호작용하는 방식을 연구했는데,

그림 15.3 화면을 통한 이미지 융합

사람들이 집안의 다른 방에서 어떻게 행동해야 하는지 생각하는 방식과 같이 가족과 집에 대한 특정한 상상적 이미지의 재생산과 밀접하게 관련된 것으로 파악했다. 그들의 접근법은 인터뷰, 노트북 사용에 관한 연구 참가자의 일기, 가정 방문에서 얻은 연구노트를 사용하는 것이었다. 보다 중요한 것은 '시각적 사물(visual object)' 접근을 통해 이미지가 작용하면 재현의 콘텐츠와 별개로 효과를 내고 있음을 인지했다는 것이다.

지리학자가 청중 현장을 탐색하는 다른 방법은 여러 청중과 대화를 나누고 관찰하는 것이다. '청중 연구(audience studies)'는 영화와 TV에서 집중적으로 사용되며, 마케팅에서도 종종 활용된다. 시각 이미지의 의도된 의미가 항상 청중이 해석하는 의미가 아니라는 것을 인식함에 따라 이러한 연구는 점차 중요한 접근법이 되었다. 청중에 따라 이미지의 해석이 달라진다. 어떤 청중은 TV 쇼에서 지배적 의미를 받아들이는 반면 다른 청중은 그에 저항한다. 이미지에 대한 그러한 문헌의 상당수는 분석가가 이미지를 해독하고, 기호를 통해 재생산된 지배적 혹은 선호되는 의미를 파악하고, 저항적 독해를 만듦으로써 기저에 깔린 현실 사회 실천을 밝히는 작업에 관한 것이다. 그러나 이러한 접근법은 분석하는 사람과 같은 코드와 의미를 통해 현실을 구성하는 상상된 혹은 이상적인 청중을 가정한다. 이러한 청중은 종종 특정 사회적 배경(예: 백인 중산층)을 가진 사람이다(Nakassis, 2009). 최근 청중 연구는 인터뷰, 초점 집단, 온라인 분석을 통해 하나의 시각 이미지에 대한 혼합된 해석들을 포착하는 것을 목표로 하고 있다.

일례로 (비판)지정학에 관심이 있는 지리학자들은 영화에 대한 청중들의 경험을 분석하기 위해 인터넷영화데이터베이스(IMDb, www.imdb.com)를 이용해 왔다(Dodds, 2006). 이 웹사이트에서는 청중이 영화에 평점을 주고 감상평을 쓰고 토론할 수 있다. 이를 통해 다수의 청중들에게 접근해 영화에 관한 다양한 의견들을 통찰할 수 있다. 디트머(Dittmer, 2011)는 슈퍼히어로 영화에 대한 인터넷영화데이터베이스의 감상평을 사용해 해당 장르 영화에서 '미국 영웅'의 개념을 청중이 어떠한 방식으로 받아들이는지 설득력 있게 보여 준다. 감상평에서 영화 팬들은 그러한 담론을 재생산한다. 하지만 재협상도 한다. 어떤 청중은 예리코(Jericho)라 불리는 아이언맨의 무기는 '쿨해' 보이지만, '예리코는 오늘날 팔레스타인 영토 서안 지구의 옛 이름이며, 스타크사의 '로켓들'이 더 많이 장전된다는 것(2011: 126)'을 생각하면 좋게 들리지 않을 수 있다고 지적한다. 다양한 청중의 반응은 현재 정치적 사건과 비판에 대한 인식을 보여 준다. 디트머의 주장에 따르면, 청중은 대중 지정학(popular geopolitics)에 대한 통찰력을 제공한다. 그다음 온라인 민족지학적 연구를 수행하거나 온라인 환경에서 시간을 보내거나, 이미지가 미디어를 통해 옮겨 다니는 방식을 추적하거나, 온라인 이미지를 둘러싼 토론을 분석할 수 있다. 청중은 우리가 개인적으로 경험하지 못한 이미지에 관해 이야기해 줄 수 있다. 여러 청중과 상담함으로써 어떤 청중에게는 자연스럽고 자명한 것이 다른 이에게는 비현실적임을 파악하게 되고, 내재적 권력 관계와 이미지의 구성적 특성을 강조할 수 있다.

이미지의 생산과 소비의 현장을 탐색하기 위해 아래와 같은 질문을 던질 수 있다.

- 이미지의 '저자'(예술가, 감독, 광고 대행사)는 누구이며, 그들이 의도한 의미는 무엇인가?
- 동시에 생산된 서로 다른 텍스트가 이미지에 관해 이야기해야 하는 것은 무엇이며, 이들 텍스트가 어떻게 이미지에 비유될 수 있는가? 이와 유사한 시각적 모티브나 담론이 존재하는가?
- 그런 이미지를 보는 맥락은 무엇인가? 그 맥락은 변화하는가?
- 상이한 청중이 이미지의 기호를 서로 다르게 해석하는 방법과 이유는 무엇인가?
- 시각 이미지에 대한 다양한 청중들의 의견에 어떻게 접근할 수 있는가?

15.4 시각 이미지와 체현적 정동적 조우

지리학자는 시각 이미지에 관여하는 방식이 다중감각적이라는 점을 강조하는 경향이 있다. 앞서 논의된 청중 연구에 대한 비판은 영화의 '본능적 스릴'과 청중의 신체가 어떻게 경험하는지와 같은 청중 경험의 여러 측면에 대한 언급이 없다는 것이다. 시청은 눈과 마음이 관여해 순수하게 인지한다기보다 온몸이 관여하며 체현되는(embodied) 과정이다. 애시(Ash, 2009)는 아래와 같은 의미에서

'정동적 물질성(affective materiality)'이라 불렀다.

> 이미지는 일련의 생물학적, 실존적, 감각적 수준에서 몸 전체에 정동한다. … 생물학적으로 이미지
> 는 피부를 자극하고 심박수의 증가나 목 뒤 머리카락이 곤두서는 것과 같은 생리학적으로 감지할 수
> 있는 영향을 미친다(2009: 2106).

지금까지 논의된 바와 같이 문화적, 재현적 측면에서 이미지의 효과를 사고하기보다는(즉 효과가 의미, 지식, 맥락에 바탕을 두는 방식), 이 접근 방식은 비재현과 시각 이미지를 볼 때 발생하는 감정, 움직임, 감각의 유형을 탐구한다. 이 같은 연구는 우리가 세상을 인식하는 방식에 있어 몸의 중심성에 초점을 맞춘다. 그림이나 영화 같은 이미지가 세상의 육체성(fleshiness)이라 부르는 방식을 통해 청중을 '터치한다'는 의미에서 표현적 물질성을 가진다고 주장한다. 이를 '촉각적' 시력이라 한다(Sobchack, 1992; Ash, 2009). 청중은 자신의 과거 무의식적 신체 경험을 끄집어 내어 이미지를 구체화한다. 기호학의 설명과 달리, 청중은 '신발'과 같은 기호를 해독하기보다는 과거 경험을 바탕으로 신체를 통한 신발에 대한 경험을 예상한다.

비디오 게임은 시각 이미지를 보여 주는 상호작용적이며 몰입적인 기술이라 할 수 있다. 그래서 지리학자들은 비디오 게임을 시각 이미지의 비재현적, 신체적 측면을 파악하기 위한 새로운 수단으로 활용한다. 지리학자는 여전히 비디오 게임의 재현적 측면과 사회적 영향에 관심을 가지면서도(Power, 2007; Schwartz, 2009) 공간적 효과, 가상공간을 구축하는 기술, 청중의 신체에 미치는 영향에 주목한다.

> 비디오 게임의 공간성이 단순한 2차원에서 복잡한 3차원의 세계로 진화함에 따라 정동적 경험의 중
> 요성이 아주 커졌다(Shaw and Warf, 2009: 1332).

실제로 애시(Ash, 2009)는 콜 오브 듀티 4(Call of Duty 4)의 메커니즘을 면밀히 분석하며 비디오 게임의 연구 가치를 파악했다. 재현적 콘텐츠와 담론적 맥락뿐 아니라, 게이머가 자신의 공간을 재설정하고 생산하고자 노력한다는 점도 중요하다. 그는 먼저 사물 간 거리를 측정한다든지 어떤 것이 아래로 떨어졌을 때 깨지는지 가늠하는 것처럼 우리가 보통 세상에서 탐색하고 방향을 설정하는 방식은 만짐(촉각)을 통해서이며, 그다음 시각적 단서를 통해 대략적으로 추정할 수 있다는 점을 지적한다. 반면 비디오 게임에서 플레이어는 무엇보다 시각적 단서를 통해 가상 세계를 탐색하는데 '눈

이 촉각 기능을 전적으로 수행하며(Ash, 2009: 2117)' 조정기의 진동과 같은 형태로 촉각적 피드백을 받는다. 하지만 이 게임에서 화면의 1인칭 시점은 플레이어가 시각적 단서를 획득하는 데 제약이 있다. 플레이어의 시각은 부분적이고 아바타가 이미지의 일부분인 공간을 움직임에 따라 끊임없이 변화하며 게임 제작자가 설계한 미리 정해진 동작에 의해 제약된다(그림 15.4). 그림 15.4에서 투시도법을 사용해 깊이를 만들어 냄으로써 효과가 커지는데, 두 건물이 화면 가장자리에서 중앙으로 돌출되도록 했으며, 사용자는 이미지를 통해 자신의 아바타를 직관적으로 움직여 시야를 넓혀야 한다. 여기에서 가상 게임 공간을 둘러보고 이동하기 위해 버튼을 누르거나 조정기를 움직여야 하므로 손이 눈을 대신하게 된다. 플레이어의 게임 공간에 계속 집중하면 신체와 그런 공간 간 연결도 실제로 재구성된다. 이는 뉴스나 영화의 이미지와 관계된 비디오 게임의 경험뿐 아니라, 도시 공간과 같은 실제 세계에서의 경험에도 영향을 준다(게임 포럼 팬의 이야기; Ash, 2009).

애시는 이러한 비디오 게임의 효과를 분석하기 위해 개인적 경험을 활용한 반면, 다른 연구자들은 게임 도중 '실시간' 커뮤니케이션과 PC 기반 게임의 채팅 기능을 사용해 다른 플레이어의 경험을 묻거나 멀티 플레이어 토론방에서 주제들을 추적한다. 쇼와 워프(Shaw and Warf, 2009)는 비디오 게임에서 '정동의 무리(constellation of affects)'를 분석하며 재현적 접근을 대체하기보다는 그것을 보완적으로 사용했다. 그러면서 이들은 모든 상호 연결에 조사가 필요하다는 점을 강조했다. 시각 이미지의 정동적, 물질적 측면은 페이스북의 오큘러스 리프트(Oculus Rift)와 구글의 글래스 헤드셋과 같은 가상/증강 현실 기술의 발달과 함께 점점 더 중요해지고 있다. 이들 시각 기술은 시청과 시각 이미지 공간에 대한 생각을 달리할 것을 요구한다.

'물질적 정동'에 대한 이론이 비디오 게임에 효과적으로 사용되었지만, 이 이론은 상호작용적 시각 기술에 한정되지 않는다. 사실 지리학자는 모든 시각 이미지가 다양한 방식으로 상호작용적이고 정동적이라고 주장한다. 예를 들어, 라이크로프트(Rycroft, 2005)는 브리지 라일리(Bridget Riley)의 옵아트(Op Art)와 같은 여러 가지 형태의 비재현적 예술에서 그러한 특성을 탐구했다(www.tate.org.uk/art/artists/bridget-riley-1845 참조). 이러한 연구에서는 다음과 같은 질문을 던지는 것이 의미 있을 것이다.

- 이미지를 어떻게 경험했는가? 기분은 어떠했는가?
- 어떤 비시각적 측면이 시각 이미지 경험에 영향을 미쳤으며, 어떠한 방식으로 영향을 미쳤는가?
- 여러 다양한 기술(예: 화면)이 이미지를 경험하는 방식을 어떻게 바꾸는가?
- 신체 효과를 만들기 위해 어떤 기술이 사용되는가?

그림 15.4 1인칭 시점 비디오 게임

출처: mensuro-aero.com/blog/uav-grey-eagle-deployed-in-afghanistan-for-the-first-time

15.5 결론

지리학자는 지정학, 영화지리학, 역사지리학, 예술품, 가족 관행 등 다양한 분야에서 시각 이미지를 해석하는 데 관심이 있으며, 해석함에 있어 다양한 이론과 방법론을 사용하고 있다. 로즈(Rose, 2012)는 이미지의 세 가지 현장(생산, 콘텐츠, 청중)과 관련된 비판적 영상분석론을 제시했지만, 대부분의 지리학자는 그중에서 연구 주제 및 질문에 관련된 한두 가지만을 탐구한다. 이 장에서는 시각 이미지에 대한 지리학적 해석을 소개하고 관련된 사례를 소개했다. 특정 접근법을 더 자세히 탐구하기 위해서는 추가 읽을거리가 필요할 것이다. 각 절의 말미에 제공된 질문은 시각 이미지를 해석하고, 그 역할에 대해 고민할 수 있는 좋은 출발점이 될 것이다.

　지리학자는 시각 이미지의 청중과 해석자일 뿐 아니라 생산자로서 자신의 입장을 인식하기 시작했다. 지도, 지구본, 모델, 슬라이드, 사진 삽화와 같은 시각 자료는 종종 지리학 연구에서 긴요하다. 점차 시각적으로 기록된 데이터에 대한 다양한 방법이 일상 경험의 복잡한 측면을 포착하기 위해 사용되고 있다(예: 비디오그래피에 대한 38장 참조). 시각 이미지를 사용하고 분석하며 창조한다는 것은 우리가 생산하는 의미의 유형들에 대해 신중하게 생각해야 한다는 것을 뜻한다. 불평등한 권력관계에 얽힌 담론을 재생산하고 있지는 않은가? 특정 이미지 분석 방법을 선택해 사용함에 있어 투명성을 제고할 수 있는 방법은 무엇인가? 경우에 따라 이미지를 재생산하거나 접근하는 데 허가를 얻고, 온라인에서 연구하고자 하는 내용과 시기를 공개하는 것처럼 윤리적 문제가 실천의 상황에서 발생할 수 있다. 특정 이미지의 선정과 관련된 도덕 논쟁과 같은 보다 이론적인 윤리 문제가 있을 수도 있다. 예를 들어, 홀로코스트 이미지를 논하며 정의를 추구할 수 있다. 그러나 이미지 자체로 그것을 말하고 있기 때문에 해석을 통해 피해자를 대변하는 것은 옳지 않다고 주장하는 사람들도 있다. 따라서 이미지를 연구함에 있어 해석가의 역할 또한 신중하게 다룰 필요가 있다.

| 요약

- 지리학자는 시각 이미지의 사회적, 공간적 효과에 관심을 둔다.
- 시각 이미지를 해석하는 것은 세 가지 현장을 포함한다. 생산의 맥락, 재현의 콘텐츠, 청중/시청 공간이 그것이다.
- 시각 이미지 분석은 이미지가 (재)생산하는 담론, 사회적 구성, 이데올로기를 탐색한다.
- 최근 분석은 이미지가 무엇을 말하는지보다 무엇을 하는지에 관심을 둔다. 예를 들어, 체현된 반응과 사람들이 정체성 혹은 '장소감'을 구성하는 데 이미지를 어떻게 활용하는가 등에 관심이 많다.
- 시각 이미지를 해석할 때는 시청하고 있는 자신의 위치와 윤리 문제를 고려하는 것이 중요하다.

심화 읽기자료

- 사회과학자를 위한 이론과 방법에 대한 포괄적인 개관을 위해 로즈(Rose, 2012; 2016년에 발행된 최신 버전 참조)는 '비판적 영상분석론'을 제안하며, 지리학자가 생산의 현장, 이미지(콘텐츠)의 현장, 수신(청중)의 현장을 통해 이미지의 사회적 영향을 사고하도록 한다. 이 장에서 논의된 몇몇 접근법과 함께, 로즈는 이미지를 이해하고 분석하는 방법에 관한 정신 분석, 도상학, 페미니즘, 그리고 여타 의미 있는 이론적 발전을 탐색하고 있다. 또한 웹 자료도 제공한다.
- 와일리(Wylie, 2007)는 문화 마르크스주의, 현상학 및 비재현 이론과 같은 여러 예술비평, 문화이론, 그리고 사회문화지리학의 발전에 경관 연구가 어떻게 영향을 받았는지에 관해 심도 있게 설명한다.
- 예술가와 함께 작업하려는 지리학자가 많아짐에 따라 지리학과 예술의 관계는 점차 확장되고 있다. 호킨스(Hawkins, 2013)는 설치 예술과 장소 기반 예술의 보다 넓은 개념화 과정에서 시각의 역할을 살펴본다. 이와는 대조적으로 라이크로프트(Rycroft, 2005)는 예술과 관련한 지리학 저술의 주요 주제라 할 수 있는 경관 이미지에 대해 추상적이면서 다양한 영향을 미치는 2차원 예술품에 초점을 맞춘다.
- 시각 이미지의 물질성과 정동성에 대한 연구는 지리학에서 비교적 새로운 분야이다. 톨리아-켈리(Tolia-Kelly, 2004)는 집에 전시된 사진과 다른 이미지를 논의하기 위해 물질성을 지리학적으로 연구해 왔다. 애시(Ash, 2009)는 컴퓨터 게임에 대한 시각 연구와 미디어 연구 성과를 가져와 컴퓨터 게임을 하는 것과 관련된 시청 행위의 공간적 함의에 주목한다.

* 심화 읽기자료에 대한 상세 정보는 아래 참고문헌에서 확인할 수 있음.

참고문헌

Ash, J. (2009) 'Emerging spatialities of the screen: Video games and the reconfiguration of spatial awareness', *Environment and Planning A* 41: 2105-24.

Barthes, R. (1977) *Image, Music, Text*. London: Fontana.

Berger, J. (1972) *Ways of Seeing*. London: British Broadcasting Corporation, and Harmondsworth: Penguin.

Burk, A.L. (2006) 'Beneath and before: Continuums of publicness in public art', *Social & Cultural Geography* 6: 949-64.

Carter, S. and McCormack, D.P. (2006) 'Film, geopolitics and the affective logics of intervention,' *Political Geography* 25: 228-45.

Chandler, D. (2014) *Semiotics for Beginners: Signs*. http://visual-memory.co.uk/daniel/Documents/S4B/sem02.html (accessed 18 November 2015).

Cosgrove, D. (1984) *Social Formation and Symbolic Landscape*. London: Croom Helm.

Cosgrove, D. (2003) 'Landscape and European sense of sight: Eyeing nature', in K. Anderson, M. Domosh, S. Pile and N. Thrift (eds) *Handbook of Cultural Geography*. London: Sage. pp.249-68.

Cresswell, T. (2003) 'Landscape and the obliteration of practice', in K. Anderson, M. Domosh, S. Pile and N. Thrif (eds) *Handbook of Cultural Geography*. London: Sage. pp.269-81.

Daniels S (1989) 'Marxism, culture, and the duplicity of landscape', in R. Peet and N. Thrift (eds) *New Models in Geography: The Political-Economy Perspec-tive*, volume 2. London: Unwin Hyman. pp.196-220.

DiFrancesco, D.A. and Young, N. (2011) 'Seeing climate change: The visual construction of global warming in Canadian national print media', *Cultural Geographies* 18: 517-36.

Dittmer, J. (2011) 'American exceptionalism, visual effects and the post-9/11 cinematic superhero boom', *Environment and Planning D: Society and Space* 29: 114-30.

Dodds, K. (2006) 'Popular geopolitics and audience dispositions: James Bond and the Internet Movie Database (IMDb)', *Transactions of the Institute of British Geographers, New Series* 31: 116-30.

Gabrys, J. and Yusoff, K. (2012) 'Arts, sciences and climate change: Practices and politics at the Threshold', *Science as Culture*, 21(1): 1-24.

Gibbs, L. (2014) 'Art-science collaboration, embodied research methods and the politics of belonging', *Cultural Geographies* 21: 207-27.

Hawkins, H. (2010) 'Turn your trash into … Rubbish, art and politics. Richard Wentworth's geographical imagination', *Social & Cultural Geography* 11(8): 805-27.

Hawkins, H. (2013) 'Geography and art: An expanding field: Site, the body and practice', *Progress in Human Geography* 37: 52-71.

Hughes, R. (2007) 'Through the looking blast: Geopolitics and visual culture', *Geography Compass* 1(5): 976-94.

Izushi, H. and Aoyama, Y. (2006) 'Industry evolution and cross-sectoral skill transfers: A comparative analysis of the video game industry in Japan, the United States, and the United Kingdom', *Environment and Planning A* 38: 1843-61.

Johns, J. (2006) 'Video games production networks: Value capture, power relations and embeddedness', *Journal of Economic Geography* 6: 151-80.

Loopmans, M., Cowell, G. and Oosterlynck, S. (2012) 'Photography, public pedagogy and the politics of place-making in post-industrial areas', *Social & Cultural Geography* 13(7): 699-718.

Mackenzie, F.D. (2004) 'Place and the art of belonging', *Cultural Geographies* 11: 115-37.

Macpherson, H. (2008) 'Between landscape and blindness: Some paintings of an artist with macular degeneration', *Cultural Geographies* 15: 271-69.

Morris, N.J. and Cant, S.G. (2006) 'Engaging with place: Artists, site-specificity and the Hebden Bridge Sculpture Trail', *Social and Cultural Geography* 7(6): 863-88.

Nakassis, C.V. (2009) 'Theorizing film realism empirically', *New Cinemas: Journal of Contemporary Film* 7(3).

Power M, (2007) 'Digitized virtuosity: Video war games and post-9/11 cyber-deterrence', *Security Dialogue* 38: 271-88.

Roberts, E. (2012) 'Family photographs: Memories, narratives, place', in O. Jones and J. Garde-Hansen (eds) *Geography and Memory*. New York and Basingstoke, UK: Palgrave Macmillan.

Rose, G. (1993) *Feminism and Geography: The Limits of Geographical Knowledge*. Cambridge: Polity Press.

Rose, G. (2003) 'Family photographs and domestic spacings: A case study', *Transactions of the Institute of British Geographers* 28: 5-18.

Rose, G. (2012) *Visual Methodologies: An Introduction Researching with Visual Materials*, 3rd edn. London: Sage.

Rycroft, S. (2005) 'The nature of Op Art: Bridget Riley and the art of nonrepresentation', *Environment and Planning D: Society and Space* 23: 351-71.

Schwartz, L. (2006) 'Fantasy, realism, and the Other in recent video games', *Space and Culture* 9: 313-25.

Schwartz, L. (2009) 'Othering across time and place in the suikoden video game series', *GeoJournal* 74: 265-74.

Sharp, J. (2007) 'The life and death of Five Spaces: Public art and community regeneration in Glasgow', *Cultural Geographies* 14: 274-92.

Shaw, I.G.R. and Warf, B. (2009) 'Worlds of affect: Virtual geographies of video games', *Environment and Planning A* 41: 1332-43.

Sobchack, V. (1992) *The Address of the Eye: A Phenomenology of Film Experience*. Princeton, NJ: Princeton University Press.

Spinney, J., Green, N., Burningham, K., Cooper, G. and Uzzell, D. (2012) 'Are we sitting comfortably? Domestic imaginaries, laptop practices, and energy use', *Environment and Planning A* 44: 2629-45.

Tolia-Kelly, D. (2004) 'Locating processes of identification: Studying the precipitates of re-memory through artefacts in the British Asian home', *Transactions of the Institute of British Geographers* 29: 314-29.

Wylie, J. (2007) *Landscape*. Oxford: Routledge.

공식 웹사이트

이 책의 공식 웹사이트(study.sagepub.com/keymethods3e)에서 이 장과 관련한 비디오, 연습, 자료 및 링크들을 확인할 수 있으며, 부가적으로 다음 논문들도 무료로 이용할 수 있음.

1. Tolia-Kelly, D.P. (2012) 'The geographies of cultural geography II: Visual culture', *Progress in Human Geography*, 36(1): 135-42.
- 이 논문은 특히 물질문화와 관련해 문화지리학의 폭넓은 맥락에서 시각 문화에 주목한 지리학자들의 최근 연구 성과를 다룬다.

2. Tolia-Kelly, D.P. (2013) 'The geographies of cultural geography III: Material geographies, vibrant matters and risking surface geographies', *Progress in Human Geography*, 37(1): 153-60.
- 이 논문은 시각 이미지와 재현을 분석하는 대부분 방법론의 주축이 되는 물질 지리학에서 정치의 중요성을 논한다.

3. Monmonier, M. (2006) 'Cartography: Uncertainty, interventions, and dynamic display', *Progress in Human Geography*, 30(3): 372-81.
- 지리학에서 시각 이미지에 대한 많은 이론적 작업은 지도 연구에서 이루어졌다. 이 논문은 재현의 윤리와 책임 있는 시각화 사용에 대해 본 장의 말미에 제기된 몇 가지 이슈를 다룬다.

16

지오태그 소셜 데이터를 이용한 지리학 연구

개요

인터넷 및 이와 관련된 정보 기술이 빠르게 확산하면서 온라인상의 지오태그 디지털 소셜 데이터가 사회적 상호작용의 핵심적 산물로 등장하고 있으며, 이는 이른바 '데이터 혁명'을 초래하고 있다. 많은 양의 새로운 종류의 디지털 데이터는 이전보다 훨씬 더 복잡한 정보 환경을 만들며 공간적 활동, 패턴, 과정을 지도화하고 측정할 기회를 창출하고 있다. 디지털 소셜 미디어 또한 그것 자체로 연구의 대상이 될 수 있다. 이 장은 지리학 연구에 있어 웹 기반의 지리적 위치 정보가 참조된 디지털 소셜 미디어의 이용을 다룬다. 또한 소셜 미디어 데이터 이용과 관련된 문제점 및 이들 데이터에 대한 복합 방법론적 접근의 장점에 초점을 두고자 한다. 1차 적으로 디지털 소셜 데이터는 시각적 분석을 위해 지도화되겠지만 질적 방법을 이용한 더 면밀한 분석을 통해 주변 세계에 대한 사람들의 지각과 경험을 이해하는 통찰을 얻을 수 있다. 그런 점에서, 지도를 만드는 일은 이러한 종류의 연구를 하는 지리학자에게 하나의 출발점이지 종착점은 아니다. 결론적으로 디지털 소셜 데이터의 수집, 분석 및 맥락 살펴보기를 통해 사회의 더 커다란 질문에 대한 통찰력을 얻을 수 있다.

이 장의 구성

- 서론: 디지털 소셜 데이터 연구
- 디지털 소셜 데이터의 유형
- 디지털 소셜 데이터로부터 의미 만들기
- 결론

16.1 서론: 디지털 소셜 데이터 연구

정보는 언제나 지리적 속성을 담고 있다. 정보는 특정 장소에서 만들어지고 특정 장소에서 이용되며 특정 장소에서 변화되고 다른 목적에 맞게 수정된다. 결정적으로 정보는 또한 장소를 이해하고 만드는 방식을 규정하는 데 도움을 줌으로써 정보의 지리적 속성, 예컨대, 정보가 어디 있으며, 그것이 무엇이고 무엇을 규정하며, 누가 그것을 생산하고, 누가 그것에 의해 생산되는지에 관한 연구를 인문지리학 연구의 기초가 되도록 만들어 준다.

인터넷 및 관련 정보 기술이 빠르게 확산하면서 온라인상의 **지오태그 디지털 소셜 데이터**(geo-tagged digital social data)가 사회적 상호작용의 핵심적 산물로 등장하고 있으며, 이는 이른바 '데이터 혁명(data revolution)'을 초래하고 있다(Kitchin, 2014). 정부 기관이 제공하는 개방형 데이터를 통해서든 혹은 소셜 미디어 사이트에서 직접 '스크래핑(scraping: 데이터 추출)' 하든 이제는 정부, 기업과 그 밖의 대규모 조직뿐만 아니라 개인도 방대한 양의 데이터를 생산하고 받아들이며 분석하고 있다. 일상생활의 이러한 디지털 기록화는 새로운 소스를 이용해 공간적 활동, 패턴, 과정을 지도화하고 측정할 기회를 제공함과 동시에 이전보다 훨씬 더 복잡한 정보 환경과 이들 정보가 얽힌 복잡한 관계를 창출하고 있다.

빅데이터와 이용자 생성 데이터의 급속한 확산은 일상 속의 다양한 사회적, 경제적, 정치적 활동을 과거와 비교해 더 가시적으로 만들고 있다. 어떤 사건에 관한 토론이 온라인상에서 어디에서 어떻게 이루어지는지(Crampton et al., 2013), 다양한 사람들에 의해 장소가 어떤 방식으로 다양하게 재현되고 이해되는지(Watkins, 2012; Graham, Zook et al., 2013; Power et al., 2013) 등 다소 일반적인 질문들뿐만 아니라, 지역별로 고유한 종교(Zook and Graham, 2010; Shelton et al., 2012; Wall and Kirdnark, 2012), 언어(Graham and Zook, 2013; Graham, Hale et al., 2014), 소비 행태(Zook and Poorthuis, 2014)의 표현과 같이 보다 정성적이고 자원 집약적인 접근을 통해 지금까지 연구되었던 주제들이 그러한 예가 되고 있다. 나아가 디지털 소셜 데이터는 자연재해에 대한 대응과 같이 매우 긴급한 문제들에 결정적인 역할을 하고 있음이 증명되었다(Crutcher and Zook, 2009; Goodchild and Glennon, 2010; Zook et al., 2010; Crook et al., 2013; Shelton et al., 2014). 디지털 소셜 데이터의 짧은 수명과 일상적인 특성은 비전통적인 지리학 연구 주제에 이러한 데이터를 이용할 수 있게 한다. 예를 들어, 좀비에 대한 언급의 공간적 분포(Graham et al., 2013), 마리화나의 소매가격(Zook et al., 2012), 성인 콘텐츠의 소비 또는 술을 가장 많이 마시는 장소의 파악(Zook, 2010; Zook and Poorthuis, 2014) 등에 활용되고 있다.

디지털 소셜 데이터는 다양한 사회적 과정을 이해하는 데 이용할 수 있으며, 한편으로 그 자체로서도 연구의 대상이 됨으로써 새로운 데이터의 무비판적 이용으로부터 우리를 보호하는 핵심적 방법을 제공할 수 있다. 예를 들어, 부유한 장소(Graham and Zook, 2011; Graham, Hogan et al., 2014; Graham, 2014), 도시 거주자(Hecht and Stephens, 2014), 남성(Stephens, 2013)에 대한 과도한 대표성과 같이 디지털 소셜 데이터에 내재한 편향성에 관한 연구는 데이터 안에서의 간극들을 파악하는 데 있어 매우 유용한 바탕임이 증명되었다. 이러한 데이터는 항상 실세계를 선택적으로 대표하므로 이에 의해 측정되고 지도화된 것은 선택적 이야기에 대한 선택적 설명이다. 따라서 디지털 소셜 데이터를 이용할 때는 이러한 이슈를 반드시 염두에 두어야만 한다. 결과적으로, 결과를 해석함에 있어 항상 조심해야 하고, 데이터의 중립성에 대한 실증주의적 주장에 비판적이어야 하며, 보다 넓은 개념, 방법론, 그리고 무엇보다도 지리적 맥락에 대한 인식에 기반해야 한다(보다 폭넓은 논의를 보려면 Graham and Shelton, 2013 참조).

디지털 소셜 데이터 이용이 지리학 연구에서 점점 더 널리 퍼진 데에는 몇 가지 이유가 있다. 첫째, 이제는 이러한 종류의 데이터, 특히 소셜 미디어 플랫폼으로부터 데이터를 수집하고 처리하는 것이 비교적 쉬워졌다. 둘째, 이와 같은 데이터에 의해 얻어지는 많은 것들, 특히 문화적·정치적 표식은 국가 센서스에 집계된 인구 통계와 같은 일반적인 데이터에서는 쉽게 얻을 수 없다. 셋째, 이러한 데이터는 보통 방대하기 때문에 거시적 수준의 이해뿐만 아니라 특정한 세부 과정을 더 잘 이해하기 위해 데이터의 한 부분을 분석할 수도 있게 해 준다. 넷째, 디지털 데이터는 실시간으로 생성되고 수집되므로 사회 활동의 정태적 스냅사진에 의존하는 대신 분석에 시간적 측면을 포함할 수 있다. 마지막으로, 디지털 소셜 데이터는 누구와 어울리고 있는지에 대한 질문에서부터 공간상에서 어떻게 이동하는지, 그리고 무엇보다도 이러한 것들이 어떻게 연결되고 네트워크를 이루고 있는지에 이르기까지 사회생활의 관계적 차원에 대한 이해를 가능하게 해 준다.

이 장은 지리학 연구에서 엄청난 양의 지리적 위치 정보가 포함된 웹 기반의 소셜 데이터를 어떻게 이용할 수 있는지를 개략적으로 설명한다. 대부분 데이터는 이용자가 생성하고 소셜 미디어 플랫폼을 통해 만들어졌기 때문에, 그러한 소스 이용과 관련된 문제점과 이들 데이터에 대한 복합 방법론적 접근의 장점에 초점을 두고자 한다. 디지털 소셜 데이터는 시각적 분석을 위해 지도화할 수 있을 뿐만 아니라 데이터 내의 여러 부분 집합 간의 관계를 이해하고자 하는 다양한 계량적 방법론에도 유용하게 이용할 수 있다. 나아가 소셜 데이터에 대한 질적 방법론을 이용한 더 면밀하고 체계적인 독해는 사람들을 둘러싼 세계에 대한 그들의 지각과 경험을 이해할 수 있는 통찰력을 제공해 준다. 이런 점에서 지도를 만드는 것은 이러한 종류의 연구를 하는 지리학자에게 하나의 출발점이다.

16.2 디지털 소셜 데이터의 유형

디지털 소셜 데이터의 한 가지 기본적 특성은 다양성이다. 이 장의 목적에 비추어 여기에서는 매우 포괄적인 정의를 선택하고 이를 구성하는 각각의 용어들을 규정함으로써 디지털 소셜 데이터를 설명하고자 한다. 첫째, **디지털**은 이들 데이터가 수집되고 저장되는 방식을 말하는데, 저렴한 센서, 광범위하게 퍼져 있는 컴퓨터 용량, 하드디스크 저장 공간 등은 일상생활 속의 방대한 일상적 사건들을 수집하고 저장하기 쉬운 환경을 만들어 준다. 디지털 기술을 통해 점점 일상생활의 더 많은 부분에 대한 데이터 수집이 가능해지고 있다.

둘째, 소셜이라는 단어는 수집된 데이터가 이제까지 연구자들이 쉽게 이용할 수 있는 형태로 광범위하게 기록되지 않았던 인간 생활의 측면들(가족 및 친구 간 습관적·관계적 상호작용)을 재현한다는 것을 의미한다. 이는 일반적인 거래 데이터와는 매우 대조적인데, 특히 경제적 거래처럼 관련 데이터가 계산대에서 기록되는 구매 내역이나 기업의 공급처, 고객 등으로부터 생성되는 기존의 방식과 대비된다. 요컨대, 수집되는 데이터의 성격이 인문지리학과 사교성(sociability)이라는 새로운 영역으로 확장되고 있다. **디지털**과 **소셜**은 함께 이 장의 초점이 되는 데이터를 규정하는 핵심적인 특성이다.

아울러 용어 이용에 주의가 필요하기는 하지만 또 다른 두 단어 온라인과 지오태그도 보통 디지털 소셜 데이터와 함께 쓰이고 있음에 주목할 필요가 있다. 여러 디지털 소셜 데이터가 '온라인'이기는 하지만 온라인의 의미는 인터넷상에서 완전히 접근 가능한 데이터(회원명부나 웹상의 검색 결과 등 복사 가능한 것)에서부터 인터넷상에서 통제하에 접근 가능한 데이터[예를 들어, 트위터(Twitter)의 API(Application Programming Interface)와 같이 응용 프로그램 인터페이스를 이용한 소셜 데이터베이스의 특정한 부분에의 접근], 사회적 수단을 이용한 통제하에서 접근 가능한 데이터(공급자에게 자료 복사 요청), 공유되지 않거나 혹은 매우 드물게 공유되는 데이터[예: 페이스북(Facebook) 거래데이터, 휴대전화 기록]에 이르기까지 매우 복잡하다. 비록 많은 연구자가 여기 언급한 사례연구에서처럼 손쉽게 접근 가능한 유형의 디지털 소셜 데이터를 이용하지만 반드시 그런 출처에만 의존하는 것은 아니다. 연구 초기의 질문이나 관심사에 대한 잠재적인 이해를 위해서가 아니라 단순히 구득이 쉽기 때문에 특정 데이터를 선택한다면 매우 우려스럽고 문제의 소지가 될 수 있다.

두 번째 보조적 용어 지오태그는 두 가지 핵심적 관찰을 위해 이용된다. 첫째는 지오태그(디지털 소셜 데이터를 지표상 특정 위치와 연결하는 행위)가 측정 정밀도나 위치 정확도와 같은 일련의 기술적 이슈들을 수반한다는 점이다. 다수의 지오태그 데이터는 수치화된 경위도 좌표를 가지고 있는데, 이들 좌표 지점은 다양한 GPS 수신기나 와이파이 그리고 서로 다른 정확도를 가진 모바일 위치 기술을 통해 수집된다. 나아가 일부 지오태그 정보는 종종 불완전한 도시 이름에 대한 구조화되지 않은 텍스트 참조처럼 부정확한 형태로 나타난다. 따라서 모든 지오태그 데이터는 균등하게 만들어지지 않는다. 지오태그가 주가 되기보다 보조가 되는 두 번째 이유는 지리적 속성이 명시적으로 사회적 교류의 주제가 되는 경우의 데이터(예: 지오태그된 위키피디아의 글 또는 오픈스트리트맵(OpenStreetMap) 입력값)와 지리적 속성이 사회적 사건의 위치에 대한 참조인 경우의 데이터[예: 지오태그된 트윗 또는 포스퀘어(Foursquare) 체크인] 간의 차이에 있다. 세 번째이자 마지막 동기는 디지털 소셜 데이터에 포함된 비지리적 정보의 풍성함(관계적 연결, 맥락적 정보, 이용자 특성 등)에 대한 강조로, 지리학 연구자가 지오태그 자체 또는 종종 그런 유형의 데이터를 매우 단순하게 이용하는 접근을 뛰어넘어 좀 더 고민하는 것을 권장하기 위함이다(Crampton et al., 2013).

디지털 소셜 데이터의 이러한 기초적 특성을 염두에 두고 지리학 연구에서 이용된 디지털 소셜 데이터 유형의 범위를 살펴볼 필요가 있다. 굿차일드(Goodchild, 2007)는 다양한 주제에 대한 지오태그 정보를 웹에 올리는 개인들의 (적어도 그 당시에는) 새로운 시도를 포착해 자발적 지리정보(Volunteered Geographic Information: VGI)라는 개념을 정의했다. 매일 만들어지는 다수의 디지털 소셜 데이터는 이용자의 행위로부터 파생되는, 그렇지만 그들의 의식적 통제로부터는 파생되지 않은 데이터로 **의도적으로 공유되는 것**과 **반사적으로 배포되는 것**을 모두 포함한다. '자발적' 데이터라는 간단한 개념을 좀 더 복잡하게 정의해 이용자 생성 데이터의 아이디어에 대해 보다 상세히 설명할 수 있다. **의도적 공유**의 첫 번째 범주에는 여러 크라우드소싱 프로젝트(예: 오픈스트리트맵, 위키피디아, 재난지도)가 포함되며, 여기에서 참여자들은 더 큰 집단의 일부로서 주제와 장소에 대한 데이터를 능동적으로 생성한다. 의식적으로 만들어진 데이터의 이 범주에 여러 형태의 소셜 미디어(예: 트위터, 페이스북, 포스퀘어, 웨이보)가 포함되며, 이용자는 정보를 생성하고 이를 다른 사람들과 공유한다. 그러나 글이 다른 사람들에게 배포되거나 연구 목적을 위해 쓰이는 방식과 정도가 이용자에게는 종종 불명확하다 보니 이러한 유형의 데이터는 **반사적 배포** 범주로 변화하기도 한다. 친구들 간 네트워크 안에 있는 소셜 데이터는 일상생활에서 반사적으로 공유되는데, 경우에 따라 생산자가 생각하지 못했던 방식으로 다른 사람에 의해 다른 목적으로 쓰이기도 한다. 이용자 생성 데이터 중 마지막 범주는 이용자의 행위로부터 파생된, 그렇지만 의도적으로든 혹은 습관적으로든 이를 공유하기 위한 어떤 의식적인 선택의 결과는 아닌 데이터이다. 여기에는 비용 청구서와 시스템 설계 용도를 위해 통상적으로 통신 회사에 의해 취합되지만 거의 배포되지는 못하는 휴대전화 통화 기록뿐만 아니라 휴대 통신 기기의 이용과 위치를 추적하는 스마트폰 앱을 이용한 다양한 위치기반 서비스(Location-Based Services: LBS)가 포함된다. 이러한 종류의 추적은 최종 이용자의 계약 조건 동의를 통해 '승인'되지만 사실 사람들은 계약 조건을 거의 읽지 않으며 또 쉽게 잊어버린다.

각 유형의 이용자 생성 데이터는 각각 고유한 방식으로 접근된다. 예를 들어, 다수의 소셜 미디어 서비스는 그들 데이터의 일부를 API를 통해 접근할 수 있게 하는 반면, 휴대전화나 LBS 데이터는 서비스 제공 회사 직원이나 혹은 그와 밀접하게 관련된 연구자들만 접근할 수 있으며, 특정한 유형의 연구 질문에 적합할 수 있는 데이터이다. 이는 각 데이터의 특정 변수, 편향성 및 기타 요인들과 관계되며, 이들 요인은 집합적으로 연구자의 핵심 의사결정에 필요한 정보를 알려 준다. 디지털 소셜 데이터를 이용해 바람직한 지리학 연구를 하기 위해서는 데이터가 스스로 이야기하게 하는 것이 아니라, 특정 데이터가 담고 있는 것이 무엇인지 면밀히 평가하고, 그러한 데이터가 다룰 수 있는 실질적인 연구 질문을 잘 선택해야 한다. 이러한 맥락에서 '스몰데이터'의 가치도 강조하고 싶으며, 이를 '빅데이터' 현상과 대립되는 것으로 볼 필요가 없다고 생각한다. 예를 들어, 수십억 건의 트윗과 같이 대량의 데이터를 용이하게 다루기 위한 핵심적 방법은 훨씬 더 작은 데이터(수십 혹은 수백 건의 사례)를 추출하는 것으로, 그렇게 함으로써 국지적 사건이나 일반적이지 않은 이례값을 보다 면밀히 관찰하고 이를 통해 다른 방식으로는 얻을 수 없는 통찰력을 가질 수 있다.

16.3 디지털 소셜 데이터로부터 의미 만들기

세상을 이해하기 위한 작업 과정은 디지털 소셜 데이터를 이용할 때나 설문조사, 인터뷰, 센서스 등 보다 일반적인 데이터 출처를 이용할 때나 근본적으로 바뀌지 않는다. 그러나 디지털 소셜 데이터는 미국 통계청(US Census Bureau)에서 발간하는 데이터보다 훨씬 더 크고 훨씬 덜 구조화되어 있는 등 몇 가지 핵심적 차이가 있으며, 그것에만 적용되는 고유한 도전도 있다. 때에 따라서는 의미 있는 연구를 수행하는 것은 차치하고라도 종종 이들 데이터 출처로부터 획득한 데이터를 여는 것 자체도 도전이 될 수 있다. 다음 절에서 지리학자가 원데이터로부터 의미 있는 통찰력을 얻을 수 있도록 도움을 줄 수 있는 일련의 단계를 설명할 것이다. 디지털 소셜 데이터는 보통 일반적인 데이터 출처에서처럼 자세히 검토되고 정제되지 않기 때문에 이를 이용할 때는 연구 과정의 흐름에 따라 일정한 절차를 따르는 것이 특히 중요하다. 디지털 소셜 데이터의 경우 특정한 학술적 또는 응용 성격의 연구 질문에 대한 답을 주려고 의도적으로 설계되는 경우는 매우 드물며(2차 데이터에 대해서는 30장 참조), 데이터가 가지는 편향성과 특이 사항들이 검증되거나 엄격하게 기록되는 경우도 매우 드물다. 다시 말해서, 만약 디지털 소셜 데이터에 접근할 때 주의하지 않는다면, '쓰레기를 넣으면 쓰레기가 나오는' 덫에 빠지기 쉬우며 연구 시작 단계에서 가졌던 질문뿐만 아니라 심지어 그 어떤 질문에도 답하는 데 성공하지 못할 것이다.

데이터 해부와 과부하 피하기

의미 있는 분석을 만들기 위한 첫 번째 단계는 연구 질문에 답하기 위해 이용하는 데이터를 파악하고 이해하는 일이다. 이들 각 유형의 데이터는 고유한 장단점들을 가지고 있으며 접근에 있어 고유한 방식이 있다. 이 장에서 특히 소셜 미디어 플랫폼 트위터 데이터 이용에 초점을 둘 것이지만 여기에서 제시하는 접근은 다른 데이터에 대해서도 목적에 따라 쉽게 바꾸어 적용할 수 있다.

데이터를 더 잘 이해하기 위해서는 주어진 데이터 안의 이용 가능한 여러 변수를 검토하는 것이 중요하다. 그림 16.1은 지리학 연구에 도움을 줄 수 있는 트윗의 여러 요소를 보여 주는데, 이는 지리적 위치와 시간 기록에서부터 이용자의 프로필 사진, 이름과 사용자 ID, 텍스트와 그래픽 콘텐츠, 콘텐츠 내 다른 프로필이나 웹사이트 링크를 통해 볼 수 있는 관계적 연결, 이용자가 누구를 팔로우하는지와 누가 이용자를 팔로우하는지(단, 이 부분은 그림 16.1에는 나타나지 않음)에 이르기까지 다양하다(트위터 데이터에 대한 보다 자세한 개관은 Crampton et al., 2013; Graham, Hale, and Gaffney, 2014 참조). 각각의 개별 트윗은 공간·시간·텍스트 등 다양한 차원을 가지고 있는데, 연구 질문에 대한 답을 구하기 위해 이들 개별적 요소가 조합된 집합체를 활용하는 방식으로 디지털 소셜 데이터를 이용하는 것은 잠재력이 높은 접근 방법이다. 첨부 문서를 읽고 배경 연구와 실험을 수행함으로써 다양한 디지털 소셜 데이터 내 변수들의 범위와 뉘앙스를 이해하는 것은 연구자의 필수적인 임무이다.

그러나 디지털 소셜 데이터 출처의 풍성함으로 인해 이 모든 데이터를 관리하는 것만으로도 큰 도전일 수 있다. 예를 들어, 2013년 말쯤 트위터 이용자들은 매일 5억 건의 메시지를 보냄으로써[1] 이렇게 많은 데이터를 어떻게 이해해야 하는지에 대한 이슈를 던졌다. 일반 컴퓨터에서는 이러한 종류의 비교적 작은 데이터조차도 열기 어렵다. 2007년까지 마이크로소프트의 엑셀은 65,000개의 열까지만 다룰 수 있었다. 이 같은 커다란 데이터를 다룰 때는 성능 좋은 컴퓨터, 소프트웨어 프로그래머, 좋은 알고리즘을 이용한 정량화와 자동화 접근이 필수적인 것처럼 보인다. 물론 이러한 접근은 어떤 상황, 특히 대규모 데이터를 다루기 위한 하둡 클러스터(Hadoop cluster)와 같은 시스템을 설치하는 것이 더 쉬워진 상황에서는 분명히 유용하지만, 이 장의 목적은 창의적이고 의식적이며 비판적인

(재)조합을 통해 디지털 소셜 데이터를 분석하기 위한 일반적인 지리학 연구방법론의 효용을 보여주는 것이다.

이러한 목적하에 이 장의 나머지 부분은 '그리츠(grits: 옥수수를 빻아 오트밀같이 만든 미국 남동부에서 인기 있는 음식)'를 언급한 미국 내 모든 지오태그 트윗을 담은 비교적 작은 데이터를 다루고 있으며, 이 데이터는 켄터키 대학교(University of Kentucky) 돌리(DOLLY) 아카이브로부터 제공받았다(Zook and Poorthuis, 2013). 이 데이터는 대략 64,000건의 트윗으로 구성되어 있다. 지오태그 트윗이 전체 트윗의 2~3%만 해당한다는 것을 고려할 때 이 수치는 하루당 수천 건의 트윗을 통한 대화량에 해당하며, 공식 센서스 기록이나 국가 단위 통계 등을 이용한 연구의 대상이 되기 어려운 특정한 문화적 현상에 대해 통찰을 제공할 수 있는 디지털 소셜 미디어의 역량을 강조한다.

시공간 패턴 확인

일부 열성적인 '빅데이터' 지지자의 주장에도 불구하고 수천 개의 데이터 점들을 가지고 있다는 것이 반드시 이전에 보지 못한 통찰력이 생기는 것으로 연결되지는 않는다(Anderson, 2008). 이 점들의 공간 분포에 대한 단순한 지도화(그림 16.2a)는 이제는 어디서나 종종 볼 수 있지만, 깊은 생각은 담겨 있지 않은 트위터 활동에 대한 '애니메이션 엑토플라즘 지도(animated ectoplasm map)'에서 볼 수 있는 인구 분포 현상을 흉내 낼 뿐이다(Field, 2014). 인구 분포를 단순히 흉내 내지 않은 경우라도 점들이 서로 중첩되면 주어진 위치에서 점의 실제 수를 알 수 없게 되고 실제 현상을 모호하게 만든

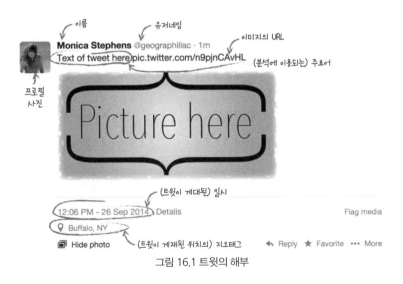

그림 16.1 트윗의 해부

다는 점에서 이러한 지도는 문제의 소지가 있다. 이러한 '중첩 분포(overplotting)'를 해결하는 한 가지 쉬운 방법은 각 점을 약간 투명하게 만드는 것이다(그림 16.2b). 이렇게 하면 지도의 가독성이 다소 향상되는 한편, 그리츠(뿐만 아니라 모든 것)에 관한 트윗은 사람이 사는 장소에서 발생한다는 점에서 지도는 여전히 인구 분포를 재현할 것이다.

어떤 현상은 기상 지도를 통해 널리 알려진 '히트맵(heat map)'이나 밀도면(density surface)을 제작함으로써 이 문제를 부분적으로 해결할 수 있다. 그러한 결과는 미적으로 만족스럽고 직관적으로 보일 수있지만, 크리깅(kriging) 혹은 커널(kernel) 밀도추정과 같이 밀도면을 만드는 방법은 **연속적**

그림 16.2 간단하지만 문제의 소지가 있는 디지털 소셜 데이터의 지도화

인 면을 가정한다. 그러나 트윗 및 대부분의 인간 활동은 단절적이어서 한 도시에서 일어난 현상은 바로 인접한 시골과는 완전히 다를 수 있다(Galton, 2004; Longley et al., 2005). 따라서 이들 기법을 지오소셜 미디어(geosocial media) 데이터에 적용할 때는 주의가 필요하다.

또 다른 일반적인 방법은 이들 개별 점을 더 큰 공간 단위로 묶는 것이다. 예를 들어, 그림 16.2c는 카운티별 트윗 수를 보여 줌으로써 그림 16.2a에서 보이는 점 중복의 문제없이 훨씬 더 명료한 공간 패턴을 보여 준다. 그러나 이 또한 새로운 문제를 만드는데, 모든 행정 단위가 같은 크기가 아니라는

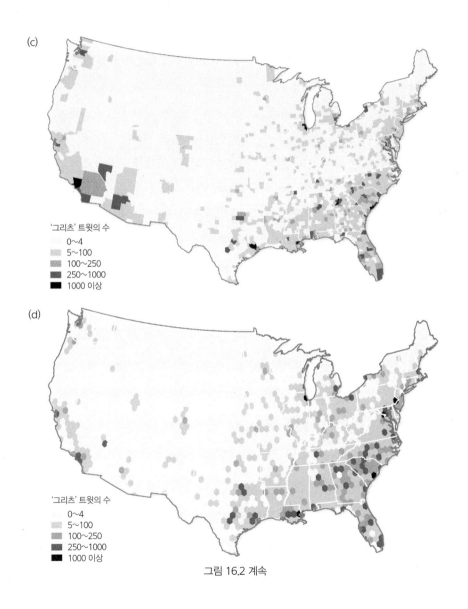

그림 16.2 계속

점이다. 미국의 경우 서부의 카운티는 동부의 카운티보다 훨씬 더 큰 경향이 있다. 다른 조건이 같다면 더 큰 카운티에 트윗이 더 많을 것이며 지도에서도 보다 두드러지게 나타날 것이다. 예를 들어, 그림 16.2c를 보면 캘리포니아주의 로스앤젤레스 카운티, 네바다주의 클라크(Clark) 카운티, 애리조나주의 마리코파(Maricopa) 카운티에서 그리츠 관련 트윗의 집중은 이들 카운티의 거대한 공간적 범위로 과다하게 강조된다. 그런데 지오태그 트윗과 같은 점 데이터 작업의 한 가지 장점은 다소 임의적인 센서스 정의에 의지하기보다 새로운 합역적 지역 단위를 정의할 수 있다는 점이다. 그림 16.2d는 트윗을 유사한 방식으로 면형의 지역 단위로 합역하고 있지만 다른 지도와 달리, 같은 크기의 육각형 셀로 구성된 그리드를 이용해(Shelton et al., 2014) 그림 16.2c에서처럼 남서부에 있는 큰 카운티들의 강한 존재감을 다소 누그러뜨리고 동시에 남동부에서 '그리츠'를 언급하는 트윗의 두드러진 집중을 강조하고 있다.

그림 16.2a처럼 점을 바로 지도화하는 방법에서 그림 16.2d와 같이 육각형 셀을 이용한 보다 효과적인 밀도 지도로 표현하는 방법이 있지만, 전체적인 패턴은 여전히 인구 밀도를 반영하고 있기 때문에 대도시가 소도시나 시골 지역보다 더 많은 트윗을 보유하고 있는 것으로 나타난다. 이와 같은 문제는 여러 다른 현상에서도 공통적인데, 이를 해결하기 위해서는 데이터를 정규화 (normalization)하는 것이 일반적이다. 그러나 디지털 소셜 데이터는 올바르지 않게 정규화될 수 있다. 예를 들어, 주 인구에 따라 그리츠 데이터를 정규화는 것은 주의 모든 사람이 같은 비율로 트위팅 한다고 가정하는 것으로, 이는 자주 트위팅 하지 않는 시골 지역이나 장소를 과다대표(over-representation)할 수 있다. 이보다 나은 전략은 지역별로 디지털 소셜 활동(이 경우 트위팅)의 총수에 따라 정규화하는 것으로, 총 트윗 수 대비 '그리츠에 대한 트윗' 비율을 얻기 위해 '총인구' 대신 '트위팅 인구'를 이용하는 것이다.

그렇다면 여기에서 궁금한 점은 특정한 위치에서 트윗 10만 건당 3건이 그리츠를 언급했다는 것이 정확히 무엇을 의미하는 것인가이다. 따라서 오즈비(Odds Ratio: OR)라고 불리는 조금 더 복잡한 측정치를 이용할 수 있다.

$$OR = \frac{p_i/p}{r_i/r} \qquad\qquad [16.1]$$

여기서 p_i는 지역 i에서 특정 현상에 대한 트윗의 수이고, p는 그 현상과 관련된 트윗의 총수이다. r_i는 지역 i에서의 트윗 '모집단'의 수이고, r은 그 모집단의 총합이다. 이 측정값은 크기의 차이를 보정하고 총인구가 아니라 표본인구로 정규화할 수 있다는 추가 장점이 있다. 여기에서는 돌리에서 추출한 동일 기간 전체 트윗 활동의 0.01%(~180,000 트윗)를 이용했다(Zook and Poorthuis, 2013). 오즈비의 또 다른 장점은 이해하기 쉽다는 점으로, 특정 단위 지역에서 오즈비가 1이라는 것은 전체 트윗 수를 기준으로, 예상할 수 있는 똑같은 수준으로 그 지역이 그리츠 트윗 데이터 점을 가지고 있다는 것을 의미한다. 따라서 1보다 작은 값을 가지는 장소는 예상할 수 있는 수준보다 적은 수의 '그리츠' 트윗이 있음을, 값이 1보다 큰 경우는 그 반대의 경우를 의미한다. 이 오즈비 측정값을 이용해 표현한 지도(그림 16.3a의 카운티 단위 지도와 그림 16.3c의 육각형 셀 단위 지도)는 앞서 그림 16.2d에서 희미하게 식별되었던, 그리고 그림 16.2a에서는 사실상 보이지 않았던 남동부의 '그리츠' 군집

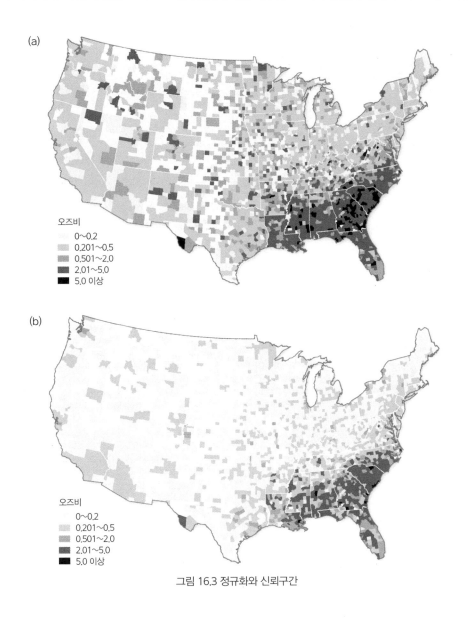

그림 16.3 정규화와 신뢰구간

을 매우 명료하게 보여 준다.

　그러나 오즈비만으로는 또 다른 문제에 직면하게 되는데 바로 적은 수의 문제이다. 만약 어떤 지역에 총 관측치의 수가 적으면 정규화를 위해 이용되는 분모가 작아지고 비율 값의 분산은 커지게 되어 안정적이지 않게 된다. 예를 들어, 다코다(Dakoda)의 인구 희소 지역에서 외견상 그리츠에 대한 큰 값이 흩어져 있는 것을 본다면 그것은 아마도 적은 수의 사례에 의한 효과일 가능성이 크다. 이 문제를 해결하기 위해 다음의 공식을 이용해 **신뢰구간**을 계산하고 이 구간의 하한값을 이용한다면

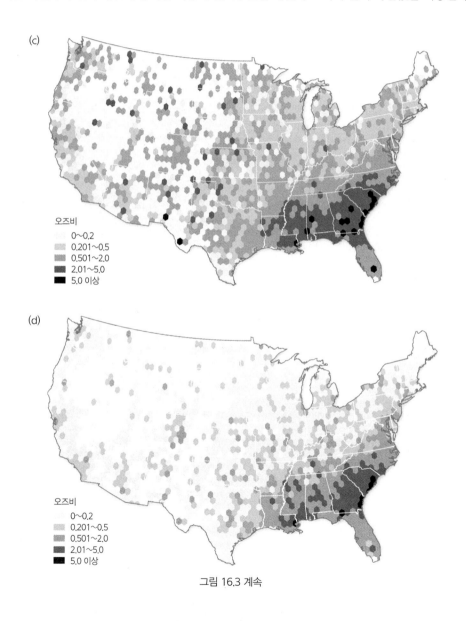

그림 16.3 계속

이러한 상황에서 만약 1보다 큰 값이 있을 때 그 값이 (95% 유의수준에서) 유의한지도 알게 된다.

$$OR_{lower} = e^{\ln(OR) - 1.96^* \sqrt{\frac{1}{p_i} + \frac{1}{p} + \frac{1}{r_i} + \frac{1}{r}}}$$ [16.2]

이 분석은 그림 16.3b와 그림 16.3d에 카운티와 육각형 셀 단위로 시각화되어 있는데, 이들은 '그리츠'가 미국 남부와 연결된 지리적으로 고유한 문화 현상이지 단순히 인구 밀도의 효과는 아님을 분명하게 보여 준다. 결과적으로, 지리적 상황을 고려한 계량적 분석의 적용을 통해 데이터 '잡음(noise)' 중 상당량을 통제했다.

그림 16.3d를 통해 남부에서 그리츠 관련 트윗의 거대한 군집을 손쉽게 식별했지만 모든 공간 패턴이 이처럼 명료하지는 않다. 군집을 확인하기 위해 지도를 시각적으로 검토하는 경우 색의 선택이나 계급 구분 방법 등 여러 가지에 의해 영향을 받을 수 있다는 점에서 공간적 군집화에 대한 추가적인 통계적 측정치를 살펴보는 것이 중요하다. 이것은 단일 공간 단위(즉 육각형 또는 카운티)에 대한 오즈비의 유의수준만을 고려했던 앞의 분석과는 다르며, 이제는 주변의 모든 이웃 지역과 연계시켜 특정 공간 단위의 오즈비 유의수준을 검증하고자 한다. 전역적 스케일에서 수행된다면 이 분석은 전체 공간적 현상의 군집화 정도를 알려 줄 것이며, 국지적 스케일에서 수행될 때에는 어떤 국지적 군집이 유의한지를 알려 줄 것이다. 이를 실행하는 한 가지 방법은 모란(Moran) I(Burt et al., 2009)를 계산하는 것인데 이를 통해 그리츠 트윗의 전역적 패턴이 군집화된 양상을 보이고 있으며, 시각적으로 드러나는 남동부 군집이 실제로 통계적으로도 유의한 군집(모란 I=0.567)임을 알 수 있다(그림 16.4a). 군집 분석의 한 가지 문제는 군집을 찾는 작업이 단위 지역의 크기, 모양, 위치 등에 상당히 의존한다는 문제, 즉 임의적 공간 단위의 문제(Modifiable Areal Unit Problem: MAUP)이다(Openshaw, 1984; Burt et al., 2009). MAUP는 시각적으로 그림 16.4b~d에서 잘 드러나는데, 육각형의 크기가 달라지면 생성되는 군집도 달라져서 그림 16.4c의 경우 플로리다 대도시들 주변에 있는 군집은 높은 오즈비를 가지지 않지만, 그림 16.4d와 같이 육각형의 크기가 작아지면 오즈비가 큰 값들이 그 주변에 형성되는 것을 볼 수 있다.

이상에서는 소셜 미디어 활동의 전체적인 수준에 기초해 특정 현상에 대한 데이터를 정규화할 수 있는 잠재력을 보여 주었다. 이제 이 데이터 내 두 하위집단 간 비교를 직접할 수 있는 잠재력을 설명하고자 하며, 이를 통해 대응 문제(correspondence problem)를 피할 수 있게 된다. 이 접근은 지역별 문화적 차이를 비교할 때 특히 유용하다(맥주 브랜드의 지역별 선호에 대한 응용에 관해서는 Zook and Poorthuis, 2014 참조). 그림 16.5는 '그리츠'를 언급하는 트윗 데이터와 '귀리'를 언급하는 트윗을 비교한다. 오즈비가 다시 적용되지만 여기에서는 '전체' 트윗 패턴 대신 귀리 관련 트윗을 값을 정규화하는 데 이용한다. 이 분석에서 1보다 작은 값은 귀리를 선호하는 것을 의미하고, 반면에 1 보다 큰 값은 그리츠를 선호하는 것을 나타낸다. 이 비교의 결과는 남부의 '그리츠 벨트'를 재확인시 켜 줄 뿐만 아니라 포리지(porridge: 귀리에 우유나 물을 넣어 걸쭉하게 끓인 음식)에 대한 디지털 담론의 측면에서 남동부와 극명한 대조를 이루는 미국 내 다른 지역(북동부로부터 중서부에 이르는 '귀리 타원')을 부각시켜 준다.

앞의 그림 16.1이 강조하듯이 이러한 종류의 디지털 소셜 데이터는 단순히 하나의 지리적 위치 정

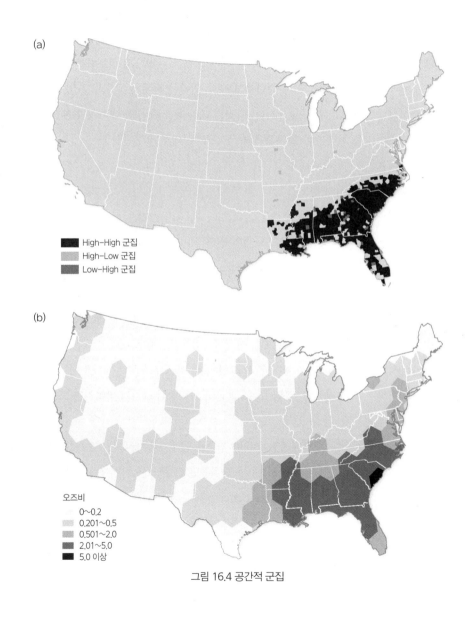

그림 16.4 공간적 군집

보가 아니라 그 안에 내재된 그 이상의 무언가를 나타낸다(Crampton et al., 2013). 실제로 시간에 따른 변이는 공간적 변이만큼이나 소셜 미디어 활동에 대한 매우 유용한 통찰을 제공한다. 시간적 군집 패턴을 관찰하기 위해 그리츠 관련 트윗의 원래 데이터를 공간 단위별로 합역하는 대신 여기에서는 주중 어느 날에 메시지를 보냈는지를 바탕으로 시간 '단위'별로 합역하고 오즈비 방법을 이 시간 단위에 적용했다. 그림 16.6을 보면, 그리츠에 대해 가장 많이 이야기하는 날은 토요일이며, 일요일 또한 오즈비가 1보다 월등히 높았다. 즉, 지역적으로 고유한 문화적 실천으로서 그리츠의 역할이 공

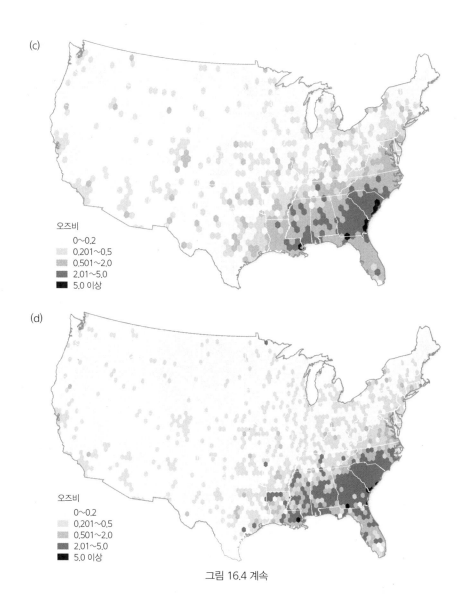

그림 16.4 계속

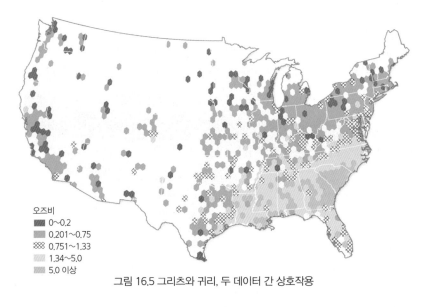

오즈비
- ■ 0~0.2
- ▨ 0.201~0.75
- ▧ 0.751~1.33
- ▧ 1.34~5.0
- ▨ 5.0 이상

그림 16.5 그리츠와 귀리, 두 데이터 간 상호작용

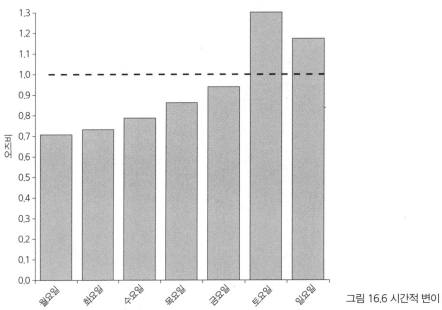

그림 16.6 시간적 변이

간상에서의 유의미한 군집과 연결되고 있음을 보여 줄 뿐만 아니라 시간상에서의 군집 또한 그리츠
(혹은 적어도 그리츠에 대한 트윗)가 여가 시간과 연관되어 있다는 것을 확인할 수 있었다. 물론 이
는 이 장과 직접적으로 관련이 없기는 하지만, 남부 문화의 표식으로서 그리츠 소비의 수행성(per-
formativity)에 대한 많은 후속 연구 질문을 위한 단초가 되어 준다.

디지털 소셜 데이터의 맥락적 이해

마지막으로 디지털 소셜 데이터가 지리학 연구에 어떻게 도움이 될 수 있는지는 이것이 만들어지는 사회적, 공간적 맥락을 살펴보는 것이다. 누가 데이터를 만들고, 데이터는 공간상에서 어떤 방식으로 움직이는가? 누구에게 데이터가 배포되고, 데이터는 무엇을 뜻하는가? 디지털 소셜 데이터에서 맥락을 파악할 수 있다는 점은 시공간 속에서 이동과 활동을 추적하지만, 특정 시간, 특정 장소에서 무슨 일이 발생하는지에 대한 정보를 거의 제공하지 못하는 다른 데이터 유형(예: 휴대전화 기록)과의 핵심적인 차이이다.

그러므로 디지털 소셜 데이터 분석의 핵심 부분은 개별 이용자 간 혹은 개별 메시지 간 관계를 분석하는 것이다. 예를 들어, 트위터에서 이용자는 친구(이용자가 팔로우하는 사람)와 팔로워(이용자를 팔로우하는 사람)를 가질 수 있고, 이 정보는 특정 정보가 개인 간에 어떻게 이동하는지를 연구하는 데 이용할 수 있다(Stephens and Poorthuis, 2015). 또한 방문 정보나 같은 사람에 의해 서로 다른 장소에서 이루어진 트윗을 바탕으로 장소 간의 관계를 확인하는 것도 가능하다. '그리츠' 연구와 그 결과로서 남부에서의 강한 공간적 집중을 다시 상기하면, 남부 이외 지역에서 그리츠에 대한 트윗을 하는 사람들은 남부와 어떤 유형의 연계를 가지고 있을 것이라는 가설을 세워 볼 수 있다. 관계를 검증하기 위해 그리츠에 대해 두 번 이상 트윗을 한 이용자들(총 8,958명의 이용자 추출)을 찾아 시간 순서에 따라 트윗 위치 간에 선을 그었다. 그 결과를 담은 지도(그림 16.7)는 다른 장소, 심지어

그림 16.7 트위터를 통해 본 관계적 '그리츠 공간'

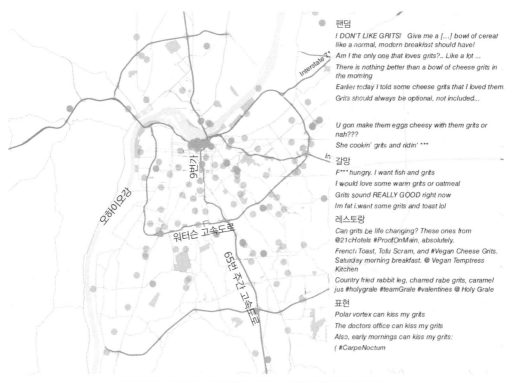

오헤이오강

9번가

워터슨 고속도로

65번 주간 고속도로

Interstate 71

In

팬덤
I DON'T LIKE GRITS! Give me a [...] bowl of cereal like a normal, modern breakfast should have!
Am I the only one that loves grits?.. Like a lot ...
There is nothing better than a bowl of cheese grits in the morning
Earlier today I told some cheese grits that I loved them.
Grits should always be optional, not included...

U gon make them eggs cheesy with them grits or nah???
*She cookin' grits and ridin' ***

갈망
*F*** hungry. I want fish and grits*
I would love some warm grits or oatmeal
Grits sound REALLY GOOD right now
Im fat i.want some grits and toast lol

레스토랑
Can grits be life changing? These ones from @21cHotels #ProofOnMain, absolutely.
French Toast, Tofu Scram, and #Vegan Cheese Grits. Saturday morning breakfast. @ Vegan Temptress Kitchen
Country fried rabbit leg, charred rabe grits, caramel jus #holygrale #teamGrale #valentines @ Holy Grale

표현
Polar vortex can kiss my grits
The doctors office can kiss my grits
Also, early mornings can kiss my grits:(#CarpeNoctum

그림 16.8 켄터키주 루이빌에서 그리츠 트윗에 대한 정성적 코딩

로스앤젤레스처럼 공간적뿐만 아니라 문화적 정체성 측면에서도 꽤 거리가 먼 도시들에서조차 그리츠에 대한 트윗을 하는 사람들은 남부와 강한 관계적 연결이 있음을 명백하게 보여 준다. 실제로 그리츠의 중력은 제법 강한 것처럼 보이는데, 남부 이외 지역에서 그리츠에 대한 트윗을 한 이용자 중 약 55%가 앞서 그림 16.3d에서 확인된 군집 내부에서도 트윗을 올린 것으로 확인된다.

'그리츠'라는 용어의 존재 여부라는 단순한 이분법을 통해 트윗 내용을 분류하는 데에서 나아가 인터뷰나 2차 데이터의 경우처럼 텍스트에 대한 구조화된 질적 분석을 통해 트윗의 실제 내용을 분석할 수도 있다(36장 참조). 다수의 '빅데이터' 연구자들은 어마어마하게 많은 트윗을 읽어야만 한다는 버거운 임무에 대한 해결책으로, 이러한 종류의 콘텐츠를 검사하기 위해 알고리즘을 활용한 감정 분석(sentiment analysis)을 적용한다. 그러나 사람이라면 쉽게 찾아낼 수 있는 것도 컴퓨터는 글자수가 140자로 제한되고, 시간과 장소가 다른 이용자의 트윗 간의 관계를 맥락적으로 살펴보아야 할 때 중요한 맥락적 실마리를 놓치는 경향이 있다. 이러한 사례로 그림 16.8은 켄터키주 루이빌(Louisville)의 그리츠 트윗 사례를 보여 주는데, 여기에서는 각 트윗에 대한 검토와 코딩으로 구축한

다섯 개 범주에 특히 초점을 두고 있다. 이러한 집단 구분(이 코딩 구조에 대해 실제로는 다양한 구분과 정교화 방법을 생각해 볼 수 있음)은 순전히 예시적 목적을 위한 것이지만 트윗에서 그리츠가 이용되는 다양한 방법을 강조해 보여 준다. '팬덤' 트윗은 좋아하는(혹은 싫어하는) 쪽으로 트윗을 언급하나 반드시 그 사람이 바로 그 순간에 그리츠를 먹고 있음을 의미하지는 않는다. 비슷하게 '갈망' 트윗은 그리츠를 먹는 것에 대한 현재의 갈망을 말하는 반면, '레스토랑' 트윗은 현재 레스토랑에서 먹고 있는 특정 음식을 자세히 묘사하는 사람들이 보낸다. 대중문화 참조는 먹는 것과는 관계가 없다. 이는 타이 달러 사인(Ty Dolla $ign)의 랩 가사 중 특정한 문화적 밈(meme)을 참조하기 위해 이용되는 구절 'U gon' make them eggs cheesy with them grits(직역: 너는 그리츠를 가지고 달걀을 치즈 맛이 나게 할 거야)'와 같은 것들이다. 유사하게 'kiss my grits'라는 표현은 조롱을 나타내는 대중적이고 점잖은 표현으로 1970년대 TV 프로그램 『앨리스(Alice)』에 기원을 둔다. 이상에서 간단히 설명한 것처럼 질적 분석방법은 계량적 방법을 보완할 수 있으며 디지털 소셜 데이터에 관한 연구에 매우 유용하게 활용될 수 있다.

16.4 결론

지리학 연구에서 디지털 소셜 데이터 이용에 관한 이 장의 소개는 관련된 내용을 모두 망라하는 완결성을 추구하기보다는, 이러한 접근의 잠재력과 단점을 개략적으로 설명하고 이들 데이터를 이용하는 연구를 위한 시론적 접근을 제공하고자 했다. 따라서 여기에서는 방법론, 즉 데이터의 성격과 편향성, 그리고 이들 데이터를 다룰 수 있는 가능한 접근들에 초점을 두었다. 그러나 글을 마무리하는 시점에서 데이터를 분석하고 해석하는 최고의 방법이 무엇인가에 대한 문제를 넘어 디지털 소셜 데이터와 연관된 더 큰 질문들이 많이 있음을 말하고 싶다.

예를 들어, 디지털 소셜 데이터에서 분명히 나타나는 일상생활을 기록하기 위한 수단과 동기의 생성 이면에 있는 과정은 향후 연구의 매우 중요한 영역이다. 지오웹(geoweb)과 지오소셜 미디어의 생성과 전파의 정치경제학은 무엇이고, 누구에게 그리고 어떤 방식으로 자본과 이윤이 쌓이는가? 디지털 소셜 데이터의 이용에 있어 우리는 어떤 지위를 가지고, 우리 삶 속에 디지털 소셜 데이터의 존재는 우리의 일상적 활동을 어떻게 만들어 가고 다스려 가는가? 장소(물리적, 디지털 및 혼합)의 표현과 상호작용은 일상생활에 대한 이러한 기록의 출현과 함께 어떻게 전개되는가? 왜 그리고 어떤 상황에서 개인은 보수 없이 다른 사람들의 이익을 위해 데이터를 수집하고 분류하는 업무적 성격의 임무를 맡을 것인가? 개인정보 보호의 실천은 어떻게 전개되어 왔으며, 개인과 기관은 무엇이 공적 영역에 있고 무엇이 사적 영역에 있는지에 대한 이해와 규제를 어떻게 협상해 나갈 것인가?

이처럼 묻고 또 대답해야 할 더 많은 질문이 있으며, 이러한 관점을 잃어서는 안 된다. 이 장에서의 그리츠 공간에 대한 탐색처럼 보다 초점이 있는 질문은 매우 유용하고 절대적으로 필요하다. 또한 이러한 질문은 디지털 소셜 데이터의 실천과 과정에 대한 의문을 제기할 뿐만 아니라 사회에 관한 더 큰 질문에 대한 통찰력을 제공한다.

| 요약

- 빅데이터와 이용자 생성 데이터는 다양한 일상적 사회, 경제, 정치 활동을 이전보다 더 가시적으로 만들어 주었으며, 디지털 소셜 데이터의 이용은 지리학 연구에서 점점 더 널리 퍼지고 있다.
- 디지털 소셜 데이터는 다양한 사회적 과정을 이해하는 데 이용할 수 있는 한편, 그 자체로 연구의 대상이 되기도 한다. 이를 통해 이 새로운 데이터 출처를 비판 없이 이용하는 것을 방지할 수 있는 방안을 제공한다.
- 디지털 데이터 이용이 증가하고 인기를 얻은 핵심 이유로는 데이터 수집이 상대적으로 쉽다는 점, 참신성(디지털 데이터를 통해 반영된 많은 것들은 일반적인 데이터에서는 쉽게 얻을 수 없음), 데이터가 '커서' 거시적 수준의 이해가 가능할 뿐만 아니라 구체적인 과정을 더 잘 이해하기 위한 목적으로 데이터 내의 부분 집합을 분석할 수 있는 잠재력이 있다는 점, 데이터기 사회 활동에 대한 정적인 스냅 사진으로 나타나는 것이 아니라 실시간으로 생성되고 수집된다는 점, 이들 데이터를 통해 사회생활의 관계적 네트워크와 연결을 이해할 수 있다는 점 등이 있다.
- 디지털 소셜 데이터와 관련된 고유한 도전이 있으며, 특히 이용 가능한 데이터는 일반적인 데이터에 비해 훨씬 크고 덜 구조화되어 있다. 보통 이러한 데이터가 일반적인 데이터 출처와 같은 방식으로 생성되고 수집되며 면밀하게 검사되지 않았다는 점을 고려할 때 연구 과정을 따라 정해진 절차를 따르는 것이 중요하다. 즉 소셜 데이터는 특정한 학술적 혹은 응용 분야 연구 질문에 대한 답을 얻으려는 의도로 설계되는 경우가 드물고, 데이터 내의 편향성이나 특이 사항을 점검하거나 엄격하게 문서로 기록되는 경우가 거의 없기 때문에 정해진 절차를 따르는 것이 중요하다.
- 디지털 소셜 데이터의 실천과 과정에 대한 의문을 제기함으로써 새롭게 등장하는 더 커다란 사회 문제들에 대한 통찰력을 얻을 수 있다.

주

1 blog.twitter.com/2013/new-tweets-per-second-record-and-how

심화 읽기자료

- 굿차일드(Goodchild, 2007)는 전문가가 아니라 일반인들이 생성한, 당시 기준으로는 새로운 산물이었던 온라인 지리 데이터를 묘사하기 위해 자발적 지리정보(VGI)라는 용어를 만들었다. 보다 전통적인 시민과학

(citizen science)과 비교하고, 이의 생산을 가능케 하는 다양한 기술에 대해 논의한다. 이 논문은 지리학 내에서 이러한 유형의 새로운 데이터에 대한 초창기의 열광을 잘 보여 준다.

- 보이드와 크로퍼드(Boyd and Crawford, 2012)는 과학 그리고 지식 생산에 있어 빅데이터가 의미하는 바가 무엇인지에 대해 비판적으로 회고한다. 자주 인용되는 이 논문은 '더 큰 것'이 반드시 더 좋은 것은 아니며, 그러한 데이터가 생산되는 맥락이 중요하다고 강조한다. 또한 데이터가 이용 가능하다는 것이 반드시 연구에 이들 데이터를 이용해도 윤리적으로 문제가 없음을 의미하는 것은 아니며, 또한 빅데이터에의 접근성 차이가 연구자 커뮤니티 안에서 새로운 정보 격차를 만들 수도 있음을 강조한다.
- 지리학 분야를 특정해, 키친(Kitchin, 2013)은 지리학 연구에서 빅데이터가 제공하는 기회를 소개할 뿐만 아니라 다수의 핵심적 도전과 위험 요소를 확인한다. 이 글에는 빅데이터에 적합한 방법론과 기법의 개발에 대한 필요성부터 '데이터가 스스로 말하게 하기'의 위험성 등 다양한 논제가 포함되어 있다.
- 크램프턴 외(Crampton et al., 2013)는 디지털 소셜 데이터의 도전과 비판을 소개하고, 디지털 소셜 데이터를 이용하면서도 동시에 보이드와 크로퍼드(Boyd and Crawford, 2012)가 던진 비판적 질문들과 키친(Kitchin, 2013)이 확인한 위험 요소들을 인지하는 혹은 함께 고려하는 상황에서 지리학 연구가 어떠할지를 논의한다.
- 마지막으로, *Urban Geography*에 실린 시어머(Shearmur, 2015)의 글은 지리학 연구에서 센서스와 같은 보다 일반적인 출처의 중요성을 다시 한 번 상기한다. 새로운 형태의 디지털 소셜 데이터는 사회에 대한 다른 혹은 새로운 것들을 드러내지만, 그러한 데이터가 센서스나 설문 형태의 데이터를 자동으로 대체할 것임을 의미하지는 않는다.

* 심화 읽기자료에 대한 상세 정보는 아래 참고문헌에서 확인할 수 있음.

참고문헌

Anderson, C. (2008) 'The End of Theory: The Data Deluge Makes the Scientific Method Obsolete', *Wired*. http://archive.wired.com/science/discoveries/magazine/16-07/pb_theory (accessed 15 August 2015).

Boyd, d., and Crawford, K. (2012). 'Critical questions for big data', *Information, Communication & Society* 15 (5): 662-79. http://doi.org/10.1080/1369118X.2012.678878

Burt, J.E., Barber, G.M. and Rigby, D.L. (2009) *Elementary Statistics for Geographers*. New York, NY: Guilford Press.

Crampton, J.W., Graham, M., Poorthuis, A., Shelton, T., Stephens, M., Wilson, M.W. and Zook, M. (2013) 'Beyond the geotag: Situating "Big Data" and leveraging the potential of the geoweb', *Cartography and Geographic Information Science* 40 (2): 130-39. http://doi.org/10.1080/15230406.2013.777137

Crooks, A., Croitoru, A., Stefanidis, A. and Radzikowski, J. (2013) '#Earthquake: Twitter as a distributed sensor system', *Transactions in GIS* 17 (1): 124-47.

Crutcher, M. and Zook, M. (2009) 'Placemarks and waterlines: Racialized cyberscapes in post-Katrina Google Earth', *Geoforum* 40 (4): 523-34.

Elwood, S. (2014) 'Straddling the fence: Critical GIS and the geoweb', *Progress in Human Geography*. http://phg.sagepub.com/site/e-Specials/PHG_especial_intro.pdf (accessed 19 November 2015).

Field, K. (@kennethfield) (2014) 'I'm wondering when people will realise the animated ectoplasm twitter maps don't actually show anything http://t.co/SJVYLyBn1F' [Tweet]. 17 June. https://twitter.com/kennethfield/status/478775510386741248 (accessed 19 November 2015).

Galton, A. (2004) 'Fields and objects in space, time, and space-time', *Spatial Cognition and Computation*, 4(1): 39-68.

Goodchild, M.F. (2007) 'Citizens as sensors: The world of volunteered geography', *GeoJournal*, 69(4): 211-21. http://doi.org/10.1007/s10708-007-9111-y

Goodchild, M.F. and Glennon, J.A. (2010) 'Crowdsourcing Geographic Information for disaster response: A research frontier', *International Journal of Digital Earth* 3 (3): 231-41.

Graham, M. (2014) 'Internet geographies: Data shadows and digital divisions of labour', in M. Graham and W. Dutton (eds) *Society and the Internet: How Networks Of Information And Communication Are Changing Our Lives*. Oxford: Oxford University Press. pp.99-116.

Graham, M. and Shelton, T. (2013) 'Geography and the future of Big Data: Big Data and the future of geography', *Dialogues in Human Geography* 3(3): 255-61. http://doi.org/10.1177/2043820613513121

Graham, M., and Zook, M. (2011) 'Visualizing global cyberscapes: Mapping user-generated placemarks', *Journal of Urban Technology* 18 (1): 115-32.

Graham, M. and Zook, M. (2013) 'Geographies: Exploring the geolinguistic contours of the web', *Environment and Planning A* 45 (1): 77-99.

Graham, M., Hale, S. and Gaffney, D. (2014) 'Where in the world are you? Geolocation and language identification in Twitter', *The Professional Geographer* 66(4). doi: 10.1080/00330124.2014.907699

Graham, M., Shelton, T. and Zook, M. (2013) 'Mapping zombies', in A. Whelan, C. Moore, and R. Walker (eds) *Zombies in the Academy: Living Death In Higher Education*. Bristol: Intellect Press. pp.147-56.

Graham, M., Zook, M. and Boulton, A. (2013) 'Augmented reality in urban places: Contested content and the duplicity of code', *Transactions of the Institute of British Geographers* 38 (3): 464-79.

Graham, M., Hogan, B., Straumann, R.K. and Medhat, A. (2014) 'Uneven geographies of user-generated information: Patterns of increasing informational poverty', *Annals of the Association of American Geographers* 104 (4): 746-64.

Hecht, B. and Stephens, M. (2014) 'A tale of cities: Urban biases in volunteered geographic information', *in Proceedings of the Eighth International AAAI Conference on Weblogs and Social Media*, Ann Arbor, Michigan, USA, June 1-4. pp.197-205.

Kitchin, R. (2013) 'Big data and human geography: Opportunities, challenges and risks', *Dialogues in Human Geography*, 3(3): 262-67. http://doi.org/10.1177/2043820613513388

Kitchin, R. (2014) *The Data Revolution: Big Data, Open Data, Data Infrastructures and Their Consequences*. London: Sage.

Longley, P.A., Goodchild, M.F., Maguire, D.J. and Rhind, D.W. (2005) *Geographic Information Systems and Science* (2nd edition). New York: Wiley.

Openshaw S. (1984) *The Modifiable Areal Unit Problem*. Norwich: Geobooks.

Power, M.J., Neville, P., Devereux, E., Haynes, A. and Barnes, C. (2013) '"Why bother seeing the world for real?": Google Street View and the representation of a stigmatised neighbourhood', *New Media & Society* 15 (7): 1022-40.

Shearmur, R. (2015) 'Dazzled by data: Big Data, the census and urban geography', *Urban Geography*, 1-4. http://doi.org/10.1080/02723638.2015.1050922

Shelton, T., Poorthuis, A., Graham, M. and Zook, M. (2014) 'Mapping the data shadows of Hurricane Sandy: Uncovering the sociospatial dimensions of "Big Data"', *Geoforum* 52: 167-79.

Shelton, T., Zook, M. and Graham, M. (2012) 'The technology of religion: Mapping religious cyberscapes', *The Professional Geographer* 64 (4): 602-17.

Stephens, M. (2013) 'Gender and the GeoWeb: Divisions in the production of user-generated cartographic information', *GeoJournal* 78 (6): 981-96.

Stephens, M. and Poorthuis, A. (2015) 'Follow thy neighbor: Connecting the social and the spatial networks on Twitter', *Computers, Environment and Urban Systems* 53: 87-95.

Wall, M. and Kirdnark, T. (2012) 'Online maps and minorities: Geotagging Thailand's Muslims', *New Media & Society* 14 (4): 701-16.

Watkins, D. (2012) *Digital Facets of Place: Flickr's Mappings of the U.S.-Mexico Borderlands.* Unpublished MA thesis, University of Oregon Department of Geography.

Zook, M. (2010) 'The beer belly of America', http://www.floatingsheep.org/2010/02/beer-belly-of-america.html (accessed 18 November 2015).

Zook, M. and Poorthuis, A. (2014) 'Offline brews and online views: Exploring the geography of beer tweets', in M. Patterson and N. Hoalst-Pullen (eds) *The Geography of Beer.* Dordrecht: Springer. pp.201-9.

Zook, M. and Poorthuis, A. (2013) 'DOLLY'. http://www.floatingsheep.org/p/dolly.html (accessed 18 November 2015).

Zook, M. and Graham, M. (2010) 'Featured graphic: The virtual "Bible Belt"', *Environment and Planning A* 42 (4): 763-4.

Zook, M., Graham, M. and Stephens, M. (2012) 'Data shadows of an underground economy: Volunteered Geographic Information and the economic geographies of marijuana'. Unpublished manuscript.

Zook, M., Graham, M., Shelton, T. and Gorman, S. (2010) 'Volunteered Geographic Information and crowdsourcing disaster relief: A case study of the Haitian earthquake', *World Medical & Health Policy* 2 (2): 7-33.

공식 웹사이트

이 책의 공식 웹사이트(study.sagepub.com/keymethods3e)에서 이 장과 관련한 비디오, 연습, 자료 및 링크들을 확인할 수 있으며, 부가적으로 다음 논문들도 무료로 이용할 수 있음.

1. Crampton, J.W. (2009) 'Cartography: Maps 2.0', *Progress in Human Geography*, 33 (1): 91-100.
   – 지오태그 온라인 소셜 미디어 현상에 대해 그것이 무엇이고 또 지리학 연구에서 이용되는 이러한 유형의 데이터에서 무엇이 새로운지를 알려 주는 초창기 논문이다.

2. Elwood, S. (2010) 'Geographic information science: Emerging research on the societal implications of the

geospatial web', *Progress in Human Geography*, 34 (3): 349-57.

– 이 논문은 지오태그 소셜 미디어를 비판 GIS(critical GIS), 공공 참여 GIS(public participation GIS), 데이터를 둘러 싼 권력관계 등 더 넓은 이론적 맥락과 연결해 논의하고 있다.

3. Caquard, S. (2014) 'Cartography II: Collective cartographies in the social media era', *Progress in Human Geography*, 38 (1): 141-50.

– 이 논문에서는 소셜 미디어와 같은 새로운 데이터 출처와 이들 데이터를 수집하는 방식이 어떻게 집단 지도 작업 (collective mapping)을 도입시켰는지, 또 그 결과로서 국가, 민간 부문, 개인의 전통적 역할을 어떻게 변화시키는 지를 정리하고 있다.

17

가상 공동체 연구

개요

이 장에서는 가상 공동체(virtual community) 연구의 특수성을 논의한다. 여기에서 두 용어 모두 혼란스러운 개념으로 인식된다. '가상'은 별로 도움이 되지 않는 형용사로 보이며, 이것과 '공동체' 사이의 연관성에서는 여러 가지 문제가 발생한다. 1990년대 중후반의 연구자들은 '가상 공동체' 존재의 가능성과 모습에 대해 의문을 품었다. 이 장에서는 가상과 공동체의 정의와 관련한 당시의 논쟁이 남긴 무익한 유산 몇 가지만을 살펴보고, 대신에 분석의 초점이 얼리어답터로부터 신주류의 형성으로 옮겨감에 따라 가상적인 삶의 현실성에 보다 주목할 것이다. 기존 문헌을 검토하며 실천적·분석적 실험 몇 가지를 살펴볼 것인데, 네 가지 이유 때문이다. 먼저 여러 관심사의 등장을 보여 주기 위함이며, 둘째 관련된 미디어와 실천의 변화를 보여 주고자 하며, 셋째 빠르게 변화하는 환경에서 스냅 사진으로 밖에 보여 줄 수 없는 현실을 설명하기 위함이다. 마지막으로 미디어의 변화 속에서도 꾸준한 수정을 통해 지속되는 이슈를 보여 주기 위함이다. 이 연구 주제가 소수만이 즐기는 특이한 관심사에서 주류의 현상으로 변화했다는 맥락은 무엇보다 중요하다. 따라서 다음과 같은 질문에 주목할 필요가 있다. '가상 공동체' 연구에서는 어떤 전략과 전술이 필요한가? 가상 공동체는 사회적 삶 연구에 어떤 변화를 초래했는가? 새로운 통찰을 제시하려면 기존 연구 기법에 어떤 변화가 필요한가?

이 장의 구성

- 공동체 사유? 디지털 시대의 감정, 정서, 사회적 유대
- 롤플레잉: 가상 게임 세계와 가상 게임 월딩
- 연결된 사회의 세계
- 증강 현실 공동체의 혼성 공간
- 결론

17.1 공동체 사유? 디지털 시대의 감정, 정서, 사회적 유대

인터넷이 등장하고 지난 20여 년 동안 공동체의 질적 변화는 지대한 관심사 중 하나였다. 1990년대 중반에는 디지털 통신 미디어가 '실세계' 공동체의 일부 형태를 궤멸할 것인지, 아니면 대안적인 새로운 형태의 공동체를 창출할 것인지에 대한 논의가 홍수처럼 쏟아져 나왔다. 후자의 입장을 취하는 이들 사이에서는 새로운 공동체가 '현실'적인 의미를 갖는지에 대한 논쟁이 있었다. 반면, '사이버공간'의 출현으로 인해 실세계가 소멸할 것이라는 초창기의 논의도 있었다. 여기에서는 소멸의 규모, 이로 인한 사회적 변화의 유불리가 논쟁의 핵심이었고, 사이버공간과 실세계는 구분되고 명백하게 대립되는 것으로 재현되었다. '가상'은 공간 스케일의 경계를 무너뜨리고 시간의 관점에서만 파악할 수 있다는 전제하에서 무형의 상태로 덧없이 빠르게 사라지는 것으로 여겨졌다. 시스템의 현실은 지연과 버퍼링 시간으로 가득 차 있었음에도 말이다. 동시에 가상이란 것은 세계를 초월한 상호작용으로 구성된다고 여겨졌다. 가상으로 인해 육체적 상호작용, 물리적 이동, 물리적 장소에서 로컬한 삶의 전통으로 점철됐던 기존 도시의 세계가 와해되어 재구성된다고 믿었기 때문이다. 이에 반해 '현실'은 공간상에서 지역화되고, 물질적으로 장소에 뿌리내리며, 일상생활의 시간을 점유하는 것으로 파악되었다. 다시 말해, '가상'은 비물질적인 것으로, '현실'은 18세기 영국 작가인 새뮤얼 존슨 시대(Johnsonian)의 견고함으로 간주되었다. 종말론적 예언자 한 사람은 그 결과를 다음과 같이 논했다.

> 실시간의 독재 때문에 기존 도시는 점차 역설적인 군집 상태에 불과하게 될 것이다. 이러한 상황에서는 근접성의 관계보다 원거리에서 발생하는 상호작용이 훨씬 더 중요해진다(Virilio, 1993: 10).

가상은 글로벌, 원격화, 신속함과 관련된 것으로 여겼다. 이는 로컬의 구체성, 인간적임, 더딤과 대비되는 것으로 인식되었다. 천편일률적인 '가상 세계'에 대한 이러한 과장만이 잘못된 것은 아니다. 물리적 세계에 대해 오해를 불러일으켰던 문제도 있었다. 스리프트(Thrift, 2004)가 논했던 것처럼, 일상을 소규모 스케일 또는 로컬로 코드화하는 관습적 인식에 의문을 품어야 한다. 일상은 '널리 퍼져 있고 느슨하게 얽매이며 듬성듬성하게 꿰매어 파편화된 공동체들로 구성된다. 대부분 사람은 드문드문 연결되고 부분적인 여러 공동체에서 활동한다. 친족, 이웃, 친구, 직장 동료, 조직적 유대 관계의 네트워크에 동시에 속해 있기 때문이다'(Wellman, 2001: 227). 따라서 공동체는 긴밀한 것과는 거리가 멀다. 공동체는 '널리 퍼져 있는 친족, 직장 동료, 이해 집단, 이웃의 유대로 구성되며, 이들을 연결해 원조, 지원, 사회적 통제, 다른 환경과의 연계 등을 제공하는 네트워크로 구성된다'(Wellman and Hampton, 1999: 649).

다시 말해, 많은 '실세계' 공동체는 손 편지에서부터 우부(ooVoo), 구글토크(Google Talk), 스카이프(Skype) 등 인터넷 보이스톡(VoIP) 서비스에 이르기까지 다양한 통신 기술로 확장된다. 실제로 통신 기술은 이주 노동자의 초국적 공동체를 유지하는 데 아주 중요한 역할을 한다. 앞으로 살펴볼 것처럼, 해외 유학생과 고국의 가족 및 친구 사이에서도 마찬가지의 기능을 한다(Vertovec, 2004; Uy-Tioco, 2007; Diminescu, 2008). 그와 같은 장치의 역할은 빈번하지 못한 원거리 통신에만 국한되지 않는다. 로컬의 친분 관계도 인스타그램이나 왓츠앱 같은 스마트폰 애플리케이션을 통해 형성, 유지된다. 가족의 삶도 텍스트 메시지, 녹화 프로그램, 페이스타임 등 여러 장치를 통해 조직적으로 연결된다(Morley, 2003; Wajcman et al., 2008).

공동체는 원거리 및 근거리 요소가 뒤섞여 항시 분절성과 파편화의 특징을 가진다. 가상과 현실이 뒤섞여 공동체를 형성한다면, 미디어는 어떤 영향을 공동체에 미친다고 할 수 있을까? 이에 관한 연구에서는 정보통신 기술을 사이버공간을 형성하는 분리된 영역으로 가정하지 않는다. 다양한 시간과 거리에서 행동을 형성하고 촉진하는 보조 기술로서 정보통신 기술을 인식한다. 따라서 여러 가지 기술과 미디어가 사용되는 방식, 그리고 이것의 원인과 결과를 파악할 수 있는 연구 방법이 필요하다.

이러한 맥락에서 미디어가 감정의 생산, 전달, 유지에 이바지하는 역할에 주목하는 연구가 등장했

박스 17.1　한국에서 가상 공동체의 사회적 공간

중앙집권적이고 보수적인 미디어 전통을 가진 한국에서 디지털 미디어는 그런 전통과 대립하는 것으로 인식된다. 이 때문에 청년층이 일치된 사회성을 추구하는 한국의 전통 규범으로부터 일탈한다고 여기며 디지털 미디어는 도덕적 패닉을 조장하는 것으로 간주된다. 이처럼 새로운 통신 기술은 인간관계 개별화의 원인이 되어 가족적이며 집단적인 애착의 관계를 파괴하는 것으로 두려움을 사고 있다(Yoon, 2003: 328; Yoon, 2006).

그러나 신기술이 특히 여성들 사이에서 친밀한 교류의 새로운 수단으로 작용한다는 연구 결과도 존재한다(Yoon, 2003: 339-40). 메시지 전달의 주체와 대상, 빈도, 이유 등에 관한 분석을 통해 새로운 미디어가 공공 영역에서 가시화되지는 않지만 로컬한 사회성의 패턴을 강화하는 것으로 밝혀졌다. 예를 들어, '미니홈피'는 오래된 '촌(寸)'의 정서와 상호작용했다. 촌은 본래 친족 관계에서 가까움의 척도였지만 소셜 미디어에서는 친구 사이의 정도에서도 잘 맞아 들어가는 것으로 나타났다. 미니홈피 사용자들은 가상적인 친밀감을 표현하기 위해 '1차 관계 투어'를 뜻하는 1촌 순회를 수행하며 예의의 표시로 일촌에게 메시지를 남겼다(Choi, 2006: 177). 1촌 네트워크를 따라가면 '촌 공간'이라고 말할 수 있는 사회적 공간의 형태가 드러나며, 이는 디지털 공동체의 실천에서 전통적 정체성의 형성 과정이 활용되는 사례로 파악되었다(Yoon, 2003).

다. 새로운 미디어는 감정을 자아냈고, 이것이 때때로 연구를 통해 드러나게 된 것이다. 소셜 미디어는 사회적 삶의 교류를 양산하고 데이터의 형태로 디지털 족적을 남겨 학계, 정부, 기업에서는 그것을 감지할 수 있게 되었다(16장 참조). 사회적 삶의 일상은 디지털로 연결되었고, 어휘 분석(lexical analysis)을 통한 정량화의 대상이 되었다. 예를 들어, 미스러브 외(Mislove et al., 2010)는 긍정 및 부정의 뜻을 점수 매기는 단어 평가 시스템을 미국에 주소를 둔 트위터 메시지에 적용해 '나라의 기분'을 재현하는 타임랩스(time lapse) 지도를 제작했다. 유사한 방식으로 트위터에 나타난 감정적 용어와 주식 시장 변화 사이의 상관관계를 분석한 연구도 있다(Bollen et al., 2011). 시적이고 정동적인 시각화는 분석 자체보다 훨씬 강력하다. 이러한 유형의 연구가 복잡하고 스케일로 규정하기 어려운 성격을 지닌 정동과 감정을 더 명확하게 전달한다. '복잡하다(complicated)'라는 영어 단어의 어원에서 'pli'는 접히거나 굽힌다는 의미가 있다. 트위터 메시지나 사진의 지리적 위치를 찾아 기존 공동체의 분포를 유클리드 공간상에 지도화하는 것도 좋지만, 응답이나 반응 등을 통해 상호작용을 추적하면 어떻게 특정 장소에서 발생한 특정 이벤트가 다양한 장소에서 사람들을 불러 모아 다소 임시적이지만 안정적인 공동체를 형성하는지도 파악할 수 있다(Crampton et al., 2013). 이러한 이해관계의 공동체들이 근거리와 원거리에 대한 감각을 굽혀 왜곡하는 상황도 발생한다. 물리적으로 근접한 이들을 지나치고 먼 곳에 있는 다른 사람들과 훨씬 더 긴밀하게 교류하는 경우도 빈번하다.

소셜 미디어에 대한 '빅데이터' 접근법은 공동체의 사회적 삶을 계량화하는 문제를 야기한다. 이는 감정과 정동에 대한 인본주의(인간주의) 지리학 관점에서 정량화할 수 없는 것으로 전제된다. 그러나 라투르와 레피네(Latour and Lépinay, 2009)는 타르드(Gabriel Tarde)로부터 영감을 얻어 다른 관점을 제시한다. 20세기 초반 타르드는 사회에 대한 과학적 분석에서 계량화 자체가 문제가 되지 않는다고 보았지만, 돈을 중심으로 이루어지는 그릇된 측정을 중요한 문제로 여겼다. 타르드는 명성, 카리스마, 행복 등을 측정하는 '가치 계량기(valuemeter)', '영광 계량기(glorimeter)' 같은 것이 가능할 수 있다고 생각했다. 이러한 관점에서 라투르와 레피네(Latour and Lépinay, 2009: 29)는 현재의 소셜 미디어가 '권위의 계산, 신뢰성의 지도화, 영광의 계량화'의 도구를 제공한다고 말했다. 실제로 영향력을 행사하는 사람, 그들을 따르는 사람, 교차 게시, 재배포 등을 추적하는 것은 사회적 판단과 연구 모두에서 일반적인 유행이 되었다. 미디어에 따라 가시화되는 행동은 다르지만, 문화적 삶의 소통이 보다 쉽게 인지할 수 있는 것이 되면서 공동체의 내부 구성원과 외부자(연구자 또는 다른 사회적 행위자)가 공동체를 이해하는 방식도 변했다. 그리고 연구자와 사회적 행위자 사이에서도 이해하는 방식이 변했다. 이러한 방법을 사용함으로써 통상적 상호작용의 패턴을 단순하게 따르기만 할 위험성도 있다는 사실을 자각하고 그것에 주의를 기울여야 한다. 실제로 미디어들은 그렇게 하도록 설계되었다. 이는 기존 의사소통의 패턴을 반복하고 지배적인 의사소통 행위자를 다시금 강화한다는 점에서 보수적이라고도 할 수 있다. 소셜 미디어를 '증거'로 사용하면 '소셜 미디어 내용의 관찰자 또는 사용자만 되는 것이 아니라 … 그것의 옹호자가 될 수 있다'는 점을 연구자로서 자각해야 한다(Wilson, 2015: 347). 분석 자체도 사용하는 특정 소셜 미디어 플랫폼의 영향을 받을 수밖에 없다.

17.2 롤플레잉: 가상 게임 세계와 가상 게임 월딩(worlding)

온라인 게임으로 창출되는 공동체를 가상 공동체의 전형적 사례로 언급할 수 있다. 이는 물리적인 보드게임에서 행해졌던 롤플레잉(role playing) 게임을 바탕으로 생겨났으며, 1980년대의 멀티유저 던전(Multi-User Dungeon), 즉 머드(MUD)에서 유래를 찾을 수 있다. 머드는 나중에 보다 일반적인 멀티유저 도메인(Multi-User Domains)의 약어가 되었고, 여기에서는 검과 마법이 필수 콘텐츠에서 빠졌다. 1990년대에 이르러 그래픽 인터페이스가 추가되면서 MOOs로 일컬어지기도 하는 객체 지향형 머드(Object Oriented MUDs)가 등장했다. 이것은 또다시 대규모 멀티유저 온라인 롤플레잉 게임(Massively Multiplayer Online Role Playing Game: MMORPG)과 롤플레잉 기능을 뺀 가상 세계 게임으로 진화했다. 두 가지 모두는 다양한 연령대를 겨냥한다. 가상의 이글루를 배경으로 8세 이하 아동이 즐기는 디즈니의 클럽 펭귄(Club Penguin)에서부터 8~14세의 중간 연령대 아이들이 아바타를 꾸미며 플레이하는 무비 스타 플래닛(MovieStarPlanet), 여러 가지 종류의 마인크래프트(Minecraft), 2015년 말을 기준으로 550만 명의 사용자를 보유한 월드 오브 워크래프트(World of Warcraft)와 같은 MMORPG에까지 이른다. 심지어는 개인 플레이 게임을 통해서도 공동체가 형성된다. 유튜브 채널과 같은 동영상 플랫폼에서 게임 플레이를 공유하며 게이머의 기술을 감상하는 것이 가능해졌기 때문이다. 이처럼 명백하게 가상인 공동체를 어떻게 연구할 수 있을까? 이 절에서는 기존 문헌에 나타난 네 가지 접근법을 소개한다. 여기에는 도상학적 분석(iconographic analysis), 온라인 분석법(online analytics), 온라인 민족지(online ethnography), 혼성 민족지(hybrid ethnography)가 포함된다.

수많은 비디오 게임에서 인종 차별적인 타자를 묘사하는 이데올로기적 콘텐츠가 존재하기 때문에 도상학적 분석이 가능하다. 서양 군인을 플레이어로 설정하는 '1인칭 슈팅 게임'에서 중동의 도시를 배경 또는 전장으로 제시하며, 그곳의 사람들을 총격의 표적과 희생양으로 삼는 모습에서 은밀한 오리엔탈리즘을 파악할 수 있다(Leonard, 2003). 풀 스펙트럼 워리어: 텐 해머스(Full Spectrum Warrior: Ten Hammers)와 같은 게임에서는 CNN 스타일의 뉴스 미디어 보도 행태를 모방해 프레이밍 수단으로 사용한다(Höglund, 2008). 오랫동안 인기를 끌고 있는 GTA(Grand Theft Auto) 시리즈에서는 TV와 영화에서 전형적으로 나타나는 미국 도시에 대한 상상력을 바탕으로 게임이 진행된다. 1980년대 경찰 드라마를 회상하듯이 마이애미는 악의 도시로 그려진다. 인종 및 젠더 차별적인 고정관념을 동원해 특정한 모습의 근린 지구를 타자화하며 도시 공간의 애니메이션을 제시한다. 특정 인종과 범죄를 결부시키고, 여성들은 대부분 매춘부나 희생자의 모습으로 그려진다(Atkinson and Willis, 2007).

둘째로 온라인 분석법은 온라인 세계에서 사회성과 공간성에 주목하는 것이다. 이는 게임의 시뮬레이션 환경에서 활동의 패턴을 파악하기 위해 '아바타'로 불리는 가상 캐릭터 위치의 지도화부터 시작된다(Börner and Penumarthy, 2003; Penumarthy and Börner, 2006). 그다음, 태블로(Tableau)와 같은 소프트웨어를 사용해 캐릭터의 플레이 패턴을 공간적으로 분석한다. 이러한 기능은 현재 유니티(Unity) 게임 엔진에서 발전하고 있으며(unity3d.com/services/analytics), 게이머들이 선호하는 위치, 특정 활동이 발생하는 공간, 빈번하게 발생하는 동선 등을 지도로 재현할 수 있도록 한다. 예를 들어, 게임을 중단하는 곳, 빠르게 지나치는 위치, 오랫동안 머무르는 장소 등을 시각화한다. 이러한 기술과 시각화는 현실 세계의 공간 분석과 매우 유사하다(Drachen and Canossa, 2011; Drachen and Schubert, 2013). 이는 오크족의 이동에 주목한다는 점만 빼면 실세계 애플리케이션과도 비슷하다. 예를 들어, 미국 국방부를 비롯한 정부 기관에서는 생물학 무기에 대한 실세계 반응을 시뮬레이션할 목적으로 해커가 만든 악성 소프트웨어를 사용한다(Lofgren and Fefferman, 2007).

온라인 민족지에 기초한 연구에서는 게임 공간의 사회적 삶을 조명한다. 일상생활을 탈피하고 '마법 서클' 속에 몰입하는 가운데 펼쳐지는 사회성의 작용에 주목하는 것이라 할 수 있다(Copier, 2009). 하위문화 집단 사이에서 가상 세계의 환경을 조성하는 역량을 발휘해 자신들의 정체성을 분명하게 표현하는 경향이 나타난다. 예를 들어, 세컨드라이프(Second Life)의 가상 세계에 형성된 고리안(Gorean)이란 명칭의 가상 공동체에 관한 연구에서는 의례적인 신체 수행, 도시와 정글의 차별화된 공간, 시장, 여관의 선술집 등을 통해 사회적 계층화의 모습이 나타나는 것으로 파악되었다(Bardzell and Odom, 2008). 보다 일반적으로, 젠더와 인종 정체성이 수행되는 온라인 메커니즘을 분석한 연구도 있다(Eklund, 2011; Monson, 2012). 월드 오브 워크래프트에서 비슷한 생각을 공유하는 플레이어 사이에 소규모의 '길드'가 급증하는 것처럼 MMORPG에서는 온라인 세계만의 독특한 방식으로 긴밀한 사회성의 구조가 형성될 수 있다(Williams et al., 2006).

이러한 것들을 바탕으로 가상 공간을 현실과 고립된 영역으로 파악하기도 하지만, 텍스트 메시지, 비디오 커뮤니케이션 등 게임 세계를 초월한 여러 기능을 통해 마법 서클을 탈피하려는 노력도 증대된다(Ducheneaut et al., 2006: 284). 또한 플레이어 사이의 소통 채널도 온라인 세계를 넘어 확대되고 있으며, 이를 위해 유튜브의 게임 하이라이트, '판타지 박람회'와 같은 스핀오프 이벤트, '코스프레' 축제, 실세계에서 번개 미팅 등이 수단으로 활용된다(Copier, 2009). 온라인 선물의 교환으로 가상 세계와 실세계 사이의 손쉬운 구분이 어렵게 되었고 '현실적' 친분이 온라인 세계에서 가능해졌다. 이러한 외부 세계와의 연결은 더욱 확대될 수 있다. 현금으로 마법의 검을 구매하는 것처럼 가상의 물건과 기술의 상거래도 활발하게 이루어진다(Malaby, 2006). 이는 온라인 게임 아이템을 현금으로 구매하는 '현질(Real Money Trading: RMT)'이라고 불리는 활동이며, 이 시장의 규모는 실로 막대하다. 한때 500명까지 직원을 고용했던 인터넷 게이밍 엔터테인먼트(Internet Gaming Entertainment)는 '플레이의 따분한 부분을 제3세계 사람들에게 아웃소싱하려는 서구 게이머에게 중개상' 역할을 하며 2억 5천만 달러나 벌어들이기도 했다(Salo, 2008; Kent, 2008). 이로 인해 저소득 국가, 특히 중국에서는 노동착취형 게이머 산업이 성장했다. 이들은 과밀한 조건에서 '승리'가 아니라 '골드 파밍(Gold Farming)'이라 불리는 아이템 수집 활동을 위해 아주 오랜 시간 동안 게임에 몰두한다. 세계화된 서비스 노동의 다른 분야와 매우 유사한 모습이다. 그래서 이러한 현상에 관한 연구에서는 혼성 민족지가 적합할 수 있다. 다각적으로 차별화된 온라인 및 오프라인 상호작용에 대한 관심과

박스 17.2 혼성 민족지: 서로 다른 미디어와 물질 공간에 흩어진 가상 공동체에 대한 연구를 어디에서부터 시작할까?

콕크셧(Cockshut, 2012)은 월드 오브 워크래프트에서 일반적으로, '침공길드(raiding guild)'로 불리는 온라인 게이머 그룹에 소속되어 참여관찰 연구를 수행했다. 스카이프와 이메일을 통해 전 세계에 흩어진 길드 구성원과 인터뷰 조사를 하고, 게시된 게임 녹화 기록을 면밀히 관찰했다. 이는 일상적 의미에서 참여관찰의 범위를 초월한 것이다. 다양한 장소를 아우르며 시뮬레이션의 장소에 모이는 게임 캐릭터를 관찰했기 때문이다. 모든 연구의 장면에서 미디어도 적극적으로 활용했다. 이는 현실 세계에서도 매우 익숙한 연구 방법이다. 연구 대상자와 어울림, 인터뷰, 행동 관찰 등이 뒤섞여 있기 때문이다. 컴퓨터 로그 기록은 새로운 정량 데이터 수집의 가능성을 열어 주었지만, 이 연구에서는 그다지 큰 영향력을 발휘하지 못했다. 보다 상세한 정보는 게이머들이 행동과 관계를 맺는 방식에서 나타났기 때문이다. 따라서 가상 공동체 및 온라인 그룹에 관한 연구에서는 인터뷰 조사를 하기 위해 현실 세계나 기술의 시스템에서 참여 회원을 찾는 수단이 필요한 경우가 빈번히 발생한다(Logan, 2015).

더불어 글로벌화된 서비스 부문에 대한 연구에서처럼 아웃소싱과 백오피스(back office: 후선업무)의 지리를 동시에 추적하는 것이 가능하기 때문이다.

17.3 연결된 사회의 세계

지금까지 논의한 것을 바탕으로 온라인 공동체와 '실세계' 공동체가 얽혀 있는 현실을 상상하는 것이 가능해진다. 가상 공동체는 다른 형태의 공동체를 궤멸하지 않고 강화하는 경향이 있다. 미국의 한 조사에 따르면, 3명의 성인 중 1명은 인터넷이 친구 관계를 '상당히' 개선했고, 4명 중 1명 꼴로 가족 관계의 개선을 경험했다(Wellman et al., 2008). 인터넷이 기존의 사회적 네트워크를 강화했음을 시사하는 조사 결과이다. 이러한 관계에 관한 연구를 수행하다 보면 다른 한편으로 '누가' 무슨 네트워크에서 활동하는지에 의문을 가지지 않을 수 없다. 여성은 역사적으로 이성 부부 관계에서 가족 네트워크를 유지하는 데 핵심적 책무를 가지고 있었고(di Leonardo, 1987), 이러한 경향성은 가족 관계가 온라인으로 옮겨 갈 때도 지속된다. 28%의 결혼 가정에서 여성이 가족 및 친구 관계 유지의 주도적 역할을 담당하고, 남성이 주도하는 경우는 4%에 불과한 것으로 나타났다(Wellman et al., 2008: 23). 가족 구성원 각각이 서로 다른 온라인 채널의 소셜 네트워크에 참여해 가족이 파편화되고 있다는 추측에 대해서도 신빙성을 찾기가 어렵다. 웰먼 외(Wellman et al., 2008: 16)의 연구에 따르면, '여러 대의 컴퓨터를 소유한다고 해서 가족 구성원 각각이 구분되고 고립된 기술의 영역에서 활동한다고 볼 수는 없고, … 다수의 컴퓨터를 운용하는 가정에서 컴퓨터 1대만을 소유한 가정에 뒤지지 않을 정도로 가족 구성원이 서로의 시간을 공유한다'.

어떤 접근법에서는 소셜 네트워크를 사회적 관계와 관습에 대한 데이터를 제공하는 실험실로 당연시 여긴다. 페이스북과 다른 미디어에서 제공하는 소셜 그래프에 과도하게 주목하는 연구자들이 상당히 많은데, 대부분 무비판적으로 받아들인다. 영국에서는 통신사의 일반전화 데이터에 접근이 가능해지면서 이를 바탕으로 지역 공동체를 지도화하는 것이 가능해졌다(Ratti et al., 2010). 이는 대규모 데이터를 기반으로 하지만, 여전히 부분적인 그림에 불과하다. 2,200만의 일반전화 회선에 대한 정보를 제공하지만, 이동통신 트래픽을 간과하는 문제가 발생하기 때문이다. 이동통신은 뭔가 다를까? 솔직히 정확한 답은 알 수 없다. '빅데이터'라고 해서 완벽한 데이터라는 뜻은 아니며, 데이터의 선택과 배제에 대한 일반적인 주의가 여기에서도 필요하다(16장 참조).

소셜 미디어는 사람들의 행위와 가치를 단순히 반영하지만은 않으며, 그러한 가치의 자기 성찰적 수행에 적극적으로 가담한다. 예를 들어, '좋아요' 버튼을 통해 표현되는 선호는 단순하게 노출되는 것에만 머무르지 않고 보는 이들을 위해 수행되는 것이다(Lewis et al., 2008). 소셜 미디어의 게시물과 자발적 정보는 이용자들이 처한 맥락에 영향을 받아 제공되며, 여기에서는 자기 노출과 자기 검열이 동시에 작용한다. 그래서 소셜 미디어를 수행의 무대로 여기는 방법론도 존재한다. 고프먼(Goffman, 2005)의 업적에 영향을 받아 **상징적 상호작용론**(symbolic interactionism)에 입각해 정체성을 수행하는 방식에 주목하는 접근법인데, 청중과 독자의 맥락에서 특정한 정체성을 수행함으로써 자아가 형성된다고 주장하는 관점이다. 같은 사람이더라도 다른 시공간의 맥락에서 열정적인 학생, 사랑스러운 아이, 배려 깊은 친구, 연인, 근면한 노동자 등 서로 다른 정체성을 수행한다. 이를 고프먼(Goffman, 2005)은 서로 다른 현장에서 발생하는 수행성의 지역화로 칭했다. 일부 특정한 수행성은 전면에 내보이고, 다른 수행성은 후면에 숨긴다. 가령, 과제 진행 상황을 선생님에게 말하는 것과 커피숍에서 친구에게 말하는 것은 다를 수 있다. 용의주도하다면, '후면'도 또 하나의 수행 무대가 된다. 과제를 열심히 수행했더라도 그렇지 않다고 표현함으로써 친구에게 심각한 경쟁심을 가진 것은 아니라는 인상을 줄 수 있다. 이러한 수행성은 특정 집단에서 용인되는 규범, 즉 허용/거부되는 인식에 좌우된다. 그래서 고프먼은 '체면치레'를 표정의 차원에서 언급하지 않고, 상호작용의 맥락에서 '체면을 구기지' 않는 것으로 파악한다. 대립적 관계가 발생하는 가상 공동체처럼 복잡한 온라인 환경에서는 실질적 검열이 발생하거나 여러 특정 자기표현에 대해 (비)법적 제재 조치가 취해질 가능성도 있다(Bamman et al., 2012).

이러한 모습은 롤플레잉 온라인 게임에서도 나타나는데, 게이머들이 캐릭터 이름이나 플레이어 아이디로 인식되는 익명의 환경이란 특수성도 존재한다. 이와 대조적으로 소셜 미디어는 '실명의 환경'(Zhao et al., 2008)에서 작동하며, 가상과 현실의 자기 정체성을 연결하는 기능을 한다. 그러나 청중과 독자에 따라 서로 다른 특성을 선택적으로 제시하는 것이 가능하기 때문에 여기에서도 자기표현의 이슈가 발생한다. 일부 소셜 미디어에서는 독자를 차별화하는 계정 설정 옵션을 제공하기도 하지만, 가상 공동체에서는 다양한 맥락에서 수행되는 여러 정체성 간에 혼란이 빈번하게 발생한다. 예를 들어, 직장 상사인 소셜 네트워크 친구를 뜻하는 '프루퍼바이저(frupervisor)'가 현실과 일치하지 않는, 가령, 병가와 어울리지 않는 게시물을 목격한다면 직장에서 재난과 같은 상황이 펼쳐질 것이다. 10대의 다수는 부모와 온라인에서 관계 맺는 것을 꺼린다. 가상 공동체는 공간적으로 분리된 청중을 일상적 접촉의 영역으로 끌어들일 수 있다. 그래서 새로운 미디어 때문에 여러 사회적 맥락들이 뭉쳐진다.

일례로, 영국의 말레이족 말레이시아인 유학생의 페이스북 활용 방식을 분석한 모하맛(Mohamad, 2014)의 연구를 살펴보자. 말레이족 유학생들이 고국의 친구 및 가족과 관계를 유지하는 방식, 그리고 말레이시아의 기준으로 영국에서 그들의 행동 양식이 판단되는 것에 대처하는 방법을 중심으로 연구가 이루어졌다. 다시 말해, 유학 생활에 따른 실세계에서의 행동 변화, 이를 글로벌 스케일로 확장된 가상 공동체에서 대처하는 방식, 페이스북을 통해 서로 다른 장소에 위치하는 학생들 간 글로벌화된 가상 공동체의 현실 등에 관한 질문을 던지는 연구이다. 이를 위해 모하맛은 여러 매개체를 이용해 개인 및 학생 단체와 관계를 형성하고 수많은 학생들과 '친구 관계'를 맺었다. 그러나 관계 맺기와 네트워크 유지만으로는 기술과 정체성 간의 관계를 파악하는 것이 매우 어려웠다. 그래서 그녀는 페이스북과 함께 스카이프, 야후 메신저 등 또 다른 온라인 기술 매체를 활용해 연구를 진행했다. 페이스북에서는 유학생들의 게시물 발언을 정리했고, 그들과 인터뷰를 수행하며 여러 요인을 조사했다. 여기에는 발언의 동기, 자신의 정체성과 독자에 대한 자기 성찰, 뭉쳐진 맥락들과 독자들, 페이스북 기능을 통해 독자를 관리하는 방식 등이 포함되었다. 이를 통해 그녀는 독자와 자신의 수행을 관리하는 다양한 전략을 발견할 수 있었다. 어떤 학생들은 독자별로 볼 수 있는 콘텐츠를 달리 설정했고, '부적절한' 사진과 업데이트가 공개되지 않도록 자신의 게시물을 조심스럽게 관리하는 학생들도 있었다. 후자의 경우, 말레이시아 기준으로 자신이 부적절하게 보이는 다른 사람의 사진에 태그되지 않도록 설정하는 경향이 있었다. 이와 달리, 말레이족의 이슬람 정체성을 강조하기 위해 종교적 색채의 게시물을 빈번하게 올리는 학생도 있었다. 요컨대, 말레이족 영국 유학생들의 여러 정체성 수행은 다양한 일상의 환경과 조화되어 맥락화, 공간화, 시간화된 방식으로 나타났다. 하지만 인간관계와 게시물을 기록하는 것만으로는 가상 공동체에서 유학생들이 자신의 존재를 능동적으로 관리하는 방법을 제대로 파악할 수 없다는 점을 분명히 할 필요가 있다.

박스 17.3   윤리와 온라인 데이터

공공 게시물과 행동을 분석하는 것은 아주 쉬운 일이고 윤리적으로도 논쟁거리가 없어 보인다. 그러나 이것은 불완전한 가정에 불과하다. 온라인 개인정보 설정이 계속 변하기 때문에 일반인들은 자신의 온라인 노출을 제대로 인지하지 못하고 있다. 공유된 게시물과 사진에서 다른 사람들의 행태가 동의 없이 공개되는 경우도 허다하다. 이는 대체로 사진의 태그, 제3자에 의한 게시물의 공유 및 전파, 스크린 캡처 등을 통해 발생한다. 이것이 익명성을 가지고 유포된다 하더라도 공개적 인식이 가능한 정보가 포함될 수 있다. 정보에 접근할 수 있다 하더라도 이는 윤리적, 합법적 사용과는 별개의 문제이다(DeLyser and Sui, 2014). 최초에 의도된 목적과 달리 데이터를 재활용하는 것, 국경을 초월해 이동하는 것을 금지하는 다양한 법률이 존재한다. 예를 들어, 유럽연합 사람들의 개인정보를 유럽 밖으로 유통하는 것은 엄격하게 금지되고 있다.

소셜 미디어는 단순히 사회적 삶을 재현하는 데 그치지 않는다. 소셜 미디어를 사회성 조직 그 자체로 인식하는 집단도 존재한다. 청년 문화의 경우 소셜 미디어와 함께 진화하고 있다. 청년 문화의 일반적 성격을 이해하려면 온라인에서 이루어지는 것들을 반드시 감안해야 한다. 그렇지 않으면 청년 삶의 상당 부분을 간과하게 될 수밖에 없다.

17.4 증강 현실 공동체의 혼성 공간

온라인 포럼은 가상 또는 현실 세계에서 사회적 상호작용을 유지하는 기능을 한다. 따라서 가상의 차원이 추가되며 실세계의 공동체와 사회적 활동이 변하는 양상을 파악할 필요가 있다. 이를 위해 여기에서는 두 가지 사례를 살펴본다. 첫째, 온라인 게임 공동체가 구체적 장소의 활용을 변화시키는 것에 주목한다. 둘째, 게임 플레이의 배경 공간 자체도 물리적인 현실 세계와 융합된다. 두 가지 경우 모두 가상의 요소가 물리적 장소를 어떻게 변화시키는지에 접근하려면 온라인 데이터와 현실 장소 인터뷰를 동시에 사용하는 온라인 공동체에 대한 혼성 민족지가 유용하다. 이는 온라인 데이터와 미디어가 물리적 장소와 중첩되어 장소를 증강시킨다고 간주하는 것이다.

특히 온라인 게임에 관한 연구를 논의할 때 분산된 게이머들의 가상 공동체를 추적하는 작업을 빼놓을 수 없다. 그러나 일부 게임과 공동체에 있어서는 분산뿐 아니라 '기술사회 공간'의 클러스터에 집적된 것도 중요하다. 그런 공간에서는 물리적 관계망의 국지적 공간과 원거리 행위자가 뒤섞인다. 예를 들어, 한국에는 보통 100대 정도의 고성능 게임 PC를 보유한 피시방이라 불리는 게임 카페가 1만 여 곳 존재한다. 약 50%의 피시방이 수도권에 있고, 약 25%는 서울 중심부에 위치한다(Lee, 2005). 피시방이 초고속 인터넷을 설치한 가정이 증가함에 따라 사라질 것이라고 예견하는 사람들도 있었지만, 한국에서 피시방은 여전히 번창하는 사업이다. 게이밍을 둘러싼 제3의 (기술사회성) 장소로서 피시방에서는 특정 행동의 시간성과 독특한 활동의 리듬이 촉진된다. 이를 미디어에서는 인터넷 중독, 시간에 구애받지 않는 청소년들의 방문, 이로 인한 청소년들의 사회적 탈선을 부각하며 '도덕적 패닉'으로 다루기도 한다. 여기에서 게이밍의 '가상 공동체'를 연구하려면 국지적 수준에서 물리적 장소를 고려하지 않을 수 없다.

두 번째의 증강 환경은 혼성 현실(hybrid-reality)이나 위치기반형 게임(locative game)에서 창출하는 것을 말한다. 이는 위치 인식과 데이터 연결이 동시에 가능한 스마트폰 환경에서 플레이하는 멀티유저 게임에서 일반적으로 나타나고, 도시 공간을 게임보드처럼 활용한다. 2001년 스웨덴에서 제작된 봇파이터(BotFighters)가 최초로 상용화된 위치기반형 게임으로 알려져 있다. 이 게임은 온라인 플레이 환경을 제공하지 않는 어쌔신(Assassin)을 기초로 제작된 것이며, 여기에서 게이머들은 스마트폰 문자를 통해 현실 공간을 태그한다. 이를 계기로 도시 공간에서 상대방의 위치를 추적하는 유사한 모바일 게임이 수없이 많이 등장했다(Shirvanee, 2006). 이들 게임은 도시 공간을 게임보드로 전환시키는 효과를 가지며, 게임에 따라서 개인 플레이나 팀 플레이 환경을 제공한다. 증강 현실(augmented reality) 인터페이스를 제공하는 일부 게임에서는 플레이어들이 공격을 시도하는 좀비처럼 나타나기도 한다. 이러한 게임들은 '도시 공간과 혼합된 상상의 플레이 환경을 창출해 서로에게 낯선 게이머들이 모바일 기술을 가지고 물리적 공간을 이동함에 따라 연결될 수 있도록 한다'(de Souza e Silva, 2006: 272).

위치기반형 미디어를 소셜 미디어에 통합하는 것에 관한 관심이 생겨나 위치기반형 소셜 미디어도 등장했다. 가상 공동체는 원거리의 몰(沒)공간적인 이해관계의 공동체가 아니며 근접성의 물리적 공동체와 대립적이지도 않다. 이에 따라 새로운 디지털 플랫폼이 지역 공동체의 재생을 자극하는지에 대한 관심이 일고 있다(Gordon and de Souze e Silva 2011). 위치기반형 지역 검색 및 추천 서비스인 포스퀘어(Foursquare)상의 커피숍에서 온라인 시장(市長)이 되고자 하는 사람들, 페이스북의 지역 토론 그룹 등의 모습으로 나타나는 것처럼 여러 새로운 미디어가 로컬 장소에서의 공동 참여를 증진하는 것에 초점을 맞춘다.

박스 17.4 증강 현실

'증강 현실'은 가상 현실과 대조를 이루어 정의되는 경향이 있다. 가상 현실은 형태를 가진 물건이나 환경의 모습, 모양, 느낌을 모방해 창출한 것이다. 이와 대조적으로, 증강 현실에서는 유형의 물건과 환경을 가상의 물건이나 역동적 데이터와 연계시킨다. 물론 세상의 모든 것이 재현의 수단으로 기호학적 정보와 겹쳐 있지만, 역동성의 가능성에서 중대한 차이가 있다. 역동성은 시간에 따른 변화, 사용자에 따라 달리하는 개별화를 통해 표출된다. 예를 들어, 수많은 박물관은 사물이나 전시품을 식별하고 데이터베이스와 연결해 진열품 대한 정보, 기부자 등 상세한 배경을 찾아볼 수 있게 하는 QR 코드에 기반한 인터페이스를 제공한다. 이러한 과정을 통해 물건 자체를 넘어서는 보다 많은 정보의 환경이 조성되는데, 연결되는 데이터베이스의 역할이 중요하다. 다른 사물이나 데이터에 연결됨으로써 음성 정보 연계 관람에서 제공했던 고정된 내러티브로부터 벗어나는 효과도 생긴다. 이와 같은 인터페이스와 과정은 카메라가 내장된 스마트폰 사용으로 발전하고 있다. 카메라로 생성된 이미지를 기초로 여러 데이터베이스의 정보와 중첩할 수 있기 때문이다. 일례로, 방문객들은 스마트폰 애플리케이션을 사용해 실시간 현실 공간에서 발생하는 인근의 트위터 활동을 시각화해 볼 수 있다.

또한 지역 공동체 활동가 사이에서 데이터를 활동의 도구로 사용하는 노력이 급속하게 확산되고 있다. GIS는 '공동체' 재현(representation)의 수단을 넘어 일반인의 참여와 행동을 증진하는 능동적 도구로 활용되고 있다. 이러한 재현의 수단을 통해 지역의 공공 공간이 형성되고, 이는 때에 따라 공식적인 데이터를 거부/보완/완성하는 역할도 수행한다(13장 참조). 이는 온라인 게임처럼 데이터를 기반으로 형성된 공동체라 할 수 있다. 이러한 방식으로 어떤 공동체가 드러나는지, 어떤 곳이 공식 데이터로 가시화되는지, 두 가지 모두에서 보이지 않는 곳은 어디인지 등은 중요한 문제가 된다[자발적 지리정보(Volunteered Geographic Information: VGI)에 대해서는 16장 참조].

17.5 결론

1990년대에 들어서 미디어와 커뮤니케이션을 연구하는 지리학자들은 새로운 미디어가 공동체 형성에 주는 효과를 심각하게 받아들이기 시작했다. 그들은 물질 세계의 공동체와 별개로 존재하는 대안으로서 '가상' 온라인 공간의 역할에 주목했다. 이러한 연구에서는 시간과 공간상에서 기존의 사회 연결망을 이탈, 분리, 재구성하는 효과를 강조했다. 새로운 공동체가 생겨나 시간과 거리로 분리되었던 사람들이 또다시 연결되는 효과를 낳은 측면도 있다. 초창기 연구는 새로운 공동체가 '진정성' 있는 '현실'인지, 참여나 헌신과 관련해 한계가 있는지 파악하는 것에 몰두했다. 이를 위해 물리적 실천을 동반하고, 다차원적이며 감성이 풍부하며, 시간적 지속성에서 공간적으로 결속된 사람들로 구성된 현실 공동체와 비교되었다. 결과적으로, '현실 공동체'는 가상 공동체만큼이나 공간적으로 복잡하다는 것과 온라인 플랫폼을 통해 연결되는 사회적 관계도 항상 물리적 실천을 동반하고, 다차원적일 수 있으며, 감정적으로 복잡할 수 있고, 시간적으로 지속적일 수 있다는 사실이 분명해졌다.

이에 따라 디지털 커뮤니케이션과 공동체에 관한 연구는 혼성적 방법론을 사용하는 방식으로 진화했다. 디지털과 물질성이 상호작용해 혼성화되는 과정을 파악하는 데 유용하기 때문이다. 일부에서는 온라인의 활용과 상호작용의 패턴, 행위자의 물질적 착근성 등을 파악하는 연구도 있다. 행위자들은 다수의 미디어를 사용하며 이 사이를 오가기 때문에 연구 또한 그렇게 수행될 필요가 있다. 온라인 공동체의 작동에 관한 지리학 연구는 '장소'의 소멸보다 (재)형성에 주목한다. 소셜 네트워크 웹사이트는 상당히 넓은 지역에 걸쳐 있지만, 현실에서의 상호작용을 자극해 공동체를 형성하는 역할을 한다. '현실' 세계의 물리적 공동체는 온라인 미디어와 맞닿아 있어 그것에 자극받는다. 이를 파악하기 위해 여러 가지 전통적 방법들을 활용해 온라인 데이터에서 행동을 추적하고 정량적인 분석의 결과가 제시되기도 한다. 그러나 정량적 데이터의 사용은 어느 연구에서와 마찬가지로 데이터의 부분성으로 비롯된 윤리적 문제를 유발할 수 있다.

| 요약

- '가상 공동체'의 출현과 특성에 대한 중요한 논쟁이 있고, 학계에서는 이것이 의미하는 바에 관한 연구가 진행 중이다. 이러한 연구는 대체로 정보통신 기술을 사이버공간의 영역으로만 간주하지 않으며, 그러한 신기술을 다양한 시간과 거리에서 행동을 형성하고 촉진하는 것으로 파악한다.
- 온라인 게임은 가상 공동체가 가장 먼저 등장한 분야 중 하나이며, 게임을 통한 가상 공동체는 여전히 성장하고 있다. 이는 도상학적 분석, 온라인 분석, 온라인 민족지, 혼성 민족지 등의 방법론을 활용해 연구된다.
- 소셜 네트워크 웹사이트와 소셜 미디어는 광범위한 지역에서 '가상 공동체'를 형성한다. 가상 공동체로서 이들의 성격, 일상적인 사회적 삶에 주는 영향, 학문적 함의 등과 관련된 다양한 입장이 존재한다. 소셜 미디어는 통상적인 상호작용 패턴에 영향을 주도록 디자인되었기 때문에 지배적인 사용자 집단과 이들의 의사소통 패턴을 반복해서 강화한다. 따라서 소셜 미디어는 보수적인 경향성을 가진다고 볼 수 있다. 소셜 미디어를 '증거'로 활용하면 그와 같은 의사소통의 하부 구조를 촉진하는 효과를 가져온다. 그래서 분석은 특정 소셜 미디어 플랫폼의 행동 유도성에 좌우된다는 사실에 주의해야 한다.
- 위치기반형 소셜 네트워크와 증강 현실 미디어가 등장하면서 혼성의 모습을 취하는 '가상' 공동체에 대한 상상도 가능해졌다. 가상의 측면 때문에 현실의 공동체와 사회적 활동이 변했기 때문이다. 그래서 온라인 공동체에 대한 혼성 민족지의 필요성이 생겨났다. 이는 온라인 데이터와 현실 장소에서 수집된 인터뷰 조사 자료를 동시에 활용해 가상의 요소로 인한 물리적 장소의 변화를 탐구하는 방법론이다.

심화 읽기자료

아래의 책과 논문은 가상 공동체에 관한 훌륭한 연구 사례들이다.

- 드리스컬과 그레그(Driscoll and Gregg, 2010)는 온라인 민족지를 손쉽고 빠르게 수행할 수 있는 것으로 오해하는 사람들의 인식을 바로 잡는다. 특히, 온라인 포럼에 참여하는 활동의 복잡성에 주목한다. 저자들은 공동체의 작동을 이해하는 데 친숙한 요소들을 활용하는 동시에 존재에 관한 기존 관념을 비평한다.
- 고프먼(Goffman, 2005)은 상징적 상호작용론에 대한 그의 방대한 연구를 쉽게 이해할 수 있도록 소개한다. 이 책은 사람 간의 일상적 상호작용이 구조화되는 과정에 대한 고전으로 여겨지지만, 1967년에 처음 출간되었기 때문에 디지털 조우에 대한 논의는 빠져 있다.
- 고든과 드소자에실바(Gordon and de Souza e Silva, 2011)는 소셜 미디어가 일상적인 삶을 변화시키며 일상과 뒤섞이는 다양한 사례를 소개한다. 방법론적 논의는 약하지만, 공동체의 다양성, 위치, 디지털 매개체를 이해하는 데 유용하다.
- 하지타이와 샌드비그(Hargittai and Sandvig, 2015)는 주요 연구자들의 고해성사와 같은 에세이들로 구성되어 있는데, 연구의 성과와 함께 문제, 딜레마도 서술하고 있다.
- 롱안(Longan, 2015)은 웹사이트와 다양한 자료를 통해 온라인 공동체를 연구하는 방식을 설명한다. 그리고

온라인 공동체를 가능케 하는 사람들과의 광범위한 인터뷰도 소개한다.

• 러신(Luh Sin, 2015)은 현장 답사에서 소셜 미디어를 사용하는 것에 대해 설명하며 원거리에서도 연구 사례와 떨어지지 않는 방법을 소개한다. 이를 현장 2.0(Field 2.0)으로 칭하며, 이것이 공유의 내용과 대상, 답사의 구성에 대해 초래하는 윤리적 난관도 논의한다.

* 심화 읽기자료에 대한 상세 정보는 아래 참고문헌에서 확인할 수 있음.

참고문헌

Atkinson, R. and Willis, P. (2007) 'Charting the Ludodrome: The mediation of urban and simulated space and rise of the *flaneur electronique*', *Information, Communication & Society* 10 (6): 818-45.

Bamman, D., O'Connor, B. and Smith, N. (2012) 'Censorship and deletion practices in Chinese social media', *First Monday* 17 (3). http://firstmonday.org/article/view/3943/3169 (accessed 20 November 2015).

Bardzell, S. and Odom, W. (2008) 'The experience of embodied space in virtual worlds: An ethnography of a second life community', *Space and Culture* 11: 239-59.

Bollen, J., Mao, H. and Zeng, X. (2011) 'Twitter mood predicts the stock market', *Journal of Computational Science* 2 (1): 1-8.

Börner, K. and Penumarthy, S. (2003) 'Social diffusion patterns in three-dimensional virtual worlds', *Information Visualization* 2 (3): 182-98.

Choi, J.H.-j. (2006) 'Living in Cyworld: Contextualising Cy-Ties in South Korea', in A. Bruns and J. Jacobs (eds) *Use of Blogs*. New York: Peter Lang. pp.173-86.

Cockshut, T. (2012) 'The Way We Play: Exploring the specifics of formation, action and competition in digital gameplay among World of Warcraft raiders', Doctoral Thesis, Durham University, Durham. http://etheses.dur.ac.uk/5931/ (accessed 20 November 2015).

Copier, M. (2009) 'Challenging the magic circle: How online role-playing games are negotiated by everyday life', in M. van den Boomen, S. Lammes, A.-S. Lehmann, J. Raessens and M. T. Schäfer (eds) *Tracing New Media in Everyday Life and Technology*. Amsterdam: University of Amsterdam Press. pp.159-72.

Crampton, J.W., Graham, M., Poorthuis, A., Shelton, T., Stephens, M., Wilson, M.W. and Zook, M. (2013) 'Beyond the geotag: Situating "big data" and leveraging the potential of the geoweb', *Cartography and Geographic Information Science* 40 (2): 130-9.

de Souza e Silva, A. (2006) 'From cyber to hybrid: Mobile technologies as interfaces of hybrid spaces', *Space and Culture* 9 (3): 261-78.

DeLyser, D. and Sui, D. (2014) 'Crossing the qualitative-quantitative chasm III: Enduring methods, open geography, participatory research, and the fourth paradigm', *Progress in Human Geography* 38 (2): 294-307.

di Leonardo, M. (1987) 'The female world of cards and holidays: Women, families, and the work of kinship', *Signs* 12 (3): 440-53.

Diminescu, D. (2008) 'The connected migrant: An epistemological manifesto', *Social Science Information* 47 (4): 565-79.

Drachen, A. and Canossa, A. (2011) 'Evaluating motion: Spatial user behaviour in virtual environments', *International Journal of Arts and Technology* 4 (3): 294-314.

Drachen, A. and Schubert M. (2013) 'Spatial Game Analytics', in M. Seif El-Nasr, A. Drachen, A. Canossa and M. Schubert (eds) *Game Analytics: Maximizing the Value of Player Data*. Dordrecht: Springer. pp.365-402.

Driscoll, C. and Gregg, M. (2010) 'My profile: The ethics of virtual ethnography', *Emotion, Space and Society* 3 (1): 15-20.

Ducheneaut, N., Yee, N., Nickell, E. and Moore, R.J. (2006) 'Alone together?: Exploring the social dynamics of massively multiplayer online games.' Proceedings of the SIGCHI conference on Human Factors in Computing Systems pp.407-16.

Eklund, L. (2011) 'Doing gender in cyberspace: The performance of gender by female World of Warcraft players', *Convergence: The International Journal of Research into New Media Technologies* 17 (3): 323-42.

Goffman, E. (2005) *Interaction Ritual: Essays in Face-to-Face Behavior*. New York: AldineTransaction.

Gordon, E. and de Souza e Silva, A. (2011) *Net Locality: Why Location Matters in a Networked World*. Oxford: John Wiley & Sons.

HajiMohamad, S. (2014) 'Rooted Muslim cosmopolitanism: An ethnographic study of Malay Malaysian students' cultivation and performance of cosmopolitanism on Facebook and offline', Doctoral Dissertation, Durham University. http://etheses.dur.ac.uk/10871/ (accessed 20 November 2015).

Hargittai, E. and Sandvig, C. (2015) *Digital Research Confidential: The Secrets of Studying Behavior Online*. Cambridge, MA: MIT Press.

Höglund, J. (2008) 'Electronic empire: Orientalism revisited in the military shooter', *Game Studies* 8 (1). http://gamestudies.org/0801/articles/hoeglund (accessed 20 November 2015).

Kent, M. (2008) 'Massive Multi-player Online Games and the developing political economy of cyberspace', *Fast Capitalism* 4 (1). https://www.uta.edu/huma/agger/fastcapitalism/4_1/kent.html (accessed 20 November 2015).

Latour, B., and Lépinay, V.A. (2009) *The Science of Passionate Interests: An Introduction to Gabriel Tarde's Economic Anthropology*. Chicago, IL: Pricky Paradigm Press.

Lee, H. (2005) 'Multimedia and the hybrid city: Geographies of technocultural spaces in South Korea', Doctoral Dissertation, Durham University. http://etheses.dur.ac.uk/2727/1/2727_804.pdf (accessed 20 November 2015).

Leonard, D. (2003) '"Live in your world, play in ours": Race, video games, and consuming the Other', *Studies In Media & Information Literacy Education* 3 (4): 1-9.

Lewis, K., Kaufman, J., Gonzalez, M., Wimmer, A. and Christakis, N. (2008) 'Tastes, ties, and time: A new social network dataset using Facebook.com', *Social Networks* 30 (4): 330-42.

Lofgren, E.T. and Fefferman, N.H. (2007) 'The untapped potential of virtual game worlds to shed light on real world epidemics', *The Lancet Infectious Diseases* 7 (9): 625-9.

Longan, M.W. (2015) 'Cybergeography IRL', *Cultural Geographies* 22 (2): 217-29.

Luh Sin, H. (2015) '"You're not doing work, you're on Facebook!": Ethics of encountering the field through social media', *The Professional Geographer* 67 (4): 676-85.

Malaby, T. (2006) 'Parlaying value: Capital in and beyond virtual worlds', *Games and Culture* 1 (2): 141-62.

Mislove, A., Lehmann, S., Ahn, Y.-Y., Onnela J.-P. and Rosenquis, J. (2010) 'Visualisation of the Twitter Pulse of the Nation', http://www.ccs.neu.edu/home/amislove/twittermood (accessed 20 November 2015).

Monson, M.J. (2012) 'Race-Based Fantasy Realm', *Games and Culture* 7 (1): 48-71.

Morley, D. (2003) 'What's home got to do with it? Contradicatory dynamics in the domestication of technology and the dislocation of domesticity', *European Journal of Cultural Studies* 6 (4): 435-58.

Mortensen, T.E. (2006) 'WoW is the New MUD: Social Gaming from Text to Video', *Games and Culture* 1 (4): 397-413.

Penumarthy, S. and Börner, K. (2006) 'Analysis and visualization of social diffusion patterns in three-dimensional virtual worlds', in R. Schroeder and A. Axelsson (eds) *Avatars at Work and Play*. Dordrecht: Springer. pp.39-61.

Ratti, C., Sobolevsky, S., Calabrese, F., Andris, C., Reades, J., Martino, M., Claxton, R. and Strogatz, S.H. (2010) 'Redrawing the map of Great Britain from a network of human interactions', *PLoS ONE* 5 (12): e14248. http://doi.org/10.1371/journal.pone.0014248 (accessed 20 November 2015).

Salo, D. (2008) 'How the virtual gold trade works', *Wired* 16 (12) http://www.wired.com/2008/12/ff-ige-how-to/ (accessed 20 November 2015).

Shirvanee, L. (2006) 'Locative viscosity: Traces of social histories in public space', *Leonardo Electronic Almanac* 14(3). http://www.leoalmanac.org/wp-content/uploads/2012/07/Locative-Viscosity-Traces-Of-Social-Histories-In-Public-Space-Mapping-The-Emerging-Urban-Landscape-Vol-14-No-3-July-2006-Leonardo-Electronic-Almanac.pdf (accessed 20 November 2015).

Thrift, N. (2004) 'Driving in the City', Theory, *Culture & Society* 21 (4/5): 41-59.

Uy-Tioco, C. (2007) 'Overseas Filipino workers and text messaging: Reinventing transnational mothering', *Continuum: Journal of Media & Cultural Studies* 21 (2): 253-65.

Vertovec, S. (2004) 'Cheap calls: The social glue of migrant transnationalism', *Global Networks* 4 (2): 219-24.

Virilio, P. (1993) 'The third interval: A critical transition', in V. Andermatt-Conley (ed.) *Rethinking Technologies*. London: University Of Minnesota Press. pp.3-10.

Wajcman, J., Bittman, M. and Brown, J.E. (2008) 'Families without Borders: Mobile phones, connectedness and workhome divisions', *Sociology* 42 (4): 635-52.

Wellman, B. (2001) 'Physical place and cyberplace: The rise of personalized networking', *International Journal of Urban and Regional Research* 25 (2): 227-52.

Wellman, B. and Hampton, K. (1999) 'Living networked on and off line', *Contemporary Sociology* 28 (6): 648-54.

Wellman, B., Smith, A., Wells, A. and Kennedy, T. (2008) *Networked Families*, 55. Washington, DC: Pew Internet & American Life Project.

Williams, D., Ducheneaut, N., Xiong, L., Zhang, Y., Yee, N. and Nickell E. (2006) 'From tree house to barracks the social life of guilds in World of Warcraft', *Games and Culture* 1 (4): 338-61.

Wilson, M.W. (2015) 'Morgan Freeman is dead and other big data stories', *Cultural Geographies* 22 (2): 345-9.

Yoon, K. (2003) 'Retraditionalizing the mobile: Young people's sociality and mobile phone use in Seoul, South

Korea', *European Journal of Cultural Studies* 6 (3): 327-43.

Yoon, K. (2006) 'The making of neo- Confucian cyberkids: Representations of young mobile phone users in South Korea', *New Media and Society* 8 (5): 753-71.

Zhao, S., Grasmuck, S. and Martin, J. (2008) 'Identity construction on Facebook: Digital empowerment in anchored relationships', *Computers in Human Behavior,* 24: 1816-36.

공식 웹사이트

이 책의 공식 웹사이트(study.sagepub.com/keymethods3e)에서 이 장과 관련한 비디오, 연습, 자료 및 링크들을 확인할 수 있으며, 부가적으로 다음 논문들도 무료로 이용할 수 있음.

1. Crang, M. (2005) 'Qualitative methods: There is nothing outside the text?', *Progress in Human Geography*, 29 (2): 225-33.

2. Lorimer, H. (2007) 'Cultural geography: Worldly shapes, differently arranged', *Progress in Human Geography*, 31 (1): 89-100.

3. Dwyer, C. and Davies, G. (2010) 'Qualitative methods III: Animating archives, artful interventions and online environments', *Progress in Human Geography*, 34 (1): 89-97.

18

비판 GIS[1]

개요

GIS는 방법이자 실천이다. 'GIS'라는 약어는 지구를 재현하기 위해 이용되는 특정 소프트웨어 패키지 혹은 시각적 기법의 전체 세트를 칭하기 위해 이용될 수 있다. 그러나 GIS는 단순히 도구나 소프트웨어 패키지만은 아니다. GIS는 연구 결과를 재현하는 방식일 수 있다. 한편으로 GIS는 공간적 현상의 분석을 수행하는 데 이용될 수 있다. 아울러 GIS는 연구 참여를 유도하기 위한 수단이나 부연 설명 자료로 이용될 수도 있다. 이 장은 연구에서 GIS가 이용되는 다양한 방식을 개관하면서, 방법으로서 GIS의 적합성을 논의하는 사례들을 제공하고, 실천으로서 GIS를 검토하는 데 있어 기본이 되는 요소들을 보여 주고자 한다. 연구 과정의 각 단계에서 GIS의 비판적 이용과 적용은 세상을 어떻게 관찰하고 측정하며 분석하고 또 재현할지에 대한 근본적인 의사결정을 포함한다. 이러한 근본적인 질문들은 실용적인 방식으로 접근할 수 있으며, 이 기술을 비판적 틀 안에서 사회문제 등에 더 적극적으로 관여하면서 책임 있게 이용하기 위한 필수적인 단계를 제시해 줄 수 있다.

이 장의 구성

- 서론
- 비판성과 GIS
- 연구 수행 준비
- 연구 수행
- 연구 집필
- 결론

18.1 서론

GIS(Geographic Information System)는 세상에 대한 자료를 모으고 분석한다는 전통적 의미에 비추어 세상을 학습하는 수단을 제공한다. 나아가 더 넓게는 연구자가 민족지적(ethnographic), 계량적, 질적, 비판적, 역사적 그리고 재현(representation) 너머의 연구와 같은 다양한 양식의 탐구를 수행할 수 있는 수단 또한 제공한다(Kwan, 2007). 'GIS'라는 약어는 지구를 재현하는 데 이용되는 특정 소프트웨어 패키지나 시각적 기법의 전체 세트를 칭한다. GIS는 현실화된 디지털 어스(Digital Earth)의 비전을 통해 관객들을 깜짝 놀라게 할 수도, 흥분시킬 수도 있다. 또한 동료들의 눈썹을 치켜올릴 수도 있고('실증주의가 여전히 살아 있고 잘 나간단 말이야?') 뭔가 실용적 혹은 (현실)응용적인 것을 한다고 축하받게 할 수도 있다('당신이 우리 분야를 현실 문제 해결에 이바지하는 분야로 만들었군요'). 지리학 내 다른 어떤 방법도 그렇게 다양한 반응을 만들어 내지는 못할 듯하며, 그럼에도 학계 안팎에서 GIS는 지리학 전통에 의해 만들어진 방법으로 알려져 있다. 그러나 GIS는 단순히 도구나 소프트웨어 패키지만은 아니다. 오히려 방법에 동기를 부여하며 탐구와 관점, 즉 바라보고 재현하는 방식을 암시한다. GIS 이용에 관심이 있다면 방법론, 즉 그러한 방법의 함의와 **행동 유도성**(affordance)에 대해 잘 이해할 필요가 있다.

GIS 방법에 대해 질문을 던지고 그것의 함의와 행동 유도성을 연구하는 것을 비판 GIS를 한다고 말할 수 있다. 비판 GIS(critical GIS)는 GIS를 급진적 혹은 명시적으로 정치적인 방식으로 이용하는 것과 그러한 GIS 실천을 (특정 상황에) 위치시키는 것 사이에 있다. 비판적 관점에서 GIS는 방법이자 실천이다. 단어의 영향력이 약해질 수 있는 위험을 감수하고 '비판적'이라는 단어를 매우 구체적으로 쓰고자 한다. 크램프턴이 조심스럽게 주장하듯이 '비판의 목적은 우리의 지식이 **진리**가 아니라는 것을 말하는 것이 아니라 지식의 진리가 **권력**과 많은 관련이 있다는 조건 아래 세워진다는 것을 말하는 것이다'(Crampton, 2010: 16).

GIS의 이용 또는 GIS 이용에 관한 연구는 그러한 비판적 접근을 암시한다. 이 장에서는 GIS를 연구에 이용할 수 있는 다양한 방식을 살펴보면서, 방법으로서 GIS의 적합성을 논의하기 위해 여러 연구 사례들을 제공하고 동시에 실천으로서 GIS를 검토하기 위한 기본 요소들을 제시한다. 공간정보 기술을 이용해 커뮤니티 삶의 질을 지도화하는 연구에서 GIS는 커뮤니티 구성원과의 질적 조사를 위한 참여 유도제의 역할을 하는 동시에 커뮤니티 구성원에 의해 생성된 데이터를 분석하고 시각화하는 수단의 역할도 수행했다(Wilson, 2011a).

이 장 전체에 걸쳐 미국 워싱턴주 시애틀에서의 연구를 통해 제작된 하나의 지도를 언급할 것이다. 이 연구는 삶의 질과 관련된 관심사를 지도화하는 과정에서 시애틀에 있는 비영리단체에 의한 휴대용 기기의 이용을 분석했다. 그림 18.1은 2004년부터 2007년까지 이 설문 프로젝트에 참여했던 10개 근린의 위치를 보여 준다. 근린별로 다른 크기의 원은 각 근린에서 코딩된 총 응답 수의 차이를 시각적으로 보여 주는 것으로 GIS에 의해 만들어졌다. GIS 이용의 통상적 단계(데이터 수집, 준비, 분석, 시각화)를 통해, 이 지도는 프로젝트의 중심 연구 질문(즉 근린이 디지털 공간 데이터의 생산에 어떤 식으로 참여하는지)을 소개하기 위해 이용되었을 뿐만 아니라 4개년 설문에 참여한 커뮤니

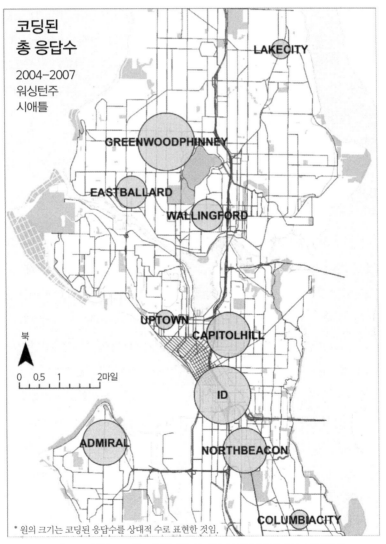

그림 18.1 설문 프로젝트에 참여한 10개의 시애틀 근린(2004~2007년)

티 구성원과 비영리단체 직원과의 논의에도 활용되었다. 지도는 참여도가 높은 근린으로 그린우드 피니 리지(Greenwood Phinney Ridge)와 인터내셔널 디스트릭트(International District)를 보여 주고 있는데, 이때 왜 더 많은 응답이 취합되었는지 그리고 설문 활동에 누가 참여했는지와 같은 질문을 던질 수 있다.

지도와 GIS는 어떤 것을 떠올리게도 하고 격발시키기도 하는 대상이다. 그것들은 또한 분석가의 컴퓨터 밖에서 작동하기 때문에 비판 지리학자는 이를 평가하기에 좋은 위치에 있다. 방법과 실천으로서 GIS에 대한 논의를 설명하기 위해 그림 18.1을 이용할 것이다. 이 장은 다섯 절로 구성되어 있다. 18.2절에서는 방법과 실천으로서 GIS에 대한 기본적인 소개를 하며, 18.3절은 인문지리학 연구에 GIS를 이용할 때 필수적인 준비를 요약하며 특히 개념화(conceptualization)와 형식화(formalization)에 초점을 둔다. 18.4절은 비판 GIS 연구의 수행으로서 관찰과 분석을 논의한다. 연구에 대한 집필(연구의 재현)은 18.5절에서 논의하고 있으며, 결론에서는 방법으로서 비판 GIS의 행동 유도성과 한계를 개략적으로 설명한다.

18.2 비판성과 GIS

GIS를 쓰는 사람은 GIS에 관한 혹은 GIS를 이용한 학술 활동이 이루어지는 분야를 지리정보과학(Geographic Information Science: GIScience)이라 칭하기도 한다. 지리정보과학은 비교적 최근에 만들어진 용어로 논쟁의 역사가 있는 용어이다(Schuurman, 2000). 비판 GIS 관점에 따르면 GIS 발전의 역사는 이 기술의 방법과 실천에 영향을 미친다. 일찍이 1990년대에 지리학자들은 GIS가 지리학 내에서 어떤 역할을 해야 하는지에 관해 논쟁을 벌였다(Macgill, 1990; Clark, 1992). 어떤 이들은 지적 관심에 있어 점점 더 이질적으로 되어 가는 지리학을 GIS가 도와줄 수 있고, 이 기술이 지리학 연구의 수단들을 함께 묶을 수 있는 접착제를 제공할 것이라고 느꼈다(Openshaw, 1991; 1992; Dobson, 1993). 다른 이들은 이보다 덜 낙관적이었으며 심지어 적대적이기까지 했는데, 이들은 GIS의 초점이 지리학을 약화시키고 지리학의 전통을 '사실'의 축적으로 치환하며 지리학을 폭력과 지배의 프로젝트와 연결 짓는다고 느꼈다(Taylor, 1990; Taylor and Overton, 1991; Smith, 1992; Lake, 1993; Pickles, 1993). 이러한 논쟁에 대한 일련의 중재를 통해 'GIS와 사회'라는 이니셔티브가 발의되면서 여러 부문의 연구 의제를 만들고 이러한 차이를 다루고자 했다. 이는 궁극적으로 참여형 GIS(participatory GIS), 공공 참여 GIS(public participation GIS), 공간의사결정지원시스템(spatial decision support systems), 협력적 GIS(collaborative GIS), 비판/페미니스트/질적 GIS(critical, feminist, qualitative GIS), 공간 인문학(spatial humanities)과 같은 하위 분야의 발전을 이끌었다(이와 관련해서는 Pickles, 1995, 2006; Sheppard, 1995, 2005; Craig et al., 2002; Dragicevic and Balram, 2006; Cope and Elwood, 2009; Bodenhamer et al., 2010 참조). 연구 분야에서 GIS의 이용은 이러한 다양한 하위 분야로부터 계승된 것이며, 이들 각각은 접근법, 방법론적 도전, 사회 참여 형태에 있어 다양한 특성을 보이고 있다.

이러한 맥락에서 비판 GIS는 단순히 소프트웨어로서만이 아니라 이 기술이 실제로 사회를 만드는 방식에 주목한다. 이는 근린, 도시, 국가의 계획, 관리, 파괴, 재창조뿐만 아니라 GIS의 확산과 이용으로부터 이윤을 얻기를 희망하는 사람들에게도 매우 중요하다. 지리공간 기술(geospatial technology)은 수십억 달러의 글로벌 산업으로 일상적 경험에 영향을 미치며, 상품/서비스/소비자를 이동시키고, 공격용 드론과 '스마트' 폭탄을 제어하기 위해 소비자 가전기기와 군사용 산업단지 전역에 걸쳐 관련되어 있다. 이미 지리공간 기술은 선진 자본주의 사회에서 일상생활의 중심이 되어 있으나 눈에 잘 보이지 않아 기술적 무의식의 한 부분이 되었다(Thrift, 2004). 공간화된 코드(spatialized code)는 인터넷에서 어떻게 검색하는지(Zook and Graham, 2007), 항공교통을 어떻게 이용하는지(Budd and Adey, 2009), 도시 삶의 질을 어떻게 추적하는지(Wilson, 2011b), 집의 거실에서 어떻게 상호작용 하는지(Dodge and Kitchin, 2009)를 알려 준다. 우리가 인식하고 있든 그렇지 않든 GIS는 사회를 조직하고 있다. 예를 들어, GIS는 커뮤니티 및 도시 계획(Talen, 2000; Elwood, 2002), 교통 계획(Nyerges and Aguirre, 2011), 공공 서비스 배송(Longley, 2005), 재해 대응(Zook et al., 2010) 등 다양한 도시 기능에서 이용된다.

비판 GIS 관점을 채택한다는 것이 반드시 연구에 GIS를 이용하지 않는다는 것을 의미하는 것은 아니다. GPS(Global Positioning System)를 이용할 수 있다. 여기에서 GPS는 소비자용 소형 수신기나 조사용 수신기(위치 정확도와 속성 정교화 수준으로 구분됨)를 의미할 수 있으며, 사람 혹은 연구의 다른 대상에 부착한 GPS 추적기나 여러 휴대전화의 보조 GPS 애플리케이션을 이용하고 있음을 가리킬 수도 있다. 또한 ESRI사의 ArcGIS와 같은 상업용 데스크톱 소프트웨어나 구글어스(Google Earth) 혹은 QGIS와 같은 오픈 소스 소프트웨어를 이용하고 있을 수도 있다. 구글 마이맵(MyMaps), ESRI사의 ArcGIS 온라인, 또는 오픈스트리트맵(OpenStreetMap)과 같은 도구를 이용해 제작된 웹 기반 GIS와 지도 매시업(mashup)에 대해 들어보았을 것이다. '질적 GIS'에 대해 들어보았을 것이고, 어디서 그런 소프트웨어를 다운로드 받을 수 있는지 궁금해 할 것이다(아직은 다운로드 받을 수 없음). 물론, 이용 가능한 모든 시스템, 플랫폼, 소프트웨어 도구를 분류하는 데 이 책이 가장 적절한 것은 아닐 것이다(이러한 목적을 충족하는 것으로 위키피디아가 있음). 비판 GIS 관점이 방법으로서 GIS를 어느 정도 받아들이더라도, 비판적 감수성을 완전히 버리지는 않으며, 이 장에서 논의할 다음과 같은 사전 질문이나 관심사를 보여 준다. GIS의 컴퓨터적 구조에서 세상에 대한 이해를 어떻게 재현하는가? 공간 데이터에 고유한 고려사항은 무엇인가? GIS를 이용해 연구 결과를 어떻게 재현하는가?

18.3 연구 수행 준비

GIS는 공간 현상을 연구하기 위한 다양한 방법에 이용된다. 이와 같은 이유로 모든 사례에 공통으로 적용되는 하나의 '단계별' 과정은 있을 수 없다. 파블롭스카야(Pavlovskaya, 2004)는 러시아 모스크바에서 일상생활의 경제학을 이해하기 위해 GIS를 이용했다. 브라운과 크놉(Brown and Knopp, 2008)은 미국 시애틀에서 동성애자의 구전 역사에 관한 연구에 GIS를 이용했다. 콴(Kwan, 2008)은 미국 오하이오주 콜럼버스에서 감정의 지리학을 시각화하기 위해 GIS를 이용했다. 엘우드(Elwood, 2006)는 근린의 조직과 계획 과정에서 커뮤니티 파트너와의 공동 작업에 GIS를 이용했다. 각 프로젝트에서 GIS는 연구를 준비하고 실행하는 과정에서 서로 다른 방식으로 이용되었다. GIS를 이용한 연구를 준비하면서 **개념화**와 **형식화** 간 상호 관련된 과정에 관여할 필요가 있으며, 이들은 다음과 같이 이해될 수 있다.

1. 연구에서 지도/GIS/데이터의 역할 고려
2. GIS 안에 포함될 요소들과 GIS 실천 안에 포함될 요소들의 형식 갖추기

개념화와 형식화는 모두 GIS 연구에서 중요한 단계이다. 심지어 개념화와 형식화에 명시적으로 관련되지 않아 보이는 프로젝트라 할지라도 데이터로 재현되는 대상과 재료, 즉 물리적 발현인 '현실' 간에 일정한 관계를 가정해야만 한다. 근본적으로 이들 관계는 개념화와 형식화의 실천에 대한 명시적인 논의를 통해 만들어질 수 있다.

개념화

먼저 개념화와 형식화 사이의 중요한 구분에 대한 슈먼의 생각으로부터 출발하는 것이 도움이 된다. GIS 존재론(단순히 자료를 구성하는 범주로서 이해됨)에 관한 그녀의 연구에서 다음과 같이 서술했다.

> 만약 개념화를 공간적 과정과 관계를 이해하는 방향으로 나아가는 같은 계열의 한 단계로 생각한다면, 그들 관계에 대한 코딩의 사전 단계로서 관계를 수학적 혹은 공식적 표기법으로 표현하는 것이 절실하게 필요하다(Schuurman, 2006: 730).

GIS 연구에서 개념화는 연구자가 공간성을 이해할 뿐만 아니라 슈먼의 연장선상에서 지도화 기술, 지도의 초점, 지도를 바라보는 청중 간의 관계 또한 고려해야만 하는 과정이다. 이러한 의미에서 개념화는 지도/GIS가 연구에서 어떤 역할을 하는지에 관한 질문을 던진다.

- 탐구를 위한 유도/부연 설명(예: 근린 개선에 대한 초점 집단의 토론에 이용되는 지도)
- 분석을 위한 수단(예: 교외 거주자의 통행 시간 계산을 위한 GIS)
- 참여적/협력적 대상(예: 근린 경계 분쟁을 명료히 해결하기 위해 커뮤니티 구성원의 숙의를 통해 만들어진 지도)
- 시각화를 구축하기 위한 체계(예: 도시에서 높은 곳으로부터의 전망을 모형화하기 위한 GIS)

이 질문들은 인식론(epistemology)과 방법의 얽히고설킨 복잡한 관계를 강조한다. 이 대목에서 1990년대의 계량지리학(quantitative geography)을 둘러싼(Lawson, 1995), 그리고 보다 최근에 질적 GIS로 재활성화된 논쟁(Pavlovskaya, 2009), 즉 앎에 있어서 방법이 한가지 방식만 있다고 추정하거나 가정할 필요는 없다는 데 대한 논쟁을 상기하는 것이 도움이 된다. 당연히 어떤 방식의 앎이 특정 방법을 이용할 때 좀 더 용이할 수 있으나, 이것이 당연시되는 관계가 될 필요는 없다. 이는 방법이 중립적으로 적용되거나 혹은 적용될 수 있다는 것을 말하려는 것은 아니다. 오히려 이는 방법의 창의적 역할, 즉 연구자의 인식론적 입장에 적응하고 이를 담아 내는 역할에 관한 주장이다.

개념화와 형식화는 연구를 준비하는 한 부분으로서 전체 연구 과정에 관한 관심을 요구한다. 그림 18.2는 개념화와 형식화로부터 출발해 연구의 여러 단계의 순서를 스케치하고 있다. 많은 연구 노력

개념화 ⟶ 형식화 ⟶ 관찰 ⟶ 분석 ⟶ 재현

그림 18.2 연구의 여러 단계 순서화

에서 그러하듯이 연구의 준비 단계에서는 연구의 단계별로 투입/산출을 고려해야 한다. 각 단계에서 연구가 생산하는 것은 무엇인가? GIS는 어떻게 이용될 것인가? 이들 생산에 필요한 것은 무엇인가?

GIS의 이용을 준비하면서 연구의 여러 단계를 중요하게 고려해야겠지만, 분석를 생각해 보는 것은 연구를 어떻게 준비해야 할지 이해하는 데 있어 특히 유익할 수 있다. 공간 분석의 도구로서 GIS에 대한 일반적인 관념에도 불구하고 GIS를 연구에서 분석을 위한 수단으로만 이해할 필요는 없으며, 실제로 분석에 선행하기도 한다. 마찬가지로 GIS가 반드시 분석 결과의 재현만을 위해 이용되어야 할 필요도 없다.

그림 18.3은 GIS가 그림 18.2의 연구 분석 단계와 가지는 세 가지 관계를 보여 준다. 연구 과정에서 GIS가 어디에서 이용되는지를 개념화하려면 전체 프로젝트의 개요를 알 필요가 있다. 분석에 앞서(관계 a) GIS는 연구 참여자를 근린 문제(범죄 인식, 젠트리피케이션의 효과, 역사적 보존 등)에 대한 논의에 참여시키는 민족지적 프로젝트의 참여 유도제로 이용할 수 있다. GIS는 분석 이전 단계에 데이터 수집 과정에서 부연 설명과 같은 역할을 한다. 분석을 위한 수단으로써 작동하는 GIS(관계 b)는 연구에서 GIS의 역할에 대한 아마도 가장 널리 퍼진 가정(연구자가 데이터를 수집하고 이를 GIS에 입력하면 결과가 나타난다!)일 것이다. 또 다른 널리 알려진 가정은 GIS가 분석 이후(관계 c), 연구의 마지막 단계에 연구 결과의 지도화를 위해 이용된다는 것이다.

a. GIS가 분석 이전에 있는 경우
b. GIS가 분석 자체인 경우
c. GIS가 분석 이후에 있는 경우

그림 18.3 GIS와 분석 단계 사이의 세 가지 관계

형식화

비판 지리학의 여러 개념이 GIS의 컴퓨터적 비전으로 치환될 수 없다는 점에서, 개념화로부터 형식화로의 이동은 비판적 관점에서 GIS를 이용하려는 사람들에게 지리정보과학의 실망스러운 부분이다(Schuurman, 2006). 즉 연구를 준비하면서 특정한 탐구에 필요한 형식화가 GIS의 역량 밖이라는 것을 발견할 수 있다. 예를 들어, 많은 비판 지리학 접근이 GIS와 연계된 격자 기반 인식론을 명시적으로 거부한다. 또 다른 예로, 포스트구조주의(post-structural) 연구에서 조사 범주는 연구가 지속됨에 따라 진화한다는 가정을 들 수 있다(Dixon and Jones, 1998). 그러나 GIS를 이용한다는 것은

다음 질문과 같은 형식적인 준비를 하는 것이다. 지리학 연구에서 어떤 스케일이 이용될 것인가? 지도상에서 장소는 어떻게 재현될 것인가? 유클리드 공간에서 어떤 공간적 현상이 재현될 것인가?

연구자가 프로젝트의 중심 개념에 대한 형식화를 시작하자마자 방법과 실천으로서 GIS의 행동 유도성과 한계는 분명해진다. 과정상 이 단계에서는 무수히 많은 형식적이고 형성적(formative)인 요인들을 고려해야 하며, 이들은 아래와 같이 범주화될 수 있다.

1. 데이터 제약
2. 방법 제약
3. 시스템 제약

물론 연구자가 이들 요인에 대해 어떤 결정을 내리느냐는 GIS와 분석 간의 관계에 직접적으로 달려 있다(그림 18.3 참조). 그러므로 GIS가 연구 참여자들과의 토론을 유도하는 민족지적 프로젝트와 비교해, 분석 이전에 GIS가 이용될 때는 '데이터'가 다른 뭔가를 의미할 수 있다. 민족지적 프로젝트에서 '데이터'는 현장 노트와 인터뷰 기록의 형태를 취할 수 있다(9장 및 11장 참조).

그러나 GIS와 분석 간의 관계와 상관없이 GIS 작업을 위해서는 디지털 자료가 필요하다. 따라서 '연구 수행'에 앞서 연구자는 연구 프로젝트의 특정 변수(인종, 계급, 성, 성적 취향, 재산, 주택, 공공 공간 등)가 어떻게 GIS에 포함되고 조작되는지를 고려할 필요가 있다. 형식화 과정의 한 부분으로서 조작화는 연구자에 의해 선정된 변수들을 어떻게 측정할 것인지에 관한 결정을 수반한다. 예를 들어, 도시 지역에서 계급의 공간성에 관심을 가지는 프로젝트는 '계급'의 한 가지 지표로 전국 센서스로부터의 소득 측정치 데이터를 고려할 수 있다. 이러한 데이터는 집계 구역들의 공간적 기하 특성에 의해 제한받을 수 있으며, 이 데이터 없이는 GIS의 공간 분석 능력을 이용한 '계급'의 조작화는 불가능할 것이다.

GIS를 이용한 연구를 준비하면서 방법이 어떻게 연구 질문을 다룰지를 고려하라. 형식화 단계에서는 GIS가 가진 기술적 능력이 직접 활용될 수 있는 방식으로 연구 질문을 변경하고 싶은 유혹이 생길 수 있다. 만약 GIS에서 가용한 방법이 연구 질문을 너무 지나치게 제약한다면 아마도 그 방법은 적합하지 않을 것이다. 또한 GIS는 컴퓨터 기반의 체계로 그 자체의 한계(최대 자료 크기, 대역폭 제한, 물리적 메모리 한계 등)가 있으며, 이는 연구 질문과 선정된 방법을 고집하기 어렵게 만들 수 있다. GIS를 이용한 연구를 준비하는 과정에서 이러한 제약은 중요하게 고려해야 한다. 직설적으로 말해 GIS는 현실적인 한계를 가진 소프트웨어이다.

더 나아가 모든 데이터와 방법이 똑같이 적절하지는 않으며, 연구자는 연구 과제를 형식화하는 과정에서 데이터를 어떻게 생성하고 다룰 것인지에 대해 고려할 필요가 있다. 메타데이터(metadata)는 데이터의 적합성을 이해하는 데 중요한 방법으로 간단히 말해 데이터에 대한 데이터이다. GIS 연구는 투영과 정확도 등 기본적인 이슈들뿐만 아니라 속성값의 매개변수와 구성 방식에 대한 데이터베이스 수준의 고려 사항을 이해하는 데 메타데이터에 의존한다. 만약 잘 관리되었다면, 메타데이터는 공간 데이터의 구성뿐만 아니라 이들의 처리에 대한 정리된 기록을 제공한다. 어떤 메타데이터는 미국의 연방지리자료위원회(Federal Geographic Data Committee: FGDC)와 같은 정부 기구에 의해 유지되는 표준을 통해 생성되기도 하지만, 많은 데이터는 적절하게 관리된 메타데이터를 가지고 있지 않다. GIS의 이용을 준비하는 단계에서 데이터가 어떻게 만들어졌는지 더 잘 이해하기 위해 데이터를 책임지고 있는 담당자에게 자문을 구해야 할 수도 있다. 예를 들어, 공간 데이터가 특정한 스케일에서만 쓰이도록 의도되었을 수 있으며, 이 경우 정확도 수준이 가장 적합한 질문이 된다. 메타데이터는 데이터가 연구 질문에 적합한지를 이해하는 데 도움을 줄 수 있다.

그림 18.1의 지도를 준비하면서 다음 두 가지 요인을 이해하는 것이 중요하다는 것을 알 수 있었다. (1) 데이터 범주가 어떻게 만들어졌는가? (2) 도시 삶의 질에 대한 정보 수집에 대해 조사자는 어떻게 지시받았는가? 조사에 이용된 소프트웨어를 만든 사람들, 데이터 범주를 만든 사람들과 이야기함으로써 데이터가 어떻게 수집되는지, 그리고 어떤 목표 지점을 향해 가는지 더 잘 이해할 수 있었다. 이는 프로젝트가 GIS와 지도를 넘어 그것들의 생산에 관여하는 사람들과의 여러 논의들로 확장되었음을 의미했다. 공간 데이터와 지도는 종종 이것들에 대해 일반적으로 생각하는 협소한 방식을 뛰어넘는 함의를 가진다. 이들 두 요인을 고려함으로써 거주자들이 그들의 근린을 특정한 데이터 대상으로 볼 수 있게 훈련받는 방식(Wilson, 2011a)과 조사를 통해 생성된 데이터가 어떻게 다양한 사람과 조직에 다양한 방식으로 의미를 가질 수 있는지(Wilson, 2011b)에 대한 검증으로 이어졌다.

많은 방법이 그렇듯이 연구의 준비와 수행 간의 차이는 인위적이다. 개념화와 형식화는 연구 '수행'에서도 필수적 측면이다. 연구의 준비와 수행을 분리할 경우, 연구는 연구 과정으로부터 가정들을 떼어 내 괄호 안으로 묶어 버리면서 가정들을 데이터 수집, 관찰, 분석에 대해 중립적인 조건으로 고정해 버리는 위험에 직면한다. 그렇게 되지 않으려면, GIS를 이용하는 연구자는 개념화와 형식화의 과정을 연구가 가능하도록 만들어 주는 중요하고 필수적인 단계로 이해해야만 한다. 개념화와 형식화는 연구의 전반적인 과정 동안 다시 돌아오고, 적절성을 재평가하며, 연구 질문을 더 잘 담아낼 수 있도록 매개변수 값을 조정하는 단계들이다. GIS '수행' 과정에서의 이러한 고유한 사고방식은 방법이자 실천으로서의 질적 GIS에 의존한다(Cope and Elwood, 2009).

18.4 연구 수행

전통적으로 GIS를 이용한 연구의 수행은 연구의 두 측면(관찰과 분석)을 포함한다(그림 18.2 참조). 일반적으로 GIS 연구는 관찰을 먼저 수행하고 그 관찰을 분석한다. 관찰은 무엇이 측정될 것인가에 따라 달려 있으며, 그에 관한 결정은 앞서 언급한 것처럼 형식화 단계의 한 부분이다. 다음에서는 서로 다른 유형의 관찰 및 이와 관련한 고려 사항에 대해 논의한다. 그다음 GIS를 이용한 다양한 분석적 접근을 검토할 것이다.

관찰

대체로 GIS 연구를 수행할 때 관찰을 시도한다. 그림 18.3을 어떻게 바라보느냐에 따라(예를 들어, 만약 GIS가 분석을 위한 수단으로 이용된다면) 이 절은 '데이터 수집'이라 제목 붙일 수도 있다. 데이터 수집은 GIS 연구에서 가장 시간 집약적 단계일 수 있다. 적합한 데이터의 부재는 GIS를 이용하는 연구 프로젝트를 좌초시킬 수 있으며, 데이터의 이용 가능성은 일반적으로 GIS 기반 연구에 주요한 제약 사항으로 나타난다.

데이터를 찾을 때 연구자를 도와줄 세 가지 접근이 있다. 첫째, 요구되는 지리적 지역과 스케일은 데이터 탐색의 방향성을 잡아 줄 것이다(주 혹은 지역, 대도시권, 국가 데이터). 둘째, 데이터의 주제는 관련 데이터를 수집하고 보존하는 기관을 선별할 수 있도록 해 준다(센서스, 주택, 천연자원, 도시 기반 시설, 교통 등). 마지막으로, 연구 질문과 관련된 관심사를 가진 개인이나 기관을 접촉함으로써 데이터의 공유가 적절하게 이루어질 수 있다. 보다 구체적으로, GIS 데이터를 선택할 때 고려해야 할 몇몇 질문들이 있다(박스 18.1). 분석을 위한 데이터를 모으는 과정에서 이러한 질문은 연구 질문을 다루기 위해 그 데이터가 적절한지를 결정하는 데 도움을 준다.

기존의 공간 데이터 또는 공간적 속성을 담고 있는 표 데이터를 구득하는 것에 더해 현지에서 추가적인 데이터 또한 수집할 필요가 있다. 이는 데이터 점과 선을 기록하는 소형 수신기를 이용한 GPS 작업을 통해 수행될 수 있다. 기기 대부분은 공간 데이터를 GIS를 위한 표준 형식으로 다운로드 받을 수 있도록 해 준다. 현대 도시 연구에서 데이터 관찰은 거리 주소를 이용해 수행할 수 있는데, 거리 주소는 스프레드시트에 저장된 후 GIS로 직접 지오코딩할 수 있다.

GIS를 이용한 다른 유형의 관찰도 가능하다. 만약 GIS가 연구 참여자들 간의 토론을 위한 유도제로 이용된다면(그림 18.3의 관계 a) '관찰'은 민족지적이거나 질적일 것이다. GIS를 이용해 연구 참여자들과 직접 작업함으로써 연구자는 공간 지식이 연구를 위해 어떻게 구축되고 만들어지는지 더 잘 이해할 수 있다. 이처럼 GIS는 참여행동 연구에 직접 이용됨으로써(Elwood, 2009), GIS에 의해 만들어진 정보 산물을 평가·해석하거나 관찰 과정 그 자체에서 정리된 범주들을 검토할 수 있다.

분석

연구에서 GIS의 역할에 따라 관찰 수단이 다양한 것처럼 분석도 마찬가지로 다양할 수 있다. 인식론으로부터 방법을 구분함으로써 어떻게 GIS가 실증적 탐구뿐만 아니라 해석적 탐구의 수단으로도 이용될 수 있는지를 생각할 수 있다(Pavlovskaya, 2009). 기초적 측정, 계산, 모델화로 이해되든 혹은 주제화나 비교론적, 정동적(情動, affect) 접근으로 이해되든 **분석**은 새로운 지식이 생성되는 연구의 단면이다.

크리스먼(Chrisman, 2002)은 기본 속성 작업(질의, 범주 조작, 연산 절차)부터 보다 고급의 공간 분석[중첩(overlay), 버퍼(buffer), 표면(surface), 가시권역(viewshed), 네트워크 등]으로 GIS를 이용한 분석 작업(표 18.1 및 GIS 공간 분석에 관한 보다 대중적인 참고서 참조)을 체계화했다. GIS에서 이들 작업은 보통 공간 데이터 모델에 의해 조직화된다. 벡터 데이터는 지리적 좌표를 꼭짓점으로 이용하는 점, 선, 면으로 구성된다. 래스터 데이터는 지리 정보를 셀별로 저장하는 그리드로 구성되며, 각 셀은 지표상의 단위 공간에 상응한다. 이들 공간 데이터의 설계 방식과 철학적 관점의 차이(Couclelis, 1992)로 인해 특정 분석 작업은 특정 데이터 모델과 주로 연결된다. 예를 들어, 네트워크는 벡터 데이터를 이용해 가장 효과적으로 분석될 수 있는 반면, 표면은 보통 래스터 데이터를 이용해 재현되고 분석된다.

이러한 '공간 분석' 방식은 컴퓨터적, 계량적 데이터에 분명히 더 적합하다. 그럼에도 질적 GIS와 공간 인문학 분야의 학자들은 GIS 안에서 해석적 접근 및 그와 연계된 질적 데이터를 다룰 수 있는 다양한 방식의 분석을 탐색한다. 질적 GIS의 하위 분야는 양적 및 질적 데이터 유형의 혼합적 이용에 초점을 둔다(Cope and Elwood, 2009). 방법으로서 질적 GIS는 기술적 작업에 성찰성(reflexivity)을 결합한다(Knigge and Cope, 2006; Jung, 2009). 이와 유사하게 점차 성장하고 있는 공간 인문학 분야도 인문학적 탐구에 공간적 기법을 적용하는 데 관심을 둔다(Bodenhamer et al., 2010). 즉 공간 인문학은 다양한 앎의 방식 간의 연결이라는 시각을 통해 GIS 안에서 역사와 유물을 다루고자 한다(Cooper and Gregory, 2011; Yuan, 2010).

보다 참여적인 방식으로 GIS를 이용할 경우, 담론 분석(discourse analysis) 혹은 근거 이론(grounded theory)과 같은 질적 연구 방법을 이용할 수 있다(Knigge and Cope, 2006; Wilson, 2009). 여기에서 강조되는 부분은 중립적인 방관자로서가 아니라 세상을 이해하고 경험하는 방식의 필수적인 한 부분인 실천으로서 GIS를 분석하는 것에 있다. 예를 들어, 그림 18.1의 지도에서는 근린 주민들에 의해 수집된 기록의 총수를 표현하는 점진적 도형표현도(graduated symbol map)를 만들기 위해 기초 연산을 이용했다. 보다 구체적으로 주민들이 수집한 기록의 총수에 대한 근린별 차이를 분석하고 표현하기 위해 GIS가 이용되었다. 그러나 이 특정한 도시 연구 프로젝트에서 더 중요한

표 18.1 GIS와 함께 이용되는 일반적 분석 작업

분석 작업	설명
질의	데이터 레코드의 특성(공간적 특성일 수 있음)에 의거해 속성 데이터베이스로부터 검색
범주 조작	속성 데이터를 새로운 범주로 재분류
연산 절차	속성 필드 간, 속성 데이터베이스의 레코드 간 더하기·빼기·곱하기·나누기
중첩	합집합(두 데이터 레이어에 있는 모든 대상들)과 교집합(두 데이터 레이어에 공통적으로 있는 대상들)같이 공간적 현상이 어떻게 연관되어 있는지 검증
버퍼	대상들 간 근접성을 검증
최소 비용 경로	두 지리적 지점 간 최소 저항(시간, 노력, 비용 등) 경로 계산

것은 그림 18.1의 지도가 주민들로 하여금 시애틀의 근린 간 차이의 심각성에 대한 추가적인 토론 (담론 분석을 이용해 분석된 토론)을 불러일으키는 새로운 질문이라는 것이다. 여기에서 GIS는 그러한 담론 분석과 분리된 것이 아니라 그 일부라는 것을 인식하는 것이 중요하다. 기술적인 지식의 생산은 해석적이고 담론적인 의미 만들기의 실천에 직접적으로 개입한다.

18.5 연구 집필

학술적 연구를 수행한 후에는 보통 '글쓰기'의 과정에 들어간다. GIS 연구의 집필은 사실상 메타데이터 구축 활동이다. 앞서 논의한 대로 메타데이터는 데이터의 생성 및 조작을 정리한 기록이다. 연구를 집필함으로써 공간 데이터에 대해 정리된 기록을 확장해 나가고, 이러한 활동은 미래의 학자들이 연구를 평가할 뿐만 아니라 이를 계승해 나가는 것을 도와주는 역할을 한다. GIS 연구를 수행할 때 집필은 프로젝트가 생산한 데이터에 대한 메타데이터의 저술 및 업데이트와 관련되며, 그 결과의 재현물(종종 지도의 형태)을 만들 뿐만 아니라 보다 광범위한 대중 혹은 그러한 데이터 수집에 영향을 받는 특정 커뮤니티가 이용할 수 있는 데이터를 만들게 된다. 이 절에서는 그림 18.2에서 연구의 마지막 측면인 '재현'의 한 부분으로서 세 가지 고려 사항을 논의한다.

재현

실세계를 나타내는 상징으로서 여기에서의 재현은 지도 혹은 데이터 그 자체로 이해된다. 집필의 과정에서 연구자는 출판을 위한 지도를 만들고 메타데이터의 형태로 재현을 문서화하며 학계 혹은 그러한 연구에 영향을 받는 커뮤니티에 결과를 발표하면서 이러한 재현을 생산한다. GIS 데이터와 지도가 그 대상에 대해 권위를 강화해 가는 방식을 고려할 때(Wood, 1992; King, 1996) 지리정보 기술을 이용한/통한 재현의 실행은 상당한 주의를 요한다. 이들 재현은 보완적 혹은 다른 식의 새로운 지식 프로젝트에 활용될 수 있다는 점에서 이동이 가능하다. 그러므로 재현은 연구자의 의도를 넘어 활동한다. 다시 말해, 연구가 어느 시점에 가면 예상하지 못했던 방식으로, 심지어 동의할 수 없는 방식으로 다른 연구자들에 의해 이용될 수 있다.

  GIS 프로젝트를 마무리하면서 비슷한 주제의 연구를 수행하는 다른 사람들과 공간 데이터를 공유하도록 요구받을 수 있다. 그러므로 시간, 연락처, 데이터의 질, 공간 참조, 담긴 속성, 데이터가 어떻게 수집 혹은 파생되고 처리되었는지에 관한 그 밖의 추가적인 정보 등 데이터에 관해 주의 깊게 기록해 두는 것이 중요하다. 메타데이터의 기록은 데이터뿐만 아니라 데이터가 존재하는 배경 또한 전달할 수 있게 한다. 이러한 정보는 연구자가 다른 사람의 데이터를 공유해 이용할 때의 관련한 제약과 한계를 더 잘 이해할 수 있게 해 준다는 점에서 매우 중요하다.

지도를 통한 재현은 아마도 GIS 기반 연구의 가장 분명한 결과물일 것이다. 지도는 다양한 형태(웹 기반, 종이, 모바일 기반 등)를 취할 수 있지만, 안내서로서 역할을 해야 하는 지도 제작에는 일반적인 고려 사항이 있다. 독자, 목적, 출판상의 제약(컬러, 흑백, 디지털, 종이 등), 필요한 주석 등을 고려해야 한다. 또한 수행하고 있는 프로젝트에 범례, 방위, 축척이 있어야 하는지, 데이터 출처 혹은 프로젝트에의 다양한 참여자를 어떻게 표기할 것인지, 지도를 보조할 다른 시각화가 있는지 등도 고려해야 한다. 요(Yau, 2011)는 공간 (및 비공간) 데이터를 위한 다양한 시각화 기법(이들 중 다수는 전적으로 웹 기반임)을 다루고 있다. 지도는 단순히 장식이 아니며 프로젝트 결과를 독자들이 이해하는 데 직접적으로 도움을 주어야만 한다.

그림 18.1의 지도는 시애틀 주민들이 근린 수준에서 수집된 원자료 수의 차이에 관심을 두도록 제작되었다. 설문의 실제 결과를 보여 주는 하나의 상징으로서 이 지도는 주민들이 설문에 대한 그들의 경험에 대해 좀 더 토론할 수 있게 해 준다. 이는 수집된 데이터가 어떻게 이용되어야 하는지에 대한 주민들의 희망과 이러한 종류의 데이터 수집이 어떻게 특정한 도시정책을 정당화할 것인지에 대한 우려에 관해 보다 심층적인 논의를 가능케 한다. GIS 연구의 '집필'에는 재현이 수행하는 일에 대한 논의가 포함되어야 하고, 이는 그러한 재현에 의해 영향을 받는 커뮤니티에 지도 제작물을 다시 되돌려줌으로써 가능하다.

18.6 결론

GIS는 다양한 방식의 앎을 가능케 하며 하나의 방법에만 국한되지 않는다. GIS는 이용 대상인 동시에 수행하는 대상이자 참여하는 대상이기도 하다. 매체로서 GIS는 실천이자 방법이다. 이 장에서는 GIS를 수행하는 데 있어, 그리고 GIS 실천이 사회에 스며들어 사회를 만들어 가는 방식에 대해 관심을 가질 때 제기되는 여러 우려를 설명했다. 궁극적으로 GIS는 **재현**의 기술이다. 지도가 인간의 노력으로 만들어진다는 점은 지도학적 실행의 주관성과 선택적 이해관계가 존재할 수 있음를 보여 주면서 과학으로서의 지도학을 복잡하고 성가시게 만든다. 이러한 재현의 문제점이 GIS를 포기하는 데 정당화되어서는 안 되지만, 연구 방법으로서 GIS의 한계와 행동 유도성에 대한 주의 깊은 고려(건전한 비판)가 이루어져야 한다.

지도가 권력을 행사한다는 것을 비판 지도학자들은 알고 있다. 공간의 재현으로서 지도는 영역을 만든다. 인간 및 비인간 타자와 가지는 상호작용을 파악하면서, 지도와 GIS는 일상생활 속으로 교묘히 들어온다. 아무것도 존재하지 않아 보이는 곳에서 전문성과 진정성을 전달한다. 지도는 현재 상황에 도전할 수도 있고 이를 강화하기도 한다. 해리스와 와이너(Harris and Weiner, 1998)가 언급했듯이 GIS는 권한을 주기도 하고 뺏기도 한다. 사회적으로 취약한 집단은 GIS를 이용해 자원에 대한 권리를 주장하고, 정책과 계획에서의 변화를 옹호하기도 하며, 대안적 지리와 역사에 관심을 주목하기도 하고, 정부 내에서 더 투명하고 접근 가능한 의사결정을 촉구하기도 한다. 이러한 기술은 집단적 혹은 참여적 프로젝트로 개방될 수 있기 때문에 집단이 재현적 기량을 조직하고 이끌어 가는 과정에서 GIS는 집합적 역량이 될 수 있는 잠재력이 있다.

그럼에도 불구하고 지리정보 기술은 지식의 생산에 있어 위험한 투자이다. 시각적 기술로서 GIS는 특히 높은 고도의 관점으로부터의 조망이라 할 수 있다. 실세계는 어디에도 없는 곳으로부터, 또 어디에나 있는 곳으로부터 보이는 것처럼 디스플레이된다. 저 높이 동떨어진 곳으로부터 아래를 향하는 이러한 중립적인 응시는 세계를 대상과 행위의 레이어들로 조직화하는 데 기여한다. 이러한 실체에서 분리된 바라보기가 위험한 이유는 GIS가 만드는 이와 같은 거리두기 때문이다(이를 통해 주관적 경험들이 객체로서 제한됨). 데카르트적 원근법주의(Cartesian perspectivalism)를 통한 공간의 조직과 함께, 이러한 시각중심주의(ocularcentrism)는 격자의 **인식론**(앎의 방식)을 가능케 한다. 이때 앎의 방식은 앎의 방식의 도움을 받아야 이해할 수 있는 과정에 앎의 방식 자체를 받아들임으로써 궁극적으로 그 과정들과 분리되지 않게 되는 것을 말한다(Dixon and Jones, 1998: 251). 연구에서 GIS를 이용할 때는 GIS를 가지고 가장 잘 분석할 수 있는 특정한 존재론을 구체화하고 떠받들 위험이 있다. 실제 세계가 GIS가 보여 주는 세계의 모습으로 되어갈 때 이러한 우려는 현실이 된다.

다양한 지리학 연구 프로젝트에서 GIS는 단순히 목적을 위한 수단이자 일련의 공간 데이터를 분석하고 시각화하는 방법일지도 모른다. 하지만 이 장에서는 GIS의 여러 상황을 고려함으로써, 이것이 난데없이 나온 것이 아니며, 비판적 관점에서 GIS를 이용하는 연구 과정의 각 단계는 세계를 어떻게 관찰하고 측정하며 분석하고 재현할지에 대한 근본적인 결정들로 가득 차 있음을 보여 주었다. 이러한 근본적인 물음들에 이 장의 목표가 그렇듯이 실용적으로 접근할 수 있으며, 그러한 실천들은 사회적 개입과 책임을 수반하기 위해 필요한 단계들을 거칠 것이다.

| 요약

- GIS는 방법이자 실천이다. GIS는 단순히 도구가 아니며 단순히 소프트웨어 패키지도 아니다. GIS는 연구 결과의 재현일 수 있으며, 공간 현상의 분석을 수행하는 데 이용할 수 있고, 또 연구 참여자들을 관여시키기 위한 유도제 혹은 부연 설명으로서도 이용할 수 있다.

- 지리정보과학은 비교적 최근에 등장했으며, 논쟁의 역사가 있다. 지리공간 기술은 일상경험에 영향을 미치며 선진 자본주의 사회의 일상생활에 매우 핵심적인 부분이 되면서 기술적 무의식 속에서 이미 보이지 않는 부분이 되었다. 이러한 인식과는 상관없이 GIS는 사회를 조직한다. 비판 GIS는 급진적 혹은 명시적으로 정치적인 방식으로 GIS를 이용하는 것과 그러한 GIS 실천을 상황에 따라 고려하는 것을 아우르는 관점이다.

- GIS의 이용을 준비하면서 GIS와 GIS의 실천에 포함될 요소들의 개념화(연구에서 지도/GIS/데이터의 역할 고려)와 형식화 간의 상호 연관된 과정에 신경써야 한다. GIS를 이용한 연구 수행은 **관찰**과 **분석**을 포함한다. 연구의 집필은 **메타데이터 구축**의 한 형태로, 종종 지도의 형태로 결과의 재현물을 만드는 것뿐만 아니라 프로젝트가 생성한 데이터에 대한 메타데이터를 기록하고 업데이트하며, 일반 대중이나 그런 데이터 수집으로 영향을 받는 특정 커뮤니티가 그 데이터를 이용할 수 있도록 한다.

주

1 이 장은 *Researching the City*(Sage, 2013)에 실렸던 'GIS: A method and practice'를 바탕으로 한다.

심화 읽기자료

- 코프와 엘우드(Cope and Elwood, 2009)는 대안적 GIS의 이론, 방법, 실천에 관한 주요 참고서이다. GIS의 상상력을 사회에 옮기기 위한 개념적인 역할과 지리적 재현을 둘러싼 새로운 기법을 만들기 위한 실용적인 역할을 하고 있으며, 이 책은 지리정보과학에서 새로워진 비판성을 위한 논의의 장을 열고 있다.

- 크램프턴(Crampton, 2010)은 비판 지도학(critical cartography)과 비판 GIS 분야가 성년이 되었음을 알리는 책이다. 이 책은 비판 지도학이나 비판 GIS를 잘 모르는 학생과 교수를 대상으로 비판 지도학 연구 수행에 있어 기본 개념과 기원에 관해 설명한다. 여기에서 크램프턴은 지오웹(geoweb)의 등장과 관련된 GIS와 사회 의제에 대한 비판적 개념을 제공한다.

- 지도 디자인에 대해 모른다면, 크리지어와 우드(Krygier and Wood, 2005)에서 출발하면 좋다. 이 책은 지도 제작에서 디자인 결정과 같은 무거운 문제를 가볍게 접근하면서 제작 의도와 독자를 둘러싼 기본적인 질문들로부터 시작해 색, 시각적 계층, 균형, 여백의 이용을 둘러싼 보다 복잡한 결정에 이르기까지 폭넓은 주제를 다룬다.

- 만약 1990년대의 'GIS 전쟁,' GIS와 사회에 관한 중요 의제, 지리정보과학자들의 관점에 대해 더 알고 싶다면 슈먼(Schuurman, 2004)을 참고하기를 바란다. 1990년대 후반 이후 수행된 GIS 분야에서 슈먼의 연구를 중심으로 인문지리학자와 사회과학자 등 다양한 독자를 아우를 수 있는 방식으로 지리정보과학의 핵심 개념과 기법에 대한 개관을 제공한다.

- 요(Yau, 2011)는 '빅데이터'를 이용한 강렬한 그래픽을 보여 주기 위한 목적으로 저술되었고 오픈 소스, 웹 기반의 시각화 기술을 점차 찾고 있는 시각화의 열렬한 지지자 집단에게 유용한 참고서이다. 일종의 해커 감수성을 보여 주며 웹 기반 지도 제작 기법에 많은 부분을 할애하고 있으며 지도 프로젝트에 복사해 붙일 수 있는 예시 스크립트도 첨부되어 있다. 요는 www.FlowingData.com 블로그의 저자이기도 하다.

* 심화 읽기자료에 대한 상세 정보는 아래 참고문헌에서 확인할 수 있음.

참고문헌

Bodenhamer, D.J., Corrigan, J. and Harris, T.M. (eds) (2010) *The Spatial Humanities: GIS and the Future of Humanities Scholarship*. Bloomington: Indiana University Press.

Brown, M., and Knopp, L. (2008) 'Queering the map: The productive tensions of colliding epistemologies', *Annals of the Association of American Geographers* 98 (3): 1-19.

Budd, L., and Adey, P. (2009) 'The software-simulated airworld: Anticipatory code and affective aeromobilities', *Environment and Planning A* 41: 1366-85.

Chrisman, N.R. (2002) *Exploring Geographic Information Systems* (2nd edition). New York: Wiley.

Clark, G.L. (1992) 'GIS - what crisis?', *Environment and Planning A* 24 (3): 321-2.

Cooper, D., and Gregory, I.N. (2011) 'Mapping the English Lake District: A literary GIS', *Transactions of the IBG* 36 (1): 89-108.

Cope, M., and Elwood, S.A. (eds) (2009) *Qualitative GIS: A Mixed Methods Approach*. London: Sage.

Couclelis, H. (1992) 'People manipulate objects (but cultivate fields): Beyond the raster-vector debate in GIS', *Lecture Notes in Computer Science* 639: 65-77.

Craig, W.J., Harris, T.M. and Weiner, D. (eds) (2002) *Community Participation and Geographic Information Systems*. New York: Taylor & Francis.

Crampton, J.W. (2010) *Mapping: A Critical Introduction to Cartography and GIS*. Malden, MA: Wiley-Blackwell.

Dixon, D.P., and Jones, J.P. III (1998) 'My dinner with Derrida, or spatial analysis and poststructuralism do lunch', *Environment and Planning A* 30 (2): 247-60.

Dobson, J.E. (1993) 'The Geographic Revolution: A retrospective on the Age of Automated Geography', *The Professional Geographer* 45 (4): 431-9.

Dodge, M., and Kitchin, R. (2009) 'Software, objects, and home space', *Environment and Planning A* 41: 1344-65.

Dragicevic, S., and S. Balram (eds) (2006) *Collaborative Geographic Information Systems*. Hershey, PA: Idea Group, Inc.

Elwood, S.A. (2002) 'GIS use in community planning: A multidimensional analysis of empowerment', *Environment and Planning A* 34: 905-22.

Elwood, S.A. (2006) 'Beyond cooptation or resistance: Urban spatial politics, community organizations, and GIS-based spatial narratives', *Annals of the Association of American Geographers* 96 (2): 323-41.

Elwood, S.A. (2009) 'Integrating participatory action research and GIS education: Negotiating methodologies, politics and technologies', *Journal of Geography in Higher Education* 33 (1): 51-65.

Harris, T.M., and Weiner, D. (1998) 'Empowerment, marginalization, and "community-integrated" GIS', *Cartography and Geographic Information Systems* 25 (2): 67-76.

Jung, J.-K. (2009) 'Computer-aided qualitative GIS: Software-level integration of CAQDAS and GIS', in M. Cope and S.A. Elwood (eds) *Qualitative GIS: A Mixed-Methods Approach.* London: Sage. pp.115-35.

King, G. (1996) *Mapping Reality: An Exploration of Cultural Cartographies.* New York: St. Martin's Press.

Knigge, L., and Cope, M. (2006) 'Grounded visualization: Integrating the analysis of qualitative and quantitative data through grounded theory and visualization', *Environment and Planning A* 38: 2021-37.

Krygier, J., and Wood, D. (2005) *Making Maps: A Visual Guide to Map Design for GIS.* New York: Guilford Press.

Kwan, M.-P. (2007) 'Affecting geospatial technologies: Toward a feminist politics of emotion', *The Professional Geographer* 59 (1): 2-734.

Kwan, M.-P. (2008) 'From oral histories to visual narratives: Re-presenting the post-September 11 experiences of the Muslim women in the USA', *Social and Cultural Geography* 9 (6): 653-69.

Lake, R.W. (1993) 'Planning and applied geography: Positivism, ethics, and geographic information systems', *Progress in Human Geography* 17 (3): 404-13.

Lawson, V. (1995) 'The politics of difference: Examining the quantitative/qualitative dualism in post-structuralist feminist research', *The Professional Geographer* 47 (4): 449-57.

Longley, P. (2005) 'Geographical Information Systems: A renaissance of geodemographics for public service delivery', *Progress in Human Geography* 29 (1): 57-63.

Macgill, S.M. (1990) 'Commentary: GIS in the 1990s?', *Environment and Planning A* 22 (12): 1559-60.

Nyerges, T.L., and Aguirre, R.W. (2011) 'Public participation in analytic-deliberative decision making: Evaluating a large-group online field experiment', *Annals of the Association of American Geographers* 103 (3): 561-86.

Openshaw, S. (1991) 'A view on the GIS crisis in geography, or, using GIS to put Humpty-Dumpty back together again', *Environment and Planning A* 23 (5): 621-8.

Openshaw, S. (1992) 'Further thoughts on geography and GIS: A reply', *Environment and Planning A* 24 (4): 463-6.

Pavlovskaya, M. (2004) 'Other transitions: Multiple economies of Moscow households in the 1990s', *Annals of the Association of American Geographers* 94: 329-51.

Pavlovskaya, M. (2009) 'Breaking the silence: Non-quantitative GIS unearthed', in M. Cope and S. A. Elwood (eds) *Qualitative GIS: A Mixed-Methods Approach.* London: Sage. pp.13-37.

Pickles, J. (1993) 'Discourse on Method and the History of Discipline: Reflections on Dobson's 1983 Automated Geography', *The Professional Geographer* 45 (4): 451-5.

Pickles, J. (ed.) (1995) *Ground Truth: The Social Implications of Geographic Information Systems.* New York: Guilford.

Pickles, J. (2006) 'Ground Truth 1995-2005', *Transactions in GIS* 10 (5): 763-72.

Schuurman, N. (2000) 'Trouble in the heartland: GIS and its critics in the 1990s', *Progress in Human Geogra-

phy 24 (4): 569-90.

Schuurman, N. (2004) *GIS: A Short Introduction* (Short introductions to geography). Malden, MA: Blackwell.

Schuurman, N. (2006) 'Formalization matters: Critical GIS and ontology research', *Annals of the Association of American Geographers* 96 (4): 726-39.

Sheppard, E. (1995) 'GIS and society: Towards a research agenda', *Cartography and Geographic Information Systems* 22 (1): 5-16.

Sheppard, E. (2005) 'Knowledge production through critical GIS: Genealogy and prospects', *Cartographica* 40 (4): 5-21.

Smith, N. (1992) 'History and philosophy of geography: Real wars, theory wars', *Progress in Human Geography* 16: 257-71.

Stanford University Libraries (2006) *Guidelines for Finding GIS Data*. Stanford University, 16 March. https://lib.stanford.edu/gis-branner-library/finding-data-guidelines (accessed 21 November 2015).

Talen, E. (2000) 'Bottom-up GIS - A new tool for individual and group expression in participatory planning', *Journal of the American Planning Association* 66 (3): 279-94.

Taylor, P.J. (1990) 'GKS', *Political Geography Quarterly* 9: 211-2.

Taylor, P.J., and Overton M. (1991) 'Further thoughts on geography and GIS', *Environment and Planning A* 23 (8): 1087-90.

Thrift, N. (2004) 'Remembering the technological unconscious by foregrounding knowledges of position', *Environment and Planning D: Society and Space* 22: 175-90.

Wilson, M.W. (2009) 'Towards a genealogy of qualitative GIS', in M. Cope and S. A. Elwood (eds) *Qualitative GIS: A Mixed Methods Approach*. London: Sage. pp.156-70.

Wilson, M.W. (2011a) '"Training the eye": Formation of the geocoding subject', *Social and Cultural Geography* 12 (4): 357-76.

Wilson, M.W. (2011b) 'Data matter(s): Legitimacy, coding, and qualifications-of-life', *Environment and Planning D: Society and Space* 29 (5): 857-72.

Wood, D. (1992) *The Power of Maps*. New York: Guilford Press.

Yau, N.C. (2011) *Visualize This: The Flowing Data Guide to Design, Visualization, and Statistics*. Indianapolis, IN: Wiley Publishing, Inc.

Yuan, M. (2010) 'Mapping text', in D.J. Bodenhamer, J. Corrigan and T.M. Harris (eds) *The Spatial Humanities: GIS and the Future of Humanities Scholarship*. Bloomington, IN: Indiana University Press. pp.109-23.

Zook, M.A., and Graham, M. (2007) 'The creative reconstruction of the Internet: Google and the privatization of cyberspace and DigiPlace', *Geoforum* 38: 1322-43.

Zook, M.A., Graham, M., Shelton, T. and Gorman, S. (2010) 'Volunteered geographic information and crowdsourcing disaster relief: A case study of the Haitian earthquake', *World Medical & Health Policy* 2 (2): 7-33.

공식 웹사이트

이 책의 공식 웹사이트(study.sagepub.com/keymethods3e)에서 이 장과 관련한 비디오, 연습, 자료 및 링크들을 확인할 수 있으며, 부가적으로 다음 논문들도 무료로 이용할 수 있음.

1. Crampton, J. (2011) 'Cartographic calculations of territory', *Progress in Human Geography*, 35 (1): 92-103.

– 이 논문은 연구의 경험적 대상과 이론, 두 분야가 더 진보할 수 있는 가능성을 탐색하기 위한 대화로부터 비판 지도학을 이용하는 정치지리학에서의 최근의 진전을 논의한다.

2. Elwood, S. (2010) 'Geographic information science: Emerging research on the societal implications of the geospatial web', *Progress in Human Geography*, 34 (3): 349-57.

– 이 연구는 새로운 연구 분야에 다양한 학문 분야의 여러 학자를 연결하면서 GIS에 대한 비판적 관점을 새롭게 부상하는 지오웹의 도구, 자료, 실천에 대한 논의로 확장한다.

3. O'Sullivan, D. (2006) 'Geographical information science: Critical GIS', *Progress in Human Geography*, 30 (6): 783-91.

– 이 논문은 GIS와 사회 의제, 특히 비판 GIS에서의 진전을 검토하며 비판지리학과 지리정보과학 간에 공유되었던 10년 묵은 의제의 상당수가 여전히 다루어지지 않은 채 남아 있음을 주장한다.

19

인문지리학에서 계량 모델

본질적으로 모든 모델은 틀렸지만, 그중 몇몇은 유용하다.

조지 박스(George Box, 1987: 424)

개요

사회, 경제, 인구학적 특성의 대부분은 강한 공간적 패턴을 보인다. 예를 들어, 보건 취약성, 사망자 수, 이주, 경제적 부, 실업의 분포는 국가별·지역별로 그리고 그 안에서 강한 공간적 패턴을 나타낸다. 계량 모델은 인문지리학자가 인구와 사회경제적 특성에 있어 공간적 불균등을 유발하는 사회적 과정에 대한 이론을 평가할 수 있게 해 주는 귀중한 도구이다. 모든 모델에 오류가 있기 마련이지만, 모델은 공간적 과정에 대한 새로운 이해를 드러내거나, 기존 이론에 도전하고 이를 발전시키거나, 특정한 사회적 도전에 대한 정책 반응에 필요한 정보를 알려 줄 수 있는 잠재력도 지니고 있다.

이 장은 인문지리학에서 계량 모델의 이용을 소개하는데, 비록 흥미롭고 활력 넘치는 이 분야에서의 모든 기법을 전부 다룰 수는 없지만 계량적 방법론의 잠재력을 설명할 수 있는 몇몇 대표적 모델 사례를 제공한다. 이 장은 또한 계량 모델의 이용을 둘러싼 발전과 논쟁, 연구 프로젝트에 그것을 적용하는 방법, 계량 인문지리학의 향후 도전과 기회에 대해서도 다룬다.

이 장의 구성

- 서론
- 인문지리학에서 계량 모델 이용에 관한 논쟁
- 연구 프로젝트의 계량 모델 이용
- 인문지리학에서 계량 모델
- 도전과 기회: 빅데이터의 중요성

19.1 서론

계량 모델(quantitative model)은 행성의 이동과 같이 자연 세계의 현상들을 고도의 정확도를 가지고 예측하는 자연과학에서 결정적이고 성공적인 역할을 오랫동안 담당해 왔다. 자연과학에서 계량 모델의 성공은 사회현상을 탐구하는 사회과학에서 부분적으로 계량 모델을 이용하도록 자극했다. 그러나 사회과학에서 계량 모델의 성공은 덜 명확한 듯하다. 중요한 것은 사회적 과정의 복잡성과 짧은 지속성, 가치판단적인 본질로 인해 사회적 연구 질문에 계량 모델을 적용할 때는 중요한 철학적, 방법론적 사항들을 반드시 고려해야 한다는 것이다. 그러나 계량 모델을 적절하게 적용하고 해석할 수 있다면, 사회적 과정과 장소의 매개 역할에 대한 중요한 통찰을 보여 줄 수 있는 잠재력을 가진다.

인문지리학자는 사회적 과정과 특성이 어떻게 장소의 영향을 받는지 고려하는 다음과 같은 다양한 질문에 답하기 위해 계량 모델을 이용했다.

- 연령, 젠더, 사회 계급, 흡연 여부와 같은 개인적 특성에 덧붙여 지역의 특성이 개인의 건강에 영향을 주는가?(예: 박스 18.4 참조).
- 시간이 지남에 따라 장소는 사회적(예: 경제적 부, 경제활동), 인구학적(예: 민족, 연령)의 공간 분포와 더 혹은 덜 분리되어 가는가?(예: 박스 19.2 혹은 Lloyd, 2014a 참조).
- 어떤 요인이 지역 간 인구 유동(거주 이동, 통근, 쇼핑)을 예측하는가? 고등교육에서 학생들의 유동과 관련된 사례로 싱글턴 외(Singleton et al., 2012)를 참조하라.
- 수집된 데이터가 없는 상황에서 인구 특성(예: 특정한 장애)과 행태(예: 흡연)에 대한 국지적 추정치를 어떻게 개발할 수 있는가? 흡연과 알코올 과다 소비에 대한 국지적 추정치와 관련된 사례로 트위그 외(Twigg et al., 2000)를 참조하라.

계량 모델은 관심 있는 특정 사회적 과정에 대한 일련의 가정에 기반을 둔 단순화된 현실 세계를 제공하기 때문에 가치가 있으며, 이를 통해 경험적·이론적 검증을 할 수 있다. 계량 모델은 경험 데이터를 쓰거나 쓰지 않은 여러 통계적, 수학적, 컴퓨터적 기법들이 다양하게 연계된 방법을 포함한다(박스 19.1). 인문지리학에서 계량 모델은 보통 사회적 과정 속에서 장소의 역할에 대한 이해를 진전시키는 데 적용된다. 포더링엄 외(Fotheringham et al., 2000)에 따르면 계량지리학은 숫자로 나타낸 공간 데이터의 분석, 공간 이론의 개발 또는 공간 과정에 대한 수학 모델의 구축과 검증으로 구

박스 19.1   계량 모델의 유형과 인문지리학에서 이용 사례

숫자로 나타낸 데이터를 이용하는 통계 모델

다수준 모델이나 지리가중회귀와 같은 선형 회귀(linear regression) 모델에 기반을 둔 기법들(31장 참조)은 경험적 데이터를 이용한 종속변수와 일련의 설명변수들 간 관계를 포착하는 데 이용된다(예: 박스 19.4를 참조).

수학적 모델

행위자 기반 모델은 복잡계 안에서 '행위자' 모집단의 행태를 시뮬레이션하고 특정 과정에 대한 가설을 검증하기 위해 이용된다. 예를 들어, 행위자 기반 모델은 각 민족 집단별로 장소의 특성이 건강과 거주지 분리에 미치는 영향을 분석하는 데 이용될 수 있다(예: 박스 19.5를 참조).

숫자로 나타낸 데이터를 이용하는 컴퓨터적 기법

사회, 경제, 인구 통계학적 특성에 대한 상세한 정보를 가진 지역의 가상 인구 집단을 생성하는 데 시뮬레이션 모델이 이용된다. 지역에 대한 합역된 인구 특성 데이터가 이 과정을 진행하는 데 이용된다. 예를 들어, 건강 불평등을 탐색하기 위해 공간 마이크로시뮬레이션을 이용한 밸러스 외(Ballas et al., 2006)의 연구를 참조하라.

성된다.

19.2 인문지리학에서 계량 모델 이용에 관한 논쟁

인문지리학에서 계량 모델 이용의 역사는 오래 되었다. 초기의 사례는 1886년과 1903년 사이에 수행된 부스(Booth)의 *Inquiry into the Life and Labour of People*로 극명한 공간 불평등을 보여 주고자 런던 전역의 거리별 빈부의 공간 분포를 계량화했다. 이러한 불평등은 이후 다른 연구자들에 의해 오늘날까지도 여전히 존재하고 있음이 밝혀졌다(Orford et al., 2002). 1950년대 후반부터 1970년대 후반까지 지리학에서의 계량 혁명(quantitative revolution)은 지리학 내에서 계량적 방법론을 적용하기 위한 초기의 많은 시도를 가져왔다. 많은 패러다임 전환이 그러하듯 계량 혁명은 이전의 사고방식이 주는 좌절감 위에서 활기를 띠었다. 논리 실증주의(logical positivism)와 자연과학의 기법들이 주도하고, 지식의 일반화와 중립성을 강조하면서 계량 혁명은 인문지리학 연구를 보다 과학적으로 만들어 갔다(Robinson, 1998: 2).

계량 혁명은 여러 비판의 대상이었으며, 이러한 비판은 인문지리학에서 뒤이어 이루어진 계량적 연구에 중요한 함의를 가졌다. 대부분 비판은 접근에 대한 실증주의적 토대로 향했다(Peet, 1998). 예를 들어, 비판주의자들은 사회와 사회 시스템의 복잡성과 짧은 지속성을 고려할 때 자연과학적 접근의 도입은 부적절하다고 주장했다. 계량 분석이 사회적 연구 질문에 대한 객관적 평가를 제공한다는 주장은 강한 도전을 받았으며, 어떤 이들은 계량적 방법의 적용이 인간의 행위성과 구조를 고려하지 못하며 인간을 인간답게 만드는 가치와 의미를 간과하고 이것들이 가지고 있는 역량 또한 간과한다고 주장한다(Cloke et al., 1991; Smith, 1998). 마지막으로, 계량 혁명의 일부 연구는 통계적 관계가 곧 인과관계를 암시한다고 가정하는 위험한 행보를 하기도 했다.

계량지리학자들은 이상에 논의한 철학적 비판을 대체로 받아들였다. 예를 들어, 하비(David Harvey)는 다음과 같이 계량적 도구의 부적절한 이용의 위험을 인식했다.

나는 이 도구들이 지리학에서 종종 잘못 적용되거나 잘못 이해되었다고 믿는다. 나는 이러한 점에서 분명히 유죄이다. 이러한 날카로운 도구의 이용을 제어하려면, 이것들이 필수적으로 의지하고 있는 철학적, 방법론적 가정을 이해해야만 한다(Harvey, 1969: 7).

박스 19.2는 민족 집단에 따른 거주지 분리에 대해 계량 혁명 시기와 그 이후에 수행된 두 편의 연구를 비교하고 있다.

계량 혁명에 대한 철학적 비판과는 별개로 다수의 방법론적 약점이 확인되었다. 많은 통계 기법은 통계 혹은 계량경제학 문헌에서 단순히 '요리책 방식'으로 차용되어 공간적 차원을 가진 문제에 적용되었다(Fotheringham et al., 2000). 통계 기법들은 사회적 과정 속의 장소에 대한 연구에 항상 적합한 것은 아니었다. 예를 들어, 선형 회귀는 종속변수(예: 개인 소득)가 하나 혹은 그 이상의 설명변수(예: 연령, 젠더, 교육)에 의해 어떻게 영향을 받는지를 탐색하는 데 유용한 도구이나, 설명변수의 관측치가 독립적일 것을 가정한다. 그러나 유사한 특성(연령, 교육 수준)을 가진 사람들은 비슷한 근린에 집적하는 경향이 있고, 이들 서로 다른 개개인의 특성을 모델 안에 모두 포함한다는 것은 불가능까지는 아니더라도 여전히 어려운 일이다. 그러므로 개인들의 공간적 집적을 완전하게 설명하지 못하는 선형 회귀의 경우 관측치에 대한 가정이 위배될 가능성이 높다. 이러한 비판에 대한 대응은 대단히 긍정적인 결과를 낳았는데, 이후 공간 분석을 위한 일련의 맞춤형 계량 모델의 발전을 이끌었다.

- Farley, R. and Taeuber E. (1968) 'Population and residential segregation since 1960', *Science* 159 (3818): 953–6.
- Simpson, L. and Dorling, D. (2004) 'Statistics of racial segregation: Measures, evidence and policy', *Urban Studies* 41: 661–81.

팔리와 토버(Farley and Taeuber, 1968)의 연구는 미국 13개 도시에서 '백인'과 '흑인'의 인구 변화 특성을 탐색했다. 거주지 분리는 개인적 선택과 집중의 긍정적 측면을 고려하지 않은 채 사회적 문제로 묘사되었으며, 1960년과 1965년에 상이지수(dissimilarity index)[1]를 이용해 측정되었다. 연구에서 분리를 유발하는 사회과정을 이해하고자 하는 시도는 거의 없었다. 숫자로 표현된 증거는 분리가 존재한다는 것을 보여 주는 데 이용되었으나 왜 그것이 발생하는지에 대한 문화적·사회적·역사적 이유들에 대한 고려는 없었다.

인종별 분리에 대한 심프슨과 돌링(Simpson and Dorling, 2004)의 연구를 팔리와 토버(Farley and Taeuber, 1968)의 연구와 비교함으로써 인문지리학 연구에서 계량적 방법론의 이용 변화를 살펴볼 수 있다. 이 연구는 2001년 인종 소요에 뒤이어 브래드퍼드(Bradford)의 남아시아 인구가 자기 분리를 선택했다는 주장(Cantle, 2001)을 평가하고자 1991년과 2001년의 센서스 데이터와 브래드퍼드 시에서 수집한 상세 데이터를 이용했다.

이 논문은 2001년 '인종 폭동'과 이어지는 사회적, 정치적 상황의 맥락으로부터 출발한다. 다음으로, 분리의 역사적·문화적·경제적 이유들을 고려해 계량 기법의 이용에 잘맞아 들어갈 실체적 이론을 만들었다. 여기에서 인종과 관련된 통계가 상세한 고려를 가능하게 준다. 인종 분류는 사회의 산물이자 사람들이 스스로를 바라보는 방식에 영향을 미치는 힘을 가진 것으로 인식된다. 아울러 이 연구에서는 민족 집단과 다른 특성들 간 통계적 관계를 인과적 관계로 잘못 해석할 위험이 있음을 인정한다. 이 연구는 팔리와 토버(Farley and Taeuber, 1968)의 연구처럼 상이지수를 이용한다. 그러나 상이지수는 강제된 분화와 자발적 분리를 구분할 수 없다는 등 이 기법의 이용에 대한 평가는 매우 엄정하다. 마지막으로, 이 연구는 비계량적 기법을 통해 현상의 이해를 보다 향상할 수 있음을 인식한다. 예컨대, 부동산 중개인과의 반구조화 인터뷰를 이용한 연구의 결과는 주택 매도인들을 인종적으로 혼합이 덜 된 지역들로 유도해 가는 부동산 중개인들의 역할을 탐색하는 데 이용되었다.

1) 상이지수는 0과 1 사이의 값을 가진다. 1의 값은 완전한 분리를, 0의 값은 분리가 없음을 가리킨다.

19.3 연구 프로젝트의 계량 모델 이용

첫 번째 단계는 관심을 가지는 연구 질문을 명확히 정의하는 것이다. 연구 질문에 도달하는 데에는 다양한 경로가 있다. 특정 지역에서 현재 알려진 것에 관한 문헌 연구로부터 찾을 수도 있고, 탐색적 데이터 분석으로부터 떠오를 수도 있다(29장 참조). 이상적으로는 이 두 과정을 모두 자신이 선택하는 연구 질문과 더불어 정말로 흥미를 유발하고 관심을 끄는 주제에 영향을 주어야만 한다.

연구 질문이 결정되면 다음 단계는 계량 모델을 이용해 평가할 수 있는 이용 가능한 데이터가 있는지 고려하는 것이다. 만약 그런 데이터가 존재하지 않는다면 여러 선택이 있을 수 있다. 먼저, 이미 존재하는 데이터를 이용해 탐색할 수 있는 형태로 연구 질문을 개선하는 선택을 할 수 있다. 또 다른 방법으로, 연구 질문에 답하는 데 필요한 정보를 얻기 위해 직접 데이터 수집에 착수할 수도 있다. 마지막으로, 데이터 투입이 반드시 필요하지 않은 계량 모델(예: 행위자 기반 모델, 21장 참조)이 적절할 수 있는지 고려할 수 있다.

프로젝트에서 이용할 수 있는 2차 데이터는 센서스, 설문, 행정 데이터 등 세 가지의 주요한 출처로 나뉜다(28장, 29장 참조). 이들 출처와 어떻게 접근하는지에 대한 추가적인 정보는 홀즈워스 외(Holdsworth et al., 2014: 41-6)에서 제공된다. 데이터 출처를 평가할 때 고려해야 할 중요한 질문으로는 데이터가 지역 혹은 개인 수준에서 필요한가, 데이터가 필요한 시간 범위, 연구 질문에 횡단 혹은 종단 데이터를 이용해 답할 수 있는지 등이다. 이들 질문에 대한 더 구체적 설명은 다른 곳에서 볼 수 있다(Holdsworth et al., 2013: 46-8).

핵심 결정은 채택할 계량 모델의 유형에 관한 것이다. 이것은 연구 질문의 성격과 이용 가능한 데이터의 영향을 받는다. 보통 특정 질문을 평가하기 위해 수학 모델이 만들어진다. 예를 들어, 개개인이 사는 지역의 특성(범죄 수준, 식료품 접근성, 빈곤 수준)과 비교해 그들의 개인 특성(연령, 경제적 부, 흡연 여부)에 의해 개인의 건강이 결정되는 정도에 관심이 있을 수 있다. 개인의 연령, 젠더, 사회 계급뿐만 아니라 그들이 거주하는 지역 특성에 기반해 건강을 예측하는 다수준 모델(박스 19.4 참조)과 같은 회귀 기반 모델은 이러한 질문을 분석하는 한 가지 방법이 될 수 있다. 만약 학교나 공장이 어떤 지역에 생긴다면, 혹은 어떤 정책이 실행된다면 인구에 무슨 일이 일어날지 등과 같이 '~라면 어떻게 될까' 시나리오를 탐색하는 데 관심이 있다면 시뮬레이션이 보다 적합할 수 있다(시뮬레이션에 대한 더 상세한 설명은 28장과 이 장의 후반부 참조). 여기에서 고려해야 하는 핵심 요인은 연구 질문이 특정한 사회적 과정을 설명하거나 기술하는 것을 추구하느냐이다. 예를 들어, 왜 사람들이 한 지역으로부터 다른 지역으로 이동하는지를 설명하는 것은 단순히 지역 간 이주 규모를 추정하는 것을 목표로 하는 모델과는 다른 모델을 필요로 한다.

마지막 단계는 모델을 검증하고 결론을 도출하는 것이다. 이 단계는 예측된 결과와 관측된 경험적 데이터의 비교를 수반한다. 더 나아가 어떤 통계 모델은 모델로부터 결론을 도출하기 전에 주의 깊게 고려할 여러 가정이 있다. 마지막으로, 모델로부터의 결과를 다른 질적·계량적·이론적 연구와 비교하는 것이 매우 유익하다. 연구 결과가 어떤 방식으로 기존 문헌의 결과를 확인해 주고 있으며,

어떤 방식으로 또 다른 혹은 새로운 통찰을 발견하고 있는지, 왜 그러한 차이와 유사함이 도출되었는지 생각해 보는 것이 좋다.

다음 절에서는 인문지리학자들이 개발했거나 이용하고 있는 몇몇 계량 모델을 소개할 것이다.

19.4 인문지리학에서 계량 모델

다수준 모델(multilevel model)

인문지리학의 어떤 연구 질문은 계층성이 있다. 예를 들어, 사람들은 지구(district) 혹은 권역과 같은 더 큰 지역 안의 근린에 소속된다. 만약 건강과 같은 특성을 이해하는 데 관심이 있다면, 모두 이러한 계층성이 실질적으로 중요할 수 있다. 왜냐하면 건강은 개인과 지역 요인의 영향을 모두 받기 때문이다.

많은 연구는 개인 소득이나 사회적 지위를 반영하는 변수가 건강과 명확한 관계가 있음을, 즉 가장 부유한 사람들의 건강이 더 좋고 가장 빈곤한 사람들의 건강이 더 나쁘다는 식의 관계를 설명해왔다. 비슷한 방식으로, 운동, 흡연, 과도한 음주 등 사람들의 생활양식이 건강에 영향을 미칠 수 있음을 예상할 수 있다.

동시에 지역의 특성도 건강에 영향을 미치는 것으로 이해되고 있다. 따라서 가상 시나리오상에서, 만약 똑같은 두 사람을 성격이 다른 두 지역에 데려다 놓으면 지역 기반 혹은 환경적 영향이 존재할 경우 그들의 건강이 다른 방식으로 전개될 수 있음을 예상할 수 있다. 이러한 지역적 영향은 국지적 수준에서 작동하며, 근린에서 제공되는 음식의 종류, 여가와 운동 시설의 질과 접근성, 범죄 수준 혹은 건조 환경(built environment)의 질 등을 포함할 수 있다. 이들 모두는 결과로서의 건강에 연계된다(Duncan et al., 1995; Pickett and Pearl, 2001; Cummins et al., 2005; Diez Roux and Mair, 2010). 한편 복지 제공, 불평등 정도, 문화적 측면(Bobak and Marmot, 1996)과 같은 국가적 특성 또한 개인 건강에 영향을 미칠 수 있다. 마지막으로, 건강 또한 부분적으로 사회적 산물이기 때문에(Gatrell and Eliott, 2009) 나쁜 건강 상태가 무엇을 의미하는지에 대한 생각이 이웃과의 비교를 통해 형성되기 쉽다는 점에서 장소의 특성이 건강에 영향을 미칠 수 있는 또 다른 요인으로 논의될 수 있다. 몇몇 연구는 자기보고된 건강 측정치와 사망률을 장소들 간에 비교함으로써 이 주제를 탐색한다. 예를 들어, 미첼(Mitchell, 2005)은 영국 모든 지구에서 자기보고 질병과 기대 수명을 비교해 동일한 기대 수명의 스코틀랜드인이 웨일스인에 비해 제한적 만성질환(limiting long-term illness)을 덜 보고하는 경향이 있음을 보여 주었다.

따라서 건강 결정 인자에 관한 기존의 분석을 하나의 계층 수준으로만 제한하면, 건강 불평등의 유발 요인에 대한 불완전하거나 틀린 혹은 부정확한 결론을 도출하는 위험에 직면하게 됨을 보여 준다. 만약 선형 회귀(30장 참조)를 이용해 단순히 개인의 건강 결정 인자들만을 분석한다면 개인의 행태와 건강에 영향을 미치는 근린, 지역, 국가 수준의 중대한 측면을 놓칠 가능성이 크다. 반대로 만약 지역 수준 정보만을 이용해 거주 인구의 건강 측면에서 왜 지역별로 다른가를 예측하는 모델을 개발한다면, 어떤 결론이라도 그것을 개인에게 적용하는 순간 '생태학적 오류(ecological fallacy)'(Robinson, 1950)를 범할 위험에 직면한다.

다수준 모델은 생태학적 오류 및 원자론적 오류(atomistic fallacy)를 다룰 수 있는 지리학 연구의 중요한 부분이다. 이 접근은 어떤 특성에 대한 지역 및 개인의 영향을 동시에 평가할 수 있도록 해 준다. '혼합(mixed)' 또는 '무작위(random)' 모델로도 알려진 다수준 모델은 계층상 각 수준에 기인하는 부분들을 포함하기 위해 모수 추정과 관련된 오차항을 분할함으로써 다변량 선형 회귀 모델(31장 참조)로 확장된다.

가장 단순한 다수준 모델은 **분산성분 모델**(variance components model)로 종종 '빈 모델(empty model)'로 알려져 있는데, 이것은 자기보고 건강 혹은 체질량 지수와 같은 관심 대상의 성격을 설명 변수 없이 관심 대상 성격의 평균과 관련된 상수항만으로 예측한다. 분산성분 모델의 유용성은 어떤 특성에서 관측되는 변동성을 서로 다른 계층 수준으로 할당할 수 있게 해 준다는 점이다. 예를 들

박스 19.3　생태학적 오류

1950년에 로빈슨(Robinson)은 1930년 미국 센서스를 이용해 데이터가 개인 수준에서 분석될 때와 지역 수준에서 분석될 경우 다른 결과가 얻어질 수 있음을 보여 주었다.

　그는 주(state) 인구 중 흑인 비율과 문맹 비율 간 상관관계를 계산해 그 관계가 0.77임을 밝혔는데, 이는 흑인의 비율이 높은 주가 문맹률도 높음을 가리킨다. 그러나 로빈슨이 문맹과 흑인 여부 사이의 개인 수준에서의 상관관계를 계산했을 때 훨씬 더 약한 상관성을 발견하였다(0.20).

　더욱 놀라운 것은 개인 수준과 지역 수준에서 상관이 서로 다른 방향으로 작용할 수도 있다는 것을 보여 주었다는 점이다. 외국 출생과 문맹 간 상관은 주 수준에서는 −0.53이었으나 개인 수준에서는 0.12였다. 그래서 문맹률은 외국 태생 인구 비율이 높은 주에서 더 낮았으나, 외국 태생 인구는 본국인보다 더 문맹인 경향이 있었다. 이에 따라 로빈슨은 주와 같이 합역된 수준에서 변수들 간 관계에 대해 도출한 결론이 개인에게 확장될 수 없음을 설득력 있게 주장했다.

어, 개인 소득에서의 변동성 중 얼마만큼이 개인 요인에 기인하고 얼마만큼이 지역 특성에 기인하는
지를 결정하고 싶을 때, 분산성분 모델은 아래와 같이 정리되며 그림 19.1에서처럼 그래프를 이용해
표현할 수 있다.

$$y_{ij} = \beta_{0j} + e_{ij} \qquad \text{(지역 내 성분)} \qquad [19.1]$$

$$\beta_{0j} = \beta_0 + U_{0j} \qquad \text{(지역 간 성분)} \qquad [19.2]$$

여기에서, y_{ij}는 지역 j에 있는 개인 i의 소득, β_{0j}는 j번째 집단의 평균소득, e_{ij}는 j번째 집단의 i번째
개인에 대한 오차항으로 평균 0과 분산 σ_{e0}^2의 정규분포를 가지는 것으로 가정한다. β_0는 모든 사례
들의 전체 평균 소득, U_{0j}는 j번째 집단과 관련된 오차로 평균 0과 분산 σ_{u0}^2의 정규분포를 가지는 것
으로 가정한다.

분산성분 모델은 개인의 연령과 같은 공변량(covariate)을 포함하도록 확장할 수 있는데, 이를 통
해 임의절편 모델(random intercept model)이 만들어지며 식 19.3과 식 19.4에 명시되어 있다. 여기
에서 x_i는 개인 i의 이러한 설명변수 값이다. 이 모델 또한 그림 19.1의 그래프로 제시되어 있다.

$$y_{ij} = \beta_{0j} + \beta_1 x_i + e_{ij} \qquad [19.3]$$

$$\beta_{0j} = \beta_0 + U_{0j} \qquad [19.4]$$

마지막으로 식 19.5~7과 그림 19.1의 그래프에서 설명된 것처럼 임의기울기절편 모델(random
slope and intercept model) 안에서 모델 수준별로 설명변수 값의 변화가 허용될 수 있다.

$$y_{ij} = \beta_{0j} + \beta_{1j} x_{ij} + e_{ij} \qquad [19.5]$$

$$\beta_{0j} = \beta_0 + U_{0j} \qquad [19.6]$$

$$\beta_{1j} = \beta_1 + U_{1j} \qquad [19.7]$$

다수준 모델을 이용하면 여러 장점이 있다. 방법론적 관점에서 데이터의 계층 구조를 명시적으로
인식함으로써 모수 추정치의 표준오차(표본에 기인하는 오차)가 부정확하게 추정될 가능성이 다중
회귀에서보다 감소한다. 둘째, 다수준 모델은 유연하며 두 가지 이상의 수준을 포함해 개발할 수 있
다. 예를 들면, 어떤 특성의 개인, 근린, 지역 결정 인자에 대한 다수준 분석을 가능케 한다. 심지어
보다 복잡한 교차분류 다수준 모델은 개인이 단일 지역에만 속하지 않고 한 곳 이상에 거주할 수 있
는 상황을 허용한다. 셋째, 개인, 근린 수준에서의 반복된 관측치의 계층을 통해 시간적 요소가 다수
준 모델 내에 쉽게 수용될 수 있다.

다수준 모델의 이용은 인문지리학, 사회과학과 같은 특정 학문 분야와 연계된다. 경제학과 같은 분야에서는 덜 통용되는데, 그곳에서 계층성은 다른 방식으로 예를 들면 각 지역에 거주하는 효과를 포착하기 위해 가변수(dummy variable)를 투입함으로써 처리할 수 있다. 그러한 대안들에 비교해 볼 때 다수준 모델의 장점은 모델 내에서 지역의 수가 늘어남에 따라 점점 더 명확해지는데, 이는 많은 수의 가변수를 포함하는 것이 비효율적이고 해석도 어려워지기 때문이다. 게다가 만약 계층을 단순히 교란 요인으로 취급하지 않고 그것의 효과에 명시적으로 관심이 있다면 다수준 모델은 특히 유용하다.

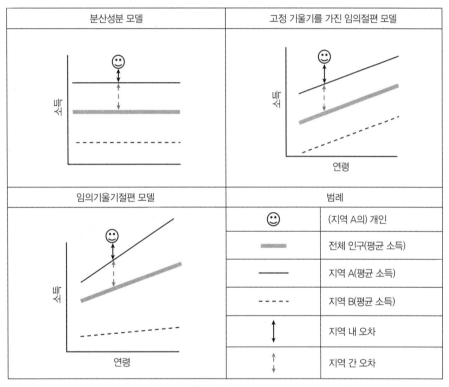

그림 19.1 다수준 모델(분산성분, 임의절편, 임의기울기절편)

박스 19.4   노인들의 경제적 부의 불평등과 우울증

사례연구 Marshall et al. (2014) 'Does the level of wealth inequality within a neighbourhood influence depression among older people?', *Health & Place* 27.

이 논문은 근린에서 경제적 부의 불평등이 미치는 영향에 대해 경합하는 두 개의 가설을 고려한다. 첫째는 경제적 부의 불평등 가설로 근린에서의 불평등이 건강에 악영향을 미친다는 가설이며, 둘째는 혼합된 근린 가설로 사회적으로 혼합된 근린이 개인의 건강에 이득이 된다는 가설이다. 논문은 영국의 노화 종단연구(2002; 2003) 데이터를 이용해 근린 안에서 주택 가격의 불평등 정도가 노인들의 우울증 유병률에 영향을 미치는지를 살펴보고 있다.

Middle Super Output Area(MSOA)라는 공간 단위가 근린의 지리적 범위로 이용되었다. MSOA는 센서스 데이터의 보급에 이용되며 소지역 통계 보고를 향상하기 위해 설계되었다. 잉글랜드와 웨일스에는 7,193개의 MSOA가 있으며, 한 곳당 평균 인구는 7,200명이다.

어떤 사람이 우울증이 있는지를 예측하기 위해 다수준 모델을 활용했다. 모델은 연령, 연령의 제곱(연령의 제곱은 연령×연령으로 계산된다. 따라서 만약 연령이 20이면 연령의 제곱은 20×20=400이다) 등 개인 수준의 우울증 연관변수를 포함하고 있다. 연령의 제곱항을 추가함으로써 종속변수(우울증)와 설명변수(연령) 간의 관계가 비선형일 가능성을 확인할 수 있다. 다시 말해, 연령의 제곱항을 포함함으로써 서로 다른 연령, 성별, 혼인 상태, 경제활동, 민족, 개인의 부, 자기보고 질병, 교육 수준에서 우울증이 서로 다른 속도로 증가(혹은 감소)할 가능성을 확인할 수 있는 것이다. 이 모델은 또한 근린(MSOA) 특성을 포함하는데 여기에는 주택 가격 중앙값, 박탈 수준(다중박탈지수)과 이 연구에서 중요한 주택 가격 분포에 기반을 둔 경제적 부의 지역 불평등 측정치(지니계수)가 포함된다. 모델은 임의절편을 포함하며, 이는 MSOA별로 달라질 수 있다.

분산성분 모델의 분석 결과, 우울증에서 변량의 10%는 근린으로부터 오며 나머지 변량은 개인에 기인한다. 이러한 결과는 혼합된 근린 가설을 지지하는 것으로 나온다. 근린 불평등과 우울증 간에는 유의한 연관 관계가 있는데, 개인의 사회경제적 변수들 및 우울증에 영향을 주는 다른 지역 변수들(예: 박탈 정도)을 통제할 경우 주택가격 불평등이 더 커질수록 근린 노인들의 우울증 정도가 낮아진다. 지역 불평등과 우울증 간의 연관은 최빈층에서 가장 강하나, 가장 부유한 계층에서도 나타난다. 이는 경제적으로 혼합된 커뮤니티가 사회적으로나 건강에 있어 보다 유리하다는 것을 보여 주는 여러 연구들과 거의 유사한 결과이다.

지리가중회귀(Geographical Weighted Regression: GWR)

자기보고 질병의 지역별 비율 차이에 영향을 주는 인자에 관심이 있다고 가정하자. 한 가지 선택은 종속변수가 지역별로 질병을 가진 사람들의 비율이고 다양한 범위를 아우르는 적절한 설명변수가 예측 변인으로 이용되는 회귀 모델을 수행하는 것이다. 선행연구로부터 높은 연령 구조를 가지고 있고, 실업, 자동차 보유, 주택 보유, 경제적 부와 같은 지표들의 박탈 정도가 높은 지역일수록 높은 수준의 자기보고 질병을 관찰하게 될 것을 예상할 수 있다. 이러한 예상을 검증하기 위해 회귀 모델에 이와 관련한 변수들을 포함할 수 있다.

보통의 전역적 회귀 모델(global regression model)에서의 가정은 설명변수와 종속변수 간의 관계를 표현하는 회귀계수의 추정치가 지역별로 동일하다는 것이다. 그러나 어떤 상황에서는 회귀계

수 추정치가 공간상에서 차이가 날 가능성 또한 분명히 존재한다. 문제는 심프슨의 역설(Simpson's paradox; 그림 19.2)과 밀접히 관련되는데, 이에 따르면 두 집단에서 각각 관찰되는 두 변수 간의 관계는 두 데이터가 합쳐질 경우 사라지거나 혹은 뒤바뀔 수 있다.

한 예로, 자동차 보유율은 지역 박탈 수준의 대체변수로 종종 이용되며, 그러므로 자동차 보유율이 낮은 지역에서 높은 수준의 질병을 예상할 수 있다. 그럼에도 자동차가 필요한 정도는 대중교통의 질에 따라 달라지는데 이는 공간상에서, 특히 촌락과 도시 지역 간에 차이가 난다. 그러므로 박탈 이외의 공간적 요인이 자동차 보유와 관련될 수 있고, 자동차 보유와 건강 간 관계를 복잡하게 만들 수 있다. 그림 19.2는 두 대조적인 지역(양호한 대중교통을 가진 서로 인접한 부유한 도시 지역과 취약한 대중교통으로 인해 자동차 소유를 매우 중요하게 여기는 서로 인접한 박탈 수준이 높은 촌락 지역)에서 자동차 보유율과 나쁜 건강의 비율 간 관계를 보여 준다. 빈곤한 촌락 지역에서 높은 수준의 나쁜 건강을 볼 수 있는데, 이는 아마도 이들 지역에서의 높은 박탈 수준의 결과일 것이다. 동시에 부유한 도시 지역에서는 자동차 보유 수준이 매우 낮은데, 이는 박탈 수준 때문이 아니라 뛰어난 대중교통과 아마도 자동차 이용을 억제하는 정책(예: 교통 혼잡 부담금)에 기인할 수 있다. 결국 요인들의 이러한 결합은 나쁜 건강의 비율과 자동차 보유율 간 양의 전역적 관계를 보여 주며, 이는 직관에 반하는 결과(높은 자동차 보유율을 가진 지역이 높은 수준의 나쁜 건강과 연계)라 할 수 있다. 그러나 각 지역 유형별로 건강과 자동차 보유 간 관계는 예상할 수 있는 것처럼 음의 관계(높은 자동차 보유율이 낮은 나쁜 건강 비율과 연계)이다. 공간적 비정상성(spatial non-stationarity)이라 불리는 이러한 상황에서 전통적인 회귀 접근은 공간상에서 자기보고된 건강의 예측 변인에 대한 불완전한, 더 나아가 잘못된 관점을 줄 수 있다.

이러한 도전을 다루는 한 가지 방법은 지리가중회귀를 이용하는 것으로, 관심 대상이 되는 한 지역과 이와 인접한 지역들의 데이터를 개별적으로 고려해 관측치(지역)별로 고유한 회귀 모수 추정치

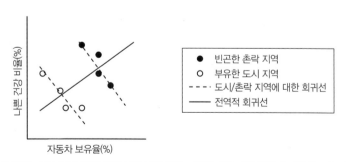

그림 19.2 심프슨의 역설: 서로 다른 지역 유형 내에서와 전체 지역들에서 나쁜 건강과 자동차 보유 관계

를 도출할 수 있다.

전역적 회귀 모델(식 19.8)에서 y는 종속변수, X는 설명변수 행렬, β는 설명변수(예: 실업 수준)와 종속변수(자기보고 질병 비율) 간 관계를 포착한다. α는 절편항이고 ε는 오차항(관측값과 모델값 간의 차이)으로 평균이 0이며 정규분포를 따른다고 가정한다. 이 모델을 추정하면 모든 지역에서 동일하게 적용되는 종속변수와 독립변수 간 관계에 대한 회귀계수를 얻게 된다.

$$y = \alpha + \beta X + \varepsilon \qquad [19.8]$$

지리가중회귀는 데이터 내의 지역마다 각각 다른 회귀 모델을 추정해 **지역별로 고유한 회귀계수**를 제공하는데, 이 값은 한 지역을 둘러싼 일정한 영역의 주변 지역에 대한 종속 및 독립변수 간 관계를 반영한다. 아래의 모델은 전역적 회귀 모델을 확장하고 있는데, 아래첨자 i를 추가함으로써 데이터 내 각 지역 i별로 서로 다른 회귀계수 추정치가 있음을 보여 준다.

$$y_i = \alpha_i + \beta_i X + \varepsilon_i \qquad [19.9]$$

데이터 내의 지역별로 각각의 회귀 모델을 추정할 때 핵심적 결정은 회귀계수 추정에 어떤 관측치(관심 지역과 그 이웃 지역)를 포함할지다. 이용하는 지역이 많아질수록 지리가중회귀는 전역적 회귀에 더욱 가깝게 된다. 그러나 매우 적은 수의 지역을 이용하면 모수 추정치를 둘러싼 표본오차가 커질 수 있다. 지리가중회귀 기저에 있는 한 가지 가정은 회귀계수를 추정하는 데 있어 인접 지역들이 멀리 떨어진 지역들보다 더 유사할 것이라는 점이다. 따라서 관심 지역에 가까운 지역들일수록 높은 가중치를 부여한다. 가중치 값은 1(관심 지역)에서부터 0(관심 지역에서 가장 멀리 떨어진 지역)까지의 범위를 가진다. 가중치 0.5는 어떤 지역이 회귀 모델 안에서 관심 지역 자체에 대한 데이터와 비교해 절반의 영향력을 가짐을 의미한다.

공간 커널(spatial kernel)의 지정은 지리가중회귀의 필수적 측면이다. 이것은 회귀 모수의 추정에 어떤 관측치들이 이용되는지와 그들에게 주어지는 가중치를 결정한다. 그림 19.3은 특정 관측치 주변의 공간 커널을 보여 주며, 공간 커널 안에 있는 모든 관측치가 회귀 분석에 이용된다. 그러나 관심 지역에 더 가까운 관측치는 더 큰 가중치를 가지며(그림 19.3 공간가중함수 그래프 참조) 회귀 추정치에 더 큰 영향을 미친다.

가중치는 공간가중함수(spatial weighting function)에 의해 결정되며 여러 다양한 선택이 존재한다. 예를 들어, 아주 간단한 공간가중함수는 단순히 관심 관측치로부터 일정 거리 내(d)에 있는 지역만을 회귀 추정 안에 포함한다.

$$\text{만약 } d_{ij} < d\text{이면, } w_{ij} = 1$$
$$\text{그렇지 않으면, } w_{ij} = 0 \qquad\qquad [19.10]$$

여기에서 w_{ij}는 지역 i에 대한 지리가중회귀 모델의 추정에서 지역 j와 연계된 가중치이다. d_{ij}는 지역 i와 지역 j 간 거리이다. 이와 같은 간단한 모델에서는 회귀 추정에 포함되는 이웃 지역들에는 관심 지역과 같은 가중치(가중치=1)를 부여한다.

그러나 지역 간 거리가 증가함에 따라 지역들이 덜 유사해질 수 있기 때문에 이를 반영하는 가중치 전략이 필요하다는 것을 직관적으로 예상할 수 있다. 식 19.11은 그러한 공간가중함수의 한 사례를 보여 주는데(다른 대안 함수에 대한 더 자세한 내용은 Fotheringham et al., 2000 참조), 여기에서 관심 대상이 되는 관측치에 가까운 관측치일수록 더 큰 가중치를 부여하며 거리가 멀어질수록 가중치는 점점 감소한다.

$$w_{ij} = \exp\left(-\frac{d_{ij}^2}{h^2}\right) \qquad\qquad [19.11]$$

여기서 w_{ij}와 d_{ij}는 위 식과 동일하게 정의되며, h는 이웃 지역에 부여할 어떻게 가중치 값을 결정하고, 관심 지역으로부터 멀어지면서 가중치가 감소되는 정도를 결정하는 대역폭(bandwidth)이다.

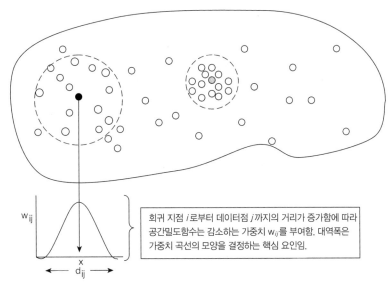

회귀 지점 i로부터 데이터점 j까지의 거리가 증가함에 따라 공간밀도함수는 감소하는 가중치 w_{ij}를 부여함. 대역폭은 가중치 곡선의 모양을 결정하는 핵심 요인임.

그림 19.3 공간 조정 커널 커널 안의 모든 지역은 관심 지역에 대한 회귀에 포함되며 가까운 지역에는 더 큰 가중치를 부여함.

공간 커널은 크게 두 가지 종류가 있는데 하나는 고정된 거리(식 19.11 참조)에 의해, 다른 하나는 포함된 이웃의 수[공간 조정 커널(spatially adaptive kernel)]에 의해 정의된다. 데이터 관측치가 희박할 경우 적은 수의 관측치만을 포함하는 회귀를 도출할 수 있으므로, 고정 거리 커널은 이 경우(예: 촌락 지역)에 문제가 될 수 있다. 공간 조정 커널은 데이터가 희박한 지역의 경우 그 크기가 확장된다. 그림 19.3에서 검은 점 관측치는 회색 점보다 더 큰 공간 커널을 가지는데, 이는 검은 점 주위에 관측치 밀도가 낮기 때문이다. 공간 조정 커널을 제공하는 가중함수의 예는 다음과 같다(Fotheringham et al., 2000).

$$\text{만약 } d_{ij} < h_i \text{이면, } w_{ij} = \left[1 - \left(\frac{d_{ij}}{h_i} \right)^2 \right]$$

$$\text{그렇지 않으면, } w_{ij} = 0 \qquad\qquad [19.12]$$

여기에서 h_i는 점 i로부터 n번째로 가까운 이웃까지의 거리이다.

공간적 상호작용 모델(spatial interaction model)

공간적 상호작용 모델은 지역 간 유동(flow)을 분석한다. 이들 유동은 이주자, 통근자, 쇼핑객, 상품 혹은 서비스로 구성된다. 초기의 공간적 상호작용 모델로는 두 지역 간의 이동을 이해하기 위한 '중력 모델(gravity model)'이 이용되었다(Ravenstein, 1885; 1889). 이는 두 가지 요인, 즉 각 지역의 크기나 중요성 그리고 지역 간의 거리로 설명된다. 여기에서 장소 간 이동의 흐름은 두 천체 간 인력과 같은 방식으로 이해된다.

중력 모델은 다음과 같이 정의될 수 있다.

$$F_{ij} = k \frac{P_i P_j}{d_{ij}} \qquad\qquad [19.13]$$

여기에서 F_{ij}는 지역 i와 j 간 유동 규모, P_i와 P_j는 각각 지역 i와 j의 인구 규모(혹은 중요성), d_{ij}는 i와 j 간 거리,[1] k는 유동 규모(F_{ij})를 비율 $\frac{P_i P_j}{d_{ij}}$과 연결하는 조정 인자(scaling factor)이다.

위와 같은 단순 중력 모델은 각 지역의 거리와 인구 규모에 따라 다양한 수준의 영향을 받는 서로 다른 유형의 유동을 설명하도록 조정할 수 있다. 예를 들어, 거리는 주거 이동, 소매품 쇼핑, 통근과 관련된 유동에 있어 약간씩 다른 역할을 할 수 있다. 다음의 모델에서 α, β, ω는 설명변수(지역별 인

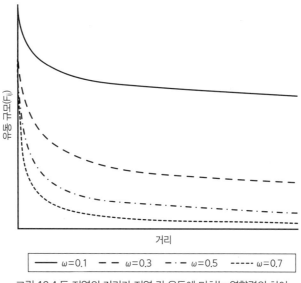

그림 19.4 두 지역의 거리가 지역 간 유동에 미치는 영향력의 차이

구 규모와 지역 간 거리)와 지역 간 유동 규모 사이의 관계를 조정한다. 그림 19.4는 다양한 ω값이 지역 i와 j 간 유동 규모에 미치는 영향을 보여 준다. ω가 증가함에 따라 거리가 유동에 미치는 영향은 더 강해지고 유동 규모는 더 가파르게 감소한다. 모수 α, β, ω는 관측된 데이터로부터 경험적으로 추정된다.

$$F_{ij} = k \frac{P_i^\alpha P_j^\beta}{d_{ij}^\omega}$$
[19.14]

중력 모델은 대체로 유동의 추정치를 정확하게 추정하지만, 왜 그러한 흐름이 발생하는지에 대해서는 어떠한 이해나 통찰을 제공하지는 않는다. 이러한 비판은 최대 엔트로피 모델(maximum entropy model)과 같이 공간적 상호작용을 이해하기 위해 다른 분야로부터 가져온 모델들에도 적용된다. 이러한 비판에 따라 두 지역 간 유동의 기저에 있는 의사결정 과정을 명시적으로 반영하는 모델을 개발하기 시작했다. 이러한 모델의 기저에 있는 틀은 이동으로 얻어지는 효용을 극대화하는 목표를 가진 의사결정 과정에 기반을 두고 있으며, 일련의 가능한 목적지에 대해 개인이 목적 지역을 선택한다고 가정한다. 초기에는 이러한 모델을 적용할 때 목적지를 둘러싼 결정에 장소가 미치는 영향(예를 들어, 주택 가격의 공간적 차이는 북잉글랜드에 거주하는 개인이 런던에 있는 개인과 비교할 때 주거 이동에 있어 선택의 제약이 더 많음을 의미할 수 있음)은 고려되지 않았다. 그러나 후속 연구는 장소, 연관된 제약과 기회를 모델화 과정 안에 명시적으로 포함했다. 더 자세한 내용은 포터링엄 외(Fotheringham et al., 2000)를 참조하라.

시뮬레이션

장소가 건강과 같은 특성에 미치는 영향을 확인하는 다수준 모델과 같은 회귀 기반 기법의 한 가지 한계점으로 지역과 개별 설명변수 간의 관계에는 복잡한 상호 연관 혹은 피드백 과정이 존재한다는 점이 있다. 이러한 단점을 처리하기 위해 여러 방법이 개발되었지만, 이들은 대체로 개인 간 그리고 개인과 환경 간 다양한 역동적 상호관계가 있는 복잡한 상황을 다루기에는 미흡하다(Auchincloss and Diez Roux, 2008).

이러한 문제에 대한 한 가지 대안은 유사한 모집단의 표본을 다른 근린의 환경에 위치시키는 무작위 대조시험(randomized controlled trial)이다. 집단별로 얻어지는 사회적 결과는 차이가 발생하는지를 평가하기 위해 계속적으로 추적된다. 그러나 이러한 접근은 윤리적 이슈와 비용으로 인해 보통 엄두를 내기 쉽지 않다.

보다 실행 가능한 대안은 행위자 기반 모델링(Agent-Based Modeling: ABM)으로 복잡계를 흉내 내도록 고안된 비교적 최근의 기법이다(더 자세한 내용은 24장 참조). 일련의 입력값, 가정, 법칙에 기반을 두어 '행위자' 모집단의 행태를 시뮬레이션하는 데 컴퓨터 모델이 이용된다. 행위자에게 초기의 조건이 할당된 이후에 이 조건은 불연속적 시간 단계에 따라 변화한다. 행위자는 서로 간, 개인 및 환경 속성 간의 피드백 잠재력을 통해 환경과 유연하게 상호작용한다. 행위자의 초기 조건과 상호작용에 가변성을 결합하기 위해 보통 확률 과정이 도입된다. 행위자 기반 모델은 범죄(Malleson et al.,

---

박스 19.5   거주지 분리에 대한 셸링의 행위자 기반 모델

Schelling, T. (1971) 'Dynamic models of segregation', *Journal of Mathematical Sociology* 1.

1971년 셸링(Schelling)은 행위자 기반 모델의 초창기 사례 모델을 개발해 민족 집단의 공간적 분리가 같은 민족 집단에 속하는 이웃에 대한 선호 혹은 일정 정도 혼합된 근린에 대한 허용 등과 관련된 개인 선택의 상호작용으로부터 전개될 수 있음을 보여 주었다.

셸링의 모델에서 행위자는 두 집단 중 하나에 할당되며 사각형 공간 내의 셀을 차지한다. 행위자는 그들 주변에서 행위자와 같은 집단에 속하는 친구들의 비율에 따라 이동한다.

셸링은 이 시뮬레이션을 통해 민족 집단 분리가 언어 및 경제적 요인들과 함께 국가 및 지방 조직의 관행과 연계된 한편 미세한 개인의 선택과 선호도 다양한 집단의 공간적 분리를 만들어 갈 수 있다고 주장했다(ncase.me/polygons 참조).

2010), 거주지 분리(Schelling, 1971), 알코올 소비(Giabbanelli and Crutzen, 2013), 결혼 및 이혼 (Hills and Todd, 2008), 공공 서비스 접근(Harland and Heppenstall, 2012)과 같이 다양한 설정 속에서 이용되었다.

행위자 기반 모델의 가장 핵심적인 목적 중 하나는 어떤 과정에 대한 이론을 확장하고 가설을 검증하는 것이다. 또한 행위자 기반 모델은 불확실성, 강건성 그리고 중요한 임계치의 확인이 가장 중요한 지역을 파악하기 위한 다양한 시나리오를 고려할 수 있게 해 준다(Epstein, 2008).

시뮬레이션 기법의 또 다른 응용 분야는 지역의 가상 인구 집단을 도출하는 것이다. 마이크로시뮬레이션(microsimulation)은 지역에 대해 잘 알려져 있는 합역된 데이터와 최대한 일치하는 마이크로데이터(개인에 대한 정보를 담고 있는 데이터)로부터 한 집단의 개인들을 생성해 낸다(Dorling et al., 2005; Ballas et al., 2006). 윌리엄슨(Williamson, 2002)은 공간적으로 상세한 인구의 마이크로데이터를 추정하기 위한 여러 기법에 대해 논의하고 있다.

19.5 도전과 기회: 빅데이터의 중요성

계량 모델을 개발하는 인문지리학자들에게 '빅데이터'의 도래는 매우 흥미진진한 시대적 발전이다. 빅데이터는 금융 거래, 인터넷 및 휴대전화 이용과 같이 비교적 새로운 출처로부터 폭발적인 데이터 증가를 의미하며 사회와 장소의 내재적 역할에 대한 가치 있는 새로운 이해를 전달할 수 있는 잠재력을 가지고 있다(14장 참조). 예를 들어, 이러한 새로운 데이터는 소셜 네트워크 사이트에 게시된 의견이나 검색 엔진의 검색 트렌드, 소비자 행태가 어떻게 진화하는지에 대한 통찰력을 제공할 수 있다. 지리적 관점하에 빅데이터를 이용한 실제 응용 사례는 독감과 관련된 구글의 검색 트렌드 분석이다. 초기 분석은 독감과 관련된 인터넷 검색 빈도와 실제로 진단된 사례 수 간에 매우 강한 상관관계를 보여 줌으로써 특정 지역에서 독감 발생 사례의 증가를 예측할 수 있는 잠재력을 가지고 있었으며, 보건 실무자들과 정책 입안자들이 독감 유행에 신속히 대응할 수 있도록 해 주었다 (Ginsberg et al., 2009). 구글의 독감 트렌드 분석에 대한 추가적인 정보와 관련 시계열 데이터는 다음 웹사이트에서 찾아볼 수 있다. googleresearch.blogspot.co.uk/2015/08/the-next-chapter-for-flu-trends.html.

빅데이터의 이용은 의심의 여지 없이 새로운 연구의 흥미로운 길을 보여 주지만, 한편으로 새로운 도전에 직면하고 있다. 예를 들어, 한 후속 연구 논문(Lazer et al., 2014)은 미국에서 구글 독감 트렌드 분석이 질병통제예방센터(Center for Disease Control and Prevention)와 비교할 때 독감 증상으로 병원을 방문하는 비율을 두 배 이상으로 높게 예상했음을 보여 주었다. 또한 여러 연구자는 데이터의 양 자체가 측정이나 구성 타당도(construct validity)의 이슈들을 피하지는 못한다고 지적하면서, 빅데이터가 전통적인 데이터 수집과 분석을 대체할 수 있다는 가정에 대해 경고한다. 그중 한 가지 핵심적인 이슈는 위치 및 검색 기록에 기반해 검색 용어를 자동 완성하고, 검색 결과를 제안하는 등의 예에서 볼 수 있듯이 검색 능력을 향상하기 위해 검색 엔진이 계속 진화하고 있다는 점이다. 그러한 과정은 실제로 무엇을 검색하는지에 영향을 미칠 수 있으며, 따라서 시간의 흐름에 따라 검색 트렌드를 비교하는 것을 복잡하게 만들 수 있다.

한편, 새로운 출처의 빅데이터를 이용할 수 있게 되면서 국가 정부에 의한 데이터 수집이 감소하는 경향이 있었으며, 이는 계량 모델링에 있어 우려스러운 함의를 가진다. 예를 들어, 인구 특성에 대한 국가 내 하위 지역 정보의 가장 표준적인 기준인 센서스는 특히 인구 등록 제도가 없는 국가들을 중심으로 여러 국가에서 축소되어 왔다. 벨기에 센서스는 중단되었으며, 캐나다는 모든 정보를 수합하는 센서스에서 가장 기본적인 정보만을 수집하는 센서스로 최근 센서스의 성격이 바뀌었다. (인용 원문이 쓰인 시점에서) 영국의 2011년 이후의 센서스는 다른 나라의 이와 같은 선례를 따를 것이라는 징후들이 있고(Martin, 2005), 정보가 배타적으로 온라인으로만 수집될 가능성도 존재한다. 이러한 공식 통계의 감소는 여러 이유가 있을 수 있는데, 2008년 글로벌 경제 위기에 따른 공적 지출의 삭감도 그중 한 가지 이유가 될 수 있다. 급진 통계학(radical statistics) 그룹은 축소 통계(reduced statistics) 실무 그룹(www.radstats.org.uk/category/reduced-statistics)을 통해 공식 통계의 축소를 상세히 다루고 있으며, 그러한 축소의 함의를 연구하는 중요한 역할을 담당하고 있다.

마지막으로, 사회적 과정 내에서 장소의 역할에 대한 모든 분석과 관련되는 핵심적이고도 지속적인 도전은 분석에서 고려하는 대상 지역의 지리적 스케일이다. 임의적 공간 단위의 문제(Modifiable Areal Unit Problem: MAUP)는 서로 다른 스케일 혹은 경계 설정이 장소의 역할에 대한 상이한 결론을 도출할 수 있는 상황을 의미한다(Openshaw, 1977). 스케일의 역할과 임의적 공간 단위의 문제에 대한 좋은 설명은 로이드(Lloyd, 2014b)를 참고하기를 바란다.

| 요약

- 인문지리학자들은 사회적 과정에서 장소의 역할에 대한 이해를 향상하기 위해 계량 모델을 적용해 왔다.
- 계량 모델은 사회적 과정의 단순화된 버전으로, 수치로 된 공간 데이터 분석, 공간 이론의 개발, 공간 과정에 대한 수학 모델의 구축과 검증 등으로 구성된다(Fotheringham et al., 2000).

- 사회적 과정의 복잡성, 짧은 지속성 및 가치판단적 본질로 인해 사회적 연구 질문을 탐색하는 계량 모델을 적용할 때는 고려해야만 하는 중요한 철학적, 방법론적 사항들을 반드시 고려해야 한다.
- 다양한 유형의 계량 모델이 개발되었는데, 대체로 인구와 사회인구학적 특성의 공간적 불균등에 대한 조사에 초점을 맞추고 있다.
- 빅데이터는 계량 인문지리학자들에게 새로운 기회를 제공하는 동시에, 국가 정부에 의한 데이터 수집이 감소한 것에 대해 대처해야 하는 또 다른 도전을 던져 준다.

주

1 지역 i와 j 간 거리 d_{ij}는 ArcGIS와 같은 지리정보시스템을 이용해 계산할 수 있다. 거리는 보통 지역의 중심점 간 거리에 기반을 둔다.

심화 읽기자료

- 로빈슨(Robinson, 1998)과 포더링엄 외(Fotheringham et al., 2000)는 지리학자가 이용하는 다양한 범위의 계량 모델에 관한 보다 상세한 설명을 제공한다.
- 다수준 모델에 관심 있는 사람들에게는 다수준 모델의 기본 및 고급 기법을 소개하는 스니더와 보스커(Snijder and Bosker, 2012)가 도움이 된다(아래의 온라인 자료도 참조).
- 로이드(Lloyd, 2014b)는 지리적 분석에서 공간 스케일의 역할과 함께 지리가중회귀와 다수준 모델에 대해 자세히 설명한다.
- 클로크 외(Cloke et al., 1991)와 피트(Peet, 1998)는 인문지리학에서 계량 모델을 둘러싼 철학적 논쟁을 소개한다.
- 마지막으로 여기에서 고려하는 많은 예들은 장소가 건강에 미치는 영향과 관련된다. 이 주제에 대한 더 상세한 내용은 쇼 외(Shaw et al., 2002)에서 확인할 수 있다.
- 인구의 공간적 불균등에 대한 이론적 진전과 측정에 대한 보다 일반적인 설명에 대해서는 홀즈워스 외(Holdsworth et al., 2013)를 참조할 수 있다.

* 심화 읽기자료에 대한 상세 정보는 아래 참고문헌에서 확인할 수 있음.

온라인 자료

- 비디오: 마셜(Alan Marshall)이 인문지리학에서의 계량 모델과 이 장의 목표에 대해 논의하는 것을 보려면 study.sagepub.com/keymethods3e를 방문하라.
- 사례연구: MLWiN과 잉글랜드 보건 조사를 이용해 체질량 지수의 예측 변수를 분석한 다수준 모델링의 자료와 세부 정보는 아래에서 얻을 수 있다.
- discover.ukdataservice.ac.uk/Catalogue/?sn=6765&type=Data%20catalogue

- *Health, place and society*(Shaw et al., 2002)는 아래에서 이용할 수 있다.
- www.dannydorling.org/wp-content/files/dannydorling_publication_id0984.pdf

참고문헌

Auchincloss, A., and Diez-Roux, A. (2008) 'A new tool for epidemiology: The usefulness of dynamic agent-based models in understanding place effects on health', *American Journal of Epidemiology* 168 (1): 1-8.

Ballas, D., Clarke, G., Rigby, J. and Wheeler, B. (2006) 'Using geographical information systems and spatial microsimulation for the analysis of health inequalities', *Health Informatics Journal* 12 (1): 65-79.

Bobak, M. and Marmot, M. (1996) 'East-West mortality divide and its potential explanations: A proposed research agenda', *British Medical Journal* 312: 421-5.

Box, G.E.P. and Draper, N.R. (1987) *Empirical Model Building and Response Surfaces*. New York, NY: John Wiley & Sons.

Cantle, T. (2001) *Community Cohesion: A Report of the Independent Review Team*. London: Home Office. http://resources.cohesioninstitute.org.uk/Publications/Documents/Document/DownloadDocumentsFile.aspx?recordId=96&file=PDFversion (accessed 22 November 2015).

Cloke, P., Philo, C. and Sadler, D. (1991) *Approaching Human Geography*. London: Chapman.

Cummins, S., Stafford, M., Macintyre, S., Marmot, M. and Ellaway, A. (2005) 'Neighbourhood environment and its association with self rated health: Evidence from Scotland and England', *Journal of Epidemiology and Community Health* 59 (3): 207-13.

Diez Roux, A.V. and Mair, C. (2010) 'Neighborhoods and health', *Annals of the New York Academy of Sciences* 1186: 125-45.

Dorling, D., Rossiter, D., Thomas, B. and Clarke, G. (2005) *Geography Matters: Simulating the Local Impacts of National Social Policies*. York: Joseph Rowntree Foundation.

Duncan, C., Jones, K. and Moon, G. (1995) 'Psychiatric morbidity: A multilevel approach to regional variations in the UK', *Journal of Epidemiology and Community Health* 49 (3): 290-5.

Epstein, J.M. (2008) 'Why model?', *Journal of Artificial Societies and Social Simulation*, 11 (4): 12. http://jasss.soc.surrey.ac.uk/11/4/12.html (accessed 22 November 2015).

Farley, R. and Taeuber, E. (1968) 'Population and residential segregation since 1960', *Science* 159 (3818): 953-6.

Fotheringham, A., Bunsden, C. and Charlton, M. (2000) *Quantitative Geography*. London: Sage.

Gatrell, A. and Eliott, S. (2009) *Geographies of Health: An Introduction*. Oxford: Blackwell.

Giabbanelli, P. and Crutzen, R. (2013) 'An agent based model of binge drinking among Dutch adults', *Journal of Artificial Societies and Social Simulation* 16 (2): 10.

Ginsberg, J., Mohebbi, M.H., Patel, R.S., Brammer, L., Smolinski, M.S. and Brilliant, L. (2009) 'Detecting influenza epidemics using search engine query data', *Nature* 457. doi: 10.1038/nature07634

Harland, K. and Heppenstall, A.J. (2012) 'Using agent based models for education planning: Is the UK education system agent based?', in A. J. Heppenstall, A. Crooks, L. See. and M. Batty (eds) *Agent-Based Models of Geographical Systems*. London: Springer. pp.481-97.

Harvey, D. (1969) *Explanation in Geography*. London: Arnold.

Heppenstall, A., Crooks, A.T., See, L.M. and Batty, M. (eds) (2011) *Agent-Based Models of Geographical Systems*. ondon: Springer.

Hills, T. and Todd, P. (2008) 'Population heterogeneity and individual differences in an assortative agent based marriage and divorce model (MADAM) using search with relaxing expectations', *Journal of Artificial Societies and Social Simulation* 11 (4): 5. http://jasss.soc.surrey.ac.uk/11/4/5.html (accessed 22 November 2015).

Holdsworth, C., Finney, N., Marshall, A. and Norman, P. (2013) *Population and Society*. London: Sage.

Lazer, G., Kennedy, R., King, G. and Vespignani, A. (2014) 'The parable of global flu: Traps in Big Data analysis', *Science*. 343: 1203-5.

Lloyd, C. (2014a) 'Assessing the spatial structure of population variables in England and Wales', *Transactions of the Institute of British Geographers*. doi: 10.1111/tran.12061

Lloyd, C. (2014b) *Exploring Spatial Scale in Geography*. London: Wiley.

Malleson, N., See, L., Evans, A. and Heptonstall, A. (2010) 'Implementing comprehensive offender behaviour in a realistic agent-based model of burglary', *Simulation* 88 (1): 50-71.

Marshall, A., Jivraj, S.., Nazroo, J., Tampubolon, G. and Vanhoutte, B. (2014) 'Does the level of wealth inequality within a neighbourhood influence depression among older people?', *Health & Place* 27: 194-204.

Martin, D. (2006) 'Last of the censuses? The future of small area population data', *Transactions of the Institute of British Geographers* 31: 6-18. DOI: 10.1111/j.1475-5661.2006.00189.x

Mitchell, R. (2005) 'Commentary: The decline of death-ow do we measure and interpret changes in self-reported health across cultures and time?', *International Journal of Epidemiology* 34(2): 306-8.

Openshaw, S. (1977) 'A geographical solution to scale and aggregation problems in region-building, partitioning and spatial modelling', *Transactions of the Institute of British Geographers* NS 2: 459-72.

Orford, S., Dorling, D., Mitchell, R., Shaw, M. and Davey-Smith, G. (2002) 'Life and death of the people of London: A historical GIS of Charles Booth's enquiry', *Health & Place*. 8 (1): 25-35.

Peet, R. (1998) *Modern Geographical Thought*. Oxford: Blackwell.

Pickett, K. and Pearl, M. (2001) 'Multilevel analyses of neighbourhood socioeconomic context and health outcomes: A critical review', *Journal of Epidemiology and Community Health* 55(2): 111-22.

Ravenstein, E.G. (1885) 'The Laws of Migration', *Journal of the Statistical Society of London* 48 (2): 167-235.

Ravenstein, E.G. (1889) 'The Laws of Migration', *Journal of the Royal Statistical Society* 52 (2): 241-305.

Robinson, G. (1998) *Methods and Techniques in Human Geography*. London: Hodder.

Robinson, W.S. (1950) 'Ecological correlations and the behavior of individuals', *American Sociological Review* 15 (3): 351-7.

Sayer, A. (1985) 'Realism and geography'. In R. Johnston (ed.) *The Future of Geography*. London: Methuen.

Schelling, T. (1971) 'Dynamic models of segregation', *Journal of Mathematical Sociology* 1: 143-86.

Shaw, M., Dorling, D. and Mitchell, R. (2002) *Health, Place, and Society*. Harlow: Pearson Education.

Simpson, L. and Dorling, D. (2004) 'Statistics of racial segregation: Measures, evidence and policy', *Urban Studies* 41: 661-81.

Singleton, A.D., Wilson, A.G. and O'Brien, O. (2012) 'Geo-demographics and spatial interaction: An integrated model for higher education', *Journal of Geographical Systems* 14: 223-41. DOI 10.1007/s10109-010-0141-5

Smith, M. (1998) *Social Science in Question*. London: Sage.

Snijders, T. and Bosker, R. (2012) *Multilevel Analysis: An Introduction to Basic and Advanced Multilevel Modelling*. London: Sage.

Twigg, L., Moon, G. and Jones, K. (2000) 'Predicting small-area health-related behaviour: A comparison of smoking and drinking indicators', *Social Science & Medicine* 50 (7-8): 1109-20.

Williamson, P. (2002) 'Synthetic microdata', in P. Rees, D. Martin and P. Williamson (eds) *The Census Data System*. Chichester: John Wiley. pp.231-42.

공식 웹사이트

이 책의 공식 웹사이트(study.sagepub.com/keymethods3e)에서 이 장과 관련한 비디오, 연습, 자료 및 링크들을 확인할 수 있으며, 부가적으로 다음 논문들도 무료로 이용할 수 있음.

1. Poon, J.P.H. (2005) 'Quantitative methods: Not positively positivist', *Progress in Human Geography*, 29 (6): 766-72.
– 이 논문은 지리학 내 계량적 방법의 철학적 기반에 관한 토론을 제공한다.

2. O'Sullivan, D. (2008) 'Geographical information science: Agent-based models', *Progress in Human Geography*, 32 (4): 541-50.
– 이 논문은 지리학 내 행위자 기반 모델의 이용, 이와 관련한 도전, 행위자 기반 모델의 전개 방향 등을 소개한다.

3. Curtis, S. and Riva, M. (2010) 'Health geographies I: Complexity theory and human health', *Progress in Human Geography*, 34 (4): 215-23.
– 이 논문은 학제적 연구 전략의 역할 증가를 포함하여 공간적 건강 불평등의 복잡한 동인을 이해하기 위한 계량적 방법의 이용에 대한 좋은 설명을 제공한다.

3부

자연지리학 및 환경지리학의
자료 수집과 조사

20

야외에서의 관찰과 측정

개요

자연지리학에서 야외조사는 과학자들이 지구에 대해 배우고 이해하는 데 있어 핵심적 사항이다. 야외에서의 작업은 지구 시스템의 전체적인 그림을 파악하기 위해 관찰, 추론, 종합, 평가 기술을 사용해야만 하는 통합적이고 반복적인 사고 과정을 유도한다. 자연지리학에는 과학자들이 제기하는 수많은 질문이 있고, 이를 해결하기 위해 많은 방법이 사용된다. 야외조사 설계와 언제, 어디서, 어떻게 관찰 및 측정을 진행할지를 결정하기 위해서는 공간적·시간적 스케일을 고려해야 한다. 조사 지점의 선정은 연구 질문과 시간 및 경제적 한계 사이에서 적절하게 이루어져야 한다. 또한 야외조사 계획과 준비는 조사 지점의 적합성, 실행 가능성, 접근성 문제를 고려해야 한다. 과거 야외조사 지점을 다시 찾고, 오래된 자료를 다시 확인하며, 미래의 분석을 위한 자료의 잠재성을 인정하는 등의 과정을 통해 자연지리학자는 야외 자료의 활용 기간을 늘릴 수 있다.

이 장의 구성

- 서론
- 야외조사의 중요성
- 야외조사 설계
- 조사 지점 선정과 계획 수립
- 관찰 및 측정
- 야외 자료: 과거, 현재, 미래
- 결론

20.1. 서론

자연지리학자에게 자신의 직업에서 가장 좋은 부분이 무엇인지 물어보면 대부분은 주저 없이 야외조사(field work)라고 답할 것이다. 매우 기대하면서 즐길 수 있는 자연지리학의 야외조사는 과학자가 지구에 대해 배우고 이해하기 위해 반드시 필요하다. 야외조사는 강의실, 실험실 또는 연구실 밖의 역동적인 자연 조건에서 이루어진다. 실제 세계에 대한 직접적인 관찰, 측정 및 시료 수집, 자료 기록 등이 포함되지만, 이러한 활동은 야외 조사원이 진행하는 전체 작업의 일부일 뿐이다. 야외에서 학생과 전문가는 모두 지구 시스템과 과정의 복잡성, 불확실성에 직면한다. 연구자는 관찰, 추론, 종합, 평가 등의 다양한 문제 해결 기술을 사용해 추상적인 개념과 이론을 현실 세계로 끄집어 내야 한다. 야외조사를 통해 새로운 지식이 개발되고 오래된 지식은 확인되거나 정제되며 때로는 지구에 대한 직접 관찰과 경험적 접촉 후에 배척되기도 한다.

더 큰 맥락에서 실제 야외조사는 궁금한 연구 질문, 적절한 방법, 연구자의 관심을 포함한 다양한 사항들을 고려해 오랜 시간 동안 계획하고 준비한 결과이다. 주요 연구 질문은 야외조사 및 연구 과제의 틀을 만들어 낸다. 이론적 추론이나 귀납적 사고 과정을 통해 발생할 수 있는 자연지리학의 하위 분야에는 무수히 많은 연구 질문이 존재한다. 또한 야외 연구에 사용할 수 있는 방법은 무수히 많다. 일부는 자연지리학의 특정 하위 분야와 밀접하게 연관되어 있으며, 반면 어떤 것은 하위 분야 사이를 융합하는 연구 질문이 되기도 한다. 예를 들어, 연륜연대학(dendrochronology) 기법은 생물지리학(biogeography)과 기후학 모두와 관련된 논제에 적용되어 왔다(22장 참조). 야외조사는 또한 특정 기법이나 공학적 기술을 포함한 특정 야외조사 방법에 대한 교육이나 경험을 통해 형성될 수 있다. 현재 자연지리학자는 공간에서 사물의 위치를 찾기 위해 GPS와 같은 일부 기술을 보편적으로 사용하고 있다. 조사 지점 선정, 연구 설계, 야외 관찰 및 측정 방법은 어디서, 어떻게 야외조사를 수행할지 결정하기 위한 중요한 방법론적 선택이다. 이후의 실험실 작업과 계획된 분석을 용이하게 하고 향후 관련 연구에서 수집된 야외 자료의 활용 기회를 열어 놓기 위해서는 야외조사 과정 및 시료를 신중히 고려해야 한다. 연구 중인 주제에 대한 연구자의 동기와 관심은 야외조사의 성공을 위해 매우 중요하다. 3일 동안 내린 비로 옷, 텐트, 침낭이 젖어 있을 때 연구 주제에 대한 열정이 없다면 조사를 지속하기가 어렵다. 이 장에서는 야외조사 설계, 지점 선정, 관찰 및 측정, 야외 자료의 활용 기간을 포함한 야외 기반 연구와 관련된 중요한 문제뿐만 아니라 자연지리학에서 야외조사의 중요성에 대해 논의할 것이다.

20.2. 야외조사의 중요성

야외조사는 과학과 과학자가 함께 발전하는 도가니로 설명된다(Mogk and Goodwin, 2012). 야외조사는 통합적 과정으로, 논리적이고 일관된 경관 해석을 위해 지식, 관찰, 해석, 분석, 실험, 이론을 결합하는 곳이다(Ernst, 2006). 다양한 조사 접근 방식과 작업 가설을 사용함으로써, 자연지리학자는 환원주의적이고 분석적인, 종합적이고 통합적인 관점에서 지구 시스템을 지속적으로 그리고 동시에 조사한다(Mogk and Goodwin, 2012). 야외조사에는 작업의 공백이 거의 존재하지 않는다. 오히려 야외조사는 분석적·실험적 방법, 물리적·계량적 모델링, 이론의 개발과 적용을 병행하거나 뒤따른다(Mogk and Goodwin, 2012). 따라서 야외조사는 새로운 연구 질문을 제시할 수 있는 야외 관찰을 위한 반복적인 과정의 일부이면서, 연이어 조사되는 이론, 실험, 모델의 결과는 야외 관찰 결과에 대한 재해석을 만들어 낸다(Trop, 2000; Noll, 2003; Ernst, 2006). 따라서 야외조사의 산물은 자연지리학 내에서 진화하는 과학 지식의 본질에 기여한다.

야외조사는 차세대 자연지리학자의 훈련이 이루어지는 중요한 공간 중 하나이다(그림 20.1). 야외조사는 질문, 관찰, 경험의 순서, 표현, 의사 결정, 우선순위 설정 및 의사소통과 같은 기술의 연습

그림 20.1. 야외조사를 수행하는 학생들의 모습

출처: Andrea Lini, Shelly Rayback, Beverley Wemple

과 '인증된' 활동에 참여하는 것을 강조한다(Neimetz and Potter, 1991; Carlson, 1999; Rowland, 2000). 많은 자연지리학자는 경력 기간 동안에 능력이 입증된 동료 및 친구와의 공동 네트워크를 통해 협업하고 습득이 이루어졌던 공간으로 야외조사 경험을 기억한다. 또한 여성이나 여러 인종의 과학자를 포함해 자연지리학의 협업 환경이 더욱 다양해짐에 따라 자연지리학의 야외조사 문화는 새로운 요구와 재능을 충족하고 활용하기 위해 진화하고 변화하고 있다(Bracken and Mawdsley, 2004).

20.3. 야외조사 설계

지구의 물리적 및 생물학적 구성 요소와 과정을 조사함으로써 얻은 결과를 통해 자연지리학은 지리적 패턴을 이해하려고 한다. 특히 자연지리학자는 다양한 시공간 스케일에서 구성 요소와 과정 사이의 상호작용에 관심을 갖는다. 한편, 환경적 변화는 여러 스케일의 시공간 표면에서 연속적으로 발생하지만, 개별 연구는 조사 주제에 적합한 조사 스케일로 특정 구성 요소 또는 과정에 초점을 맞춰야 한다(Turkington, 2010). 특히, 구성 요소 또는 과정을 연구하기 위해서는 현상의 스케일(지리적 구조가 존재하고 지리적 과정이 작동하는 크기)과 분석의 스케일(현상 또는 과정이 측정되는 단위의 크기)을 모두 또는 거의 알아야만 한다(Montello, 2001). 예를 들어, 기후학자가 엘니뇨-남방 진동(El Niño-Southern Oscillation: ENSO)을 감지하고 추적하려면, 기압과 수온 변화를 감지하기 위해 적도 태평양에서 대기 및 해양을 측정해야 하고, 이러한 측정은 수개월에 걸쳐 연속적으로 이루어져야 한다.

  야외조사 설계에서는 공간과 마찬가지로 수 분에서 수백만 년 이상의 지질학적 시간 스케일까지도 고려해야 한다. 자연지리학자는 과정이 작동하는 시간, 지구 구성 요소가 반응하는 속도와 과정, 반응을 확인하는 데 필요한 측정 빈도를 고려해야 한다. 고생물학자는 호수에서 2m 길이의 단일 퇴적물 코어를 통해 10,000년 동안 발생한 지역의 식생 변화를 확인할 수 있지만, 수문학자는 북극 툰드라에서 영구동토층 융해로 인해 하천으로 유입되는 영양물질의 양을 확인하기 위해 5분 간격으로 측정해야 한다.

  수집할 수 있는 야외 자료의 가용 스케일은 시공간적 스케일을 고려하기 위한 장애로 작용할 수 있다(Montello, 2001). 어떤 경우에는 연구 중인 과정이나 반응의 스케일이 측정 가능한 스케일과 다르게 나타난다. 예를 들어, 야외조사에서 30×30m 해상도의 Landsat 이미지를 사용하는 생물지리학자는 자료의 스케일이 너무 커서 조사 구역에서 넘어진 나무와 같은 세부적인 식생 변화를 확인할 수 없기 때문에 한계에 부딪힐 수 있다. 시간, 돈, 노력이 들어가는 야외 연구에서 자료 수집의 가능성을 열어 두기 위해 연구자는 더 미세한 측정을 시도해야 한다. 매시간 이루어진 측정을 매분 이루어진 측정으로 세분할 수는 없다. 자연지리학자가 야외조사 설계에서 조사의 시공간적 스케일을 고려하지 않는다면, 지리 정보를 일반화하고 이해하는 데 있어 예기치 않은 결과가 발생할 수 있다(Montello, 2001).

대체로 자연지리학의 야외 설계는 (1) 통제된 공간에서의 표본추출, (2) 시공간 대체, (3) 장기 모니터링, (4) 실험 설계 등의 네 가지 기본 접근 방식으로 분류된다. 이러한 접근 방식은 연구 질문, 시간, 재정적 여건에 따라 한 가지 또는 여러 가지가 동시에 고려된다.

첫 번째 접근 방식인 통제된 공간에서의 표본추출은 독립 통제 변수가 설정된 공간에서 목표 변수를 연구하는 것이다. 독립변수에는 고도, 위도, 조사 지점으로부터의 거리, 모재 등이 포함될 수 있다. 독립변수를 설정함으로써 연구 대상인 물리적 또는 생물학적 구성 요소, 과정 또는 반응에 대한 목표 변수의 영향을 확인할 수 있다. 자연적 통제와 결합된 체계적이거나 계층화된 표본추출 전략(28장 참조)은 공간에서 지점을 비교·대조하고 과정과 반응에 대한 목표 변수의 영향을 결정할 수 있다(Turkington, 2010).

시공간 대체 접근 방식을 사용하면, 다양한 연대의 경관에 대한 가시적인 물리학적 또는 생물학적 증거를 통해 시간에 따른 환경 변화를 이해할 수 있다. 이 접근 방식은 시공간적 변수가 동일하며, 다른 통제 요인이 변하지 않는다고 가정한다. 이 접근 방식은 패턴 및 메커니즘에 대한 일반적인 가설을 만들거나 경향성을 찾을 때도 유용하다. 그러나 공간이 이전 환경으로 대체될 때는 몇 가지 문제가 발생한다(Pickett, 1989). 특히, 시스템 내의 일시적인 영향이 식별되지 않을 수 있으며, 이전 환경 조건 또는 모재로부터의 승계 효과는 현재의 특성과 다를 수 있다(Phillips, 2007). 생물지리학자들은 한 장소에서 시간에 따른 식생 군락의 변화와 천이의 과정을 설명하기 위해 시공간 대체 접근 방식을 사용한다. 유사한 장소에서 동일한 유형의 교란 이후 다른 시간 간격으로 식생의 특성과 구성을 관찰함으로써 생물지리학자들은 기본적인 변화 경향을 추론한다. 한편, 장기 모니터링 연구(아래 참조)와 같은 최근의 연구에서는 시간 경과에 따른 식생 변화에 대한 일시적인 영향(예: 교란)과 승계 효과(예: 토지 이용 역사)의 중요성을 보여 준다.

야외 설계의 세 번째 접근 방식인 장기 모니터링(long-term monitoring)은 장기간에 걸쳐 한 지점에서 환경 변화의 증거를 기록하고 분석하는 것이다. 특정 경관 유형 또는 형태(예: 생태계, 빙하)의 대표성에 따라 조사 지점이 선정되며, 연구 과정에 맞게 해당 기간(예: 수십 년~수백 년) 동안 모니터링이 진행된다. 조사 지점은 경우에 따라 자연 지역[예: 캐나다 유콘주의 클루에인 호수 연구소(Kluane Lake Research Station, arctic.ucalgary.ca/about-kluane-lake-research-station); 노르웨이 스발바르의 UNIS, www.unis.no]이 선정되거나, 토지 이용의 역사를 가진 지역(예: 미국 뉴햄프셔주의 장기생태연구의 Hubbard Brook Experimental Forest, www.hubbardbrook.org)이 선정되기도 한다. 또 다른 경우에는 대조군과 비교하기 위해 오랜 기간 광범위하게 인위적 영향이 실험 및 관찰되었던 곳이 선정된다(미국 오리건주 장기생태연구의 H.J. Andrews Experimental Forest, andrewsforest.oregonstate.edu).

마지막으로, 일부 야외 연구는 특정 가설을 시험하기 위해 실험 설계의 접근 방식이 결합된다. 모든 변수가 제어되는 실험실 연구와 달리 실험 설계 연구는 자연 조건의 환경에서 이루어진다. 이 연구는 하나 또는 제한된 수의 변수가 조작되는 반면, 환경 내의 다른 변수는 야외의 가능한 범위 내에서 최대한 제어된다. 실험실 연구와 마찬가지로 실험적 야외 연구는 처리 및 통제를 반복하고, 실험 대상이나 표본을 임의적으로 추출한다. 국제 툰드라 실험(International Tundra Experiment)은 변화하는 환경 조건, 특히 여름 기온 상승에 대한 극지 저온 적응 식물종과 툰드라 생태계의 반응을 이해하기 위해 실험 설계 접근 방식을 적용하고 있다. 과학자들은 성장 계절 동안의 온도를 조작하기 위해 지붕이 없는 작은 방이나 온실을 사용한다.

20.4. 조사 지점 선정과 계획 수립

야외조사 지점 선정은 적합성, 실행 가능성, 접근성을 중심으로 복잡한 모든 사항을 고려해 결정된다. 특히, 야외조사 지점에는 연구 대상이 포함되어야 하고 조사 중인 시스템이나 과정이 대표되어야 한다(Turkington, 2010). 문헌이나 이전의 야외 경험, 가능한 경우 사전 답사로부터 수집된 지식은 조사 지점 선정에 도움을 줄 것이다. 지형도, 항공사진, 구글어스 등의 다양한 기술은 적절한 지점, 특히 원격 조사 지점을 선정하는 데 도움을 줄 수 있다. 그러나 일부 상황에서는 사전 답사가 최적의 조사 지점을 결정하는 유일한 방법이다.

야외조사에는 많은 비용과 시간이 소요될 수 있으므로, 야외에서 매일 지출되는 총비용을 최소화하고 효율적으로 사용해야 한다. 따라서 연구 질문에 대해 원하는 결과를 얻기 위해서는 야외조사의 시간과 비용이 균형을 이루어야 한다. 연구자는 야외 방문 시점, 빈도, 기간과 같은 문제를 고려할 필요가 있다. 야외에서 연구자는 조사 중인 특정 조건에 의존해야 하거나 연구 중인 다른 변수 또는 과정에 의해 통제될 것이다. 예를 들어, 생물지리학자는 야외조사 시기를 눈 덮인 지역이 녹는 시점과 일치하는 생물 성장 시기가 시작될 때로 맞출 필요가 있고, 하천수문학자는 폭풍우와 같은 기상 현상이 발생한 직후에 야외조사에 임할 필요가 있다. 연구 대상, 시스템 또는 과정에 따라 야외 방문이 반복적으로 이루어질 필요도 있다. 과정의 변화율이 높아지거나 변동성 확인을 위해 세부적인 표본 추출이 필요하다면, 반복적인 야외 방문을 매일, 매주, 매달 실시할 수 있다. 융빙수 하천의 퇴적물 측정은 일 주기 또는 계절 주기의 산출량을 확인하기 위해 여름철 동안 하루에 여러 번까지도 이루어져야 한다. 장기적인 변화를 연구하기 위해서는 미국의 장기생태연구 조사 지점 또는 세계의 극지 또는 고산 빙하의 말단부에서와 같이 수년 또는 수십 년에 걸쳐 매년 반복적으로 방문이 이루어지기도 한다. 많은 경우에 야외 방문 기간은 하루나 이틀 미만이지만 어떤 경우에는 연구자가 한 계절 내내 야외에서 지내야 한다. 야외조사 기간에 조사 일수는 경제적 조건에 따라 제한되며, 학위 과정의 기한(예: 석사 2년)이나 과제 수입의 감소 등에 의해 조정되기도 한다.

조사 지점의 출입 허가와 물리적 도달 가능성의 측면에서 조사 지점의 접근성은 조사 지점의 위치를 선정하는 데 중요한 고려 사항이다. 사유지와 공유지의 야외조사에는 허가가 필요하며 허가 과정은 몇 주 또는 몇 달이 걸릴 수 있다. 많은 고등교육 기관에서 야외조사 요청은 곧 수행될 작업에 대해 연구원을 보호할 대학 건강 보험 정책이 보증하는 안전관리 사무소를 통과해야 한다. 이러한 행정적 절차에도 불구하고, 토지 소유주로부터 허가를 구하지 않는다면 향후 야외조사의 허가 요청을 거절당할 수 있다. 조사 지점에 접근할 수 있는 허가를 받으면, 그곳에 도달하는 과정과 시간은 인접한 해빈이나 곡류 하천에 자동차를 몰고 가는 것처럼 간단할 수도 있고, 먼 조사 지점에 도달하기 위해 헬리콥터나 짐 나르는 노새를 빌리는 방법과 같이 복잡하고 시간이 많이 필요할 수도 있다.

성공적인 야외조사는 철저한 계획과 준비를 통해 이루어진다. 일련의 야외조사 작업을 수행하고 장기적인 목표를 성취하기 위한 공동의 노력을 구축하기 위해서는 연구 전체 목적에 대한 소통과 야외조사 목표에 대한 명확성이 요구된다(Laursen, 2011). 야외조사는 전체 과제에 대한 각 작업의 중요성과 이를 완료하는 데 필요한 시간에 따라 우선순위가 정해져야 한다. 야외 측정을 수행하고 자료 및 표본을 수집하기 위한 전략을 미리 계획해야 한다. 야외 장비와 기술을 이용해 연습해야 하며, 각 장치의 한계를 제대로 이해해 두면 갑작스럽게 당황할 수 있는 상황을 방지할 수 있다. 공동 작업의 경우, 가급적 미리 함께 연습해 일관된 야외 작업, 시간 관리, 협력이 이루어지도록 하는 것이 좋다. 야외조사 참가자의 안전과 복지도 미리 계획해야 한다. 야외 응급 물품의 운반, 응급 처치/CPR 과정 수행, 집단 활동과 같은 간단한 과정은 부상을 처리하거나 예기치 않은 야생 동물과의 만남을 피하는 데 도움이 될 수 있다. 원거리에서 연구를 수행하는 사람들을 위한 여러 야외조사 준비 프로그램(예: 미국 국립과학재단 극지프로그램 사무소, www.nsf.gov; 스웨덴 극지연구 사무국, www.polar.se/en; 영국 왕립지리학회, www.rgs.org)은 연구자들이 오지에서 안전하고 효율적으로 작업할 수 있도록 도움을 줄 수 있다.

야외에서 연구자는 유연성을 유지해야 한다. 성공적인 야외조사를 수행하려면 야외 목표와 자료 및 표본추출 방법을 주기적으로 재평가해야 한다. 전문가와 새로운 야외 연구자는 모두 높은 기대치를 갖고 야외조사를 무리하게 기획하는 경향이 있다(Laursen, 2011). 그러나 대부분의 야외조사 작업은 예상보다 오래 걸리며 모든 것이 통제 가능하거나 예상 가능한 일이 아니기 때문에, 과제를 살리고 팀에 활력을 북돋우려면 어느 정도의 인내와 유머를 가지고 예상치 못한 상황에 대처하는 능력이 필요하다. 또한 새로운 아이디어와 흥미로운 주제는 야외에서 어느 정도 시간이 지나야 생기기도 한다. 새로운 관찰에 개방적이면서 준비되어 있고, 이를 기존의 지식과 통합해 새로운 가설과 연구 방향을 유도할 수 있는 '창의적 마음'을 갖는 것은 야외조사의 풍부한 경력을 위해 무척 중요하다(Mogk and Goodwin, 2012).

20.5. 관찰 및 측정

지구 및 자연 과학에서 가장 큰 과학적 발전 중 일부는 자연을 직접 관찰하면서 시작되었다. 허턴(James Hutton), 애거시(Louis Agassiz), 베게너(Alfred Wegener), 다윈(Charles Darwin), 월리스(Alfred Wallace)와 같은 예리한 관찰자들은 관찰과 해석을 통해 자연계를 통찰했고, 이는 오늘날에도 계속 인정되는 지질학 법칙, 판구조론, 진화 등 주요한 과학적 패러다임의 발전을 이끌었다(Mogk and Goodwin, 2012). 이러한 연구 이후 현재로 오면서, 자연 형성 과정과 현상에 대한 직접적인 관찰과 해석에 기반한 인식론이 등장했다(Froderman, 1995). 따라서 관찰은 야외조사의 첫 번째 단계라고도 할 수 있다.

선정된 야외조사 지점에 대한 사전 답사는 해당 지점이 조사 목적에 부합하는지를 관찰하고 확인할 수 있는 첫 번째 기회이다. 야외 조사자는 글, 스케치, 사진, 지도, GPS 자료 등을 통해 조사 지점의 특징을 확인해 노트에 적거나 전자 장비에 기록한다. 이는 관찰 내용을 통합해 발전적으로 공유하는 것이며, 조사 지점에 대한 집단적이고 복잡한 견해, 전문성, 친밀도를 높이는 과정이다. 과제의 전체 야외조사 과정을 통해 자료가 수집되고 새로운 아이디어와 해석이 등장함에 따라, 사전 답사 결과는 재검토될 것이다. 그러나 사전 답사의 궁극적인 목적은 조사 지점이 필요한 현상이나 과정을 포함하고 있는지, 필수 자료를 측정하고 수집하는 것이 가능한지를 확인하는 것이다. 만약 연구가 여러 야외 지점에서 수행되어야 한다면, 적절한 비교를 위해 지점 사이에 충분한 유사성이 있는지 확인하는 것이 중요하다. 조사 지점을 다녀온 후, 많은 야외 연구자들은 필드 노트를 재기록하며 정보가 누락되거나 손실되지 않도록 사본을 만들거나 전자 장치에 입력한다. 그다음 이러한 야외 관찰에서 수집한 자료와 분석을 기록으로 남겨 추후에 활용될 수 있도록 해야 한다.

연구자가 야외에서 자료를 수집하는 데 투자한 시간, 돈, 노력을 고려할 때, 측정 방법은 매우 신중히 선택해야 한다. 일반적으로 측정은 (1) 정확도(accuracy)-'실제' 또는 예상치에 대한 측정값의 근접도, (2) 정밀도(precision)-반복 측정값의 근접도의 특징으로 구분된다. 예를 들어, 측정 오류를 최소화하려면 사용 전에 기기를 보정해야 하며, 훈련받은 일관된 야외조사 기록을 통해 관찰자 오류를 줄여야 한다. 측정에 문제가 발생하면 가능한 한 빨리 수정해야 하며, 문제가 발생한 시점과 범위를 필드 노트에 자세히 기록해야 한다.

야외조사 지점에서 나타난 연구 질문과 가능성을 바탕으로, 목표에 부합하는 표본추출 전략을 세워야 한다(28장 참조). 표본추출 전략은 연구 목적에 따라 집약적이거나 광범위할 수 있다. 광범위한 연구 설계는 과정과 요인이 원인이 된다는 근본적인 가정하에서 자료의 특징적인 패턴과 규칙성을 강조한다. 이 경우 자료의 패턴에서 일반화를 이끌어 내기 위해 대체로 많은 수의 측정이 수행된다. 무작위적 형태에서 계통적(systematic sampling) 또는 층화적(stratified sampling) 표본추출은 연구자가 넓은 면적에서 완전하게 표본을 수집한 다음, 자료를 통계 분석해야만 가능하다. 집약적 연구 설계는 가설 검정을 강조하면서 단일 사례연구 또는 소수의 연구를 더 자세히 하기 위해 이루어진다. 표본 수집 전략에 대한 자세한 내용은 32장에 제시되어 있다. 앞서 설명한 바와 같이, 측정의 시공간적 분포를 계획할 때는 시간적 (빈도) 및 공간적 고려도 중요하다. 지형 측정의 분포는 지리적 구조와 과정의 크기와 변동성을 파악할 수 있도록 위치해야 한다. 측정 빈도는 과정 및 반응의 속도를 고려해야 한다.

20.6. 야외 자료: 과거, 현재, 미래

오늘날 자연지리학자는 지구의 미래에 대한 질문을 해결하는 데 있어 야외 자료의 활용 기간과 유용성을 점점 더 고려하고 있다. 이러한 고려는 자연적 및 인위적 강제 요인에 따른 환경 변화뿐만 아니라 과거 조건을 이해하고 미래 시나리오를 예측해야 할 필요성에서 비롯되었다. 기후학, 수문학과 같은 일부 하위 분야에서는 대기 측정 또는 하천 유출에 관한 장기간의 자료 체계가 국가 기관에 의해 수십 년 동안 기록 및 유지되어 있어, 연구자들이 대기권 또는 수권의 시간에 따른 변화를 조사하는 데 사용될 수 있다. 연속적인 장기간의 자료를 사용할 수 없는 경우에 자연지리학자는 기존 조사 지점을 찾아 자료를 재검토함으로써 시간 경과에 따른 자연 과정 및 현상의 변화를 조사한다. 예를 들어, 일부 연륜연대학자(dendrochronologist)와 화분학자(palynologist)는 분석 시기를 현재까지로 연장하기 위해 보관된 야외 자료 및 표본을 갱신하는 작업을 한다.

자연지리학자는 기존 자료를 검색하는 일 외에도 오늘날 수집하는 자료가 향후 다양하게 활용될 수 있는 지점을 고려한다. 원래 다른 연구를 위해 최근에 수집된 야외 자료라도 앞으로는 모델링, 메타 분석, 종합 연구에 사용될 수 있다. 이러한 대규모 과제에는 더 큰 대륙, 반구, 지구 규모의 패턴을 구별하고 파악할 목적으로 여러 기관 및 국가의 과학자가 참여하는 경우가 많다. 마지막으로, 야외 자료의 보관은 많은 경우에 연방 재정기관으로 위임되는데, 여기에 대해서도 자연지리학자의 관심이 증대되고 있다. 현재 자연 시료는 국립 및 대학 연구 저장소에 무기한 보관할 수 있으며, 전자 자료는 공개 접근이 가능한 데이터베이스(예: 국립해양대기기후자료센터 고기후 분야, www.ncdc.noaa.gov/data-access/paleoclimatology-data)로 연방 재정을 통해 탑재 및 영구 저장되고 있다.

20.7. 결론

야외조사는 21세기에도 계속해서 자연지리학 연구의 중심 위치를 차지하고 있다. 단절되고 이질적인 부분을 모두 포함해 전체적인 시스템으로 지구를 이해하기 위해 중요한 지적인 기술을 개발하는 일은 자연지리학자의 일상적인 모습이다(Ireton et al., 1997). 자연지리학자는 진화하는 과학적 지식의 본질에 이바지하기 위해 이론에서 야외로, 실험실로, 그리고 다시 이론으로 유동적이고 반복적으로 움직일 수 있는 능력을 가지고 있다. 야외조사를 통해 개발되고 공간에 대한 고찰을 통해 바라보는 종합적이고 전체적인 관점은 독특한 위치에 있는 자연지리학자가 지구적 변화의 주요 문제를 이해하고 해결하는 궁극적인 목표에 효과적으로 이바지할 수 있도록 한다.

| 요약

• 야외조사는 자연지리학과 지구에 대한 전체적인 이해를 위해 필요하다.
• 연구 과제의 구성 요소로 야외조사를 수행하는 학생들은 시간적, 공간적 스케일의 문제와 표본추출 지점과 관련

된 연구 질문의 이론적 토대를 튼튼히 할 필요가 있다.

- 양질의 자료 수집과 과제 결과에 대한 명확한 가능성을 보장받기 위해서는 야외조사 설계와 표본추출의 정밀성을 높이는 데 많은 시간과 노력을 투자해야 한다.
- 야외조사는 자연지리학자에게 즐겁고 보람된 연구 중 하나이며, 앞으로도 성공적이고 지적인 여러 연구 과제의 중심이 될 것이다.
- 야외조사 자료는 개별 연구 과제의 기간보다 더 오래 이용될 수 있다. .

심화 읽기자료

- 고메즈와 존스(Gomez and Jones, 2010)는 자연지리학과 인문지리학에서 사용되는 연구 방법 및 기법을 소개한다. 각 장에서는 자료 수집, 분석, 해석과 관련된 실제 사례를 다루면서도 세부 분야의 최근 주요 연구 질문에 초점을 둔 기본 개념을 소개한다.
- 몬텔로와 서턴(Montello and Sutton, 2012)은 연구 수행 과정에 대한 전체적이고 포괄적인 소개를 담고 있다. 과학적 대화, 시각화와 같은 새로운 주제에 대한 논의는 특히 차세대 지리학자에게 부합하는 주목할 만한 부분이다.
- 카스턴스와 맨듀카(Kastens and Manduca, 2012)는 시간, 공간, 시스템, 야외라는 주제를 통해 지구과학자들이 공유하는 일반적인 관점, 접근 방식, 가치를 탐구한다. 이 책의 가치는 우리가 지구에 대해 어떻게 생각하고, 가르치며 배우는지에 대해 조사했다는 점과 이러한 독특한 관점이 과학 전체에 공헌할 수 있다는 점이다.

* 심화 읽기자료에 대한 상세 정보는 아래 참고문헌에서 확인할 수 있음.

참고문헌

Bracken, L. and Mawdsley, E. (2004) 'Muddy glee: Rounding out the picture of women and physical geography field work', *Area* 36: 280-6.

Carlson, C.A. (1999) 'Field research as a pedagogical tool for learning hydrogeochemistry and scientific-writing skills', *Journal of Geoscience Education* 47: 150-7.

Ernst, G. (2006) 'Geologic mapping - where the rubber meets the road', in C.A. Manduca and D.W. Mogk (eds) *Earth and the Mind: How Geologists Think and Learn about the Earth.* Geological Society of America Special Paper 413. pp.13-28.

Froderman, R. (1995) 'Geological reasoning: Geology as an interpretive and historical science', *Geological Society of American Bulletin* 107: 960-8.

Gomez, B. and Jones, J.P. III (eds) (2010) *Research Methods in Geography: A Critical Introduction.* Oxford: Wiley-Blackwell.

Ireton, M.F., Manduca, C.A. and Mogk, D.W. (1997) *Shaping the Future of Undergraduate Earth Science Education: Innovation and Change Using an Earth System Approach.* Washington, DC: American Geophysical Union.

Kastens, K. and Manduca, C.A. (eds) (2012) *Earth and Mind II: A Synthesis of Research on Thinking and Learning in the Geosciences*. GSA Special Paper 486.

Laursen, L. (2011) 'Field work: Close quarters', Nature 474: 407-9.

Mogk, D.W. and Goodwin, C. (2012) 'Learning in the field: Synthesis of research on thinking and learning in the geosciences', *Geological Society of America Special Papers* 2012 Special Paper 486: 131-63.

Montello, D.R. (2001) 'Scale in geography', in N. J. Smelser, and P.B. Baltes (eds) *International Encyclopedia of the Social and Behavioral Sciences*. Oxford: Pergamon Press. pp.13501-4.

Montello, D.R. and Sutton, P. (2012) *An Introduction to Scientific Research Methods in Geography and the Environmental Sciences* (2nd edition). London: Sage.

Neimetz, J.W. and Potter, N. Jr. (1991) 'The scientific method and writing in introductory landscape development laboratories', *Journal of Geological Education* 39: 190-5.

Noll, M. (2003) 'Building bridges between field and laboratory studies in an undergraduate groundwater course', *Journal of Geoscience Education* 51: 231-6.

Phillips, J.D. (2007) 'The perfect landscape', *Geomorphology* 84, 159-69.

Pickett, S.T.A. (1989) 'Space-for-time substitution as an alternative to long-term studies', in G.E. Linken (ed.) *Long-Term Studies in Ecology: Approaches and Alternatives*. New York: Springer. pp.110-35.

Rowland, S.M. (2000) 'Meeting of minds at the outcrop, a dialogue-writing assignment', *Journal of Geoscience Education* 48: 589.

Trop, J.M. (2000) 'Integration of field observations with laboratory modeling for understanding hydrologic processes in an undergraduate earth-science course', *Journal of Geoscience Education* 48: 514-21.

Turkington, A. (2010) 'Making observations and measurements in the field', in N. Clifford, S. French, and G. Valentine (eds) *Key Methods in Geography* (2nd edition). London: Sage. pp.220-9.

공식 웹사이트

이 책의 공식 웹사이트(study.sagepub.com/keymethods3e)에서 이 장과 관련한 비디오, 연습, 자료 및 링크들을 확인할 수 있으며, 부가적으로 다음 논문들도 무료로 이용할 수 있음.

1. Mair, D. (2012) 'Glaciology: Research update I', *Progress in Physical Geography*, 36 (6): 813-32.
– 이 논문은 그린란드 빙상의 융해로 대기가 받는 영향을 이해하는 데 사용되는 모델을 개발, 시험, 개선하기 위한 빙하학적 야외 관찰 및 측정의 중요성에 초점을 둔다.

2. Meadows, M.E. (2012) 'Quaternary environments: Going forward, looking backwards?', *Progress in Physical Geography*, 36 (4): 539-47.
– 이 논문은 자연지리학과 기타 관련된 물리학 및 생물학 분야에서 장기적인 시간적 관점, 특히 이 시간적 관점을 현재 환경 변화 문제에 어떻게 적용할 수 있는지에 대한 심도 있는 논의를 위한 주장을 제시한다.

3. French, J.R. and Burningham, H. (2013) 'Coasts and climate: Insights from geomorphology', *Progress in Physical Geography*, 37 (4): 550-6.
– 이 논문은 연구자들이 철저한 가정 검증을 위한 구체적 연구에서 패러다임과 이론에 의문을 제기하는 과정을 어떻

게 거쳐야 하는지 소개한다. 또한 국지적 영향뿐만 아니라 대규모 과정에 기반한 아이디어와 모순될 수 있는 시너지 조합도 검토할 필요가 있음을 강조한다.

21

실험실 분석

개요

야외조사와 실험실 작업은 불가분의 관계에 있다. 물리적 현상 가운데 상당수는 야외에서 잘 관찰되지 않으며, 야외에서 시료를 가져와 실험실에서 직접 분석해야 확인할 수 있는 경우가 많다. 실험실은 다양한 작업 환경을 제공한다. 각 작업 환경은 재현 가능하며 신뢰할 수 있는 결과를 생산하는 데 필요한 기기들로 이루어져 있다. 자연을 이해하기 위해 지리학자들은 야외답사보다 실험실에서 분석을 수행하는 데 더 많은 시간을 투자하고는 한다. 따라서 실험 방법을 잘 이해하고 있는지는 이들에게 매우 중요한 의미가 있다. 이 장에서는 실험실 환경을 기술한 후, 실험실의 효율성과 안전 문제에 대해 논하고, 지리학의 하위 연구 분야에서 일반적으로 활용되는 연구방법을 살펴보고자 한다.

이 장의 구성

- 서론
- 실험실 작업 환경
- 관찰과 측정
- 결론

21.1 서론

실험은 보통 야외조사와 밀접한 관계를 갖는다. 자연지리학의 핵심 과정 가운데 상당수는 야외에서 잘 관찰되지 않는다. 야외에서 신중하게 수집된 시료의 분석을 통해서만 밝혀질 때가 많다. 자연지리학자는 지구의 시공간적 변화를 복원하기 위해 전문화된 실험 방법을 활용한다. 예를 들어, 생물지리학자와 고생태학자는 호수나 습지에서 퇴적물을 시추한 후 화분, 유기물, 지화학적 동위원소,

세립탄편(charcoal), 거화석(macrofossil) 분석을 수행해 과거 식생과 기후변화를 복원한다(Faegri and Iversen, 1989). 기후 복원에 관심 있는 연륜연대학자(dendrochronologist)는 오래된 나무에서 나이테 목편을 추출해 나이테의 폭, 나무 조직, 동위원소비 등을 분석한다(Fritts, 1976). 지형의 형성 과정에 관심이 있는 지형학자와 토양지리학자는 입도와 광물 분석을 수행하고, 물의 순환과 수자원에 관심 있는 수문지리학자는 수질과 물의 화학성분을 분석한다(Goudie, 1990). 지리학이 생물학만큼 실험이 일상화된 학문 분야는 아니다. 그래도 하천지형학자는 하천 지형의 형성 과정을 이해하기 위해 인위적인 수로를 만들어 퇴적물 운반을 관찰하고 측정한다(Church et al., 1998). 풍성지형학자(aeolian geomorphologist)는 사구와 같은 풍성 지형이 만들어지는 과정을 연구하기 위해 풍동(wind tunnel)을 활용하기도 한다(Dong et al., 2003).

실험실은 소량의 시료를 측정하는 기기에 적합한 작업 공간을 갖추고 있어야 한다. 일부 실험실에서는 다양한 분석을 수행하기도 하지만, 대부분 실험실은 한 가지 분석에 특화되어 있다. 따라서 연구를 기획하는 단계에서 실험실에서 수행할 수 있는 분석이 무엇인지 충분히 숙고해야 한다. 또한 실험 기기마다 분석 가능한 시료의 종류와 양이 제한되어 있으므로, 야외에서 시료 채취 시 실험에 적합한 시료를 찾는 것이 중요하다. 실험실에서는 안전 수칙을 준수해야 하며 관련 교육을 사전에 이수해야 할 때가 많다. 실험 계획을 수립할 때 이 부분도 고려한다.

이 장에서는 실험실 환경을 기술한 후, 실험실 작업과 관련된 여러 이슈를 논하고, 지리학자가 실험실에서 관찰하고 측정하기 위해 활용하는 일부 분석 방법도 살펴본다.

21.2 실험실 작업 환경

실험실은 특정한 물리적 변수의 자료를 수집하는 곳이다. 재현 가능한 분석 과정을 통해 정확한 자료를 생산하는 것이 무엇보다 중요하다. 이를 위해 보통 실험실에는 장비의 올바른 사용법, 다양한 종류의 시료 분석 방법, 위험한 화학약품이나 기기의 이용법, 빈 소모품을 채우거나 실험실을 청소할 때 유념할 자체 규칙 등을 문서로 갖추고 있다. 실험실별로 규칙의 세부 내용에서 차이가 있는 것은 당연하다. 그러나 실험실의 효과적인 이용을 위한 기본 지침들은 실험실 유형에 상관없이 거의 비슷하다.

실험실 공간은 클수록 좋다. 실험실이 커야 분석 종류에 따라 필요한 기기들을 분리된 공간에 배치할 수 있으며, 혹시 있을지 모를 시료의 오염을 피할 수 있기 때문이다. 예를 들어 퇴적물 코어를 다루는 실험실의 경우 더러운 공간(dirty lab)과 깨끗한 공간(clean lab)을 구분하는 것이 좋다. 퇴적물 코어를 절개하거나 퇴적물을 조사/분석하는 등의 소위 더러운 작업이 이루어지는 공간은 현미경이 비치된 깨끗한 공간으로부터 분리되는 것이 이상적이다. 실험실이 충분히 크다면, 퇴적물 표면의 특징을 기술하고, 퇴적물을 분석하고, 현미경으로 미화석을 동정하는 각각의 작업들이 서로 다른 공간에서 독립적으로 이루어질 수 있다. 또한 퇴적물 시료들이 오염되지 않도록 국내에서 수집한 시료와 국외에서 수집한 시료를 분리해서 보관할 필요도 있다. 그러나 공간의 제약으로 성격이 다른 실험임에도 동일한 공간에서 수행하는 것이 불가피할 때가 있다. 이때는 실험 시간에 차이를 두는 방법을 생각해 볼 수 있다. 한 작업이 끝날 때마다 깨끗이 청소한 후 다음 작업으로 넘어가는 식으로 실험 시간을 구분한다. 규모가 작은 실험실에서도 작업 공간을 청결하게 사용하고 시료 오염의 위험성을 최소화할 수 있다면 최상의 실험 환경을 유지하는 것이 가능하다.

　모든 실험실은 특정한 분석 목적에 맞게 디자인되어 있으며, 그 목적에 맞는 분석 기기들로 채워져 있다. 실험실의 유형과 상관없이 일반적으로 사용하는 기기들이 있다. 그러나 이러한 일반 기기들도 외형이 서로 다를 수 있으므로, 연구자의 분석에 필요한 기기들이 실험실에 잘 갖춰져 있는지 정확히 파악해야 한다. 현미경을 예로 들어 보자. 현미경은 모든 실험실에서 흔하게 볼 수 있는 분석 기기이지만 종류와 성능이 천차만별이다. 슬라이드글라스 위의 표본(화분, 규조 등)을 관찰하기 위해서는 100배나 1,000배의 배율로 볼 수 있는 광학현미경이 필요하다. 연륜연대, 거대화석, 탄편 등을 분석할 때 사용하는 해부현미경에는 10배에서 50배 배율의 렌즈가 장착되어 있다. 광물 분석에는 편광현미경을 이용한다. 간혹 특수한 작업을 위해 주사전자현미경이 필요할 때도 있다. 이처럼 각 현미경의 성능은 매우 다양한데, 성능이 좋은 것일수록 그래서 가격이 비쌀수록 높은 해상도의 분석 결과를 얻을 수 있다. 그리고 연구가 아니라 교육을 할 때는 상대적으로 낮은 성능의 현미경을 사용한다.

　또한 대부분의 실험실은 특수한 분석을 수행하는 장비들도 갖추고 있다. 자주 사용하지는 않지만 특정 분석 단계에서 수요가 꾸준한 장비들이다. 예를 들어 액체비중계(hydrometer)는 액체의 밀도를 보여 주는 기기로 부유법으로 시료를 분리/추출할 때 사용한다. 분광광도계(spectrophotometer)는 액체의 어둡고 밝음을 측정할 때 필요하다. 이 기기로 이탄층을 분석해 언제 산화도가 높았고 낮았는지, 즉 언제 기후가 건조했고 습했는지 밝힐 수 있다. 입도분석기(sedigraph)는 토양이나 퇴적물의 입도를 빠르고 효과적으로 측정할 수 있는 기기이다. 과거 실험실에서 흔하게 볼 수 있었던 저가의 기구들을 이용하는 기계적 방법보다 훨씬 빠르고 정밀한 입도 측정이 가능하다. 그러나 이들 가운데 값이 비싸고 비정기적으로 사용하는 일부 기기들은 두 개 이상의 기관이 공유하기도 한다. 다른 기관의 기기를 이용하려면 우선 그 기기를 갖추고 있는 실험실의 분석 방법과 지침을 익히고 거기에 따라야 한다. 분석 후에는 소모품 비용과 기기 관리자의 인건비 등 분석에 소요된 경비를 지불한다. 고가의 기기를 직접 구매하고 관리하는 것보다 이렇게 빌려 쓰는 것이 훨씬 더 경제적일 때가 많다. 여러 국가에서 국립기기원을 창설한 이유다. 미국의 국립과학재단(NSF)이 설립한 국립호수퇴적물코어실험실(National Lacustrine Core Facility: LacCore)은 야외 및 실험실에서의 호수 퇴적물 분석을 지원하고, 퇴적물 코어 및 자료를 보관하며, 시료를 배분하는 등의 일을 수행한다.

매우 전문적인 분석의 경우에는 정부 지원 기기원이나 영리 실험 기관에 의뢰하는 것이 일반적이다. 고환경 복원에 활용되는 방사성 연대측정(^{14}C, ^{210}Pb, ^{10}Be, ^{137}Cs)은 이러한 분석의 대표적인 예이다. 시료를 분석 기관에 보내기 전에 시료의 전처리가 필요한 경우가 있는데, 자세한 전처리 방법은 분석 기관이 제공한다. 분석 비용은 보통 의뢰인이 전처리를 어느 정도까지 수행했는지에 따라 달라진다. 지화학적 분석(예: 산소 동위원소 분석) 또한 과거 기후변화를 복원하기 위해 자연지리학자가 자주 사용하는 연구 방법이다. 연구자가 자신의 실험실을 갖고 있더라도 이러한 전문 분석은 외부 실험실에 의뢰할 때가 많다.

간단한 실험 기구를 사용하는 것도 생각보다는 복잡할 수 있다. 예를 들어 시험관의 형태, 크기, 재질은 매우 다양하므로, 어떠한 용도로 쓸지 미리 생각한 후에 사용 목적에 맞는 적절한 시험관을 구입해야 한다. 체 또한 크기와 재질이 다양하다. 연구자들은 아주 망이 작은 체의 경우에 전통적인 금속망이 아닌 천망을 씌운 체를 선호한다. 금속망 체는 효과적인 체질을 위해 진동기의 도움이, 천망 체는 진공 시스템이 필요할 수 있다. 단순한 형태의 수도꼭지 진공 장치를 설치하는 것은 손쉽고 저렴하므로 대부분의 실험실은 이러한 진공 장치를 갖추고 있다.

기기의 정확도와 정밀도 또한 고려해야 한다. 정확도(accuracy)는 측정치가 실제 값에 얼마나 근접하는지를 뜻하며, 정밀도(precision)는 기기가 동일한 측정치를 얼마나 반복적으로 제시할 수 있는지를 뜻한다. 대부분의 실험실이 갖추고 있는 저울은 기기의 정확도를 설명할 때 적당한 사례이다. 실험실에는 보통 다양한 정확도를 갖는 저울들이 있다. 큰 표본(500g 이하)의 무게를 측정하는 저울은 비교적 기기 값이 저렴한 편으로 0.01g 수준까지 측정할 수 있다. 한편, 아주 작은 표본의 측정에 적합한 미세저울은 0.0001g 수준까지 측정할 수 있다. 분석 시 아주 작은 차이를 구분해야 할 때가 있는데, 이럴 때 의미 있는 결과를 얻기 위해서는 매우 정확한 측정이 가능한 저울을 갖고 있어야 할 것이다. 하지만 모든 분석이 이렇게 높은 정확성을 요구하는 것은 아니다. 정확도 높은 측정이 필요한 때를 알고 있다면 다양한 성능의 저울들을 상황에 맞게 사용할 수 있다.

실험실에서 수행하는 모든 작업 과정에서 항상 안전은 최우선이다. 특히 특수한 안전 장비가 요구되는 작업들이 있다. 화학약품을 사용할 때는 흄 후드(fume hood)가 필요하다. 모든 시료의 전처리는 여기에서 이루어진다. 또한 장갑, 고글, 실험복 등의 안전 용품도 갖추고 있어야 한다. 기사용한 화학약품은 잘 보관해 두었다가 적절한 방식으로 폐기해야 한다. 모든 실험 기관은 정부 법령을 충실히 따르는 안전 수칙을 마련해야 한다. 규칙을 어길 시에는 위법에 따른 심각한 조치가 따를 수 있다. 위험한 약품을 안전하게 관리하는 것은 연구자의 의무이다. 먼지가 과도하게 발생한다면 적절한 환기 시스템을 갖추어야 한다. 분젠 버너의 불꽃, 전기로의 높은 온도 등도 위험할 수 있으므로 조심해야 한다. 전기로는 온도가 섭씨 1,000℃까지 상승할 수 있으므로, 시료를 전기로에 넣거나 뺄 때 특수한 안전 장비가 필요하다. 위험한 작업을 수행할 때는 위급 상황에 대비하기 위해서라도 파트너가 주위에 함께 있는 것이 좋다. 위급 시 연락번호는 눈에 잘 띄는 곳에 적어 두고 긴급 안전 장비는 바로 사용할 수 있는 상태로 비치해 놓는다. 화학약품을 다루는 실험실에는 작업자가 부지불식간에 화학약품에 노출되었을 때를 대비해서 보통 안전 샤워나 눈 세척 시스템을 갖추어야 한다. 세척 키트나 구급함도 위험한 화학약품을 다루는 실험실에서는 필수적이다. 위험 물질을 다루지 않는 실험실에서도 날카로운 도구를 사용하거나 유리 비커가 파손되어 위험할 때가 있다. 날카로운 폐기물만을 보관하는 별도의 통을 비치해 위험 폐기물과 비위험 폐기물을 따로 보관한다. 실험실을 이용하는 모든 개개인은 실험실 이용 전에 안전 교육을 받아야 한다. 안전 교육 수료증은 실험실 정기 검사에 필요하므로 잘 보관해 놓는다.

실험실의 안전을 위해서라도 실험실은 항상 정리되어 있어야 한다. 모든 물건에 적절한 표식을 단다. 만약 표식이 달려 있지 않은 물질이 있다면 위험한 것으로 간주해야 한다. 실험실 작업대는 분석을 하는 곳이지 물건을 놓는 곳이 아니므로 사용하지 않을 때는 깨끗이 치워 놓는다. 대부분의 분석에서 시료의 오염은 심각한 문제를 초래하므로, 작업 공간과 물건은 항상 청결한 상태로 유지해야 한다. 특히 오염 우려가 있는 상황이라면 작업대 위를 알루미늄 포일 등으로 덮고 작업이나 분석 내용이 바뀔 때마다 이를 교체해 준다. 실험실 사용자는 각자 자신의 실험 결과에 책임져야 한다. 다수의 사용자가 실험실을 사용해 시료가 오염될 가능성이 존재한다면, 실험실 이용 전에 미리 용기, 도구, 작업 공간을 청소하는 것이 좋다.

21.3 관찰과 측정

야외조사 때와 마찬가지로 실험 중에도 실험 노트에 모든 분석 과정을 빠짐없이 기록하는 것이 바람직하다. 실험실에서 이루어진 모든 일을 기록해 이후 분석 결과를 해석할 때 중요한 참고자료로 활용한다. 실험 노트 작성 시에는 표준화된 기명 방식에 따라 시료에 이름을 붙이고 실수를 포함한 모든 진행 과정을 기록한다. 자료 가운데 이상치가 있다면 이것이 실제 의미 있는 변이인지 아니면 분석 과정에서 벌어진 실수인지 판단할 수 있어야 한다. 자료를 직접 컴퓨터에 저장하는 것이 일반적이지만, 영구적인 실험 노트에 자료의 복사본을 만드는 것도 나쁘지 않다. 이 작업에 들인 노력과 시간이 아깝지 않을 만큼 나중에 백업본이 도움될 때가 종종 있다.

실험의 목표는 여러 표본으로부터 양질의 재현 가능한 데이터를 얻는 것에 있다. 실험들 가운데는 단순반복적인 것도 있고 신중하게 정해진 절차에 따라 여러 단계를 거쳐야 하는 것도 있다. 그러나 실험의 성격에 상관없이 작업이 길게 이어지면 기기를 잘못 읽거나, 자료의 수치를 뒤바꾸거나, 중요한 단계를 잊고 놓치는 등의 실수를 저지를 수 있다. 이러한 문제를 예방하기 위해서는 실수를 점검하는 절차가 필요하다. 간단한 예를 들어보자. 시료의 무게를 측정할 때는 먼저 용기의 무게부터 측정한다. 그리고 시료가 들어 있는 용기의 무게를 잰 후에 이 값에서 미리 측정해 놓은 용기의 무게를 뺀다. 후속 분석을 수행하고 시료의 무게를 뺀다. 일련의 후속 분석이 끝날 때마다 시료의 무게를 다시 잰다. 이때 발생할 수 있는 실수를 막기 위해 단계마다 일상적인 점검 절차를 거치는 것이 좋다. 실험 직후 측정한 시료의 무게가 이전에 측정한 무게보다 가볍게 나오는지를 확인하는 것이다. 만약 더 무겁게 나온다면 틀린 수치를 기입했거나 혹은 부정확한 위치에 수치를 기입했다고 짐작할 수 있다.

기기를 이용해 측정할 때는 먼저 기기가 적절하게 보정된 상태인지를 확인해야 한다. 자체 교정 시스템을 갖춘 기기도 있고(예: 저울, 자력계 등), 외부 표준에 근거해 교정해야 하는 기기도 있다(예: pH 미터). 기기들은 시간이 지나면 정확도에 문제가 생긴다는 점을 유념해야 한다. 따라서 정기적인 교정이 필요하다. 에러가 포함된 것으로 보이는 자료라면 과감하게 버린다. 잘못된 자료를 사용하는 위험을 감수하는 것보다 시간이 들더라도 재분석하는 쪽을 택하는 것이 낫다.

실험 과정에서 반복 측정은 중요한 의미를 지닌다. 기기를 이용해 측정할 때는 여러 번 측정한 후 이들의 평균값을 구한다. 기기의 품질이 아무리 좋더라도 대기 상태, 표본 내 변이, 기기의 변동 등으로 같은 시료의 측정치가 다양하게 나올 수 있다. 첫 번째 측정치가 정확하다고 가정하지 마라. 대부분의 기기는 소수점 이하 자리를 측정 가능한 수준보다 더 많이 보여 주는 경향이 있다. 따라서 소수점 이하 마지막 자리의 수치는 반올림하거나 아예 버리는 것이 나을 때가 있다. 사용자는 기기의 한계를 알고 기기의 정확도를 초과하는 데이터를 발표하지 않도록 주의해야 한다.

모든 실험 과정은 이후에 반복할 수 있도록 기록으로 남겨 두어야 한다. 그리고 실험에 시간이 많이 소요되어 여러 명이 함께 참여해야 하는 경우가 있다. 이러한 상황에서는 모든 실험자들이 적당한 수의 동일 표본을 분석한 후 그 결과를 서로 비교하고 검증하는 과정을 거쳐야 한다. 같은 표본에서 유사한 분석 결과가 산출되는 것을 확인한 후에 참여자들의 개별 실험을 진행시킨다. 또한 각 자료 파일에 조직화된 이름을 부여할 수 있도록 적절한 명명 방식을 정하는 것도 필요하다. 자료의 효율적인 정리는 표본의 일정한 분석만큼이나 중요하다. 실험 결과를 분석하는 과정에서 다양한 자료 파일이 생성되므로 간단하면서도 일관되게 이름을 붙여 나가야 한다. 잘 정리된 자료들은 전달하고 공유하는 과정에서 문제를 일으키지 않는다.

실험실에서는 다양한 종류의 시료를 분석한다. 자연지리학자가 분석하는 시료로는 보통 토양, 퇴적물, 물, 식물, 나이테, 빙하 등이 있다(22장 참조). 각 시료를 대상으로 입도, 부식 정도, 탄편, 화분, 규조류, 거대화석, 화학, 지화학적 동위원소, 방사성 동위원소, 수목 해부, 먼지 입자, 유기물, 광물 등의 분석을 수행한다. 그런데 이 가운데 시료를 파괴하는, 즉 시료를 소모하는 분석들이 있다. 따라서 실험을 계획하기 전에, 더 바람직한 것은 시료 채취를 위한 답사 전에 어떠한 종류의 분석을 실시할 것인지, 시료를 파괴하는 분석인지 비파괴적 분석인지 미리 따져볼 필요가 있다. 파괴적인 분석들의 경우에 연구자는 각 분석에 어느 정도의 시료가 필요할지 미리 알고 있어야 한다. 계획한 분석을 모두 진행할 수 있도록 야외조사에서 충분한 양의 시료를 확보한다.

원시료에서 표본을 채취할 때도 주의해야 한다. 시료 겉표면은 안쪽 부분에 비해 외부 물질에 오염되기 쉽다. 따라서 각 분석이 오염에 민감한지 아닌지 알고 있어야 한다. 예를 들어 연구자들은 호수퇴적물이나 이탄층을 분석할 때 먼저 수분함유량, 유기물량, 밀도 등을 측정한다. 오염에 덜 민감한 기초적인 분석이므로 퇴적물 코어 시료의 바깥 부분을 활용할 수 있다. 반면 오염 가능성이 높은 동위원소, 화분, 규조류 분석 등에 쓸 표본은 퇴적물 코어의 안쪽에서 확보해 오염의 확률을 최소화해야 한다.

계획이 잘 수립된 연구라면 모든 분석을 끝마치고 나서도 미래의 분석에 쓸 수 있는 여분의 시료가 남는 것이 보통이다. 새로운 분석 기법이 꾸준히 개발되고 있기 때문에 시료를 처음 얻는 작업이 얼마나 고된가를 안다면, 처음 확보한 시료 가운데 절반은 미래를 위해 남겨 두는 것이 좋다. 보관하는 방법은 시료 종류에 따라 제각기 다르다. 퇴적물은 냉장 보관을 하고 빙하 코어는 영구히 얼린 상태로 보관해야 한다. 한편 토양, 나이테, 식물 등은 단지 서늘하고 건조한 공간이면 충분하다. 이러한 분석 시료들을 보관하기 위해 국립 혹은 국제 보관소들이 설립되어 있다. 실험 분석 중에 산출된 다양한 형식의 자료를 저장할 수 있도록 데이터 센터들 또한 구축되어 있다. 실험 결과를 토대로 논문을 출간한 후에는 이러한 센터들에 관련 데이터를 맡겨 전 세계 연구자와 분석 자료를 공유하도록 한다.

다음에는 지리학의 하부 분야에서 활용되는 분석 방법의 몇 가지 예를 들어 보고 실험실에서 맞닥 뜨릴 수 있는 사안들과 결정해야 하는 문제들에 대해 알아본다.

생물지리학자와 고생태학자는 식생 변화와 기후변화를 연구하기 위해 호수와 습지 퇴적물을 분석 한다(Birks and Birks, 1980). 먼저 퇴적물을 기술하는 작업부터 시작한다. 이를 위해 고해상도의 사 진 촬영, 대자율 측정, 화학 성분을 밝히기 위한 XRF 스캐너 분석 등의 비파괴적 퇴적물 분석을 수행 한다. 이후 시료를 소모하는 파괴적 분석을 통해 수분함유량, 유기물량, 무기물량, 밀도 등을 측정해 퇴적물의 특성을 밝힌다. 이러한 작업에는 정밀 저울, 건조 오븐, 표본을 태우기 위한 전기로, 표본의 보관을 위한 건조 용기 등이 필요하다. 이후 퇴적물 코어에서 표본을 별도로 채취해 과거 식생을 복 원하기 위한 화분 분석, 호수의 환경 변화를 복원하기 위한 규조류 분석, 과거 산불을 복원하기 위한 탄편 분석, 식생 변화나 호수 환경 변화를 보여 주는 동위원소 분석 등을 수행한다. 화학적 분석을 위 해서는 흄 후드와 같은 환기 시스템이, 화분이나 규조류 분석을 위해서는 광학현미경이, 탄편 분석 을 위해서는 해부현미경이 필요하다. 동위원소 분석 시에는 보통 전문 분석 기관에 의뢰한다. 퇴적 물 코어에는 연대 자료가 필요하다. 연대측정 또한 전문 분석 기관에 의뢰하는데, 기관에 보내기 전 에 연대측정할 대상을 골라내고 전처리하는 과정을 거치게 된다. 전처리 과정은 연대측정 종류에 따 라 제각기 다르다. 따라서 연구자는 미리 분석 기관에 연락해 전처리 시 유의할 점을 확인해야 한다. 분석 종류가 다양하면 보통 여러 사람이 관여하게 된다. 연구진은 표본과 관련된 오류를 피하고 적 정한 표본 해상도를 결정하기 위해 연구 시작 전에 효율적인 표본 활용 전략을 미리 세워둘 필요가 있다.

지형학자는 빙퇴석의 연대나 선상지의 형성 과정을 밝히기 위해 암석과 광물 시료를 수집한다. ^{10}Be 연대측정 방법의 개선으로 지형학자는 과거 빙하의 확장 시기를 보다 정확하게 알 수 있게 되 었다(Bentley et al., 2006). 야외에서 채취한 암석 시료는 ^{10}Be 연대측정 전에 복잡하면서도 많은 시 간을 필요로 하는 일련의 화학 분석 과정을 거쳐야 한다. 이 과정에서 전문적인 실험실이 필요하다. 한편, 선상지에서 횡단선에 따라 채취한 토양 시료의 입도 분석 결과는 토양의 발달 수준과 선상지 위 여러 지점의 에너지 수준을 보여 준다. 입도 분석 시에는 체와 피펫을 이용한 기계적 방법 혹은 가 용하다면 입도분석기를 이용한다.

연륜연대학자는 과거 기후를 복원하고, 수목의 성장을 연구하고, 수목이 기후에 어떻게 반응하는 지를 밝히기 위해 나이테 목편을 채취한다(Fitts, 1976). 목편 받침대 위에 나이테 목편을 놓은 상태 에서 기후 복원을 위한 분석을 수행한다. 목편 받침대는 전동 도구가 장착된 목재 작업대에서 목재를 가공해 만든다. 목편을 사포질하는 것도 중요한데, 이러한 기초 단계에서도 전동 도구를 활용하는 것이 일반적이다. 전동 도구가 비치된 실험실은 적절한 환기 시스템을 갖추고 있어야 하며, 사용자는 안전 교육을 이수해야 한다. 사포질이 끝난 표본은 나이테 분석을 위해 현미경이 비치된 클린랩으로 옮긴다. 연륜연대학자는 정형화된 방법에 따라 목편에 표식을 달기 때문에 표본 자체에서 직접 정보를 얻을 수 있다. 나이테 폭을 재기 위해서는 특별한 기기가 필요하다. 목편 시료에 동위원소 분석이나 수목 해부학적 분석을 수행하기도 한다. 분석이 끝난 목편은 후속 연구를 위해 특정 장소에 옮겨 보관한다.

21.4 결론

지리학은 보통 야외조사 중심의 과학으로 간주된다(Petch and Reid, 1988). 하지만 지리학의 핵심 원리를 발견하고자 한다면 많은 경우 실험은 필수이다. 실험실 작업은 종종 전문 지식을 요구한다. 장비의 사용 가능 여부, 사용 방법, 사양 등을 정확히 알고 있어야 분석을 효율적으로 수행할 수 있다. 시료 채취 답사 전에 실험 내용을 완전히 파악하고 있어야 한다. 분석에 적합한 시료를 찾은 후 실험 과정에서 부족함이 없을 만큼 충분한 양의 시료를 확보해야 하기 때문이다. 연구자가 자신의 실험실에 분석에 필요한 모든 실험 기기를 갖추고 있는 경우는 거의 없다. 따라서 연구자 간 협력하거나 여러 실험실을 이용하는 것이 보통이다. 연구를 성공적으로 이끌기 위해서는 잘 고안된 실험 절차가 매우 중요할 수 있다.

| 요약

- 실험 결과는 야외에서 수집된 시료에 좌우된다. 시료 채취 계획을 세우기 전 실험 방법을 정확히 파악하고 있어야 한다.
- 각 실험실은 보통 특정 분석에 특화되어 있다. 분석 기기, 사용 방법, 안전 수칙 등은 실험실마다 다르다.
- 실험실의 분석 가능 수준은 제각각이며 동일한 분석을 수행하는 기기라도 유형이나 질적인 측면에서 천차만별이다. 좋은 분석 결과를 얻기 위해서는 적절한 분석 기기와 실험 절차를 선택하는 것이 중요하다.
- 실험실에서는 법이 요구하는 안전 수칙을 지켜야 한다. 교육받지 않은 상태에서 분석을 시작해서는 안 된다.
- 실험의 목적은 고품질의 재현 가능한 분석 결과를 얻는 것이며, 이를 달성하기 위해서는 동일한 분석 방법을 일관되게 적용하고 사소한 사안에도 주의를 기울여야 한다.
- 분석 과정을 거치면서 시료가 소모될 때가 많다. 계획된 모든 분석에 충분한 양의 시료를 제공하고 후속 연구용으로 여분의 시료까지 보관할 수 있도록 계획을 세운다.

심화 읽기자료

- 버크스와 버크스(Birks and Birks, 1980)는 고생태학 연구에서 활용하는 야외조사 및 실험실 분석 방법을 포괄적으로 검토한 논문이다. 실험실 분석 방법에 대한 장은 지리학계에서 활용하는 여러 분석 기법들을 다룬다.
- 매사트 외(Massart et al., 1993)는 화학 및 의학 분야의 실험실 이용 방법을 담고 있다. 다소 전문적인 내용을 다루는데, 정확성, 신뢰성과 관련된 주제들을 깊이 파헤친다. 수질, 대기오염, 환경 모델링 자료를 수집하고 분석하는 장은 유익하고 흥미로운 정보를 제공한다.
- 디베라디니스 외(DiBerardinis et al., 2013)는 원래 산업계를 위해 쓰인 책이다. 안전하고 건강한 실험 환경에서 과학적 분석을 수행할 수 있도록 실험실을 디자인하는 방법을 알려 준다.

* 심화 읽기자료에 대한 상세 정보는 아래 참고문헌에서 확인할 수 있음.

참고문헌

Bentley, M.J., Fogwill, C.J., Kubik, P.W. and Sugden, D.E. (2006) 'Geomorphological evidence and cosmogenic 10BE/26Al exposure ages for the Last Glacial Maximum and deglaciation of the Antarctic Peninsula Ice Sheet', *Geological Society of America Bulletin* 118: 1149-59.

Birks, H.J.B. and Birks, H.H. (1980) *Quaternary Palaeoecology*. Baltimore: University Park Press.

Church, M., Hassan, M.A. and Wolcott, J.F. (1998) 'Stabilizing self-organized structures in gravel-bed stream channels: Field and experimental observations', *Water Resource Research* 34: 3169-79.

DiBerardinis, L.J., Baum, J.S., First, M.W., Gatwood, G.T. and Seth, A.K. (2013) *Guidelines for Laboratory Design: Health, Safety and Environmental Considerations*. Oxford: Wiley.

Dong, Z., Liu, X., Wang, H. and Wang, X. (2003) 'Aeolian sand transport: A wind tunnel model', *Sedimentary Geology* 161: 71-83.

Faegri, K. and Iversen, J. (1989) *Textbook of Pollen Analysis* (4th edition). New York: Wiley.

Fritts, H.C. (1976) *Tree Rings and Climate*. New York: Academic Press.

Goudie, A. (1990) *Geomorphological Technique*s (2nd edition) London: Unwin Hyman.

Massart, D.L., Dijkstra, A. and Kaufman, L. (1993) *Evaluation and Optimization of Laboratory Methods and Analytical Procedures*. Amsterdam: Elsevier Science.

Petch, J. and Reid, I. (1988) 'The teaching of geomorphology and the geography/geology debate', *Journal of Geography in Higher Education* 12: 195-204.

공식 웹사이트

이 책의 공식 웹사이트(study.sagepub.com/keymethods3e)에서 이 장과 관련한 비디오, 연습, 자료 및 링크들을 확인할 수 있으며, 부가적으로 다음 논문들도 무료로 이용할 수 있음.

1. Meadows, M. (2014) 'Recent methodological advances in Quaternary palaeoecological proxies', *Progress in*

Physical Geography, 38 (6): 807-17.

– 이 논문은 최근 고환경 복원 분야에서 새롭게 대두된 고생태학적 실험 방법을 자세히 소개한다.

2. Lowe, D. (2008) 'Globalization of tephrochronology: New views from Australasia', *Progress in Physical Geography*, 32 (3): 311-35.

– 화산회연대학(tephrachronology)은 퇴적물의 중요한 연대측정 방법 가운데 하나로 고생태학 연구에서 널리 활용된다. 이 논문은 최근 개선된 화산회 분석 방법과 활용 사례를 소개하고 있다.

3. Furley, P. (2010) 'Tropical savannas: Biomass, plant ecology, and the role of fire and soil on vegetation', *Progress in Physical Geography,* 34 (4): 563-85.

– 이 논문은 식생의 종류, 분포, 관리 등에 영향을 미치는 토양의 화학적 성질과 이러한 토양 자료를 얻는 실험 방법을 자세히 설명한다.

22

과거로부터 정보 얻기: 육상 생태계의 고생태학 연구

개요

이 장에서는 육상 생태계의 변화를 복원할 때 활용하는 방법과 자료를 검토한다. 고생태학 연구는 현재의 식생 분포 원인을 밝히는 학문인 생태학적 생물지리학의 분석 방법들을 차용한다. 고생태학은 환경 프록시 자료를 해석해 과거의 환경 변화에 종, 개체군, 군집, 생태계 등이 어떻게 반응했는지를 밝히는 생물지리학의 하위 분야라 할 수 있다. 고생태학 연구는 보통 제4기(258만 년 전부터 현재까지)의 생태계 변화를 대상으로 한다. 특히 최종빙기 최성기와 1만 1,700년 전부터 시작된 홀로세를 포함하는 지난 2만 1,000년이 주된 관심 기간이다. 다양한 유형의 프록시 자료들은 각기 다른 시공간 스케일상에서 환경이 변화하는 과정을 민감하게 보여 주며, 프록시 자료에서 드러나는 생물의 변화나 물리적 변화를 토대로 과거 환경 변화를 유추할 수 있다. 이 장에서는 육상 생태계의 변화를 복원하는 방법과 그 근거가 되는 나이테, 화분, 식물 거화석, 사막숲쥐 두엄더미, 탄편, 동물 배설물의 균류 포자 등의 프록시 자료를 알아본다. 그리고 과거 호수의 환경 변화를 복원할 때 활용하는 퇴적물의 물리적·지화학적·광물학적 특성과 규조류, 깔따구 등의 프록시 자료 또한 살펴본다. 환경 변화를 복원할 때 한 종류의 프록시 자료만을 사용할 수도 있지만, 다수의 지점에서 다양한 종류의 프록시 자료를 생산하고, 이들을 통합하고 상호 비교하면 보다 완전하게 고환경을 복원할 수 있다. 또한 여러 지역에서 생산된 단일한 종류의 탄편이나 화분 같은 프록시 자료를 종합하면 광범위한 규모의 환경 변화를 파악하는 것도 가능하다.

이 장의 구성

- 서론
- 고생태학 연구 방법과 자료
- 고생태학에서 활용되는 프록시 자료의 종류
- 다중 프록시 자료와 전 세계 자료의 통합
- 결론

22.1 서론

현재는 과거를 이해하는 열쇠이다. 반면 역사시대와 선사시대 자료는 현재를 이해하고 미래를 예측하는 데 필요한 정보를 제공한다. 과거 환경에 대한 정보는 과거의 환경 변화 폭을 보여 주고, 현재의 경관을 형성한 과거의 자연과 인간을 이해하는 데 도움을 주며, 환경 변화에 대한 생태계의 민감성을 알려 준다. 과거에 대한 지식은 여러 방법을 통해 얻을 수 있다. 야외 측정 기구나 원격 탐사(remote sensing) 기기를 통해 실시간 혹은 그에 준하는 자료가 쌓이고 있다. 항공사진과 위성 영상 자료는 지난 수십 년의 정보를 제공한다. 과거 수백 년 동안 인간이 관찰하고 측정한 역사 기록도 존재한다. 관찰과 측정이 시작되기 전의 정보는 나이테나 호수 퇴적물 등을 분석해 얻은 환경 프록시(proxy) 자료에서 확보할 수 있다(그림 22.1).

고생태학(palaeoecology)은 생물지리학의 하위 분야로 이러한 프록시 자료를 이용해 종, 개체군, 군집, 생태계가 과거 환경 변화에 어떻게 반응했는지를 연구하는 학문이다. 이 학문은 다학제 간 연구 분야로 생물지리학, 고생물학, 지화학, 고고학 등에서 사용하는 연구 방법을 활용해 과거 환경 조건, 생물계의 반응, 기후변화 요인 등을 밝힌다. 고생태학 연구는 바다, 심지어 빙하 지역에서도 이루어지지만, 이 장에서는 육상 생태계의 복원 연구들을 검토하는 것에 초점을 맞추고자 한다.

대부분의 고생태학 연구는 제4기(258만 년 전부터 현재까지) 동안의 생태계 변동을 대상으로 한다. 제4기는 거대 빙상들이 지구 공전 궤도의 변이와 지구상에서 연이어 나타난 피드백 효과

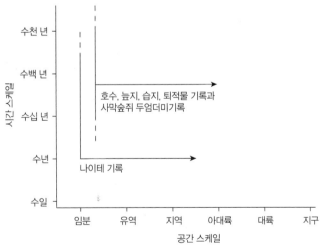

그림 22.1 이 장에서 다루는 프록시 데이터의 시공간적 스케일 각 프록시 자료가 일반적으로 갖는 스케일은 직선으로 표시되어 있고, 점선은 특별한 경우에 해당하는 스케일을 의미함.

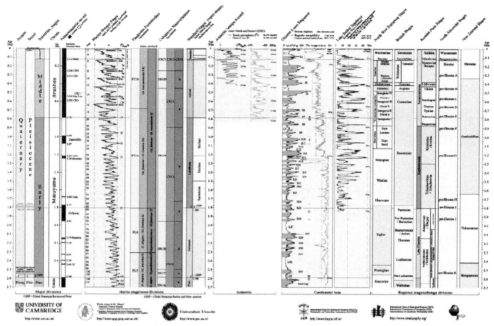

그림 22.2 국제층서위원회(International Commission on Stratigraphy)의 제4기 국제층서표

출처: stratigraphy.org/ICSchart/QuaternaryChart1.jpg

에 반응하면서 주기적으로 확장과 축소를 반복했던 시기이다(그림 22.2). 그러나 이 장에서는 지난 2만 1000년 동안의 환경 변화를 다룬 연구들에만 초점을 맞춘다. 최종빙기 최성기(Last Glacial Maximum: LGM)부터 1만 1700년 전에 시작되어 지금까지 이어지고 있는 현 간빙기인 홀로세까지의 기간이다. 이 장에서는 육상의 프록시 자료만을 설명할 것이며, 내가 관여했거나 연구 결과의 질이 높은 것으로 보이는 연구들을 중심으로 소개한다. 여기에서 지리학이나 관련 개념들을 자세히 설명하지는 않을 것이다. 이와 관련해서는 장의 말미에 적당한 참고문헌들을 제시했으니 참고하기 바란다.

22.2 고생태학 연구 방법과 자료

고생태학적 복원은 환경이나 기후에 민감해 과거를 보여 줄 수 있는 자료를 토대로 이루어진다. 이러한 자료 중에는 불연속적인 것들도 있다. 예를 들어 사막숲쥐 두엄더미(packrat midden)를 구성하는 식물 유체라던가 동물 화석 같은 것들은 특정 시점의 생물상과 환경 조건을 '스냅 사진' 형태로 보여 준다. 생태 변화를 고해상으로 밝히고자 한다면 나이테나 호수 퇴적물과 같이 연속적인 정보를 갖고 있는 시료가 이상적이다. 남극 빙하 코어의 미량 기체 자료나 심해저 퇴적물의 유공충 자료와 같이 수십만 년에서 수백만 년의 정보를 담고 있는 층서 프록시도 있고, 나이테와 같이 지난 수십 년 동안의 변화를 분기나 연 수준의 해상도로 보여 주는 프록시도 있다.

식생 변화를 복원하는 고생태학 연구는 보통 수백 년에서 수천 년 동안의 시간을 다루며 화분, 식물 거화석(microfossil), 이외 식물유체 등을 활용한다. 이러한 자료의 연대는 호상퇴적물의 층(varve)을 세거나, 육상 유기물의 ^{14}C 연대측정 혹은 최근 형성된 퇴적물의 ^{210}Pb 연대측정과 같은 방사성 연대측정을 통해 얻는다. ^{14}C 연대측정은 제4기 후기의 연대 정보를 구축하는 데 있어 지금까지 가장 흔하게 사용하는 방법으로 육상 식물, 탄편(charcoal), 퇴적물 등을 대상으로 한다. 탄소 연대는 방사성 탄소의 대기 생산량 변화, 주기적인 기후변화의 영향, 탄소 저장 공간의 차이, 인간의 영향 등을 고려해 보정 과정을 거친다. 그리고 퇴적물의 개별적인 연대치들을 수학적 방법을 통해 연결하고 내삽하여(interpolate) 퇴적물 깊이별 연대를 모두 보여 주는 연대 모델을 구축한다. 한편, 연대를 이미 알고 있는 화산재층, 유입 시기가 알려져 있는 외래종 화분의 존재, 다른 지역에서 연대가 밝혀진 고지자기의 변이, 시기가 명확한 역사적 사건이 드러나 있는 층 등과 비교해 방사성 연대측정치와 연대 모델이 갖는 정확성을 판단할 수도 있다.

고생태학과 같은 역사 과학은 여러 개의 작업 가설을 반복적으로 검증해 답을 구한다. 연구의 시작 단계에서 가설(설명)을 설정한다. 가용한 자료에 기반해 각 가설의 강점을 평가한 후, 상대적으로 미진한 가설은 버린다. 배제되는 이유가 분명한 가설도 있고, 새로운 사실이 확인되면서 수정되는 가설도 있다. 연구 도중에 새로운 가설이 도출되기도 한다. 식생사 연구와 가설은 과거의 개체, 개체군, 군집을 포함하는 생태계를 복원하고 과거의 기후변화나 자연적 환경 교란 혹은 인간 행위가 야기한 식생 변화를 밝히는 것에 초점을 맞추고 있다. 과거에 일어난 생태계의 상호작용을 밝히려는 이유는 현재나 미래에 발생할 수 있는 사건에 대한 이해도를 높이기 위함이다. 다양한 시공간 스케일상에서 생태계의 형성을 주도한 기후학적, 비기후학적 요인의 연결 체계를 이해하기 위해 광범위한 연구 분석을 수행한다.

호수나 습지에서 확보한 퇴적물 코어는 육상 환경사와 관련해 최상의 정보를 제공한다. 퇴적물 층에 보존된 화석 자료, 지화학적 분석 결과, 이외 프록시 자료들은 시간의 흐름에 따른 유역의 환경 변화 기록을 담고 있다. 이 기록은 호수가 처음 형성될 때 시작되어 올해 마지막으로 쌓인 퇴적물의 최상층에서 끝난다. 대부분의 자연 호수는 최종빙기 최성기 이후 빙하가 후퇴하면서 만들어졌지만, 화산 폭발 혹은 하천 작용, 산사태, 해안 퇴적 등으로 호수가 만들어지기도 했다. 냉대 지역의 습지 또한 과거 해빙의 결과로 나타났다. 그러나 이러한 습지는 물길을 막거나 자연 샘을 만드는 하천이나 해안의 지형 형성 작용으로도 생성될 수 있다. 호수, 습지 등 퇴적물을 확보할 장소를 선택할 때는 이 곳의 식생, 지질, 기후가 관심 지역을 대변할 수 있는지를 우선 살펴본다. 고생태학 연구를 진행함에 있어 연구 자체나 연구 지점에 매몰되지 말고 시야를 넓혀 그 너머의 내용을 다루는 것이 중요하다. 이를테면 시의적으로 중요한 연구 문제에 답을 제시하거나, 과거에 발견한 내용을 새롭고 혁신적인 연구 방법을 통해 재차 검증하는 것이다. 이러한 연구 목적을 달성하기 위해서는 연구 지점을 신중하게 선택하고 다중 프록시 자료를 비판적으로 검토하며 연구 결과가 갖는 의미를 확장해야 한다.

22.3 고생태학 연구에서 활용되는 프록시 자료의 종류

여기에서는 다양한 고생태학 프록시 자료와 이 자료들을 활용한 연구 사례들을 살펴볼 것이다. 우선 프록시 자료별로 상이한 시공간 스케일에 익숙해지는 것이 중요하다(그림 22.1 참조). 시간 스케일은 연, 십 년, 백 년, 천 년 단위 등으로 구분되며, 공간 스케일은 수 미터에서 수백 킬로미터까지를 아우른다.

육상 생태계의 변화를 보여 주는 프록시 자료

• 나이테 자료

대부분의 온대 지역(위도 25~65° 사이) 수목들은 나이테를 갖는다. 나이테 채취는 나무의 겉껍질에서 속심까지 연필 두께의 코어를 추출하는 단순한 기구를 이용한다. 추출한 나이테 목편을 적당히 사포질한 후 분석에 들어간다. 우선 나이테의 개수를 세서 나무의 나이 정보를 얻는다. 그리고 나이테 폭의 변화를 근거로 과거 이 지역의 환경 및 기후변화를 추정한다. 나이테 폭을 분석하면 나무가 일생 동안 어떠한 환경 변화를 겪어 왔는지 알 수 있다. 나이테는 마치 바코드와 같으며 주변의 다른 나무에서 얻은 나이테와 비교할 수 있다. 죽은 나무와 살아 있는 나무의 나이테에 남아 있는 독특한 패턴을 찾아 교차편년(crossdating)을 함으로써 연륜연대를 구축한다. 나이테를 이용해 연대를 측정하는 학문을 '연륜연대학'이라 부른다. 교차편년 그 자체는 이해하기 쉽지만 실제 수행하는 과정에서는 여러 복잡한 문제가 발생하고는 한다. 개별 수목마다 성장률이 다르고, 지점별로 환경 조건에 차이가 있으며, 성장 환경의 악화로 종종 나이테가 형성되지 않는 해도 존재하기 때문이다. 이러한 문제들이 상존하므로 여러 나무에서 시료를 채취하는 것이 중요하다.

연륜연대 자료는 1년 혹은 계절 단위의 해상도로 수백 년에서 수천 년의 변화를 보여 준다. 나이테 분석은 전 세계 6개 대륙 모두에서 행해져 왔다. 보통 과거의 생태와 기후 정보를 도출하는 데 활용한다. 산불 역사를 복원할 때도 이용하는데 이와 관련해서는 이 장 후반부에서 보다 자세히 다룰 것이다.

연륜생태학은 나이테 분석 결과를 토대로 생태학적 질문에 답하는 학문 분야다. 이 분야의 주요 연구 주제는 삼림 교란이다. 생물(예: 해충 발생)과 무생물(예: 산불, 홍수, 강풍) 교란에 의한 삼림 변화를 복원하고 이해하는 것이다. 나무의 성장이 활발해졌거나 억제되었던 장소와 시간, 그리고 집단으로 나무들이 정착한 사건을 확인하는 작업에 초점을 맞춘다.

연륜기후학은 나이테 분석을 통해 과거 기후를 연구한다. 최근 기후 관측 자료와 나이테 폭을 상호 비교해 기온(강수량)−나이테 전이 함수를 만든다. 오래된 나무에서 확보한 나이테 자료에 전이 함수를 적용해 과거 기후 자료를 구축한다. 관측 자료를 기반으로 만든 전이 함수를 이용해 관측 이전 시기의 나이테 자료를 고기후 자료로 변환하고 과거 기후변화를 추정한다. 나이테 프록시 자료가 갖는 강점은 광범위한 지역에 걸친 기후 복원이 가능하다는 점이다. 북미가뭄지도(North American Drought Atlas)는 835개의 나이테 자료에서 추정한 2005년 동안의 가뭄 정보를 담고 있다(Cook et al., 2004; iridl.ldeo.columbia.edu/SOURCES/.LDEO/.TRL/.NADA2004/pdsiatlashtml/pdsiview maps.html). 이 자료는 수백 년간 이어지는 대가뭄이 북미 기후의 특징 가운데 하나였고, 산업혁명 이전의 과거 사회에 부정적인 영향을 미쳤음을 잘 보여 준다(Stahle et al., 1998; Munoz et al., 2014).

• 화분 자료

호수, 습지, 늪지의 퇴적물 속에 포함된 화분은 과거의 식생 정보를 담고 있다. 화분 분석을 통해 산출된 자료는 지난 수천 년 간의 기후와 환경 변화, 그리고 인간의 영향에 식생이 어떻게 반응해 왔는지를 잘 보여 준다. 화분은 속씨식물(꽃을 피우는 식물)과 겉씨식물(씨를 생산하는 식물)이 퍼트린다. 당연히 수분을 곤충에 의지하는 충매화에 비해 바람에 기대는 풍매화가 매년 많은 화분을 생산하므로 퇴적물 속 화분은 대부분 풍매화로부터 온 것들이다. 화분은 수체의 표면에 내려앉은 다음 호수나 습지 바닥에 퇴적된다. 연구자는 화분이 포함된 퇴적물을 시추해 분석한다. 화분 자료의 시간 스케일은 호수와 습지에 얼마나 퇴적이 빠르게 이루어지느냐에 달려 있다. 일반적으로 화분 자료로부터 복원한 식생 변화 자료는 백 년 단위의 해상도를 갖지만 연구 목적에 따라 해상도를 높일 수 있다. 화분 자료의 공간적 해상도는 연구 지점별로 상이하며 명확하게 파악하기는 힘들다. 화분의 기원지는 호수와 습지의 크기에 좌우된다. 유역 규모의 식생사를 밝힐 때는 작은 면적(0.5ha 이하)의 연구 지점이 더 선호되는 편이다(Ritchie, 1987).

화분 분석을 위해 호수/습지/늪지에서 얻은 퇴적물 코어로부터 일정한 간격으로 시료를 채취한다. 시료에서 다른 물질을 제거하고 화분만을 추출하기 위해 다양한 종류의 화학약품으로 전처리를 수행한다(21장 참조). 전처리 후 남은 물질을 슬라이드글라스에 올리고 400~1,000 배율의 광학현미경으로 동정한다. 현대의 화분 자료를 참조해 화분(보통 25~100μm 크기)을 동정한다. 보통 시료당 300~400개 정도의 화분을 세는데, 훈련받은 분석자도 2~3시간 혹은 그 이상의 시간을 필요로 한다. 화분을 동정하는 능력에는 개인차가 있으며, 종종 동정이 가능한 수준에 제한이 있어 해석이 불완전한 경우가 존재한다. 예를 들어, 벼과 화분은 과 수준 이하, 즉 속이나 종 수준의 동정이 거의 불가능하다. 따라서 이 화분이 고산지에서 생산된 것인지 스텝이나 하천 변에서 생산된 것인지 알 수가 없다. 대부분의 화분은 속 혹은 과 수준까지만 동정이 가능하지만, 종 수준의 동정 또한 식물지리학적 지식에 도움을 받아 가능할 때가 있다. 퇴적물 속의 씨앗, 침엽, 여타 식물 유체를 참고하면 화분으로는 어려운 종 수준의 동정까지 가능하다. 일반적으로 온대 지역의 화분 자료에서 확인되는 화분 유형의 수는 대략 50개 정도로 나무, 관목, 수생 식물 등에서 기원한다.

퇴적물 코어 표본의 화분 동정 결과는 각 화분의 상대 비율 혹은 절대치인 침전율로 나타낸다. 각 화분 종의 시간에 따른 상대적 비율 변화를 토대로 과거 식생을 파악한다. 화분 비율로부터 각 식물의 실제 점유 비율을 정확히 파악하기란 쉽지 않은 일이다. 두 변수 간의 관계가 1대 1이 아니기 때문이다. 과거 화분 조성을 이해하기 위해서는 현재 화분의 분포 양태를 조사해야 한다. 현재 화분 분포에 대한 정보는 호수 퇴적물의 최상부와 화분 포집기에서 얻는다. 표층 화분 연구의 수와 질은 지역별로 천차만별이다. 북아메리카와 유럽에서는 이미 수백 개의 표층 화분 표본이 분석되었으며, 이를 통해 과거 화분 자료의 정확한 해석이 가능하다(www.neotomadb.org).

화분 자료에 따라 과거 식생과 기후를 복원한 연구 사례를 살펴보도록 하자. 윌리엄스 외(Williams et al., 2006)는 북아메리카 북부 및 동부의 제4기 후기 식생사를 종합해 하위 분류군부터 바이옴(biome)에 이르기까지 다양한 규모의 생태 조직에서 나타난 변화를 검토했다. 여러 지점에서 보고된 기록들을 종합해 광범위한 규모의 식생사를 복원했고, 이를 각 지점의 국지적인 특징들과 비교했다. 각 지점의 화분 시계열 자료, 화분 지도, 상이성, 식생 변화 속도 등을 참고해 과거 식생 변화의 서로 다른 면면을 파악했다. 최종빙기 최성기와 홀로세 중후기(지난 6,000년간)에는 식생 분포와 조성의 변화가 크지 않았다. 이러한 안정성은 만빙기 및 홀로세 초기(14,000~6,000년 전), 그리고 지난 500년 동안에 발생했던 급격한 변화와는 대조를 이룬다. 이 화분 자료에 따르면, 수목 우점종은 과거 기후변화에 각기 독립적으로 반응했는데, 지역의 강수량 변화에 따라 동서 방향으로 이동하기도 하고 기온의 변화와 함께 남북으로 움직이기도 했다. 홀로세 초기에 발달했던 식물 군집이 지금까지 남아 있는 경우도 있지만, 과거 만빙기 때 보편적이었던 식생 군집 가운데 지금은 더 이상 존재하지 않는 것들도 있다(예: 가문비속–사초과–물푸레나무속–새우나무속/서어나무속). 이 연구는 다양한 시공간 규모하에서 식생이 어떤 식으로 변화했는지, 그리고 화분 자료를 토대로 과거 식물 군집의 분포 및 조성을 어떻게 복원하는지를 잘 보여 준다.

• 식물 거화석

화분 분석에 적합한 퇴적물 대부분에는 식물의 대형 유체들 예컨대 씨, 잎, 침엽, 열매 등도 함께 섞여 있다(Briks, 2013). 유역 내 습지나 호수의 가장자리는 이러한 유형의 자료를 쉽게 얻을 수 있는 곳이다. 강이나 사면의 유수나 하천에 의해 유기물이 많이 유입되는 곳이기 때문이다. 이러한 식물 유체의 동정은 종 수준의 분류를 가능케 하므로 화분 기반의 해석을 보완할 수 있다. 멀리 운반되는 화분과 달리 식물 유체의 이동 거리는 무시할 만한 수준이다. 따라서 연구 지점에 인접해서 식물이 실제 존재했는지를 정확히 파악할 수 있다. 습지 퇴적물에 포함된 이끼류를 동정해 기온과 수리에 대한 정보를 얻기도 한다(Mauquoy and van Geel, 2013). 호수 퇴적물의 식물 유체들은 대부분 수생 식물 기원이다. 상대적으로 육상 식물의 거화석이 확인되는 빈도는 적은 편이지만 식생사를 밝히는 데 간혹 큰 도움이 될 때가 있다(Jackson and Weng, 1999).

• 사막숲쥐 두엄더미

사막숲쥐 두엄더미는 호수가 없어 화분 자료를 얻기 힘든 반건조 지역에서 과거 식생에 대한 핵심 정보를 제공한다(Betancourt et al., 1990). 사막숲쥐(Neotoma, 21개 종)와 여타 유사한 포유류가 만드는 둥지는 동굴이나 암석 틈에서 소변에 의해 딱딱하게 굳은 식물 잔재들로 이루어져 있다. 건조한 환경에서는 이러한 둥지들이 수천 년간 보존되는데 고화된 층마다 과거 식물의 유체들이 섞여 있다. 두엄더미 내 식물의 보존 상태는 매우 양호한 편이라 지역의 식물 군집과 개체군 변화를 복원하는 데 사용할 수 있다. 둥지에 포함된 식물 유체의 동위원소를 분석하거나 잎의 기공 밀도를 계산해 과거 기후를 추정하기도 한다. 과거 식생을 정확히 복원하려면 사막숲쥐의 먹이 선호도와 수집 범위, 그리고 식물 유체의 보존 정도에 영향을 미치는 여러 요인을 모두 파악하고 있어야 한다(Finley, 1990; Elias, 2013).

미국 서남부 지역의 사막숲쥐 두엄더미는 이곳의 최종빙기 최성기 식생을 잘 보여 준다. 아고산

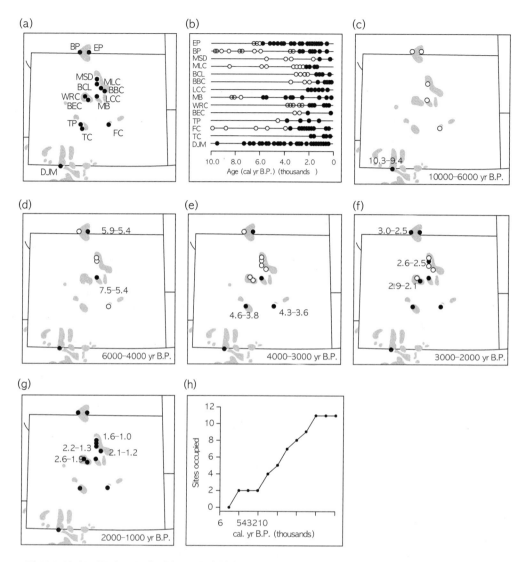

그림 22.3 와이오밍주와 그 주변 지역으로 유타 향나무가 확장하는 모습을 보여 주는 사막숲쥐 두엄더미의 분석 자료
보정 연대 자료이며, 1,000년 단위(ka)로 기입되어 있음. (a) 사막숲쥐 두엄더미 연구 지역(검은 원)과 와이오밍주와 그
주변의 유타 향나무 현 분포 지역(회색 원), (b) 14개 사막숲쥐 두엄더미 연구 지점에서 확인된 유타 향나무 식물 거화석
의 존재 유무 기록(존재 시 검정색 동그라미, 부재 시 흰색 동그라미), (c) 1만 년 전부터 6,000년 전까지 유타 향나무 식
물 거화석의 존재 유무, (d) 6,000년 전부터 4,000년 전까지 유타 향나무 식물 거화석의 존재 유무, (e) 4,000년 전부터
3,000년 전까지 유타 향나무 식물 거화석의 존재 유무, (f) 3,000년 전부터 2,000년 전까지 유타 향나무 식물 거화석의
존재 유무, (g) 2,000년 전부터 1,000년 전까지 유타 향나무 식물 거화석의 존재 유무, (h) 홀로세 중후기 시기별 유타
향나무가 서식했던 연구 지점 수

출처: Lyford et al., 2003: 576/7. ⓒ 2003 by the Ecological society of America

지대의 강털소나무(Pinus longaeva)나 엽편송(Pinus flexilis)과 같은 침엽수는 최종빙기 최성기에 기후가 추워지고 습해지자 저지대를 향해 아래로 이동했다. 사막숲쥐 두엄더미를 분석해 홀로세 침엽수의 이동 역사를 추적한 연구도 있다. 사막숲쥐 두엄더미에 섞여 있던 유타 향나무(Juniperus os-teosperma)의 잔재물을 분석한 연구 결과에 따르면, 홀로세 중에 이 나무들은 북쪽의 와이오밍주와 몬태나주로 퍼져 나갔다(Lyford et al., 2003). 유타 향나무가 유타 북동부에 처음 진입한 시기는 홀로세 초기인 약 9,000년 전이다(그림 22.3a~h). 홀로세 중기 들어 이 나무들은 북쪽으로 더 전진해 와이오밍주 중부와 몬태나주 남부까지 도달했다.

사막숲쥐 두엄더미가 이들 지역에 광범위하게 분포하고 있었기 때문에, 향나무의 시공간적 정착 패턴을 결정한 기후변화, 향나무의 분산 과정, 당시의 경관 구조 등을 연구하는 것이 가능했다(Lyford et al., 2003).

• 화재

과거 육상에서 발생한 화재의 역사를 연구할 때는 보통 두 가지 프록시(나무의 나이테와 호수, 늪, 작은 구덩이, 습지 퇴적물 등에 포함된 탄편)가 활용된다. 나이테 자료는 과거 화재가 발생한 시기뿐 아니라 그 규모를 복원하는 데에도 종종 이용된다. 나무를 죽이지 않을 정도의 소형 화재는 나이테에 뚜렷한 흔적을 남기므로 나이테를 조사하면 화재가 발생한 정확한 연도를 알아낼 수 있다. 북아메리카 서부나 남아메리카 남부 등 많은 지역에서 이러한 나이테 상흔에 기초해 규모별 산불 연대기가 구축되어 있다(Swetnam, 2002; Veblen et al., 2003; Valk et al., 2011). 북아메리카 서부에 구축된 나이테 화재 상흔 네트워크는 800여 개의 산불 연대기로 이루어져 있으며, 과거 수백 년의 화재 정보를 담고 있다. 이 네트워크는 가뭄과 대형 화재 간에 밀접한 연관성이 있음을 보여 준다(Swet-nam, 2002). 나이테 화재 상흔 네트워크는 서로 다른 공간 스케일(개체군부터 아대륙까지)로 분석해 볼 수 있는데, 공간 스케일에 따라 화재 유형과 과정은 다르게 나타난다(Falk et al., 2011). 화재 상처가 거의 없는 삼림에서는 나무 개체군의 연령을 조사해 과거의 화재 역사를 복원한다. 관심 지역 내 여러 개체의 연령을 함께 조사해 이들이 언제 정착했는지 밝힌다. 화재와 병충해와 같은 교란 후에 나무는 동시에 재생하므로, 개체들의 연령을 파악하면 삼림의 교란 시기를 알아낼 수 있다.

북아메리카 서부의 화재 상흔 네트워크는 아대륙 규모의 기후원격상관(climate teleconnection)이 화재에 영향을 미쳤음을 잘 보여 준다. 키츠버거 외(Kitzberger et al., 2007)는 연륜기후학 연구와 미국 서부의 화재 상흔 네트워크를 이용해 대규모의 기후원격상관과 화재 간 관련성을 연구했다. 그들은 미국과 유럽의 나이테 연대기를 토대로 엘니뇨-남방 진동과 태평양 순년 진동(Pacific

Decadal Oscillation: PDO)을, 그리고 핀란드, 프랑스, 이탈리아, 요르단, 노르웨이, 러시아, 터키, 미국의 연대기를 활용해 대서양 수십년 진동(Atlantic Multidecadal Oscillation: AMO)을 복원했다 (Kitzberger et al., 2007). 그들은 238개 연구 지역에서 보고된 화재 연대기들을 분석했는데, 여러 연구 지점에서 동시에 관찰되는 화재를 엘니뇨-남방 진동 등의 기후 자료와 비교했다. 그 결과 지난 500년간 미국 서부에서 나타났던 수십년 주기의 화재들이 대서양 수십년 진동의 온난 시기(warm phase)에 주로 발생했음을 알 수 있었다(그림 22.4; Kitzberger et al., 2007).

늪, 호수, 습지 등 혐기성 환경에서 퇴적된 나무, 잎, 풀 등의 탄편은 과거 화재를 보여 주는 또 다른 프록시이다(Brown and Power, 2013). 퇴적물에 포함된 탄편은 지난 수천년간의 화재 역사를 복원하는 데 활용된다. 퇴적물로부터 과거에 쌓인 탄편을 시기별로 추출해 현미경으로 분석한다. 보통 세립탄편과 조립탄편, 두 가지 크기로 나눠 분석한다. 세립탄편은 400배율의 현미경으로 화분 슬라이드상에서 그 수를 센다. 반면 125㎛ 이상의 조립탄편은 체질 등을 통해 퇴적물로부터 추출한 후 40배율의 현미경으로 분석한다. 세립탄편은 호수에 침전되기 전 장거리를 이동하기도 하므로, 일반적으로 세립탄편은 연속적인 분석을 수행하지 않는다. 한편, 퇴적물 속에 포함된 조립탄편은 호수에서 20km 반경 내의 화재에서 발생한 것들이다(Higuera et al., 2009). 보통 퇴적물 시료 전체에서 조립탄편 분석을 수행하며, 그 결과를 토대로 국지적 규모의 화재 이벤트를 복원한다(Whitlock and Larson, 2001). 연대 정보를 토대로 조립탄편 자료를 탄편 침전율(탄편 수/cm²·yr)로 변환한다. 화

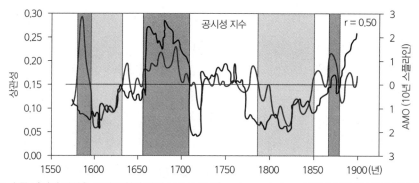

그림 22.4 수목 나이테 분석을 통해 복원된 화재 공시성 지수(synchrony index: 선택된 지역 간 50년 이동 평균 자료의 상관관계, 검은색 선)와 대서양 수십년 진동(AMO, 회색 선) 간 비교 진한(연한) 음영은 높은(낮은) AMO를 가리킴. AMO와 북아메리카 서부의 화재 공시성 간에 나타나는 상관성은 AMO가 미국 서부의 가뭄 패턴을 결정한다는 사실을 시사함. 1650~1770년(1710~1725년은 제외)과 1880년 이후에 강한 화재 공시성이 나타났으며, 1550~1649년과 1750~1849년에는 화재 공시성이 약했음. 화재 공시성이 가장 높았던 시기는 1660~1710년으로 이는 지난 500년 사이에 가장 길고 온난했던 AMO 기간과 일치함. 한편, 화재의 공시성이 가장 낮았던 시기는 1787~1849년으로 가장 차가웠던 AMO 기간과 일치함.

출처: Kitzberger et al., 2007: 546. ⓒ (2006) National Academy of Sciences, USA

분이나 나이테 자료와 마찬가지로 관측 이전 시기의 탄편 수치를 보정하고 해석하기 위해서는 현재에 대한 연구가 필수적이다.

탄편 분석의 목적은 연구 지역의 화재 유형을 밝히고 기술하기 위함이다. 여기에서 화재 유형이란 화재의 특성(빈도, 규모, 강도)과 생태계 내에서의 역할을 뜻한다. 적당한 기후 조건, 연료, 경관이 갖춰져야 화재가 발생하고 퍼질 수 있다. 각 요인의 상대적 중요성은 시공간 스케일에 따라 상이하게 나타난다. 최근 탄편 분석에서 활용하는 통계적 기법이 개선됨에 따라 과거 화재의 특성을 더 잘 이해할 수 있게 되었다(Higuera et al., 2009; Kelly et al., 2011). 그림 22.5는 탄편 침전율, 배경 탄편량,

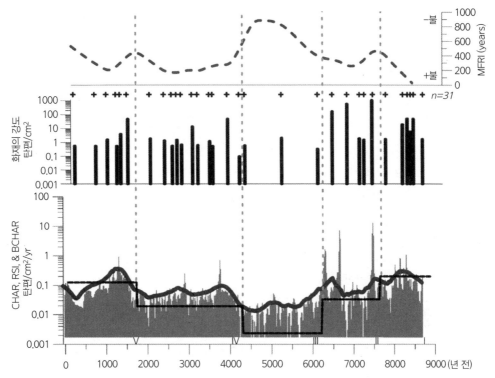

그림 22.5 지난 9,000년간의 미국 유타주 모리스 연못 탄편 자료 그래프들은 탄편 자료를 토대로 복원한 과거 화재 정보를 담고 있다. 상단 그래프는 평균 화재 재현 간격(Mean Fire Return Interval: MFRI)을 보여 주며, 특정 지역의 화재 빈도를 시기별로 확인할 수 있다. 중간 그래프는 통계적으로 유의한 화재 이벤트와 이벤트별 강도를 보여 주며 국지적인 화재(1~3km 범위)의 결과로 해석할 수 있다. 보통 총 탄편 침전량으로 화재의 강도를 추정하지만, 이 수치는 간혹 불에 탄 식생의 종류나 양을 반영함. 하단 그래프는 탄편 침전율(CHAR), 상태변화지수(RSI), 배경 탄편량(BCHAR)를 보여 줌. 탄편 침전율은 1년 동안 1cm² 면적에 얼마나 많은 탄편이 쌓이는지를 계산한 값임. 배경 탄편량은 보통 탄편 침전율 그래프에서 나타나는 장기적 추세를 지시하는데, 이는 연구 지역의 연료량 혹은 생체량의 변화에 좌우되는 값임(예를 들어, 삼림은 초지나 툰드라보다 많은 탄편을 생산함). 상태변화지수는 통계적으로 유의한 배경 탄편량의 변화를 찾아 시기를 구분할 때 활용하며, 수직 점선이 화재의 상태변화지수를 토대로 한 시기 구분을 보여 줌.

출처: Morris et al., 2013: 30. ⓒ 2012 University of Washington. Published by Elsevier Inc.

평균 화재 재현 간격 등 가장 흔히 산출하는 화재 복원 관련 수치들을 보여 준다.

맥웨시 외(McWethy et al., 2009)는 1280년경 폴리네시아인이 뉴질랜드 남섬에 도착한 후 나타난 화재 발생 빈도의 변화를 조사했다. 폴리네시아인이 넘어오기 전 뉴질랜드는 무인도였고, 화재는 빈도가 낮았으므로 생태적으로 중요하지 않았다. 연구진의 목적은 강수량이 상이한 유역들에서 발생했던 국지적 화재를 복원해 지역 전체에 걸친 생체량 연소의 변화 경향을 조사하는 것이었다. 연구진은 사람의 유입 이후 나타난 기온 변동이 화재 발생에 영향을 미쳤는지를 확인하기 위해 기후변화 또한 검토했다. 퇴적물 전체에서 고해상도의 조립탄편 분석을 수행해 유역 규모의 화재를 복원했다. 연구진의 분석 결과에 따르면 폴리네시아인이 도래하기 전에 섬에서 발생한 화재는 극히 미미한 수준이었다. 화재 발생 빈도는 그들의 유입과 함께 크게 늘었고, 이후 감소해 유럽인들이 들어오기 전까지 낮은 빈도를 유지했다. 연구진은 남섬 전역의 탄편 기록을 비교해 이 지역의 지난 1,000년 간 화재 발생 패턴을 밝혔다(그림 22.6). 일부 습하거나 높은 곳을 제외한 대부분 지점에서 화재가 수십 년에 걸쳐 활발하게 발생했던 시기들이 존재했다. 그러나 그 화재 시기들이 동일하지는 않았다. 초기 화재 시기는 섬으로 넘어온 마오리족이 삼림에 일부러 불을 놓아 고의적으로 훼손했음을 시사한다(Perry et al., 2012). 이후 마오리족은 필수 식량원을 유지하는 선에서 방화 빈도를 지속해서 줄였으며, 이로써 초기 화재 시기는 끝난다. 화재는 여름철 기온 변동과는 관련이 없었으며, 기후가 화재에 미친 영향은 미미했다. 이 연구는 탄편 분석을 통해 화재 발생의 원인이 인간인지 기후인지 검증한 좋은 사례라고 할 수 있다.

• 동물 배설물의 균류 포자(dung fungal spore)

호수, 늪, 습지 퇴적물 속에 포함된 동물 배설물 균류 포자를 프록시로 활용하는 빈도는 지난 수년간 빠르게 늘었다(Gill et al., 2013). 이 균류는 동물의 변에서 잘 자란다. 초식동물의 소화를 거친 후 배설된 변에 포자를 뿌린다. 동물 변 균류 포자의 분석을 통해 대형 초식동물의 존재 유무와 개체 수까지 파악할 수 있다. 대형 초식동물은 식생을 듬성듬성 분포하게 하고 빈 공간을 조성한다. 산불을 일으킬 소지가 있는 잔가지들을 제거하고 씨를 퍼트린다. 토양을 물리적으로 교란하고 영양분을 순환시킨다. 대형 초식동물의 이와 같은 행위는 생태계에 많은 영향을 미친다(Rule et al., 2012).

스포로미엘라(Sporormiella), 소다리아(Sordaria), 포도스포라(Podospora) 등 세 속의 균류 포자는 대형 초식동물의 존재 여부를 알려 주는 가장 믿을 만한 지시자이다(Baker et al., 2013). 이들 포자는 보통 사면에서 씻겨 내려와 호수 혹은 다른 퇴적 환경으로 이동한다. 퇴적물 속 균류 포자의 양은 유역 내 동물 변의 양, 동물 변과 호숫가 사이의 거리 등과 관련 있다. 균류 포자의 기원지 면적과

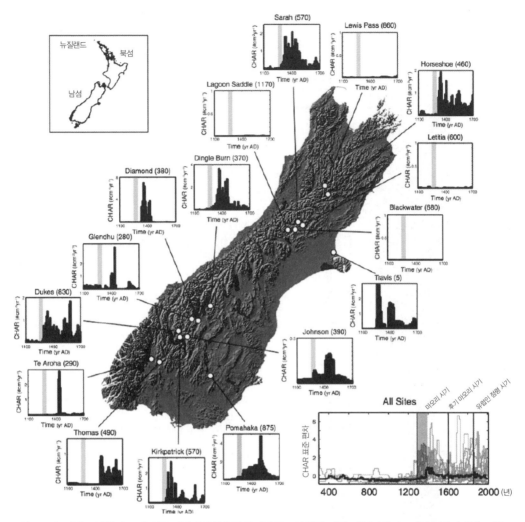

그림 22.6 뉴질랜드 남섬의 16개 연구 지점에서 산출된 국지적 규모의 탄편 기록 대부분의 자료에서 인간이 섬에 도착한 지 200년 사이에 화재 활동이 정점에 달하는 것을 볼 수 있음. 이는 인위적 교란이 당시 화재의 주된 원인이었음을 의미함.

출처: McWethy et al. 2010: 21344. ⓒ The National Academy of Sciences of the USA

대형 초식동물의 개체군 크기를 정량적으로 파악하는 방법은 여전히 개발 중이다. 초식동물의 밀도 복원에는 유입률(포자 수/cm²/년)과 총 화분 개수 대비 비율을 보통 이용한다. 그러나 초식 행위 자체가 식생 변화에 영향을 받는 것은 아니므로 화분 개수 대비 비율은 프록시로 적합하지 않을 수 있다. 따라서 절대적인 수치인 유입률을 활용하는 것이 보다 나은 방법으로 여겨진다(Baker et al., 2013).

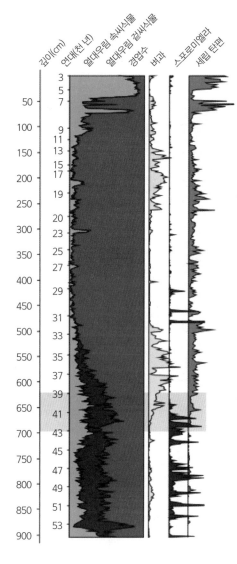

최근 스포로미엘라 균류 포자를 이용해 대형 포유류의 소멸 시기와 그 파장을 분석하는 고환경 연구가 늘고 있다(Robinson et al., 2005; Davis and Shafer, 2006; Gill et al., 2009; Rule et al., 2012). 인류가 처음으로 오스트레일리아에 발을 내디뎠던 4만 년 전, 대형 포유류의 개체 수가 갑작스럽게 감소했는데, 이와 관련해 오스트레일리아 북동부에서 연구 결과가 보고된 바 있다. 이 연구에서는 13만 년 전부터 3,000년 전까지의 식생, 화재, 스포로미엘라 균류의 변화를 복원했다. 그중에서도 특히 4만 3,000년 전에서 3만 9,000년 전까지의 변화를 중점적으로 다루었다(Rule et al., 2012). 스포로미엘라는 4만 1,000년~4만 년 전에 뚜렷한 감소세를 보인다. 곧이어 탄편량이 증가하고 잦은 화재를 견딜 수 있는 초본과 경엽 관목이 늘어나고 있음을 알 수 있다(그림 22.7). 이러한 식생 변화는 기후 변화 없이 나타났다. 대형 포유류의 대량 멸종이 당시 식생과 생태계에 큰 파장을 몰고 왔던 것으로 보인다.

기타 호수 프록시 자료

• 규조류(diatom)

규조류는 돌말강(Bacillariophyta)에 포함되는 조류로 대부분의 수환경에서 볼 수 있다(Jones, 2013). 이 단세포 생물이 갖는 독특한 형태의 규산질 뼈대와 껍질 덕분에 종 단위까지 동정이 가능하다. 규조류는 영양 상태, 수온, pH, 광투과율 등 수환경에 관한 많은 정보를 제공한다. 제4기 기원의 규조류가 호수 환경의 지시자로 유용하다는 것은 이미 입증된 사실이다. 이는 과거 호수위의 변화, 수질 변화, 인간의 교란 역사 등을 복원하는 데 자주 이용되었다. 규조류는 바닥에 붙어 살거나, 식물에 기생하거나, 수중에서 부유하는 등 넓은 서식 범위를 가지며 다양한 적소(niche)를 차지한다. 규조류 분석의 성공 여부는 퇴적물 속 규조류가 군집 조성과 서식 환경을 얼마나 정확하게 반영하는지에 달려 있다. 따라서 대부분의 분석은 지시종의 물리적 한계를 파악하고 군집들을 상호 비교하는 것을 중요시한다(Korhola, 2013).

규조류는 산업화에 따른 산성비 효과를 가장 극명하게 보여 주는 프록시라 할 수 있다. 배터비 외(Battarbee et al., 1984)는 19세기와 20세기에 북서 유럽과 북아메리카에 있는 호수가 산성화되면서 호수 퇴적물의 규조류가 뚜렷하게 변했음을 확인했다. 규조류는 물의 산성도에 민감하게 반응하므로 규조류 분석을 통해 매우 정확하게 과거의 산성도를 복원할 수 있다. 풍화에 강한 기반암 위에 놓인 호수는 보통 오랜 기간에 걸쳐 자연스러운 산성화 과정을 거친다. 하지만 이 규조류 자료에서 보듯이 과거 150년 동안의 산성화 속도는 이례적인 수준이었다.

여러 연구 지점에서 규조류 분석을 수행했을 때 그 결과가 서로 다른 경우가 종종 있다. 분석 결과가 기후변화뿐 아니라 국지적 환경 차이도 반영하기 때문이다(Fritz and Anderson, 2013). 이러한 국지적 차이는 주변 식생의 변화에서 비롯되고는 한다. 과거 빙하가 후퇴한 자리에 초기 식생들이 정착할 때 천이 과정은 지역별로 제각각이었다. 식생은 유역의 질소 순환에 많은 영향을 미치며, 식생의 국지적 차이는 곧 호수에 서식하는 규조류의 차이로 이어진다(Fritz et al., 2004). 한편, 호수 주변 모암의 광물 조성 또한 호수의 영양 정도, 산성도, 투명도 등에 영향을 미치므로 규조류 분석 결과에 반영된다(Bigler et al., 2002).

• 깔따구(chironomid)

파리목의 깔따구과는 유충 단계를 수생 혹은 반수생으로 보내는 곤충 집단이다(Walker, 2013). 깔따구 유충이 탈피할 때 겉껍질이 남아 호수 밑에 가라앉는데, 특히 키틴질의 머리 부분이 퇴적물에 잘 보존되어 이를 관찰하면 종 수준까지 동정이 가능하다. 규조류와 마찬가지로 개별 깔따구 종의 생물학적 특성이나 서식 환경에 대한 정보를 토대로 과거 환경을 복원한다. 일반적으로 정량적인 복원 모형(예: 전이함수)을 구축해 과거 깔따구 군집으로부터 고환경을 복원한다(Walker, 2013). 깔따구의 시계열 변화 자료를 기구축된 모형에 적용하면 과거 환경을 밝힐 수 있다. 그러나 모형 구축에 필요한 깔따구 시료를 주로 여름철에만 채취하기 때문에 고환경을 해석할 때 오류가 발생할 소지가 있다. 퇴적물 속 깔따구는 여름철만이 아닌 연중 쌓인 것이기 때문이다. 이외에도 깔따구 분류군별로 침전과 보존 정도가 다른 문제, 호수 내 다른 지점에서 기원한 깔따구 껍질이 재퇴적되는 문제, 분류군별 개체 수가 환경이 아니라 유충 단계의 시간적 길이 혹은 수에 의해 결정되는 문제, 분류군별로 머리 부분의 강도에 따라 보존 정도가 달라지는 문제 등이 기록을 왜곡한다(Brooks et al., 2010; Velle and Heiri, 2013).

깔따구 연구는 기후변화, 토지 이용, 여타 인간 행위 등을 복원하기 위한 목적으로 다양한 지역에서 진행되었다. 예를 들어 온대 지역 호수의 부영양화가 가져온 생태적 파장을 밝히기 위해, 산업 폐수와 대기오염에 의한 수질 오염을 모니터링하기 위해, 염도의 시계열 변화를 조사하기 위해 활용되었다. 기온은 깔따구의 발생, 번식, 정착 등에 많은 영향을 미친다. 호수면 온도보다는 7월 기온이 깔따구 군집과 상관관계가 높았다(Massaferro et al., 2009). 깔따구 분석을 통해 과거 기온 변화를 복원할 수 있다는 것이 입증되었는데, 특히 이 분석은 다중 프록시 혹은 다중 지점 연구에서 성공적인 결과를 이끌어 냈다.

• 증서학, 지화학, 광물학

생물 외에 여타 퇴적 물질 또한 유역 및 호수의 환경사를 반영한다. 퇴적물을 분석할 때 초기 단계에서 색 반사도, 사진 촬영, x-ray 촬영, CT 스캐닝 등 다양한 시료 비파괴 분석법을 활용한다(Kemp et al., 2001; Hodder and Gilbert, 2013). 이후 퇴적물 내 무기 물질에 광물학, 지화학 분석을 수행해 무기 물질의 유입량 변화 과정을 밝힌다. 이 자료는 침식, 강풍, 오염, 영양 정도의 시계열 변화를 지시한다(Last, 2001). 퇴적물 속 탄산염의 양을 분석하면 호수 생태계의 화학적 변화와 산성도 변화를 알 수 있다. 이러한 변화는 보통 호수의 수온과 관련이 있다. 퇴적물 속 유기물은 상이한 생물에 의해 호수 내외부에서 생산된 것들이다(Meyers and Ishiwatari, 1993). 퇴적물 속 유기물은 육상 식물의 잔재, 수생 조류 및 수생 박테리아 등에서 기원하며 기원별로 화학적 특성이 상이하다. 생물적·무생물적 과정에 의해 유기물이 변질될 때도 있는데, 그 변화 정도에 중요한 고환경 정보가 담겨 있다(예: 호수의 상하부 순환 강도).

호수 내에서 생산된 유기 탄산염과 규조류 규산질의 동위원소를 분석하면 기온, 강수, 증발, 탄소 순환 등의 변화를 보다 잘 이해할 수 있다. 동위원소 분석 결과는 강수와 증발 간 균형, 표층수와 지하수의 상대적 비율 등의 장기적 변화를 보여 준다. 호수 퇴적물 내 여러 구성 물질의 동위원소 자료를 해석하기 위해서는 동위원소비 수치를 조절하고 변형하는 요인들을 정확하게 이해하고 수치의 보정 방안을 갖고 있어야 한다. 보정 방식은 각 호수에서 확보한 퇴적물 동위원소 분석 수치들, 호수물 자체의 동위원소 비율, 기후 자료 간의 관계를 살펴 결정한다.

22.4 다중 프록시 자료와 전 세계 자료의 종합

특정 연구 지점에서 얻은 여러 프록시 자료를 비교하면 유역 전체의 과거 환경 변화를 복원할 수 있다. 미국 옐로스톤 국립공원의 크레비스(Crevice) 호수에서 얻은 9,400년 길이의 퇴적물 코어에 화분, 탄편, 지화학, 광물학, 규조류, 동위원소 분석 등을 함께 수행해 홀로세의 환경사를 세밀하게 복원했던 프로젝트는 다중 프록시를 활용한 연구의 좋은 예이다(그림 22.8; Whitlock et al., 2012.). 화분 자료에 따르면, 8,200년 전 이전에 연구 지역은 소나무로 우거진 숲으로 덮여 있었고 화재 빈도는 낮았다. 8,200년 전 이후 숲이 사라진 자리에 초지가 들어왔고 2,600년 전까지 초지 생태계가 유지되었다. 그 후에는 혼합 침엽수림이 초지를 대신했다. 탄편 자료에 따르면, 처음에는 나무들을 대체하는 대형 화재가 가끔 발생하다가 홀로세 중기 들어 지표에만 영향을 미치는 소형 화재들이 빈번하게 일어났고, 지난 수 세기 동안에는 다시 대형 화재가 낮은 빈도로 나타나는 형태로 변하고 있다. 홀로세 초기의 낮은 $\delta^{18}O$ 값은 당시 겨울철 강수량이 많았다는 것을 지시한다. $\delta^{18}O$ 자료에 따르면 8,500년 전 이후로는 건조한 기후가 이어졌다. 5,000년 전 이전의 높은 탄산염 비율은 그 이후에 비해 여름이 온난했음을 시사한다. 높은 몰리브덴, 우라늄, 황 수치는 8,000년 전 이전, 4,400~3,900년 전, 2,400년 전 이후에 호수 하층부에 산소가 결핍되었음을 시사한다. 규조류 분석 결과에 따르면, 홀로세의 대부분 기간에 호수 물의 상하부 순환이 활발했지만 2,200~800년 전 여름철에 호수 물이 정체되어 호수에 인이 부족해지고 호수 바닥에 산소가 고갈되는 현상이 나타났다. 프록시 자료들은 습한 겨울, 긴 봄, 온난습윤한 여름이 홀로세 초기의 기후 특징이었고, 빙설량 감소, 서늘한 봄, 온난건조한 여름이 홀로세 중기의 특징이었음을 일관되게 지시한다. 홀로세 후기 연구 지역에서 겨울, 봄, 여름 모두 기후 상황이 크게 변했는데, 짧은 봄과 건조한 여름/겨울이 로마 온난기(2,000년 전)과 중세 온난기(1,200~800년 전)에 특징적으로 나타났다. 이후 소빙기(500~100년 전) 들어 봄이 길어지고 여름이 온화해졌으며, 이러한 모습은 지금까지도 이어지고 있다. 프록시 자료들은 대체로 홀로세 초기에 습했던 여름이 홀로세 중후기 들어 건조해졌다고 지시하고 있지만, 여름의 기후 상태는 서로 다른 시간 규모에서 작동하는 다계절적 조절 요인들에 의해 좌우되므로 이와 같이 간단하게 이야기할 수 있는 문제는 아니다.

　다중 프록시를 상호 비교하면 특정 지역에 대한 심층 연구가 가능한 것처럼, 탄편이나 화분과 같은 단일 프록시 자료를 여러 지역에서 얻어 통합하면 광대한 공간 규모에서 과거 환경사를 밝힐 수 있다. 마지막 빙기 후기 및 홀로세의 화재, 식생 분포를 대륙이나 전 세계 규모에서 통합하는 작업이 현재 한창 진행 중이다. 세계과거화재연구단(Global Palaeofire Working Group; Daniau et al.,

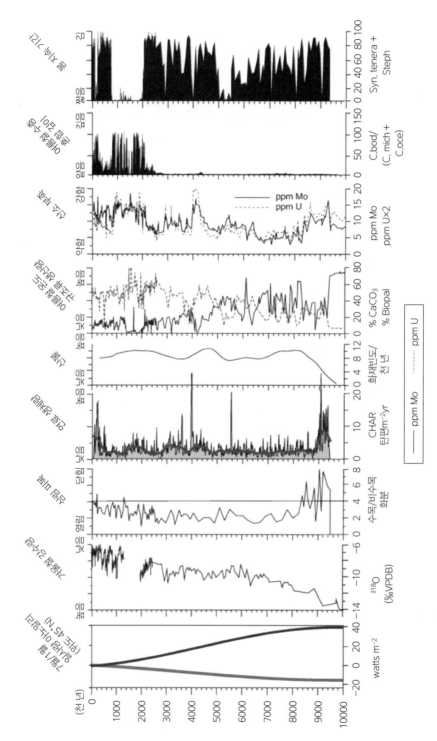

그림 22.8 크레이터스 호수에서 보고된 지난 9,400년간의 환경 프록시 자료 요약. 7월과 1월의 일사량 아노말리 자료를 함께 비교함.

출처: Whitlok et al., 2012: 99. ⓒ 2013 Elsevier B. V.

2012)은 전 세계의 과거 화재 자료를 통합하고 분석한다. 세계탄편데이터베이스(Global Charcoal Database: GCD v2)는 6개 대륙에서 수집한 거의 700여 개에 달하는 퇴적물 탄편 자료를 보유하고 있다(그림 22.9). 지난 2만 1,000년간의 전 세계 화재 추이를 살펴보면, 차가운 빙기에서 따뜻한 홀로세로 넘어오면서 화재의 빈도가 전반적으로 증가했음을 알 수 있다(그림 22.10; Power et al., 2008; Daniau et al., 2012; Marlon et al., 2013). 지구적 스케일에서 화재는 기온의 영향을 많이 받았다.

BIOME 6000으로 알려진 고식생지도화계획(BIOME 6000: Prentice and Webb, 1998)은 6,750년 전과 2만 1,000년 전의 화분과 식물 거화석 데이터베이스를 구축한 후 식물의 기능 유형과 바이옴을 고려해 전 세계의 과거 바이옴 식생 지도를 작성하는 프로젝트이다. BIOME 6000 작성에 활용된 자료들은 지속적으로 갱신되고 있으며, 누구나 사용할 수 있다(www.bridge.bris.ac.uk/resources/Databases/BIOMES_data). 가장 최근 버전(v4.2)은 1만 1,166개의 현 식생 자료, 1,794개의 6,750년 전 과거 식생 자료, 318개의 2만 1,000년 전 과거 식생 자료를 포함한다(그림 22.11). 이러한 고식생 자료는 고식생 모델의 훈련과 시험(그림 22.12; Kaplan et al., 2003; Prentice et al., 2011; Levavasseur al., 2012), 고기후 모델의 구축에 활용되었다(그림 22.13; Cheddadi et al., 1996; Ferrerae al., 1999; Bartlein et al., 2011).

이러한 통합 노력으로 중요한 결론을 얻을 수 있었다. 지구적 규모에서 화재는 대체로 기온에 의해 결정되었음이 밝혀졌다(Marlon et al., 2013). 일부 특정 지역에서는 인간의 행위가 화재의 주요 원인

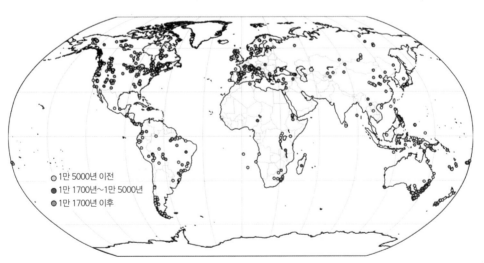

그림 22.9 세계탄편데이터베이스에 수록된 탄편 기록의 연구 지점 위치 세계과거화재연구단에서 운영함.(www.paleofire.org/index.php).

출처: Daniel et al., 2012: 4. ⓒ 2012. American Geophysical Union

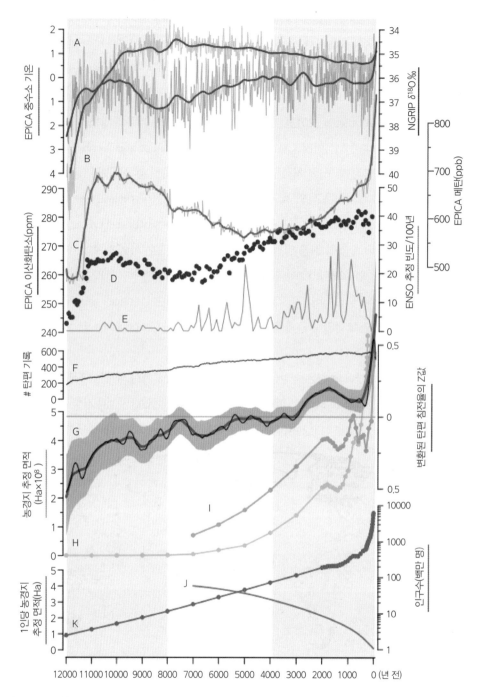

그림 22.10 고기후 기록과 인간의 토지 이용 자료를 퇴적물의 탄편 자료 기반의 전 세계 과거 화재 기록과 비교한 그래프
홀로세 초기에는 전 세계적으로 화재 빈도가 낮았지만, 시간이 흐르면서 점점 증가하는 경향을 보임(패널 G). 이러한 모습
은 빙기−간빙기 전환 과정에서 나타나는 기온의 점진적 증가와 관련이 있음(패널 A와 B).

출처: Marlon et al., 2013: 18. ⓒ 2013 Elsevier Ltd.

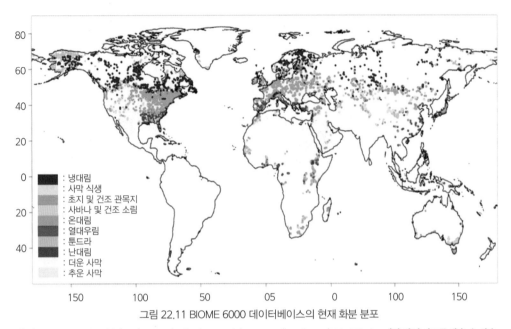

그림 22.11 BIOME 6000 데이터베이스의 현재 화분 분포

출처: Prentice and Webb(1988), www.bridge.bris.ac.uk/resources/Databases/BIOMES_data에서 관련 자료를 얻을 수 있음.

이었을 수 있지만, 지구적으로 화재의 일차적인 조절 인자는 기후이다. 또한 이러한 통합은 고환경 자료와 모델의 비교를 가능하게 한다는 점에서 중요하다. 일반적으로 식생/기후 모델들이 갖는 공간 스케일이 크므로(예: 0.5°에서 1.0° 격자), 고환경 자료와 모델의 비교가 의미를 가지려면 고환경의 복원 또한 대규모 공간 스케일상에서 이루어져야 한다. 이러한 지구적 차원의 통합이 가질 수 있는 문제는 자료의 분포가 불균등하다는 점이다. 유럽과 북아메리카에 연구 지역들이 몰려 있어 편향된 해석을 낳을 수 있다. 따라서 아시아, 오스트레일리아, 남아메리카, 아프리카 등지에서 고생태학 연구가 계속될 수 있도록 지원하고 그 결과들을 전 세계 데이터베이스에 통합하는 것이 중요하다.

22.5 결론

육상 고생태학은 최근 학술적 발전을 거듭한 결과 생물지리학에서 가장 역동적인 연구 분야로 자리 매김했다. 적절한 자료를 활용해 정교하게 설정된 연구 주제에 답하면서 지리학적 통찰력을 키우는 데 이바지했다. 독립적인 연대측정, 다변량 분석, 데이터베이스 구축, 프록시 자료의 정확도 향상 등을 통해 고생태학의 연구 영역은 꾸준히 확장되었고, 그 결과 관측이 불가한 과거 생태계의 역동성

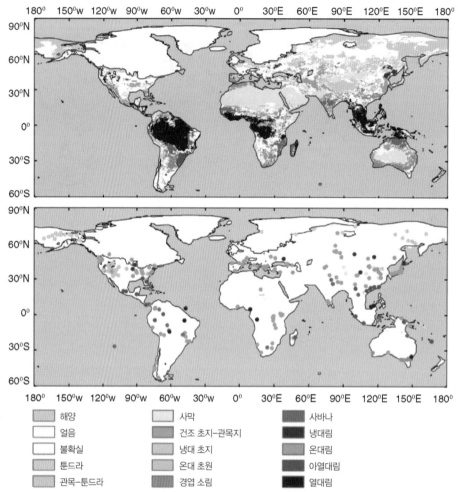

해양	사막	사바나
얼음	건조 초지-관목지	냉대림
불확실	냉대 초지	온대림
툰드라	온대 초원	아열대림
관목-툰드라	경엽 소림	열대림

그림 22.12 Land Processes and eXchanges(LPX) 모델을 사용해 모사한 최종빙기 최성기의 바이옴(위)과 BIOME 6000 연구 프로젝트를 통해 수집된 화분과 식물 거화석 기록을 토대로 복원한 최종빙기 최성기의 바이옴(아래)

출처: Prentice et al., 2011: 993. © 2011 New Phytologist Trust.

을 이해하는 데 많은 도움을 주었다. 고생태학 연구는 자연선택과 개체의 유전적 구성을 이해하는 것부터 전 지구의 개체군, 군집, 생태계를 복원하는 것까지 넓은 영역에 걸쳐 있다. 다양한 시공간 스케일상에서 여러 프록시 자료를 함께 활용한다. 자료와 자료, 자료와 모델, 모델과 모델을 상호 비교하면 과거 생태계의 변화를 가져온 생물리학적 조절 인자들을 보다 명확히 이해할 수 있다.

프록시 자료는 다양한 시공간적 스케일에서 나타나는 환경 변화를 보여 준다(그림 22.1 참조). 프록시 자료를 해석할 때는 동일과정설(uniformitarianism)에 근거한다. 따라서 현시대의 관측 결과를

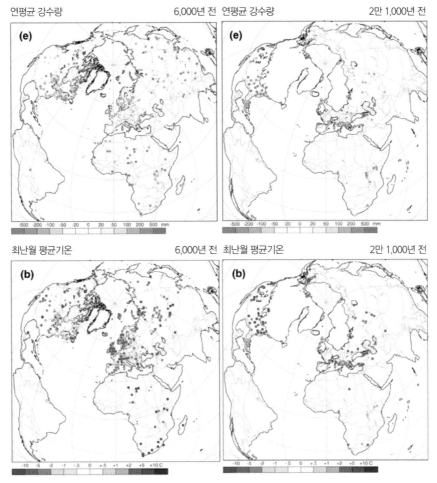

| 연평균 강수량 | 6,000년 전 | 연평균 강수량 | 2만 1,000년 전 |

| 최난월 평균기온 | 6,000년 전 | 최난월 평균기온 | 2만 1,000년 전 |

그림 22.13 화분 자료를 기반으로 복원된 6,000년 전과 2만 1,000년 전의 연평균 강수량과 최난월 평균 기온

출처: Bartlein et al., 2011: 792-793. ⓒ The Author(s) 2010.

통해 현재의 프록시 분포에 영향을 미치는 요인들을 밝혀야 프록시 자료로부터 과거를 복원할 수 있다. 현재에 대한 정보는 과거를 정교하고 정확하게 복원하는 데 필수적이다. 간혹 현시대에서는 찾아볼 수 없으나 과거에는 존재했던 환경 조건을 프록시를 이용해 탐색해야 할 때가 있다. 우리가 기후변화를 예측해 지구 생태계의 미래 반응을 유추해야 할 때 과거에만 존재했던 생태계가 유용하고 흥미로운 정보원이 될지 모른다.

자료를 단지 수집하는 수준에 머물러 있던 고생태학이 지금은 검증 가능한 가설을 만들고 과거 환경에 연역적으로 접근하는 방식을 취한다. 과거의 복원에는 개별적인 기록들이 무엇보다 중요하지만, 광범위한 시공간 스케일에서 생태계의 동력을 이해하는 데에는 자료의 통합과 지도화가 필수적이다. 다양한 스케일에서 나타나는 패턴과 프로세스를 연구하는 지리학은 고생태학에 크게 이바지할 수 있다. '생물지리학자와 고생태학자', '기후와 생태계의 모델 전문가들', '분자유전학자, 고고학자, 역사학자', '보존생물학자와 토지 이용 관리자' 등이 함께 연구를 수행하면 새로운 학술연구의 장이 끊임없이 펼쳐질 것이다.

| 요약

- 이 장에서는 육상 생태계의 변화를 복원하는 데 활용하는 접근 방식과 자료들을 살펴봤다. 이러한 연구들은 식물의 현 식물 분포의 결정 요인을 밝히는 생태학적 생물지리학의 도움 속에서 이루어진다.
- 고생태학 연구는 보통 제4기(지난 258만 년)의 생태계 변동을 다룬다. 특히 최종빙기 최성기와 홀로세(1만 1,700년 전부터 시작된 현 간빙기)를 포함하는 지난 2만 1,000년 간의 변동에 초점을 맞춘다.
- 육상 생태계의 변화를 복원하기 위해 사용하는 분석 방법들, 구체적으로 나이테, 화분, 식물 거화석, 사막숲쥐 두엄더미, 탄편, 동물 변의 균류 포자와 보조적인 고호소 정보를 알려 주는 규조류, 깔따구, 그리고 퇴적물의 층서, 지화학, 광물학 특성 등을 살펴보았다.
- 한 종류의 프록시 자료를 활용할 때도 있지만, 과거 환경을 보다 폭넓게 이해하기 위해서 단일 혹은 다수의 연구 지역에서 얻은 여러 종류의 프록시를 통합하고 비교하는 것이 일반적이다. 한편, 다양한 지역에서 산출된 단일 프록시 자료(화분 혹은 탄편)를 비교/연결해 넓은 공간에서 나타나는 환경 변화의 패턴을 밝히기도 한다.

심화 읽기자료

- 일라이어스와 목(Elias and Mock, 2013)은 제4기 과학의 최신 정보를 포괄적으로 다룬 백과사전이다. 전 세계의 저명한 연구자들에 의해 집필된 357개의 논문으로 구성되어 있다.
- 라스트 외(Last et al., 2001)와 스몰 외(Smol et al., 2010)는 고생태학자와 고호소학자가 활용하는 화분, 식물 거화석, 탄편, 규조류, 동위원소, 지화학, 층서학, 광물학 등의 중요 프록시들을 자세히 다룬다.
- 델코트와 델코트(Delcourt and Delcourt, 1991), 버크스와 버크스(Birks and Birks, 2004)는 화석 자료와 퇴적물을 이용해 제4기 육상 생태계를 복원하는 과정을 다룬다. 다양한 프록시 자료를 다룰 때 필요한 연구 방법과 여러 가정을 심층적으로 설명한다.

* 심화 읽기자료에 대한 상세 정보는 아래 참고문헌에서 확인할 수 있음.

참고문헌

Baker, A.G., Bhagwat S.A. and Willis, K.J. (2013) 'Do dung fungal spores make a good proxy for past distribution of large herbivores?', *Quaternary Science Reviews* 62: 21-31.

Bartlein, P.J., Harrison, S.P., Brewer, S., Connor, S., Davis, B.A.S., Gajewski, K., Guiot, J., Harrison-Prentice,

T.I., Henderson, A., Peyron, O., Prentice, I.C., Scholze, M., Seppa, H., Shuman, B., Sugita, S., Thompson, R.S., Viau, A.E., Williams, J. and Wu, H. (2011) 'Pollen-based continental climate reconstructions at 6 and 21 ka: A global synthesis', *Climate Dynamics* 37: 775-802.

Battarbee, R.W., Thrush, B.A., Clymo, R.S., Le Cren, E.D., Goldsmith, P., Mellanby, K., Bradshaw, A.D., Chester, P.F., Howells, G.D. and Kerr, A. (1984) 'Diatom analysis and the acidification of lakes [and discussion]', *Philosophical Transactions of the Royal Society B* 305: 451-77.

Betancourt, J.L., Van Devender, T.R. and Martin, P.S. (1990) *Packrat Middens: The Last 40,000 Years of Biotic Change*. Tucson, AZ: University of Arizona Press.

Bigler, C., Larocque, I., Peglar, S.M., Birks, H.J.B. and Hall, R.I. (2002) 'Quantitative multiproxy assessment of longterm patterns of Holocene environmental change from a small lake near Abisko, northern Sweden', *The Holocene* 12: 481-96.

BIOME 6000 'Palaeovegetation Mapping Project', www.bridge.bris.ac.uk/resources/Databases/BIOMES_data (accessed 24 November 2015).

Birks, H.H. (2013) 'Plant macrofossils - introduction', in S.A. Elias and C.J. Mock (eds) *Encyclopedia of Quaternary Science* (2nd edition). London: Elsevier. pp.593-612.

Birks, H.J.B. and Birks, H.H. (2004) *Quaternary Palaeoecology* (reprint of 1980 edition). Caldwell, NJ: Blackburn Press.

Brooks, S.J., Axford, Y., Heiri, O., Langdon, P.G. and Larocque-Tobler, I. (2010) 'Chironomids can be reliable proxies for Holocene temperatures: A comment on Velle et al., 2010', *The Holocene* 22: 1482-94.

Brown, K.J. and Power, M.J. (2013) 'Charred particle analyses', in S.A. Elias and C.J. Mock (eds) *Encyclopedia of Quaternary Science* (2nd edition). London: Elsevier, pp.716-29.

Cheddadi, R., Yu, G., Guiot, J., Harrison, S.P. and Prentice I.C. (1996) 'The climate of Europe 6000 years ago', *Climate Dynamics* 13: 1-9.

Cook, E.R., Woodhouse, C.A., Eakin, C.M., Meko, D.M. and Stahle, D.W. (2004) 'Long-term aridity changes in the Western United States', *Science* 306: 1015-18.

Daniau, A.L., Bartlein, P.J., Harrison, S.P., Prentice, I.C., Brewer, S., Friedlingstein, P., Harrison-Prentice, T.I., Inoue, J., Izumi, K., Marlon, J.R., Mooney, S., Power, M.J., Stevenson, J., Tinner, W., Andric, M., Atanassova, J., Behling, H., Black, M., Blarquez, O., Brown, K.J., Carcaillet, C., Colhoun, E.A., Colombaroli, D., Davis, B.A.S., D'Costa, D., Dodson, J., Dupont, L., Eshetu, Z., Gavin, D.G., Genries, A., Haberle, S., Hallett, D.J., Hope, G., Horn, S.P., Kassa, T.G., Katamura, F., Kennedy, L.M., Kershaw, P., Krivonogov, S., Long, C., Magri, D., Marinova, E., McKenzie, G.M., Moreno, P.I., Moss, P., Neumann, F.H., Norstrom, E., Paitre, C., Rius, D., Roberts, N., Robinson, G.S., Sasaki, N., Scott, L., Takahara, H., Terwilliger, V., Thevenon, F., Turner, R., Valsecchi, V.G., Vanniere, B., Walsh, M., Williams, N., and Zhang, Y. (2012) 'Predictability of biomass burning in response to climate changes', *Global Biogeochemical Cycles* 26, GB4007.

Davis, O.K. and Shafer, D.S. (2006) 'Sporormiella fungal spores, a palynological means of detecting herbivore density', *Palaeogeography, Palaeoclimatology, Palaeoecology* 237: 40-50.

Delcourt, H.R. and Delcourt, P. (1991) *Quaternary Ecology: A Paleoecological Perspective*. Dordrecht: Springer.

Elias, S. (2013) 'Plant macrofossils methods and studies: Rodent middens', in S.A. Elias and C.J. Mock (eds)

Encyclopedia of Quaternary Science (2nd edition). London: Elsevier. pp.674-83.

Elias, S.A. and C.J. Mock (2013) *Encyclopedia of Quaternary Science* (2nd edition). London: Elsevier. Available via http://www.sciencedirect.com/science/referenceworks/9780444536426 (accessed 24 November 2015).

Falk, D.A., Heyerdahl, E.K., Brown, P.M, Farris, C., Fulé, P.Z., McKenzie, D., Swetnam, T.W., Taylor, A.H. and Van Horne, M.L. (2011) 'Multi-scale controls of historical forest-fire regimes: New insights from fire-scar networks', *Frontiers in Ecology and the Environment* 9: 446-54.

Ferrera, I., Harrison, S.P., Prentice, I.C., Ramstein, G., Guiot, J., Bartlein, P.J., Bonnefille, R., Bush, M., Cramer, W., von Grafenstein, U., Holmgren, K., Hooghiemstra, H., Hope, G., Jolly, D., Lauritzen, S.E., Ono, Y., Pinot, S., Stute, M. and Yu, G. (1999) 'Tropical climates at the Last Glacial Maximum: A new synthesis of terrestrial palaeoclimate data. I. Vegetation, lake-levels and geochemistry', *Climate Dynamics* 15: 823-56.

Finley, Jr. R.B. (1990) 'Woodrat ecology and behavior and the interpretation of paleomiddens', in J.L. Betancourt, T.R. Van Devender and P.S. Martin (eds) *Packrat Middens: The Last 40,000 Years of Biotic Change*. Tucson, AZ: University of Arizona Press. pp.28-42.

Fritz, S.C. and Anderson, N.J. (2013) 'The relative influences of climate and catchment processes on Holocene lake development in glaciated regions', *Journal of Paleolimnology* 49: 349-62.

Fritz, S.C., Juggins S. and Engstrom, D.R. (2004) 'Patterns of early lake evolution in boreal landscapes: A comparison of stratigraphic inferences with a modern chronosequence in Glacier Bay, Alaska', *The Holocene* 14: 828-40.

Gill, J.L., McLauchlan, K.K., Skibbe, A.M., Goring, S., Zirbel, C.R. and Williams, J.W. (2013) 'Linking abundances of the dung fungus Sporormiella to the density of bison: Implications for assessing grazing by mega-herbivores in palaeorecords', *Journal of Ecology* 101: 1125-36.

Gill, J.L., Williams, J.W., Jackson, S.T., Lininger, K.B. and Robinson, G.S. (2009) 'Pleistocene megafaunal collapse, novel plant communities, and enhanced fire regimes in North America', *Science* 326: 1100-3.

Global Palaeofire Working Group (2013) 'Global Charcoal Database version 2', www.gpwg.org (accessed 24 November 2015).

Higuera, P.E., Brubaker, L.B., Anderson, P.M., Hu, F.S. and Brown, T.A. (2009) 'Vegetation mediated the impacts of postglacial climate change on fire regimes in the southcentral Brooks Range, Alaska', *Ecological Monographs* 79: 201-19.

Hodder, K.R. and Gilbert, R. (2013) 'Paleolimnology: Physical properties of lake sediments', in S.A. Elias and C.J. Mock (eds) *Encyclopedia of Quaternary Science* (2nd edition). London: Elsevier. pp.300-12.

Jackson, S.T. and Weng, C. (1999) 'Late Quaternary extinction of a tree species in Eastern North America', *Proceedings of the National Academy of Sciences* 96: 13847-52.

Jones, V.I. (2013) 'Diatom introduction', in S.A. Elias and C.J. Mock (eds) *Encyclopedia of Quaternary Science* (2nd edition). London: Elsevier: pp.471-80.

Kaplan, J.O., Bigelow, N.H., Prentice, I.C., Harrison, S.P., Bartlein, P.J., Christensen, T.R., Cramer, W., Matveyeva, N.V., McGuire, A., Murray, D.F., Razzhivin, V.Y., Smith, B., Walker, D.A., Anderson, P.M., Andreev, A.A., Brubaker, L.B., Edwards, M.E. and Lozhkin, A.V., (2003) 'Climate change and Arctic ecosystems II: Modeling, palaeodata-model comparisons, and future projections', *Journal of Geophysical Research*

108: 8171.

Kelly, R.F., Higuera, P.E., Barrett, C.M. and Hu, F.S. (2011) 'A signal-to-noise index to quantify the potential for peak detection in sediment-charcoal records', *Quaternary Research* 75: 11-17.

Kemp, A.E.S., Dean, J. and Pearce, R.B. (2001) 'Recognition and analysis of bedding and sediment fabric features', in J.P. Smol, H.J.B. Birks and W.M. Last (eds) *Tracking Environmental Change Using Lake Sediments*, Vol. 2. Amsterdam: Springer. pp.7-22.

Kitzberger, T., Brown, P.M, Heyerdahl, E.K., Swetnam, T.W. and Veblen, T.T. (2007) 'Contingent Pacific-Atlantic Ocean influence on multicentury wildfire synchrony over western North America', *Proceedings of the National Academy of Sciences* 104: 543-48.

Korhola, A. (2013) 'Diatom methods: Data interpretation', in S.A. Elias and C.J. Mock (eds) *Encyclopedia of Quaternary Science* (2nd edition). London: Elsevier. pp.489-500.

Last, W.M. (2001) 'Mineral analysis of lake sediments', in J.P. Smol, H.J.B. Birks, HJB and W.M. Last (eds) *Tracking Environmental Change Using Lake Sediments*, Vol. 2. Amsterdam: Springer. pp.42-81.

Last, W.M., Smol, J.P. and Birks, H.J.B. (2001) *Tracking Environmental Change Using Lake Sediments: Volume 2: Physical and Geochemical Methods*. Dordrecht: Springer.

Levavasseur, G., Vrac, M., Roche, D.M. and Paillard, D. (2012) 'Statistical modelling of a new global potential vegetation distribution', *Environmental Research Letters* 7: 044019.

Lyford, M.E., Jackson, S.T., Betancourt, J.L. and Gray, S.T. (2003) 'Influence of landscape structure and climate variability on a late Holocene plant migration', *Ecological Monographs* 73: 567-83.

Marlon, J.R., Bartlein, P.J., Daniau, A-L., Harrison, S.P., Maezumi, S.Y., Power, M.J., Tinner, W. and Vanniére, B. (2013) 'Global biomass burning: a synthesis and review of Holocene paleofire records and their controls', *Quaternary Science Reviews* 65: 5-25.

Massaferro, J.I., Moreno, P.I., Denton, G.H., Vandergoes, M. and Dieffenbacher-Krall, A. (2009) 'Chironomid and pollen evidence for climate fluctuations during the Last Glacial Termination in NW Patagonia', *Quaternary Science Reviews* 28: 517-25.

Mauquoy, D. and Van Geel, B. (2007) 'Plant macrofossil methods and studies: Mire and peat macros', in S.A. Elias and C.J. Mock (eds) *Encyclopedia of Quaternary Science*. Amsterdam, Netherlands: Elsevier Science. pp. 2315-36.

McWethy, D.B., Whitlock, C., Wilmshurst, J.M., McGlone, M.S. and Li, X. (2009) 'Rapid deforestation of South Island, New Zealand, by early Polynesian fires', *The Holocene* 19: 883-97.

McWethy, D.B., Whitlock, C., Wilmshurst, J.M., McGlone, M.S., Fromont, M., Li, X., Dieffenbacher-Krall, A., Hobbs, W.O., Fritz, S.C. and Cook, E.R. (2010) 'Rapid landscape transformation in South Island, New Zealand, following initial Polynesian settlement', *Proceedings of the National Academy of Sciences* 107: 21343-48.

Meyers, P.A. and Ishiwatari, R. (1993) 'Lacustrine organic geochemistry: An overview of indicators of organic matter sources and diagenesis in lake sediments', *Organic Geochemistry* 20: 867-900.

Morris, J.L., Brunelle, A., DeRose, R.J., Seppä, H., Power, M.J., Carter, V. and Bares, R. (2013) 'Using fire regimes to delineate zones in a high-resolution lake sediment record from the western United States', *Quater-*

nary Research 79: 24-36.

Munoz, E., Schroeder, S., Fike, D.A. and Williams, J.W. (2014) 'A record of sustained prehistoric and historic land use from the Cahokia region, Illinois, USA', *Geology* 42: 499-502.

Neotoma 'Paleoecology Database'. www.neotomadb.org (accessed 24 November 2015).

Perry, G.L., Wilmshurst, J.M., McGlone, M.S., McWethy, D.B., and Whitlock, C. (2012). 'Explaining fire-driven landscape transformation during the Initial Burning Period of New Zealand's prehistory', *Global Change Biology* 18: 1609-21.

Power, M.J., Marlon, J.R., Ortiz, N., Bartlein, P.J., Harrison, S.P., Mayle, F.E. et al. (2008) 'Changes in fire regimes since the Last Glacial Maximum: An assessment based on a global synthesis and analysis of charcoal data', *Climate Dynamics* 30: 887-907.

Prentice, I.C. and Webb III, T. (1998) 'BIOME 6000: global paleovegetation maps and testing global biome models', *Journal of Biogeography* 25, 997-1005.

Prentice, I.C., Harrison, S.P. and Bartlein, P.J. (2011) 'Global vegetation and terrestrial carbon cycle changes after the last ice age', *New Phytologist* 189: 988-98.

Ritchie, J.C. (1987) *Post-glacial Vegetation of Canada*. Cambridge: Cambridge University Press.

Robinson, G.S., Burney, L.P. and Burney, D.A. (2005) 'Landscape paleoecology and megafaunal extinction in southeastern New York state', *Ecological Monographs* 75: 295-315.

Rule, S., Brook, B.W., Haberle, S.G., Turney, C.S.M., Kershaw, A.P. and Johnson, C.N. (2012) 'The aftermath of megafaunal extinction: Ecosystem transformation in Pleistocene Australia', *Science* 335: 1483-6.

Smol, J.P., Birks, H.J. and Last, W.M. (2010) *Tracking Environmental Change Using Lake Sediments: Volume 3: Terrestrial, Algal, and Siliceous Indicators*. Dordrecht: Springer.

Stahle, D.W., Cleaveland, M.K, Blanton, D.B., Therrell, M.D. and Gay, D.A. (1998) 'The lost colony and Jamestown droughts', *Science* 280: 564-7.

Swetnam, T.W. (2002) 'Fire and climate history in the western Americas from tree rings', *PAGES* Magazine 10, 6-8.

Veblen, T.T., Kitzberger, T., Raffaele, E. and Lorenz, D.C. (2003) 'Fire history and vegetation changes in northern Patagonia, Argentina', in T.T. Veblen, W.L. Baker, G. Montenegro and T.W. Swetnam (eds) *Fire and Climatic Change in Temperate Ecosystems of the Western Americas*. New York, NY: Springer-Verlag. pp. 265-95.

Velle, G. and Heiri, O. (2013) 'Chironomid records; postglacial Europe' in S.A. Elias and C.J. Mock (eds) *Encyclopedia of Quaternary Sciences* (2nd edition). London: Elsevier. pp.386-97.

Walker, I.R. (2013) 'Chironomid Overview', in S.A. Elias and C.J. Mock (eds) *Encyclopedia of Quaternary Science* (2nd edition). London: Elsevier. pp.355-60.

Whitlock, C. and Larsen, C.P.S. (2001) 'Charcoal as a fire proxy' in J.P. Smol, H.J.P. Birks and W.M. Last (eds) *Tracking Environmental Change Using Lake Sediments: Volume 3 Terrestrial, Algal, and Siliceous Indicators*. Dordrecht: Kluwer Academic Publishers: pp.75-97.

Whitlock, C., Dean, W.E., Fritz, S.C., Stevens, L.R., Stone, J.R., Power, M.J., Bracht-Flyr, B.B., Rosenbaum, J.R., Pierce, K.L. and Bracht-Flyr, B.B. (2012) 'Holocene seasonal variability inferred from multiple proxy records from Crevice Lake, Yellowstone National Park, USA', *Palaeogeography, Palaeoclimatology, Palaeoecology* 331: 90-103.

Williams, J.W., Shuman, B.N., Webb III, T., Bartlein, P.J. and Leduc, P.L. (2006) 'Late-Quaternary vegetation dynamics in North America: Scaling from taxa to biomes', *Ecological Monographs* 74: 309-34.

공식 웹사이트

이 책의 공식 웹사이트(study.sagepub.com/keymethods3e)에서 이 장과 관련한 비디오, 연습, 자료 및 링크들을 확인할 수 있으며, 부가적으로 다음 논문들도 무료로 이용할 수 있음.

1. Schreve, D. and Candy, I. (2010) 'Interglacial climates: Advances in our understanding of warm climate episodes', *Progress in Physical Geography*, 34 (6): 845-56.

– 지난 수십 년 동안 제4기에 나타났던 간빙기들의 기후, 지속 기간, 층서 정보에 관한 이해를 크게 높일 수 있었다. 이 리뷰 논문에서 저자들은 영국의 간빙기 퇴적물에 포함된 고생태학적 증거들을 자세히 다루면서 이들을 심해저 퇴적물과 빙하 코어에서 확인되는 간빙기 기록과 비교한다. 이 논문을 통해 유럽 북서부 지역이 수차례의 기후 온난화에 어떻게 반응했는지 상세하게 알 수 있다. 이러한 정보는 홀로세의 기후 진화를 이해하는 데 매우 중요하다.

2. Meadows, M.E. (2012) 'Quaternary environments: Going forward, looking backwards?', *Progress in Physical Geography*, 36 (4): 539-47.

– 현재, 그리고 가까운 미래의 지구적 환경을 이해하기 위해서는 보다 장기적인 전망이 필요하다. 이 논문은 IPCC 협의회가 미래의 기후변화를 과학적으로 예측하는 과정에서 장기적 환경 변화의 중요성이 대두된 과정을 다룬다. 이 논문은 또한 지금보다 더울 것이라 예상되는 미래를 모사할 수 있는 과거를 찾기 위해 현재 얼마나 많은 연구가 이루어지고 있는지, 현 생태계를 이해하고 향후 보호 지역의 생물 다양성을 보존하고자 할 때 과거의 환경 정보를 어떻게 활용할 수 있는지 검토한다.

3. Hessl, A. and Pederson, N. (2013) 'Hemlock Legacy Project (HeLP): A paleoecological requiem for eastern hemlock', *Progress in Physical Geography*, 37 (1): 114-29.

– 북아메리카 동부 삼림은 지난 100년 사이에 2개의 주요 나무 종(미국 밤나무와 미국 느릅나무)을 잃었다. 그리고 향후 20년 사이에 캐나다 솔송나무와 캐롤라이나 솔송나무 또한 대부분의 서식지에서 사라질 것으로 보인다. 이 논문에서 저자들은 현재 외래 해충과 병원균 때문에 곤경에 빠진 주요 나무 종들(화이트바크 소나무, 물푸레나무)로부터 더 늦기 전에 고환경 나이테 자료를 확보해야 하며, 이를 위해서는 지역 사회 차원의 노력이 필요하다는 점을 강조한다. 과학자, 학생, 환경 운동가, 그리고 오래된 숲을 관리하는 토지 관리자들 간의 연결망이 필수적이다.

23

수치 모델링: 자연지리학의 설명과 예측

개요

이 장에서는 환경 시스템을 이해하기 위한 수치 모델링의 사용에 관해 소개한다. 수치 모델은 사회 전반에 걸쳐 광범위하게 사용되며, 자연지리학자는 연구하는 대상과 시공간적으로 멀리 떨어져 있는 것과 같은 다양한 상황에서 수치 모델을 사용한다. 관심 있는 사건이 과거에 발생한 경우(예: 고기후 복원), 미래에 발생할 수 있는 경우(예: 침수 관련 패턴), 현재 발생하고 있지만 다른 방법을 사용해 측정하거나 연구할 수 없는 경우. 수치 모델의 잠재력은 차치하더라도 환경 시스템을 모델링하는 문제는 모델이 과학적으로 포장된 수정 구슬이며, 따라서 모델 예측이 아무리 좋아 보이더라도 주의 깊게 다루어야 하고, 최악의 경우에는 회의적으로 다루어야 한다.

이 장의 구성

- 서론: 왜 모델인가
- 환경 모델링의 기본 측면
- 모델이 할 수 있는 것과 없는 것
- 결론

23.1 서론: 왜 모델인가

곰돌이 푸에서 밀른은 수치 모델(numerical model) 사용을 고려해야 하는 기본적인 이유를 명확하게 보여 준다. 곰돌이 푸는 노란 물질이 들어있는 '꿀'이라고 적힌 항아리를 찾는다. '좋은' 과학자인 푸는 자신의 가설이 타당하다는 것을 평가하기 위한 적절한 과학 실험 전에는 그것이 '꿀'이라고 확신할 수 없다. 이 과학 실험에는 항아리 안에 무엇이 들어 있는지 직접 관찰하거나 항아리에 있는 것을 푸가 맛보는 것도 해당된다. 그러나 곰돌이 푸에 따르면 푸의 삼촌이 한때 누군가가 장난으로 '꿀' 항아리에 치즈를 넣었다고 말한 적이 있기 때문에 푸는 항아리의 바닥까지 맛보기 전에는 그것이 '꿀'이라고 확신할 수 없다. '꿀'이라고 적힌 모든 항아리에 '꿀'이 들어 있다는 견해가 이미 거짓으로 판명되어 곰돌이 푸가 발견한 각 항아리를 푸의 방식으로 평가해야 하고, 그러면 항아리의 내용물은 모두 사라질 것이다. 이를 환경 시스템에 적용하면 부분적 관찰이나 이론이 옳다는 것을 확인하는 확실한 관찰 증거가 있기 전까지 우리는 특정 증거(예: 노란 물질이 들어 있는 '꿀'이라고 표시된 항아리)를 받아들이지 않기 때문에 발생한 일련의 대규모 환경 재난을 맞이하게 된다. 가장 좋은 예시로 성층권의 오존 농도 고갈을 들 수 있다. 염화불화탄소(CFC)가 장기적인 오존 고갈을 야기할 가능성은 1970년대 초반에 입증되었다(Molina and Rowland, 1974). 이 이론적 개념을 받아들여 이에 대응하는 환경 정책이 마련된 것은 1985년 남극 대륙에서 봄에 오존 구멍을 관찰한 후이다(Farman et al., 1985). 동일한 시나리오가 지구 기후변화와 관련해 등장했다. 대기 중의 온실가스 축적이 기후변화를 발생한다고 가정할 수 있는 이론적인 근거가 있다. 이 이론에 대한 대부분 비판을 살펴보면 가설을 입증할 수 있는 증거가 없다는 것이다(Michaels, 1992). 우리는 그것을 실제로 관찰하기 전에는 아무것도 하지 않을 것이다.

이 견해의 문제점을 밀른도 설명한다. 피글렛은 헤파럼프를 잡기 위한 함정에서 헤파럼프처럼 보이는 것을 발견한다. 피글렛은 작은 동물에 불과하고 함정이 매우 깊어서 피글렛이 실제로 헤파럼프(사실은 빈 꿀 항아리를 머리에 꽂은 곰돌이 푸)인지 확인할 필요가 있었다. 이는 좀 더 심층적인 관찰을 통해 명백한 현상에 대한 더 나은 이해를 추구하는 고전적인 관찰 기반 과학을 반영한다. 하지만 피글렛이 생각하는 헤파럼프가 실제로 헤파럼프라는 것을 알게 되었을 때 헤파럼프가 작은 동물인 피글렛을 공격할 수도 있기 때문에 피글렛은 어려움에 처할 것이다. 관찰에 기초한 집중 조사를 통해 잠재적으로 심각한 결과를 초래할 수 있는 문제(예: 헤파럼프, 오존 구멍, 지구 온난화, 심각한 종의 멸종, 심각한 유기 오염)를 발견하고 싶어 하지는 않을 것이다. 그러나 간혹 해결할 수 없는 순환성에 직면하는데, 우리가 우려하는 문제라고 생각하는 것은 우리가 피하고 싶은 바로 그 현상을 관찰할 때만 확인할 수 있게 된다.

수치 모델은 곰돌이 푸와 피글렛이 스스로 발견한 순환성에서 벗어나기 위해 지리학자가 사용할 수 있는 도구 중 하나이다. 수치 모델은 접근하기 어려운 것을 조사하기 위한 도구를 제공한다. 일반적으로 다음과 같은 것에 관심이 있을 때 접근 불가능성이 발생한다. (1) 과거 환경으로 기록이 시작되기 전 또는 환경 복원을 신뢰할 수 없거나 불가능한 경우, (2) 현재 환경으로 측정을 할 수 없는 환경이거나 거리가 너무 멀어서 환경에 접근할 수 없거나, 측정하기에 너무 크거나 또는 너무 작은 경우, (3) 미래 환경으로 미래 세대를 위해 현재 내린 결정들이 미치는 영향에 대해 우려하는 경우. 이 장은 지리 조사의 일환으로 환경 모델링의 기본 원리를 소개하는 한편, 환경 모델링과 관련해 일반적으로 발생하는 도전 과제와 문제점을 되돌아보고자 한다. 첫 번째 절에서는 개념적·경험적·물리적 기반 접근 방식의 측면에서 환경 모델링의 기본 원리를 소개하며, 두 번째 절에서 모델이 할 수 있는 것과 없는 것을 고려해 모델을 비판적으로 평가하고자 한다.

23.2 환경 모델링의 기본 측면

수학적 모델링에는 두 가지 뚜렷한 접근법이 있다. (1) 경험적 또는 데이터 기반 접근, (2) 물리적 기반 또는 이론 기반 접근. 그러나 이 절에서 알 수 있듯이, 이 두 가지 접근법은 실제로 그렇게 뚜렷하게 구분되지 않는다. 두 접근 방식은 양 끝에서 다양한 모델링 접근 방식으로 구성된 스펙트럼을 이루며(Odoni and Lane, 2010), 고려 중인 시스템이 탄력적이고 방어 가능한 개념 모델을 가지고 있다는 점을 근본적으로 공유하고 있다.

개념 모델

모델링하는 시스템에 대한 개념 모델이 없다면, 경험 또는 물리 기반의 수학 모델을 개발하는 것은 불가능하다. 개념 모델은 시스템 구성 요소 간의 기본적인 상호작용에 대한 설명을 담고 있다(24장 참조). 과거 기후를 이해하고자 한다면 기후변화에 대한 간단한 개념 모델을 생각할 수 있다. 경험적 증거에 따르면 지구의 기후가 현재보다 훨씬 추운 시기(빙하기)와 현재보다 약간 더 따뜻한 시기 사이에 변동이 있다는 것을 보여 준다(그림 23.1). 왜 이러한 일이 일어났을까? 초기 개념 모델에서는 외부 강제력(external forcing) 때문이라고 가정했다. 이러한 관점에서 적절한 요인 중 하나는 태양 주위를 도는 지구의 특성(Imbrie and Imbrie, 1979)이라는 것을 알고 있고, 이는 여러 시간 스케일에서 변화해 왔다. 궤도 강제력(orbital forcing)으로 설명되는 이러한 순환적 현상에 대한 긍정적인 반응이 있지만(Imbrie and Imbrie, 1979), 이것이 유일한 설명이라는 결론에 대해 의문을 제기할 만한 증거도 많다(Broecker and Denton, 1990). 이러한 외부 강제 요인들이 기후에 영향을 미치는 방식에 대해 지구-대기권 시스템 내부의 과정이 중요한 조절 역할을 할 수 있다는 것은 잘 알려져 있다. 여기에서 이 시스템이 어떤 형태를 취할 수 있는지 설명하기 위한 단순한 개념 모델을 개발할 수 있다.

시스템은 링크(link)에 의해 함께 관계를 갖는 구성 요소들로 이루어져 있다. 구성 요소들 간의 흐름은 구성 요소와 링크의 특성에 따라 달라지는 방식으로 작동한다. 따라서 빙하 주기의 경우 세 가지 요소, (1) 지표면으로 들어오는 태양 복사를 반사하는 과정과 관련된 알베도, (2) 온도, (3) 빙상 성장을 고려해 시스템을 구축할 수 있다. 첫 번째 근사치로서 이들을 함께 연결할 수 있다(그림 23.2). 링크는 간단하게 양과 음으로 지정된다. (1) 알베도와 온도 사이의 음의 링크로, 알베도(지표면 반사율)가 올라가면 단파 방사선이 더 많이 반사되어 온도가 내려간다는 사실을 반영한다. (2) 온도 및 빙상 성장 사이의 음의 링크로, 온도가 내려가면 빙상 성장이 증가할 것이라는 사실을 반영한다. (3) 빙상 성장과 알베도 사이의 양의 링크로, 빙상이 성장하면서 다른 유형의 토지 피복보다 빙상이 단파 방사선을 더 많이 반사하는 경향이 있어 알베도가 상승하는 사실을 반영한다. 일반적으로 양의 링크는 원인 변수(cause variable)와 같은 방향으로 반응하는 효과 변수(effect variable)를 포함하고, 음의 링크는 원인 변수와 반대 방향으로 반응하는 효과 변수를 포함한다.

그림 23.2a는 매우 중요한 피드백 특성을 보여 준다. 이러한 피드백은 구성 요소 간 링크의 상호작용에서 발생한다. 온도가 내려가면 빙상이 성장하고, 빙상이 성장하면 알베도가 올라가며, 알베도가 올라가면 온도가 내려간다. 따라서 그림 23.2a에서 시스템의 순 효과는 양의 피드백이며, 초기 온도 저하가 빙상의 성장과 알베도의 링크를 통해 증폭되어 추가적인 온도 저하가 발생할 수 있다. 양의 피드백은 시스템을 변화하거나 진화하도록 한다.

그림 23.2b에서 강수량은 빙하의 성장과 붕괴의 중요한 구성 요소로 소개된다. 강수는 빙상 크기가 커지기 위해 필요하다. 강수량은 온도에 의해 조절되는데, 온도가 증발에 영향을 주기 때문이다.

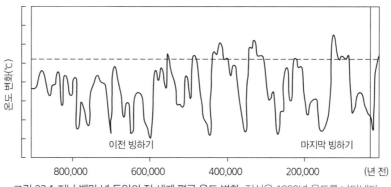

그림 23.1 지난 백만 년 동안의 전 세계 평균 온도 변화 점선은 1880년 온도를 나타낸다.

출처: Houghton et al., 1990, Figure 7.1a

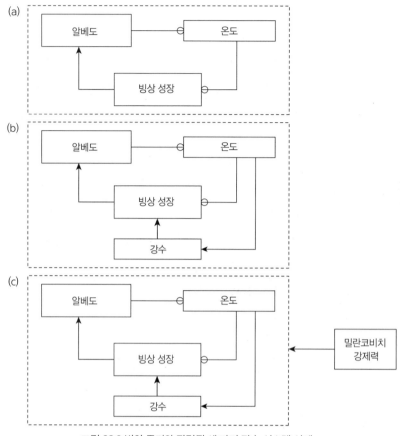

그림 23.2 빙하 주기와 관련된 세 가지 단순 시스템 사례

빙상의 성장을 위해 전 세계 해양은 주요 수원으로 작용한다. 온도가 내려가면 증발량이 적어 강수량이 감소한다(즉, 두 변화가 모두 같은 방향이므로 링크가 양이 됨). 강수량이 줄면 빙상이 붕괴된다. 따라서 빙상 성장에서 알베도, 온도, 강수량, 그리고 다시 빙상 성장까지의 링크를 조사한다면, 음의 피드백을 발견할 수 있다. 빙상이 성장할수록, 알베도는 상승하고, 기온은 하락하고, 강수량은 감소하고, 따라서 빙상이 붕괴된다. 음의 피드백은 시스템이 변화에 저항하도록 하는 자기 제한식(self-limiting)의 피드백이다.

이와 같은 양과 음의 피드백에 대한 기본적인 생각들로 그림 23.2의 시스템에서 빙하 성장과 붕괴의 역동성을 이해할 수 있는 도구를 얻을 수 있다. 만약 시스템에서 음의 피드백이 지배한다면, 시스템은 빙하기 또는 간빙기의 상태로 유지된다. 양의 피드백이 지배한다면, 매우 빠를지도 모르는 변화를 맞이할 수 있으며, 이로 인해 빙하기에서 간빙기로 혹은 간빙기에서 빙하기로 시스템이 진화할 수 있다. 일반적으로 양의 피드백은 영구적으로 유지되지 않는다. 오히려 제한 요인이 피드백을 느리게 하거나 중지시킬 때까지 또는 다른 음의 피드백이 발생할 수 있도록 시스템의 상태가 진화할 때까지 계속된다. 어떤 종류의 외부 강제력이 있을 때, 그 강제력의 효과는 시스템이 양의 피드백을 나타내고, 따라서 강제력이 변화하거나 또는 음의 피드백으로 강제력이 시스템으로 흡수됨에 따라 달라질 것이다. 밀란코비치 강제력(Milankovitch forcing; 그림 23.2c)과 관련해 궤도 주행 요인은 적용된 시스템에 의해 증가하거나 감소한다. 실제로 이 시스템은 훨씬 더 복잡하다. 피드백은 지연될 수 있으며 빙하 성장과 관련해 '온도' 및 '강수'와 같은 단순한 구성 요소를 세분화할 필요가 있다. 예를 들어, 겨울철 강설량 증가(강수량 증가)와 여름철 융해 감소(저온)는 일반적으로 빙하 성장에 도움되는 것으로 간주된다.

　지금까지는 환경이 시간에 따라 변화하는 것으로만 생각했다. 그러나 환경은 공간적, 수직적 차원을 갖는다. 따라서 피드백은 단순히 시간을 통해서만 이루어지는 것이 아니라 공간을 통해서도 작동한다. 만약 환경의 한 부분을 변화시키면, 피드백은 환경의 그 부분에만 국한되지 않고 환경의 다른 장소에서 작동하는 과정에도 영향을 미칠 수 있다. 예를 들어, 빙하 주기의 경우 고위도에서의 빙상 성장은 중위도와 저위도의 빙상 성장에 큰 환경적 영향을 미칠 수 있다는 점이 잘 알려져 있다. 빙상이 현재보다 낮은 위도로 확장하면 차가운 극지방 공기가 함께 확장하고, 중위도 지역에서는 온난한 공기와 찬 공기가 뒤섞이면서 서쪽에서 불어오는 제트기류가 적도 방향으로 이동하는 현상이 발생해 왔다. 미국 남서부에서 이러한 현상은 최종빙기 최성기(Last Glacial Maximum: LGM) 동안 강수량을 상당히 증가시켰다(Spaulding, 1991). 마찬가지로 최종빙기 때 빙상에 더 많은 물이 갇혔고, 대기 및 해양 순환의 변화로 열대 지방은 오늘보다 다소 서늘하고 건조했다. 이로 인해 열대 식물과 동물 군집이 레퓨지아(refugia: 빙하기 등의 기후변화기에 비교적 기후변화가 적어 다른 곳에서는 이미 멸종된 종이 살아남은 지역)로 후퇴했다는 의견이 제시되었고, 반대로 빙하 기간 내내 산림 피복이 유지되었다는 의견도 있었다(Colinvaux et al., 2000). 이는 환경의 연결된 특성, 그리고 환경의 한 부분의 변화가 다른 부분에 영향을 미칠 수 있는 방식에 대한 중요한 정보를 제공한다.

　개념화는 모델링할 시스템을 구축하는 과정이다. 결과적으로 이러한 개념화는 환경을 어떻게 인식하는가에 따라 크게 좌우된다(Odoni and Lane, 2012). 모델의 이론적인 내용은 정교하지만 과학자로서 일상적인 연습을 통해 마주하고 공식화하는 개인적인 경험, 공동체의 실천, 데이터 및 관찰이 혼합되어 모델에 상당한 영향을 준다(Lane, 2012). 모델링에 있어 모델 제작자에 대한 의존성은 지식의 결과물 및 생산자, 그리고 모델에 대한 신뢰를 보장하는 데 필요할 뿐만 아니라 모델의 상태에 중요한 의미가 있다. 개념화에만 초점을 맞춘다면, 환경을 모델링할 때 고려해야 할 핵심 사항은 다음과 같다. (1) 많은 과정이 공간적 경사에 따라 구동되기 때문에 적절하게 표현되어야 하는 과정의 공간성(spatiality)(예: 사면의 경사가 사면을 따라 이동하는 물의 속도를 제어하는 경우), (2) 과정의 수직 경사(예: 하상에서의 흐름은 일반적으로 수면보다 빠름), (3) 2차원 및 3차원 과정의 작동에 반응해 시스템이 시간에 따라 진화하는 방식, (4) 피드백 자체는 과정의 작동에 대한 반응으로 과정에 대한 동인이 변화하면서 나타난다는 점(예: 물이 사면 위로 흐를 때 침식(또는 퇴적)을 유발하고 경사를 변화시켜 결국 미래에는 다른 방식으로 과정이 작동함). 개념 모델은 (1)~(4)를 구체화할 수 있도록 하며, 따라서 개념 모델을 통해 모델에서 명시적으로 제외되는 것, 포함되지만 단순한 방식으로 재현(representation)되는 것, 제외되는 것을 구체적으로 언급할 수 있다. 나중에 알게 되겠지만 모델은 전체 시스템의 일반적인 재현이 아니라 현실의 일부를 재현한다는 것을 의미하며, 여기에서 모델 예측은 모델 제작자가 모델을 만드는 방법과 모델을 제한하는 방법에 따라 부분적으로 결정된다(Lane, 2001).

개념 모델이 결정되면 다음 질문은 모델을 어떻게 구축해야 하는가이다. 통계적 연관성이나 머신러닝(machine learning)과 같은 관찰이나 데이터로부터 구축하는 경험 모델인가? 아니면 일련의 법칙이나 규칙을 중심으로 구축하는 물리 기반 모델인가(예: 뉴턴 물리학이 연구 문제에 적용된다고 주장한 다음, 뉴턴 보존 법칙의 미분계수를 사용하는 것)?

경험적 접근법

경험적 접근법에 기초한 수학 모델의 경우 다양한 현상에 대한 일련의 관찰을 한 다음, 이를 바탕으로 현상들 사이의 관계를 구축한다. 따라서 이 접근 방식은 모델 구축에 필요한 데이터를 얻기 위해 현장 또는 실험실에서 측정하는 바에 크게 의존한다. 가장 극단적인 개념 모델의 형태는 인공지능이나 머신러닝을 이용해 데이터의 특성에 기초해 확인할 수 있는 데이터 간의 관계에 전적으로 좌우될 수 있다(Licznar and Nearing, 2003).

경험적 접근법의 핵심은 통계적 방식이다. 핵심 가정은 하나 이상의 강제(독립) 변수가 반응(의존) 변수를 변화시킨다는 것이다. 좋은 예는 얕은 호수에서 발생하는 부영양화 현상이다. 호수는 축적된 영양분을 효과적으로 제거하지 않기 때문에 부영양화 현상은 호수의 1차 생산성이 점진적으로 증가하는 것과 관련된 자연적 과정이다. 특정 1차 생산자가 대기의 질소를 고정할 수 있기 때문에 일반적으로 부영양화의 핵심 제한 영양소는 질산염보다 인산염이라는 점이 1970년대 연구(Schindler, 1977)에서 규명됐다. 그림 23.3은 물속에 잠긴 식물(대형 수생식물)이 없을 때의 데이터를 사용해 바

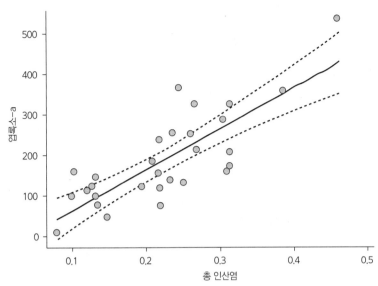

그림 23.3 영국 노퍽주 바턴 브로드에서 대형 수생식물이 없는 기간 동안 엽록소-a 부하(부영양화 수준 측정)와 총 인산염 농도 간의 관계

출처: Lau, 2000

턴 브로드(Barton Broad)에서 나타나는 현상을 설명한다. 총 인산염 농도가 상승함에 따라 총 생산성이 함께 증가한다. 따라서 특정 호수 생태계의 인산염 농도에 따라 부영양화의 수준이 결정된다고 가정하는 개념 모델이 만들어진다. 컬런과 포그즈버그(Cullen and Forgsberg, 1988)는 서로 다른 호수 생태계의 다양한 데이터를 종합해 시스템 내 1차 생산성을 나타내는 지표인 엽록소-a의 농도를 인산염 농도로부터 예측할 수 있는 간단한 통계 규칙을 만들 수 있었다. 실제로 부영양화는 포식자-먹이 상호작용과 계절성 영향으로도 달라질 수 있으며, 여러 강제 변수를 사용해 호수 내 부영양화의 수준을 예측하기 위한 좀 더 복잡한 모델을 개발할 수 있다(Lau and Lane, 2002). 강제 변수 자체가 서로 관련되거나, 단일 생태계(예: 호수)에서 획득한 생태학적 데이터에서 개별 관찰이 시간 또는 공간 전반에 걸쳐 상관성이 나타나는 경우 이는 간단한 일이 아니다. 좀 더 복잡한 환경 시스템에서 경험 모델링을 위한 자세한 정보는 펜테코스트(Pentecost, 1999)에서 확인할 수 있다.

모델링에 대한 경험적 접근법을 사용하려면 많은 가정이 필요하다. 첫째, 경험적 관계는 적절한 개념 모델의 형태로 타당한 이론적 근거를 가져야 한다. 통계 방법을 사용하면 모델이 얼마나 좋은지를 평가할 수 있지만(예: 경험적 관계의 적합도 평가, 32장 참조), 이것이 일반적으로 모델에 대한 충분한 평가는 아니다. 경험적 관계는 비논리적일 수 있으며, 따라서 예측력이 떨어진다. 또한 개별 관측치, 특히 변수의 극값이 크게 영향을 줄 수 있으며, 극단적 상황에 대한 모델의 예측력에 영향을 미칠 수 있다. 불행하게도 가장 우려되는 환경 문제 중 대부분은 극단적인 것(예: 홍수와 가뭄 등)과 관련된 문제이다.

둘째, 많은 경험 모델이 기초가 되는 관측치의 범위를 넘어 예측하는 데 사용될 경우 성능이 떨어진다. 예를 들어, 캐머런 외(Cameron et al., 2002)는 홍수 예측의 전통적인 접근법(확률 분포 및 운동학적 추적 사용)과 머신러닝 접근법(신경망)을 비교한다. 후자는 인공지능 기법을 사용해 강제 매개변수(예: 상류 강수량)와 핵심 반응 변수(예: 수위) 사이의 경험적 관계를 구축한다. 캐머런 외(Cameron et al., 2002)는 이러한 모델이 이전에 발생했던 강제 매개변수 패턴과 관련된 수위 예측에만 적합하다는 것을 발견했다. 공간적 타당성(spatial validity)과 관련해 시간적 타당성(temporal validity)에 대한 의문도 나타난다. 호수의 부영양화의 경우 호수가 인산염에 의해 제한된다고 가정할 만한 충분한 이유가 있지만, 어떤 상황에서는 호수가 질산염에 의해 제한될 수 있다는 것이 연구에서 밝혀졌다(Kilinc and Moses, 2002). 따라서 일반화된 모델(그림 23.3)은 모든 곳에 적용되지는 않는다. 이에 관해 두 가지 중요한 시사점이 있다. 경험 모델은 다른 시간에 적용할 수 없으며, 다른 곳에 전이되지 않는다. 이러한 문제의 근원으로 경험 모델은 일반화 가능성이 낮다는 것이다. 이는 경험 모델이 기초 물리 과정이 아닌 통계적 상호작용에 기반을 두고 있어 좋은 물리 기반을 가지고 있지 않기 때문이라는 주장도 제기된다.

셋째, 어떤 관계가 구축되든 경험적 관계는 불확실성의 상태를 포함한다는 것을 기억해야 한다. 그림 23.3의 선 주위로 나타나는 점의 산포는 주어진 인산염 하중에 대해 가능한 수준의 부영양화 범위를 나타낸다. 산포가 커질수록 불확실성은 커지며, 일반적으로 표준편차(예측값 ±표준편차의 형태) 또는 회귀 적합치에 대한 신뢰 한계(그림 23.3의 점선)의 형태로 불확실성과 함께 예측을 제공할 필요가 있다. 여러 경험 모델의 예측이 결합될 때, 각 예측과 관련된 불확실성의 전파는 특히 중요해진다. 예를 들어 추정된 유량(유량과 보다 쉽게 측정할 수 있는 매개변수인 수위 사이의 경험적 관계에 기초해 예측)과 추정된 부유 퇴적물 농도(부유 퇴적물과 유량의 경험적 관계에 기초해 예측)로부터 유역에서 발생하는 퇴적물 하중을 추정하는 것이 일반적이다. 이 두 가지의 불확실성이 결합되면 오차가 커지는 경향이 있다. 어떤 상황에서는 이 불확실성이 수학적으로 전파될 수 있다(Taylor, 1997). 그러나 오차의 수학적 전파에 필요한 가정이 일반적으로 위반되기 때문에 몬테카를로 분석과 같은 기법을 사용해 통계적으로 오류를 전파하는 것이 더 일반적이다(Tarras-Wahlberg and Lane, 2003).

물리 기반 수치 모델

경험적 접근법은 머신러닝의 극단적인 경우를 제외하고 구축된 관계의 형태를 정당화하는 일종의 개념 모델이 있는 하나의 물리 기반을 가지고 있다. 물리 기반 수치 모델들은 개념 모델을 사용해 물리적, 화학적, 그리고 때때로 생물학적 기초 원리들 사이의 링크를 정의함으로써 이 단계에서 더 나아가게 되는데, 이는 컴퓨터 코드를 사용해 수학적으로 재현된다. 다행히도 공간적 스케일에서 자연환경은 뉴턴 역학에서 주로 도출된 여러 가지의 핵심 원리들, (1) 저장 규칙, (2) 이동 규칙, (3) 전이 규칙을 가지고 있다. 저장 규칙은 질량 보존의 법칙에 기반한다. 물질은 새롭게 생성되거나 파괴될 수 없고, 한 상태에서 다른 상태로 변형될 뿐이다. 따라서 홍수 범람의 범위 예측과 관련해 증발 및 침투 손실을 무시할 수 있다고 가정할 때 하천 유량의 증가는 (1) 유속의 증가, (2) 수위의 증가, (3) 범람원으로 물이 이동하는 결과를 낳는다. 질량 보존은 특정 모양이나 형태의 대부분 수치 모델의 토대이다. 그러나 시스템이 어떻게 작동하는지를 예측하는 것만으로는 충분하지 않다. 따라서 홍수 범람의 경우 유량의 증가를 유속, 수위 및 범람원 이동의 변화로 분할하는 방법은 전통적으로 힘의 균형이라고 불리는 것에 따라 달라지며, 일반적으로 뉴턴 역학을 적용하며 이에 기초한다. 예를 들어, 힘에 의해 움직이지 않는 한 모든 사람은 같은 휴식 상태이거나 균일한 동작을 계속한다. 하천의 경우 이러한 분할은 흐름을 구동하는 압력의 경사와 잠재적인 에너지원, 그리고 흐름을 느리게 하는 난류 및 하도의 마찰로 인한 추진력 손실을 고려하는 것을 포함한다. 이는 이동 규칙이다. 예를 들어, 가장 간단한 용어로 하상이 거칠고 하도의 모양에 따라 유량이 증가하면 유속의 증가보다 수위 상승으로 이어질 가능성이 크다. 마지막으로 전이 규칙은 화학 반응이 전체 상태를 변화시킬 수 있는 가능성을 허용한다. 예를 들어, 알루미늄이나 철에 결합된 인산염은 부영양인 호수에서 용해될 수 있으며, 따라서 환원 상태로 산소 결핍이 일어날 경우 용해된 인산염을 부영양화를 위한 연료로 사용할 수 있다.

위의 개념 모델의 논의에 따라 이들 규칙의 작동에 대한 핵심은 개념 모델과 매개변수들 사이에 피드백을 허용하는 것이다. 예를 들어, 위의 하천 예시에서 유량 증가는 평탄한 하상보다 거친 하상에서 수위 상승으로 이어졌다. 그러나 수위가 높아지면 하상 마찰의 효과가 줄어들어 유량 증가를 유속 상승으로 쉽게 전환할 수 있게 된다. 여기에서 경험 모델에 비해 수치 모델의 근본적인 장점 중 하나를 볼 수 있다. 즉, 수치 모델은 시스템의 매개변수들 사이의 피드백을 통합해 시스템의 역동성을 찾아낼 가능성이 더 크다. 이는 개념 모델에서 중요하게 고려해야 한다고 언급했다. 그러나 모델이 개념화되었을 때 관련된 과정과 피드백이 정확하게 포함된 경우에만 그렇게 할 수 있다.

물리 기반 수치 모델 개발 단계

그림 23.4는 수학 모델 개발 단계의 사례로 얕은 호수에서의 부영양화 과정 모델을 보여 준다(Lau, 2000). 모델 구축을 위해 필요한 중요한 요소들을 소개하고 있는데, 첫째, 적절한 개념 모델에 대한 의존성을 보여 준다. 위에서 언급했듯이 모델이 처리할 시스템의 경계를 정의하기 때문에 개념 모델은 '닫혀' 있다. 그렇다고 하더라도 이상적으로는 모든 관련 과정이 포함되고 중요할 수 있는 과정을 제외하는 것은 아니다. 실제로 과정이 제외되는 경우는 두 가지가 있다. (1) 연구 중인 특정 시스템을 위해 중요하지 않은 경우, (2) 특정 과정을 포함할 가능성이 제한된 경우. 상황 (1)은 여러 가지 이유로 발생할 수 있다. 첫째, 문제의 역사나 지리로 인해 과정이 제외될 수 있다. 즉, 특정 장소나 특정 시간에 발생하지 않을 수 있으므로 무시할 수 있다. 둘째, 검토하고 있는 시스템과 관련이 없는 공간 스케일의 시간적 스케일이 있을 수 있다. 예를 들어, 만약 긴 하천에 대한 홍수 범람의 공간적 패턴을 모델링하고자 한다면 모델의 다른 측면에서 불확실성이 영향을 줄 수 있기 때문에 짧은 시간 스케일의 과정인 난류에 대한 정교한 처리를 포함할 필요는 없다. 이는 시간과 공간이 결합되는 일반적인 상황을 반영한 것이며(Schumm and Lichty, 1965), 여기에서 큰 공간적 스케일의 과정은 일반적으로 좀 더 긴 시간적 스케일과 관련이 있다. 불행하게도 시간과 공간의 스케일에서 과정이 결합할 때 수치 모델링은 심각한 문제에 직면하고, 적절한 시스템을 재현하기 위해서는 공간과 시간에서 과정의 재현에 대한 세밀한 해상도가 필요하다. 상황 (2)는 계산의 한계로 과정을 재현하는 데 한계가 있거나 좀 더 일반적으로는 과정에 대한 지식이 누락되거나 과정을 재현하기 어려울 경우 (1)의 상황으로부터 파생된다. 예를 들어, 부영양화 모델링에서 식물성 플랑크톤의 집단적 행동과 어류의 수명 주기와 관련해 개별 어류의 종별 행동을 함께 결합하는 데 큰 어려움이 있다. 이 상황은 일반적으로 과정의 효과에 대한 간단한 버전을 사용해 해결할 수 있다. 호수 부영양화의 경우 영양소의 제한과 먹이 사슬 상호작용으로 시스템이 작동할 수 있다. 후자는 조류를 먹는 동물성 플랑크톤에 대한 레퓨지아 역할을 하는 바닥 식물에 의해 조절된다. 식물 수명 주기는 상대적으로 계절성 함수이기 때문에 대부분 얕은 호수에서 식물 수명 주기를 모델링할 필요는 없다. 따라서 간단한 매개변수를 사용해 처리할 수 있다(다음 참조).

모델 구축의 두 번째 구성 요소는 개념 모델을 가져와 적절한 과정 규칙을 확인하고 방정식을 풀 수 있는 시뮬레이션 모델로 과정 규칙을 변환하는 것이다. 많은 방정식이 쉬운 해답을 주지 않기 때문에 모델 개발에서 가장 어려운 단계가 될 수 있다. 하계망을 통해 홍수를 추적하는 사례로 잘 설명할 수 있다. 하계망으로 유입되는 유량은 시간에 따라 변화한다. 간단히 말해 하계망의 한 지점에서

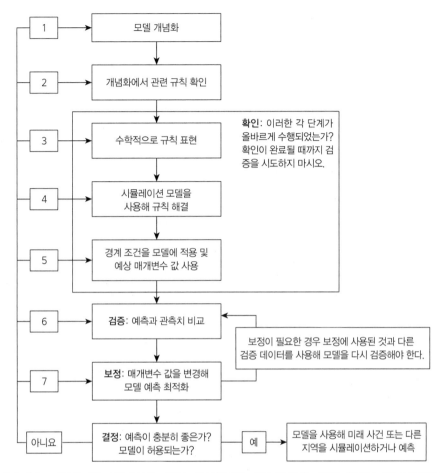

1	모델 개념화
2	개념화에서 관련 규칙 확인
3	수학적으로 규칙 표현
4	시뮬레이션 모델을 사용해 규칙 해결
5	경계 조건을 모델에 적용 및 예상 매개변수 값 사용

확인: 이러한 각 단계가 올바르게 수행되었는가? 확인이 완료될 때까지 검증을 시도하지 마시오.

| 6 | 검증: 예측과 관측치 비교 |
| 7 | 보정: 매개변수 값을 변경해 모델 예측 최적화 |

보정이 필요한 경우 보정에 사용된 것과 다른 검증 데이터를 사용해 모델을 다시 검증해야 한다.

| 아니요 | 결정: 예측이 충분히 좋은가? 모델이 허용되는가? | 예 | 모델을 사용해 미래 사건 또는 다른 지역을 시뮬레이션하거나 예측 |

1. 모델이 제대로 개념화되었는가? 충분한 과정이 제시되어 있는가? 너무 많은 과정을 재현하고 있는가? 올바른 과정을 재현하고 있는가?
2. 올바른 규칙이 확인되었는가? 규칙이 제대로 규정되어 있는가? 여기에 어떤 가정이 도입되었는가? 그것들이 받아들여질 수 있는가?
3. 규칙의 수식이 정확한가? 수식 중에 뒷받침할 수 없는 가정이 도입되었는가?
4. 규칙이 제대로 해결 가능한가? 컴퓨터 프로그램에 프로그래밍 오류가 없는가? 수치 처리기가 충분히 정확한가? 모델 이산화(discretisation)가 견고한가?
5. 경계 조건이 제대로 규정되어 있는가? 모델에 영향을 미치는 경계 조건의 오류인가? 필요한 경계 조건의 부족으로 모델 성능 저하가 나타나는가?
6. 관측치를 사용해 모델을 검증하고 있는가? 관측치가 모델 예측과 동일한가? 그들은 모델 예측을 재현하는가? 관측치 및 예측과 비교했을 때 모델이 어디에서(공간 및 시간 내) 이상한가?
7. 검증 과정에서 현실적인 매개변수 값을 산출했는가? 모델을 재검증할 때 동등하게 우수한 예측을 위한 두 개 이상의 모수 값을 모델이 생성하는가? 모델이 매개변수화에 지나치게 민감한가?

그림 23.4 모델 개발을 위한 일반적인 접근 방식

출처: Lau, 2000

유속은 그 지점의 수면 경사에 따라 달라진다. 즉, 급경사면은 더 빠른 흐름을 의미한다. 따라서 공간 의존성(spatial dependence)이 존재한다. 물이 하계망을 통해 이동함에 따라 수면 자체는 진화한다. 이는 두 가지 기본적인 문제로 이어진다. 첫째, 홍수 경로의 시공간 의존성을 결합한다는 것은 지배적 방정식이 편미분이라는 것을 의미한다. 이는 시공간에서 미분계수를 포함하기 때문이다. 공간에서 사물이 어떻게 움직이는지에 관심이 있기 때문에 거의 모든 환경 모델에 공통적이다. 공간에서 이동하려면 시간이 걸리므로 모든 모델은 시공간을 함께 포함해야 한다. 편미분은 풀기가 매우 어렵다. 둘째, 모든 모델은 일정한 형태의 초기 조건이 필요하다. 이 경우 하계망 전체에서 수위 및 유량에 대한 초기값이 필요하다. 또한 유입구 또는 유출구에서 유량, 유속 및 깊이의 일부 조합도 알아야 한다. 따라서 모델은 초기 조건에 영향을 주는 데이터의 가용성에 따라 결정적으로 달라진다.

세 번째 요소로, 주요 방정식의 해를 도출하기 위해서는 일반적으로 매개변수가 필요하다. 이는 개념화 과정에서 특정 과정을 제외하거나 단순한 방식으로 과정을 재현하기 위해 선택했기 때문일 수 있다. 앞서 설명한 조류 모델링에서 호수 식생 효과는 단순한 방식(계절성에 의해 존재 또는 부재 조건)으로 처리되었다. 홍수 경로에서 일반적으로 물의 수평/수직 이동과 난류 흐름은 무시된다. 수평/수직 이동과 난류가 유량 추적에 영향을 미칠 수 있지만, 하계망 규모의 분석에 관심이 있는 경우 이를 모델에 직접 포함하면 해를 얻는 것이 불가능할 정도로 시간이 소요될 수 있다. 방정식이 우수한 물리 기초를 가질 수 있지만, 단순화되면서 물리 기초가 덜 확실하고 일반적으로 현장 또는 실험실 측정이 특히 어려운 새로운 조건이 나타날 수 있다. 매개변수화(parameterisation)는 과정이 모델에서 제외된 상황에서도 필요할 수 있으며, 그 영향은 하나 이상의 매개변수를 통해 재현된다. 홍수 경로 연구의 좋은 사례는 흐름 유압에 대한 하상의 마찰 효과나 난류를 재현하는 거칠기 매개변수를 사용하는 것이다. 매개변수화 과정은 데이터와 독립적으로 수행되지 않는다. 오히려 데이터와 모델 예측의 차이를 최소화하도록 매개변수 값을 변경해 모델을 최적화한다. 이 경우 현장 측정 결과와 매우 다른 값이 매개변수로 사용될 수도 있다. 이러한 이유로, 이를 '효과적인' 매개변수라고 부를 수 있는데, 이것은 기본 과정 분석에서 파생된 것이 아니라 모델이 알려진 현상을 예측하는 데 필요한 매개변수이다. 중요한 것은 매개변수화를 수행한 장소와 조건의 범위를 벗어나면 이러한 결과를 신뢰할 수 없기 때문에 우리는 모델의 가정된 일반성에 의문을 갖게 된다. 즉, 모델은 매개변수화를 위해 사용할 수 있는 데이터가 있는 경우에만 효과적이다.

모델 평가에는 확인(verification)과 검증(validation)이라는 두 가지 중요한 단계가 포함된다. 확인은 모델이 방정식을 정확하게 풀고 있는지 점검하는 과정이다. 여기에는 컴퓨터 코드 디버깅, 수치 해석 과정 점검 및 민감도 분석 수행이 포함된다. 후자는 경계 조건 또는 매개변수 값의 변화에 반응해 모델이 합리적으로 작동하는지 확인하기 위해 사용한다. 검증은 모델을 현실과 비교하는 과정이다. 여기에는 일반적으로 모델 예측이 현실과 일치하는 정도를 설명하는 일련의 '목적 함수'(objective function)를 정의하는 것이 포함된다(Lane and Richards, 2001). 여기에서 검증과 매개변수화에 대해 혼동이 있을 수 있다. 목적 함수가 결정되면 목적 함수에 의해 정의된 오차의 크기를 줄이기 위해 모델의 매개변수를 조정할 수 있다. 이는 '보정'이라고 알려진 매개변수화의 특별한 접근 방식이다. 새로운 과정을 통합하거나 기존 과정을 대체 처리해 모델을 혁신적으로 재구축하는 과정이 포함될 수 있다.

그림 23.6은 바턴 브로드에 적용된 것과 반대로 설명된 부영양화 모델(그림 23.5)에서 얻은 엽록소-a 농도에 대한 기본 설정에 따른 예측과 최적화된 예측을 함께 보여 준다. 그림 23.6a는 기본으로 설정된 예측을 보여 주고, 그림 23.6b는 모델과 독립 데이터 사이의 적합도를 최대화할 수 있는 매개변수화를 사용해 최적화된 예측을 보여 준다. 안타깝게도 그림 23.6b가 검증의 사례는 아니며 모델과 관측값 사이의 적합성이 모델이 관측값에 적합하도록 강제했다는 사실 외에 다른 어떠한 증거도 없기 때문에 오레스크스 외(Oreskes et al., 1993)는 이를 '실증적 타당성의 강제(forcing empirical adequacy)'라고 부른다. 그림 23.6b에서 모델이 검증되었다고 주장하는 것은 속임수와 같다. 모델 제작자들은 여러 수단 중 하나를 통해 이 문제를 해결한다. 첫째, 일부 데이터를 모델 매개변수화를 위해 사용하지 않고 검증을 위해 독립적으로 사용하기 위해 이를 따로 남겨 두고 분할 평가를 수행할 수 있다. 이에 대한 예시는 그림 23.6c에서 볼 수 있고, 한 기간의 데이터(그림 23.6에서 1983년부터 1986년까지의 데이터)에 최적화된 모델을 사용해 1987년부터 1993년까지의 두 번째 기간을 예측한다. 이를 모델의 타당성을 평가하기 위한 데이터와 비교한다. 이는 1983년부터 1986년까지 수행된 최적화가 왜 검증에 해당하지 않는지를 보여 준다. 모델이 예측 모드로 적용되었을 때(1987~1993년), 관측과 모델 예측 사이에 점진적인 차이가 있고 모델이 시스템의 일부를 포함하고 있지 않다는 것이 분명하다. 최적화된 모델이 반드시 검증된 모델은 아니다.

둘째, 검증의 경우 한 장소에서 매개변수화된 모델을 구축하고, 매개변수가 전이될 수 있다는 가정 하에 독립적인 검증 데이터를 제공할 수 있는 두 번째 장소에서 이를 적용해 검증을 수행할 수 있다.

검증의 주요 목적은 모델을 시뮬레이션하거나 모델이 공식화된 조건의 범위를 넘어 예측하는 데 사용할 수 있는 범위에 대한 신뢰도를 부여하는 것이다. 서론에서 언급했듯이 이는 모델의 핵심 목적인 시공간 범위를 확장하는 것이다. 이 부분에서 몇 가지 심각한 어려움에 직면하게 되며, 이로 인해 결정론적 수학 모델에 대해, 그리고 이러한 모델이 할 수 있는 것과 없는 것에 대해 매우 비판적으로 바라보게 된다.

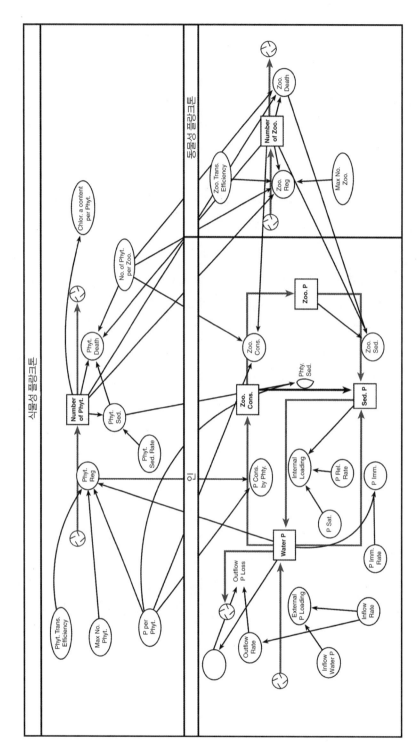

그림 23.5 영국 노폭주 바턴 브로드에 적용된 개념 모델 조류 생물(식물성 플랑크톤), 영양 성분(인), 조류 섭식 생물(동물성 플랑크톤)의 세 가지 주요 구성 요소가 있으며, 세 가지 주요 구성 요소 내부 및 구성 요소 간의 상호작용을 나타낸다. 예를 들어, 식물성 플랑크톤은 영양소 가용성에 따라 재생성되고 자연적으로 죽는다. 식물성 플랑크톤은 또한 동물성 플랑크톤의 먹이가 된다. 식물성 플랑크톤이 생성되고 죽고 섭식되면서 인은 자장별로 이동할 수 있는 다양한 구성 요소로 이동한다.

출처: Lau, 2000

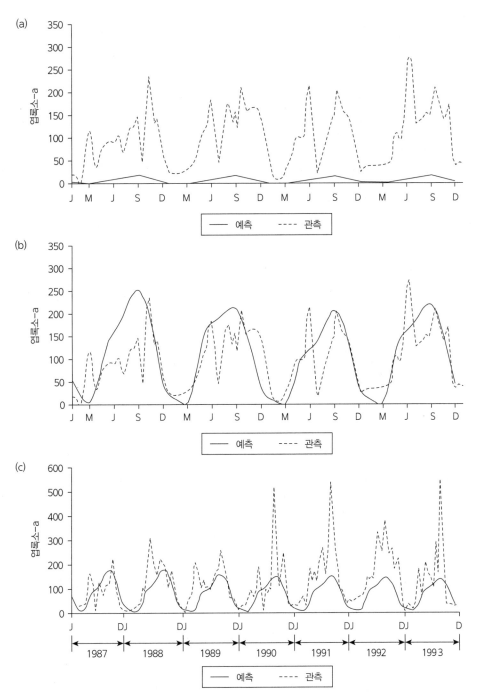

그림 23.6 영국 노퍽주 바턴 브로드의 엽록소-a 농도 예측 (a) 기본으로 설정된 예측, (b) 1983~1986년 데이터를 사용해 최적화된 예측, (c) 1987~1993년 데이터를 사용한 예측

출처: Lau, 2000

23.3 모델이 할 수 있는 것과 없는 것

위의 예들은 수치 모델을 개발하고자 하는 네 가지 기본적인 이유와 각각의 이유와 관련해 우리가 원하는 바를 모델이 제공해 주지 못하는 네 가지 이유를 보여 준다. 첫 번째는 전체 시스템을 이해할 필요성과 관련이 있다. 이는 시스템에서 작동할 것 같은 많은 잠재적인 과정이 존재하며, 과정들이 양의 피드백(변화를 증폭시키는 것)과 음의 피드백(변화를 느리게 하거나 심지어 멈추게 하는 것)을 통해 서로 연결되어 있으며, 과정들이 시공간에 걸쳐 작동한다는 생각과 관련이 있다. 그러한 시스템을 이해하기 위해 현장 또는 실험실 실험을 설계하는 것은 중요한 과제이다. 수치 모델은 전체 시스템 반응을 이해하기 위해 과정을 통합할 수 있는 기회를 제공한다. 여기에서 문제는 수치 모델이 '닫힘'의 대상이 된다는 점에서 현장이나 실험실 실험과는 다르다는 점이다. 모델에서는 무엇이 중요하고 중요하지 않은지에 대해 가정을 해야 한다. 예를 들어, 기후 모델은 지구 시스템의 핵심 구성 요소와 관련된 피드백을 포함하는 범위에 따라 변화한다(예: 식물 피드백). 또한 모델은 앞에서 언급한 바와 같이 포함된 과정을 단순화해야 할 수도 있다. 기후 모델의 예를 다시 들면, 구름이 대기의 에너지와 물 균형에 미치는 영향의 경우 구름의 물리적 현상의 공간 스케일이 일반적으로 모델이 작동하는 것보다 작기 때문에 이 과정을 단순화해야 한다. 그러므로 모델은 현실의 닫힌 재현이며 모델은 모델 제작자가 모델을 설정하는 방법(즉, 닫힘에 대한 정의)에 따라 달라진다. 즉, 모델 제작자가 자신이 모델링하고 있는 시스템을 인식하는 방식과 이를 바탕으로 개념 모델을 개발하는 방식에 따라 모델이 달라질 수 있다. 이는 현장 작업(예: 현장 선정과 측정 방법), 실험실 작업과 관련된 실험 설계(예: 통제된 실험 조건 정의)가 도출한 결과에 대해 부분적으로 영향을 주는 방식과 유사하다(Lane, 2001).

모델의 두 번째 중요한 역할은 민감도 분석(sensitivity analysis)을 통해 시스템을 이해하는 것과 관련이 있다. 모델이 실험실 실험과 같은 방법으로 사용될 수 있으며, 이를 '수치 실험'이라고 할 수 있다. 즉 다양한 구조, 과정 재현, 또는 매개변수 값을 가진 모델에서 도출된 모델 예측을 비교해 시스템에 가장 큰 영향을 미치는 과정과 매개변수를 파악한다. 이는 향후 추가 연구, 현장 작업, 또는 실험실 분석을 위해 시스템의 어떤 측면이 가장 중요한지 알려 준다. 거친 자갈 하상 위를 흐르는 3차원 수치 모델 예측의 경우 하상 거칠기 변화에 매우 둔감하지만, 하상 표면 구조에는 매우 민감하다(Lane et al., 2002; 그림 23.7). 하상의 거칠기는 하상에서 추진력 균형에 영향을 미친다. 하상 표면 구조는 추진력 균형과 질량 보존(즉, 흐름 폐색) 모두에 영향을 미친다. 하상 거칠기에 대한 민감도가 낮다는 것은 하상 표면 구조의 영향이 하상 거칠기 조건을 통해 적절하게 재현되지 않는다는 것을 보여 주며, 따라서 자갈 표면 위의 흐름 모델에서 하상의 표면 구조를 어떻게 재현할 것인지를 재고해야 한다. 이러한 유형의 민감도 분석 문제는 전체 시스템 문제와 유사하다. 결과가 좀 더 일반적인 의미로 받아들여질까? 아니면 결과는 모델이 개발되고 적용되었을 때 모델 특성의 산물일까? 불행히도 간단히 대답할 수 있는 질문은 아니다. 자갈 하상에서 하천 흐름 모델의 경우 난류 처리가 이러한 흐름에 적합하지 않은 것으로 알려져 있다. 난류는 하상에서 추진력 전달에 큰 영향을 미친다. 따라서 하상 표면 구조 물질과 관련된 폐색이 영향을 미친다는 결론은 유지되지만, 난류의 영향이 포함되지 않았기 때문에 어느 정도인지는 불확실할 수밖에 없다. 이는 수치 실험의 결과에서 실제로 나타나는 반응을 추론하는 데 주의를 기울여야 한다는 것을 의미한다.

모델의 세 번째 역할은 환경 관리자가 가장 관심을 두는 것 중 하나이다. 즉, 미래 혹은 신뢰할 수

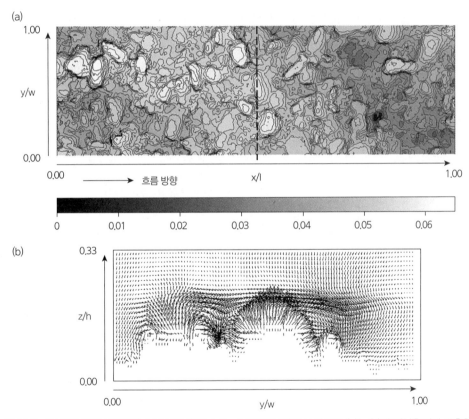

그림 23.7 거친 자갈 하상 표면에서 흐름 모델 예측 (a)는 수치고도모델을 보여 주고 (b)는 (a)의 점선을 따라 구축한 단면의 속도 벡터를 보여 준다(즉, 벡터는 속도의 흐름 및 수직 구성 요소). w는 폭, h는 깊이, l은 하도 길이이다. y는 단면에서 위치, x는 하류 방향 위치, z는 수직 위치이다.

출처: Lane et al., 2002

있는 측정이 불가능한 장소에 대한 시스템의 속성을 예측하는 것이다. 근본적인 이유로 기술(적절하게 검증된 수치 모델)을 사용해 실제로 문제가 발생하기 전에 일어날 수 있는 일에 대해 설명을 시도함으로써 도입부에서 언급했던 '꿀' 통과 헤파럼프 문제에서 벗어날 수 있다. 우리는 매일 이러한 종류의 모델링을 하며 살아간다. 예를 들어, 단기 기상 예측은 기상 시스템의 지역 단위 예측 모델에 기초한다. 홍수 경보 시스템은 일반적으로 하천 유량의 범위에 대해 물이 어디에 도달할 것으로 예상되는지를 알려 주는 예측 모델에 의해 작동하며, 특정 유량이 발생할 때 잠재적으로 영향을 받는 시스템의 속성에 대해 경고를 발령하는 데 사용될 수 있다. 여기에서 주요 쟁점은 모델 예측의 불확실성으로 인해 예측을 얼마나 신뢰할 수 있는가이다. 이러한 불확실성의 경우 7개의 유형으로 분류할 수 있다(표 23.1).

표 23.1을 살펴보면 자연지리학에서 모델을 하나의 전략으로 검토할 때 반드시 평가해야 하는 세 가지 핵심 이슈를 확인할 수 있다. 첫째, 불확실성을 모든 모델링 노력의 고유 특성으로 볼 수 있다. 좀 더 정교한 모델링 접근법이나 경계 조건 개선을 통해 불확실성을 줄이려는 시도는 솔깃할 것이

표 23.1 모델의 불확실성

불확실성 유형	설명
닫힘	닫힘 불확실성은 모델 개발 중에 특정 과정이 포함되거나 제외되었기 때문에 발생하는 불확실성과 관련이 있다. 이를 다루기 위한 일반적인 전략은 과정을 포함하고, 그 효과를 평가하고, 모델 예측에 작은 영향을 미칠 경우 이를 무시하거나 단순화하는 것이다. 이에 대한 문제로 다른 과정의 효과(즉, 시스템 상태)가 변화하면서 대상 과정의 효과가 함께 변할 수 있다. 따라서 대상 과정이 항상 중요하지 않다는 것을 확신할 수 없다. 닫힘 문제는 모델과 관련된 것이 아니라 모든 과학에서 나타나는 고유한 특성이다(Lane, 2001). 일반적으로 닫힘 불확실성은 모든 모델 적용에서 쉽게 발견할 수 있다. 닫힘에 대한 동일한 비판이 거의 모든 과학적 방법의 측면에서 동일하게 적용된다는 사실을 가끔 망각한다.
구조	구조적 불확실성은 구성 요소 간의 링크 측면에서 모델이 개념화되는 방식에서 나타나는 불확실성 때문에 발생한다. 좋은 사례는 구성 요소가 모델에서 능동 또는 수동 구성 요소인지의 여부이다. 예를 들어, 지구 기후 모델에서 해양은 대기 과정에 수동적으로 이바지한다고 가정할 수 있다. 해양은 열과 수분의 공급원으로 작용하지만, 자체적으로 대기 과정에 반응하지 않는다. 이러한 유형의 구조적 불확실성은 모델 적용 가능성에 대한 한계를 정의한다. 예를 들어, 해양은 비열 용량이 높아 대기 과정에 천천히 반응한다. 따라서 해양이 정상 상태에 있다고 가정할 때 시간적 스케일(예: 일별) 동안 모델이 적용된다면 열과 수분의 수동적 공급원으로 해양을 설정하는 것이 허용된다. 닫힘 불확실성과 마찬가지로 구조적 불확실성은 모델의 적용 가능성을 제한하고 모델 용도와 관련해 모델 평가의 중요성을 상기시킨다. 목적별 평가가 없다면 어떤 모델이든 구조적 불확실성으로 인해 비판받을 수 있다.
해	해의 불확실성은 대부분의 수치 모델이 지배 방정식의 정확한 해가 아니라 근사이기 때문에 발생한다. 일반적으로 수치 해에는 초기 추측, 이에 따른 모델 작동 및 후속 수정이 포함된다. 이는 이전에 수정된 추측에 대한 모델의 작동이 다음 추측으로 변화하지 않을 때까지 계속된다. 이 과정에서 일반적으로 감지하기 쉬운 일부 상황에서 심각한 수치 불안정성을 초래할 수 있다. 그러나 처리기의 실제 작동과 관련된 수치 확산과 같은 좀 더 미묘한 결과는 감지하기 어려울 수 있다. 모범 사례와 관련된 지침을 따르면 도움이 될 수 있다.

과정	과정 불확실성은 모델 내 과정을 재현하는 정확한 형태에 대한 지식이 부족한 경우 발생한다. 좋은 사례로 하천 흐름 모델에서의 난류 처리이다. 난류의 경우 큰 스케일의 흐름에서는 추진력을 얻고 작은 스케일에서는 추진력을 소실하기 때문에 흐름 과정에 중요한 영향을 미칠 수 있다. 대부분의 하천 모델은 해에서 난류를 평균하지만, 난류가 시간 평균 흐름 특성에 미치는 영향을 모델링해야 한다. 난류 모델은 단순한 것에서 매우 복잡한 것까지 다양하며, 다양한 난류를 처리하는 것이 모델에 어느 정도 적용 가능하다는 것을 보여 줄 수 있다. 따라서 모델의 구조적 측면과 마찬가지로 모델에서 과정을 재현하는 것은 모델이 사용되는 특정 적용 경우를 참고해 신중하게 평가할 필요가 있다.
매개변수	매개변수 불확실성은 과정을 재현하는 올바른 형태를 사용했지만 모델 내 관계를 정의하는 매개변수 값의 불확실성이 있을 때 발생한다. 측정과 관련해 매개변수의 의미가 좋지 않은 경우 특정 문제가 발생할 수 있다. 이는 두 가지 방식으로 발생할 수 있다. 첫째, 일부 매개변수는 단순한 현장 대체물이 없기 때문에 현장에서 측정하기가 어렵다. 둘째, 모델 최적화 중 매개변수로 특정 목적 함수를 최소화하는 값이 될 수 있지만, 이는 현장 측정을 기반으로 실제로 구득한 값과 다르다. 좋은 사례로 1차원 홍수 경로 모델을 위해 사용하는 하상 거칠기 매개변수가 있다. 지류 교차점에서 하천의 모양이나 하상 입자 크기에 의해 제안될 수 있는 것보다 훨씬 더 큰 값으로 하상 거칠기 매개변수를 크게 증가시켜야 하는 것이 일반적이다. 1차원 모델은 하상 거칠기 효과뿐만 아니라 마찰 방정식을 통해 2차원 및 3차원 흐름 과정과 난류를 재현하기 때문이다. 따라서 거칠기는 다른 과정의 효과를 재현하기 때문에 이를 베븐(Beven, 1989)은 '옳은 결과이지만 잘못된 이유'라고 언급했다.
초기화	초기화 불확실성은 모델이 작동하기 위해 필요한 초기 조건과 관련이 있다. 문제의 기하학적 구조(예: 모델이 구동할 때 필요한 하천 및 범람원 시스템의 형태) 또는 경계 조건(예: 부영양화 모델에서 호수로 영양분 유입)이 포함된다.
검증	위의 여섯 가지 불확실성을 감안할 때 모델이 정확하게 현실을 재현할 가능성은 낮으며, 합리적인 수준에서 평가가 필요하다. 그러나 검증 데이터 자체는 불확실성을 포함한다. 이는 단순히 가능성 있는 측정 오차 때문이 아니라 모델 예측의 특성(시공간 스케일, 예측된 매개변수)이 측정 특성과 다를 때도 발생한다. 일반적으로 인용되는 사례를 들면 사면 수문 모델에서 토양 수분 상태 예측을 검증하는 경우, 시공간에서 토양 수분 상태를 지점 단위로 측정한 데이터를 면적 단위로 합친 예측 결과를 검증한다. 이는 두 가지 의미에서 모델링에서 문제를 일으킨다. 첫째, 명백한 모델 오류로 검증 데이터 오차일 수 있다. 둘째, 검증 데이터를 모델 최적화를 위해 사용하는 경우(모델 최적화에 사용된 데이터를 검증에서 사용해서는 안 됨) 모델을 최적화하기 위해 사용했던 데이터가 부정확하기 때문에 불확실성이 모델 예측에 영향을 준다. 베븐(Beven, 1989)에 따르면 이것은 잘못된 이유로 잘못된 결과를 얻을 수 있음을 의미한다.

다. 그러나 윈(Wynne, 1992)이 과학의 역동성을 불확실성을 제거하기보다는 생성하는 것으로 정의했듯이, 연구에서 불확실성을 다루는 시도는 이를 제거하기보다 오히려 키우는 경향이 있다. 예를 들어, 레인과 리처즈(Lane and Richards, 1998)는 지류 교차점에서 하천 흐름에 대한 3차원 모델이 흐름 과정에 대한 2차 순환 효과를 적절히 재현하기 위해 필요하다고 주장한다. 이러한 목적을 위해 3차원 모델을 사용했던 레인과 리처즈(Lane and Richards, 2001)는 (1) 3차원의 각 지류의 유입 조건을 구체화하는 것의 어려움, (2) 수치 확산을 최소화하는 안정적인 수치 해를 제공하는 수치 망(mesh)을 설계하는 문제, (3) 3차원에서 거칠기를 처리하는 성능에 대한 불확실성, (4) 적절한 난류 모델을 찾는 문제와 같은 새롭게 중요시되는 불확실성을 보여 준다. 불확실성을 계속 생성하는 것은 이러한 종류의 모델링 과학을 계속 유지할 수 있도록 해 준다. 그러나 예측이나 과정을 이해하기 위

해 모델을 실용화해야 할 때 수치 모델이 계산에 전문화된 수정 구슬(crystal ball)에 불과한지 아닌지에 대한 분명한 의문이 제기된다.

둘째, 표 23.1은 모델이 실제로 적용될 때 불확실성을 모델 예측과 함께 언급하는 것이 중요하다는 점을 강조한다. 이는 모델 예측에 대한 잘못된 믿음을 피하기 위해 필요하며 다음과 같은 방법이 요구된다. (1) 불확실성이 무엇인지 결정하기, (2) 모델 제작자 자신뿐만 아니라 모델의 예측 사용자에게 의미가 있는 방식으로 불확실성 재현하기, (3) 불확실성에 대한 의사소통(Stephens et al., 2012), (4) 모델 예측의 불확실성과 예측의 불확실성을 결정하는 불확실성을 모두 수용하도록 모델 예측을 사용하는 사람들을 설득하기(Lemos and Rood, 2010). 이에 대해 언급하기 전에 윈(Wynne, 1992)이 도입한 다양한 유형의 불확실성에 대한 네 가지 분류를 기억하는 것이 좋다. 윈은 모든 불확실성은 (a) 위험 또는 정량화할 수 있는 불확실성, (b) 정량화할 수 없는 불확실성, (c) 현재 무시하고 있지만 향후 경험이나 조사를 통해 알아낼 수 있는 불확실성, (d) 불확정성(indeterminacy) 또는 발생하기 전까지는 어떤 조사로도 결정할 수 없는 불확실성 중 하나에 해당할 수 있다고 주장했다. 대체로 불확실성에 대한 결정은 위험 또는 정량화할 수 있는 불확실성에 대한 결정과 그러한 불확실성의 재현에 관한 것이다. 하지만 불확실성은 서로 전달될 수 있기 때문에 정량화할 수 없는 불확실성(b)이나 무시하고 있는 불확실성(c), 불확정성(d)도 포함하는 것이 중요하다. 예를 들어, 범람원에서 침수 패턴의 불확실성을 추정하는 것을 고려해 보자. 민감도 분석은 모델 예측에 불확실성이 미치는 영향을 평가함으로써 불확실성 분석으로 확장될 수 있다(표 23.1). 빈리 외(Binley et al., 1991)가 증명했듯이 이를 위한 정형적인 방법이 필요하다(일반최소제곱 불확실성 추정, General Least-Square Uncertainty Estimation: GLUE). 이는 일반적으로 불확실한 매개변수가 많아 간단한 작업이 아니다. 그럼에도 불구하고 불확실성의 폭은 다양한 재현 기간(return period)에서 발생하는 사건에 대한 범람원 침수 확률의 형태로 결정된다(Romanowicz et al., 1996). 이는 불확실성에 대한 부분적인 설명을 제공한다. 홍수 침수에 대한 실제 예측은 우선 정량화할 수 없는 불확실성의 영향을 받는다. 예를 들어, 사전 습도 조건과 강우 패턴의 조합에 의해 발생 가능한 유출을 결정하는 어려움이 있고, 유역이 포화될 때만 극단적인 홍수 사건이 발생한다는 잘못된 모델의 가정과 같은 무지에 따른 불확실성도 있다. 그리고 배수로 유지 관리 및 보수와 같은 홍수 관리 측면처럼 사건이 발생하기 전에 어떠한 현실적인 방법으로도 결정할 수 없는 불확정성도 홍수 침수에 대한 예측에 영향을 준다. 불행히도 이러한 불확실성과 소통하고, 그것을 환경 관리를 위한 과학의 정상적인 측면으로 받아들이는 것에 익숙하지 않다. 후자는 불확실성을 연속적인 확률 척도로 측정하는 반면, 범람원 관리와 관련 의사결정은 조치를 취하거나(예: 범람원 제방 개선, 홍수 보호 보험 허용 안 함) 또는 조치를 취하지 않는(예: 범람원 제방 개선 안 함, 홍수 보호 보험 허용) 이산적(discrete) 척도로 이루어져야 한다는 문제로 인해 더욱 복잡해진다.

셋째, 모델 예측에 대해 궁극적인 의사결정자이고 모델 예측의 불가피한 오차가 실제 일상적 영향으로 나타날 수 있는 사람에게 민감할 필요가 있다. 가장 좋은 예시로 잉글랜드와 웨일스 환경청의 온라인 홍수 지도가 있는데, 이는 누구나 접근할 수 있으며 영국 지리원(Ordnance Survey) 지도와 중첩되어 있어 자신이 범람원 안에 살고 있는지를 누구든 확인할 수 있다. 그러나 이 지도는 모델링 과정과 모델에서 복잡한 방법으로 홍수가 재현되는 방식과 연관되어 있다. 모델은 1차원 및 2차원 모델을 사용해 홍수 범람을 예측하기 위한 표준 방법론을 따른다. 특정 홍수 사건에 대한 범람을 평가, 예측, 모델링하는 분할표(표 23.2)를 사용해 모델을 일반적으로 평가한다. 표 23.2에서 *로 표시된 대각선 셀이 100%가 되기를 희망한다. 이는 절대 일어나지 않으며 70~80%는 일반적으로 허용된다. 따라서 허용 가능한 모델이더라도 실제로 모델 내 잘못된 위치가 있을 수 있다. 하지만 모델의 특정한 위치들은 대개 의사결정에 사용되고 있다. 예를 들어, 잠재적 구매자를 찾고 있는 사무 변호사는 특정 부동산이 범람원 내에 있는지 여부를 보고하며, 보험 회사들은 홍수 위험 가능성을 반영해 보험료를 변경할 수 있다. 따라서 모델이 잘못되었다고 알려진 개별 자산 규모에서 모델 예측은 해당 자산의 가치와 그 자산에 거주하는 사람들에게 중대한 영향을 미칠 수 있다. 또한 모델 예측은 실제로 특정 재현 기간 동안 제방이 있거나 없는 곳에서 침수될 영역을 나타낸다. 이는 침수될 가능성이 있는 곳과는 다르다.

이러한 이슈들로 인해 홍수 지도가 만들어졌고, 따라서 이를 뒷받침하는 모델들이 점점 경쟁을 벌이게 되었다(Porter and Demeritt, 2012). 이러한 경쟁은 다음 두 가지 측면으로부터 영향을 받았다. 먼저 온라인 방법론을 사용하고 정보의 자유가 증가하는 시대에서 공간 콘텐츠가 있는 모델 예측이 쉽게 확산될 수 있었고, 사회적으로 전문가와 전문 지식 모두에 대한 불신이 커져 있었다. 전통적으로 모델링 과정에서 배제되었던 전문 지식을 가진 사람들에게 모델 예측 및 모델 자체에 대해 질문하고 조사할 수 있는 수단을 제공하면서, 모델 불확실성은 점차 재료의 형태를 취하기 시작했다. 이러한 모델 예측의 외부화는 점점 더 다양한 종류의 정밀 조사를 가능하게 하고 있으며, 어려운 결정을 내리는 과정의 일부로 모델을 사용하는 방식을 변화시킬 것이다(Lane, 2014).

표 23.2 홍수 위험 평가를 위한 분할표

	홍수 예측	미홍수 예측
홍수 관측	43%*	12%
미홍수 관측	13%	32%*

모델링의 마지막 역할은 환경적 행위에 대해 '만약'이라고 질문할 수 있는 시뮬레이션이다. 많은 의미에서 이는 앞에서 언급했던 수치 모델을 사용하는 세 가지 이유를 결합하는 것이다. 즉, 환경 관리를 개선하기 위해 전체 시스템의 재현을 사용하고(이유 1), 시스템의 매개변수를 변경하고(민감도 분석, 이유 2), 예측한다(이유 3). 시뮬레이션의 필요성은 서론에서 이미 강조했다. 즉, 오차를 내포하는 시스템에서 명확히 확인할 수 있는 관찰된 증거를 기다린다는 것은 어떤 조치 행위가 명확하게 정당화되기 전까지 상당한 손해가 발생할 수 있다는 것을 의미하기 때문이다. 이러한 필요성은 환경 정책 개발 및 의사결정을 위해 모델을 사용해야 하는 가장 강력한 이유 중 하나임에도 불구하고, 모델로부터의 증거가 주요 정책 변화로 이어지는 것이 여전히 매우 어렵다는 것을 경험적으로 보여 주는 사례들이 있다(Weaver et al., 2013).

23.4 결론

하레(Harré, 1981)는 과학적 조사란 (1) 방법적 조사의 형식적 측면, (2) 이론의 내용에 대한 발전, (3) 기술 발전을 이끌어 줄 수 있다고 언급했다. 표 23.3은 모델이 할 수 있는 것과 없는 것을 보여 주기 위해 과학적 조사의 역할을 수치 모델에 적용한 것이다. 실제로 이러한 분류는 모호한 것으로 여겨지며, 이 표는 논의의 기초 자료로써 아마도 튜토리얼로 포함될 것이다. 예를 들어, 표 23.3의 A1에 따라 모델은 자연적으로 발생하는 과정의 특성을 탐구하기 위해 사용될 수 있지만, 이를 수행할 수 있는 정도는 모델에 부여하는 신뢰도에 따라 달라지며 앞서 언급한 바와 같이 모델의 결과가 제안할 수 있는 '자연적' 특성에는 항상 불확실성이 있다. 마찬가지로 무위 결과(null result)가 구축한 모델 때문인지 아니면 모델이 재현하고자 하는 시스템의 실제 특성 때문인지 알 수 없기 때문에 모델은 부정적인 결과(A6)를 제공하는 데 사용되지 않을 수 있다. 그러나 모델은 뒷받침할 증거를 더 찾기 위해 다른 곳을 살펴보도록 무위 결과를 나타낼 수 있다. A1과 A6에 대한 논의는 모델 사용의 핵심 주제를 강조한다. 모델의 효과성은 현장 및 실험실 방식을 포함해 광범위한 방법에 관여하는 모델 제작자의 능력에 크게 좌우된다. 여기에서 다시 곰돌이 푸가 핵심적인 사항들을 알려 줄 수 있다. 홍수가 발생하는 동안 곰돌이 푸는 병 속에서 '메시지'를 발견한다. 곰돌이 푸는 글을 읽을 수 없어서 올빼미에게 가야 한다. 물로 둘러싸인 채 푸는 고전적인 추리(예: 모델)를 사용한다. 예컨대, 만약 병 속의 '메시지'가 떠오를 수 있다면, '꿀 항아리'에 있는 곰도 떠오를 수 있다고 말이다. 이러한 모델 뼈대를 가지고 곰돌이 푸는 항아리에서 안정적인 위치를 찾을 때까지 위치를 바꾸면서 자신의 모델을 개발한다. 여기에서 우리는 곰돌이 푸가 자신의 모델을 올바르게 만드는 과정에서 모델 개발과 경험적 관찰 사이의 중요한 반복을 하고 있음을 확인할 수 있다. 푸는 이제 최적화된 모델을 가지고 있으며, 성공적으로 떠서 올빼미에게 갈 수 있음을 검증한다. 마지막으로 푸는 크리스토퍼 로빈과 함께 거꾸로 된 우산을 쓰고 피글렛을 구하러 가는 것으로, 자신의 모델이 전이 가능하다는 것을 증명한다. 이는 모델의 개발이 그리 크지 않아도 되고, 시간이 지남에 따라 과학의 발전에서 기술의 실용적인 부분으로 모델이 대개 전환되는 것을 보여 준다. 불행히도 곰돌이 푸는 과학의 작품인 모델이 언제 실용적인 기술 작품으로 될 수 있을지에 대한 지침을 주지는 않는다. 모델 제작자로서 하는 일들에 대한 철학적 측면과 방법론적 측면에 대해 아무리 토론하더라도, 모델의 신뢰성이 더 이상 학자

표 23.3 모델이 할 수 있는 것과 없는 것

방법의 형식적 측면으로서 모델	수치 모델이 도움이 될까?
A1 자연 발생 과정의 특성을 탐색하는 방법	☑ 수치 시뮬레이션의 전형적인 역할: '만약?'이라는 질문 던지기
A2 경쟁 가설 중에서 결정	☑ 모델을 사용해 경쟁 가설들을 평가하는 민감도 분석의 하나로 사용하기
A3 법칙의 형태를 귀납적으로 찾는 것	☒ 일반적으로 모델이 작동하려면 법칙이 필요하므로 모델 예측에서 법칙을 생성하는 것은 순환 논증의 위험을 초래함 (그러나 법칙이란 무엇인가?)
A4 다른 방법이 없어 연구할 수 없는 과정을 시뮬레이션하기 위한 모델	☑ 모델의 중요한 기능이자, 가장 강력하지만 가장 문제가 많은 부분(모델의 결과는 현실을 반영하고 있는가, 아니면 모델의 설정된 방식을 반영한 것인가?)
A5 우연적인 사건 연구	☑ 발생할 수 있는 우연적인 사건에 대한 자세한 이해(예: 댐의 붕괴가 있을 경우 어떻게 해야 하는가?)
A6 부정적 결과 혹은 무위 결과 제공	☒ 모델의 주요 문제: 부정적 결과 혹은 무위 결과가 시스템의 실제 속성인가? 아니면 단순히 모델을 사용했기 때문인가?
이론의 내용을 발전시키기 위한 모델	
B1 알려진 효과의 숨겨진 메커니즘 찾기	☒ 숨겨진 것이 모델에 포함되어 있지 않으면 찾을 수 없음
B2 존재 증거 제공	☑ 모델은 다른 방법을 사용해 관찰된 것에 대한 확증을 제공할 수 있음
B3 명백히 단순한 현상의 분해	☒ 불가능
B4 분명한 다양성 내 근본적인 통합 입증	☑ 일반적인 패턴 확인하기
기술 발전	
C1 조작의 정확성과 주의 사항 발전	☒ 불가능
C2 장비의 성능과 기능성 입증	☒ 불가능

출처: After Harré, 1981

나 정책 입안자만의 영역이 아니라는 사실은 피할 수 없다.

일반적으로 모델에 기대하는 역할과 관련해 보다 큰 그림이 있다. 과거에 대해 집단적으로 이해하는 바는 과거란 피하고 싶은 놀라움과 일들로 가득 차 있다는 것이다. 모델은 미래를 예측 가능하게 만드는 수단이 되고, 예측 가능한 미래는 피할 수 있고, 그래서 통제할 수 있다. 그렇다면 우리가 인식하지 못하는 방식으로 모델이 일상생활에 점점 더 스며들고 있다는 것은 그리 놀랄 일이 아니다. 그러나 모델에 대한 너무 많은 의존이 나타나는 경우가 있는데, 이는 모델이 사람들을 동요시키거나 약화시키거나 단순히 우리가 희망하는 안전하고 예측 가능한 미래를 제공하지 못할 때이다. 그러한 경우 모델은 정밀하게 검토되어야 하고, 미래에 대한 이해에 내재된 불확실성을 받아들이기 위해 노력하면서 모델의 일부를 구성하는 지식 원리와 실천도 검토해야 한다. 이는 21세기 모델 제작자에게 있어 매우 흥미로운 부분으로 지리학 연구의 특징인 학제 간 작업을 점점 더 필요로 하는 과학적 노력의 한 분야라 할 수 있다.

| 요약

- 자연지리학자는 연구하고자 하는 것과 시공간적으로 '멀리' 있는 상황을 해결하기 위해 수치 모델을 사용한다. 즉, 과거에 발생한 사건(예: 고기후의 복원), 미래에 발생할 수 있는 상황(예: 미래 홍수 사건과 관련된 침수 패턴), 현재 사건들이 일어났지만 다른 방법으로 측정하거나 연구할 수는 없는 경우이다.
- 모델링하는 시스템의 개념 모델이 없이는 경험 또는 물리 기반 수치 모델을 개발하는 것이 불가능하다. 개념 모델은 시스템의 구성 요소들 사이에서 나타나는 상호작용에 대한 설명을 포함한다.
- 환경을 모델링하는 방식은 피드백을 적절히 통합할 수 있도록 세심한 검토가 필요하다.
- 경험적 접근법은 개발된 관계의 형태를 정당화하는 개념 모델을 가지고 있는 한 물리적 근거를 갖는다. 물리 기반 수치 모델들은 개념 모델을 사용함으로써 물리적, 화학적, 생물학적 기본 원리들 사이의 연결 관계를 정의하기 위한 추가적인 단계를 진행한다. 그리고 이는 컴퓨터 코드를 사용해 수학적으로 재현된다.
- 모델 평가에는 확인과 검증의 두 가지 중요한 단계가 있다. 확인은 모델이 방정식을 정확하게 풀고 있는지 확인하는 과정이고, 검증은 모델을 현실과 비교하는 과정이다.
- 모델링은 환경 시스템의 작동을 이해하는 데 중요한 역할을 한다. 이것은 오랜 시간에 걸쳐 다양한 과정을 통합하는 모델, 민감도 실험을 수행하는 모델, 결과를 예측하는 모델, 그리고 '만약'이라는 유형의 질문을 하는 시뮬레이션을 통해 달성된다.
- 모델과 모델링 과정은 과학 연구의 많은 기본적 측면들을 보여 준다. 과학적 모델에서 환경 관리를 위해 사용 가능한 기술로 전환하려면 사례연구 간 전이가 가능해야 하고, 정량적 판단뿐만 아니라 질적 판단이 필요하다.
- 모델은 점점 더 정밀한 조사의 대상이 되고 있으며, 이는 모델을 의사결정에 사용하는 방식을 변화시키고 있다.

심화 읽기자료

- 베븐(Beven, 1989)은 수치 모델과 관련해 비판적 사고에 대한 매우 유용한 문헌이다. 수치 모델의 기능에 관한 새로운 패러다임에 도전하고, 수문학에서 모델링의 역할을 평가하기 위한 중요한 틀을 제공하는 일련의 아이디어들을 주로 소개하고 있지만, 환경 시스템의 모델링에 대한 의미도 함께 제공한다.
- 베븐의 논문처럼 앤더슨과 베이츠(Anderson and Bates, 2001)는 수문학 중심이지만 수치 모델링과 관련해 매우 광범위한 이론적, 방법론적 관점을 함께 소개한다.
- 커크비 외(Kirkby et al., 1992)는 자연지리학에서 수치 모델링에 대한 좋은 일반 개론서이다. 특히 모델링이 수행되는 방식에 강점이 있고, 모델 구축의 원리를 설명하기 위해 코딩할 수 있는 몇 가지 쉽고 유용한 모델의 예를 소개한다.
- 베븐(Beven, 2000)은 일반적인 수문학 모델에 관한 책이며, 수문학에 특화된 다양한 소재를 소개하면서 일반적으로 환경 모델링에 관한 가장 좋은 책이다. 마찬가지로 허깃(Huggett, 1993)은 환경 분야 전반에 걸친 개념 모델링과 다양한 모델링 기법을 사용해 개념 모델을 적용하는 방법을 소개한다.
- 제이크먼 외(Jakeman et al., 1993)는 다양한 공간 스케일에서, 특히 지구적 스케일에서 모델링을 이해하는 데 유용하다.

* 심화 읽기자료에 대한 상세 정보는 아래 참고문헌에서 확인할 수 있음.

참고문헌

Anderson, M.G. and Bates, P.D. (eds) (2001) *Model Validation: Perspectives in Hydrological Science.* Chichester: John Wiley & Sons.

Beven, K.J. (1989) 'Changing ideas in hydrology: The case of physically-based models', *Journal of Hydrology*, 105: 157-72.

Beven, K.J. (2000) *Rainfall-runoff Modelling: The Primer.* Chichester: Wiley.

Binley, A.M., Beven, K.J., Calver, A. and Watts, L.G. (1991) 'Changing responses in hydrology: Assessing the uncertainty in physically-based model predictions', *Water Resources Research*, 27: 1253-61.

Broecker, W.S. and Denton, G.H. (1990) 'What drives glacial cycles?', *Scientific American*, 262: 42-50.

Cameron, D., Kneale, P. and See, L. (2002) 'An evaluation of a traditional and a neural net modelling approach to flood forecasting for an upland catchment', *Hydrological Processes*, 16: 1033-46.

Colinvaux, P.A., De Oliveira, P.E. and Bush, M.B. (2000) 'Amazonian and neotropical plant communities on glacial time-scales: The failure of the aridity and refuge hypotheses', *Quaternary Science Reviews*, 19: 141-69.

Cullen, P. and Forgsberg, C. (1988) 'Experiences with reducing point sources of phosphorous to lakes', *Hydrobiologia*, 170: 321-36.

Farman, J.C., Gardiner, B.G. and Shanklin, J.D. (1985) 'Large losses of total ozone in Antarctica reveal seasonal CLOx/Nox interaction', *Nature*, 315: 207-10.

Harré, R. (1981) *Great Scientific Experiments: Twenty Experiments that Changed Our View of the World.* London: Phaidon Press Limited.

Houghton, J.T., Jenkins, G.J. and Ephramus, J.J. (1990) (eds) *Climate Change: The IPCC Scientific Assessment.* Cambridge: Cambridge University Press.

Huggett, R.J. (1993) *Modelling the Human Impact on Nature.* Oxford: Oxford University Press.

Imbrie, J. and Imbrie, K.P. (1979) *Ice Ages: Solving the Mystery.* London: Macmillan.

Jakeman, A.J., Beck, M.B. and McAleer, M.J. (1993) *Modelling Change in Environmental Systems.* Chichester: John Wiley & Sons.

Kilinc, S. and Moss, B. (2002) 'Whitemere, a lake that defies some conventions about nutrients', *Freshwater Biology,* 47: 207-18.

Kirkby, M.J., Naden, P.S., Burt, T.P. and Butcher, D.P. (1992) *Computer Simulation in Physical Geography.* Chichester: John Wiley & Sons.

Lane, S.N. (2001) 'Constructive comments on D. Massey Space-time, "science" and the relationship between physical geography and human geography,' *Transactions of the Institute of British Geographers,* NS26: 243-56.

Lane, S.N. (2003) 'Environmental modelling', Chapter 12 in A. Rogers and H. Viles (eds) *The Student's Companion to Geography.* Oxford: Blackwell.

Lane, S.N. (2012) 'Making mathematical models perform in geographical space(s)', in J. Agnew and D. Livingstone (eds) *Handbook of Geographical Knowledge.* London: Sage, pp.228-46.

Lane, S.N. (2014) 'Acting, predicting and intervening in a socio-hydrological world', *Hydrology and Earth System Sciences,* 18: 927-52.

Lane, S.N. and Richards, K.S. (1998) 'Two-dimensional modelling of flow processes in a multi-thread channel', *Hydrological Processes,* 12: 1279-98.

Lane, S.N. and Richards, K.S. (2001) 'The "validation" of hydrodynamic models: Some critical perspectives', in P.D. Bates and M.G. Anderson (eds) *Model Validation: Perspectives in Hydrological Science.* Chichester: John Wiley & Sons. pp.413-38.

Lane, S.N., Hardy, R.J., Elliott, L. and Ingham, D.B. (2002) 'High resolution numerical modelling of three-dimensional flows over complex river bed topography', *Hydrological Processes,* 16: 2261-72.

Lau, S.S.S. (2000) 'Statistical and dynamical systems investigation of eutrophication processes in shallow lake ecosystems', PhD thesis, University of Cambridge.

Lau, S.S.S. and Lane, S.N. (2002) 'Biological and chemical factors influencing shallow lake eutrophication: A long-term study', *Science of the Total Environment,* 288: 167-81.

Lemos, M.C. and Rood, R.B. (2010) 'Climate projections and their impact on policy and practice', *WIREs Climate Change,* 1: 670-82. doi: 10.1002/wcc.71

Licznar, P. and Nearing M.A. (2003) 'Artificial neural networks of soil erosion and runoff prediction at the plot scale', *Catena,* 51: 89-114.

Michaels, P.J. (1992) *Sound and Fury: The Science and Politics of Global Warming.* Washington, DC: Cato Institute.

Molina, M.J. and Rowland, F.S. (1974) 'Stratospheric sink for chlorofluoromethanes: Chlorine atom-catalysed destruction of ozone', *Nature,* 249: 810-2.

Odoni, N. and Lane, S.N. (2010) 'Knowledge-theoretic models in hydrology', *Progress in Physical Geography,*

34: 151-71.

Odoni, N. and Lane, S.N. (2012) 'The significance of models in Geomorphology: From concepts to experiments', in K.J. Gregory and A.S. Goudie (eds) *Handbook of Geomorphological Knowledge*. London: Sage. pp. 154-74.

Oreskes, N., Shrader-Frechette, K. and Belitz, K. (1994), 'Verification, validation, and confirmation of numerical models in the Earth Sciences', *Science*, 263: 641-6.

Pentecost, A. (1999) *Analysing Environmental Data*. Harlow: Longman.

Porter, J. and Demeritt, D. (2012) 'Flood-risk management, mapping, and planning: The institutional politics of decision support in England', *Environment and Planning A*, 44: 2359-78

Romanowicz, R., Bevan, K.J. and Tawn, J. (1996) 'Bayesian calibration of flood inundation models', in M.G. Anderson, D.E. Walling and P.D. Bates (eds) *Floodplain Processes*. Chichester: John Wiley & Sons. pp.333-60.

Schindler, D.W. (1977) 'Evolution of phosphorous limitation in lakes', *Science*, 195: 260-2.

Schumm, S.A. and Lichty, R.W. (1965) 'Time, space and causality in geomorphology', *American Journal of Science*, 263: 110-19.

Spaulding, W.G. (1991) 'Pluvial climatic episodes in North America and North Africa - types and correlations with global climate', *Palaeogeography, Palaeoclimatology and Palaeoecology*, 84: 217-27.

Stephens, E.M., Edwards, T. L. and Demeritt, D. (2012) 'Communicating probabilistic information from climate model ensembles - lessons from numerical weather prediction', *WIREs Climate Change*, 3: 409-26. doi: 10.1002/wcc.187

Tarras-Wahlberg, N.H. and Lane, S.N. (2003) 'Suspended sediment yield and metal contamination in a river catchment affected by El Niño events and gold mining activities: The Puyango river basin, southern Ecuador', *Hydrological Processes*, 17: 3101-23.

Taylor, J.R. (1997) *An Introduction to Error Analysis: The Study of Uncertainties in Physical Measurements* (2nd edition). Sausalito, CA: University Science Books.

Weaver, C.P., Lempert, R. J., Brown, C., Hall, J.A., Revell, D. and Sarewitz, D. (2013) 'Improving the contribution of climate model information to decision making: The value and demands of robust decision frameworks', *WIREs Climate Change*, 4: 39-60. doi: 10.1002/wcc.202

Wynne, B. (1992) 'Uncertainty and environmental learning: Reconceiving science and policy in the preventive paradigm', *Global Environmental Change*, 2: 111-27.

공식 웹사이트

이 책의 공식 웹사이트(study.sagepub.com/keymethods3e)에서 이 장과 관련한 비디오, 연습, 자료 및 링크들을 확인할 수 있으며, 부가적으로 다음 논문들도 무료로 이용할 수 있음.

1. Peel, M.C. and Bloschl, G. (2011) 'Hydrological modelling in a changing world', *Progress in Physical Geography*, 35: 249-61.

– 이 논문은 미래를 예측하기 위해 모델을 적용할 때의 어려움과 이를 위해 모델링 방법을 어떻게 변형해야 하는지를 설명한다.

2. Hessl, A.E. (2011) 'Pathways for climate change effects on fire: Models, data, and uncertainties', *Progress in Physical Geography*, 35 (3): 393-407.
– 이 논문은 산불이라는 특정 문제를 알리기 위해 수치 모델을 어떻게 사용할 수 있는지에 대한 사례연구를 제공한다.

3. Odoni, N.A. and Lane, S.N. (2010) 'Knowledge-theoretic models in hydrology', *Progress in Physical Geography*, 34 (2): 151-71.
– 이 논문은 모델과 데이터/관찰의 관계를 고찰하고, 모델링으로 생성되는 지리학적 지식의 상황을 보여 준다.

24

시뮬레이션과 복잡성 감소 모델

개요

시뮬레이션 모델링 과정에는 시스템의 개념화, 데이터 수집, 모델 구성, 평가 및 모델 사용이 반복되며, 모델 제작자는 꾸준히 이를 반영해야 한다. 모델링 과정의 결과물인 시뮬레이션 모델은 이론과 데이터를 결합해 과정, 상호작용 및 피드백을 동적으로 재현하기 위한 현실의 재현이다. 예를 들어, 공간 시뮬레이션 모델을 통해 공간 패턴과 과정 간의 피드백을 조사할 수 있다. 컴퓨터의 발전으로 지리적 시스템을 조사할 수 있는 단순한 시뮬레이션 모델을 비교적 빠르게 구축할 수 있는 다양한 모델링 환경과 프로그래밍 언어/라이브러리를 사용할 수 있다. 이 장에서 접근하기 쉬운 도구를 사용하는 방법에 대한 예제를 볼 수 있으며, 복잡성 감소 모델 및 행위자 기반 모델을 중심으로 지리학자를 위한 시뮬레이션 모델링을 소개하고자 한다. 모델에서 재현하는 핵심 과정을 개념화하는 것의 중요성과 방정식 또는 규칙을 통해 코드로 개념화된 것을 어떻게 운용해야 하는지에 대한 세심한 고려 사항 또한 논의한다.

이 장의 구성

- 서론: 지리적 세계의 개념화
- 자연지리학에서 복잡성 감소 모델
- 패턴–과정 피드백 시뮬레이션
- 시뮬레이션 모델 개발

24.1 서론: 지리적 세계의 개념화

지리적 세계를 이해하려고 노력할 때 보통 실험할 수 있는 세계를 단순하게 재현하려고 한다. 이러한 재현(representation)을 모델이라 부르며, 우리의 뇌에 있는 개념 모델들도 해당된다. 이는 주변에서 일어나고 있는 일들의 모든 세부 사항을 정확히 관찰하고 이해할 필요 없이 세상을 헤쳐 나갈 수 있게 해 준다. 예를 들어, 변화한 도시 거리를 걷고 있다고 상상해 보자. 사람이 이동하고 상호작용하는 방식을 이해하고, 다른 사람의 움직임에 대한 이전 관찰을 기반으로 특정 거리에 있는 사람들의 이동 속도와 위치를 관찰한 것들을 결합하면, 군중의 역동성을 예측하고 충돌을 피하는 데 도움이 된다. 비슷한 방법으로 좀 더 형식적이고 단순하게 세계를 재현하면 인간의 감각과 인지 능력으로 이해하고 관찰하기 어려운 지리적 스케일에서 물리 시스템의 역동성을 이해하고 예측하는 데 도움이 될 수 있다. 예를 들어, 컴퓨터 시뮬레이션 모델링에서 수백 년 이상 경관에서 일어나는 침식 및 퇴적과 같은 목표 현상을 개념화한 것은 컴퓨터 코드에서 구체화되며, 이때 이 코드가 컴퓨터에서 실행되어(즉, 시뮬레이션) 개념화의 논리적 결과를 평가할 수 있는 출력물을 생산한다. 거리를 걷고 있는 사람의 뇌를 살펴보면, 움직임에 대한 개념 모델(예: 걷는 사람은 수직이 아닌 수평면에서 약 시속 5km로 이동함)과 개별 사람들을 관찰한 것을 결합해 군중들의 역동성을 예측한다. 반면 경관 진화를 시뮬레이션할 때 침식과 퇴적에 대한 수학 모델과 특정 경관에 대한 입력 데이터를 함께 결합해 경관 역동성을 예측한다. 각각 재현하는 과정의 스케일 차이(거리를 걷는 몇 초와 몇 분, 경관 모델에서 수년 및 수십년)를 넘어, 정신 모델을 사용하는 두뇌와 정형적 모델을 시뮬레이션하면서 컴퓨터의 주요한 차이점은 컴퓨터를 사용해 동일한 시스템에서 여러 사례를 시뮬레이션하면서 서로 다른 입력 데이터와 기타 변동들이 어떻게 다양한 결과를 생성하는지를 탐색할 수 있다는 점이다. 현실 세계에서는 역사상 어느 시점에 특정 거리를 걸을 수 있는 단 한 번의 기회를 얻지만, 컴퓨터 시뮬레이션에서는 거리의 보행자를 재현할 수 있다(Torrens, 2012). 예를 들어, 다양한 초기 조건(예: 다른 장소에서 출발하거나 다른 속도로 움직이는 사람들)이 어떻게 보행자의 흐름을 다르게 만드는지 탐색할 수 있다. 이와 유사하게 경관 진화 컴퓨터 시뮬레이션 모델로 초기 경관 조건에 따라 어떻게 다양한 패턴과 변화 궤적이 나타나는지 평가할 기회를 얻을 수 있다(Wainwright, 2008). 시뮬레이션 모델을 사용해 '만약?'이라는 질문에 답하기 위해 초기 조건에만 국한하지 않고 과정을 다양하게 재현해 조사할 수도 있다(예: 일부 보행자가 다른 보행자와 부딪히기를 원한다면? 다양한 식물 종이 퇴적물이 쌓이는 것에 어떻게 영향을 주는가?). 반복적인 사용과 실험, 반영을 통해 시뮬레이션 모델링은 재현되는 세계를 잘 이해할 수 있도록 도와준다.

컴퓨터 시뮬레이션 모델과 모델링은 이 책의 다른 장에서 논의된 모델 및 모델링과는 다르다. 정량적 통계 모델(19장 및 28장 참조)은 측정된 변수 사이의 관계를 가정한 후 그러한 관계를 설명하기 위해 매개변수를 추정한다. 따라서 통계 모델은 관측된 결과의 관계를 정량화할 수 있지만, 데이터에 주로 의존하기 때문에 변화의 역동성을 재현하지 못한다. 이와 대조적으로 분석 모델(analytic model)은 주로 이론에 의해 작동하며 수학 방정식이나 공식(예: 미분 방정식)을 통해 시스템 역동성 및 변화를 재현한다. 비록 이러한 모델들이 공식에 기초해 정확한 해를 제공하지만(따라서 기초 이론과 명확하게 연결됨), 공식(따라서 재현된 이론)은 수학적인 가능성에 의해 주로 제한되기 때문에 역동성에 미치는 영향을 원하는 만큼 재현하지 못할 수 있다. 디지털 컴퓨터의 출현과 처리 능력의 성장으로 이제 이러한 손과 두뇌의 힘만으로 실행될 수 있는 두 가지 오래된 접근 방식에 대한 대안이 있다. 컴퓨터 시뮬레이션 모델로 세계를 재현하기 위해 통계적 관계나 수학 공식을 사용할 수 있지만 덜 제한적인 가정에 기초한 방법도 사용할 수 있다. 예를 들어, 분석 및 통계 모델은 시스템 요소(사람, 동물, 모래 알갱이 등)를 결합하고, 개체가 동일하고 균일하다고 가정하거나(분석적), 이를 모집단 수준의 요약으로 재현함(통계적)으로써 세계를 재현하는 것을 단순화하는 경향이 있다. 이와는 대조적으로 컴퓨터 시뮬레이션 모델을 통해 세분화되고, 구별되고, 이산적인 개별 요소들 사이에서 나타나는 상호작용의 역동성을 재현할 수 있다(Bithell et al., 2008). 이러한 이산적 요소 기법(discrete element technique)을 적용해 특정한 지역에서 발생하는 개별 요소들 간의 상호작용의 결과로 환경 및 사회 시스템에서 얼마나 광범위하고 일반적인 패턴이 생성되는지를 더 잘 이해할 수 있다. 지리학에서는 모델을 적절히 잘 사용한 오랜 역사가 있지만, 이산적 요소 접근 방식의 출현으로 가능성과 한계에 대한 많은 질문과 논쟁이 있다. 어떻게 사용해야 하는가(예: 예측을 위해? 이해를 위해?), 그리고 결과물을 어떻게 해석할 수 있고, 해석해야 하는가(Clifford, 2008; Millington et al., 2012).

시스템 요소를 이산적으로 재현하는 것은 컴퓨터 시뮬레이션 모델에서 가능하지만(필수는 아님), 다른 형태의 이산화(discretization)는 항상 필요하다. 방정식에 의해 발견되거나 표현된 관계는 본질적으로 연속적(예: 미분 방정식은 이론적으로 무한한 간격 사이의 변화율을 설명함)이지만, 컴퓨터의 디지털 특성으로 인해 컴퓨터에서 구현된 모델은 시공간의 이산화가 필요하다. 공간은 이산적 영역(예: 격자 또는 셀)으로 분할되며, 이는 모든 특성을 내부적으로 균일하다고 가정한다. 시간은 이산적 단계로 분할되어야 한다. 이는 '시간 단계'로 단계 사이에서 변화가 발생하지만, 단계 안에서는 변화가 발생하지 않는 것으로 가정한다. 결과적으로 시공간에 걸친 변화와 역동성을 재현하기 위해 컴퓨터 시뮬레이션에서 상호작용과 그들 사이의 변화가 재현될 수 있도록 각각의 이산적 공간 또는 시간에 대해 동일한 계산을 반복할 필요가 있다. 각각의 반복된 계산은 '반복(iteration)'으로 알려져 있으며, 시공간의 변화를 재현하려면 컴퓨터가 실행하는 코드를 스스로 반복하도록 작성해야 한다(박스 24.1). 루프(loop)에 대한 개념은 시뮬레이션 모델링 분야에서 잘 알려 있는데, 이 장에서는 세 가지 유형의 루프를 살펴볼 것이다. 첫 번째는 동일한 명령이나 계산을 반복해서 실행하는 컴퓨터 코드에 대한 루프로(박스 24.1) 순서도를 통해 잘 시각화된다(앞으로 살펴볼 것으로, 그림 24.4

박스 24.1 루프와 NetLogo

이 장 전체에서 살펴보게 되겠지만 '루프'는 컴퓨터 시뮬레이션에서 시공간의 변화를 재현하기 위해 필요하다. 이 장에서는 지리적 시스템을 이해하기 위해 컴퓨터 시뮬레이션 모델을 직접 개발하고 사용할 수 있도록 무료 모델링 소프트웨어 NetLogo(Wilensky, 1999)에서 탐색할 수 있는 예제 모델을 제공한다. 첫 번째 과제로 아래에 있는 NetLogo 코드를 이해하고 구현할 수 있는지 확인하자. NetLogo(ccl.northwestern.edu/netlogo)를 다운로드해 컴퓨터(윈도우 또는 맥)에 설치하고 NetLogo 프로그램을 시작한 다음 코드 탭에 아래 코드를 입력해 보자. 그리고 아래 코드와 정확히 동일한지 확인하자.

```
to go                                        ;; line 1
   let population 4                          ;; line 2
   let growth-rate 2                         ;; line 3
   while [population < 1000]                 ;; line 4
      [                                      ;; line 5
      set population (population * growth-rate)  ;; line 6
      print population                       ;; line 7
      ]                                      ;; line 8
end                                          ;; line 9
```

이 코드는 'while' 루프를 사용해 두 개체의 크기로 시작하는 인구가 기하급수적으로 증가하는 시뮬레이션 방법을 보여 준다(코드에서 초기값이 지정되어 있는가?). NetLogo에서 입력한 후 코드를 실행하려면, 인터페이스 탭으로 이동해 화면 하단에 'observer>'라고 표시된 곳에 'go'를 입력한 다음 엔터키를 눌러라. 인구 증가 수치를 볼 수 있고, 각 시간 단계마다 화면에 인쇄된다. 코드를 정확하게 입력했는지 확인하지 않으면, 컴퓨터는 어리석어 사용자가 지시한 대로만 할 것이기 때문에 코드가 정확한지 확인하자!

컴퓨터가 코드를 읽을 때 수행하는 작업은 다음과 같다. 먼저 인구의 크기를 확인한다(4행). 1,000명보다 작을 경우 두 번째 대괄호 사이의 코드가 실행된다(5~8행). 인구의 크기를 다시 점검한다(4행). 1,000명 미만이면 두 번째 대괄호 사이의 코드가 다시 실행된다. 이는 인구가 1,000명 미만이 될 때까지 계속된다(즉 '인구 < 1000명' 식이 참인 동안). 루프의 각 반복에서 인구가 두 배가 되고(3행과 6행) 인구의 현재 값은 인쇄된다(7행). 본질적으로 이 코드에서 루프의 각 반복이 한 단위 시간의 진행이라고 가정한다(즉, 단일 '시간 단계'). 얼마나 많은 시간 단계에서 시뮬레이션되는가? 그리고 이유는 무엇인가? 마지막으로 인쇄된 인구 값은 무엇이며, 그 이유는 무엇인가? 루프는 공간의 이산 영역에서 똑같이 잘 작동할 수 있으며, 자체 반복되도록 내부적으로 중첩될 수도 있다. 두 개의 거울을 서로 마주 보면 어떻게 보일지 생각해 보라. 이러한 중첩 루프(nested loop)의 개념은 재귀(recursion)라고 알려져 있는데, 컴퓨터 프로그래밍에서 가끔 사용한다. 위의 코드를 사용해 본 후 NetLogo와 함께 제공되는 튜토리얼을 실행해 유연한 모델링 환경을 사용하는 방법에 대해 자세히 알아보자. NetLogo에서 도움말 메뉴(help menu)로 이동한 후 NetLogo 설명서(netlogo manual)를 선택한 다음 왼쪽의 튜토리얼 #1을 클릭하라.

참조). 두 번째는 모델로 재현하고자 하는 실제 지리적 시스템에서 나타나는 피드백 루프로서 박스 24.3에서 더 많은 내용을 언급할 것이다. 컴퓨터 시뮬레이션에서 세 번째 루프는 모델 개념화에서 시작해서 데이터 수집, 모델 구축, 모델 평가 및 모델 사용을 통해 수행하는 모델링 과정 자체이다. 컴퓨터 시뮬레이션 모델을 직접 사용하고 개발하는 방법에 대해 논의하는 마지막 절에서는 첫 번째 유형의 루프가 다른 두 가지 루프와 어떻게 관련되는지 살펴볼 것이다. 그러나 그에 앞서 자연지리학에서 사용하는 특정 유형의 시뮬레이션 모델을 좀 더 자세히 살펴볼 것이다.

24.2 자연지리학에서 복잡성 감소 모델

복잡성 감소 모델(reduced complexity model)은 지형학자들이 사용하는 시뮬레이션 모델로 과정과 변화를 일반적으로 1~100km² 범위와 10~100년 기간의 '중간' 스케일에서 재현한다. 이는 하천 퇴적물 이동과 퇴적 과정을 이해하기 위해 미세한 스케일로 재현하는 물리 기반 모델과 기후 및 토지 이용 변화가 장기적으로 하천 역동성에 미치는 영향을 이해하기 위해 광범위한 스케일로 재현하는 경관 진화 모델(Landscape Evolution Models: LEM) 사이에 위치한다(Brasington and Richards, 2007). 이러한 중간 스케일은 하천 및 환경 관리자들에게 잠재적으로 가장 유용하다(Stott, 2010). 물리 시스템을 모델링하는 모든 컴퓨터 시뮬레이션을 사용할 때 재현하는 세부 사항과 다른 한편으로 세부 사항을 시공간에서 시뮬레이션할 때 필요한 계산 자원 사이에서 균형을 유지해야 한다. 20세기 후반에 걸쳐 지형학과 수문학에서 이용했던 시뮬레이션 모델링의 역사적 궤적을 살펴보면, 수학 방정식의 형태로 경험적 또는 이론적 관계를 이용해 물리적 과정을 좀 더 상세하고 작은 스케일에서 정량적으로 재현하기 위해 환원론-결정론적 관점(reductionist-deterministic perspective)을 따랐다(예: 나비에-스토크스 방정식; Reddy, 2011). 이러한 물리 기반 모델에서 재현하는 세부 사항이 증가하면 방정식, 매개변수 및 계산의 수가 증가하고 결국 계산 자원이 증가한다. 좀 더 큰 공간 스케일 또는 더 긴 시간적 기간을 시뮬레이션해야 하는 경우(예: 최대 100km² 및 1,000년 '중간' 스케일), 계산 자원이 더욱 증가한다. 20세기 후반과 21세기 초반에 계산력이 급격히 증가했음에도 불구하고, 중간 스케일에서 과정과 변화를 조사할 필요성과 동기가 있었기 때문에 가용 자원에 맞추어 재현의 세부 사항을 줄이는 새로운 접근법이 필요했다. 따라서 물리 법칙을 비교적 단순하게 재현하는 '복잡성 감소' 모델 사용이 늘어나고 있다. 예를 들어, 하천 지형학의 복잡성 감소 모델은 유체 흐름을 결정하는 방정식의 일부 가정을 완화함으로써 수심 및 유속 계산의 해를 신속하게 제공할 수 있다(Coulthard et al., 2007).

단순화된 방정식은 복잡성 감소 모델의 한 측면에 불과하며, 다른 측면에서 공간을 이산적으로 재현하기 위해 격자 구조(lattice structure)를 채택하는 것이다(예: 그림 24.1). 내부적으로 균일하다고 가정되는 토지의 일정 면적에 해당하는 이산적 요소인 격자(셀)를 사용하면, 유역 및 경관을 보다 일반적이면서 통합적으로 재현할 수 있다. 예를 들어, 많은 수문학과 지형학 모델 제작자가 보다 미세한 스케일에서 과정을 재현하기 위해 정교한 방정식을 개발하고 있는 동안, 오랜 시간(수천 년)과 광범위한 공간 범위(수백km²)에서 경관이 어떻게 형성되는지에 관심이 있는 지형학자는 경관 진화 모델(Tucker and Hancock, 2010)을 사용했다. 경관 진화 모델은 규칙을 사용해 고도가 높은 곳에서 낮은 곳으로 물이 흐를 때 퇴적물의 견인, 운반 및 퇴적 때문에 경관의 형태가 어떻게 변하는지 조사하기 위해 물(그리고 퇴적물)이 한 셀에서 다른 셀로 이동할 때 어떤 경로로 이동하는지 결정한다. 마찬가지로 지형학자들은 사구가 형성되는 시뮬레이션을 위해 각 셀이 이산 상태에 있다고 가정하는 '세포 자동자(Cellular Automata: CA)'라는 접근법을 사용해 실험을 했다(Baas, 2002). 더 미세한 공간 해상도(즉, 셀은 지표면의 작은 영역을 재현함)를 사용하더라도 격자 구조의 계산 효율성을 활용하고, 이를 미세한 물리 기반 모델 또는 완전히 다른 개념 추상화에 사용되는 단순한 방정식과 결합함으로써(예: 개별 입자 대신 모래판; DECAL 모델 참조) 복잡성 감소 모델은 중간 스케일에서 과정과 변화를 효율적으로 재현할 수 있다. 모델의 격자 또는 세포 구조를 세포 모델(cellular model)이라 부르는데, 물리적 과정의 이러한 단순화된 재현은 대체로 예측보다 설명이나 탐색하는 것(예: 관리를 위한 가정 시나리오 검토)에 유용한 것으로 인식된다. 예측 측면에서는 물리 기반 모델의 정밀도가 훨씬 더 높다. 미래에는 다양한 접근 방식의 서로 다른 강점을 이용해 다양한 유형의 모델을 조합하는 것이 더욱 보편화될 수 있다(Nicholas et al., 2012; 박스 24.2).

아마도 최초 복잡성 감소 모델은 하천 지형학에서 하천 형태와 과정의 피드백을 조사하기 위해 개발되었을 것이다(Murray and Paola, 1994). 이 모델의 주요 가정 중 하나이자 재현 단순화의 중요한 사례는 물이 미리 정의된 하류 방향으로만 흐른다는 것이다(즉, 상류로 흐르는 와류는 재현되지 않음). 이러한 단순화를 통해 시뮬레이션한 구간 범위의 상류에 있는 셀 행에서 시작해 하류 끝에서 끝나는(다음 모델 반복을 시작하기 위해 상류 끝으로 다시 돌아가기 전) 셀 간의 물과 퇴적물 이동을 결정하는 규칙을 반복적으로 적용할 수 있다. 이러한 획기적인 모델로부터 많은 세포 모델이 개발되어 다양한 하천 환경에 적용되었다(Coulthard et al., 2007; 2002; Van De Wiel et al., 2007; Nicholas et al., 2012). 또한 풍성 시스템의 역동성을 조사하기 위해 세포 모델이 개발되었다. 예를 들어, 바스(Baas, 2002)는 격자에 쌓인 모래판을 사용해 사구의 지형(높이)을 재현함으로써 3차원 세포 모델이 바람의 모래 견인, 이동 및 퇴적 과정을 어떻게 재현할 수 있는지 설명한다(그림 24.1). 모래 이동의 경우 인접한 셀 사이의 격자를 가로 질러 모래판을 이동해 시뮬레이션되며, 바람의 강도에 따라 이동이 달라지고(높은 모래 더미의 바람그늘 쪽에 있는 작은 더미의 모래판은 이동 가능성이 낮음), 가파른 경사(안식각을 약 33°로 유지함)로 인한 사태를 일으키는 규칙이 있다. 식생의 경우 사구 높이(즉, 셀에 쌓인 모래판의 수)에 따라 성장하는 위치와 성장률을 구체화하는 규칙을 사용해 모델에서 동적으로 재현한다. 셀 내 식생의 유무와 성장에 따라 격자 주변의 식생 셀을 통해 모래판의 이동을 제한하고, 이로 인해 사구의 높이와 그에 따른 식물 성장에 영향을 준다. 따라서 식물과 모래 침식, 이동과 퇴적 사이의 피드백이 재현되고 시스템의 상호작용과 사구 형태의 역동성을 효율적으로 시뮬레이션할 수 있다. 닐드와 바스(Nield and Baas, 2008)는 앞서 설명한 구조를 기반으로 모델을 사용했으며, 현재는 DECAL(Discrete ECogeomorphic Aeolian Landscape) 모델이라는 이름을 사용해 셀 간 모래판의 이동(풍성 견인, 퇴적, 사태)과 식물 성장에 대한 단순한 지역적 규칙 기반 모델에 따라 다양한 지형(바르한 및 낙하산형 사구 포함)이 어떻게 생성될 수 있는지를 보여 준다. 예를 들어, 인접 셀 간의 판 높이 차이가 미리 정의된 값보다 클 경우, 인접 셀 간에 주어진 시간 단계에서만 사태가 시뮬레이션된다. 따라서 DECAL 모델을 통해 복잡성 감소 모델의 몇 가지 주요 특징, 즉

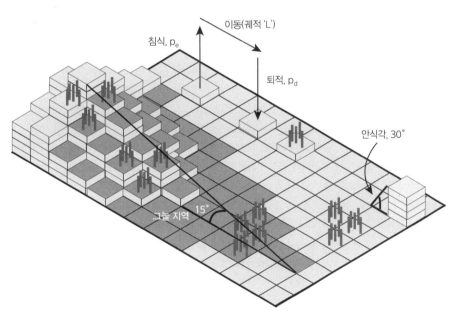

그림 24.1 DECAL 모델에서 시뮬레이션한 모래 침식, 이동 및 퇴적을 재현한 그림 모델의 일정을 설명하는 순서도를 바스(Baas, 2002)와 닐드와 바스(Nield and Baas, 2008)에서 찾을 수 있음.

출처: Baas, 2002, Figure 3

격자 구조에서 셀 간의 상호작용 규칙을 사용해 지형학적 시스템의 역동성을 효율적으로 시뮬레이션할 수 있는 능력을 확인할 수 있다.

'복잡성 감소 모델'이라는 용어는 주로 지형학에 국한되었지만, 자연지리학의 다른 하위 분야에서는 좀 더 큰 공간적 범위와 시간적 기간에 걸쳐 시뮬레이션할 수 있는 유사한 세포 모델링 접근법을 채택했다. 예를 들어, 육상 식물 생태학에서 개별 나무, 다른 나무와의 상호작용(예: 빛 및 기타 자원에 대한 경쟁), $0.1km^2$ 정도의 지역에서 나타나는 환경을 재현하는 모델(Liu and Ashton, 1995; Pacala et al., 1996)에서 약 $1,000km^2$ 정도의 경관에 걸쳐 천이−교란의 역동성을 재현하는 모델(Scheller and Mladenoff, 2007; Millington et al., 2009)까지 다양하다. 이러한 광범위한 스케일에서 모델은 대개 세포 구조를 사용하고 종 또는 군락 수준에서 식물을 재현하며, 성장과 사망률의 방정식이 아닌 천이나 교란에 따른 식물 변화에 대한 규칙으로 과정을 재현한다. 지형학에서 사용한 복잡성 감소 모델(박스 24.2)의 경우 컴퓨팅의 발전으로 더 큰 스케일에 걸쳐 보다 상세한 재현이 가

박스 24.2 지형학에서 복잡성 감소 모델

복잡성 감소 모델이라는 이름은 역설적이다(Brasington and Richards, 2007). 이를 이해하려면 먼저 '감소'라는 용어가 지형학적 모델에서 '표준' 수준의 복잡성이 물리 기반 편미분 방정식(예: 나비에−스토크스 방정식; Lane et al., 1999)을 사용하는 계산 유체 역학(computational fluid dynamics) 관점과 관련이 있다는 것을 이해해야 한다. 복잡성 감소 모델은 계산 유체 역학 모델에 비해 유체 흐름의 물리적 재현과 고체 물질의 침식, 운반 및 퇴적 과정의 측면에서 단순화(또는 복잡성 감소)된다. 이러한 단순화의 이점은 복잡성 감소 모델이 계산 유체 역학 모델에 비해 계산 요구가 크게 감소해 환경 관리와 관련이 있는 좀 더 긴 시간과 더 큰 공간 스케일(즉 $1\sim100km^2$ 및 $10\sim100$년의 '중간' 스케일)에서 시뮬레이션을 가능하게 한다는 것이다. 그러나 복잡성 감소 모델의 단순화된 재현은 복잡한 모델 개발자들이 직면한 과정의 개념화, 매개변수화, 공간 및 시간 해상도 등 모델링 문제를 배제하지 않는다. 복잡성 감소 모델의 재현 충실도가 낮아지면 물리적으로 일관성이 없는 결과와 경험적 관찰을 재현하는 데 어려움이 발생할 수 있다(Coulthard et al., 2007). 향후 계산 능력의 증가는 복잡성 감소 모델이 현재 가치가 있는 연구 규모에서도 계산 유체 역학 접근법을 적용 가능하다는 것을 의미할 수 있지만, 그 사이 혼합적·계층적 방식으로 두 방식을 함께 사용하는 것이 효과적일 수 있다고 제안되었다(Nicholas et al., 2012). 일반적으로 복잡성 감소 모델이 기대되는 바는 정적 상태를 예측하는 것이 아니라 시스템의 역동성을 설명하는 데 모델을 사용한다는 점이다. 즉, 시스템의 동작과 변화를 이해한다는 것이다(Coulthard et al., 2007). 또한 다르게 생각하고 형태와 과정에 대한 가정에 도전하고(Odoni and Lane, 2011), 마지막으로 지형학적 시스템의 새로운 특성을 조사한다는 것이다(Brasington and Richards, 2007; Murray, 2007). 창발(emergence)이 복잡성 이론의 핵심이라는 점을 감안할 때(Harrison, 2001), 마지막 요점은 '복잡성 감소 모델'이라는 이름의 역설적 특성을 더 복잡하게 만든다. 누구에게는 단순하고 쓸모가 없는 것이 다른 사람들에게는 복잡하고 유용할 수 있다.

능하게 되었다. 또한 넓은 스케일에서 세포 모델의 주요 용도는 특정 시공간에서 시스템 상태를 예측하기보다는 경관의 역동성을 탐구하고 이해하는 것이다.

24.3 패턴-과정 피드백 시뮬레이션

지리학에서는 식물과 동물 종들이 지표면에서 이질적으로 분포하는 방식이나 하천 하도의 평면 형태가 변하는 방식과 같은 지역 분화(areal differentiation)와 공간적 패턴에 관심이 있다. 이와 같은 공간 패턴은 그 자체로 흥미롭고, 공간 분포와 패턴을 파악하고 지도화하는 것은 초기 지리학의 핵심이었다. 공간 패턴이 여전히 중요하기는 하지만 현대 지리학은 패턴 자체만큼이나 관찰한 패턴을 생성하는 과정에 많은 관심을 두고 있다. 이는 단순히 더 잘 이해하기 위해서이기도 하지만, 어떤 경우에는 예측하기 위해서거나 보다 정보에 입각한 관리 권고나 의사결정을 하기 위함이다. 또한 공간 패턴을 생성하는 과정에 대한 이해가 향상됨에 따라, 패턴 자체가 과정에 영향을 미치고 변화시키는 방식에 더 관심을 두게 되었다. 따라서 시뮬레이션 모델링이 공간을 다루는 학문(지리학, 경관생태학, 지형학 등)에서 인기를 얻게 된 중요한 이유는 시간적 과정과 공간적 패턴 사이의 피드백을 조사할 수 있는 수단을 제공하기 때문이다(박스 24.3).

가장 근본적인 관점에서 피드백은 시스템 내 개체에서 다른 개체로 전달되는 개체의 상태에 대한 정보이다. 일반적으로 피드백은 피드백 루프(feedback loop)라고 알려진 시스템의 개체 사이에서 상호적 링크를 형성하는 것으로 이해된다. 따라서 시뮬레이션 모델링은 두 번째 종류의 루프와 관련된다. 양의 피드백 루프는 변화의 궤적을 강화시키는 반면, 음의 피드백은 변화를 안정시키는 작용을 한다. 예를 들어, 양의 피드백 루프가 어떻게 식생의 지역 성장이나 공간적 군락화로 이어질 수 있는지 설명하려면 반건조 환경에서 식생과 토양 사이의 관계를 고려해야 한다. 반건조 환경에서 높은 식생 밀도의 경우 낮은 식생 밀도보다 토양 안으로 물을 더 많이 침투시킨다(HilleRisLambers et al., 2001). 토양에 식생이 없는 경우 떨어지는 비는 거의 침투하지 못하고 비교적 쉽게 침투할 수 있는 위치까지 지표를 가로질러 흐른다. 식생은 침투를 용이하게 만들기 때문에 이러한 현상은 기존 식생 지대 근처에서 발생할 가능성이 높으며, 토양의 수분 가용성이 증가하게 된다. 결과적으로 기존의 식생 지대 주변부에서 식생의 정착 조건이 개선되고 결국 식생 지대가 확장된다. 이는 식생 밀도를 더욱 높이고 침투가 더욱 활발하게 이루어지도록 한다. 이러한 피드백 루프에서 토양(초기 개체)에 대한 정보로 식생 지대의 범위(두 번째 개체)가 변하게 되며, 결국 식생 지대의 토양을 변화시

박스 24.3 패턴과 과정의 공간 시뮬레이션

컴퓨터 시뮬레이션 모델은 조사 및 실험을 위해 공간 패턴 및 변화 과정을 재현하는 수단을 제공한다. 과정의 재현은 수정될 수 있고, 패턴의 측정은 평가되며 반복적으로 수행된다. 무료로 사용할 수 있는 소프트웨어를 사용해 스스로 탐색할 수 있는 수많은 예제를 제공하는 오셜리번과 페리(O'Sullivan and Perry, 2013a)는 지리 및 생태 시스템에서 패턴과 과정을 조사하기 위해 공간 시뮬레이션을 제시하고 논의한다. 특히 오셜리번과 페리는 현재 사용 가능한 대부분 공간 시뮬레이션 모델의 기초가 되는 세 가지 과정을 제안한다.

- 합역/분리(aggregation/segregation): 합역과 분리는 동전의 양면인데, 전자인 합역의 경우 유사한 요소가 공간에서 함께 그룹화되는 경향에 의해 움직이고, 후자인 분리의 경우 다른 요소가 공간에서 분리되는 경향에 의해 움직인다. 요소가 공간에서 고정된 경우 속성이 주변 이웃과 유사하게 변화해 좀 더 멀리 떨어져 있는 요소와 달라지면서 분리가 발생할 수 있다. 이러한 과정을 재현하는 주요 수단으로 반복적 국지적 평균화(iterative local averaging)가 있는데, 이 방법은 시간이 지남에 따라 한 위치의 값을 국지적 이웃의 속성값 평균으로 갱신한다.

- 이동 개체 및 무작위 행보: 공간 행보(spatial walk)는 일련의 '단계'(즉, 이동)를 의미하며, 각 단계는 공간의 한 위치에서 다른 위치로 개체를 이동시킨다. 공간 행보는 무작위이거나(각 단계의 방향과 길이가 무작위), 개체가 이동하는 환경의 속성이나 개체 자체의 속성, 또는 공간을 이동하는 다른 개체에 의해 영향을 받을 수 있다. 예를 들어, 개별 동물이 떼를 지어 다니거나 모여들거나 오염 물질이 환경을 통해 이동하는 것이 있다. 경우에 따라 '행보'하는 개체는 환경을 변화시키거나 다른 개체의 행보에 영향을 미칠 수 있으며, 결국 이는 개체의 행보에 상호 영향을 미칠 수 있다.

- 전파: 전파 과정에는 확산(diffusion), 성장, 침투가 포함되며, 공간 행보에서 고려하는 것보다 더 집합적인 형태로 물질이나 현상의 이동이 나타난다. 예를 들어, 한 지점에서 진공을 통해 가스가 확산되면 공간 전체에 고르게 분포하지만, 이 과정은 원자 수준에서 모든 개별 가스 입자의 무작위 행보(random walk)의 결과로 간주할 수 있다. 전파의 맥락에서 성장은 공통의 경계나 전선이 확장되는 것을 말한다. 대표적인 사례가 경관에서 불이 확산되어 불타지 않은 지역으로 이동할 때 불탄 땅을 남겨 둔 채 불이 번지는 것이다. 침투는 확산과 성장의 많은 특성을 공유하지만, 여기에서 강조하는 것은 물질이나 현상 자체의 특성보다 물질 이동이나 동적 현상이 나타나는 환경이 확산에 미치는 영향에 관한 것이다.

오셜리번과 페리는 이러한 과정이 다양한 공간 패턴 시뮬레이션을 시작할 수 있는 '구성 요소'를 제공할 수 있다고 제안한다. 이를 보여 주기 위해 스스로 탐색해 볼 수 있는 NetLogo 모델의 예제를 제공한다(공식 웹사이트 참조).

키는 정보를 제공한다. 이를 단순한 시뮬레이션 모델로 증명할 수 있다(온라인 모델 24.1-코드를 다운로드해 NetLogo에서 직접 검사하고 평가해 보라). 여기에서 강조하는 중요한 점은 변화의 원인이 개체 주변에 있다는 것이다. 즉, 토양 상태가 식생 지대 주변에서 변하고, 결국 식생 지대 주변이 변한다는 것이다. 피드백에 의한 변화가 정확히 같은 위치에서 발생하는 것이 아니라 오히려 공간적으로 인접한 위치에서 발생하기 때문에 식생 지대의 지역 성장이 가능하다.

힐레리스램버스 외(HilleRisLambers et al., 2001)는 단일 식생 지대가 차지하는 넓은 공간 영역에서 환경의 공간적 이질성(예: 경사) 없이 양의 피드백 루프만으로도 나지를 대체해 식생 지대의 공간 패턴이 나타날 수 있음을 발견했다. 이는 두 번째 시뮬레이션 모델로 검증할 수 있다(온라인 모델 24.2 - NetLogo에서 직접 시도해 보라). 빗방울이 한 지역에 무작위로 떨어지면 무작위 행보 과정에 따라 (경사가 거의 없으므로) 임의의 방향으로 흐르게 된다(박스 24.3). 빗물이 땅 위를 흐르고 토양 안으로 침투하면서 식생의 성장에 이용할 수 있는 수분이 증가하고, 식생의 밀도에 의해 다시 침투율이 영향을 받는다. 임의의 강우가 있더라도 식생 밀도로 인한 침투율의 변화(온라인 모델 24.1)로 시뮬레이션 공간에서 식생 지대의 군집화가 나타난다. 두 번째 모델은 위에서 언급했던 DECAL 모델과 여러 측면에서 유사하며, 모래가 바람에 의해 무작위로 옮겨져 다른 모래의 위치에 좌우되어 이동하거나 퇴적된다. 즉, 높은 모래 더미의 바람그늘 쪽에 퇴적될 가능성이 좀 더 높다. 단순한 시뮬레이션 모델(온라인 모델 24.3)은 경관 요소들 간의 상호작용을 의미하는 과정이 기존의 공간 패턴에 의해 달라질 수 있기 때문에 경관 요소들 간의 상호작용에 대한 단순한 규칙을 가진 무작위성이 어떻게 공간 패턴으로 이어지는지를 보여 줄 수 있다.

생태학에서는 공간 패턴을 통한 역사로 만들어진 과정의 개념을 과정의 '기억'이라 한다(Peterson, 2002). 공간에 분포하는 개체의 속성이 만약 과정에 의해 만들어진 이전 사건(상태 변화)에 대한 정보를 담고 있다면 피드백 루프가 생성된다. 예를 들어, 화재가 빈번하게 발생하는 경관에서 다양한 연령의 식생 지대가 만들어진다(그림 24.2). 이는 마지막 화재 이후 다양한 시간 차이 때문이다. 경관 스케일(예: 10~10,000km²)에서 바람, 물리적 기복, 식생 피복 등 여러 요인이 화재의 확산 방식에 영향을 미친다. 바람은 화재 사건들 사이에서 크게 변동할 가능성이 있지만, 물리적 기복은 개별 사건들 사이에서 거의 변화가 없다. 결과적으로 기억, 즉 화재의 전파와 공간 패턴 사이의 피드백은 식생의 인화성에 포함되는 것으로 개념화했고, 이는 마지막 화재 이후 시간에 따라 변화한다(Peterson, 2002). 피터슨(Peterson, 2002)은 식물의 성장 및 화재 전파에 대한 세포 모델을 사용해 이를 보여 주었다(온라인 모델 24.4는 직접 시험해 볼 수 있는 이 모델의 NetLogo 버전임). 실세계의 생태계, 특히 지중해 지역에서 산불 기억의 중요성에 대한 논쟁은 계속되고 있다(Piknol et al., 2005; Keyley and Zedler, 2009). 하지만 경관의 동질성(homogeneity)과 화재 전파 사이에서 양의 피드백 루프가 존재하는 것으로 알려져 있다(Loepfe et al., 2010). 동질한 경관에서 유사한 식물로 이루어진 단순하고 넓은 지대의 경우 화재가 경관의 넓은 면적을 가로질러 어디로나 동일하게 번질 수 있다는 것을 의미한다. 넓은 지역을 통해 전파되는 화재로 인해 경관의 식생 패턴이 더욱 단순

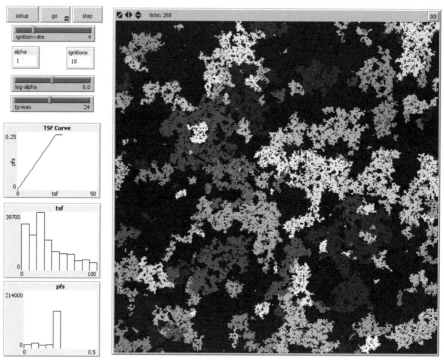

그림 24.2 피터슨(Peterson, 2002) 모델의 NetLogo 구현으로 생성된 공간 패턴 이 모델은 공식 웹사이트에서 온라인 모델 24.4로 제공됨.

화되고 결국 미래에 발생하는 화재의 전파가 공간적으로 용이하게 된다. 이와는 대조적으로 토지 이용의 공간적 이질성(heterogeneity)이 높은 경관에서는 화재의 전파에 대한 음의 피드백 루프가 만들어진다. 이는 식생의 공간적 변동성이 클수록 불이 균일하지 않게 번지며, 따라서 좀 더 높은 이질성이 발생하기 때문이다. 물론 앞에서 설명한 모델에는 많은 단순화와 가정이 포함된다. 그러나 복잡성 감소 모델을 살펴본 바와 같이 세포 구조와 관련된 이러한 가정에 따라 시스템의 역동성을 신속하게 시뮬레이션하고 조사할 수 있다. 또한 적절한 방법으로 복잡성 감소 모델을 사용할 경우 실제 관찰된 패턴을 생성하기 위해 어떤 프로세스가 가장 중요한지에 대한 가설을 조사하기 위한 실험 도구가 될 수 있다. 예를 들어, 생태계를 이해하기 위해 시뮬레이션 모델을 사용하는 '패턴 지향 모델링(Pattern-Oriented Modelling: POM)' 접근법이 강조되었다(Grimm et al., 2005; Grimm and Railsback, 2012). 패턴 지향 모델링 접근법을 사용해 모델의 개별 요소(앞의 사례에서 모래 또는 식생)에 영향을 미치는 대체 가설 과정(alternative hypothesized process)을 다양하게 재현해 조사하고, 그것들을 결합해 현실 세계에서 나타나는 다양한 수준의 패턴을 재생산한다. 하나의 실험적 접근으로, 다양한 모델 구조 또는 매개변수(예: DECAL 모델에서 바람에 의한 모래 견인 확률)가 결과를 어떻게 변화시키는지 체계적으로 살펴볼 수 있다. 패턴 지향 모델링의 핵심 중 하나는 현실 세계에서 관찰된 **다중** 패턴을 재생산할 수 있는 경우에만 다양한 모델 구조(또는 매개변수)에 대한 확증이 가능하다는 것이다. 예를 들어, 반건조 환경에서 식생과 토양 사이의 관계를 시뮬레이션하는 모델 구조로 개별 식물에 작용하는 과정을 재현할 수 있지만(온라인 모델 24.2), 모델 결과물을 비교하기 위해서는 개별 식물 수준뿐만 아니라 경관 수준(예: 식물의 군락화) 및 비식생 변수(예: 토양 수분)에서도 이루어져야 한다. 따라서 상대적으로 단순한 시뮬레이션 모델을 신중하고 체계적으로 사용한다면, 지리적 시스템에 대한 이해를 높이고, 그러한 모델을 '애니메이션에서 과학으로' 변모하는 데 도움이 될 것이다(Grim and Railsback, 2013a; 아래 참조).

연구에서 이러한 모델들을 실제로 적용하기 전에 시뮬레이션 모델이 사용되는 마지막 피드백으로 인간 활동과 환경 과정 간의 피드백이 있다. 특히 행위자 기반 모델링(Agent-Based Modeling: ABM)으로 알려진 시뮬레이션 형태의 경우, 인간 활동의 영향이 환경 과정과 어떻게 상호작용하는지 조사하기 위해 개별 행위자, 속성, 상호작용 및 의사결정의 명시적인 재현을 세포로 재현된 물리적 환경과 결합할 수 있다. 예를 들어, 웨인라이트와 밀링턴(Wainwright and Millington, 2010)은 인간의 활동과 위에서 언급한 환경 과정을 연계한 두 가지 모델을 설명하고 있다. CybErosion 모델(Wainwright, 2008)은 경관 진화 모델과 행위자 모델을 연결해 인간과 동물을 재현하고 수백 년에 걸친 토양 침식에 대한 상호 영향을 재현한다. SPASIM 모델에서는 현대 농업 의사결정을 위한 행위자 기반 모델(Millington et al., 2008)과 지중해식 식생 천이 및 화재 교란에 대한 세포 모델(Millington et al., 2009)을 연결해 토지 이용/피복 변화 및 산불 체제의 상호 영향을 조사하고 있다. 복잡성 감소 모델과 마찬가지로 행위자 기반 모델링은 지리적 시스템을 조사하는 데 여전히 새롭고 큰 가능성을 제공하지만(Heppenstall et al., 2012), 잠재적으로 조정할 필요가 있는 새로운 상호작용 루프를 생성할 것이다(Hacking, 1995; Millington et al., 2011).

24.4 시뮬레이션 모델 개발

환경 모델링 프로젝트를 시작할 때 어디에서부터 시작할 것인지에 대한 결정은 닭과 달걀의 딜레마에 비유되고는 한다. 데이터를 수집해 이를 모델 구축을 위해 사용하는 것부터 시작할 것인가? 아니면 코드로 구현된 개념 모델에서 시작해 데이터를 수집하고 이를 바탕으로 모델이 현실을 재현하는 데 필요한 매개변수값을 찾을 것인가(Mulligan and Wainwright, 2013)? 이러한 무한 루프(또는 순환 참조)를 끊는 한 가지 방법은 시뮬레이션 모델을 개발하는 것을 **모델링 과정**으로 생각하는 것이다(그림 24.3). 모델링 과정 단계는 다음과 같다.

- 목표 확인
- 시스템 개념화
- 데이터 수집
- 모델 구축
- 평가
- 모델 사용

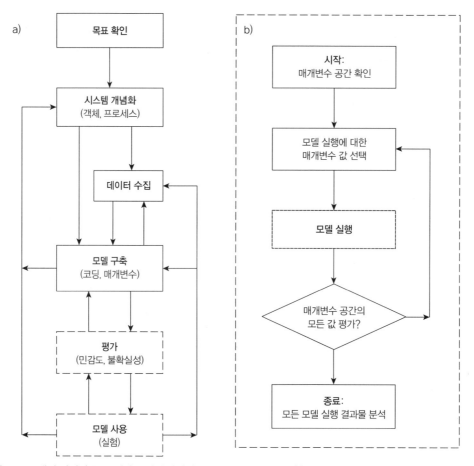

그림 24.3 **모델링 과정의 루프** 일반 모델링 과정의 평가 및 모델 사용 단계(a)에는 여러 모델 실행(b)에 대한 과정이 포함될 수 있다. (b)에서 '모델 실행' 단계는 특정 모델에 대한 추가 순서도로 제시될 수 있다(예: 그림 24.4).

각 단계에 대한 간략한 개요는 다음에서 확인할 수 있지만 멀리건과 웨인라이트(Mulligan and Wainwright, 2013) 및 그림과 레일스백(Grimm and Railsback, 2013b: 1장)에서 더 많은 논의를 살펴볼 수 있다. 모델 개발의 간략한 사례는 오설리번과 페리(O'Sullivan and Perry, 2013b: 8장)에서 찾을 수 있다.

목표 확인

모델링 과정(루프)에 들어가기 전, 모델링 프로젝트에 대해 명확하게 정의된 목표가 과정 전반에 필요하다는 점을 강조할 필요가 있다. 모델의 용도에는 예측과 설명이 있으며(Perry and Millington, 2008), 지리학에서 모델을 어떻게 사용해야 하는지 혹은 사용할 수 있는지에 대한 논의는 오랜 역사를 가지고 있다(Clifford, 2008). 통계 모델과 같은 데이터 기반 모델링 접근의 경우 시스템의 상태를 예측하는 것이 목표가 될 가능성이 큰 반면, 시뮬레이션 모델링의 경우 과정 또는 현상에 대한 설명을 개선하기 위해 사용한다. 예측이 시뮬레이션 모델의 궁극적인 목표인 경우는 다른 형식의 모델링보다 정밀도가 낮을 가능성이 높다(예: 거친 스케일). 다른 사람들은 다양한 관점을 취할 수도 있지만, 여기에서 강조하고 싶은 것은 설명과 이해를 높이기 위해 시뮬레이션을 사용한다는 것이다. 따라서 시뮬레이션 모델 개발을 시작하기 전에 시뮬레이션을 통해 재현하고자 하는 현상(예: 사구의 형태) 또는 좀 더 잘 이해하고자 하는 과정(예: 식생-화재 피드백)에 대해 잘 이해하고 있어야 한다. 예측 또는 설명 중 어느 경우든 이상적으로는 시뮬레이션 과정의 결과(예: 빈도 크기 분포, 경관 패턴 수치, 변동성의 범위 등)를 비교할 수 있는 실제 환경에서 관찰된 패턴과 형태에 대한 정보를 갖고 있는 것이 좋다.

개념화

문제를 확인하고 나면, 모델링 과정의 개념화 단계에 들어갈 것이다. 왜냐하면 시뮬레이션은 패턴과 과정을 탐색하고 이해하기 위한 실세계의 추상화된 재현이기 때문이며(Odoni and Lane, 2011), 또한 시뮬레이션 모델을 개발하는 방법을 배울 때 데이터 수집에 많은 시간과 노력을 들이기 전에 이러한 도구의 가능성과 한계를 파악하는 것이 더 나을 수 있기 때문이다(박스 24.4 참조). 그럼에도 불구하고 개념화는 모델링 노력의 핵심 단계이며, 특히 지리학에서는 재현을 위해 모델 또는 시스템의 경계를 식별하는 문제를 오랫동안 다루어 왔다(Richards, 1990; Lane, 2001; Brown, 2004). 모델의

'경계' 또는 '닫힘'은 지리적 모델링에서 중요한 단계로, 에너지, 물질, 정보의 자유로운 흐름이 존재한다는 의미에서 현실 세계는 열려 있지만, 컴퓨터 모델은 그러한 흐름을 재현할 수 없는 경계를 정의해야 한다는 점에서 닫혀 있다. 따라서 '닫힘'은 모델 내에서 어떤 과정이 명시적으로 재현될 것인가, 어떤 과정이 모델에서 재현되지 않지만 매개변수화되거나 '경계 조건'을 제공할 것인가, 모델의 공간 범위와 해상도를 무엇으로 할 것인가, 환경의 초기 상태를 어떻게 정의할 것인가, 마지막으로 언제 시뮬레이션이 멈출 것인가에 대한 결정들을 포함한다. 예를 들어, 위에서 설명한 DECAL 모델(온라인에서 사용 가능한 단순한 버전)을 생각해 보자. 이는 바람 방향으로 모래 이동을 재현하지만, 난류에 의한 변동은 재현하지 않는다. 바람의 방향과 강도(경계 조건)를 구체화하지만, 그 바람을 생성하는 대기 조건은 구체화하지 않고 임의의 영역이나 시공간의 길이를 모델링한다. 마찬가지로 일어날 수 있는 기후변화를 조사하기 위해 사용하는 대기 대순환 모델에서 어떤 시뮬레이션 과정을 선택하고, 어떤 영역(전구 또는 지역) 및 해상도(대기권 재현을 위한 격자 크기)를 사용할 것인가를 결정해야 하며, 일반적으로 대기 구성의 변화를 일으키는 과정을 재현하지 않는다. 예를 들어, 온실가스 배출은 미래의 인간 활동 시나리오에 의해 구체화된 모델의 경계 조건이다. 더불어 모델 개념화에 대한 의사결정은 어떤 객체를 재현할 것인가, 어떤 프로세스나 관계를 모델 내의 매개변수에 따라 재현할 것인가를 포함한다. 예를 들어, DECAL 모델에서 모래판은 개별 입자가 아니며, 그늘 영역이 아닌 곳에서 퇴적은 확률적이고(예: 온라인 단순 버전에서 매개변수 p), 바람의 견인에 대한 미세하고 자세한 과정을 재현할 필요가 없다. 마지막으로 변수는 모델 결과물을 '측정'할 수 있도록 정의되어야 한다. 그래야 경험적 관측과 비교할 수 있다. 예를 들어, 식생 성장 및 화재로 인한 교란 모델에서 시뮬레이션된 빈도 크기의 분포와 관측된 빈도 크기의 분포를 비교할 수 있도록 화재 크기는 기록되어야 하고 또 사용자에게 출력되어야 한다(Millington et al., 2009). 개별 및 행위자 기반 시뮬레이션 모델을 위해 개발된 개요, 설계 개념 및 세부 사항(Overview, Design concepts, and Details: ODD) 프로토콜과 같은 모델 설명 프로토콜(Grimm et al., 2010)은 모델 개념화 및 구축에 유용할 수 있다.

데이터 수집

모델 개발의 여러 가지 다양한 측면에서 데이터가 필요하다. 예컨대, 매개변수를 설정하고, 경계 조건(예: 변화 시나리오)을 제공하고, 모델 결과물을 비교할 경험적 패턴(예: 패턴 지향 모델링)을 설정하기 위해 데이터가 필요하다. 연구 주제와 프로젝트에 따라 필요한 특정 데이터가 다를 수 있다. 데이터 수집 방법에 대해서는 다른 여러 장(30~32장 참조)에서 자세히 설명하고 있다.

모델 구축

모델 구축 단계는 개념적 모델을 컴퓨터가 시뮬레이션할 수 있는 코드로 변환하는 과정을 말하며 흔히 '컴퓨터 코딩'이라고 한다. 과거에는 모델링 과정의 본 단계에서 컴퓨터 프로그래밍에 대한 세부적인 지식과 컴퓨터가 실제로 어떻게 기능하고 계산을 실행하는지에 대한 지식이 필요했다. 그러나 최근 지리적 시스템 모델링에 관심이 있는 사람들이 훨씬 더 효율적으로 코딩할 수 있도록 코딩을 단순화한(예: 메모리 할당, 특정 작업을 자동화할 수 있는 기능 제공 등) 여러 '모델링 환경', 프로그래밍 언어, 라이브러리들이 개발되었다. 모델링 환경을 선택하는 것은 모델 제작자의 목표, 프로그래밍 기술 및 모델링 환경(또는 프로그래밍 언어)의 특성에 따라 달라질 수 있다. 지리적 시스템의 시뮬레이션 모델을 개발하기 위한 여러 모델링 환경과 언어의 장점과 한계를 살펴보면, 사용의 용이성, 실행 속도 및 공간 상호작용의 재현 유형과 같은 다양한 요인에 따라 달라진다(공식 웹사이트에서 자세히 설명). 이 장에 첨부된 온라인 모델의 경우 무료로 이용할 수 있는 모델링 환경인 NetLogo (Wilensky, 1999)에서 구현할 수 있는 코드로 작성되었다. NetLogo는 개별 및 행위자 기반 모델을 만들 수 있도록 설계되었지만, 일반적으로 지리적 시뮬레이션 모델에 유용하다. 유연성과 단순한 구문 때문에 시뮬레이션 모델을 배우는 지리학자들에게 좋은 출발점이 될 수 있다(박스 24.1 참조). 이러한 특성 때문에 현재 많은 사람이 NetLogo 환경을 사용해 단순하고 추상적인 모델을 개발하고 있지만(Railsback and Grimm, 2012; O'Sullivan and Perry, 2013a), 모델의 복잡성이 계산에 필요한 시간이나 메모리를 의미하는 오버헤드(프로그래밍 언어를 단순하게 유지하는 데 필요한 아키텍쳐의 결과)를 증가시키면서 NetLogo 모델이 느리게 실행될 수 있어 대안이 필요할지 모른다. NetLogo를 사용하든 PCRaster(pcraster.geo.uu.nl), MASON(cs.gmu.edu/~eclab/projects/mason) 같은 다른 환경을 사용하든, 또는 파이썬(Python)과 같은 언어를 사용하든 프로그래밍에 대한 어느 정도의 역량이 필요할 것이다. 여러 입문 자료들(서적, 웹사이트, 인터넷 포럼, 여타 프로그래머)을 이용할 수 있으니 이를 찾아 사용해 보길 바란다.

시뮬레이션 모델링을 위한 프로그램을 배울 때 중요한 기초 중 하나는 효과적인 알고리즘을 작성할 수 있는 계산적 사고 능력이다. 알고리즘은 계산을 가능하게 하고, 박스 24.1의 인구 증가 예제처럼 단순할 수 있는 단계별 절차 또는 전체 모델을 구축하기 위한 다중 알고리즘을 포함한다(예: 온라인에서 제공되는 예제 모델). 알고리즘의 경우 단계별 절차이고 루프를 요구하는 경우가 많기 때

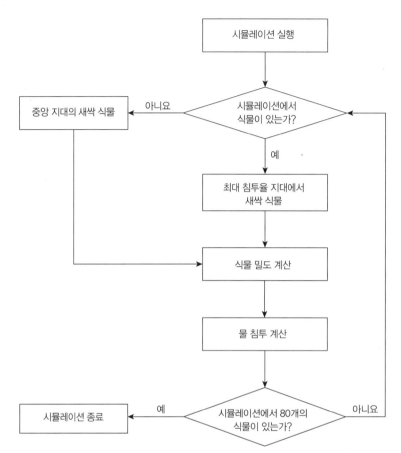

그림 24.4 단순한 지역 식생 성장 모델에 대한 코드 순서를 설명하는 순서도(온라인 모델 24.1, 공식 웹사이트에서 이용할 수 있는 NetLogo 코드) '식물 밀도 계산' 단계는 다른 순서도로 제시될 수 있음.

문에 '코딩된 순서도'와 같은 것으로 생각할 수 있다. 실제로 순서도는 필요한 계산 또는 사건의 순서를 추적하는 시각적 수단을 제공하기 때문에 알고리즘과 모델을 개발하고 제공할 때 매우 유용할 수 있다(그림 24.3a, 그림 24.4). 계산적 사고 능력 외 모델 구축을 위해 또 다른 능력들이 필요할지 모른다. 예를 들어, 시뮬레이션 모델에서 재현할 관계를 설정하기 위해 회귀 모델링을 사용할 수 있다(Millington et al., 2013). 하지만 이에 대한 자세한 내용은 이 장의 범위를 벗어난다.

평가

컴퓨터에서 실행할 수 있는 코드로 모델이 구축되면, 여러 형태의 평가를 실시함으로써 모델 제작자가 모델링 과정(모델 구축)의 이전 단계를 되짚어 보는 과정이 필요하다. 일반적으로 평가 유형은 확인(verification) 및 검증(validation) 두 가지로 구분할 수 있다(Oreskes et al., 1994; Rykiel, 1996). 확인은 모델이 의도한 개념 모델과 일치하는지 검토하는 것으로 결과물을 기대값과 비교해 '모델을 올바르게 구축'했는지 확인한다. 반면 검증은 모델이 실제 과정과 일치하는지 확인하는 것으로 결과물을 경험적 관찰과 비교해 '올바른 모델을 구축'했는지 확인한다. 검증은 모델링의 목적이 예측일 경우 중요하지만, 개방된 실세계의 지리적 시스템에 대한 닫힌 모델이 '올바른지' 검증할 때는 근본적인 어려움이 있다는 것이 잘 알려져 있지만 종종 잊혀진다(Oreskes et al., 1994). 확인은 모델링의 목적이 설명 또는 이해인 경우 중요하며, 모델 사용 단계와 겹칠 수 있다. 대체로 세 가지 형태의 확인, 즉 모델 탐색, 민감도 분석, 불확실성 분석(Malamud and Baas, 2013)이 모델 코드의 '버그'나 오류를 찾는 데 특히 유용하다. 모델 탐색(model exploration)은 모델 코드를 사용해 이를 변경할 때 모델 결과물의 예상 결과와 비교해 예상대로 작동하는지를 확인하는 모델 평가의 한 형태이다. 버그를 확인하는 것뿐만 아니라 비현실적이거나 경험적으로 불가능한 시스템의 역동성을 확인함으로써 모델 개념화의 적합성을 탐색하는 데 도움이 될 수 있다. 민감도 분석(sensitivity analysis)은 모델의 매개변수 또는 상수의 변화가 결과물에 어떻게 영향을 미치는지 조사한다. 예를 들어, 매개변수 X의 비율 변화가 어느 정도 모델 결과물의 비율 변화로 이어지는가? 불확실성 분석(uncertainty analysis)은 민감도 분석과 유사하지만 민감도 분석은 입력과 결과물 사이의 관계에만 관심이 있는 반면, 불확실성 분석에서는 입력값의 불확실성이 설명되어야 한다(예: 입력값에 대한 확률 분포를 통해). 민감도 및 불확실성 분석은 약간 중요하거나 아예 관련성이 없어 불필요한 모델의 구조를 확인할 때 유용하며, 이를 통해 서로 다른 매개변수 또는 상수값이 과정과 역동성에 어떻게 영향을 주는지 추적해 모델의 결과물을 이해할 수 있다. 또한 모델 코드에서 버그를 확인할 때도 유용하며, 각각 입력값을 독립적으로 한 번에 하나씩 또는 함께 여러 값으로 변화시켜 평가할 수 있다. 평가 결과물은 모델 코드를 통해 모델화된 시스템의 어떤 측면이 '측정'되고 보고되어야 할지 결정하는 데 필요한 것들을 강조해 준다는 점에서 중요하다. 모델 결과물의 시각화도 중요하며 변수 그림, 이미지 및 모델의 역동성에 대한 동영상을 이용할 경우 모델 평가에 도움이 될 수 있다.

모델 사용

모델의 평가와 마찬가지로 모델 사용은 모델링의 목적에 따라 달라진다. 예측 목적으로 모델을 사용해 특정 사례에 대한 의사결정 또는 관리를 위해 다양한 시나리오(경계 조건)에 대한 결과를 시뮬레이션할 수 있는 반면, 설명 목적으로 관찰된 패턴을 생성하는 모델 구조를 확인(패턴 지향 모델링)하거나 일반적으로 시스템의 역동성을 탐색(예: 한계 또는 임계값의 존재)하는 데 모델을 사용할 수 있다. 예를 들어, 어떤 산불 시뮬레이션 모델의 경우 점화 및 연소의 물리적 과정을 모델링하고 화재 행위를 가능한 한 정확히 재현해 소방관이 화재가 전파되는 위치와 이에 대처하는 방법을 예측할 수 있도록 한다(Anderson et al., 2007). 대조적으로 생태학자는 식물의 천이와 화재 사이의 관계를 생태적 교란으로 이해하는 데 관심이 있으므로 역동성을 이해하기 위해 과정을 다르게 재현할 것이다(Peterson, 2002). 그러나 두 사례의 공통점은 모델을 여러 번(최대 수천 번) 실행하는 것이며, 각각을 모델 실행이라고 한다. 여러 모델 실행에서 동일한 초기 조건을 사용해 가능한 결과의 범위(예측 모드)를 확인하거나, '시뮬레이션 실험'에서 체계적으로 매개변수를 변경해 시스템의 역동성을 탐색할 수 있다(Peck, 2004; Railsback and Grimm, 2012). 앞의 사례에서 보았듯이 시뮬레이션 모델을 여러 번 실행할 수 있는 기능을 통해 스케일 문제와 미래에 대한 대안적 변화의 궤적을 탐색해 경험적으로는 불가능한 시스템에 대한 실험을 수행할 수 있다. NetLogo에서 'BehaviorSpace'는 대체 매개변수값을 사용해 여러 모델 실행을 구체화하는 데 유용하다(Peterson, 2002).

모델의 적절한 사용과 해석의 핵심은 시뮬레이션 과정을 통해 결과물이 입력과 어떤 관련이 있는지 이해하는 것이다. 모델 결과물과 경험 데이터 또는 이론적 기대치 사이의 불일치로 인해 모델 사용(및 모델 구축 및 평가 단계) 중 이러한 관련성에 대한 의문이 생길 수 있으며, 모델 제작자들은 대체 모델을 고려하기 위해 개념화 단계로 되돌아가기도 한다. 개념화로 돌아가면 모델링이 결코 끝나지 않는 과정이 될 가능성이 있다고 생각할 수 있다. 조금 답답할 수 있지만(박스 24.4), 이는 단순히 과학적 방법론을 이용하기 위한 고민일 뿐이며 궁극적으로 우리의 이해를 지속적으로 개선할 수 있다. 시뮬레이션 모델의 비판가들은 모델을 현실 세계에 대한 이해와 관련이 없는 불완전한 현실의 재현으로 바라볼지 모른다(Goering, 2006; Simandan, 2010). 하지만 이는 이해를 위한 모델링 과정의 귀납적이고 해석학적인 가치를 보지 못하고(Kleindorfer et al., 1998; Peck, 2008), 모델이 세계를 이해하는 데 유용할 수 있으며(Box, 1979), 또는 신뢰할 수 있다는 것(Winsberg, 2010)을 제대로 보지 못한 것이다. 혁신적인 참여형 모델링은 이러한 장점들이 비과학자와 과학자들 모두에게 인정받을 수 있다는 것을 보여 준다(Lane et al., 2011; Souchér et al., 2010). 궁극적으로 모든 모델(지도와 인식 모델 포함)은 현실 세계를 단순화한 것이며, 이를 완벽하게 재현하지는 못한다. 그러나 모델링 과정을 통해 시뮬레이션 모델에 대한 신뢰를 얻는 한(예: 데이터와 이론적 기대치를 대응), 모델은 관측치나 기대치를 만들어 내는 데 필요한 구조를 탐색하고, 다양한 결과를 가져오는 범위가 얼마인지를 탐색할 수 있도록 해 준다.

박스 24.4 시뮬레이션 모델 개발을 위한 조언

알고리즘은 컴퓨터 시뮬레이션 모델의 핵심에 있는 단계별 절차이다. 단계별 방식으로 시뮬레이션 모델을 개발하는 과정을 설명하는 단순한 알고리즘도 가능하지만(예: 그림 24.4), 모델링의 경우 과학일 뿐만 아니라 예술이기도 하며 모든 상황에서 단일한 지침이 적용되지 않는다. 재현할 주요 실세계의 객체, 상호작용 및 과정을 확인하고 컴퓨터 코드에서 어떻게 적절하게 작동하는지 신중하게 고려하기 위해서는 이론과 지식만큼이나 상상력과 경험이 필요하다. 이러한 경험은 개인적으로 얻어야 하지만 몇 가지 조언으로 초보자의 고통과 시간을 다소 줄여 줄 것이다.

- 가능한 한 단순한 모델(즉 재현)에서 시작해 모델을 구축하라. 그러면 오컴의 면도날(Ockham's Razor)을 고수하면서(Wainwright and Mulligan, 2013), 인내심을 최소한으로 유지하는 데 도움이 될 것이다(하지만 인내심을 시험받을 것임).
- 처음부터 목표를 명확히 하라. 이렇게 하면 알고리즘 구현과 씨름하거나 흥미롭고 사소한 모델의 작동을 보면서 몇 시간 동안 호기심 때문에 모델을 가지고 노는 자신을 발견할 것이다. 즉 집중력을 유지할 수 있다. 또한 목표를 명확히 하면 시스템을 개념화하는 데에도 도움이 된다.
- 시스템 개념화에서 모델 경계 및 제약 조건, 주요 객체가 무엇인지(패턴을 생성하는 다양한 것들), 주요 과정이 무엇인지(객체 상태 변화를 유발하는 것), 그리고 이러한 모든 것이 어떻게 연관되어 있는지를 명확히 하라. 이를 통해 어떤 매개변수, 상수 및 변수가 필요한지, 그리고 이들 값을 얻기 위해 어떤 데이터가 필요한지를 이해할 수 있다. 예를 들어, 박스 24.1의 코드에서 다음 내용을 볼 수 있다.
  - 객체: 인구
  - 과정: 인구 증가
  - 초기 조건: 초기 인구 크기(이 경우 4)
  - 매개변수: 증가율
- 새로운 모델링 환경이나 언어를 사용할 경우, 시간을 내어 그게 어떻게 가장 효율적이도록 설계되었는지 알아보고 내장 명령어와 데이터 구조('프리미티브'로 알려져 있음)에 익숙해져라. 이렇게 하면 모델을 코딩할 때 처리 속도를 높여 컴퓨터에서 실행하는 시간을 절약할 수 있다.
- 지금 있는 곳의 사람들에게 조언을 구하라. 다른 사람들이 어떻게 비슷한 시스템을 개념화하고 유사한 코딩 문제를 해결했는지 살펴보고, 인터넷에 있는 많은 프로그래밍 자원을 활용하라. 분명 비슷한 프로그래밍 문제를 가지고 인터넷 포럼에 게시한 사람이 있을 것이다.
- 한 번에 제대로 작동하기를 기대하지 마라. 인내심을 갖고, 목표를 기억하고, 계속 진행해야 한다.

| 요약

모든 유형의 모델처럼, 시뮬레이션 및 복잡성 감소 모델은 모델 제작자의 목적에 따라 다양한 방식으로 도움이 될 수 있는 현실의 단순화된 재현이다. 모델은 단순화된 재현이기 때문에 대상의 특성들을 일부 공유하지만 전부는 아니며, 이에 대한 선택은 에세이를 작성하는 것과 비슷할 수 있다. 모델링과 마찬가지로 에세이 작성 시 강조할 부분과 논의에 할애할 시간을 결정할 때는 주제의 다양한 측면이 가지는 중요성에 대해 고민해야 한다. 에세이 쓰기와 모델링 모두 대상/주제의 여러 측면에 대해 기존의 이해(문헌), 데이터, 자원(연산 기능/단어 제한) 및 모델 제작자/

작가의 목적, 그리고 그들이 탐색하려는 것을 토대로 상대적인 중요도를 산정할 필요가 있다. 시뮬레이션 모델링에서는 모델 경계 내에 어떤 객체와 과정이 포함될 것인지, 목적(예: 설명 또는 예측)에 따라 다른 가중치와 선택으로 객체와 과정을 어떻게 결합할 것인지를 결정해야 한다. 여기에서 설명하는 시뮬레이션 모델의 경우 시공간에서 정적인 상태를 예측하는 것이 아니라 시스템의 역동성과 피드백을 설명하고 조사하는 데 중점을 두고 있다. 이 장은 예측보다는 설명을 위한 모델을 강조했으며, 피드백 루프를 역동적으로 재현하는 데 시뮬레이션이 유용하다는 점을 강조했다. 생애 첫 시뮬레이션 모델을 개발하고, 거기에 무엇을 포함시키고 뺄지를 결정하고, 컴퓨터 코드에서 실제 세계를 재현해 가는 것은 어려운 도전일 수 있다. 그러나 여기에서 논의했던 중첩 루프(지리적 세계의 여러 피드백을 지속적인 성찰적 모델링 과정으로 재현하기 위한 컴퓨터 코드의 반복적 수행)의 필요성과 효용성을 잘 이해한다면 밀링턴(Millington, 2016)을 읽는 것처럼 큰 도움이 될 것이다.

감사의 말

본 원고에 대한 의견과 도움을 주신 닉 클리퍼드(Nick Clifford), 앤드레이어스 바스(Andreas Baas, 그림 24.1 제공), 제이컵 화이트(Jacob White) 및 브린모 손더스(Brynmor Saunders), 그리고 내가 모델링 경력을 쌓는 동안 지원해 주신 많은 동료에게 감사드린다.

심화 읽기자료

웨인라이트와 멀리건(Wainwright and Mulligan, 2013)은 모델링 과정을 포함해 자연지리학자를 위한 다양한 모델링 접근법을 제공하는 좋은 참고서이다. 브래이싱턴과 리처즈(Brasington and Richards, 2007) 및 맬러머드와 바스(Malamud and Baas, 2013)는 지형 시스템 모델링을 구체적으로 다루고, 웨인라이트와 밀링턴(Wainwright and Millington, 2010)은 행위자 기반 모델링을 지형 모델과 결합하는 접근법의 사례를 보여 준다. 그림과 레일스백(Grimm and Railsback, 2012)은 행위자 기반 및 개별 기반의 모델링을 포괄적으로 소개한다. 마지막으로 이 장 전체에서 설명한 바와 같이 오설리번과 페리(O'Sullivan and Perry, 2013a)는 지리 및 생태 시스템의 패턴과 과정을 조사하기 위한 시뮬레이션 모델을 사용하는 방법을 소개하며, NetLogo(Willensky, 1999)를 사용하기 위한 여러 사례와 다양한 지리적 시스템을 조사할 수 있는 여러 구성 요소 모델을 제공한다.

참고문헌

Anderson, K., Reuter, G. and Flannigan, M.D. (2007) 'Fire-growth modelling using meteorological data with random and systematic perturbations', *International Journal of Wildland Fire* 16: 174-82.

Baas, A.C.W. (2002) 'Chaos, fractals and self-organization in coastal geomorphology: Simulating dune landscapes in vegetated environments', *Geomorphology* 48: 309-28.

Bithell, M., Brasington, J. and Richards, K. (2008) 'Discrete-element, individual-based and agent-based models: Tools for interdisciplinary enquiry in geography?', *Geoforum* 39: 625-42.

Box, G.E.P. (1979) 'Robustness in the strategy of scientific model building', in R.L., Launer and G.N. Wilkinson (eds) *Robustness in Statistics*. New York, NY: Academic Press. pp.201-36.

Brasington, J. and Richards, K. (2007) 'Reduced-complexity, physically-based geomorphological modelling for catchment and river management', *Geomorphology* 90: 171-7.

Brown, J.D. (2004) 'Knowledge, uncertainty and physical geography: Towards the development of methodologies for questioning belief', *Transactions of the Institute of British Geographers* 29: 367-81.

Clifford, N.J. (2008) 'Models in geography revisited', *Geoforum* 39: 675-86.

Coulthard, T.J., Hicks, D.M. and Van De Wiel, M.J. (2007) 'Cellular modelling of river catchments and reaches: Advantages, limitations and prospects', *Geomorphology* 90: 192-207.

Coulthard, T.J., Macklin, M.G. and Kirkby, M.J. (2002) 'A cellular model of Holocene upland river basin and alluvial fan evolution', *Earth Surface Processes and Landforms* 27: 269-88.

Goering, J. (2006) 'Shelling Redux: How sociology fails to make progress in building and empirically testing complex causal models regarding race and residence', *Journal of Mathematical Sociology* 30: 299-317.

Grimm, V., Berger, U., DeAngelis, D.L., Polhill, J.G., Giske, J. and Railsback, S.F. (2010) 'The ODD protocol: A review and first update', *Ecological Modelling* 221: 2760-8.

Grimm, V. and Railsback, S.F. (2012) 'Pattern-oriented modelling: A "multi-scope" for predictive systems ecology', *Philosophical Transactions of the Royal Society B: Biological Sciences* 367: 298-310.

Grimm, V. and Railsback, S.F. (2013a) *Individual-based Modeling and Ecology*. Princeton: Princeton University Press.

Grimm, V. and Railsback, S.F. (2013b) 'Introduction',in V. Grimm and S.F. Railsback (eds) *Individual-based Modeling and Ecology*. Princeton: Princeton University Press. pp.3-21.

Grimm, V., Revilla, E., Berger, U., Jeltsch, F., Mooij, W.M., Railsback, S.F., Thulke, H.H., Weiner, J., Wiegand, T. and DeAngelis, D.L. (2005) 'Pattern-oriented modeling of agent-based complex systems: Lessons from ecology', *Science* 310, 987-91.

Hacking, I. (1995) 'The looping effects of human kinds', in D. Sperber, D. Premack, and A.J. Premack (eds) *Causal Cognition: A Multidisciplinary Approach*. Oxford: Oxford University Press. pp.351-83.

Harrison, S. (2001) 'On reductionism and emergence in geomorphology', *Transactions of the Institute of British Geographers* 26: 327-39.

Heppenstall, A.J., Crooks, A.T., See, L.M. and Batty, M. (2012) *Agent-Based Models of Geographical Systems*. London: Springer.

HilleRisLambers, R., Rietkerk, M., van den Bosch, F., Prins, H.H. and de Kroon, H. (2001) 'Vegetation pattern formation in semi-arid grazing systems', *Ecology* 82: 50-61.

Keeley, J.E. and Zedler, P.H. (2009) 'Large, high-intensity fire events in southern California shrublands: Debunking the fine-grain age patch model', *Ecological Applications* 19: 69-94.

Kleindorfer, G.B., O'Neill, L. and Ganeshan, R. (1998) 'Validation in simulation: Various positions in the philosophy of science', *Management Science* 44: 1087-99.

Lane, S.N. (2001) 'Constructive comments on D Massey - "Space-time, 'science' and the relationship between physical geography and human geography"', *Transactions of the Institute of British Geographers* 26: 243-56.

Lane, S.N., Bradbrook, K.F., Richards, K.S., Biron, P.A. and Roy, A.G. (1999) 'The application of computational fluid dynamics to natural river channels: Three-dimensional versus two-dimensional approaches', *Geomorphology* 29: 1-20.

Lane, S.N., Odoni, N.A., Landström, C., Whatmore, S.J., Ward, N. and Bradley, S. (2011) 'Doing flood risk science differently: An experiment in radical scientific method', *Transactions of the Institute of British Geographers* 36: 15-36.

Liu, J. and Ashton, P.S. (1995) 'Individual-based simulation models for forest succession and management', *Forest Ecology and Management* 73: 157-75.

Loepfe, L., Martinez-Vilalta, J., Oliveres, J., Piñol, J. and Lloret, F. (2010) 'Feedbacks between fuel reduction and landscape homogenisation determine fire regimes in three Mediterranean areas', *Forest Ecology and Management* 259: 2366-74.

Malamud, B.D. and Baas, A.C.W. (2013) 'Nine considerations for constructing and running geomorphological models', in A.C.W. Baas (ed.) *Quantitative Modeling of Geomorphology* (Treatise on Geomorphology, vol. 2). San Diego: Academic Press. pp.6-28.

Millington, J.D.A. (2016) 'Simulation and Reduced Complexity Models', in N. Clifford et al. (2016) *Key Methods in Geography*. London: Sage pp.119-59.

Millington, J.D.A., O'Sullivan, D. and Perry, G.L.W. (2012) 'Model histories: Narrative explanation in generative simulation modelling', *Geoforum* 43: 1025-34.

Millington, J.D.A., Romero Calcerrada, R. and Demeritt, D. (2011) 'Participatory evaluation of agent-based land-use models', *Journal of Land Use Science* 6: 195-210.

Millington, J.D.A., Romero-Calcerrada, R., Wainwright, J. and Perry, G.L.W., (2008) 'An agent-based model of Mediterranean agricultural land-use/cover change for examining wildfire risk', *Journal of Artificial Societies and Social Simulation* 11 (4): 4. http://jasss.soc.surrey.ac.uk/11/4/4.html.

Millington, J.D.A., Wainwright, J., Perry, G.L.W., Romero Calcerrada, R. and Malamud, B.D. (2009) 'Modelling Mediterranean landscape succession-disturbance dynamics: A landscape fire-succession model', *Environmental Modelling & Software* 24: 1196-1208.

Millington, J.D.A, Walters, M.B., Matonis, M.S. and Liu, J. (2013) 'Filling the gap: A compositional gap regeneration model for managed northern hardwood forests', *Ecological Modelling* 253: 17-27.

Mulligan, M. and Wainwright, J. (2013) 'Modelling and model building', in J. Wainwright, and M. Mulligan (eds) *Environmental Modelling: Finding Simplicity in Complexity*. Chichester: Wiley. pp.7-26.

Murray, A.B. (2007) 'Reducing model complexity for explanation and prediction', *Geomorphology* 90: 178-91.

Murray, A.B. and Paola, C. (1994) 'A cellular model of braided rivers', *Nature* 371: 54-7.

Nicholas, A.P., Sandbach, S.D., Ashworth, P.J., Amsler, M.L., Best, J.L., Hardy, R.J., Lane, S.N., Orfeo, O., Parsons, D.R. and Reesink, A.J. (2012) 'Modelling hydrodynamics in the Rio Paraná, Argentina: An evaluation and intercomparison of reduced-complexity and physics based models applied to a large sand-bed river', *Geomorphology* 169: 192-211.

Nield, J.M. and Baas, A.C. (2008) 'Investigating parabolic and nebkha dune formation using a cellular automaton modelling approach', *Earth Surface Processes and Landforms* 33: 724-40.

O'Sullivan, D. and Perry, G.L.W. (2013a) *Spatial Simulation: Exploring Pattern and Process*. Chichester: Wiley-

Blackwell.

O'Sullivan, D. and Perry, G.L.W. (2013b) 'Weaving it all together', in D. O'Sullivan and G.LW. Perry (eds) *Spatial Simulation: Exploring Pattern and Process.* Chichester: Wiley-Blackwell. pp.229-64.

Odoni, N.A. and Lane, S.N. (2011) 'The significance of models in geomorphology: From concepts to experiments', in K.J. Gregory and A.S. Goudie (eds) *The SAGE Handbook of Geomorphology.* London: Sage. pp. 154-173.

Oreskes, N., Shrader-Frechette, K. and Belitz, K. (1994) 'Verification, validation, and confirmation of numeric models in the earth sciences', *Science* 263: 641-6.

Pacala, S.W., Canham, C.D., Saponara, J., Silander, J.A., Kobe, R.K. and Ribbens, E. (1996) 'Forest models defined by field measurements: Estimation, error analysis and dynamics', *Ecological Monographs* 66: 1-43.

Peck, S.L. (2004) 'Simulation as experiment: A philosophical reassessment for biological modelling', *TRENDS in Ecology and Evolution* 19: 530-4.

Peck, S.L. (2008) 'The hermeneutics of ecological simulation', *Biology & Philosophy* 23: 383-402.

Perry, G.L.W. and Millington, J.D.A. (2008) 'Spatial modelling of succession-disturbance dynamics in forest ecosystems: Concepts and examples', *Perspectives in Plant Ecology, Evolution and Systematics* 9: 191-210.

Peterson, G.D. (2002) 'Contagious disturbance, ecological memory, and the emergence of landscape pattern', *Ecosystems* 5: 329-38.

Piñol, J., Beven, K. and Viegas, D.X. (2005) 'Modelling the effect of fire-exclusion and prescribed fire on wildfire size in Mediterranean ecosystems', *Ecological Modelling* 183: 397-409.

Railsback, S.F. and Grimm, V. (2012) *Agent-Based and Individual-Based Modeling: A Practical Introduction.* Princeton, NJ: Princeton University Press.

Reddy (2011) http://dx.doi.org/10.1007/978-90-481-8702-7_37

Richards, K.S. (1990) '"Real" geomorphology', *Earth Surface Processes and Landforms* 15: 195-7.

Rykiel, E.J. (1996) 'Testing ecological models: The meaning of validation', *Ecological Modeling* 90, 229-44.

Scheller, R.M. and Mladenoff, D.J. (2007) 'An ecological classification of forest landscape simulation models: Tools and strategies for understanding broad-scale forested ecosystems', *Landscape Ecology* 22: 491-505.

Simandan, D. (2010) 'Beware of contingency', *Environment and Planning D: Society & Space* 28: 388-96.

Souchère, V., Millair, L., Echeverria, J., Bousquet, F., Le Page, C. and Etienne, M. (2010) 'Co-constructing with stakeholders a role-playing game to initiate collective management of erosive runoff risks at the watershed scale', *Environmental Modelling & Software* 25: 1359-70.

Stott, T. (2010) 'Fluvial geomorphology', *Progress in Physical Geography* 34 (2): 221-45.

Torrens, P.M. (2012) 'Moving agent pedestrians through space and time', *Annals of the Association of American Geographers* 102: 35-66.

Tucker, G.E. and Hancock, G.R. (2010) 'Modelling landscape evolution', *Earth Surface Processes and Landforms* 35: 28-50.

Van De Wiel, M.J., Coulthard, T.J., Macklin, M.G. and Lewin, J. (2007) 'Embedding reach-scale fluvial dynamics within the CAESAR cellular automaton landscape evolution model', *Geomorphology* 90: 283-301.

Wainwright, J. (2008) 'Can modelling enable us to understand the role of humans in landscape evolution?',

Geoforum 39: 659-74.

Wainwright, J. and Millington, J.D.A. (2010) 'Mind, the gap in landscape-evolution modelling', *Earth Surface Processes and Landforms* 35: 842-55.

Wainwright, J. and Mulligan, M.(eds) (2013) *Environmental Modelling: Finding Simplicity in Complexity*. Chichester: Wiley.

Wilensky, U. (1999) 'NetLogo' http://ccl.northwestern.edu/netlogo (accessed 25 November 2015).

Winsberg, E. (2010) *Science in the Age of Computer Simulation*. Chicago: Chicago University Press.

공식 웹사이트

이 책의 공식 웹사이트(study.sagepub.com/keymethods3e)에서 이 장과 관련한 비디오, 연습, 자료 및 링크들을 확인할 수 있으며, 부가적으로 다음 논문들도 무료로 이용할 수 있음.

1. O'Sullivan, D. (2008) 'Geographical information science: Agent-based models', *Progress in Human Geography*, 32 (4): 783-91.
- 이 논문에서는 지리적 과정 및 패턴 재현에 대한 의미를 고려해 행위자 기반 시뮬레이션 모델을 구현하는 다양한 접근 방식을 검토한다.

2. Stott, T. (2010) 'Fluvial geomorphology', *Progress in Physical Geography*, 34(2): 221-45.
- 이 논문은 하천 및 유역 관리를 위한 복잡성 감소 지형 모델링에 대한 개요를 제공하며, 다른 접근 방식과의 관련성에 대해 논의한다.

25

원격 탐사와 위성 지구 관측

개요

지구 관측은 원격 탐사 기법으로 우주에서 지구를 연구하는 것을 설명하는 데 사용되는 용어이다. 이러한 '환경 원격 탐사'는 지구 환경과 상호작용을 통해 자연적 또는 인위적으로 생성된 전자기 복사 에너지를 측정함으로써 먼 거리에서 지구에 대한 정보를 수집하는 방법으로 정의할 수 있다. 지구 궤도 위성은 지구 원격 탐사 자료를 수집하는 데 가장 일반적으로 사용되는 플랫폼이지만 항공기 탑재 기기 또는 지상 기반 센서도 사용된다. 간단한 방정식에서 수만 줄의 컴퓨터 코드로 구성된 매우 복잡한 '검색 알고리즘'에 이르기까지 수많은 기술이 전처리된 원격 탐사 영상과 자료로부터 지구 시스템에 대한 새로운 자료와 정보를 생성할 수 있도록 해 준다. 이 장에서 설명된 지구 관측 분야의 발전은 비교적 초창기에 해당하며, 최근에는 여러 기술들과 결합하면서 특히 위성의 기능적 측면에서 빠르게 진화하고 있다.

이 장의 구성

- 서론
- 원격 탐사 기초
- 지구 관측 미션과 이용
- 지구 관측 미션, 센서, 플랫폼의 개발
- 지구 관측을 위한 영상 처리
- 행성 지구 미션
- 결론

25.1. 서론

지구 관측(earth observation)은 일반적으로 원격 탐사 기법을 사용해 우주에서 지구를 연구하는 것을 말한다. 원격 탐사(remote sensing)는 현지 또는 야외 측정과 확실히 비교되는 '대상물과 물리적으로 접촉하지 않은 기기에서 수집한 자료 분석을 통해 대상에 대한 정보를 얻는 방법'으로 정의되어 왔다. 최근에는 원격 탐사의 개념이 특히 가시광선과 다른 영역의 파장을 포함한 전자기 복사(ElectroMagnetic Radiation)의 적용과 관련되며, 조사 대상 물체의 속성을 '탐지'하는 것으로 사용된다. 이는 인간의 두뇌가 주변 환경에 대한 정보를 추출하기 위해 주변 세계를 색상 이미지로 구성하는 것과 같이, 인간의 시각 체계가 가시광선을 '감지'하는 방식과 유사하다. 지구 관측은 물체의 온도와 관련된 정보를 가진 열적외선 복사와 같이 가시광선 이외의 전자기파 복사를 측정할 수 있는 기기로, 인간의 시각 체계를 대체할 수 있다. 지구 관측은 지구 표면, 물, 대기 환경을 대상으로 하지만, 여러 응용 분야에서 수집된 전자기 복사 신호를 처리하고 해석하는 데에는 많은 기법이 사용된다. 실제로 많은 기법이 천문학이나 우주과학과 같은 다른 원격 탐사 응용 분야에서 사용되는 것과 매우 유사하다.

원격 탐사는 연구 대상 물체와 상호작용하기 전에 감지 기기에서 전자기 복사 신호를 방출하는 능동적 접근 방식과 태양광 또는 열적외선 복사와 같이 측정 대상 물체에서 자연적으로 방출하는 전자기 복사를 이용하는 수동적 방식으로 분류된다. 따라서 지구 관측은 대체로 지구 환경과 상호작용하는 자연적으로 발생하거나 인위적으로 생성된 전자기 복사를 측정해 먼 거리에서 지구에 대한 정보를 수집하는 접근 방식'으로 정의할 수 있다.

25.2. 원격 탐사 기초

지구 관측은 전자기 복사 측정에 초점을 맞추기 때문에 지구 관측 기법과 원격 탐사 자료의 효과적 사용에 대한 이해가 중요하다. 전자기 복사는 원자 및 분자 에너지 준위의 변화와 같이 실세계에서 발생하는 자연적 메커니즘뿐 아니라 핵 반응(예: 태양)과 같은 더 극단적인 환경에 의해서도 생성된다. 1860년대 영국의 물리학자 맥스웰(James Maxwell)은 전자기 복사를 전파 방향에 수직인 방향으로 크기가 변하는 수직 전기장 및 자기장으로 개념화했는데, 이 개념은 환경 원격 탐사 기법의 적용 과정에 대한 이해를 위해 종종 사용된다. 전자기파의 파장은 연속적인 파장 사이의 거리로 간주되며 전자기파는 진공 상태에서 초당 3억m를 이동하는 빛의 속도(c)로 전파된다(그림 25.1a). 전체 전자기 스펙트럼은 전자기 복사의 가능한 모든 파장을 포함하며 여러 파장 영역으로 세분되는데, 예를 들어 가시광선 복사의 파장 범위는 0.38~0.75μm(1μm=1/1,000,000m), 적외선 복사 범위는 0.7~1,000μm이다. 적외선 영역은 더 세분화되는데, 근적외선(Near Infra Red) 영역은 적색 파장보다 약간 더 긴 파장의 영역이며(0.75~1.0㎛), 상당량의 근적외선 전자기 복사는 태양으로부터 지구에 도달한다. 반대로, 이보다 파장이 더 긴 열적외선(Thermal Infra Red) 영역(3~1,000㎛)의 방출원은 일반적으로 지구 자체이다. 이러한 열적외선 파장에서 이루어진 측정은 방출 표면의 운동 온도와 관련이 있는 열적외선 '밝기 온도'의 측정을 통해 변환할 수 있다. 전자기 복사의 영역에는 가시광선 및 적외선 영역보다 더 짧거나(예: 자외선) 더 긴(예: 마이크로파) 파장도 존재한다(그림 25.1b).

지구 대기를 통과하는 투과력 등에 따라 전자기 스펙트럼의 다양한 파장은 지구 관측에 동일하게 사용되지 않는다. 대기를 매우 효과적으로 통과하는 전자기 스펙트럼 영역을 '대기의 창(atmospheric window)'이라고 하며, 이는 지표면과 수면에 대한 대부분의 원격 탐사가 이루어지는 파장 영역이다. 대기의 창 이외의 전자기 스펙트럼 영역은 습도, 온도, 압력, 특정 대기 가스의 농도와 같은 지구 대기 자체의 구성과 관련된 정보를 얻기 위한 목적으로 이용될 수 있다. 지구 관측에서 근본적으로 중요한 것은 전자기 스펙트럼의 다양한 파장 영역이 매우 다양한 지구 시스템 특성을 조사하는 데 사용될 수 있다는 사실이다. 수동 원격 탐사 측면에서 태양은 전자기 스펙트럼의 자외선, 가시광선, 근적외선, 중적외선 부분(약 3.5㎛ 이상에서는 점점 약해져 무시할 수 있는 정도임)의 주요 공급원인 반면, 약 3㎛보다 긴 파장에서 측정된 거의 모든 전자기 복사는 지구 자체의 열 방출에서 기원한다(그림 25.2). 대부분의 능동 원격 탐사는 전자기 스펙트럼의 마이크로파 영역(예: RADAR)에 이루어지지만, 일반적으로 근적외선 또는 단파 적외선 영역에서 작동하는 레이저 기반 기기(예: LIDAR)도 점점 더 많이 사용되고 있다.

전자기 복사가 지구 시스템의 구성 요소(예: 육지의 식생과 토양, 해양의 물, 대기의 기체)와 만나면 일반적으로 원자 또는 분자 수준에서 물질과 상호작용할 수 있다. 이러한 상호작용은 전자기 복

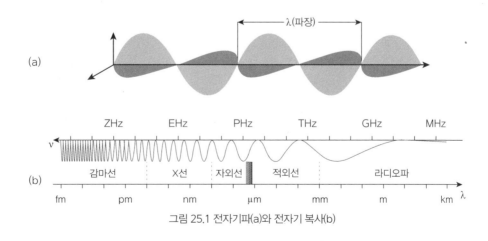

그림 25.1 전자기파(a)와 전자기 복사(b)

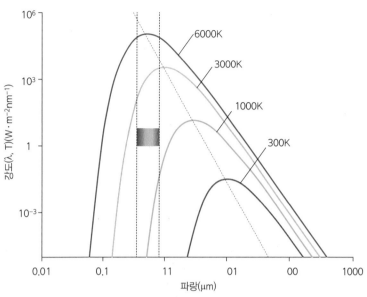

그림 25.2 온도와 파장 사이의 함수인 플랑크 흑체 복사(Planck's black body radiation)의 파장대별 강도 분포

사 파장에 따라 달라지며, 전자기 스펙트럼 에너지의 특정 파장은 반사, 산란, 투과, 흡수될 수 있다. 능동 원격 탐사에서 관찰 장비에 의한 측정은 인위적으로 생성되어 투과된 전자기 복사 파동의 일부분이 대상 지역으로부터 반사되어 센서에 다시 수신되는 과정이다. 수동 원격 탐사에서는 자연적(반사된 태양광 또는 지구에서 열로 방출된 복사)으로 발생한 전자기 복사로 측정하며 분석은 다양한 대기 또는 표면에서 감지된 전자기 복사의 양이 어떻게 변화했는지, 그리고 특정 파장의 기록과는 어떻게 다른지 등에 대한 조사에 기초를 둔다. 일반적으로 특정 파장 또는 파장 영역에 존재하는 특징적인 '스펙트럼 신호'를 식별해 대상이 되는 다양한 지구 시스템의 특성을 조사할 수 있다. 예를 들어, 열적외선 스펙트럼 영역의 다양한 파장에서 측정된 밝기 온도를 통해 지구 표면 및 대기 온도에 대한 정보를 유추할 수 있다. 마찬가지로, 가시광선에서 단파 적외선 파장까지의 전자기 복사에 대한 원격 탐사 측정은 파장대별로 물체에 입사된 태양 복사의 반사 비율인 '반사 스펙트럼(reflectance spectrum)'으로 변환되어 대상 물체의 유형이나 속성을 유추할 수 있다(그림 25.3).

실제 대부분 지구 관측 장비는 그림 25.3에 표시된 유형의 연속적인 스펙트럼 기록이 아닌 다중분광(multi-spectral) 측정을 수행하므로, 연속적인 파장 범위가 아닌 몇 개의 서로 다른 파장 대역(파장 범위)에서 측정한다. 보다 복잡한 하이퍼분광(hyperspectyral) 기기는 일반적으로 수십에서 수천 개의 서로 다른 파장 대역에서 측정을 수행하며, 각각의 파장 범위는 매우 좁다. 더 세부적인 분광 측정은 측정된 스펙트럼에서 추출할 수 있는 정보를 더 명확하게 할 수 있다. 예를 들어, '빨간색'(예:

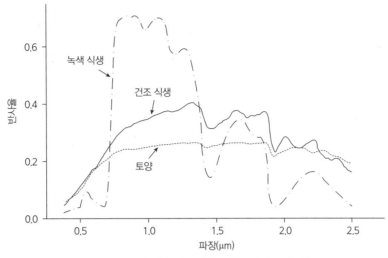

그림 25.3 녹색 식생, 건조 식생, 토양의 반사 스펙트럼

출처: Clark et al., 1999

0.62~0.75μm)과 근적외선(예: 0.78~1.0μm) 파장 대역에서만 측정해 식생을 관찰하는 기기는 단순히 살아 있는 식물과 죽은 식물만을 구별할 수 있는 반면, 가시광선 및 근적외선 영역의 여러 파장 대역을 측정하는 기기는 광범위한 식생의 유형(예: 초지나 소림의 식생)을 구분할 수도 있다. 한편, 하이퍼분광 기기로 수집된 자료는 잎 색소 농도와 같은 상세한 생물리적 특성을 추정하는 데 사용할 수 있다. 초기의 원격 탐사 기능은 인간의 눈보다 효과적이지 않아서 유용성에 문제가 제기되었지만, 이후에는 단순 다중분광 측정 영상 기능과 결합되면서 지구 전체를 포함한 넓은 지역에 대해 매우 빠르고 반복적으로 정보를 제공할 수 있는 강력한 시스템으로 변화했다. 이러한 시스템은 산림 파괴의 경향이나 가뭄에 의한 작물 재배 지역의 반응을 조사하는 데 사용할 수 있다. 또한 하이퍼분광 영상 시스템은 세부적인 생물리적 특성에 기반해 앞으로 개별 식물 종을 구별하는 데 사용할 수 있는 강력한 기능도 제공한다.

25.3. 지구 관측 미션과 이용

이미 언급했듯이 원격 탐사 기기는 일반적으로 항공기에 장착되지만, 목표에 근접해 자료를 수집하기 위해 사용하는 휴대용 기기도 많이 있다. 그러나 이 장의 나머지 부분에서는 현재 지구 원격 탐사 자료의 수집에 가장 일반적으로 사용되는 플랫폼인 지구 궤도 위성에 의한 관측에 초점을 둔다. 현재 미국항공우주국(National Aeronautics and Space Administration: NASA), 유럽우주국(European Space Agency: ESA)과 같은 정부 및 우주 기관이나 민간 기업에서 발사한 지구 시스템에 대한 여러 정보를 수집하는 수백 개의 지구 관측 위성이 있다. 이들 위성은 수년 동안 멈추지 않고 지속적으로 작동하고, 궤도 위성 자체보다 훨씬 더 많은 일들과 관련되기 때문에 종종 지구 관측 '미션(mission)'이라 불린다. 많은 사람은 구글어스(Google Earth)와 빙맵(Bing Map)과 같은 애플리케이션에서 사용되는 '트루 컬러' 이미지 형태를 통해 위성 '지구 관측'과 주로 접하기 때문에 이러한 미션이 제공하는 기능에 대해 충분히 알지 못하는 경우가 많다. 이러한 유형의 영상은 일반적인 사진과 동일한 가시광선 파장으로 수집되기 때문에 항공사진과 매우 유사하지만 현재는 지구 위 수백 킬로미터를 공전하는 위성에서 촬영된다. 이미 논의했듯이 일반적인 사진이 조사할 수 없는, 전자기 스펙트럼의 가시광선 영역 외부의 파장에서 작동하는 센서와 긴 특정 단면 또는 개별 지점에서만 중요한 정보를 획득하는 센서를 통한 영상 정보가 제공된다.

지구 관측 단면 기법의 예로, NASA와 프랑스 우주 기관 CNES 간의 공동 미션인 CALIPSO 위성은 위성 아래 좁은 부분에 레이저 광선을 장착한 기기를 사용한다. 지구의 기상, 기후, 대기 질을 조절하는 역할을 하는 공기 중의 입자와 구름에 의해 산란되어 되돌아오는 우주 라이다를 활용한 원격 탐사를 사용한다(그림 25.4a). 반대로, 일본의 GOSAT(Greenhouse gases Observing SATellite)은 대기 중 이산화탄소와 메탄이 강하게 흡수되는 파장을 포함한 반사된 햇빛과 열 방출 복사를 모두 측정하기 위해 지구상의 개별 지점을 대상으로 수동 원격 탐사 접근 방식을 사용한다. 이러한 특정 파장 영역에서 센서에 얼마나 많은 전자기 복사가 도달하는지 평가함으로써 대상 위치에서 이산화탄소 및 메탄의 '전체 대기 기둥' 양과 관련된 지구 관측 '결과'를 제공할 수 있다(그림 25.4b).

위에서 강조한 '과학적' 지구 관측 미션 유형의 자료와 Landsat, MODIS(Moderate Resolution Imaging Spectroradiometer), Sentinel-2 MSI, SLSTR(Sentinel-3 Sea and Land Surface Temperature Radiometer)와 같은 가장 널리 사용되는 중간 이상 해상도(10~1,000m)를 가진 지구 관측 다중분광 '이미저(Imager)'는 온라인 데이터베이스(ladsweb.nascom.nasa.gov, scihub.copernicus.eu/dhus)를 통해 무료로 제공된다. 이들 데이터는 상대적으로 원자료 상태의 원격 탐사 영상이거나 전처리(pre-processing) 작업이 된 데이터[예: 분광 반사율 값 또는 적외선 밝기 온도, 이와 관련한 필요한 정보(예: 산림 피복 지도 또는 해수면 온도 지도)를 추출하기 위해서는 숙련된 사용자의 후속 처리 작업이 여전히 필요함]일 수 있으며, 또는 컴퓨터 기반 알고리즘을 사용해 지구에 대한 지구 물리 정보로 변환된 '더 높은 수준의 결과물'일 수 있다. 이러한 국가 및 국제 우주 기관에서 운영하는 과학적 지구 관측 미션 외에도, 비용을 지불한 사용자에게 20cm 정도의 작은 물체를 식별할 수 있는

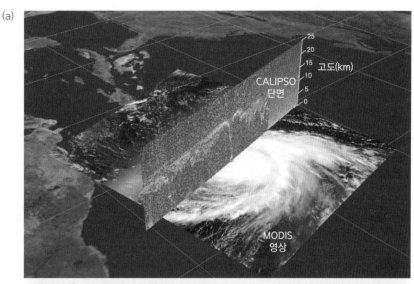

(a)

고도(km)
25
20
15
10
5
0

CALIPSO
단면

MODIS
영상

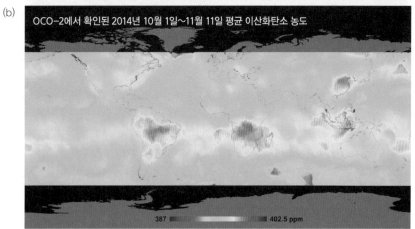

(b)

OCO-2에서 확인된 2014년 10월 1일~11월 11일 평균 이산화탄소 농도

387 ▬▬▬▬ 402.5 ppm

그림 25.4 (a) CALIPSO 위성의 지구 관측 단면 기법 사례, (b) GOSAT에서 관측된 평균 이산화탄소 농도

높은 공간 해상도 영상을 제공하는 상업용 위성의 수가 증가하고 있다. 이러한 공간 해상도가 매우 높은 영상은 TV 방송, 신속한 지도 작업에 관심이 있는 정부 기관, 자연재해와 같이 급변하는 상황에 대한 대응 계획을 위해 자주 사용된다(그림 25.5).

이미 처리된 '지구 관측 결과물'의 공급과 데스크톱 컴퓨터, 영상 처리, 스펙트럼 분석 소프트웨어의 성능 향상에 따라 과학 및 상업용 지구 관측 자료의 이용 가능성이 증가함과 동시에 비용은 감소했다. 이는 과거 제한된 수의 전문가에게 국한되었던 지구 관측 자료에 대한 접근이 현재 많은 사람에게 개방되었음을 의미한다. 이로 인해 일기 예보에 사용되는 전통적인 원격 탐사 위성을 넘어 광

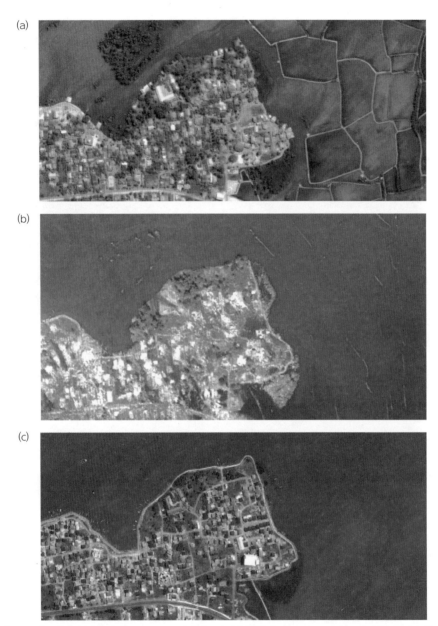

그림 25.5 인도네시아 반다 아체(Banda Aceh)에서 2004년 박싱 데이(Boxing Day) 쓰나미 (a) 전, (b) 후, (c) 복구된 2009년의 고해상도 QuickBird 영상

범위한 과학 연구 및 환경 모니터링 프로그램에서 이러한 데이터의 사용이 증가했으며, 자연지리학 및 인문지리학에 걸쳐 매우 다양한 응용 분야에 활용되었다. 다음 절에서는 이러한 다양한 기능들이 어떻게 나타났는지에 대한 몇 가지 배경을 설명한다.

25.4. 지구 관측 미션, 센서, 플랫폼의 개발

원격 탐사 기기 및 플랫폼 개발의 역사를 간략히 살펴보면 지난 반세기 동안 이루어진 급속한 기술 발전을 이해할 수 있으며, 현재는 많은 분야에서 지구 관측 위성 기술이 널리 사용되고 있다. 기구에서 최초로 항공사진이 촬영된 1858년 이전인 1820~1830년대에 개발된 원격 탐사의 첫 형태는 사진이었다. 1930년대 이후에는 컬러 사진이 시작되었고, 첫 지구 궤도 위성인 Sputnik-1은 1957년 구소련이 발사했다. 이로써 지구를 도는 우주선을 통해 요충지의 군사 정보 사진 수집이 가능하게 되었고, 미국에서는 1960년에 처음으로 위성 정보 사진이 획득되었다. 당시부터 이후 10년 이상 동안, 이러한 초기 '지구 관측' 시스템은 태평양 상공의 항공기에서 촬영된 후 지구 대기로 재진입한 필름 캡슐에 의존했다. 전통적 사진 기술의 첨단 버전에 의존한 초기 지구 관측 미션은 적군의 비행기와 탱크의 수를 세는 것과 같은 정보 수집(그림 25.6a)을 위해서는 상세한 공간 정보를 제공해 왔으나, 일기 예보와 같은 응용 분야에는 질 낮은 공간 정보만을 제공했다. 기상 분야 응용을 위한 최초의 민간 지구 관측 미션은 1960년에 흑백 지구 영상(그림 25.6b)을 제공하도록 개량된 텔레비전 카메라를 통해 이루어졌다.

주로 군사 및 기상 목적이었던 지구 궤도 미션의 초기 개발 이후, 환경 지구 관측 분야에서 가장 중요한 단일 시리즈의 원격 탐사 인공위성으로 평가받는 Landsat 미션 시리즈 중 첫 번째 발사인 1972년 발사와 같이 센서와 위성의 발전은 10년도 채 걸리지 않았다. Landsat 시리즈는 더욱 정밀한 다중분광 영상 기능을 추가해 15~30m의 공간 해상도로 다중 스펙트럼 영상을 기록하는 여덟 개 파장

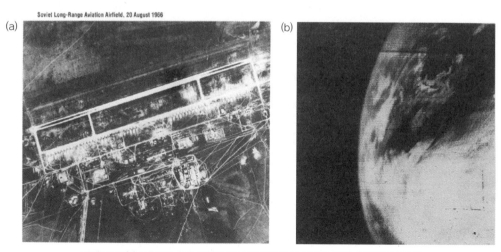

그림 25.6 (a) 1966년 소련 장거리 항공 비행장의 CORONA 영상, (b) TIROS 영상

그림 25.7 경작지, 산림, 도시의 Landsat 합성 영상

대의 Operational Land Imager(OLI)와 100m의 공간 해상도로 지표 기온에 대한 정보를 장파 적외선 스펙트럼 영역에 기록하는 2개 파장대의 열적외선 센서(Thermal InfraRed Sensor)를 탑재하고 2013년에 발사된 Landsat-8과 함께 현재까지 이어지고 있다. Landsat의 다중분광 영상은 시각적으로 해석할 수 있는 지구 표면의 다양한 속성을 반영하는 컬러 합성물(그림 25.7)을 만드는 데 자주 사용되며, 특정 토지 피복 또는 토지 이용 유형(예: 나지, 산림, 수역, 경작지 등)으로 분류되는 각 픽셀의 반사 스펙트럼이 있는 지역에 대한 토지 피복 및 토지 이용 지도 제작과 같은 주요 응용 분야에 사용된다.

　Landsat과 같이 대부분의 지구 관측 미션은 일반적으로 지구 표면에서 대체로 1,000km 이하 고도의 저궤도에 배치되며, 대체로 지구가 그 아래에서 동서로 회전하는 동안에 남북 또는 남북에 가까운 방향을 돌고 있다. 마찬가지로 '극궤도' 지구 관측 미션과 같은 유형은 개별적으로 획득된 영상의 구역에 맞춰서 몇 시간, 며칠 또는 몇 주에 걸쳐 전체 지구 표면을 포함한 자료를 제공할 수 있다. 또한 우주선이 공전하는 데 정확히 24시간이 걸리는 적도에서 대략 36,000km 상공에 있는 정지 궤도 위성(geostationary orbit satellite)도 선택적으로 사용될 수 있다. 정지 궤도 위성은 지구 표면의 관찰자에게 고정된 것처럼 보이며, 이는 자료의 시간적 해상도(동일 구역에서 획득된 연속 영상 사이의 시간)가 각 영상을 획득하는 데 걸리는 시간에 의해서만 제한된다는 것을 의미하므로, 갱신된 정보가 신속하게 제공될 수 있다. 정지 궤도는 날씨 및 식생 화재와 같이 빠르게 변화하는 현상을 추적하기 위해 아프리카와 유럽을 포함한 '지구 반원'의 자료가 15분마다 제공되는 European Meteosat과 같은 기상 위성 미션에 일반적으로 사용된다(그림 25.8). 그러나 정지 궤도의 조건인 지구로부터

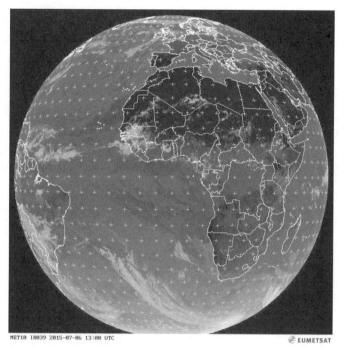

그림 25.8 정지 궤도 기상 위성인 European Meteosat 영상

거리가 멀다는 것은 센서가 대체로 매우 낮은 공간 해상도의 영상을 제공한다는 것을 의미한다. 실제로 각 '지상 픽셀'은 대개 3×3km 이상의 크기에 해당한다. 하나의 정지 궤도 위성 센서는 전체 지구를 볼 수는 없지만, 대신 동일한 지구의 반구는 계속 볼 수 있으며, 획득한 영상에 표시된 지구 반원의 가장자리 부근은 상당한 왜곡이 나타난다. 앞서 언급한 가장자리 왜곡이 발생하는 고위도를 제외한 지구 대부분 지역은 전형적인 고리 구조를 이룬 4~5개의 정지 위성(geostationary satellite)에 의해 연속적인 자료가 제공되고 있으며, 이는 구름이나 지표 기온과 같이 빠르게 변화하는 현상을 분석할 때 매우 유용하다.

25.5. 지구 관측을 위한 영상 처리

우주에 있는 지구 관측 센서가 관측한 원자료로부터 유용한 정보를 수집하기 위해서는 영상 왜곡과 인공물을 제거하기 위해 보정을 수행해야 한다. 우주선 자체의 움직임뿐만 아니라 지구의 곡률과 자전의 영향을 계산하기 위한 자료의 기하학적 보정은 고정적이고 공개된 좌표 체계에 맞춰 영상을 지도화하기 위해 필수적이다. 측정된 신호에 대한 대기 중 가스 및 입자의 영향을 최소화하기 위해서는 대기 보정이 종종 사용된다. 기하 및 대기 보정에 의한 '전처리'를 거친 영상은 사용자가 이러한 작업을 직접 수행할 필요 없이 현재 일상적으로 다운로드할 수 있다.

전처리는 특정 파장대에서 지구가 방출하거나 반사하는 전자기 에너지의 양에 대한 정보를 포함하는 픽셀값을 갖는 기하 보정된 영상을 제공할 수 있다. 간단한 방정식에서 수만 줄의 컴퓨터 코드에 설명된 매우 복잡한 '검색 알고리즘'에 이르기까지 다양한 기법들은 해양 온도, 식생, 지표 고도와 수증기, 오존, 이산화탄소의 대기 단면 등과 같은 핵심적인 지구 시스템 변수를 나타내는 전처리 영상으로부터 새로운 자료와 정보를 생성할 것이다. 가장 간단한 종류의 알고리즘 사례는 특정 스펙트럼 대역에서 특정한 임계값 이상 또는 이하의 픽셀값이 특정 속성으로 분류되는 영상 임계값 설정이다. 예를 들어, 열적외선 파장대에서 촬영한 영상을 사용한 임계값 설정은 한랭(높은 고도) 적란운(강수의 신속, 정확한 지시자)을 식별하거나 활발한 화산이나 산불을 유발하는 지구 표면의 '열점'을 감지하는 데 사용된다. 약간 더 복잡한 '영상 연산'은 기본 산술 방정식을 통해 서로 다른 시간에 촬영된 동일 지역의 여러 영상 또는 단일 영상의 여러 파장 대역에서 정보를 결합하는 데 사용할수 있다. 간단한 예는 영상 획득 과정에서 발생한 차이를 강조하기 위해, 동일한 파장 대역에서 서로 다른 시간에 획득된 동일 지역의 두 영상에서 얻은 정보를 서로 가감하는 방법인 변화 탐지(change detection)이다. 또 다른 예는 식생의 존재와 광합성 상태와 관련된 환산법을 제공하는 적색(R) 및 근적외선(NIR) 파장대 측정(예: σ_{NIR} 및 σ_R)과 동시에 계산된 분광 반사율(σ)을 사용하는 정규식생지수(Normalized Differential Vegetation Index: NDVI)로서 다음과 같이 계산된다.

$$NDVI = (\sigma_{NIR} - \sigma_R) / (\sigma_{NIR} + \sigma_R) \qquad [25.1]$$

NDVI는 광합성으로 인해 근적외선 파장에서 최대를 이루고 적색 파장에서 최소를 갖는 건강한 식물의 특징적인 스펙트럼 반사율 특징을 활용한다. 두 가지 형태의 '영상 연산'을 결합할 수 있는데, 예를 들어, 특정 시기의 NDVI 영상을 다른 시기의 것과 가감해 시간 경과에 따른 해당 지역의 식생 변화를 조사하는 것이다(그림 25.9).

사용자가 스스로 쉽게 수행할 수 있는 또 다른 인기 있는 영상 분석 형식은 영상 분류(image classification)로, 유사한 스펙트럼 특징을 가진 집합 또는 군집 픽셀을 특정 토지 피복 계급으로 사용해 영상 지역의 분류 지도를 만드는 것이다. 반자동 접근 방식을 통해 수역, 경작지, 산림, 특정 토양 또는 광물과 같은 주요 토지 피복 유형의 스펙트럼 특징을 인식할 수 있는 군집 알고리즘을 '훈련'시킨다. 그러나 분류 세부 사항이 더 정확하면(예: 나지와 식생만으로 단순 구분한 결과를 각 식생의 유

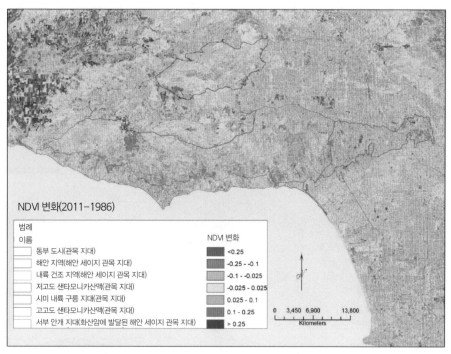

범례

이름
- 동부 도시(관목 지대)
- 해안 지역(해안 세이지 관목 지대)
- 내륙 건조 지역(해안 세이지 관목 지대)
- 저고도 샌타모니카산맥(관목 지대)
- 시미 내륙 구릉 지대(관목 지대)
- 고고도 샌타모니카산맥(관목 지대)
- 서부 안개 지대(화산암에 발달된 해안 세이지 관목 지대)

NDVI 변화
- <0.25
- -0.25 - -0.1
- -0.1 - -0.025
- -0.025 - 0.025
- 0.025 - 0.1
- 0.1 - 0.25
- > 0.25

NDVI 변화(2011-1986)

0   3,450 6,900   13,800
          Kilometers

그림 25.9 미국 샌타모니카산맥 지역의 NDVI 변화(2011~1986년)

형별로 세분하는 경우), 분류의 정확도가 낮아지는 결과가 나타나기도 한다. 따라서 훈련 단계에서 사용되지 않은 자료를 사용해 분류 정확도를 평가하는 것은 분류 과정에서 중요한 부분이다.

지난 세기말 이전에 대부분 원격 탐사 자료는 앞서 언급한 알고리즘과 더 복잡한 기술을 사용해 사용자가 직접 지구에 대한 유용한 정보로 변환해야 했다. 그러나 1990년대 후반부터 NASA의 초기 행성 지구 미션(Mission to Planet Earth: MTPE)뿐만 아니라 유럽우주국 및 기타 기관의 공헌도 포함된 '지구 시스템 과학'을 목표로 하는 극궤도 위성이 주로 발사되기 시작했다. 기상 위성이 기상 예보의 특정 목적을 위해 원격 탐사 관측을 하는 데 초점을 맞추는 것과 유사한 방식으로, 이 노력은 주로 자연 및 인간이 유발한 지구 기후와 환경 변화의 신호와 원인을 연구하는 데 초점을 맞추었다. 따라서 이러한 특정 지구 관측 미션은 해수면의 온도, 산림 피복 비율, 대기 온실가스 농도의 변화와 같은 특정 사항을 측정하는 데 목표를 두었으며, 사용자가 직접 알아서 영상을 처리해야 하는 자료가 아니라(예: Landsat에서 제공하는 다중분광 영상) 특정 주제 중심으로 전처리된 '지구 관측 결과'의 형태로 사용자에게 제공되었다. 이는 환경 계획가와 원격 탐사 기법의 세부 사항에 익숙하지 않은 사용자도 이러한 센서가 제공하는 정보를 쉽게 접할 수 있게 되었음을 의미한다.

25.6. 행성 지구 미션

'행성 지구 미션' 시대의 핵심 기기는 현재까지 개발된 지구 관측 기기 중 가장 널리 사용되는 MODIS이다. MODIS는 1999년과 2002년에 각각 발사된 두 개의 NASA 위성(Terra와 Aqua)을 통해 수행되었으며, 설계 수명을 훨씬 넘긴 현재도 유지되고 있다. MODIS는 2,300km의 관측 폭에 걸쳐

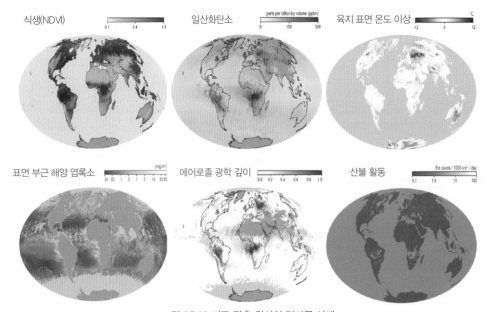

그림 25.10 지구 관측 위성의 결과물 사례

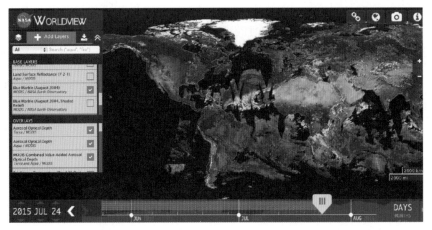

그림 25.11 NASA의 Worldview 웹사이트 및 자료 레이어 사례

36개의 개별 스펙트럼 대역에서 지구의 연속 영상을 수집하며, 이러한 자료는 복잡한 알고리즘을 사용한 일반적 처리를 통해 지구의 지표, 해양, 대기의 다양한 속성을 반영하는 여러 다른 지구 관측 결과물을 제공한다(그림 25.10).

Terra의 궤도는 아침에 적도를 가로질러 북쪽에서 남쪽으로 이동하고, Aqua는 오후에 적도를 가로질러 남쪽에서 북쪽으로 이동하도록 하루 동안 시간이 정해져 있다. Terra 및 Aqua 위성의 MODIS 기기는 1~2일마다 전체 지구 표면을 관찰하고, MODIS 자료와 결과물은 지구 시스템의 많은 속성 및 과정에 대한 근본적인 통찰을 제공했으며, 정책 입안자들이 지구 환경 보호에 관한 근거 있는 결정을 내리는 데 필요한 지구 환경 변화를 예측하고 측정하는 능력을 향상했다. Worldview 온라인 도구(earthdata.nasa.gov/labs/worldview)를 사용해 거의 실시간 MODIS 영상과 처리된 결과물을 검색할 수 있다. NASA의 Giovanni(giovanni.gsfc.nasa.gov/giovanni)는 자료를 직접 다운로드할 필요 없이 비교적 간단한 웹 기반 인터페이스를 통해 사용자가 직접 지구 관측 자료를 분석할 수 있는 강력한 기능을 가진 온라인 도구를 제공한다(그림 25.11). 구글어스는 온라인 자료 표현 및 분석의 또 다른 사례이며, Landsat 영상(earthengine.google.org)의 활용에 중점을 두고 있다.

유럽의 경우, 2015년 Copernicus 프로그램은 Terra 및 Aqua 위성이나 기타 MTPE 미션과 같은 유형의 환경 현상을 주요 목표로 향후 수십 년 동안 운영될 많은 Sentinel 위성 중 첫 위성을 쏘아 올렸다. 자료 및 정보에 대해 더 구체적으로 알려진 '운용' 내용은 없지만 '일회성' 미션의 수준을 넘어 추가적인 연구 및 방법론 개발을 목표로 하고 있다. 많은 유럽 Sentinel 미션의 자료는 현재 기상 모델이 날씨에 대해 수행하는 것과 동일한 방식으로 지표, 해양, 대기의 상태를 일상적으로 모니터링하는 데 사용되는 매우 복잡한 컴퓨터 모델에 일반적으로 공급된다. 이들 중 일부는 또한 대기의 질과 같은 주요 환경 현상에 대한 단기 예측을 통해 중대한 환경 변화에 대한 조기 경보를 내릴 수 있는 새로운 기능을 제공한다.

25.7. 결론

이 장에서 설명한 원격 탐사 시스템의 주요 개발 시기는 지구 관측 분야의 초기 상황을 설명하고 있으며, 점차 여러 기술과 결합하면서 위성 원격 탐사 분야는 빠르게 진화하고 있다. 이러한 빠른 발전으로 인해 플랫폼, 기기, 지구 관측 결과물, 알고리즘, 응용 분야에 대한 최신 개발 정보를 모두 포함하지 못할 수 있다. 이에 대한 부가적인 정보는 관련 과학 학술지나 영국 NERC 국립지구관측센터

(National Center for Earth Observation: NCEO)와 같은 우주 기구나 센터의 홍보 자료, NASA 지구관측소(earthobservatory.nasa.gov)와 같은 적절한 인터넷 사이트를 통해 얻을 수 있을 것이다.

| 요약

- 지구 관측은 일반적으로 원격 탐사 기술을 사용해 우주에서 지구를 연구하는 것이다.
- 지구 관측은 지구 환경과 상호작용하는 자연 발생 또는 인공적으로 생성된 전자기 복사를 측정해 먼 거리에서 지구에 대한 환경 정보를 수집하는 접근 방식으로 정의할 수 있다.
- 지구 궤도 위성은 현재 지구에서 원격으로 탐사된 자료를 수집하는 기기를 장착하기 위한 가장 일반적인 플랫폼이지만 항공기와 지상 기반 관측도 사용된다.
- 간단한 방정식에서 수만 줄의 컴퓨터 코드로 구성된 매우 복잡한 '검색 알고리즘'에 이르기까지 다양한 기술을 사용해, 주요 지구 시스템 변수에 대한 많은 정보를 보여 주는 위성 지구 관측 영상 및 자료를 통해 새로운 정보를 생성할 수 있다.
- 원격 탐사의 주요 개발 시기는 지구 관측 분야의 초창기 상황을 설명하고 있으며, 이후 여러 기술과 결합하면서 위성 원격 탐사 분야는 빠르게 진화하고 있다.

심화 읽기자료

- 리즈(Rees, 2012, *Physical Principles of Remote Sensing*)는 원격 탐사 관측이 어떻게 이루어지고 사용되는지에 대한 자세한 설명을 제공한다.
- 젠슨(Jensen, 2007, *Remote Sensing of the Environment: An Earth Resource Perspective*)은 원격 탐사와 우주 센서의 역사에 대한 개요를 제공한다.
- 워너 외(Warner, T.A., Foody, G.M., and Nellis, M.D., 2009, *The SAGE Handbook of Remote Sensing*)는 원격 탐사와 분석 기법에 대한 개요를 제공한다.

공식 웹사이트

이 책의 공식 웹사이트(study.sagepub.com/keymethods3e)에서 이 장과 관련한 비디오, 연습, 자료 및 링크들을 확인할 수 있으며, 부가적으로 다음 논문들도 무료로 이용할 수 있음.

1. Aplin, P. (2005) 'Remote sensing: Ecology', *Progress in Physical Geography*, 29 (1): 104-113.
– 이 논문은 원격 탐사와 생태계의 응용을 다룬다.

2. Wooster, M. (2007) 'Remote sensing: Sensors and systems', *Progress in Physical Geography*, 31 (1): 95-100.
– 이 논문은 위성 지구 관측 센서와 응용 분야에 관해 논의한다.

3. Song, C. (2013) 'Optical remote sensing of forest leaf area index and biomass', *Progress in Physical Geography*, 37 (1): 98-113.
– 이 논문은 잎 면적 지수(Leaf Area Index)의 지도화와 산림의 지상 생물량에 대한 광학 원격 탐사의 적용을 다룬다.

)26

디지털 지형 분석

개요

이 장에서는 지표면 형태에 대한 정보를 다양한 지리공간 데이터와 결합해 경관을 묘사, 시각화, 모델링하는 지형 분석을 소개한다. 오늘날 대부분 지형 분석은 수치고도모델을 사용한다. 지형 분석은 지형학의 특수 영역 중 하나인 지형계측학 분야에 해당하며, 기초적인 과학적 묘사를 위해 이용되거나 의사결정자, 특히 전장의 물리적 특성 분석에 중요한 역할을 하는 군사 지형 분야의 사람들을 돕는 데 이용될 수 있다.

26.1 서론

지형 분석(terrain analysis)은 일반적으로 다양한 지리공간 정보(geospatial information)와 함께 고도 데이터를 사용해 경관을 기술하거나 기본적인 시각화, 모델링 또는 의사결정을 지원한다 (Mayhu, 2009; Wilson and Dung, 2009; DoD, 2010; 2012). 이 장에서는 연구에서 지형 분석을 사용하는 방법을 살펴볼 것이다. 지형 분석으로 표를 만들거나, 산포도(scatterplot) 또는 히스토그램을 만들 수 있지만 대부분 결과물은 지도가 될 것이다. 지형 분석을 해야 하는 두 가지 이유는 먼저 데이터를 탐색하고 관계를 확인하기 위함이며, 이후 결과를 다른 사람들과 의사소통하기 위함이다. 지형 분석은 지리학 분야의 다른 연구나 지적인 노력과 같은 것이며, 질문과 사용된 데이터만 다를 뿐이다.

지형 분석은 군사 지형 분석(military terrain analysis)으로 대표되는 정성적인 것부터 지형 계측 (geomorphometry)의 정교한 수치 계산에 이르기까지 다양하다. 군사 지형 분석은 '군사 작전에서 지형의 영향을 예측하기 위해 다른 관련 요소와 연계해 지형의 자연적·인공적 특징에 관한 지리 정보를 수집하고, 분석하고, 평가 및 해석하는 것'이다(DoD, 2010). 지형이 인간의 활동에 어떻게 영향을 미치고 제한하는지 이해하려는 공학 현장 분석이나 경제 개발을 위한 입지 선정에도 같은 원리가 적용된다. 지형 계측은 '지형 정량화의 과학이며 수치고도모델(Digital Elevation Model: DEM)에서 지표면 매개변수와 객체를 추출하는 것에 초점을 맞춘다'(Pike et al., 2009: 4).

지형 분석은 항공사진 해석에서 발전했으며(Way, 1973; 1978), 일부 사용자는 컴퓨터의 중요성을 강조하기 위해 디지털 지형 분석(digital terrain analysis)이라는 용어를 선호한다. 사실, 과거에는 현실적으로 불가능했던 집약적인 계산을 가능하도록 실행 속도를 높이는 것 외에는 컴퓨터와 디지털 데이터를 사용해 근본적인 개념 변화를 이끌어 내지는 못했다. 그러나 컴퓨터가 할 수 있는 것은 사용자가 기본 과정과 데이터를 실제로 이해하지 않고도 '결과'를 생성할 수 있도록 하는 것이다. '쓰레기를 넣으면 쓰레기가 나오는' 것을 피하려면 지구 과정과 디지털 데이터를 모두 이해해야 한다. 디지털 지형 분석은 실제로 GIS의 세부 응용 분야이며(37장 참조), 따라서 디지털 데이터의 속성, 적용된 알고리즘의 특성과 소프트웨어의 특성도 이해해야 한다.

지리학과 학생들은 지형을 형성하는 원인과 그것이 인간의 활동에 어떻게 영향을 미치는지 이해하기 위해 군사 지형 분석의 예시를 살펴보면서 간단한 도구와 기법에 대해 배울 수 있을 것이다. 지리 교육 대부분은 현장, 지도, 위성 영상 등에서 지구를 보고 해당 지역의 특징을 시각화할 수 있도록 한다. 영화를 볼 때 배경이 되는 경관을 해석하고, 그 영화가 어디에서 촬영되었는지 스스로 물어본다면, 이러한 목표가 달성되었다고 볼 수 있다. 이러한 간단한 지형 분석은 구글어스(Google Earth)로 가능하지만 구글어스 소프트웨어의 한계를 명확히 인식해야 한다. 구글어스는 'KISS(keep it simple, stupid)'라는 소프트웨어 설계 원칙에 따라 대부분의 이용자를 만족시킨다. 이는 대안과 선택의 기회를 제한하지만, 사용자가 문서를 살펴보지 않아도 최소한의 교육만으로 구글어스를 바로 사용할 수 있는 이점이 있다. 하지만 좀 더 정교한 지형 분석을 하려면 결과를 해석하기 위해 많은 배경 정보를 이해하고 습득해야 하며 전문 교육을 받거나 많은 문서를 읽어야 한다.

그림 26.1은 다섯 가지 세계 지도를 보여 준다. 지리학과 학생들은 각 지도에 나타나는 공간적 패턴을 설명할 수 있어야 한다. 여러 요인에 대해 논의해야 하지만 지형 분석의 경우 그림 26.1a에 표시된 절대 고도와 지역적 변이가 어떻게 다른 지도에서 나타나는 변이에 기여하는지에 대해 초점을 맞출 것이다. 대부분 지형 분석의 경우, 자세한 정보를 가지고 보다 작은 영역의 스케일을 다루지만, 좀 더 큰 지리적 스케일에서 다양한 요인들 간의 관계에 대한 이해도 필요할 것이다.

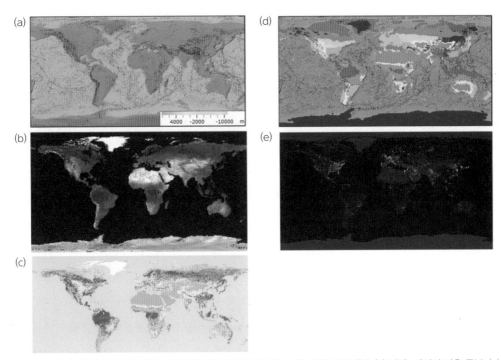

그림 26.1 세계 지형 분석 (a) 지형도, (b) 구름 없는 합성 위성 영상, (c) 세계 토지 피복, (d) 쾨펜–가이거 기후 구분, (e) 야간 조명

26.2 디지털 데이터 사용

지형 분석은 지형 관련 기술이 개선되면서 발전했고, 질적인 관점에서 정교한 정량화 작업이 가능한 단계로 전환했다. 처음에는 지형을 묘사하기 위해 우모(羽毛, hachure)를 사용했다(Imhof, 2007). 미국 남서부 산들을 '북쪽으로 기어가는 애벌레 군대처럼 지도를 바라보는 가파른 산맥이나 능선들'

(Dutton, 1886: 116)로 묘사한 것은 이러한 우모식 지형 표현으로 유명한 사례이다. 우모는 예술적 우아함을 가지고 있지만, 지도 제작자와 분석가 둘 다 주의를 기울이지 않는 한 경관에 대한 매우 단순하고 질적인 평가만 가능하다. 등고선을 사용하려면 사용자가 많은 교육을 받아야 하지만 간단한 템플릿을 사용하면 등고선 간격에 따라 경사를 빠르게 계산할 수 있다. 표준 축척과 등고선 간격이 있는 사각 지도를 사용해 템플릿을 표준화할 수 있고 지도상의 어느 곳에서나 경사를 계산할 수 있다. 디지털 지형은 컴퓨터 응용 분야로 지도의 모든 지점에 대해 경사와 다양한 매개변수를 신속하게 계산할 수 있다.

디지털 지형도는 불규칙 삼각망(Triangulated Irregular Network: TIN), 등고선, 격자형 수치고도모델(Digital Elevation Model: DEM), 점군(point cloud)의 네 가지 형식으로 저장할 수 있다. 이중 TIN은 잘 활용되지 않는다. TAPES(Terran Analysis Programs for Environmental Science) 프로그램은 처음 디지털화된 등고선을 사용했지만(Wilson and Gallant, 2000), 그 이후 격자 모델로 대체되었다. 격자는 TIN이나 등고선보다 더 많은 저장 공간을 요구하지만, 비용 측면에서 저렴하면서 간단한 알고리즘을 통해 처리할 수 있는 용이성으로 DEM을 만드는 기관이나 상업 회사들이 격자를 사용하게 되었다. 최근에는 육상의 라이다(lidar)와 수중의 음파 탐지에 점군을 사용하는 새로운 전환이 진행 중이다.

몬(Maune, 2007)은 DEM을 두 가지 중요한 응용 측면에서 격자형 지형, 수심 측량 데이터(bathymetry)와 같은 용어로 정의했다. DEM은 대개 2.5차원 표면으로 간주된다. 모든 위치에서 단일 고도값만 있을 수 있으므로 동굴과 가파른 절벽은 허용되지 않는다. 수학 용어로 DEM은 x, y 값에 대한 함수로 고도(z 값)를 갖는 연속적인 단일값 함수를 나타낸다고 볼 수 있다. 수치표면모델(Digital Surface Model: DSM, 또는 최고 반사면)은 가장 높은 지점을 포함하고 건물, 식생 및 전력선들을 포함한다. 수치지형모델(Digital Terrain Model: DTM, 또는 순 지표면)은 지표면만 나타내고 식생과 문화적 특징을 제거한다. 중소 스케일의 오래된 DEM은 DSM과 DTM을 쉽게 구분할 수 없다. 축척이 어쨌든 이들 모델을 일반화한다. 대부분 지형 계측은 DTM을 사용하지만 많은 사용자는 DSM의 문화 및 식생 정보를 이용하고자 한다. 지도 대수로 계산된 다양한 격자는 여러 이름으로 사용되며 지상 높이를 포함하고 대부분 식생 높이를 반영한다.

점군은 TIN을 생성할 수도 있지만 방대한 데이터의 양, 고점밀도(일반적으로 10개/m² 이상을 생성함) 및 현실적인 3차원 데이터를 생성한다는 사실 때문에 별도의 범주로 분류해야 한다. 현재 라이다 점군 데이터를 사용해 단일 측량으로 DSM과 DTM을 쉽게 생성할 수 있으며, 기존의 지형 분석에서 사용할 수 있다. 적정 면적을 다루기 위해 데이터의 크기가 크게 증가하지만 라이다 DEM은 지나

박스 26.1 주요 DEM 특성

- 투영법: 지리 좌표 또는 횡축 메르카토르도법과 같은 투영 좌표
- 수평 데이텀(horizontal datum): 대부분은 NAD83과 사실 거의 같은 WGS84이며 GIS 소프트웨어에 의해 자동으로 처리될 것이다.
- 수직 데이텀(vertical datum): 대부분의 지형 분석 및 GIS 프로그램은 상대 고도 및 국지적 변화를 고려한다. 수직 데이텀을 무시할 수 있지만, 작은 수직 변화가 수평 영향을 증폭하는 해수면 상승을 처리하는 데는 점점 더 중요해질 것이다. GPS 데이터를 수집할 경우, 고도가 타원체고(ellipsoidal height)에서 이동되었는지를 알아야 한다.
- 축척 또는 데이터 간격: DEM의 축척으로 1:24,000 또는 1:250,000과 같이 인쇄된 지도와 일치할 수 있는 축척을 사용할 수도 있지만, 좀 더 유용한 특성은 미터 또는 각 초 단위로 표시하는 지점 간 간격이다.
- 수직 해상도: 일반적으로 고도는 16비트 정수로 저장되며 이 경우 고도를 가장 가까운 미터 단위로만 기록할 수 있고, 32비트 부동소수점으로 저장할 경우 정밀도가 떨어질 수 있지만 10분의 1미터 또는 센티미터 단위까지 기록할 수 있다.
- DTM 또는 DSM.

칠 정도로 미세한 세부 사항까지 보여 준다. 모든 구곡과 바위를 볼 필요가 있는가? 아니면 어느 정도 매끄러운 지표면이 더 적절한가? 여전히 그 질문에 대한 답을 찾고 있으며, 파생된 DTM 대신 점군 원자료로 어느 정도까지 지형 분석을 수행할 수 있는지를 찾고 있다.

격자형 DEM의 간격에 대한 두 가지 철학이 있다. 특정한 지도 투영법에서부터 가장 범용적으로 사용하는 국제 횡축 메르카토르(Universal Transverse Mercator: UTM) 투영법이나 영국 OS 또는 미국 State Plane(주당 최소 1개 이상으로 126개 종류가 있음)과 같이 기하학적으로 유사한 투영법까지 표준 데카르트 격자를 생성할 수 있다. 지도 투영법은 지구의 곡률을 무시할 수 있는 작은 영역에 대해 정의되며, 방정식에는 단일 격자 간격이 사용될 수 있다. 분석 면적이 넓어지고 지구 곡률을 무시할 수 없는 경우 또는 관심 지역이 인접한 구역 중간에 걸쳐 있을 때 문제가 발생한다. GIS 소프트웨어는 구역 경계를 넘어 DEM을 재투영하고 병합할 수 있지만 거의 모든 DEM 제공업체들은 초 혹은 분 단위 간격의 지리 좌표를 사용한다. 미국지질조사국(US Geological Survey: USGS)은 국가 고도 데이터(National Elevation Dataset: NED; Gesch et al., 2002)와 이러한 데이터를 내려받기 위한 웹 인터페이스를 만들었을 때 기본적으로 데이터를 병합할 수 있다는 것을 강조하기 위해 이것을 끊김 없는 서버(seamless server)라고 불렀다.

광범위한 지역을 다루면서 무료로 이용할 수 있는 DEM은 지구적 범위의 소축척과 중축척에서 구축되며, 거의 모든 지리 좌표를 사용한다. 스케일의 개념은 주관적이고 시간이 지남에 따라 점점 변

화해 왔다. 라이다 데이터가 등장하기 전에는 많은 사람이 중축척 데이터(대략 10~100m)를 대축척 데이터로 간주했을 것이다. 일반적으로 쓰이는 축척은 3″이며, y 간격(경도)이 90m(약 92m)에 가깝기 때문에 일반적으로 90m 또는 100m 데이터라고도 불린다. x 간격은 적도의 경우 92m에서 위도 50°의 경우 약 60m이다. 미국항공우주국(NASA)과 국가지형정보국(NGA)은 유럽 및 일본 우주국과 연계해 데이터를 공개했으며, 일부는 다른 기관과 협력했다. 무료 지도 데이터의 이용 가능성은 정부 방침에 따라 달라지는데, 그중 미국과 캐나다가 가장 개방적으로 데이터를 제공한다. 군사 지형 분석에서 디지털 데이터가 사용되기 때문에 다른 나라에서는 지도 데이터를 국가 기밀로 다루고 있다. 이러한 극단 사이에서 정부가 데이터를 판매할 수도 있으며, 그렇지 않으면 값비싼 상업 데이터만 이용할 수 있다.

박스 26.2 무료 DEM 및 라이다 점군

- 지구적 범위를 포괄하는 소축척(500m 이상, 초 또는 분 단위)
  - ETOPO5/ETOPO1: 지표면 및 수중, www.ngdc.noaa.gov/mgg/global/global.html
  - SRTM30 plus: 지표면 및 수중, topex.ucsd.edu/WWW_html/srtm30_plus.html
  - GMTED2010: 30″, 15″, 7.5″ 간격의 지표면만 해당, topotools.cr.usgs.gov/GMTED_viewer

- 중축척(10~100m, 영국 OS Terrain을 제외하고 모두 초 단위를 사용)
  - SRTM version 3.0: 60°N~54°S 사이의 남쪽 지표면을 1~3″ 간격으로 포괄, earthexplorer.usgs.gov
  - ASTER GDEM: 명목상의 1″ 간격에도 불구하고, GDEM은 일반적으로 SRTM보다 '좋지 않음'. SRTM에 공백(산맥 또는 사막)이 많거나 해당 지역이 SRTM 임무의 경계를 벗어난 경우에만 사용해야 함. asterweb.jpl.nasa.gov/gdem.asp
  - USGS NED: 1″와 1/3″로 미국 전체를 포괄하며 1/9″로 범위가 증가함. nationalmap.gov/viewer.html
  - 영국 OS Terrain 50: 50m 간격 영국 격자, www.ordnancesurvey.co.uk/business-government/products/terrain-50
  - 캐나다 CDEM: 12″, 6″, 3″, 1.5″ 또는 0.75″ 간격 Geotiff, open.canada.ca/data/en/dataset/7f245e4d-76c2-4caa-951a-45d1d2051333

- 대축척(점군 데이터 또는 2m 이하 격자). LAS나 LAZ 파일이며, 경우에 따라 격자형 데이터를 얻을 수 있음.
  - USGS: earthexplorer.usgs.gov
  - NOAA Coastal Explorer: www.csc.noaa.gov/dataviewer/#
  - OpenTopography: www.opentopography.org

지형 분석을 위해 사용할 수 있는 가장 중요한 DEM은 SRTM(Shuttle Radar Topography Mission)이다(Guth, 2006). 이 우주 왕복선 미션은 지표면의 대부분을 다루는 중간 스케일의 DEM 데이터를 수집하는 것이다. 초창기 버전에서는 산악 지형, 수역 및 일부 사막 지역에 데이터 공백이 있었는데, 이러한 공백을 채우며 버전들이 발전해 왔다. 이 데이터의 가장 일반적인 포맷으로는 HGT 파일을 사용했는데, 메타데이터가 없고 소프트웨어가 파일 이름에서 위치를 가져와야 하므로 이름을 바꿀 수 없다. SRTM 데이터는 지구의 지형을 혁신적으로 볼 수 있는 증거로 매우 중요하기 때문에 대부분의 소프트웨어에서 사용 가능하다.

플로린스키(Florinsky, 2012)는 도, 분, 초의 간격을 가진 구형 등각 격자들에서 지형 매개변수를 계산할 때의 어려움을 논의한다. 이들 중 가장 좋은 격자들이라 할 수 있는 USGS NED, 캐나다 CDEM, SRTM 또는 ASTER GDEM은 사실 구형 지구 모델이 아닌 타원형 지구 모델을 사용한다. 따라서 경위도 격자, DEM, 지리좌표계(Geographic Coordinate System)처럼 ArcGIS에서 사용하는 대안적 명칭들이 보다 적절할 수 있다. 우드(Wood, 2009)가 논의한 지형 분석 소프트웨어 중 MICRODEM과 River Tools만이 지리적 간격으로 DEM을 정확하게 설명하는 알고리즘을 사용한다. 이러한 DEM의 축척에서 기하학적 구조는 x 방향 및 y 방향의 간격이 다른 준직사각형(quasi rectangular)으로 볼 수 있다. y 간격은 일정하며(지구의 타원형 모양으로 인한 매우 작은 차이), x 간격은 위도에 따라 달라진다. 미터 단위로 동일한 x와 y 간격을 사용하는 DEM의 계산 방정식(Hengl and Reuter, 2009; Florinsky, 2012)은 x와 y 간격을 다르게 수정할 수 있고, x 간격을 위도의 함수로 만든 다음 계산을 수행할 수 있다.

대부분 GIS 프로그램들은 지리좌표계의 DEM 정보를 처리하는 데 매우 낮은 성능을 보이거나 처리하지 못하는 경우도 있다. 이때 해결책은 DEM을 UTM 좌표나 아니면 유사한 투영좌표계로 재투영하면 된다. 이는 새로운 위치에서 새로운 고도값을 내삽(interpolation)할 것이다. 눈에 띄는 변화는 크게 없을 것이고 최악의 경우 낮은 지점이 높아지거나 최댓값이 낮아지는 정도이다. 즉, 재내삽 과정이 원래의 DEM을 개선하는 방식은 아니다.

우드(Wood, 2009)는 8개의 지형 계측 패키지를 일반 GIS, 지형계측학, 수문학 분야를 포함한 삼각 다이어그램 내에서 분류했는데, 이들은 모두 기본 지형 분석에 사용할 수 있다. 우드의 LandSerf는 2009년 이후로 업데이트되지 않고 지원 포럼이 폐쇄되었기 때문에 현재 Java로 구현하는 데 문제가 있을 수 있다. TAS는 Whitebox로 이름이 바뀌었다. ArcGIS와 River Tools는 상업용 프로그램이라 구입했거나 사용하는 방법을 알고 있는 경우에만 사용해야 한다. 그렇지 않다면 박스 26.3에 나열된 GIS 프로그램을 이용하는 것이 좋다. 모두 기본적인 지형 분석에 대해 같은 결과를 산출하며,

좀 더 고급 기능을 사용하고자 한다면 필요로 하는 기능을 어떤 프로그램이 제공할 수 있는지에 따라 결정하면 될 것이다.

사용할 소프트웨어를 선택하기 위해 고려해야 할 두 가지의 요인이 있다. 소속된 기관에서 이용할 수 있는가? 사용하고자 하는 소프트웨어인가? 소속 교육기관에서 소프트웨어를 이용할 수 있고 강의에서 사용 방법을 배운다면 가장 좋은 시작이 될 수 있다. 모든 프로그램은 기본적인 지형 분석을 수행할 수 있지만, 일부 프로그램들은 전문적 분석에 있어 ArcGIS를 뛰어넘는 성능을 보일 수 있다. ArcGIS는 일반적 사용에 적합한 상업용 도구이지만 그 외 소프트웨어는 교육이나 연구를 위해 여러 과학자가 고안한 프로그램들이다.

MICRODEM을 제외하고, 대체로 DEM의 지리좌표계를 잘 다루지 못한다. 따라서 사용하기 전에 DEM을 UTM과 같은 투영좌표계로 재투영해야 한다. 위에서 언급한 일반적인 DEM 데이터 포맷을

박스 26.3   지형 분석 프로그램(ArcGIS 제외하고 모두 무료)

- ESRI ArcGIS(윈도우): 대표적인 상업 GIS 프로그램, www.esri.com
- GRASS를 함께 사용할 수 있는 QGIS(윈도우, 맥): QGIS는 GRASS와 함께 사용할 수 있는 그래픽 사용자 인터페이스 제공함, www.qgis.org, grass.osgeo.org
- SAGA(윈도우): www.saga−gis.org/en/index.html
- ILWIS(윈도우): 52north.org/communities/ilwis
- Whitebox(윈도우, 맥): www.uoguelph.ca/~hydrogeo/Whitebox/index.html
- MICRODEM: 성능을 공정하게 판단할 수 없어 마지막에 나열했음, www.usna.edu/Users/oceano/pguth/website/microdem/microdedown.htm

---

박스 26.4   지형 분석을 위한 추가 무료 데이터

- Landsat 8 위성 영상: 30m 해상도로 지구적 범위를 포괄하고 있음.
- 토지 피복 데이터: 30m(미국)에서 1km(전 지구) 해상도로 수십 개의 범주를 보여 주며, 시간 경과에 따른 토지 피복의 변화를 보여 줌.
- 오픈스트리트맵(OpenStreetMap): 벡터 도로망 및 기타 문화 데이터
- 야간 조명: 인구밀도를 보여 줄 수 있음.
- 쾨펜−가이거 기후 구분

MICRODEM의 도움말 파일에는 이들 데이터에 대한 설명과 다운로드 안내가 들어 있음(다운로드 링크: www.usna.edu/Users/oceano/pguth/microdem/win32/microdem.chm).

사용하고 있다면, 여러 프로그램을 혼합하고 결합해 다양한 기능들을 이용할 수 있다. 대부분 최신 GIS 프로그램은 공간 데이터를 즉시 재투영할 수 있으며 데이터를 정확하게 혼합하고 결합할 수는 있지만, 박스 26.3에서 언급한 프로그램 중에서는 ArcGIS와 MICRODEM만 그렇게 할 수 있으며, 그 외 프로그램에서는 분석을 시작하기 전 모든 데이터가 같은 좌표계를 갖도록 해야 한다.

26.3 경관에서 형태 계측 방법

음영기복도(hillshade map)또는 음영반사도(shaded reflectance map)는 그림 26.2와 같이 지형 분석에 가장 유용한 그림을 제공한다. 대부분 프로그램은 음영기복도를 별도의 지도 레이어로 만들어야 하며 그림 26.2a처럼 디스플레이를 위해서는 두 개의 레이어를 병합해야 하지만, MICRODEM은 음영기복도를 즉각적으로 생성하고 불러오며 고도를 함께 표시한다. 그림 26.2a는 하나의 그림으로 가장 잘 나타내는 고도와 음영기복도의 조합을 보여 준다. 그림 26.2a, 그림 26.2c와 같이 고도 지도가 다른 지도 레이어의 기반으로 사용되는 경우, 회색조의 음영기복도는 상대적인 기복을 알 수 있게 하고 능선과 계곡을 강조한다. 이때 벡터(그림 26.2b)나 래스터 데이터(그림 26.2c) 형태의 중첩 레이어가 가지고 있는 색상을 함께 표시할 수 있다. 그림 26.2d는 고도만 표시된 동일한 지역을 나타내는데, 컬러 버전이나 회색 버전 모두 그림 26.2a와 같은 세부 정보를 제대로 보여 주지 못한다. 또한 회색 버전은 그림 26.2b 또는 그림 26.2c와 같이 다른 지리공간 데이터와 결합하기에 너무 어둡다. ArcGIS는 지리좌표계를 가진 DEM에서 음영기복도를 구축할 수 있지만, 사용하기에는 너무 어둡고 오차가 많기 때문에 UTM 좌표계 DEM을 사용해야 한다.

그림 26.2b와 그림 26.2c는 GIS 시각화를 통해 단순하면서 질적인 지형 분석의 강점을 보여 준다. 하퍼즈 페리(Harpers Ferry) 마을은 포토맥강과 셰넌도어강이 합류하는 곳에 있다. 강과 습곡 애팔래치아산맥이 도로와 철도의 경로를 결정하는데, 그림 26.2b는 정착지 개발이 왜, 어디에서 일어났는지를 설명하고, 남북전쟁 당시 하퍼즈 페리에서 무기고의 군사적 중요성을 설명하는 데 큰 도움이 된다. 남부군이 습곡 산맥 사이의 그레이트밸리(Great Valley)를 통해 북침하려 했을 때 앤티텀(Antietam)과 게티즈버그(Gettysburg) 바로 북쪽에서 일어난 피비린내 나는 두 전투도 습곡 지형을 통해 이해할 수 있다. 그림 26.2c는 지형이 지형의 기반이 되는 지질을 어떻게 반영하는지 보여 준다.

음영기복도를 넘어서면 수많은 잠재적인 지형 계측 변수들이 있다. 이들 대부분 변수는 한 지점에서의 고도와 그 인접 지점들의 고도 정보가 필요하기 때문에 GIS 용어로 국지적 연산(local opera-

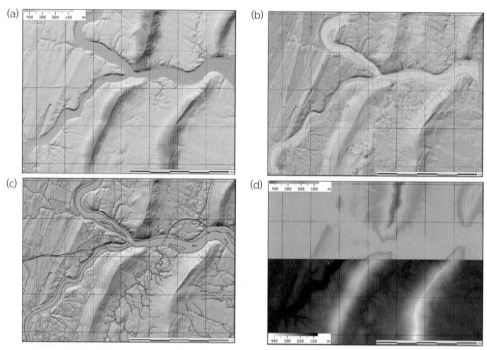

그림 26.2 웨스트버지니아주 하퍼즈 페리의 1/3″ NED DEM (a) 고도를 표시하는 색상과 결합된 음영기복도, (b) 도로, 하천, 철도(TIGER 데이터)가 청록색으로 표시된 회색 음영기복도, (c) 지질도와 결합된 회색 음영기복도(Southworth et al., 2000), (d) 컬러 및 회색으로 표시된 고도

tion) 또는 초점 연산(focal operation)에 해당한다. 가장 중요한 것은 경사(slope)와 향(aspect)이다. 이는 고도의 1차도함수 성분으로 경사의 크기 및 향의 방향이 포함된 벡터이다. 경사를 계산하는 가장 좋은 알고리즘에 대한 많은 참고문헌이 있지만, 제안된 모든 알고리즘은 서로 상관성이 높고 차이성은 철학적 정의 수준에 그친다. 예를 들어, 정상부의 최소 한 지점에서 접선면이 수평하기 때문에 정상부를 평탄하다고 할 수 있는가? 계곡부에서 계곡을 따라 또는 계곡과 수직으로 경사를 원하는가? 이러한 특이점(singular point)을 제외하면 지역적인 경사도 패턴은 사용된 알고리즘에 따라 달라지지 않는다. 계산되는 값들은 알고리즘에 따라 약간씩 달라지며 특히, 사용한 DEM에 따라 달라질 수 있다. 일반적으로 소축척, 중축척 DEM에서는 평활화(smoothing)에 따른 일반화로 인해 DEM 간격이 감소할수록 경사값이 증가한다. SRTM은 일반적으로 실제 경사가 급한 곳에서는 완만한 경향을 보이는 한편, 평탄한 지역에서는 지도에서 도출된 DEM(예: NED, CDEM)에서 계산한 것보다는 좀 더 경사를 완만하게 만드는 레이더 간섭 무늬(radar speckle)를 포함한다. 하지만 경관을 비교하는 데 동일한 DEM 데이터와 축척을 사용한다면 이 부분은 크게 문제되지 않는다.

DEM은 곡률로 능선과 계곡을 나타내며, 이는 볼록하거나 오목한 지표면에 대한 고도의 2차 도함수 또는 경사 변화율이다. 수평 또는 수직 방향(종단곡률 혹은 횡단곡률)으로 미분할 수 있으며 여러 변형된 형태들이 제안되었다(Schmidt et al., 2003; Olaya et al., 2009; Minar et al., 2013). 2차 도함수로서 곡률은 원 DEM의 작은 결함을 크게 부풀리기 때문에 아마도 곡률을 계산하기 전에 DEM을 필터링해야 할 것이다(Hengl and Evans, 2009). 대부분의 곡률값이 0에 가깝고 양과 음의 곡률값이 작은 꼬리 형태를 보이는 곡률값 분포는 지도의 결과를 표시하기 위해 색상표를 조정해야 한다는 것을 의미한다.

구역 특성을 나타내기 위해서는 지점에 대해 일정한 계산 영역이 필요하므로 분석가는 경관의 특징과 DEM의 데이터 간격을 기반으로 영역의 크기를 선택해야 한다. 이 연산에는 유효한 통계를 위해 충분히 넓은 영역이 필요하며 영역은 상대적으로 균질해야 한다. 이러한 매개변수 중 가장 일반적인 것으로 고도, 경사, 그리고 두 개의 곡률 분포가 있으며(Evans, 1988), 그 외 기복, 상향 및 하향 개방도 등이 있다(Yokoyama et al., 2002). 제안된 많은 매개변수는 실제로 경사를 측정하는 데 대체로 경사와 높은 상관성을 보인다. 다양한 지형 매개변수를 사용할 수 있는데(Florinsky, 2012; Olaya, 2009), 그림 26.3은 몇 가지 주요 매개변수에 대한 지도를 보여 준다. 일부는 자세한 변이들을 보여 주기도 하지만, 기복을 포함한 다른 변수들에서 변이는 크지 않다. 왜냐하면 특정 영역에서 가

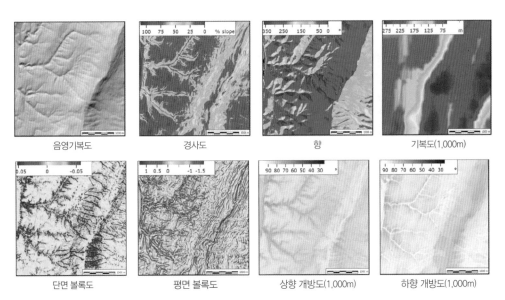

| 음영기복도 | 경사도 | 향 | 기복도(1,000m) |
| 단면 볼록도 | 평면 볼록도 | 상향 개방도(1,000m) | 하향 개방도(1,000m) |

그림 26.3 미국 하퍼즈 페리 근처에 있는 1/3″ NED DEM 일부 지도 다섯 개 지도(음영기복도, 경사도, 향, 단면 볼록도, 평면 볼록도)는 초점 연산을 사용했고, 세 가지 지도(기복도, 상향 개방도, 하향 개방도)는 1,000m 지역으로 정의한 구역 연산(zonal operation)을 사용함.

장 높은 지점과 가장 낮은 지점의 차이는 기복을 계산하는 이동 박스(moving box)가 새로운 극값을 만날 때만 발생하기 때문이다.

지형 계측에 대한 최근의 관심은 DEM으로 지형 분류를 시도하는 것이다. 여러 지형 매개변수를 결합하면 사실상 무한 분류가 가능하다. 맥밀런과 섀리(MacMillan and Shary, 2009)는 몇 가지 곡률 계산 방법을 기반으로 여러 지점을 함몰 지형, 정상, 능선, 계곡, 고개 및 더 복잡한 단위로 분류할 수 있는 간단한 구역 계산 방식과 지형 분류 역사를 논의한다. 이러한 분류에 대한 접근법에서 분석가는 (1) 분석된 지역의 특성과 데이터의 속성에 따라 달라질 수 있는 각 매개변수에 대한 분류 범위를 제한하거나, (2) 데이터에서 일관된 영역을 찾고 이를 확장해 영역의 크기에 대한 합리적인 균형을 찾는 객체기반 영상 분석(object-based image analysis)을 사용하도록 요구받는다. 이와하시와 파이크(Iwahashi and Pike, 2007)는 SAGA가 만들 수 있는 인상적인 지도로 경사도, 국지적 볼록도, 표면 질감(객체의 셀 크기 혹은 수평 간격, 경사도/국지적 볼록도에 비해 정량화하기 어려운 변수)에 근거한 지형 분류를 제시한다(그림 26.4). 지리객체기반 영상 분석(GEO-Object-Based Image Analysis: GEOBIA)에는 상용 소프트웨어인 eCognition이 일반적으로 사용된다(Drăguţ and Blaschke, 2006; Drăguţ and Eisank, 2012). 여러 관련 연구에도 불구하고 이러한 지형 분류에 의미를 부여하는 것은 지형 계측 분야가 해결해야 할 과제라 할 수 있다.

소프트웨어 패키지의 기능을 넘는 지형 분석을 하고 싶다면 (1) 파이썬(Python)을 사용해 ArcGIS를 커스터마이징하거나, (2) SAGA, WhiteBox, GRASS, QGIS와 같은 오픈 소스 프로그램 중 하나를 사용하거나, (3) GRASS, SAGA에서 R을 사용하거나, (4) MATLAB을 사용하는 등 몇 가지 선택 가능

그림 26.4 SAGA에서 수행한 지형 분류 Geotiff 형식으로 MICRODEM으로 내보내고, KMZ 형식으로 구글어스로 내보낼 수 있음. 불규칙한 흰색은 SAGA의 UTM 데이터를 구글어스에 필요한 지리좌표계로 재투영한 결과물임.

한 대안이 있다. 프로그램을 다시 개발할 필요는 없다. 만약 Geotiff(래스터 데이터)나 shapefile(벡터 데이터)과 같은 일반적인 데이터 포맷을 사용한다면, 다른 프로그램에서 데이터를 가져올 수 있고, 추가 처리나 디스플레이를 위해 그 데이터를 다시 내보내기 할 수 있다는 것을 인식하기를 바란다.

26.4 분석의 적용과 해석

군사 지형 분석은 '관찰 및 화재 현장, 엄폐 및 은폐, 장애물, 주요 지형 및 접근로'를 나타내는 약어 OCOKA를 사용한다(US Army, 1990). 이러한 연상 기호는 분석가에게 정신적 점검표를 제공하고 가장 일반적인 요인을 고려하는 데 도움을 준다. 대부분 지리학자에게는 경험이 명시적인 점검표를 대체할 수 있지만, 경관을 이해하고 설명하기 위해 목표가 여전히 있어야 한다.

지형 분석은 가능한 한 큰 모니터 또는 여러 디스플레이를 사용하는 것이 도움이 된다. 스크린에 표시된 지도 외에도 데이터를 다운로드 하거나 보조 정보를 검색하기 위해 웹사이트를 열어야 하고, 검색 결과를 기록하기 위해 워드프로세서를 사용해야 할 수도 있다. 지형 분석을 통해 지도를 만들 수 있으며 대개는 정기 간행물이나 책으로 발간하는 방식을 찾겠지만, 파워포인트 발표나 워드프로

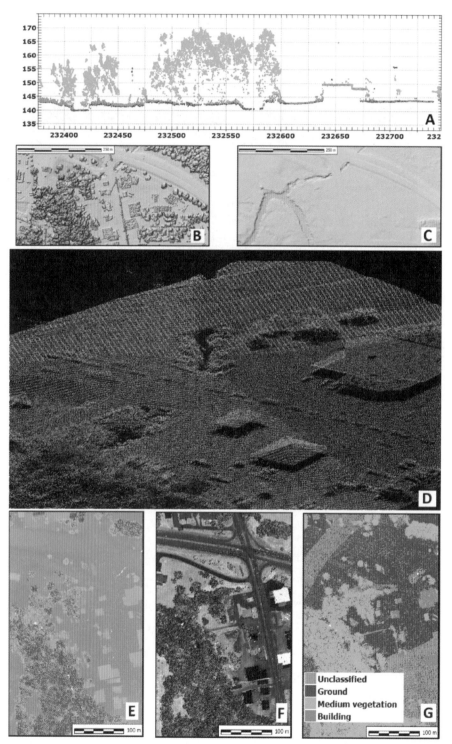

그림 26.5 뉴햄프셔주 킨의 라이다 점군 (a) 동-서 1m 두께의 단면, (b) 데이터에서 생성된 1m DEM, (c) 1m DTM, (d) 점군에 대한 3차원 뷰, (e) 고도별 색상이 다른 점 지도, (f) 수신 강도, (g) 분류 지도

세서 문서를 통해서도 항상 배포할 수 있다. 이러한 데이터 소스의 경우 지도가 스크린이나 페이지를 가능한 한 많이 채우면 좋을 것이다. 지역에 따라 축척이 너무 달라 의미 있는 축척 기호를 포함할 수 없는 그림 26.1과 같은 세계 지도를 제외하고, 항상 축척 기호를 포함하며, 표준 기호나 맥락으로 분명히 드러나지 않는 중요한 지형지물들에 대해서만 필요한 만큼 범례를 넣기를 권고한다. 만약 방위 표시, 전체 범례, 위치 지도를 고집하는 전통주의자를 위한 지도를 제작해야 한다면(그렇게 지도를 제작해야 하지만), 이러한 지도 대부분이 만드는 불필요한 여백의 양에 주목하길 바란다. 우리의 임무는 지도 영역을 잘 이해하기 위한 세부 사항을 보여 주는 것이며, 이를 위해서는 만들 수 있을 만큼 최대한 지도를 크게 만들어야 한다.

그림 26.5는 지형 분석을 위해 시각화할 수 있는 라이다 측량 방법들을 보여 준다. 라이다는 세 가지 고유한 매개변수, 즉 고도(그림 26.5e), 수신 강도(그림 26.5f), 인접 지점의 기하학적 관계에 기반한 분류(그림 26.5g) 정보를 갖고 있다. 이와 더불어 점군을 가로지르는 단면들(그림 26.5a)도 보여 주며, 파란색 지붕 외에 두 개의 송전선이 단면으로 나타난다. 단면은 간단한 정량적 측정을 보여 줄 수 있는 반면, 3차원 대화형 뷰는 정성적 평가를 향상할 수 있다(그림 26.5d). 점군은 또한 DSM(그림 26.5b)과 DTM(그림 26.5c)을 생성할 수 있으며, 이는 지형 계측 모델링을 위한 데이터로 사용할 수 있다. 라이다 분류(그림 26.5a, d, g)는 후처리가 필요하며 항상 수행하는 것은 아니다. 최신 점군 사양에는 신속 회랑 조사(corridor survey)를 통한 송전선 상태와 초목 침해를 모니터링할 수 있는 기능이 추가되어 송전선에 대한 보다 다양한 범주들을 포함한다. 또한 이 최신 사양에는 전력선이 헬리콥터 운용에 중대한 장애물이 되는 군사 지형 분석도 추가될 수 있을 것이다.

26.5 원격 탐사와 GIS 비교

군대에서 사용하는 지형 분석은 GIS와 현대적 원격 탐사(remote sensing)를 모두 앞선다. 일부 순수주의자는 여전히 인쇄된 종이 지도에 의존하지만, 거의 모든 지형 분석에서 (사용자가 이 과정을 디지털 지형 분석이라고 부르든 말든) 디지털 도구와 데이터를 사용한다.

효과적인 지형 분석에는 ArcGIS 소프트웨어의 두 가지 확장 도구(Spatial Analyst와 3D Analyst)가 필요하다. 지형 분석이 ArcGIS의 기본 기능에 포함되지 않는 것은 제품의 가시적인 가격을 낮추기 위한 마케팅 전략일 수 있지만, 적어도 지식 있는 일부 사람들에게는 지형 분석에 필요한 도구들이 ArcGIS 도구 상자(toolbox)의 필수 구성 요소로 인식되지 않는다는 것을 보여 준다. 그러나 대부분의 사용자는 디지털 지형 분석이 지형도나 항공 영상에 의존했던 기존 기법들을 자동화하고 개선하는 데 GIS 도구 상자 일부를 자연스레 사용하고 있다고 말할 것이다.

지형 분석은 기본 지도를 위해 원격 탐사와 토지 피복 또는 식생 지수와 같은 파생 데이터에 의존한다. 심지어 디지털 지형도조차도 거의 항상 스테레오 영상(ASTER GDEM의 경우 가시광선과 근적외선, SRTM의 경우 간섭계 레이다)이나 새로운 라이다 점군과 같은 원격 탐사 영상을 통해 만들어진다.

26.6 결론

지형 분석은 스마트폰과 태블릿에서도 가능하다. 영상과 지도를 현장에 가져갈 수 있고 GPS 센서는 움직일 때마다 영상 위에 그 위치를 중첩해 보여 준다. 위성 영상, 지질도, 지형도 등을 GeoTIFF나 GeoPDF 같은 표준 GIS 형식으로 태블릿에 넣어 비행기에서나 등산 중에도 지형 분석을 수행할 수 있다. 물론 현장의 초기 지도화 작업이 완전히 아날로그 방식이었던 사용자에게는 이러한 기능들이 매우 놀라울 수도 있지만, 경관을 보고 이를 핵심적인 지표 과정과 관련시켜야 하는 필요성은 여전히 변함이 없다. 현재는 지형 분석을 위해 GIS 소프트웨어 패키지 전부를 가져가려면 주머니보다 조금 더 큰 것이 필요하겠지만, 이러한 상황은 곧 바뀔 것이며 현장에서의 지형 분석 자체가 표준이 될 것이다.

두 번째 경향은 브라우저나 가벼운 컴퓨터 소프트웨어만을 이용해 지형 분석을 할 수 있을 것이다. 이미 인터넷에서 위성 원격 탐사를 할 수 있으며, 경사 지도나 가시권역 같은 웹 서비스도 GIS 프로그램에서 불러올 수 있다. 특히 클라우드가 여러 프로세서를 사용해 병렬 계산을 수행할 수 있는 경우, 컴퓨터에서 데이터를 다운로드하고 관리할 필요가 없으며, 계산을 수행할 필요도 없다. 이를 완전히 채택하기 위해서는 다음 세 가지 사항, (1) 클라우드 서비스 비용, (2) 민감한 사용이 필요한 현장에서 클라우드에 접근할 수 없는 경우(군 사용자 혹은 연구자), (3) 일반적인 기능으로만 제한될 가능성을 주의할 필요가 있다.

지형 분석은 지리학자와 앞으로도 항상 함께할 것이며, 구글어스와 같은 웹 프로그램과 휴대용 장치 어디에서나 이용할 수 있는 프로그램을 사용하는 모든 사람을 위한 온라인 경험의 일부가 될 것이다.

| 요약

- 현대 지형 분석은 지리공간 데이터와 디지털 지형을 사용해 경관을 설명하고 해석한다.
- 지형 분석은 인쇄된 지도에서 시작되었지만, 이제는 DEM을 사용하고 라이다 점군 데이터를 사용하기 시작했다.
- 지형 분석은 GIS 소프트웨어를 이용해 특정 결과를 얻기 위한 도구로 사용한다.
- 음영기복도는 가장 유용한 지형 분석 결과물이며, 지도가 보여 주는 지형지물에 사면과 계곡이 영향을 미친다면 모든 지리학자는 음영기복도를 고려한 기본 지도를 제공해야 한다.
- 보다 진보된 지형 분석은 지형 계측 알고리즘을 사용해 DEM에서 계산된 초점 및 구역 매개변수를 사용한다.

심화 읽기자료

- 웨이(Way, 1973; 1978)는 항공사진 및 지형도로 지형 분석에 대한 개론적인 설명을 제공한다. 여기에서 제시된 원리들은 여전히 적용되며, 디지털 지리공간 데이터에 대한 이해를 높여 준다.
- US Army(1990) 현장 매뉴얼은 구식이지만, 군대에서 지형 분석을 사용하는 방법과 계획 및 의사결정에 도움이 될 수 있는 현장 작업과 지도 분석을 조합하는 방법을 알려 준다. 구글에서 FM 5-33을 검색하면 PDF를 받을 수 있는 사이트가 여럿 나오지만 정부 공식 웹사이트는 없다.
- 몬(Maune, 2007)은 격자형 DEM의 사용과 특성을 요약하고 있다. 오늘날 대부분 지형 분석은 DEM 데이터를 사용하기 때문에 이 책은 데이터와 그 한계를 이해할 수 있는 최적의 출발점을 제공한다. 8장에서는 홍수 보험, 습지, 임업, 전력 회랑, 해안 관리, 운송, 재난 및 군사 운용 등 사용자 응용에 대해 간략히 논의하고 있다.
- 렌슬로(Renslow, 2012)의 논문은 데이터의 수집, 처리 및 응용을 포함한 지형 라이다를 다룬다. 라이다와 점군을 통한 매우 큰 스케일의 DEM 사용이 급증하면서 이 주제는 필수라 할 수 있다. 이 분야의 인기가 높아지고 있으니 2판을 찾아보라. 10장은 24명의 저자와 함께 임업, 회랑 지도, 홍수 지도, 건물 추출 및 복원, 항공 조사, 해안 및 수문학적 모니터링 및 자연재해 등 다양한 응용에 대해 논의한다.
- 헹글과 로이터(Hengl and Reuter, 2009)는 여덟 가지 소프트웨어 패키지에 대한 설명과 함께 지형 계측학을 개관한다. 3부에는 토양, 식생, 매스무브먼트 및 산사태, 생태, 수문학적 모델링, 기상학 및 정밀 농업의 지도 작성에 관한 10개의 장이 수록되어 있다.
- 스미스 외(Smith et al., 2011)의 논문에서는 지형학적 지도화에 대해 논의한다. 특히 8장에서는 지형의 시각화, 해석 및 계량화를 다룬다.
- 플로린스키(Florinsky, 2012)는 토양 과학 및 지질학에서 다루는 디지털 지형 분석에 관해 논의한다. 플로린스키의 LandLord 소프트웨어는 공동 연구를 하는 연구자들만 이용할 수 있다.
- * 심화 읽기자료에 대한 상세 정보는 아래 참고문헌에서 확인할 수 있음.

참고문헌

DoD (2010 amended through 15 November 2015) *Department of Defense Dictionary of Military and Associated Terms*, Joint Publication 1-02. http://www.dtic.mil/doctrine/new_pubs/jp1_02.pdf (accessed 26 November

2015).

DoD (2012) *Geospatial Intelligence in Joint Operations*: Joint Publication 2-03, http://www.dtic.mil/doctrine/new_pubs/jp2_03.pdf (accessed 26 November 2015).

Drăgut, L. and Blaschke, T. (2006) 'Automated classification of landform elements using object-based image analysis', *Geomorphology* 81: 330-44.

Drăgut, L. and Eisank, C. (2012) 'Automated object-based classification of topography from SRTM data', *Geomorphology* 141: 21-33.

Dutton, C.E. (1886) 'Mount Taylor and the Zuñi Plateau', in *Report by the Director of the United States Geological Survey*, U.S. Government Printing Office. pp.111-98.

Evans, I.S. (1998) 'What do terrain statistics really mean?', in S.N. Lane, K.S. Richards and J.H. Chandler (eds) *Landform Monitoring, Modelling and Analysis*. Chichester: Wiley. pp.119-138.

Florinsky, I.V. (2012) *Digital Terrain Analysis in Soil Science and Geology*. Kidlington: Elsevier.

Gesch, D.B., Oimoen, M., Greenlee, S., Nelson, C., Steuck, M. and Tyler, D. (2002) 'The national elevation dataset', *Photogrammetric Engineering and Remote Sensing* 68: 5-11.

Guth, P.L. (2006) 'Geomorphometry from SRTM: Comparison to NED', *Photogrammetric Engineering and Remote Sensing* 72: 269-77.

Hengl, T. and Evans, I.S. (2009) 'Mathematical and digital models of the land surface', in T. Hengl, and H.I. Reuter (eds) *Geomorphometry: Concepts, Software, Applications* (Developments in Soil Science Series). Kidlington: Elsevier. pp.31-63.

Hengl, T. and Reuter, H.I. (eds) (2009) *Geomorphometry: Concepts, Software, Applications* (Developments in Soil Science Series). Kidlington: Elsevier. Imhof, E. (2007) *Cartographic Relief Presentation*. Redlands: ESRI.

Iwahashi, J. and Pike, R.J. (2007) 'Automated classifications of topography from DEMs by an unsupervised nested means algorithm and a three-part geometric signature', *Geomorphology* 86: 409-40.

MacMillan, R.A. and Shary, P.A. (2009) 'Landforms and landform elements in geomorphometry', in T. Hengl and H.I. Reuter (eds) *Geomorphometry: Concepts, Software, Applications* (Developments in Soil Science Series). Kidlington: Elsevier. pp.227-254.

Maune, D.F. (ed.) (2007) *Digital Elevation Model Technologies and Applications: The DEM Users Manual*. Bethesda: American Society for Photogrammetry and Remote Sensing.

Mayhew, S. (2009) *A Dictionary of Geography*. Oxford: Oxford University Press.

Minár, J., Jenčo, M., Evans, I.S., Minár Jr., J., Kadlec,M., Krcho, J., Pacina, J.,Burian, L. and Benová, A. (2013) 'Thirdorder geomorphometric variables (derivatives): Definition, computation and utilization of changes of curvatures', *International Journal of Geographical Information Science* 27: 1381-402.

Olaya, V. (2009) 'Basic land surface parameters', in T. Hengl and H.I. Reuter (eds) *Geomorphometry: Concepts, Software, Applications* (Developments in Soil Science Series). Kidlington: Elsevier. pp.141-69.

Pike, R.J., Evans, I.S. and Hengl, T. (2009) 'Geomorphometry: A brief guide', in T. Hengl and H.I. Reuter (eds) *Geomorphometry: Concepts, Software, Applications* (Developments in Soil Science Series). Kidlington: Elsevier. pp.3-30.

Renslow, M.S. (2012) *Manual of Airborne Topographic Lidar*. Bethesda: American Society for Photogrammetry and Remote Sensing.

Reuter, H.I., Hengl, T., Gessler, P. and Soille, P. (2009) 'Preparation of DEMs for geomorphometric analysis', in T. Hengl and H.I. Reuter (eds) *Geomorphometry: Concepts, Software, Applications* (Developments in Soil Science Series). Kidlington: Elsevier. pp.87-140.

Schmidt, J., Evans, I.S. and Brinkmann, J. (2003) 'Comparison of polynomial models for land surface curvature calculation', *International Journal of Geographical Information Science* 17: 797-814.

Southworth, S., Brezinski, D.K., Orndorff, R.C., Logueux, K.M. and Chirico, P.G. (2000) *Digital Geologic Map of the Harpers Ferry National Historic Park*. US Geological Survey Open-File Report OF-2000-297. http://ngmdb.usgs.gov/Prodesc/proddesc_34293.htm (accessed 26 November 2015).

Smith, M., Paron, P. and Griffiths, J.S (eds) (2001) *Geomorphological Mapping: Methods and Applications* (Developments in Earth Surface Processes). Kidlington: Elsevier.

US Army (1990) *Terrain Analysis: Field Manual*. FM5-33.

Way, D.S. (1973) *Terrain Analysis: A Guide to Site Selection Using Aerial Photographic Interpretation*. Stroudsburg, PA: Dowden Hutchinson & Ross.

Way, D.S. (1978) *Terrain Analysis*: *A Guide to Site Selection Using Aerial Photographic Interpretation* (2nd edition). New York: McGraw Hill.

Wilson, J.P. and Deng, Y. (2009) 'Terrain analysis', in K.K. Kemp (ed.) *Encyclopedia of Geographic Information Science*. London: Sage. pp.465-8.

Wilson, J.P. and Gallant, J.C. (eds) (2000) *Terrain Analysis: Principles and Applications*. Abingdon: Wiley.

Wood, J. (2009) 'Overview of software packages used in geomorphometry', in: T. Hengl and H.I. Reuter, (eds) *Geomorphometry: Concepts, Software, Applications* (Developments in Soil Science Series). Kidlington: Elsevier. pp.257-68.

Yokoyama, R., Sirasawa, M. and Pike, R.J. (2002) 'Visualizing topography by openness: A new application of image processing to digital elevation models', *Photogrammetric Engineering and Remote Sensing* 68: 257-65.

공식 웹사이트

이 책의 공식 웹사이트(study.sagepub.com/keymethods3e)에서 이 장과 관련한 비디오, 연습, 자료 및 링크들을 확인할 수 있으며, 부가적으로 다음 논문들도 무료로 이용할 수 있음.

1. Caquard, S. (2014) 'Cartography II: Collective cartographies in the social media era', *Progress in Human Geography*, 38 (1): 141-50.

– 이 논문은 지형 분석을 위한 입력 데이터로 사용할 수 있는 지도와 디지털 데이터를 구축하기 위해 사람들을 활용하는 방법을 살펴본다. 아마 인문지리학자에게는 익숙하겠지만, 그림이나 지도 없이 아이디어만을 기술하고 있다.

2. Gillespie, T.W., Willis, K.S. and Ostermann-Kelm, S. (2015) 'Spaceborne remote sensing of the world's protected areas', *Progress in Physical Geography*, 39 (3): 388-404.

– 이 논문은 디지털 지형 분석에 중요한 입력 데이터를 제공하는 위성들을 조사하고 있다. 보호 지역을 위한 이용에 중점을 두지만 그 원리는 어느 지역에서나 적용된다.

3. Roche, S. (2014) 'Geographic Information Science I: Why does a smart city need to be spatially enabled?', *Progress in Human Geography*, 38 (5): 703-11.

– 인문 지형 분석(human terrain analysis)은 데이터가 모호하고 수집하기 어렵기 때문에 GIS에서 정량화하기 가장 어려운 주제 중 하나이다. 이 논문에서는 소셜 미디어가 어떻게 도시 지역을 지도로 표시하는 데 도움을 줄 수 있는지 설명하고 있다.

D27

환경정보시스템

개요

환경정보시스템은 환경을 연구하고 관리하는 데 GIS를 사용하는 것을 의미한다. 지리 연구를 위해 환경정보시스템을 사용하는 가장 근본적인 과정은 환경 정보를 수집, 분석해 새로운 환경 레이어를 만든 후, 이를 다른 종류의 GIS 데이터와 비교함으로써 가설을 검증하는 것이다. 이러한 작업은 무료로 구할 수 있는 다양한 종류의 환경 자료를 바탕으로 여러 공간적(경관, 지역, 전 지구), 시간적(과거, 현재, 미래) 스케일에서 이루어진다. 환경을 연구하는 데 있어 ArcGIS와 QGIS처럼 쉽게 얻을 수 있는 공간 분석의 도구가 다수 존재한다. 환경정보시스템을 통해 측정, 중첩, 근접 분석, 연결성 분석, 공간 모델링, 시각화 등 여러 종류의 지리공간 분석 기법을 사용할 수 있다. 환경정보시스템은 중앙 및 지방 정부와 기업, 비영리 단체가 의사결정과 거버넌스, 계획 수립을 위해 도입하는 환경 관리의 기본 요소이다. 환경정보시스템은 앞으로도 널리 이용될 것으로 기대된다.

이 장의 구성

- 서론
- 환경정보시스템 데이터의 수집
- 환경정보시스템 데이터
- 환경 분석
- 응용 환경정보시스템
- 결론

27.1 서론

GIS는 지리학과 환경과학의 근본을 이루는 요소이다. GIS는 본질적으로 디지털 형태의 속성으로 구성된 지리참조된 공간(점, 선, 면) 데이터로 간단히 정의할 수 있다. GIS는 컴퓨터의 속도 증가와 저장 공간의 확장, 알고리즘과 시각화 기법의 진보 등을 통해 발전해 왔다. 오늘날 GIS는 모든 유형의 지리적 데이터를 불러오고 저장·분석·시각화할 수 있는 컴퓨터 시스템이 되었다. 환경정보시스템 (environmental GIS)은 지질, 생물, 화학, 기후, 천연자원과 관련된 자료를 수집·분석·시각화하는 데 주로 사용된다. GIS는 이론의 정립과 검증을 가능케 하며, 더 나아가 과학자와 정책 결정자, 일반 대중에게 도움이 되는 실질적인 지식을 창출하는 데 중요한 도구이다.

   GIS의 적용과 한계를 완전히 이해하기 위해서는 우선 몇 가지 흔히 쓰이는 용어들을 명확하게 파악할 필요가 있다. 점, 선, 면 데이터는 때에 따라 각각 노드(node), 아크(arc), 폴리곤(polygon)으로 불린다. 지리참조된 점, 선, 면 데이터를 벡터 데이터라 통칭하는데, 이는 컴퓨터 제도(computer drawing) 프로그램에서 쓰이는 자료와 유사한 구조를 지닌다. 반면 래스터 데이터는 디지털카메라의 사진과 같이 일련의 행과 열로 이루어진 격자 체계를 구성하는 직사각형 또는 정사각형 모양의 셀(cell)들의 집합체이다. 각 셀은 일정 지역에 대해 비행기나 인공위성을 통해 확보된 환경 속성의 값과 위치 정보를 지닌다. 벡터와 래스터 자료 모두 레이어(layer) 혹은 커버리지(coverage)라고 불리며 환경정보시스템에서 흔히 사용된다. 대부분의 GIS는 ESRI에서 상업용으로 제공하는 소프트웨어를 사용해 이루어지는데, 대표적으로 기초적인 분석을 위한 ArcView와 더 복잡한 분석이 가능한 ArcGIS가 있다. 한편, QGIS와 같이 과학적 분석이 가능하고 널리 쓰이는 GIS 기능을 탑재한 오픈 소스 소프트웨어 역시 다수 존재한다(26장의 박스 3 참조). 첫 번째 단계는 데이터를 GIS로 불러들이는 것인데, 이를 위해 일반적으로 세 가지 방법이 있다. 즉 토양, 오염, 식물 등과 같은 환경 자료를 현장에서 구득해 새로운 GIS 레이어를 만들거나, GIS 형식이 아닌 자료를 디지털화할 수 있으며, 환경 레이어를 다운받을 수도 있다. 두 번째 단계에서는 이러한 레이어들에 대해 GIS에서 제공하는 공간 분석을 실시해 가설과 이론을 검증한다. 마지막으로 GIS를 통해, 정확하고 명료한 환경 정보를 필요로 하는 과학자와 의사결정자들에게 통계적이고 시각화된 자료를 제공할 수 있다. 이 장에서는 환경정보시스템 자료를 수집·분석·적용하는 방법을 소개한다.

27.2 환경정보시스템 데이터의 수집

GIS를 이용해 지리학과 환경과학 이론을 정립·검증할 수 있으며, 더 나아가 과학자와 정책 결정자, 일반 대중에게 도움되는 실질적인 지식을 창출할 수 있다. 우선 데이터를 GIS로 불러들여야 한다. 현장에서 자료를 수집하거나, 이미 존재하는 환경 자료를 디지털화 혹은 지오코딩(geocoding) 할 수 있으며, 환경정보시스템의 결과물을 다운받을 수도 있다.

연구 현장에서 물리적 속성(온도, 토양의 유형), 생물 다양성(종, 식생), 환경 조건(수질, 천연자원) 등과 관련된 데이터를 구득하는 작업은 일반적으로 각 측정 지점에서 GPS를 통해 위치를 파악하고 환경 정보나 속성을 조사하는 정식 기법을 통해 이루어진다(20장 참조). 여러 면에서 볼 때, 이러한 정식 기법을 통해 반복적으로 GIS 자료를 수집하는 것은 연구 과정에서 가장 중요한 부분이라 볼 수 있으며, 검증 대상이 되는 가설을 기반으로 이루어진다. 대부분의 경우, 환경정보시스템 데이터는 연구 대상지 전체를 완벽하게 포괄하기보다는 몇몇 기상 관측소에서 측정된 기온이나 출현 종의 목록과 같이 모집단에서 추출된 표본이다. 환경정보시스템을 진행하는 모든 연구자는 최소한 30개의 지점을 조사해야 현장 자료를 수집하고 양질의 GIS 레이어를 구축하는 데 따르는 어려움을 제대로 이해할 수 있다. 환경정보시스템에서 가장 중요한 것 중 하나는 각 지리적 사상(事象, feature)의 정확한 위치이다. 현장에서 GPS를 사용해 할 수 있는 작업 중에서 가장 쉬운 것은 점 자료를 수집하는 것이며, 더 복잡한 것은 선과 면 자료를 얻는 일이다. 지리학자로서 현장에서 반복 가능한 표준 기법을 통해 GIS 레이어를 구축해야 하며, 만약 이를 훌륭하게 완수한다면 성과물이 향후 다른 연구자들에게 유용하게 쓰일 수 있음을 기억해야 한다. GIS야말로 이러한 데이터를 저장하고 배포하는 데 쓰이는 반복 가능한 표준 기법이다.

GIS로 데이터를 불러들이는 두 번째 방법은 아직 지리참조되지 않은 정보를 사용하는 것이다. 이러한 정보는 종이 지도와 역사적 사료, 항공사진, 데이터베이스, 수치 자료 등을 포함한다. 여기서 중요한 것은 이들을 수치화된 공간 데이터베이스로 전환하는 것이다. 우선, 분석에 필요한 데이터가 무엇인지와 이 데이터가 점, 선, 면 데이터로 구축되어야 하는지를 결정해야 한다. 점 사상은 위도, 경도 좌표를 속성 정보와 함께 스프레드시트에 입력해 쉽게 지오코딩할 수 있다. 그다음 GIS로 불러들이면 된다. 선과 면 요소는 화면상에서 지도를 따라 그리거나 기하 보정된 영상을 분류해 환경정보시스템 레이어를 구축함으로써 손쉽게 입력할 수 있다. 구글어스(Google Earth) 영상의 경우, KML(Keyhole Markup Language) 형식의 점, 선, 면으로 디지털화된 이후, GIS 소프트웨어에서 쓰이도록 쉽게 변환할 수 있다. 나무 위치와 같은 점 요소, 오솔길과 같은 선 요소, 호수 또는 식생 유형과 같은 면 요소 등은 모두 수치 영상으로 구득할 수 있다. 비행기나 인공위성 센서를 통해 얻은 원격탐사(remote sensing) 영상 역시 지리적 지표를 정량화하는 데 사용할 수 있다.

마지막으로, 인간의 생애 주기 내에 수집할 수 없는 점, 선, 면 데이터를 바탕으로 진행되는 환경정보시스템 분석이 크게 증가했다. 따라서 환경과학과 지리학의 가설을 검증하기 위해 때에 따라 이미 존재하는 환경정보시스템 데이터를 사용할 필요가 있다.

27.3 환경정보시스템 데이터

연구자가 관심을 가지는 환경 문제를 다양한 시공간적 스케일에 걸쳐 살펴볼 수 있도록 하는 가장 적절한 환경정보시스템 데이터가 무엇인지 파악하는 것이 중요하다. 이를 통해, 어떤 GIS 데이터가 자신의 환경적 관심사와 연구 지역, 자료의 질에 맞게 존재하는지 전문적으로 이해할 수 있다. 사용하는 데이터를 비판적으로 검토하는 과정이 중요한데, 이는 메타데이터를 살펴보고 적용 가능성과 한계점을 이해하는 작업으로부터 시작한다. 디지털 GIS가 지난 30년에 걸쳐 빠르게 발전했기 때문에, 일반인이 접근 가능한 환경 데이터가 많이 존재한다. 과학자와 정부, 비정부 기관들은 엄청난 양의 환경 데이터를 구축하고 최신화해, 이들 GIS 데이터를 무료로 다운받을 수 있는 포털 사이트를 만들었다. 다양한 시공간적 스케일에서 수행할 수 있는 양질의 환경정보시스템 데이터는 표 27.1과 같다.

많은 과학자가 다양한 환경 주제와 관련해 반복 가능한 표준 자료를 수집하기 위해 큰 노력을 기울여 왔다. 사실 과학자들은 자신의 GIS 데이터를 학문적 동료와 함께 관리하고 공유하는 것이 바람직하다. 점으로 구성된 고해상도의 GIS 데이터를 경관 스케일에서 예로 들어 보자. 파나마에서는 1980년에 50ha 면적의 열대우림을 연구 지역으로 설정해, 이후 5년마다 가슴 높이에서 측정한 지름 1cm 이상의 모든 식물을 조사해 지도화해 왔다(ctfs.si.edu/webatlas/datasets; 그림 27.1a). 지역적 스케

표 27.1 유용한 환경정보시스템 데이터들과 관련된 인터넷 주소

출처	환경정보시스템 데이터	인터넷 주소
미국지질조사국(USGS)	지형, 지질	www.usgs.gov
미국 환경보호국(EPA)	오염, 수질	www.epa.gov/geospatial
미국조류야생동물청(USFWS)	종, 서식처	www.fws.gov/gis/index.html
미국국가지도집(US National Maps)	미국의 GIS 자료	nationalmap.gov/viewer.html
유럽환경국(European Environ. Agency)	환경 자료	www.eionet.europa.eu/gis
유엔 환경국(UN Environ. Agency)	환경 자료	ggim.un.org
Map of Life	종 분포	www.mol.org
국제자연보전연맹(IUCN)	멸종 위기종	www.iucn.org
미국항공우주국(NASA)	원격 탐사	gcmd.nasa.gov
WorldClim	과거, 현재, 미래의 기후	www.worldclim.org
Landscan	인구 규모와 연령 구조	web.ornl.gov/sci/landscan
HYDE	과거의 토지 이용과 인구	themasites.pbl.nl/tridion/en/themasites/hyde

* 2015년 11월 27일 확인

일에서는 북극 주변의 영구동토층 지대에 분포하는 토양 내 3m 깊이에서 유기탄소 저장량을 산출한 GIS를 예로 들 수 있다(Hugelius et al., 2013; 그림 27.1b). 지구적 스케일에서도 핸슨 외(Hansen et al., 2013)의 산림 피복 자료와 같이 실로 엄청난 자료들이 존재한다. 이 온라인 자료는 전 지구를 대상으로 2000년부터 2012년 사이에 Landsat 영상에서 확보한 산림 피복, 손실, 확장 등의 정보를 30m 해상도의 픽셀별로 담고 있다(그림 27.1c). 아울러 일반 시민과학자들이 참여해 구축하는 자료들도 증가하고 있는데, 일례로 새들의 위치와 밀도를 거의 실시간으로 파악해 보고하는 Ebird(www.ebird.org)가 있다. 자신의 관심사와 열정을 함께 하는 과학자들이 누구인지, 그리고 이들이 어떤 GIS 데이터를 제공하는지 등을 파악하는 것이 중요하다.

중앙 및 지방 정부는 지난 30년간 엄청난 양의 GIS 레이어를 구축해 왔다. 대체적으로 이러한 정부 기관들은 최소한 85%의 정확성을 가지는 지도를 만들려고 노력한다. 미국에서 미국지질조사국, 미국환경보호국, 미국조류야생동물청 등이 가장 정확하고 널리 쓰이는 환경정보시스템을 보유하고 있다. 유럽에서는 유럽환경국이 유럽 전체에 걸쳐 다양한 환경정보시스템 데이터를 제공한다. 이러한 데이터는 지질(기질, 단층, 지진)과 천연자원(수문, 산림의 유형), 화학(대기와 수질 오염) 정보를 담은 레이어들을 포함한다. 이들 중 일부 데이터는 엄청난 수준의 시공간적 해상도를 자랑한다. 예를 들어, 미국빙하청(US National Ice Centre)에서는 남극의 빙하 반경을 매일 지도화해 KML 형식으로 제공하며, 이를 구글어스를 통해 매일 확인할 수 있다.

다양한 국제 비정부 기구 역시 지역적, 지구적 스케일에서 환경 정보를 제공한다. 예를 들면, 유엔환경국(United Nations Environment Agency)은 막대한 양과 범위의 자연지리 정보와 환경 정보를 보유한다. 이러한 웹사이트에서는 지표 피복과 생태, 토지 이용, 기후 등을 포함하는 자연지리에 관한 300개 이상의 벡터와 래스터 데이터를 찾을 수 있다. 생물 다양성과 관련된 가장 훌륭한 웹사이트로 Map of Life를 들 수 있다. 이 사이트에는 예를 들어 육상 척추동물과 어류 종의 출현 빈도를 1억 5,000만 개가 넘는 지점에서 파악한 정보가 담겨 있다. 이 정보는 정부 간 협의체인 세계생물다양성정보기구(Global Biodiversity Information Facility)에서 모아 둔 수치화된 종 자료를 기반으로 한다. 아울러, 국제자연보전연맹 출처의 종 분포 범위 지도와 세계야생동물기금(World Wildlife Fund) 출처의 출현/미출현 항목표도 이 사이트에서 찾아볼 수 있다(Jetz et al., 2012).

원격 탐사는 국지적, 경관적, 대륙적, 지구적 스케일에서 환경 정보를 수집하는 데 대단히 큰 잠재력을 지니고 있다(Turner, 2014). 위성을 활용한 원격 탐사를 통해 넓은 지역에 걸친 완전한 정보를 낮은 비용으로 얻을 수 있으며, 이 정보는 일관적인 방법을 통해 정기적으로 최신화된다. 비록 원격 탐사 영상을 수집하고 처리하는 작업이 복잡하지만, 많은 웹사이트에서 사전 처리되어 GIS에서 사

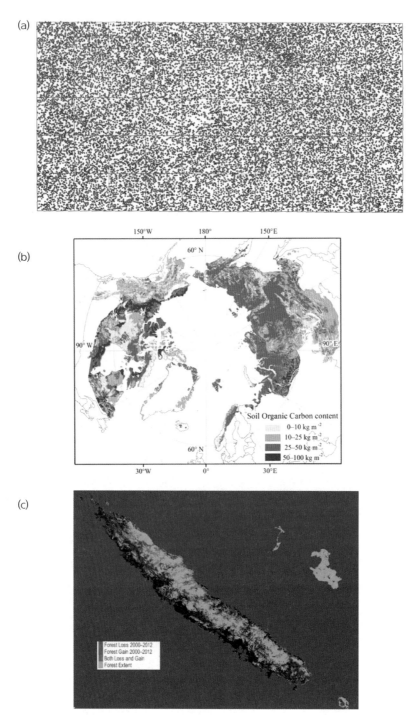

그림 27.1 환경정보시스템 데이터의 예시 (a) 파나마의 바로 콜로라도(Barro Colorado) 산림에 50ha 면적의 연구 지역을 설정해, 가슴 높이에서 측정한 지름 1cm 이상의 모든 식물을 지도화한 결과, (b) 북극 주변 토양의 유기탄소 저장량, (c) 2000년부터 2012년까지 뉴칼레도니아에서 파악한 산림 피복

용할 수 있는 영상을 제공한다(25장 참조). 사실 미국항공우주국(NASA)과 유럽우주국(ESA)은 곧바로 활용할 수 있는 GIS 데이터를 상당히 많이 제공하고 있다(그림 27.2). 이러한 데이터는 고립된 지역에 널리 분포하는 기후 관측소 자료를 내삽(interpolation)해 산출한 기존의 전통적인 기온, 강수량, 바람 자료에 비해 낫다고 할 수 있다. 일차 생산량, 탄소와 식생 계절학(vegetation phenology)적인 추정치는 1km 해상도로 2000년 자료부터 얻을 수 있다. 지형 자료 또한 환경정보시스템의 기본 요소이다(27장 참조). 지형 자료는 주로 수치화된 고도 지도로부터 추출한다. 30m 해상도의 고도 및 지형 자료의 경우, SRTM(Shuttle Radar Topography Mission)을 통해 지구상의 거의 모든 지점에 대해 구득할 수 있다. 최근에는 구글어스 엔진이 40년간에 걸친 엄청난 양의 위성 영상을 한데 모아 온라인상에서 누구나 사용할 수 있게 해 놓았다. 이를 통해 과학자들은 지구 표면의 변화를 포착해 지도화 및 정량화할 수 있게 되었다. 이러한 공간적인 원격 탐사 자료는 어떠한 환경 주제를 선택해 지구상의 어느 지역에서 연구하든지 큰 도움이 될 것이다.

지구의 과거 자연적, 문화적 특성을 복원하는 데 쓰이는 GIS 데이터들도 존재한다. 대부분의 지리학자는 플라이스토세나 홀로세, 또는 인류세의 시점으로 거슬러 올라가는 자연적, 인문적 자료에 관심을 가진다(22장 참조). 고환경 자료로서 가장 훌륭한 것은 홀로세나 인류세를 포괄하는 기후 자료(기온, 강수)라 할 수 있다. 이들 GIS 지도는 과거의 기후 조건을 추정하는 모델에 기반하며, 최종 빙기 최성기(Last Glacial Maximum: LGM)부터 오늘날에 이르기까지 1km에서 100km의 공간 해상도로 기후 정보를 제공한다. 예를 들어, 마지막 간빙기(12만~14만 년 전)와, 최종빙기 최성기(2만 1,000년 전), 홀로세 중기(6,000년 전)의 기후 자료는 WorldClim(www.worldclim.org)에서 1km 해상도로 다운받을 수 있다.

환경정보시스템의 가장 중요한 면은 미래 예측을 지도화하는 데 쓰이는 공간 데이터라 할 수 있다. 가장 흔한 예로 기온과 강수량과 같은 기후변화를 예측하는 GIS 레이어가 있다. 기후변화에 관한 정부 간 협의체(IPCC)는 다양한 기후변화 모델로부터 지구적 기후변화 시나리오를 제공한다. 기후변화의 영향과 관련된 GIS 데이터는 1km에서 100km의 공간 해상도로 2100년까지 존재한다. 이러한 기후 시나리오들은 기후변화가 특정 환경 변수에 미치게 될 영향을 예측하는 데 널리 쓰인다.

환경정보시스템이 주로 물리적·화학적·생물적 패턴과 과정에 초점을 맞추기는 하지만, 이들과 인간 사이의 관계는 지리학의 근본적인 관심사이다. 지구적 스케일에서는 랜드스캔(LandScan)을 통해 인구밀도 자료를 1km의 해상도로 살펴볼 수 있다(web.ornl.gov/sci/landscan). 지역적 스케일에서는 많은 국가가 센서스 자료를 GIS 형식으로 무료로 공유한다. 아울러 다양한 역사 자료가 지구적 스케일에서 존재한다. 최근 개발된 지구적 환경 역사 자료(HYDE 3.1)는 인간에 의한 토지 이용

AGRICULTURE (1875)
agricultural aquatic sciences, agricultural
chemicals, agricultural engineering, agricultural
plant science, animal commodities show all...

BIOLOGICAL CLASSIFICATION (3796)
animals/invertebrates, animals/vertebrates,
bacteria/archaea, fungi, plants show all...

CLIMATE INDICATORS (353)
atmospheric/ocean indicators, biospheric
indicators, cryospheric indicators, land
surface/agriculture indicators, paleoclimate
indicators show all...

HUMAN DIMENSIONS (3581)
boundaries, economic resources, environmental
governance/management, environmental impacts,
habitat conversion/fragmentation show all...

OCEANS (7193)
aquatic sciences, bathymetry/seafloor topography,
coastal processes, marine environment monitoring,
marine geophysics show all...

SOLID EARTH (2956)
earth gases/liquids, geochemistry, geodetics,
geomagnetism, geomorphic landforms/processes
show all...

SUN-EARTH INTERACTIONS (359)
ionosphere/magnetosphere dynamics, solar
activity, solar energetic particle flux, solar energetic
particle properties show all...

ATMOSPHERE (7977)
aerosols, air quality, altitude, atmospheric
chemistry, atmospheric electricity show all...

BIOSPHERE (6795)
aquatic ecosystems, ecological dynamics,
terrestrial ecosystems, vegetation show all...

CRYOSPHERE (2599)
frozen ground, glaciers/ice sheets, sea ice,
snow/ice show all...

LAND SURFACE (5481)
erosion/sedimentation, frozen ground,
geomorphology, land temperature, land use/land
cover show all...

PALEOCLIMATE (1455)
ice core records, land records, ocean/lake records,
paleoclimate reconstructions show all...

SPECTRAL/ENGINEERING (2753)
gamma ray, infrared wavelengths, lidar, microwave,
platform characteristics show all...

TERRESTRIAL HYDROSPHERE (3323)
glaciers/ice sheets, ground water, snow/ice, surface
water, water quality/water chemistry show all...

그림 27.2 NASA 포털에서 제공하는 GIS에서 사용 가능한 환경 원격 탐사 데이터(gcmd.nasa.gov)

의 변화와 관련된 지난 1만 2,000년간의 공간 정보를 제공한다(Goldewijk et al., 2011). 이 자료에는 1만 2,000년 전부터 오늘에 이르는 인구밀도 자료가 일정한 시간 간격으로 정리되어 있다.

환경정보시스템에 관심을 가지는 지리학자들은 자신의 주제와 관련해 현재 어떠한 종류의 GIS 데이터가 존재하는지 면밀히 파악해 그러한 데이터의 정확도와 질을 평가해야 한다.

27.4 환경 분석

환경정보시스템의 가장 중요한 면은 연구의 관심사가 되는 환경 요소와 연관 있는 가설과 이론을 검증하는 것이다. 일단 환경 레이어를 GIS 소프트웨어로 불러온 후, 모든 GIS 데이터가 같은 좌표 체계인지 확인하고 분석의 스케일을 정해야 한다. 이후 일반 과학에서처럼 다양한 가설에 대한 검증을 통해, 채택 혹은 기각 등과 같은 결정을 내릴 수 있다. 연구자 자신의 데이터가 GIS 안에 존재한다면,

이들을 중첩하거나 반복적으로 분석해 가설과 이론을 검증할 수도 있다. 물리, 생물, 화학, 천연자원 및 인간과 같은 환경 변수들과 관련된 GIS 레이어들을 연구자가 가지고 있는 데이터와 손쉽게 비교해 결과를 만들 수 있다(그림 27.3). 이러한 분석이 가지는 강점은 데이터의 질과 통계 기법의 힘에 달려 있다(30, 31, 32장 참조). 마지막으로 가장 중요한 점은 애초에 가설과 연구 질문 자체를 GIS로 검증할 수 있도록 적절하게 만들어야 한다는 것이다. 아울러 가뭄이나, 멸종, 오염 등과 같이 지리학과 환경과학적으로 살펴볼 수 있는 환경 문제가 꼭 포함되어야 한다.

모든 GIS 소프트웨어는 표준적인 공간 분석을 위한 도구를 탑재하고 있다(박스 27.1). 지리공간 분석(geospatial analysis)은 큰 분야이다. Geospatial Analysis Online(de Smith et al., 2015; www.spatialanalysisonline.com)과 같은 웹사이트를 방문하면, 지리공간 분석에 대해 폭넓게 살펴볼 수 있다. 환경정보시스템에서 흔히 사용하는 공간 분석 기법들이 존재한다. 사실 *Science*, *Nature*, *Proceedings of the National Academy of Sciences*와 같은 최상급 학술지에 GIS를 사용해 출판되는 대부분의 연구는 비교적 간단한 GIS 분석을 실시해 가설을 검증하고 연구 질문에 대한 답을 얻는다. 이러한 분석은 측정, 중첩, 근접 분석(proximity analysis), 연결성 분석(connectivity analysis), 예측 모델링 등을 포함한다.

데이터를 GIS 안으로 불러들였다면, 이제 선택된 요소와 레이어에 대해 적절한 통계를 선택, 측정, 계산할 수 있다. 모든 GIS 소프트웨어는 사용자가 요소를 찾거나(쿼리) 선택해, 점, 선, 면, 셀 등을 파악하는 기능을 제공한다. 이는 대개 이름(예: AND, OR, NOT)이나 숫자 값(예: >, <, =), 혹은 간단한 수학(예: +, −, ×, ÷)을 바탕으로 요소를 선택함으로써 이루어진다. 이러한 유형의 쿼리(query)는 관심이 가는 요소를 선택하거나 새로운 GIS 레이어를 만드는 데 사용된다. GIS에서는 각 요소나 레이어에 대한 기술통계(descriptive statistics)를 계산하고 쿼리로부터 결과를 얻을 수 있다. 그러므로 각 요소와 레이어에서 자료 분포의 중심을 보여 주는 중심 경향(central tendency:

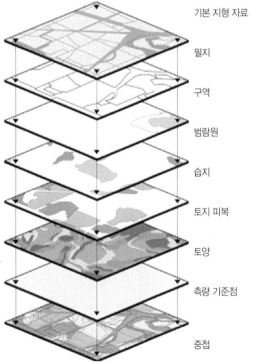

기본 지형 자료

필지

구역

범람원

습지

토지 피복

토양

측량 기준점

중첩

그림 27.3 환경정보시스템 레이어의 예시

평균값, 중앙값, 최빈값)과 산포(dispersion: 범위, 분산, 표준편차)를 모든 점, 선, 면에 대해 쉽게 계산할 수 있다(Bolstad, 2008). 여기에서 가장 강력한 점은 환경 데이터가 시공간적으로 변하는 양상을 파악할 수 있다는 것이다. 모든 점, 선, 면 및 셀 자료를 시간의 흐름에 따라 살펴봄으로써 분포와 밀도에 변화가 있는지, 유의미하게 증가하는지 혹은 감소하는지를 판단할 수 있다. 아울러 GIS를 다양한 공간적 스케일에서 살펴보면서 환경 변수가 어떻게 변화하는지도 알아볼 수 있다. 이렇게 GIS의 레이어를 다루는 것이 환경정보시스템 데이터를 분석하는 첫 번째 단계라고 할 수 있다.

중첩은 GIS와 환경정보시스템에서 할 수 있는 가장 흔하고 강력한 분석 중의 하나이다. 때에 따라 연구자 입장에서 유일하게 필요한 것은 가설과 이론의 검증을 위한 가장 간단한 분석일 수 있다. 예를 들어, 포유류와 조류, 양서류에 대해 종 풍부도(species richness)와 희귀성, 위협 수준 등을 100km 해상도의 픽셀 단위로 중첩함으로써 여러 종의 다양성 분포가 지구적 스케일에서 일치하는지를 확인할 수 있다(그림 27.4; Orme et al., 2005). 이러한 중첩을 통해 종 풍부도의 지리적 양상이 전반적으로 일치함을 확인할 수 있었다. 그러나 양서류 멸종 위기종이 집중적으로 분포하는 지역이 조류나 포유류 멸종 위기종의 분포 지역과 항상 일치하는 것은 아니었다. 중첩은 어떤 환경 변수와 관련이 있을 것이라 여겨지는 요소를 선택하고 이러한 요소들이 어떤 지역에서 중첩하는지, 중첩하지 않는지를 파악해 이루어질 수도 있다. 이 과정에서 관심의 대상이 되는 요소들을 통합하거나 관심의 대상이 아닌 요소들을 제거할 수 있다. 중첩되는 면적을 계산하는 것도 환경정보시스템의 중요한 과정 중 하나다. 이 역시 면을 구성하는 점과 선 데이터에 대해 실행할 수 있다. 그러므로 중첩을 통해 환경 변수의 패턴을 파악하고 이와 관련된 과정을 추론할 수 있다.

거리 또는 근접 분석 역시 GIS 데이터를 분석하는 데 쓰이는 간단하고 강력한 방법이다. 점, 선, 면, 그리고 셀들 사이의 거리를 통해 두 자료가 가지는 상관관계를 파악할 수 있다(예: 휴대전화 기지국

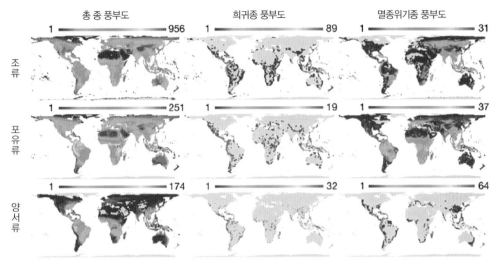

그림 27.4 조류와 포유류, 양서류에 대한 총 종 풍부도, 희귀종 풍부도, 멸종위기종 풍부도

출처: Orme et al., 2005

과 암 발병률). 버퍼(buffer)와 내삽(interpolation)과 같이 다양한 종류의 간단한 거리 지수들이 있다. 버퍼란 점, 선, 면을 일정 거리에서 포괄하는 지역을 의미한다. 이는 선택된 요소로부터 직선거리를 측정해 만든다. 일정 지점에 대해 버퍼를 지정함으로써 그 지점 주변에서 발생하는 영향에 대한 자료를 얻을 수 있다. 내삽은 환경정보시스템에서 흔히 시행하는 또 다른 공간 분석 기법이다. 내삽은 조사하지 않은 지점이나 픽셀의 값을 추정함에 있어 가장 가깝게 위치한 점이나 픽셀에서 얻은 실제 값을 사용하는 것을 말한다. 점 데이터가 있다면, 이로부터 경사나 등고선 지도를 만들고, 이를 다른 GIS 레이어들을 바탕으로 수정할 수도 있다. 예를 들어, 기온 자료를 내삽해 넓은 지역에 걸쳐 기온을 나타내는 새로운 GIS 레이어를 만들 수 있다. 그러나 지질, 생물, 화학 자료에 대한 내삽은 일반적으로 다양한 자연 속성과 관련이 있으며 정확도 역시 표본의 크기와 산포 정도에 크게 좌우되기 때문에 내삽을 진행할 때 주의가 요구된다(Heuvelink, 1998).

연결성은 서로 연결된 상태 혹은 그 정도를 의미한다. 최소 비용 경로나 네트워크 분석과 같이 환경정보시스템에서 흔히 쓰이는 연결성 분석 기법들이 다수 존재한다. 최소 비용 경로는 두 지점 사이의 최단 거리나 가장 저항이 낮은 경로를 바탕으로 정의된다. 이 과정에서 GIS 레이어에 존재하는 변수들이 사용된다. 이러한 유형의 분석들은 지표면의 형태와 토지 피복, 지질 레이어를 포함하는 수문학적인 연구에 흔히 사용된다. 물은 환경 변수 중 가장 중요하다고 할 수 있다. 많은 GIS 방법론을 통해 경관과 지역적 스케일에서 물의 이동을 모델링할 수 있다. 선들이 모여 선형의 네트워크를 구축하며, 이는 높은 정확도로 물의 이동을 예측하는 데 사용된다. 특히 어떤 유역에 대해 기질의 투수성이 알려져 있다면, 각 지형 격자에 대한 강수량 관측치 또는 예측치를 바탕으로 유수의 양을 추정할 수 있다. 수문모델링시스템(Hydrologic Modelling System)과 같이 수지상(dendritic) 유역에서 발생하는 전체적인 수문 프로세스를 모사하는 데 사용되는 많은 소프트웨어 프로그램들이 있다. 그러나 대부분의 GIS 소프트웨어는 농촌 유역의 수자원 시뮬레이터(Simulator for Water Resources in Rural Basins: SWRRB), 환경정책기후통합(Environmental Policy Integrated Climate: EPIC), 농업관리체계의 지하수 영향(Groundwater Loading Effects of Agricultural Management Systems: GLEAMS)과 같이 특정 환경 조건에서 쓰이는 모델링 기능을 지니고 있다.

GIS을 통해 진행하는 분포 모델링(distribution modelling)과 생태 지위 모델링(ecological niche modelling), 공간 모델링 등은 지난 20년간 크게 증가했다. 이를 통해 공간상에서 특정 현상이 분포하는 양상을 파악하고 모델 내부에 존재하는 편향을 측정할 수 있었다. 종 분포 모델은 출현, 미출현, 혹은 부유도 자료를 바탕으로 한다. 이러한 자료는 박물관에 요청해 받거나 직접 현장 조사를 통해 구득할 수 있다. 아울러 종 분포 모델은 환경정보시스템 레이어들로 구성되어, 경관이나 지역, 대륙 스케일에서 종의 분포와 관련된 확률 모델을 개발하는 데 사용된다. Maxent와 같은 분포 모델링 소프트웨어(www.cs.princeton.edu/~schapire/maxent)는 최대 엔트로피 모델링(maximum entropy modelling)이라 불리는 머신러닝(machine learning) 기법을 통해 특정 종이나 속성의 출현 확률을 지도화한다. Maxent는 쉽게 다운받을 수 있으며, 종이나 속성의 출현(점) 자료를 바탕으로 분포를 예측할 수 있다. 이러한 종 분포 모델에 사용되는 환경 레이어들은 래스터 형식(예: 10m나 1km 해상도)으로 존재하며 다양한 시공간적 스케일에서 쉽게 얻을 수 있다. 위성 영상에서 추출한 기후, 식생, 지표 피복 자료를 종 분포 모델에 통합함으로써 다양한 공간적 스케일에서 종이나 속성의 분포 모델을 개선하는 노력 또한 늘고 있다. 그러므로 어떤 속성에 대한 위치를 점 데이터로 가지고 있다면 Maxent를 사용해 그 속성의 분포를 예측할 수 있을 것이다.

마지막으로 시각화를 통해 연구 결과를 효과적으로 다른 사람들에게 알리고 교육할 수 있다. 일반적으로 교육은 말이나 글로 이루어지지만, 하나의 그림이 천 가지 말을 담고 있다는 격언처럼 환경정보시스템을 통한 시각화로 그러한 효과를 낼 수 있다. 그러므로 간단한 GIS 지도, 그림, 혹은 영상이 가지는 힘을 가볍게 여겨서는 안 된다. 환경정보시스템 데이터는 전통적인 2차원 지도로, 혹은 중요한 결과나 관계를 강조하기 위해 3차원으로 시각화될 수 있다. 대부분의 지도는 2차원 주제도이다. 그러나 때로는 변수가 지니는 값을 바탕으로 무지개의 일곱 가지 색을 사용하거나 열을 상징하는 붉은색의 강도를 조절함으로써 다채로운 지도를 만들 수도 있다. 환경 변수의 3차원 지도 역시 데이터를 시각화하는 효과적인 방법이다. 모든 GIS 소프트웨어에는 이를 위한 표준 도구들이 내장되어 있다. GIS의 모든 지도는 이해하기 쉽고 공간적으로 정확해야 하며, 적절한 범례와 축척, 지명 등을 포함해야 함을 기억해야 한다.

27.5 응용 환경정보시스템

환경정보시스템은 전 세계적으로 계획, 정책, 거버넌스 등의 목적으로 폭넓게 쓰이고 있으며 다양한 환경법에 기반을 둔다. 미국의 경우, 1977년 통과된 「국가환경정책법(National Environmental Policy Act: NEPA)」은 연방 토지의 개발에 앞서 연방 기관이 환경 평가를 실시하고 환경 영향 보고서를 작성하도록 명시하고 있다. 이러한 환경 보고서는 일련의 환경 변수(예: 대기, 물, 소음, 서식처, 교통)들이 개발에 따라 받게 될 영향을 적시해야 한다. 특히 진행하고자 하는 개발이 환경에 미치는 악영향이 무엇인지, 다른 대안은 없는지, 단기적·장기적 영향 사이의 관계는 어떠한지, 천연자원에 돌이킬 수 없는 피해는 없을지 등을 작성해야 한다. GIS를 통해 이러한 환경 문제를 효과적으로 관리하고 전파할 수 있다. 이렇게 작성된 환경 보고서는 꼭 가설에 기반한 것은 아닐지라도, 여전히 환경지리정보시스템 분석에 기반해 단일의, 다수의, 혹은 축적될 영향에 대해 의사결정자들에게 유용한 정보를 제공한다. 환경정보시스템은 수조 원 규모의 산업이며, GIS는 환경을 계획하고 거버넌스하는 데 폭넓게 사용된다.

27.6 결론

환경정보시스템의 가장 중요한 측면은 연구 질문을 설정하고 가설을 검증하는 데 있다. 이후의 연구 결과는 다양한 시간적(과거, 현재, 미래), 공간적(경관, 지역, 전 지구) 스케일에서 재조명될 수 있다. 이를 통해 연구자는 자신의 환경 주제와 관련해 전문가가 될 수 있다. 무엇보다도 스스로 관심을 두는 환경 주제와 검증하고자 하는 가설을 파악할 필요가 있다. 현장에서 환경 데이터를 수집해 적절한 양질의 환경정보시스템 데이터를 구축한 후, 이를 GIS 소프트웨어 프로그램에 불러올 수 있다. 자신의 가설과 연구 질문을 다룰 수 있는 지리공간 분석 기법과 통계적 방법론을 고민하고, 분석을 진행해 과학자와 관리자, 일반 대중이 쓸 수 있는 훌륭한 지도를 제작할 수 있다. 예를 들어, 현재 전 세계적으로 분포하는 육상 보호 지역의 현황을 이해하는 것이 중요할 수 있다. 모든 보호 지역의 분포를 파악하고 중첩한 후, 과거와 현재, 미래의 기후를 살펴봄으로써 어떤 지역들이 기온과 강수량 측면에서 극한 조건에 처했었는지 혹은 처할 수 있는지를 파악할 수 있다. 아울러 전 세계적으로 보호지역은 1만 2,000년 전부터 인구밀도가 낮았던 곳에 존재한다는 가설도 검증할 수 있다. 이를 통해, 천연자원의 관리자들이 생물 다양성 보전을 위해 사용하도록 온라인 정보와 지도를 제작할 수 있다. 그러나 자신의 연구 관심사가 이와 다르다면, 분석을 위한 적절한 공간적 스케일과 GIS 데이터의 정확성(적용 가능성 여부와 한계점 등), 그리고 사용될 통계 기법 등에 대한 계획을 재정립할 필요가 있다. 앞으로 연구해야 할 환경 문제가 헤아릴 수 없이 많다. 환경정보시스템의 미래는 앞으로 환경 과학과 정의, 관리를 실천할 여러분에게 달려 있다.

| 요약

- 환경정보시스템은 지질, 생물, 화학, 기후, 천연자원과 관련된 자료를 수집, 분석, 시각화하는 데 초점을 맞춘다.
- 환경정보시스템은 다양한 시간적(과거, 현재, 미래), 공간적(경관, 지역, 전 지구) 스케일에서 진행할 수 있다.
- 과학자들과 정부, 비정부 기관에서 대단히 많은 환경 자료를 축적해 왔다.
- 측정, 중첩, 근접 분석, 연결성 분석, 공간 모델링, 시각화 등 환경정보시스템에서 흔히 쓰이는 다양한 지리공간 분석 기법이 존재한다.
- 환경정보시스템은 계획, 정책, 거버넌스에서도 널리 사용된다.

심화 읽기자료

- 버그와 해거(Berg and Hager, 2009)는 과학과 지리학 분야에서 거론하는 오늘날의 환경 문제들을 잘 요약하고 있다.
- 볼스태드(Bolstad, 2008)는 GIS 분석 기법들을 훌륭하게 요약하고 있다.
- 롱리 외(Longley et al., 2001)에서 GIS 적용에 대한 좋은 설명을 찾을 수 있다.
* 심화 읽기자료에 대한 상세 정보는 아래 참고문헌에서 확인할 수 있음.

참고문헌

Berg, L.R. and Hager, M.C. (2009) *Visualizing Environmental Science* (2nd edition). Hoboken, NJ: John Wiley and Sons.

Bolstad, P. (2008) *GIS Fundamentals: A First Text on Geographic Information Systems* (3rd edition). Minnesota: Eider Press.

de Smith, M., Longley, P. and Goodchild, M. (2015) 'Geospatial Analysis Online', http://www.spatialanalysisonline.com (accessed 27 November 2015).

Franklin, J. (2010) *Mapping Species Distributions: Spatial Inference and Prediction*. Cambridge: Cambridge University Press.

Hansen, M.C., Potapov, P.V., Moore, R., Hancher, M., Turubanova, S.A., Tyukavina, A., et al. (2013) 'High-resolution global maps of 21st-century forest cover change', *Science* 342: 850-3.

Heuvelink, G.B. (1998) *Error Propagation in Environmental Modelling with GIS*. Boca Raton, FL: CRC Press.

Hugelius, G., Bockheim, J.G., Camill, P., Elberling, B., Grosse, G., Harden, J.W., Johnson, K., Jorgenson, T., Koven, C.D., Kuhry, P., Michaelson, G., Mishra, U., Palmtag, J., Ping, C.-L., O'Donnell, J., Schirrmeister, L., Schuur, E.A.G., Sheng, Y., Smith, L.C., Strauss, J. and Yu, Z. (2013) 'A new data set for estimating organic carbon storage to 3 m depth in soils of the northern circumpolar permafrost region', *Earth System Science Data* 5: 393-402.

Jetz, W., McPherson, J.M. and Guralnick, R.P. (2012) 'Integrating biodiversity distribution knowledge: toward a global map of life', *Trends in Ecology and Evolution* 27: 151-9.

Klein Goldewijk, K., Beusen, A., Van Drecht, G. and De Vos, M. (2011) 'The HYDE 3.1 spatially explicit database of human-induced global land-use change over the past 12,000 years', *Global Ecology and Biogeography* 20: 73-86.

Longley, P.A., Goodchild, M.F., Maguire, D.J. and Rhind, D.W. (2001) *Geographic Information System and Science*. Abingdon: John Wiley & Sons, Ltd.

Orme C.D.L, Davies R.G., Burgess M., Eigenbrod F., Pickup N., Olson, V.A., Webster, A.J., Ding, T.-S., Rasmussen, P.C., Ridgely, R.S., Stattersfield, A.J., Bennett, P.A., Blackburn, T.M. Gaston, K.J. and Owens, I.P. (2005) 'Global hotspots of species richness are not congruent with endemism or threat', *Nature* 436: 1016-19.

Turner, W. (2014) 'Sensing biodiversity', *Science* 346: 301-2.

공식 웹사이트

이 책의 공식 웹사이트(study.sagepub.com/keymethods3e)에서 이 장과 관련한 비디오, 연습, 자료 및 링크들을 확인할 수 있으며, 부가적으로 다음 논문들도 무료로 이용할 수 있음.

1. Gaston, K.J. (2006) 'Biodiversity and extinction: Macroecological patterns and people', *Progress in Physical Geography*, 30 (2): 258-69.

– 이 논문은 미국에 서식하는 군집의 규모와 구조를 지리적으로 연구하고 있다. 개스턴(Gaston)은 거시생태학(macroecology)과 국지적, 지역적, 지구적 멸종 분야의 권위자이다.

2. Foody, G.M. (2008) 'GIS: Biodiversity applications', *Progress in Physical Geography*, 32 (2): 223-35.

– 이 논문은 GIS를 생물 다양성 연구에 적용한 연구를 시의적절하고 훌륭하게 정리하고 있다. 또한 GIS, 원격 탐사, 보전의 문제를 포괄한다.

3. Richardson, D.M. and Pysek, P. (2006) 'Plant invasions: Merging the concepts of species invasiveness and community invasibility', *Progress in Physical Geography*, 30 (3): 409-31.

– 외래종이 생물 다양성과 환경에 미치는 영향을 정리한 최고의 문헌 연구이다. 오늘날에도 대단히 중요한 다수의 주제를 다루고 있다.

28
생물지리학과 경관생태학의 모델과 데이터

모든 모델은 틀렸기 때문에 과학자는 아무리 노력하더라도 '옳은' 모델을 개발할 수 없다. 오히려 오컴(William of OcKham)이 말한 것처럼 우리는 자연 현상에 대한 경제적인 설명을 추구해야 한다. 간단하면서도 무언가를 쉽게 연상케 하는 모델을 만드는 과학자가 훌륭한 것이다. 반면, 지나치게 복잡하거나 과도한 매개변수를 가진 모델은 평범한 것에 지나지 않는다.

조지 박스(George Box, 1976: 792)

개요

모델과 데이터는 과학의 기반이다. 이 장에서는 시뮬레이션과 같은 특정 모델에 초점을 맞추어, 생물지리학과 경관생태학 연구를 위해 사용되는 데이터 탐색을 어떻게 시작하는지 논한다. 생물지리학과 경관생태학에서는 가설을 검증하고 새로운 이론으로 발전할 가능성이 있는 탐색적 모델을 개발하기 위해 모델을 사용한다. 연구의 해상도와 스케일, 모델의 위계, 모델 구축을 위한 시공간적인 선택 등이 얼마나 중요한 요소인지 논의할 것이다. 아울러 모델링(경험적, 현상학적, 기계론적 모델)을 위한 접근 방법과 모델링이 가지는 복잡성을 다양한 예를 들어 설명할 것이다. 종 분포 모델과 생지화학 순환 모델의 예도 다룰 것이다. 모델을 구축할 때는 우선 개념적이고 정량적인 틀을 발전시키는 것이 중요하다. 또한 어떻게 모델을 평가(확인, 검증)하고 의사소통할 것인지도 고민해야 한다. 모델의 구축을 위해 생물, 경관, 토양, 지형, 지표 수문, 생지화학, 기후, 해양을 아우르는 다양한 데이터가 존재한다. 모델링은 생물지리학과 경관생태학의 발전을 위한 필수 요소이다. 자연지리학자는 수학과 컴퓨터 프로그래밍 분야에 대해 스스로의 능력을 함양해야 의미 있는 이론을 구체화하고 평가할 수 있다.

이 장의 구성

- 서론
- 시뮬레이션 모델링
- 모델 예시

28.1 서론

모델과 데이터는 과학의 기반이다. 이 장에서는 시뮬레이션과 같은 특정 모델에 초점을 맞추어 생물지리학(biogeography)과 경관생태학(landscape ecology) 연구를 위해 사용되는 데이터의 탐색을 어떻게 시작하는지 논한다. 이미 시중에는 모델링과 모델 구동을 위한 플랫폼을 소개하는 훌륭한 개론서들이 존재한다. 개론서가 판매되는 플랫폼 중에서는 R(www.r-project.org)이 가장 일반적이고 활용성이 높다. R은 특히 경험적(통계) 모델링에 적합하다(자세한 설명은 아래 참조; Bolker, 2008; Stevens, 2009; Gardener, 2014). 시뮬레이션 모델링을 위해서는 STELLA 플랫폼(www.iseesystems.com)이 R보다 적절하다. 왜냐하면 STELLA는 그림을 그리면서 디자인과 프로그래밍을 할 수 있기 때문이다. STELLA를 통해 개체군 혹은 생태계 차원에서 발생하는 유입과 유출 프로세스를 쉽게 모델링할 수 있다(Grant and Swannack, 2008). 공간 모델링을 위해서는 격자로 이루어진 가상의 공간을 대상으로 행위자 기반 모델링이 가능한 NetLogo 플랫폼을 추천한다(ccl.northwestern.edu/netlogo; Railsback and Grimm, 2012; O'Sullivan and Perry, 2013). Repast(repast.sourceforge.net)와 같이 보다 발전된 행위자 기반 모델링 플랫폼도 있지만, 이를 사용하기 위해서는 높은 수준의 기술이 필요하다. 이 장에서는 모델링과 관련된 여러 기본 개념을 소개하고, 앞서 언급한 플랫폼 중 일부를 따라 해 보는 실질적인 기회를 가질 것이다.

28.2 시뮬레이션 모델링

목적

모델은 우리가 세상을 바라보는 인식을 추상화 혹은 대변한다. 이 장에서는 대체로 모델의 일반적인 부분을 다루겠지만, 특히 시뮬레이션 모델에 집중할 것이다. 시뮬레이션 모델은 연구자가 지니는 개념을 탐구하고 검증하는 수단인 동시에, 때로는 지식을 실천하는 좋은 안내자가 되기도 한다. 데이터는 모델의 생성과 검증에 있어 부분적일지라도 꼭 필요한 근본 요소이다.

생물지리학과 경관생태학에서 모델은 주로 가설을 검증하는 데 쓰인다. 연구자들은 상황에 따라 실제 데이터를 바탕으로 현실 세계에 대한 인식을 모델로 구현한다. 이후 모델링의 결과와 데이터를 비교해 가설의 채택 여부를 판단한다. 기본적인 통계 분석이 좋은 예가 된다. 보다 복잡한 시뮬레이션 모델을 구축해 가설의 검증을 시도할 수도 있다. 이 장에서는 시뮬레이션을 통해 컴퓨터 프로그램상에서 모델을 돌리는 것에 초점을 맞춘다. 이 장에서 논의하는 대부분의 논의는 시뮬레이션 모델 혹은 모델링에 관한 것이다. 이 둘 중에 어떤 것을 논의하더라도 모델이 연구자의 생각을 발전시키는 데 기반이 된다는 사실은 변하지 않는다.

모델은 탐색적 목적으로도 사용할 수 있다. 구체적인 가설이 없더라도, 개념을 구현하는 과정이 꼭 현실과 부합하지 않더라도 탐색적 모델은 관찰하기 어려운 현상들 사이의 관계를 파악하는 데 유용한 정보를 제공할 수 있다. 탐색적 모델은 잠재적으로 새로운 이론을 정립하는 기반이 될 수도 있다. 자기 조직적 임계상황(self-organized criticality)이라는 이론을 발전시키는 예를 들어 보자. 이는 일정 조직화 단계에서 규칙적 양상이 나타나는 현상을 의미한다. 이러한 양상은 흔히 관찰되는 것이 아니기 때문에 이 이론은 주로 탐색적 모델링을 통해 다루어야 한다(Bak, 1999). 이것보다 덜 추상적인 예로, 라슨 외(Larsen et al., 2014)는 복잡한 시스템에 대해 인과관계적 설명을 하는 데 탐색적 모델링이 도움이 될 수 있음을 보여 준 바 있다. 이들은 모델과 관찰(더 정확하게는 가설에 기반한 연역적 프로세스) 사이에 연역적이고 귀납적인 순환 고리를 개발했다. 이 순환 고리 속에서 모델링의 설명적인 부분을 통해 다양한 모델을 비교했다(그림 28.1). 이는 후술할 그랜트와 스완낵(Grant and Swannack, 2008)과 레일스백과 그림(Railsback and Grimm, 2012)이 제안했던 모델의 구축 과정과 일맥상통한다. 이러한 순환 고리를 통해 경험적 모델이 현상학적으로 변모할 수 있다. 고리 내부적으로는 경험적 모델이 기계론적 모델로 바뀔 수 있다(아래 설명 참조).

모델을 사용해 예측하거나 의사결정과 실천에 지침이 되는 정보를 얻을 수도 있다. 그러나 이러한 종류의 모델링은 생물지리학과 경관생태학에서 흔히 쓰이지 않는다. 다른 환경과학에서 모델은 실천의 근거로 더 흔하게 사용된다. 기상과 수문 모델이 그 예가 된다. 반면 생물지리학과 경관생태학에서 이와 비슷하게 모델을 사용해 보전의 문제에 적용하는 사례는 제한적이다. 왜냐하면 더 큰 불확실성이 존재하기 때문이다. 특히 인간의 영향을 모델링해야 하는 경우 더욱 그렇다.

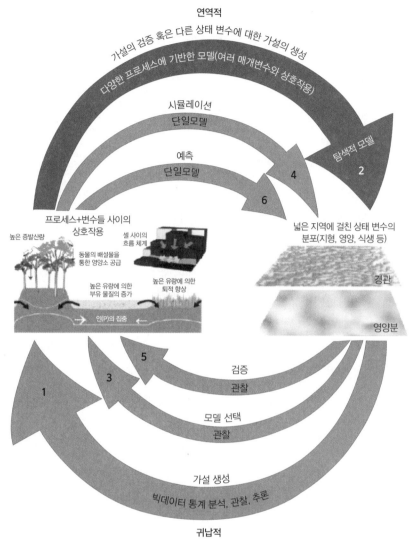

연역적

가설의 검증 혹은 다른 상태 변수에 대한 가설의 생성

다양한 프로세스에 기반한 모델(여러 매개변수와 상호작용)

시뮬레이션
단일모델

예측
단일모델

탐색적 모델

4

2

6

프로세스+변수들 사이의
상호작용

높은 증발산량

동물의 배설물을
통한 영양소 공급

셀 사이의
흐름 체계

높은 유량에 의한
부유 물질의 증가

높은 유량에 의한
퇴적 향상

인(P)의 집중

넓은 지역에 걸친 상태 변수의
분포(지형, 영양, 식생 등)

경관

영양분

5

3

1

검증
관찰

모델 선택
관찰

가설 생성

빅데이터 통계 분석, 관찰, 추론

귀납적

그림 28.1 모델링(연역적)과 데이터(귀납적) 사이의 변증법적 순환 고리

모델링과 관련된 개념

• 해상도와 스케일

모델의 해상도는 자유롭게 선택할 수 있지만, 일단 정해진 해상도는 연구의 목적에 알맞아야 한다. 우선 고민해야 할 것은 생태적(또한 생물지리적/생물학적/시스템적) 해상도이다. 모델을 통해 무엇을 어느 정도 자세하게 밝히고자 하는지, 그리고 어느 정도 수준으로 관찰하고 모델링 해야 하는지

등을 선택해야 한다. 둘째로 시공간적 해상도를 정해야 한다. 물론 이 문제가 모델 그 자체와 항상 명확한 관계를 맺고 있는 것은 아니다. 개념적으로 봤을 때 생태적, 공간적, 시간적 해상도는 서로 떼어 놓고 생각할 수 없다. 이들은 종종 '스케일'의 맥락에서 논의되고는 한다. 스케일이라는 용어는 다양하게 정의되기 때문에 위에 언급한 세 가지 해상도 사이의 모호한 관계를 지칭하는 약어로서 무리가 없을 것이다.

• 위계

모델링을 실시할 생태적 해상도를 선정하는 것은 환경과학의 근본이다. 생태적 해상도의 중요성과 이를 어떻게 다루어야 하는지에 대해서는 이미 수많은 선행 연구가 존재한다. 이 장에서는 우리들의 접근법을 간단히 소개한다.

경관생태학에서 발전한 위계 이론(Allen and Starr, 1982)은 생물지리학에도 적용할 수 있다. 기본적으로 연구자는 주어진 생태적 해상도에 대해 세 개의 공간적 혹은 시간적 단계를 고려해야 한다. 생태적 해상도 혹은 스케일은 연구자가 탐색하고자 하는 대상이다. 우선 이 초점 스케일부터 선택해야 한다. 최초에 선택된 초점 스케일은 모델링 과정에서 연구 질문과 동떨어진 것으로 밝혀질 수도 있다. 둘째, 초점 스케일보다 공간적으로 더 넓거나 시간적으로 더 긴 상위 스케일을 선택한다. 이 상위 스케일은 바로 이전 단계의 스케일에서 발생하는 현상을 제한한다. 셋째, 최초의 스케일보다 하위 스케일(시공간적으로 더 작은 단위, 즉 더 높은 해상도) 역시 고려해 초점 스케일에서 발생하는 현상과 관련된 프로세스를 살펴볼 수 있다. 많은 경우, 초점 스케일보다 낮거나 높은 단계에 대해서는 모델링을 명확하게 실시하지 않는다. 그럼에도 이 세 개의 단계 모두는 하나의 모델에서 다룰 수 있다. 사면에 분포하는 나무들을 생각해 보자. 우점종이 바뀌는 양상에 대한 가설을 검증하고자 한다면, 일단 각각의 나무 단위를 생태적 스케일로 선택할 것이다. 이 경우, 초점 스케일은 공간적으로는 각 나무의 크기가 될 것이고, 시간적으로는 1년이 될 것이다(열대 지방 밖에서는 대개 나무들이 1년의 생장 주기를 가지기 때문이다). 이 초점 스케일보다 상위 스케일은 공간적으로는 관찰되는 나무들을 포괄하는 사면 자체가 될 것이고, 시간적으로는 이들의 한 세대 혹은 평균 생애 주기가 될 것이다. 하위 스케일은 공간적으로는 각 나무의 내부가 될 것이다. 예를 들어, 나무 몸체의 부분마다 탄소 저장량을 측정하는 경우를 생각해 볼 수 있다. 시간적으로는 탄소 수지(carbon balance) 분석을 위한 스케일, 즉 하루 정도가 적당할 것이다. 각 나무가 정착해 자라고 죽는 것은 초점 스케일에서 관찰할 수 있다. 그러나 이러한 현상은 하위 스케일에서 발생하는 프로세스에 기반함과 동시에 상위 스케일에 존재하는 전체적인 개체군 프로세스와 환경 조건에 의해 제한된다.

• 공간적, 시간적 스케일 선택

생태적 스케일을 선택하기 위해서는 구축하고자 하는 모델이 특정 시공간에서 발생하는 현상을 명확하게 보여 주는 것인지 혹은 시공간에 구애받지 않는지를 결정해야 한다. 시뮬레이션의 경우 당연히 시간대마다 다른 결과를 얻게 되며, 이는 공간적으로도 마찬가지일 수 있다. 앞서 언급된 위계적 접근 방법은 모델이 특정 시공간에서 발생하는 현상을 명확하게 보여 준다고 가정한다. 그러나 어떤 모델의 경우 초점 스케일에서 단일 시공간 현상을 연구하기 위해 개발되기도 한다. 이렇게 특정 공간이나 스케일에 구애받지 않는 모델(spatially 'lumped' model)은 초점 현상이 단일 시공간상에서 발생한다고 간주한다. 사면에서 나무들이 특정 환경 조건과 시간대에 관찰되는 것을 사례로 들 수 있다. 시뮬레이션을 통해 종마다 나무들이 몇 그루인지 시간대별(1년, 10년, 100년)로 예측할 수 있다. 이 경우 각 나무의 위치는 관심의 대상이 아니다. 이렇게 공간에 구애받지 않는 접근은 대부분의 통계적 모델링과 일부 시뮬레이션에서 기본적으로 사용되었다. 그러나 공간적 관계를 중요시하는 생물지리학과 경관생태학에서는 특정 공간마다 다르게 발생하는 현상을 모델링하는 것이 더 많은 정보를 제공할 수 있다.

공간마다 다르게 발생하는 현상에 대한 시뮬레이션에서 스케일을 선정한다는 것은 연구 지역의 크기와 해상도를 결정하는 것이라 할 수 있다. 만약 공간을 편미분 방정식을 통해 연속적으로 표현할 수 있다면, 해상도는 고려 대상이 아니지만 연구 지역의 크기는 여전히 중요하다. 공간을 셀들로 구성된 격자처럼 불연속적으로 표현한다면, 연구 지역의 크기와 해상도 모두를 정해야 한다. 공간적 해상도는 모델이 구현할 수 있는 가장 작은 공간 단위를 의미한다(모델 내부적으로 해상도가 시공간적으로 변할 수도 있음). 연구의 대상이 되는 현상의 정보를 공간 스케일로 인해 잃지 않고 명확하게 모델링하기 위해서는 해상도를 연구 질문에 맞게 결정해야 한다. 예를 들어, 어떤 생물 개체가 연구의 대상이라면, 해상도는 이보다 작거나 다수의 개체를 포괄해서는 안 된다. 연구 지역의 크기는 모델링하고자 하는 현상(예: 사면에 분포하는 나무의 개체군)을 충분히 포괄할 만큼 커야 하지만, 연구의 초점이 아닌 현상(예: 계곡 하부의 개체군)을 포함할 만큼 큰 것도 바람직하지 않다. 생물지리학에 적용되는 많은 모델은 공간마다 다르게 발생하는 현상에 접근하는 것과 비슷하다고 할 수 있다. 왜냐하면 이들은 셀로 구성된 격자를 통해 연구 지역의 크기를 나타내지만, 각 셀은 서로 독립적이고 각자의 쓰임이 다르기 때문이다.

시간적 해상도는 공간적 해상도와 비슷한 면을 지닌다. 우선 연속적이고 단속적인 시간 사이에 차이가 존재하는데(각각 미분 방정식과 차분 방정식으로 구현됨), 이는 생태적 해상도의 차이를 불러온다. 미분 방정식은 일반적으로 단일 시간을 사용하지만, 시뮬레이션을 통해 여러 시간대의 현상을 설명할 수 있다. 이 경우, 현상이 발생하는 것보다 더 짧은 시간 단위에 대해 방정식들을 이산화하는 (discretize) 수치 계산법을 도입할 수 있다. 차분 방정식으로 나타내는 단절된 시간 단위로는 하루나 연 단위처럼 현상과 맞아떨어지는 시간적 스케일을 선택하는 것이 일반적이다.

단절 시뮬레이션에서 공간적, 시간적 스케일이 모두 명확하게 정의되어 있다면 이들 사이의 관계는 제한적이다. 사실 시뮬레이션은 원래 편미분 방정식으로 정의되지만, 이들을 수치적으로 풀기 위해서는 단절적인 접근을 사용한다. 쿠랑-프리드리히-루이 기준(Courant-Friedrichs-Lewy Criterion; Courant et al., 1967)에 따르면, 특정 공간 해상도(격자 내 셀의 크기)에서 시뮬레이션의 대상이 되는 프로세스는 단일 시간 단계에서 하나의 셀도 건너뛰어서는 안 된다. 만약 어떤 셀을 건너뛴다면, 그 셀의 환경 조건의 영향이 제대로 반영되지 않는 시뮬레이션이 될 것이다.

• 모델의 유형

모델의 유형에도 위계가 있다. 모델은 다양한 유형과 복잡성을 가진다. 심지어 가장 간단한 선형 모델($Y=ax+b$)조차도 특정 관계를 설명하며, 그 관계를 검증하는 기반이 되고, 주어진 시간과 장소에 대해 변수를 예측하는 도구가 된다. 또한 이 간단한 모델은 다른 방정식들과 더불어 더 복잡한 모델을 구성해 하나의 시뮬레이션이 되기도 한다. 이 장에서는 시뮬레이션에 초점을 맞추기 때문에 앞서 언급한 간단한 관계를 시발점으로 해 어떻게 복잡한 모델링이 이루어지는지 살펴보도록 한다.

'모델'의 의미가 폭넓기 때문에 다양한 모델의 종류를 몇 개로 구분해 설명한다면 이들을 적절하게 해석하고 선택하며 새로운 것을 디자인하는 데 도움이 될 것이다. 레이놀즈 외(Reynolds et al., 1993)는 경험적, 현상학적, 기계론적 모델 등 세 가지 단계의 기법과 복잡성을 정의했다. 사실 이 셋은 엄격하게 구분되지 않는다. 다만 모델링을 이해하기 위한 유용한 틀을 제공할 뿐이다. 볼커(Bolker, 2008)는 모델이 기본적으로 경험적이라 가정하며, 현상학적 접근과 기계론적 접근을 구분했다. 아울러 같은 모델이더라도 상황에 따라 현상학적이거나 기계론적일 수 있다고 주장했다.

• 경험적 모델

경험적 모델(empirical model)은 변수들 사이의 관계를 설명하기 위해 구축한다. 이때 그 관계가 어떻게 혹은 왜 존재하는지까지 알 수는 없다. 입력변수와 결과변수 혹은 독립변수와 종속변수 등을 충분히 이해하지 못하더라도, 이들을 관찰하고 이들 사이의 관계를 설명할 수는 있다. 위 방정식($Y=ax+b$)에서 볼 수 있듯이, 상관관계와 그 관계의 방향을 설명하는 간단한 통계 모델은 경험적이다. 이러한 종류의 모델은 생물지리학과 경관생태학에서 매우 흔하게 접할 수 있다. 이러한 모델과 관련해 생물지리학에서 가장 자주 언급되는 신뢰할 만한 예는 종-면적 관계라고 할 수 있다.

$$S = cA^z \qquad [28.1]$$

여기서 S는 종 풍부도, A는 서식처의 면적, c와 z는 관측(경험)에 기반한 상수이다. 경험적으로 이 식은 로그-선형 관계가 된다. 레이놀즈 외(Reynolds et al., 1993)는 나무의 생장을 모델링 하기 위해 유효적산온도(growing-degree-days)에 기반해 다음과 같은 경험적 방정식을 제안했다.

$$W(t) = k_1 \, log(D) + k_2 \qquad [28.2]$$

여기서 $W(t)$는 t 기간 동안의 생장량, D는 유효적산온도의 합산, k는 경험 상수를 뜻한다.

• 현상학적 모델

현상학적 모델(phenomenological model)은 모델링 하고자 하는 현상이나 관계에 대한 어느 정도의 개념적인 이해를 필요로 한다. 예를 들어, 로지스틱 개체군 모델을 구축하는 데 있어 출생과 사망 프로세스에 대해 충분히 이해하고 있다고 가정해 보자.

$$dN/dt = rP(1 - N/K) \qquad [28.3]$$

여기에서 N은 개체군의 크기, r은 생장률(단위 시간당 출생-사망), K는 수용 능력을 의미한다. 이 식에서 수용 능력을 직접적으로 관찰할 수는 없다. 아울러 각 개체의 출생과 사망이 구체적으로 기록되는 것도 아니다. 다만 이러한 관계는 기존에 존재하는 관측 데이터를 바탕으로 이해할 수 있다. 레이놀즈 외(Reynolds et al., 1993)는 나무의 생장에 대해 비슷한 방정식을 제안했다.

$$dW/dt = r(Wmax - W), \text{ 이를 적분하면 } W(t) = \int r(Wmax - W)dt \qquad [28.4]$$

이러한 유형의 모델은 특정 시간대 t에 대해 사용하거나, 시뮬레이션을 통해 시간에 따른 변화를 살펴보는 데 사용할 수 있다. 한편 구조 방정식 모델링을 통해 경험적이고 현상학적인 모델링을 융합할 수도 있다. 이러한 모델에서는 변수들을 다양한 방법으로 연결함으로써 인과관계의 방향을 선택하고 가설을 만들 수 있다. 이후 통계 분석 결과를 살펴보게 된다.

• 기계론적 모델

기계론적 모델(mechanistic model)에서는 연구자가 원인과 결과에 대해 이해하고 있는 바를 완벽하게 구현하고자 한다. 대부분의 기계론적 모델은 관계 자체를 나타낸다기보다는 물질이나 에너지(때로는 정보)가 시스템 요소(혹은 구획)들 사이에서 흐르는 양상을 구현한다. 개체군의 경우에는 출생과 사망에 따른 결과가 관심의 대상이 된다(Kendall et al., 1999).

$$dJ(t)/dt = B(t) - R(t) - M(t) \qquad [28.5]$$

여기에서 J는 유체의 밀도, B는 출생률, R은 유생에서 성체가 되는 데 걸리는 시간, M은 사망률, t는 시간을 의미한다.

레이놀즈 외(Reynolds et al., 1993: 131)는 위계 이론에 입각해 기계론적 모델을 '시스템을 분해해 조각내고, 이 조각들의 상호작용을 바탕으로 전체 시스템에서 발생하는 프로세스를 설명한다'고 정의했다. 이들은 다음과 같은 논리를 바탕으로 현상학적 모델과 기계론적 모델을 비교했다. 현상학적 모델은 연구의 초점이 되는 시스템 수준에서 구득한 일반론적 정보를 바탕으로 구축된다. 반면 기계론적 모델은 그 시스템보다 낮은 수준에서 고안된 현상학적 방정식을 사용해 해당 시스템에서 발생하는 현상을 설명하며 현상학적인 일반화를 시도한다. 여기에서 기계론적 모델은 뿌리와 줄기, 탄소 저장고, 질소 저장고 사이의 상호작용과 결합된 다양한 매개변수와 더불어 구성된다.

• 결정론적 모델과 확률론적 모델

모델 구축에 있어서 또 하나의 중요한 점은 결정론적인 접근(deterministic approach)을 선택할 것인지 혹은 확률론적인 접근(stochastic approach)을 채택할 것인지다. 때에 따라 이 둘을 결합한 시뮬레이션도 존재한다. 확률론적 모델은 관측값에 존재하는 잡음(noise)이나 난기류(turbulence)처럼 결정론적으로 모델링하기 힘든 관측 불가의 현상을 설명하는 경우, 어느 정도의 무작위성을 함축한다. 확률론적 모델은 통계적인 관계에 따라 달라질 수 있다. 결정론적 모델은 이러한 잡음을 무시하며 시스템 내에서 관찰되는 평균적인 상태에 집중한다. 즉, 잡음이 거의 없거나 있더라도 수학 방정식으로 직접 구현할 수 있는 경우를 뜻한다. 결정론적 모델과 확률론적 모델이 시뮬레이션을 통해 통합된다는 것은 평균적인 관계가 계산되고, 어느 정도의 확률론적 변이가 추가된다는 것을 의미한다.

컴퓨터 시뮬레이션에서는 코드를 통해 그에 상응하는 결과를 얻을 수 있기 때문에 당연히 결정론적이라고 할 수 있다. 난수 생성기를 통해 선택된 난수를 투입함으로써 시뮬레이션을 확률론적으로 만들 수도 있다. 이는 두 가지 방법을 통해 가능하다. 첫째, 난수가 일정 임계 수준을 만족하는지에 따라 계산 과정 중에 코드의 일부를 실행하거나 제외할 수 있다. 이 임계치는 대개의 경우 어떤 사건이 발생할 확률을 통해 정해진다. 둘째, 난수는 일련의 분포를 통해 선택되어 곧바로 방정식에 투입될 수 있다. 결정론적 모델링은 뉴턴의 궤도 역학과 같이 최초의 조건이 알려져 있어 연구자가 이미 잘 이해하고 있는 역학 프로세스에 가장 어울리는 접근법이다. 확률론적 모델링의 경우, 대부분의 생물지리학과 경관생태학 연구에 잘 맞는다. 예를 들어, 성체로부터 씨앗이 바람에 의해 퍼진 후 정착해 분포하는 것은 난기류와 씨앗의 정확한 크기와 모양, 그리고 씨앗이 성체로부터 언제, 어떻게 퍼지게 되었는지에 영향을 받게 된다. 과학자들은 이러한 현상을 결정론적으로 모델링할 수 있을 만큼 충분한 배경지식이 없다. 무엇보다도 씨앗이 같은 장소에 정착하는 것도 아니다. 우리가 짐작할 수 있는 것은 단지 난수로 구현될 뿐이다.

28.3 모델 예시

경험적 모델: 종 분포 모델

오늘날 생물지리학과 경관생태학에서 지금까지 모든 모델을 통틀어 가장 널리 쓰이는 경험적 모델은 종 분포 모델[때로는 지위 모델(niche model)이라 불림]이다(Franklin, 2010). 이 장에서는 이에 대해 자세히 살펴본다. 허친슨(Hutchinson, 1957)은 지위를 각 종이 필요로 하거나 견딜 수 있는 환경 조건과 자원을 설명하는 다차원 공간으로 정의했다. 종 분포 모델은 GIS 접근을 통해 지리공간 데이터를 분석해 종과 환경 조건 사이의 관계를 파악한다. 종의 위치 정보와 지리공간 환경 데이터는 종과 환경 사이의 관계를 규명하는 데 사용된다. 이 관계를 통해 허친슨이 제안한 다차원 공간을 정량적으로 정의할 수 있다. 몇몇 변수들은 종이 사용하는 자원과 관련이 있을 수 있다(식물이 빗물을 사용해 자라는 것처럼). 다른 변수들은 제한 요인일 수 있다(예: 가장 최근 영하로 떨어진 날이 언제였는지). 어떤 변수들은 사면의 경사와 같이 위 둘을 간접적으로 대변할 수 있다. 일단 종과 환경 사이의 관계가 파악되면, 이를 바탕으로 지리공간 환경 레이어를 사용해 종의 분포를 지도화할 수 있다.

지위를 바탕으로 종의 분포를 모델링하는 것은 통계 또는 머신러닝(machine learning)을 사용해 진행할 수 있다. 전통적인 통계 분석을 사용하는 대부분의 접근은 출현, 미출현 데이터를 필요로 한다. 그러나 진정한 미출현 데이터를 구하는 것은 대단히 어렵기 때문에 이러한 접근은 종종 문제가 된다. 어떤 지점에서 종을 관찰하지 못했다고 하더라도 반드시 그 종이 존재하지 않음을 의미하지는 않는다. 대안으로 출현 데이터만을 사용할 수 있다. 가장 대표적으로 최대 엔트로피 원리를 기반으로 하는 Maxent가 있다(www.cs.princeton.edu/~schapire/maxent). 이 독립형 소프트웨어는 자바 언어로 구축되었으며, 다양한 플랫폼(윈도우/맥/리눅스)에서 구동이 가능하다. Maxent는 종의 출현 데이터에 기반해 머신러닝의 최적화 알고리즘을 통해 지위와 관련된 다차원 공간을 구현한다. 이 알고리즘은 주어진 환경 조건에서 종의 가장 균일한 분포(즉, 최대 엔트로피)를 찾는다. 이를 위해 훈련용 데이터와 검증용 데이터를 무작위로 분리하기 때문에 매번 서로 다른 결과를 얻기는 하지만, Maxent는 여전히 결정론적이라고 할 수 있다. Maxent의 또 다른 장점은 선형과 비선형 기능을 융합해, 종과 환경 사이의 복잡한 관계를 선형 또는 비선형 기능보다 더 현실적으로 나타낼 수 있다는 것이다. 종과 환경 사이의 관계는 종의 출현 확률을 백분율로 표현함으로써 구축된다. 더 나아가 지리공간 환경 데이터를 바탕으로 출현 확률을 지도화할 수도 있다. Maxent를 사용한 학술지 논문은 1천 회 이상 출판되었으며, 이 방법은 특히 작은 데이터에 대해 가장 훌륭한 종 분포 모델 중 하나로 받아들여진다. Maxent 소프트웨어는 연구자가 쉽게 사용할 수 있는 그래픽 사용자 인터페이스를 제공한다.

Maxent의 이러한 장점에도 불구하고 종 분포 모델링과 관련해 몇 가지 문제가 존재한다(Austin, 2007). 첫째, 지위에 기반을 둔 종 분포 모델링을 위해서는 지위 개념을 명확히 정의해 지위 이론과 모델링의 결과물을 제대로 연결해야 한다. 그러나 이러한 접근은 종이 실제로 어디에 존재하는지(실제 지위)에 대한 정보를 바탕으로 종이 어디에 존재할 수 있는지(기본 지위)를 이야기하려는 문제가 있다. 최근에는 '기계론적 지위 모델'이 발달해 종의 생리적 또는 계절학적(혹은 둘 다) 특성을 고려해 기후변화에 해당 종이 반응하는 양상을 모델링 하기도 한다(Kearney and Porter, 2009). 소베론(Soberon, 2007)은 다양한 지위 개념을 해석하는 훌륭한 논의를 펼치기도 했다.

둘째, 환경 변수들을 선택하는 문제이다. 컴퓨터를 사용하는 모든 수학적 모델이 그러하듯이, 연구자가 사용하는 소프트웨어는 어쨌든 결과를 내놓을 것이다. 그 결과가 논리적인지 아닌지 상관없이. 모델링에 투입할 변수들을 미리 선정함으로써 해당 모델에 편향을 야기할 수 있다. 그렇다고 모든 가능한 변수를 넣는다면 비논리적이거나 틀린 결과를 얻게 될 것이다. 아울러, 서로 관계가 있는 변수들을 사용한다면 종과 환경 사이의 관계뿐 아니라 궁극적으로는 예측되는 종의 분포 역시 바뀔 수 있다. 사실, 상관관계가 있는 변수들을 어떻게 선택해야 하는지에 대해 아직 명확한 해결책이 없다.

셋째, 어떤 모델이든 그렇겠지만, 특히 종의 출현 데이터만을 사용한 모델을 평가한다는 것은 어려운 과정일 수 있다. 예를 들어, Maxent 소프트웨어는 수신자 조작 특성(Receiver-Operating Characteristics: ROC)을 사용해 거짓양성률과 참양성률을 비교한다. 거짓양성률보다 참양성률이 훨씬 높아야 더 바람직한 모델링 결과라 할 수 있다. 만약 진정한 미출현 데이터가 없다면 거짓양성률을 정의하기 어려워진다. 다시 말해, 진정한 미출현을 정의할 수 없는 상황에서 어떻게 거짓양성률을 결정할 수 있겠는가? 이러한 경우에는 미출현 데이터를 전체 연구 지역에서 무작위적으로 지정된 유사 미출현 데이터로 간주해야 한다. 그러므로 이 모델은 참양성인 경우와 무작위적인 경우를 비교하는 셈이다. 이러한 접근이 많은 통계적 방법과 비슷하다는 면에서 논리적으로 보이지만, 수신자 조작 특성은 전체 연구 지역과 비교해 대상 종이 어떻게 분포하는지 민감하게 반응한다. 일정 지역에 걸쳐 폭넓게 존재하는 일반종은 희귀종이나 특수종에 비해 근본적으로 무작위적인 분포에 더 가까운 모습을 보일 것이다. 종의 분포와 비교해 연구 지역이 얼마나 큰지 역시 수신자 조작 특성에 영향을 줄 수 있다. 그러므로 수신자 조작 특성은 모델의 정확성을 말해 줄 뿐, 모델 자체에 대한 절대적인 평가를 하는 데 쓰일 수는 없다. 대안으로, 사전에 모델 검증을 위한 데이터를 따로 분리해 두었다가 모델링 결과를 이 데이터와 직접 비교하는 방법이 있다. 결국, 모델의 평가를 위해서는 정성적이고 정량적인 분석을 모두 사용해 결과가 합리적이고 논리적인지 확인해야 한다. 종 분포 모델링은 종과 환경 사이의 관계를 파악하기 위한 강력한 도구이다. 그러나 지위 이론, 변수 선택, 모델 평가 등에 대해 충분한 주의를 기울이지 않는다면, 이 접근을 통해 비현실적인 결과를 얻게 될 수도 있다.

현상학적 모델: 임분, 세포 자동자, 행위자 기반 모델

기본적인 로지스틱 개체군 모델이 생태학의 핵심이라고 할 수 있지만, 이를 더 복잡하게 구현한 모델 역시 현상학적일 수 있다. 가장 널리 쓰이는 현상학적 모델 중 임분(forest stand) 시뮬레이션이 있다(Botkin, 1993; Shugart, 1998). 우선 현상학적 관계와 이후 경험적 관찰을 토대로 각 나무의 생장을 시뮬레이션하게 된다. 예를 들어, 나무의 생장은 고령의 개체가 가지는 최대 크기를 관찰하고 최적의 조건에서 기대되는 생장 함수를 만듦으로써 예측하게 된다. 이러한 예측은 해당 종의 분포(실제 지위)를 관찰해 기후 조건에 대한 적응 정도를 이차 함수로 구현함으로써 수정된다. 이러한 접근으로 얻는 결과는 문제될 수 있으며, 다른 접근을 통해 유의미한 다른 결과를 얻게 될 수도 있다(Malanson et al., 1992). 개체군의 변화는 각 개체의 변화를 의미할 수도 있지만, 로지스틱 모델의 기본은 종종 내재되어 있다. 봇킨(Botkin, 1993)은 이러한 모델을 통해 35년 전 이산화탄소의 증가가 산림 생태계의 변화에 미치는 영향을 살펴보았다. 이러한 접근은 여전히 생태계가 기후변화에 반응하는 양상을 시뮬레이션하는 데 활발하게 도입되고 있다.

이러한 임분 모델링은 특정 공간이나 스케일에 구애받지 않는다. 즉, 하나의 대표적인 가상의 지점에 대해 이루어진다. 이후 동일한 모델링을 격자 시스템 내부의 모든 셀에 대해 독립적으로 진행함으로써 연구 대상 지역에서 발생하는 전체적인 임분의 변화를 예측하게 된다. 이는 특정 공간에서 발생하는 현상을 명확하게 보여 주는 접근과 유사하다고 할 수 있다(Malanson, 1996). 이러한 방식에 격자 내부의 셀들을 엮어 주는 하나 이상의 공간 프로세스가 추가됨으로써 특정 공간에서 발생하는 현상을 더 명확하게 보여 주게 되었다. 그러나 여전히 이와 관련된 모델은 현상학적이었다[예: 빛과 그림자를 모델링한 ZELIG(Urban et al., 1991); 씨앗의 산포를 모델링한 MOSEL(Hanson et al., 1990)]. 종자의 산포를 예로 들어 보자. 경험적 모델링을 위해서는 쓸 만한 데이터가 드물고 기계론적 모델링을 시도하기에는 산포 자체가 너무 복잡한 프로세스이다. 그렇기에 종자의 이동이 거리가 멀어짐에 따라 감소한다고 가정하고 이를 현상학적으로 모델링하게 되었다.

특정 공간에서 발생하는 현상을 명확하게 보여 주지만 계산 과정을 편하게 하기 위해, 생태적 해상도를 낮추는 현상학적 모델도 개발되었다. 가장 간단한 유형의 세포 자동자(Cellular Automata)는 각 셀의 상태를 주변 셀의 상태에 따라 바꾸어 나간다(Hogeweg, 1988). 이웃하는 셀들의 반경을 늘리고 각 셀 사이의 영향을 더 강하게 설정함으로써 모델을 더 복잡하게 만들 수도 있다. 그러나 세포 자동자라 불리는 접근은 확률론적인 성격을 띠기 때문에 연구자가 생각하는 것보다 훨씬 덜 자동적이다(진정한 세포 자동자는 결정론적이기는 하다). 많은 세포 자동자 모델은 서식지 파편화의 영향(Kupfer and Runkle, 2003)이나 점이대(ecotone; Zeng and Malanson, 2006)를 대상으로 진행되었다. 세포 자동자는 공간적 양상과 프로세스 사이의 피드백을 살펴보는 데 적합한 방법이다. 이를 발전시킨 것이 행위자 기반 모델(Agent-Based Model: ABM) 혹은 다행위자 시스템이다(Parker et al., 2003). 기존 세포 자동자의 격자 체계는 여전히 유지되지만, 행위자들은 각 셀의 환경과 상호작용하며 격자 전체를 이동하는 주체가 된다. 또한 행위자들은 스스로의 행태도 잠재적으로 수정할 수 있다. 사실 이러한 방법론의 핵심은 이미 해거스트란트(Hägerstrand, 1965)의 학위 논문에서 혁신이 확산되는 과정을 시뮬레이션하는 과정에 뚜렷하게 나타나 있다. 그러나 행위자 기반 모델 그 자체는 생물지리학이나 경관생태학에서 수십 년간 발전하지 않았다. 가장 간단한 형태의 행위자 기반 모델은 세포 자동자보다 한 단계 앞선 것이다. 행위자들이 환경 조건으로부터 독립적이며 격자 내부에서 이동할 수 있기 때문이다(Malanson and Cramer, 1999). 한층 더 발전한 경우, 행위자들은 스스로 자신의 환경을 바꾸고 학습하며 이동한다. 예를 들어, 베넷과 탱(Bennett and Tang, 2006)의 연구에서는 옐로스톤 국립공원에서 엘크가 이동하고 학습하는 과정을 시뮬레이션했다. 이 과정에서 엘크는 자원의 분포를 익히고 기억하며 자신의 종족에게 영향을 주었다. 그러나 어떤 행위자 기반 모넬은 덜 복잡하다. 즉, 학습하는 과정이 흔하게 모델링 과정에 투입되지 않는다. 스미스-매커너 외 (Smith-McKenna et al., 2014)는 나무 개체들을 행위자로 삼아 인접한 셀까지 생장할 수 있도록 해 젱과 맬란슨(Zeng and Malanson, 2006)의 모델을 발전시켰다. 사실 기존의 모델링을 약간 발전시 킨 것이지만, 이들의 연구를 통해 근본적인 이론적 문제를 탐색할 기반을 제공했다는 의의가 있다. 이는 세포 자동자를 더 바람직하게 사용한 예라고 할 수 있다. 지금까지 인간 이외의 종에 대한 행위 자 기반 모델을 다루었지만, 사실 이 방법론은 경관 내 피드백의 순환 고리 속에서 의사결정을 하는 행위자로서의 인간을 모델링하는 데 특히 적합하다고 할 수 있다(Boone and Galvin, 2014). 물론 행위자 기반 모델의 인터페이스를 사용해 다른 종류의 시뮬레이션을 진행하는 것은 어렵기도 하다 (Yadav et al., 2008).

기계론적 모델: 생지화학적 순환 모델

레이놀즈 외(Reynolds et al., 1993)가 닦아 놓은 기계론적 모델을 기반으로, 러닝은 나무 개체에 대한 시뮬레이션을 발전시키고 이후 다른 종류의 식물에도 적용했다(Running and Coughlan, 1988; Running and Gower, 1991; Running and Hunt, 1993). 이 시뮬레이션에서 계산한 광합성 과 호흡과 같은 요소들은 연구 지역에 대한 순 일차 생산량을 추정하는 기반이 되었다. 생태적 프 로세스를 다루는 기계론적 시뮬레이션은 광합성과 같이 물질과 에너지의 근본적인 흐름을 파악하 기 위해 발전했다. 그러나 이 접근을 확장해 생물지리학적이거나 경관생태학적 문제를 해결할 수 는 없다. 일부 연구자들은 기본 가정을 단순화해 이러한 확장을 시도하기도 한다. 생지화학적 순환 (biogeochemical cycle)을 다루는 모델이 좋은 예가 된다. 이 모델은 광합성을 계산하는 과정에서 식물 모형을 단순화한다. 그리고 넓고 균일한 연구 지역을 정해 지점들 사이의 물질과 에너지 흐름 을 무시할 수 있도록 한다. 최초의 생지화학적 순환 모델(biogeochemical cycle model)은 하나의 커다란 나뭇잎을 가정하고 연구 지역 전체의 평균 잎면적 지수(Leaf Area Index)를 바탕으로 광합성 량을 계산했다. 잎 면적을 다양하게 구현함으로써 프로세스와 양상을 연결할 수 있었다(Cairns and Malanson, 1998; Cairns, 2005). 이러한 흐름이 더욱 발전해 격자 시스템 내부적으로 셀들을 공간 적으로 더 긴밀하게 연결하는 단계까지 이르게 되었다. 이러한 발전은 물(Band et al., 1993)과 산불 (Keane et al., 1996)에 대해 특정 공간에서 발생하는 현상을 명확하게 보여 주는 접근과 유사한 초기 모델에서 시작된 것이다(Band et al., 1991).

28.4 모델 구축

그랜트와 스완낵(Grant and Swannack, 2008)은 다음과 같이 모델링의 네 가지 단계, 개념적 모델 확립, 정량적 모델 개발, 모델 평가, 모델 적용(의사소통 포함)을 설정하고 설명했다. 이 절에서는 각 단계에 대해 자세히 논한다. 사실 이 단계들은 순환적이다. 즉, 개념 단계에서 시작된 모델링이 평가 단계를 거쳐 다시 개념 단계로 돌아올 수 있는 것이다(Railsback and Grimm, 2012). 그랜트와 스완낵은 각 단계에서 범할 수 있는 '흔한 오류'에 대해서도 유용한 논의를 전개했다.

개념적 모델

첫 번째 단계는 연구의 대상이 되는 시스템을 정의하는 것이다. 이를 위해 연구의 목적으로부터 구체적인 연구 문제를 추출하고 시스템의 어떤 부분을 모델에 투입할지 결정해야 한다. 이 단계는 대개 시스템 요소들 사이의 관계와 프로세스를 도식화해 컴퓨터 프로그래밍을 용이하게 한다.

정량적 모델

이 단계에서는 앞서 언급한 개념도를 컴퓨터 코드로 입력하고 정량화한다. STELLA와 같은 소프트웨어는 이를 위해 그래픽 인터페이스를 제공한다. 정량화는 스케일을 정하고 방정식의 형태와 매개변수를 구체화하며[아울러 불린(boolean) 데이터형('만약…, 그렇다면…')을 대안으로 할 수 있음], 계산의 순서를 정하는 등의 과정을 포함한다. 방정식의 형태는 개념적 모델을 통해 결정하거나, 회귀 방정식(선형, 비선형, 결정론적, 확률론적)이 도입될 때처럼 경험적으로 도출할 수 있다. 매개변수들은 이론적 관계(거리의 제곱으로 나눔), 관찰, 또는 최선의 짐작(이 경우 모델링을 반복하면서 자주 검증되고 수정됨)을 바탕으로 선택하게 된다. 어떤 경우이건 모델링의 결과가 특정 목적을 달성할 수 있도록 수정될 수 있다. 어떤 모델링 플랫폼이나 프로그래밍 언어를 사용하든지, 이 단계는 연구자의 생각이 컴퓨터로 입력되는 과정이다. 이제 실행을 해 보자('Run', 'Enter', 또는 'Go'를 선택하면 된다).

모델의 평가

모델의 평가는 크게 확인(verification)과 검증(validation)의 두 요소로 나눌 수 있다. 각 요소는 나름의 내부 과정을 담고 있으며 다양하게 정의될 수 있다. 특히 검증이라는 용어는 상황에 따라 매우 다른 뜻을 품기 때문에 주의해야 한다. 확인 단계에서는 모델이 연구자가 기대하는 대로 작동하며 현실을 제대로 반영하는지를 평가한다. 즉, 개념적 모델로부터 구축된 정량적 모델을 다시 살펴봄과 동시에 연구자가 애초에 예상한 바와 실제 모델의 결과를 정성적으로 평가하는 셈이다. 예를 들어, 에콰도르에서 토지 이용과 인구의 변화를 구현한 과거 연구에서는 우선 여성의 혼인율을 연령별로 알아야 할 필요가 있었다. 사실 이를 알지 못했기에 나중에 파악하기로 하고, 혼인율이 0과 1 사이라는 사실을 바탕으로 일단 0.5를 입력했다. 그런데 실제 혼인율을 조사하는 것을 잊고 0.5를 그대로 사용하게 되었다. 확인 단계에서 원래 계획보다 더 긴 시간 스케일로 모델을 구동했더니, 연구 지역에서 인간이 사라지고 자연 상태로 회귀하는 결과를 얻게 되었다. 그리하여 최초 모델의 구축 단계로 돌아가 앞서 언급한 실수를 깨닫게 되었다. 사실 짧은 시간적 스케일을 선택했다면 큰 문제가 되지 않았을 사안이었다(Mena et al., 2011).

모델의 검증은 논란의 여지가 있는 단계이다. 허먼(Hermann, 1967)은 모델의 타당도(validity) 확인을 위해 다섯 가지 기준, (1) 내적 타당도, (2) 표면적 타당도(종종 주관적), (3) 변수 타당도, (4) 사건 타당도, (5) 가설 타당도를 제안했다. 이 중 내적 타당도와 표면적 타당도는 흔히 말하는 검증에 해당된다. 변수 타당도는 민감도 분석에 가깝고, 사건 타당도는 아래 설명하는 것처럼 대단히 중요한 기준이 된다. 가설 타당도는 모델링 과정에서 새로운 것이 발견되었는지를 묻는 휴리스틱 타당도(heuristic validity)라고 할 수 있다.

모델 검증의 중요한 기준은 모델링의 결과를 실제 관측 데이터와 비교하는 것이다. 모델의 결과가 관측치와 비슷하다면 그 모델은 제대로 작동하는 것으로 확인된 셈이다. 이러한 방법이 모델을 검증하는 데 선호되는 표준임을 부인하는 연구자는 없다. 그러나 연구 대상 시스템과 모델에 대해 어느 정도 수준의 검증이 가능할지에 대해서는 의견이 다를 수 있다. 예를 들어, 아직 실현되지 않은 시스템을 구현하는 모델의 경우, 비교를 위한 관측 데이터가 존재하지 않는다. 래스테터(Rastetter, 1996)는 대안으로 '모델 기반 평가'를 제안했다. 이는 앞서 언급한 다섯 가지 중 네 번째를 제외한 타당도를 융합한 것이라고 할 수 있다. 이 경우 모델의 검증은 모델의 일부에 대해 제한적인 조건에서 이루어진다. 사건 타당도를 살펴보기 위해서는 검증에 사용되는 관측 데이터가 최초에 모델을 구축하는 과정에 전혀 투입되지 않았어야 한다.

모델의 검증이 제한적일 때 선택할 수 있는 또 하나의 방법은 민감도 분석이다. 사건 타당도의 검증이 어렵기 때문에 민감도 분석은 아마도 모델의 평가를 위한 주요 방법이 될 것이다. 매개변수의 선택과 조합이 바뀜에 따라 모델의 결과가 얼마나(흔히 +/− 10%) 변할 것인가? 물론 매개변수들의 모든 가능한 조합을 시험해 볼 수도 있지만, 그렇게 하는 연구자는 거의 없다. 민감도 분석을 통해 연구의 대상이 되는 시스템이나 모델 자체를 더 잘 이해할 수 있다. 이것이 바로 가설 혹은 휴리스틱 타당도이다. 만약 새로운 것을 알게 되었다면 성공적인 모델링을 진행한 셈이다. 그러나 사소한 문제에 대해 이러한 모델 검증의 기준을 만족한 모델의 경우, 민감도 분석을 진행할 가치가 반드시 있다고 하기도 어렵다. 민감도 분석은 시나리오 분석으로 확장될 수도 있다. 이 경우 모델 내부의 매개변수보다는 모델의 조건과 맥락이 변하게 된다. 모델이 일정 유의 수준에서 제대로 확인되었다면 시나리오 분석을 통해 예측을 시도할 수도 있다. 때로는 다소 불확실한 '전망'을 통해 시나리오 분석과 민감도 분석을 통합할 수도 있다.

모델의 의사소통

그림 외(Grimm et al., 2006)는 행위자 기반 모델을 설명하기 위해 다음과 같은 개요를 제안한 바 있으며(오늘날 ODD로 널리 알려져 있음), 이후 그림 외(Grimm et al., 2010)에 의해 개량되었다. 이 개요는 세 개의 영역에서 총 일곱 가지 요소를 포함한다.

- 개관
  - 목적
  - 주체, 상태 변수와 스케일
  - 프로세스 개관 및 일정 계획
- 개념 디자인(도메인 영역과 요소)
  - 발현
  - 확률론적 성격
  - (아홉 가지 추가적인 개념)
- 세부 사항
  - 최초 구동
  - 투입 데이터

– 하부 모델

ODD는 대부분 시뮬레이션에 적용할 수 있으며, 이를 생물지리학과 경관생태학의 모델 이용자들이 꼼꼼하게 살펴보아야 한다. 그랜트와 스완낵(Grant and Swannack, 2008)은 여기에서 생길 수 있는 문제점을 지적했다. 첫째, 모델을 통해 얻은 정량적인 결과가 과연 어떠한 생태적 의미가 있는지 파악하지 못할 수 있다. 둘째, 새로 개발된 모델의 유용함이나 이 모델이 단순화하고자 하는 시스템과의 유사성을 과대평가할 수 있다. 이들은 일반적으로 과학적 글쓰기에서 문제가 된다.

28.5 데이터

인간과 자연을 아우르는 종합 시스템을 포함하는 지구와 생태 시스템을 분석하고 조사하기 위해서는 흔히 다양한 학문 분야에서 구득한 데이터가 필요하다. 향후 기후변화가 식물의 생산성에 미칠 영향을 조사하거나 토지 관리가 영양 순환에 미치는 영향을 연구하는 데 필요한 데이터를 수집하는 것은 현실과 맞지 않거나 불가능하다. 첫째, 넓은 지역에 걸친 데이터가 필요한 연구를 위해서는 다수의 기관과 공조해 데이터를 수집하거나 위성 영상에 의존해야 한다. 둘째, 과거 데이터가 필요하다면 현장에서 실시간으로 데이터를 얻기보다는 역사적 사료를 찾아보아야 한다. 셋째, 연구자 개인이나 단일 연구진이 다양한 분야의 전문성을 가지고 데이터를 수집하고 처리한다는 것은 비현실적이거나 비합리적이다. 오히려 이미 존재하는 다양한 데이터들을 통합하는 것이 더 실질적이고 생산적일 수 있다.

학제적이고 다학문적인 성격 때문에 이러한 유형의 연구는 흥미롭지만 수행하기 어렵다. 다양한 출처와 학문 분야의 데이터가 어디에 존재하는지 파악하고, 이들을 수집·종합·분석하는 모든 과정을 정확하고 엄정하게 진행하는 어려움이 따른다. 아울러 각 데이터가 가지는 질적 문제와 나름의 공간적·시간적 특성을 고민해야 한다. 그러므로 데이터를 종합하는 것은 생각보다 더 어렵고 시간이 많이 들 수 있다.

이 절에서는 주요하거나 독특한 데이터와 데이터베이스를 소개함으로써 모델링을 위한 적절한 데이터를 찾는 데 도움을 주고자 한다. 데이터의 유형은 (1) 생물의 출현과 특성, (2) 지표 피복, 토양, 지형, 수문을 포함하는 경관의 특성, (3) 생지화학, 지표와 대기 사이의 에너지 교환, (4) 기후로 분류한다. 이 데이터들은 주로 육상 환경에 집중되어 있지만 수 생태계 데이터 또한 논의할 것이다.

생물 데이터

생물 데이터를 수집해 박물관과 대학교에 소장하고 기록하는 것은 18세기 자연주의자들로부터 시작되었다. 이러한 소장 데이터들은 항상 종 다양성과 특성, 위치 등에 대한 유용한 정보를 제공했다. 그러나 생물정보학(bioinformatics)과 GIS의 빠른 발전에 따라 위치 정보가 수록된 생물 데이터가 새롭게 필요하게 되었다. 새로운 데이터들은 고해상도로 스캐닝하고 GPS 좌표를 등록해 디지털 형태로 저장되었다. 그러나 심지어 10년 전 데이터의 일부는 위치를 종이에 대략 설명하는 수준에 머물러 있다. 디지털 데이터의 필요성은 점점 증가했고, 전 세계적으로 여러 기관에서 기존 데이터의 디지털화를 지원하거나 직접 추진했다. 많은 대학교와 박물관이 나름의 디지털 데이터를 소장하고 있지만, 이들 수많은 데이터를 전체적으로 찾아보는 것은 지루하고 비용이 많이 들 수 있다. 따라서 지난 10년간 메타데이터베이스와 다중 데이터를 구축하는 추세가 이어졌다.

오늘날 메타데이터베이스를 통해 지구상의 생물 데이터를 쉽게 구득할 수 있게 되었다. 메타데이터베이스는 이러한 대량의 데이터를 전 세계 연구자들에게 무료로 쉽게 제공하는 대단히 중요한 도구가 되었다. 다음에서는 생물 데이터와 관련한 네 가지 대규모 메타데이터베이스인 GBIF(세계생물다양성정보기구), iDigBio(통합디지털생물데이터), TRY(세계식물특성데이터베이스), DRYAD를 소개한다.

• 주요 생물 메타데이터베이스

GBIF(www.gbif.org)는 인터넷을 통해 접근할 수 있는 생물 다양성 데이터베이스 중 가장 큰 웹사이트로서, 2015년 11월 현재 160만 종 이상에 관한 6억 4,000만 건의 기록을 포함하는 1만 5,000개의 데이터를 포함하고 있다. 사실 이 중 약 86%만이 지리참조 되어 있다. 현재 40개의 국제 또는 비정부 기구와 더불어 54개국이 GBIF에 참여하고 있다. GBIF를 통해 많은 연구자가 생물종의 출현 데이터를 얻고 있다.

iDigBio(www.idigbio.org)는 미국에 있는 메타데이터베이스로서 기존의 박물관과 자연 역사 데이터를 디지털화해 약 4,650만 개의 표본을 포함하는 664건의 데이터에 일반 대중이 쉽게 접근할 수 있도록 한다. iDigBio는 종의 출현 데이터뿐 아니라 표본에 대한 디지털화된 영상과 스캔본도 연구자들에게 제공한다. 사실 종의 출현이 세계 어느 곳에서도 발생할 수 있으나, iDigBio는 미국에서 발견되는 종에 대한 데이터만을 보유하고 있다.

TRY(www.try-db.org)는 유럽에서 운영하는 메타데이터베이스로서 세계적으로 많은 사람이 참여하고 있다. TRY는 식물의 형태적, 생화학적, 생리적, 계절학적 특성 등을 주로 담고 있다. 2015년 11월 현재, 10만 종 이상을 포함하는 220만 식물 개체에 대해 560만 가지의 특성 데이터를 보유 중이다. 그러나 이 중 절반 정도만이 지리참조 되어 있으며, 개인적으로 요청해야만 데이터를 다운받을 수 있다.

DRYAD(datadryad.org)는 누구나 생태적으로 의미가 있는 데이터를 저장할 수 있는 공간이다. 이를 통해, 출관되는 연구 성과물을 보완할 수 있다. 이미 DRYAD와 연관된 학술지가 74개 존재한다. DRYAD에는 다양한 종류와 양의 정보와 메타데이터를 여러 형식으로 저장할 수 있다. 주요 장점으로는 누구나 자유롭게 접근할 수 있고, DOI를 제공하기 때문에 인용이 쉬우며, 특정 연구 성과와 연결할 수 있다는 것을 들 수 있다. 그러므로 DRYAD는 이미 하나의 프로젝트를 끝낸 연구자에게 상당히 유용할 수 있지만 새로운 것을 시작하려는 연구자에게는 덜 유용할 것이다.

• 생물 데이터베이스 이슈

앞서 언급한 메타데이터베이스들이 단일 인터페이스를 사용해 많은 양의 데이터를 제공한다는 측면이 있지만, 이들이 광범위한 정보를 제공해 주는 것은 아니다. 사실 다수의 소규모적·국지적 데이터들은 메타데이터베이스에 쉽게 통합되지 않는다. 만약 규모가 큰 데이터가 넓거나 특이한 지역에 대해 출현 데이터를 포함하고 있지 않다면, 이러한 작은 규모의 데이터는 특히 중요해진다. 연구자들은 각 지역의 대학교와 연구 기관에 문의해 이러한 국지적인 데이터를 보유하고 있는지 살펴볼 필요가 있다. 이러한 데이터는 종종 인터넷으로 접속할 수 있지만, 때로는 정식 문서를 통해 요청해야 할 수도 있다.

또 다른 이슈는 정확성과 타당도이다. 주요 메타데이터베이스에 존재하는 데이터들은 전반적으로 누락된 것이 없는지 확인된 것들이지만, 이러한 메타데이터의 정확성은 연구 목적이 무엇이냐에 따라 미흡할 수도 있다. 예를 들어, 대부분의 GBIF 데이터는 지리참조되어 있지만, 과거의 출현 데이터의 경우 최초의 GPS 좌표를 알 수는 없다. 대신 표본이 발견된 지역에 대한 기술을 토대로 좌표를 부여할 뿐이다. 때에 따라 이러한 기술이 대단히 자세할 수도 있다. 다른 경우에는 주나 도와 같은 행정구역만 알 수 있다. 이러한 상황에서는 해당 주 혹은 도의 중심점(centroid)을 표본에 부여하는 좌표로 사용한다. 대부분의 지리공간 분석에서는 이러한 수준의 공간적 불확실성이 허용되지 않는다. 물론 모든 데이터에 오류나 어느 정도의 불확실성이 존재할 수는 있다. 그러므로 연구자들은 분석하고자 하는 데이터가 지니는 명확한 지리공간적 오류에 대해 면밀히 검토할 필요가 있다.

경관에 대한 기술

경관을 기술하는 것은 오랜 시간 동안 자연지리학과 경관생태학의 연구 과제였다. 물리적, 생물학적 프로세스 모두 경관상에서 시공간적으로 발생한다. 경관은 지표 피복과 토지 이용, 토양, 지형, 수문 등을 포괄하는 개념이라고 할 수 있다. 이러한 요소들은 서로 독립적으로 분리될 수 없으며 종종 복잡하고 흥미로운 상호 관계를 보인다.

• 토지 피복과 토지 이용

토지 피복과 토지 이용 데이터는 종종 원격 탐사와 현지 조사를 통해 얻은 데이터를 모두 사용해 확보하게 된다. 토지 피복과 토지 이용은 때로 동의어처럼 사용되지만, 이 둘은 비슷하면서도 명확하게 다른 정의를 가진다. 토지 피복은 지표면의 생물·물리적인 특성을 의미하는 반면, 토지 이용은 인간의 활동과 땅에 대한 인식을 포함한다. 예를 들어, 과수원과 숲은 '나무'라는 같은 토지 피복으로 분류되겠지만 토지 이용 측면에서는 다르게 간주될 것이다. 토지 피복과 토지 이용 중 어떤 항목을 선택하느냐의 문제는 연구 질문에 따라 미미하거나 큰 반향을 불러올 수 있다. 예를 들어, 벌채된 산림과 보호된 산림 사이에 생기는 교란의 차이는 생물학적, 물리적 프로세스에 영향을 줄 것이다. 원격 탐사를 통해 흔히 지표면의 특성을 파악할 수 있지만, 토지 이용을 분류하는 것은 더 미묘하고 복잡한 일이다. 그러므로 토지 피복 데이터를 얻는 것이 더 쉬운 일이라고 할 수 있다.

지구적 스케일에서 경관의 특성을 기술하는 몇 가지 데이터가 존재한다. 토지 피복은 가장 흔한 유형으로서 이와 관련해 다양한 종류의 데이터가 구축되어 왔다. 이러한 모든 데이터는 원격 탐사를 바탕으로 얻게 된다. 물론 이 데이터들 사이에 센서나 해상도, 촬영 방법, 토지 피복의 유형, 시간 간격 측면에서 차이가 존재할 수는 있다.

• 주요 토지 피복 데이터베이스

메릴랜드 대학교(University of Maryland)에서 운영 중인 세계 토지 피복 데이터(Global Land Cover Facility, geog.umd.edu/feature/global-land-cover-facility-%28glcf%29)는 개량형 고분해능 복사계(Advanced Very High Resolution Radiometer: AVHRR)를 통해 1981년부터 1994년 사이에 확보한 영상을 1km, 8km, 1°의 해상도로 보유하고 있다. 아울러 2001년부터 2012년 사이에 매해 MODIS 센서를 사용해 0.5°와 5°의 해상도로 촬영된 토지 피복 데이터도 보유하고 있다. 유럽에서 제공하는 토지 피복 데이터들도 있다. 유럽위원회(European Comission)의 합동 연구 센터에 소속

된 토지자원관리단(Land Resource Management Unit)은 SPOT 4 위성의 VEGETATION 센서를 사용해 1km의 해상도로 2000년 당시 지구적 지표 피복 2000(Global Land Cover 2000, ec.europa.eu/jrc/en/scientific-tool/global-land-cover)이라는 데이터를 구축했다. 유럽우주국(ESA)은 다음과 같은 두 종류의 MERIS 센서를 통해 촬영한 지구적 토지 피복 데이터를 300m의 해상도로 제공하고 있다. 첫째는 2005년부터 2006년까지 촬영된 GlobCover이고, 둘째는 2009년에 촬영된 GlobCover 2009이다(due.esrin.esa.int/page_globcover.php). 최근에는 유엔 식량농업기구(United Nations Food and Agriculture Organization)에서 'Global Land Cover SHARE'를 쏘아 올린 바 있다. 이를 통해 각 국가와 지구적 위성 데이터를 일관적으로 약 1km의 해상도로 통합할 수 있게 되었다(www.fao.org/land-water/land/land-governance/land-resources-planning-toolbox/category/details/en/c/1036355).

위성을 사용한 원격 탐사를 통해 오늘날의 지구적 토지 피복 데이터를 다수 확보할 수 있지만, 역사적인 데이터는 찾기가 어렵다. 라만쿠티와 폴리(Ramankutty and Foley, 1999)는 몇 안 되는 격자 형태의 역사 데이터를 구축한 바 있다. 이들은 국가 혹은 그보다 작은 단위에서 확보된 토지 피복 정보를 오늘날의 위성 데이터와 통합한 후, 역사적 사료에 기반해 과거의 토지 피복 양상을 추정했다. 이를 발전시킨 데이터는 1700년부터 2000년까지의 기간을 5′ 해상도로 포괄하고 있다(www.ramankuttylab.com).

도시 개발과 농지, 산림과 같은 특정 유형의 토지 피복과 관련된 지구적 데이터도 다수 존재한다. 세계 농촌-도시 지도화 사업(The Global Rural-Urban Mapping Project: GRUMP)에서는 인구 규모와 거주지 분포, 야간 조명을 바탕으로 1990년, 1995년, 2000년 현재의 도시 지역 분포를 조사했다(sedac.ciesin.columbia.edu/data/collection/grump-v1). 지속가능성과 지구 환경을 위한 센터(Center for Sustainability and Global Environment: SAGE)의 슈나이더 외(Schneider et al., 2009)는 MODIS 센서를 사용해 도시 지역의 분포를 파악하기도 했다(nelson.wisc.edu/sage/data-and-models/schneider.php). 이 데이터는 90% 이상의 정확도를 보이는 것으로 알려져 있다. GRUMP 역시 비슷하게 높은 생산자 정확도를 지니지만, 낮은 사용자 정확도를 보이기 때문에 도시 지역을 과대 추정하는 것으로 사료된다.

토지를 농지로 개간하는 것은 지구적으로 발생하는 토지 피복 변화의 가장 대표적인 예이다. 피트먼 외(Pitman et al., 2010)는 전 세계 농지의 면적을 25m와 1km 해상도의 MODIS 데이터를 사용해 추정했다. 이 접근은 픽셀별로 농지가 출현할 확률을 기반으로 하기 때문에 각 사용자는 불확실성과 관련된 임계치를 본인 나름대로 정할 수 있다. 한편 몬프리다 외(Monfreda et al., 2008)는 특정 작물의 유형을 살펴볼 수 있는 데이터를 구축했다. 이는 175종의 작물에 대해 수확 면적과 양을 지구적으로 지도화한 것이다. 또 다른 종류의 흥미로운 토지 피복 데이터는 엘리스와 라만쿠티(Ellis and Ramankutty, 2008)가 개발한 인류 기원의 바이옴(Anthropogenic Biomes 혹은 Anthromes)이다. 이 데이터는 자연에 존재하는 식생과 인간의 토지 이용 양상을 종합해, 즉 토지 피복보다는 토지 이용에 기반해 지구 표면을 새롭게 정의한다(ecotope.org/products/datasets).

대부분의 지구적 데이터를 거시적 해상도에서 살펴보면, 혼합된 픽셀이 종종 발견된다. 식생 피복을 백분율로 나타내는 것처럼 많은 데이터는 퍼지 분류(fuzzy classification)에 기반한다. 앞서 언급한 세계 토지 피복 데이터는 이러한 종류의 데이터를 세 가지로 제공한다. 첫째는 1990년대부터 1km 해상도로 촬영된 AVHRR에 기반한 산림 피복이고, 둘째는 2000년부터 2010년까지 해마다 250m 해상도로 촬영된 MODIS 영상에 기반한 식생 피복(및 그 변화)이며, 셋째는 2000년부터 2005년까지 30m 해상도로 촬영한 Landsat 영상에 기반한 산림 피복이다.

국가적 혹은 국지적 스케일에서는 보다 전문적이거나 특정 장소에 대한 데이터를 구축함으로써, 일반화된 지구적 데이터에 비해 지표 피복과 토지 이용을 더 세부적으로 기술할 수 있다. 예를 들어 미국에서는 미국지질조사국(USGS)이 NatureServe 생태계 분류법(gapanalysis.usgs.gov/gaplandcover)을 바탕으로 Landsat 영상을 사용해 GAP이라는 국가 지표 피복 데이터를 구축한 바 있다. 이 데이터는 기초적인 지표 피복 유형은 물론, 생태 모델링과 평가에 쓰일 수 있는 일관적이고 자세한 식생 군집 지도를 제공한다. 많은 중앙 및 지방 정부에서는 특정 장소에 대한 데이터를 구축해 경관을 기술하고자 노력하고 있다. 이러한 데이터는 종종 정부 기관의 웹사이트를 통해 온라인으로 접근할 수 있지만, 때에 따라서는 실제 책자로만 접할 수 있다. 데이터의 접근성을 높이기 위해 많은 사람이 노력 중이다.

토양

경관의 또 다른 요소는 토양이다. 토양은 식생, 수문, 생지화학적 프로세스와 직접적으로 상호작용하기 때문에 중요하다. 일반적인 토양 데이터는 흔하게 존재하는데, 이는 특히 농경이 이루어지거나 그럴 가능성이 있는 장소에서 두드러진다. 많은 국가는 서로 다른 토양 분류 체계를 갖추고 있기 때문에 국경 주변에서 이러한 데이터들의 일관성을 확보하는 것이 중요하다. 많은 토양 데이터는 토양 분류와 더불어 속성 데이터도 갖추고 있다. 따라서 대단히 풍부한 데이터가 있는 것처럼 느껴질 수 있지만, 연구자들은 관련된 문서를 세심하게 읽고, 혹시 이 속성 데이터들이 독립적으로 측정된 것이 아니라 단지 토양 유형에 대한 평균값을 나타내고 있는지를 확인해야 한다. 이 평균값들이 일반적으로 정확할 수도 있겠지만, 실제로 나타내야 할 변이가 누락되었기 때문에 통계적으로 문제가 된다. 아울러 많은 토양 데이터들은 항공사진을 사용해 현장 조사 결과를 외삽(extrapolation)한 것임을 잊지 말아야 한다. 그러므로 연구자들은 메타데이터를 살펴봄으로써 이러한 데이터의 불확실성을 충분히 이해하도록 노력해야 한다. 예를 들어, 어떤 토양 데이터는 항공사진을 시각적으로만 해석해 식생 분포를 바탕으로 토양을 분류하기도 한다. 이러한 경우 토양을 바탕으로 식생을 분석하는 순환 논법의 오류를 범할 수 있다.

• 주요 토양 데이터베이스

지난 10년간, 식량농업기구는 Harmonized World Soil Database(HWSD, webarchive.iiasa.ac.at/Research/LUC/External-World-soil-database)를 개발해 왔다. 이 데이터는 지역적 혹은 국가적 스케일의 토양 정보와 전통적인 1:5,000,000 축척의 FAO-UNESCO Soil Map of the World를 바탕으로 한다. 사실 일부 지역은 아직 데이터가 최신화되지 않았기 때문에 현재 상황에서는 데이터의 신뢰도가 유동적이라고 할 수 있다. 예를 들어 미국과 캐나다, 오스트레일리아의 경우, 국가적 스케일에서 토양 데이터가 존재하지만, 이 데이터는 아직 HWSD와 통합되지 않은 상황이다. 30″ 해상도의 이 래스터 데이터는 토양 속성 데이터와 연결되어, 사용자들이 쿼리와 시각화를 할 수 있다.

미국항공우주국(NASA)이 제공하는 Distributed Active Archive Center for Biogeochemical Dynamics(DAAC, daac.ornl.gov) 또한 격자 기반의 지구적 토양 데이터와 더불어 BOREAS나 LBA 같이 현장 조사로부터 얻은 데이터를 포함하고 있다. 세계토양컬렉션(Global Soils Collection)은 토양 유형, 토양 인, 토양 호흡, 증발산을 위해 추출 가능한 수분 등을 포함한 16가지 데이터를 보유하고 있다. 이 데이터의 일부는 1998년부터 수집되었기 때문에 최신 정보는 다른 곳에서 찾아야 한다.

지형

지표면의 여러 프로세스와 특성은 고도와 사면 경사, 사면 향의 직간접적인 영향을 받는다. 지형은 종종 수문학적, 기후학적 인자를 대변하는 지시자로 쓰이기도 하지만, 사실 생물에게 더욱 직접적인 영향을 줄 수 있다(Ying et al., 2014). 지형 데이터는 대개 고도를 격자 기반의 래스터 형식으로 나타내거나 등고선을 사용해 제공된다. GIS를 사용해 이러한 격자나 등고선으로부터 경사와 향과 같은 다른 지형 변수들을 추출할 수 있다. 오목한 형태나 볼록한 형태의 사면을 파악하거나, 연간 혹은 계절별 태양복사 에너지량, 유역이나 수분 지수와 같은 수문학적 특성 등과 같이 보다 복잡한 지형 정보를 얻을 수도 있다. 지구적 데이터는 광학 스테레오나 합성개구레이더(Synthetic Aperture Radar: SAR) 방식을 사용하는 위성 영상을 바탕으로 제작된다. 국가적 혹은 국지적 스케일의 데이터는 현장 조사와 항공 관측(항공사진과 라이다 포함), 위성 관측 등을 포함하는 다양한 방법으로 확보할 수 있다. 이러한 데이터의 해상도는 출처에 따라 1km부터 1m 이하에 이를 수 있다. Open Topography Facility(www.opentopography.org)는 광범위한 지역을 포괄하지는 않지만, 일반 대중에게 공개된 데이터가 가야 할 지향점을 모범적으로 보여 준다.

• 주요 지형 데이터베이스

NASA의 SRTM(Shuttle Radar Topographic Mission), 일본의 경제산업성(METI)과 NASA가 공동 관리하는 ASTER GDEM(Global Digital Elevation Map), USGS의 GMTED2010(Global Multi-resolution Terrain Elevation Data, 2010) 등은 무료로 다운받을 수 있는 지구적 수치 고도 데이터이다. SRTM(www2.jpl.nasa.gov/srtm)은 90m 해상도로 전 지구를 포괄한다. 이 데이터는 c-band SAR를 기반으로 InSAR(SAR interferometry)를 통해 제작되어 수관(vegetation canopy)을 부분적으로 관통할 수도 있다. ASTER GDEM(asterweb.jpl.nasa.gov/gdem.asp)은 이보다 더 세밀한 30m 해상도를 가지고 있다. 그러나 이 데이터는 SRTM에 비해 여러 지역에서 더 높은 불확실성을 보인다. GMTED2010(topotools.cr.usgs.gov/GMTED_viewer)은 기존에 존재하는 공공 고도 데이터들을 통합해 가장 정확한 국지적 데이터를 만든다. 이 데이터는 출처에 따라 7.5~30″에 이르는 다양한 해상도를 가지고 있다. TanDEM-X World DEM이라고 불리는 x-band 기반의 InSAR 데이터는 현재 제작 중이다. 이 데이터는 12m의 해상도와 2m의 수직 상대 정확도를 가질 것으로 기대되지만, 무료로 제공되지는 않을 전망이다.

수치고도모델(Digital Elevation Model: DEM)과 수치표면모델(Digital Surface Model: DSM), 수치지형모델(Digital Terrain Model: DTM) 사이의 차이는 명확하지 않다. 일반적으로 DSM은 식생과 인공 구조물을 포함하는 지표면을 가리킨다. DTM은 이러한 것들을 제외한 나지를 의미한다. 유감스럽게도, DEM과 DTM은 동의어처럼 쓰일 수 있지만, DEM 데이터는 때에 따라 DSM 데이터이기도 하다. 사용자들은 예를 들어 수문 분석에 영향을 줄 수 있는 수체(water bodies)와 같은 속성이 마스크되었는지 확인해야 한다.

지표 수문

물은 생명을 유지하는 데 필수적인 요소이다. 그러므로 물이 얼마나 가용한지, 어떤 형태로 존재하는지 등은 경관을 구성하는 중요한 일부이다. 수문 순환은 물의 위치에 따라 대기과학, 해양학, 자연지리학, 지질학 등 여러 학문을 아우르는 주제이다. 지구적 수문 데이터들은 대부분의 경우, 수문학적 형태보다는 유역에서 발생하는 물의 유입과 유출(즉 강수, 증발산, 유량 등)에 초점을 맞춘다. 여기서는 하천, 호수, 댐, 토양 수분과 같은 지표 수문에 주목한다. 강수 데이터는 기후와 관련된 절에서 설명한다. 증발산 데이터의 경우 생지화학과 관련된 절에서 소개한다.

• **주요 지표 수문 데이터베이스**

HydroSHEDS는 'HYDROlogical data and maps based on SHuttle Elevation Derivatives at multiple Scales'의 약어로서 세계야생동물연방(World Wildlife Federation)에서 제작했다. 이 데이터는 SRTM 지형 데이터를 토대로 전 세계의 하천과 유역 분포를 여러 스케일에서 포괄적으로 보여 준다(www.worldwildlife.org/pages/hydrosheds). 세계야생동물기금(World Wildlife Fund)은 전 세계 호수와 습지 데이터베이스(Global Lakes and Wetlands Database: GLWD, www.worldwildlife.org/pages/global-lakes-and-wetlands-database)를 제작했다. 이 데이터는 세 단계로 이루어졌는데, 1단계와 2단계는 면 데이터로서 수체의 크기로 구분된다. 1단계 데이터는 가장 큰 수체로, 2단계는 이보다 작은 수체로 이루어져 있다. 3단계는 1단계와 2단계 데이터를 30″ 해상도의 래스터 지도 형태의 추가 정보와 더불어 통합한 것이다. 세계 저수지와 댐 데이터(Global Reservoir and Dam dataset: GRanD)는 레너 외(Lehner et al., 2011)가 제작한 것으로서, SEDAC(Socioeconomic Data and Application Center, sedac.ciesin.columbia.edu/data/set/grand-v1-reservoirs-rev01)을 통해 구득할 수 있다. 이 데이터는 $0.1km^2$ 이상의 저장 능력을 갖춘 저수지에 대해 6,800건 이상의 정보를 보유하고 있지만, 이보다 더 작은 저수지에 대해서도 정보만 존재한다면 포함하고 있다.

지표면 바로 아래의 토양 수분 역시 중요한 수문 인자이다. NASA의 Soil Moisture Active Passive (SMAP) 데이터는 9km 해상도로 지표와 뿌리층에 대한 4단계 토양 수분 정보를 포함한다(smap.jpl.nasa.gov/data/; nsidc.org/daac). 이 데이터는 대체적으로 제작 6개월 이후에 시험용으로 출시되며, 12개월 이후에는 확인이 끝난 결과물로서 배포된다.

생지화학

대기와 지표, 물 사이에서 발생하는 화학 물질의 교환은 지구적 환경시스템을 이해하는 데 필수적인 요소이다. 이와 관련된 데이터들은 지표 피복과 토양, 수문, 혹은 기후 데이터와 결합되어 이들의 시공간적 상호작용을 이해하는 데 대단히 유용할 수 있다. 그러나 이러한 프로세스들이 대단히 복잡하기 때문에 이와 같은 데이터들은 지표 피복이나 지형 데이터에 비해 양적으로나 포괄하는 범위 측면에서 적은 편이다.

• 주요 생지화학 데이터베이스
앞서 언급했듯이, 오크리지 국립연구소(Oak Ridge National Laboratory: ORNL)에서 관리하는 DAAC는 많은 종류의 생지화학 데이터를 지구적 격자 혹은 현장 데이터의 형태로 제공한다. 또 다른 데이터는 Fluxnet으로서 지표면과 대기 사이에 발생하는 에너지, 물, 이산화탄소의 교환과 관련된다. Fluxnet은 에디공분산관측소(eddy covariance tower)나 물질교환량관측소(flux tower)들의 연결망으로 구성된다(fluxnet.fluxdata.org). 전 세계적으로 650개의 관측소가 존재하는데 이 중 대부분이 북아메리카와 유럽에 분포한다. 대개의 경우 데이터는 30′ 간격으로 구축되어 있다. 대부분 Fluxnet 데이터가 ORNL DAAC에서 제공되지만, 각 데이터는 개개 관측소에서 제작 및 관리된다.

   Global Fertilizer and Manure 데이터는 농업과 관련된 흥미로운 지구적 생지화학 데이터이다 (sedac.ciesin.columbia.edu/data/set/ferman-v1-nitrogen-fertilizer-application). 이 데이터는 자연, 화학, 분뇨 비료와 관련된 각 국가의 통계량을 175종의 곡물이 수확되는 농지 지도와 결합해 제작한 것이다.

기후

기후는 생물지리학의 중요한 인자 중 하나로서 기후와 생물지리학 사이의 상호작용은 특히 지구적 환경 변화의 맥락에서 큰 관심의 대상이다. 각 생물 개체는 나름의 독특한 방식으로 다양한 기후 현상에 반응하기 때문에 생물지리학적 관점에서 기후를 정의하기는 쉽지 않다. 기후는 보통 평균값으로 기술하지만 실제로 큰 영향을 미치는 것은 극한 현상이라고 할 수 있다. 예를 들어, 열대 지역의 조간대 식물인 맹그로브는 4℃ 미만의 기온을 견디지 못한다. 기후 조건이 연구하고자 하는 생물종에 어떠한 영향을 줄 수 있는지 파악하고, 그 종이 가장 민감하게 반응하는 조건을 대표적으로 나타내는 데이터를 찾는 것이 중요하다.

• 주요 기후 데이터베이스

기상학과 기후학 분야에 대단히 많은 기후 데이터들이 존재하지만, 생물지리학과 생태학에서 인기가 있는 기후 데이터는 WorldClim이다. 생태학자들이 개발한 이 데이터는 1km 해상도의 격자로 구성되어 있다. 월별 최소·최대·평균 기온, 월별 총강수량, 그리고 그 밖의 19개 변수(기온의 연교차, 계절별 강수량)들을 포함한다. WorldClim은 유엔의 식량농업기구, 세계기상기구(World Meteorological Organization), 국제열대농업센터(International Center for Tropical Agriculture), 지구적과거기후(Global Historical Climatology), R-Hydronet(카리브 및 중앙아메리카와 남아메리카를 포괄함) 등의 기관에서 제공하는 데이터와 그 밖의 국가 기후 데이터에 기반을 둔다. 생물지리학과 경관생태학에서 쓰이는 다른 기후 데이터들은 기상 관측소 데이터를 내삽하거나 기타 공간 기법을 통해 구현한다. 예를 들어, 미국에서 운영하는 PRISM이나 DAYMET이 있다(www.prism. oregonstate.edu; daymet.ornl.gov). 캐나다에도 비슷한 유형의 데이터가 존재한다(Price et al., 2011). 여러 종류와 해상도의 지구적 기후 데이터로 NCEP/NCAR Global Reanalysis project(rda. ucar.edu/datasets/ds090.0)도 있다. 이 데이터는 대기의 수직 레이어와 관련된 변수들을 제공한다. 아울러 MVZ GIS Portal에서 제공하는 CliMod도 있다(mvzgis.wordpress.com/gis-data/climate-data). 이 데이터에는 모델 이용자가 사용할 수 있는 생물기후적인 변수들이 있다.

해양

지금까지는 육지에서 얻을 수 있는 데이터들에 초점을 맞추었지만, 생물지리학 연구는 수중에서도 진행할 수 있다. 대부분 지구적 데이터는 원격 탐사에 기반하기 때문에 주로 지표면의 상태에 주목할 수밖에 없다. 수면으로부터 불과 몇 미터만 내려가도 전체적인 관측과 측정이 어려워지기 때문에 지구적 해양 데이터가 제한적으로 존재할 수밖에 없다.

• 주요 해양 데이터베이스

NASA의 Ocean Biology Processing Group(oceancolor.gsfc.nasa.gov)에서는 바다의 색, 생지화학, 표면 온도, 생물 등을 포함하는 지구적 데이터를 제공한다. 바다의 색은 해양 생태계 내 먹이사슬의 중요한 기반이 되는 플랑크톤이 만들어 내는 색소를 측정해 파악한다. NASA는 독립적인 물리해양학 DAAC(podaac.jpl.nasa.gov)를 보유하고 있다. 이 데이터는 바람, 해양 순환과 해류, 지형, 중력 데이터 등을 포함한다. 많은 경우 이 데이터들은 육상 생태계의 데이터와 다른 형식으로 구성되어 있기 때문에 접근과 분석을 위해 다른 종류의 소프트웨어를 사용해야 할 수도 있다.

28.6 결론

모델링은 생물지리학과 경관생태학의 발전을 위해 필수적인 접근이며, 데이터는 모델의 필수적인 요소이다. 맬란슨 외(Malanson et al., 2014)는 다음과 같이 주장한 바 있다.

> 자연지리학자는 의미 있는 이론을 명확하게 구체화하고 검증하는 데 필수적인 수학과 컴퓨터 프로그래밍 기법을 바탕으로 모델링을 시도할 필요가 있다.

이러한 과업을 수행하는 것은 쉽지 않다. 수학과 프로그래밍 기법을 습득함은 물론, 모델링의 개념과 절차도 배워야 한다. 더욱이 다양한 데이터들을 분석하기 위해서는 원격 탐사와 현장 조사, 실험실 분석(얼마나 많은 연구자가 차세대 염기서열 분석을 할 줄 아는가?), 정보 처리(GIS 포함)와 같은 특정한 능력을 갖추어야 한다. 사실 이 모든 것들은 이미 연구하고자 하는 생태계에 대해 잘 알고 있음을 전제로 하지만, 여전히 최첨단의 요소들이다. 두려워하지 말고 담대해지기 바란다.

| 요약
- 이 장에서는 모델에 초점을 맞추어, 생물지리학과 경관생태학 연구를 위해 기존의 데이터를 탐색하는 데 있어 가장 기본적인 부분을 다루었다.
- 해상도와 스케일, 모델의 위계, 모델 구축을 위한 시공간 선택 등이 가지는 중요성을 살펴보았다.
- 다양한 종류의 생물, 경관, 토양, 지형, 지표 수문, 생지화학, 기후, 해양 데이터와 데이터베이스가 모델 구축에 사용될 수 있다.
- 모델링은 지리학의 발전과 의미 있는 이론을 검증하기 위해 필수적인 요소이다.

심화 읽기자료
- 보카드 외(Borcard et al., 2011)를 통해 종과 환경 사이의 관계를 공간적으로 살펴보는 연습을 실제로 해 볼 수 있다.

- 맥아더(MacArthur, 1972)는 계량지리학과 생태학의 기본을 잘 소개하고 있다.
- 맨젤(Mangel, 2006)은 모델을 어떻게 생각해야 하는지에 대한 현대적 시각을 담고 있다.

* 심화 읽기자료에 대한 상세 정보는 아래 참고문헌에서 확인할 수 있음.

참고문헌

Allen, T.F.H. and Starr, T.B. (1982) *Hierarchy: Perspectives for Ecological Complexity*. Chicago: University of Chicago Press.

Austin, M. (2007) 'Species distribution models and ecological theory: A critical assessment and some possible new approaches', *Ecological Modelling* 200: 1-19.

Bak, P. (1999) *How Nature Works*. New York: Springer.

Band, L.E., Patterson, P., Nemani, R. and Running, S.W. (1993) 'Forest ecosystem processes at the watershed scale: Incorporating hillslope hydrology', *Agricultural and Forest Meteorology* 63: 93-26.

Band, L.E., Peterson, D.L., Running, S.W., Coughlan, J., Lammers, R., Dungan, J. and Nemani, R. (1991) 'Forest ecosystem processes at the watershed scale. Basis for distributed simulation', *Ecological Modelling* 56: 171-96.

Bennett, D.A. and Tang, W. (2006) 'Modelling adaptive, spatially aware, and mobile agents: Elk migration in Yellowstone', *International Journal of Geographical Information Science* 20: 1039-66.

Bolker, B.M. (2008) *Ecological Models and Data in R*. Princeton: Princeton University Press.

Boone, R.B. and Galvin, K.A. (2014) 'Simulation as an approach to social-ecological integration, with an emphasis on agent-based modeling', in M.J. Manfredo, J.J. Vaske, A. Rechkemmer and E.A. Duke (eds) *Understanding Society and Natural Resources*. New York: Springer. 179-202.

Botkin, D.B. (1993) *Forest Dynamics: An Ecological Model*. Oxford: Oxford University Press.

Box, G.E.P. (1976) 'Science and statistics', *Journal of the American Statistical Association* 71: 791-9.

Cairns, D.M. (2005) 'Simulating carbon balance at treeline for krummholz and dwarf tree growth forms', *Ecological Modelling* 187: 314-28.

Cairns, D.M. and Malanson, G.P. (1998) 'Environmental variables influencing the carbon balance at the alpine treeline: A modeling approach', *Journal of Vegetation Science* 9: 679-92.

Courant, R., Friedrichs, K. and Lewy, H. (1967) 'On the partial difference equations of mathematical physics', *IBM Journal of Research and Development* 11(2): 215-34.

Ellis, E.C. and Ramankutty, N. (2008) 'Putting people in the map: Anthropogenic biomes of the world', *Frontiers in Ecology and the Environment* 6: 439-47.

Franklin, J. (2010) *Mapping Species Distributions: Spatial Inference and Prediction*. Cambridge: Cambridge University Press.

Gardener, M. (2014) *Community Ecology: Analytical Methods Using R and Excel*. Exeter: Pelagic.

Grant, W.E. and Swannack, T.M. (2008) *Ecological Modeling: A Common-Sense Approach to Theory and Practice*. Oxford: Blackwell.

Grimm, V., Berger, U., Bastiansen, F., et al. (2006) 'A standard protocol for describing individual based and agent-based models', *Ecological Modelling* 198: 115-26.

Grimm, V., Berger, U., DeAngelis, D.L., Polhill, G., Giske, J. and Railsback, S. F. (2010) 'The ODD protocol: A review and first update', *Ecological Modelling* 221: 2760-8.

Hagerstrand, T. (1965) 'A Monte Carlo approach to diffusion', *European Journal of Sociology* 6: 43-67.

Hanson, J.S., Malanson, G.P. and Armstrong, M.P. (1990) 'Landscape fragmentation and dispersal in a model of riparian forest dynamics', *Ecological Modelling* 49: 277-96.

Hermann, C.F. (1967) 'Validation problems in games and simulations with special reference to models of international politics', *Behavioral Science* 12: 216-31.

Hogeweg, P. (1988) 'Cellular automata as a paradigm for ecological modeling', *Applied Mathematics and Computation* 27: 81-100.

Hunt, E.R., Piper, S.C., Nemani, R., Keeling, C.D., Otto, R.D. and Running, S.W. (1996) 'Global net carbon exchange and intra-annual atmospheric CO_2 concentrations predicted by an ecosystem process model and three-dimensional atmospheric transport model', *Global Biogeochemical Cycles* 10: 431-56.

Hutchinson, G.E. (1957) 'Concluding remarks', *Cold Spring Harbor Symposia on Quantitative Biology* 22: 415-27.

Keane, R.E., Ryan, K.C. and Running, S.W. (1996) 'Simulating effects of fire on northern Rocky Mountain landscapes with the ecological process model FIRE-BGC', *Tree Physiology* 16: 319-31.

Kearney, M. and Porter, W. (2009) 'Mechanistic niche modelling: Combining physiological and spatial data to predict species' ranges', *Ecology Letters* 12: 334-50.

Kendall, B.E., Briggs, C.J., Murdoch, W.W., Turchin, P., Ellner, S.P., McCauley, E., Nisbet, R.M. and Wood, S.N. (1999) 'Why do populations cycle? A synthesis of statistical and mechanistic modeling approaches', *Ecology* 80: 1789-805.

Kupfer, J.A. and Runkle, J.R. (2003) 'Edge-mediated effects on stand dynamic processes in forest interiors: A coupled field and simulation approach', *Oikos* 101: 135-46.

Larsen, L., Thomas, C., Eppinga, M. and Coulthard, T. (2014) 'Exploratory modeling: Extracting causality from complexity', *EOS, Transactions of the American Geophysical Union* 95: 285-6.

Lehner, B., Liermann, C.R., Revenga, C., Vörösmarty, C., Fekete, B., Crouzet, P., Döll, P.,Endejan, M., Frenken, K., Magome, J., Nilsson, C., Robertson, J.C., Rödel1, R., Sindorf, N. and Wisser, D. (2011) 'High-resolution mapping of the world's reservoirs and dams for sustainable river-flow management', *Frontiers in Ecology and the Environment* 9: 494-502.

Malanson, G.P. (1996) 'Modelling forest response to climatic change: Issues of time and space', in S.K. Majumdar, E.W. Miller and F.J. Brenner (eds) *Forests - A Global Perspective*. Easton, PA: Pennsylvania Academy of Sciences. pp.200-11.

Malanson, G.P. and Cramer, B.E. (1999) 'Landscape heterogeneity, connectivity, and critical landscapes for conservation', *Diversity and Distributions* 5: 27-40.

Malanson, G.P., Scuderi, L., Moser, K., Willmott, C., Resler, L., Warner, T. and Mearns, L.O. (2014) 'The composite nature of physical geography', *Progress in Physical Geography* 38: 3-18.

Malanson, G.P., Westman, W.E. and Yan, Y.L. (1992) 'Realized versus fundamental niche functions in a model of chaparral response to climatic change', *Ecological Modelling* 64: 261-77.

Mena, C.F., Walsh, S.J., Frizzelle, B.G., Yao, X. and Malanson, G.P. (2011) 'Land use change on household farms in the Ecuadorian Amazon: Design and implementation of an agent-based model', *Applied Geography* 31: 210-22.

Monfreda, C., Ramankutty, N. and Foley, J.A. (2008) 'Farming the planet: 2. Geographic distribution of crop areas, yields, physiological types, and net primary production in the year 2000', *Global Biogeochemical Cycles* 22. DOI: 10.1029/2007GB002947.

O'Sullivan, D. and Perry, G.L.W. (2013) *Spatial Simulation*. Oxford: Wiley-Blackwell.

Parker, D.C., Manson, S.M., et al. (2003) 'Multi-agent systems for the simulation of land-use and land-cover change: A review', *Annals of the Association of American Geographers* 93: 314-37.

Pittman, K., Hansen, M.C., Becker-Reshef, I., Potapov, P.V. and Justice, C.O. (2010) 'Estimating global cropland extent with multi-year MODIS data', *Remote Sensing* 2: 1844-63.

Price, D.T., McKenney, D.W., Joyce, L.A., Siltanen, R.M., Papadopol, P. and Lawrence, K. (2011) 'High-resolution interpolation of climate scenarios for Canada derived from general circulation model simulations', *Natural Resources Canada*, Canadian Forest Service, Northern Forestry Centre, Edmonton, Alberta. Information Report NOR-X-421.

Railsback, S.F. and Grimm, V. (2012) *Agent-Based and Individual-Based Modeling: A Practical Introduction*. Princeton: Princeton University Press.

Ramankutty, N. and Foley, J.A. (1999) 'Estimating historical changes in global land cover: Croplands from 1700 to 1992', *Global Biogeochemical Cycles* 13: 997-1027.

Rastetter, E.B. (1996) 'Validating models of ecosystem response to global change', *BioScience* 46: 190-8.

Reynolds, J.F., Hilbert, D.W. and Kemp, P.R. (1993) 'Scaling ecophysiology from the plant to the ecosystem: A conceptual framework', in: J.R. Ehlringer and C.B. Field (eds) *Scaling Physiological Processes Leaf to Globe*. San Diego: Academic Press. pp.127-41.

Running, S.W. and Coughlan, J.C. (1988) 'A general model of forest ecosystem processes for regional applications. I. Hydrologic balance, canopy gas exchange and primary production processes', *Ecological Modelling* 42: 125-154.

Running, S.W. and Gower, S.T. (1991) 'FOREST-BGC, a general model of forest ecosystem processes for regional applications. II. Dynamic carbon allocation and nitrogen budgets', *Tree Physiology* 9: 147-60.

Running, S.W. and Hunt, E.R. (1993) 'Generalization of a forest ecosystem process model for other biomes, BIOMEBGC, and an application for global-scale models' in J.R. Ehlringer, and C.B. Field (eds) *Scaling Physiological Processes Leaf to Globe*. San Diego: Academic Press. pp.141-58.

Schneider, A., Friedl, M.A. and Potere, D. (2009) 'A new map of global urban extent from MODIS satellite data', *Environmental Research Letters* 4 (4): 044003.

Shugart, H.H. (1998) *Terrestrial Ecosystems in Changing Environments*. Cambridge: Cambridge University Press.

Smith-McKenna, E., Malanson, G.P., Resler, L.M., Carstensen, L.W., Prisley, S.P. and Tomback, D.F. (2014)

'Cascading effects of feedbacks, disease, and climate change on alpine treeline dynamics', *Environmental Modelling and Software* 62: 85-96.

Soberon, J. (2007) 'Grinnellian and Eltonian niches and geographic distributions of species', *Ecology Letters* 10: 1115-23.

Stevens, M.H.H. (2009) *A Primer of Ecology with R*. New York: Springer.

Urban, D.L., Bonan, G.B., Smith, T.M. and Shugart, H.H. (1991) 'Spatial applications of gap models', *Forest Ecology and Management* 42: 95-110.

Yadav, V., Del Grosso, S.J., Parton, W.J. and Malanson, G.P. (2008) 'Adding ecosystem function to agent-based land use models', *Journal of Land Use Science* 3: 27-40.

Ying, L.X., Shen, Z.H., Piao, S.L., and Malanson, G.P. (2014) 'Terrestrial surface area increment: The effects of topography, DEM resolution, and algorithm', *Physical Geography* 35, 297-312.

Zeng,Y. and Malanson, G.P. (2006) 'Endogenous fractal dynamics at alpine treeline ecotones', *Geographical Analysis* 38: 271-87.

공식 웹사이트

이 책의 공식 웹사이트(study.sagepub.com/keymethods3e)에서 이 장과 관련한 비디오, 연습, 자료 및 링크들을 확인할 수 있으며, 부가적으로 다음 논문들도 무료로 이용할 수 있음.

1. Kupfer, J.A. (2012) 'Landscape ecology and biogeography: Rethinking landscape metrics in a post-FRAGSTATS landscape', *Progress in Physical Geography*, 36 (3): 400-20.
– 이 논문은 경관생태학의 일반적 주제를 모델의 분석과 연결한다. 이를 통해 이 장의 내용을 다른 방법론들과 연결할 수 있다. 경관생태학적 지수들은 독자들이 숙지해야 할 필요가 있다.

2. Miller, J.A. (2012) 'Species distribution models: Spatial autocorrelation and non-stationarity', *Progress in Physical Geography*, 36 (5): 681-92.
– 이 논문은 생물지리학에서 가장 널리 쓰이는 모델의 유형에 대한 새로운 시각을 전달한다.

3. Song, C. (2013) 'Optical remote sensing of forest leaf area index and biomass', *Progress in Physical Geography*, 37 (1): 98-113.
– 이 논문은 생물지리학에서 가장 널리 쓰이는 원격 탐사를 설명하는 중요한 문헌이다.

29

환경 영향 평가, 감사, 가치 평가

개요

개인, 조직, 사회가 환경에 미치는 영향을 평가하기 위해 지난 40년 동안 다양한 도구와 방법이 개발되었다. 이러한 방법의 핵심은 지속가능성이며, 크게 새로운 개발의 환경 영향을 평가하는 방법(환경 영향 평가), 기존 조직의 환경 영향을 평가하는 방법(환경 감사), 환경으로부터 사회가 얻는 이익의 가치를 평가하는 방법(생태계 서비스)의 세 가지 유형으로 분류할 수 있다. 이 장은 환경에 미치는 영향을 평가할 수 있는 여러 방법과 응용 분야에 대해 개괄적으로 설명한다.

이 장의 구성

- 서론
- 환경 영향 평가
- 환경 감사
- 환경 상품 및 생태계 서비스
- 결론

29.1. 서론

급속한 인구와 경제 성장은 천연자원 및 새로운 개발에 대한 수요 증가로 이어지고 있다(Glasson et al., 2005). 지난 세기 동안 환경의 영향은 인간의 역사 중 어느 시점보다 더 크고 중대하게 발생했다(Millennium Ecosystem Assessment, 2005). 인간이 자연과의 관계에서 교차로에 도달했다는 우려(WCED, 1987: 4)는 새로운 개념, 관점, 방법의 개발을 이끌어 내고 있다. 1980년대에 등장한 핵심 개념은 지속가능성(sustainability)으로, 이후 범지구적 윤리로 채택되어 개발 정책, 입법 등에서 널리 사용되었다(IEMA, 2011; Smith et al., 2010).

　개발과 환경 간의 충돌을 피할 수 있다는 생각은 1972년 유엔 인간환경회의에서 처음 제안되었다. 이후, 1987년 세계 환경 및 개발위원회와 리우데자네이루 지구정상회의(1992년)에서 브룬트란트 정의(Brundtland definition: 미래 세대가 그들의 요구를 충족할 수 있는 기회를 훼손하지 않으면서 현재 세대의 요구를 충족하는 개발)로 알려진 지속가능한 개발의 고전적 정의가 공식화되었다.

　지구는 대체로 폐쇄계로 작동하고, 인간 사회와 인간의 경제 활동은 한정적이고 성장하지 않는 지구 내에서 이루어지므로, 이러한 한계를 인식하는 자원 사용과 개발을 선택해야 한다(UNCED, 1992). 지속가능한 개발은 경제적·사회적·생태적 요인, 사회가 의존하는 자원적 배경, 의사결정(IUCN/UNEP/WWD, 1980)의 장단기적 영향을 모두 고려해야 한다. 이러한 접근 방식은 '트리플 보텀 라인 접근(triple bottom line approach)'(Elkington, 1997)으로 불리며, 여기에서 세 가지 보텀 라인은 사회, 경제, 환경을 나타낸다(그림 29.1). 사회는 현재와 미래의 번영을 위해 경제에 의존하고, 경제는 지구 생태계에 의존하며, 지구 생태계의 건강은 궁극적 보텀 라인이 된다.

　전통적으로 개발의 측정은 경제적 요소만을 고려했다. 이러한 경제 기반 결정은 정량화하기 어려운 요소를 제거하고 환경적 한계를 무시하는 등 환경을 고려하지 않는 경향이 있었다(Millennium

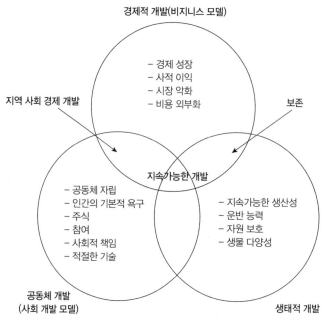

그림 29.1. 지속가능성에 대한 트리플 보텀 라인 접근

출처: Bell and Morse(2003)에서 인용

Ecosystem Assessment, 2005). 지속가능성 기반의 의사결정은 경제적, 환경적, 사회적 요인을 고려하며 세 가지 주요 영역에서 적용되어 왔다.

1. 지역 및 전략 계획의 일환으로 새로운 개발의 지속가능성 검토: 환경 영향 평가(environmental impact assessment)
2. 기존 조직의 영향 및 지속가능성 측정: 환경 감사(environmental audit)
3. 환경에서 얻은 광범위한 혜택, 상품, 서비스에 대한 인식: 생태계 서비스(ecosystem service)

이 장에서는 위의 세 가지 접근 방식에 대한 개관과 관련한 몇 가지 표준 방법을 요약해 설명한다.

29.2. 환경 영향 평가

미국에서는 계속되는 환경 재난으로 1969년 「국가환경정책법(National Environmental Policy Act: NEPA)」이 제정되었다. NEPA는 개발 과제에서 개발로 인한 악영향을 식별 및 예측하고 이를 예방하기 위한 조치를 만들어야 한다고 요구한다. 이러한 접근은 많은 국가에서 채택되었으며, 환경 영향 평가 또는 영국에서는 환경 평가(environmental assessment)로 알려져 있다. 환경 영향 평가는 '20세기 가장 성공적인 정책 혁신 중 하나'로 인정받고 있다(Sadler, 1998).

1985년 환경 영향 평가 지침 85/337이 시행된 이후에 현재 유럽연합(EU) 회원국은 국가 계획의 일부로서 환경 영향을 체계적으로 고려해야 한다. 영국 계획법에서 '개발'의 의미는 다음과 같다.

1. 건설 행위(건물) 또는
2. 광물 추출(채광) 또는
3. 토지 이용의 상당한 변화(기존 토지 이용이 하나의 토지 유형에서 다른 유형으로 변경되는 경우, 예를 들어, 공장을 주택으로 전환하는 경우).

광의의 환경 영향 평가는 '계획된 활동의 환경에 대한 평가'이다(UN, 1990). 환경 영향 평가라는 용어는 지역 개발에 따른 영향을 평가할 때 가장 자주 사용된다. 전략적 정책 및 프로그램의 영향을 평가하는 경우에는 일반적으로 전략 환경 평가(strategic environmental assessment)라고 한다. 환경 영향 평가는 다음과 같이 정의된다.

과제의 환경 영향에 대한 정보를 수집하는 기술 및 과정 ⋯ 계획 당국이 개발의 진행 여부를 판단하
기 위한 근거(DoE, 1989).

환경 영향 평가는 개발 전에 개발의 잠재적인 환경 영향을 탐색하기 위한 체계적이고 예측적인
과정이다(Wood and Jones, 1997). 환경 영향 평가의 최종 결과물은 환경 보고서(environmental
statement)로 알려진 보고서이며, 계획 신청의 승인 여부에 대한 합리적 결정을 내릴 수 있는 충분한
환경 정보를 포함해야 한다(Glasson et al., 2005).

환경 영향 평가는 하나의 과정이나 방법이 아니다. 환경 영향 평가는 여러 단계를 포함하며, 넓은
환경의 다양한 측면에 대한 영향 평가를 포함한다(Therivel and Morris, 2009). 환경 영향 평가에 관
련된 단계는 국가마다 다양하다. 영국에서 사용하는 방식은 환경 영향 평가 지침 2011/92/EU에 명
시된 8단계를 따른다(표 29.1). 전체 환경 영향 평가를 완료하는 데 걸리는 시간은 대형 과제의 경우
12~18개월 정도이다(DoE, 1995). 환경 영향 평가의 여러 단계에서 다양한 방법을 사용하며(표
29.2), 선택된 방법은 제안된 개발 지역의 특성과 제안된 개발 유형, 그에 따른 영향에 따라 달라진다.
영국의 계획법에서 환경은 아래의 5개 영역으로 구성된다.

- 공기(소음, 일조, 화학 오염 등)
- 물(수질 및 수량, 지표수 및 지하수, 오염, 홍수 위험 등)
- 토지(지질, 토양, 토지 안정성, 오염된 토지 등)
- 생물(종, 서식지, 생물 다양성 등)
- 인간(사회 경제, 인구 통계, 삶의 질, 고고/역사 등)

환경 영향 평가는 일반적으로 이와 같은 거의 모든 측면을 다루어야 한다. 환경 영향 평가는 또한
환경의 한 측면이 다른 측면에 미치는 영향[예: 하천 유수의 변화가 생물 종이나 경제 활동(예: 양어
장)에 미치는 영향]까지 고려해야 한다.

환경 영향 평가는 경험이 풍부하고 자격을 갖춘 전문가가 수행해야 하며 체계적인 표준 방법을
따라야 한다. 전체 환경 영향 평가에는 각기 다른 유형의 영향을 조사하는 주제별 전문가팀이 요구
된다. 표준 조사 방법 및 영향 평가에 대한 지침은 관련 주제 전문 기관[예: Chartered Institute for

표 29.1. 영국에서 사용하는 환경 영향 평가 과정

1. 심사	관할 기관, 주로 지역 계획 기관은 제안된 개발에 대한 환경 영향 평가의 필요 여부를 결정함
2. 검토	환경 영향 평가에서 다루어야 하는 환경 문제나 요인을 식별하기 위해 관련 법정 기관과 협의함. 잠재적인 영향 구분, 완화 조치, 모니터링 활동, 정보 획득 방법을 포함함
3. 환경 보고서의 작성 및 제출	환경 보고서는 환경 영향 평가의 중요 단계로 다음을 포함함 • 기존 지역 정보의 대조 및 평가 　　• 제안된 개발 지역 및 주변 환경에 대한 일련의 조사 • 환경 영향의 가치 평가 　　　　　　• 부정적 영향의 완화 및 최소화 방법 제안 • 결과에 대해 주요 기관과 협의 　　　• 위의 내용 요약 　(아래 5단계 참조)
4. 환경 보고서 검토	개발에 대한 동의가 이루어지기 전에 환경 보고서를 재검토해야 하는 요구 조건이 있을 수 있으며, 유럽연합이나 영국 법률에서는 요구되지 않음
5. 협의	재검토 차원에서 환경 보고서가 공개됨. 환경에 대한 책임이 있는 시민, 관련 단체, 당국은 의견을 제시할 수 있음
6. 당국의 검토	전체 환경 영향 평가 보고서는 관할 당국(지역 계획 기관)에서 검토함
7. 결정	지역 계획 기관은 제안된 개발의 진행 여부를 결정. 결정의 근거를 공개해야 함. 지역 주민과 조직은 계획 결정에 이의를 제기할 수 있으며 이러한 경우 계획 문의가 발생할 수 있음
8. 모니터링	잠재적인 심각한 환경 영향에 대한 모니터링이 필요할 수 있음

출처: EC, 2001a 인용

표 29.2. 환경 영향 평가의 주요 단계에서 사용하는 방법

단계	방법	
지역의 범위 조사	• 기존 환경 보고서 분석 • 참고 사항	• 환경 조건 • 범위 조사(예: 1차 서식지 조사)
심사/검토	• 공식/비공식 체크리스트 • 효과 네트워크	• 조사, 사례 비교 • 시민 또는 전문가 자문
영향 예측	• 시나리오 개발 • 환경 지표 및 기준 • 용량/주거 GIS 분석 • 다기준 분석	• 위험성 평가 • 정책 영향 매트릭스 • 비용/편익 분석, 기타 경제적 가치 평가 기법
의사 결정을 위한 문서 조사	• 교차 영향 매트릭스 • 의사 결정 나무	• 민감도 분석

출처: Sadler, 1998 인용

Ecology and Environmental Management의 생태 영향 평가(IEEM, 2006), 조경 학회의 조경 영향 평가(Landscape Institute and IEMA, 2013)]에 의해 만들어졌다. 다음에서는 환경 영향 평가의 주요 단계에 사용하는 표준 방법을 설명한다. 환경 영향 평가에서 사용되는 방법에 대한 자세한 내용은 모리스와 서라이벨(Morris and Therivel, 2009)과 브래디 외(Brady et al., 2011)를 참고하라.

1단계: 심사

환경 영향 평가의 1단계는 심사로 알려져 있으며, 개발 제안을 검토하고 환경 영향 평가의 수행 여부를 결정한다. 개발이 환경에 심각한 부정적인 영향을 미치지 않는다면 환경 영향 평가는 필요하지 않다. 환경 영향 평가의 필요 여부는 다양한 요인을 고려한다.

- 개발 규모: 대규모 개발은 심각한 영향을 미칠 가능성이 있다.
- 개발의 유형과 관련 환경 영향: 독성 화학 물질을 생산하는 공장은 새집보다 환경 위험성이 더 높다.
- 제안된 개발 지역의 민감성: 자연보존지구 주변의 개발은 시가지의 개발보다 생태적 영향이 더 크다.

환경 영향 평가 지침 2011/92/EU는 환경 영향 평가의 필요성 여부에 대한 지침을 제공한다. 지침에서는 두 가지 유형의 개발을 다루고 있다.

- 환경 영향 평가 지침의 과제에 해당하는 부록 I은 원자력 발전소, 고속도로와 같이 규모 및 관련 위험성에 따른 의무 조항이다.
- 환경 영향 평가의 개발 유형에 해당하는 부록 II는 새로운 주택 및 상점 개발이 특정 크기 이상인 경우에 환경 영향 평가가 필요하다는 것이다.

EU는 고려해야 할 요소와 수행 방법에 대한 명확한 지침을 제공하는 과제의 심사를 위한 점검표를 만들었다(European Commission, 2001a). 주요 환경 영향 평가 방법과 관련된 여러 문서를 포함한 지침은 웹사이트(www.europa.eu)에서 확인할 수 있다.

2단계: 검토

환경 영향 평가의 2단계는 검토로, 대체로 지역에 대한 기존 정보와 제안된 개발 계획에 대한 탁상 심의이다(Bond and Stewart 2002). '검토는 계획 당국에 제출된 환경 정보에서 다루어야 할 문제의 내용과 범위를 결정하는 과정이다'(European Commission, 2001b). 검토는 다음의 내용을 확인해야 한다.

- 영향을 받는 이해 당사자의 주요 문제와 민원 사항을 확인한다.
- 민원인을 확인한다.
- 민원의 내용을 확인한다.
- 민원의 이유를 확인한다.
- 개발이 수용되기 어려운 경우를 확인한다(European Commission, 2001b).

점검표는 검토에 유용하게 사용할 수 있는 도구이다. EU는 상세한 지침이 포함된 점검표를 만들었다(European Commission, 2001b). 환경 영향 평가의 검토 및 후속 단계에서 고려해야 할 핵심 요소는 개발로 인해 발생할 수 있는 영향의 가능성과 가치이다. 영향은 새로운 개발의 모든 과정(예: 건설, 운영, 해체)에서 발생할 수 있으며, 건설 과정의 영향은 운영 과정의 영향과 다를 수 있다.

3단계: 환경 보고서

환경 영향 평가의 3단계는 환경 보고서의 작성 및 제출로 구성된다. 이는 환경 영향 평가에서 가장 긴 단계이며 여러 관련 방법을 포함한다. 환경 보고서에서 다루어야 할 주요 질문은 아래와 같다.

- 이 과제가 환경에 미칠 영향은 무엇인가?
- 이러한 영향 중 중요한 문제는 무엇인가?
- 과제의 영향을 최소화하기 위해 사용할 수 있는 대안과 보완 조치는 무엇인가?
- 보완 후 과제의 전반적인 영향은 어떠한가?

3단계의 첫 번째 과정은 지역과 주변에 대해 기존의 유용한 정보가 무엇인지 확인하는 것이다. 이러한 자료는 다양한 위치에 존재한다. 생물 다양성 자료는 일반적으로 지역 생물 다양성 기록 센터에 보관되며, 고고학 기록은 지역 의회에서 보관하고, 역사 정보는 지역 연구 도서관에서 찾을 수 있으며, 기존 계획의 응용 분야에 대한 정보와 기타 관련 정보는 지역 계획 부서에서 찾을 수 있다. 제안된 개발에 적용할 수 있는 최신의 공간 계획 및 정책을 고려하는 것이 중요하다. 이러한 계획은 지역 당국 웹사이트의 계획 포털을 통해 확인할 수 있다. 일부 환경 요소는 매우 빠르게 변화하므로

(예: 수질, 종) 조사 일자를 항상 확인해야 한다. 조사가 몇 개월 또는 몇 년 전에 이루어졌다면, 현재의 지역 상태가 반영되지 않은 것일 수 있다.

기존 지역 자료가 없거나 오래된 경우 표준화된 전문 방법을 사용해 지역 조사를 수행해야 한다. 법적으로 보호받는 종이나 지역이 포함되어 있다면, 조사는 전문적으로 자격을 갖춘 면허 소지자가 수행해야 한다. 일부 조사는 1년 중 특정 시기에만 수행할 수 있다(예: 식물, 동물). 영향이 시간에 따라 달라지기도 한다(예: 교통, 휴양, 관광객의 수는 주야간, 일, 월에 따라 달라질 수 있다). 모든 조사에서 사용된 방법과 노력(조사자 수, 조사 기간 등)의 표준화가 필요하다. 조사 결과에 영향을 미칠 수 있는 제한 사항을 기록해야 한다.

환경 영향 평가의 다음 과정은 환경 영향의 가치를 각각 평가하는 것이다. 변화의 규모와 가치를 결정할 때 다음의 변수를 고려해야 한다.

- 지역의 현재 상태는 어떠한가?
- 제안된 변화에 지역은 얼마나 민감한가?
- 변화의 크기는 어느 정도인가?
- 영향의 기간은 얼마인가?
- 영향은 언제 발생하고 얼마나 자주 발생하는가?
- 영향이 임계치 이하인가 아니면 회복 불가능한 것인가?
- 영향을 감소, 완화, 보상할 수 있는가?
- 법률과 계획 쟁점이 관련되어 있는가?
- 예측된 영향에 대한 신뢰 수준은 어느 정도인가?(IEEM, 2006에서 인용)

영향의 가치를 결정하는 데 사용되는 영향의 유형과 기준은 고려하는 환경 특성에 따라 다르다. 대부분 환경 영향은 7점 척도를 사용해 표현할 수 있다.

거의 없음	0
작음(불리 또는 유리)	+1 / −1
보통(불리 또는 유리)	+2 / −2
큼(불리 또는 유리)	+3 / −3

영향의 가치를 결정하는 데 사용하는 기준의 예는 표 29.3에 제시되어 있다. 개별 영향의 가치가 결정되면 다음 과정으로는 심각한 부정적 영향을 어떻게 극복할지 고려해야 한다. 향후 계획에는 회피, 완화, 보상, 강화와 같은 여러 선택지가 존재한다. 이후 환경 보고서는 전체적인 영향을 평가하기 위해 모든 환경 요소에 대한 영향을 함께 수집, 분석한다. 자료를 수집, 분석하는 데에는 GIS와 표 등 두 가지 주요 방법이 있다(표 29.4). 환경 보고서에는 일련의 표준 내역이 포함되어야 한다(표 29.5; 보다 자세한 지침은 IEEM, 2006; IEMA, 2011 참조). 환경 보고서의 내용과 질을 검토하기 위한 기준은 리 외(Lee et al., 1999)를 참고하라.

표 29.3. 환경 영향의 가치를 결정하기 위한 기준

서식지 영향

영향의 가치	기준
+ / 유리한 영향	전형적인 서식지의 다양성과 범위 증가
0 / 영향 없음	기존 서식지의 다양성과 범위에 변화 없음
−1 / 작은 불리한 영향	광범위한 서식지의 훼손 또는 감소
−2 / 보통의 불리한 영향	협소한 서식지의 일시적이며 복원 가능한 훼손 또는 감소
−3 / 크게 불리한 영향	협소한 서식지의 영구적이며 복원 불가능한 감소

종 영향

영향의 가치	기준
+ / 유리한 영향	토착종 또는 보호종의 다양성이나 양 증가
0 / 영향 없음	기존 토착종의 다양성과 양에 변화 없음.
−1 / 작은 불리한 영향	일반종의 복원 가능한 감소: 기존 개체군의 규모를 영구적으로 감소시킬 수 있는 수준 이하의 규모 감소
−2 / 보통의 불리한 영향	일반종의 복원 불가능한 감소: 기존 개체군의 규모를 영구적으로 감소시킬 수 있는 수준에서의 규모 감소
−3 / 크게 불리한 영향	법적 보호종 또는 희귀종의 감소

출처: IEEM, 2006 인용

표 29.4. 예상되는 영향 규모, 완화, 잔여 영향

환경 영향 지역	범위 조사	특징의 중요성	비완화 영향의 설명	영향의 가치 (완화 제외)	제안된 완화 조치	잔여 영향
양서류	큰 갈기영원 (Great Crested Newt)	국가적으로 중요한 법적 보호 「야생 및 농촌법 1981」	개발은 습지에서 1km 떨어진 거리이며, 습지에 직접적인 영향을 미치지 않지만, 일부 초지에는 영향을 미칠 것임	약간 또는 보통의 불리한 영향의 가능성 있음	새로운 습지 조성, 초지 및 기존 습지의 영원 친화적 관리, 작업 시기, 사전 작업 지역 확인	영향 없음 또는 약간 불리한 영향

고고 유적	개발 지역에 기록으로 남겨진 중세 건물 유적	지역적 중요성	건설 중에 일부 건물 유적의 완전한 손실	약간 또는 보통의 불리한 영향이 확실시됨	건물 유적 기록 지역의 건설 이전에 고고 유적 조사	약간 불리한 영향

표 29.5. 영국의 일반적인 환경 보고서 형식

비기술적 요약

1부: 방법 및 주요 쟁점
  1. 방법 설명
  2. 주요 쟁점 요약: 모니터링 프로그램 설명

2부: 제안된 개발의 배경
  3. 예비 연구: 필요성, 계획, 대안, 지역 선정
  4. 지역 설명, 범위 조건
  5. 제안된 개발에 대한 설명
  6. 건설 활동, 프로그램

3부: 환경 영향 평가 주제 영역
  7. 토지 이용, 경관, 시각적 특성
  8. 지질, 지형, 토양
  9. 수문, 수질
  10. 대기 질과 기후
  11. 생태: 육상, 수중
  12. 소음
  13. 교통
  14. 사회 경제적 영향
  15. 결과 사이의 상호 관계

출처: Glasson et al., 2005 인용

29.3. 환경 감사

기업은 환경 문제의 원인이자 해법의 일부인 지속가능성과 관련해 중요한 역할을 한다. 기업은 경제 성장을 주도하고 환경 자원의 주요 소비자이며 오염의 원인이기도 하다. 지속가능한 개발은 상품과 서비스의 생산자로서 사업과 산업의 변화를 요구한다(Morris and Therivel, 2009).

Tomorrow's Company Global Business Think Tank에 따르면 현대의 사업 역할은 '수익성 있고 윤리적이며 환경, 개인, 지역 사회를 존중하는 방식으로 더 나은 제품과 서비스를 제공하는 것'이다 (Tomorrow's Company, 2007: 4). 환경을 고려하는 기업은 에너지, 운송, 폐기물 처리 등에 대한 지출을 줄여 경제적 이익을 얻을 수 있다. 변화하는 사회 및 환경에 대처할 수 있는 조직은 생존하고 성공할 가능성이 크다(Post et al., 2002).

이러한 영리한 이기심은 환경관리시스템(environmental management system)을 포함해 지속가능한 사업의 영역에 대한 개발을 이끌었다(Brady et al., 2011).

환경관리시스템은 기업의 활동과 제품이 환경에 허용될 수 없는 결과를 야기하지 못하도록 하고 (International Chamber of Commerce, 1991), 조직의 가치 있는 환경 영향을 관리하기 위한 체계적이고 포괄적인 메커니즘을 제공한다(Brady et al., 2011). 환경관리시스템은 구분, 개선, 확인을 포함하는 주기적 과정으로 작동한다(그림 29.2). 환경관리시스템은 내부 또는 외부 환경 표준을 기준으로 기업의 환경 성과를 평가하며, 다음과 같은 다양한 환경 '표준'이 개발되어 있다.

- BS7750(환경관리시스템 사양): 영국 표준 연구소 1992, BS8555(환경관리시스템의 단계별 시행을 위한 표준)
- EMAS(공동체 생태 관리 및 감사 제도), 규정 761/01: 유럽 위원회, 2001
- ISO14001(환경 관리 표준): 국제 표준화 기구

    기업과 산업계는 그들의 환경적 행동이 의미 있다는 것을 받아들이기 어렵다고 생각했다. 환경 감사와 같은 도구는 기업의 환경 활동의 가치를 평가하기 위해 개발되었다(Mirovitskaya and Asher, 2001). 환경 감사는 '조직의 환경 성과에 대한 체계적인 분석'을 포함한다(Post et al., 2002). 환경 감사는 환경관리시스템의 핵심 요소이다. 기업은 환경관리시스템을 통해 외부 환경 인증 요구 사항을 충족하고 있는지 확인할 수 있다. '환경 감사'라는 용어는 조직의 환경 규정 준수를 평가하고 차이를 확인하며 권고를 유발하는 다양한 방법을 포함한다.

    감사 도구(ICC, 1991)는 환경 관행의 관리 통제를 용이하게 하고, 규제 요건을 포함한 기업 정책의 준수 여부를 평가해 환경 보호에 도움을 준다. 환경 감사는 현재 환경 성과의 효율성과 효과를 평가하며, 다음과 같은 질문을 다룬다. 환경과 관련해 무엇을 하고 있는가? 더 잘할 수 있는가? 어떻게 해야 더 잘할 수 있는가? 한편, 환경 감사는 현재 환경관리시스템의 효율성 평가뿐만 아니라 회사

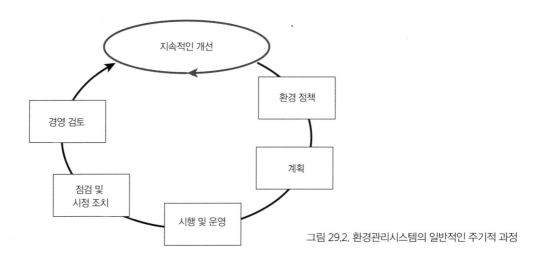

그림 29.2. 환경관리시스템의 일반적인 주기적 과정

정책 및 프로그램 준수 확인, 환경 법규 준수 평가, 환경 위험 관리 감사, 제품의 환경 성능 확인 등을 위해 수행된다.

환경 감사는 일반적으로 준비, 실행, 보고의 3단계로 구분된다(그림 29.3). 감사의 준비/계획 단계에는 목표 설정, 감사팀 선정, 기존 문서 검토, 감사 프로그램 준비가 포함된다. 감사의 범위를 한정하려면 포함하는 활동, 고려된 주요 쟁점, 평가 기준, 기간을 구분하는 것이 중요하다. 감사팀은 적절한 지식, 기술, 교육이 요구되며 검토 중인 활동과 독립적이어야 한다.

현장 감사의 실행에는 문서 분석, 현장 조사, 발견 사항에 대한 평가의 세 가지 요소가 포함된다(그림 29.4). 문서 분석은 주제별로 이루어져야 하며 기업 문서의 내용이 감사 요구 사항을 충족하는지 확인해야 한다(예: 모든 기업 문서가 외부 환경관리시스템 표준을 충족해야 함). 검토 문서에는 현장 계획, 조직 구조, 조직 절차, 허가 및 동의, 모니터링 기록 및 보고서, 이전 감사 보고서, 모든 관리 시스템 문서가 포함될 수 있다.

현장에서 증거를 수집할 때는 다양한 도구를 사용할 수 있다. 일반적으로 문의, 관찰, 점검을 포함한 발견 사항의 면밀한 확인을 위해 삼각법(triangulation)이 채택된다. 문의에서는 일대일 회의, 인터뷰, 설문지를 사용하고, 후속 절차와 문서가 일치하고 환경관리시스템에 적합한지 확인한다. 그리고 직원이 환경 책임을 이해하고 적절한 기술을 가지고 있으며, 관련 환경 정책과 프로그램을 알고 있는지 확인한다. 또한 규정이 준수되고 있는지도 확인한다. 직원 행동에 대한 현장 관찰이 필요하며, 이러한 관찰은 인터뷰 중에 수집된 정보를 확인하는 데 사용된다. 관찰은 여러 번 반복해서 수행되어야 한다. 점검은 현장 조사의 중요한 요소이며 시설과 행동을 모두 포함해야 한다. 안전, 제어, 모니터링 장비는 적절한 표준을 충족하는지 점검해야 한다. 고용주와 관리자에 대한 점검에서는 직

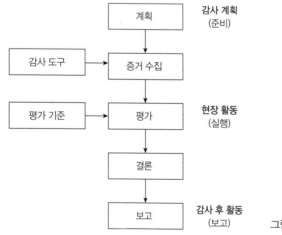

그림 29.3. 환경 감사 과정의 개요

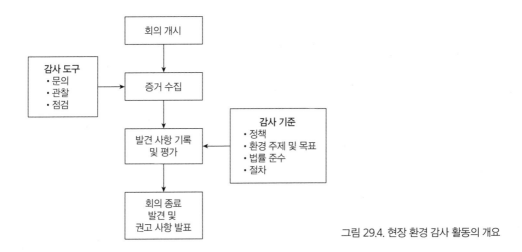

그림 29.4. 현장 환경 감사 활동의 개요

원들이 기업 환경 정책 및 법률을 준수하고 있는지 확인하기 위해 시나리오와 역할극을 사용할 수 있다.

수집된 자료는 (1) 조직과 감사팀, (2) 감사의 범위와 목적, (3) 사용된 감사 방법 요약, (4) 제공된 증거를 통한 결론 및 권고를 포함하는 환경 감사 보고서로 작성된다. 일반적으로 감사에서 발견되는 문제로는 법률 위반, 교육 증거 부족, 기업 환경 목표 충족 실패 등이 있다. 환경 감사는 기업의 진행 상황을 모니터링하기 위해 주기적·정기적으로 반복되어야 한다. 후속 환경 감사에서는 이전 감사의 발견 및 권고 사항이 어떻게 정해졌는지 확인하고, 어떤 변화가 있었는지, 그리고 이것이 조직의 환경 성과에 어떤 영향을 미쳤는지 검토해야 한다. 감사 과정 및 방법에 대한 자세한 내용은 브래디 외(Brady et al., 2011)를 참고하라.

29.4. 환경 상품 및 생태계 서비스

생태학자 탠슬리(Arthur Tansley)는 1930년대에 처음으로 '생태계(ecosystem)'라는 용어를 사용해 환경의 물리적 및 생물학적 구성 요소가 단일 기능의 생태적 시스템 또는 '생태계(사람을 포함하는 시스템)'로 작동하는 방식을 인식했다(Tansley, 1935: 299). 생태계 개념은 도시 계획에서 비즈니스의 녹색화에 이르기까지 많은 분야에서 사용되고 있다. 인간은 광범위하게 가치 있고 실제로 필수적인 이익, 서비스, 상품을 위해 생태계에 의존한다. 여기에는 우리가 살기 위해 필요한 기본적인 자원, 즉 깨끗한 공기, 물, 안전한 음식뿐만 아니라 우리 삶의 질을 향상시키는 것들(예: 그림 같은 풍경, 정원의 새 등)이 포함된다. 이러한 이익을 '환경 상품(environmental goods)' 또는 '생태계 서비스'라고 한다. 예를 들어, 습지가 물을 흡수하고 집이 침수되지 않게 막아 주는 방식, 도시 지역의 나무가 기후를 식히고 화학적 및 소음 공해를 줄이는 방식 등 생태계가 제공하는 이익 중 일부는 겉으로 드러나지 않을 수 있다. 이러한 이익은 피해를 예방하고 홍수 예방에 지출되는 비용을 줄이며 인간의 건강과 삶의 질을 유지한다는 점에서 가치가 있다. 이러한 이익 대부분은 전통적인 경제적 방법으로 측정되지 않는다.

2000년 유엔은 의사결정자, 계획가, 정책 입안자 등이 사용할 수 있는 단일 접근 방식을 개발했다. 자연이 인간에게 이익과 지원을 제공하는 다양한 방식을 결합한 것이다. 이것이 바로 밀레니엄 생태계 접근(millennium ecosystems approach)이다. 이 접근의 목표는 '인간 복지를 위한 생태계 변화의 영향, 그리고 이러한 시스템의 보존 및 지속가능한 사용과 인간 복지에 대한 기여를 향상시키는 데 필요한 행동을 위한 과학적 근거를 평가'하는 데 있다(Alcamo et al., 2002).

밀레니엄 생태계 평가는 다음과 같은 네 가지 영역으로 생태계 서비스의 유형을 설정했다.

- 공급 서비스(예: 식품, 연료, 장식)
- 규제 서비스(예: 대기 질 유지, 자연 홍수 방지)
- 문화 서비스(예: 심미적 가치, 휴양, 관광)
- 지원 서비스(예: 서식지 제공, 물 순환)

밀레니엄 생태계 평가의 범주에 대한 전체 내용은 표 29.6에 제시되어 있고, 습지 생태계에서 제공하는 기능의 예시는 그림 29.5에 제시되어 있다.

표 29.6. 밀레니엄 생태계 평가의 서비스 유형

생태계 서비스	서비스 유형	
공급 서비스 (생태계에서 얻은 제품)	식품 유전적 자원/생물 다양성 장식용 자원 염수	섬유 및 연료 생화학, 천연 의약품, 약품 담수 새로운 환경 제품
규제 서비스 (생태계 과정의 규제로부터 얻은 이익)	대기 질 규제 물 규제 자연재해 규제 질병 규제 수질 규제 화재 규제	기후 규제 완충 해충 규제 침식 규제 수정(수분)

문화 서비스 (사람이 심미적 풍요로움, 인지 발달, 휴양 등을 통해 얻는 비물질적 이익)	문화유산 미적 가치 과학 교육	휴양과 관광 일자리 정신
지원 서비스 (다른 모든 생태계 서비스 생산에 필요)	토양 형성 영양물질 순환	1차 생산 물 순환

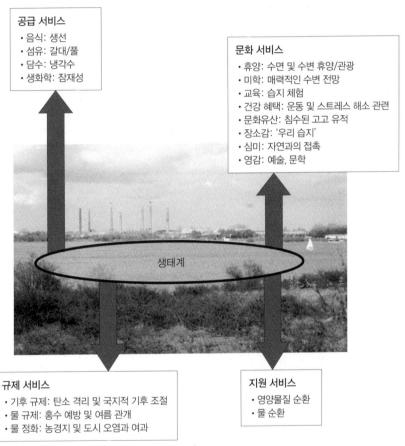

공급 서비스
- 음식: 생선
- 섬유: 갈대/풀
- 담수: 냉각수
- 생화학: 잠재성

문화 서비스
- 휴양: 수면 및 수변 휴양/관광
- 미학: 매력적인 수변 전망
- 교육: 습지 체험
- 건강 혜택: 운동 및 스트레스 해소 관련
- 문화유산: 침수된 고고 유적
- 장소감: '우리 습지'
- 심미: 자연과의 접촉
- 영감: 예술, 문학

생태계

규제 서비스
- 기후 규제: 탄소 격리 및 국지적 기후 조절
- 물 규제: 홍수 예방 및 여름 관개
- 물 정화: 농경지 및 도시 오염과 여과

지원 서비스
- 영양물질 순환
- 물 순환

그림 29.5. 습지 생태계가 제공하는 생태계 서비스의 예시

출처: Glaves et al., 2010에서 인용

EU는 2020년까지 생물 다양성 감소 및 생태계 서비스 퇴보를 막기 위한 목표를 자체적으로 설정했다. 이러한 목표 달성은 생태계 서비스 상태에 대한 과학적 자료 수집과 서비스 측정 방법의 개발을 의미한다. 이러한 방법은 생태계 서비스 평가(ecosystem services valuation)로 알려져 있으며, 이는 생태계의 '특정 목표에 부합하기 위한 서비스'의 기여도를 평가하는 과정이다(Costanza et al.,

2006). 평가는 일반적으로 다음의 방정식을 사용해 연간 헥타르당 파운드($£\text{ha}^{-1}\text{yr}^{-1}$)의 이익으로 경제적 측면에서 이루어진다.

생태계 유형 k에 대한 £/ha/년의 생태계 서비스(ES)의 총 가치(V)는 $V(ES)_k$이다.

$$V(ES_k) = \sum_{i=1}^{x} A(LU_i) \times V(ES_{ki}) \qquad [29.1]$$

여기에서 $A(LU_i)$는 i의 면적 (헥타르 단위 토지 이용)이고, $V(ES_{ki})$는 각 i LU_i($£\text{ha}^{-1}\text{yr}^{-1}$)에 대한 k ES(생태계 서비스)의 연간 가치이다.

환경 및 자원 경제학자들은 다양한 유형의 생태계 서비스의 가치를 측정하기 위한 다양한 방법(표 29.7)을 개발했다(deGroot et al., 2002; Freeman, 2003). 생태계 서비스 평가에 대한 영국의 접근 방식은 2007년 영국 농림수산식품부가 발행한 『생태계 서비스 평가에 대한 안내서(An introductory guide to valuing ecosystem services)』에 나와 있다.

지역의 생태계 서비스 가치를 측정할 때는 생태계의 특성, 용도, 획득한 서비스/이익의 유형을 이해할 필요가 있다(그림 29.6). 전통적인 경제학은 시장 상품을 평가하기 위한 다양한 방법을 제공하며, 이러한 접근 방식은 다른 생태계 서비스/이익을 평가하는 데 적용할 수 있다(그림 29.7). 생태계 서비스 평가에서 평가되는 이익 중 일부는 시장 자료가 존재하는 상품(예: 식품, 목재)이다. 명승지의 미적 가치, 그늘을 제공하고 오염을 흡수하는 도시 나무의 가치와 같은 기타 사회적 가치의 이익은 시장 가치가 없으며, 이러한 경우는 대체 방법(예: 지불 의사)을 사용해 가치를 표현할 수 있다(표 29.7). 각 생태계 서비스 가치의 계산은 다음 네 가지 방법으로 수행할 수 있다.

표 29.7. 생태계 서비스 가치 평가를 위해 사용할 수 있는 방법

생태계 서비스 유형	가치 평가 방법	
공급 서비스	시장 가격 총부가가치	대체 비용 시장 관련 기회 추정
규제 서비스	손실 회피 지불 의사 메타 분석을 통한 가치	복지 가치 헤도닉(Hedonic) 가격
문화 서비스	선호 의식 휴양 및 관광 기법 참고: 경제적 가치가 일부 문화 서비스에 적용될 수 있는지에 대해서는 논란이 있다.	지불 의사
지원 서비스	참고: 이는 다른 서비스 유형을 지원하므로 중복 계산의 위험이 있어 지원 서비스의 가치 평가에 대해서는 논란이 있다.	

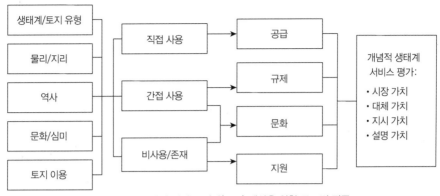

그림 29.6. 생태계 서비스 평가(ESV) 계산을 위한 구조적 접근

출처: Glaves et al., 2009 인용

전통적인 경제적 평가

생태계 서비스 평가

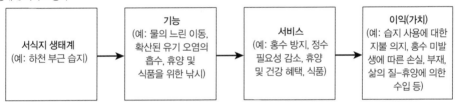

그림 29.7. 시장 상품과 생태계 서비스의 평가

출처: Glaves et al., 2009 인용

- **실제/시장 가치** 조사 지점의 구체적인 자료
- **대체 가치 변환** 다른 유사 연구/지역의 최근 자료 사용
- **서열적, 지시적 가치 산출** 서비스의 중요성을 나타내는 척도로 표시(예: 국지적 중요성, 지역적 중요성, 국가적 중요성 또는 매우 중요함, 중요함, 중요하지 않음 등)
- **서술적/설명적 가치** 생태계의 지역적 가치를 설명하는 글과 그림

생태계 서비스의 평가는 다음 단계를 사용해 수행할 수 있다(Glaves et al., 2009).

1. 사례연구가 있는 생태계를 확인한다.

2. 각 생태계의 범위와 특성을 결정하고 지도화한다.

3. 각 생태계 유형에 따라 제공되는 생태계 서비스를 검토한 다음 현지인 및 전문가와 협의해 이를 확정한다.

4. 각 생태계 유형에 중요한 생태계 서비스를 검토한 다음 전문가 협의를 통해 확정한다.

5. 중요한 생태계 서비스는 지역 자료 또는 사용 가능한 값으로 확인한다.

6. 지역 자료를 사용할 수 없는 경우 다른 지역에서 사용 가능한 값을 확인한다.

7. 헥타르당 각 생태계 서비스의 이익과 각 사례연구의 총이익을 산정한다.

어떤 경우는 서비스에 대한 완전한 경제적 가치 평가를 요구하지만, 대부분 경우는 준정성적 척도로 충분하며 1~4 단계로 완성된다. 생태계 서비스 평가는 비교적 최근의 접근 방식이며 평가 방법은 여전히 개발 중이다. 최근에도 일부 유형의 생태계 서비스는 평가하기 어려운 경우가 있다. 그러나 지역 생태계가 제공하는 서비스의 전체 범위와 의사결정에서 그 중요성을 인식하는 것이 중요하다. 그렇지 않으면 주요 지역의 생태계 서비스가 감소하고 지역 사회 및 경제가 피해를 입을 수 있다(예: 홍수 저장 서식지의 감소, 관광에 중요한 서식지의 감소, 불량한 대기 질 및 수질).

29.5. 결론

국제자연보전연맹(International Union for Conservation of Nature)에 따르면 지속가능한 사회는 구성원들로 하여금 생태적으로 지속가능한 방식으로 높은 삶의 질을 누릴 수 있도록 해야 한다(IUCN/UNEP/WWF, 1991). 지속가능한 사회로의 진행 상황을 측정하려면 삶의 질과 생태적 지속가능성의 지표가 필요하다. 또한 그러한 지표와 기준을 충족하고 있는지 측정할 수 있는 방법과 도구가 필요하다. 이 장에서는 지속가능한 사회를 향한 발전을 측정하는 데 사용할 수 있는 몇 가지 주요 방법을 소개하고 설명했다.

환경 영향 평가, 환경 감사, 생태계 서비스 평가와 같은 환경 평가 도구는 보다 지속가능한 토지 이용 계획, 사업 개발, 재정적 의사 결정을 달성하기 위해 전 세계적으로 점점 더 많이 사용되고 있다. 이러한 방법은 환경, 사람, 경제 발전에 다음과 같은 실질적인 이익을 준다.

1. 기업, 정부, 사회의 지속가능성을 개선하기 위한 도구로서

2. 지속가능한 환경 쟁점을 의사결정을 통해 통합하고

3. 의사결정에서 환경 제약, 임계치, 한계를 인식하고

4. 실행 가능한 최적의 환경 대안을 확인하고

5. 부정적인 영향을 최소화하는 한편, 긍정적인 영향을 최대화해서

6. 중대한 부정적인 영향을 확인하고 돌이킬 수 없는 피해를 예방한다(Therivel, 2010).

| 요약

- 조직 및 개발의 지속가능성을 평가하기 위해 다양한 방법이 개발되었다.
- 이러한 도구는 설정된 내부 또는 외부 환경 기준에 따라 환경 활동을 평가한다.
- 효과적인 환경 평가에는 표준 방법과 주제별 전문 지식이 필요하다. 관련 전문 기관에 조언을 구할 수도 있다.
- 환경 평가는 행동의 가치, 영향, 중요성에 대한 판단을 요구한다.
- 환경 평가 방법은 정부와 기업에서 미래의 환경 영향을 예측하고 과거 행동의 지속가능성을 측정하기 위한 표준 도구로 사용된다.

심화 읽기자료

- Institute for Environmental Management & Assessment(2004), Morris and Therivel(2009): 환경 영향 평가
- Brady et al.(2011): 환경 감사
- Department for Environment, Food and Rural Affairs(2007): 생태계 서비스

* 심화 읽기자료에 대한 상세 정보는 아래 참고문헌에서 확인할 수 있음.

참고문헌

Alcamo J. et al. (2002) *Ecosystems and Human Well-Being: A Framework for Assessment.* Washington, DC: Island Press. http://pdf.wri.org/ecosystems_human_wellbeing.pdf (accessed 29 November 2015).

Bell and Morse (2003) *Measuring Sustainability.* London: Earthscan Publications.

Bond, A. and Stewart, G. (2002) 'Environment Agency scoping guidance on the environmental impact assessment of projects', *Impact Assessment and Project Appraisal* 20 (2): 135-42.

Brady, J., Ebbage, A. and Lunn R. (2011) *Environmental Management in Organisations: The IEMA Handbook,* (2nd edition). Lincoln: IEMA.

Costanza, R., Wilson, M., Troy, A., Voinov, A., Liu, S. and D'Agostino, J. (2006) *The Value of New Jersey's Ecosystem Services and Natural Capital.* Trenton, NJ: Gund Institute for Ecological Economics, University of Vermont.

de Groot, R.S., Wilson, M.A. and Boumans. R.M.J. (2002) 'A typology for the classification, description and valuation of ecosystem functions, goods and service', *Ecological Economics* 41: 393-408.

Department for Environment, Food and Rural Affairs (2007) *An Introductory Guide to Valuing Ecosystem Services*, London: Defra Publications. https://www.gov.uk/government/uploads/system/uploads/attachment_data/file/191502/Introductory_guide_to_valuing_ecosystem_services.pdf (accessed 29 November 2015).

DoE (1989) *Environmental Assessment: A Guide to the Procedures,* Department of the Environment. London: HMSO.

DoE (1995) *Preparation Of Environmental Statements for Planning Projects that Require Environmental Assessment - A Good Practice Guide.* Department of the Environment. London: HMSO.

Elkington, J. (1997) *Cannibals With Forks: The Triple Bottom Line of Twenty-First Century Business.* London: Thompson.

European Commission (2001a) *Guidance on EIA: Screening.* Luxemburg: Office for Official Publications of the European Communities. http://ec.europa.eu/environment/archives/eia/eia-guidelines/g-screening-full-text.pdf (accessed November 29, 2015).

European Commission (2001b) *Guidance on EIA: Scoping,* European Union, Luxemburg: Office for Official Publications of the European Communities. http://ec.europa.eu/environment/archives/eia/eia-guidelines/g-scoping-full-text.pdf (accessed November 29, 2015).

Freeman III, A.K. (2003) *The Measurement of Environmental and Resources Values.* Washington, DC: Resource for theFuture.

Glasson, J., Therivel, R. and Chadwick, A. (2005) *Introduction to Environmental Impact Assessment* (3rd edition). Abingdon: Routledge.

Glaves, P., Egan, D., Harrison, K. and Robinson, R. (2009) *Valuing Ecosystem Services in the East of England,* East of England Environment Forum, East of England Regional Assembly and Government Office East of England.

Glaves, P., Egan, D., Smith, S., Heaphy, D. Rowcroft, P. and Fessey, M. (2010) *Valuing Ecosystem Services in the East of England Phase Two Regional Pilot Technical Report.* Sustainability East.

IEEM (2006) *Guidelines for Ecological Impact Assessment in the UK.* Winchester: Chartered Institute for Ecology and Environmental Management. http://www.cieem.net/data/files/Resource_Library/Technical_Guidance_Series/EcIA_Guidelines/TGSEcIA-EcIA_Guidelines-Terestrial_Freshwater_Coastal.pdf (accessed 29 November 2015).

IEMA (2006) *Guidelines for Environmental Impact Assessment,* IEMA. Available from: http://www.iema.net/readingroom/eia-guideline-updates/guidelines-environmental-impact-assessment.

IEMA (2011) *The State of Environmental Impact Assessment Practice in the UK.* Institute of Environmental Management and Assessment. Available from http://www.iema.net/iema-special-reports (accessed 29 November 2015).

International Chamber of Commerce (1991) *ICC Guide to Effective Environmental Auditing.* Paris: ICC Publishing.

IUCN/UNEP/WWF (1980) World Conservation Strategy, Gland, Switzerland. https://portals.iucn.org/library/efiles/documents/CFE-004.pdf (accessed 29 November 2015).

IUCN/UNEP/WWF (1991) *Caring for the Earth*. Gland, Switzerland. https://portals.iucn.org/library/efiles/ documents/ CFE-003.pdf (accessed 29 November 2015).

Landscape Institute and Institute of Environmental Management and Assessment (2013) *Guidelines for Landscape and Visual Impact Assessment*, (3rd edition). London: Routledge.

Lee, N., Colley, R., Bonde, J. and Simpson, J. (1999) *Reviewing the quality of environmental statements and environmental appraisals*. Occasional Paper 55. Manchester: EIA Centre, Manchester University.

Millennium Ecosystem Assessment (2005) *Ecosystems & Human Well-being: Synthesis*. Washington, DC: Island. http://www.millenniumassessment.org/documents/document.356.aspx.pdf (accessed 29 November 2015).

Mirovitskaya, N. and Asher, W. (2001) *Guide to Sustainable Development and Environmental Policy*. Durham: Duke University Press.

Morris, P. and Therivel, R. (eds) (2009) *Methods of Environmental Impact Assessment* (3rd edition). Abingdon: Routledge.

Post, J.E., Lawrence, A.T. and Weber, J. (2002) *Business and Society*, (10th edition). Boston: McGraw-Hill.

Sadler, B. (1998) 'Ex-post evaluation of the effectiveness of environmental assessment', in A.L. Porter and J.J. Fittipaldi (eds) *Environmental Methods Review: Retooling Impact Assessment for the New Century*. Fargo: AEPI/ The Press Club. pp.30-40. http://www.iaia.org/publicdocuments/special-publications/Green%20Book_Environmental%20Methods%20Review.pdf?AspxAutoDetectCookieSupport=1 (accessed 29 November 2015).

Smith, S., Richardson, R. and McNab, A. (2010) *Towards a more efficient and effective use of Strategic Environmental Assessment and Sustainability Appraisal in spatial planning*. Department of Communities and Local Government, London. http://webarchive.nationalarchives.gov.uk/20120919132719/http: /www.communities.gov.uk/documents/planningandbuilding/pdf/1513010.pdf (accessed 29 November 2015).

Tansley, A.G. (1935) 'The use and abuse of vegetational terms and concepts', *Ecology* 16 (3): 284-307.

Therivel, R. (2010) *Strategic Environmental Assessment in Action*. Abingdon: Routledge.

Therivel, R. and Morris, P. (2009) 'Introduction', in P. Morris and R. Therivel (eds) *Methods of Environmental Impact Assessment* (3rd edition). Abingdon: Routledge.

Tomorrow's Company Global Business Think Tank. (2007) '*Tomorrow's Global Company: Challenges and Choices*'. Available from http://tomorrowscompany.com/tomorrows-global-company (accessed 29 November 2015).

UN (1990) *Post project analysis in environmental impact assessment* (Environmental Series 3). Report prepared for the Economic Commission for Europe, Geneva. New York: United Nations.

UNCED (1992) *Rio Declaration on Environment and Development*. The United Nations Conference on Environment and Development. Rio de Janeiro 3-14th June 1992. http://www.unep.org/Documents.Multilingual/Default.asp?documentid=78&articleid=1163 (accessed 29 November 2015).

Wood, C. and Jones, C.E. (1997) 'The effect of environmental assessment on UK local planning authority decisions', *Urban Studies*, 34 (8): 1237-57.

World Commission on Environment and Development (1987) *Our Common Future, the Bruntland Report*, WCED. Available online at http://www.un-documents.net/our-common-future.pdf.

공식 웹사이트

이 책의 공식 웹사이트(study.sagepub.com/keymethods3e)에서 이 장과 관련한 비디오, 연습, 자료 및 링크들을 확인할 수 있으며, 부가적으로 다음 논문들도 무료로 이용할 수 있음.

1. Hudson, R. (2007) 'Region and place: Rethinking regional development in the context of global environmental change', *Progress in Human Geography*, 31 (6): 827-36.
   – 이 논문은 개발과 관련되는 환경 문제와 개발 시 환경 평가의 필요성을 논의한다.

2. Silvey, R. and Rankin, K. (2011) 'Development geography: Critical development studies and political geographic imaginaries', *Progress in Human Geography*, 35 (5): 696-704.
   – 이 논문은 개발 연구와 지리학의 여러 측면 사이의 연결 고리를 논의한다.

3. Christophers, B. (2015) 'Geographies of finance II: Crisis, space and political-economic transformation', *Progress in Human Geography*, 39 (2): 205-13.
   – 이 논문은 현재 금융 위기의 기원을 탐구하고 경제학과 환경 문제를 연결한다.

4부

지리적 분석

: 지리 자료의 재현, 시각화, 해석

30

2차 데이터 이용하기

개요

지리학자는 1차 데이터와 2차 데이터를 구분한다. 1차 데이터는 연구자가 직접 수집한 정보이고, 2차 데이터는 다른 누군가가 수집해 이미 존재하는 정보이다. 2차 데이터는 연구가 아닌 다른 목적으로 제작되기도 하지만, 여전히 연구 프로젝트에 활용할 수 있다. 2차 데이터는 여러 자세한 정보를 포함하기 때문에 연구 질문이나 연구 가설을 만드는 데 특히 유용하다. 기존의 연구 질문이나 가설에 대한 새로운 결과를 얻기 위해 2차 데이터를 분석할 수도 있다. 2차 데이터는 정부, 기업, 연구소와 같은 다양한 스케일에서 존재하며, 커뮤니티와 개인들은 다양한 주제의 2차 데이터를 제작할 수 있다. 또한 많은 2차 데이터는 공간 데이터이다. 이러한 데이터는 인터넷을 통해 매우 저렴하게, 때로는 무료로 접근할 수 있다. 따라서 2차 데이터는 학생의 연구 프로젝트에 활용하기에 적합하다. 2차 데이터는 정성적 또는 정량적 데이터로 구성되며, 과거 또는 현재의 데이터를 포함한다.

이 장의 구성

- 서론: 2차 데이터의 특징
- 2차 데이터 출처
- 연구 프로젝트에서 2차 데이터 이용
- 2차 데이터를 이용할 때 고려해야 할 이슈들
- 결론

30.1 서론: 2차 데이터의 특징

우리는 '정보화 시대'라 불리는 시기에 살고 있다. 이 시기에 데이터는 매우 신속하게 수집되고 이용 가능해졌다. 개인이 집을 나와 대학교로 가는 버스를 타는 간단한 이동에서도 데이터는 생성되고,

수집되고, 저장된다. 박스 30.1의 질문에 직접 답해 보라. 이 간단한 실습은 정보의 원천인 데이터가 계속 생성되고 있음을 보여 준다. 그 이유를 생각해 본 적이 있는가? 이 데이터들은 어디에 보관되고, 어떻게 처리되며, 누가 이용하는가? 이러한 많은 데이터는 숫자의 형태이며, 커피 한 잔에 지불하는 금액처럼 정량적 데이터(quantiative data)이다. 일부 데이터는 페이스북이나 인스타그램의 글과 사진 같이 텍스트 또는 시각적인 형태를 가지며, 정성적 데이터(qualitative data)이다. 휴대전화에 내장된 GPS 기술과 여러 센서가 발달하면서 공간 정보를 포함하는 많은 2차 데이터가 생성되고 있으며, 이는 지리학자에게 여러 응용 기회를 제공하고 있다(16장 참조). 다른 사람이 수집한 이러한 모든 데이터를 학술적 용어로 2차 데이터라고 한다. 일부 2차 데이터는 연구에 무료로 사용할 수 있으나, 일부는 기업 등 영리단체가 소유하며, 구매 시 많은 돈을 지불해야 한다.

박스 30.1 2차 데이터와 함께하는 간단한 여행

- 버스 정류장으로 이동하는 중에 공공 또는 상업 공간을 지나가면서 CCTV에 찍힌 자신의 사진은 어떻게 될까?
- 버스를 타면서 찍은 결제 정보는 어떻게 될까?
- 버스를 타면서 공유한 SNS 정보는 어떻게 될까?
- 수업 전에 들린 단골 커피숍에서 커피를 결제하며 점원에게 건넨 멤버십 카드의 정보는 어떻게 될까?
- 커피숍에서 결제한 직불카드의 정보는 어떻게 될까?
- 친구를 만나기로 한 학교 도서관 출입 시에 사용한 학생증의 데이터는 어떻게 될까?

2차 데이터는 다른 누군가가 특정 목적으로 수집하고 구축한 데이터이다. 그러나 2차 데이터는 연구 프로젝트에 적합할 수 있으며, 무료로 사용 가능한 경우도 있다. 2차 데이터는 연구 가설을 만들고 연구 주제를 정하는 데 유용하다. 2차 데이터를 그 자체로만 사용할 수도 있으며, 1차 데이터를 수집해 관심 주제를 구체화하는 데에도 이용할 수 있다. 다이어리나 블로그[1] 같은 가공되지 않은 2차 데이터를 사용할 수도 있으며, 설문 자료와 같은 가공 처리된 2차 데이터를 활용할 수도 있다. 그러나 박스 30.2에서 볼 수 있듯이 2차 데이터를 이용하기 전에 챙겨야 할 몇 가지 유의 사항이 있으며, 이는 연구 결과를 도출하는 '지름길'이 될 수 있다.

2차 데이터를 사용하고자 할 때는 연구에 사용하는 분석 방법과 지식, 이론 등을 확인할 필요가 있다(Mason, 2002; Bushin, 2008; Delyser et al., 2010). 연구자들은 그들이 연구하는 대상에 대해 다양한 관점을 가지고 있으며, 이는 지식을 구성하는 요소와 무엇이 필요한 지식인지에 대한 그들의 생각에 기초한다(1장 참조). 예를 들어, 실증주의자는 사실이 해석과 독립해 객관적으로 존재한다고

박스 30.2   2차 데이터의 사용 여부를 고려할 때 필요한 질문들

1. 연구와 관련이 있는가?
2. 연구 주제 또는 연구 가설에 중요한가?
3. 다루는 내용(공간적 범위 또는 인구 특성)이 연구에 적절한가?
4. 범주 또는 변수들은 연구에 적절한가?
5. 신뢰할 만한가? (누가 만들었는가? 누가 제공하는가?)
6. 연구에 충분한 2차 데이터가 존재하는가, 아니면 1차 데이터를 직접 생성할 필요가 있는가?

생각하며, 2차 데이터를 현실의 객관적인 반영물이라고 생각한다. 그러나 해석주의자, 사회구성론자, 현실주의자는 현실이 사회적·정치적·경제적 환경에 심각하게 영향받으며 조작 및 다양한 해석이 가능하다고 생각한다. 이들은 객관적인 진실은 없으며 다양한 관점에 의해 현실이 다양한 형태로 분석되고 경험된다고 주장한다(4장 참조). 이들은 2차 데이터를 사회적 맥락에서 접근하고 이러한 맥락을 이해하려고 시도한다. 연구자로서 연구 프로젝트에서 이용하고자 하는 2차 데이터의 속성을 이해해야 하며, 이 데이터의 속성이 이용 방식에 어떠한 영향을 미치는지 고려할 수 있어야 한다. 우선 2차 데이터가 어디에 있으며, 이를 어떻게 찾을지 알아보자.

30.2 2차 데이터 출처

2차 데이터의 정의는 지난 10년간 변화가 없다. 하지만 2차 데이터의 출처(어디에서 오고 어디에서 구할 수 있는지)는 근래에 확대되고 변화했다. 이러한 변화는 대부분 인터넷 접근성의 향상과 연구자가 정부, 회사, 기관, 커뮤니티 및 개인이 제작한 데이터를 쉽게 획득할 수 있는 상황에 기인한다.

 2차 데이터가 연구 프로젝트에 중요한 자료원이 되는가에 대한 출발점은 이 데이터가 연구 주제와 관련이 있는지 확인하는 것에서부터 시작한다. 인터넷은 이러한 측면에서 매우 유용하다. 검색엔진을 이용한 신속한 키워드 검색은 찾고자 하는 여러 가지 경로를 제시할 수 있다. 예를 들어, 비만과 특정 지역(비만 환경)과의 연관성에 관한 프로젝트에 도움이 되는 2차 데이터를 찾기 위해 인터넷에서 키워드 검색(예: '영국에서의 비만')을 한다면, 적합한 검색 결과는 영국 공공보건기구(Public Health England), 영국 통계청(Office for National Statistics: ONS), 미국의 국립보건원(National Institutes of Health: NIH), 질병관리국(Center for Disease Control: CDC) 등으로 연결될 것이다.

또한 비만과 관련한 질병에 관한 기사, 비만 확대에 관한 학술 연구, 비영리 기관의 비만 퇴치 캠페인 정보가 유용할 것이다. 이러한 모든 2차 데이터의 자료원은 연구 프로젝트에 유용할 것이다.

2차 데이터는 개인이 제한된 시간과 비용으로 획득할 수 있는 1차 데이터보다 다양하며, 방대하다. 예를 들어, 정부 기관은 전국 스케일로 인구 조사를 진행하고, 특히 관심을 두는 특정 인구 집단을 면밀히 조사한다. 정부는 때때로 오랜 시간에 걸쳐 수행되는 종단 조사(longitudinal survey)를 진행한다. 미국 통계청의 미국커뮤니티조사(American Community Survey: ACS)가 대표적이다. 이러한 데이터 조사를 담당하는 정부 담당자는 매우 전문적이기 때문에 정부가 제작하는 2차 데이터는 학생들의 연구 프로젝트에 이용하기에 신뢰할 수 있는 좋은 데이터이다. 그러나 누가 데이터를 제작하더라도 데이터 제작에는 나름의 이유가 있기 때문에 그 데이터를 이용하기 전에 반드시 숙고해야 한다. 통계 데이터의 수집과 이용에 관한 중요하고도 회의적인 담론은 돌링과 심프슨(Dorling and Simpson, 1999)을 참조하기 바란다.

많은 2차 데이터가 대규모 정보를 획득할 수 있는 능력과 자본을 갖춘 정부에 의해 제작된다. 인구 센서스가 그 예(표 30.1)로서, 영국의 인구 센서스는 영국을 대상으로 한 가장 완전하고 신뢰할 수 있는 영국의 사회경제 정보를 제공한다(Rees et al., 2020). 이 데이터는 작은 공간 단위로 전체 인구를 조사하며 다면적 정보를 제공한다(Simpsom and Brown, 2008). 센서스와 같은 정부 데이터는 대부분 위치에 대한 정보를 포함하며, 그 결과 지리적 연구 프로젝트에 매우 적합하다. 이러한 데이터는 그러나 매우 접근이 용이함에도 불구하고 학생들의 연구 프로젝트에 제대로 이용되지 못하고 있다. 이를 이용하기 위해서는 연구 주제에 적합한 해당 국가의 통계 기관 이름을 알아야 한다. 예를 들어, 잉글랜드로 들어오는 이민자 정보를 원한다면, 잉글랜드와 웨일스의 통계 기관 웹사이트를 검색해야 한다. 이 정보는 영국의 통계청을 통해 접근할 수 있다(www.ons.gov.uk). 만일 독일에서 교통사고 발생 건수에 관심이 있다면 독일 통계청 사이트를 찾아봐야 한다(Statistisches Bundesamt, www.destatis.de/EN). 미국 이민자들로 구성된 승객 목록은 미국 국가기록원 사이트에서 찾을 수 있다(www.archives.gov/research). 정부의 통계 기관은 인구, 건강, 고용, 주거, 범죄 및 환경과 같이 학생들의 연구 주제와 관련 있는 다양한 주제의 데이터를 만든다. 이러한 데이터는 다양한 공간 수준에서 활용 가능하다(마을, 지방 정부, 주, 도).

어떤 데이터는 그 안에 자체의 지리적 위계가 있어 데이터를 이용하기 전에 데이터의 지리적 참조 체계를 이해하는 것이 중요하다. 즉, 데이터에서 연구에 적절한 공간 단위가 무엇인지 결정해야 한다. 데이터에는 보통 '메타데이터(metadata)'라는 독립적이고 매우 자세한 정보를 가진 파일이 있는데, 여기에는 이용자에게 중요한 정보가 포함되어 있기 때문에 자세히 읽고 사용해야 한다.

대규모 데이터는 대개 개인 수준이 아닌, 특정 단위로 집계된 데이터이다. 여러 나라의 인구 센서스가 이에 해당한다. 예를 들어, 연구자는 영국 인구 센서스 데이터에서 개별 인구에 대한 자료를 열람할 수 있지만, 이러한 접근은 매우 제한적인 범위에서만 이루어진다. 이러한 데이터를 마이크로 데이터라고 한다. 통계청은 1991, 2001, 2011년 센서스로부터 전체 가구의 1%, 전체 인구의 2%에 해당하는 익명의 샘플 기록을 제작했다. 그러나 이 데이터에는 민감한 개인 정보가 포함되어 있기 때문에 일반 대중에게는 사용이 허락되지 않으며, 연구자들은 통계청을 통해 이 데이터의 이용을 승인받아야 한다.

정량적 데이터는 때로는 사회적 아이디어, 상황, 가치를 반영한다. 오랜 기간에 걸친 대규모 인구 집단 조사에서 사용한 질문을 예로 들 수 있는데 영국 센서스의 종교 관련 질문(Wouth-worth, 2005), 아일랜드 센서스의 인종 관련 질문, 미국 센서스에서 여러 인종 정체성을 선택하도록 하는

표 30.1 공식적인 2차 데이터 출처(국가적 수준)

국가	웹사이트
아프가니스탄	nsia.gov.af/en
아르헨티나	www.indec.gob.ar
오스트레일리아	abs.gov.au
브라질	ibge.gov.br/english/default.php
캐나다	statcan.gc.ca/start-debut-eng.html
중국	www.stats.gov.cn/english
콜롬비아	www.dane.gov.co/index.php/en
이집트	www.egypt.gov.eg/english/general/Open_Gov_Data_Initiative.aspx
프랑스	insee.fr/en
독일	destatis.de/EN/Homepage.html
인도	mospi.nic.in/Mospi_New/site/home.aspx
아일랜드	cso.ie/en/index.html
이탈리아	www.istat.it/en
일본	www.stat.go.jp/english
말레이시아	www.dosm.gov.my/v1_
멕시코	inegi.org.mx/default.aspx?
네덜란드	cbs.nl/en-GB/menu/home/default.htm
뉴질랜드	stats.govt.nz
포르투갈	ine.pt/xportal/xmain?xpid=INE&xpgid=ine_main
남아프리카공화국	www.statssa.gov.za
스페인	ine.es/en
스웨덴	scb.se/en_
영국	ons.gov.uk
미국	usa.gov/statistics

것이 그렇다(Omi and Winant, 2015). 사고방식에 관한 내용을 담을 데이터[예: 영국 사회태도조사(British Social Attitudes Survey)]는 통시적 연구를 위한 표준 데이터와 함께, 특정 시기의 사회상을 반영하기 위해 종종 새로운 질문을 포함한다.

몇몇 정부와 국제기관은 그들의 목적에 부합하는 정량적인 데이터를 제공한다. 예를 들어, www.police.uk라는 웹사이트는 잉글랜드와 웨일스의 우편번호 수준의 공간 스케일에서 이용자들에게 범죄 통계 서비스를 제공한다. 몇몇 기업들 역시 2차 데이터를 공공에 제공하며, 이때 서비스되는 데이터는 판매를 목적으로 한 더 큰 데이터의 일부이기도 한다. 예를 들어, Experian는 다양한 데이터 출처로부터 영국 근린의 정보를 수집하며, Mosaic이라는 상품을 통해 해당 주민들에게는 그들이 거주하는 근린의 정보를 제한적으로 이용할 수 있도록 한다. 어떤 회사는 웹사이트의 통계 정보를 무료로 제공한다. 예를 들어, 영국에서는 Zoopla 웹사이트에서 주택 가격 데이터를 제공하며(www.zoopla.co.uk), 미국은 Zillow가 유사한 데이터를 제공한다(www.zillow.com). 표 30.2는 이렇게 정량적인 2차 데이터를 제공하는 기관과 회사들의 웹사이트를 소개하고 있다. 이 외에도 많은 사이트가 있다.

표 30.2 정량적인 2차 데이터를 제공하는 기관, 회사들(일부는 무료)

기관/센터/국가	요약	웹사이트
국가 수준(영국)		
CACI(Acorn)	소비자 분류 시스템	acorn.caci.co.uk
Centre on Dynamics of Ethnicity(CoDE)	다운로드 가능한 통계, 센서스 요약, 인종 불평등과 정체성을 다룬 장소의 특성을 소개	ethnicity.ac.uk
Experian(Mosaic)	소비자 분류 시스템	www.experian.co.uk/business/platforms/mosaic
근린통계(Neighbourhood Statistics; 잉글랜드, 웨일스)	정부 기관 웹사이트로 구체적 지역 정보를 제공함	www.ons.gov.uk/help/localstatistics
북아일랜드 근린정보서비스 (Northern Ireland Neighbourhood Information Service)	북아일랜드의 작은 지역을 대상으로 통계와 위치 정보를 제공함	www.ninis2.nisra.gov.uk
Police(영국)	잉글랜드, 웨일스, 북아일랜드의 범죄와 경찰 데이터를 제공함	www.police.uk
스코틀랜드 근린통계(Scottish Neighobourhood Statistics)	스코틀랜드의 건강, 교육, 빈곤, 실업, 주택, 인구, 범죄, 그리고 사회/커뮤니티 이슈들을 다룸	data.gov.uk/dataset/c4930839-8a32-4a71-b5d7-aec4a51ed1e2/scottish-neighbourhood-statistics
영국 시민권조사(Citizenhip Survey)	2001년부터 2011년까지 격년으로 진행한 행동 생태 조사 데이터	discover.ukdataservice.ac.uk/series/?sn=200007

영국 사회태도조사(The British Social Attitudes Survey)	영국에 거주하는 3,000명의 인구를 대상으로 매년 진행한 조사 결과. 1983년부터 조사가 진행되었음	www.bsa.natcen.ac.uk
영국 일반가구조사(General Household Survey)	특정 주제에 대한 이슈로 매년 진행되는 다목적 조사(2001~2007)	data.gov.uk/dataset/138ca035-a90c-4e37-80f5-4c73eeb6ae04/general-household-survey
영국 노동력조사(Labour Force Survey)	영국 인구의 고용 환경에 대한 조사. 영국 최대 규모의 가구 조사임	www.ons.gov.uk/surveys/informationforhouseholdsandindividuals/householdandindividualsurveys/labourforcesurvey
CrimeStats	잉글랜드와 웨일스를 대상으로 매달 제공되는 범죄 데이터 플랫폼	www.ukcrimestats.com
Zoopla	영국의 부동산 웹사이트. 시장 데이터와 지역정보를 포함한 부동산 리스트가 제공됨	www.zoopla.co.uk

국제 수준

The CIA World Factbook	역사, 인물, 정부, 경제, 지리, 통신, 교통, 군사, 초국가적 이슈 등에 대해 세계 267개 국가의 정보를 제공	www.cia.gov/the-world-factbook
Eurobarometer	유럽의 시민권 관련 조사와 연구 내용 제공	ec.europa.eu/public_opinion
Europa	EU 국가들에 대한 통계와 여론 조사 결과	europa.eu/publications/statistics/index_en.htm
Eurostats	다양한 주제들에 대한 EU 국가들의 통계	ec.europa.eu/eurostat
유엔 식량농업기구(FAO)	세계적으로 식량과 농업에 대한 통계를 수합하고 제공함. 식량 안전, 가격, 생산, 유통, 그리고 농업 환경에 관한 출판물, 신문, 연보를 제작함	www.fao.org/economic/ess/en/#.VFezC2ByZMs
국제노동기구(ILO)	고용인구 및 실업인구에 대한 정보 제공	www.ilo.org/global/statistics-and-databases/lang--en/index.htm
사회과학정보시스템(Social Science Information System)	사회과학에 대한 정보와 자료 제공	sociosite.net
유네스코(UNESCO)	교육, 과학, 기술, 문화, 통신에 대한 국가간 비교 통계 제공	uis.unesco.org
유니세프(UNICEF)	세계 여성과 아동의 상태에 대한 자료 제공	www.unicef.org/statistics
유엔(United Nations)	인구, 경제, 사회, 환경에 대한 지료와 보고서 제공	unstats.un.org/unsd/default.htm
세계은행(World Bank)	국가 발전 관련 자료 제공	data.worldbank.org
세계보건기구(WHO)	세계적 건강 이슈에 대한 정보와 분석 제공	www.who.int/gho
세계가치조사(World Values Survey)	가치의 변화 및 그에 따른 사회정치적 영향에 대한 연구를 진행하는 사회과학자들의 세계적 네트워크	www.worldvaluessurvey.org/wvs.jsp

최근 들어 일부 국가에서는 과거의 센서스 데이터가 전산화되고 온라인으로 서비스되면서 접근성이 개선되었다. 영국에서 센서스는 '100년 규칙'이 있는데 이는 개인 수준의 데이터는 100년 동안 공공에 공개될 수 없다는 것이다. 정부가 공공의 정보를 수집하고 이용하는 것에 관해 많은 사람이 우려하는 현재 상황에서 이러한 개인 정보 규칙은 기억할 만하다. 또한 이는 익명의 개인 데이터에 접근할 때 특별한 허가가 필요한 이유이기도 하다. 영국에서 과거의 센서스 정보는 1841년부터 1911년 정보에 한해 여러 회사를 통해 인터넷에서 서비스된다. 이러한 데이터는 검색은 무료이지만 열람하고 다운로드하는 것은 유료이다. 이러한 센서스 정보를 디지털화하는 과정이 공공기관이 아닌 기업체 등에 의해서 진행되었기 때문이다. 미국에서 개인정보에 관한 규칙은 70년으로 영국보다는 약하다. 예를 들어, 1940년의 센서스에 관한 디지털 이미지가 2012년에 국가기록원과 기업체의 협업에 의해 온라인으로 서비스되었다(1940census.archives.gov). 족보나 계보에 관심이 있다면 ancestry.com과 같은 사이트를 이용할 수 있다. 몇몇 국가에서 정부 기록은 특정 도서관에서만 이용할 수 있다. 미국의 경우 주립대학교가 정부 문서의 공식적 수장고로 사용되며, 그 결과 이러한 기록을 이용하는 것이 무료이거나 저렴하다. 학생 연구자의 경우 과거의 센서스 데이터를 이용하는 비용에 관심이 있을지도 모른다.

학생들이 진행하는 프로젝트에 유용한 2차 데이터의 또 다른 출처는 개인 의견에 대한 설문이다. 많은 기업이 여론조사를 진행하면서 지난 10년 동안 사람들의 의견과 태도에 대한 설문이 많이 증가했다. 시장 조사자들에게 어떤 치약을 좋아하는지 질문을 받은 적이 있는가? 투표 성향을 묻는 전화를 받은 적이 있는가? '8 out of 10 cats'이라는 영국의 티비 프로그램을 보고, 페이스북의 '좋아요'를 클릭한 적이 있는가? 이러한 경험이 있다면 개인 의견에 대한 설문이 무엇인지, 그리고 무엇에 관련되는지 이해할 것이다.

이러한 다양한 설문 내용을 획득하기 위해서는 비용이 들어간다. 왜냐하면 이러한 설문은 기업이 진행하기 때문이다. 이 설문의 결과는 당대의 특정 이슈와 관련이 있거나, 인기가 있는 경우 매우 광범위하게 소개된다. 이러한 설문은 매번 많은 표본을 대상으로 하기보다는 표본추출 기법에 기초하며, 그 결과 통계청에서 전수 인구를 대상으로 하는 인구 센서스와는 차이가 있다. 인구 센서스와 같은 설문은 정부나 신뢰할 수 있는 기관이 진행하며, 설문의 대표성과 신뢰도를 높이기 위해 매우 정교한 방법을 사용한다. 연구자는 이러한 설문의 디자인과 구조, 표본추출 방법 등에 관해 최대한 많은 정보를 확보해야 한다. 하지만 이러한 정보는 시장에 민감하기 때문에 획득하기 어려운 경우가 있다. 영국의 데이터 보관소[에식스 대학교(University of Essex) 운영]는 다양한 설문 데이터를 제공하고, 과거에 공공 자금이 투입된 정성적 연구 사업에서 제작한 인터뷰 스크립트를 보관하고 있다. 암스테르담 대학교(Univesity of Amsterdam)에서 운영하는 사회과학정보시스템(Social Science Information System)은 다양한 국가에서 관리하는 여러 데이터베이스에 대한 정보를 소장하고 있다(표 30.2 참조).

2차 데이터는 흔히 대규모의 정량적인 데이터로 인식되지만, 표 30.3은 연구에 도움이 되는 다른 많은 종류의 2차 데이터가 있다는 것을 보여 준다. 2차 데이터는 사료 연구를 기반으로 하는 프로젝트에 매우 중요하다. 직접적인 1차 데이터를 만드는 것이 불가능하기 때문이다. 예를 들어, 프로젝트가 20세기 인도의 식민주거지를 대상으로 한다면, 연구자는 다이어리, 편지, 공문서와 같은 형태로 남겨진 2차 데이터를 조사해야 한다. 박스 30.3은 프로젝트 연구에 유용한 정성적인 2차 데이터의 예시이다.

박스 30.3에 주어진 몇몇 정성적 데이터는 일반적으로 2차 데이터로 생각되지 않을 수도 있다. 그러나 2차 데이터의 종류는 매우 다양하며, 지리학의 연구 주제는 확대되고 있다. 예를 들어, 19세기 감자 기근으로 발생한 아일랜드에서 영국으로의 이주에 관해 연구한다면, 인구 센서스 데이터의 이용을 우선으로 고려할 것이다. 그러나 해당 연구에는 센서스 데이터뿐만 아니라 편지, 다이어리, 신

표 30.3 2차 데이터를 제공하는 유용한 기록 보관소(영국)

기록보관소	요약	웹사이트
영국 도서관 소리보관소(British Library Sound Archive)	대규모의 소리와 영상 녹화 자료를 보유. 음악, 야생동물, 드라마, 문학, 구전 역사, BBC 방송	www.bl.uk/soundarchive
디지맵(Digimap)	고등 및 전문 교육을 위해 영국에서 가장 다양한 지도와 지리공간 데이터를 보유	digimap.edina.ac.uk
국가기록원(National Archives)	영국 정부의 공식 기록 보관소(약 1조 페이지 분량)	nationalarchives.gov.uk
하천 기록 보관소(National River Flow Archive)	영국 전역의 수질 측정 네트워크를 기반으로 수집된 수문 데이터의 보관 및 수질 측정 자료 수집	nrfa.ceh.ac.uk
토마스 매닝 극지 기록원 (Thomas H. Manning Polar Archives)	북극과 극지방, 그리고 그곳에서 작업한 많은 사람들에 대한 원고와 기타 출판되지 않은 문서를 대량 보유	spri.cam.ac.uk/archives
빅토리아 & 앨버트 박물관 보관소(Victoria and Albert Museum Archives)	예술 및 디자인 기록 보관. 포터(Beatrix Potter)의 콜렉션, V&A의 기록 및 영화, 공연 보관소	www.vam.ac.uk/info/archives
영국 데이터 보관소(Data Archive)	영국 인문, 사회과학 분야에서 최대 규모의 디지털 데이터 소장	www.data-archive.ac.uk
영국 데이터 서비스(Data Service)	대규모 정부 조사, 국제적 거시 데이터, 사업적 소규모 데이터, 정성적 연구, 1971~2011의 센서스 데이터를 포함하는 대규모의 2차 데이터 접속 기관	ukdataservice.ac.uk/about

- 과거의 연구에서 만들어진 데이터나 발견
- 공문서(보고서, 회의록, 지도 등)
- 역사 사료
- 신문 기사
- 온라인에 있는 독자들 반응
- 필름 녹화본
- 역사 인터뷰 등의 구술 기록
- 편지
- 웹 기반 문서
- 다이어리, 회고록
- 웹로그(블로그)
- 사진
- 음성 녹화본

문 기사 등도 사용할 수 있다. 만일 미국에서 힙합 음악의 발전에 관심이 있다면 음반과 회고록, 그리고 여러 문서를 분석하고자 할 것이다(Shabazz, 2014). 두 가지 주제 모두 지리학의 연구 대상이며, 다양한 2차 데이터를 이용한다.

2차 데이터를 이용하는 것이 1차 데이터를 직접 수집하는 것보다 쉬울 것이라는 편견을 가지지 않는 것이 매우 중요하다. 2차 데이터의 이용은 연구의 성공을 이끄는 지름길이 아니다 (36장 참조). 그러나 2차 데이터는 가장 적절한 데이터일 수 있으며, 2차 데이터만을 이용해도 충분히 훌륭한 연구 프로젝트를 진행할 수 있다. 물론 연구 기관이 연구 프로젝트에 이를 허용하는지 확인해야 한다.

연구 프로젝트의 시작 과정에서 연구 주제에 적합한 2차 데이터가 있는지 확인하는 것은 중요하다. 이와 관련해 도서관 사서, 기록관, 경험 많은 연구자들을 활용하는 것은 연구에 이용해야만 하는 매우 중요한 데이터를 놓치는 일을 방지해 준다. 관련이 있는 2차 데이터를 찾는다면, 그것이 연구에 적절한지, 그리고 사용 가능한지 확인하라. 이 과정은 가설을 검증하거나, 연구 질문을 만들거나, 연구에 맥락을 부여하고, 연구 주제를 정당화하는 데 도움을 줄 것이다. 만약 2차 데이터를 사용하기로 결심했다면, 이 데이터를 이용하는 과정에 필요한 단계가 있으며, 이는 다음 절에서 설명할 것이다.

30.3 연구 프로젝트에서 2차 데이터 이용

활용하고자 하는 2차 데이터는 연구 가설 또는 연구 질문에 기초해 제작되지 않았다는 것을 기억할 필요가 있다. 즉, 데이터는 특정 연구 프로젝트를 위해 수집되거나 분석된 것이 아니다. 2차 데이터가 연구에 유익할 수 있겠지만 다른 목적으로 제작된 것이다. 따라서 데이터를 제작한 목적과 방법은 무엇인지, 제작자는 누구인지 확인하는 것이 중요하다. 또한 해당 2차 데이터의 규모, 범위, 표본 추출 방법과 정밀성 등을 확인해야 한다. 따라서 이용 가능한 데이터를 사용할지를 결정할 때 박스 30.4에 있는 다섯 가지 내용(5R)을 확인해야 한다.

박스 30.4   2차 데이터에 대한 질문들

- 연구와 관련이 있는가? (Relevant)
- 신뢰할 수 있는가? (Reliable)
- 튼실한 내용인가? (Robust)
- 가공되지 않은 원데이터인가? (Raw)
- 데이터에 대표성이 있는가? (Representative)

연구 프로젝트에서는 정성적·정량적 또는 두 가지 유형의 2차 데이터를 함께 사용할 수 있다. 박스 30.5에서 보이는 것처럼 어떻게 2차 데이터를 사용할지 생각해 보라. 2차 데이터를 사용하는 가장 직접적인 목적은 자신의 연구 주제를 확인하는 것이다. 2차 데이터는 해당 주제, 이슈, 또는 고려하는 연구 지역에 대해 가장 최신 정보를 제공한다. 어떤 2차 데이터는 오랜 기간에 걸쳐 수집된 자료(종단 자료)로 연구에서 확인하고자 하는 중요한 변화를 보여 줄 수도 있다. 그러므로 2차 데이터의 분석은 가장 단순한 분석일지라도 연구 주제를 구체화하거나, 주요 이슈에 초점을 맞추거나, 주목할 변화에 집중하도록 도와준다. 2차 데이터를 이러한 방식으로 이용하는 것은 연구 주제 선정을 정당화해 준다. 왜냐하면 2차 데이터는 연구의 주요 분야를 제안하거나 확정하도록 하기 때문이다. 2차 데이터가 연구의 맥락을 제시하도록 사용할 수 있다. 예를 들어, 특정 지역에서 두 번째 주택 소유의 효과를 연구한다면, 그리고 연구 지역에서 두 번째 주택 소유의 일반적 특징에 관한 데이터를 제시할 수 있고 연구 지역의 주요 특성을 보여 줄 수 있다면, 2차 데이터는 연구에 적절한 근거와 맥

박스 30.5   2차 데이터를 이용하는 다섯 가지 방법

2차 데이터를 다음과 같은 용도로 이용할 수 있다.
1. 연구 프로젝트를 알린다.
2. 연구 주제 선정을 정당화한다.
3. 연구의 맥락을 제공한다.
4. 장소와 현상의 비교를 가능하게 한다.
5. 현상을 분석한다.

락을 제시할 것이다. 주로 정성적 데이터에 의존하는 연구 프로젝트는 맥락적 2차 데이터 분석에서 많은 도움을 받는다.

2차 데이터는 비교 연구에도 사용될 수 있다. 이 경우는 학생들의 연구 프로젝트에 특히 유익한데, 학생들이 자신의 연구 데이터를 비슷한 연구 주제나 동일한 가설에서 진행한 과거 연구 데이터(2차 데이터)와 비교할 수 있기 때문이다. 예를 들어, 특정 도시에 새로 들어온 폐기물 소각로의 환경 영향에 대한 대중의 반응을 조사한다고 가정하자. 아마도 관련이 있는 웹사이트를 조사해(표 30.2 참조), 과거에 진행된 비슷한 프로젝트를 확인하고, 거기에서 사용한 연구 질문을 다른 장소에 적용하고자 할 것이다. 이러한 방법으로 질문에 대한 답을 과거 프로젝트의 결과와 비교함으로써 1차 연구 데이터의 결과를 2차 데이터와 비교할 수 있다. 이는 더 넓은 맥락으로 연구의 결과를 논의할 수 있게 하고, 과거 프로젝트와의 유사점과 차이점을 비교함으로써 이에 대한 이유를 제시할 수 있도록 한다. 또한 과거 연구에서 사용한 방법을 시간이 흐른 후 같은 위치에서 다시 반복해 사용할 수 있다. 이를 통해 해당 이슈를 종단적으로 확인할 수도 있다(31, 32, 35장 참조).

연구 프로젝트에서 2차 데이터를 활용하는 또 다른 방법은 현상을 분석하는 것이다. 이것은 다른 사람이 구축한 접근 가능한 데이터(예: 정부 기관이나 연구팀 제공 데이터)를 이용해 1차 데이터를 분석하는 방법과 비슷하게 분석하는 것이다. 2차 데이터 분석의 장점은 2차 데이터가 학생 연구자 수준에서 구축하는 데이터보다 규모 및 범위에서 더 방대하다는 것이다. 예를 들어, 촌락에 거주하는 가족이 도시 가족에 비해 두 번째 자동차를 가질 확률이 높다는 가설을 평가하기 위해 여러 지역의 자동차 소유 수준을 비교한다고 가정하자. 아마 자동차 소유에 관해 지리적으로 정리된 데이터가 필요할 것이다(어떤 데이터가 해당 정보를 가지고 있고, 누가 그런 데이터를 만드는지 생각해 봐야 한다. 그리고 관심을 두고 있는 연구의 공간적 범위를 결정해야 한다). 이후 적절한 통계 방법을 사용해 데이터를 분석해야 한다(31, 32장 참조). 다른 예로, 특정 도시에서 인종 집단의 거주 패턴을 인구 센서스와 GIS를 이용해 분석하는 종단적 연구도 가능하다(37장 참조). 연구 프로젝트는 2차 데이터 분석에 기초할 수도 있으며, 직접 1차 분석을 할 수도 있다. 정량적 2차 데이터를 이용해 통계 분석을 진행하고, 해당 현상을 더 깊이 있게 조사하기 위해 정성적인 1차 분석을 할 수도 있다. 이러한 방법을 '혼합적 방법(mixed method)'이라고 한다(16장 참조). 박스 30.6은 학생의 연구 프로젝트에서 매우 중요한 2차 데이터 사용의 장단점을 제시한다.

박스 30.7과 박스 30.8은 연구 프로젝트에 2차 데이터를 사용하는 것이 중요한지 확인하기 위해 고려해야 할 몇 가지 사례를 제시한다. 앞서 제공한 정보를 이용해 박스 30.7의 질문에 답해 보는 것도 좋다. 또한 연구 프로젝트와 관련한 논문을 읽다가 동일한 질문을 하는 것도 의미가 있을 수 있다.

박스 30.6　2차 데이터 이용의 장단점

장점

- 좋은 데이터들이 모여 있다.
- 역사적 연구를 할 수 있다.
- 오랜 기간을 연구 대상으로 할 수 있다(종단적 연구 가능).
- 연구 대상인 현상/이슈/개체를 연구자가 직접 연구하기에는 너무 방대하고 어렵다.
- 존재하는 데이터가 직접 수집하는 데이터보다 방대하다.
- 전반적으로 데이터의 질이 좋다.

단점

- 큰 비용이 소요될 수 있다.
- 데이터가 매우 방대하며 복잡할 수 있다.
- 데이터가 정교한 연구 질문에 부합하지 않을 수 있다.
- 데이터에 간극이 있을 수 있다.
- 데이터의 단위와 분석의 단위가 일치하지 않을 수 있다.
- 스스로 데이터의 완성도와 질을 결정할 수 없다.

박스 30.7　2차 데이터 이용 사례(I)

Smith, D. P. and Sage, J. (2014) 'The regional migration of young adults in England and Wales (2002–2008): A 'conveyor-belt' of population redistribution?', *Children's Geographies* 12(1): 102–17

이 연구는 청년기 성인 이주의 지역적 패턴을 살펴본다. 잉글랜드와 웨일스의 국립건강서비스센터(National Health Service Central Register)가 보유한 2002~2008년 사이의 2차 데이터를 이용해 지역 간 청년 이주를 분석했다. 이 연구는 지역 간 이주에서 이주자의 전체 연령을 고려할 때 청년의 비중이 점차 증가했고, 특히, 2002~2008년 사이에 16~24세의 이주가 증가했음을 보여 준다. 이 연구는 영국에서 인구 이동이 두드러지는 지역을 조사하는 과정에서 2차 데이터를 사용했다.

실습

위에 제시된 내용을 참조해 다음의 질문에 답하시오.

- 연구에서 이들이 사용한 2차 데이터는 무엇인가?
- 어떤 종류의 2차 데이터인가?
- 어떤 방법으로 2차 데이터를 분석했는가?
- 이 데이터를 이용하는 과정에서 다른 어떠한 것을 고려할 수 있는가?

비슷한 주제를 다른 연구자들이 어떻게 조사했는지 확인해 연구 주제를 어떻게 진행할지 좋은 아이디어를 모을 수 있을 것이다.

30.4 2차 데이터를 사용할 때 고려해야 할 이슈들

신뢰할 만한 연구는 일관성이 있어야 한다. 정량적 연구는 연구 결과가 일관되고 반복될 수 있다는 것을 의미한다(Kitchin and Tate, 2000). 정성적 연구에서는 연구자가 데이터의 분류 과정과 부호화에서 일관성이 있어야 하며, 엄격하고 투명한 분석 방법을 사용해야 한다는 것을 의미한다(36장 참조; Baxter and Eyles, 1997). 신뢰성(reliability)은 여러 연구자를 참조할 때 높아질 수 있다. 그러나 학생들의 연구 과제에서는 불가능한 경우가 많다. 1차 데이터, 2차 데이터 모두 적절한 방법을 이용해 체계적으로 분석하고 해석해야 한다. 학생들이 2차 데이터를 이용할 때 많이 발생하는 이슈로 '생태학적 오류(ecological fallacy)'가 있다. 이것은 특정 공간에서 나온 결과를 일반적인 모든 사람에게 적용하는 오류이다. 다른 말로 표현하면, 생태학적 오류는 관찰한 집단이나 기타 데이터에 기반한 주장을 일반 개인에게 적용할 때 발생한다. 생태학적 오류는 잘못된 상관관계에서 볼 수 있다. 예를 들어, 연구자는 마을 단위로 데이터를 구성하고 구성원들의 연평균 소득이 5,000만 원라는 것을 확인했다. 이 경우 거주자들의 연평균 소득이 5,000만 원라고 하는 것은 옳고 정확하다. 하지만 이 결과에 기반해 모든 거주자의 연평균 소득이 5,000만 원이라고 말하는 것은 생태학적 오류이다.

연구 프로젝트에서 다양한 형태의 서로 다른 데이터를 사용한다면, 특히 정성적·정량적 데이터를 모두 사용하는 경우에 이 데이터를 어떻게 사용할지 생각해야 한다. 다양한 또는 혼합된 방법의 지리적 연구는 데이터의 삼각법(triangulation of data)에 해당한다(2부 참조). 이 방법은 동일한 주제에 대해 다른 관점을 고려할 수 있도록 도와준다. 또한 동일한 데이터에 존재하는 불일치성을 조사할 수 있도록 한다. 그리고 데이터가 제시하는 중요한 이슈를 설명하며, 결론을 보다 공공히 해 준다. 하지만 다양하게 생성된 데이터는 결국 한 방향으로 수렴하지 않기 때문에 삼각법을 완벽하게 적용하는 것은 어렵다. 이질적인 분석 방법은 서로 다른 가정에 기반해 존재하며(1장 참조), 따라서 서로 다른 연구 방법과 그에 따른 결과를 통합하고 비교하는 것은 문제가 될 수 있다(Mason, 2002; Moran-Ellis et al., 2006). 연구 프로젝트에서 개별 연구 방법을 순차적으로 적용하는 것이 적절하다고 생각할지도 모른다. 다양한, 그리고 혼합된 연구 방법은 현상의 이해를 증진하거나, 새로운 해석을 가능하게 하므로 연구 결과의 신뢰도를 높이는 데 이용할 수 있다. 연구 과정에서 다양한 데이터의 이용과 분석 방법에 대한 더 많은 내용은 데이비스와 히피(Davies and Heapphy, 2011)의 연구와 엘우드(Elwood, 2010)의 연구를 참조하라.

앞서 언급한(박스 30.1 참조) 집에서 대학교까지 버스를 타고 이동하는 학생의 사례에서 2차 데이터의 이용, 보관, 일반화에 관한 윤리 이슈를 확인할 수 있다. 누가 개인정보에 접근할 수 있는가(버스 이용 내역, SNS에 올린 내용, 지불한 커피 가격, 커피 취향, 도서관에 들어간 시간 등)? 2차 데이터를 이용하는 데 있어 윤리 이슈가 간과되는 경우가 많다. 그러나 윤리 이슈는 1차 데이터나 정성적 데이터에만 적용되지 않는다는 것을 인식할 필요가 있다. 오늘날 '정보화 사회'에서는 매우 많은 데이터가 생산되기 때문에 데이터가 어떻게 만들어지고, 보관되고, 이용되는지 중요하게 생각하지 않는 경우가 있다. 그러나 많은 데이터가 좋지 않은 방식으로 이용되는 것은 매우 위험하고, 큰 대가를 치를 것이다. 한때 세계적으로 이슈가 된 '위키리크스(Wikileaks)'나 '기후게이트(ClimateGate)', 또는 영국의 공공 환자 데이터에 대한 논쟁은 2차 데이터에 접근하고 이용하는 것이 얼마나 위험한지 보여 준다. 데이터를 수집하는 것은 쉬운 일도 아니며, 그렇다고 반드시 문제가 되는 일도 아니다. 그러나 연구에서 2차 데이터 이용에 대한 윤리를 생각하는 것은 중요하다(연구 윤리에 관해서는 3장 참조). 최소한 해당 데이터를 이용할 허가가 있는지 확인하고, 연구 보고서를 작성할 때 해당 데이터의 출처와 허락을 명시해야 한다. 그리고 기본적인 개인정보 보호 또한 유지되어야 한다.

30.5 결론

연구 프로젝트에 이용할 수 있는 다양한 2차 데이터가 존재한다. 프로젝트 주제가 무엇이든 관련 있는 2차 데이터를 찾을 수 있기에 어디에서 찾아야 하는지 알기만 하면 충분하다. 연구 프로젝트를 계획할 때, 연구 질문 또는 가설과 관련한 어떤 2차 데이터가 있는지 알아야 한다. 이와 관련해 도서관의 연구 사서는 큰 도움을 줄 수 있다. 2차 데이터가 적절한 방법으로 이용된다면, 학생 연구 프로젝트에서 2차 데이터를 사용하는 것은 매우 유익하다. 이때 데이터를 이용하는 데 얼마나 비용이 드는지, 데이터의 범위(예: 지리적 단위), 데이터의 변수(예: 나이, 성별, 인종), 데이터의 신뢰도(즉 누가, 왜 데이터를 제작했는지), 데이터의 수집 방식(예: 종단, 대표 표본 등) 등을 고려해야 한다. 또한 연구 맥락을 제공하거나, 분석의 기초를 만들거나, 분석과 해석에서 어떠한 결론을 안전하게 도출할 수 있는지 등 데이터를 어떻게 사용할 것인지에 대한 방법들도 고려해야 할 것이다.

| 요약
이 장은 다음 내용을 다루고 있다.
• 2차 데이터의 속성
• 2차 데이터의 다양한 출처
• 2차 데이터의 이용 방법
• 2차 데이터를 이용할 때 고려해야 할 중요 이슈
2차 데이터는 학생 연구에 매우 유용하다. 그러나 연구 진행에 쉬운 대상으로 고려하기보다 적절하게 이용하고 분석해야 한다.

주

1 이와 관련해 '응답자 다이어리(respondent diary)'에 대한 논의를 담은 10장의 내용을 참조하라. 해당 내용은 연구자가 구성했으며, 따라서 1차 데이터에 해당한다.

심화 읽기자료

- 시들(Cidell, 2010)은 탐색적 정성적 데이터 분석(exploratory qualitative data analysis)으로 콘텐츠 클라우드 (content cloud) 이용에 접근한다. 콘텐츠 클라우드는 문서의 내용을 시각적 요약으로 제시하기 때문에 점차 인기 있는 온라인 도구가 되었다. 이 논문은 정성적 2차 데이터를 대상으로 콘텐츠 클라우드 사용의 가능성을 보여 주기 위해 두 가지 예시를 제공한다.
- 포더링엄 외(Fotheringham et al., 2000)는 학생들의 연구에 적절한 정량적 분석 방법의 적용을 설명한다. 그는 새로운 정량적 방법론의 철학을 설명한다.
- 코테이코 외(Koteyko et al., 2013)는 온라인 독자평과 같은 정성적 2차 데이터 분석을 위한 체계를 설명한다. 이들은 토론에서 과학자와 정치인의 선입견이 어떻게 작동하는지 보여 주기 위해 영국의 타블로이드 신문 사이트에 있는 논평을 '기후게이트(ClimateGate)' 이전과 이후를 비교해 분석한다.
- 메이슨(Mason, 2002)은 정성적 2차 데이터 이용을 포함한 정성적 연구의 주요 이슈를 언급한다. 정성적 연구의 근간이 되는 철학 또한 다룬다.
- 싱글턴(Singleton, 2012)은 더 부유하고 인종적으로 동질성이 높은 지역의 학생들이 GCSE 지리학 수업에서 참여도와 성취도가 더 높은지 확인하기 위해 지리인구통계 분석법(geodemographic analysis)을 이용한다. 다양한 2차 데이터를 이용하며, 지리인구통계 분석법에 관심이 있는 학생들에게 좋은 시사점을 제공한다.

* 심화 읽기자료에 대한 상세 정보는 아래 참고문헌에서 확인할 수 있음.

참고문헌

Baschieri, A. and Falkingham, J. (2009) 'Staying in school: Assessing the role of access, availability and economic opportunities - the case of Tajikistan', *Population, Space and Place,* 15: 205-24.

Baxter, J. and Eyles, J. (1997) 'Evaluating qualitative research in social geography: Establishing rigour in interview analysis', *Transactions, Institute of British Geographers*, 22: 505-25.

Bushin, N. (2008) 'Quantitative datasets and children's geographies: Examples and reflections from migration research', *Children's Geographies*, 6 (4): 451-7.

Cidell, J. (2010) 'Content clouds as exploratory qualitative data analysis', *Area* 42(4): 514-23.

Davies, K. and Heaphy, B. (2011) 'Interactions that matter: Researching critical associations', *Methodological InnovationsOnline*, 6(3): 5-16. http://www.pbs.plym.ac.uk/mi/pdf/8-02-12/MIO63Paper11.pdf (accessed 30 November 2015).

DeLyser, D., Herbert, S., Aitken, S., Crang, M. and McDowell, L. (eds) (2010) *The Sage Handbook of Qualitative Geography*. London: Sage.

Dorling, D. and Simpson, S. (1999) 'Introduction to statistics in society', in D. Dorling and S Simpson (eds) *Statistics in Society: The Arithmetic of Politics*, London: Arnold. pp.1-5.

Elwood, S. (2010) 'Mixed methods: Thinking, doing, and asking in multiple ways', in D. DeLyser, S. Herbert, S. Aitken, M. Crang and L. McDowell (eds) *The Sage Handbook of Qualitative Geography*. London: Sage. pp. 94-114.

Fotheringham, A.S., Brunsdon, C. and Charlton, M. (2000) *Quantitative Geography: Perspectives on Spatial Data Analysis*. London: Sage.

King-O'Riain, R.C. (2007) 'Counting on the Celtic Tiger: Adding ethnic census categories in the Republic of Ireland', *Ethnicities* 7: 516-42.

Kitchin, R. and Tate, N.J. (2000) *Conducting Research into Human Geography*. London: Prentice Hall.

Koteyko, N., Jaspal, R. and Nerlich, B. (2013) 'Climate change and "climategate" in online reader comments: A mixed methods study', *The Geographical Journal,* 179 (1): 74-86.

Mason, J. (2002) *Qualitative Researching* (2nd edition) London: Sage.

Mason, J. (2011) 'Facet methodology: The case for an Inventive Research Orientation', *Methodological Innovations Online* 6(3): 75-92. http://www.pbs.plym.ac.uk/mi/pdf/8-02-12/MIO63Paper31.pdf (accessed 30 November 2015).

Moran-Ellis, J., Alexander, V.D., Cronin, A., Dickenson, M., Fielding, J., Sleney, J. and Thomas, H. (2006) 'Triangulation and integration: Processes, claims and implications', *Qualitative Research* 6(1): 45-59.

Omi, M. and Winant, H. (2015) *Racial Formation in the United States*. New York: Routledge.

Rees, P., Martin, D. and Williamson, P. (2002) *The Census Data System*. Chichester: Wiley.

Shabazz, R. (2014) 'Masculinity and the mic: Confronting the uneven geography of hip-hop', *Gender, Place, and Culture* 21(3): 370-86.

Simpson, L. and Brown, M. (2008) 'Census fieldwork in the UK: The bedrock for a decade of social analysis', *Environment and Planning A* 40(9): 2132-48.

Singleton, A.D. (2012) 'The geodemographics of access and participation in Geography', *The Geographical Journal* 178 (3): 216-29.

Smith, D.P. and Sage, J. (2014) 'The regional migration of young adults in England and Wales (2002-2008): A "conveyor-belt" of population redistribution?', *Children's Geographies*, 12 (1): 102-17.

Southworth, J. (2005) '"Religion" in the 2001 census for England and Wales', *Population, Space and Place,* 11: 75-88.

공식 웹사이트

이 책의 공식 웹사이트(study.sagepub.com/keymethods3e)에서 이 장과 관련한 비디오, 실습, 자료 및 링크들을 확인할 수 있으며, 부가적으로 다음 논문들도 무료로 이용할 수 있음.

1. Sui, D. and DeLyser, D. (2012) 'Crossing the qualitative-quantitative chasm I: Hybrid geographies, the spatial turn, and volunteered geographic information (VGI)', *Progress in Human Geography*, 36(1): 111-24.

– 이 논문은 인문지리학에서 전통적으로 정량적·정성적 연구를 구분하는 폭넓은 경향을 검토한다. 그리고 2차 데이터의 획득, 변환, 이용 등에 대한 이슈를 설명한다.

2. Smyth, F. (2008) 'Medical geography: Understanding health inequalities', *Progress in Human Geography*, 39(2): 1-9.

– 이 논문은 지리학자가 건강 불평등을 분석하는 과정에서 정성적 데이터가 어떻게 사용되었는지 보여 준다. 또한 복합적인 연구 방법으로 데이터 이용과 맥락적 연구 발견의 가능성을 보여 준다.

3. Hulme, M. (2014) 'Attributing weather extremes to "climate change": A review', *Progress in Physical Geography*, 38(4): 499-511.

– 이 논문은 기상 이변과 기후변화에 대한 과거의 연구를 검토하고, 이 주제에 대해 정치적으로 더 넓은 맥락에서 접근하는 다양한 방법을 설명한다.

31

공간 데이터 탐색과 기술 통계

개요

지난 20년간 공간 데이터 분야는 두 가지 중요한 변화가 있었다. 첫째, 이용 가능한 공간 및 시간 데이터가 확대되었다. 둘째, GIS의 이용이 대중화되었다. 공간 데이터는 경위도 좌표에 의해 구체화되는 특징이 있으며, 다양한 형태로 존재한다(점·선·면, 벡터 또는 래스터). 이러한 데이터는 용량이 크며, 최근에는 시간과 공간 같은 다른 차원의 정보를 통합하는 통계나 시각화 방법에 대한 요구가 증가하고 있다. 전통적 통계 방법이 전체적인 경향성을 찾는 반면, 공간 통계 접근 방식은 국지적으로 변화하는 패턴을 찾으려 한다. 특히 이 장에서는 (시)공간적 점 분포 패턴 분석, 공간적 자기상관, 공간에 기반한 회귀분석을 다룬다. 이러한 방법은 질병 데이터와 투표 선호도 패턴 데이터에 적용된다.

이 장의 구성

- 서론
- 탐색적 공간 데이터 분석
- 탐색적 시공간 데이터 분석
- 확증적 분석
- 결론

31.1 서론

21세기의 첫 10년은 지리공간 기술(geospatial technology)의 대중화와 함께 가용한 시공간 데이터가 폭발적으로 증가했다(Delmelle et al., 2013b; Anselin, 2011). 여러 기술 및 사회 발전으로부터 다양한 형식의 데이터가 생성되었고 폭넓게 이용 가능해졌다. 예컨데, (1) 웹에 기반한 지오코딩

(geocoding)은 짧은 시간에 주소 정보를 좌표 체계로 변환한다(Karimi et al., 2011). (2) 원격 탐사 (remote sensing) 장비는 우주에서 지구에 관한 대규모 정보를 매일 수집한다(Goodchild, 2007). (3) 휴대전화에 탑재된 GPS 장치는 수백만 인구의 이동을 시공간으로 추적한다. (4) 점차 많은 시민 이 의식하지 못한 채로 이러한 데이터 수집에 참여하고 있다(Sui, 2008). 트위터와 같은 SNS는 지리 적으로 분산된 정보의 공유와 통신을 가능하게 하며 전례 없는 인기를 얻고 있다. 그 결과 감염병 (Padmanabhan et al., 2014), 지진(Crooks et al., 2013)과 같은 급변하는 현상에 대한 직접적이고, 현실적인 재현이 가능해지고 있다.

이러한 공간 데이터의 급격한 양적 확대에 따라 지리학자, 공간과학자는 공간 데이터를 다루기 위 한 도구와 기술을 개발하고 개선할 필요성을 인식하게 되었다(Fischer and Getis, 2009). 이미 이러 한 공간 데이터를 다루기 위해 고안된 많은 통계적 데이터마이닝(data mining) 방법이 존재한다. 이 러한 방법은 지리학, 보건학, 생태학, 범죄 분석, 시설 입지 분석, 환경과학 등 여러 분야에서 적용되 고 있다. 데이터마이닝 방법은 시공간 **패턴**을 추출하고 찾는 데 사용되며, 결국 복잡한 공간적 **관계** 를 파악하는 데 도움을 준다. 컴퓨터 과학과 지도 기술의 발달은 인터넷에 있는 SNS와 같은(16장, www.floatingsheep.org 참조) 대규모의 공간 데이터를 효과적, 효율적으로 시각화할 수 있도록 했 다. 이 과정에서 GIS는 이러한 공간 데이터의 분석과 시각화 기능을 결합하는 안정적 기반이 되었다.

공간 데이터의 본질

공간적으로 참조된 데이터는 특정 형태의 위치 정보(예: 경위도 좌표), 시간 정보, 속성 정보를 통해 구체화된다(Peuquet, 2002). 예를 들어, 범죄 사건은 발생한 범죄의 종류(비공간적 속성), 범죄가 발 생한 위치(공간적 속성), 발생한 시간(시간 정보)에 의해 구분된다. 이때 데이터의 정확성이 이슈가 될 수 있는데, 두 가지 요소를 고려할 수 있다. 첫 번째는 위치 정확성(positional accuracy)으로, 이 는 실제 발생 위치와 지도상에 표시된 위치의 차이를 의미한다. 두 번째는 속성값의 정확성(attritube accuracy)으로 속성 데이터베이스의 정확도를 의미한다. 정확성과 관련해 공간 데이터는 명시적 또 는 암묵적 특징이 있다. GPS를 통해 수집된 정보는 바로 확인할 수 있으므로 명시적이다. 명시적 공 간 데이터의 또 다른 예로 지오코딩 과정을 통해 생성된 좌표 정보가 있다. 이러한 공간 데이터의 명 시적 특징은 현장에서 매우 위험할 수 있다. 예를 들어, 병리학에서 부정확한 공간 데이터는 잘못된 신호를 주고, 잘못된 대응으로 이어질 수 있다. 기술의 발전으로 (거의) 실시간으로 많은 데이터를 획득할 수 있는 상황이지만, 아주 정확한 수준의 정보를 획득하는 것은 상당한 비용이 소요되며, 표본추출 과정에는 많은 주의가 필요하다. 공간과학에서는 방사성 물질(Melles et al., 2011), 토양 오염 (Van Groenigen et al., 2000), 인구 센서스(Spielman et al., 2014)에 대한 관측치 수집 등이 이에 해당한다.

시간적, 비공간적 속성값을 식별 ID를 통해 지리적 위치 정보에 연결하는 것은 GIS에서 쉽게 할 수 있다. SQL 명령어를 이용해 일정 거리 이내 또는 특정 시간 이내에 발생한 사건을 확인할 수 있다(37장 참조). GIS는 또한 서로 다른 정보의 조합을 통해 새로운 공간적 관계를 도출할 수 있다. 예를 들어, 콜레라 증상을 보이는 환자가 오염된 우물 가까이에 거주하는지(Snow, 1855) 또는 전염병이 항공 교통의 발달과 무관한 지역에서 발생하는지와 같은 사실을 파악할 수 있다.

이 장의 구조

이 장의 목적은 시공간 분석과 모델링을 위한 여러 방법을 개략적으로 설명하는 것이다. 이 장에서는 공간 데이터의 시공간 분석을 통해 어떻게 중요한 패턴을 밝힐 수 있는지에 대한 근원적인 질문에 대한 답을 제공하려고 한다. 31.2(탐색적 공간 데이터 분석)는 점(point) 데이터와 면(area) 데이터를 탐색하고 분석하는 방법들을 살펴본다. 31.3(탐색적 시공간 데이터 분석)에서는 시공간 데이터에서 시간적 경향성을 찾아내고 시각화하는 방법에 대해 논의한다. 마지막으로 31.4(확증적 분석)에서는 지리가중회귀 분석이 독립변수를 공간적으로 설명하는 데 이바지할 수 있는 장점을 제시한다.

데이터

이 장에서는 매우 대비되는 두 개의 데이터를 이용해 개념을 설명할 것이다. 먼저, 2010년 콜롬비아 칼리에서 발생한 뎅기열 발병을 지오코딩해 뎅기열 데이터를 구축했다. 이 기간 동안 전체 11,760건의 발병 사례가 공공보건관리시스템(Public Health Surveillance System: SIVIGILA, Delmelle et al., 2013a)에서 확인되었다. 매일 지역 병원에서 확인된 뎅기열 증상이 있는 환자들이 보고되었다. 2010년 6월까지 누적된 환자 데이터를 사용했으며(그림 31.1a) 전체 발생 건수는 7,111건으로 모두 성공적으로 지오코딩되었다. 그리고 개인정보 보호를 목적으로 도로 단위에서 공간 정보를 구축했다(Delmelle et al., 2013a). 이 데이터는 뎅기열 발병의 공간적 분포를 점 분포 패턴, 시공간 점 분포 패턴으로 제시하고 있다. 두 번째 데이터는 2008년 2월 12일 미국 대통령 선거 민주당 후보를 선출하기 위한 버지니아주와 메릴랜드주에서 버락 오바마와 힐러리 클린턴의 투표 결과이다

(Virginia Department of Elections, 2008).[1] 투표 결과는 카운티 면 단위마다 비율값으로 제공된다 (그림 31.2). 이 데이터는 면 데이터(areal data)의 공간 군집(spatial clustering) 개념과 확증적 분석 (confirmatory analysis)을 설명하기 위해 이용된다.

31.2 탐색적 공간 데이터 분석

시공간 데이터의 분석은 (1) 시공간의 관련성 또는 속성값의 공간적 유사성을 확인하기 위한 기술의 개발과 적용, (2) 산포도(scatterplot), 도형표현도(symbol map), 단계구분도(choropleth map), 커널 밀도(kernel density)와 같은 시각화 기술의 발전을 필요로 한다. **탐색적 공간 데이터 분석** (exploratory spatial data analysis) 기술은 군집의 공간적 패턴이나 존재를 확인하는 데 이바지했다 (Anselin, 1999). 탐색적 공간 데이터 분석은 인과관계에 기초한 가설을 설정하는 첫 번째 단계에 사용된다. 반면에 확증적 분석은 연구에서 분석하는 현상의 패턴이 임의적인지 아닌지 통계적으로 확인하는 두 번째 단계에 사용된다.

점 분포 패턴(spatial point pattern)

점 분포 패턴은 사건의 명확한 위치 정보를 지닌 점 형태의 데이터를 말한다. 이러한 데이터는 구체적인 위치 정보를 가지고 있는 범죄, 교통사고, 응급 전화, 질병 등으로 이러한 사건을 일으키는 기저의 과정이 무엇인지 파악하는 데 도움이 된다. 이러한 사건들은 구체적인 독립적 위치에서 발생하기 때문에 '불연속적'이다. 지도에 표현된 이러한 사건들을 시각적으로 조사하는 것은, 특히 사건이 반복적으로 같은 장소에서 발생할 때는, 잘못된 해석으로 이어질 수 있다. 예를 들어, 그림 31.1a에서 몇 개의 뎅기열 사례는 매우 가까운 곳에 집중해 위치한다. 만일 같은 아파트에서 여러 사례가 발병한다면, 동일한 위치에 여러 점들이 겹치게 되므로 하나의 사건으로 잘못 읽힐 수 있다. 따라서 진짜 군집을 확인하지 못할 것이다.

비록 군집의 규모는 최근린(nearest neighbor) 또는 K-함수 통계치에 의해 쉽게 확인할 수 있지만(Delmelle, 2009), 군집의 위치는 대부분의 GIS 프로그램에서 지원하는 커널 밀도 추정(Kernel Density Estimation)을 통해 가장 쉽게 드러난다. 커널 밀도 추정은 평면에 점 분포 패턴의 강도를 요약해 제시하는 공간 분석 방법이다. 그 결과 커널 밀도 추정은 개별 그리드 셀에 해당 위치에서 공간 과정(spatial process)의 강도를 나타내는 히트맵(heat map)을 만든다(Bailey and Gatrell, 1995; Delmelle, 2009). 커널 밀도 추정는 각각의 그리드 셀에 주변 이웃보다 관찰값이 더 많으면 더 높은 가중치를 부여하는 방식으로 계산된다. $s(s=x, y)$를 커널 밀도 연산을 위한 그리드의 위치라고 해 보자. 그리고 $s_1 \cdots s_n$이 n개의 관찰된 사건이라고 하자. 그렇다면 s 위치에서 밀도 $\hat{f}(x, y)$는 다음과 같이 추정된다.

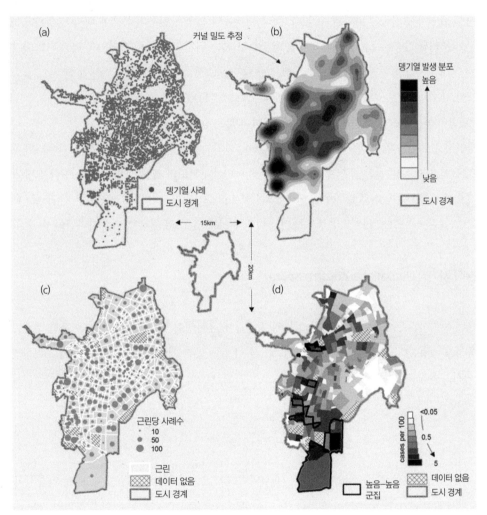

그림 31.1 뎅기열 발생률의 공간적 분포   (a) 2010년 1월부터 6월까지 발생 수, (b) 커널 밀도 추정, (c) 근린별로 통합된 발생 수, (d) 발생 수를 인구로 나눈 값. 검은색으로 표현된 곳이 유의미한 뎅기열 발병 군집임.

출처: Sistema Nacional de Vigilancia en Salud Pública, Colombia(SIVIGILA)

$$\hat{f}(x,y) = \frac{1}{nh_s^2}\sum_i^n I(d_i < h_s)k_s\left(\frac{x-x_i}{h_s}, \frac{y-y_i}{h_s}\right) \qquad \text{[31.1]}$$

여기에서 $I(d_i < h_s)$는 $d_i < h_s$이면 1, 아니면 0을 취하는 지표 기능으로 작동한다. h_s는 검색 반경인 대역폭(bandwidth)으로 결과값의 정도를 조정한다. 대역폭은 K-함수 또는 교차 검증을 통해 수정될 수 있으며, 그 크기는 기저의 인구 분포가 얼마나 불균등한지 반영하기 위해 조정 가능하다 (Carlos et al., 2010). 작은 대역폭을 사용하면 두드러지는 관찰값이 더 강조되며, 넓은 대역폭을 사용하면 여러 사건이 모여 있는 넓은 곳을 확인할 수 있다. 대역폭이 너무 넓으면 커널이 과도하게 넓어져서 표면이 평평하게 나타날 수 있다. 결국 대역폭의 선택은 연구의 목적에 따라 결정된다. k_s는 표준화된 커널 가중치로 가중치의 모양을 결정하고, d_i는 위치 s와 사건 i 사이의 거리를 나타내며 대역폭 안에 위치한 점들만 커널 밀도 연산에 적용된다는 조건 $d_i < h_s$를 우선 충족해야 한다.

그림 31.1b는 커널 밀도의 예시로 커널 대역폭으로 h_s=1,000m를 적용했고, 대략적 마을 스케일이다. 표면이 높은 값으로 표현된 곳이 뎅기열 발병이 많은 강한 군집이다.

개인정보 보호를 위해 더 자세한 질병 데이터(예: 환자의 뎅기열 정보)는 감추거나, 카운티나 우편번호 구역과 같은 더 높은 공간 수준으로 합역했다. 단계구분도와 같은 다른 방법들 또한 질병을 공간적으로 시각화하기 위해 많이 사용된다. 그림 31.1a와 31.1b에서 뎅기열 발생률은 군집으로 관찰되지만 인구 변수를 조정한 결과, 발병률의 공간적 편차는 31.1b와 매우 다르게 나타난다.

공간적 자기상관(spatial autocorrelation)

공간적 자기상관은 가까이에 위치한 것들의 속성값에 유사성이 있다고 가정하고 이웃한 관찰값의 종속성을 측정한다. 모란 검정(Moran's I test; 식 31.2)은 공간 데이터에서 전역적 공간 자기상관도를 측정하는 지표이다(Moran, 1948).

$$I = \frac{n\sum_i^n\sum_j^m w_{ij}(u_i - \bar{u})(u_j - \bar{u})}{\sum_i^n\sum_j^m w_{ij}\sum_1^n(u_i - \bar{u})} \qquad \text{[31.2]}$$

여기에서 u_i는 i에서의 속성값이며, u_j는 j에서의 속성값, $\bar{u}$는 속성값의 평균이다. w_{ij}는 가중치이고, n은 전체 관찰값의 수, m은 개별 관찰값 i에 이웃하는 관찰값의 수이다. 두 관찰값 사이의 가중치 w_{ij}는 관찰값 사이의 거리에 따라 결정되며, 면의 경우에는 해당 면이 다른 면과 이웃하는지에 따라 결정된다. 이러한 인접성은 여러 방법으로 구체화될 수 있으며(체스의 룩 또는 퀸 움직임 방향), 해당 공간 단위가 이웃하는 경우, 가중치 w_{ij}는 1이 된다. 모란 검정값은 −1에서 +1 사이이며 −1일 경우 완벽한 음의 상관관계, +1일 경우 완벽한 양의 상관관계를 나타낸다. 0은 무작위 공간 패턴을 나타낸다. 많은 소프트웨어(예: R, GeoDa, ArcGIS)를 이용해 공간적 자기상관을 측정할 수 있다.

뎅기열을 예로 들면, 가중치 매트릭스(weight matrix)를 만들기 위해 GeoDa를 이용했으며, 모란 검정값은 0.335로 비슷한 관찰값이 가까이에 위치하는 것으로 나타났다. 두 번째 예로 2008년 민주

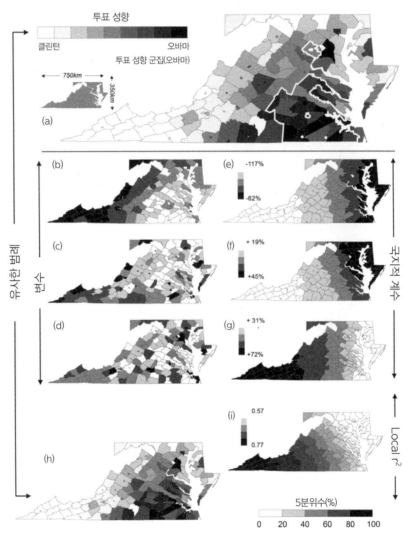

그림 31.2 (a) 2008년 대통령 선거 기간 중 민주당 후보(오바마, 클린턴) 경선 투표의 공간적 분포 (b) 백인 비율, (c) 여성 투표자, (d) 1~29세 인구, (e)~(g)는 지리가중회귀에 의한 베타 계수값, (h)와 (i)는 지리가중회귀를 이용해 추정한 투표 성향 및 결정계수(R²)

당 대통령 후보 투표의 결과는 아주 명확한 방향성이 보인다(그림 31.2a). 버지니아주와 메릴랜드주 서부 카운티에서는 압도적으로 클린턴을 지지했지만, 두 주의 동부 카운티와 워싱턴 주변에서는 오바마 지지가 두드러졌다. 전역적 모란값 0.75는 가까운 지역에서 유사한 투표 성향이 있다는 것을 의미한다. 국지적 모란값은 버지니아주 남동부에서 오바마에 대한 투표 성향이 일관된 것을 보여 준다. 지리가중회귀에 대한 설명은 31.4에서 소개한다.

국지적 공간 자기상관(local spatial autocorrelation)

국지적 모란 통계(local Moran's I)는 개별 지역값과 주변값들의 차이를 비교해 유사한 값들의 국지적 군집을 찾아낸다. 국지적 공간 자기상관의 개념을 설명하기 위해 근린 수준에서 인구당 뎅기열 환자의 비율을 이용했다(그림 31.2d). 국지적 모란값(GeoDa로 계산하고 ArcGIS로 시각화했음)은 높은 뎅기열 환자 비율이 이웃해 위치함을 보여 준다(검은색). 국지적 관찰값의 합이 기댓값보다 높은 것이다. 투표 데이터의 예에서도 오바마 선호의 국지적 군집이 관찰되었다(그림 31.2a).

31.3 탐색적 시공간 데이터 분석

지금까지 논의한 분석 방법은 시간을 고려하지 않아 잠재된 시간적 패턴을 분석할 수 없다. 하지만 많은 지리적 현상, 예를 들어 날씨, 인구 이동, 감염병의 확산 같은 현상은 시간의 흐름에 따라 공간적 변이가 발생하는 것으로 알려져 있다.

시간적 패턴

누적분포함수(cumulative distribution function)는 특정 시간까지 사건이 일어날 확률을 제시한다. 이것을 미분한 확률밀도함수(probability density function)는 특정 시간에 사건이 일어날 가능성이다. 그림 31.3a는 1월부터 6월까지의 뎅기열 발생의 누적분포함수이고 그림 31.3b는 확률밀도함수이다(X축: 율리우스력 날짜). 누적분포함수는 2월에 뎅기열 발생이 상대적으로 낮으나 점차 증가하는 것을 보여 준다. 확률밀도함수는 2월에 뎅기열 발생이 급격히 증가하고 월말에 최고치에 도달 후 감소하는 것을 보여 준다. 그림 31.3b는 질병의 발생 분포를 이해하고, 시기적 변화에 대한 가설을

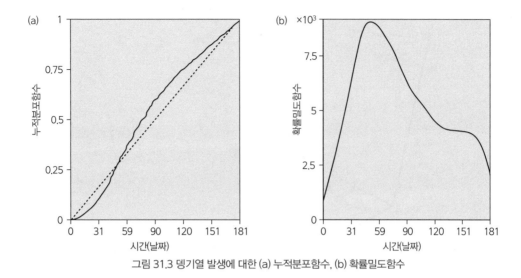

그림 31.3 뎅기열 발생에 대한 (a) 누적분포함수, (b) 확률밀도함수

제시하는 데 중요하다.

시공간 경향성(spatio-temporal trend)

탐색적 공간 데이터 분석과 시간 경향성 분석은 현상의 시간적 변화에 따른 공간적 분포를 이해하는 데 도움을 준다. 그러나 이 방법은 시공간 **상호작용**과 과정의 역동성을 이해하기에는 부족하다. 따라서 시간과 공간을 통합적으로 분석할 수 있는 통계적, 시각적 방법에 대한 요구가 증가하고 있다.

시간적 변화를 모델링하기 위한 방법으로 데이터를 일정한 시간 간격으로 분할한 후, 탐색적 공간 데이터 분석 방법을 반복해서 적용할 수 있다. 예를 들어, 커널 밀도 추정을 여러 시간 간격으로 반복해 적용할 수 있으며, 그 결과 시간의 흐름에 따른 군집의 세기와 위치의 변화를 확인할 수 있다(Delmelle et al., 2011). 다른 방법으로 앞서 소개한 방법에 시간을 포함해 확장하는 방법도 가능하다. 예를 들어, 시공간 커널 밀도 추정법(Space-Time Kernel Density Estimation: STKDE)은 KDE를 시간의 측면으로 확장한 것으로 시공간 패턴을 표현하는 데 유용하다(Demsar and Virrantaus, 2010; Nakaya and Yano, 2010). STKDE는 3차원 래스터로 표현되며(x, y, z 값으로 구성), 이는 주변 점들 값에 기초한 밀도를 나타낸다.

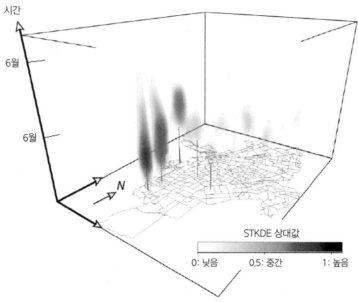

시간

6월

6월

N

STKDE 상대값

0: 낮음   0.5: 중간   1: 높음

그림 31.4 2010년 1월부터 6월까지 콜롬비아주 칼리에서 발병한 뎅기열의 시공간 분포(하나의 셀은 125m에 해당)

출처: Sistema Nacional de Vigilancia en Salud Pública, Colombia(SIVIGILA)

$$\hat{f}(x, y, t) = \frac{1}{nh_s^2 h_t} \sum_i I(d_i < h_s, t_i < h_t) k_s \left(\frac{x - x_i}{h_s}, \ \frac{y - y_i}{h_s} \right) k_t \left(\frac{t - t_i}{h_t} \right) \qquad [31.3]$$

여기에서 개별 화소 s의 밀도값 $\hat{f}(x, y, t)$는 화소에 인접한 점 데이터 (x_i, y_i, t_i)에 기초해 추정된다. 화소에 인접하는 개별 점은 커널 함수 k_t와 k_s에 의해 가중치가 정해진다. 각각의 점 데이터는 화소 s에 인접하는 거리와 시간에 의해 가중치가 결정되는 것이다. 화소와 주변 점 간의 거리와 시간은 d_i와 t_i에 의해 결정된다.

커널 밀도의 볼륨은 화소의 커널 밀도값에 따라 설정된 색상으로 시각화된다. 투명도는 높은 밀도 값을 갖는 지역에 초점이 맞춰지도록 조정된다(그림 31.4). KDE 값은 0부터 1사이에 존재한다(지도 참조). 가장 높은 값의 시공간 커널 밀도값은 두 곳에서 관찰된다. KDE 값에 따라 시공간 군집의 존재를 강조하기 위해 다양한 투명도가 사용되었다. 이러한 군집은 '달걀 껍데기'라는 것을 통해 더 구체적으로 묘사됐는데, 이는 유사한 값의 화소 주변으로 같은 볼륨을 적용해, 높은 커널 밀도값을 찾을 수 있도록 한 것이다(Delmelle et al., 2015). 그림 31.4를 그림 31.1b와 비교해 보라. 질병의 시공간적 특징을 더 잘 이해할 수 있으며, 질병의 확산이 진행된 곳을 확인할 수 있다.

31.4 확증적 분석

31.2절과 31.3절에서 소개한 방법은 탐색적 특성을 가진다. 즉, 향후 추가 연구에 도움될 수 있는 패턴들을 파악하기 위한 시각화 기법이나 통계적 방법들이다. 현상의 공간적 변이(뎅기열 발병, 투표 성향)는 여러 요인에 의해 설명이 가능하며, 이러한 관계는 공간적으로 차이가 있을 수 있다. 여기에서는 이러한 공간 현상의 원인이 되는 여러 요인을 확인하는 많은 방법을 소개한다.

최소자승법(Ordinary Least Square: OLS)

최소자승법(수식 31.4)은 연구하고자 하는 독립변수의 변화를 가장 잘 설명하는 독립변수들 중 최적의 조합을 찾고자 한다.

$$\hat{u}_i = b_0 + \sum_{k=1}^{N} b_k X_k \qquad\qquad [31.4]$$

$$\varepsilon_i = u_i - \hat{u}_i \qquad\qquad [31.5]$$

여기에서 $\hat{u}_i$는 i위치에서 추정값(감염률, 투표율)이며, b_0은 절편, b_k는 모델에서 사용한 독립변수의 계수이다. ε_i는 잔차(residual)이다. 최적의 독립변수 조합은 잔차 제곱의 합을 최소로 만드는 기준에 따라 결정된다(여기에서 잔차는 관찰값과 추정값의 차이). 양 또는 음의 잔차값은 과소 추정 또는 과대 추정을 의미한다. 투표 패턴의 변화를 나타내기 위해 세 가지의 변수를 사용했다. 구체적으로 백인 투표자, 여성 투표자, 젊은 투표자의 비율이다. 이와 관련한 기본 가설은 젊은 투표자가 오바마를 지지할 것이며, 반면에 백인 투표자는 클린턴을 지지할 것이라는 것이다. 이 세 가지 변수의 공간적 변화 패턴은 그림 31.2b~d에서 볼 수 있다. 이 세 가지 변수는 투표 변화량의 69%를 설명했다 ($r^2 = 0.69$).

잔차의 공간적 패턴(자기상관)을 최소화하는 것은 바람직하다(최소자승법의 기본 가정에서 잔차는 서로 독립적이기 때문). 이러한 측면에서 공간 특성을 명시적으로 반영한 회귀분석 모델[예: 공간 회귀 모델(spatial regression), 지리가중회귀 모델]은 가까이에 이웃한 표본의 정보를 이용하는 것으로 대안이 될 수 있다.

지리가중회귀(Geographically Weighted Regression: GWR)

최소자승법 모델의 대표적 한계는 다음과 같다. i 위치에서의 추정값이 실제로는 주변에 위치한 값에 의해 더 정교하게 추정이 가능함에도 불구하고 독립변수들의 조합으로 추정되는 것이다. 이에 대한 대안 중 하나가 지리가중회귀 모델이다. 이 모델은 거리에 따른 가중치를 사용해 모든 위치 i에서 국지적 추정을 진행한다.

$$\hat{u}_i = b_{0i} + \sum_{k=1}^{N} b_{ki} X_{ki} \qquad [31.6]$$

개별 위치 i에 대해 추정값 $\hat{u}_i$를 구하는 과정에서 이웃하는 j값을 이용한다. b_{ki}는 위치 i에서 k 독립 변수의 계수를 의미한다. 여기에서 $k=1\cdots N$은 독립변수의 수를 의미한다. 지리가중회귀 추정값 b_{ki}는 i위치에서 가까운 관찰값의 기반한다. 지리가중회귀의 큰 장점은 개별 위치마다 계수를 추정해 지도화할 수 있다는 것이다. 이것은 독립변수의 국지적 영향을 확인하는 장점이 있다.

지리가중회귀 모델을 버지니아주의 투표 성향에 적용한 결과, $r^2=0.77$로 개선되었다. 지리가중회귀에 사용한 독립변수의 계수값은 그림 31.2 e~g에서 볼 수 있다. 그림 31.2e에서 백인의 비율 변수는 전반적으로 음의 값을 나타내며, 백인들이 오바마에게 투표하지 않는다는 것을 보여 준다. 이러한 경향은 시골과 버지니아주 서부에서 더 두드러진다는 것을 알 수 있다. 여성 투표자 비율도 유사한 경향성을 보인다. 그러나 이 경향성은 비교적 약하다. 마지막으로 젊은 투표자는 두드러지게 오바마를 지지하지만, 이러한 패턴은 버지니아주와 메릴랜드주 서부에서 더 명확하다. 지리가중회귀는 국지적 r^2값을 제공한다. 추정 결과는 버지니아주 서부가 동부나, 북동부 보다 더 낮다는 것을 보여 준다. 지리가중회귀 추정값(그림 31.2h)은 관찰값(그림 31.2a)과 유사하다는 것을 보여 준다.

시계열 분석(time series analysis)

데이터가 시간의 흐름에 따라 변화하는 시계열 데이터의 경우 시간에 흐름에 기반한 추정을 하는 것이 바람직하다. 예를 들어, 병리학에서 전염병의 발병을 예측하는 것은 질병의 재발병을 예측할 때 매우 중요하다. 자기회귀 모델(autoregressive model)은 과거에 관찰한 값을 통해 미래의 값을 추정하게 해 준다. 자기회귀 모델의 예로는, 이스틴 외(Eastin et al., 2014)가 ARIMA(AutoRegressive Integrated Moving Average)를 이용해 뎅기열을 분석한 것을 들 수 있다. ARIMA를 공간적으로 확장한 것은 시공간 모델에 적용될 수 있는데, 쳉 외(Cheng et al., 2012), 레이와 재니카스(Rey and

Janikas, 2006)가 이러한 사례를 보여 준다.

31.5 결론

시공간 분석 방법은 꾸준히 발전하고 진화하고 있다. 가용한 시공간 데이터가 많아지면서 여러 분석 방법이 개발되고 등장했으며, 이는 새로운 패턴의 발견으로 이어지고, 그 결과 GIS의 대중적 이용으로 확대되었다. GIS는 다양한 스케일의 공간 데이터와 시간적 단위를 통합해 적용할 수 있다. 이 장은 데이터에 내재된 시공간적 경향을 확인하기 위해 탐색적 공간 데이터 분석을 살펴보았고, 독립변수를 설명하는 데 이용하는 확증적 분석 방법의 중요성에 대해 논의했다.

| 요약

지난 20년간 공간 데이터 분야는 (1) 이용 가능한 시공간 데이터의 확대와 (2) GIS의 대중적 이용이라는 측면에서 급속히 변화했다. 공간 데이터는 경위도 좌표로 표시된다는 특성이 있으며, 여러 형태로 존재한다(점·선·면, 래스터). 공간 데이터는 본질적으로 매우 크며, 시공간을 통합한 통계 분석 또는 시각화에 대한 요구가 점차 확대되고 있다. 전통적 통계 분석법은 경향성 탐색이다. 점 분포 패턴 기법(예: K–함수, 커널 밀도 추정)은 군집의 위치를 확인하는 데 적합하다. 특히 병리학 분야에서 유용하다. 공간 통계적 접근은 데이터가 센서스와 같이 면 단위로 구성될 때, 국지적 변화 패턴을 확인할 수 있도록 해 준다. 공간 통계 방법은 회귀분석을 적용하기 전에 공간적 자기상관을 확인하는 데 유용하다. 기존의 비공간적 회귀분석 모델은 연구 대상의 공간적 현상을 설명하지 못한다는 한계가 있다. 시간적 경향성을 나타내는 데이터(예: 질병 데이터)에는 주의를 기울여야 하는데. 우선 이러한 정보를 먼저 시각화해 보고 이후 회귀분석을 적용할 것을 제안한다.

주

1 존 에드워즈(John Edwards)는 2008년 1월 30일, 공식적으로 선거운동을 포기했지만 투표 용지에 그의 이름이 인쇄되어 있었다.

심화 읽기자료

Anselin (2011) 'From SpaceStat to CyberGIS: Twenty years of spatial data analysis software'.
Delmelle et al. (2013) 'Methods for space-time analysis and modeling: An overview'.
Fischer and Getis (2009) *Handbook of Applied Spatial Analysis: Software Tools, Methoods and Applications*.
* 심화 읽기자료에 대한 상세 정보는 아래 참고문헌에서 확인할 수 있음.

참고문헌

Anselin, L. (1999) 'Interactive techniques and exploratory spatial data analysis', in P. Longley, M. Goodchild, D. Maguire and D. Rhind (eds), *Geographical Information Systems*. New York: Wiley. pp.253-266.

Anselin, L. (2011) 'From SpaceStat to CyberGIS: Twenty years of spatial data analysis software', *International Regional Science Review* 35: 131-57.

Bailey, T. and Gatrell, Q. (1995) *Interactive Spatial Data Analysis*. Edinburgh Gate: Pearson Education Limited.

Carlos, H., Shi, X., Sargent, J., Tanski, S. and Berke, E. (2010) 'Density estimation and adaptive bandwidths: A primer for public health practitioners', *International Journal of Health Geographics* 9 (1): 39.

Cheng, T., Haworth, J. and Wang, J. (2012) 'Spatio-temporal autocorrelation of road network data', *Journal of Geographical Systems* 14 (4): 389-413.

Crooks, A., Croitoru, A., Stefanidis, A. and Radzikowski, J. (2013) '# Earthquake: Twitter as a distributed sensor system', *Transactions in GIS* 17 (1): 124-47.

Delmelle, E. (2009). 'Point Pattern Analysis', in R. Kitchin and N. Thrift (eds), *International Encyclopedia of Human Geography*. Kidlington: Elsevier. pp.204-11.

Delmelle, E.M., Delmelle, E.C., Casas, I. and Barto, T. (2011) 'H.E.L.P: A GIS-based health exploratory analysis tool for practitioners', *Applied Spatial Analysis and Policy* 4 (2): 113-37.

Delmelle, E.M., Casas, I., Rojas, J.H. and Varela, A. (2013a) 'Spatio-temporal patterns of Dengue Fever in Cali, Colombia', *International Journal of Applied Geospatial Research* 4 (4): 58-75.

Delmelle, E.M., Kim, C., Xiao, N. and Chen, W. (2013b) 'Methods for space-time analysis and modeling: An overview', *International Journal of Applied Geospatial Research*.

Delmelle, E.M., Jia, M., Dony, C., Casas, I. and Tang, W. (2015) 'Space-time visualization of dengue fever outbreaks'. *Spatial Analysis in Health Geography*. Kent: Ashgate.

Demšar, U., and Virrantaus, K. (2010) 'Space-time density of trajectories: Exploring spatio-temporal patterns in movement data', *International Journal of Geographical Information Science* 24 (10): 1527-42.

Eastin, M.D., Delmelle, E.M., Casas, I., Wexler, J. and Self, C. (2014) 'Intra-and interseasonal autoregressive prediction of dengue outbreaks using local weather and regional climate for a tropical environment in Colombia', *The American Journal of Tropical Medicine and Hygiene* 91 (3): 598-610.

Fischer, M. and Getis, A. (eds) (2009) *Handbook of Applied Spatial Analysis: Software Tools, Methods and Applications*. Heidelberg: Springer.

Goodchild, M.F. (2007) 'Citizens as sensors: The world of volunteered geography', *GeoJournal* 69 (4): 211-21.

Karimi, H.A., Sharker, M. H. and Roongpiboonsopit, D. (2011) 'Geocoding recommender: An algorithm to recommend optimal online geocoding services for applications', *Transactions in GIS* 15 (6): 869-86.

Longley, P.A., Goodchild, M.F., Maguire, D.J. and Rhind, D.W. (2005) *Geographic Information Systems and Science*. Chichester: Wiley.

Melles, S., Heuvelink, G.B., Twenhofel, C.J., Van Dijk, A., Hiemstra, P.H., Baume, O. and Stohlker, U. (2011) 'Optimizing the spatial pattern of networks for monitoring radioactive releases', *Computers & Geosciences* 37 (3): 280-288.

Moran, P.A. (1948) 'The interpretation of statistical maps', *Journal of the Royal Statistical Society. Series B (Methodological)* 10 (2): 243-51.

Nakaya, T. and Yano, K. (2010) 'Visualising crime clusters in a space-time cube: An exploratory data-analysis approach using space-time kernel density estimation and scan statistics', *Transactions in GIS* 14 (3): 223-39.

Padmanabhan, A., Wang, S., Cao, G.,Hwang, M., Zhang, Z., Gao, Y., Soltani, K., and Liu. Y. (2014) 'Flu-Mapper: A cyberGIS application for interactive analysis of massive location-based social media', *Concurrency and Computation: Practice and Experience* 26 (13): 2253-65.

Peuquet, D.J. (2002) *Representations of Space and Time.* New York: Guilford Press.

Rey, S.J. and Janikas, M.V. (2006) 'STARS: Space-ime analysis of regional systems', *Geographical Analysis* 38 (1): 67-86.

Snow, J. (1855) *On the Mode of Communication of Cholera.* London: John Churchill.

Spielman, S.E., Folch, D. and Nagle, N. (2014) 'Patterns and causes of uncertainty in the American Community Survey', *Applied Geography* 46: 147-57.

Sui, D.Z. (2008) 'The wikification of GIS and its consequences: Or Angelina Jolie's new tattoo and the future of GIS', *Computers, Environment and Urban Systems* 32 (1): 1-5.

Van Groenigen, J., Pieters, G. and Stein, A. (2000) 'Optimizing spatial sampling for multivariate contamination in urban areas', *Environmetrics* 11 (2): 227-44.

공식 웹사이트

이 책의 공식 웹사이트(study.sagepub.com/keymethods3e)에서 이 장과 관련한 비디오, 실습, 자료 및 링크들을 확인할 수 있으며, 부가적으로 다음 논문들도 무료로 이용할 수 있음.

1. Foody, G.M. (2006) 'GIS: Health applications', *Progress in Physical Geography*, 30(5): 691-5.
– 이 장에 사용한 예시는 건강과 관련한 것들이니 관심 있는 독자는 이 논문도 참고할 수 있다.

2. Elwood, S. (2009) 'Geographic Information Science: New geovisualization technologies-emerging questions and linkages with GIScience research', *Progress in Human Geography*, 33(2): 256-63.
– GIS와 지리적 시각화(geovisualization)는 매우 중요하며, 이 논문은 이에 대해 유익한 요약문이다.

32

정량적 데이터 탐색과 표현

정보 시각화 디자인에서 추구하는 것은 복잡한 것을 명료하게 표현하는 것이다. 따라서 디자이너의 임무는 단순한 것을 복잡하게 표현하는 것이 아니라 미묘한 것, 복잡한 것에 대한 시각적 접근을 허락하는 것, 즉 복잡함을 드러내는 것이다.

터프티(Tufte, 1983: 191)

개요

현실 세계의 복잡성을 이해하고 소통하기 위해 데이터를 이용한 작업은 필수불가결하다. 데이터 작업에서 가장 중요한 시작점은 현실 세계가 데이터 수집, 숫자 또는 그래픽 기반의 데이터 표현, 통계적 또는 수학적 모델을 통한 일반화 등 여러 수준의 추상화 단계를 거친다는 것을 이해하는 것이다. 서로 다른 종류의 데이터가 다양한 방법으로 탐색되고 분석되고 표현된다. 특히 범주형 자료인지, 연속적 자료인지의 차이가 분석 방법 선정에 매우 중요하다. 표, 그래프, 지도 등의 그래픽은 데이터 탐색에 핵심적 역할을 하며, 분석과 결과의 표현을 구체화한다. 그래픽은 기술적 특성이 있는 것(예: 원데이터나 사례 수를 나타내는 표, 데이터의 분포를 보여 주는 그래프, 지리적 패턴을 보여 주는 지도 등) 또는 해석적 특징이 있는 것(예: 회귀분석 추정선을 보여 주는 그래프, 통계 분석 결과를 보여 주는 표, 모델의 오차를 보여 주는 지도 등)으로 구분된다. 온라인의 양방향 그래프와 같이 새로운 방법들이 계속 등장하고 있다. 데이터의 시각적 패턴과 변수들 사이의 상관관계는 데이터 분석의 기초이며, 처음 데이터를 관찰할 때부터 결과를 도출하기 위해 모델을 확인하고 교정하는 단계까지 모든 단계에서 계속 확인해야 한다. 같은 맥락으로 데이터 분석은 데이터를 어떻게 탐색하고 보여 줄지 결정하는 단계에도 이용되어야 한다. 데이터가 표현되는 방법은 결국 이를 이해하고, 판단하고, 추론하는 과정에 영향을 미친다. 이러한 표현은 정직하고 명확하고 깔끔해야 하며, 그 결과 주요 메시지를 효과적으로 전달할 수 있어야 한다. 좋은 그래프는 주요 결과를 명료하게 보여 줄 뿐만 아니라, 결과의 범위를 명확하게 보여 줌으로써 결과의 과도한 추론을 방지해 준다.

32.1 서론

이 장은 데이터와 분석 결과를 탐색하고 제시하는 것에 관한 내용을 다룬다. 이 과정은 데이터 분석 과정과 동일한 이해와 사고를 필요로 한다. 그 결과, 관련 사이트는 정량적 데이터를 다루는 데 익숙하지 않은 사람들에게 이러한 사고 과정을 촉진하는 내용을 담고 있다. 분석 방법의 발전이 데이터 탐색과 표현 방법의 발전과 함께 진행되었다는 것은 특별한 일이 아니다.

 사람들이 세계에 대해 생각하기 시작한 이후, 본질적인 세계의 복잡성을 다루는 방법이 필요하다고 느껴 왔다. 초기 과학자들은 주로 논리에 의존했고, 세계를 몇 가지 원리로 단순화했다. 레오나르도 다빈치는 다른 계몽주의자들과 함께 데이터의 수집과 실험을 강조하는 과정에서 중요한 인물이다. 라이엘과 다윈 같은 위대한 자연과학자들의 시기에는 꼼꼼한 관찰과 실험을 통해 많은 정보를 수집했다. 하지만 이 시기에는 데이터로부터 시각화와 추론을 위해 일반적으로 인정받는 객관적인 방법이 없었다. 반면 전문가의 주관적인 판단에 의존했고, 그 결과 내용은 전문가마다 크게 다른 경우가 많았다.

 이 시기에는 표가 많이 이용되었지만, 매우 길었다. 자세한 내용을 제시하는 데에는 유용했지만, 요약된 내용을 제시하지 못했다. 그리스인이나 로마인, 뉴턴이나 라이프니츠가 그래프를 이용한 것 같지는 않다. 그래프는 1627년 『지오메트리(La Geometrie)』라는 책에서 데카르트 좌표계를 고안한 데카르트가 발명한 이후에야 등장했다. 그 이후로 데이터를 탐색하고 표현하는 방법으로 그래프의 이용은 플레이페어(Playfair, 1786; 1801)의 연구 이후에야 활성화되었다. 플레이페어는 원그래프, 선 그래프, 히스토그램과 같은 오늘날에도 많이 이용되는 그래프를 고안했다(Spence and Lewandowsky, 1990). 19세기에 들어와 시각화 방법은 더욱 많이 이용되었으며, 동시대에 등장한 통계적 방법과 연결되기 시작했다(Porter, 1986). 주요한 연구가 약학 분야에서 진행되었다. 일례로 스노(John Snow)는 런던의 마취과 의사로 빅토리아 여왕의 산부인과 전문의이기도 했다. 그는 연역적 방법으로 런던의 콜레라 발병 데이터를 지도화해 오염된 물과 당시 가장 유명한 브로드 거리의 공공 물 펌프를 연관시켰으며, 그 결과 콜레라의 원인을 찾을 수 있었다(Snow, 1854). 1859년 영국 왕실 통계학회의 최초 여성 회원이 된 나이팅게일(Florence Nightingale)은 질병과 사망에 관한 데이터를 꾸준히 수집해 자신의 전제를 통계적으로 입증하려 했다(Kopf, 1916). 그녀의 전제는 다양한 개별 사례로부터 두드러진 경향성을 찾아내려는 것이었는데, 이를 위해 통곗값을 그래프로 제시하는 것에 전념했다. 그 결과, 그녀의 유명한 저서인 *Diagram of the causes of mortality in the army in the East*은 부상병에 대한 치료를 혁신하는 데 큰 도움을 주었다.

고전 통계 방법의 가장 큰 발전은 19세기 후반과 20세기 초반에 진행되었다. 확률론(확률론이 등장한 주요 이유는 당시 도박을 좋아하는 프랑스 귀족이 수학자인 파스칼을 고용했기 때문)이 등장했고, 데이터에 적용되었다. 제번스(Jevons), 피어슨(Pearson), 피셔(Fisher) 등의 주요 연구가 이 시기에 등장했다. 20세기에 통계학은 점차 이론적으로 발전해 통계학자가 아닌 사람들이 이용하는 것이 점점 어려워졌다. 그러나 미국 통계학자 튜키(John Tukey)의 등장 이후 상황이 바뀌었다. 튜키는 데이터가 통계 분석의 대상이 되지만, 동시에 시각적으로 탐색해야 한다고 주장했다. 그는 실세계의 데이터가 매우 복잡하기 때문에 이론적으로 이상적인 상황과는 잘 부합하지 않는다고 주장했다. 또한 통계적 방법을 일반인들이 이용할 수 있어야 한다고 생각했으며, 실제 그가 개발한 많은 방법은 오랜 기간을 거쳐서 그렇게 사용되었다.

통계적 방법은 현재 새로운 변화의 시기를 지나고 있다. 특히, 데이터로 내용을 추정하는 방법에서 근본적인 변화를 보여 주고 있다(베이지언 통계법, 최대 공산법, 최대 엔트로피 모델의 등장). 실세계 데이터가 전통적 유의성 검증에 적합하지 않다는 인식[예: 지리 데이터에서 공간적 자기상관(spatial autocorrelation)은 데이터가 독립적이라는 가정을 충족시키지 못함]은 새로운 분석 방법의 등장으로 이어졌다(예: 공간회귀분석). 사람들이 관심을 가지는 많은 현상은 표본으로 통제할 수 없는 여러 원인의 영향을 받으며, 다양한 대규모의 데이터와 결합될 때, 복잡한 컴퓨터 시뮬레이션으로 이어지기도 한다. 컴퓨터의 연산 능력이 확대되고 데이터의 보관 용량이 확대되면서 전통적 데이터 분석의 대안으로 머신러닝(machine learning)이 급속히 성장하고 있다. 이러한 빅데이터의 시기에 우리가 생각하는 것 이상의 많은 분석 방법이 있지만, 가장 중요한 것은 결과를 명확하고 효과적으로 보여 주는 것이다.

32.2 추상화

실세계의 복잡성을 이해하는 과정에서 우리의 사고는 몇 단계의 추상화 단계를 거친다(그림 32.1). 첫 번째는 데이터 그 자체이다. 지리학의 많은 경우에서 데이터는 표본추출 과정을 통해 수집되며(8장, 20장 참조), 해당 지역의 모든 인구를 조사하지 않는다. 그 결과, 아무리 과정이 주의 깊게 진행될지라도 이 데이터는 표본추출한 지역의 모든 정보를 대표할 수 없으며 오차에 노출된다. 실세계의 복잡한 내용이 조심스럽게 선택된 표본과 속성값에 축약되는 것이다. 조작된 실험은 유사한 방식으로 실세계를 단순화하는 것이다. 빅데이터는 크라우드소싱(crowd sourcing)이나 다른 형태의 시민 참여 과학을 통해서 구축되지만, 그 결과로 나타나는 표본들은 단지 크기가 더 클 뿐, 편향되기 쉽고, 오차가 있으며, 일관적인 내용을 제시하지도 못한다.

단지 큰 숫자가 아니라 의미 있는 방법으로 정보를 획득하기 위해 원데이터는 그래프나 지도로 표현되거나, 기술 통계(descriptive statistics)를 통해 요약되고(예: 평균값, 분산), 표로 제시될 수 있다. 이러한 방법은 더 높은 수준의 추상화인데, 왜냐하면 이들은 요약하지만 동시에 정보를 잃기 때문이다. 그래프와 지도는 데이터의 의미를 순식간에 전달하고, 세부 내용을 동시에 보여 준다는 측면에

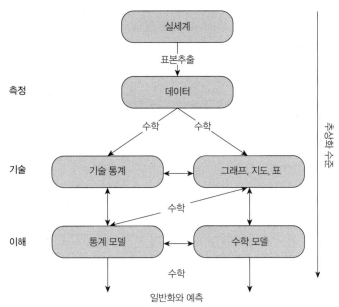

그림 32.1 정량적 연구에서 실세계 복잡성의 추상화 이 다이어그램은 단순화한 것이지만 추상화 단계를 거칠수록 복잡성이 감소하는 것을 보여 줌. 세부 내용(정보)은 잃지만, 이해는 명확해짐. 여기에서 '표'는 요약된 표를 의미하며, 수학은 서로 다른 수준의 추상화 수준을 알려 주는 언어임.

서 사람들의 이해를 돕는 강력한 도구이다. 그러나 매우 단순한 데이터를 제외하고는 각각의 지도와 그래프는 측정된 데이터 중 일부의 변수만을 표현할 뿐이다. 지도의 경우, GIS(18장, 27장 참조)는 이용자가 여러 레이어를 더하거나 빼면서 동시에 여러 변수를 분석하고 시각화하는 유용한 도구이다. 기술 통계는 데이터에 대한 즉각적인 인상을 주지만 세부 내용은 전달하지 못한다.

통계 분석의 결과는 높은 수준의 추상화 수준에서 제시된다. 예를 들어, 실세계 인구에서 모수 추정은 데이터 수집과 실세계를 일반화하기 위한 가설 검증을 통해 진행된다. 수학 모델도 비슷한 수준의 추상화 단계를 거친다. 왜냐하면 이들도 실세계를 반영하기 위해 추정된 모수를 사용하기 때문이다(19장, 23장 참조).

지도를 포함한 시각적이고 계량적인 데이터 탐색 및 표현 방법은 매우 복잡해서 쉽게 이해할 수 없는 실세계와 높은 추상화 단계의 수학적, 통계적 분석 결과 사이에 위치한다. 이러한 기술은 지리적 연구 및 이해에 매우 중요하며, 주의 깊고 능숙하게 이용되어야 한다. 그림 32.1에서 볼 수 있듯이, 수학은 서로 다른 추상화 수준을 알려 주는 언어다. 그래서 숫자와 기본적인 수학 지식은 지리학자에게 중요한 기술이다. 하지만 좋은 수학자가 아니더라도 효과적인 시각화 기술을 이용하면 높은 수준의 정량적 연구를 할 수 있다.

32.3 데이터 기초

표 32.1은 데이터프레임의 예시를 보여 준다. 데이터프레임은 행과 열로 구성된 스프레드시트로, 대부분의 경우 데이터를 정리하는 가장 효과적인 수단이다. 사실상 컴퓨터에서 이용되는 거의 모든 통계 패키지는 이 형식의 데이터를 이용한다. 각각의 행은 사례(case)를 나타낸다. 예를 들어 행은 개인이며, 때로는 식생 조사에서의 한 단위 토지, 또는 자갈 해변에서 하나의 자갈도 될 수 있다. 각 행에 입력되는 내용은 해당 단위의 속성값으로 개인의 나이, 성별, 소득, 직업이 이에 해당한다. 하나의 속성 정보의 모든 내용은 데이터프레임에서 하나의 열에 해당한다. 이것은 사례마다 다르기 때문에 변수(variable)라고 불린다. 이 데이터프레임에서 연령과 소득 변수는 연속적이며, 나머지는 범주형 데이터이다. 이러한 종류의 데이터에 대해 추가 설명은 이 책의 공식 웹사이트에서 찾아볼 수 있다 (study.sagepub.com/keymethods3e).

데이터를 탐색, 분석, 표현하고자 할 때 제일 처음 해야 할 것은 데이터의 종류를 확인하는 것이다. 이는 데이터를 이해하고, 어떠한 가공 분석 방법이 적절한지 판단하는 데 도움을 준다. 다루어야 할

표 32.1 데이터프레임의 예시 이 데이터프레임은 18개 단위(사례, 여기에서는 개별 사람에 해당)와 4개 변수(성별, 연령, 직업, 소득)로 구성됨. 여기에서 '이름'은 변수가 아니라 개별 사례를 구별하는 식별자임. 개별 사례가 어떻게 행이 되고, 변수가 어떻게 열이 되는지 주목하기를 바람. 이것은 대부분의 통계 패키지에서 이용하는 데이터 구성의 표준 방법임. 이 표에 이용된 데이터는 실제 관찰값이 아님.

이름	성별	연령(세)	직업	소득(파운드)
데이비드	남성	36.0	의사	55,741
저스틴	남성	22.7	사회복지사	19,569
린지	여성	46.0	의사	42,183
비키	여성	60.3	농부	28,293
매들린	여성	59.6	의사	49,658
마크	남성	63.0	사회복지사	22,485
셸리	여성	18.7	변호사	48,627
리지	여성	37.1	사회복지사	24,630
제시카	여성	58.6	변호사	45,268
필립	남성	24.5	농부	39,228
찰스	남성	29.5	농부	44,165
스티브	남성	20.1	의사	55,182
캐서린	여성	19.5	변호사	40,677
니컬라	여성	25.7	농부	40,607
샬럿	여성	28.3	변호사	61,191
니콜	여성	18.8	의사	50,598
니컬러스	남성	31.4	농부	44,048
대니얼	남성	34.1	사회복지사	15,878

데이터를 이해하는 것은 적절한 그래픽 또는 통계 분석을 결정하는 데 매우 중요한 과정이다. 연구 과정에서 항상 정량적 숫자들을 확인하는 것이 좋다. 다른 연구자의 보고서를 읽거나, 자신의 정량적 연구를 진행하는 모든 과정에서도 동일하다. 어떻게 해당 숫자들이 생성되었는가? 이들이 의미하는 바는 무엇인가? 기대하고 있는 수치인가? 통계 분석과 같은 추상화 기술의 결과가 타당한가? 또는 데이터 처리 과정에서 오류는 없었는가? 이러한 사고 과정은 숫자를 다루는 데 더 익숙하게 하며, 오류를 잡아내거나, 결과에서 의미 있는 내용을 찾아내는 데 도움을 줄 수 있다.

32.4 데이터 표현

대부분의 정량적 분석을 진행하는 지리학 연구는 많은 데이터를 이용한다. 너무 많기 때문에 원데이터를 관찰하는 것으로는 어떤 의미도 찾기 어렵다. 대부분의 경우, 분석 초기에는 시각적 또는 지도학적으로 그래프를 그려 보거나, 표로 정리된 기술 통계(31장 참조)를 활용하는 것이 좋은 방법이다. 이러한 탐색적 방법은 데이터에 내재된 구조나 패턴을 확인하는 데 도움이 되며, 연구자가 데이터를 이해하는 데 이바지한다. 데이터를 분석하고 그 의미를 확인한 이후에는 연구 결과를 효과적으로 제시할 필요가 있다. 그래프, 지도, 표가 데이터를 탐색하고 결과를 보여 주는 데 많이 사용된다.

데이터를 표현할 때 중요한 점은 다른 사람들은 그 데이터에 익숙하지 않기 때문에 제시된 것이 무슨 뜻인지 정확하게 알 수 있도록 도움을 주어야 한다는 것이다. 예를 들어, 그래프의 모든 축에는 측정 단위를 포함한 레이블을 붙여야 한다. 지도는 방위표와 축척이 명확하게 제시되어야 한다. 이해를 돕기 위한 주석의 사용도 고려해야 한다. 그래프, 지도, 표에 대한 자세한 설명은 범례를 통해 제시되어야 한다. 독자들이 추측하게 하는 것보다 과도하게 많은 정보를 제공하는 것이 낫다. 또한 적절한 범례를 사용해 표현하고자 하는 것을 명확하게 한다면, 글을 쓰지 않고도 효과적인 의미를 전달할 수 있다. 일반적으로 표, 그래프, 지도 등에서 사용되는 범례, 주석, 자막과 같은 추가 정보는 본문을 확인하지 않아도 그래프 자체로 이해할 수 있을 만큼 구체적이어야 한다.

개별 그래픽을 구체적으로 언급하기 전에 어떤 표현 방법을 선택할지는 매우 중요하다. 가장 초보적인 수준에서 데이터가 표현되는 방식은 그 결과가 중요한지 아닌지를 결정하기도 한다. 그림 32.2에서 무엇을 볼 수 있는가? 여러 이유로 해당 그래프는 아주 모호하다. 우선 레이블이 명확하지 않기 때문에 그래프가 무엇을 나타내는지 확인하기 어렵다. 가장 심각한 문제는 제공하는 정보를 고려할 때, 이용된 그래프가 매우 부적절하다는 것이다. 해당 그래프는 식물 종과 섬의 면적을 나타내고 있다. 여기에서 초점은 상관관계이다. 즉, 섬의 면적이 증가하면 식물 종은 어떻게 되는가? 그러나 이 그래프에서 그러한 관계를 파악하는 것은 다음과 같은 이유로 매우 어렵다. (1) 두 변수가 동일한 축에 표현되었음, (2) 두 변수가 완전히 다른 척도(하나는 km², 다른 하나는 종의 수)로 측정되었음에도 두 변수의 표현 단위가 동일하게 설정되었음, (3) 그래프에 표시된 대부분의 막대가 너무 작음. 그래프의 또 다른 문제점은 그림 32.2에 기술되어 있다.

이 경우 필요한 그래프는 이변량 산포도(bivariate scatterplot), 다른 이름으로는 x-y 산포도이다. 그림 32.3은 이변량 산포도를 이용해 두 변수의 관계를 명확히 제시한다. 축에는 레이블이 있고, 로그로 변환된 단위는 데이터의 관계를 명확히 보여 준다. 여기에서 관찰되는 것은 몇 가지 예외적인 관찰값을 제외한 직선의 상관관계이다. 예외값은 주요 연구 대상에 해당하기 때문에 레이블로 표시했다. 따라서 이어지는 질문은 다음과 같다. 이러한 상관관계에서 명확한 예외 사례가 관찰되는 이유는 무엇인가? 다음에서 이 내용을 구체적으로 언급하겠지만 중요한 점은 그림 32.2에서는 명확히

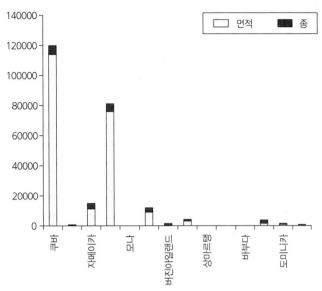

그림 32.2 부적절하게 표현된 데이터 예시 이 그래프는 많은 것이 잘못되어 있음. (1) 축의 레이블(X축, Y축 모두 레이블이 없다. 섬 이름이 모두 X축에 기록되어 있으며, Y축에는 어떤 단위도 없다), (2) 명확하게 표시되지 않은 내용(주요 내용은 섬의 면적이 넓어질수록, 적어도 카리브 제도에서 식물 종이 많아진다는 것임. 이러한 종류의 그래프는 상관관계를 나타내기에는 부적절함), (3) Y축의 스케일이 적절하지 못하기 때문에 대부분의 데이터가 구분이 불가능할 정도로 작게 표현되어 정보를 전달하지 못하고 있음, (4) 제시된 3차원 효과는 그래프에 아무런 기여도 하지 못하며, 범례가 적절한 위치에 있지 못하기 때문에 그래프가 어수룩해 보임. 종합적으로 주어진 의미를 파악하는 데 쉽지 않은 그래프임.

출처: Frodin(2001)의 데이터를 재구성

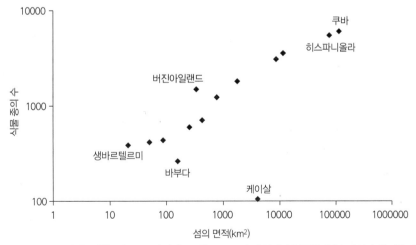

그림 32.3 보다 나은 데이터 표현(그림 32.2 데이터) 그림 32.2보다 메시지가 분명함. 일부 예외가 있지만 예측 가능한 방식으로 섬의 면적에 따라 종이 풍부해지는 경향을 보임. 예외적인 사례는 모델의 설명이 맞는지 추후 보다 상세히 검토할 수 있도록 레이블로 표시되어 있음(가장 큰 섬과 가장 작은 섬). 변수 간 관계를 보여 주기에 적절한 그래프 유형이며, 로그 척도는 데이터의 경향이 그림 32.2에서보다 명료하게 보여질 수 있도록 해 줌.

관찰할 수 없던 두 변수 사이의 관계가 그림 32.3에서는 잘 나타나고 있다는 것이다. 이 주제를 확장해 이후 내용은 데이터를 표현하는 기본 원칙들에 대해 설명할 것이다.

지도

보편적으로 이용되는 시각 매체인 지도는 지리학적으로 매우 중요한 의미를 지닌다. 모든 지리 데이터는 공간 속성을 가지고 있다. 일반적으로 데이터는 경도와 위도라는 공간 좌표 체계에 기반해 위치 시스템을 구성한다. 이러한 공간 정보는 데이터와 변수의 예외값을 이해하는 데 매우 중요한 역할을 한다. 예를 들어, 그림 32.4a는 파충류와 양서류를 통해 카리브 제도의 다른 종-면적과의 관계를 보여 준다. 트리니다드섬을 제외하고는 종의 수와 섬의 면적에서 강한 상관관계가 나타난다. 여기에서 주요 이슈는 트리니다드섬은 왜 다른 카리브 섬과 비교해 더 많은 양서류 종을 지니고 있느냐는 것이다. 그림 32.4b 지도에서 볼 수 있듯이 여러 이유가 있을 것이다. 트리니다드섬은 다른 섬들에 비해 남아메리카 대륙에 더 가깝다는 것이다(실제로 빙하기 해수면이 낮을 때에는 남아메리카 대륙과 연결되어 있었음). 남아메리카 대륙은 매우 넓으며, 많은 양서류 종이 분포하고, 카리브 제도로 유입되는 종들의 근원이 된다. 하지만 육상 생물이 바다를 어떻게 넘어갔는지는 여전히 미스터리이다. 양서류는 바다를 넘어 확산하기에는 어려운 종이다. 왜냐하면 피부의 방수 기능이 떨어지며, 바다의 소금물이 즉각적인 탈수 상태를 유발하기 때문이다. 따라서 트리니다드섬에는 다른 섬들에 비해 남아프리카 대륙으로부터 더 많은 양서류가 유입됐을 가능성이 높다. 지도를 통해 확인할 수 있는 지리적 정보는 이러한 설명을 가능하게 해 준다.

지도는 지리적 데이터의 통계적 분석이나 수학적 모델링 결과를 보여 주는 데 매우 유용하다. 예를 들어, 모델을 이용한 예측값을 지도로 표현할 수 있다. 통계 모델에서의 잔차(오차: 모델을 통한 예측값과 실제 관찰값의 차이)는 일상적으로 지도화해 표현하는데, 이를 통해 모델의 가정, 적절성, 그리고 이러한 결과의 개선 가능성을 보여 주기 때문이다.

표

정량적 데이터에 주로 이용되는 표는 데이터 표(data table)와 요약 표(summary table) 두 가지가 있다. 요약 표는 많은 정보를 요약하는 데 이용되며, 정확, 정직, 명확한 동시에 간결하게 표현되어야 한다. 요약 표는 학술지, 책, 강의 등에서 많이 이용된다. 때로는 매우 길고, 자세한 데이터 표가 필요

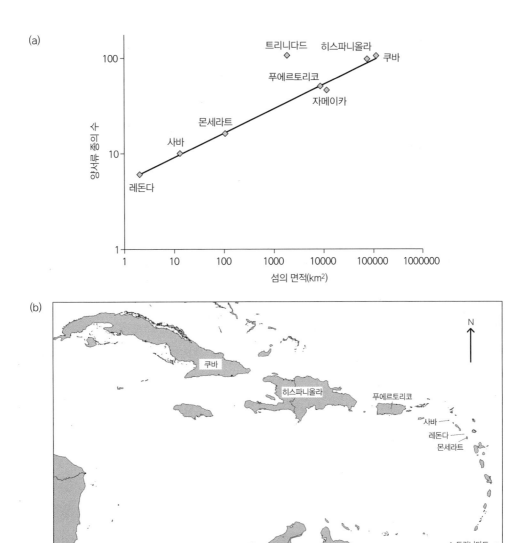

그림 32.4 서인도 양서류의 종–면적 관계 데이터 (a) 산포도는 카리브 제도에서 양서류의 종과 면적을 보여 줌. 평균값을 나타내는 추정선은 트리니다드섬의 면적을 고려할 때, 예외적으로 양서류가 많다는 것을 보여 줌. (b) 지도는 (a)에서 표현된 섬의 위치를 보여 줌. 이 지도는 트리니다드섬에 상대적으로 많은 양서류 종을 통해 두 가지의 설명을 제시함. (1) 트리니다드섬처럼 적도에 가까울수록 종의 수가 많아지는 것은 일반적으로 널리 알려진 특징임, (2) 다른 섬들과 비교할 때 트리니다드는 남아메리카 대륙에 매우 가까움.

출처: MacArthur and Wilson(1967)의 데이터 활용. 기본지도는 MapInfo Professional version 7.0에 포함된 기본도 이용

한 경우도 있다(예를 들어, 보고서나 학술지의 부록으로 제시되는 원데이터 표). 주의할 점은 독자 입장에서 표를 제공하는 것이다. 표를 이용하는 목적을 생각하고, 표에 이용된 모든 속성 정보가 해당 목적에 부합하는지 확인하는 것이 중요하다.

표 32.1과 같은 데이터 표는 필요한 경우에 독자들에게 원데이터를 참조하게 하는 목적으로 이용된 스프레드시트이다. 이는 다른 데이터 분석자들을 위해 발견한 내용을 확인하거나, 데이터의 특이점을 찾거나, 데이터 자체에 대한 분석을 가능하게 한다. 따라서 이 표는 데이터프레임과 같이 잘 조직되어야 하며 가능한 한 명확해야 한다. 행과 열은 적절하게 레이블이 붙어야 하고, 내용을 잘 설명해야 한다. 이렇게 잘 조직된 데이터를 좋은 메타데이터(metadata)라고 한다. 어떤 일을 일정 시간 이상 하면 매우 익숙해져서 해당 데이터를 이해하는 것이 아주 쉬울 것이다. 좋은 메타데이터 또한 이해를 매우 쉽게 도와주기 때문에 해당 데이터를 다시 찾아보지 않도록 만든다.

요약 표는 대부분의 정량적 연구에서 결과를 제시하는 주요 방법이다. 그러나 요약 표를 구성하는 과정에서는 무엇을 선택하고 뺄지 신중하게 생각해야 한다. 또한 개별 열에서 소수점 단위를 설정하는 것도 매우 중요한데 (1) 일관되게 적용되어야 하고, (2) 데이터의 불확실성을 고려해 적절하게 선택해야 한다(Taylor, 1982, 특히 2장에서 불확실성에 대한 설명과 표현 방식을 잘 다루고 있음).

요약 표는 기술 통계와 같은 데이터의 처리와 분석 과정이 진행되기 전까지는 완성할 수 없다. 예를 들어, 표 32.2는 10일 동안 세 개의 하천에서 측정된 오염 물질의 평균과 표준편차를 보여 준다. 가장 중요한 것은 어떤 정보를 포함하고 뺄 것인지 결정하는 것이다. 표 32.2는 왜 표준편차를 제시하고 있을까? 보편적으로 오염 물질은 낮은 수준에서는 문제가 되지 않는다. 그러나 일정 수준을 넘어서면 유독 물질이 된다. 법률은 이 오염 물질이 어느 수준까지 허용되고 어느 수준 이상이면 문제가 되는지 기준을 명시한다. 관심을 가지는 오염 물질의 법적인 허용 수준이 10단위라고 가정해 보자. 평균 수준은 매우 중요하기 때문에 요약 표에 포함된다. 그러나 평균값으로는 충분하지 않다. 표 32.2에서 평균값에만 주목한다면, 모든 하천에서의 평균 오염 물질 수준은 문제가 없다고 판단할 것이다. B 하천이 오염 수준에 살짝 미치지 못하기 때문에 관심을 가질지도 모른다. 그러나 A 하천과 C 하천은 안정적으로 허용치 내에 있다. 이는 잘못된 결론이다! 표 32.2 범례에 제시된 원데이터를 보자. B 하천에서의 평균 오염 수준은 상대적으로 높지만, 10개의 측정치는 일관성이 높으며 오염 수치가 법적 허용 수준인 10단위를 넘는 날은 없다. 대조적으로 A와 C 하천의 측정치는 매우 변동이 심하다. A 하천에서 최고치는 9.5이지만, 데이터를 보면 측정값이 10 이상이 될 가능성이 커 보인다. C 하천은 가장 낮은 평균값을 가지지만, 10개 중 두 번의 측정값이 법정 기준치인 10단위 이상이다. 이는 C 하천에서 오염 물질이 매우 빈번하게 집중된다는 것을 보여 준다. 실질적인 확률을 계산한다면, 데이터가 정규 분포를 따른다고 가정할 때 오염 물질의 집중도가 10단위를 넘을 확률은 A 하천이 7%, C 하천이 16%인데 비해 B 하천은 0.0003%에 불과하다. 평균값에만 기초해 결론을 도출한다면 결론은 완전히 틀린 것이다.

이러한 예는 결과를 제시하는 일반적 원칙을 보여 준다. 즉, 평균과 같이 표본에 기초한 통곗값을 제시할 때는 불확실성(uncertainty)과 변동성(variability)에 관한 측정값도 함께 제시해야 한다. 변동성이나 불확실성은 맥락에 따라 달라질 수도 있다. 표 32.2의 예에서 표준편차는 변동성을 보여 주는데, 오염 수준이 기준치를 넘는지를 확인하는 적절한 방법이다. 추정 계수값의 신뢰도가 중요한 추론 통계(inferential statistics)를 사용할 때(예를 들어, 두 표본 집단의 평균값이 통계적으로 유의미하게 다른가를 확인하는 경우)는 불확실성에 관한 측정값을 이용하는 것이 적절하다. 신뢰구간이나 평균으로부터의 표준편차가 이에 해당한다. 불확실성을 어떻게 측정하는지는 이 장의 범위를 벗어

표 32.2 요약 표의 예시 세 개의 하천에서 오염 물질 집적도의 평균값이 표준편차, 표본 수와 함께 제시됨. 이와 같이 표본에 기초한 통곗값을 보여 줄 때는 변동성, 불확실성의 측정값이 함께 제시되어야 함. 이러한 통곗값을 도출한 가상의 원데이터 값은 다음과 같음. A 하천: 5.4, 3.4, 6.5, 8.6, 8.4, 9.5, 1.6, 5.5, 8.2, 3.8; B 하천: 9.1, 8.7, 9.2, 9.2, 9.2, 9.4, 8.8, 9.1, 9.1, 9.0; C 하천: 8.7, 3.1, 5.4, 3.3, 10.2, 6.0, 14.5, 4.4, 0.5, 0.0.

	A 하천	B 하천	C 하천
평균	6.1	9.1	5.6
표준편차	2.6	0.2	4.5
사례 수	10	10	10

표 32.3 통계 분석 결과에 대한 요약 표 이 표는 다섯 개 표본에 대한 이변량 분석 결과를 보여 줌. 각 분석은 연간 식물의 성장 변동성을 설명하고자 함. 분석에 사용된 데이터는 평균 기온, 강수, 토양 산성도(pH), 비료, 밝기 수준의 영향을 조사하기 위한 시뮬레이션 실험 내용으로 구성됨. 이 데이터는 이후 등장하는 많은 그래프에 사용되며, 이 책 공식 웹사이트에서 확인할 수 있음. 개별 통계 모델 결과는 다음과 같이 요약됨. 식물 성장의 몇 퍼센트가 다음 변수에 의해 설명되는지(r^2), 해당 모델의 통계적 유의성(p), 분석에 이용된 데이터의 수(n), 모델에서 이용된 자유도(df), 추정된 계수값에 대한 95%의 신뢰수준(CI). 연속적인 변수값은 회귀분석을 통해 분석할 수 있으며, 최적 추정선의 경사도와 절편을 보여 줌. 범주형 변수값은 분산분석을 통해 분석되는데, 평균값의 차이를 추정함(비료 사용 변수의 분산분석 절편값은 비료를 사용했을 때와 비료를 사용하지 않았을 때 식물의 평균 성장치의 차이를 보여 줌).

모델	r^2	p	n	df	모수 추정	
기온(°C)	0.185	0.000	60	1	*Slope*±95%*CI* 5.0±2.7	*intercept*±95%*CI* 3.5±48.0
강수량(mm)	0.000	0.414	60	1	–	–
pH	0.000	0.550	60	1	–	–
비료	0.859	0.000	60	1	*Difference*±95%*CI* 87.4±9.2g/yr	*intercept*±95%*CI* 135.7±6.5
밝기	0.025	0.182	60	2	–	–

나지만, 계수의 추정은 불확실성의 측정값과 관련되어 있다는 것은 매우 중요한 사실이다. 불확실성을 배우고 측정하는 좋은 출발점은 테일러(Taylor, 1982)의 연구이다. 또한 이 책의 33장을 참고해도 좋다.

통계 분석의 결과나 수학 모델링의 결과, 또는 다른 복잡한 과정의 결과를 보여 주기 위해 요약 표를 이용하는 것은 매우 일반적이다. 중요한 점은 통계 분석 과정에서 적용했던 동일한 기준과 원칙이 그 결과를 보여 주는 요약 표의 구성에서도 동일하게 적용되어야 한다는 것이다. 요약 표를 디자인할 때, 어떤 정보가 중요한지 항상 고민해야 한다. 중요한 정보임에도 쉽게 간과되는 것들로 표본 크기, 자유도(degrees of freedom), 통계적 유의수준(p), 불확실성 측정값 등이 있다. 요약 표에 어떤 내용을 담을지 결정한 후에는 이를 가장 효과적으로 보여 주는 방법을 고민해야 한다. 표 32.3은 통계 분석 내용을 요약하는 표 예시를 보여 준다. 이 표는 세 개의 회귀분석과 두 개의 분산분석 결과를 효과적으로 보여 준다.

그래픽 디스플레이

그래픽 디스플레이는 결과를 전달하는 최고의 방법이다. 적절하게 이용되었을 때 매우 간결하고, 잘 기억되며, 정직하고, 설득력이 있다. 이러한 이유로 그래픽은 발표 과정에서 표보다 항상 선호된다(Ellison, 2001). 그러나 정보의 요약 과정에서 정확한 값이 중요한 경우에는 표가 더 유용하다(예: 표 32.3과 같이 여러 통계 모델 결과를 동시에 제시해야 하는 경우). 그래픽 디스플레이는 세 가지 목적, (1) 데이터 패턴의 예비 탐색, (2) 통계적, 수학적 모델의 품질과 가정 확인, (3) 독자에게 결과 전달을 충족시킨다. 앞의 두 목적은 데이터를 정확하고 간추리는 것을 필요로 하지만, 결과 표현의 높은 완성도는 필요하지 않다. 쉽고 빠르게 결과를 만들고 해석하기 쉬우면 된다. 반면, 독자와 결과를 의사소통하는 것은 높은 품질의 그래픽을 요구한다. 다시 말해, 대체로 상대적으로 높은 수준의 복잡성이 허용되고 필요하더라도, 명확하고 쉬운 해석이 중요하다.

복잡하지만 매우 효과적인 그래픽의 훌륭한 예로 미나드(Minard, 1869)의 '1812~1813년 나폴레옹의 러시아 원정'에 대한 통계적 묘사가 있다. 이 그래픽은 6~7개의 연속형 변수(경위도 및 거리, 시간, 온도, 병사 수, 이동 방향)와 두 개의 범주형 변수(진격/후퇴하는 군대, 전투)를 보여 주는데, 시각적으로 놀랍고, 매우 쉽게 이해할 수 있다. 현대의 보정 및 개선 작업을 통해 해당 그래픽은 더 훌륭하게 발전했으며, 란트슈타이너(Landsteiner, 2013)의 상호작용 형태의 버전도 있다.

그래픽을 통한 데이터 묘사에는 중요한 원칙이 있다. 튜키(Tukey, 1977), 클리블랜드(Cleveland,

1985), 터프티(Tufte, 1983; 1990)는 그래픽의 원칙에 대한 포괄적 논의를 담고 있다. 이에 관한 좋은 요약은 엘리슨의 글에서 찾을 수 있다(이 내용은 데이터 구조와 분석에도 적용됨).

실험 디자인의 기초가 되는 질문이나 가설은 데이터를 탐색하고 보여 주는 그래픽의 선택에도 동일하게 적용되어야 한다. 실험 전에 가상의 그래프를 그려 보는 것은 실험 디자인을 명확하게 해 준다. … 종종 장식이 없는 간단한 그래프가 최고의 선택이다. 하지만 그래프를 쉽게 결정해서는 안 되며 … 한눈에 이해될 수 있어서도 안 된다. … 그래프가 제공하는 미학적, 인지적 관심 외에도 많은 정보가 담긴 복잡한 그래프는 출판 비용과 발표 시간을 줄일 수 있다(Ellison, 2001: 38).

그래픽의 네 가지 원칙은 다음과 같이 요약할 수 있다.

• 주요한 패턴이 명확하게 제시되어야 한다.
• 그래픽은 '정직'해야 한다. 예를 들어, 데이터를 왜곡·검열·과장해서는 안 된다.
• 그래픽을 통해 독자는 데이터를 가능한 한 쉽게 읽을 수 있어야 한다.
• 그림은 효율적이어야 한다. 잉크는 적절한 정보를 사용하기 위해 사용되어야 하며, 그림 32.2에서 볼 수 있듯이 불필요한 3차원 효과 같은 특수 효과는 사용하지 말아야 한다.

이러한 원칙은 서로를 강조한다. 예를 들어, 효율적인 그림은 주요한 패턴이 가장 명확하게 나타나도록 한다. 또한 주석을 달 수 있도록 더 많은 공간을 제공한다. 발표 대상에 따라 특정 관심 대상을 가리키기 위해 주석을 사용하는 것이 좋다(그림 32.3 참조). 터프티(Tufte, 1983: 51)는 그래프를 통한 데이터 디스플레이의 주요 원칙을 제시했다. '최고의 그래픽은 가장 작은 공간에 최소량의 잉크를 사용해 독자가 가장 짧은 시간에 가장 많은 아이디어를 얻을 수 있는 것이다. … 최고의 그래픽은 또한 데이터에 대한 진실을 전달해야 한다.'

다양한 데이터에 적합한 다양한 그래픽이 있으며, 보여 주려는 관계 유형에 따라 그래픽을 선택해야 한다. 두 가지 일반적인 유형은 데이터의 분포를 평가하고, 변수들 사이의 관계를 탐색하는 것이다. 구체적인 그래픽 기법들을 살펴보기 전에 몇 가지 기술적인 용어를 확인할 필요가 있다.

• 통계 분석에서 '반응변수(response variable)'는 조사하고 있는 변수를 말한다. 예를 들어, 설명하고자 하는 대상, 즉 종속변수(dependent variable) 또는 y 변수로도 불린다.

- 반응에서 변이, 즉 종속변수의 변화를 설명하기 위해 사용하는 개별 변수를 '설명변수(explan-atory variable)'라고 하며, 독립변수(independent variable), 또는 x 변수라고 부른다.
- '에러'는 '잔차(residual)'라고도 하는데, 종속변수의 실제 관찰값과 모델로 추정한 값의 차이를 말한다.

32.5 데이터 분포 확인

그림 32.5와 같은 그래프는 **단일 변수값의 분포를 나타낸다.** 이러한 그래프는 대개 데이터 탐색과 모델 확인을 위해 이용되지만, 공식적으로 이용될 때도 있다[그림 32.5~12에 이용된 가상 데이터는 이 장의 온라인 부록(study.sagepub.com/keymethods3e)에서 이용할 수 있음].

히스토그램(histogram)

데이터의 분포를 확인하기 위해 가장 일반적으로 이용되는 그래프는 히스토그램이다(그림 32.5a, b). 히스토그램을 막대그래프와 혼동하는 경우가 많은데, 초보자에게는 매우 비슷해 보이기 때문이다. 그러나 이들은 근본적으로 다른 정보를 전달한다. 히스토그램은 가로축의 방향으로 데이터를 분류한 묶음으로 구성되고, 개별 묶음에 해당하는 데이터의 개수 값을 세로축의 방향으로 표시한다. 이러한 묶음을 '구간(bins)'이라 부르며, 이들은 각각의 서로 다른 범위값을 가지고 있다. 개별 묶음에 포함된 데이터의 수를 '빈도(frequency)'라고 부른다.

히스토그램은 변수의 분포가 정규 분포와 유사한지 확인하기 위해 사용된다. 그림 32.5a에서 식물 성장률 데이터는 다소 정규 분포와 비슷하다. 이러한 비교를 쉽게 하기 위해 히스토그램 위에 이론적인 정규 분포 곡선을 그릴 수 있다. 이론적인 분포는 이처럼 곡선으로 표현될 수 있는데, 개별 변수의 정확한 확률을 계산할 수 있기 때문이다. 이러한 곡선을 확률밀도함수(probability density function)라고 하며, 아주 작은 묶음의 구간으로 구성된 히스토그램으로 간주할 수 있다. 사실, 밀도를 나타내는 그래프(density plot)는 매우 일반적인 형태로 히스토그램 및 이론적 분포를 나타내는 곡선을 모두 포함한다. 그림 32.5의 b~e는 정규 분포를 따르지 않는 다른 변수들을 보여 준다[여기에서도 정규 분포의 가정은 위배되지 않음. 자세한 설명은 이 책의 공식 웹사이트(study.sagepub.com/keymethods3e) 참조].

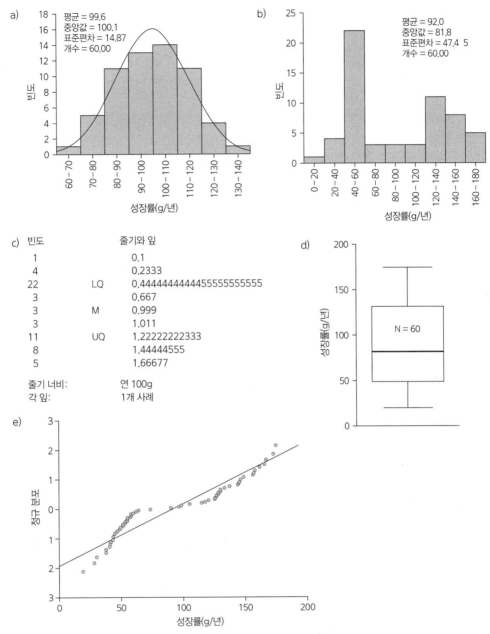

그림 32.5 단일 변수의 데이터 분포 확인 (a) 히스토그램으로 식물 성장률이 대략 정규 분포를 따르고 있음을 보여 줌. 데이터 분포와 정규 분포를 비교하기 위해 정규 분포 곡선을 추가함. 히스토그램은 몇 가지 단점이 있음. 특히 원데이터를 보여 주지 못하기 때문에, 히스토그램을 이용해서는 기술 통계와 같은 데이터 가공을 할 수 없음. 물론 이 그래프에 사용한 것처럼 기술 통계 내용을 주석으로 추가할 수 있음. 또한 구간으로 데이터를 묶는 과정에서 연구자의 주관이 개입될 수 있으며, 이는 해석에 영향을 미침(Ellison, 2001). (b) 비정규 분포를 보여 주는 히스토그램으로 쌍봉 분포(bimodal distribution)를 따름. (c) 줄기잎 도표는 히스토그램을 변형한 것으로 원데이터를 감추지 않고 보여 줌. (d) 상자수염 도표는 데이터를 보여 주는 데 효과적이며 자세한 정보를 제공함. 그러나 데이터의 특정 성향을 감추는 경향이 있음(여기에서는 데이터의 양봉성이 감춰짐). (e) 확률 도표는 실제 데이터가 특정 이론적 분포와 어떤 차이가 나는지 보여 줌(여기에서 사용된 것은 Q-Q 도표이며, 직선이 정규 분포를 의미함). (c)부터 (e)까지는 (b)와 동일한 데이터를 이용함.

줄기잎 도표(stem-and-leaf plot)

그림 32.5에서 c~e는 b와 동일한 데이터를 이용해 데이터 분포의 특성을 보여 주는 다양한 방법이다. 그림 32.5c는 줄기잎 도표로 히스토그램과 비슷하지만 원데이터를 보여 준다는 장점이 있다. 줄기잎 도표는 읽는 데 익숙해지면 매우 유용하다. 히스토그램과 마찬가지로 막대의 길이는 개별 묶음에 해당하는 데이터의 개수를 나타낸다. 개별 데이터 포인트는 데이터 개수의 합뿐만 아니라 데이터 값을 나타낸다. '줄기'는 숫자의 첫 번째 행을 나타내며 열에서의 첫 번째 데이터 값을 나타낸다. '잎'은 줄기의 오른쪽에 위치하며, 데이터 값의 다음 값을 구성한다. 그림 32.5c에서 줄기는 100단위이고, 잎은 10단위이다. 그래서 이 데이터에서 가장 작은 값은 10과 20 사이(0×100, 1×10)이며, 실제값은 19.2이다. 가장 큰 값은 170과 180 사이이며, 실제값은 174.2이다. 히스토그램과 마찬가지로 평균, 중앙값, 사분위값 등을 레이블로 그림에 추가할 수 있다. 그러나 대부분의 통계 패키지는 줄기잎 도표 위에 정규 분포 곡선을 그릴 수 있는 기능을 제공하지 않는다.

상자수염 도표(box-and-whisker plot)

그림 32.5d는 상자수염 도표, 또는 상자 도표(boxplot)이다. 도표의 가운데 위치한 상자는 하위 25%~상위 75%에 사이에 위치하는 값으로 구성된다[하위 25% 미만, 상위 75% 초과는 힌지(hinge)라고 부름]. 달리 말하면, 이 상자는 사분위수 범위(inter-quartile range)를 보여 준다. 상자 가운데 위치한 선은 중앙값(median)을 나타낸다. SPSS의 초기값으로 작성한 그림 32.5d에서 수염(whisker)은 상자로부터 사분위수 범위의 1.5배에 대한 데이터의 값에 기초해 그릴 수 있다. 이 수염 바깥에 위치하는 관찰값을 다른 데이터와 확연하게 다른 관찰값인 이례값(outlier)이라고 정의한다. 이례값은 두 유형으로 구분되는데, 덜 극단적인 이례값은 수염으로부터 1.5배 사분위수 범위 안쪽에 위치한 관찰값을 나타내며, 더 극단적인 이례값은 그 바깥에 위치한 값을 말한다. 이러한 두 가지 이례값은 상자 도표에서 서로 다른 기호를 사용해 구분된다. 상자 도표는 변수들을 요약, 비교하는 데 매우 훌륭한 도구이며, 아주 좋은 정보를 제공하는 그래프이다. 그러나 데이터의 분포를 나타내는 측면에서는 데이터의 특징을 제대로 표현하지 못한다는 단점이 있다(그림 32.5d 확인).

확률 도표(probability plot)

그림 32.5e는 확률 도표이다. 확률 도표는 데이터의 실제 분포가 이론적 분포에 얼마나 부합하는지 확인하기 위해 주로 사용한다. 특히 잔차의 정규성(normality)이라는 통계적 가정을 확인하는 과정에서 매우 유용하다. 통계 그림에서 이론적 분포는 대각의 직선으로 나타나도록 구성되며, 실제 데이터는 점으로 표현된다. 데이터가 이론상의 분포를 완전히 따른다면 모든 점은 그래프의 직선에 위치한다. 실제로 이러한 일은 거의 발생하지 않는다. 이 그림에서 데이터가 이론상의 분포와 다르다는 것을 보여 주는 지표는 대부분의 데이터 값들이 선으로부터 일정 범위 안에서 체계적으로 떨어져 있는 상황이다. 선으로부터 위아래 일정 간격으로 무작위로 떨어져 있는 점들은 상관없지만, 그림 32.5e처럼 데이터가 비선형의 패턴을 보인다면 이는 데이터의 분포가 이론적 분포와 다르다는 것을 의미한다. 잔차의 경우, 정규 분포와 다르다면 모델에 문제가 있다는 것을 의미한다. 그래서 확률 도표는 통계 모델의 잔차가 정규 분포를 따르는지 확인하는 목적으로 많이 이용된다. 그림 32.5e와 같이 잔차가 정규 분포를 따르지 않는 경우 모델에서 설명하지 못한 특정 요인에 의해 결정되는 경우가 있다.

32.6 변수들 간 관련성 확인

지리학의 많은 정량적인 연구는 현상의 인과성(causation)을 추론하고자 한다. 즉, 무엇이 지금 관찰하는 패턴을 만들었는지 알고자 한다. 인과성은 연구자나 독자가 수행하는 연구 디자인과 결과에 대한 해석이라는 두 가지 요인이 합쳐져서 결정된다. 따라서 통계적 검정 결과 자체가 원인을 설명하지는 않는다. 많은 학생이 유의미한 회귀분석 결과가 원인과 결과를 보여 준다고 생각하지만 그렇지 않다. 그래서 변수들이 서로 어떻게 연관되는지에 대한 효과적인 시각화는 결과를 해석하는 데 매우 중요할 수 있다.

이변량 상관관계: 산포도, 막대그래프, 상자 도표

변수들 간의 관련성을 보는 가장 단순한 형태는 두 변수의 관계를 분석하는 이변량 분석(bivariate analysis)이다. 많은 경우 이러한 관계는 인과관계로 간주되어 원인인 독립변수와 결과인 종속변수를 통해 분석된다. 이때 두 변수가 연속적이라면 가장 효과적인 그래프는 산포도(scatterplot)이다 (그림 32.6). 독립변수는 x축에 표현되고, 종속변수는 y축에 표현된다. 산포도에 표현된 관계는 선으로 표현되는데, 가장 단순한 예가 선형의 최적선(linear best fit line)이다. 산포도는 아무런 인과관계를 추론할 수 없을 때에도 사용하는데, 회귀선 없이도 두 변수 사이의 상관관계를 확인할 수 있다.

하나의 변수가 연속형이고 다른 변수가 범주형일 때는 산포도가 데이터의 정보를 제대로 표현하지 못하기 때문에 유용하지 못하다. 만일 두 변수가 모두 범주형이라면 그래프를 그리는 것은 의미가 없다. 차라리 개별 범주의 조합을 나타내는 빈도표가 더 유익하다. 그림 32.7은 가장 보편적인 경우, 즉 독립변수가 범주형이고 종속변수가 연속형 경우이다. 범주형의 독립변수는 종종 '요인(factor)'이라고도 불린다.

요인과 연속형 종속변수의 관계를 나타내는 여러 가지 방법이 있다. 여기에서 초점은 종속변수가 서로 다른 요인에 따라 두드러진 차이가 있는지를 확인하는 것이다. 산포도는 이러한 요인을 반영하기 위해서 x축에 지터(jitter)라고 하는 무작위 값을 이용해 범주를 표현하는 방법으로 변형될 수 있다. 그림 32.7b가 이를 보여 주는데, 데이터는 여전히 명확하게 범주화되어 있지만 데이터 점들은 그림 32.7a에 비해 더 명확하게 표현되어 있다. 요인을 표현하는 다른 방법으로 상자 도표(box plot)가

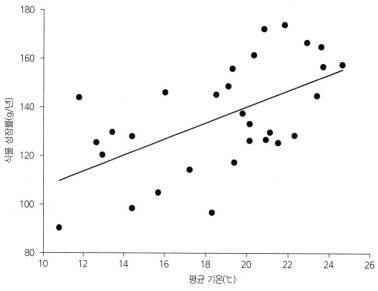

그림 32.6 산포도 산포도는 가장 단순하고 가장 유용한 이변량 그래프이며 일반적으로 가장 많이 이용됨. 하나의 변수는 x축을 따라서 표현되며, 다른 변수는 y축에 표현됨. 두 변수 모두 연속적이며 일반적으로 독립변수가 x축에, 종속변수가 y축에 표현됨. 단순 선형회귀 분석의 최적선이 표시되어 있음. 이 그래프는 비료가 이용된 식물에 대한 데이터만 보여 줌.

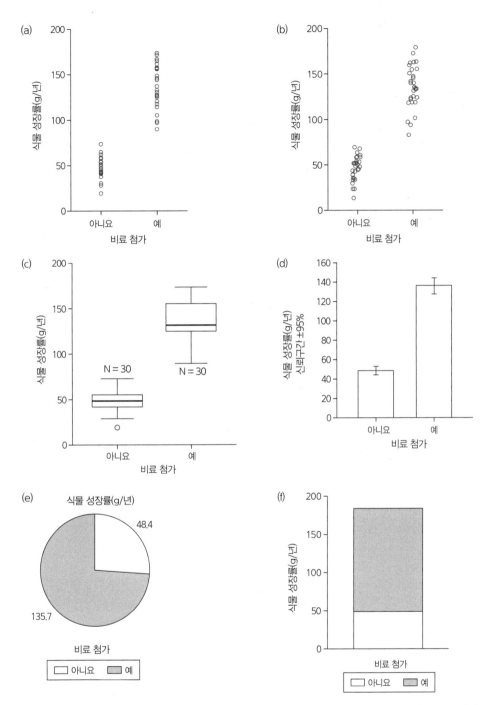

그림 32.7 요인과 연속형 종속변수 사이의 관계를 표현하는 여러 방법 요인은 범주형 독립변수를 말함. 모든 그래프는 동일한 데이터를 표현하고 있는데, 비료의 사용 여부와 식물의 성장임. (a) 산포도, (b) 지터를 이용한 산포도, (c) 상자 도표, (d) 오차를 표현하는 막대그래프(95%의 신뢰구간 표현), (e) 원그래프, (f) 누적 막대그래프.

있는데 더 좋은 결과를 보여 준다. 그림 32.7c에서 종속변수를 나타내는 상자 도표는 개별 요인에 따라 표현되었다. 대안적으로 막대그래프는 평균값을 보여 주는 데 이용할 수 있으며 계산된 평균값의 신뢰도를 보여 주는 장치가 추가될 수 있다. 그림 32.7d는 개별 평균값에서 95%의 신뢰구간을 표현하고 있다. 엄격하게 말한다면, 평균값은 점으로 표현될 수 있기 때문에 막대그래프의 막대는 필요 없다. 그림 32.7e의 원그래프와 그림 32.7f의 누적 막대그래프는 확률 데이터에 많이 사용한다. 그러나 데이터 값을 읽기 어렵고, 해당 값의 신뢰도를 표현할 수 없기 때문에 사용하지 않는 것을 권장한다. 이에 대해 엘리슨(Ellison, 2001: 57)은 다음과 같이 말한다. '나는 파이 차트가 필요한 어떤 경우도 생각할 수 없다.'

다변량 분석: 여러 가지 가능한 원인에 대한 설명

많은 경우에 패턴은 하나 이상의 원인으로 형성된다. 여러 가지 이유가 패턴을 형성한다는 의미에서 분석은 다변량적(multivariate) 특징을 갖는다. 여러 독립변수가 종속변수의 패턴을 설명하기 위해 이용된다. 한 예로 어떤 지역의 여러 강에서 범람 확률을 살펴보자. 강수량, 강수 시간, 유역의 토지 이용 형태, 기반암의 특징 등이 범람 확률에 영향을 미치는 요인일 것이다. 이 중에서 하나의 특정 변수가 모든 범람 확률을 설명한다는 것은 불가능할 것이다. 식물의 성장도 비슷한 사례이다.

때로는 패턴 그 자체가 다변량 속성을 갖는다. 하나의 종속변수로 표현하기에는 너무 복잡하다. 그 대신 여러 속성값이 측정되어 전체적인 그림을 구성한다. 예를 들어, 삶의 질을 나타내기 위해서는 평균 소득, 소득 분배, 자유 시간, 질병에 대한 대응, 서비스에 대한 접근 등 여러 가지 복합적인 속성이 필요하다. 많은 통계 기법들이 이러한 복합적인 패턴을 나타내기 위해 등장했다. 예를 들어, 주성분 분석(principal component analysis)과 같은 분석법이 다면성을 축소하는 방법으로 개발되었다. 이 내용은 이 장의 범위를 벗어나지만 크롤리(Crawley, 2005)나 팰런트(Pallant, 2013)를 참조할 수 있으며, 대부분의 통계 분석 패키지에서 제공된다. 이와 관련해 R 프로그램의 매뉴얼이 유익하다(www.r-project.org).

하나의 종속변수에 대한 다양한 영향은 이변량 분산분석과 회귀분석을 확장해 분석할 수 있다. 이 또한 이 장의 목적을 벗어나지만, 몇 가지 이슈는 언급할 수 있다. 이 중 두 가지가 특히 중요한데, 특정 관계를 나타낼 때 다른 영향을 고려하는 것과 독립변수들 사이의 상호작용을 보여 주는 것이다.

산포도 행렬(scatterplot matrix)

패턴이 한 가지 이상의 원인으로 발생할 때, 독립변수 하나에 대한 종속변수 관계를 보여 주는 단순 이변량 도표는 우리가 원하는 관계를 제대로 보여 주지 못한다. '진정'한 관계를 나타내기 전에 먼저 다른 변수들에 의한 영향을 제거해야 할 것이다. 다양한 변수에서 등장하는 다면성을 확인하는 아주 유용한 도구가 산포도 행렬이다(그림 32.8). 산포도 행렬은 이변량 산포도의 조합으로 구성된다. 그림 32.8에서 볼 수 있듯이 개별 도표는 두 번씩 표현되는데, 하나는 대각선 위, 다른 하나는 대각선 아래 반대편에 위치한다.

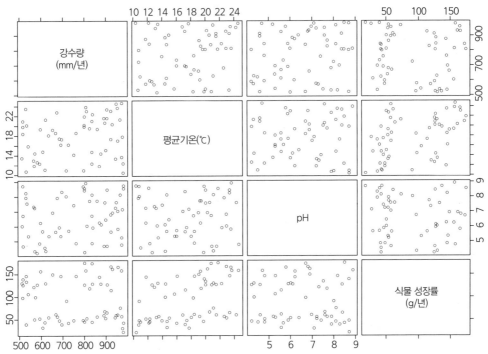

그림 32.8 산포도 행렬 용어가 의미하는 것처럼 이 도표는 이변량 산포도의 행렬에 해당함. 변수 이름은 대각선에 표시되고, 각 변수는 이름이 있는 행의 수직축(y축)에 해당하며, 이름이 있는 열의 수평축(x축)에 해당함.

부분 도표(partial plot)

산포도 행렬은 수학 분석, 통계 분석에 매우 유용한 데이터 탐색 방법이지만, 특정 상관관계에서 다른 속성들의 영향을 나타내지 못한다는 한계가 있다. 이를 위해 부분 도표가 이용된다(그림 32.9). 이

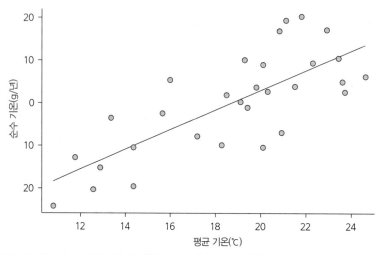

그림 32.9 부분 도표 이 그래프는 종속변수에 대한 다른 독립변수들의 영향을 제거한 다음, 독립변수와 영향이 제거된 종속변수 사이의 상관관계를 보여 줌. 이 부분 도표는 종속변수로 비료가 사용된 식물의 성장, 독립변수로 강수량, 온도, 일조량을 사용한 모델임. 식물의 성장과 관련해 강우량과 일조량 변수를 조정 온도의 영향만을 보여 줌. 그림 32.6과 비교하면 이 도표의 회귀선이 그림 32.6보다 두 변수 간의 관계를 더 잘 보여 주는 것을 확인할 수 있음.

그래프에서 종속변수는 다른 독립변수들에 의해 설명된 부분을 제외하고 남은 부분으로 조정되어 표시된다. 이 방법은 다소 복잡한 통계 분석 과정에서 특정 변수에 대한 모델의 영향을 해석하는 데 매우 유용하다. 따라서 모델을 설정하는 과정에서 많이 이용되며, 모델의 효과를 사람들에게 전달하는 데 유용하다. 하지만 종속변수의 수준은 자세하게 설명해야 한다.

3차원 도표, 군집 그래프(clustered graph), 범주 분리(separation of category)

효과적인 표현을 위해 3차원 도표를 이용할 수 있다. 그러나 단지 하나의 추가 변수를 사용하기 때문에 그 유용성은 제한적이다. 또한 이 그래프를 통해 데이터에 대한 정보를 이해하는 것도 쉽지는 않다. 왜냐하면 3차원으로 표현된 내용을 종이나 스크린 같은 2차원 매체로 보는 것이 어렵기 때문이다. 온라인의 대화형 그래프로 이러한 제약을 해결할 수 있지만, 그러한 환경이 갖춰지지 않은 상황에서 3차원 도표는 권장하지 않는다.

다른 일반적인 방법 중 하나는 그래프에서 범주를 분리하는 것이다. 이것은 하나의 요인에서 서로 다른 범주를 분리된 그래프로 그리는 것(예: 남성과 여성의 그래프를 분리하여 표현), 또는 그림 32.10과 같이 동일한 그래프에서 다른 범주를 다른 기호로 표시하고 각각의 최적선을 그려 표시하는 것이다. 하나의 그래프에서 다른 기호를 적용하는 것은 범주를 비교하는 데 매우 유용하다.

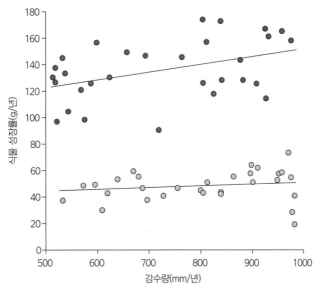

그림 32.10 다양한 범주의 영향을 설명하기 위한 여러 기호의 사용 이 그래프에서 강수량과 식물 성장의 관계는 비료를 사용한 경우(짙은 색)와 비료를 사용하지 않은 경우(옅은 색) 두 가지로 표현됨. 모두 동일한 기호를 적용하고 하나의 최적선이 표시되었다면 강수량과 식물 성장의 영향을 나타낼 수 없었을 것임.

이렇게 하나의 그래프에서 서로 다른 범주를 나타내기 위해 여러 기호를 사용하는 것은 독립변수들의 상호작용을 나타내는 데 유용하다. 통계 모델에서 종속변수에 대한 독립변수의 영향은 다른 독립변수를 통해 나타나는 경우가 있다. 그림 32.10은 그 예로 강수량이 식물 성장에 미치는 영향을 나타내지만, 비료를 사용한 경우와 사용하지 않은 경우를 비교해 보여 준다. 비료를 사용하지 않은 경우에는 강수량과 식물 성장에 유의한 관계가 보이지 않지만, 비료를 사용한 경우에는 명확한 양의 상관관계가 나타난다. 비료를 사용했을 때의 이러한 상호작용은 통계적으로 유의미하다($p=0.002$). 이러한 결과는 영양소가 수분과는 다르게 식물 성장에 제한적인 영향을 미친다는 것을 보여 준다.

두 개 이상의 범주형 독립변수 사이에서 통계적 상호작용을 보여 줄 때는 군집 그래프가 가장 적절한 표현 방식이 된다. 그림 32.11은 군집 상자 도표(clustered boxplot)로, 일조량과 비료가 식물 성장에 미치는 영향을 보여 준다.

조건 도표(coplot)와 다른 유형의 그래프

통계적 상호작용은 둘 이상의 연속형 독립변수에서 형성된다. 2차원 그래프의 최적선 개념을 확장하면 3차원 그래프에서 최적선을 보여 줄 수 있다. 물론 이 3차원 그래프는 데이터를 읽는 데 어려움

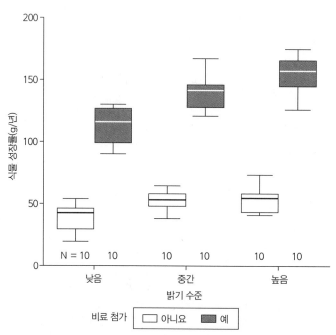

그림 32.11 군집 상자 도표 일조량과 비료 사용이 식물의 성장에 어떻게 영향을 미치는지 이들의 상호작용을 보여 줌. 달리 말하면, 식물 성장률은 비료를 사용한 상황에서 일조량의 영향을 받으며, 그 결과 비료 사용의 효과는 일조량에 따라 결정됨. 이 상호작용은 통계적으로 유의미한 수준임(p=0.0004).

이 있다는 한계가 있다. 또한 모델에 이용된 데이터의 유효한 범위를 제시하는 것처럼 보이지만 비효율적으로 데이터를 보여 줌으로써 그 자체가 비현실적이다. 이에 대한 대안으로 그래프에 조건을 부여해 제시하는 조건 도표(conditioning plot 또는 coplot)가 상호작용을 보여 주는 더 좋은 방법이 될 수 있다. 그림 32.12는 조건 도표의 한 예이다. 히스토그램의 구간처럼 하나의 독립변수의 범위가 여러 부분으로 나뉘며 각 범위의 데이터가 분리된 2차원 산포도로 표현된다. 이는 x, y 변수 사이의 관계가 개별 변수의 구간에 따라 변화하는 양상을 보여 준다. 이 경우 유의미한 상호작용은 없다. 상호작용이 있다면 회귀선은 각각의 구간에서 다른 기울기를 가질 것이며, 이는 온도와 식물의 성장 사이의 관계가 강수량의 영향을 받는다는 것을 보여 줄 것이다. 추가적인 독립변수를 이용할 수 있다는 장점이 있으므로 고차원의 상호작용(예: 세 가지 이상 변수)을 표현할 수 있다. 하지만 한 개의 독립변수를 기준으로 표현되어 모든 변수를 동시에 동일하게 표현할 수 없다는 단점이 있다.

다른 유형의 그래프도 존재한다. 예를 들어 삼각형, 시계열 그래프가 있다. 관심이 있는 독자는 이 분야의 전문가인 터프티(Tuftte, 1983), 월섬(Waltham, 1994), 히어 외(Heer et al., 2010)의 문헌을 참고하길 바란다. 앞서 언급한 그래픽 기법들은 서로 배타적이지 않다. 예를 들어, 매우 복잡한 통계

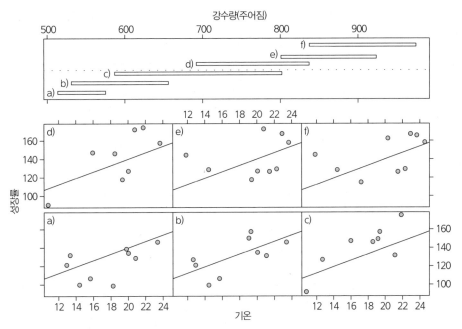

그림 32.12 조건 도표 비료가 첨가된 식물 성장률과 기온과의 관계를 제시함. 강수량에 따라 이 관계가 어떻게 변화하는지 보여 줌. 여러 개의 식물 성장 산포도와 온도의 비교로 구성된 이 그래프에서 그래프 (a)는 연 강수량이 515~570mm인 곳을 보여 줌. 그래프 (d)는 연 강수량이 평균 690~835mm인 곳을 보여 줌. 위의 직사각형 그래프의 점선은 아래쪽 그래프 (a~c)와 (d~f)를 구분하는 기준을 보여 줌. 이 데이터에서 식물 성장과 관련해 온도와 강수량 사이에는 통계적으로 유의미한 상호작용은 없음. 따라서 최적선이 전체적으로 동일하며 모든 그래프에서 같음.

모델을 표현하는 과정에서 한 독립변수의 여러 범주를 나타내기 위해 서로 다른 여러 그래프를 그릴 수 있으며, 개별 그래프는 서로 다른 기호로 구성된 부분 도표가 될 수 있다. 이러한 모든 장치는 데이터 분석에서 발견되는 중요한 관계를 보다 효과적으로 표현하기 위한 것이다. 모델화된 효과들은 관심을 가지는 패턴의 원인을 밝히는 가장 효과적인 추론이라 할 수 있다. 다시 말해, 그래프와 표로 결과를 보여 줄 때는 항상 셰이커(Shaker)의 격언을 따르려고 한다. 형태는 기능을 따른다(Ellison, 2001).

32.7 설명과 해석

그림 32.1은 정량적 연구를 통해 복잡한 실세계를 이해하는 과정에서 다양한 수준의 추상화 과정이 어떻게 등장하는지 보여 준다. 이 모든 것은 '수학'이라는 언어로 연결되어 있다. 그림 32.1은 정

량적 데이터 분석의 중심에 그래프, 표, 지도가 존재한다는 것을 보여 준다. 패턴을 설명할 때, 결과를 보여 주고 해석할 때 최고의 효과를 위해 이러한 실질적인 도구를 사용한다. 특히 그래프는 단일 표현으로 원데이터와 기술 통계, 수학·통계 모델의 결과를 통합해 제시할 수 있게 한다(통계 모델의 결과는 이 장의 많은 그래프에서 표현됨. 예를 들어, 회귀선, 그림 32.11의 범례는 상호작용이 $p = 0.0004$로 통계적으로 유의미하다는 것을 보여 줌).

개별 정략적 연구는 고유한 결과와 그 의미, 그리고 발견된 사실을 일반화하는 과정에서 진지한 고민이 필요하다. 지금까지는 데이터와 분석 결과를 표현하는 부분을 강조했다. 반면에 다른 연구들이 표현하는 것에 대한 이해는 간과되었다. 효과적인 표현 원칙을 포함해 데이터 탐색과 표현 과정은 제시하고 있는 연구의 의미와 맥락을 해석하는 데 매우 중요하다. 정량적 연구가 얼마나 훌륭하게 이루어졌는지, 연구 결과의 가치와 의미는 무엇인지, 그러한 판단을 할 만큼 충분한 정보가 주어졌는지를 신속하게 판단할 수 있어야 한다. 연구 결과가 그래프로 주어진다면 가능한 한 진지하고 비판적으로 해석하도록 노력해야 한다. 이러한 과정에서 형태가 기능을 따르는 정도도 고려해야 한다. 표현 사례들은 일반적으로 우리가 보는 패턴(형태)이 원인(기능)으로부터의 결과라는 것을 함의하기 위해 사용된다는 것을 기억해야 한다.

그림 32.13에서 종과 면적의 관계를 다시 보면, 섬의 면적이 넓을수록 식물 종은 더 다양해진다. 회귀선은 더 많은 내용을 전달한다. 회귀분석에 따르면 식물 종의 다양성은 면적의 넓이로 예측할 수 있다(로그-로그 척도의 선형 상관관계). 이것이 실제로 의미하는 바는 무엇인가? 그래프가 제시하는 바는 섬 면적의 10배에 해당하는 변화는 종 다양성의 10배의 변화보다 훨씬 적은 수준에서 관련된다는 것을 보여 준다. 이 회귀선의 수식은 식물 종의 변화률을 정량적으로 보여 주는데, 2.35배 정도로 나타나고 있다. 이는 보호론자들이 보편적으로 사용하는 내용으로 90%의 면적이 줄면, 50%의 종이 사라진다는 것이다. 그림 32.13b는 선형의 형태로 동일한 내용을 보여 준다. 실선은 그림 32.13a와 같은 최적선을 나타내며 멱함수 관계를 보여 준다. 점선은 데이터를 보여 주는 다른 모델로 로그 함수를 보여 준다. 생물지리학에서 지난 수십 년간 종과 면적의 상관성을 나타내는 모델로 어떤 것이 더 적합한지 논쟁이 있었다.

그림 32.13b에 제시된 두 곡선을 자세히 들여다보면, 두 개의 모델이 가진 상대적인 장점을 알 수 있다. 통계적 측면에서 로그 치환된 모델은 데이터를 더 잘 설명한다(로그 모델이 91.3%, 멱함수 모델이 89.6%의 식물 종의 변화 설명). 그러나 이 두 모델의 이론적 배경은 어떻게 비교할 수 있는가? 그래프를 보면 명확한데, 넓은 섬에서 두 모델이 설명하는 종의 수는 매우 다양하다. 또한 데이터보다 더 넓은 섬을 대상으로 추정을 확대한다면 이러한 차이는 더욱 커질 것이다. 이 차이는 이 데이터

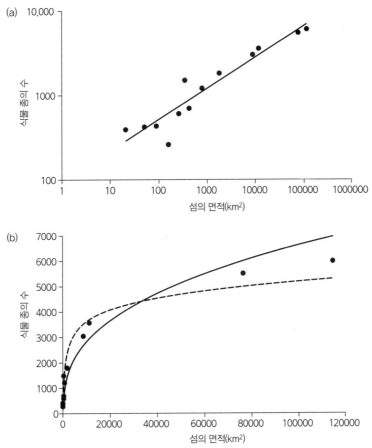

그림 32.13 종-면적 관계 두 그래프는 그림 32.3과 같은 데이터(카리브 제도의 섬 면적과 식물 종의 수)를 보여 줌(단, 케이살뱅크는 이례값으로 제거함). (a)는 두 변수를 모두 로그 변환한 것이며, (b)는 원래 척도의 값에 대한 그래프임. 두 그래프에서 실선은 두 변수의 상관관계에 대한 회귀선을 나타냄. (b) 그래프의 회귀 방정식은 $y = 92.434 \times^{0.371}$이며, 섬의 면적은 식물 종 수의 분산을 90% 정도 설명함($r^2 = 0.896$). (b) 그래프의 점선은 로그 모델($y = 693.3\ln(x) - 2810.5$)로 총분산의 91%를 설명함($r^2 = 0.913$).

를 이용해 다른 섬의 상황을 예측하려고 할 때, 면적의 변화가 종의 수에 미치는 영향을 파악하려고 할 때 매우 중요하다. 그림 32.13b에서 섬의 넓이가 작아지는 역방향으로 갈 때 어떻게 변화하는지 추정하는 것은 매우 불분명하다. 모델의 수식을 보면 섬의 면적이 57km²보다 작을 때는 종의 수는 음수가 되며, 특히 1ha 면적의 섬에서 종의 수는 −6,003이 된다. 이는 비현실적이며, 작은 면적의 방향으로 추정하는 것은 로그 모델의 한계라 할 수 있다. 대조적으로 멱함수 모델은 1ha 면적의 섬에서 17개의 종을 추정했고, 면적이 0km²인 경우에는 종의 수도 0으로 수렴했다. 적어도 이 경우에는 추정이 현실적이다. 통계적 설명력이 약간 떨어지지만, 이 결과를 가지고 멱함수 모델이 이론적으로 더 적합하며 종과 면적의 관계를 설명하는 데 로그 모델보다 유용하다고 생각할 수 있다.

이 사례에는 여러 가지 이슈가 있다. 우선, 주어진 데이터 범위 안의 예측(내삽; interpolation)과 데이터 범위 밖의 예측(외삽; extraploation)의 차이를 보여 준다. 이 범위에 따라 정량적으로 매우 다른 상관관계가 비슷하게 보일 수 있다. 이 책의 공식 웹사이트에 있는 그림 32.14는 근본적으로 매우 다른 상관관계를 가지지만, 표시된 구간에서 매우 유사한 관계를 보여 준다(study.sagepub.com/keymethods3e).

종과 면적의 예시는 이례값을 어떻게 처리해야 하는지에 대한 이슈를 제기하고 있다. 그림 32.3과 그림 32.13의 차이를 주목해보자. 케이살뱅크(Cay Sal Bank)는 그림 32.13의 데이터에는 빠져 있고, 그림 32.3에서 이 값은 명확하게 이례적이다. 그러나 이례값이라는 사실만으로 실세계를 설명하려고 할 때 모델에서 생략하는 것은 충분한 이유가 되지 못한다. 실제로 케이살뱅크 데이터를 뺀 것에는 그럴듯한 이유가 있다. 다른 데이터와는 달리 바하마의 이 섬들은 산호초와 다를 바 없어서 실질적으로 이 연구에 사용된 데이터와는 다르며, 매번 조수에 따라 면적이 달라서 정량적인 면적 측정이 불가능하다. 여기에서 중요한 점은 이 데이터를 생략한 것이 전체 모델의 설명력에 큰 영향을 미쳤다는 것이다.

아마도 종과 면적의 예에서 가장 중요한 것은 통계적인 설명력과 실제로 존재하는 인과관계에는 차이가 있다는 것이다. 로그 모델과 멱함수 모델 모두가 회귀분석을 통해 높은 설명력을 보여 주지만 인과관계를 설명하지는 못한다. 지리적 패턴이 한두 가지의 지리적 과정을 보여 줄 수 있을까? 앞선 사례를 보면, 면적의 변화가 종의 변화로 이어지는 어떠한 직접적인 연구도 진행되지 않았다. 따라서 모호한 부분이 있다. 어떤 연구든지 연구로부터 결론을 낼 수 있는 것과 없는 것을 결정하는 데 매우 신중해야 한다는 것이다.

32.8 결론

지리학자가 이용할 수 있는 수많은 데이터 탐색법과 표현 방법은 엄청난 가능성, 능력, 유연성을 제공하지만 동시에 오해와 착각으로 이어질 수도 있다. 일반적으로 '통계'가 심각한 오해를 가지고 올 수 있다는 것은 잘 알려져 있다(여기에서 '통계'라는 단어는 통계 분석이나 수학적 모델링에서 언급될 수 있는 모수 추정이나 확률 표현이 아니라 사실들이나 그림들을 의미함). 모델, 그래프, 지도, 표에서도 동일하다. 데이터가 제시되는 방법은 결론과 그 의미에 심각한 영향을 미칠 수 있다. 모델과 그 표현은 결과를 속이고 왜곡하는 데 이용될 수도 있는데(특히 정치적으로), 터프티(Tufte, 1983)는 이러한 속임수의 여러 사례를 제시한다. 학문적 연구에서 이러한 의도적 왜곡을 피하고자 하는 노력은 매우 중요하다. 편향되지 않은 데이터 탐색과 결과의 정직한 시각적, 계량적 표현은 모든 정량적 연구의 중요한 목표일 것이다. 가능한 한 표준적이고 재현될 수 있는 기술을 이용해야 하지만 늘 주관적인 판단이 작동하기 마련이다. 그리고 모든 그래프는 현실 세계의 추상적이고 단순한 표현일 뿐이다. 또한 데이터에 대한 잘못된 표현은 의도치 않게 데이터의 불완전하고 그릇된 분석으로 이어질 수 있다. 이러한 위험은 데이터를 철저하게 탐색하고, 결과물을 주의 깊게 관찰함(모델의 적합성, 잔차의 패턴, 추정 결과의 지도화 등)으로써 최소화할 수 있다. 이 과정 모두 시각적으로 가장 잘 구현될 수 있다.

따라서 그래픽 기법을 이용해 데이터를 탐색하고 보여 주는 것은 정량적 지리학에서 가장 중요한 연구 활동이라 할 수 있다. 그래픽은 데이터 탐색을 통한 원데이터에 대한 초보적 이미지뿐 아니라 분석 결과를 읽고 해석하는 관점을 제시해 준다. 통계적 분석 방법은 그래픽으로 보여 줄 수 있는 내용을 증명할 수 있는 범위에서 유용하다. 그림 32.11처럼 주요 결과를 그래프로 제시했고 이것이 유의미하다는 것을 분명히 하기 위해 통계적 분석 결과를 제시했다. 정량적 데이터를 가지고 연구할 때는 시각적 자료들이 프로젝트, 학위 논문, 연구 논문의 주요 내용이 될 수 있다는 사실은 결코 과장이 아니다.

우리는 매우 흥미진진한 시대를 살아가고 있다. 항상 데이터를 시각화하는 새로운 방법이 등장하며, 빠르고 안정적인 컴퓨터 연산 능력 및 데이터 저장 방법의 발전이 이를 더욱 가속화하고 있다. 연구와 교육이 점차 온라인으로 진행되면서, 연구와 교육 사이의 상호작용이 확대되기를 기대한다. 필드와 호턴(Field and Horton, 2010), 란트슈타이너(Landsteiner, 2013)와 같이 관련 사례는 이미 존재하지만, 데이터가 현실이 되는 가상 환경 능력을 활용할 수 있는 시작 지점에 있을 뿐이다.

| 요약

- 데이터를 여러 방법으로 나타내는 것은 요약 통곗값을 계산하는 것과 함께 탐색적 데이터 분석의 기본이며, 데이터의 경향성을 확인하는 매우 신속하고, 쉬우면서 강력한 방법이다.
- 통계 분석은 일반적으로 그래프와 지도를 함께 이용해야 한다. 이를 통해 기본 가설의 신뢰도와 모델의 적절성을 확인할 수 있다.
- 그래픽 디스플레이는 지금까지 정보의 커뮤니케이션에서 가장 우아하고, 효율적이고 정확한 방법이다. 최적선, 오차 막대와 같은 그래프의 이용은 통계 분석에 포함되어야 한다.
- 무엇을 하든 모든 데이터 표현 도구는 인위적인 면이 있으며, 따라서 모델은 어느 정도 오류가 있을 수 있다는 사

실을 받아들여야 한다. 결국 중요한 질문은 결과가 진실로부터 얼마나 떨어져 있는가이다.

심화 읽기자료

- 튜키(John Tukey)는 데이터를 탐색하고 보여 주는 효과적인 중요한 방법들을 제안했다. 그의 책(Tukey, 1977)은 특이하지만 충분히 읽을 만한 가치가 있다. 이 주제에 대해 폭스와 롱(Fox and Long, 1990)을 이 장에서 많이 소개했다. 터프티(Tufte, 1983)는 데이터를 이용하고 표현하는 좋은 방법을 제시한다. 이 책에서는 주의 깊고, 정직하고, 창의적인 정보의 표현을 강조하는데, 매우 흥미로운 내용이 많이 담긴 책이다. 엘리슨(Ellison, 2001)이 쓴 장은 터프티(Tufte, 1983)와 비교할 때, 연구에서의 그래픽에 더 초점을 맞추고 있다(특히 생태학적 실험을 강조). 엘리슨(Ellison, 2001)이 쓴 모든 내용에 동의하지는 않지만, 엘리슨의 책을 강력히 추천한다. 또한 샤이너와 구레비치(Scheiner and Gurevitch, 2001)도 추천한다. 생태학에 관심이 없는 지리학자에게도 의미 있는 내용이 될 것이다. 웨이너(Wainer, 2005; 2009)는 일반 대중에게 더 적절하다. 2005년에 출판된 책은 시각적 디스플레이의 역사를 다루며, 이것이 현대 사회에서 어떻게 사용되는지 설명하고 있어 읽어 볼 가치가 있다. 2009년에 출판된 책은 데이터의 제시와 해석과 같은 내용도 다루고 있지만, 불확실성의 설명에 관한 내용을 중점적으로 다룬다. 히어 외(Heer et al., 2010)는 시각화 기술과 대화형 그래픽 등 최신의 내용을 담고 있다.
- 테일러(Taylor, 1982)는 불확실성과 오차에 대한 좋은 입문서이다. 오차를 어떻게 추정하고, 다루고, 보고할 것인지. 물리학자를 대상으로 쓰인 책이지만, 지리학 학부생들에게 좋은 내용을 담고 있다. 이 책에는 이례값을 다루는 방법에 대한 유용한 내용도 있다(6장, '데이터 기각').
- 비록 오래된 책이지만 손스와 브런즈든(Thornes and Brunsden, 1977)의 책은 물리적 시스템이 작동하는 관점에서 그래프를 해석하는 간결하고 의미 있는 장을 포함하고 있다(7장). 세이어(Sayer, 1992)는 사회과학의 측면에서 추상화에 대한 유용한 내용을 담고 있다.
- 마지막으로 통계적인 방법에 대해 일정 수준의 이해를 하는 것이 중요하다. 이와 관련해 많은 책이 있지만, 지리학에 초점을 맞춘 책은 많지 않다. 크롤리(Crawley, 2005)는 통계적 방법론에 대해 매우 훌륭한 개론서인데, 오픈 소스 통계 프로그램인 'R'의 소개로 시작한다. R은 현재 과학 분야에서 산업 표준으로 자리잡은 소프트웨어이다. 이 책은 일반적인 개론서로 지리학자만을 대상으로 하지 않지만, 더 좋은 통계 책을 찾기가 어렵다고 생각한다. 주르 외(Zuur et al., 2009)는 R에 대한 초보자 가이드북으로 매우 강력한 그래픽 사용법을 제공한다. 많은 사회과학 학생이 팰런트(Pallant, 2013)의 책으로 통계 공부를 시작하는데, 이전 버전도 매우 훌륭하다. 로저슨(Rogerson, 2014)의 책도 훌륭하다. 특히 이 책은 공간 통계 분야에서 유용하다.

* 심화 읽기자료에 대한 상세 정보는 아래 참고문헌에서 확인할 수 있음.

참고문헌

Cleveland, W.S. (1985) *The Elements of Graphing Data*. Monterey, CA: Wadswork Advanced Books & Software.

Crawley, M.J. (2005) *Statistics: An Introduction Using R.* Chichester: Wiley.

Ellison, A.M. (2001) 'Exploratory data analysis and graphic display' in S.M. Scheiner and J. Gurevitch (eds) *Design and Analysis of Ecological Experiments* (2nd edition). Oxford: Oxford University Press. pp.37-62.

Field, R. and Horton, J. (2010) *Statistics - an Intuitive Introduction.* Interactive online book, www.nottingham.ac.uk/toolkits/play_244 (accessed 07 December 2015 [in the process of being converted to Java-based]).

Fox, J. and Long, J.S. (eds) (1990) *Modern Methods of Data Analysis.* London: Sage.

Frodin, D.G. (2001) *Guide to Standard Floras of the World: An Annotated, Geographically Arranged Systematic Bibliography of the Principal Floras, Enumerations, Checklists, and Chorological Atlases of Different Areas* (2nd edition). Cambridge: Cambridge University Press.

Heer, J., Bostock, M. and Ogievetsky, V. (2010) 'A tour through the visualization zoo: A survey of powerful visualization techniques, from the obvious to the obscure', ACM Queue, 8(5): 20-0. (With interactive graphics using the Protovis javascript library.)

Kopf, E.W. (1916) 'Florence Nightingale as a statistician', *Journal of the American Statistical Association*, 15: 388-404.

Landsteiner, N. (2013) 'Charles Joseph Minard: Napoleon's retreat from Moscow (The Russian Campaign 1812-813): an interactive chart', http://www.masswerk.at/minard/ (last accessed 1 December 2015).

MacArthur, R.H. and Wilson, E.O. (1967) *The Theory of Island Biogeography.* Princeton, NJ: Princeton University Press.

Minard, C.J. (1869) 'Carte Figurative des Pertes Successives en Hommes de l'Armee Francaise dans la Campagne de Russie 1812-1813'. Paris.

Pallant, J. (2013) *SPSS Survival Manual: a Step by Step Guide to Data Analysis Using IBM SPSS* (5th edition). Milton Keynes: Open University Press.

Playfair, W. (1786) *The Commercial and Political Atlas.* London: Corry.

Playfair, W. (1801) *Statistical Breviary.* London: Wallis.

Porter, T.M. (1986) *The Rise of Statistical Thinking, 1820-1900.* Princeton, NJ: Princeton University Press.

Rogerson, P.A. (2014) *Statistical Methods for Geography: a Student's Guide* (4th edn). London: Sage.

Sayer, A. (1992) *Method in Social Science: A Realist Approach* (2nd edition). London: Routledge.

Scheiner, S.M. and Gurevitch, J. (eds) (2001) *Design and Analysis of Ecological Experiments* (2nd edn). Oxford: Oxford University Press.

Snow, J. (1854) *On the Mode of Communication of Cholera* (2nd edition). London: John Churchill.

Spence, I. and Lewandowsky, S (1990) 'Graphical perception' in J. Fox and J.S. Long (eds) *Modern Methods of Data Analysis.* London: Sage. pp.13-57.

Taylor, J.R. (1982) *An Introduction to Error Analysis.* Mill Valley, CA: University Science Books.

Thornes, J.B. and Brunsden, D. (1977) *Geomorphology and Time.* London: Methuen.

Tufte, E.R. (1983) *The Visual Display of Quantitative Information.* Cheshire, CT: Graphics Press.

Tufte, E.R. (1990) *Envisioning Information.* Cheshire, CT: Graphics Press.

Tukey, J.W. (1977) *Exploratory Data Analysis.* Reading, MA: Addison-Wesley.

Wainer, H. (2005) *Graphic Discovery: a Trout in the Milk and Other Visual Adventures.* Princeton, NJ: Princeton

University Press.

Wainer, H. (2009) *Picturing the Uncertain World: How to Understand, Communicate, and Control Uncertainty Through Graphical Display.* Princeton, NJ: Princeton University Press.

Waltham, D. (1994) *Mathematics: a Simple Tool for Geologists.* London: Chapman & Hall.

Zuur, A.F., Leno, E.N. and Meesters, E.H.W.G. (2009) *A Beginner's Guide to R.* New York: Springer.

공식 웹사이트

이 책의 공식 웹사이트(study.sagepub.com/keymethods3e)에서 이 장과 관련한 비디오, 실습, 자료 및 링크들을 확인할 수 있으며, 부가적으로 다음 논문들도 무료로 이용할 수 있음.

1. Gaston, K.J. (2006) 'Biodiversity and extinction: Macroecological patterns and people', *Progress in Physical Geography*, 30(2): 258-69.
 – 이 논문은 지리학(특히 생물지리학)에서 통계적 방법이 매우 일상적으로 이용된다는 것을 강조한다. 그리고 데이터가 표현하는 바를 이해하는 것이 내용을 이해하는 과정에서 기본적으로 중요하다고 논의한다. 또한 이 장에서 예시로 사용한 종과 면적의 관계를 설명한다.

2. Song, C., Dannenberg, M.P. and Hwang, T. (2013) 'Optical remote sensing of terrestrial ecosystem primary productivity', *Progress in Physical Geography*, 37(6): 834-54.
 – 이 논문의 그림 2는 데이터를 표현하는 과정에서 사용된 방법이 해석에 얼마나 중요한지 설명한다. 특히 시계열 데이터에서 시간 척도를 구성하는 방법이 매우 중요하다는 것을 보여 준다.

3. Elwood, S. (2011) 'Geographic Information Science: Visualization, visual methods, and the Geoweb', *Progress in Human Geography*, 35(3): 401-8.
 – 이 논문은 데이터 표현을 다루고 있으며, 특히 시각화 과정에서 지오웹(geoweb)에서 획득한 정보를 어떻게 다루어야 하는지 설명하고 있다.

33

사례연구방법론

개요

사례연구는 소규모 심층 연구에 이상적인 연구방법론이다. 배시(Bassey, 1999: 47)는 사례연구를 한마디로 '인위적 조작 없이 자연적으로 발생하는 실제 특정 사례에 관한 특이점을 심층적으로 혹은 깊이 있게 연구하는 행위'로 정의했다. 사례연구는 다양하고 광범위한 이론적 관점과 접목할 수 있는 유연한 연구 전략이기도 하다. 이 장에서는 주요 사례연구방법론의 정의와 유형을 포함해 연구방법론으로서 사례연구를 소개하고, 그 다음으로 사례연구의 주제 선정, 영역, 연구로서의 엄정함, 일반화 등과 관련된 주요 주제들을 다룬다.

사례연구는 여러 자료 수집 방법을 사용하는 것이 특징이고, 이것은 사례에 대한 광범위한 관점과 통찰력을 얻기 위해 적용된다. 사례 자료의 분석에는 다양한 선택 사항이 있을 수 있지만, 분석의 깊이와 폭이 균형 잡힌 하나의 반복 과정이 되어야 한다. 그러므로 이 장에서는 사례 조사에서 일반적으로 사용되는 자료 수집과 분석 방법을 소개하고 사례연구를 통해 얻어지는 결과물에 대한 내용을 주로 다룬다. 사례연구 보고서에도 다양한 형식과 양식이 있지만, 발간의 주요 목적은 양식과 형식보다는 그 보고서에 담겨 있는 특정 사례에 대한 연구자의 심도 있는 이해와 내용을 확인하는 것이다.

이 장의 구성

- 서론
- 연구 전략으로서 사례연구
- 사례연구의 핵심 주제
- 데이터 수집 방법
- 데이터 분석 방법
- 사례연구의 의사소통
- 결론

33.1 서론

사례연구는 하나의 연구방법론으로서 다양한 경험 자료를 수집하고 분석하는 일종의 종합적 연구 전략이다. 대부분 사례연구는 관찰과 면담, 문헌 조사에서 나온 자료들을 포함한다. 따라서 사례연구는 다양한 연구 목적과 연계될 수 있는 실용적이면서 탄력적인 연구방법론이다. 사례연구는 소규모의 심층 연구에도 적합한 연구방법론으로, 예를 들면 학부 학위논문의 기본적인 논문 구조로도 적절하다. 이외에도 다중 사례연구는 종합적 연구 방법의 한 부분으로서, 대규모 조사의 보완으로도 적용된다.

혼동될 수도 있겠지만, 사례연구의 결과물이 하나의 사례가 되기도 한다(Stake, 2005). 하지만 이때의 사례연구 결과는 흔히 일반 교재에서 기술하는 '사례'와는 다르다. 교재에서 언급하는 사례들은 대학의 강의를 목적으로 단순한 개념과 사례를 주로 다루기 때문에 원래의 사례연구와는 직접적으로 연관되지 않을 수 있다. 사례연구가 하나의 연구방법론임에는 틀림없지만 지리학 내에서는 다른 학문 분야에 비해 주요한 연구방법론으로는 아직까지 인식되지 않고 있다. 하지만 교육학 분야와 경영학 분야에서 주요 연구방법론으로 인정받고 있는 만큼 지리학 연구방법론으로서 그 잠재력은 충분하며 중요한 연구방법론으로 고려되고 있다.

33.2 연구 전략으로서 사례연구

사례연구의 특징을 한마디로 규정하기는 쉽지 않다. 그 이유는 주요 연구자들이 서로 다른 학문적 배경을 지니고 있기 때문이다. 이 장에서 소개하는 세 명의 저명한 사례연구자인 인(Yin), 배시(Bassey), 스테이크(Stake)는 다양한 각자의 학문적 배경을 바탕으로 사례연구의 학술적 연구 기반을 쌓은 연구자이다. 이들 모두가 동의하는 점은 사례연구는 관찰자의 조작 없이 자연 상황에서 나타나는 사례를 수집하고 분석하는 연구 방법으로, 실험실이나 인위적 환경이 아닌 일상의 상황과 시점에서 사례를 연구한다는 점이다. 덧붙여 사례연구의 시간 프레임은 일반적으로 현재 시점을 대상으로 한다(Yin, 2014: 12). 물론 사례연구에서 역사 문헌이 조사 혹은 분석하는 사례의 맥락이나 상황을 이해하는 시작점이기는 하지만 보통은 역사 연구에서 사례연구방법론은 적합하지 않다.

어떤 연구 프로젝트라도 연구 목적과 문제 제기, 이론적 관점, 연구 방법, 자료 수집 방법과 분석 사이에는 연구의 합치성과 일관성이 중요하다(그림 33.1).

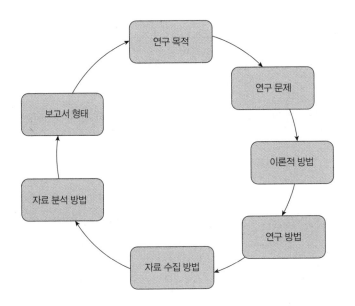

그림 33.1. 연구를 구성하는 서로 다른 요소 사이의 합치성

예를 들면, 사례연구가 민속지학(ethnography) 관점과 연구 목적에 따라 야외 조사로서 통제된 실험을 수행하는 것은 적절하지 않다. 하나의 연구방법론으로서 사례연구가 특정한 이론적 관점과 인식론적 접근과는 연계될 필요가 없다. 오히려 각자 다른 연구자들이 세상의 문제와 현상에 대해 서로 다른 관점과 관심을 두는 것이 당연하고, 그래서 사례연구는 흔히 구성주의 혹은 구성주의 인식론 연구자들이 주로 적용하는 연구방법론이다. 이들이 생각하는 사례연구에서 의미는 주체와 객체 사이의 상호작용을 통해 구조화된다고 한다(관련 논의는 Crotty, 2003 참조). 이러한 사례연구는 해석주의(interpretivism) 이론의 영향을 받는다. 해석주의 측면에서 사례연구는 공평하지 않은 힘의 관계를 밝히고 이것에 도전하려는 정치적 행위와 의도를 배제한다. 또한, 특정 상황 그 자체에 의미를 두고 그 상황(사례)의 복잡성과 의미를 이해하는 데 초점을 둔다. 이러한 측면에서 사례연구는 비판적 관점 혹은 실증주의(positivism) 관점에서도 수행될 수 있는 연구방법론이다. 사례연구방법론이 사례의 여러 측면을 심층적으로 탐색하는 관점과 전체적으로 바라보는 관점을 동시에 가지기 때문에 인간과 사회−문화적 맥락과 상황 속에서 규정된 의미를 연구하는 연구자들에게 특히 인기가 있다.

연구자들은 자신의 체계와 방식에 따라 사례연구 유형을 분류하는데, 이것이 사례연구 목적의 기초가 된다. 이는 표 33.1에 요약되어 있다. 표 33.1에서 보는 것처럼 사례연구를 분류하는 여러 방법 사이에서도 서로 공유되는 부분도 있다. 예를 들어, 스테이크의 기술적 사례 유형과 배시의 스토리텔링 유형을 들 수 있다(Bassey, 1999: 27−30, 62−4). 하지만 서로의 연관 관계를 생각할 때, 유의할

표 33.1 사례연구 유형

인(Yin, 2014: 238)	배시(Bassey, 1999: 62-64)	스테이크 (Stake, 1995: 3-4; 2005: 445)
• 설명적 사례연구 유형: 어떤 현상이 어떻게, 왜 그렇게 되었는지 이해하는 사례연구 • 기술적 사례연구 유형: 사례의 맥락과 진위에 존재하는 현상을 서술하는 사례연구 • 탐색적 사례연구 유형: 특정 사례에 도움되는 질문이나 사용되는 절차를 탐색하는 사례연구	• 이론 추구/이론 검증 유형: 전형적·일반적인 것으로 예상되는 사례연구 • 스토리텔링/그림-스케치 유형: 이론 설명을 위해 고안된 사례의 분석적 설명의 사례연구 • 평가 사례연구 유형	• 본질적: 본질적 내용에 초점을 두는 사례연구 • 도구적: 널리 통용되는 주제에 해당하는 사례연구

점도 있다. 배시도 언급했듯이(Bassey, 1995: 35), '나도 다른 사례연구방법론 연구자들의 용어들을 정확하게 이해할 수 없는데, 다른 연구자들도 사례연구방법론의 개념들을 확실하고 명확하게 이해하면서 일관성 있게 표현하고 있다고 과연 확신할 수 있을까?' 항상 그렇듯이 하나의 분류 체계는 사례와 분류 체계 항목 간 일종의 의사소통을 쉽게 하는 유용한 정보를 제공한다. 하지만 분류된 항목 안에 있는 사례에도 복잡하고 다양한 특성이 동시에 존재한다는 사실도 알아야 한다. 또한 어떤 특정 프로젝트라도 사례연구의 항목에 쉽게 분류되거나 사례와 항목 사이의 모호한 관계 때문에 프로젝트의 성격을 제대로 이해하지 못할 수도 있다. 이 경우, 프로젝트에서 다루는 사례의 연구 목적과 연구 유형을 다시 한 번 꼼꼼히 검토하고 성찰하는 시간이 필요하다. 왜냐하면 이러한 시간과 기회는 사례 조사를 진행할 때 제기되는 여러 질문과 방법에 영향을 미치기 때문이다.

33.3 사례연구의 핵심 주제

사례 선택과 구분

사례연구는 특정 사례를 대상으로 하기 때문에 사례를 선택하고 구분하는 데 많은 시간과 노력이 필요하다. 그래서 사례연구방법론에서 단일 사례와 다중 사례 중 어떤 방법을 선택할 것인가에 대해 많은 논의가 있어 왔다. 인(Yin, 2014: 51-3)은 단일 사례연구가 정당화될 수 있는 다섯 가지 조건을 제시했다. 첫 번째 조건은 이미 알려진 이론을 검증하는 데 매우 중요한 하나의 사례가 있는가이다.

왜냐하면 이 사례가 하나의 사례로서 이미 잘 알려진 이론을 '비판적'으로 다시 검토할 수 있도록 해주기 때문이다. 두 번째 조건은 어떤 사례가 아주 독특하거나 극단적인 경우이다. 그렇지만 일상에서도 나타나는 상황일 수 있다. 이와는 대조적으로 세 번째 조건은 하나의 사례가 일상에서 나타나는 아주 전형적인 특징을 가지거나 대다수 사례를 대표하는 경우에도 단일 사례연구가 적절한 경우이다. 네 번째 조건은 일종의 통찰적 경우로서, 과거에는 과학적 조사가 불가능했던 현상을 사례를 통해 관찰하고 분석해 새로운 정보를 얻을 수 있는 기회일 경우이다. 마지막으로 다섯 번째 조건은 종단적(logitudial) 사례연구이다. 동일한 사례에 대해 두 시기 이상의 시점을 대상으로 연구하는 경우 단일 사례연구가 적용될 수 있다. 이상의 다섯 가지 경우가 단일 사례연구를 선택하거나 정당화할 수 있는 이유가 된다.

어떤 연구의 사례 조사에서 단일 사례가 적절한지 아닌지의 판단은 사전 조사를 통해 혹은 그 사례에 대해 연구자가 온전히 자기주도적으로 연구를 진행할 때 가능하다. 왜냐하면 아마 연구자가 단일 사례의 환경에서 연구를 진행하고 있거나 혹은 특정 사례연구를 조직하는 데 이미 관여되어 있기 때문에 단일 사례인지 아닌지 확인할 수 있다. 단일 사례가 나타난 위치(장소)와 그 사례를 확인하는 것은 처음 예상보다 시간이 많이 걸릴 수도 있기 때문이다. 예를 들어, 사례연구의 목적이 온라인 서점의 배송망을 분석하는 것이라면, 기업 숫자는 하나가 적당한지, 아니면 둘 이상의 기업 사례가 나은지, 이때의 사례연구의 구성 요소는 특정 기업과 그 기업의 배송망, 배송 담당 직원의 수(하나 혹은 여러 명)가 될 수 있다. 많은 부분은 사례연구의 목적과 계획하는 연구 방법들을 연구자가 얼마나 자세히 알고 있는가에 달려 있다. 사례연구를 본격적으로 시작하기 전에 초기 단계의 계획 과정으로 연구와 관련된 연구 목적, 연구 문제, 이론적 관점, 연구 방법 등을 개선하는 일종의 순환 반복 과정이 필요하다. 실제로 이러한 순환 반복을 통한 개선 과정은 흔히 경험적인 분석 단계와 보고서 작성 단계까지 계속된다. 왜냐하면 사례연구에서 좀 더 정확한 연구 목적을 반영하기 위해 연구 문제들은 계속해서 조정되고 수정되어야 하기 때문이다. 하나의 사례는 시간과 공간 측면에서 볼 때 경계가 설정된 견고한 대상이다. 즉, 스테이크(Stake, 1995: 2)의 지적처럼 사례는 '명확하고', '복합적'이면서 '기능적'인 대상이다. 사례연구에서 사례는 예를 들면, 일주일 동안 특정인이 될 수도 있고, 3개월 동안 어떤 기관이 될 수도 있고, 아니면 주말 이벤트도 사례가 될 수 있다. 권력, 힘과 같은 추상적인 대상은 보통 하나의 사례로 간주되지는 않는다. 비록 사업장(직장) 내 어떤 사람에 대해 사례 조사를 한다고 할 때 그 사람이 직장 내에서 구축한 권력과 그것을 사용하는 것에 대해 알 수 있다고 하더라도 권력과 같은 비가시적이고 추상적인 대상을 사례로 채택하지는 않는다. 이렇게 '사례'를 규정하는 것이 언뜻 보기에는 단순한 것 같지만, 어떤 현상에서 사례의 경계를 구분하는 것은 쉬운 일이 아니

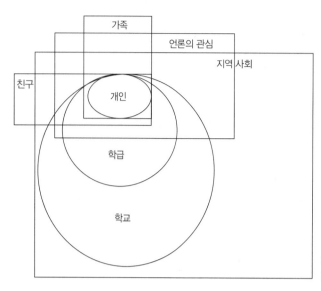

그림 33.2 단일 사례 내에 있는 중첩되거나 교차되는 집단의 사례

박스 33.1 '공간'으로서 사례(공간=특정 사례)

지리 수업에서 일본 단원을 공부하는 13~14세의 한 학급을 사례로 한 연구를 마친 후, 그 사례를 '공간'과 연계해 어떻게 구성할 수 있는지, 그리고 이것이 어떻게 사례연구의 방법론과 자료 수집 방법에 영향을 미칠 수 있는지 생각해 보았다. 매시(Massey, 2005)가 정의한 장소의 관계적 개념화에 근거해 공간으로서 사례를 요약하면 다음과 같다.

- **사례는 우리가 생각하는 것보다 더 큰 대상이다** 사례연구는 사람과 무생물, 동물, 식물 요소까지도 고려해야 하고 연구자 자신의 위치도 연구 수행 과정 동안 중요하다는 것을 생각해야 한다.
- **사례는 복합적인 관계 구조이다** 만약 사례가 우리가 생각하는 것보다 더 크고 중요하다면, 사례를 구성하는 생물, 무생물, 동식물 등의 요소 간의 상호 관계 수준도 중요한 대상이다. 각각의 요소는 다양한 공간적 스케일에서 중첩 혹은 교차되는 집단에 소속된 존재이다(그림 33.2). 어떤 사례의 독특한 특성은 장소와 같이 과거와 현재의 연결 속에서 그 출발점을 찾을 수 있다.
- **사례는 원래 역동적이다** 사례를 구성하는 각 요소는 다양한 시간 스케일 속에서 장소와 장소 사이에서 발생과 소멸하고, 각 요소는 어느 정도 범위에서 변화하거나 어떤 변화를 불러일으키기도 한다. 또한 사례연구자가 알아야 할 점은 자료 수집 방법이 변화에 민감하다는 점이다. 짧은 프로젝트 기간 동안에도 수집 방법은 바뀔 수 있다는 점을 알아야 한다.
- **사례는 본질적으로 이질성을 담고 있다** 어떤 집단 내에서 그 집단의 다양성은 사례연구에서 바로 드러나지 않는다. 하지만 다양성은 원래부터 존재하는 것이다. 이러한 점이 사례연구의 자료 수집 방법에서 잘 감안되어야 한다.
- **사례는 정치적이다** 사례 내에 존재하는 모든 관계는 힘의 단면을 가지고 있다. 심지어 해석주의 관점의 프로젝트에서도 연구자는 어떤 사례 내에 존재하는 힘의 관계에 대해 주의 깊은 관심을 가져야 한다. 특히 연구자 자신의 관점에도 그렇다. 윤리적 실천이 힘의 불평등에 대응할 수도 있다. 사례에서 힘의 불평등 관계가 존재할 때 연구자의 객관적인 시각은 연구자의 윤리적 실천 측면에서 중요한 내용이다.

다. 굿과 해트(Good and Hatt) 연구에서도 밝혔듯이(Stake, 2005: 444 재인용), '사람'에 대한 경계를 정하는 것은 어려운 문제이다. 예를 들어, 사례연구자가 청소년기가 언제 시작되고 끝나는지를 알기는 정말 어렵다. 이것은 사람이라는 대상이 자신의 생물-비생물 환경과 복잡한 관계의 연결망을 갖고 있다는 의미이기도 하다.

사례연구의 질과 엄정성

모든 연구자는 자신의 연구가 어떤 형태로든 가치 있기를 원한다. 그러나 가치를 정의하는 방법은 상당히 많고 다양하다. 그래서 정의를 내리는 각 방법은 연구자들의 범위가 어떻든지 사례의 질과 엄정성을 담은 일종의 개념과 실천 방식에 근거를 둔다. 사례연구의 질적 연구의 통제 실험에서 사례연구의 수준의 질을 평가하는 방법은 당연히 민속지학 연구에서 평가하는 기준과 방법과는 달라야 한다. 사례연구는 둘 이상의 이론적 관점을 기반으로 수행되기 때문에 연구자마다 사례연구의 질적 수준의 개념화와 수행 방법은 다르다. 이것은 사례연구자들이 그들의 연구에서 지식을 구축하는 방법과 일치한다고도 볼 수 있다. 표 33.2는 사례연구의 질과 엄정성에 있어 핵심적인 접근을 소개하고 있다.

표 33.2를 보면 세 학자마다 조금씩 다른 관점을 보인다는 것을 알 수 있다. 인이 좀 더 실증주의적 시각이라면, 배시와 스테이크는 해석주의적 관점을 가지고 있다. 예를 들어, 인은 사회과학에서 보편적인 질적 수준의 수립 방법을 이용하고 있는 반면, 인은 사례연구방법론 관점에서 사례연구의 핵심 개념이 관계되는 방법과 정도를 중요하게 고려한다. 반면 배시는 사례연구의 적절성 측면에서 타당성과 신뢰성 대신 구바와 링컨(Guba and Lincoln)이 제시한 신실성(trustworthiness) 개념을 제안하고 있다(Bassey, 1999: 74-6). 배시는 여덟 가지 질문을 던지는데, 만약 어떤 연구자가 이 여덟

표 33.2 사례연구에서 질과 엄정성 확보를 위한 검증 방법

	인	배시	스테이크
핵심 개념	세 유형의 타당성, 신뢰성	신실성	결과 검증의 정확성
핵심 방법	다양한 데이터 출처 사용의 삼각법, 증거의 연결 고리, 사례연구의 데이터베이스, 주요 출처에 의한 검토, 분석 전략	사례와의 관계 형성, 삼각법, 해석의 체계적 확인, 구체적 설명, 외부의 질 관리 검토(감사)	삼각법(어떤 해석을 입증하거나 서로 다른 의미를 보다 명료하게 하는 활동, 내부 구성원에 의한 검토
참고자료	2014: 45-49, 118-128	1999: 60-2, 74-77	1995: 12, 45, 48, 7장, 2005: 453

가지 질문에 대해 긍정적인 답변을 한다면, 사례 조사에서 질적 연구의 수준과 엄정성이 보장된다고 했다. 이와 관련된 주요 내용은 표 33.2의 배시의 핵심 방법에 제시되어 있다. 표 33.2에 언급한 세 학자는 비록 실제 연구 과정에서 혹은 상황에 따라 달라질 수 있지만(예: 응답자의 연령) 사례연구에서 자료의 원전, 즉 원출처의 중요성을 강조한다. 또한 이들은 자료와 연구 내용의 기록 보관도 강조하고 있다. 사례연구에서 특히 중요한 점은 연구자 이외 다른 연구자나 제3자가 동일한 기록을 바탕으로 같은 과정으로 사례연구를 하더라도 같은 해석과 결과가 도출되어야 한다는 점이다. 해당 연구에 비판적인 동료 연구자뿐만 아니라 심지어 해석과 결과에 동의하지 않는 연구자라도 동일한 결과가 나와야 한다는 것이다.

사례연구의 질을 좌우하는 또 다른 요소는 표 33.2의 세 연구자 모두 언급한 다양한 데이터 출처 사용을 강조하는 삼각법(triangulation)이다. 대부분의 사례연구는 복수의 데이터 출처, 이를테면 관찰, 인터뷰, 문서 검토(문헌 조사)를 통한 자료를 포함한다. 이때 동일한 사례연구에서 다양한 출처를 사용하되, 수집된 증거를 바탕으로 도출한 내용을 서로 비교할 수 있어야 한다. 이것이 삼각법의 특징이다. 삼각법의 목적은 조사한 내용을 서로 다른 이론적 관점에서 바라보자는 데 있다. 예를 들어, 질적 이론의 관점은 양적 이론 관점과 다를 수 있다. 자료 수집에서 삼각법의 목적은 실증주의 관점에서는 실제 자료 수집 상황과 정확한 이해에 더 가까이 가는 것이라면 해석주의 관점에서는 한 사례에 대한 풍부한 이해에 초점을 둔다는 점이다. 후자, 즉 해석주의 관점은 다른 사람이나 데이터 출처로부터의 차이가 관심 대상이고, 경우에 따라 연구자의 지식 확대 차원에서 추가적인 조사가 진행되기도 한다. 실증주의 관점은 이러한 차이보다 오류나 편향의 유무와 실제값에 더 관심이 있다. 따라서 이론적 관점의 일관성이 중요하다. 즉, 해석주의 관점이라면 해석주의적 방법에 초점을 두어야 하고, 실증주의 관점이라면 실증주의적 관점을 유지하면서 일관성 있는 연구가 필요하다. 예를 들어, 실증주의 관점에서 데이터 출처가 편향되어 있다고 말한다면 해석주의 관점과는 다른 측면에서 바라보아야 한다는 의미이다. 실증주의 관점의 데이터 출처 편향은 해석주의 접근 방식과는 일치하지 않는다는 의미이기도 하다. 그래서 모든 데이터 출처가 그 데이터가 수집된 상황이나 상태를 감안해 고려해야 하고, 이를 바탕으로 어떤 사례의 이유를 밝히거나 파악하려면 그 사례의 상황 또한 잘 이해해야 한다.

일반화

사례연구는 외부 조건과 환경에 영향을 받을 수 있다. 그래서 사례연구에서 일반화는 중요하고 일반화에 대한 세심하고 일관성 있는 생각과 사고를 연구 기간 동안 유지하는 것이 필요하다. 사례연구의 질과 엄정성에서 연구자마다 강조하는 측면이 다르듯이 일반화를 바라보는 접근 방식도 연구자가 수행하는 사례연구의 이론적 관점에 따라 다양하다. 이와 관련해 인은 통계적 일반화와 분석적 일반화를 구분해 설명한다. 인에 따르면 통계적 일반화는 표본에서 수집된 자료를 기초로 모집단을 추정하는 방법이다(Yin, 2014: 40). 이 방법은 자연지리학이나 대규모 설문조사의 계량적인 방식에 익숙한 사회과학 분야에서 일반적으로 사용하는 방법이다. 그러나 인도 지적하듯이 사례들은 표본 단위가 아니기 때문에 통계적 일반화 기법을 적용해서는 안 된다. 사례연구의 목적은 사례연구를 통해 새로운 이론을 확장하고 일반화하는 데 있다. 따라서 인의 주장에 따르면 분석적 일반화 기법은 미리 개발된 이론과 사례연구에서 찾은 새로운 실증적 결과를 비교하는 방식이 되어야 한다(Yin, 2014: 41). 모든 사례연구자가 분석적 일반화 기법을 따르지는 않지만, 대부분은 인의 다음과 같은 주장을 지지한다. 즉, 사례연구방법론의 치명적 오류는 사례를 표본 단위로 한 모집단 추정과 같은 통계적 일반화 기법을 사례연구의 일반화에 적용하는 것이라는 점이다.

배시에 따르면 '교육'도 여러 변수가 복합적으로 얽혀 있는 하나의 세계이기 때문에 여기에는 일종의 '내재적 불확실성'이 존재한다(Bassey, 1999: 52). 이것을 분석하기 위해 어떤 형태로든 일반화가 필요하다고 보았다. 배시는 이것을 '퍼지 일반화(fuzzy generalisation)'라 부르고, 동시에 일반화를 이해하고 각종 문건을 통해 이를 지지하는 맥락의 측면과 일련의 후속 연구를 통해 축척해 나가는 가치의 측면을 강조했다. 스테이크의 경우, 사례연구의 이해 과정은 필수적으로 한 사례 내의 여러 작은 일반화 단위와의 연결이라는 점을 제시한다(Stake, 1995: 7). 그에 따르면 사례연구의 목적은 '일반적'보다는 '특수한' 대상의 이해로 바라보는 데 있다. 그러나 스테이크도 인정한 점은 사람들이 보고된 사례를 알게 되면 이전에 자신이 경험했거나 알았던 다른 상황들과 연결 짓는다는 점이다. 이러한 과정에서 세상에 대한 사람들의 일반화는 더욱 공고해지거나, 혹은 바뀌기도 한다. 스테이크는 이것을 '자연주의적 일반화(naturalistic generalisation)' 과정이라고 한다(Stake, 1995: 85).

사례연구 프로젝트 설계 단계에서 중요하게 고려할 사항은 사례의 선택과 경계의 설정, 사례연구의 질과 엄정성, 일반화를 위한 의미 등이다. 이러한 중요 사항들은 최종 보고서의 연구방법론에서 반드시 논의되어야 한다. 또한 보고서에서 기술되는 단어와 언어는 보고서 전체에서 사례 선택을 되돌아보는 데 필수적인 내용이다. 특히 중요한 점은 사례연구의 외부 문제와 이에 대한 맥락적 일반화의 수준도 어느 정도 감안해야 한다는 것이다.

33.4 데이터 수집 방법

지금까지 논의한 것처럼, 다중 데이터 수집 방법은 사례연구에서 흔히 채택되는 방법이다. 이 중에서 관찰은 그 사례의 실제 상황 속에서 이루어져야 하기 때문에 사례연구의 데이터 수집에서 핵심 방법이다. 사례연구의 목적이 사례의 심층적 분석이라면, 연구자가 직접 관찰에 몰입하는 것이 중요하다. 사례연구에서 관찰 방식의 형태는 관찰 가능한 사례 유형과 협상 접근 가능성에 따라 달라진다. 여기에는 직장에서의 관찰, 회의 참석, 사회 행사 참여, 특정 장소에서 시간 보내기 등이 포함될 수 있다. 이 방법은 민속지학의 조사 방법과 유사하다(11장 참조). 또한 이후에 이러한 활동 장소를 다시 방문하거나 혹은 이 활동을 다시 할 경우를 고려하더라도, 관찰에서 나온 내용을 정확하게 기록하는 것은 아주 중요하다. 기록 방법에서 관찰할 때나 관찰 직후 내용을 즉시 적을 때, 메모장이 적절한 도구가 되기도 하고, 사례 조사 상황에 따라 시청각 기기나 전자기기의 사용도 고려된다. 또한 연구 일지(수기 또는 전자기기 입력)는 연구 개요나 떠오르는 연구 아이디어를 기록하는 데 도움을 줄 수 있다(그림 33.3). 만약 데이터 수집 과정에서 아동이나 신체적 혹은 정신적으로 취약한 성인을 대상으로 할 경우, 특히 기록에 유의해야 한다. 또한 연구 윤리와 관련해 사례연구의 전 과정에서 학교와 기관의 방침과 규정, 관련 내용을 반드시 숙지하고 따라야 한다(3장 참조).

연구자가 사례연구를 시작할 때 간략하게라도 본인의 느낌이나 감상을 기록하는 것도 좋다. 전체적으로 그 사례연구에 대한 본인의 이해도를 높이는 데 도움을 줄 수 있기 때문이다. 그다음 즉시 시작해야 하는 것은 연구의 핵심 질문에 초점을 두고, 관찰을 통해 연구의 해답을 찾는 세부적인 연구 질문들을 도출하는 것이다. 이 시점에서 만약 연구 기간이나 조사 시간에 제약이 있다면 연구 범위나 사례의 경계를 설정하는 것이 중요하다. 연구 시작 시점의 연구 목표와 질문들은 연구에 대한 이해도가 높아지면 조정될 수도 있다. 하지만 이때 어디에 초점을 두고 사례연구를 진행해야 하는지 계획을 잘 세워야 한다. 예를 들면, 연구에 시간을 좀 더 투입할지, 누구와 면담할지, 연구와 관련성이 적은 부분은 무엇인지 등을 고려해야 한다.

어떤 특정 사례연구를 진행한다고 하면 자연스럽게 인터뷰 중에 대화의 일부가 강조될 수 있고, 이때 전략적으로 연구 방법의 한 부분으로 개인 혹은 여러 명과 인터뷰 형식과 내용을 함께 상의하고 정할 수도 있다. 사례연구에서는 반구조화 인터뷰(semi-structured interview) 혹은 초점 집단(focus group) 방식이 흔히 사용된다. 만약 이러한 방식을 잘 모르거나 익숙하지 않으면 미리 관련 기법이나 실행 과정을 숙지할 필요가 있다(9장 참조). 또한 연구자는 자신이 계획한 질문과 주제의 틀을 친구 혹은 동료 연구자들에게 먼저 시험해 보고 싶을 수도 있다. 또한 인터뷰 내용의 기록 방식

그림 33.3 다양한 연구 일지 사례

과 방법에 대해서도 고민해야 한다.

사례연구의 일반적인 연구 데이터 수집 방법의 세 번째는 문서 분석이다. 문서 정보 분석 단계는 종종 공개적으로 데이터 출처에 접근 가능할 경우(예: 웹사이트), 사례연구 현장 방문 전에 시작될 수 있다. 종종 문서는 특정 역사적 상황, 사례와 관련한 정책 등을 이해할 때 도움되기도 하고, 어떤 기관의 공공적 측면을 고려할 경우에는 유용한 데이터 수집 방법이다. 이때 문서 관리의 실천도 중요하다. 예를 들어, 문서 관리는 수집된 문서의 체계적 정리와 기록, 종이 혹은 전자 파일 형태의 저장 등을 통해서도 진행된다.

실제로 상당히 많은 분량의 데이터가 수집될 경우, 데이터 관리는 사례연구에서 중요한 부분을 차지한다. 수집된 모든 데이터는 별도의 분류 방식, 예를 들면 데이터 수집 시기별, 일시별, 장소별 등의 항목으로 분류하는 것이 도움이 된다. 문서의 모든 기록은 백업 복사본으로 만들고, 기록마다 데이터 목록화가 필요하다. 또한 문서 기록들은 전체 파일의 아카이브와 별도로 저장, 관리되어야 한다.

무엇보다도 사례연구에서 데이터 수집에 시간을 빼앗겨 수집된 데이터에 대해 생각할 시간을 놓쳐서는 안 된다. 스테이크가 말한 것처럼(Stake, 2005: 449), '정성적 사례연구의 데이터 수집 방법에서 단순하지만 가장 중요한 것은 연구자의 모든 지적 자산을 사례연구 상황에 두는 것이다'. 이는 관찰에 따른 주의 깊은 성찰을 강조하는 것이다. 즉, 관찰에 대한 연구자의 성찰은 연구자의 학문적 이해를 위해 필요한 연구 과정이기 때문이다. 사례 수집 방법 측면에서 해석과 성찰의 초기 단계는 데이터 수집과 동시에 일어난다. 수집한 데이터에서 해석과 성찰을 분리해 분석 과정에서 각각 별도로 논의한다고 하더라도, 데이터 수집 단계부터 데이터의 해석과 성찰이 동시에 이루어진다는 점을 알아야 한다.

박스 33.2 중학교 학생의 브라질에 대한 이해

사례: 영국 잉글랜드 공립학교 13~14세 한 개 학급을 대상으로 4주간 진행한 지리 수업의 사례. 학생 구성은 남학생 15명, 여학생 8명으로 학생 대부분이 백인으로 구성되었음.

목적 한 학기 동안 브라질에 대한 이해력 향상과 학생들을 위한 교수법과 학습 자료 기여 정도를 확인

사례 선정 연구자가 교사로 참여한 학급으로 연구자와 학생 간에 충분한 사전 교감을 통해 선택한 방법임. 인에 따르면 이러한 방법도 (지역에 따라서) 사례연구의 전형적 사례 중 하나로 채택이 가능함. 사례연구의 초점이 학습 과정에 있기 때문에 사례연구 계획은 선정되는 어느 수업에나 적용 가능함.

일반화 지리적으로 먼 장소를 배우는 과정과 관련된 이론 구축을 시작으로 이러한 일반화 이론은 다른 상황에서도 확인이 필요함(예: 다민족 학급 대상도 고려할 수 있음).

데이터 수집 방법 수업의 관찰과 성찰, 수업 활동 데이터 수집, 사전·사후 활동을 포함한 설문지, 학생 소그룹과의 반구조화 인터뷰, 개념도

데이터 분석 방법 정독, 공통점과 테마, 반복되는 패턴들을 확인하기 위한 개방 코딩

결과물 학생들의 생각을 알 수 있는 핵심 데이터, TV와 축구; 브라질 국가의 부와 빈곤, 국민의 생활 양식을 감안한 고정 관념에서부터 이항 대립 방식까지 폭넓은 변화를 인식함; 원격 수업의 네 유형 학습 모델

권고 사항(후속 연구 차원) 브라질의 부와 빈곤, 개발이 서로 덜 충돌하도록 수업 진행; 후속 연구 필요성 제시(예: 학생 간의 사회경제적 혹은 사회문화적 차이와 이에 따른 학습 영향력 탐색)

보고서 형식: 8,000자 분량의 학위 논문과 학술지 투고 계획(예: *International Research in Geography and Environmental Education*)

출처: Picton, 2008

33.5 데이터 분석 방법

스테이크(Stake, 1995)는 분석의 과정이 우리가 일상에서 마주치는 상황과 사건의 과정을 얼마나 잘 이해하도록 하는지 강조한다. 그에 따르면 이것은 일종의 성찰의 문제이다. 세상에 대한 이해의 틀 속에서 분석 과정을 이해하고, 이에 대해 의미를 부여하는 과정에서 어떤 것들을 분리해서 생각해야 하는지를 의미한다(Stake, 1995: 71). 스테이크는 어떤 사례를 새롭게 이해하는 측면에서 두 가지 방법을 제안한다. 하나는 개별 사례를 직접 해석하는 방법이고, 다른 하나는 여러 사례를 하나의 어떤 사례 유형이라고 이야기할 수 있을 때까지 모으고 합치는 방식이다(Stake, 1995: 74). 스테이크는 이러한 과정을 일종의 직관적 프로세스 도출로 생각했다. 그렇다고 해서 이 방법이 체계적이지 않거나

질적 사례연구에서 엄정함이 결여되었다는 의미는 아니다. 어떤 측면에서 사례연구자의 연구 방식은 마치 사건의 단서 조각조각을 맞추는 탐정과도 같다고 생각하면 된다. 즉, 자세하면서도 세심한 주의를 잃지 않고 동시에 문제 바깥에서 해결의 실마리를 찾을 수 있는 혁신적 아이디어와 사고방식에도 관심의 끈을 놓지 않는 연구자의 자세를 강조한다. 새로운 지식의 창조는 흔히 패턴의 발견과 그 속에서 연관성을 찾는 노력을 통해 이루어진다.

사례연구의 데이터 수집 준비 단계에서는 질적인 엄정함과 진지함, 그리고 해석에 대한 결정이 중요하다. 예를 들어, 녹취 자료를 필사하는 경우, 녹음 내용의 해석은 어떤 문장을 포함할지 결정하는 것부터 시작된다. 이와 유사하게, 어떤 문서 내용을 필사할 경우, 오탈자의 포함 여부도 데이터 수집 단계에서 결정해야 한다. 이러한 결정은 선택에 따른 결정의 문제로 일종의 상쇄관계(trade-off)가 있다. 예를 들면, 철자의 오류와 발음상의 왜곡이 있지만 원상태에 최대한 가깝게 데이터 상태를 반영할지, 아니면 현재 상황을 고려해, 예를 들어 철자를 맞추어 다시할지와 같은 생각도 필요하다. 많은 부분이 사례연구의 목적과 분석 방법에 따라 달라질 수 있다. 만약 사례연구가 민감한 주제를 이루거나 응답자의 반응과 감정을 대상으로 하는 경우, 또는 심층 대화의 경우 내용 전체를 필사하는 것도 필요하다. 그것이 아니라면 연구자는 좀 더 융통성 있는 방식을 생각할 수 있다. 필사 내용에서 오탈자를 맞춤법대로 다시 바꾸거나 표현을 좀 더 간략하게 하는 과정도 거칠 수 있다. 이러한 데이터 처리는 디지털 데이터 검색과 사례 내용의 대조를 좀 더 쉽게 할 수 있다. 그러나 이 과정은 어쩔 수 없이 원자료의 순수한 의미를 퇴색시킬 수 있다는 점을 알아야 한다.

박스 33.3   사진 분석 모델

1. 데이터를 전체적 관점으로 파악하고 데이터 내의 과장과 미묘함에 귀를 기울인다. 데이터의 패턴에서 연결성과 대조성을 발견한다. 감정과 느낌, 인상, 사례 조사에서 데이터가 차지하는 비중 등에 대해서도 주목한다. 질문을 적고 연구의 맥락을 구성한다.

2. 일반적인 내용은 증거 목록과 공정의 기록을 통해 완전하게 파악한다. 연구 목표를 숙지하고 지원하는 유형 목록을 설계한다.

3. 특정 질문에 대한 구조화된 분석, 수집된 정보는 보통 통계적 성격을 띠지만 데이터를 자세하게 기술한 내용에는 서로 비교하기에 모호하고 추상적인 부분도 많다는 것을 알아야 한다.

4. 다시 한 번 전체 답사 기록으로 돌아가서 데이터 내용에는 과장이 없는지, 핵심 부분은 어떤 것인지 탐색한다. 열린 마음으로 데이터를 보면서, 내용 구성과 전개 방식의 중요성을 다시 한 번 정의하고 좀 더 완전한 맥락에서 내용을 이해한다. 이렇게 전체적인 연관성 속에서 최종적으로 전체 과정을 숙지하고 결론을 도출한다.

출처: Collier and Collier, 1986: 178-179

사전 단계가 끝났다면, 이전에 고려된 연구 문제와 데이터 유형에 따라 다음 단계가 정해진다. 이를 위해 연구 주제에 대한 폭넓은 선행 연구 검토가 필요하다(36장 참조). 이때 데이터를 전체적으로 보는 관점과 데이터를 부분 부분으로 나누어 세밀하게 보는 관점 사이의 균형이 중요하다. 예를 들면, '외부자의 관점'에서 중학생이 그린 일본에 대한 작품을 분석할 때 콜리어와 콜리어(Collier and Collier, 1986)가 사진 분석 기법에서 차용한 네 단계 분석 과정을 적용할 수 있다. 즉, 단계 1과 4는 사례 데이터를 전체로 보는 관점이고 사례 2와 3은 사례의 특정 주제와 쟁점을 상세하고 세부적으로 보는 관점이다. 이것은 코딩을 포함해서 전체 데이터에 적용되는 일종의 일반 범주화 과정을 보완하는 방법으로 다양한 음성과 시각 자료, 글 자료 등을 포함한다.

33.6 사례연구의 의사소통

사례연구방법론에서 데이터 수집과 분석 방법만큼 사례연구의 평가자 또는 심사자들이 관심을 두고 보는 부분은 보고서 작성이다. 사례연구에는 다양한 형태가 있는 만큼 보고서 작성도 각기 다른 구성과 형식의 접근 방법이 있다. 하지만 항상 중요하게 생각해야 할 내용은 조사한 사례의 의미 전달이다. 인이 강조했듯이 '사례연구 보고서 작성 단계에서 연구자들은 심한 스트레스를 받는다'(Yin, 2014: 177). 스테이크 역시 보고서 작성에서 사례의 효과적인 전달력을 강조하며, 보고서 질 평가에 필요한 일종의 확인 목록 역할을 하는 보고서 구성 방법을 제시한다(Stake, 1995: 131).

인(Yin, 2014: 179)은 사례연구의 설계 단계부터 보고서의 독자층을 결정해야 한다고 제안한다. 예를 들면, 보고서 독자가 일반 대중, 학계 연구자, 연구비를 지원하는 후원자(기관), 정책 결정자, 혹은 기타 관련 분야 전문가 등인지를 파악해야 한다. 많은 경우에 사례연구 보고서는 독자들의 요구를 감안해 각기 다른 형태와 형식으로 작성해야 한다. 예를 들어, 학위 논문 심사 위원들을 대상으로 한다면 학위 논문 형식으로 보고서를 작성해야 하고, 학계 연구자와 특정 분야 전문가가 독자라면 요약 보고서 형식으로 작성해야 한다.

보고서 양식은 사례연구 초기부터 고민하는 것이 좋다. 예를 들어, 연구 결과를 서술한 문장 그대로 보고서에 싣기보다는 여러 보고서 양식과 형식을 비교하는 것이 좋다. 보고서 초안에는 사진을 비롯해 비디오, 오디오 또는 멀티미디어 자료 등도 포함될 수 있다. 연구비 지원을 받은 사례연구라면 보고서에 웹사이트 혹은 디지털 데이터를 추가하는 것이 일반적이다. 따라서 결과물을 추가할지, 어떤 내용을 선택할지의 결정은 사례연구 시작 단계부터 계획을 세워야 하고, 이 계획에 따라 사례연구를 진행해야 한다. 이러한 과정에서 사례연구에 필요한 데이터를 수집할 수 있고, 데이터의 접근 정도와 데이터 수집과 관련된 연구 윤리와 연구 동의서도 고려해야 한다. 예를 들어, 아동이나 심신 미약 성인 대상의 사례연구라면 사진이나 동영상 촬영물의 공유에 대한 동의도 필요하다. 이러한 동의는 사례연구를 진행한 후에 받는 것보다 시작 단계에서 동의를 구하거나 동의 내용을 협의하고 조정하는 편이 훨씬 연구 진행에 수월하다.

인은 크게 여섯 가지의 사례연구 보고서 전개 구조를 제안한다. 각각의 구조는 사례연구 유형에 따라 조정될 수 있다. 예를 들어, 연구자는 선형 분석 구조(사례의 쟁점 기술–문헌 검토–방법론 제시–발견–결론의 순서)를 선택할 수 있거나, 대안으로 연대기적 구조(시간의 흐름에 따라 사례를 조사하고, 그 과정에서 가정된 사례들의 인과 관계를 조사하는 효과적인 보고서 구조)를 선택할 수도 있다(Yin, 2014: 189). 배시(Bassey, 1994: 84 ff)는 구조적, 내러티브적, 기술적, 허구적 형식의 보고서 구성을 제시했다. 만약 연구자의 사례연구 보고서가 학위논문이라면 지도교수와 협의해 선형 분석 구조의 대안을 논의하는 것도 중요하다. 보고서가 연구자가 속한 기관의 방식에 비해 다소 정형화된 구조가 아니더라도 다른 보고서 구조도 제안될 수 있다. 하지만 이것은 연구자가 왜 이 구조가 연구 방법의 자료에 적합한지 보고서 내에서 명확하게 제시해야 한다.

비네트(vignette)는 보고서 독자들이 보고서에서 어떤 사례를 읽을 때, 마치 자신에게 일어난 것처럼 대리 경험을 느끼도록 하는 구성 요소이다. 스테이크(Stake, 1995: 128)는 비네트는 사례의 한 단면이나 쟁점을 부각하는 장면들을 짧게 묘사한 것이다'라고 정의한다. 그에 따르면 보고서에서 짧은 분량의 이야기를 싣는 목적은 보고서 독자가 보고서 내용을 읽을 때 마치 보고서의 사례가 실제 상황이나 실제로 일어난 사건처럼 이해하도록 하는 데 있고, 이를 위해 시간이나 사례의 특징, 장소감이 잘 전달되도록 사례의 이야기를 구성한다고 한다. 따라서 보고서를 작성할 때 용어 사용과 세부 맥락 전달이 중요하고(박스 33.4), 때에 따라 사례연구 참가자들의 직접 인용 문구가 효과적일 수 있다. 스테이크(Stake, 1995: 86–87)가 강조하듯이 독자가 자연주의적 일반화를 만들도록 돕기 위해 사례연구자들은 보고서에서 독자와 충분한 의사소통을 해야 한다고 강조한다. 이때 독자는 그 사례를 자신의 다양한 차원의 경험과 연관 지으려 한다.

사례연구에서 한 가지 흥미로운 쟁점은 익명 혹은 가명으로 사례를 다루는 것으로, 주로 개인이나 특정 기관을 사례로 하는 연구에서 적용된다(Yin, 2014: 1996 f f). 많은 연구 프로젝트가 보고서 내용이 문제 되지 않으려면 사례를 익명으로 처리하는것이 나을 수 있지만 쉬운 결정은 아니다. 이와 관련해서 첫째, 사례연구가 특정 단일 사례를 대상으로 한다면 연구자는 보고서에서 그 사례에 대해 상세히 다루어야 하고, 그러다 보면 특정 대상을 숨기거나 가리기가 어려울 수 있다. 노출을 피하

박스 33.4 논문에서 발췌한 비네트 형식의 자료

일본에 대한 재현 – 로런스 학생의 이야기

이전 섹션의 일부 내용을 좀 더 발전시키기 위해서 이 섹션에서는 한 학생에게 집중해 내용을 다루고자 한다. 학생 이름은 로런스, 자신이 항상 낙천적인 성격을 가지고 있다고 생각하면서 가끔씩 같은 반 친구들을 웃기기도 하는 학생이었다. 하지만 친구나 선생님에게 안 좋은 말을 들으면 소심하고 얌전히 지내는 성격의 소유자였다. 지리 성적은 지리 특성화 반에서 중간 정도이고, 미술을 좋아하고 GCSE 시험에서 체육, 역사, 드라마 과목을 선택할 계획이었다. 운동을 좋아해 방과 후에 친구들과 럭비를 하기도 했고, 친구 및 가족과 함께 골프를 치기도 했다. 로런스의 어머니는 연기에 재능이 있어 동네 팬터마임 공연의 배우였으며, 로런스는 가족과 함께 몇 번 남부 유럽을 여행하기도 했다. 킥복싱 경기를 위해 아일랜드에 간 적도 있다. 로런스의 아버지는 한때 킥복싱 대회에 참가한 경험도 있다.

로런스의 사례는 일본에 대해 배우는 그의 문화적 상황과 관계적 성격을 잘 보여 준다. 적어도 그의 가족사 이야기를 유추해 보면 그렇다. 로런스가 하고 싶은 일 중의 하나는 미얀마에 가는 것이다. 이러한 생각은 일본에 대한 로런스의 학습에 많은 영향을 주었다. 또 다른 관련성은 로런스의 할아버지 가족이 과거에 미얀마에 살았다는 점이다. 할아버지 가족은 제2차 세계대전 중에 미얀마에서 영국으로 돌아왔다. 그래서 일본과 관련해서 로런스의 이야기 중의 한 대목은 그의 가족(할아버지 가족)이 잉글랜드에 살게 되었다는 점과 관련이 있다.

'일본군 포로였던 것 같아요. 할아버지와 할아버지 가족까지. 그래서 그 일본인을 위해 강제 노역에 동원될 수밖에 없었고, 할아버지는 차가운 지하 창고 같은 곳에 갇히기도 했었어요. 왜 그런 일이, 어쩌다 그렇게 되었는지 모르겠지만, 그 당시 할아버지 나이는 제 나이쯤이었어요. …'

이러한 가족사는 로런스에게 일본에 대한 관심을 불러일으켰다. 그는 태평양 전쟁에 관한 텔레비전이나 라디오 프로그램도 기억하고 있었다. 그의 친척 몇 명은 지금도 미얀마에 살고 있다. 몇 년 전 로런스의 어머니는 미얀마를 방문했으며, 잉글랜드에 올 때 미얀마 기념품도 가져왔다. 집에 있는 미얀마 그림들과 물건들은 로런스의 생각에 강한 영향을 주었다고 볼 수 있다.

'저는 일본에 관한 그림을 봐 왔어요. 집에 있는 물건이나 기념품들도 일본 그림 속에 있는 것과 비슷했고 … 그래서 우리 집은 마치 아시아 분위기 같아요. … 그림에서 보던 것과 같은 색깔이 칠해진 우산도 그렇고 집들도요. 꽃들과 물건들도 비슷해요…'

설명 이 발췌문을 가져온 섹션에서 나는 학생 한 명을 심층 인터뷰 대상으로 선정했다. 이유는 보고서 독자가 이 학생을 마치 이전부터 알고 있었다고 느끼도록 하기 위해서이다. 그다음 몇 가지 일반적인 내용을 자세하게 소개하고, 이를 바탕으로 사회문화적 맥락에서 멀리 떨어진 어떤 장소를 이 학생이 어떻게 이해하고 있는가를 보고서를 통해 전달하려고 했다. 이 학생의 성격과 생각을 좀 더 잘 드러내기 위해 문장 곳곳에 학생이 직접 이야기한 문장을 그대로 실었고, 문장에서 학생이 뜸을 들이거나 말하지 않고 침묵한 상황까지도 최대한 그대로 전달하려고 했다. 짧은 문장으로 내용을 전달하는 이 방식은 일정 단어 이상을 요구하는 보고서 규정과 대치되기도 하지만, 한 학생의 사례를 심층적으로 다루는 방식이 때로는 사례연구의 또 다른 통찰을 갖기를 기대한다. 이것은 결국 긴 문장으로 구성된 서론과 균형을 이루게 되어 연구 보고서 목적에도 필요하다고 생각한다.

출처: Taylor, 2009: 183-184

기 위해 또 다시 부연 설명을 추가하다 보면 연구자가 강조하고자 하는 내용이 오히려 모호해질 수도 있다. 둘째, 특정 기관이나 개인을 밝혀야 하는 경우도 있다. 이때 연구 윤리 측면에서 문제 발생의 소지가 있을 수 있다. 따라서 이러한 내용은 사례연구 초기에 지도 교수 혹은 연구 책임자, 모니터링 역할을 하는 연구자와 관련 내용을 충분히 상의해야 한다.

만약 연구자가 가명을 사용하기로 결정했다면 누구를 대상으로 할 것인지가 중요하다. 이때의 쟁점은 실제 대상을 연상할 수 있는 정도의 연령대와 사회경제적 배경을 가진 이름을 어떻게 가명 처리하는지의 문제이다. 이는 정확하고 과학적인 방법으로 처리할 수 있는 사안이 더더욱 아니다. 더구나 사례연구가 문화의 경계를 넘나드는 경우라면 특히 어려운 사안이다. 한가지 대안은 참여자가 가명을 선택하도록 해서 가명 선택의 부담과 책임을 참여자의 몫으로 하는 방법이다. 하지만 이 방법 역시 최종 보고서를 읽는 독자에게 혼란을 줄 수 있다. 예를 들면, 가명으로 선택한 이름이 유명 배우 혹은 만화 주인공 이름이라면 또 다른 문제를 야기할 수 있다. 만약 연구자가 어떤 가명이든 사용하기로 했다면 보고서 내에서 어떤 가명이 어떤 사례와 일치하는지 그 내용과 관련해 잘 배치해야 하고, 배치한 내용의 위치도 잘 알고 있어야 한다.

33.7 결론

사례연구는 실용적이고 유연한 방법론인 동시에 엄중함 속에서 연구를 수행하는 연구방법론이다. 이해하기가 어려운 사례가 있다고 하더라도 계획과 연구 수행이 원활하게 이루어지고 독자들과 의사소통이 잘 진행된다면, 사례연구의 내용이 명확하게 전달된다. 이렇게 되려면 연구방법론이 적절하고 정확한 연구 동기와 근거를 가져야 하고, 경계의 구분과 일반화, 엄중함과 같은 쟁점들도 세밀하게 고려되어야 한다. 엄중하게 잘 수행되고 보고서까지 잘 작성된 사례연구는 독특한 사회문화적 맥락에 기반한 복합적인 의미 체계를 심층적으로 분석하고 해석하는 접근에도 적합하다. 이러한 연구는 넓은 범위와 규모를 대상으로 하는 연구 방식에는 적합하지는 않지만, 좁고 세밀한 범위의 연구 방식과 결합되면 상당히 효과적인 연구 방법이 될 수 있다.

| 요약
- 사례연구는 실용적이고 유연한 연구방법론이다.
- 사례연구는 단일 사례 혹은 여러 사례를 심층적으로 이해하는 데 초점을 둔다.

- 사례연구는 다양한 프로젝트 및 여러 관점과 연결될 수 있다.
- 사례의 경계 구분과 일반화, 엄중함은 사례연구에서 항상 고려해야 한다.
- 사례연구 분석은 폭과 깊이의 균형이 중요하고, 데이터를 전체적으로 바라볼 뿐만 아니라 특정 부분을 자세하게 관찰할 필요도 있다.
- 사례연구 보고서는 독자들에게 특정 사례의 깊이 있는 내용 전달을 위해 짧은 이야기 방식(비네트)을 포함해 다양한 형식을 바탕으로 작성한다.

심화 읽기자료

- 인(Yin, 2014)은 실증적 관점에서 사례연구를 다룬 사례연구방법론 교재이다. 특히 사례연구의 일반화, 다중 사례연구와 사례연구 계획 및 연구 설계와 관련한 유용한 정보를 담고 있다.
- 배시(Bassey, 1999)는 해석주의 접근에서 사례연구를 다룬다. 특히 사례연구의 역사, 퍼지 일반화, 신실성 관련 내용들을 담고 있다.
- 스테이크(Stake, 1995)는 해석주의 접근의 사례연구를 다룬다. 특히 독자에게 여러 사례를 생동감 있게 전달하는 방식으로 의사소통의 중요성을 강조하고, 일반화 구성에 필요한 내용을 담고 있다.

* 심화 읽기자료에 대한 상세 정보는 아래 참고문헌에서 확인할 수 있음.

참고문헌

Bassey, M. (1999) *Case Study Research in Educational Settings*. Buckingham: Open University Press.

Collier, J., and Collier, M. (1986). *Visual Anthropology: Photography as a Research Method*. Albuquerque: University of New Mexico Press.

Crotty, M. (2003) *The Foundations of Social Research: Meaning and Perspective in the Research Process*. London: Sage Publications.

Flick, U. (2004) 'Triangulation in qualitative research', in U. Flick, E. von Kardorff and I. Steinke (eds), *A Companion to Qualitative Research* (Qualitative Forschung - Ein Handbuch [2000]). London: Sage. pp.178-83.

Massey, D. (2005) *For Space*. London: Sage.

Picton, O. (2008) 'Teaching and learning about distant places: Conceptualising diversity', *International Research in Geographical and Environmental Education,* 17(3): 227-49.

Stake, R. (1995) *The Art of Case Study Research*. London: Sage.

Stake, R. (2005) 'Qualitative case studies', in N. Denzin and Y. Lincoln (eds), *The Sage Handbook of Qualitative Research* (3rd edition). Thousand Oaks, CA: Sage. pp.443-66.

Taylor, L. (2009) 'Children constructing Japan: Material practices and relational learning', *Children's Geographies,* 7(2): 173-89.

Taylor, L. (2013a) 'Spotlight on ... case studies', *Geography,* 98(2): 100-4.

Taylor, L. (2013b) 'The case as space: Implications of relational thinking for methodology and method', *Qualitative Inquiry*, 19 (10): 807-17.

Yin, R. (2014) *Case Study Research: Design and Methods* (5th edition) Thousand Oaks, CA: Sage.

공식 웹사이트

이 책의 공식 웹사이트(study.sagepub.com/keymethods3e)에서 이 장과 관련한 비디오, 연습, 자료 및 링크들을 확인할 수 있으며, 부가적으로 다음 논문들도 무료로 이용할 수 있음.

1. Kirsch, S. (2014) 'Cultural geography 11: Cultures of nature (and technology)', *Progress in Human Geography*, 38: 5.

2. Elwood, S. (2011) 'Geographic Information Science: Visualization, visual methods, and the geoweb', *Progress in Human Geography*, 35: 3.

34

지도화와 도해력

34.1 서론

지도는 장소에 대한 생각을 표현하고 장소의 지식을 전달하는 강력한 매체이다. 지도는 지리학자가 오랫동안 사용해 온 도구이고, 공간 정보의 저장·분석·결과를 다양한 시각적 형태로 표현하는 수단으로 활용되고 있다. 지도는 단순한 가공품이 아니며, 지도화 또는 매핑(mapping)을 통해 사고의 과정을 보여 주는 일종의 **과정**이다. 출력된 지도의 질 혹은 컴퓨터 화면의 지도는 지도 제작자와 그 지도를 읽는 사람 간의 지도에 대한 이해, 즉 '도해력(graphicacy)'이 반영된 모습이다. 50여 년 전 볼친과 콜맨(Balchin and Coleman, 1966)의 연구에 따르면 도해력은 수리력(numeracy), 문해력 (literacy), 표현력(articulacy)과 함께 교육의 필수 요건 중 하나이다. 이 장은 이들 주장에 대한 일종 의 울림이며, 동시에 도해력은 기술적·사회적·지적 변화에 따라 더욱 더 중요해지고 있다는 점을 강조하고자 한다. 또한 변화하고 있는 지도의 사회적 중요성을 다시 한 번 환기하면서 지도의 역할 탐색과 지도와 지리학자들 간의 관련성을 논의하고자 한다. 이 장은 또한 지도의 실용성과 지도 정 보의 유용성을 논의하면서 지도화의 본질도 함께 소개할 것이다.

컴퓨터 지도 프로그램과 웹 환경에서 지도 제작이 가능해지면서 일반 사용자가 직접 지도를 만들 수 있는 환경이 일반화되고 있으며, 자발적 지리정보(VGI; 16장 참조)를 통해 모바일 기기나 개인용 컴퓨터에서 디지털 지도 제작과 개발도 가능해지고 있다. 하지만 이러한 실질적이고 창의적인 지도 와 지도화의 장점을 알기 위해서는 지도의 작동 원리를 이해하는 것이 중요하다. 반세기 넘게 지도 학 분야에서 지도의 그래픽 수준과 질에 관련된 함의가 도출되고 있지만, 여전히 관련된 여러 쟁점 이 논의되고 있다. 지도학 연구자는 지도 디자인을 이해하는 데 있어 전체적인 측면뿐만 아니라 예 술적인 측면도 중요하다는 데 동의한다.

이 장은 결론에서 여러 지도의 실용적 측면을 비롯해 창조적이면서 유용한 측면에서 도해력 활동 과 좀 더 나은 지도 디자인을 위한 지도학적 방법들을 제안하고자 한다. 다시 한 번 강조하지만 지리 학을 공부하고 있거나 연구하는 모두에게 지도와 지도화는 중요하다.

34.2 지도화의 다양한 역할

인간이 지도를 만들고 지도를 읽는 능력은 언어의 발명만큼 오랜 역사이며, 수학의 발견만큼 중요한 인간의 가장 중요한 의사소통 수단 중 하나이다. 지도에 대한 인간의 충동은 문화와 시간, 환경을 가 로지르는 일종의 인류 보편적 현상처럼 보인다(Blaut, 1991). 지도학의 역사를 보면 최초의 지도는 기원전 3,500여 년 전으로 거슬러 올라가고, 그때부터 인간은 지도를 만드는 기술을 발전시켜 왔다. 이러한 지도의 역사는 세상이 변하는 모습을 그대로 지도에 담고 있으며, 지도를 통해 지도 제작과 디자인, 그 사회의 맥락까지도 엿볼 수 있다(Harley and Woodward, 1987).

현대적 의미에서 지도에 대한 정의는 지도의 종류뿐만 아니라 초기의 지도 제작 기술에 한정했던 범위를 벗어나 다양한 차원을 포함한다. 예를 들어, 1995년 국제지도학회(International Carto-graphic Association) 정의에 따르면, '지도는 지도학자들의 창의적 노력으로 이루어진 지리적 실재의 기호화된 이미지이며, 특히 공간적 관련성이 관계될 때 사용되도록 디자인된 것'이다. 또한 국제지도학회는 지도학(cartography)을 모든 지도 유형의 개념과 지도 제작, 지도의 확산, 연구 등을 다루는 학문으로 규정했다(International Cartographic Association, 1995: 1). 이 장에서도 지도와 지도화를 일종의 보편타당한 관점에서 접근하고자 한다(그림 34.1).

지도학자인 로빈슨(Arthur Robninson)의 영향으로 지도학계는 지도 콘텐츠와 축척에 주목하게 되었고, 그 결과로 지도 분류에 관한 연구가 촉진되었다. 지도는 일반도(general-purpose map)와 주제도(thematic map)로 나눌 수 있는데, 주제도는 말 그대로 지질 유형이나 선거 패턴을 지도화한 지도처럼 특정 주제를 표현한 지도를 의미하는 반면, 일반도는 다양한 인문·자연 환경 속성을 표현한 지도로서 건물을 자세하게 표현한 대축척 지도에서부터 중축척의 지형도, 세계지도와 같은 소축척의 지도로 나뉜다.

그림 34.1 지도의 세계

그 외 지도 출력 형태에 따라 지도가 나누어지기도 한다. 과거에는 전통적으로 종이로 출력된 지도가 유일했다면, 요즘은 대부분의 지도가 디지털화되어 다양한 기기와 매체에서 지도가 만들어질 수 있다. 예를 들면, 디지털 지도의 출력은 데스크톱 컴퓨터에서부터 노트북, 모바일 기기까지 다양한 기기에서 가능하고, 저장 장치도 DVD, 하드드라이브, 네트워크 서버를 비롯해 인터넷 드라이버와 클라우드 서버까지 범위가 확장되고 있다(Peterson, 2014). 지금은 더 이상 지도 제작자가 지도의 콘텐츠와 디자인을 결정하는 시대가 아니다. 지도 사용자의 역할이 점점 더 중요해지고 있으며, 적극적인 역할을 할 수 있는 시대가 되고 있다. 지도 제작의 범위도 점점 더 확대되고 있으며, 최근의 디지털 지도는 소리와 촉감뿐만 아니라 냄새까지도 지도를 통해서 의사소통할 수 있도록 만들어지고 있다.

지도 사용자가 지도를 만들 수 있게 되면서 지도 콘텐츠에 따라 지도가 차별화되는 경향성은 점차 낮아지고 있다. 지도 콘텐츠를 강조할 때 지도의 본질적 측면을 놓치는 측면이 있다. 즉, 모든 지도는 하나의 주제를 담고 있고, 적어도 흥미로운 내용 한 가지는 지도에 표현해야 한다는 주장이 있었다(Wood, 1992). 하지만 지금은 지도로 보여 주는 것보다 지도 내용을 이해하는 것이 훨씬 중요해진 시대이다. 이 관점은 지도가 표현이 아닌 하나의 명제로서 가장 잘 이해될 수 있다는 의미이다(Wood and Fels, 2008). 다시 말해 지도가 수행하는 다양한 역할을 명확하게 이해한다면 지도가 지니는 복잡한 특성도 분명히 알게 된다는 의미이다(박스 34.1).

지도화는 무엇보다도 지식이 새롭게 만들어지고 표현되는 것을 실제로 볼 수 있는 하나의 형태이며, 흔히 어떤 목적을 염두에 두고 진행되는 행위이다. 그래서 지도학은 공간 예술로 불리며, 그중에서 지도는 장소를 기술하고 안내하고 정보를 알려 주는 도구이면서 동시에 공간적 관련성 분석을 포함해 다양한 목적을 위해 이용되는 수단이기도 하다. 지도는 지도에 표현되는 훨씬 더 복잡한 어떤 것들을 나타내는 일종의 공간 가이드 역할과 이를 단순화하는 도구이다. 이러한 인식은 1970년대에 접어들면서 지리학자들에게 의사소통을 위한 지도의 개발과 최적의 지도 디자인 탐색을 위한 과학적 기법 개발의 자극제가 되었다.

34.1 지도와 지도화의 역할

- 실용적 도구
- 저장소와 데이터베이스
- 상상하기
- 설득력 있는 아이콘

- 모델
- 시각화
- 정치적 장치
- 경쟁적 텍스트

- 언어와 재현
- 문화적 산물과 실천
- 과학적 지식의 메타포
- 지리학

지도와 공간 정보 간의 의사소통은 일련의 디지털 코드로 이루어지고, 이러한 코드는 지도 내에서 작동할 뿐만 아니라 사회적 차원에서 지도를 사용하도록 하는 일종의 매개체 역할을 한다(Pickles, 2004). 1990년대까지 지도를 보는 관점을 지도적 의사소통 체계의 한 부분으로 한정하는 좁은 범위의 해석으로 인해, 지도의 다양한 역할을 제대로 반영하지 못한다는 비판에 직면했다. 최근에는 점점 많은 과학적 연구에서 지도를 서로 다른 차원에서 작동하는 일종의 신호 체계로 바라봐야 하는 관점도 주목받고 있다(MacEachren, 1995).

지도는 대용량의 공간 정보를 저장하는 데 효과적이다(Tufte, 1983; 166). 이러한 지도의 '시각적 저장소(visual inventory)' 역할을 디지털 데이터베이스가 보완하고 있다. 더 이상 시각적 표현이 필요 없는 상황이 되었다. 이를테면 내비게이션에서 매번 지도를 확대할 필요없이 a 지점에서 b 지점까지 이동할 때, 위성항법장치(GPS)의 안내에 따라 자동적으로 지도의 확대·축소가 이루어진다. 가장 단순한 시각적 표현이라도 이러한 내비게이션은 정보 전달 측면에서도 아주 효과적이다. 지도는 여전히 백 마디 말보다 낫다. 수십 줄의 텍스트보다 한 장의 그림 이미지가 훨씬 나은 전달 매체이다.

20세기의 마지막 20년은 디지털 컴퓨터 발전과 고성능 소프트웨어 등장으로 이전보다 훨씬 더 쉽고 빠르게 그래픽 이미지를 편집할 수 있는 시대가 되었고, 사용자와 상호작용적 지도도 사용할 수 있게 되었다(그림 34.2). 지도화 역시 중심축이 점점 더 민간 영역으로 이동하고 있고, 지도 디자인과 사용 부문에서 협업 관계가 중시되고 있다. 1990년대부터 '과학적 시각화(scientific visualization)'를 지도 디자인과 과학의 통합적 관점으로 바라보기 시작했다. 지속적인 기술 발전은 모바일 기반 유비쿼터스 지도화의 발전을 이끌고 있으며, 이는 사용자를 지도와 분리하는 것이 아니라 지도와 컴퓨터 화면에 연결하도록 하는 촉진제 역할을 하고 있다(Farman, 2014).

한편, 변화하는 사회경제적 상황도 지도화의 발전과 지도 사용에 영향을 미치고 있다. 모든 지도는 인간 내면의 결과로 만들어진 일종의 문화적 작품으로 해석되기도 한다. 지도는 지도를 생산하는 그 사회의 문화적 가치가 스며든 일종의 결과물이다. 유럽 사람들은 오스트레일리아 원주민이 주변 자연을 나무껍질에 그린 지도 내용을 이해하지 못할 수 있다. 반대로 런던 지하철 지도는 유럽 사람들에게는 익숙하지만, 다른 문화권 출신자들에게는 이해하기 어려운 지도일 수 있다. 최근의 많은 연구에 따르면 어떤 방식이 되었건 지도의 활용이 지도의 중요성을 이해하는 근본적인 내용이라는 점은 변함이 없다(Dodge et al., 2009). 웹 기반 애플리케이션의 발전으로 과거보다 훨씬 더 쉽게 협업 기반의 지도화가 가능해지고 있으며, 오픈스트리트맵(OpenStreetMap) 같은 크라우드(crowd) 소스 기반 공유 자원들은 무상의 커뮤니티 매핑 확산에도 기여하고 있다(Perkins, 2014). 한편, 지도 사용은 점점 더 일상에서 일반화되고 있으며, 심지어 현대 미술에서도 하나의 작품으로 지도를 채택

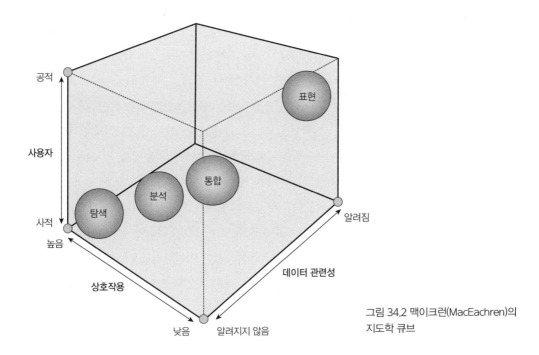

공적

사용자

사적

높음

상호작용

낮음 알려지지 않음

탐색

분석

통합

표현

알려짐

데이터 관련성

그림 34.2 맥이크런(MacEachren)의
지도학 큐브

하고 있다(Harman, 2010).

지도가 다른 문화 속에서 그 문화와 함께하는 것은 개인이 속한 문화 내에서 자신이 상상하는 지리를 반영하는 것이다. 개인의 상상은 직관적이며, 개인의 예술적 판단을 잘 반영하도록 디자인된 지도에서 이러한 개인의 상상력은 더욱 분명하게 나타난다. 그래서 지도는 정보 전달 매개체일 뿐만 아니라 장식체이기도 하다.

지도는 권력으로 채워진 또 다른 객체이며, 그래서 지도가 수행하는 것 자체가 일종의 정치적이라는 주장도 있다(Harley, 1989a). 지도는 흔히 명령과 통제를 대변한다고 한다. 권력 지식의 또 다른 형태로서 어떤 사회의 지배 집단은 그 사회에 대한 자신의 관심 대상을 지도를 통해 표현해 왔으며, 이러한 지도를 사회적 규범을 재강화하는 데 도움이 되는 대상으로 삼기도 한다(Black, 1997). 수많은 서양 지도들이 표현하는 권력은 그 지도들이 가지는 분명한 객관성에서 찾을 수 있다. 그래서 서양의 지도들은 마치 지도에서 모든 것을 보여 주는 것처럼 지도에 그 대상을 나타낸다. 또한 서양 지도들은 세상을 순서대로 정렬해 모르는 것을 알게끔, 마치 세상을 하늘에서 내려다보는 것처럼 표현하고 있다(Cosgrove, 2001). 하지만 서양 지도들이 아무리 객관적이고 사실적인 지식들을 담고 있다고 주장하더라도 지도는 본질적으로 내재된 힘, 즉 말보다 보는 것을 사람들이 더 잘 믿는다는 고유한 특성을 가릴 수는 없다. 지도와 지도화는 뉴스 기사와 관련이 있다. 지도는 뉴스 스토리라인의 내러티브를 확실하게 하는 데 효과적이어서 언론 기사에서 널리 이용된다. 물론 지도는 광고와 만화, 심지어 정치 선전에도 이용된다(Monmonier, 1996). 지도는 정치와 군사, 언론 관계자들에게 일종의 권위를 부여하는 합법적 대상이 되기도 한다. 예를 들어, 지도를 앞에 두고 군사 지도자나 정치인이 언론 브리핑을 하는 장면을 종종 본다. 어떤 사람들은 그래서 모든 지도는 본질적으로 설득적인 매체라고도 한다. 즉, 지도는 해체와 해석이 필요한 또 다른 텍스트라고 주장하기도 한다(Harley, 1989a). 그러나 문제는 이러한 설득의 아이콘을 어떻게 해석하는지에 달려 있다. 지도는 다른 담론과 끊임없이 상호작용하며, 결국 지도는 해석하는 사람에 따라 다른 대상이 되기도 한다.

지도와 지도화는 여전히 지리학을 다른 학문과 구분되게 하는 지리학 고유의 대상으로 인식된다. 학술지의 논문이나 학위 논문에 나오는 지도는 사람들에게 이것이 지리학이라고 생각하도록 만드는 일종의 신호이다(Harley, 1986b). 그래서 지도와 지도화가 이전보다도 더 분명하게 지리학의 핵심으로 자리 잡고 있으며, 이러한 확신은 여러 증거를 통해 확인되고 있다(Dodge and Perkins, 2008). 지리학 논문에서 지도는 이러한 강력한 메시지를 우리에게 보내고 있는 것이다.

34.3 필요한 지도 찾기

1996년 당시, 영국에서 종이 지도를 출판하는 지도 제작사는 250개였고(Perkins and Parry, 1996), 전 세계적으로 약 2,500여 개 지도 제작사 혹은 출판사가 있었다고 한다(Parry and Perkins, 2000). 지금은 없어졌지만 2009년 9월 약 25,000여 개 이상의 인터넷 사이트가 지도와 관련된 웹사이트로 분류되었다(Oddens, 2009). 2005년 이후 어떤 변화가 나타나기 시작했는데, 그것은 바로 다양하고 풍부한 지도 자료와 매시업(mashup), 인터넷과 결합한 구글지도(Google Map)와 구글어스(Google Earth) 같은 인터넷 지도 서비스의 등장이다. 간단히 말하면 지금이 인류 역사상 가장 많은 지도가 존재한다고 말할 수 있다. 오히려 어떤 것이 지도인지 구분하기도 어려울 정도로 다양한 디지털 지도들이 우리 일상에 등장하고 있다. 디지털 지도는 지도의 형식과 형태, 디자인 측면에서 이전의 종이 지도와는 확연히 구분되는 다양하고 복잡한 모습을 보인다. 어떤 지도를 어떻게 찾고, 무슨 지도를 어떤 용도로 사용할지 정확하게 알 수 있을까?

어떤 지도가 오프라인에서 출력할 수 있는지, 없는지 구분하기는 쉽지 않다. 지도 제작자들은 자신의 지도 제작 정보를 사람들에게 제공하며, 점점 더 일반적으로 인터넷 웹을 통해 공개하고 있다. 이러한 변화를 통해 우리는 지도 제작 기관의 인터넷 홈페이지 검색을 통해 관련된 많은 정보를 얻을 수 있다. 지도 제작과 관련한 상세한 규정과 가이드라인은 영국을 포함해 몇몇 국가에서 간행물로 출간되기도 한다(Perkins and Parry, 1996). 이와 관련해 요약된 정보는 World Mapping Today 간행물에 잘 나와 있다. 이 책에는 URL 리스트, 지도 제작사명, 최신 출간된 펜으로 그린 지도를 비롯해 그래픽 목록, 색인 정보까지 다양한 데이터와 정보가 담겨 있다(Parry and Perkins, 2000). 국가 지도 제작 기관 현황은 www.charlesclosesociety.org/organisations에서 확인할 수 있다.

이러한 정보들을 검색할 때 지도의 공간적 범위와 지도 정보의 시간적 범위, 해상도, 가격, 지도 데이터의 일관성과 신뢰성 등의 정보도 추가적으로 알 수 있다. 그 외 지도에 관한 부수적인 내용도 의미가 있다(예: 누가 지도 판매 시장을 위해 어떤 지도를 제작했는지, 혹시 포함되거나 포함되지 않은 부분은 무엇인지, 지도 사용에 법적 제약은 없는지, 지도 가격은 얼마인지, 무엇보다도 지도가 사용 가능한지). 현대가 글로벌 사회임에도 여전히 민족국가와 민족국가가 관련된 프레임은 일반 시민의 지도 사용과 접근에 영향을 미치고 있다. 그림 34.3을 보면 지구상 대부분의 면적이 지도화되었지만, 여전히 소축척 범위에서 보면 공식적으로 지도 제작에 어려움이 있는 국가와 지역이 있음을 볼 수 있다. 지도는 여러 국가에서 여전히 군사적 목적으로만 제작, 관리되고 있다(예: 인도 및 많은 이슬람 국가, 심지어 그리스). 또한 지도의 민간 부문의 경우 지도 판매로 인한 수익 극대화에 따라 시장 비용 회수율을 감안해 지도 가격이 책정된다. 따라서 개인 차원에서 지도 제작은 현실적으로 불가능하거나 고비용 구조일 수밖에 없다(영국도 2010년까지 이러한 상황이었음).

만약 어떤 지도에 관심이 있어 그 사본을 추적하려면 일단 도서관 사서에게 문의할 필요가 있다. 아니면 지도 출판사 혹은 지도 판매상으로부터 구입하는 방법도 있다(Parry, 1999). 지도 도서관의

이용 가능 국가
제한적 이용 가능 국가
이용 불가 국가

그림 34.3 공식적인 지도의 이용 가능성
출처: Parry and Perkins(2000)의 연구 자료

수준은 재정 지원 상태, 지도 도서관의 상위 기관 성격, 담당 사서 규모와 고용 수준에 따라 천차만별이다. 영국의 경우, 많은 지리학과와 지구과학/지질학과에 지도 컬렉션 부서가 있다. 많은 대학의 지도 컬렉션의 규모와 예산이 줄어들고는 있지만 지도 관련 명품이나 소장 가치가 높은 지도와 지구본 등의 지도 관련 소장품은 주요 국립 도서관 컬렉션(예: 여섯 군데의 국가 공인 지정 기관)에서 소장하고 있다. 예를 들어, 영국지도학회(British Cartography Society)는 2014년 현재 400여 개 이상의 지도 컬렉션을 소장하고 있다. 북아메리카 대륙의 경우, 대부분의 중요 지도 컬렉션은 연방 차원의 수탁고 역할을 하는 중앙 도서관이나 대학교에서 관리하고 있으며, 동시에 디지털 데이터의 보관도 점점 더 확대되고 있다. 미국의 워싱턴에 있는 의회도서관, 오스트레일리아 캔버라에 있는 국립도서관, 영국국립도서관 등과 같은 국가의 국립도서관들은 해당 국가에서 가장 중요하고 귀중한 지도들을 보관하고 있기 때문에 가장 희귀한 지도 작품들에 대한 최상의 기관일지도 모른다. 주요 지도 컬렉션에 대한 정보는 History of Cartography Gateway를 통해 알 수 있다(maphistory.info/collections.html). 지도 컬렉션의 개괄적인 정보는 웹 기반의 온라인 공공 정보 목록 사이트에서 주로 제공하고 있다. 또한 이러한 정보는 사람들이 필요로 할 때 어떤 도서관에 어떤 사본이 있는지를 파악하는 데에도 유용하다. 이를 위해 필요하다면 전문 지식을 갖춘 지도 큐레이터가 근무하는 도서관을 방문해 전문 큐레이터의 상담을 받는 것도 도움이 된다.

만약 지도 컬렉션의 검색이 도서관 시스템에서 확인 불가능하다면 학생들을 위해 지도 사본을 구입하는 방법도 있지만, 이 방법은 가장 나중에 결정할 문제라고 패리(Parry, 1999)는 제안한다. 영국과 북아메리카에서는 많은 지도 판매상이 활동하기 때문에 지도 구입은 상대적으로 어려운 일이 아니다. 런던의 '스탠퍼즈(Stanfords)' 같은 지도만을 전문적으로 판매하는 지도 상점에서도 다양한 지도들을 구입할 수 있다. 이들은 온라인이나 우편 판매 주문 서비스를 운영한다(지도 판매처에 대한 정보는 박스 34.2; Parry and Perkins, 2000 참조).

당연한 사실이지만 종이 지도는 인터넷 기반의 디지털 지도로 대체되고 있다. 이러한 경향성은 점점 더 일반화되고 확대되고 있다. 디지털 지도 데이터로의 접근은 종이 지도의 접근과는 다른 새로운 상황이다. 디지털 지도는 직접적으로 지리정보 소프트웨어, 별도의 저장 장치, 하드웨어와 출력 기기를 필요로 한다. 어떤 디지털 지도 데이터는 지도 제작 소프트웨어에 저장되어 소프트웨어와 함께 제공되지만, 인터넷상에서 제공되는 방식이 점점 더 일반화되고 있다. 디지털 지도 제작의 경제성에 따른 지도 활용성 측면에서 선진국과 개발도상국 간의 격차는 점점 더 커지고 있는 점도 주목해야 한다. 디지털 지도 구입은 보통 종이 지도보다 비용이 더 소요된다. 그리고 상대적으로 데이터 라이선스 규정과 성격도 종이 지도보다 엄격하다. 영국의 경우, 통합정보서비스위원회(Joint

Information Service Committee)라는 별도의 기구를 통해 디지털 데이터의 대학 내 사용을 위해 디지털 데이터 공급자(기관)들과 별도의 계약을 진행하고 있다. 이 계약에 따라 학생들은 일정 등록 절차만 거치면 연구와 교육, 학습을 위해 다양하고 광범위한 디지털 데이터를 사용할 수 있다. 2000년 이후 영국 지리원(Ordnance Survey)의 데이터는 EDINA 시스템의 DIGIMAP 서비스를 통해 제공되고 있고, 제공되는 데이터의 종류와 범위, 내용은 영국 지리원의 역사 지도 데이터에서부터 지질 공간 정보, 환경 공간 정보, 디지털 해도까지 포함하고 있다. 그 외 영국의 유력 온라인 지도 정보 서비스는 지도 도서관을 통해 서비스되는 스코틀랜드 국립도서관(maps.nls.uk)과 인터넷 지도 포털 서비스인 Vision of Britain Through Time(www.visionofbritain.org.uk) 등을 들 수 있다. 미국의 경우, 연방 차원에서 제작된 디지털 지도 데이터는 인터넷을 통해 공공 인터넷 도메인에서 제공되고 있다. 북아메리카와 서부 유럽, 오스트레일리아의 지도 도서관들은 디지털 지도에 관한 다양한 접속 정보와 서비스를 제공하고 있다. 인터넷에는 저작권이 없는 지도들이 너무도 많다. 많은 지도 웹사이트들이 여전히 종이 지도를 단순히 스캔한 지도 이미지를 제공하고 있지만, 점점 더 많은 온라인 도서관들이 다양한 지도 이미지를 제공하고 있다. 대표적으로 현대 지도 온라인 서비스를 제공하고 있는 미국 텍사스 대학교(University of Texas), 고지도 스캔 이미지를 전문적으로 제공하는 데이비드 럼지 컬렉션(David Rumsey collection) 등을 들 수 있다. 구글지도와 같은 온라인 지도 서비스는 이용자와의 상호작용이 뛰어난 웹 기반 지도 서비스로서 점점 더 그 유용성을 주목받고 있다. 이러한 지도 서비스는 지리정보시스템(GIS)과 연동되는 디지털 지도 데이터를 저장하는 일종의 데이터 웨어하우스의 통로 역할을 하기도 한다(18장 참조). 박스 34.3은 디지털 매핑에서 주요한 온라인 출처를 제시하고 있다.

34.3 매핑 관련 온라인 출처

게이트웨이 사이트

History of Cartography Gateway(www.maphistory.info): 지도학의 역사와 관련된 역사적 출처에 관한 약 6,500여 개의 링크

온라인 지도 데이터 출처

텍사스 대학교(www.lib.utexas.edu/maps): 전통 방식으로 인쇄된 다양한 출처의 대량의 종이 지도 스캔본을 보유하고 있고, 상당한 규모의 지도 컬렉션, 미국 중앙정보부(CIA) 제작 지도를 비롯해 지도 관련 기념품, JPEG, PDF 파일, 지도 관련 인터넷 사이트 정보를 보유함(고지도, 도시계획도 및 지도 관련 참고 자료 등)

유엔 지도국(www.un.org/Depts/Cartographic/english/htmain.htm)

데이비드 럼지 고지도 컬렉션(www.davidrumsey.com): 가장 풍부한 고지도 스캔본 컬렉션 사이트

영국 지리원(www.ordnancesurvey.co.uk): 영국의 국가 지도 제작 기관으로 지도 관련 디지털 데이터와 디지털 지도 콘텐츠, 수치 데이터 등을 보유

디지맵(Digimap, digimap.edina.ac.uk/digimap/home#): 영국의 디지털 지리공간 데이터 제공 서비스. 영국 지리원 디지털 데이터 및 지도, 과거 지형도, 지질 및 환경공간 정보, 디지털 해도 등 영국의 디지털 지도와 지리공간 데이터 무상 제공

트레일닷컴(www.alltrails.com/?referrer=trailscom): 항공사진 및 1:100,000, 1:25,000, 1:24,000 축척 디지털 미국지질조사국(USGS) 지도 데이터 제공

오픈스트리트맵(www.openstreetmap.org): 글로벌 협업으로 만들어지는 가장 포괄적인 무료 온라인 지도

가상 지구본과 매핑 포털

빙맵(Bing Map, www.bing.com/maps): 영국 지리원의 Explorer와 Landranger 시리즈의 데이터 제공

구글어스(earth.google.com): 민간 부문의 대표 온라인 지도 서비스

구글지도(maps.google.com): 온라인 지도 서비스. 전 지구 범위를 포함하는 매핑 서비스와 애플리케이션, 매쉬업 기능과 지도 인터페이스 디자인 기능 제공. 거리뷰 서비스 제공

히어(here.com): 노키아의 컴퓨터 및 모바일 지도

맵퀘스트(www.mapquest.co.uk): AOL 소유 온라인 지도 서비스

지명 검색 지원 사이트

Geonames(www.geonames.org): 1,000개 이상의 전 세계 지명 데이터 제공. 구글지도와 연계, 크리에이티브 커먼즈 라이선스(Creative Commons License: CCL)

GEOnet Names Server(geonames.nga.mil/gns/html): 외국 지명과 지형지물 이름 데이터베이스로서 미국 국가지리공간정보국(National Geospatial Intelligence Agency) 데이터베이스와 연계. 9백만 개 지형지

물 이름 데이터베이스

Getty Thesaurus of Geographic Names Online(www.getty.edu/research/tools/vocabularies/tgn/index.html): 약 1,500만 개 지명 데이터의 계층화된 데이터베이스

센서스 및 행정 지리정보

영국데이터서비스센서스서포트(UK Data Service Census Support, census.ukdataservice.ac.uk/about-us): 최근 다섯 개 영국 센서스 데이터 및 이용자 상호작용 기반 주제도 데이터 지도화 기능, 센서스 구역 경계 데이터 및 속성 데이터 제공

근린 통계(Neighbourhood Statistics, www.ons.gov.uk/help/localstatistics: 영국 센서스 데이터 지도화 기능 제공

데이터 아카이브

영국데이터아카이브(UK Data Archive, www.data-archive.ac.uk): 영국의 인문사회과학 분야의 국가 디지털 데이터 아카이브. 영국 관련 타 국가 디지털 데이터 아카이브 검색 기능 제공

영국 국립지구물리데이터센터(National Geophysical Data Center: NGDC, www.ngdc.noaa.gov): 과학 분야 데이터와 정보 서비스 제공. 다양한 출처 기반의 문서화된 데이터베이스 구축 및 제공, 이를 기반한 데이터 서비스 제공. 월드데이터센터 시스템과 타 국제 프로그램과의 연계를 통한 글로벌 차원의 데이터 호환 및 교환 서비스 제공

ESRI(www.esri.com): 미국 지리정보 산업 표준화를 선도하는 소프트웨어 기업. 다양한 지리정보 데이터와 디지털 지도 표본 제공

항공사진 데이터

영국 국가항공사진컬렉션(National Collection of Aerial Photography, ncap.org.uk): 전 세계에서 가장 규모가 큰 항공사진 컬렉션

겟매핑(www1.getmapping.com): 전 세계 및 영국 전역의 항공사진 보유. 고도 데이터와 매핑 데이터 제공

영국항공사진컬렉션(UK Aerial Photographs, www.ukaerialphotos.com): 항공사진 관련 민간 부문과 민간 사업자, 공급자를 한 곳에서 서비스

토지 피복 및 주제도 데이터

다기관 지리정보시스템(Multi-Agency Geographic Information System: MAGIC, www.magic.gov.uk): 웹 기반 영국 환경공간 정보 및 지도 데이터 제공

크랜필드 대학교 국가토양연구소(Cranfield University National Soils Research Institute, www.landis.org.uk/services/soilscapes.cfm): 영국 전역의 토양 관련 디지털 매핑 및 지도 제공

영국지질자원연구소(British Geological Survey, www.bgs.ac.uk): 영국의 국가 지질자원연구소. 지질 및 지구과학 관련 최대 데이터 보유 기관

미국 국가 지도집(National Atlas of the United States, catalog.data.gov/dataset/national-atlas-of-the-united-states): 미국의 국가 센서스 지도 및 데이터. 다차원 주제도 지리정보 및 애니메이션 제공

34.4. 지도의 작동 방식

일단 지도가 수행하는 복잡한 역할을 인지한다면, 지도의 작동 방식을 이해하려고 노력하는 것도 의미가 있다. 이것은 지도의 기본적인 공간적 특성을 이해하고, 지도가 자료를 기호로 표현하는 데 고려하는 여러 제약 조건을 어떻게 단순화하고 이를 표현하는지 아는 것을 포함한다. 또한 매핑 속에서 작동하는 사회적 맥락을 파악하는 내용도 포함한다.

공간적 특성

모든 지도는 장소의 대상을 다룬다. 지도에는 거리, 방향, 위치 등의 속성들이 그래픽 매체를 통해 표현된다. 이러한 속성들은 일종의 공간적 속성이고, 어떤 일정한 일관성 속에서 지도화되어야 한다. 지구는 평평하지 않기 때문에 평면상의 종이 위에 지표상의 지형지물을 지도 제작 원리에 따라 상대적으로 왜곡(거리, 면적, 방위, 형태 등)을 최소화해 표현해야 한다. 이러한 과정은 지도 투영법으로 해결되며, 지도학 분야에서 오랜 세월 관련된 수학이나 지도 제작 기법들을 연구하고 있다. 최근에는 투영법과 정치적 관련성도 주목받고 있다. 대표적으로 면적의 정확성을 강조한 페터스 도법(Peters projection)과 관련한 논쟁을 들 수 있다(Monmonier, 1996). 소축척 세계 지도의 경우, 적절한 투영법의 선택이 중요하다(American Cartographic Association, 1991).

투영법 측면에서, 경위도 격자의 경선과 위선 위치는 투영법에 따라 결정된다. 지표상의 절대적 위치는 둥근 지구 표면의 좌표값으로 정의된다. 하지만 경위도 격자는 서로 직각으로 교차하지 않는다. 지도에서 경위도를 나타내는 격자는 경선과 위선이 하나의 망으로 표현된 것으로, 왼쪽 아래 지점은 동쪽, 오른쪽 상단은 북쪽의 지점을 표시한다. 지구상의 공간을 격자로 표시하는 방식은 고대 그리스 지도학자들이 고안했다. 이러한 격자 방식은 영국 전역을 사각형 방안으로 표시하고 각 방안은 알파벳 A에서 Z로 구분하는 A to Z 지도(가로는 A–Z, 세로는 1–n 번호로 표시)에 적용되었다. 이는 영국의 국가좌표체계(British National Grid System)의 기본 공간 단위이기도 하다.

거리에 대한 일관성 있는 표현 역시 수학적인 축척 개념이 적용되어 있는데, 넓은 지구를 특정한 좁은 평면으로 축소해 표현(예: 1:50,000)하기 위해 길이를 지도적으로 표현한 '축척(scale)'이 필요하다. 대표적으로 막대식 방식, 서술식 방식이 사용되고 있다(예: 1.25in는 1mile, 1cm는 1km). 지도에서 모든 지형지물을 지도의 축척대로 지도에 모두 나타낼 수는 없다. 즉, 지도에 표시된 지형지물은 가독성을 위해 실제 축척과 정확하게 일치하기보다는 약간 과장해 표현될 수밖에 없다(예: 세계지도의 도로). 그래서 많은 소축척 세계지도는 어쩔 수 없이 투영법상에서 모든 지점에서 동일한 축척으로 표시될 수 없고, 그러다 보니 왜곡될 수밖에 없다.

일반화와 분류화

지도에서 축척은 지도가 얼마나 상세하게 나타내는가를 규정하는 일종의 정보이다. 대축척 지도에서는 세밀하고 정확하게 지표면을 표현할 수 있지만, 지도가 소축척으로 갈수록 지도 요소의 일반화가 진행된다(그림 34.4). 지도의 일반화(generalization)에는 상당히 다양한 방법이 있다[예: 단순화(simplification), 확대(enlargement), 전위(displacement), 병합(merging), 선택(selection) 등]. 지도의 분류화(classification)는 지표상의 복잡성을 효과적으로 표현하는 방법이다. 모든 지형지물을 지도에 표시할 수 없기 때문에 특정 지형지물의 생략, 삭제를 통해 제외할 수밖에 없다. 따라서 축척을 고려해 어느 정도 상세한 정도를 반영할 것인가는 지도 제작에서 중요한 결정 사항이다. 지도의 내용과 그 내용이 균형 있게 지도에 잘 배치되었다고 하더라도 지도의 내용이 무질서하게 채워진다면 그 지도는 제 역할을 하지 못한 지도이다. 어떤 자료를 어떤 축척에서 포함 혹은 제외할 것인가는 기술적인 사항으로 생각할 수 있지만, 이러한 포함과 제외의 상황을 때로는 의도적인 배제와 침묵이 개입된 하나의 정치적 행위의 결과로 해석할 수 있다(Harley, 2001: 84-107).

기호화

지도학자는 세상을 표현할 때 어떤 규정된 그래픽 언어, 즉 텍스트와 기호의 시각적 요소의 결합 방식으로 기호화해 지도에 표현해야 한다. 텍스트와 기호를 어떻게 조합할 것인가는 보통 표준화된 방식을 따른다. 예를 들어, 종이 지도든 컴퓨터 화면의 지도든 모든 지도 유형에서 지도가 갖추어야 할 공통 요소가 있다(그림 34.5; Dent et al., 2008: 242). 지도에서 객체들은 상이한 수치적 특성이 있다. 이는 객체들과 관련한 데이터의 **측정 수준**(measurement level)이라 볼 수 있는데, 지도 디자인에서 매우 중요한 부분이다. 명목 데이터(nominal data)는 정보의 유무를 보여 주고(예: 시가지, 초지, 나지 등), 서열 데이터(ordinal data)는 어떤 지도 요소의 크고 작은 정도를 나타낼 수도 있다. 등간 데이터(interval data)는 각 데이터 값의 차이를 구간으로 나누어 지도에 나타내는 한편(예: 온도), 비율 데이터(ratio data)는 명확한 시작점을 가진 등간 척도라 할 수 있다. 기호와 객체는 또한 점, 선, 면, 부피, 지속성과 같은 **차원**(dimension)을 가지고, 이산적(discrete) 또는 순차적(sequential), 연속적

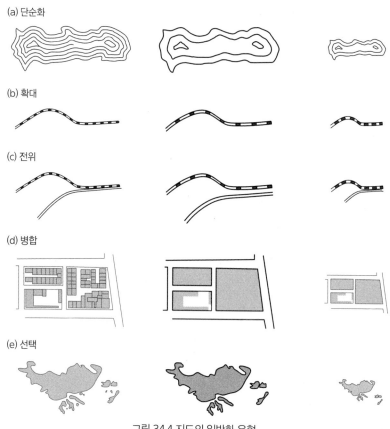

(a) 단순화

(b) 확대

(c) 전위

(d) 병합

(e) 선택

그림 34.4 지도의 일반화 유형

(continuous) 패턴으로 표현된다.

지도 그 자체를 본다면 지도상의 기호가 지니는 기하학적 수준과 정보 측정 수준은 지도에서 전달하고자 하는 정보가 소통될 수 있도록 해 주는 **속성**(attribute)을 지니고 있다. 예를 들어, 어떤 도로는 붉은색으로 표시되고 A57 스네이크 패스(Snake Pass)라는 표식을 볼 수 있을 것이다. 지도에서 글자의 크기, 형태, 스타일, 색상 등을 어떻게 정하고, 어떤 방식으로 배열하고 사용해야 할지는 지도 디자인에서 가장 어려운 부분 중 하나이다. 이러한 표식의 배치와 구도는 매우 복잡하고, 때로는 매우 직관적인 과정이 될 수 있다.

지도 디자이너는 어쩔 수 없이 제한된 그래픽 변수(graphic variable)를 사용할 수밖에 없다. 그림 34.6은 점 기호를 사례로 그래픽 변수가 어떻게 사용될 수 있는지 보여 주고 있으며, 데이터의 측정 수준에 따른 적절한 사용 원리를 제시하고 있다. 예를 들어, '형태'는 양적인 데이터의 차이를 보여준 데에는 사용하지 말아야 한다. 이러한 그래픽 변수에 따라 지도의 기호는 상징적 기호, 기하학적

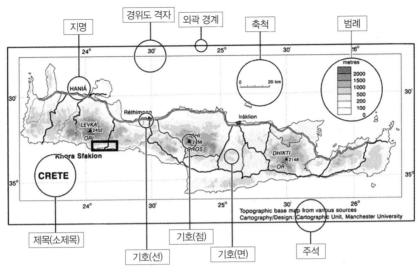

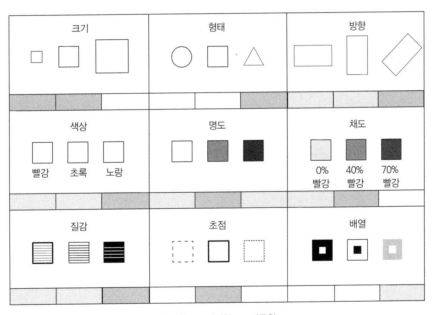

그림 34.5 지도의 구성 요소

그림 34.6 지도의 그래픽 변수

기호, 추상적 기호로 범주화할 수 있다(MacEachren, 1995).

34.5 지도 디자인

지도 제작에 필요한 기본 정보를 모두 확보했다고 해서 과연 훌륭한 지도를 만들 수 있을까? 그림 34.5의 모든 지도 요소들이 있다고 하더라도 지도로서 작동하는 지도가 자동으로 만들어지는 것은 아니다. 이러한 요소들은 의미 있고 심미적으로 만족할 만한 디자인 요소와 과정, 내용과 결합될 필요가 있다. 그렇다면 지도의 심미적 질과 수준을 정의하는 보편타당한 규정이나 조건은 무엇인가? 그렇다면 어떻게 지도 제작 기술과 관련될 수 있으며, 다른 맥락적 측면과 융합될 수 있을지도 살펴보자.

보편타당한 규정?

1983년 터프티(Edward Tufte)는 통계 그래픽 디자인의 탁월 정도를 정의하는 새로운 질적 기준을 제안했다(박스 34.4). 1991년 영국 지도학회 지도 디자인 분과의 조사에 따르면, 지도학 전문가들도 지도 디자인의 인지 측면에서 지도의 개별 요소보다도 지도 디자인의 전반적인 질적 측면을 중시하고 있다고 한다(박스 34.5). 지도와 지도의 그래픽 요소들은 각 부분의 합보다 전체가 더 중요하게 작동한다고 볼 수 있다. 심미적인 측면은 지도 디자인에서 중요하다. 이러한 사례는 최근의 연구에서도 논의되고 있다. 데마즈와 필드(Demaj and Field, 2012)는 디자인 측면에서 우수한 지도를 대상으로 지도 디자인과 제도(drawing)의 중요성을 강조한다.

지도 디자인의 보편적 절차와 관련해 주요한 두 핵심 영역이 있다. 첫 번째는 인지적 영역이다. 사람의 인지 체계는 **이미지의 시각적 조직**에 반응하도록 프로그램화되어 있다(Dent et al., 2008). 시각적으로 좋다고 느끼는 지도는 지도 요소의 공간적 배치와 황금 비율로 균형을 이루어야 한다(황금 비율은 어떤 두 수의 비율이 그 합과 두 수 중 큰 수의 비율과 같도록 하는 비율로, 1:1:6 비율이 시각적으로 가장 구분이 잘 되는 비율임). 그래서 지도의 독자가 가장 주목하는 시선 영역(지도의 중앙에서 약간 위쪽, 하단에서 60% 상단)을 지도의 중앙에 오도록 배치하는 것이 중요하다. 지도 디자인에서 각 요소는 지도를 구성하는 전체 요소로서 배치되어야 한다. 두 번째 핵심 영역은 지도에서 각기 다른 시각적 차원이라도 시각적 계층은 유지되어야 한다는 점이다(Dent et al., 2008). 즉, '형상

박스 34.4 터프티가 제시한 우수한 그래픽 원리

- 데이터를 보여 주어야 한다.
- 지도의 독자가 데이터의 실체에 대해 생각하도록 유도해야 한다(지도 데이터의 표현 방법론이나 그래픽 디자인, 그래픽 출력 기법 혹은 그 외 다른 요소보다 지도 데이터의 실체가 중요).
- 지도 데이터의 왜곡을 피해야 한다.
- 제한된 지면에 많은 숫자를 표현해야 한다.
- 데이터에 일관성이 있어야 한다.
- 서로 다른 지도 데이터를 비교할 수 있어야 한다.
- 여러 단계에서 데이터의 세밀함이 나타나야 한다(소축척에서 대축척까지).
- 지도 표현의 분명한 목표가 있어야 한다(데이터 기술, 탐색, 요약, 혹은 디자인 장식 등).
- 지도 데이터의 시각적 해석과 통계적 해석이 긴밀하게 통합되어야 한다.

출처: Tufte, 1983: 13

박스 34.5 의사소통 그래픽으로서 지도

- 지도 기호들 간, 기호와 기호의 배경들 간의 비교가 핵심이다.
- 지도 기호 그 자체로도 알기 쉽고 기호의 내용이 분명해야 한다.
- 지도에 표현되는 데이터의 규모와 본질은 제작하는 지도의 주요 목적과 일치해야 한다.
- 지도의 도형 기호(점, 선, 면)와 그 속성은 분명하고 명료해야 한다.
- 지도에서 데이터의 표현 순서는 지도 이미지의 계층적 순서에 따라 시각적으로 알기 쉽게 정해져야 한다 (예: 지도에서 점, 선, 면의 순서로 데이터 표현)

출처: 영국 지도학회, 1991

(figure)'은 '배경(ground)' 보다 눈에 띄어야 한다. 가장 중요한 객체가 주변과 확연하게 구분되어야 한다는 의미이다.

지도 제작 기법

2015년 즈음까지 영국에서 학생들이 만든 대부분 지도는 컴퓨터를 기반으로 한 기술과 기법으로 제작되었다. 지도와 지도 디자인을 연계할 때에도 어떤 소프트웨어를 선택하느냐와 그 소프트웨어가 얼마나 효과적인지는 중요한 지도 제작 조건이다. 이와 관련한 현실적인 고려 사항은 박스 34.6에 잘 정리되어 있다.

박스 34.6 지도 소프트웨어 결정을 위한 고려 사항

- 소프트웨어를 사용할 시간적 여유
- 컴퓨터 기기 사용 능력
- 익숙한 컴퓨터 소프트웨어 패키지
- 새로운 소프트웨어 학습을 위한 지원 정도
- 다른 소프트웨어와의 연동
- 데이터 포맷 지원 가능성(데이터 가져오기와 그래픽 출력을 위한 데이터 포맷 호환성)
- 소프트웨어와 출력 기기 간의 연동
- 컴퓨터 운영 체제(윈도우 또는 맥)
- 다른 개발자의 기본 데이터 사용 여부와 수정 갱신 계획
- 고속 스캐너 사용 가능성
- 제작한 지도의 역할
- 지도의 사용 목적: 표현, 분석, 탐색 등
- 지도 형태: 정적 혹은 동적 요소
- 지도에서 보여 주고자 하는 정보의 복잡성 정도
- 지도의 출력 형태: 종이 형태의 출력, 전자파일(흑백 혹은 컬러)

다음의 다섯 가지 예제가 박스 34.6에서 제시한 과정을 설명하고 있다.

1. 웹에서 지도를 만든다고 할 때에는 다양한 소프트웨어 패키지를 사용해야 한다. 추가적으로 웹 디자인 프로그램이나 소프트웨어도 필요할 수 있다. 이러한 환경이 갖추어진다면 플랫폼에 관계없이 다양한 지도를 만들 수 있다. 인터넷 지도는 꾸준히 수정과 갱신이 가능하다. 웹 지도 구축은 다음 조건에 따라 달라지는데, 예를 들면 웹사이트 환경(클라이언트 혹은 서버 기반), 사이트 형식(싱글 웹페이지, 다중 페이지, 프레임 환경 등), 웹 인터페이스(사용자 환경, 웹 브라우저와 플러그인이 웹 애플리케이션에서 현재 사용되고 있는 상태), 지도 데이터와 웹 지도 콘텐츠 인터페이스에 따라 웹에서의 지도 개발 환경도 달라진다. 디지털 지도 데이터 파일 형식과 벡터와 래스터 데이터 간의 차이도 인터넷 웹 지도에 중요하다. 래스터 데이터 형식은 jpeg, tiff, png가 대표적이고, 벡터 데이터 형식은 sfw, svg, pdf가 대표적이다. 이와 관련한 정보는 무엘렌하우스(Muehlenhaus, 2014)와 덴트 외(Dent et al., 2008) 연구를 참고하면 된다. 인터넷 웹 디자인 입장에서 한 가지 기억할 사항은 웹 환경마다 제약 조건이 다르는 점이다. 특히 컴퓨터의 화면 해상도와 모니터의 가로/세로 비율, 모니터의 크기는 인터넷 지도의 출력과 가독성에 영향을

미치는 요소이다. 또한 모니터마다 색상 출력 방식이 다양하다는 사실도 기억해야 한다.

2. MapInfo나 ArcGIS, Idrisi 같은 GIS 소프트웨어는 분석에 초점을 둔 패키지이지만 동시에 지도 디자인 측면에서도 상당히 다양한 시각화 기능을 제공한다. 비록 이러한 GIS 기능을 배우는 과정이 쉽지는 않지만, GIS 소프트웨어를 다루는 데 익숙해진다면 분석 결과를 지도화하고 시각화하는 작업은 일종의 선택 사항으로 쉽게 받아들여진다. 만약 어떤 사례연구에서 통계 분석 결과를 지도화한다면, 또는 그에 맞는 표준화된 매핑 레이아웃 템플릿이 있다면 다양한 지도화 변수 활용과 자동화된 통계 결과 도출이 가능해진다. 이와 같은 일종의 자동화 과정은 결국 매핑에 필요한 시간 비용을 절감할 수 있도록 해 준다. 이러한 GIS 소프트웨어와 관련한 실제 사례와 정보는 브루어(Brewer, 2005)에서 논의되고 있다.

3. 일부 매핑 소프트웨어들도 지도 레이아웃을 위한 자동화 과정과 관련 기능을 제공하고 있다. 하지만 GIS 패키지만큼 다양한 지도 자료의 분석 기능이 탑재되어 있지는 않다. 대표적인 매핑 소프트웨어로 Mapviewer와 Golden Software가 있는데, 이러한 소프트웨어는 지도 자료 분석과 지도 디자인 기능 사이의 중간 정도 수준의 프로그램으로 GIS 프로그램에 비해 사용성 측면에서 상대적으로 직관적인 점이 특징이다. 이들 프로그램은 미리 설계된 다양한 주제도 설정 포맷

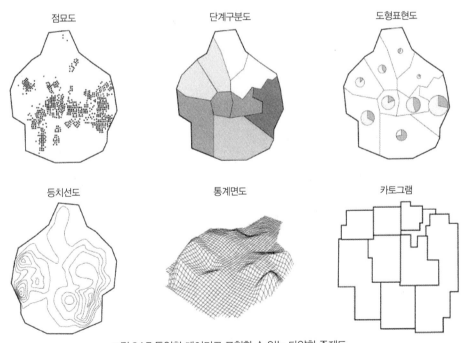

그림 34.7 동일한 데이터로 표현할 수 있는 다양한 주제도

과 지원 기능을 통해 스프레드시트에 있는 데이터를 자동으로 불러와 주제도를 만들 수 있다. 주제도 제작과 함께 자동으로 지도 범례를 만들 수 있는 부가적인 기능들도 탑재되어 있다. 그래서 웹 혹은 디지털 지도 디자이너의 입장에서 이들 소프트웨어의 장점은 지도 데이터에 적합한 지도 종류와 형식을 찾기만 하면 된다는 점이다.

4. 만약 실제로 높은 수준의 지도 디자인을 원한다면, 그리고 고성능 사양의 고급 소프트웨어를 사용해 고품질의 지도를 제작하고 싶다면, 최적의 선택은 CorelDRAW와 Illustrator와 같은 그래픽 전문 편집 패키지를 선택하는 방법도 있다. 또는 오픈 소소 환경의 InkScape와 같은 프로그램도 대안이 될 수 있지만, 무료인 만큼 부수적인 기능의 조작과 다소 복잡한 지도화 과정을 감수해야 한다.

5. 대학교 학부 수준에서 필요한 지도를 고려한다면 위에서 언급한 소프트웨어와 프로그램은 다소 수준이 높을 수 있다. 간단한 지도 출력 패키지 정도면 학부 과정에서 충분하다. 이러한 소프트웨어는 간단한 지도 생성, 레이아웃 출력, 기호와 텍스트, 지도 여백의 조절, 그 외 그래픽 요소를 수정·갱신할 정도의 기능만 있으면 된다. 구글지도(가상 지구본)와 같은 인터넷 지도 서비스도 간단하게라도 지도의 주석 정도를 표현할 수 있다. 디지맵(Digimap) 역시 영국 지리원의 디지털 기본도를 기반으로 하는 지도 출력 기능을 제공하고 있다.

출력 매체

비록 지도 디자인 규정과 규칙을 잘 따르고 적절한 지도화 기능을 사용해 지도를 만들 수 있다고 하더라도, 지도는 출판될 매체와 적절히 연계될 필요가 있다. 지도는 문화적 산물로 당시의 문화적 측면과 관련해 이해된다. 즉, 지도는 우드와 펠스(Wood and Fels, 2008)가 말한 **패러맵**(paramap), **페리맵**(perimap), **에피맵**(epimap) 개념과 연결해 해석되어야 한다. 패러맵은 이미지(페리맵)와 관련된 여러 출력 요소와 지도 매체를 이해할 수 있도록 해 주는 폭넓은 문화적 준거(에피맵)로 구성된다. 학부생들이 제작하는 대부분 지도는 여전히 인쇄된 형태의 보고서에 들어가는 수준으로 디자인된다. 그래서 이러한 지도가 좀 더 지도다워지려면 별도의 디자인 안내가 필요하다. 하지만 요즘의 지도는 다양한 매체를 통해 출력될 수 있다. 예를 들어, 파워포인트 슬라이드, OHP 슬라이드는 물론이고, 컴퓨터 모니터에서 혹은 웹사이트에서 애니메이션과 같은 동적인 시각화도 가능하다. 이러한 매체들은 컬러를 지원하기도 하지만, 특정 디자인 측면에서 흑백으로 한정되기도 한다. 또한 지도화 내용에서 정적인 매핑이 될 수도 있고, 애니메이션과 같은 동적인 매핑이 될 수도 있다. 박스 34.7은 지도 디자인에서 필요한 사항을 제시하고 있는데, 많은 내용이 문화적 요소와 폭넓게 관련되어 있다.

컬러 지도에서는 해상도가 사실 그렇게 중요한 변수가 되지 않는다. 하지만 지도에서 시각적 구조의 향상을 위해 두 가지 추가적인 변수를 고려해야 한다. 먼저, 지도는 컬러로 만들고 나서 출력은 흑백 레이저 프린터로 하는 것이 무슨 의미가 있을까? 결론은 의미가 없다. 컬러 지도와 관련해 텍스트 요소는 중요하다. 여러 디자인 요소가 복합적으로 지도에 표현될수록 지도의 시각적 요소와 텍스트 간의 연결은 중요하다. 그래서 그래픽과 텍스트를 부록으로 옮겨 그 의미를 퇴색시키는 것보다 텍스트를 최대한 그래픽과 밀접하게 연결되도록 지도화해야 한다.

그림 34.8은 학위 논문이나 과제물에서 흔히 볼 수 있는 전형적인 위치도(location map)이다. 이 지도를 보면 연구 측면에서 한 장의 지도에 공간적 관점을 어떻게 담고 있는지 짐작할 수 있다. 지도의 주석도 지도 디자인 측면에서 보면 내용 전달에 영향을 준다. 이 책은 컬러판이 아니기 때문에 이 책의 지도들은 CorelDRAW 소프트웨어를 사용해 제작되었고 출판사가 사용하는 편집 프로그램과 호환될 수 있도록 eps 파일 포맷으로 저장했다. 학생들이 만드는 대부분의 지도는 png와 pdf 파일로 저장할 수 있는데, 이러한 파일 형식은 지도의 선 굵기나 면의 색상 농도, 지도의 텍스트 출력 등 이미지의 시각적 품질을 유지하며 문서 편집 프로그램에 이미지로 삽입할 수 있다. 같은 지도라도 파워포인트 프로그램에서는 문서 편집 프로그램보다 지도 이미지의 해상도가 낮아질 수 있어, 지도 내의 지형지물이나 텍스트를 좀 더 크게 해야 한다. 종이 지도의 출력을 예상하고 디자인된 지도를 컴퓨터 화면에서 볼 경우, 여러 문제가 발생할 수 있다. 색상의 경우, 컴퓨터 화면은 RGB 색상 모델에 따라 화면에 색상을 비추는 방식이기 때문에 프린터에서 종이에 잉크를 쏘는 종이 지도 방식과는 색상 출력 방식이 확연히 다르다. 또한 컴퓨터 화면의 해상도는 컬러 지도 출력 과정에서 핵심 내용이 아니다. 컴퓨터 화면상의 지도는 실제 출력한 지도 크기에 비해 훨씬 작다. 지도가 멀티미디어 버전

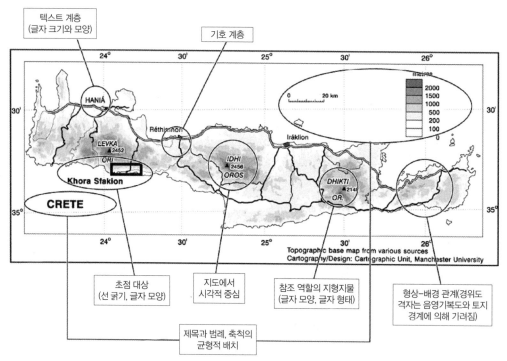

텍스트 계층
(글자 크기와 모양)

기호 계층

초점 대상
(선 굵기, 글자 모양)

지도에서
시각적 중심

참조 역할의 지형지물
(글자 모양, 글자 형태)

형상−배경 관계(경위도
격자는 음영기복도와 토지
경계에 의해 가려짐)

제목과 범례, 축척의
균형적 배치

그림 34.8 크레타(Crete)섬 답사를 위한 위치도

으로 제작된다면 지도의 그래픽 사용자 환경도 감안해야 하고, 컴퓨터 화면에서 지도 내비게이션에 따른 지도 확대·축소의 사용자 조작, 지도 여백 등을 고려해야 한다. 이러한 상황을 감안한다면 지도의 출력은 더 이상 지도 디자인에서 유일무일한 고려 요소는 아니다. 이에 반해 지도의 기능성과 내비게이션이 점점 더 중요해 지고 있다.

무엇보다도 지도를 디자인할 때 관련되는 그래픽 질과 수준에 대한 사례를 찾아볼 필요가 있다. 대표적으로 브루어(Cindy Brewer), 덴트(Borden Dent), 크리지어(John Krygier), 우드(Denis Wood), 맥이크런(Alan MacEachren), 터프티(Edward Tufte)와 같은 연구자들의 연구 내용과 이들이 제안한 일종의 표준화된 내용을 참고할 필요가 있다. 하지만 이들 정보와 내용도 중요하지만 명심할 점은 지도를 만들 때의 의도와 의미, 지도에서 무엇을 전달하고 싶은지를 알아야 한다는 사실이다. 꼭 기억할 것은 누군가는 지도를 읽을 것이고, 이들은 지도를 보면서 지도 속에 담긴 지도가 표현하고 있는 아주 특별한 상황이나 내용을 파악하고 탐색한다는 점이다.

34.6 결론

인터넷이 지도 보급과 확산에 엄청난 영향을 미치기 시작한 이후 디지털 지도 기술은 시각화의 세계를 크게 바꾸고 있다. 지도는 여전히 중요하지만 기술과 사회는 지도의 제작과 사용, 개념화에 대한 방식을 급속도로 변화시키고 있다. 그럼에도 불구하고 지도는 시각적 메타포로서 세상을 바라보는 인식과 성찰에 관한 논점들을 계속해서 제공할 것이다(Perkins and Parry, 1996: 380). 지도 재현에 대한 본질과 이에 대한 지도의 역할은 변화할지도 모른다. 하지만 도해력은 지리학자들에게 여전히 지도를 이해하는 중심부에 자리 잡고 있다. 우리 모두는 보다 나은 지도를 만들어야 하는 일종의 책임감을 가지고 있는 동시에 좀 더 비판적으로 지도를 바라보면서 지도를 사용해야 하는 의무감도 함께 지니고 있다.

| 요약

- 지도화(매핑)는 일종의 사회적 과정으로 작용한다.
- 지도는 지도 제작사, 지도 판매상, 도서관, 온라인 등을 통해 구득할 수 있다.
- 디지털 지도에 접근하기 위해서는 GIS 소프트웨어, 저장 미디어, 하드웨어, 출력 장비 등이 필요할 수 있다.
- 기술적·사회적 변화는 지도의 접근성과 지도화를 촉진하고 있다.
- 지도는 재현의 관점에서 작동하며, 공간적 특성들을 강조하고 동시에 일반화와 분류화, 기호화를 위한 다양한 시각적 방법을 제공한다.
- 좋은 지도란 시각적으로 가장 주목을 끄는 곳이 지도의 중심 초점과 일치해야 하고, 시각적 차이가 잘 나타나도록 지도 요소와 표현의 계층성이 잘 구성되고 조직되어야 한다.
- 지도화에 대한 비판적 성찰과 디자인에 대한 관심이 필요하다.

심화 읽기자료

- 돌링과 페어베언(Dorling and Fairbairn, 1997)이 함께 저술한 이 책은 약간 오래되었지만, 학부 수준에서 지도와 지도화에 대한 전반적인 내용을 이해하는 데 여전히 좋은 책이다. 특히 이미지로서 지도의 작동 방식에 대해 비판적이면서 과학적으로 접근하고 있다.
- 할리(Harley, 2001)와 도지 외(Dodge et al., 2011)는 도전적인 내용을 담고 있는데, 이들 연구는 지도가 수행하는 여러 역할과 지도학 역사에서 변화하는 사회적 맥락을 다룬다.
- 패리와 퍼킨스(Parry and Perkins, 2000)는 수집 가능한 출판된 지도에 관한 가장 많은 기록을 다루고 있고, 핵심적인 지도 출판 관련 세부 사항들과 정보들을 제공한다. 그러나 웹 기반 정보들이 점차 이 책에 실려 있는 정보들을 대체하는 상황이다.

- 지도 디자인과 지도 제작에 관한 실제적 쟁점들을 소개한 가장 탁월한 연구는 브루어(Brewer, 2005)와 덴트 외(Dent et al., 2008), 크리지어와 우드(Krygier and Wood, 2011), 무엘렌하우스(Muehlenhaus, 2013)이다.
- 최근의 지도 디자인 동향은 크리지어(Krygier)의 블로그인 Making Map(cartonerd.blogspot.co.uk)에 잘 나와 있다.
- Geographers Craft 홈페이지의 지도학적 의사소통 섹션(www.colorado.edu/geography/gcraft/notes/cartocom/cartocom_f.html)도 다양한 지도 디자인 이슈들에 대한 유용하면서 실제적인 조언들을 제공한다.
- * 심화 읽기자료에 대한 상세 정보는 아래 참고문헌에서 확인할 수 있음.

참고문헌

American Cartographic Association (1991) *Matching the Map Projection to the Need*. Falls Church, VA: American Congress of Surveying and Mapping.

Balchin, W.G.V. and Coleman, A.M. (1966) 'Graphicacy should be the fourth ace in the pack', *The Cartographer*, 3: 23-8.

Black, J. (1997) *Maps and Politics*. London: Reaktion.

Blaut, J.M. (1991) 'Natural mapping', *Transactions, Institute of British Geographers*, 16: 55-74.

Brewer, C. (2005) *Designing Better Maps: A Guide for GIS Users*. Redlands: ESRI Press.

British Cartographic Society (2014) 'Directory of UK Map Collections'. London: British Cartographic Society. http://www.cartography.org.uk/downloads/UK_Directory/ukdirindex.html (accessed 2 December 2015).

Cosgrove, D. (2001) *Apollo's Eye*. Baltimore, MD: Johns Hopkins University Press.

Demaj, D. and Field, K. (2012) 'Reasserting design relevance in cartography: Part 1: Concepts; and part 2: Examples', *The Cartographic Journal,* 49: 70-76 and 77-93.

Dent, B.D., Torguson, J. and Hodler, T. (2008) *Cartography: Thematic Map Design* (6th edition). New York: McGraw Hill.

Dodge, M. and Perkins, C. (2008) 'Reclaiming the map: British Geography and ambivalent cartographic practice', *Environment and Planning A*, 40: 1271-6.

Dodge, M., Kitchin, R. and Perkins, C. (eds) (2009) *Rethinking Maps*. London: Routledge.

Dodge, M., Kitchin, R. and Perkins, C. (eds) (2011) *The Map Reader*. Chichester: Wiley.

Dorling, D. and Fairbairn, D. (1997) *Mapping: Ways of Representing the World*. Harlow: Longman.

Farman, J. (ed.) (2014) *The Mobile Story: Narrative Practices with Locative Technologies*. London: Routledge.

Harley, J.B. (1989a) 'Deconstructing the map', *Cartographica*, 26: 1-20.

Harley, J.B. (1989b) 'Historical geography and the cartographic illusion', *Journal of Historical Geography*, 15: 80-91.

Harley, J.B. (2001) *The New Nature of Mapping*. Baltimore, MD: Johns Hopkins University Press.

Harley, J.B. and Woodward, D. (1987) *The History of Cartography*. Chicago, IL: University of Chicago Press.

Harmon, K. (2010) *The Map as Art*. New York: Princeton Architectural Press.

International Cartographic Association (1995) *Achievements of the ICA 1991-1995*. Paris: Institute

Géographique National.

Krygier, J. and Wood, D. (2011) *Making Maps: A Visual Guide to Map Design for GIS* (2nd edition). New York: Guilford Press.

MacEachren, A.M. (1995) *How Maps Work*. New York: Guilford Press.

Monmonier, M.S. (1996) *How to Lie with Maps* (2nd edition). Chicago, IL: University of Chicago Press.

Muehlenhaus, I. (2013) *Web Cartography: Map Design for Interactive and Mobile Devices*. CRC Press.

Oddens, R. (2009) 'Oddens Bookmarks' (main site at http://oddens.geog.uu.nl/index.html is defunct; archived version accessible at https://web.archive.org/web/20100105150644/http://oddens.geog.uu.nl/index.php [accessed 2 December 2015]).

Parry, R.B. (1999) 'Finding out about maps', *Journal of Geography in Higher Education*, 23: 265-272.

Parry, R.B. and Perkins, C.R. (2000) *World Mapping Today* (2nd edition). London: Bowker Saur.

Perkins, C. (2014) 'Plotting practices and politics: (im)mutable narratives in OpenStreetMap'. *Transactions Institute British Geographers* 39(2): 304-17.

Perkins, C.R. and Parry, R.B. (1996) *Mapping the UK*. London: Bowker Saur.

Peterson, M.P. (2014) *Mapping in the Cloud*. New York: Guilford Press.

Pickles, J. (2004) *History of Spaces*. London: Routledge.

Robinson, A., Morrison, J.L., Muehrke, P.C., Kimerling, A.J. and Guptill, S.C. (1995) *Elements of Cartography* (6th edition). Chichester: Wiley.

Tufte, E.R. (1983) *The Visual Display of Quantitative Information*. Cheshire, CT: Graphics Press.

Turnbull, D. (1989) *Maps are Territories, Science is an Atlas*. Geelong: Deakin University Press.

Wood, D. (1992) *The Power of Maps*. London: Routledge.

Wood, D. and Fels, J. (2008) *The Natures of Maps*. Chicago: University of Chicago Press.

공식 웹사이트

이 책의 공식 웹사이트(study.sagepub.com/keymethods3e)에서 이 장과 관련한 비디오, 실습, 자료 및 링크들을 확인할 수 있으며, 부가적으로 다음 논문들도 무료로 이용할 수 있음.

1. Foody, G.M. (2007) 'Map comparison in GIS', *Progress in Physical Geography*, 31 (4): 439-45.

2. Sheridan, S.C. and Lee, C.C. (2011) 'The self-organizing map in synoptic climatological research', *Progress in Physical Geography*, 35 (1): 109-19.

3. Caquard, S. (2015) 'Cartography III: A post-representational perspective on cognitive cartography', *Progress in Human Geography*, 39 (2): 225-35.

35

MINITAB과 SPSS를 사용한 통계 분석

개요

통계 분석은 지리학자들이 자연과 사회 현상을 이해하는 필수 능력 중 하나이다. 최근에는 마이크로소프트 엑셀 프로그램이 단순 자료 분석과 탐색을 위해 기본적으로 선택하는 소프트웨어로 여겨지고 있다. 하지만 이 프로그램 외에도 두 소프트웨어, MINITAB(www.minitab.com, 윈도우)과 SPSS(Statistical Package for the Social Science, www-01.ibm.com/software/analytics/spss, 윈도우, 맥)도 널리 사용되고 있다. 이 두 소프트웨어는 주기적으로 새로운 기능이 탑재되고 있어, 개인용 컴퓨터에서 대용량의 데이터를 쉽고 빠르게 효과적으로 분석할 수 있는 환경을 제공한다. MINITAB과 SPSS는 일반적인 통계 기법을 기반으로 한 대용량 데이터의 저장, 데이터 기술 및 시각화, 통계 분석 기능이 탑재되어 있다. 또한 엑셀과 유사한 스프레드시트 방식을 채택하고 있으며, 대학에서 학생들의 과제물이나 학위 논문, 기술 문서 작성에 사용될 수 있는 다양한 출력 기능도 제공하고 있다.

이 장에서는 지리학자들이 널리 사용하는 스프레드시트 방식의 데이터 분석 패키지들을 소개하고자 한다. 먼저 마이크로소프트 엑셀을 다루고, 그다음으로 MINITAB과 SPSS의 주요 기능들을 살펴보고자 한다. 이후, 이들 프로그램이 가지고 있는 핵심적인 통계 분석 관련 특징과 기능을 자세하게 알아본다. 또한 각 프로그램이 가지고 있는 차별적인 데이터 분석 방법과 내용도 살펴볼 것이다.

이 장의 구성

- 데이터 관리와 해석을 위한 스프레드시트
- 왜 엑셀이 아니라 통계 소프트웨어에 초점을 두는가
- SPSS와 MINITAB에서 제공하는 기능
- SPSS와 MINITAB의 데이터 불러오기와 데이터 형식 정의
- SPSS와 MINITAB의 데이터 표출
- SPSS와 MINITAB의 데이터 분석
- 결론

35.1 데이터 관리와 해석을 위한 스프레드시트

사회과학과 자연과학의 연구 과정에서는 흔히 양질의 데이터 구축과 정확한 실험, 작업과 데이터 분석 및 해석을 위해 일단 대규모 혹은 대용량의 데이터를 수집하려는 경향이 있다. 실제로 연구자의 주요 역할 중 하나는 이러한 대용량의 복잡한 데이터를 정리하고 가공해 우리 주변 세상을 잘 이해할 수 있는 내용을 도출하는 데 있다. 계량적인 연구에서 데이터의 수집과 구축은 수치화를 통해 코드화되고, 이러한 과정은 열과 행 방식으로 데이터를 관리하는 스프레드시트를 통해 진행된다. 사실, 이 책을 읽는 대부분의 독자는 이러한 스프레드시트 형식의 계량적인 데이터 처리 방식에 익숙할 것이다. 예를 들어, 일정 관리와 비용 처리 분석에서부터 가구 소득이나 빙하의 이동과 같은 대용량 데이터 처리까지 웬만한 지리적 데이터 분석에 스프레드시트 방식이 적용되고 있다.

하지만 개인용 컴퓨터에서 스프레드시트 기반의 통계 프로그램을 사용하게 된 것은 최근의 일이다. 통계 분석의 초기 버전 프로그램은 지금과는 다른 데이터 입력, 저장, 분석 방식을 채택했는데, 대표적으로 데이터를 입력하기 위해서는 데이터가 반드시 쉼표로 구분되어 있어야 했다. 따라서 데이터 입력을 위해 쉼표 처리를 해야 하는 전처리 과정이 없는 지금의 일반적인 통계 프로그램이 얼마나 쉽고 효율적으로 작동될 수 있으며, 데이터 입력과 관리, 처리와 심지어 시각화에서 어떤 장점들이 있는지 충분히 알 필요가 있다.

이러한 측면에서 현재 가장 널리 알려진 스프레트시트 기반의 프로그램은 마이크로소프트 엑셀일 것이다. 이 프로그램은 1990년대 이후 관련 프로그램 시장에서 다른 프로그램이 따라올 수 없는 지위를 가지고 있다. 기능 측면이나 호환성 측면에서 독보적이다. 함수식과 통계 기능을 통해 새로운 데이터를 생성할 수 있을 뿐만 아니라 텍스트와 수치 데이터를 모두 처리할 수 있고, 데이터 저장과 구성을 간편하게 할 수 있는 단순 기능까지 탑재되어 있다(그림 35.1). 많은 사용자에게 엑셀의 열과 행 형식은 데이터를 쉽게 다루고 표출할 수 있는 이상적인 방식이다. 예를 들어, 회사에서는 엑셀 프로그램을 회의 일정이나 시간표를 시각화하고 표현하는 데 사용하고 있다. 시간표나 일정표는 문서 편집 프로그램에서도 작성할 수 있지만, 스프레드시트 양식은 칸별로 구분되어 있고, 텍스트 정보를 입력하고 수정하고 구분해 보기가 쉬운 장점이 있다.

스프레드시트는 사실 수치화된 데이터를 저장하고 관리·분석하는 데 보다 효과적이고 활용적이다. 다른 대부분의 스프레드시트 프로그램처럼 엑셀 프로그램의 논리 구조는 변수(variables)와 사례(case)의 결합이라 할 수 있다. 변수는 설문 조사 질문에서부터 현장에서 측정할 수 있는 변수(예: 암석 형태, 빙하 범위, 하천 유량 등)에 이르기까지 어떤 형태도 될 수 있다. 반면 사례는 개별 측정치에

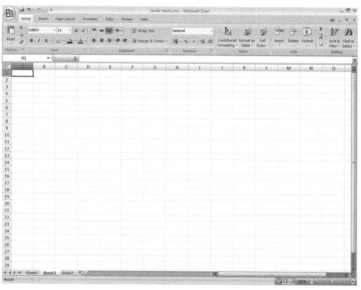

그림 35.1 엑셀 스프레드시트 프로그램 환경

해당하는 것으로, 설문 조사 참여자의 응답이나 시간대별, 장소별 측정과 같은 독립적이고 개별적인 관측치이다. 엑셀에서 변수는 보통 열에 저장되고, 사례는 행에 저장된다.

엑셀과 같은 프로그램은 데이터 처리에서 유용하고 강력한 도구이지만, 실제로 데이터를 간편하고 쉽게 다룰 수 있는 다양한 핵심 기능도 탑재되어 있다. 대표적인 기능으로 첫 번째 장점은 엑셀은 데이터 이동이 쉽다. 한 스프레드시트 내에서 특정 범위의 데이터를 마우스로 지정한 후, 옮기고 싶은 셀 위치로 마우스로 드래그하면 지정 범위 내 데이터가 한번에 옮겨진다. 또는 데이터(Data) 메뉴의 정렬(Sort) 기능을 선택하면 데이터를 숫자(오름차순, 내림차순) 혹은 문자 순서(알파벳, 한글)로 정렬할 수 있다. 두 번째 간편 기능으로 대용량 데이터의 검색과 필터링 기능이다. 엑셀에서는 웬만한 크기의 대용량 데이터를 저장할 수 있고 홈(Home) 메뉴에서 찾기 및 선택(Find) 기능을 통해 다양한 검색을 수행할 수 있다. 또한 데이터(Data) 메뉴의 필터(Filter)는 지정된 범위의 데이터에서 원하는 데이터만 표시할 수 있는 필터 처리 기능이다. 이러한 기능들은 단순하면서도 데이터 관리와 검색을 간편하게 할 수 있는 유용한 기능이다.

엑셀은 이외에도 데이터 시각화 기능을 통해 쉽고 빠르게 다양한 그래프 표현을 할 수 있다. 엑셀의 그래픽은 여느 다른 통계 패키지보다 더 강력하고 시각적으로도 매력적인 결과를 보여 준다. 이는 그래프를 직관적으로 편집할 수 있는 마이크로소프트 프로그램의 유연성에 기반한다. 삽입(Insert) 메뉴의 차트(Chart) 기능은 막대그래프, 원그래프, 선 그래프 등을 포함해 다양한 차트 종류를 제공한다. 각각의 그래프에도 추세선을 포함해 다양한 추가 그래픽 기능이 제공되어 있고 그래프의 자료 해석 및 시각화에도 유용하다. 또한 그래프를 그린 후에도 그래프에서 원하는 내용(예: 제목, x축, y축, 그래프 수치 단위와 간격 등)을 마우스로 선택한 후 이용자의 선호에 따라 수정 및 편집할 수 있다. 색상 변경도 지원되기 때문에 차트의 각종 선 굵기 조정과 텍스트의 수정도 간편하게 할 수 있다. 엑셀에서 차트 기능은 데이터 출력과 시각화에서 아주 효과적인 방법을 제공하며, 마이크로소프트 워드 및 패키지에 포함되어 있어 엑셀 차트의 형식과 포맷, 이용에 있어 서로 일관된 체계를 가지고 있다.

마지막으로 엑셀은 데이터 분석에서 사용성이 우수한 소프트웨어이다. 수치 데이터 계산에서 엑셀의 계산 함수를 결과 표시 셀에 입력하면 자동으로 계산이 된다. 대학 학기말 어떤 강의 과목의 성적 처리를 엑셀에서 수행하는 사례를 가정해 보자. 이 강의에서 학생들은 서로 다른 활동(포스터, 발표, 과제물, 야외 조사 기록 등)을 수행했고, 각 활동은 100점 만점으로 기록되었다. 성적 처리를 위해 수행한 활동마다 다른 배점 비율이 반영되고(예: 발표 20%, 포스터 30%), 이를 바탕으로 개별 학생의 학기말 성적을 처리한다고 가정하자. 학생들의 최종 성적은 엑셀 스프레드시트의 열과 행에 각 학생의 개별 활동에 대한 성적(100점 만점)과 가중치를 반영해 전체 합으로 계산할 수 있다. 이때 엑셀의 수식 메뉴를 이용하면 다양한 함수 계산식을 선택할 수 있다. 참고로 엑셀에서 모든 수식의 계산은 항상 셀에 '='을 먼저 입력한 후, 원하는 계산식이나 계산 함수를 입력해야 한다. 스프레드시트의 셀에 어떤 함수식이나 계산식을 입력하거나 혹은 이미 계산된 결과가 있는 경우, 마우스로 그 셀을 선택하면 엑셀 함수창을 통해 입력되어 있는 식을 바로 확인할 수 있다. 그림 35.2는 이와 같은 성적 입력 계산의 한 사례를 보여 준다. 이 그림에서 강의 성적은 과제물, 발표, 포스터, 야외 조사의 네

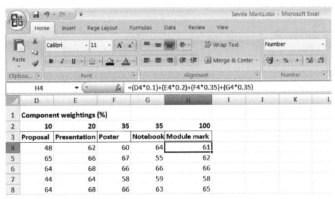

그림 35.2 엑셀에서의 수치 계산 사례

항목에 대한 점수로 처리되며, 각각 10%, 20%, 35%, 35%의 배점 비율이 할당되어 있다. 총점 100점 만점을 기준으로 해당 비율만큼 곱해서 합산을 100점으로 계산하고 있다. 예를 들어, 과제물은 10% 비율이기 때문에 과제물 점수에 0.1을 곱하면 된다. 이렇게 네 항목 각각의 점수와 항목별 비율을 고려한 결과를 입력하고 엔터키를 누르면 계산 결과를 볼 수 있다. 또한 엑셀 메뉴 하단의 함수식 우측 칸에서도 계산한 수식을 볼 수 있다. 함수식의 계산식을 복사해 다음 학생의 최종 성적 셀에 붙여넣기를 하면 그 학생의 최종 성적도 자동으로 계산된다. 이러한 방식으로 모든 학생들의 학기말 성적을 자동으로 계산할 수 있다.

위와 같은 방식으로 엑셀에서는 기술 통계(descriptive statistics)를 쉽게 만들 수 있다. 만약 이 강의의 평균 성적을 구하고 싶다면, 개별 학생의 총점 셀을 모두 범위로 지정하고 메뉴의 수식에서 자동 합계를 선택해 전체 총합을 구한 후 이를 학생 수로 나누어 산술 평균을 구하면 된다.

이외에도 엑셀은 데이터를 관리하고 해석하는 다양하고 강력한 도구들을 제공한다. 스프레드시트를 이용하고 스프레드시트를 다룰 수 있는 역량을 보다 전문적인 통계 소프트웨어에 적용하는 것은 지리학자에게 필수적이며, 향후 연구와 경력을 쌓아가는 데 점차 중요한 핵심 역량이 되고 있다. 하지만 이 장에서는 엑셀보다 통계적 방법을 이용한 데이터 처리에 특화된 전문화된 소프트웨어에 초점을 두고자 한다. 그 이유는 다음 절에서 설명할 것이다.

35.2. 왜 엑셀이 아니라 통계 소프트웨어에 초점을 두는가

일반적인 수준의 지리학 연구는 마이크로소프트 혹은 애플에서 제공하는 기본적인 소프트웨어만으로도 충분하다. 하지만 만약 통계 분석이라면 분석 목적에 맞는 사전 검토가 필요하다. 수치 데이터를 주로 다루는 분석이라면 대부분의 학생은 주저 없이 엑셀을 선택하고, 다양한 기술 통계와 분석을 진행할 수 있을 것이다. 하지만 대부분의 분석이 애초에 통계적인 방법을 기본으로 하기 때문에 통계 관련 엑셀 기능이나 함수 구문(명령어)에 대한 상당 수준의 사전 지식이 필요하다는 점을 알고 있다. 또한 통계 분석을 수행할 때 요구되는 스프레드시트의 레이아웃 구조에 대해서도 잘 알고 있어야 한다. 통계 결과의 가설 채택이나 유의미한 해석 역시 말할 필요 없이 중요하다. 간단히 말해, 엑셀은 통계 분석에서 사용자가 얼마나 엑셀의 통계 기능과 명령어를 잘 알고 있느냐에 따라 통계 분석의 활용 정도에서 차이가 난다.

이와 반대로 통계 전용 소프트웨어는 특정 유형의 사용자 요구에 맞게 소프트웨어 기능을 조정하고 개선하는 방식으로 소프트웨어의 사용성을 점진적으로 높이고 있다. 지리학자에게 널리 알려진 두 가지 통계 패키지가 있는데, 이 두 프로그램은 소프트웨어 시장에서 경쟁 관계에 있지만 서로 고유한 영역을 점유하고 있다. 하나는 MINITAB으로, 1972년 미국 펜실베이니아 주립대학교에서 세 명의 연구자가 통계 방법을 효과적으로 강의하기 위해 개발한 통계 패키지이다. MINITAB 17의 경우, 전통적으로 수학이나 통계학의 전문 영역에서 통계를 가르칠 때 필요한 통계 용어를 적용한 스프레드시트와 출력 창을 사용한다. 따라서 통계 가이드북이나 교재를 통해서도 전문 통계 용어를 알 수 있지만, MINITAB을 통해 얻는 통계 용어 지식은 통계 분석에 큰 도움이 된다. MINITAB에는 표준화되지 않은 여러 통계 방법에 대해서도 데이터를 간단하면서도 효과적으로 관리할 수 있게 하는 다양한 통계 분석 기능들이 탑재되어 있다.

두 번째 패키지는 IBM의 SPSS이다. SPSS는 통계 분석 프로그램 모음으로 1968년 '사회과학을 위한 통계 패키지(Statistical Package for the Social Science)'의 첫 글자를 따서 개발되었다. 1968년 처음 개발된 이후 1975년 SPSS가 2009년까지 개발해 오다 IBM에 합병되었다. 지금은 SPSS 브랜드 이름으로 다양한 SPSS 관련 소프트웨어를 판매하고 있다. 그중에서 IBM SPSS Statistics는 가장 대표적인 제품으로 스프레드시트 방식의 거의 모든 통계 분석 기능을 제공하고 있다. 한 가지 알아야 할 점은 개발사가 IBM에 팔리면서 몇년 동안 SPSS가 PASW로 불리기도 했었다. 하지만 2010년 후반 이후 다시 원래의 이름인 SPSS로 불리고 있다. 명칭에서 알 수 있듯이, SPSS는 처음에는 사회과학 분야의 데이터를 분석하는 컴퓨터 전용 지원 프로그램으로 개발되었고, 이러한 경향성은 여전히 설명서나 프로그램의 명령어와 전문 용어에 남아 있다. 하지만 SPSS 개정판이 지속적으로 출시되면서 통계 분석 결과의 시각화와 출력 부분에 점점 더 강조점을 두고 있고, 사용 분야도 통계 데이터의 발표와 보고서 작성, 학위 논문 등으로 확대되고 있다. 실제로 SPSS 명령어 구조는 통계 분석 과정을 바로 알 수 있을 정도로 단순하다. 물론 이 말은 SPSS를 숙달하기 위해서는 분석 과정에 대한 통계적인 내용을 먼저 잘 이해하는 것이 중요하다는 것을 내포하고 있다.

어느 통계 패키지가 더 나은지 선택하는 것은 쉽지 않은 문제이다. 이 두 통계 패키지를 선택한다면, 해당 기관에서 직면한 응용 분야가 무엇인지, 혹은 대학 강의에서 어떤 내용을 분석하는지에 따라 패키지 선택이 달라진다. 이 장에서는 통계 분석을 위해 이 두 소프트웨어를 사용한다고 할 때 고려해야 하는 기본적인 요소들을 탐색하고자 한다. 이를 위해 먼저 각 소프트웨어의 사용자 환경과 기본적인 명령어를 검토하고, 그다음으로 데이터 입력과 가져오기, 사용 가능한 데이터 유형을 살펴보고, 데이터 분석과 출력 절차 등을 알아본다. 한 가지 알아 두어야 할 점은 이 책이 출간되는 시점 전후로 이 두 패키지의 새로운 버전이 출시될 수도 있지만, 본질적인 특징은 변하지 않는다는 점이다. 이 장에서 보여 주는 출력 화면이나 대화상자의 명령어, 스크린샷 등은 어느 버전을 사용하더라도 크게 다르지 않을 것이다. 참고로 이 장의 내용은 MINITAB 17과 IBM SPSS Statistics 19에 기반하고 있다.

35.3 SPSS와 MINITAB에서 제공하는 기능

MINITAB과 SPSS 모두 스프레드시트 기반의 통계 응용프로그램으로 기본적인 사용자 환경은 서로 비슷하다. 예를 들어, 대표적으로 열과 행으로 데이터를 저장하고 관리하는 방식을 들 수 있다. 이 절에서는 이 두 패키지가 가지고 있는 본질적인 특성들을 살펴볼 것이다. 이 절 전체를 읽으면서 이 두 패키지가 사용자의 특별한 목적과 필요에 잘 부합하는지 알아보는 것은 의미 있는 일이다. 이 과정에서 알아 두어야 할 것은 이 두 소프트웨어는 데이터 분석 연구자의 연구 분야와 이들의 기본 통계 지식에 따라 서로 차이가 있다는 점이다. 예를 들어, 일반적인 관점에서 MINITAB은 보통 자연환경 연구에 좀 더 적합한 소프트웨어라서 원데이터 다루기가 쉬운 통계 패키지이다(예를 들어, MINITAB은 텍스트 스크립트 명령어를 코드화해서 통계 분석이나 데이터 처리를 할 수 있는 기능을 제공하지 않는다). 실제로 MINITAB의 명령어는 사용자가 기본적인 통계 지식을 알고 있다는 것을 전제로 구성되어 있다. 그래서 사용자는 분석 결과보다는 어떤 단계에서 어떤 명령어를 입력하느냐에 더 관심을 가진다. 반대로 SPSS는 자연과학 분야의 데이터 분석에도 적용될 수 있지만, 사회과학 분야에 더 집중해 개발되었다. 이러한 이유로 SPSS는 사회과학자들이 사용하는 통계 패키지라는 일종의 선입견이 있다. 실제로 SPSS는 통계와 관련한 기술적 지식이 MINITAB에 비해 상대적으로 덜 필요하고 처음 사용할 때 비교적 쉽게 사용할 수 있는 소프트웨어이다.

SPSS에서 데이터 편집기(Data Editor)는 스프레드시트 방식으로 화면 아래에 데이터 보기와 변수 보기, 두 개의 탭이 있다(그림 35.3a). 데이터 보기는 데이터 입력과 저장 기능을 한다. 각 행은 하나의 사례를 의미하는 데, 예를 들어 설문의 각 질문에 응답한 응답자의 값을 하나의 행에 입력한다. 각 열은 변수 또는 측정값을 나타낸다. 변수 보기(Variable View)는 데이터 보기에 있는 각 변수의 특성 정보를 담고 있다(그림 35.3b). 다음 절에서 변수 보기의 의미와 중요한 특성을 알아볼 것이다. 마지막으로 SPSS에서 데이터 편집기 창에서 수행한 모든 통계 분석 결과는 통계 뷰어(Statistical Viewer)라는 새 창에서 보여 준다(그림 35.3c).

SPSS에서 데이터 편집기와 통계 뷰어의 화면 구성은 약간 다르게 되어 있지만, 대부분의 기능은

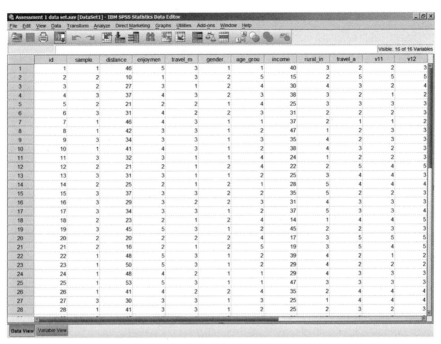

그림 35.3a SPSS의 데이터 편집기(데이터 보기)

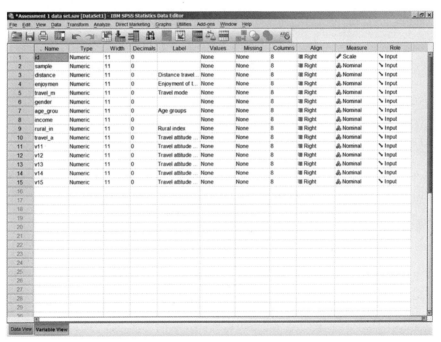

그림 35.3b SPSS의 변수 보기

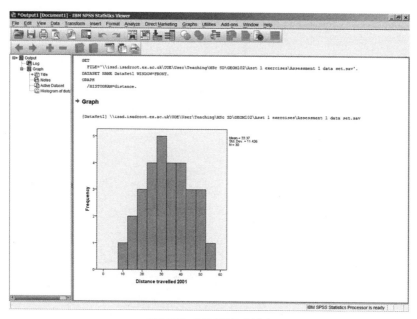

그림 35.3c SPSS의 통계 뷰어

화면 상단에 있다. 출력 뷰어(Output Viewer)는 SPSS 통계 분석 결과를 보여 주는 창으로 다양한 메뉴들을 제공하고 있는데, 도표와 그래프의 수정과 포맷에 관련된 여러 고급 기능들도 탑재되어 있다. SPSS를 열면 데이터 보기 탭에서 가장 위에 주요 메뉴 기능들이 있다. 파일 관리는 워드나 엑셀과 같은 마이크로소프트 프로그램처럼 표준적인 방식으로 이루어져 있는데, 파일(File)은 워드나 엑셀 등 다른 마이크로소프트 프로그램처럼 자료를 열거나 저장하고 종료하는 기능들이 있는 메뉴이다. 편집(Edit) 메뉴는 스프레드시트에서 데이터를 삭제, 붙여넣기, 잘라내기, 실행 작업의 복구 및 재실행 등 데이터와 변수의 편집 기능과 관련된 메뉴이다. 보기(View) 메뉴는 프로그램에서 데이터의 표시(display)와 관련된 기능이다. 그 외 나머지 메뉴 기능들은 마이크로소프트 소프트웨어와는 다른 방식이다. 변환(Transform) 메뉴는 다양한 데이터 관리 작업을 할 때 사용하는 기능으로, 기존 변수를 계산해 새로운 변수를 생성하거나, 코딩 변경을 통해 데이터를 조사 목적에 맞게 변형하거나 새로운 형식으로 정의할 때 사용한다. 변환 메뉴는 자연지리학에서 사용하는 시계열 데이터 생성이나 설문 조사 데이터를 사용하는 사회과학 연구자들에게 특히 유용하다. 분석(Analysis) 메뉴는 실질적인 통계 분석과 관련된 거의 모든 작업을 할 때 이용하는 기능으로서, 기술 통계량과 중심경향성(central tendency), 산포(dispersion), 추론 통계(inferential statistics), 모수(parametric)/비모수(non-parametric) 통계 등 SPSS의 모든 통계 분석 기능을 제공한다. SPSS 통계 분석 기능과 관련한 보다 자세한 설명은 35.5에서 다룰 것이다. 그래프(Graph) 메뉴는 선택된 데이터에 대한 그림이나 도표를 작성할 때 사용하는 기능으로 히스토그램이나 상자 도표(boxplot)와 같은 기본적인 출력뿐만 아니라 차트 빌더 기능을 사용한 맞춤형 그래프 출력도 가능하다. 마지막으로 도움말(Help) 메뉴는 도움말 정보 표시로 SPSS의 메뉴 관련 기능들의 상세한 단계별 도움 정보들을 제공한다.

MINITAB은 화면의 탭 방식에 의한 SPSS와 달리 주로 윈도우 방식으로 워크시트와 세션의 핵심 윈도우를 중심으로 구동된다(그림 35.4). MINITAB의 데이터 입력은 스프레드시트 방식인 워크시트에서 이루어지는데 SPSS 데이터 뷰어와 아주 유사한 형태이다. 워크시트 창의 각 행은 사례, 즉 관측치를 입력하고, 각 열은 변수를 입력한다. 워크시트에 정의되는 변수의 이름은 해당 변수의 열 번호 아래 셀에 입력한다. MINITAB에서는 여러 개의 워크시트 윈도우를 만들어 각각의 데이터를 입력할 수 있고, 숫자와 텍스트를 사용해 각 워크시트 이름을 부여할 수 있다. 이렇게 만들어진 워크시트는 MINITAB의 윈도우(Window) 메뉴에서 일렬로 정렬되어 나타난다.

워크시트 창과 세션 창 사이의 이동은 각 창의 적절한 공백을 클릭하거나 MINITAB의 윈도우 메뉴에서 해당 창 선택을 통해 가능하다. 세션 창은 MINITAB에서 수행한 결과를 나타내는 창으로, 윈도우의 마우스가 일반화되기 이전에는 키보드를 이용해 통계 분석 명령어를 세션 창에 입력할 수도 있었다. 이러한 방식은 여전히 MINITAB에서 가능한데, 편집(Editor) 메뉴에서 실행(Enable) 기

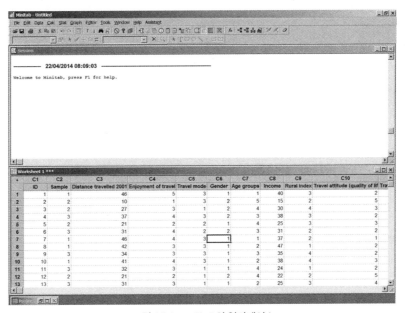

그림 35.4 MINITAB의 인터페이스

능을 선택해 수행할 수 있다. 그러나 보통은 분석 결과를 출력하거나 그래프를 만드는 작업은 세션 창에서 이루어진다. 이 과정에서 MINITAB은 작업에 수행한 명령어들의 기록을 볼 수 있는데, 이러한 명령어들은 작업 과정이나 수행 절차를 이해하는 데 효과적이다. 실제로 이 장에서 보여 주는 MINITAB의 그림들은 MINITAB에서 지정된 기본값을 사용해 출력한 것으로 글자체나 크기, 가독성 측면에서 SPSS와 다르게 보인다.

MINITAB 메뉴 기능의 사용자 인터페이스는 다른 윈도우 프로그램과 크게 다르지 않다. 예를 들어, 파일(File), 편집(Edit), 데이터(Data) 메뉴는 어느 정도 윈도우 프로그램의 표준화된 메뉴 구성 방식을 따르고 있다. 반면, 계산(Calc) 메뉴는 통계 분석에 앞서 데이터를 조작하는 데 필요한 다양한 기능을 포함하고 있다(예: 데이터의 스케일 변환 및 표준화). 그러나 지리학자가 주로 사용하는 메뉴는 통계 분석(Stat)이다. 통계 메뉴는 기초 통계부터 회귀 분석, 상관 분석, 분산 분석을 비롯해 모수/비모수 통계, 탐색적 데이터 분석, 검정 등의 거의 모든 통계 분석 기능을 제공한다. 여기서 SPSS와 MINITAB 간의 중요한 차이는 통계 분석 기법이 아니라 메뉴의 통계 명령어이다. 예를 들어, 분산 분석을 수행할 때 MINITAB은 ANOVA를 사용하는 반면, SPSS에서는 '평균 비교' 명령어를 사용한다. 그래프(Graph) 메뉴는 통계 분석 결과를 다양한 그래프 유형으로 시각화해 주는 기능이다. 생성된 그래프는 새로운 창에 출력되며, 그 결과를 별도로 저장할 수 있다. 그 외 나머지 다섯 가지의 메뉴(편집기, 도구, 윈도우, 도움말, 보조도구)는 MINITAB 워크시트 편집과 프로그램 내의 데이터 파일 관리 등을 위한 기능을 제공한다. 이 중에서 보조도구(Assistant) 메뉴는 분석에서 보고서 작성까지 한 번에 쉽게 해결해 주는 기능으로, 전체 분석 과정을 안내하고 특정한 분석 결과를 해석하고 표시하는 데 도움을 준다.

35.4 SPSS와 MINITAB의 데이터 불러오기와 데이터 형식 정의

SPSS와 MINITAB의 실행은 엑셀처럼 스프레드시트 프로그램에서 원데이터를 불러오기부터 시작한다. 그래서 스프레드시트 프로그램에 맞게 원데이터 파일 포맷을 준비해 두어야 한다. 간혹 간단한 그래픽을 만들어야 할 때가 있고, 이때 SPSS나 MINITAB에서 작업한 것이 저장되지 않았거나 혹은 이전 상태로 되돌려야 할 경우, 가공되지 않은 원래 파일이 필요할 수 있다. 이는 어떤 통계 프로그램을 사용하든 첫 작업은 외부의 다른 데이터를 불러오는 것임을 의미한다. 이 절에서는 먼저 데이터 불러오기와 불러온 데이터의 정의 방식에 대해 살펴볼 것이다.

SPSS와 MINITAB의 데이터 불러오기

SPSS 프로그램을 실행하기 위해서는 컴퓨터에서 SPSS 시작하기 아이콘을 선택하거나 시작(Start) > 프로그램(Program) > IBM SPSS Statistics 메뉴를 선택한다. 그러면 하위 창의 대화상자가 뜨고, 이를 통해 불러올 파일을 선택할 수 있다. 대화상자에는 선택 옵션들이 있는데, 그중에서 기존 데이터 열기(Open existing data set)는 최근에 사용한 혹은 이전에 저장한 SPSS 관련 파일을 선택해 SPSS를 바로 실행할 수 있도록 도와준다. 기타 파일(More files) 탭은 SPSS 파일 포맷 이외의 파일 (예: 엑셀 파일)을 불러올 수 있는 기능이다. 이때 만약 여러 스프레드시트로 저장된 엑셀 파일이라 면 어느 스프레드시트에 있는 데이터인지 확인해야 한다. 그다음 확인(OK) 버튼을 선택하면 데이터 를 불러올 수 있다. 불러온 데이터는 SPSS의 데이터 편집기에서 확인할 수 있는데, 만약 SPSS 데이터 포맷이 아닌 다른 데이터 포맷(예: 엑셀, txt 등)이라면 데이터 정렬이나 코딩 클릭과 같은 별도의 과정이 필요하다. 이와 관련된 내용은 이 절의 뒷부분에서 따로 살펴볼 것이다. SPSS에서 작업이 끝 난 후 파일 저장은 불러온 데이터 저장과 분석 결과의 저장을 따로 해야 한다. 데이터 저장은 데이터 편집기 창에서 sav 파일 포맷으로 저장하고, 출력 결과는 출력 뷰어 창에서 spv 파일로 저장한다.

MINITAB 프로그램을 실행하기 위해서는 컴퓨터에서 시작하기 아이콘을 선택하거나, 메뉴의 시 작(Start) > 프로그램(Programs) > MINITAB 17을 선택한다. 데이터를 불러오기 위해서는 메뉴에서 파일(File)을 클릭한 후 워크시트 열기(Open Worksheet)를 클릭한다(그림 35.6). 워크시트 열기 창 에서 파일이 있는 폴더를 찾아 원하는 워크시트 파일(혹은 엑셀이나 다른 형식의 파일)을 선택하고,

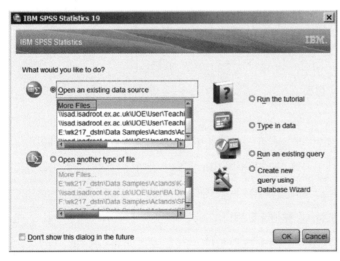

그림 35.5 SPSS에서 데이터 불러오기

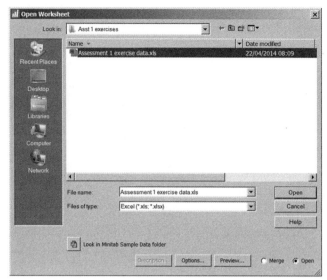

그림 35.6 MINITAB에서 데이터 불러오기

열기(Open) 버튼을 클릭한다. 그러면 새로운 워크시트 창에 선택된 데이터가 보인다. 새로운 워크시트에 불러온 데이터가 MINITAB 파일이 아니라면 MINITAB 파일 포맷으로 바로 저장하는 편이 낫다. 또한 세션 창에서 어떤 작업을 수행했다면 적절한 단계에서 이 과정들을 저장할 필요가 있다. 전체 MINITAB 작업을 저장하려면 메뉴의 파일(File) > 프로젝트 파일을 다른 이름으로 저장(Save Current Project As)을 선택해서 새로운 프로젝트 파일로 저장할 수 있다. MINITAB에서는 SPSS와 달리 데이터와 세션 창의 그래픽까지 모두 한번에 저장된다. 이러한 저장 방식은 MINITAB 초기 버전부터 적용된 것으로 데이터와 그래픽 출력물이 각각 따로 저장되는 SPSS와 차별화되는 특징이다. 물론 MINITAB에서도 워크시트와 세션 창, 그래픽 출력에 대한 이력 내용들을 따로 저장할 수 있는 기능이 있다.

SPSS와 MINITAB의 데이터 형식 정의

MINITAB과 SPSS를 비교할 때 뚜렷한 차이 중 하나는 원데이터를 어떻게 다루고 어떻게 데이터 형식을 정의하는가이다. SPSS에서 데이터를 불러오면 데이터 편집기 창에서 데이터와 데이터의 변수 이름이 행과 열에 맞게 들어온다. 이때 변수 이름이 길거나 같은 이름이 있다면 수정해야 하며 이러한 편집이나 데이터 편집기를 통한 데이터 형식 정의는 변수 보기 창에서 수행된다(그림 35.3b 참조). 변수 보기 창에서는 변수의 정보를 한눈에 볼 수 있다. 데이터 포맷과 내용에 대한 필수 정보로서, 변수 이름과 변수 유형, 소수점 이하 자릿수, 변수에 대한 설명, 변수의 척도 등의 정보를 알 수 있다. 특히, 명목형(nominal)이나 서열형(ordinal) 범주로 저장된 수치 데이터 코딩 방식(coding scheme)의 정보 제공은 가장 핵심적 기능이라 할 수 있다. 이러한 변수에 관한 상세한 정보는 통계 뷰어 창에 출력된 데이터를 해석하는 데 도움이 된다. 또한 통계 뷰어 창에서 특정 데이터의 코드나 척도 등의 세부 정보를 알고 싶을 때는 변수 보기 창을 참고하면 된다. SPSS의 변수 보기 창과 같은 기능은 사회과학이나 자연과학 연구에서 수집한 데이터 분석에 상당히 유용하다. 예를 들어, 암석 유형이나 수목 분류에서부터 정당 유형과 토지 유형 등 자연과학과 사회과학 데이터는 다양한 코드 유형과 형식에 따라 대량의 데이터가 구축되는 경우가 많다. 이러한 대량의 데이터에 대한 코드 유형 정보를 별도의 세부 창에서 확인하는 것은 분석과 해석에 있어 번거로움을 줄일 수 있다. SPSS와 달리 MINITAB에서는 이러한 코드 저장 기능을 별도로 제공하지 않는다.

입력된 열의 가장 상단의 행에는 데이터의 제목에 해당하는 변수 이름을 입력해야 한다. 변수 이름 입력 후 변수 보기 창에서 다음과 같은 부가 정보를 지정해야 한다. 왼쪽부터 오른쪽 순서로 살펴보면, 가장 왼쪽 상단 열에는 변수 이름(Name)이 입력된다. 여기에 설정한 이름은 데이터 보기 탭에서 변수 이름으로 나타난다. 이때 변수 이름은 간단명료해야 한다. 이때 주의 사항은 변수 이름은 숫자로 시작하거나 띄어쓰기는 할 수 없다. 그다음으로 유형(Type)이다. 입력된 형태가 숫자 형태인지 문자 형태인지 설정해야 하는데, 통계 분석을 위해서는 숫자(Numeric)로 입력해야 한다. 만약 SPSS에서 문자로 된 데이터를 입력한다면 유형에서 문자형(String)으로 지정해야 한다. 다음 열에는 너비(Width)와 소수점 이하 자리(Decimal) 정보이다. 입력된 데이터의 전체 너비와 데이터가 숫자라면 소수점 이하 몇째 자리까지 나타낼 것인지를 입력해야 한다. 다음으로 설명(Label)이다. 변수에 대한 설명으로 분석 출력 결과에는 기본값으로 이름 대신 설명이 출력된다. 변수 이름에는 숫자나 띄어쓰기의 제약이 있지만 설명에는 제약이 없다. 그다음 열에는 값(Value)이 입력된다. 값은 아마도 변수 보기 창에서 가장 중요한 부분일 텐데, 명목형(범주형) 데이터와 같은 비연속형 데이터를 기술하는 데 사용되는 숫자 코드에 대한 실제적 의미를 제공한다(예: 1='남', 2='여' 또는 1='화강암', 2='현무암'). 이때 설정한 각 범주의 설명(Value Label)은 출력 결과에 그대로 출력된다. 그림 35.7과 같이 부가적인 범주형 코드와 설명을 함께 입력하려면 값 셀을 마우스 오른쪽 버튼으로 선택하고 각 숫자 코드에 대한 설명을 추가하면 된다. 다음 결측값(Missing) 열은 불러온 데이터 혹은 입력하는 데이터에 결측값(missing value)의 유무를 표시하는 정보이다. 예를 들어, 설문 조사에서 응답이 누락되었거나, 응답자가 응답하지 않은 경우나 관측 결과가 없는 경우, 결측값 정보를 반드시 특정한 코드 값이나 문자로 표시해야 한다(예: '0' 또는 '없음'). 공란으로 남겨 놓아서는 안 된다. SPSS에서 결측값을 처리하는 방법은 변수 보기 탭에서 변수의 결측값 셀의 단추를 클릭해 결측 데이터를 나타내는 값이나 값의 범위를 입력하면 된다. 최대 세 개의 숫자 코드를 사용해 결측값이 구분되도록 한다. 예를 들어, 1~5로 응답 점수를 입력했다면 결측값은 9 혹은 두 자리의 점수라면 99로 구분해 결측값을 처리한다. 마지막 열은 척도(Measurement) 정보로 각 변수에 적합한 측정 수준을 할당할 수 있다. SPSS에서 척도는 연속형, 명목형, 순서형(서열형)으로 구분된다. 변수 정보에서 척도는 분석 자체를 실행하는 데는 크게 영향을 미치지 않는 부분이기 때문에 잘못된 측정 수준을 지정하는 것은 일정 부분 학문적 연습이 될 수 있고, 도움이 될 만한 경험이라 할 수 있다.

MINITAB은 SPSS만큼 별도의 데이터 변수 지정 과정이 있지 않다. 데이터 입력이나 데이터 정의의 오류를 해결하는 기능들이 있기는 하지만 MINITAB은 기본적으로 원데이터를 코드화하지 않고 입력한 상태 그대로 유지하는 것을 기본으로 한다. 이는 사용자가 사전에 변수의 코딩 정보를 명확히 알고 있어야 한다는 점이다. 예를 들어, 설문 조사 데이터를 수집해 코드화된 질문(예: 남여 응답자 또는 성향 질문에 대한 동의 범주)이 있다면 분석에 앞서 이러한 코드에 대해 먼저 충분히 알고 있어야 한다. 이와 같이 MINITAB이 코딩 정보를 제공하지 않는 특성은 대체로 프로그램이 개발될 당시의 역사적 배경과 관련이 있다. 원래 MINITAB은 통계학자와 물리학자가 사용하기 위해 개발되었기 때문에 이들 연구 분야에서는 변수에 대한 부가적인 코드 설명은 중요하게 고려되지 않았다.

MINITAB에서 데이터의 고유한 값의 발생 횟수를 계산하고 싶으면 개별 변수 빈도표(Tally individual variable)를 사용한다. 이 기능에서는 누적 횟수, 백분율 및 누적 백분율을 표시하거나 결측치도 알 수 있다. 그림 35.8a에서 보는 것처럼 메뉴에서 통계 분석(Stat) > 표(Tables) > 개별 변수 빈도표(Tally individual variable)를 선택하면 개별 변수 빈도표 대화상자가 뜬다. 이 창에서 변수를 더블

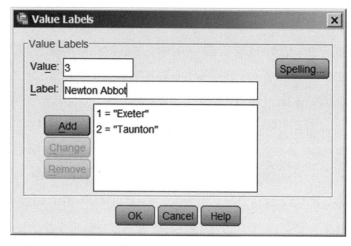

그림 35.7 변수 보기 창의 값을 이용한 범주형 변수 설정

클릭하면(예: Age groups), 변수(Variables)에 'Age groups'가 나타난다. 아래의 표시(Display)에서 카운트(Counts)를 선택하고 확인(OK) 버튼을 누르면 그림 35.8b와 같은 결과를 세션 창에서 확인할 수 있다. Age groups 변수에 대한 고유한 코드별 빈도, 즉 횟수가 계산된 빈도표를 볼 수 있다. 맨 아래에는 결측치 빈도가 "*"로 표시되어 나타난다. SPSS에서도 이와 유사한 방식으로 이산형 변수 결측치를 표시하고 있다.

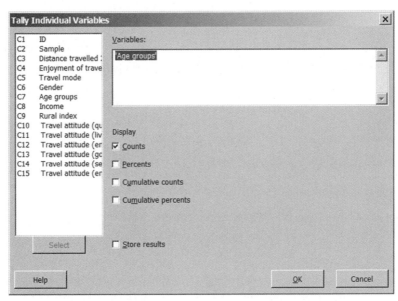

그림 35.8a MINITAB의 개별 변수 빈도표 기능: 대화상자

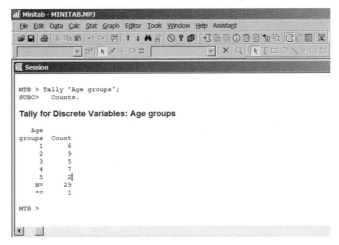

그림 35.8b MINITAB의 개별 변수 빈도표 기능: 세션 창

35.5 SPSS와 MINITAB의 데이터 표출

SPSS와 MINITAB에서 불러온 데이터 통계 내용을 탐색할 수 있는 간단하면서도 효과적인 두 가지 방법이 있다. 첫 번째 방법은 간단한 빈도 분포표를 작성하는 것이고, 다른 하나는 기본적인 그래픽을 만드는 것이다. 빈도 분포표는 데이터 입력 과정에서 발생하거나 원데이터에서 계산된 결과를 입력할 때 발생하는 오류 혹은 제대로 입력되지 않은 데이터를 발견하는 데 효과적이다. 예를 들어, 엑셀에서 계산식으로 입력된 SPSS나 MINITAB의 스프레드시트에서 제대로 입력되지 않을 경우도 빈도 분포표를 만들어 보면 오류를 쉽게 알 수 있다. 히스토그램과 같은 그래픽을 이용하면 데이터의 집중이나 분산 등의 분포에 대한 특성을 시각적으로 쉽고 빠르게 파악할 수 있다.

SPSS에서 데이터를 시각적으로 나타내는 가장 간단한 방법은 분석(Analysis) > 기술 통계(Descriptive Statistics) 기능을 통해서이다. 분석 메뉴에는 다양한 종류의 통계 기능이 제공되고 있다. 이 중에서 가장 기본적이고 핵심적인 기술 통계 분석은 빈도 분석(Frequencies)이다(그림 35.9a). SPSS의 빈도 분석은 데이터 뷰어 창에 입력된 모든 변수를 대상으로 가능하다. 메뉴에서 빈도 기능을 선택하면 빈도 대화상자가 나타난다. 빈도 대화상자에는 데이터 뷰어의 모든 변수가 나타나고, 사용자는 변수 수에 관계없이 빈도 대화상자의 변수(Variables(s))에서 화면 가운데 있는 화살표를 눌러 선택할 수 있다. 빈도 창의 오른쪽에는 여러 추가 사항을 볼 수 있고, 각각의 선택 사항은 다양한 기술 통계 관련 기능을 제공한다. 그중에서 통계(S) 버튼을 선택하면 빈도와 관련된 여러 가지 기술 통계 유형을 선택할 수 있다(예: 백분위, 중심 경향, 산포, 분포 등). 일단 빈도 창에서 변수를 선택하고 확인(OK) 버튼을 선택하면 통계 뷰어 창에 선택된 변수의 기술 통계량 결과가 출력된다(그림 35.9b). 그림 35.9b의 경우, 결측치 데이터는 없고 일반적인 기술 통곗값들이 표 형태로 제시되어 있다. 이때 표 안에 있는 변수명은 변수의 수치 코드 대신 변수 보기 창에 입력한 설명이 빈도표에 나타난다.

시각적으로 출력 결과를 SPSS에서 나타내는 방식은 두 가지가 있다. 데이터 편집기의 그래프(Graphs) 메뉴에서 도표 작성기(Chart Builder)를 선택하거나 레거시 대화상자(Legacy Dialog)를 통해서이다. 도표 작성기의 화면 구성은 엑셀 프로그램 화면 구성과 유사하다. 따라서 SPSS 사용자들이 거부감 없이 다양한 차트를 만들 수 있다. SPSS에서 그래프 > 도표 작성기를 선택한 후 갤러리 탭에서 원하는 그래프를 선택하면 템플릿이 나타난다. 선호하는 템플릿 선택 후 변수 탭에서 도표로 나타내고 싶은 두 변수를 선택해 X축과 Y축 쪽으로 드래그 한 후, 확인 버튼을 누르면 결과를 볼 수 있다. 반면, 레거시 대화상자 기능은 매우 간단하면서도 효과적인 그래프 시각화 수단이다. 그래프 > 레거시 대화상자 메뉴를 선택하면 다양한 그래프 유형을 볼 수 있다. 사용자의 필요와 선호에 따라 적당한 그래프를 선택할 수 있다. 예를 들어, 데이터의 분산 관계를 이해하는 데에는 히스토그램이 적절할 수 있다. 그래프 > 레거시 대화상자 > 히스토그램 메뉴를 선택하고 히스토그램 창이 열리면 히스토그램을 작성할 변수를 선택한다(그림 35.10a). 이때, 변수는 등간 혹은 비율 척도로 표현할 수 있는 형식이 적합하다. 선택한 변수를 변수(Variable)에 추가하고 확인 버튼을 누르면 선택한 변수에 대한 히스토그램이 그려진다(그림 35.10b). 이러한 히스토그램은 기술 통계치뿐만 아니라 데이터의 분포 관계와 중심 경향 등 데이터를 해석하는 데 필수적인 그래프 유형이다. 그림 35.10b를 보면 전체적으로 데이터가 대칭성과 정규 분포(normal distribution) 곡선 형태를 보이고 있음을 알 수 있다. 만약 사례의 분포가 오른쪽으로 치우쳐 있으면(부적으로 치우친 분포, negative skewed distribution), 통계 검정을 통해 정규성(normality)을 확인할 필요가 있다. 다시 빈도 분포로 돌아가서 통계량(평균, 표준편차, 중앙값, 왜도 등)을 같이 보려면 SPSS 메뉴에서 분석 > 기술 통계 > 빈도를 선택하고 통계 버튼을 선택하면 다양한 통계량을 선택하는 대화 창이 열린다. 빈도 기능 선택을 통해 중심 경향(평균, 중앙값, 최빈값), 분포 형태(왜도와 첨도), 산포(표준편차, 분산) 등의 통계량을

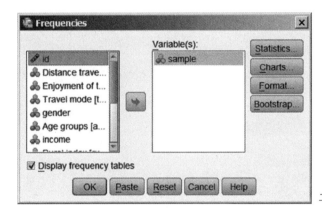

그림 35.9a SPSS의 빈도 대화상자

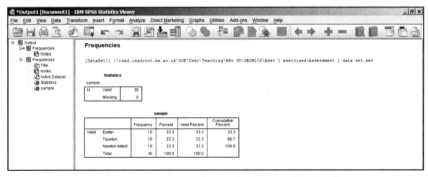

그림 35.9b 빈도 통계 결과를 보여 주는 SPSS의 통계 뷰어

볼 수 있다.

SPSS에서는 이러한 통계 그래프와 표를 수정할 수 있다. 출력된 그래프를 수정하려면 그림 영역에 마우스를 위치하고 오른쪽 버튼을 누르고 내용 편집 > 별도의 창 메뉴를 선택하거나 마우스 왼쪽 버튼을 더블 클릭한다. 이때 수정할 수 있는 도표 편집기가 열리고 그래프에 마우스를 위치하고 왼쪽 버튼을 클릭하면 여러 메뉴 선택 항목들이 나온다. 그래프뿐만 아니라 도표의 편집도 마찬가지이다. 그래프의 제목, 변수 이름, 히스토그램 막대의 색상과 형식, 구간 수와 너비, 계급 수 등 각 요소를 수정하고 편집할 수 있다. 이러한 편집 및 수정 기능을 활용해 보고서와 논문 형식에 맞는 그래프와 표를 만들 수 있다.

MINITAB 또한 SPSS와 유사한 기술 통계량 기능을 제공한다. 그림 35.3과 그림 35.8에서 보는 것처럼 개별 변수 빈도표 기능을 통해 다양한 기술 통계량을 산출할 수 있다. 표와 그래프로 데이터를 나타내는 방법은 통계 분석(Stat) > 표(Tables)를 통해 가능하다. 이 중에서 가장 잘 알려진 기능은 교차분석 및 카이제곱검정이다. 이 기능은 원시 데이터를 빈도 데이터로 요약해 빈도와 비율값으로 비교할 수 있다. MINITAB 메뉴에서 통계 분석(Stat) > 표(Tables) > 교차분석 및 카이제곱검정(Cross Tabulation and Chi-Square)을 선택하면 대화상자가 뜨고 왼쪽 변수 목록에서 행과 열(For rows, For columns)에 분석할 변수를 각각 선택한다. 그리고 출력(Display)에서 비교 분석할 통계량을 선택한다(예: 빈도와 비율). 그다음 확인(OK) 버튼을 누르면 세션 창에 교차분석표가 출력된다(그림

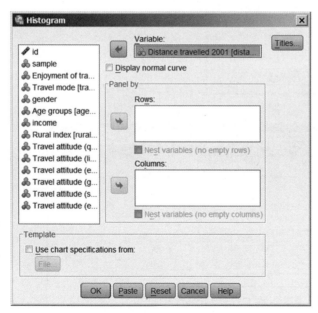

그림 35.10a SPSS의 히스토그램 대화상자

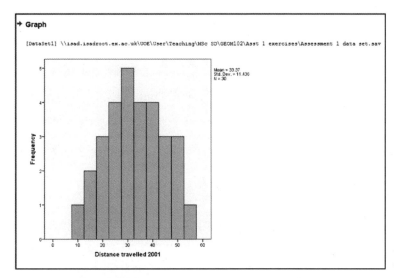

그림 35.10b SPSS의 통계 뷰어 히스토그램 출력

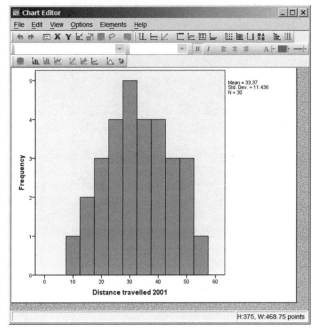

그림 35.10c SPSS의 도표 편집기

35.11b). 교차분석표에는 행과 열에서 선택한 두 변수가 각각 행과 열로 표시되고, 두 변수 간의 빈도와 총계가 표시된다. 바로 아래 줄에 각 변수의 비율, 전체 비율 합계(100.00)가 나타난다. 이러한 출력 결과는 데이터 간의 총건수 및 각각의 건수와 비율 관계를 파악하는 필수적인 정보이다. 그림에서 보는 것처럼 두 변수에 대한 통곗값과 함께 교차표에 표시된 두 변수의 코드를 이해하는 것도

아주 중요하다. 즉, 열의 1, 2, 3(여행 수단)의 코드와 행의 1, 2(성별)의 코드가 무엇을 의미하는지 알아야 한다.

그래픽 측면에서 MINITAB은 데이터 탐색과 표현에 효과적인 여러 기능을 제공한다. 메뉴에서 통계 분석(Stat) > 기초 통계(Basic Statistics) > 그래픽 요약(Graphical Summary)을 선택하면 등간 및 비율 척도로 나타낼 수 있는 수치 데이터 분포를 그래프를 사용해 설명할 수 있다. 그래픽 요약 대화상자에서 그래프로 표현할 변수(Variable)를 선택하고 확인(OK) 버튼을 누르면 그림 35.12a와 같은

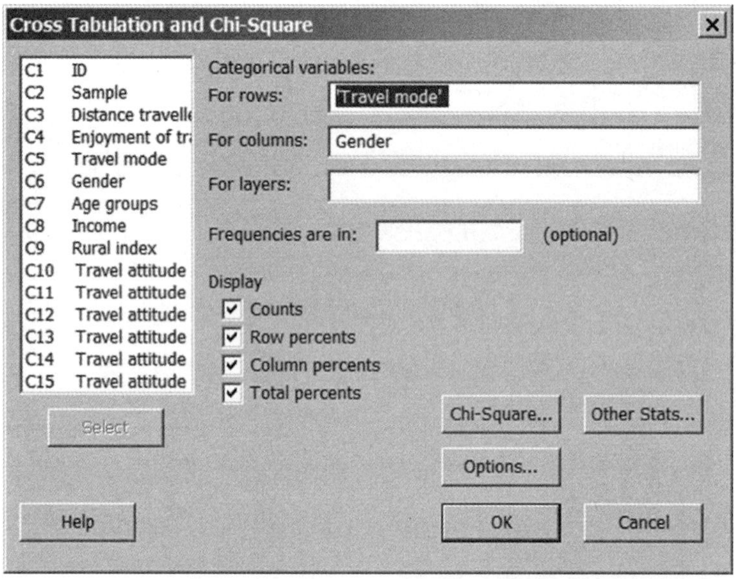

그림 35.11a MINITAB의 교차분석: 대화상자

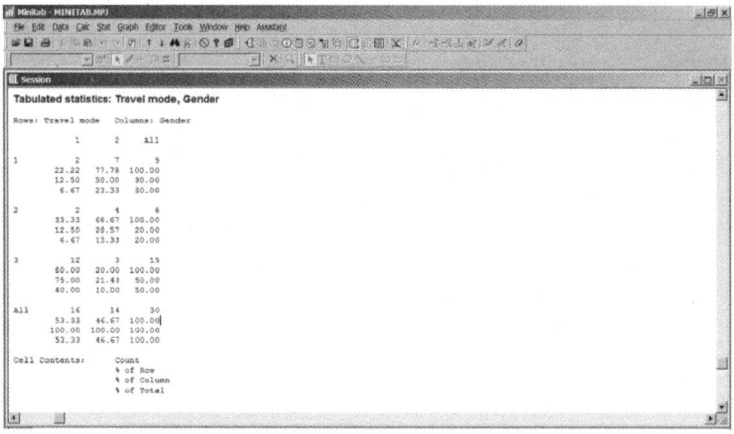

그림 35.11b MINITAB의 교차분석: 세션 창

그래픽 요약 창이 뜬다. 이 창에는 핵심적인 기술 통계량과 함께 이를 표현하는 여러 유형의 그래프가 제시된다. 정규 분포 곡선과 도수 분포와 함께 아래에는 신뢰구간 그래프가 나타나고 오른쪽에는 정규성 검정값과 기본적인 기술 통계량, 백분위, 평균과 중앙값, 표준편차의 신뢰구간 등의 값이 제시된다. 이러한 결과는 데이터 구성을 이해하는 데 유용할 뿐만 아니라 모수 분포 분석을 위해서도 필수적인 정보이다(예: 오른쪽 상단의 정규성 검정 결과).

MINITAB의 그래픽 메뉴 또한 간단하면서도 효과적인 데이터 표현 기능이다. 그래픽 메뉴에는 다양한 기능들이 제공되는데, 그중에서 히스토그램이 대표적이다. 메뉴에서 그래프(Graph) > 히스토그램(Histogram)을 선택하면 대화상자가 뜨고 네 개의 갤러리를 볼 수 있다[예: 적합선 표시(With fit)]. 확인(OK) 버튼을 누르면 적합선이 표시된 히스토그램이 출력된다. SPSS에서도 신속하게 히스토그램을 해석할 수 있도록 다양한 편집 기능을 제공하고 있는데, MINITAB에서는 그래프의 적절한 공란에 마우스를 두 번 클릭하면 편집 기능 모드로 전환된다. 편집 모드에서 데이터 척도, 텍스트, 글꼴, 색상, 크기, 선 굵기 등을 자유롭게 편집할 수 있다(그림 35.12c). SPSS나 MINITAB 모두 다른 마이크로소프트 프로그램처럼, 만족할 만한 결과를 얻을 때까지 여러 그래픽 기능을 이용해서 사용자가 원하는 그래픽 결과를 만들 수 있다.

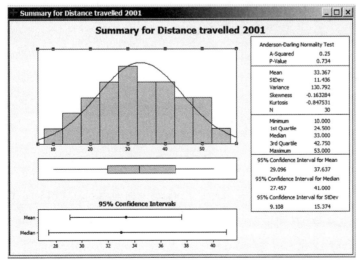

그림 35.12a MINITAB의 그래픽 요약 결과

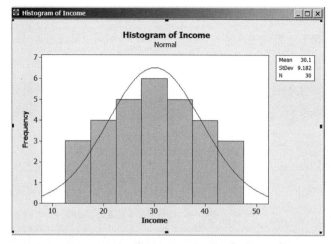

그림 35.12b MINITAB의 그래프 출력: 히스토그램

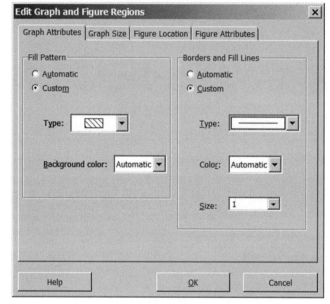

그림 35.12c MINITAB의 그래픽 출력: 그래픽 편집

35.6 SPSS와 MINITAB의 데이터 분석

각 패키지에서 다루었던 데이터를 입력하거나 기초적인 통계 데이터를 입력하면 다음 단계는 데이터와 관련된 세부적인 통계 분석을 진행하는 것이다. 하지만 본격적인 통계 분석에 앞서 몇 가지 사항에 유념해야 한다. 첫 번째 고려 사항은 사용자의 배경지식을 전제로 통계 패키지가 구성되었다는 점이다. SPSS와 MINITAB 같은 통계 패키지는 사용자가 충분한 통계 지식을 가지고 있다는 전

제하에서 데이터를 분석하고 그 결과를 출력한다. 한마디로 분석 과정을 생략하고 바로 분석 기능을 선택하고 그 결과를 출력하는 체계로 되어 있다. 다른 의미로는 이러한 통계 패키지는 뛰어난 성능에 비해 잘못된 통계 분석 기능을 선택하거나 빈약한 통계적 추론에 의한 분석조차도 판별해 낼 수 없다는 한계가 있다. 또한 너무 쉽게 사용할 수 있기 때문에 유효하지 않거나 적절하지 않은 통계적 검정조차도 쉽게 할 수 있다는 문제도 있다. 두 번째 고려 사항은 출력 결과를 해석하는 기본 지식이 있어야 한다는 점이다. 이 두 통계 패키지는 출력된 그래프나 표에 대해 어떤 통계적 의미가 있는지, 결과 해석에서 어떤 점에 주의해야 하는지, 어떤 통계적 해석에 초점을 두어야 하는지 등의 설명을 거의 제공하지 않는다. 따라서 사용자는 출력된 그래프와 표를 보고 그것의 통계적 의미와 내용을 이해할 수 있어야 한다. 세 번째 고려 사항은 데이터 확인을 위한 사전 검사가 필요하다는 것이다. SPSS와 MINITAB 같은 통계 패키지는 데이터를 프로그램에 바로 입력하기 때문에 데이터 입력 과정에서부터 데이터에 오류가 있는지, 데이터에 잘못 입력된 코드가 있는지를 확인할 수 있는 기능이 없다. 그래서 통계 분석에 앞서 데이터 자체 혹은 코드 오류에 대해 사전에 확인하는 방법이나 과정이 필요하다.

이러한 고려 사항들을 전제로 SPSS와 MINITAB은 연구 프로젝트에 필요한 통계 분석 기능들을 제공한다. 통계 분석의 효과를 높이기 위해서는 연구 문제에 따라 분석 방법을 유형별로 나누는 것이 좋다(박스 35.1). 이러한 유형 분류는 보통의 경우 간단하지만 분석 상황에 따라 복잡할 수도 있다. 예를 들어, 데이터의 분산 관계를 알고 싶다면 간단히 기술 통계량으로 쉽게 알 수 있지만, 변수의 변량 분석은 복잡하다. 어떤 한 변수에 대해 다른 변수를 예측 변수로 사용해 그 변수의 변량(가변성)을 설명하는 통계적 방법과 같은 복잡한 분석 유형도 있다. 따라서 대부분 통계 분석은 어떤 연구를 수행하느냐에 따라 달라져야 하고, 그러므로 통계 결과의 검정 차원에서 통계 분석은 데이터의 본질과 속성을 중요하게 고려해야 한다(모집단의 속성 여부를 감안하는 모수/비모수).

SPSS에서는 모수 검정과 비모수 검정을 구분하는 뚜렷한 기준이나 근거는 없다. 예를 들어, 분석 메뉴를 선택하면 그 아래에 데이터의 중심 경향성과 분산에 관한 탐색이 가능한 기술 통계(Descriptives) 메뉴뿐만 아니라, 평균 비교(Compare Means), 회귀(Regression), 차원 감소(Dimension Reduction), 분류(Classify), 비모수(Non-parametrics) 메뉴 등이 함께 탑재되어 있다. MINITAB의 통계 분석과 통계 검정 기능들은 비록 일반적인 통계 교과서에서 볼 수 있는 통계 용어와 일치하지는 않지만, 다양한 통계 분석 기능들이 탑재되어 있다. 박스 35.2와 박스 35.3은 특정 연구 문제에 사용할 수 있는 SPSS와 MINITAB의 통계 기법을 모수 검정과 비모수 검정으로 구분해 제시하고 있다.

박스 35.2와 박스 35.3에서 볼 수 있는 것처럼, 핵심적인 연구를 진행할 때 이용할 수 있는 다양한 통계 기법들이 있다. 분석을 시작하기 전에 고려해야 할 가장 중요한 사항 중 하나는 각 검정 방법이 요구하는 가정(예: 데이터의 측정 수준과 표본 크기)과 그에 따른 검정 방법, 탐구하고자 하는 분석 내용이다.

통계 검정과 그 결과의 해석이 SPSS와 MINITAB에서 어떻게 수행되는지를 보여 주기 위해 다음의 통근 관련 가상 데이터를 사용한다. 이 데이터는 30명을 대상으로 수집된 통근 습관과 성향에 관한 질문과 응답으로 구성된다. 지리학자들이 가지는 가장 일반적인 분석적 질문은 수집된 표본 데이터 사이에서 어떤 차이점을 발견할 수 있는가이다(박스 35.1~35.3의 추론적 통계). 이 예시의 경우 30명의 표본에서 성별에 따라 주중 직장으로의 평균 통근 거리가 통계적으로 유의미한 차이가 있는지에 대한 검정이 될 수 있다. 여기에서 우리는 두 표본 집단이 정규 분포를 이룬다는 가정하에 두 표본 T 검정(two-sample t test)을 선택할 수 있다.

SPSS에서는 이 분석을 위해 다음과 같은 메뉴 명령어를 선택해 수행할 수 있다. 분석(Analyze)

박스 35.1 특정한 연구 문제를 위한 통계 기법

정확한 통계적 검정의 선택은 연구에서 찾고자 하는 내용을 잘 이해하고 있는지(분석 유형)와 특정한 이슈를 다룰 수 있는 통계 기법이 무엇인지에 달려 있다. 다음 표는 왼쪽에서부터 오른쪽으로 분석 수준, 분석 수준에 따라 사용될 수 있는 통계 기법, 관련 예시를 보여 준다.

분석 유형	통계 기법	예시
기술적 통계	중심 경향 측정, 분산과 빈도 측정	데이터의 분포(집중화)에 대한 평균, 중앙값, 최빈값, 표준편차, 왜도[1]와 첨도[2] 등을 탐색
추론적 통계	모집단과 표본, 둘 이상의 표본 간의 차이와 관계를 탐구	표본 평균과 모집단 평균 사이의 차이점을 검토
관계적 통계	두 변수 간의 상관관계 분석	두 변수 간 관계의 강도와 정도를 측정
환원주의적 통계	변수들의 통합과 변수 간의 공통성 이해	유사한 성격을 가진 변수들을 그룹화해 분석 변수 수를 줄일 수 있음.
분류적 통계	특정 변수에 따라 사례를 여러 부분으로 분류	유사한 성격을 지닌 표본 데이터에서 특정한 내용을 정의함.
설명적 통계	독립변수에 따라 종속변수를 설명하고 예측	독립변수를 통해 종속변수의 설명력을 이해

1) 왜도는 분포의 비대칭을 나타내는 통계량으로 히스토그램의 데이터 분포가 어느 한쪽으로 몰려 있는 정도이다.
2) 첨도는 히스토그램의 데이터 분포가 뾰족한지(데이터가 아주 집중되어 있음), 평평한지(데이터가 퍼져 있음)에 대한 정도를 나타내는 통계량이다.

분석 유형	모수 검정[1]	비모수 검정[2]
기술적 통계	기술 통계(Descriptives) 메뉴와 빈도 분석(Frequencies)>통계(Statistics) 선택 기능을 활용	
추론적 통계	다양한 통계 검정을 위해 평균 비교 (Compare Means) 메뉴를 선택	비모수(Non-parametric)>레거시 대화상자 (Legacy Dialog) 선택 기능을 활용
관계적 통계	상관 분석(Correlation), 피어슨 상관계수	상관 분석(Correlation), 스피어만 상관계수
환원주의적 통계	차원 감소(Dimension Reduction)>요인 분석(Factor Analysis), 데이터 형식에 따라 적절한 통계 분석 진행	
분류적 통계	분류(Classify)>계층적 군집(Hierachical Cluster) 선택 후, 데이터 형식에 따라 적절한 방법 (Method) 선택	
설명적 통계	회귀(Regression)>선형(Linear) 선택 후 적절한 독립변수와 종속변수 선택	회귀(Regression)>선형(Linear) 선택 후 바이너리 로지스틱(Binary Logistic), 서열형(Ordinal), 다항 로지스틱(Multinormal Logistic)과 프로빗(Probit)에 따라 적절한 기법 선택

* 이 박스에서 소개할 통계 기법은 앞서 언급한 연구 문제를 다루는 데 가장 공통적으로 사용되는 방법들이지만, 모든 기법이 포함된 것은 아니다.

1) 모수 검정은 데이터 사이의 간격이 같은 연속형 데이터 수준(예: mm로 측정된 강수량, 년으로 측정된 연령)으로 측정된 데이터에 사용된다. 모수적 데이터는 히스토그램에서 정규 분포(대칭적이며 종 모양을 보이는 분포)의 특성을 가져야 한 다. 정규성 검정을 위해 SPSS에서는 Kolmogorov-Smirnov 검정, MINITAB에서는 Anerson-Darling 검정 기법을 사용 할 수 있다.
2) 비모수 검정은 연속형 데이터이기는 하지만 정규 분포를 따르지 않는 데이터이거나 비연속형 데이터에 적용되는 통계적 방법이다. 두 가지 주요한 비연속형 데이터는 서열(순위) 척도와 명목 척도이다. 서열 척도는 데이터 속성의 크기를 순서 에 따라 배열할 수 있는 데이터로서 서열이 존재하지만 데이터 간의 간격이 같지 않거나 주관적이기 때문에 산술 연산이 불가능하다(예: 설문 조사에서 질문에 대한 동의 수준). 명목 척도는 데이터의 고유한 속성을 구분하는 척도로서 구분만 가능하고 데이터 간의 순서나 순위를 정할 수 없다(예: 암석 유형, 가족 분류).

>평균 비교(Compare Mean)>독립표본 T 검정(Independent Sample T-test; 그림 35.13a)이 가 장 대표적인 방법이다. 대부분 SPSS에서는 독립표본 T 검정 대화상자가 뜨면 왼쪽의 변수 항목에서 분석에 필요한 변수를 오른쪽의 검정 변수(Test Variables) 박스로 드래그할 수 있다. 본 예시에서 변 수는 설문 조사의 표본 집단인 30명의 주중 평균 통근 거리가 되고, 이 변수를 검정 변수 박스로 드 래그한다. 독립표본 T 검정이 서로 다른 두 집단(남성과 여성)에 대한 차이를 확인하는 것이기 때문 에 SPSS에서는 이 두 집단을 구분하는 코드를 데이터 편집기에서 확인해야 한다. 성별을 구분한 변 수 설명을 확인했으면 독립표본 T 검정 대화상자의 변수 항목에서 성별 변수를 집단 변수(Grouping Variables) 박스로 드래그하고 집단 정의(Define Groups)를 선택해 남성과 여성의 성별 코드를 집 단 1과 집단 2에 각각 입력한다. 예를 들어, 데이터 편집기에서 이미 남성은 '1', 여성은 '2'로 입력되

분석 유형	모수 검정	비모수 검정
기술적 통계	통계 분석(Stat) > 기초 통계(Basic Statistics) 또는 표(Table) 활용	
추론적 통계	다양한 통계 검정을 위해 기초 통계(Basic Statistics) 메뉴를 선택	다양한 통계 검정을 위해 비모수 검정(Non-parametric tests) 메뉴를 선택
관계적 통계	기초 통계(Basic Statistics) > 상관 분석(Correlation)	기초 통계(Basic Statistics) > 상관 분석(Correlation)
환원주의적 통계	다변량 분석(Multivariate) > 주성분 분석(Principal Components)	
분류적 통계	다변량 분석(Multivariate) > 개체 군집(Cluster Observation)	
설명적 통계	회귀분석(Regression) > 회귀분석(Regression) 선택 후 적절한 독립변수와 종속변수 선택	회귀분석(Regression) 선택 후 이항, 서열, 또는 명목 척도에 따라 적절한 기법 선택

* 이 박스에서 소개한 통계 기법은 연구 문제를 다루는 데 가장 공통적으로 사용되는 방법들이지만, 모든 기법이 포함된 것은 아니다.

어 있기 때문에 집단 정의 대화상자에 남성과 여성을 각각 '1'과 '2'로 입력한다. 모두 입력한 후 확인 (OK) 버튼을 누르면 출력 뷰어 창에 두 개의 표가 출력된다(그림 35.13b). 첫 번째 표는 기술 통계량으로 남성과 여성의 수, 남성과 여성별 통근 거리의 평균, 표준편차, 표준오차 평균값이 출력된다. 이 표를 통해 두 집단인 남성과 여성은 통근 거리의 평균에서 차이가 있고, 남성이 여성보다 주중에 직장까지의 통근 거리가 좀 더 멀다는 것을 알 수 있다. 두 번째 표는 독립표본의 t 검정 통곗값들을 보여 준다. 두 번째 표 상단에 있는 t값(4.437)과 양측 유의확률값(0.000)을 비교해 해석할 수 있다. 양측 유의확률 p값이 0.000으로 0.05보다 작게 나왔기 때문에 통계적으로 유의미한 차이가 있다고 해석한다. 즉, 남성과 여성 사이에는 유의미한 차이가 있다는 대립 가설을 채택한다. 한편, SPSS는 실제 확률값(예: $p < 0.001$)을 출력하기 때문에 그림 35.13b와 같이 출력된 표를 있는 그대로 보고서나 과제물에 넣어서는 안 된다. 오히려 선택된 유의수준과 비교하는 것이 낫다(p=0.05, 0.01, 또는 0.001 등).

　MINITAB의 통계 기법은 통계분석(Stat) 메뉴를 중심으로 진행된다. 앞서 언급했듯이, MINITAB은 모수 검정과 비모수 검정으로 나눌 수 있다. MINITAB의 모수 검정은 기본 통계(Basic Statistics) 메뉴를 통해 기본적인 검정 통계가 수행되고, 그 외 다른 통계 분석 관련 기능을 통해서도 가능하다. 비모수 검정은 비모수 검정(Nonparametric tests) 메뉴를 기본으로 하며, 표(Tables) 메뉴의 카이제곱검정(Chi-Square test)에서도 가능하다. SPSS도 마찬가지이지만, 특정 연구 문제나 데이터의 통계 분석과 검정에 대한 상세한 절차와 방법은 통계 패키지보다는 전문 통계학 교재에 잘 나와 있다 (Wheeler et al., 2004). 그렇지만 MINITAB에서도 널리 알려진 일반적인 수준의 통계 검정은 언제 든 큰 어려움 없이 진행할 수 있다. 예를 들어, 앞서 SPSS에서 적용했던 남녀 두 집단의 통근 데이터 를 바탕으로 통근 수단에 대한 집단별 성향 차이가 있는지 통계적으로 검정해 보고자 한다. 이 통계 검정은 두 표본 집단(남, 여)과 명목형 범주로 측정된 통근 수단 데이터(자동차, 버스, 전철 등)를 함 께 탐색하고 있기 때문에 비모수 통계인 카이제곱검정 방법을 사용한다(박스 35.2 참조). 이를 위해 MINITAB에서 통계 분석(Stat) > 표(Tables) > 교차표 및 카이제곱검정(Cross Tabulation and Chi-Square)을 이용할 수 있다. 성별 통근 수단의 분석 결과는 MINITAB의 세션 창 대화상자에 나타난 다. 내용을 확인한 다음 다시 한 번 통계분석 > 표 > 교차표 및 카이제곱검정 메뉴로 돌아가 카이제

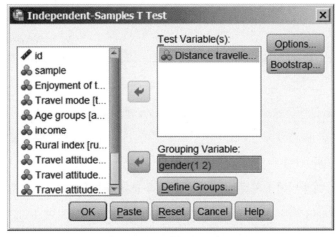

그림 35.13a SPSS의 독립표본 T 검정 대화상자

Group Statistics

	gender	N	Mean	Std. Deviation	Std. Error Mean
Distance travelled 2001	Male	16	40.13	8.861	2.215
	Female	14	25.64	8.984	2.401

Independent Samples Test

		Levene's Test for Equality of Variances		t-test for Equality of Means						
									95% Confidence Interval of the Difference	
		F	Sig.	t	df	Sig. (2-tailed)	Mean Difference	Std. Error Difference	Lower	Upper
Distance travelled 2001	Equal variances assumed	.023	.880	4.437	28	.000	14.482	3.264	7.797	21.168
	Equal variances not assumed			4.433	27.366	.000	14.482	3.267	7.783	21.181

그림 35.13b SPSS의 독립표본 T 검정 결과

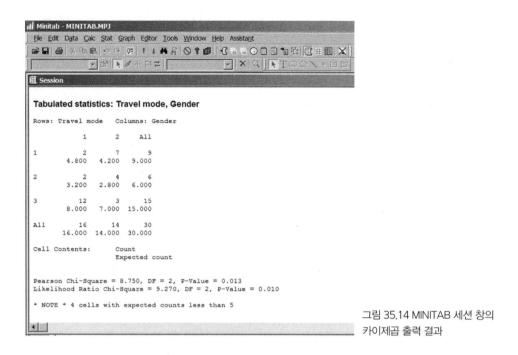

그림 35.14 MINITAB 세션 창의
카이제곱 출력 결과

곱(Chi-Square) 옵션 버튼을 선택하고 카이제곱과 기대 셀 카운트(Expected cell counts)를 선택하고 확인(OK)을 누른 후 다시 확인(OK) 버튼을 선택한다. 그러면 그림 35.14와 같은 출력 결과를 세션 창에서 볼 수 있다. 그림에서 가로 행은 통근 수단 구분을 나타내고 세로 열은 남성과 여성 구분을 나타내고 있다. 행과 열이 교차하는 각 셀의 값은 각 교차 범주에 해당하는 관측치 빈도(위)와 기댓값(아래)을 나타낸다. 세션 창 하단에서는 카이제곱 통계치와 p값을 보여 주며, 만약 기댓값이 카이제곱 분석의 최대 허용치를 초과할 경우(기댓값의 20%), 출력 결과의 맨 아래에 주의 문구가 나타난다. 이는 검정 결과가 유효하지 않다는 의미이다. 유효한 결과를 얻기 위해 검정을 다시 하고자 한다면, 보다 적은 수의 통근 수단 그룹으로 재코딩할 필요가 있다. MINITAB에서는 데이터(Data) > 코드 변경(Code) > 숫자로(Numerical to Numerical) 기능을 선택하면 재입력된 코드 데이터가 새로운 열에 저장된다.

35.7 결론

수치 데이터를 분석하기 위해 사용하는 컴퓨터 프로그램의 역할을 고려할 때, 마이크로소프트 엑셀과 같은 프로그램은 다루기 쉽고 간편하고, 웬만한 통계 데이터를 처리하는 데 무리가 없다. 하지만 이러한 프로그램 이외에 SPSS와 MINITAB 같은 통계 전문 소프트웨어를 사용하는 이유는 데이터의 규모에 관계없이 사용자 입장에서 빠른 분석과 신뢰할 수 있는 분석 결과를 보장받을 수 있기 때문이다. 사실 사전에 데이터 오류를 확인하고 필요한 가설과 특정 통계 검정에 대한 데이터가 준비된다면, 대규모 연구 프로젝트를 마무리하는 데 필요한 통계 절차와 분석에는 많은 시간이 소요되지 않는다. 하지만 이러한 통계 전문 프로그램을 얼마나 쉽고 빠르게 사용할 수 있는지는 검토하고자 하는 데이터를 이해하는 데 필요한 자신감이나 전문 지식을 얼마나 가지고 있는지에 달려 있다. 특정 분석 질문에 대한 통계적 검정의 적합성 역시, 통계 전문 소프트웨어를 손쉽게 사용하는 데 있어 중요하다. 간단히 말해, 연구를 하는 데 있어 왜 통계 분석이 필요한지, 어떤 통계 분석 기법을 사용할 수 있는지, 사용하고 있는 데이터는 어떤 특성이 있는지, 자신의 연구에 적합한 통계 분석과 검정은 어떤 것인지를 아는 것이 핵심이다. 따라서 SPSS와 MINITAB과 같은 통계 전문 패키지는 유능한 도구이지만 그 자체가 통계 솔루션은 아니다. 이 프로그램을 사용하는 이용자가 어떤 사람인지에 따라 그 사람만큼 유능해질 수도 있고 그렇지 않을 수도 있다. 다음에 제시되는 참고문헌의 교재들은 SPSS와 MINITAB에서 사용되는 많은 통계 기법의 이론적 배경과 관련 정보를 제공한다. 이러한 참고 서적은 통계 분석과 다양한 컴퓨터 응용에 대한 심화 학습을 도와줄 것이다.

| 요약

- 마이크로소프트 엑셀 같은 스프레드시트 프로그램은 수치 데이터를 다루고 표현하는 데 아주 유용한 소프트웨어 이다. 하지만 SPSS와 MINITAB 같은 통계 전문 소프트웨어는 광범위하고 다양한 통계 분석과 검정을 수행하는 데 있어 많은 장점이 있다.
- MINITAB과 SPSS 같은 프로그램은 대용량의 복잡한 데이터 분석에 특화된 소프트웨어지만 어떤 통계 분석과 검정이 필요한지 사용자가 기법에 대한 나름의 정보와 지식을 가지고 있어야 한다.
- MINITAB과 SPSS 두 프로그램 모두 뛰어난 기능을 제공하지만, 사용자는 각각의 프로그램에서 데이터를 사용하고 표출하는 방식의 차이점을 알고 있어야 한다.

심화 읽기자료

MINITAB과 SPSS의 통계 데이터 분석과 관련한 상세한 설명을 제공하는 세 권의 핵심 서적이 있다. 이 외에도 많은 책이 있겠지만, 이 책들은 지리학 연구에 적합한 통계 분석과 관련 통계 검정을 다루고 있고, 지리학적으로도 이해하기 쉬운 예제를 많이 다루고 있다. 특히 이 책 모두 소프트웨어 패키지 사용에 있어 필요한 통계 이론과 활용을 균형 있게 다루고 있다. 휠러 외(Wheeler et al., 2004)는 다양한 추론 통계와 다변량 통계 기법에 기반해 MINITAB과 SPSS를 소개하며, 브라이먼과 크레이머(Bryman and Cramer, 2011)와 필드(Field, 2013)

는 SPSS를 대상으로 관련 통계 내용을 다룬다. 브라이먼과 크레이머(Bryman and Cramer, 2011)는 사회과학 연구자를 위한 통계학 전문서로서, 복잡한 통계 내용을 어렵지 않고 쉬운 문장으로 서술하고 있다. 필드(Field, 2013) 역시 이해하기 쉽고 군데군데 흥미로운 내용들을 많이 담고 있다.

* 심화 읽기자료에 대한 상세 정보는 아래 참고문헌에서 확인할 수 있음.

온라인 자료

웹사이트: SPSS와 MINITAB 모두 공식 웹사이트를 통해 관련 정보와 내용을 알 수 있다.

www.ibm.com/kr-ko/analytics/spss-statistics-software

www.minitab.com/ko-kr/products/minitab

참고문헌

Bryman, A. and Cramer, D. (2011) *Quantitative Data Analysis With IBM SPSS 17, 18 and 19*. London: Routledge.

Field, A. (2013) *Discovering Statistics Using IBM SPSS Statistics*. London: Sage.

McKendrick, J.H. (2010) 'Statistical Analysis Using PASW (formerly SPSS)', in N. Clifford, S. French and G. Valentine (eds) *Key Methods in Geography* (2nd edition). London: Sage. pp.423-38.

Wheeler, D., Shaw, G. and Barr, S. (2004) *Statistical Techniques in Geographical Analysis*. London: Fulton.

공식 웹사이트

이 책의 공식 웹사이트(study.sagepub.com/keymethods3e)에서 이 장과 관련한 비디오, 실습, 자료 및 링크들을 확인할 수 있으며, 부가적으로 다음 논문들도 무료로 이용할 수 있음.

1. Longley, P. (2005) 'Geographical Information Systems: A renaissance of geodemographics for public service delivery', *Progress in Human Geography*, 29 (1): 57-63.
– 이 논문은 왜 지리학자들이 공간 데이터 분석을 통해 공공 정책 수립에 중요한 역할을 할 수 있는지에 대한 충분한 근거를 제시한다. 이 장에서 살펴본 기법은 이러한 공공 정책과 관련한 여러 분석의 토대가 되고 있다.

2. Poon, J.P.H. (2005) 'Quantitative methods: Not positively positivist', *Progress in Human Geography*, 29 (6): 766-72.
– 이 논문은 우리가 수행하는 계량 분석이 폭넓은 연구틀에서 어떤 위치를 가지고 있는지 고민하게 한다. 또한 왜 우리가 (계량 분석을 통해) 비판적이어야 하는지 당위성을 말해 주며, 왜 특정 유형의 분석을 하고 있는지에 대해 스스로 질문할 수 있도록 해 준다.

36

정성적 데이터의 구성, 코딩, 분석

개요

데이터의 해석과 분석을 위한 체계적 프로세스를 개발하고 유지하는 것은 정성적 연구의 엄격성을 보장하기 위해 필수적인 부분이다. 이 장에서는 지리학 분야의 정성적 연구에 사용되는 세 가지 일반적 분석 도구인 코딩, 내러티브 분석, 담론 분석을 위한 지침과 유용한 참고문헌을 소개한다. 코딩은 수행 중인 연구와 관련된 항목 및 주제를 바탕으로 텍스트에 해석 가능한 태그를 부여하는 것이다. 이 장에서는 정성적 텍스트의 코딩과 관련된 전략을 논의한다. 여기에는 데이터와 텍스트의 출처 검증, 주제 식별, 연구 질문 수정, 코딩 구조 구성 및 조율, 테마 구축, 코딩 과정 유지 등을 위해 사용할 수 있는 방법을 모두 포함한다. 코딩은 유형을 파악하고 분류하는 과정뿐 아니라 기술적 코딩(1차 수준)과 분석적 코딩(2차 수준), 그리고 특정한 주제와 개념에 따른 코딩 과정 등으로 세분될 수 있다. 내러티브 분석과 담론 분석은 분석적 코딩에 개념적 의미를 부여하기 위해 사용하는 두 개의 다른 방법이지만, 유사한 특징을 갖고 있기도 하다.

이 장의 구성

- 서론: 정성적 인문지리학 연구에서 일반적으로 사용되는 해석적, 분석적 실천
- 분석 시작: 데이터 출처의 평가
- 코딩 실천: 언제, 어떻게, 왜
- 테마 구축
- 코딩 고려 사항
- 정성적 데이터 분석: 내러티브 분석과 담론 분석
- 결론

36.1 서론: 정성적 인문지리학 연구에서 일반적으로 사용되는 해석적, 분석적 실천

지리학에서 정성적 연구는 주로 텍스트나 오디오, 비디오, 미술 작품, 그 외 다른 인간 표현 형식과 같은 비수치적 자료를 활용한다. 그리고 이러한 특징은 연구자가 엄격하고 체계적인 해석, 분석 및 표현을 수행하는 데 어려움을 준다. 이 장에서는 정성적 데이터(qualitative data)를 구성하고 분석하는 방법에 관해 설명할 것이다. 논의는 사회과학과 인문학 분야의 정성적 연구에서 데이터 분석 방법으로써 중요한 역할을 수행하는 **코딩**(coding) 과정에 관한 것으로 시작한다. 코딩은 데이터를 구성하고, 분석의 틀을 구성하며, 텍스트나 다른 자료에서 드러나는 정보를 식별하고, 실증적인 발견과 개념적·이론적 문헌을 연결하는 주제를 찾는 데 사용되는 반복적인 과정이다. 데이터를 해석하고 코딩하는 과정은 일방적이거나 단순하지 않지만, 여기에서는 가급적 순차적으로 이를 제시해 코딩 전략을 명확히 설명하고자 한다. 그다음 지난 10여 년간 지리학 연구에서 점차 빈번하게 사용되고 있는 내러티브 분석(narrative analysis)과 담론 분석(discourse analysis)을 평가하고, 특히 코딩과 그 결과 분석과 관련된 결정에 각각의 방법이 어떻게 사용되는지 알아볼 것이다. 이러한 일련의 분석 과정을 보다 적절히 설명하기 위해, 미국에서 생우유 판매와 관련된 논쟁을 조사한 힐다(Hilda)의 연구 과정을 단계별로 살펴볼 것이다.

먼저 고려할 점은 연구 질문이 어떻게 만들어지는지 생각해 보는 것이다(1장 참조). 의미 있고 현실적으로 답변 가능한 연구 질문을 갖기 위해서는 연구 주제와 관련된 기존 문헌은 물론, 연구에 활용하게 될 데이터의 출처나 형식 등에 대해 어느 정도 익숙해지는 것이 필요하다. 새롭고 혁신적인 연구는 종종 이전과 다른 방식으로 기존의 이론과 실증적 사례 또는 데이터를 결합하면서 시작된다. 이러한 결합이 일어난 후부터, 연구자가 데이터에 더 익숙해지고, 기존의 문헌을 보다 깊이 있게 이해하고, 엄격한 분석을 통해 학문적으로 기여할 수 있는 것이 생기면서, 통찰력이 나타나기 시작한다(박스 36.1).

연구 질문이 준비되고, 데이터의 수집이나 생성을 시작한 후에는 바로 분석을 시작하는 것이 좋다. 많은 연구자가 오디오와 비디오 기록을 글로 옮기는 동안 데이터를 정리하기 시작한다. 이러한 필사 과정 자체는 무엇을 기록하고 생략할 것인지, 비언어적 표현을 어떻게 나타낼 것인지, 참여자들의 표현에 대한 일차적 반응을 어떻게 옮길 것인지 결정하는 중요한 해석 단계가 될 수 있다(필사에 관한 보다 구체적인 지침은 Cope, 2016; Saldana, 2013 참조). 텍스트와 다른 데이터를 살펴볼 때 어떠한 테마가 나타나는가? 데이터의 피상적 검토를 통해 쉽게 확인할 수 있는 공통점과 차이점은 무엇인가? 데이터에서 이례값(outlier)이 존재하는가? (의외로 이러한 이례값이 가장 중요한 정보일 수 있다!) 어떤 연구 프로젝트가 연구 질문의 도출부터 데이터 수집, 분석, 결과 작성까지 단계별로 순차 진행될 수 있다면 이상적이겠지만, 실제 그렇게 명료하게 진행되는 연구 프로젝트는 거의 없다. 오히려 초기에 설정한 연구 질문은 데이터의 수집과 분석, 그리고 추가 검토가 진행됨에 따라 계속 수정이 필요하다는 점을 인식하는 것이 중요하다. 여기에서 특히 중요한 것은 연구에 사용하는 데이터의 가능성과 한계를 이해하는 것이다.

박스 36.1 힐다의 연구 질문 도출 과정

비판적 식품학자인 나는 생우유를 둘러싼 논란에 관심을 두게 되었다. 미국에서 모든 우유는 주(state) 단위에서 규제가 이루어진다. 직접 섭취를 위한 생우유의 구매는 11개 주와 워싱턴에서는 합법적이지만, 다른 39개 주에서는 금지되어 있거나 제한적으로만 이루어진다. 나는 이처럼 미국 각 주의 생우유에 대한 차별적 규제는 어떻게, 왜 생겨났는지, 그리고 생우유를 마시는 사람들이 이처럼 고도의 규제를 받는 식품에 접근하기 위해 정치적으로 어떤 일을 하는지 관심을 두게 되었다. 생우유를 둘러싼 논쟁은 그것이 건강에 좋은 식품인지, 아니면 해로운 식품인지에 초점을 맞추고 있으며, 이와 관련된 학술 문헌을 검토한 결과, 생우유 판매를 제한하는 주 규정은 생명권력(biopower)의 표현이거나 공중보건을 정치적 객체로 관리하는 것이다(Foucault, 2007). 해당 문헌에서 생우유와 의무적 저온 살균 처리에 관한 논쟁은 생명정치학(biopolitics), 즉 공중보건 관리에 관한 경합적 논쟁으로 인식되었다. 이 연구를 통해 나는 식품 및 식품 시스템과 관련해 이러한 논쟁이 어떻게, 어디에서 일어났는지 확인하는 것이 필요함을 알 수 있었다. 나는 생물정치학의 탐구를 위해 라비노와 로즈(Rabinow and Rose, 2006)가 제시한 스키마(schema)를 활용해 다음과 같은 일련의 연구 질문을 도출했다. 생우유과 관련해 서로 다른 규제 체제를 가진 주에서 이와 관련된 생명정치학을 형성하는 진실과 권리 담론은 무엇인가? 이러한 담론은 어떤 형태의 권위에 의해, 어떻게 승인되는가? 어떻게 이러한 담론과 다양한 형태의 권위가 생우유의 규제와 판매와 같은 강제적 개입을 승인하고, 합법화하는가? 이러한 개입에서 파생되는 주관화(subjectification)는 어떤 유형이고, 이러한 유형의 주관화에 생우유 운동가들이 어떻게 이의를 제기할 수 있는가? 여러 이유로 나는 (미국 동부의) 메인주에 초점을 맞춰 연구를 진행하기로 했다. 메인주 여섯 개 마을에서는 생우유와 다른 농식품의 직접 판매를 보호하기 위한 조례가 통과됐으며, 이는 생우유 연구에 필요한 실증적 사례가 될 수 있었다. 조례를 둘러싼 경합적 논쟁은 인(Yin, 2004)의 실증적 연구 디자인을 실제 적용해 볼 수 있는 하나의 사례가 됐다. 나는 공개된 연설 내용과 입법 자료, 주류 언론 보도 내용과 블로그, 소셜 미디어 등에 게시된 글, 영상 자료, 반구조화 심층 인터뷰 내용을 수집하고, 이를 하나의 데이터로 구축할 수 있었다. 이들 각각은 생우유와 관련된 지역 조례의 찬반 양론과 관련되어 있었다. 내가 가진 연구 질문에 맞춰 데이터의 유형과 내용을 정리하는 것은 연구를 통해 내가 가진 질문에 답을 찾는 데 매우 중요한 과정이었다.

36.2 분석 시작: 데이터 출처의 평가

연구자가 접하게 되는 정성적 데이터는 크게 두 가지 유형으로 구분된다. 첫 번째 유형의 데이터는 연구자가 수행하고자 하는 연구 내용과 별개로 기존에 수집된 문서나 시각적 자료로서, 일기, 사진, 지도, 역사적 기록이나 신문, 구전 역사, 다른 연구자의 기록 등과 같은 2차 자료, 블로그와 소셜 미디어 같은 디지털 자료가 모두 포함된다. 또 다른 유형의 자료는 연구자가 직접 수집한 자료로 개별 또는 초점 집단 인터뷰, 참여 연구, 온라인 설문 조사나 다른 여러 디지털 상호작용을 통해 구축되고 기록·분류된다. 이 두 가지 범주의 데이터(기존 데이터와 직접 수집한 데이터)는 데이터에 기록된 정보와 연구 질문을 연결하는 데 다소 다른 접근 방식이 요구된다. 기존에 이미 존재하는 데이터를 사용하는 것은 직접 수집한 텍스트를 사용하는 것보다 훨씬 더 귀납적인 과정인 경우가 많다. 즉, 이 경우 연구자는 자료 안에 어떠한 경향이 나타나는지 확인하기 위한 거시적 관점에서의 평가를 우선적으로 수행해야 한다. 특히 역사적 기록을 사용한 연구를 할 때는 연구자가 가진 연구 질문은 자료에서 나타나는 결과에 따라 바뀔 수 있을 정도로 유연하게 설정되어야 한다.

반면, 설문 조사나 인터뷰와 같은 상호적 연구를 통해 직접 데이터를 수집할 기회가 생긴다면, 조사 참여자들에게 연구자가 가진 연구 질문과 직접적으로 연결된 질문을 할 수 있을 것이다. 데이터의 수집이 연구 목적에 어떻게 맞춰질 수 있는지 알아보기 위해 아이들이 경험하는 도시지리에 관한 메이건(Meghan)의 연구를 살펴보자. 이 연구는 젊은 사람들이 매일 학교와 직장, 집, 공공 공간을 이동하며 일상 속에서 공간을 어떻게 절충하고, 인식하는지 확인하는 것을 목표로 한다. 데이터 수집을 위해 조사 대상자에게 그들의 일상 활동을 기록하게 하거나, 이동 경로와 방문 장소를 지도에 그리도록 하거나, 조사 대상자들과 함께 걸으며 그들이 겪는 어려움이 무엇이고, 이동성과 관련해 어떤 경험을 하는지, 공공장소에서 발생하는 마찰의 원인은 무엇인지 직접 들어볼 수 있을 것이다. 기존의 자료를 사용하거나, 새로운 자료를 직접 수집하는 두 가지 경우 모두 튼튼한 연구 질문을 개발하는 것이 필수적이다. 앞서 언급한 바와 같이, 연구 질문은 관련 문헌이나 이론에 기반해 이미 알고 있는 것들을 반영하고, 여기에 연구의 실증적 요소로부터 도출된 새로운 가설을 더하는 것이 이상적이다.

사용하는 자료가 기존에 이미 만들어진 자료인지, 아니면 직접 수집한 자료인지에 관계없이 정성적 연구를 수행하는 연구자는 상당한 시간을 그들이 가진 데이터를 읽고 이해하는 데 사용하게 된다. 데이터를 열린 마음으로 볼 때, 데이터는 어느 정도 그 안에 담긴 의미를 스스로 드러내게 된다. 이는 직접 수집한 데이터를 사용할 때도 마찬가지로 중요한데, 자료에 담긴 다양한 주제와 의미가 드러나기 위해서는 여러 번 반복적으로 읽어야 한다. 데이터에 담긴 의미가 스스로 드러날 때, 연구자는 자신이 가진 선입견이 작용할 수 있음을 고려해야 한다. 또한 그 과정에서 새로운 연구 테마가 나타났을 때 이를 수용할 것인지도 결정해야 한다. 예를 들어, 만약 메이건이 연구를 위해 수집한 어떤 조사 대상자의 일상 기록에 그 사람의 가족 관계에 관한 매우 자세한 내용이 포함되어 있다면, 기존의 연구 주제였던 일상 속 공간과 이동성을 계속 유지할지, 가족 관계에 관한 연구로 연구 주제를 변경할지, 아니면 가족 관계의 틀 안에서 이동성을 탐구하는 등의 방법으로 두 주제를 결합할 것인지 결정해야 한다.

36.3 코딩 실천: 언제, 어떻게, 왜

코딩은 의미의 파악과 이해를 위해 데이터를 평가하고 구성하는 방식이며, 따라서 근본적으로 이는 분석적 과정이다. 첫째, 코딩을 통해 유사성과 차이성, 조건-결과(if-then)의 연관성, 주요 요인이나 특성 간의 관계와 같은 범주와 패턴을 밝힐 수 있다. 둘째, 보다 추상적 수준에서 코딩은 연구의 개념적 틀과 밀접하게 연결된, 거시적 관점의 연구 테마를 도출하는 데 도움이 된다. 한 마디로, 코딩은 수집한 정성적 자료에 대한 내용 분석의 중요한 수단이라 할 수 있다.

체계적 시작을 위한 방법 중 하나는 코딩과 노트 필기 방식을 결정하는 것이다. 많은 연구자가 코딩과 노트 필기를 위해 CAQDAS(Computer-Aided Qualitative Data Analysis Software) 기반의 디지털 시스템을 사용하지만, 화이트보드에 노트 카드를 붙이는 보다 전통적인 방법을 선호하는 연구자도 있으며, 디지털 방식과 아날로그 방식을 혼합해 사용하는 사람도 있다. 분석의 성공이나 엄밀함을 결정하는 것은 디지털, 아날로그, 혼합과 같은 코딩 방식 자체보다 연구자의 역량과 노력이며, 따라서 연구자가 쉽게 접근하고 편안히 사용할 수 있는 방법을 선택하는 것이 가장 좋다(연구의 엄격함에 대한 논의는 Baxter and Eyles, 1997 참조). 연구를 위한 코딩 구조를 개발하는 과정은 항상 반복적이며, 산발적이고, 명확하지 않다. 슈트라우스(Strauss, 1987)와 같은 일부 학자들은 코딩 과정을 표준화하기 위해 노력을 기울였으며, 실제 어느 정도는 성공했지만, 그들조차도 코딩이 단계별로 어떤 지침을 따라 완료할 수 있는 단순하고 일방적인 과정이 될 수 없다는 점은 분명히 밝히고 있다. 코딩은 자료의 검토와 재검토, 사유와 재사유를 반복하는 과정이며, 코딩을 통해 생성된 자료는 연구가 진행되는 중에도 바뀔 수 있는 일시적인 것에 가깝다. 그러나 코딩은 연구자가 본인의 데이터를 보다 정확히 이해하고, 코딩 외의 방법으로는 알기 어려운 패턴이나 연구 테마를 찾을 수 있도록 한다는 점에서 충분히 보상받을 수 있는 과정이기도 하다. 디지털이나 아날로그 방식의 코딩을 수행할 때 각각 겪게 되는 어려움과 도출될 수 있는 성과에 대한 보다 자세한 설명은 왓슨과 틸(Watson and Till, 2010)을 참고하면 된다.

일반적으로 코딩은 단순한 '기술적(descriptive)' 코드로 시작해 더 복잡한 '분석적(analytic)' 코드로 이어지지만, 실제 코딩을 할 때 기술과 분석은 중복되는 부분이 있으며, 또한 계속 반복된다. 기술적 코드는 종종 유형화를 위한 것이고, 단순한 패턴만을 담고 있다. 또한 조사 대상자의 말을 그대로 옮겨 적은 **인비보**(in vivo) 또는 **경험적** 코드가 상당수 포함된다. 분석적 코드는 기술적 코드를 더 발전시킨 것으로, 일반적으로 이론적 문헌에 더 가깝게 구성된다.

코딩을 시작하기 위해 우선 자료에서 관심 있는 단락을 강조 표시하고, 해당 단락에 코드를 부여한다. 그림 36.1은 1995년 완성된 메이건의 논문에 쓰인 전통적 방법의 노트 카드를 예시로 보여 주는데, 왼쪽 가장자리의 코드는 펜으로, 구전 역사 기록과 노트의 쪽수는 연필로 작성되어 있다. 최신 기술은 아니지만, 박스 36.2는 힐다의 생우유 연구에 사용된 디지털 방식의 코딩을 보여 준다. 여기에 사용된 코딩은 워드프로세서와 스프레드시트 프로그램의 사용만으로 충분히 가능했을 것이다. CAQDAS 프로그램을 사용하면 텍스트를 강조 표시하거나, 자료의 각 항목과 연구 주제에 서로 다른 색상을 부여하거나, 비슷한 내용을 담고 있는 여러 개의 텍스트를 한번에 가져오는 등 더 정교한 코딩이 가능하다. 코딩 구조를 트리형, 계층형, 네트워크형 등 다양한 방식으로 도식화하는 것은 종이와 펜으로도 가능하지만, CAQDAS 프로그램을 사용하면 보다 편리하게 할 수 있다. CAQDAS

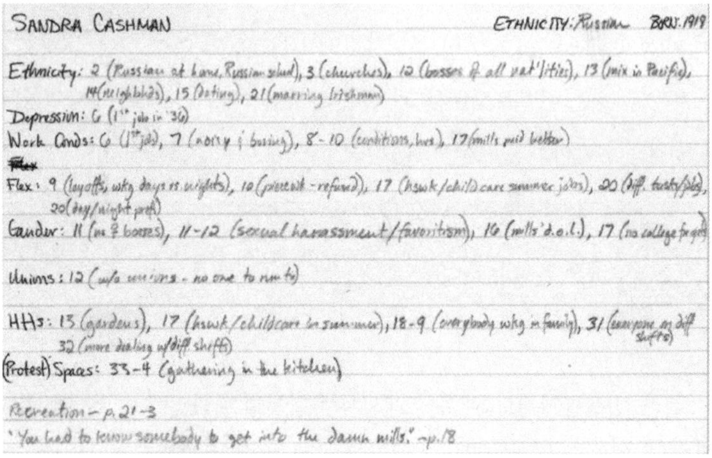

그림 36.1 1920~1930년대 매사추세츠주 로런스(Lawrence)의 섬유 공장에 관한 메이건의 논문에 사용된 수기 코딩의 예

프로그램의 체험판은 대부분 각 프로그램 개발 회사의 홈페이지를 통해 사용해 볼 수 있고, 소속 기관에 따라 구성원들이 사용할 수 있는 라이선스를 보유하고 있는 경우도 있다. Atlas.ti, NVivo, HyperRESearch는 CAQDAS 프로그램의 대표적인 예인데, 각각 다른 장단점이 있다. 그러나 코딩 과정에서 어떤 수준의 기술을 사용하든 관계없이 중요한 것은 보유한 자료로부터 엄격하고 체계적

박스 36.2   코딩의 예

고비용 규제에서 벗어나 농식품의 직접 판매를 보호하기 위한 지역 조례를 옹호하는 농민 운동가와 힐다가 인터뷰한 내용을 코딩한 결과

텍스트	기술적 코드	분석적 코드	축 코드
Q: 「식품안전현대화법」의 통과가 조례를 위한 당신의 일과 어떻게 연관된다고 생각하나요?			
A: 그건 같은 거죠. 그 법은, 알잖아요, 과학은 과학입니다.	「식품안전현대화법」과 주 규제 기관의 유사성	주 지원으로 이루어진, 사회에서 동떨어진 과학	
당신이 크건, 작건 그건 관계가 없어요. 작은 농가에서 생산된 식품도 큰 농가에서 생산된 식품과 마찬가지로 누군가를 아프게 할 수 있어요.	규모 식품으로 인한 질병	농장 경영의 규모를 고려하지 않는 규제 기관과 규제	조건: 농장의 규모
그렇지만 우리가 말하는 건 완전히 다른 방식의 식품 생산이라는 것을 사람들은 완전히 모르고 있어요. 알잖아요, 규모는 실제로 식품 안전에 큰 영향을 미칩니다.	주의 규제(조례)와 농민/활동가의 차이 규모 식품 생산 모델 식품 안전 위험	각각이 갖는 지식의 맥락이 매우 다름 농민/활동가는 생산의 규모가 식품의 안전에 중요하다고 믿고 있음	행위자 간 상호작용(규제 기관과 농장) 결론(대규모 식품 생산이 위험을 초래함)
또한 식품 안전에 가장 위협이 되는 시기는 다중의 유통 경로와 고리를 통해 이동할 때입니다. 그래서 매번 누군가가 다른 누군가에게, 다시 다른 누군가가 트럭으로 전달할 때 음식에 문제가 발생할 확률이 높아지는 거예요. 생산자에서 소비자로 식품이 직접 전달된다면 거기에는 유통 고리가 없죠. 그게 가장 안전한 식품이 되는 거예요.	위험 규모	위험 요소로써의 매매 거래 농민/활동가는 유통의 규모가 식품 안전에 중요하다고 믿고 있음	조건(기술적): 식품 가공 전술(분석적): 식품 안전을 위한 규모에 관한 논쟁
그래서 사실, 이게 훨씬 더 안전한 거래라는 사실을 우리는 실제로 계산하고 정량화할 수 있어요. 왜냐하면, 위험성이 낮으니까요. 알잖아요?			전술(분석적): 위험성과 안정성에 관한 담론 틀

인 방법으로 의미를 파악하고, 그 의미를 이해하는 것이다.

　슈트라우스(Strauss, 1987)는 사회학 분야에서 코딩의 사용을 개척한 연구자로, 지리학자도 그가 개발한 방법을 비롯한 사회학 방법론의 영향을 많이 받았다. 슈트라우스는 상황에 따라 세 가지의 코딩 방법을 결합해 사용할 것을 권장했는데, 개방 코딩(open coding), 축 코딩(axial coding), 선택적 코딩(selective coding)이 그것이다. 개방 코딩은 어떤 제약을 받지 않는 코딩 방법이다. 개방 코딩은 텍스트 자료를 한 줄 한 줄, 심지어 단어 하나하나씩 매우 세심하게 살펴보면서 이루어진다. 개방 코딩의 목적은 데이터에 부합하는 것처럼 보이는 개념을 도출하는 것이다. 이 단계에서는 데이터를 열고, 분해해 이후 단계에서 데이터에 담긴 개념적 함의가 잘 드러날 수 있도록 하는 것이 목표이다. 개방 코딩은 일반적으로 피상적 수준에서 이루어지기 때문에 대부분 기술적 코드를 생산하게 된다. 개방 코딩은 우선 첫 번째 텍스트 자료를 읽고 중요한 절이나 구문, 단어 등을 표시한 후, 여기에 코드를 부여하는 방식으로 시작할 수 있다. 두 번째 문서를 읽을 때는 앞서 만든 코드와 지금 문서의 연관성을 평가하고, 추가적인 코드를 도출할 수 있을 것이다. 이러한 과정을 반복하면서 비판적인 눈으로 모든 자료를 검토하고 나면, 중요하다고 판단되는 코드 목록이 만들어지고, 각 코드에 관한 간략한 메모가 남아 있을 것이다(코딩 과정에서 노트나 메모를 남기는 것은 매우 중요하다). 개방 코딩 과정에서 만들어진 코드의 일부는 기술적 코드로 남지만, 연구를 지속하면서 각각의 코드와 학술 문헌에 기반한 이론적 틀 사이의 연결 고리가 만들어지면 이 코드들은 분석적 코드로 발전할 수 있다.

　축 코딩은 관심 있는 연구 주제가 투영된 축을 따라 코딩을 수행하는 방법이다. 여기에서 축을 정의하는 방법은 여러 가지가 있을 수 있지만, 많은 사회적 데이터에 공통적으로 존재하는 네 가지 유형의 축을 사용하는 것이 도움이 될 수 있다. 그 네 가지 유형의 축은 **조건, 행위자 간 상호작용, 전략과 전술, 결과**로 이들은 대부분 실험 대상자나 참가자의 표현을 통해 직접적으로 구분할 수 있다. 조건 축에 해당하는 내용은 '왜냐하면'이나 '~ 때문에', 또는 '내가 그 상황에 처했을 때 …'와 같은 구절로 나타난다(Strauss, 1987). 앞선 예에서 응답자는 큰 농장에서 생산된 농식품과 마찬가지로 작은 농장에서 생산된 농식품도 질병을 야기할 수 있다고 말하며 농장의 규모나 잠재적인 식품 매개 질병과 같은 일련의 조건을 제시한다. 행위자 간 상호작용 역시 정보 제공자가 다른 사람과 어떻게 교류하는지, 서로를 어떻게 생각하는지, 각자가 서로에게 무엇을 하는지 찾는 것을 의미한다. 여기에서는 농부와 활동가가 각 주의 규제 기관과 어떻게 상호작용을 하는지 살펴보는 것이 될 것이다. 전략과 전술은 특정한 상황에서 사람들이 어떻게 행동하는지, 특정한 사건을 어떻게 다루는지, 그들의 주장을 어떤 식으로 포장하는지 등과 관련된다. 조금 전 예시의 농부(또는 활동가)는 인터뷰에서 본인의 주장을 뒷받침하기 위해 농가의 규모나 식품 안전 및 위험성 같은 과학을 전술로 사용했다. 전략과 전술에는 대개 관련된 하위 범주가 있고, 이러한 하위 범주는 조건이나 행위자 간 상호작용 모두와 밀접하게 연관되어 있을 가능성이 크다. 마지막으로 결과는 정보 제공자가 직접 알려 주는 경우가 많기 때문에 식별이 어렵지 않다. 박스 36.2의 예를 다시 보면, 응답자는 '그래서 매번 누군가가 다른 누군가에게, 다시 다른 누군가가 트럭으로 전달할 때 음식에 문제가 발생할 확률이 높아지는 거예요'라고 말했다. 여기서 중요한 단어는 '그래서'이며, 이는 원인과 결과를 나타낸다. 그러므로 축 코딩은 특정한 조건의 결과를 확인하는 도구가 될 수 있고, 동시에 상호작용이나 전략을 보여 주는 도구가 될 수도 있다. 이와 같은 특별한 유형의 범주를 사용함으로써 자료를 분석하고 새로운 연구 테마를 이끌어 낼 수 있을 것이다. 물론 연구자는 어떤 문장이나 단어를 단순히 '전략'이라고 코딩하는 것이 아니며, 그게 구체적으로 어떤 전략인지, 아니면 어떤 전술의 집합인지를 명확하게 적어야 할 것이다. 앞의 예에서 인터뷰 대상자는 본인의 주장을 '과학'이라는 전술로 포장했으며, 이는 이후 규모, 위험성, 식품 안전과 같은 코드들과 연결할 수 있을 것이다. 코드는 단독으로 존재하는 것이 아니라 상호 연결된 연구 주제 및 범주들로 구성된 네트워크의 일부이며, 이는 향후 분석을 돕기 위해 계층 구조나 네트워크 구조로 시각화할 수 있다. 박스 36.2의 예를 다시 한 번 정리하자면, 연구자가 개방 코딩을 진행함에 따라 '식품 안전 위험성과 관련된 농장의 규모'라는 하나의 축이 나타나게 될 것이다. 이때 연구자는 서로 다른 응답자들이 자신들의 주장을 어떻게 포장하는지에 주목해 축 코딩을 진행하고, 이후 다시 개방 코딩으로 돌아와 작업을 계속할 수 있다.

슈트라우스가 제시한 세 번째 코딩 유형은 선택적 코딩이라 불린다. 이는 앞서 살펴본 두 방법보다 체계적인 코딩 방법으로, 자료에서 중추적이라고도 할 수 있는 '핵심적' 범주가 식별된 후에 수행하게 된다. 예를 들어 농가 규모와 식품 안전 간의 관계는 단지 추정이며, 자료에서 바로 확인하는 것이 어려울 수 있지만, 생우유와 관련된 논쟁에서 제기되는 주장과 그 맥락을 고려할 때 둘 간의 관계가 보다 명확하게 나타날 수 있다. 연구자가 그러한 관계에 주목하게 되면, 자료에서 그와 비슷한 관계가 있는지 보다 집중적으로 찾아볼 수 있고, 이와 관련해 추가적인 자료를 수집하거나 유사한 상황의 다른 조사 대상자들의 의견을 물어볼 수도 있을 것이다.

또는 인터뷰 내용을 개방 코딩하고 축 코딩한 결과, 공중보건을 위한 보호 입법과 시민 자유 사이의 정치적 논쟁을 핵심적 테마로 도출하거나, 시장의 규제와 자유 간 균형이라는 보다 추상적 테마에 중점을 두게 될 수도 있다. '핵심적' 테마는 조사 대상자들이 공통으로 이것에 대해 언급하고 있거나, 다양한 방법으로 연결되어 있다는 것을 의미한다. 핵심적 테마가 도출된 후부터, 연구자는 이와 관련된 내용에 보다 집중해서 선택적으로 자료를 살펴보게 되고, 다른 내용에는 상대적으로 관심을 덜 두게 될 것이다. 핵심적 테마를 식별하는 과정에서 중요한 것은 해당 주제가 연구자의 관심사는 물론 기존의 학술적 문헌에서 다루는 개념이나 이론과 관계되어 있어야 한다는 점이다. 앞의 예에서 해당 연구는 힐다와 마찬가지로 정치지리의 방향으로 진행되거나, 아니면 경제지리에 중점을 두고 진행할 수도 있을 것이다.

코딩을 할 수 있는 방법은 많지만, 슈트라우스가 제시한 코드 유형과 코딩 방법을 활용하면 매우 어렵고 힘들 수 있는 코딩 과정을 비교적 체계적으로 수행할 수 있다. 세 가지 코딩 방법 각각은 데이터 수집과 동시에 진행될 수도 있고, 그렇게 해야만 하는 때도 있다. 데이터의 수집과 분석은 분리된 과정이 아닌 서로 영향을 주고받는 과정이며, 이는 궁극적으로 보다 정확하고 신뢰할 수 있는 결론을 얻는 데 이바지하게 될 것이다.

36.4 테마 구축

코딩 과정은 유동적이고 역동적이지만, 그 자체가 분석의 최종 결과물이 되는 것은 아니다. 코드가 점차 복잡해지고, 연구 과제의 이론적 틀과 연결되면서, 코드는 논문이나 보고서와 같은 최종 결과물의 핵심적 주제가 될 하나의 **테마**를 구축하게 된다. 예를 들어, 농가 규모와 식품 안정성 간 관계와 같은 간단한 코드 간의 연결은 데이터와 이론적 틀을 탐색하는 새로운 시각을 제공할 수 있다(박스 36.3). 테마는 연구가 진행되거나, 더 많은 확증적 근거들이 나타나거나, 코딩이 해당 테마의 유효성을 뒷받침할 수 있을 정도의 견고함을 보임에 따라 점점 확장되는 작은 개념적 주장이라고 생각할 수 있다.

테마의 형성 과정은 정보를 이론적으로 중요한 경향이나 범주, 공통된 요인으로 재구성할 수 있기 때문에 정성적이며 해석적인 작업이다. 테마는 데이터 안의 유사성이나, 반대로 어떤 이유이는 흥미로워 보이는 차이점에 기초할 수 있다. 테마를 구축하는 과정은 정성적 연구 과제가 진행되는 동안 계속 이루어진다. 테마는 데이터를 수집하고 분석하기에 앞서 나타날 수도 있고, 그 과정 중이나 이후에 찾게 될 수도 있다. 실제로 많은 연구는 그 수행 과정에서 나타나는 데이터나 여러 발견에 따라 초점을 두는 부분이 달라질 수 있다는 점에서 매우 유동적이라 할 수 있다.

테마를 구축하는 가장 좋은 방법 중 하나는 각각의 자료를 따로 읽는 것이 아니라, 여러 자료를 통합적으로 검토하는 것이다(Jackson, 2001). 즉, 각각의 문서를 코딩하고 해석하는 데 어느 정도 시간을 쓴 다음에는 모든 자료와 코딩 과정에서 만들어진 노트 및 메모, 보고서, 법원 판결문, 정책 법안과 같은 참고용 문서 등을 종합적으로 살펴보는 것이다. 이러한 과정은 자료에서 여러 방법으로 나타날 수 있는 일정한 경향을 파악하는 데 도움이 된다.

코딩에서 얻은 흥미로운 사실을 바탕으로 몇 가지 테마를 세운 후에는 기존의 연구 질문으로 다시 돌아가 이를 검토하고 가다듬는 것이 필요할 수 있다. 당초 연구자가 확인하고자 했던 무언가는 실제 데이터에서 잘 나타나지 않지만, 예상치 못한 아주 흥미로운 무엇이 갑자기 등장하는 경우도 있고, 이에 따라 연구 방향을 재조정해야 할 수도 있다. 이러한 경우는 기존의 자료를 활용해 연구할 때와 연구자가 조사 문항을 직접 구성할 때 모두 발생할 수도 있다. 전자는 예를 들어 처음 검토했던 몇 개의 문서에서 어떤 테마가 드러나는 듯했으나, 그 이후 검토한 나머지 자료에서 이를 뒷받침할 내용이 나오지는 않는 경우가 대표적인 사례이다. 후자는 어떤 현상에 대한 가설을 갖고 인터뷰를 시작했으나, 이러한 초기의 가설과 관련된 내용은 응답자들에게서 도출할 수 없었던 반면, 인터뷰를 진행하면서 새로운 테마가 등장하는 경우이다. 힐다의 생우유 연구에서 지방 조례에 관한 기존의 자료들은 조례가 자유주의자들의 정치적 전략임을 시사했지만, 실제 조례를 지지하는 사람들과 인터

박스 36.3　힐다의 반복적 테마 구축 사례

나의 연구에서 경험적 초점을 맞추게 된 지방 조례는 다른 무엇보다 농작물과 식품 안전 관련 규정과 충돌하면서 하나의 정치적 논쟁의 대상이 됐다. 시간이 흐를수록 입법을 위한 논쟁과 법적 소송은 점점 더 식품 안전에 관한 의문으로 귀결되고, 주의 작은 농가를 보호하겠다는 조례 제정 운동가들의 동기는 점차 옅어졌다. 이를 깨닫고 나는 조례가 무엇을 보호하기 위해 만들어졌는지 확인하고, 그 동기를 확인하기 위해 이해당사자들과 새로운 인터뷰를 진행했다. 또한 나는 이미 수집했던 데이터를 다시 검토해 식품 안전이 다른 어떤 사안보다 강조됐던 사례들을 찾았고, 특정 사안에 관한 우려가 다른 사안들보다 우선시되는 경향이 나타나는지 확인하고자 했다.

　나는 박스 36.2에 발췌한 내용을 포함한 여러 사례를 통해 다양한 우려의 중요도가 다르게 여겨지고 있음을 확인할 수 있었다. 이후 수집된 자료들을 비교하면서, 농부 활동가들 스스로 소규모 농장의 생존에 관한 질문에서 **식품 안전**에 관한 논의로 이끌려 가고 있음을 파악했다. 이는 내가 공공 논의에서 식품 안전이라고 하는 것이 다른 모든 우려나 의견을 잠재울 만큼 매우 강력한 요소, 즉 밈(meme)이라는 이론을 세우도록 이끌었다. 내가 가진 데이터를 다시 살펴보면서, 나는 생우유 자체를 둘러싼 논쟁을 넘어 공공 정책 개발 과정에서 공포와 공포를 조장하는 것이 어떻게 사용되는지 의문을 갖는 데 반복적 코딩을 활용했다. 게다가 메이건이 관찰한 바와 같이, '소규모 농장을 보호하자'라는 메시지는 (미국 북동부에 있는) 뉴잉글랜드 북부 시골 지역 스케일에서 힘을 얻을 수 있지만, '식품 안전'은 그보다 보편적으로 거시적 스케일에서 대중적인 호소력을 갖고 있다. 이는 스케일의 정치(politics of scale)에 관한 선행연구가 나의 연구 과제에 어떤 시사점을 줄 수 있음을 의미했다. 따라서 나는 데이터 분석과 동시에 관련 문헌을 읽기 시작했다. 이는 또한 연구 과정에서 도출된 초기 결과를 다양한 방식으로 다른 사람들과 공유하는 것이 얼마나 중요한 일인지 보여 주는 하나의 사례가 될 수 있다.

뷰한 결과는 이러한 해석을 뒷받침하지 않았다. 이는 힐다가 직접 수집한 인터뷰 자료 등을 통해 조례 지지자들의 정치적 입장에 관한 표현을 보다 면밀하게 검토하는 계기가 됐다.

36.5 코딩 고려 사항

정성적 데이터를 분석하는 과정에는 항상 추가로 고려해야 할 문제와 어려움이 나타난다. 첫째, 분석은 가능한 한 여러 사람이 함께하는 것이 좋고, 다중 조사자 연구에서는 여러 명의 분석가가 함께하는 것이 필수적이다. 만약 혼자 연구를 수행해야 한다면, 코드북이나 코드가 된 자료를 동료 또는 멘토에게 보여 주고, 분석 과정에서 놓친 것이나 자료 해석의 적절성에 대해 자문을 구하는 것이 좋다. 공동 프로젝트에서는 코딩에 참여하는 모두가 하나의 '코드북'을 만드는 것이 가장 이상적이다. 다만 이것이 불가능한 경우에는 최소한 각자 코드북에 메모 등을 첨부해 코드가 나타내는 것이 무엇인지 분명히 밝힘으로써 연구 과정에서의 모호성을 최소화하는 것이 필요하다. 둘째, 연구 프로젝트가 진행됨에 따라 일부 코드를 제거해야 할 수도 있다. 연구 테마를 보다 세밀하게 드러내기 위해 코드를 디자인하는 것은 매우 쉽지만, 복잡하고 체계적이지 않은 코드북을 사용하면 그중 일부 코드는 연구 과정에서 전혀 사용되지 않을 수도 있다. 따라서 이 경우 코드를 결합하거나 통합하는 것이 바람직하며, 자문을 구할 수 있는 동료 연구자나 멘토가 있다면 이때 큰 도움을 받을 수 있을 것이다.

셋째, 만약 연구에 직접 수집한 데이터를 사용하고 있고, 조사 대상자와 지속적인 교류가 이루어지고 있다면, 자료 해석 결과를 조사 대상자 중 일부 또는 모두와 함께 검토하고, 그들이 실제 의도한 바가 해석 결과에 잘 반영되어 있는지 확인하는 것이 바람직하다. 예를 들어, 힐다는 '식품 안전'에 관한 테마에 이목이 집중되면서 '소규모 농장의 생존 가능성'에 대한 논의가 점차 가라앉고 있음을 발견했고(박스 36.4), 이러한 변화에 관해 조사 대상자들에게 다시 구체적인 질문을 던졌다. '응답자 검증(member checking)'이라고 불리는 이 방법은 참여행동 연구(participatory action research) 등을 통해 지역사회 구성원들과 깊이 있는 교류를 강조했던 과거 10여 년간의 정성적 지리학 연구에서 큰 변화를 나타낸다(Kindon et al., 2007; 13장 참조). 실제로 일부 연구자는 전형적인 권력 구조와 누가 누구를 대표하는지에 관한 문제에 맞서기 위해 함께 일했던 사람들과 서적이나 논문을 공동 저술하기도 했다(Pratt and Philippine Women Centre, 1999; Sangtin Writers and Nagar, 2006). 응답자 검증 과정에서 고려해야 하는 질문에는 '응답자가 기존에 답했던 내용과 상반된 내용을 이야기할 때 어떻게 대응할 것인가?', '응답자에게 전체 연구의 어디까지 공개할 수 있는가? 연구의 핵심적 부분이나 불편함을 느낄 수 있는 부분도 공개할 것인가?', '연구 과정의 어느 시점에 응답자의 참여를 중단시킬 것인가?', '연구자와 연구 대상 간 권력관계에 대해 어떤 철학을 가지고 있는가?', '응답자와 협업에 어느 정도까지 시간을 할애할 의향이 있는가? 어느 정도까지 실제 시간을 할애할 수 있는가?' 등이 있을 수 있다. 이러한 질문들은 점차 엄격한 정성적 연구의 중요한 요소가 될 것으로 기대되는 비판적 자기 성찰의 수준을 나타낸다.

36.6 정성적 데이터 분석: 내러티브 분석과 담론 분석

인문지리학에서 정성적 데이터를 코딩하는 것은 지난 20년 동안 보편적이고 유용한 연구 방법으로 자리 잡았다. 그러면서 어떤 현상이 사람들의 생각 속에서 어떻게 인식되고, 이것이(정치, 경제 교류, 문화, 방송 및 소셜 미디어, 법률 소송 등) 공적 영역에서의 커뮤니케이션을 통해 어떻게 전달되는지에 관한 의문도 매우 큰 관심을 받았다. 여기서는 이제 코딩과 다소 다른 방법으로 자료에 접근하는 두 가지 방법을 소개할 것이다. 이는 조사 참여자가 그들의 경험을 표현한 내용으로부터 사회적 사실을 찾는 것에서 문서 자료를 분석 대상으로 삼는 것으로 바뀐 것이라고 설명하면 가장 적절할 것이다. 따라서 '문서 자체를 어떻게 분석의 대상으로 이해할 수 있을 것인가'에 대한 질문이 본절에서 답하고자 하는 핵심이다. 이 질문에 대한 답은 지식이 어떻게 만들어지는가에 대한 연구자의 인식론과 해석 전략에 따라 달라지며, 이 두 가지 요소는 분석에도 지대한 영향을 미치게 된다. 지리학 분야의 정성적 연구에 가장 큰 영향을 미친 것은 아마도 페미니스트와 사회구성주의 인식론일 것이다(Moss, 2002; DeLyser et al., 2010). 이 절에서는 페미니스트와 사회구성주의자를 비롯한 비판적 학자가 주로 사용하는 두 가지 해석 전략인 내러티브 분석과 담론 분석에 관해 논의할 것이다.

내러티브 분석

텍스트 데이터를 이해하기 위한 해석 전략으로써 내러티브 분석은 인간이 본질적으로 이야기꾼이며, 그 이야기 속에는 이야기와 관련된 형식적 특성이 있다는 전제로부터 시작한다. 일반적으로 이야기에는 주인공과 그를 적대하는 인물, 갈등, 내적 발전 및 개인적 성장, 화해와 같은 요소가 포함된다. 일련의 사건, 또는 사회 운동 저항이나 시위와 같은 형식적, 비형식적 과정에 초점을 맞춘 연구에서 내러티브 분석은 텍스트 데이터를 작성한 사람이 그들의 이야기에 있는 이러한 요소들을 어떻게 설명하는지 이해하는 데 사용할 수 있다. 살균 처리하지 않은 우유의 안전성을 사람들이 얼마나 모호하게 다루고 있는지에 관한 인터뷰에서 힐다는 인터뷰 대상자들이 스스로를 여러 사회 문제에 맞서는 주인공으로 믿는다는 점을 발견했으며, 그렇게 함으로써 그들이 원하는 개인적이고 사회적인 자원들에 지지를 호소하고 있었다. 코딩 단계에서 힐다는 생우유를 마시는 사람들에게서 동일한 코드가 여러 차례 발견됨을 확인했고, 그중에서도 특히 주류 권력에 대한 저항과 유해성 평가를 위한 실용적이고 상황에 맞는 접근, 생우유 소비자들 간 사회적 연대의 결핍 등이 대표적이었다. 박스 36.4에 소개된 인터뷰 참가자를 비롯해 많은 사람들이 '위험한' 식품을 소비하다 친구나 친척들에게 핀잔을 들었다고 밝혔다. 일부 참여자들은 이와 반대로 생우유의 의학적 효능에 관해 자랑스러워하는 모습을 보였다. 이처럼 생우유에 관한 서로 다른 경험과 진술이 동일한 참가자들에게서 때때로

박스 36.4 생우유 연구의 내러티브 분석

인터뷰 응답자는 주인공으로서 자신에게 어떤 특성을 부여하는가? 이 텍스트에 나타나는 다른 내러티브 요소는 무엇인가?

		내러티브 분석적 코드
연구자	그래서 얼마나 많은 주변 사람이 생우유를 마시는지 알고 있나요? 그러니까 혹시 그게 당신 주변 사람들의 공통적 특징인가요?	직장 내 일련의 사회적 규범에 아슬아슬하게 부합하는 지금 상황에 편안함을 느낌
응답자	(껄껄 웃으며) 아니요, 여기 대부분의 사람은 나를 괴짜라고 생각할 겁니다. 주위 사람들은 내가 가져간 것들을 먹어 보려고 하지만 … 내가 가져간 크림치즈 같은 것을 실제 먹어 보려고 한 사람들은 몇 명 되지 않아요.	완전히 고립된 것은 아니며 동료들과 사회적 관계를 이루고 있음. 그녀의 낯선 음식(생우유)을 먹어 보고자 하는 동료들도 있음
연구자	사람들이 가진 기준에 벗어나는 것이기 때문인가요, 아니면 그게 위험한 음식이라고 인식하기 때문이었나요?	질문에 대한 답이 (따뜻한) 관계를 보여 줌
응답자	음, 글쎄요, 그들 중 저와 가까운 일부는 내가 생우유를 어떻게 먹는지 볼 때마다 항상 웃습니다. 가끔 그 친구들도 한번 먹어 보려고 하는데, 글쎄요. 그리고 제가 그들에게 말했죠. 나는 이걸 24시간 전에 이미 먹었기 때문에 우리 중 누군가 죽는다면 내가 아마 처음일 거라고요. … 네, 그런데 어떤 사람들은 정말로 그걸 두려워해요. 내 여동생과 나는 인도에서 온 같은 의사에게 진료받는데요, 내가 그 의사에게 생우유를 먹는다고 하니 정말 깜짝 놀라고 무서워했던 것을 기억합니다. 근데 그때 동생과 나는 그런 이야기를 했어요. 내가 만약 인도에서 왔다면 살균 처리한 우유를 먹지 않는 누군가를 정말 무서워했을 거라고요. 그건 일종의 기준 틀 같은 거죠. 이해할 수 있습니다. 그래서 나는 그 의사에게 생우유에 관해 이야기하는 걸 그만뒀어요.	위험에 대한 현실적 평가를 서술함 유머 감각을 나타냄 일반적인(주류의) 의학적 지식에 대한 반대 입장 응답자의 입장과 반대에 있는 의사의 위치 생우유의 위험을 상황적, 맥락적으로 이해함 세계관을 그대로 유지하고 분리해 갈등을 해결함

나타나기도 하며, 이는 반복적 코딩과 분석, 그리고 생명정치학에 기반한 힐다의 예처럼 확장적인 개념 틀이 얼마나 중요한지 보여 준다(Kurtz et al., 2012).

담론 분석

담론이란 '특정한 개념과 용어에 기반해 구체적 형태의 지식을 표현하는 언어 체계'로 볼 수 있다 (Tonkiss, 1998: 248). 담론 분석이란 담론이 분명하고 중요한 역할을 하는 연구에 가장 적합하며, 따라서 정책 변화나 대중의 반응, 특정 분야의 사회적/행동적 변화, 새로운 프로그램의 도입이나 일반 복지에 영향을 미치는 결정에 관한 토론 등을 연구할 때 특히 유용하다.

  의료계나 프로 스포츠, 정당 정치에서 유치원 교실에 이르기까지 다양한 영역에서 전통적 형태의 지식을 만드는 담론을 확인할 수 있다. 담론 분석은 담론이 그러한 영역에서 말할 수 있는 것과 말할 수 없는 것을 어떻게 규정짓는지 인식하고 분석하는 것이며, 따라서 언어를 담론적이고 물질적인 효과 모두를 이끌어 내는 사회적 실천으로 보는 것이다. 즉, 담론은 더 많은 담론을 촉발할 뿐만 아니라 실질적이고 실재하는 영향을 초래할 수 있다. 비판적 담론 분석은 권력관계를 파악하고 비판하는 데 초점을 맞춘 담론 분석의 한 유형으로, 페어클러프(Fairclough, 1989)는 담론이 사회 제도 및 구조에 의해 어떻게 영향을 주고받는지에 특히 관심을 기울였다. 작용의 측면에서 담론은 의미 체계는 물론, 사회적 정체성, 사회적 관계, 사회적 제도에 영향을 준다. 언어학자로서 페어클러프는 주어진 텍스트 단위에서 언어가 어떻게 선택적으로 사용되었는지를 확인하며 그러한 영향력을 파악했다.

  폴지(John Paul Gee, 2014)는 언어학적인 관점에서 페어클러프와 동일하지만, 사회적 상호작용에서 언어의 기능에 대해 좀 더 포괄적인 목록을 제시했다. 그는 언어의 구성 요소나 근본적 기능에 초점을 맞추어 텍스트가 의미의 확립, 사회적으로 용인되는 활동과 실천의 발현, 정체성의 구성, 관계와 정치의 형성, 연결성의 확립에 어떠한 영향력을 행사하는지 검토할 것을 권유한다. 이 중 세 가지 요소만 담고 있는 박스 36.5의 간단한 예를 살펴보자. 만약 일련의 기술적 코드를 도출한 후, 현재 분석하고 있는 텍스트가 어떻게 활동, 정체성, 관계와 연결될 수 있는지 알고 싶다면 각각의 코드가 나타내는 내용에 대해 다음과 같은 질문을 던질 수 있을 것이다.

- 이 텍스트 안에 어떤 활동이 시작되고, 현재 수행되고 있는가? 어떤 사회 집단이나 제도, 문화가 이러한 활동을 지원하고 관련된 규범을 정하는가?
- 텍스트 안의 화자는 사회적으로 인식 가능한 정체성을 만들기를 원하거나, 다른 사람들이 그러

한 정체성을 인식하기를 바라는가?

- 문법이나 단어의 선택과 같은 언어적 특성은 화자나 타인, 사회 집단, 문화 및 제도 간의 관계를 어떻게 구축하고 유지하는가?

　담론 분석의 유용성을 확인하기 위해 박스 36.2에 소개했던 예시에 담론 분석에 관한 내용을 추가해 보자. 여기에서는 인터뷰 대상자의 설명을 식별하고 코딩하는 것보다 농부이자 활동가가 연구자의 이해를 구하고, 정당성을 주장하고, 심지어 연구자와 유대를 형성하기 위해 얼마나 다양한 언어 전략을 사용하는지에 초점을 맞추는 것이 중요하다. 여기에서 설명하는 내러티브 분석과 담론 분석이 개념적으로 어느 정도 중첩되는 부분이 있다는 사실은 분명하다. 각각의 분석 방법은 텍스트 자료 안의 화자가 어떻게 특정 행동에 관한 입장을 정하고, 맥락을 이해하고, 자신의 위치를 설정하는지 연구자가 생각해 볼 수 있도록 돕는다. 다만 일반적으로 담론 분석은 내러티브 분석보다 거시적 관점에서 이루어진다는 차이도 있다. 담론 분석은 연구자가 특정한 문제에 관한 사람들의 입장이 어떻게 프레임화되고, 정당화되고, 논쟁의 대상이 되는지 살펴볼 수 있도록 하며, 담론은 굳이 화자의 시점에서 텍스트를 바라보지 않아도 이해하고 분석할 수 있다. 그러나 동시에 조사 참여자들은 그들이 말하는 문제에 대해 어떤 방식으로든 자신들의 입장을 갖고 있으며, 따라서 하나의 연구 과제에서 담론 분석을 내러티브 분석과 결합하는 것은 흥미롭고 유용한 방식일 수 있다.

박스 36.5　담론 분석을 추가한 힐다의 코딩 예제

고비용 규제에서 벗어나 농식품의 직접 판매를 보호하기 위한 지역 조례를 옹호하는 농민 운동가와 힐다가 인터뷰한 내용을 코딩한 결과

텍스트	기술적 코드	분석적 코드	담론 분석 언어가 무엇을 말하고 있는가?
Q: 「식품안전현대화법」의 통과가 조례를 위한 당신의 일과 어떻게 연관된다고 생각하나요? A: 그건 같은 거죠. 그 법은, 알잖아요, 과학은 과학입니다.	「식품안전현대화법」과 주 규제 기관의 유사성	주 지원으로 이루어진 사회에서 동떨어진 과학	A = 활동 I = 정체성 R = 관계 R: '그건 같은 거죠', '알잖아요'와 같은 표현은 화자와 청자 간 공통적 지식이 있음을 전제로 함 A: 객관적이고 변치 않는 '과학'의 의미를 사용함

당신이 크건, 작건 그건 관계가 없어요. 작은 농가에서 생산된 식품도 큰 농가에서 생산된 식품과 마찬가지로 누군가를 아프게 할 수 있어요.	규모 식품으로 인한 질병	농장 경영의 규모를 고려하지 않는 규제 기관과 규제	R, I: '완전히'를 두 번 사용함으로써 규제 기관과 농민/활동가 간 거리를 강조하고, 적대적 관계를 보여 줌
그렇지만 우리가 말하는 건 완전히 다른 방식의 식품 생산이라는 것을 사람들은 완전히 모르고 있어요. 알잖아요, 규모는 실제로 식품 안전에 큰 영향을 미칩니다.			R: '알잖아요'는 청자의 지지를 요구하는 의미를 지님 I: '실제로'라는 표현은 화자가 스스로를 과학이나 규제 기관의 권위에 의문을 제기하는 전문가로 위치시킴
또한 식품 안전에 가장 위협이 되는 시기는 다중의 유통 경로와 고리를 통해 이동할 때입니다. 그래서 매번 누군가가 다른 누군가에게, 다시 다른 누군가가 트럭으로 전달할 때 음식에 문제가 발생할 확률이 높아지는 거예요. 생산자에서 소비자로 식품이 직접 전달된다면 거기에는 유통 고리가 없죠. 그게 가장 안전한 식품이 되는 거예요.	주의 규제(조례)와 농민/활동가의 차이 규모 식품 생산 모델 식품 안전 위험	각각이 갖는 지식의 맥락이 매우 다름 농민/활동가는 생산의 규모가 식품의 안전에 중요하다고 믿고 있음 위험 요소로서의 매매 거래 농민/활동가는 유통의 규모가 식품 안전에 중요하다고 믿고 있음	I: '그리고 또한'은 더 상세하고 광범위한 정보가 제공됨을 암시하며, 화자의 권위를 강조함 R: '다중의 유통 경로와 고리'와 같은 공식 용어의 사용은 식품 안전 정책에 관한 논쟁 대상인 기관과 경멸하거나 적대적이지만은 않은 관계를 나타냄 식품에 관해 고민하는 이러한 모델의 파급성에 관해 나타냄
그래서 사실, 이게 훨씬 더 안전한 거래라는 사실을 우리는 실제로 계산하고 정량화할 수 있어요. 왜냐하면, 위험성이 낮으니까요. 알잖아요?	위험 규모		A, R: '계산', '정량화', '안전한 거래'와 같은 용어의 사용은 화자의 적대적 위치에 있는 대상들이 요구하는 활동임 정량적 측정의 파급성에 관해 말하고 있음 갈등을 해결하기 위한 공통적 요소를 찾기 위한 노력을 보여 줌

36.7 결론

코딩(내용 분석), 내러티브 분석, 담론 분석은 모두 테마를 만들고, 의미를 도출하고, 조사 대상자의 경험에 기반한 틀을 확인하기 위한 적극적이고 사려 깊은 해석 과정이다. 이러한 과정은 연구자가 데이터를 더욱 생동감 있고, 견고하며, 학술적 문헌과 광범위하게 연결될 수 있는 표현 방식으로 옮길 수 있도록 한다. 체계적이면서 동시에 유연하게 정성적 연구에 접근한다면, 이는 풍부한 의미가 담긴 결과물을 얻을 수 있는 깨달음과 보람의 과정이 될 수 있으며, 조사 대상자들의 경험과 의도를 최대한 실제에 가깝게 반영할 수 있을 것이다.

물론 정성적 데이터의 해석에서 다뤄야 할 문제들이 많이 있다. 예를 들어 잭슨(Jackson, 2001)은 자료의 해석 과정에서 응답자의 설명에 결여된 것이 무엇인지 생각하는 것이 필요하다고 강조했다. 남성성에 관한 그의 연구를 보면, 잭슨은 연구 과정에서 인터뷰 초점 그룹의 남성들이 부성, 인종, 우정, 집안일과 같은 요소들을 전혀 또는 거의 언급하지 않는다는 사실을 발견했다. 코딩, 내러티브 분석, 담론 분석 과정에서 응답자들이 말하지 않은 것이나 말할 수 없었던 것은 조사가 필요한 중요한 요소일 수 있다. 응답자가 연구자를 어떻게 생각하는지도 중요하다. 잭슨의 초점 집단에 속한 참여자들은 연구 과정에서 대학 연구자들에 대해 몇 가지 다른 자세를 취했다. 그는 또한 응답자들이 인터뷰 현장에 그가 있을 때와 다른 동료 연구자들, 특히 여성 동료들이 있을 때 답하는 내용이 달라짐을 확인했다. 실제로 페미니스트 연구자는 이러한 위치성(positionality)의 문제(9장 참조)와 연구자와 대상자 간 권력관계에 관해 탐구했지만, 이는 모든 연구자에게 공통으로 매우 중요한 문제이며 심각하게 다룰 필요가 있다(Valentine, 2002; Cope, 2002; Johnson, 2008).

이러한 문제는 자료의 출처나 연구의 범위, 데이터 수집 방법, 연구에 관여한 사람과 참여한 사람, 기존의 데이터를 사용한 것인지 직접 수집한 데이터를 사용한 것인지에 따라 중요하게 고려해야 한다. 마지막으로 기억할 점은 연구자가 사용한 분석 방법과 연구 과정에서 맞닥뜨린 어려움, 그리고 그러한 어려움을 어떻게 해결했는지 등을 자세히 기록하는 것이 중요하다는 점이다. 정성적 연구는 종종 방법론이 명확하지 않다는 점에서 비판받았다. 따라서 연구자들은 데이터의 수집과 코딩, 분석 과정을 단계별로 투명하게 공개하고, 구두나 서면에 관계없이 분석 방법에 관한 명확한 논의를 항상 발표에 포함해야 한다. 이 장에서 기술한 방법들은 여러 번의 해석 과정에서 나타날 수 있는 연구 테마에 유연함과 개방성을 유지하면서, 동시에 체계적인 접근법의 필요성을 만족하기 위한 시도이다. 해석과 분석은 지루하고 따분한 과정이 아닌, 다양한 단서들을 조합해 비밀을 푸는 흥미로운 일이며, 탐구와 조사의 결실을 가져오는 데이터에 놀랄 준비가 되어 있어야 한다.

| 요약

- 코딩은 정성적 연구자가 주관이 들어간 데이터를 보다 엄격한 방식으로 이해할 수 있도록 한다. 코딩은 연구자가 데이터의 범주와 패턴, 테마 및 연결성이 갖는 의미를 이해할 수 있도록 데이터를 재구성하는 방식이다.
- 내러티브 분석과 담론 분석은 텍스트를 연구 대상으로 삼는 분석 기법이다.
- 데이터와 텍스트를 해석할 때는 연구 질문을 다시 확인하고, 다른 사람들에게 코드와 해석 결과를 보여 줌으로써 그 안에서 결여된 것을 찾아야 한다.

- 데이터의 해석과 분석 절차는 투명해야 한다.

심화 읽기자료

정성적 데이터를 코딩하는 방법에 관한 많은 사회과학 서적과 논문이 있지만, 이 중 특히 유용할 수 있는 문헌은 다음과 같다.

- 잭슨(Jackson, 2001)은 결과의 해석을 비롯해 정성적 연구에서 흔히 나타나는 여러 문제를 간략하고 이해하기 쉽게 정리했다. 특히 결론 부분의 '점검 사항'은 매우 유용하다.
- 실버먼(Silverman, 2011)은 모든 종류의 언어 기반, 텍스트 기반 데이터를 코딩하고 분석하는 방법에 관해 매우 포괄적으로 설명한다. 만약 코딩과 분석에 관한 매우 자세한 단계별 설명과 다양한 실제 사례를 찾고 있다면, 이 책이 바로 원하는 책일 것이다.
- 플라워듀와 마틴(Flowerdew and Martin, 2005)은 지리학 전공 학생들에게 관련 내용을 폭넓게 소개하고, 설명하는 훌륭한 지침서이다.
- 헤이(Hay, 2016)에는 다양한 코딩 방법을 어떻게 수행해야 하는지 잘 설명되어 있다.

* 심화 읽기자료에 대한 상세 정보는 아래 참고문헌에서 확인할 수 있음.

참고문헌

Baxter, J. and Eyles, J. (1997) 'Evaluating qualitative research in social geography: establishing rigour in interview analysis', *Transactions, Institute of British Geographers*, 22: 505-25.

Cope, M. (2002) 'Feminist epistemology in geography', in P. Moss (ed.) *Feminist Geography in Practice*. Oxford: Blackwell, pp.43-56.

Cope, M. (2016/forthcoming) 'Transcripts (coding and analysis)', in M. Goodchild, A. Kobayashi, W. Liu, R. Marston, D. Richardson (eds) *International Encyclopedia of Geography: People, the Earth, Environment, and Technology*. Washington, DC: Wiley-AAG.

DeLyser, D., Herbert, S., Aitken, S., Crang, M. and McDowell, L. (eds) (2010) *The Sage Handbook of Qualitative Geography*. London: Sage.

Fairclough, N. (1989) *Language and Power*. Essex: Longman.

Flowerdew, R. and Martin, D. (eds) (2005) *Methods in Human Geography: A Guide for Students Doing Research Projects* (2nd edition). Boston, MA: Addison-Wesley.

Foucault, M. (2007) 'Questions on geography' in J.W. Crampton and S. Elden (eds) *Space, Knowledge and Power: Foucault and Geography*. Aldershot: Ashgate, pp.173-82.

Gee J.P. (2011) *An Introduction to Discourse Analysis: Theory and Method*. New York: Routledge.

Hay, I. (2010) *Qualitative Research Methods for Human Geographers* (3rd edition). South Melbourne: Oxford University Press.

Jackson, P. (2001) 'Making sense of qualitative data', in M. Limb and C. Dwyer (eds) *Qualitative Methodologies for Geographers.* Oxford: Oxford University Press, pp.199-214.

Johnson, L. (2008) 'Re-placing gender? Reflections on fifteen years of gender, place and culture', *Gender, Place and Culture,* 15(6): 561-74.

Kindon, S., Pain, R. and Kesby, M. (eds) (2007) *Participatory Action Research Approaches and Methods: Connecting People, Participation and Place.* Abingdon: Routledge.

Kurtz, H., Trauger, A. and Passidomo, C. (2013) 'The contested terrain of biological citizenship in the seizure of raw milk in Athens, Georgia', *Geoforum,* 48: 136-44.

Moss, P. (ed.) (2002) *Feminist Geography in Practice.* Oxford: Blackwell.

Pratt, G. with the Philippine Women Centre (1999) 'Is this Canada? Domestic workers' experiences in Vancouver, BC', in J. Henshall Momsen (ed.) *Gender, Migration and Domestic Service.* Abingdon: Routledge. pp.23-42.

Rabinow, P. and Rose, N. (2006) 'Biopower today', *BioSocieties* 1: 195-217.

Saldaña, J. (2013) *The Coding Manual for Qualitative Researchers* (2nd edition). London: Sage.

공식 웹사이트

이 책의 공식 웹사이트(tudy.sagepub.com/keymethods3e)에서 이 장과 관련한 비디오, 연습, 자료 및 링크들을 확인할 수 있으며, 부가적으로 다음 논문들도 무료로 이용할 수 있음.

1. Dwyer, C. and Davies, G. (2010) 'Qualitative methods III: Animating archives, artful interventions and online environments', *Progress in Human Geography,* 34 (1): 88-97.
- 정성적 지리학에 관한 세 편의 깊이 있는 논문 중 마지막 편으로 지리학에서의 오랜 연구 관행에 뿌리를 둔 기록 연구, 예술 및 온라인 가상 지리학에 관한 새로운 정성적 방법론을 탐구한다.

2. Naughton, L. (2014) 'Geographical narratives of social capital: Telling different stories about the socio-economy with context, space, place, power and agency', *Progress in Human Geography,* 38: 1 3-21.
- 이 논문은 내러티브를 일상생활의 복잡함을 이해하기 위해 이야기를 활용하는 것으로 정의한다. 논문은 이야기와 행위자, 두터운 지리적 맥락 사이의 연결 고리를 보다 명확하고 투명하게 만들기 위해 정성적 방법론을 사용하고자 하는 사람들에게 답이 될 수 있을 것이다.

3. Lees, L. (2004) 'Urban geography: Discourse analysis and urban research', *Progress in Human Geography,* 28 (1): 101-7.
- 이 논문은 담론 분석을 두 유형으로 구분해 제시한다. 첫 번째 유형은 마르크스주의적 정치경제 접근법과 이데올로기 비판에서 비롯한다. 두 번째 유형은 포스트구조주의자의 이론에서 비롯한다. 담론 분석은 근본적으로 실제 세계와 그 세계가 투영되고, 이야기되고, 권력-주체-맥락 간 관계가 이해되는 방식에 관한 비판적인 연구 과정이다.

37

GIS의 활용

개요

GIS는 공간/지리정보의 수집과 저장, 유지 관리, 분석 및 시각화를 위한 핵심 기술이다. 지난 40여 년간 이루어진 종이 기반 데이터에서 디지털 데이터로의 전환은 공간 데이터를 사용하는 작업 방식에도 많은 변화를 가져왔다. 공공 기관과 기업, 대학의 지리학과와 도시계획학과에서는 더 이상 한번에 한 사람만 열람할 수 있는 종이 지도를 분류하고 정리해 커다란 서고에 보관하지 않는다. 여름휴가 계획을 세우기 위해 도로지도책을 넘겨 가며 이동 경로를 짜고, 도로 번호와 거리를 적던 시절은 모두 옛날이야기가 되었다. GIS는 지리적, 공간적 데이터가 단순히 지도가 아님을 알게 해 주었다.

이 장에서는 20세기 후반과 21세기 전반에 걸친 GIS의 출현과 개발, 확산을 탐구한다. 학술 연구와 정부기관의 필요에 의해 개발된 GIS의 놀라운 성공과 대중적 확산은 정보통신 기술의 발전에 상당 부분 힘을 입은 것이기도 하며, 결과적으로 우리의 자각 여부와 관계없이 어느새 우리 일상생활에서 뗄 수 없는 부분이 되었다.

이 장의 구성

- 서론
- GIS란 무엇인가: 정의와 특성
- GIS는 어떻게 개발되었는가: 간략한 역사
- 공간과학이란 무엇인가
- GIS로 할 수 있는 일은 무엇인가: 응용 사례
- 어떤 GIS를 사용할 것인가
- 결론

37.1 서론

내비게이션 속의 지리정보시스템(Geographic Information System: GIS)은 운전 중 우리가 가야 하는 방향을 정확히 안내해 줄 수 있다. GIS는 휴가 기간 찍은 사진을 장소별로 정리해 가족, 친구와 공유할 수 있게 하고, 가장 가까운 프랑스, 인도, 이탈리아, 일본 음식점이 어디에 있는지 쉽게 찾을 수 있도록 한다. 또한 GIS를 사용하면 아이들이 집 밖에서 보이지 않을 때에도 어디에 있는지 확인할 수 있다. 이러한 예들은 모두 GIS가 우리 일상 속에 얼마나 깊이 들어와 있는지 말해 주지만, GIS는 근본적으로 다양한 조직의 업무에 활용되기 위해 개발됐으며, 이러한 업무와 연구는 여전히 GIS의 핵심 활용 분야이다. 기상학자는 GIS를 사용해 허리케인이 상륙할 지점을 예측할 수 있고, 도시설계 분야에서는 GIS의 시각화 기능을 활용해 새로운 지구 개발이나 건물이 완성됐을 때 어떤 모습일지 대중에 미리 보여 줄 수 있다. 이동 보조 도구를 판매하는 기업은 GIS를 사용해 그들 제품의 잠재적 고객이 많이 거주할 것으로 예상되는 지역을 찾음으로써 홍보 비용을 보다 효과적으로 사용할 수도 있다. 이는 모두 흔히 GIS로 줄여 말하는 지리정보시스템이 우리의 일상과 여가는 물론, 직장에서도 이미 매우 가까운 일부임을 말해 준다. 그러나 GIS가 처음부터 이렇게 우리 일상 속에 가깝게 있던 것은 아니었다.

1980년대 후반에는 GIS를 단순히 종이에 기록된 지리적·공간적 데이터로 하던 작업을 보다 효과적으로, 정확하고 믿을 수 있게, 빠르게 해 주는 것으로 생각했다. 그러나 GIS의 지속적인 발전과 정보통신 기술과의 융합은 이러한 기존의 시각을 넓히도록 했다. 이제 GIS를 사용해 20년 전 꿈이라고 생각했던 것들을 할 수 있다. 이러한 '꿈' 중 일부는 이 장의 후반부에서 좀 더 자세하게 다룰 것이다. 그 전에 여기에서는 GIS를 먼저 정의하고, 이것이 개발된 배경과 발전 과정을 기술하고, GIS가 공간 과학에 어떤 의미를 갖는지 설명할 것이다.

GIS가 일상생활에서 당연히 여기는 많은 것을 뒷받침하고 있다는 것을 깨닫고 나면, GIS를 너무 단순한 것으로 생각하게 될 수 있다. 자동차 내비게이션이나 검색 엔진, 위치 추적 장치 등을 사용할 때 그 안의 기술을 다 이해할 필요는 없다. 오히려 그 안에 있는 기술을 쉽게 이해할 수 있다면 그러한 기기나 프로그램은 성공하지 못한 것으로 생각되기도 한다. 데스크톱과 웹서버용 GIS를 사용하면 원하는 대로 지도를 만들고, 다양한 공간 분석을 수행할 수 있지만, GIS가 가진 잠재력을 이해하기 위해서는 이러한 시스템이 어떻게 작동하는지 이해할 필요가 있다. 여러 첨단 기술이 들어간 GIS를 군이 찾지 않아도 되도록, 이 장은 지리학의 학습과 연구를 위해 GIS를 어떻게 사용할 수 있는지에 대한 조언으로 마무리할 것이다.

37.2 GIS란 무엇인가: 정의와 특성

우선 지리정보시스템이라는 용어의 의미를 명확히 해야 한다. 영국 정부는 1980년 중반 지리정보의 관리와 활용 방안을 수립하기 위한 위원회를 만들었는데, 위원회의 실제 이름보다 위원장인 촐리 경 (Lord Chorley)의 이름을 딴 촐리위원회(Chorley Commission)로 더 잘 알려져 있다. 해당 위원회에서는 GIS를 '지표상 지점에 대응하는 위치 정보를 가진 데이터를 수집하고, 보관하고, 점검하고, 통합하고, 가공하고, 분석하고, 보여 줄 수 있는 시스템'으로 정의했다(Department of Environment, 1987). 이는 오랫동안 GIS라는 용어의 표준으로 받아들여졌으며, 현재도 어느 정도 유효한 정의이나, 지리적 데이터와 관련된 작업을 수행하는 도구이자 접근법으로써 GIS가 갖는 의미와 공간과학에서의 역할을 온전히 나타내지 못한다는 점에서 논쟁의 여지가 있다. GIS의 정의는 GIS가 하드웨어, 소프트웨어, 공간 데이터, 그리고 개발자나 사용자와 같은 인간을 포괄하는 컴퓨터 기반의 시스템이라는 점을 명확히 할 필요가 있다. 이러한 시스템에는 두 가지 종류의 공간 데이터가 포함되는데, 하나는 지리적으로 분포한 현상의 공간적·기하학적 속성을 컴퓨터가 인식할 수 있는 형태로 저장한 데이터이며, 다른 하나는 이러한 현상을 정량적·정성적으로 구분하거나, 어떻게 시각적으로 나타낼지(지도화할지) 제어하기 위해 기술 또는 측정한 속성값이다(박스 37.1). GIS라는 용어는 이러한 시스템을 특정한 목적에 맞게 가공한 프로그램, 또는 플랫폼을 지칭하는 용도로 사용되기도 하는

박스 37.1   GIS 정의

GIS란 무엇인가?
- 실제 세계로부터 공간 데이터를 수집하고, 저장하고, 자유롭게 검색하고, 변환하고 보여 줄 수 있는 강력한 도구의 모음 (Burrough, 1986: 6)
- GIS는 데이터 정렬과 검색, 계산, 공간 분석과 모델링을 수월하게 하기 위해 만들어졌다. (Mitchell, 1989: 54)
- 공간 데이터의 수집과 저장, 가공, 시각화를 위한 통합적 시스템을 지리정보시스템이라 한다. (Maguire, 1989: 171)
- 지표면상의 위치를 나타내는 데이터를 보관 및 사용하는 컴퓨터 시스템 (Rind, 1989: 6)
- 조직이나 기관에서 필요로 하는 공간 데이터를 수집, 저장, 가공하고 보여 줄 수 있으며, 의사결정 지원 또한 보조할 수 있는 컴퓨터 지원 정보 시스템 (Kraak and Ormeling, 1996: 9)
- GIS는 사용되는 데이터의 성격과 이러한 데이터를 처리하는 방법을 염두에 두고 정의해야 한다. (Heywood et al., 2006: 19)

데, 이 경우는 해당 목적을 나타내는 용어(예: 토지정보시스템)가 사용될 때도 있지만, 단순히 GIS로 통칭되기도 한다(Rideout, 1992; Ireland, 1994).

정보 시스템의 관점이 아닌, 개념적 측면에서 GIS는 어떻게 정의할 수 있을까? 이 질문에 답하기 위해 우선 기술 개발 초기, GIS를 만든 이들의 공통적인 과제는 종이로 인쇄된 기존의 지도를 컴퓨터가 읽을 수 있는 디지털 형태의 지도로 변환하는 것이었다는 점을 기억할 필요가 있다. 따라서 지도가 무엇인지 이해하는 것은 GIS가 무엇인지 파악하는 데 도움이 될 것이다. 지도는 흔히 실세계의 정보를 시각화하고, 관리하고, 휴대하고, 쉽게 이해할 수 있도록 압축적으로 표현한 모델로 정의되며, 로빈슨과 페처닉(Robinson and Petchenik, 1976: 16-17)은 이러한 정의를 '어떤 환경의 시각적 표현'이라 요약하기도 했다. 예를 들어, 지형도는 어떤 지역에 있는 지리적 사상(事象, feature)들의 상대적 거리와 크기 등을 보여 준다. 지리적 사상에는 영구적인 객체와 일시적인 객체, 자연이 만든 객체와 인간이 만든 객체가 모두 포함되며, 산이나 강, 해안선, 숲, 건물, 도로, 운항 경로, 배수관, 용도지구, 주소, 행정 경계, 선거구 등이 모두 지리적 사상의 예가 된다. 종이 형태의 지형도에서는 전통적으로 색상과 기호를 통해 서로 다른 종류, 또는 '주제'의 객체를 구분해 나타냈다. 예를 들어, 파란색은 물과 관련된 현상이나 사물을 나타내는 데 보편적으로 사용됐으며, 녹색은 산림 지역을 표현하는 데 쓰였다. 개념적으로 GIS에서 사용되는 공간 데이터는 이처럼 다양한 주제의 객체를 전통적인 종이 지도처럼 하나의 데이터에 저장하는 것이 아니라, 일련의 주제별 레이어(layer)로 분리해 나타낸다. 그림 37.1은 어떻게 GIS의 이러한 레이어 구조가 지리적 사상의 기하학적, 공간적 특성과 함께 사상을 나타내는 속성값을 저장하는지 보여 준다. 지리적 사상을 주제별로 분리해 저장함으로써, GIS는 각 레이어에 담긴 정보를 종이 지도와 다른, 보다 새롭고 흥미로운 방식으로 결합할 수 있도록 한다. 분석의 시작 단계에서 어떤 레이어를 우선적으로 살펴볼 것인가 하는 것은 GIS의 활용 분야와 목적에 따라 달라지지만, 추가적인 데이터가 필요하다면 분석이 끝난 이후라도 얼마든지 더 많은 레이어를 더하고 사용할 수 있다.

필요하다면, 대부분의 사람은 색연필과 종이를 사용해 매우 정확하지는 않아도 간단하게 어떤 지역의 주요한 지리적 사상을 보여 주는 지도를 그릴 수 있을 것이다. 물론 그러한 스케치 지도(sketch map)는 지리적 사상들이 어떻게 배열되어 있는지 관찰을 통해 확인하도록 도울 수 있기 때문에 탐색적 목적의 현장 조사에서는 여전히 유용한 도구이다. 만약 데이터가 종이 위에 그려지는 것이 아니라 컴퓨터에 디지털 형식으로 저장된다면, 그러한 지도를 어떻게, 그리고 가능하다면 더 정확하게 만들 수 있을까? 지리적 사상의 공간적 표현을 종이 지도 위의 아날로그 방식에서 디지털 방식으로 전환하는 방법은 크게 두 가지이다. 도로와 산림 지역을 나타내는 그림 37.2는 종이 지도 위에 그

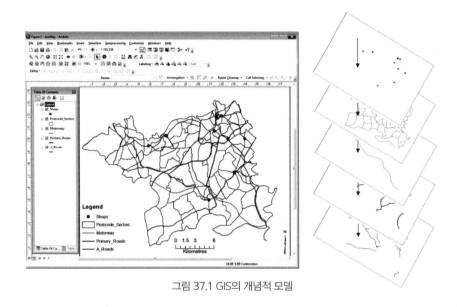

그림 37.1 GIS의 개념적 모델

려진 데이터를 디지털로 변환하는 두 가지 방법을 보여 주며, 이는 종이 지도가 아닌 다른 매체에서 얻은 데이터를 디지털로 나타낼 때도 마찬가지로 사용될 수 있는 방법이다. 개념적으로 래스터 모델 (raster model)은 전체 연구 지역을 '셀(cell)'이라 불리는 정사각형 모양의 작은 격자로 나누어 나타 내며, 각 격자에 테셀레이션(tessellation)을 통해 레이어에서 나타내고자 하는 특정 사상이 위치하 는지를 기록한다. 래스터 격자를 가장 간단하게 표현하는 방법은 열 번호와 행 번호를 통해 각 격자 셀의 위치를 기록하고, 해당 위치에 사상이 존재하는지 여부를 0과 1로 나타내는 것이다. 이러한 격 자의 값은 1, 2, 3, 4 …와 같이 보다 넓은 범위의 정수로 확장되어 토양의 종류 등을 나타낼 수도 있 고, 소수점을 가진 실수가 되어 연평균 강수량이나 인구 밀도를 나타낼 수도 있다. 강이나 호수와 같 은 지리적 사상의 형상은 같거나 비슷한 범위의 값을 갖는 셀이 인접해 분포함으로써 표현될 수 있 다. 이러한 래스터 격자는 공간의 장(場) 관점(field view)이라 불리기도 하며, 기압이나 고도, 지가 등과 같이 서로 다른 값을 갖는 지역을 구분할 수 있는 수학적 함수로 사상을 구성한다.

벡터 관점에서의 세계는 공간이 사물들에 점유되어 있거나 채워져 있다는 생각에서 출발한다. 여 기서 사물은 앞서 언급한 다양한 지리적 사상이 될 수 있으며, 흔히 개체(entity)로 불린다. 공간 안에 있는 이러한 사상들의 위치와 기하학적 형상은 대개 점, 선, 면을 나타낼 수 있는 수학적 격자 참조 체계를 통해 기록된다. 이는 나타내고자 하는 각 사상들이 우편함과 같이 특정한 '지점'에 존재하는 것인지, 강과 같이 어떤 경로를 따라 위치한 것인지, 아니면 호수와 같이 일정한 면적을 점유하고 있 는 것인지 구분할 수 있도록 해 준다. 점, 선, 면 개체는 각 사상의 위치와 모형을 나타낼 수 있는 최소한의 X, Y 좌표로 정의된다. 이러한 벡터 모델(vector model)은 개체적 관점(entity view)의 공간을 나타낸다고 말하기도 하며, 몇 개의 주어진 점을 연결해 실세계의 사상을 나타낼 수 있기 때문에 모든 셀에 값을 입력해야 하는 래스터 시스템보다 저장 공간 측면에서 효율적이다. 벡터 모델은 호수나 도로를 이루는 모든 셀의 좌표를 저장하고 있지는 않지만, GIS 소프트웨어는 이러한 정보를 추출할 수 있으며, 이는 래스터 모델이 각 레이어 안에 있는 모든 셀의 위치와 속성값을 저장해야 한다는 점과 대비된다.

지금은 대부분의 GIS 소프트웨어에서 벡터 데이터와 래스터 데이터 모두 자유롭게 사용할 수 있기 때문에 두 모델을 구분할 필요성이 과거에 비해 적어졌다. 그러나 여전히 데이터의 수집 또는 구축 방법에 따라 이러한 모델을 구분해 사용하기도 한다. 위성사진이나 항공사진과 같은 원격 탐사(remote sensing) 데이터, 고지도를 스캔하거나 사진 촬영한 데이터는 대부분 래스터 데이터로 수집되어 사용된다. 위치 좌표를 정확하게 기록할 수 있는 기기는 대부분 그 결과가 벡터 데이터로 만들어지며, 화면에 보이는 래스터 영상을 디지타이징(digitizing)하는 경우도 결과물은 벡터 데이터가 되게 된다.

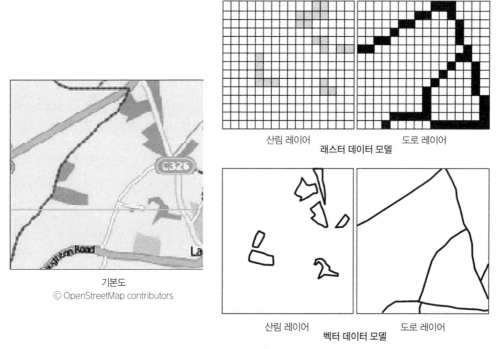

기본도
© OpenStreetMap contributors

산림 레이어　　　도로 레이어
래스터 데이터 모델

산림 레이어　　　도로 레이어
벡터 데이터 모델

그림 37.2 GIS에서 래스터 모델과 벡터 모델로 나타낸 도로와 산림 지역

37.3 GIS는 어떻게 개발되었는가: 간략한 역사

GIS라는 용어가 처음으로 등장한 문헌은 톰린슨(Tomlinson, 1968)의 저술로, 1962년 컴퓨터 기반의 지도 제작을 위해 다양한 데이터를 모으기 시작했던 캐나다 토지 지리정보시스템에 관해 기술하는 내용이다(Tomlinson, 1962; Switzer, 1975; Tomlinson, 1984; Goodchild, 1985). 이 시스템은 육상 자원의 창고 역할을 했으며, 지표면 위와 아래의 객체에 관한 정보를 체계적으로 구성하고 유지하는 도구로써 GIS의 역할을 보여 주었다. 이러한 의미에서 GIS는 지리/공간데이터를 보관하는 파일 캐비닛 같은 것으로, "미시시피강이 지나는 나라는 모두 몇 개인가?", "브리티시컬럼비아 지역의 침엽수림은 몇 헥타르인가?"와 같은 지리적 질문에 대한 답을 찾을 수 있는 곳이다. 초기 GIS는 다양한 측면의 정보기술을 이용해야 하는 이러한 시작점으로부터 천천히 발전해 나갔다. 1990년대 발간된 GIS의 초기 역사 관련 글들(Coppock and Rhind, 1991; and Foresman, 1997)은 GIS의 발전에 컴퓨터 지도학, 컴퓨터 지원 설계(Computer Aided Design: CAD), 데이터베이스 관리 시스템, 원격 탐사 등 네 종류의 정보기술이 핵심 역할을 했다고 소개했다.

초기의 GIS 개발자들이 전통적인 지도 제작 방법을 대체하는 것을 목표로 했던 것은 아니지만, 그들은 지리적 데이터에 담겨 있는 정보를 효과적으로 파악하기 위해 데이터를 공간적 맥락에서 살펴보는 것이 필요하다는 사실을 알게 되었다. 그리고 이러한 필요성은 지리적 데이터의 기하학적 형상과 속성 정보를 시각적으로 표현할 수 있는 하드웨어 및 소프트웨어의 등장과 맞물려 나타났다. 이는 결과적으로 객체와 주제별 속성값에 의해 나타나는 다양한 분포 패턴을 보여 주기 위해 비디오 모니터, 대형 프린터, 그리고 이후 플로터의 사용까지 이어졌다. '새로운 것'을 설계하고, 보여 줄 수 있는 도구로써 CAD 또한 이러한 컴퓨터 그래픽 기술의 발전과 함께 등장했다. CAD는 분야에 따라 사용되는 기술 수준의 차이가 있지만, 여러 응용 분야에서 활용되고 있으며, 객체의 기하학적 형상을 다루고 보여 준다는 점에서 GIS와 상당히 중첩되는 부분도 있다. 전통적인 서류 기반의 데이터 관리 방식은 많은 사람과 기관들이 자료를 검색하고, 점검하고, 수정할 수 있도록 기록을 보관해야 했다. 그러한 데이터 관리 기능이 디지털로 전환되면서 데이터베이스 관리 시스템이라고 하는 소프트웨어의 개발을 이끌었고, 이는 데이터의 무결성을 유지하면서 여러 사용자가 동시에 원격으로 접속할 수 있는 길을 열었다. 이러한 시스템은 지리적 객체에 관한 공간적 특징과 속성 정보를 정확하게 연결하고 갱신하는 중요한 작업을 수행하는 데 필요한 것이며, 따라서 이러한 기술적 조건은 GIS에도 매우 중요한 것이다. 지리적 현상을 직접 현장에 방문하지 않고도 수집할 수 있는 기술인 원격 탐사와 이렇게 수집한 데이터를 시각화해 보여 줄 수 있는 이미지 처리 기술은 GIS의 발전을 이끈 네 번째 요소이다. 버러와 맥도널(Burrough and McDonnell, 1998)은 '원격 탐사, 측량 조사, 지도학의 결합은 GIS라고 알려진 공간 정보 처리 도구에 의해 가능할 수 있었다'고 밝혔다.

정보 컴퓨터 기술의 발전에 힘입은 인터넷, GPS와 연결된 휴대용 기기, 오픈 소스 GIS 소프트웨어의 등장과 크라우드소싱 지리 데이터의 활성화는 지난 20년간 이루어진 GIS의 개발, 확산과 상용화에 핵심적 요인이 되었다. 지도, 텍스트, 이미지와 같은 GIS의 여러 분석 결과물은 이제 데스크톱 컴퓨터가 아닌 다른 기기에서도 쉽게 확인할 수 있다. 분산 컴퓨팅 시스템과 통신 기술의 발전은 전산 장비, GIS 소프트웨어, 공간 및 속성 데이터, 사용자가 물리적으로 같은 장소에 있지 않아도 가능하도록 만들었다. GIS 사용자와 시스템 간의 이러한 관계 변화는 사용자가 GIS의 다양한 도구를 원격으로 이용하고 결과를 받아 볼 수 있을 뿐만 아니라, 동시에 사용자가 자신이 가진 GPS 기기를 사용해 위치 좌표를 수집해 시스템에 전달할 수 있다는 것을 의미하며, 따라서 상호호혜적이다. 이를 활용하면 현재 사용자가 있는 위치에서 목적지까지 이동하기 위한 최단 경로나 가장 빠른 경로를 계

박스 37.2 GIS 소프트웨어의 간단한 역사

GIS 역사의 주요 이정표

- 1960년대: 하버드 대학교의 컴퓨터 그래픽 및 공간분석 연구소(Harvard Lab for Computer Graphics and Spatial Analysis)와 에든버러 대학교(University of Edinburgh) 지리학과에서 각각 화면에 지도를 보여 줄 수 있고, 프린터로 지도를 출력할 수 있는 디지털 지도 프로그램 SYMAP과 CAMAP을 개발함. 미국 캘리포니아 레드랜즈(Redlands)에서 ESRI가 설립됨.
- 1970년대: (a) GINO 등과 같이 FORTRAN을 비롯한 프로그래밍 언어로 작성된 라이브러리가 특정 분야에서 활용되기 시작함, (b) GIMMS, MAPICS, ODYSSEY와 같은 전문적인 컴퓨터 지도 제작/그래픽 소프트웨어에 지오프로세싱(geoprocessing) 기능이 추가됨. 미국에서 GRASS GIS, MOSS와 같은 공공 도메인 소프트웨어가 개발됨.
- 1980년대: M&S Computing(후일 Intergraph), Bentley Systems, ESRI, MapInfo, Tydac Technologies, ERDAS와 같은 기업들이 서버용 대형 컴퓨터에서 작동하는 GIS 프로그램의 상용 업체로 등장함. 벡터 기반의 Arc/Info와 래스터 기반의 SPANS가 이 시기의 대표적인 소프트웨어임. 1986년 개발된 MIDAS가 최초의 데스크톱 GIS 소프트웨어이며 IDRISI가 그 뒤를 이음.
- 1990년대: MIDAS는 마이크로소프트 윈도우 운영 체제로 옮겨 가며 MapInfo로 바뀌고, ESRI는 데스크톱 GIS로 ArcView를 개발함. 다른 업체들도 다양한 데스크톱 기반 GIS 소프트웨어를 제공하기 시작하나, 이 시기 소수의 업체와 시스템으로 통합이 이루어짐. 2000년까지 인터넷을 통한 GIS 데이터의 탐색과 가공 등이 이루어지기 시작함.
- 2000년대: 인터넷의 발전과 GPS를 갖춘 휴대용 컴퓨팅 기기, 오픈 소스 소프트웨어, 크라우드소싱 데이터가 GIS의 대중화를 이끌고, 누구나 지오프로세싱 도구를 사용할 수 있도록 함.

산하는 등 특정한 문제를 해결할 수도 있고, 사용자가 자발적, 또는 (사람들이 걱정하듯) 비자발적으로 데이터를 수집, 제공할 수도 있다. 이러한 크라우드소싱 공간 데이터의 대표적 예는 일반 대중이나 지도 제작 기관에서 오픈 데이터베이스 라이선스로 제공하는 데이터를 활용해 지형도를 제작, 제공하는 오픈스트리트맵(OpenStreetMap, www.openstreetmap.org)이다. 전문적인 지오프로세싱 도구를 사용해 어떤 문제를 해결해야 하는 사람들도 더 이상 상업용 GIS 소프트웨어에만 의존할 필요가 없다. 박스 37.2는 1970년대 미국에서 개발된 공공 GIS 소프트웨어를 소개하고 있으며, 그중 MOSS 시스템은 여전히 사용가능하다. 그러나 오픈 소스 프로그래밍 언어와 도구의 등장은 인터넷에서 다운로드받아 사용자의 컴퓨터나 노트북, 휴대용 기기 등에서 자유롭게 사용할 수 있는 GIS 소프트웨어의 개발을 촉진했다. Quantum GIS로 알려졌던 QGIS는 오픈 소스 지리공간재단(Open Source Geospatial Foundation: OSGeo)의 개발 프로젝트로, QGIS의 성공은 인터넷이 단지 지리공간 데이터(geospatial data)의 공유만을 가져온 것이 아니라, 소프트웨어 도구의 개발과 배포까지 이끌었다는 사실을 보여 준다.

37.4 공간과학이란 무엇인가

지리정보 산업과 GIS를 정의하고 구성하는 사용자 커뮤니티가 만들어지기 위해, 지난 40여 년 동안 다양한 정보통신 기술이 하나로 융합되었다. 그러나 GIS의 주요 기능을 구성하는 분석 과정과 절차의 이면에는 공간과학(spatial science)이 있으며, 공간과학의 기원은 GIS보다 훨씬 오래되었다. 기록에 남아 있는 가장 오래된 공간과학의 활용 사례 중 하나는 런던 중심가 소호(Soho) 지구의 의료 전문가였던 존 스노(John Snow)가 1854년 발병한 콜레라의 원인이 사람들이 마시는 물과 관계되었을 것으로 생각하고 이를 조사한 것이다. 당시 주민들은 식수를 거리에 있는 펌프에서 제공받았는데, 스노가 콜레라에 감염된 사람들의 거주지와 펌프의 위치를 지도에 나타낸 결과 어떤 특정 펌프 주변에 콜레라 감염자가 밀집해 있음을 확인할 수 있었다. 그는 식수 안의 무언가가 콜레라의 원인이라는 가설을 확인하기 위해 발병의 원인인 펌프를 더 이상 사용하지 못하도록 손잡이를 제거했고, 이는 결과적으로 신규 감염자 수의 감소와 확산 방지를 이끌었다. 스노는 물론 지리학자가 아닌 의학 박사였지만, 이 예시는 공간과학이 무엇인지에 대한 시사점을 준다(박스 37.3).

  특정한 펌프 주위에 콜레라 환자가 밀집해 있던 이유로 '식수 안에 무엇'을 지목할 수 있었던 배경에는 인간의 행동에 관한 하나의 중요한 전제가 있다. 그것은 사람들이 항상 이동 거리를 최소화하

1854년 소호의 콜레라 사례로부터 무엇을 배울 수 있는가?

- 펌프의 위치는 해당 지역에 식수를 공급하는 회사에 의해 이미 정해져 있었다.
- 해당 지역에는 수백 채의 주택이 있고 콜레라에 걸릴 수 있는 많은 사람이 살고 있었지만, 그중 일부만 실제 콜레라에 감염되었다.
- 펌프의 위치가 고정된 상태에서, 주민들은 식수를 얻기 위해 거리가 가장 가깝거나 이동 시간이 가장 적게 소요되는 펌프를 이용했을 것이다.
- 펌프와 콜레라 감염 사례라고 하는 두 가지 지리적 현상을 지도 위에 나타냄으로써 둘 사이의 연관성을 확인할 수 있었다.
- 시각화 결과(지도)는 콜레라에 걸린 사람들이 무작위로 분포하는 것이 아닌, 군집을 이루고 있음을 보여주었다.
- 콜레라 집중 발병 지역 인근에 있는 펌프의 손잡이를 제거하자, 신규 환자가 감소하기 시작했다.
- 특정 펌프를 통해 식수를 얻은 사람들이 콜레라에 걸렸다면, 이는 물 속에 있는 무엇인가가 콜레라를 야기했음을 시사한다.

기 위해 노력한다는 사실이며, 이 19세기 영국 런던의 예시에서는 사람들이 주거지에서 가장 가까운 식수 펌프를 이용했을 것이라는 가정이다. 이는 달리 말하면, 19세기 런던 소호 지역의 주민들이 식수를 얻는 과정은 그 공간이 갖는 물리적 특성, 즉 도로망과 두 지점 간 거리에 영향을 받았음을 의미한다. 공간은 사람들의 행동에 영향을 미친다. 특정한 지리적 분포 양상을 만드는 인간의 행동이나 환경-물리적 시스템에 관한 다른 프로세스 또한 공간의 물리적 특성에 따라 나타난다. '어디에 살 것인가'에 대한 개인 및 가구 단위의 결정은 비슷한 사고방식을 가진 사람들과 같이 살고 싶은 마음이나, 아이들이 다른 친구들과 쉽게 교류할 수 있는 곳에 살고 싶다는 필요성 등에 영향을 받게 된다. 화산에서 흘러내리는 용암의 확산 경로나 산비탈에서 녹아내리는 눈은 그 지역의 경사도나 사면 방향과 밀접하게 연관되어 있을 것이다. 이러한 사고의 바탕에는 토블러(Tobler)의 지리학 제1법칙(first law of geography)이 있는데, 이는 토블러(Tobler, 1970)가 도시 성장 시뮬레이션 연구를 수행하면서 세운 가정으로 '모든 것은 서로 연결되어 있지만, 가까이 있는 것은 멀리 있는 것보다 더 긴밀하게 연결되어 있다'는 것이다.

대부분의 과학 학문 분야에서는 그들이 연구하는 현상에 관해 보편적인 법칙을 확립하기 위해 노력한다. 1960~1970년대 GIS가 개발되던 시기에 많은 지리학 연구자는 공간에서 나타나는 인문적·자연적 현상을 설명할 수 있는 법칙을 찾음으로써 학문 분야의 과학적 정통성을 확립하고자 했으며, 결과적으로 이는 지리학을 보편적 법칙을 추구하는 학문으로 발전시켰다. 크레스웰(Cresswell,

2013)은 이를 좀 더 자세히, 읽기 쉽게 정리해 두었다. 보편적 법칙을 추구하는 이러한 노력은 인간의 행동을 설명할 수 있는 모델과 물리적 프로세스를 설명할 수 있는 모델을 만들기 위한 시도로 이어졌으며, 이는 튀넨(von Thünen)의 고립국 모델의 토지 이용 패턴을 따르는 선진국과 개발도상국에서 정착지가 될 만한 곳을 찾거나, 크리스탈러(Christaller)의 중심지 이론(central place theory)에서 설명하는 마을 간 계층 구조를 실증적으로 찾고자 하는 등 다양한 노력을 이끌어 냈다. 교통망을 따라 최적의 이동 경로를 탐색하거나, 거리가 멀어짐에 따라 도심지의 선호도가 감소함을 나타내는 거리 조락(distance decay) 함수 등과 같은 당시 등장한 아이디어 중 일부는 GIS에서 제공하는 지오프로세싱 기능의 일부가 됐으며, 초기에는 서버용 대형 컴퓨터와 데스크톱 컴퓨터에서만 활용되었지만 지금은 인터넷을 통해 배포, 활용되고 있다.

지리학자가 갖는 특징 중 하나는 무엇을 연구해야 하고, 그것을 어떻게 연구해야 하는지에 대한 토론에 적극적이라는 점이다. 물론 무엇을 연구해야 하고, 어떻게 연구해야 하는지에 대한 답이 있다고 하더라도 여기에서 그러한 논의를 하려는 것은 아니다. 그러나 지리학의 연구에 적합한 것을 공간적으로 정의하고 그러한 연구를 수행할 수 있는 도구로써 GIS의 등장과 세계 여러 대학의 지리학과에서 이루어진 GIS 교육은 양적 방법론과 질적 방법론에 관한 1990년대 지리학계의 논쟁을 다시 불러일으켰다. 두 방법론에 관한 지난 15년간의 논쟁과 재평가는 정량적 방법론과 정성적 방법론의 융합에 토대를 둔 비판 GIS(critical GIS 또는 critical GIScience)의 등장으로 이어졌다(18장 참조). 슈먼(Schuurman, 2009: 140)은 '1990년대 GIS에 관한 비판은 GIS가 대기업, 공공 기관, 정부 등을 중시하면서 그 외 사용자 계층을 경시하는 것에 대한 우려'라고 지적했다. 앞서 설명한 21세기 초 GIS의 네 가지 중요한 변화는 모두 GIS가 대중을 대상으로 사용하는 무엇인가에서 대중이 사용하는 무언가로 전환되는 데 도움을 주었다.

37.5 GIS로 할 수 있는 일은 무엇인가: 응용 사례

이 장의 서론은 개인과 기관에서 GIS의 기능을 활용하는 몇 가지 사례를 소개하는 것으로 시작했다. 여기에서는 이러한 사례 중 일부를 보다 자세히 살펴봄으로써 그 안의 핵심 질문을 확인하고, 공간과학의 개념과 기술을 활용해 그러한 질문에 어떻게 답할 수 있는지 알아보자. GPS를 사용해 길을 안내받기 위해서는 연산을 담당한 지오프로세싱 시스템이 출발지와 목적지 사이의 경로와 경로를 따라 위치한 교차로, 도로의 길이와 너비, 교통량, 제한 속도 등의 교통 법규 등을 모두 알고 있어야 한다. 이러한 데이터가 모두 있을 때에만 GIS는 두 지점 간의 최단 거리나 경치가 좋은 지점을 잇는 최적의 경로 등을 찾고 안내할 수 있다. 특정 메뉴를 판매하는 가장 가까운 음식점을 찾는 것은 현재 자신의 위치와 검색 반경 안에 있는 모든 음식점의 위치, 각 음식점에서 판매하는 메뉴와 영업시간, 현재 위치에서 음식점까지의 이동 수단별(도보, 지하철, 차량 등) 경로를 디지털 기반의 지도 위에서 처리할 수 있는 GIS를 필요로 한다. 카메라나 휴대전화 등으로 촬영한 사진, 음성 등에는 위치 정보 가 기록될 수 있으며, 이러한 사진과 음성 데이터를 GIS에서 지도에 연결하면 친구 등 주위 사람들에게 직접, 또는 인터넷으로 여행한 곳의 모습을 보여 주고 설명을 들려줄 수 있다. 아이들이 멀리 있을 때 부모가 그들의 위치를 확인할 수 있도록 하는 것은 윤리적으로 논쟁의 대상이 될 수 있으나, 시장에는 이미 이러한 기능을 갖춘 GIS 기반의 제품들이 판매되고 있다. 이동 보조 도구의 판매가 노인이나 장기 질환으로 이동이 제한된 사람들에게 상당 부분 의존한다는 점과 앞서 언급한 토블러의 제1법칙을 고려할 때, 이러한 제품을 판매하는 기업 입장에서는 마케팅 역량을 해당 집단의 사람이 많이 거주하는 지역에 집중하는 것이 합리적일 것이다. 인구 센서스나 설문 조사, 제품 등록이나 회원 가입을 통해 수집한 데이터에는 사람들의 나이, 성별은 물론 경제적·사회적 특성 등이 포함되어 있고, 이들이 사는 지역을 분석한다면 지역별 특성을 도출하고 마케팅에 활용할 수 있을 것이다. 3차원 컴퓨터 모형을 통해 건물을 표현하고, 이를 비슷한 방식으로 구현한 도시 경관에 배치할 수 있는 GIS의 기능은 도시계획/설계 전문가들이 새롭게 설계한 건물이나 개발 지구를 대중들에게 보다 실감 나게 보여 줌으로써 피드백이나 평가를 받을 수 있을 것이다.

이 모든 것은 상당히 복잡하게 들리지만, GIS에서 수행되는 기본적인 작업들은 디지털 지도에 있는 사상들의 길이, 면적 등 기하학적 특성을 측정하거나 속성을 확인하는 것이라는 점을 기억해야 한다. 그림 37.3은 "특정 위치에 무엇이 있는가?"라는 비교적 간단한 질문에서 시작해, "A와 B 사이의 최적 경로는 무엇인가?"라는 좀 더 복잡한 질문으로 이어 가며 GIS의 주요 기능을 보여 준다. 킹스턴을 중심으로 한 런던 남서부의 연구 지역을 나타내는 것으로, 지도에는 일부 주요 도로와 우편 구역, 케이블 TV 대리점이 표시되어 있다. 그림 37.3의 각 부분은 특정 유형의 질문과 이에 대한 답을 얻기 위한 GIS의 기능을 보여 주도록 구성되었다.

GIS에서 어떤 속성 정보를 확인하는 가장 간단한 방법은 지도에서 '정보(Info)' 커서가 나타나는 위치를 클릭하는 것이다. 그림 37.3a의 예는 케이블 TV 대리점 중 하나를 클릭한 결과를 보여 주며, 왼쪽의 창을 통해 대리점의 주소(35 Victoria Road, Surbiton) 등 여러 정보를 확인할 수 있다. GIS의 '속성으로 선택(Select by Attributes)' 도구를 사용하면 지리정보 데이터베이스에서 특정한 속성 값을 갖는 객체를 찾을 수 있다. 그림 37.3b의 오른쪽 그림은 이 기능을 사용해 'A245' 도로를 선택하는 방법을 보여 주며, 기능을 실행한 후에는 왼쪽 그림과 같이 해당 도로가 강조 표시되어 나타날 것이다. 지리적 객체와 그 속성은 고정되어 있거나, 항상 일정하게 유지되는 것이 아닐 수도 있으며, 그형상이나 위치는 물론 객체가 갖는 특성 또한 언제든 바뀔 수 있다. 그림 37.3c는 이러한 변화가 발생한 두 가지 사례를 보여 주는데, 연구 지역의 북동쪽 지역에서는 가구 수와 주소지가 증가함에 따라 우편번호 구역 중 두 곳이 각각 분할되었으며, 남동쪽 가장자리 지역에서는 네 개의 우편번호 구역이 하나로 합쳐졌다. 이러한 변화는 각 시기의 우편번호 구역 지도에만 반영되는 것이 아니라, 속성 테이블과 공간 데이터베이스의 행 수 또한 증감시킨다. 그림 37.3d는 특정 위치에서 가장 가까운 네 개 상점까지의 최적 경로와 그 상점을 잇는 최적 경로를 탐색하는 과정을 보여 준다. 이 예시는

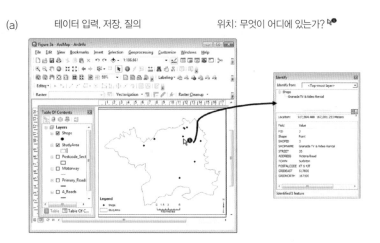

그림 37.3 GIS 공간 질의 및 기능

출처: Bahaire and Elliott-White(1999)에서 인용

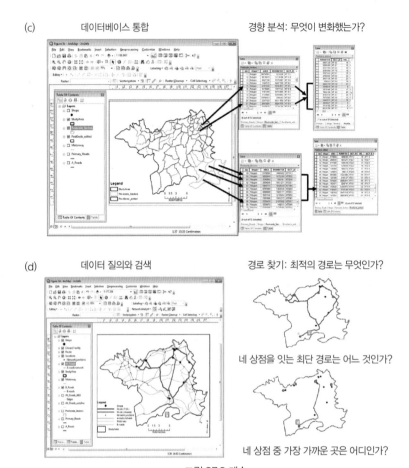

(c)　　　　　데이터베이스 통합　　　　　　　　경향 분석: 무엇이 변화했는가?

(d)　　　　　데이터 질의와 검색　　　　　　　경로 찾기: 최적의 경로는 무엇인가?

네 상점을 잇는 최단 경로는 어느 것인가?

네 상점 중 가장 가까운 곳은 어디인가?

그림 37.3 계속

'순회판매원의 문제(Travelling Salesperson Problem)'로도 잘 알려져 있는데, 여기에서는 문제를 단순하게 표현하기 위해 최적 경로를 이동 시간이 아닌, 이동 거리가 가장 짧은 경로로 정의했다. 예시에서는 고속도로나 지방국도(B road)를 통한 이동이나 일방통행, 속도 제한 등과 같은 요소들은 고려하지 않았다. 속성값을 포함한 지리적 현상의 분포는 크게 분산(dispersed), 임의(random), 군집(clustered)이라는 세 가지 패턴을 보여 준다. 앞서 기술한 토블러의 제1법칙은 가까이에 위치한 것들이 멀리 떨어진 것보다 서로 밀접하게 연관되어 있음을 말하는데, 이는 가까이 있는 것들이 비슷한 속성값을 가질 확률이 높음을 의미한다. 그림 37.4는 Getis−Ord의 G 통계(Getis and Ord, 1992; 1996)를 사용해 우편번호 구역 내 가구 수의 밀집 정도를 측정하고, 높은 값 또는 낮은 값이 군집을 이루는지 확인한다.

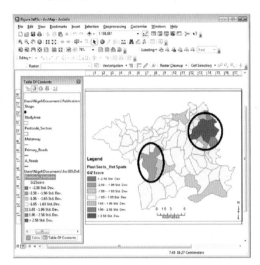

공간 분석(핫스팟 분석)

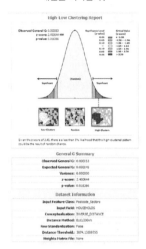

패턴: 우편번호 구역 내 가구 분포의
패턴은 어떠한가?

그림 37.4 Getis-Ord의 G 통계를 이용한 우편번호 구역 내 가구 수 밀도 측정과 군집 분석

37.6 어떤 GIS를 사용할 것인가

GIS의 역사를 통틀어, 특히 지난 15년간 GIS의 본질적 변화는 GIS를 사용하는 사람과 사용 방법 및 목적에 영향을 미쳤다. 초기의 GIS 소프트웨어는 유럽과 북아메리카 대학의 컴퓨터학과 및 지리학과에서 상당한 정부 지원에 힘입어 개발됐으며, 종종 공공 영역에서 먼저 사용되었다(Neteler et al., 2012). 이러한 초기 소프트웨어 중 일부는 상업용 제품으로 꾸준히 개발됐으며, 다른 일부는 무료 또는 아주 적은 비용으로 사용 가능하게 남았고, 나머지는 자연스레 사라졌다. 앞서 살펴본 GIS 분야에서의 최근 발전은 1990년대 200여 개를 넘던 상업용 GIS 소프트웨어가 몇몇 주요 소프트웨어로 통합되고, 인터넷에서 자유롭게 다운로드받을 수 있는 오픈 소스 GIS 소프트웨어의 등장으로 이어졌다. 그러나 GIS 소프트웨어를 판매하는 기업 중 일부는 기능을 제한한 제품을 무료로 배포하기도 하므로 실제 상업용 GIS 소프트웨어와 오픈 소스 GIS 소프트웨어의 구분은 생각만큼 명확하지 않다. 이 장에서 현재 사용 가능한 이 두 가지 유형의 GIS 소프트웨어를 모두 소개할 수는 없지만, 각각의 상대적 장단점에 관한 논의는 알아 둘 필요가 있다(Neteler et al., 2012; Steiniger and Hunter, 2013).

상업용 GIS 소프트웨어와 오픈 소스 GIS 소프트웨어의 장점을 설명하기 위해 특정 프로그램을 예시로 드는 것이 바람직하지 않을 수 있지만, 필요한 일이기도 하다. 상업용 GIS 소프트웨어 중 가장 대표적인 제품 두 가지는 Esri의 ArcGIS와 Pitney Bowes Software의 MapInfo Professional이다. 1969년으로 거슬러 올라가는 Esri와 Esri에서 개발한 GIS 소프트웨어의 역사는 해당 기업의 웹사이트(www.esri.com/about-esri/history)에서 찾아볼 수 있으며, 2007년부터는 ArcGIS Explorer를 통해 '모두를 위한 GIS'를 위해 노력하고 있다고 적혀 있다. ArcGIS는 소프트웨어 자체가 갖는 다양한 기능과 함께, 웹 지도 제작, 입지 분석 같은 특정 목적에 최적화된 다양한 확장 패키지와 전 세계적으로 폭넓은 사용자 커뮤니티로 인해 모든 GIS 사용자의 수요를 만족시킬 수 있는 가장 완전한 GIS 소프트웨어로 자리잡을 수 있었다. 또한 2007년에는 1986년 최초의 데스크톱 GIS 소프트웨어인 MIDAS를 개발했던 MapInfo Corporation이 Pitney Bowes Software에 인수되었다. ArcGIS와 마찬가지로 MapInfo Professional도 하나의 소프트웨어가 아닌, 다양한 확장 패키지를 추가할 수 있는 제품으로, 사용자의 필요에 따라 패키지 구성을 달리해 사용할 수 있다. ArcGIS에서 확장 패키지를 통해 사용할 수 있는 다양한 지리통계적 기술과 공간 분석 도구에 비해 MapInfo Professional의 확장성은 다소 부족하지만, 이러한 기술에 관심이 없는 사용자들에게는 고가의 확장 패키지가 단지 값비싼 진입 장벽이 될 수도 있다.

무료 오픈 소스 GIS 소프트웨어 중 대표적인 제품 두 가지는 GRASS(grass.osgeo.org)와 QGIS(qgis.org/en/site/index.html)이다. 각각의 소프트웨어는 자발적 참여 프로젝트로 개발되었다(Steiniger and Hunter, 2013). 이는 선진국의 정부 기관이나 기업과 비교해 사회경제적 자원이 부족한 국가나 단체에서도 GIS를 활용할 수 있도록 돕기 위한 자선적 활동으로도 볼 수 있다. 'GRASS는 지리공간 데이터의 생산과 분석, 지도화에 사용될 수 있다'는 네틸러 외(Neteler et al., 2012)의 설명은 QGIS에도 동일하게 적용될 수 있다. GRASS와 QGIS는 공간 데이터와 속성 데이터의 질의와 선택, 저장, 탐색, 지도 제작, 편집, 변환과 분석 등을 수행할 수 있으며, 소프트웨어의 코드가 공개되어 있기 때문에 코딩 능력을 갖춘 사용자라면 자신에게 필요한 기능을 직접 추가할 수도 있다.

상업용 GIS 소프트웨어를 사용할 것인지 아니면 오픈 소스 GIS 소프트웨어를 사용할 것인지는 단순히 필요한 기능이 해당 소프트웨어에 있는지에 따라 정해지는 것이 아니다. 어떤 종류의 소프트웨어를 사용할 것인지에 대한 결정은 어떤 맥락에서 GIS를 사용하고자 하는지, 자유롭게 사용할 수 있는 자원이 어떤 것이 있는지에 따라 달라지게 된다. 졸업 과제를 수행하는 학부 대학생은 재난이 발생했을 때 구호 물품의 전달 계획을 수립하고자 하는 자선 단체 직원과는 매우 다른 유형의 GIS 사용자이며, 대형 마트의 확장을 위해 개발에 가장 적합한 토지를 찾고자 고용된 GIS 전문가 또한 이들과 역할과 성격이 구분된다. 상업용 GIS 소프트웨어 제조사가 제공하는 다양한 지원은 자원이 한정되거나 신속한 답이 요구되는 상황에서 지리적 질문에 대한 답을 찾아야 하는 기업, 정부 기관의 입장에서 큰 장점이 될 수 있다. 반대로 GIS를 탐색적으로 사용하면서, 시간을 더 쓸 수 있는 사용자가 어떤 특정 문제에 최적화된 분석 프로세스를 직접 개발하고자 한다면 이들에게는 오픈 소스 GIS가 좀 더 적합할 것이다. 교육 기관이나 학교, 대학, 그중에서도 GIS 소프트웨어 개발자를 양성하기 위한 교육 프로그램을 운영하는 곳에서는 상업용 GIS와 오픈 소스 GIS를 모두 사용하고자 할 것이다. 스타이니거와 헌터(Steiniger and Hunter, 2013)는 개발 목적이 아닌, 일상적 업무를 위한 GIS 소프트웨어의 선택 과정에 고려해야 하는 것으로 기능, 플랫폼, 지원 여부와 기타(비용 등)의 네 가지를 제시했다. 그러나 결론적으로 학교에서 Esri의 Map Explorer나 QGIS를 접한 학생들이 GIS에 흥미와 관심이 생긴다면, 이는 다른 상업용 GIS 소프트웨어의 사용으로 이어질 수 있다는 점에서 상업용과 오픈 소스 GIS 소프트웨어의 관계는 상호보완적이라 할 수 있을 것이다.

37.7 결론

캐나다의 지하자원을 컴퓨터 기반 지도로 나타내기 위한 제안으로 시작된 GIS의 역사는 어느 정도는 다양성과 예측 불가능성의 역사이다. 2014년 전 세계의 많은 사람이 목적지까지 가는 경로를 찾고, 길을 안내해 줄 수 있는 GIS가 장착된 자동차를 타고 다닐 것을 예측할 수 있었던 사람은 1962년에는 없었을 것이다. 이러한 발전은 '지도는 더 이상 최종 결과물이 아니다'라는 크락과 오르멜링(Kraak and Ormeling, 1996)의 지적을 뒷받침한다. 따라서 GIS가 앞으로 10년간 어떻게 발전할 것인지 예측하고자 하는 것은 현명하지 못하고, 그 후 40년간의 발전은 더 말할 것도 없다. 학계, 공공 기관, 기업과 같은 전문가 집단에서 독점적으로 사용되던 GIS가 사람들이 일상에서 사용하는 도구로 전환된 것, 즉 GIS의 상품화는 최근 가장 주목할 만한 발전 중 하나이다. 개인 맞춤형 도구로 발전해 가는 GIS의 이러한 추세는 가까운 미래에도 분명 계속될 것이다.

지리공간 데이터를 수집, 저장, 가공, 관리, 지도화하기 위한 정보기술의 초기 발전이 1970년대 GIS 프로그램으로 통합되면서, 이는 '컴퓨터 지도학(computer cartography)'과 '자동화된 지도학(automated cartography)'의 차이에 대한 논쟁을 불러왔다. 린드(Rhind, 1977)는 이 두 용어와 '디지털 지도화(digital mapping)', '컴퓨터 보조 지도화(computer aided mapping)', '컴퓨터 지도화(computer mapping)'와 같은 여러 가지 비슷한 용어를 동의어로 사용하면서 이러한 갈등을 분산시켰다. 1980년대 후반부터 1990년대까지 GIS에 관한 논쟁의 중심은 학문 분야로써 지리학에 GIS

가 미치는 영향으로 옮겨갔다. 논쟁의 시작은 테일러(Taylor, 1990)가 학술지 *Political Geography Quarterly*에 기고한 글로, 그 기고문에서 테일러는 GIS가 '가장 미숙한 실증주의의 하나'이며 '초기의 기술적 발전'이 끝나면 사라질 것이라 주장했다. 굿차일드(Goodchild, 1991)의 대응은 GIS의 장점만을 너무 강조하기보다 지리적 현상의 본질을 이해하는 사람들이 GIS를 사용할 때 가장 유용할 수 있다고 밝혔다. 2000년대에 접어들며 GIS에 관한 노골적인 적대감은 가라앉았고, GIS에 관한 논쟁은 지리학이라는 학문 분야와 GIS를 사용하는 방식에 영향을 미쳤다(Schuurman, 2000). GIS의 비판적 지지자와 전통적 지지자 사이에 상당한 협력이 이루어졌고, 정량적 데이터와 정성적 데이터를 결합한 활용 사례 또한 증가했다. 특히 역사 GIS 분야에서의 성과(Gregory et al., 2002; Great Britain Historical GIS Project, 2007; Knowles, 2008; Walford, 2013)와 학계 외부의 보편적 사용은 2000년대 이후 GIS가 '초기의 기술적 발전' 이후 단순히 살아남는 것 이상을 성취했고, 선진국과 개발도상국 대부분 사람의 경제적 삶에 영향을 미쳤다는 것을 입증한다.

| 요약

- 정보통신 기술 시대의 GIS는 1960년대 초반에 시작되었지만, 그 이면의 공간과학 법칙은 그 훨씬 이전부터 존재했다.
- GIS는 지리공간 데이터에 공간과학의 법칙을 적용해 간단한 질의부터 복잡한 질의까지 묻고 답할 수 있도록 해준다.
- 초기 GIS는 정보통신 기술의 한 분야로 시작했지만, 인터넷, GPS와 크라우드소싱 지리공간 데이터의 등장은 GIS가 정보 시대의 중심이 되도록 만들었다.
- GIS는 단순히 정보기술을 사용해 지도를 만드는 것이 아니다.
- 기업과 공공 기관에서 사용하는 고사양의 GIS를 구축하고 사용하기 위해서는 여전히 많은 지식과 경험이 필요하지만, 2000년대 GIS의 상품화는 휴대용 기기나 컴퓨터 장비를 가진 사람들을 모두 잠재적인 GIS 사용자로 만들었다.

심화 읽기자료

아래 목록의 가장 첫 번째 자료는 토지 자원 평가에 GIS의 활용이 강조되던 상황을 반영한 최초의 GIS 서적이다. 1980년대 이후 GIS 전반을 아우르는 입문 서적이 출관되었으며, 특정 주제나 응용 분야를 설명하는 서적 또한 등장했다. 여기에 소개된 서적은 처음 발간된 이후 여러 번의 개정판이 나온 것도 있고, 출관 시점에서의 최신 현황과 응용 사례를 다루는 것도 있다.

- Burrough(1986) *Principles of Geographical Information Systems for Land Resources Assessment*.
- Heywood et al.(2006) *An Introduction to Geographical Information Systems*.
- Longley et al.(2010) *Geographical Information Systems and Science*.

- Maguire et al.(1991) *Geographical Information Systems*.
- Star and Estes(1990) *Geographic Information Systems: An Introduction*.

GIS의 활용 사례
- Brimicombe and Chao(2009) *Location—Based Services and Geo—engineering*.
- Chainey and Ratcliffe(2005) *GIS and Crime Mapping*.
- Harris et al.(2005) *Geodemographics, GIS and Neighbourhood Targeting*.

* 심화 읽기자료에 대한 상세 정보는 아래 참고문헌에서 확인할 수 있음.

  GIS 연구는 GIS의 활용, 지도학적, 공간과학적, 시스템적 측면에 초점을 맞춘 여러 학술지에 게재될 수 있다. 주요 학술지로는 *International Journal of Geographical Information Science*(www.tandfonline.com/toc/tgis20/current#.U8ev1vldVv4), *Cartographica*(www.utpjournals.com/Cartographica.html), *Transactions in GIS*(onlinelibrary.wiley.com/journal/10.1111/(ISSN)1467—9671) 등이 있다. 또한 지리정보 분야의 전문가를 위한 잡지도 있다(www.geoconnexion.com).

  GIS는 세계적 현상으로 전 세계에 GIS에 관한 정보를 제공하는 인터넷 홈페이지가 매우 많다. 이러한 홈페이지 중 일부는 교육 기관이나 학술 기관에 의해 운영되며, 공공 단체나 사기업이 운영하는 곳도 있다. 일부 홈페이지는 GIS 서비스나 데이터를 회원제나 종량제로 제공하고 있으며, 일부는 무료로 여러 자료를 배포한다. 이러한 홈페이지 중 일부는 다음과 같다. www.esri.com/training, www.mapinfo.com, gisandscience.com, www.openstreetmap.org/about. 학생과 연구자들은 영국의 센서스 자료와 지도 데이터를 UK Data Service(www.ukdataservice.ac.uk/get—data/key—data/census—data)나 에든버러 대학교(edina.ac.uk)를 통해 다운로드받을 수 있다.

참고문헌

Bahaire, T. and Elliot-White, M. (1999) 'The application of Geographical Information Systems (GIS) in sustainable tourism planning: A review', *Journal of Sustainable Tourism*, 7(2): 159-74.

Brimicombe, A. and Chao, Li. (2009) *Location-Based Services and Geo-engineering*. Chichester: John Wiley & Sons.

Burrough, P.A. (1986) *Principles of Geographical Information Systems for land resources assessment*. Oxford: Clarendon Press.

Burrough, P.A. and McDonnell, R.A. (1998) *Principles of Geographical Information Systems: Spatial Information Systems and Geostatistics*. Oxford: Oxford University Press.

Chainey, S. and Ratcliffe, J. (2005) *GIS and Crime Mapping*. Chichester: John Wiley & Sons. Coppock, J.T. and Rhind, D.W. (1991) 'The history of GIS', in D.J. Maguire, M.F. Goodchild and D.W. Rhind (eds) *Geographical Information Systems: Principles and Applications*. Harlow: Longman. pp.21-43.

Cresswell, T. (2013) *Geographic Thought: A Critical Introduction*. Chichester: Wiley-Blackwell.

Department of the Environment (1987) *Handling Geographic Information*. London: HMSO.

Foresman, T. (1997) *The History of GIS (Geographic Information Systems): Perspectives from the Pioneers* (1st edition). Upper Saddle River, NJ: Prentice Hall PTR.

Getis, A. and Ord, J.K. (1992) 'The analysis of spatial association by use of distance statistics', *Geographical Analysis* 24: 189-206.

Getis, A. and Ord, J.K. (1996) 'Local spatial statistics: An overview'. In P. Longley and M. Batty (eds) *Spatial Analysis: Modelling in a GIS Environment*. GeoInformation International, Cambridge (distributed by John Wiley and Sons: New York).

Goodchild, M.F. (1985) 'Geographic Information Systems in undergraduate geography: A contemporary dilemma', *Operational Geographer*, 8: 34-8.

Goodchild, M.F. (1991) 'Just the facts', *Political Geography Quarterly*, 10: 335-7.

Great Britain Historical GIS Project (2007) 'A Vision of Britain through Time' [Homepage of Great Britain Historic GIS Project]. http://www.visionofbritain.org.uk/ (accessed 4 December 2015).

Gregory, I.N., Bennett, C., Gilham, V.L. and Southall, H.R. (2002) 'The Great Britain historical GIS project: from maps to changing human geography', *Cartographic Journal* 39(1): 37-49.

Harris, R., Sleight, P. and Webber, R. (2005) *Geodemographics, GIS and Neighbourhood Targeting*. Chichester: John Wiley & Sons.

Heywood, I., Cornelius, S. and Carver, S. (2006) *An Introduction to Geographical Information Systems* (3rd edition). Harlow: Pearson International.

Ireland, P. (1994) 'GIS: another sword for St Michael', *Mapping Awareness* 8(3): 26-9.

Kraak, M.J. and Ormeling, F.J. (1996) *Cartography: Visualisation of Spatial Data*. Harlow: Longman.

Knowles, A.K. (ed.) (2008) *Placing History: How Maps, Spatial Data, and GIS are Changing Historical Scholarship*. Redlands, CA: ESRI Press.

Longley, P.A., Goodchild, M.F., Maguire, D.J. and Rhind, D.W. (2010) *Geographical Information Systems and Science* (3rd edition). New York: John Wiley and Sons.

Maguire, D.J. (1989) *Computers in Geography*. Longman: Harlow.

Maguire, D.J., Goodchild, M. F. and Rhind, D.W. (1991) *Geographical Information Systems*. Harlow: Longman.

Mitchell, B. (1989) *Geography and Resource Analysis*. Longman: Harlow.

Neteler, M., Bowman, M.H., Landa, M. and Metz, M. (2012) 'GRASS GIS: A multi-purpose open source GIS', *Environmental Modelling and Software*, 31: 124-30.

Rhind, D.W. (1977) 'Computer-assisted cartography', *Transactions of the Institute of British Geographers*, 2: 71-97.

Rhind, D.W. (1989) 'Why GIS?', *Arc News*, (Summer): 28-9.

Rideout, T.W. (ed.) (1992) *Geographical Information Systems and Urban and Rural Planning*, Planning and Environment Study Group of the Institute of British Geographers.

Robinson, A.H. and Petchenik, B. (1976) *The Nature of Maps: Essays towards Understanding Maps and Meaning*. Chicago: University of Chicago Press.

Schuurman, N. (2000) 'Trouble in the heartland: GIS and its critics in the 1990s', *Progress in Human Geogra-*

phy 24(4): 569-90.

Schuurman, N. (2009) 'Critical GIScience in Canada in the new millennium', *The Canadian Geographer* 53 (2): 139-44.

Star, J. and Estes, J. (1990) *Geographic Information Systems: An Introduction.* Upper Saddle River, NJ: Prentice Hall.

Steiniger, S. and Hunter, A.J.S (2013) 'The 2012 free and open source GIS software map - a guide to facilitate research, development and adoption', *Computers, Environment and Urban Systems* 39: 136-50.

Switzer, W.A. (1975) 'The Canadian Geographic Information System', paper presented at the International Cartographic Association Conference, Enschede, The Netherlands, 21-25 April. Reprinted as CLDS Selected Papers II, #R001050 (Ottawa: Environment Canada).

Taylor, P.J. (1990) 'GKS', *Political Geography Quarterly*, 9: 211-2.

Tobler W.R. (1970) 'A computer movie simulating urban growth in the Detroit region', *Economic Geography*, 46(2): 234-40.

Tomlinson, R.F. (1962) 'Computer Mapping: An Introduction to the Use of Electronic Computers In the Storage, Compilation and Assessment of Natural and Economic Data for the Evaluation of Marginal Lands'. Report presented to the National Land Capability Inventory Seminar held under the direction of the Agricultural Rehabilitation and Development Administration of the Canada Department of Agriculture, Ottawa, 29-30 November.

Tomlinson, R.F. (1968) 'A Geographic Information System for regional planning', in G.A. Stewart (ed.) *Land Evaluation: Papers of a CSIRO symposium, organized in cooperation with UNESCO 26-31 August 1968.* South Melbourne: Macmillan. pp.200-10.

Tomlinson, R.F. (1984) *Geographical Information Systems - a New Frontier.* Proceedings, International Symposium on Spatial Data Handling, Zürich, 1. pp.2-3.

Walford, N.S. (2013) 'The extent and impact of the 1940 and 1941 "plough-up" campaigns on farming across the South Downs, England', *Journal of Rural Studies* 32: 38-49.

공식 웹사이트

이 책의 공식 웹사이트(study.sagepub.com/keymethods3e)에서 이 장과 관련한 비디오, 실습, 자료 및 링크들을 확인할 수 있으며, 부가적으로 다음 논문들도 무료로 이용할 수 있음.

1. Longley, P. (2005) 'Geographical Information Systems: A renaissance of geodemographics for public service delivery', *Progress in Human Geography*, 29 (1): 57-63.
   − 롱리는 GIS의 대가 중 한명으로 인구지리학과 GIS가 사람들의 삶을 어떻게 증진시키는지 설명한다.

2. Foody, G.M. (2006) 'GIS: Health applications', *Progress in Physical Geography*, 30 (5): 691-5.
   − GIS와 건강에 대한 보고서에서 스노 박사의 콜레라 지도를 확인할 수 있다.

3. Foody, G.M. (2007) 'Map comparison in GIS', *Progress in Physical Geography*, 31 (4): 439-45.
   − 실세계는 계속 변화하기 때문에 특정 시기의 지도를 다른 시기 지도와 비교하는 방법을 알아야 한다.

38

비디오, 오디오, 첨단 기술의 활용

실체를 가진 존재와 정신적 세계의 연결성 안에서, 그 접점에서 일어나는 일이 곧 중요한 일이다.

돈 아이디(Don Ihde, 2001: 8)

개요

비디오, 오디오, 첨단 기술의 활용은 최근 예술적, 창조적, 실험적 지리학이라 불리는 분야를 구성하는 요소이다. 이러한 시청각적 접근법은 연구에 참여하는 도구이면서 동시에 연구 결과를 배포하는 방법으로 생각되었다. 이제는 단순히 보편화된 것을 넘어 어떤 식이든 연구에 필수 요소가 되었다. 이 장에서는 이러한 기술의 활용과 보편화가 어떻게 연구를 기록하고 배포하는 새로운 방법을 제시하는지 설명한다. 연구자로서 이러한 기술의 사용에 비판적으로 접근할 필요가 있다. 시청각 자료의 사용에 관한 사회적 압력과 이러한 방법을 현명하고 분별력 있게 사용하고자 하는 필요성 간의 대립은 우리가 생각하고 연구를 수행하는 방법에 변화를 가져왔다. 이러한 변화는 감각적이고, 텍스트와 재현을 넘어서는 연구 방식을 사용하고자 하는 지리학의 새로운 이론적 분야에 부합하는 것이다.

이 장의 구성

- 서론
- 연구 방법으로 영화와 비디오
- 시청각 자료 속의 오디오
- 다감각적 방법에서 텍스트 너머의 방법론까지

38.1 서론

지리학자는 다양한 형태의 비디오, 오디오와 첨단 기술을 연구에 사용하고자 오랫동안 시도해 왔다. 그러나 지리학과 이러한 기술의 관계에는 논쟁과 불만, 우려 또한 존재한다. 이러한 긴장감은 시청각 매체와 기술을 학문적으로 튼튼하고 심미적인 자료를 만들 수 있는 기회로 여기기보다, 단순히 '자료 수집' 도구로 생각했던 연구자들의 절차적 접근법에서 기인한다(Crang, 2003). 우리가 인식하지 못할지라도 기술의 사용을 단순히 도구로 여기는 것은 진행 중인 연구에서 시청각 자료를 사용하는 것이 세상에서, 그리고 세상과 교류하는 새로운 방법을 제시하는 연역적 전환이며, 정보를 만들고 전파하는 새로운 길이라는 점을 간과하게 만든다. 이러한 과정은 본질적으로 정치적이다. 지리학 연구에 영향을 미치는 이러한 기술들의 특징을 고려해 이들을 방법론으로 재구성할 때, 현대의 멀티미디어 형태에 보다 창의적으로 결합할 수 있는 어떤 지점을 찾을 수 있을 것이다. 이러한 유형의 작업은 다양한 관점에서 예술적, 실험적, 창조적 지리학으로 불렸다(Thompson et al., 2008; Paglen, 2009; Enigbokan and Patchett, 2012; Last, 2012; Hawkins, 2013). 이와 같은 명칭은 이러한 유형의 작업이 경계에서 일어나고 있다는 느낌을 전달하며, 과거에 이는 실제 사실이었다. 그러나 최근에는 점차 이러한 방법론과 떨어져 연구할 수 없게 되었다.

  사람들이 생각하고 일하는 데 효과적인 방식이 각자 다르다는 것은 잘 알려진 사실이다. 예를 들어, 어떤 사람은 말하는 것보다 듣는 것에 더 익숙하다. 어떤 사람은 물질을 직접 보고, 만지고, 느끼는 감각을 통해 뭔가를 잘 배우지만, 어떤 사람은 읽고 씀으로써 가장 효과적으로 학습한다. 여기에는 분명히 많은 개인차가 있다. 지리학자는 지식을 얻는 여러 방법에 주목해 왔으며, 특히 '시각적 지리학(visual geography)'의 이해에 상당히 이바지했다(Rose, 2016). 그러나 지도, 비디오, 사진, 녹음 기록과 같은 시청각 자료의 힘을 더 이해하게 될수록, 많은 연구자가 그 이면에 드러나지 않은 문제나 이미 알려진 문제에 좀 더 비판적일 필요성을 느끼고 있다. 지도 제작자가 어떤 의미에서 식민지 세력의 정찰병으로 활동했던 유럽 탐험의 역사를 생각해 보자. 19세기 서부 확장 시기의 북아메리카 대륙과 같이 새로운 땅은 실제 수천 년간 북미 원주민들이 살던 지역이었음에도 종종 지도에서 비어 있는 것으로 묘사되었다. 이는 전적으로 지도 제작을 의뢰한 사람들의 입장과 이익의 측면에서 바라본 '위치적 관람(positioned spectatorship)'이라 생각할 수 있다(Hearnshaw and Unwin, 1996; Rogoff, 2000). 마찬가지로 영국 왕립지리학회(Royal Geographical Society)와 같은 단체와 연계된 탐험가가 '새로운 대륙을 정복하는' 사진과 영상 또한 시각적 방법이 식민지 도구로써 사용되는 데 일정 부분 역할을 했다(Ryan, 1997). 이러한 역사는 지리학자가 시각적 방법을 위험하다 여기고 등을 돌리도록 했지만, 그렇다고 시각적 방법을 사용해서는 안 된다는 것을 의미하는 것이 아니다. 오히려 시각적 방법의 사용을 훨씬 더 필요하고 절실하게 만들 수 있다.

시청각 자료를 사용하는 현대의 연구자는 '다감각적 방법에 관한 관심의 증가'를 통해, '어딘가에서 바라본 정복자의 시선'(Haraway, 1991: 188)을 파괴하는 용어로 해라웨이(Donna Haraway)가 언급한 '상황적 지식(situated knowledge)'에 이르렀다(Gallagher and Prior, 2014: 2). 이러한 연구 중 일부는 오감 사이의 균형을 보다 고르게 유지함으로써 시각적 자료가 주는 영향을 감소시켰으며, 결과적으로 청각 자료가 갖는 한계를 더 넓히고, 이를 함께 사용하는 새로운 가능성을 열었다(Ingham et al., 1999; Hoover, 2010). 이러한 맥락에서 연구자들은 영상 일기, 비디오와 사진 촬영, 몽타주, 연극, 청취, 음성 녹음과 재생, 참여형 비디오 등 다양한 기술을 실험했다. 그렇게 함으로써 연구자들은 텍스트 기반의 방법에서 벗어나는 것은 단순히 다른 종류의 현장 데이터 수집을 하거나, 더 많은 텍스트를 만들기 위해 분석 가능한 기록을 만드는 것이 아니라, 이러한 기술과 그들의 공동 생산자 및 세계와의 관계를 완전히 바꾼다는 것을 깨달을 수 있었다. 따라서 시청각 방법은

… 자아성찰적 방식으로 공간을 생산하고, 문화적 생산과 공간의 생산이 서로 분리될 수 없으며, 문화적, 지적 생산이 공간적 실천이라는 것을 인식하는 방법이다(Paglen, 2009).

이는 로즈(Gillian Rose)가 시각적 자료를 단순히 실증적 예시로 생각해서는 안 된다고 말했을 때,

로리머(Lorimer, 2005: 83)가 '명백하게도 인간 너머의, 문자 너머의, 다중감각적 세계'에 대해 말했을 때, 파(Parr, 2007: 115)가 협업으로 만든 비디오가 연구자와 연구 대상 간 거리를 줄일 수 있다고 했을 때, 이것이 새로운 도구를 어떻게 사용할 것인가에 대한 단순한 논의보다 더 많은 시사점을 가진 무언가를 다루고 있음을 이해하도록 이어진다. 또한 갤러거와 프라이어(Gallagher and Prior, 2014: 6)는 이러한 기술이 사회적 세계 속으로 더 많이 스며들수록 그것이 지리학자에게 줄 수 있는 가능성 또한 점차 커질 것이라고 설명했다. 지리학자는 다중감각, 다중풍조, 다중매체와 온톨로지 재구성의 한가운데에 있다(Garrett and Hawkins, 2014). 이 장은 비디오 및 오디오 방법론에 관한 논의로 시작해, 텍스트 너머의 기술 전반에 관해 보다 일반적인 제언을 하는 것으로 끝맺을 것이다.

38.2 연구 방법으로 영화와 비디오

단어도 이미지도 아닌, 이 둘 모두와 그 이상의 것

나이절 스리프트(Nigel Thrift, 2011: 22)

2010년까지만 해도 바흐(Bauch)는 지리학적 방법으로 비디오가 '하나의 표현 방식으로써 사회적으로 흔하지만 지리학 분야에서는 이상할 정도로 결핍된 매체'라 지적했다(Bauch, 2010: 475). 바흐는 특히 크랭의 글을 다음과 같이 인용하며 연구 결과로써 비디오의 부재를 염려했다.

데이터의 주요 형태는 말과 글로 이루어져 있지만, 실제 세계는 하나의 의미로 보이는 것을 거부하는 다양한 것들을 통해 여러 소리를 내고 있다. 정성적 연구는 몸짓과 감정에 관해 말하면서도 문어와 구어가 아닌 다른 형태의 지식을 허용하지 않는, 특정한 방식에 갇혀 있다(Crang, 2005: 230; Whatmore, 2009; Garrett, 2010b)

이를 좀 더 자세히 살펴보면, 지리학자들은 다음의 네 영역에서 영화와 비디오 제작의 가능성을 엿보았다. 첫째, 참여형 지리학자들(13장 참조)은 영화 자료를 공동 제작함으로써 지식 생산의 균형을 맞추는 방법으로 비디오를 사용했다(Kindon, 2003; Parr, 2007). 둘째, 지리학자들은 다큐멘터리와 민족지적인 영화(ethnographic film)를 제작했다(Gandy, 2007; SilentUK et al., 2010; Whatmore et al., 2011; Daniels and Veale, 2012). 셋째, 연구자들은 다큐멘터리 영화와 학술 논문을 결합한 '비디오 논문(video article)'을 만들었다(Evans and Jones, 2008; Bauch, 2010; Garrett, 2010a). 마지막으로 연구자들은 녹음된 비디오 영상의 개별 프레임을 분석함으로써, 자전적 민족지학적 연구에서 뉘앙스를 알아내고자 했다(Laurier and Philo, 2006; Merchant, 2011; Simpson, 2011). 물론 이러한 네 영역이 서로 완벽하게 구분되는 것이 아니고, 영역 간 중복되는 부분도 상당히 존재한다.

여러 시도에도 불구하고, 영화와 비디오를 활용한 연구는 지리학에서 아직까지 소수에 불과하다. 학계에는 비디오를 활용한 연구를 꺼리는 분위기가 여전히 있으며, 이는 기술에 대한 우려에서 비롯한 것으로 보인다. 인도 뭄바이의 물 권리(water right)에 관한 영화로 아름다운 영상미와 정치적 영향력을 갖춘 *Liquid City*를 제작한 건디는 비디오를 연구에 활용하고자 하는 지리학자들에게 네 가지 주의할 점을 말해 준다.

첫째, 이러한 종류의 작업은 학문적 연구 프로젝트에 비해 더 다양하고 많은 사람과 함께하는 경우가 많다. 둘째, 영상의 촬영은 반복하거나 일정을 미루는 것이 쉽지 않기 때문에 학문적 연구에 비해 예산과 시간의 제약으로 실패 위험이 크다. 셋째, 연구 과제에 비해 계획과 일정의 수립이 복잡하고, 더 넓은 범위의 책임을 수반한다. 마지막으로 촬영 중 나타날 수 있는 기회와 어려움에 대응하기 위해 현장에서 유연성을 가질 필요가 있다(Gandy, 2009: 406-407).

이는 모두 중요한 지적이다. 그러나 지난 5년으로만 한정해도 카메라의 기능과 휴대성, 크기, 연산과 저장 능력은 매우 크게 달라졌다. 최근 대니얼스와 빌레(Daniels and Veale, 2014)는 *Imagining Coastal Change*라는 영화를 촬영하며 전문적인 영상 제작 비용은 매우 높아 보이지만, 책이나 학술지를 인쇄하는 비용에 비하면 그렇지 않다고 밝혔다. 최근 이러한 영상 중 일부는 연구자가 직접 촬영하고 제작한 것이며, 이를 통해 제작 비용을 상당히 아낄 수 있다. 이러한 변화는 지난 10여 년간 전례가 없을 정도로 꽃 피운 전 세계적인 기술의 대중화, 보편화의 산물이다. 이처럼 발전한 기계들, 그리고 기계와 우리의 공생 관계는 단순히 기술적인 것이 아니다. 휴대전화의 보급은 비디오카메라의 확산과도 맞닿아 있으며, 이는 카메라 사용의 에티켓과 언제, 어떻게, 어디서, 왜 그것을 사용할 것인지를 끊임없이 변화시켰다(Fox, 2005). 이처럼 새롭게 만들어지고, 끊임없이 변화하는 관계는 연구를 복잡하게 만들 수도 있지만, 또한 동시에 연구 수행을 도울 수도 있다. 실제로 위에서 건디가 지적한 어려움은 영화와 비디오 제작이 갖는 중요한 장점 중 하나를 나타내기도 한다. 그것은 '내가 아닌 다른 사람에 관한 영상을 만드는 것은 혼자만의 힘으로 할 수 있는 것이 아니며, 따라서 다큐멘터리 필름을 만드는 것이 본질적으로 협력적 작업'이라는 점이다(Barbash and Taylor, 1997). 이는 참여형 비디오 작업에 대한 논의로 이어진다.

화이트(White, 2003)는 참여형 비디오(Participatory Video: PV)를 '상호작용과 공유, 협력'을 통해 '개인적, 사회적, 정치적, 문화적 변화'의 가능성을 열어줄 수 있는 과정 지향적 협력 사업이라 기술했다. 이러한 맥락에서 PV는 참여행동 연구(participatory action research)의 넓은 범주에 부합한다(Kindon et al., 2008). 여기에서 일반적인 참여행동 연구와 차별되는 점은 매체로써 비디오가 갖는 특성, 즉 증명의 도구로써 비디오가 갖는 힘과 온라인을 통해 쉽고 폭넓은 확산이 가능하다는 점이다. 따라서 개발 분야의 지리학자, 활동가, 참여형 지리학자들은 건디의 지적과 달리, 기술이나 기기에 대한 접근만 가능하다면, 글을 읽지 못해도 공유할 수 있는 매체인 PV를 협력적 생산 방법으로 활용하기 시작했다. 경제적으로 열악한 지역에 사는 많은 사람이 집필을 함께하는 것보다 그림 등을 같이 만들고 그리는 것을 더 쉽게 느낄 수 있으며, 상대적으로 풍족한 지역에서도 책을 들고 다니는 어린이들보다 휴대전화를 들고 다니는 아이들이 더 많을 것이라는 점은 자명한 사실이다(Paton, 2010). PV를 활용하는 사람들은 이와 같은 사실을 깨닫고 비디오 기반의 많은 연구 프로젝트를 세계 곳곳의 지역사회로 가져가 그곳의 사람들을 제작에 참여시켰다. 인간을 대상으로 하는 모든 연구가 그러하듯, 권력(또는 주도권) 다툼으로 연구가 분열되는 것은 실망스러운 과정이다(Garrett and Brickell, 2014).

그러나 비디오를 이러한 방식으로 사용하는 것은, 특히 그것이 비디오라는 매체가 갖는 힘과 전

그림 38.1 24mm 렌즈와 외부 마이크 및 소리를 모니터링하기 위한 이어폰으로 구성된 비디오 장비

파력 때문이라면, 연구자나 다른 참여자가 실제 의도한 바를 앞서갈 수 있다. 해라웨이(Haraway, 2007: 263)가 설명했듯 '기술은 항상 복합적이며, 해석의 주체와 녹음의 주체, 감독과 다양한 역할을 하는 많은 주체가 복잡하게 얽혀 있다'. 따라서 영상을 제작할 때에는 결과물이 어떻게 사용될 수 있을지에 대한 이해를 바탕으로, 모두가 편안함을 느낄 수 있도록 조기에 촬영 환경을 설정하는 것이 필수적이다. 영상의 암호화를 비롯한 저장 방법, 사용하지 않은 영상의 삭제와 개인 식별이 불가능하도록 처리하는 것도 영상의 촬영과 생산 과정에서 논의해야 하는 중요한 요소다. 전통적인 PV 모형에서 연구자는 점진적으로 생산의 주도권을 내려 놓을 수 있었다. 그러나 박스 38.2의 예시와 같이 경우에 따라서는 참여 연구의 목표가 공동 제작과 협업을 통해 더 효과적으로 달성될 수도 있다.

많은 참여형 영화는 민족지적 영화이기도 하다. 지리학에는 민족지적 영화 제작과 관련해 작지만 의미 있는 연구들이 있으며, 이는 사람과 장소에 관한 이야기에 관심을 두는 지리학자들에게 특히 흥미로울 것이다(6장 참조). 이러한 이야기를 듣기 위해 노력하지만, 다른 사람들이 세상을 보는 방

박스 38.2　환경 지식의 논란에 관한 이해 연구

참여 요소를 갖춘 학술 다큐멘터리 비디오라는 표현이 가장 적절할 수 있는 '환경 지식의 논란에 관한 이해'는 와트모어(Sarah Whatmore), 레인(Stuart Lane), 워드(Neil Ward)가 이끈, 수상 경력에 빛나는 연구 프로젝트이다. 이 프로젝트는 영국 서식스와 요크셔의 홍수와 오염 문제를 해결하기 위해 인문지리와 자연지리를 잇는 학제적 방법론과 과학적 혁신을 도입함으로써 찬사를 받았다. 해당 프로젝트의 홈페이지를 보면, 연구의 총괄 책임자는 연구의 관심사를 다음과 같이 표현했다.

… 과학과 정책의 관계, 특히 대중을 학문적 연구 결과에 참여시키는 방법을 알아보고자 한다. 우리는 융합적 환경과학을 위해 비전문가가 연구 과정에 참여할 수 있는 새로운 접근법을 개발하는 것을 목표로 했다(Whatmore et al., 2009).

다양한 측면에서 프로젝트 프레젠테이션의 중심에 있는 이 6분짜리 다큐멘터리 영화에는 참여적 방법이 분명 사용되고 있지만, 엄밀한 의미에서는 참여형 영화가 아니라는 점에서 흥미롭다. 연구 책임자는 자문단을 구성하고, 현지 주민들에게 과학적 실험을 직접 수행하도록 했는데, 이 과정에서 한 참여자는 와트모어 교수를 '조력자'라는 전통적인 PV 언어로 지칭했다. 그러나 영화는 이 프로젝트의 참여자들에 의해 만들어졌다기보다는 주민들의 참여 과정을 기록한 다큐멘터리 영화에 가깝다. 이 영화는 여러 번에 걸쳐 상영되었으며, 이는 전시회, 언론 출현, 여러 편의 학술 논문 등과 마찬가지로 연구의 성과 중 일부이다. 이 영화는 물론 성공적이기도 했지만, 이 영화의 성격을 엄밀히 규정하거나 설명할 수 없다는 점에서 흥미로운 사례연구가 된다. 연구의 기술적 작업 과정에 현지 주민들의 참여를 이끌었다는 점부터 그 결과를 비디오 형태로 잘 정리해 간결하게 보여 준다는 점까지, 그리고 이러한 비디오를 직관적 사용이 가능한 최신의 홈페이지를 통해 제공한다는 측면에서 이 연구는 비디오 활용 연구의 훌륭한 예시가 될 수 있다.

식을 이해하기 위해 주관을 넓히는 것은 종종 어렵다. 이에 대해 호건과 핑크는 다음과 같이 말했다.

> 민족지학자들에게는 항상 어려움이 있다. 다른 사람의 경험과 상상과 기억을 공감하고, 이해하고, 해석하고, 재현하고자 하지만, 그들의 감각과 정동(affective) 기억에 대한 접근은 항상 제한되기 때문이다(Hogan and Pink, 2012: 236).

'깊은 어울림'의 과정을 거치며 오랜 시간 동안 하나의 민족지적 영화를 만들 때, 같은 장소에 함께한다는 느낌, 같은 시간을 보낸다는 느낌, 서로 연결된 느낌을 전달할 수 있는 이야기를 함으로써 다른 사람들의 현실과 그들이 장소와 관계 맺는 법을 이해할 수 있어야 한다. 영화를 만드는 사람의 일은 선형 논리를 거스르는 방식으로 사람과 시간, 장소를 잇는 과정이며, 따라서 본질적으로 텍스트 너머의 것이다(Coover et al., 2012). 민족지적 영화는 자전적 기록과 공감적 관찰, 타인에 대한 주관적 이해의 구분이 명확하지 않은 채로 연결된 네트워크로 이루어진다. 움직이는 이미지가 수많은 소리, 음성, 그리고 사건의 조각에 연결되는 편집 능력 덕분에 영화의 편집은 본질적으로 비선형적이며 다감각적이고, 이는 연구의 과정을 변화시킨다.

영상 제작과 텍스트는 모두 '연구 아이디어가 먼저 수립되면 이를 뒷받침할 수 있는 근거가 이어서 수집되고, 이후 해당 아이디어와 근거 자료를 특정 유형의 기술을 활용해 변환한 후, 다른 사람이 이해할 수 있을 정도로 설득력 있는 사례가 도출될 때까지 가공을 반복하게 된다'(Bauch, 2010: 481). 따라서 시청각 형태의 자료를 활용해 연구할 때는 텍스트 너머의 연구로 옮겨가는 것이 아니라, 다양한 사람들을 아우르는 지식 생산을 이끌기 위해 텍스트 안에서, 또는 텍스트와 함께 연구를 수행하는 것이다. 중요한 것은 민족지적 영화는 그것을 시청하는 사람들 또한 민족지학의 한 구성원으로 이끌며, 연구자와 참여자, 시청자 사이에 어떤 의미의 삼각형이 만들어진다는 점이다[이미지를 통한 의미 형성의 '삼각법(triangulation)'에 대해서는 Rose, 2016; Gold, 2002; Rancière, 2011 참조].

타인이나 자기 자신에 관한 민족지적 영화를 만드는 것은 '정서적인 정치, 관계의 정치에 기여'하는 행위이다(Kanngieser, 2011: 337). 이는 민족지적 영화의 형태를 갖추는 다중감각적, 다중풍조, 다중매체 연구에서 하고 있는 일, 만들고 있는 것, 결과물과 그것의 배포, 그에 대한 반응을 모두 포함한다. 편집과 보정 과정에서의 계층화는 프레임과 연속성, 몽타주에 대한 영화적 가정에 변화를 가져왔고, 영화적 수사학과 시학을 확장했으며, 이를 통해 글과 이미지를 결합한 복합적이고 융합적인 언어를 만들어 냈다(Coover et al., 2012).

물론, 움직이는 이미지 안에 들어 있는 다양성 또한 스케일의 문제이다. 지리학에서 영상 제작을 이끄는 한 가지 주요 동인은 영상이라는 매체가 표정, 억양, 머뭇거림, 망설임, 음성의 변화와 행동거지의 미묘한 차이에 주의를 기울이는 텍스트와 재현을 넘어서는 연구의 영역으로 이끌 수 있기 때문이다(Laurier and Philo, 2006; Bauch, 2010). 영상은 초당 5,000~10,000장에 이르는 사진으로 구성된다.

이와 같은 속도로 사진을 찍을 때, 카메라는 눈으로 볼 수 없는 것을 담을 수 있으며, 이를 통해 감지할 수 없었던 것을 감지하게 해 준다. 다양한 연구, 예를 들어, 사람들 간 상호작용에서 나타나는 뉘앙스를 연구하는 데 있어 이러한 프레임 단위의 분석이 갖는 장점은 명확하다(Laurier and Philo, 2006; Simpson, 2011).

지금까지 정리한 여러 예들과 함께, 또 하나 기억해야 하는 중요한 것은 영화와 비디오가 어떻게 사용되고 있고, 사용될 수 있으며, 사용되어야 하는지에 관한 지금까지의 설명 중 어느 것도 정해진 영역이나 범주를 갖고 있는 것은 아니라는 사실이다. 이는 시간에 따라 계속 변화하며, 이 글을 쓰고 있는 지금도 새로운 기술이 등장하면서 지금까지 소개한 비디오의 활용 영역과 목적을 새롭게 바꿔가고 있을 것이다.

38.3 시청각 자료 속의 오디오

소리는 정신적이거나 물질적인 것이 아닌 경험의 현상이다. 즉 우리 스스로를 찾아가는 세계에 몰입하고 다가가는 것이다.

팀 잉골드(Tim Ingold, 2007: 11)

영화와 영상의 구분이 모호한 것처럼 청각적 요소와 시각적 요소를 구분하는 것도 매우 어려운 일이다. 지리학에서 오디오를 보는 관점은 셰이퍼(Schafer, 1977)의 '소리 경관(soundscape)'에서 청각과 음파를 구분했던 로더웨이(Rodaway, 1994)의 초기 연구로 변화를 겪었으며, 매틀리스(Matless, 2010)가 제시한 보다 개방적인 음파의 공식으로 이동했다. 12장에 기술한 앤더슨(Anderson, 2004)의 최근 연구는 듣기와 기억하기에 관한 비재현적 가능성을 고찰했으며, 칸지제르(Kanngieser, 2011)는 말투와 억양, 표현, 목소리의 정치학에 관해 연구했다. 또한 갤러거와 프라이어(Gallagher and Prior, 2013)는 표음 방식에 관한 실험적 지리학의 맥락에서 주의를 기울여야 하는 부분을 정리, 요약해 설명했다. 여기에서 다루는 '오디오', 청각과 표음 방식의 개념을 고려할 때, 청중의 참여가 갖는 의미를 다시 한 번 살펴보고, 단순한 자료 수집 과정이 아닌, 현실 세계와의 감각적 교류라는 측면을 가진 녹음 활동과 청취 활동 양쪽에 더 많은 중요성을 부여할 수 있을 것이다. 이를 통해 오랜 시간 우리 앞을 가로막았던 텍스트의 장벽을 넘어설 수 있으며, '소리에 관한 지리학 연구의 거의 대부분은 방법론적으로 인터뷰, 민족지학, 문헌 연구, 담론 분석 등에 의존하는 기존의 방식을 그대로 답습하고 있으며, 그 결과 또한 전통적인 출판물 형태로 배포, 공유되고 있다'는 갤러거와 프라이어의 지적을 극복할 수 있을 것이다. 따라서 이 절에서는 보다 감각적 수준에서 소리를 우선시한 연구를 살펴볼 것이다.

비디오와 마찬가지로, 소리를 포착하는 것은 다양한 유형의 기술, 이론적 맥락과 관계된다. 휴대전화를 사용해 어떤 즉흥적인 인터뷰나 대화를 녹음하는 것부터 실제 현장에서 직접 듣는 것처럼 몰입형 음향 경관을 만들 수 있는 고품질 2채널 스테레오 음향을 만드는 것까지 소리 녹음에는 다양한 기술이 사용된다. 그러나 어떤 수준의 기술이 사용되었는지와 관계없이 갤러거와 프라이어(Gallagher and Prior, 2013: 9)는 '음운학자들이 소리를 수집하기 위해 현장에 나가더라도, 실제 그 소리를 그대로 담아 올 수는 없다는 점을 기억해야 한다'고 강조한다. 사운드는 특정 시점과 맥락에서 존재하는 것이다. 현장에서 가져올 수 있는 것은 '녹음'이며, 이는 소리의 다른 형태가 아닌, 기억과 기대, 다시 듣기와 편집의 가능성으로 둘러쌓인 전혀 다른 집합체이다. 비디오와 마찬가지로, 소리를 다시 재생하는 것은 청자들의 과거 경험과 듣고자 기대하는 내용에 따라 다른 영향을 미치며, 따라서 각 '듣기'에서 소리는 달라진다. 이는 인터넷상에 널리 돌아다니는 음성과 소리가 다양한 의

그림 38.2 녹음기, 지향성 마이크, 헤드폰으로 구성된 저가의 녹음 장비

미로 해석되는 이유이다.

전직 고고학자이자 공연 예술가인 피어슨(Mike Pearson)이 이끄는 Carrlands 프로젝트는 킬러(Patrick Keiller)의 영화에 나오는 것과 유사한 경관과 장소의 통념을 흥미로운 청각적 방식으로 뒤흔든다. 노팅엄 대학교(University of Nottingham) 지리학과의 조경 및 환경(Landscape and Environment) 프로그램이 이 프로젝트에 참여했다는 사실은 주목할 만하다. 프로젝트 홈페이지에 로그인 하면, 방문자는 여러 개의 오디오 파일 중 하나를 선택할 수 있다. 각각의 오디오 파일에는 다양한 말소리와 풍경 소리, 극적인 연주 음악 등이 뒤섞여 깊은 장소감을 전달한다. 특히 그 파일이 녹음된 장소 가까운 곳에서 이를 듣는다면 더 효과적으로 장소감을 전달할 수 있는 것이다. Carrlands 프로젝트의 홈페이지에는 해당 프로젝트를 다음과 같이 소개한다.

… 특정 장소의 연주와 소리를 혁신적 탐구 방법과 구체적 연구 결과로 제시하는 미시적 사례연구이다. 연주는 대중의 방문을 촉진하고, 존재를 드러내고, 경관이 만들어지고, 사용되고, 재사용되고, 해석되는 다양한 역사적·문화적 방법을 비춰 주는 매체로 볼 수 있다(Pearson et al. 2007: 1).

Carrlands 프로젝트는 음파지리학에서 녹음만큼이나 듣기가 중요하다는 사실을 상기시켜 준다. 앤더슨(Anderson, 2004: 10)은 사람들이 집에서 음악을 들을 때 함께 앉아 있는 그의 연구에서 듣는 것과 기억하는 행위, 또는 무언가를 들으며 예기치 못했던 기억을 마주하는 경험은 '무의식적이지만 본능적이고 강렬하며, 그렇지만 상징적이거나 감정적인 기억을 거스를 수는 없는 것'을 상징하며, 이는 연역적 질문과 연결되는 것이라 설명했다. 또한 영상과 마찬가지로, 녹음과 이를 듣는 것도 우리의 위치를 다시 한 번 생각하게 하며, 이는 결과물을 배포하는 시점에 일어나는 것이 아니라 이를 만드는 시기, 또는 만들고자 생각했던 시기보다 더 이전에 일어날 수 있다. 예를 들어, 앤더슨은 많은 사람이 왜 특정한 음악을 선곡했는지에 관해 설명하는 것을 어려워한다고 밝혔는데, 그러한 결정의 상당 부분은 그들 각자의 삶 속에서 경험한 시간, 장소에 관한 기억과 이것이 음악과 연결되어 그 안에 담긴 감정 때문일 것이다. 물론 이러한 연결성에 관한 고찰 또한 음악의 선곡을 이끈 요소 중 하나일 것이다. 이러한 종류의 기억은 인식으로부터 나오는 것이 아니라, 더 복잡한 무의식적 감정에서 나오는 정동 기억으로 생각할 수 있다.

소리는 분명히 매우 강력한 힘을 가지고 있다. 사진이 빛의 기록이듯, 어떻게 표음 기법이 소리의 기록이며 쓰기의 한 형태가 되었는지를 생각해 볼 때, 오디오를 비디오에 보조적인 요소로 보거나, 비디오와 대조했을 때만 볼 수 있는 것으로 여기지 않아야 한다. 갤러거와 프라이어(Gallagher and

Prior, 2013)는 '오디오가 비디오 안에서 이미지에 대한 부수적 참고 요소로써 기능할 때 정도를 제외하고는 인문지리학 연구에서 거의 잊혀졌다'고 밝혔는데, 이에 대한 반론의 한 예로 소리에 초점을 맞춘 시청각 프로젝트인 *Jute*가 있다(박스 38.3).

소리를 따르는 도보 여행은 점차 장소를 체험하는 중요한 방법이 되고 있으며, 이러한 경향은 도시 환경에서 특히 더 뚜렷하다. 대안 박물관의 내레이션을 따라, 매립 수변 지역의 보행로를 따라, 에어컨과 환풍기 통로의 웅웅거리는 소리를 따라, 도심의 야생생물이 내는 소리를 따라 다양한 보행로가 만들어져 있다. 많은 보행로가 보행자가 특정한 장소에서 무언가를 듣거나, 어떤 소리가 그들에게 들리기를 원한다. 이러한 지점에서 눈을 감고, 어떤 소리가 들리기를 기다리는 것은 처음에는 당황스러울 수 있지만, 곧 시각이 가려진 상태에서 한층 민감해진 감각으로 소리를 들을 수 있게 해 줄 것이다. 마찬가지로 특정 시점에서 소리를 녹음하고, 이를 같은 장소, 다른 시간대에 다시 듣는 것은 시각적 공간을 인식할 수 없는 상태에서 누구 것인지 알 수 없는 목소리들로 가득 차 있기 때문에 소리에 대한 매우 뚜렷한 인식을 가져올 수 있다(Gallagher, 2015). 이러한 기술은 소리를 전경화함으로써 우리가 인식하는 것의 종류를 이해하는 데 큰 도움을 줄 수 있다.

비디오와 마찬가지로, 소리를 올바르게 녹음하고 분석하기 위해 특별한 청각적 능력이 필요하다

박스 38.3 *Jute*: 음성을 중시하는 영상

*Jute*는 갤러거(Michael Gallagher)와 프라이어(Jonathan Prior)가 주관한 실험적 지리학 워크숍의 일환으로 나와 로사(Brian Rosa), 프라이어가 스코틀랜드 던디(Dundee)에서 제작한 영화이다(Garrett et al., 2011). 프라이어 박사의 연구는 소리와 청취에 초점을 맞추고 있다. 영화를 함께 제작하면서 영화 제작의 일반적인 우선순위를 뒤엎기 위해, 일부러 시각적 내용을 쫓기보다 소리에 주목해서 촬영을 진행하기로 결정했다. 실제로 소리를 쫓는 과정에서 음질의 수준이 손실되지 않도록 노력하는 것을 가장 우선하며 작업했다. 로사 박사와 나는 프라이어 박사가 마이크를 통해 우리를 이끈 장소에서 촬영했으며, 이는 결과적으로 테이강(River Tay)의 하류에서 싸우는 게의 발톱 소리와 같이 귀로는 들을 수 없거나 영상으로는 확인할 수 없는 것들을 발견할 수 있게 해 주었다. 이후 우리는 게들이 싸우는 느낌이 드는 장면을 촬영해야 할 것 같은 생각이 들었고, 이는 눈에 보이지 않는 소리를 시각화하는 도전적이면서 동시에 매혹적인 과정이었다.

영화를 편집하는 동안 음향 녹음을 편집의 출발점으로 하기로 다시 한 번 결심했다. 이러한 접근 방식이 우리가 현장에서 마주한 것과 비슷한 방식으로 경관의 감각적 흐름과 리듬을 보여 주는 새로운 기회가 될 수 있을지 궁금했기 때문이다. 현장에서 소리를 직접 경험하지 못한 영상의 시청자에게 이것이 하나의 청각적, 시각적 매체로써 어떻게 받아들여질지 알고 싶었다. 도시를 6분간 떠돌아다니는 최종 영상은 음향과 시각화에 관한 것이며, 장소만큼이나 과정에 관한 것이다. 그것은 한 마디로 실험적인 것이다.[1]

1) 해당 영화는 다음의 주소에서 볼 수 있다. liminalities.net/7-2/jute.mov

그림 38.3 영화 *Jute*의 한 장면

고 생각할 수 있다. 그러나 이는 사회적 운동의 참여를 통해 연구를 대중들이 더 쉽게 접하도록 만드는 방법 중 하나이다. 대중들은 소리를 녹음하기 위해 특별한 훈련을 거치려 하지 않으며, 연구자들 또한 비판적 녹음을 위해 어떤 훈련을 기다릴 필요가 없다. 게다가 연구자 대부분은 연구를 위해 오랜 시간 문자를 읽고 이해하는 능력을 길러 왔다. 이 과정에서 여러 번의 실수와 많은 어려운 일을 겪기도 했을 것이다. 디지털과 웹 기반의 기술이 그 어느 때보다 널리 보급된 지금 시점에서, 청각적 자료에 관한 이해력을 갖추기 위해 비슷한 어려움을 다시 감수할 필요가 있다.

음성을 녹음하는 것은 영상을 녹음하는 기술의 등장보다 훨씬 이전부터 가능했지만, 연구자들의 관심을 더 끌고 있는 것은 의아하게도 영상인 것으로 보인다. 이것이 이상한 것은 영상 촬영 기술이 더 많은 비용을 수반하며, 학습에 필요한 노력도 음성보다 더 많이 요구하기 때문이다. 이는 지리학의 시각 중심주의 풍토를 강화하는 것으로 보일 수 있다(Macpherson, 2005). 그러나 이것은 오디오가 인터뷰 녹음 등과 같은 방법으로 연구에서 이미 매우 광범위하게 사용되고 있다는 사실을 간과하는 것이다. 따라서 문제는 청각적 매체를 인식하지 못하거나 활용하지 않는 것이 아니라, 비디오와 마찬가지로 이러한 도구를 비판적으로 사용하고 있지 않다는 점일 것이다. 이는 이 장의 처음에서 이야기했던 내용과 다시 연결된다. 즉, 문제는 시청각적 지리학에 대한 접근성이나 시청각 매체 활용의 능숙함에 관한 것이 아니라, 이를 하나의 방법론으로 보지 않고 단지 기술이나 도구로만 생각했다는 점이다. 이제는 주머니에 항상 가지고 다니는 휴대전화로 녹음하고, 이를 Soundcloud와 같은 소셜미디어 플랫폼을 통해 공유하며, 다양한 실험을 해 볼 때이다. 그리고 이러한 작업에 점차 익숙해지면서 더 중요한 것은 다양한 기술을 조합하고 변주하는 복잡한 형태의 녹음과 편집을 시도하고, 이를 통해 새로운 발견을 이끌어 내는 것이다. 또한 연구자들이 출판사에게 이러한 시청각 매체가 단순히 어떤 논문이나 저서를 쓰기 위한 데이터나 근거 자료가 아니라, 그 자체로 독립적인 출판 형태라는 사실을 알리는 것도 매우 중요할 것이다.

38.4 다감각적 방법부터 텍스트 너머의 방법론까지

> 시청각 데이터는 말이나 문자 기반의 방법론으로 나타낼 수 없는 현상을 증언할 수 있다.
>
> 제이미 로리머(Jamie Lorimer, 2010: 251)

지리학에서 시청각 매체를 활용한 연구는 아직까지 그렇게 흔한 일은 아니지만, 점차 일반적인 현상이 되어 가고 있음은 분명하다. 결론 부분에서는 연구자가 오디오나 비디오를 사용해 연구를 수행할때 맞닥뜨릴 수 있는 몇 가지 어려움에 관해 생각해 보고자 한다. 첫째, 클라크(Clark, 2012)는 '시각적 매체는 참여자의 익명성 보장에 관한 기존의 윤리적 관행에 상당한 어려움을 초래한다'고 지적했다. 이는 아무래도 오디오와 같은 청각 자료보다 비디오에서 더 큰 문제를 가져올 수 있다. 그러나 방법론에서의 윤리성에 관해 '협상'하는 그 과정이 중요한 것이다. 앞서 제안한 바와 같이, 시청각 자료를 활용해 연구를 수행할 때 흥미로운 점 중 하나는 그러한 자료들이 이제는 문자로 된 데이터보다훨씬 더 가까이 있다는 점이다. 많은 프로젝트 참가자들은 그리 많은 사람이 읽지 않는 학술 논문에서 그들이 어떻게 묘사되는지보다 오디오나 비디오 매체에서 그들이 보이는 방식에 훨씬 더 관심을가질 것이다(Meho, 2007). 이러한 관심은 결과적으로 연구 프로젝트 참가자들의 여러 요구 사항은물론, 현장에서 수집한 자료를 다루는 방식에도 각별한 주의를 요하도록 한다. 달리 말하면, 이는 경우에 따라 시청각 자료를 사용한 연구에서 윤리적 부분에 더 많은 노력을 기울이게 될 수도 있다는의미이다.

두 번째 어려움은 시청각 형태의 연구 결과물을 출판, 게재하고자 하는 연구자의 바람과 이를 수용한 학술적 산출물에 대한 거부감 사이의 괴리에서 비롯된다. 학문적 연구 결과를 확산, 공유하기위한 방법은 대개 평생을 읽고 쓰는 데 시간을 쏟은 대학 교수들과 고정된 틀의 인쇄 플랫폼을 갖춘출판사, 그리고 텍스트의 내용은 물론, 그것이 인쇄된 출판 매체에 따라 등급을 매기는 제한적인 연구 환경에서 도출된다. 이러한 현실은 흥미롭고, 현대적이며, 보다 윤리적일 수 있는 민족지적, 행동적, 다큐멘터리적, 예술적인 시청각 연구를 수행하기 위한 역량을 위축시킨다. 학술지의 경우, '전자저널에 하이퍼링크 방식으로 멀티미디어를 추가하는 기능은 이미 잘 구현되어 있으며 다만 그 사용이 저조할 뿐'(Gallagher and Prior, 2013: 13)이기에 비교적 쉽게 문제를 해결할 수 있다. 연구자로서 학술지들에게 이러한 기능을 충실히 갖추도록 요구할 수 있으며, 이를 통해 비디오, 오디오, 첨단 기술을 사용한 연구 결과의 공유를 촉진할 수 있다. 만약 이러한 학술지에서 편집자 등 어떤 공적 지위를 가지고 있다면, 늘 그랬듯 이러한 변화를 내부에서부터 촉진할 수도 있을 것이다.

그 어느 때보다 우리는 소리와 이미지에 둘러싸여 있다. 한때 매우 특별한 능력과 도구, 환경을 필요로 했던 작업이 이제는 주머니 속에 있는 도구만으로 가능하게 됐다. 언제든 지금 있는 컴퓨터 앞에서 일어나 주머니 안의 휴대전화만을 들고 나가 몇 시간 동안 영상을 촬영하고, 이를 휴대전화에서 바로 편집해 인터넷에 올리며, 다시 컴퓨터로 채 돌아오기도 전에 동료들과 일반 대중으로부터 그 영상에 관한 피드백을 받을 수 있을 것이다. 이 장을 처음 쓴 지 10여 년이 지난 지금, 이러한 일련의 과정은 오히려 진부하고 고리타분하게 들릴 수도 있을 것이다. 이것이 지금 우리가 살고 있는 세계이며, 따라서 실험적 지리학은 '각각 독립적으로, 단절되어 발전해 온 사회과학의 연구와 응용 공공 연구와 예술 실천의 영역을 잇는 중요한 다리를 만든다'(Pink, 2002). 전례 없이 높은 기술적 수준을 갖춘 일반 대중을 마주하고 있으며, 동시에 비판적 방법론의 첨단에서 새로운 방법론의 활용 방법에 관해 고민하기 위해 기술을 습득해야 하는 연구자들을 목격하고 있다. 이러한 방법론이 가장 돋보이는 곳은 그 끝부분일 것이다(Dewsbury, 2009: 324). 이는 아마도 이러한 기술과 방법을 어떻게 바라보는가에 관한 것이고, 그 기술이 가진 가능성에 대한 우리의 시각을 어떻게 바꿀 것인가에 관한 것이다. 이는 감각적이고, 현상적이며, 심지어 협력적인 것들이 '이미 그곳에 존재하는 것을 반영하는 것이 아닌, 무언가 새로운 것을 세계로 가져오는 예술적 작업'(O'Neill, 2012: 158)을 공유하는 데 일부가 됨을 의미한다. 오닐(O'Neill, 2012)은 '이 새로운 것은 단순히 실재하는 것이 아닌 구성적인 것이고, 이미 그곳에 있었지만 숨겨져 있었던 것을 드러나게 한다'고 서술했다. 예술 작품은 문화를 만들고, 각각의 작품에는 새로 다른 문화가 들어가게 된다(O'Neill, 2012).

인문지리학자는 새로운 방법론에 대한 실험과 비판적 성찰에 점차 과감해지고 있다(Shaw et al., 2015). 예술적 접근은 '사회과학과 인문학 연구에서 최근 경향 중 하나로 경험과 감각, 그리고 글로 표현할 수 없는 것을 알고, 그것을 나타내고, 기억하는 방법에 초점을 맞추며, 이러한 접근법의 발전은 민족지학에서의 지각에 관한 우려 및 텍스트 너머의 연구를 지향하는 흐름에 부합한다'(Hogan and Pink, 2012). 또한 이는 감각, 정동, 분위기, 물질, 관계를 연구하는 방법으로써 새로운 가능성을 연다. 그라세니(Grasseni, 2012: 98)는 '감각적 경관(sense-scape)은 민족지학적 표현이 갖는 힘에 관해 새로운 성찰을 요구한다'고 설명했다. 그러나 이 장에서 서술한 바와 같이, 감각적 경관을 기록하고 정확하게 나타낼 수 있을 것으로 생각한다면 잘못된 생각이다. 지리학자들이 다른 인문학자들

그림 38.4 잠수 카메라와 붐 장대를 사용해 실험하는 연구진의 모습

에게 전달할 수 있는 특별한 것은 재현을 통해 우리의 길을 파악할 수 있는 능력이며, 이러한 능력은 아마도 식민주의의 잔재로 격하된 과거의 시각적 지리학과의 복잡한 관계에서 도출된 부산물일 것이다. 비디오, 오디오와 첨단 기술을 활용한 새로운 연구는 과거를 잊지 않고, 현재 무엇이 가능한지에 대해 재해석할 수 있는 우리의 능력에 달려 있다.

| 요약

지리학에서 시청각 방법론의 활용은 역사가 오래되었으며, 이에 대한 우려도 존재한다.

• 멀티미디어 방법을 사용한 많은 초기의 연구들은 시청각 자료를 단순히 관찰의 도구로 사용하는 경향이 있었기 때문에 문제가 발생했다.
• 시청각 방법론은 단순한 기법으로서가 아니라 그것이 지닌 창의성과 재현을 넘어선 능력으로 지리학계에서 새롭게 조명을 받고 있다.
• 이러한 새로운 방법론은 배포와 공유를 위한 새로운 플랫폼을 필요로 한다.

심화 읽기/듣기/보기 자료

아래의 읽기/듣기/보기 목록은 지리학 연구방법론으로 오디오와 비디오를 어떻게 사용할 것인지가 아닌, 왜 그것을 사용해야 하는지에 초점을 맞추고 있다.

• 지리학에는 연구방법론으로 비디오를 설명하는 문헌이나 서적이 많지 않다. 그렇지만 핑크(Pink, 2007)가 저술한 *Doing Visual Ethnography: Images, Media and Representation in Research*는 매우 좋은 참고 자료가 될 수 있다. 나는 2010년 *Progress in Human Geography*에 게재한 논문에서 핑크의 연구, 보다 넓게는 비디오 그래픽 방법론을 사용했다. 또한 버스킹 영상의 분석에 관한 실증적 사례연구인 심프슨(Simpson, 2011)의 연구와 동영상 방법론의 이론적 측면을 다룬 로리머(Lorimer, 2010)의 연구도 추천할 만하다.

- 만약 학술 연구의 결과를 시청각 형태로 출판하는 데 관심이 있다면, 지리학 전문 학술지인 *Geography Compass*에 게재된 에번스와 존스(Evans and Jones, 2008), 바흐(Bauch, 2010), 개릿(Garrett, 2010b) 등을 읽어 볼 것을 권한다.
- 음파 또는 음향 지리학(sonic or sonorous geography)에 관해 다루는 핵심 문헌으로는 잉엄 외(Ingham et al., 1999), 매틀리스(Matless, 2010), 갤러거와 프라이어(Gallagher and Prior, 2013)가 있다.
- 듣기와 말하기의 정치학에 관심이 있다면, 이론적이고 창조적 혁신성으로 지난 2013년 *Progress in Human Geography* 에세이상을 수상한 칸지제르(Kanngieser, 2011)를 읽어 보면 좋을 것이다.
- 마지막으로 예술적, 창조적, 실험적 지리학 전반에 관해 보다 일반적인 내용을 알고 싶다면, 이를 간략히 요약 정리한 톰프슨 외(Thompson et al., 2008)의 연구나 보다 자세한 정리가 담긴 호킨스(Hawkins, 2013)를 확인하면 된다.

* 심화 읽기자료에 대한 상세 정보는 아래 참고문헌에서 확인할 수 있음.

참고문헌

Anderson, B. (2004) 'Recorded music and practices of remembering.' *Social and Cultural Geography* 5 (1): 3-20.

Barbash, I. and Taylor, L. (1997) *Cross Cultural Filmmaking: A Handbook for Making Documentaries and Ethnographic Films and Video.* Berkeley, CA: University of California Press.

Bauch, N. (2010) 'The academic geography video genre: A methodological examination.' *Geography Compass* 4 (5): 475-84.

Clark, A. (2012) 'Visual Ethics in a Contemporary Landscape', in S. Pink (ed.) *Advances in Visual Methodology.* London: Sage. pp.17-36.

Coover, R., Badani, P., Caviezel, F., Marino, M., Sawhney, N. and Uricchio, W. (2012) 'Digital Technologies, Visual Research and the Non-Fiction Image', in S. Pink (ed.) *Advances in Visual Methodology.* London: Sage: 191-208.

Crang, M. (2003) 'Qualitative methods: Touchy, feely, look-see?.' *Progress in Human Geography* 27(4): 494-504.

Crang, M. (2005) 'Qualitative methods: There is nothing outside the text?.' *Progress in Human Geography,* 29 (2): 225-33.

Daniels, S. and Veale, L. (2012) Imagining Change: Coastal Conversations, Landscape and Environment Programme, University of Nottingham. http://www.landscape.ac.uk/landscape/impactfellowship/imagining-change/planetunderpressure.aspx (accessed 4 December 2015).

Daniels, S. and Veale, L. (2014) 'Imagining change: Coastal conversations.' *Cultural Geographies* (21): 3.

Dewsbury, J.D. (2009) 'Performative, Non-representational and Affect-based Research: Seven injunctions', in D. Delyser, S. Atkin, M. Crang, S. Herber and L. McDowell (eds) *The SAGE Handbook of Qualitative Research in Human Geography.* London: Sage. pp.321-34.

Enigbokan, A. and M. Patchett (2012) 'Speaking with specters: Experimental geographies in practice.' *Cultural Geographies* 19(4): 535-46.

Evans, J. and P. Jones (2008) 'Towards Lefebvrian socio-nature? A film about rhythm, nature and science.' *Geography Compass* 2(3): 659-70. Film: https://www.youtube.com/watch?v=dQg86oSlVm4 (accessed 4 December 2015).

Fox, K. (2005) *Watching the English*. London: Hodder & Stoughton.

Gallagher, M. (2015) 'Working with Sound in Video: Producing an experimental documentary about school spaces', in C. Bates (ed.) *Video Methods: Social Science Research in Motion*. London: Routledge. pp.165-86.

Gallagher, M. and Prior, J. (2013) 'Sonic geographies: Exploring phonographic methods.' *Progress in Human Geography* 38 (2): 267-84.

Gandy, M. (2007) *Liquid City* [Film]. United Kingdom, University College London.

Gandy, M. (2009) 'Liquid city: reflections on making a film.' *Cultural Geographies* 16: 403-08.

Garrett, B.L. (2010a) 'Urban explorers: Quests for myth, mystery and meaning.' *Geography Compass* 4(10): 1448-61. Film on https://vimeo.com/5366045 (accessed 4 December 2015).

Garrett, B.L. (2010b) 'Videographic geographies: Using digital video for geographic research.' *Progress in Human Geography* 35(4): 521-41.

Garrett, B. and Brickell, K. (2014) 'Participatory politics of partnership: Video workshops on domestic violence in Cambodia.' *Area* 47 (3): 230-6.

Garrett, B.L. and Hawkins, H. (2014) 'Creative video ethnographies: Video methodologies of urban exploration.' *Video Methods: Social Science Research in Motion*. Edited by C. Bates. London: Routledge. pp.142-64.

Garrett, B.L., Rosa, B. and Prior, J. (2011) 'Jute: Excavating material and symbolic surfaces.' *Liminalities: A Journal of Performance Studies* 7 (2): 1-4.

Gold, J.R. (2002) 'The real thing? Contesting the myth of documentary realism through classroom analysis of films on planning and reconstruction'. *Engaging Film: Geographies of Mobility and Identity*. Lanham, MD: Rowman and Littlefield. pp.209-25.

Grasseni, C. (2012) 'Community Mapping as Auto-Ethno-Cartography', in S. Pink (ed.) *Advances in Visual Methodology*. London: Sage. pp.97-112.

Haraway, D. (1991) 'Situated Knowledges: The Science Question in Feminism and the Privilege of Partial Perspective', in D. Haraway (ed.) *Simians, Cyborgs, and Women*. New York: Routledge. pp.183-202.

Haraway, D. (2007) *When Species Meet*. Minnesota: University Of Minnesota Press.

Hawkins, H. (2013) *For Creative Geographies: Geography, Visual Arts and the Making of Worlds*. London: Routledge.

Hearnshaw, H.M. and Unwin, D.J. (eds) (1996) *Visualization in Geographical Information Systems*. London: Wiley-Blackwell.

Hogan, S. and Pink, S. (2012) 'Visualising interior worlds: Interdisciplinary routes to knowing', in S. Pink (ed.) *Advances in Visual Methodology*. London: Sage. pp.230-47.

Hoover, K.C. (2010) "The Geography of Smell: The international journal for Geographic Information and Geovisualization",' *Cartographica* 44(4): 237-9.

Ihde, D. (2001) *Bodies in Technology*. Minnesota: University of Minnesota Press.

Ingham, J., Purvis, M. and Clarke, D. (1999) 'Hearing place, making spaces: Sonorous geographies, ephemeral rythms, and the Blackburn warehouse parties'. *Environment and Planning D: Society and Space* 17: 283-305.

Ingold, T. (2007) 'Against Soundscape', in A. Carlyle (ed.) *Autumn Leaves*. Paris: Double Entendre. pp.10-13.

Kanngieser, A. (2011) 'A sonic geography of voice: Towards an affective politics.' *Progress in Human Geography* 36(3): 336-53.

Kindon, S. (2003) 'Participatory video in geographic research: A feminist practice of looking?.' *Area* 35 (2): 142-53.

Kindon, S., Pain, R. and Kesby, M. (2008) 'Participatory action research'. *International Encyclopedia of Human Geography*. London: Elsevier: 90-95.

Last, A. (2012) 'Experimental geographies.' *Experimental Geographies* 6 (12): 706-24.

Laurier, E. and Philo, C. (2006) 'Natural problems of naturalistic video data', in H. Knoblauch, J. Raab, H. G. Soeffner and B. Schnettler (eds) *Video-analysis Methodology and Methods: Qualitative Audiovisual Data Analysis in Sociology*. Oxford: Peter Lang. pp.183-92.

Laurier, E. and C. Philo (2006) 'Possible Geographies: A passing encounter in a cafe.' *Area* 38(4): 353-63.

Lorimer, H. (2005) 'Cultural geography: The busyness of being 'more-than-representational.' *Progress in Human Geography* 29 (1): 83-94.

Lorimer, J. (2010) 'Moving image methodologies for more-than-human geographies.' *Cultural Geographies* 17(2): 237-258.

Macpherson, H. (2005) 'Landscape's Ocular-centrism -and Beyond?', in B. Tress, G. Tress, G. Fry and P. Opdam (eds) *From Landscape Research to Landscape Planning: Aspects of Integration, Education and Application* (Wageningen UR Frontis Series*)*. New York: Springer: pp.95-104.

Matless, D. (2010) 'Sonic geography in a nature region.' *Social and Cultural Geography* 6(5): 745-66.

Meho, L.I. (2007) 'The rise and rise of citation analysis.' *Physics World* 20 (1): 32-6.

Merchant, S. (2011) 'The body and the senses: Visual methods, videography and the submarine sensorium.' *Body & Society* 17: 53-72.

O'Neill, M. (2012) 'Ethno-Mimesis and Participatory Arts', in S. Pink (ed.) *Advances in Visual Methodology*. London, Sage. pp.153-72.

Paglen, T. (2009) 'Experimental geography: From cultural production to the production of space', The Brooklyn Rail: critical perspectives on arts, politics, and culture. http://www.brooklynrail.org/2009/03/express/experimentalgeography-from-cultural-production-to-the-production-of-space (accessed 4 December 2015).

Parr, H. (2007) "Collaborative film-making as process, method and text in mental health research.' *Cultural Geographies* 14: 114-38.

Paton, G. (2010) 'Children "more likely to own a mobile phone than a book"', *The Telegraph*. London: Telegraph Media Group Limited (26 May). http://www.telegraph.co.uk/education/educationnews/7763811/Children-more-likely-toown-a-mobile-phone-than-a-book.html (accessed 4 December 2015).

Pearson, M., Hardy, J. and Fowler, H. (2007) 'Carrlands: Mediated manifestations of site-specific performance in the Ancholme valley, North Lincolnshire'. University of Aberystwyth, Department of Theatre, Film & Television Studies. Available from http://www.carrlands.org.uk/images/carrlands.pdf (accessed 4 December 2015).

Pink, S. (2007) *Doing Visual Ethnography: Images, Media and Representation in Research*. Manchester: Manchester University Press in association with the Granada Centre for Visual Anthropology.

Pink, S. (2012) 'Advances in Visual Methodology: An Introduction', in S. Pink (ed.) *Advances in Visual Methodology*. London: Sage. pp.3-16.

Ranciere, J. (2011) *The Emancipated Spectator*. London: Verso.

Rodaway, P. (1994) *Sensuous Geographies: Body, Sense and Place*. London: Routledge.

Rogoff, I. (2000) *Terra Infirma: Geography's Visual Culture*. London: Routledge.

Rose, G. (2016) *Visual Methodologies: An Introduction to Researching with Visual Materials* (4th edition). London: Sage.

Ryan, J.R. (1997) *Picturing Empire: Photography and the Visualization of the British Empire*. Chicago, IL: University of Chicago Press.

Schafer, R.M. (1977) *The Tuning of the World*. New York: Knopf.

Shaw, W., DeLyser, D. and Crang, M. (2015) 'Limited by imagination alone: research methods in cultural geographies.' *Cultural Geographies* 22 (2): 211-15.

SilentUK, Sub-Urban and Place-Hacking (2010) 'Crack the Surface I', https://vimeo.com/26200018 (accessed 4 December).

Simpson, P. (2011) '"So, as you can see…": some reflections on the utility of video methodologies in the study of embodied practices.' *Area* 43(3): 343-52.

Thompson, N., Kastner, J. and Paglen, T. (2008) *Experimental Geography: Radical Approaches to Landscape, Cartography and Urbanism*. New York: Melville House and Independent Curators International.

Thrift, N. (2011) 'Lifeworld Inc -and what to do about it.' *Environment and Planning D: Society and Space* 29 (1): 5-26.

Whatmore, S. (2009) 'Mapping knowledge controversies: Science, democracy and the redistribution of expertise.' *Progress in Human Geography* 33(5): 587-98.

Whatmore, S., Lane, S. and Ward, N. (2009) 'Understanding Environmental Knowledge Controversies', http://knowledgecontroversies. ouce.ox.ac.uk/project (accessed 4 December 2015).

Whatmore, S., Lane, S. and Ward, N. (2011) 'Understanding Environmental Knowledge Controversies', http://knowledgecontroversies. ouce.ox.ac.uk (accessed 4 December 2015).

White, S.A. (2003) *Participatory Video: Images That Transform and Empower*. London: Sage.

공식 웹사이트

이 책의 공식 웹사이트(study.sagepub.com/keymethods3e)에서 이 장과 관련한 비디오, 실습, 자료 및 링크들을 확인할 수 있으며, 부가적으로 다음 논문들도 무료로 이용할 수 있음.

1. Garrett, B. (2011) 'Videographic geographies: Using digital video for geographic research', *Progress in Human Geography*, 35 (4): 521-41.
– 이 논문은 지리학자들이 영화와 비디오를 활용한 방식이 시간이 지남에 따라 어떻게 변화했는지 살펴보고, 비디오

그래픽 제작이 지리학 연구, 특히 비재현이론의 맥락에서 연구를 어떻게 더 풍부하게 했는지 기술한다.

2. Gallagher, M. and Prior, J. (2013) 'Sonic geographies: Exploring phonographic methods', *Progress in Human Geography*, 38 (2): 267-84.
– 이 논문은 녹음하고 들은 것을 글로 다시 나타내고자 하는 지리학자들이 사용하는 음운법의 인식론적 의미에 관해 매우 훌륭한 요약 설명을 제시한다.

3. Dowling, R., Lloyd, K. and Suchet-Pearson, S. (2015) 'Qualitative methods 1: Enriching the interview', *Progress in Human Geography*, 39. http://doi.org/10.1177/0309132515596880
– 이 글은 인터뷰를 위한 정성적 방법론이 기술과 이동 수단의 발전으로 어떻게 변화하는지를 설명한다. 자전적 민족지학, 텍스트 너머의 방법론과 사회적 삶의 추구에 관한 논의는 매우 지적이며 유용하다.

찾아보기

앨런 레이섬(Alan Latham)은 유니버시티 칼리지 런던 대학교(University College London) 지리학과 조교수이다. 뉴질랜드 매시 대학교(Massey University)에서 학사 학위를 받고 영국 브리스틀 대학교(University of Bristol)에서 박사 학위를 받았다. 사회성 및 도시의 삶, 세계화, 도시의 문화 경제 등에 관심을 두고 있는 도시지리학자이다. *Key Concepts in Urban Geography*(Sage, 2009)를 공동 편집했다.

앨런 마셜(Alan Marshall)은 세인트앤드루스 대학교(University of St. Andrews)의 인문지리학 교수이다. 연구 관심사는 건강의 사회적·공간적 불평등을 이해하고 기술하는 데 있다. 특히 삶의 전반에 걸쳐, 그중에서도 인생 후반부에 개인의 특성과 상황적 요인(국가부터 근린까지)이 어떻게 상호작용하면서 건강에 영향을 미치는지를 탐구하고 있다.

에이트 푸르투이스(Ate Poorthuis)는 싱가포르 기술디자인 대학교(Singapore University of Technology and Design)의 인문, 예술, 사회과학 조교수이다. 그의 연구 초점은 빅데이터 분석과 시각화의 가능성과 한계를 살펴보고, 이를 토대로 도시가 어떻게 작동하는지를 보다 잘 이해하는 데 있다. 수십 억 개의 지리정보를 가진 소셜미디어 정보공유저장소(repository)인 DOLLY 프로젝트에서 기술 부문의 책임자로 사회과학 안에서 빅데이터 이용의 난점을 해결하고자 매진하고 있다.

벤 앤더슨(Ben Anderson)은 2004년 셰필드 대학교(University of Sheffield)에서 박사 학위를 받은 이후부터 더럼 대학교(University of Durham) 인문지리학 분야의 교수로 재임하고 있다. 문화적·정치적 삶에서 정동의 중요성을 연구하고 있으며, 초창기의 연구는 따분함과 희망의 공간을 중심으로 이루어졌다. 연구의 요점은 2014년 발간된 그의 저서 *Encountering Affect: Capacities, Apparatuses, Conditions*에서 파악할 수 있다. 지난 5년 동안 연구의 주안점을 바꿔 정동 기반의 연구를 통해 권력의 지리를 이해하고자 노력했다. 현재 Philip Leverhulme Prize의 지원을 받으며 긴급 사태를 통치하는 새로운 방식의 출현, 권력과 권한의 작용에 있어 함의에 주목하는 연구를 수행하고 있다. @BenAndersonGeog란 계정으로 트위터에서 활발하게 활동하는 학자이기도 하다.

벤저민 휴먼(Benjamin W. Heumann)은 미국 센트럴 미시간 대학교(Central Michigan University) 지리정보시스템 연구소의 책임자이며, 오대호 연구소의 연구원이기도 하다. 로렌시아 오대호 지역의 생물 다양성을 식생 조사와 GIS, 원격탐사, 통계 분석, 시뮬레이션 모델링 등을 사용해 지도화 및 정량화하는 데 관심을 두고 있다.

브래들리 개릿(Bradley L. Garrett)은 사우샘프턴 대학교(University of Southampton)의 인문지리학 전공 조교수이다. 주요 연구 주제는 문화유산과 장소, 도시성, 폐허와 폐기물, 민족지, 공간 정치이며, 전복적이고 창의적인(주로 시청각) 연구 방법을 중심으로 한다. 영국 옥스퍼드 대학교(University of Oxford) 지리 및 환경학부 방문연구교수직을 겸하고 있으며, 다수의 저서를 출간했다. 대표적으로 *Explore Everything: Place Hacking* the City(2013), *Subterranean London: Cracking the Capital*(2014), *Global Undergrounds: Exploring Cities Within*(2016), *London Rising: Illicit Photos from the City's Heights*(2016) 등이 있다.

캐시 휘틀록(Cathy Whitlock)은 미국 몬태나 주립대학교(Montana State University) 지구과학과 교수로 몬태나생태계연구소(Montana Institute on Ecosystems) 소장을 맡고 있다. 주요 연구 주제는 장기적 환경/기후 변화로 지금까지 150여 개 논문을 발표했다. 온대 지역, 특히 미국 서부의 과거 식생/산불/기후 변화를 복원하는 연구를 수행해 왔다. 또한 자연 자원의 관리를 위한 의사결정 과정에서 고환경 과학을 적극적으로 활용하고 있다.

크리스 퍼킨스(Chris Perkins)는 맨체스터 대학교(Univesity of Manchester) 환경교육 및 개발학부의 지리학 전공 교수이다. 2007년부터 2015년까지 국제지도학회 지도와 사회 분과에서 분과장(Chair of the commission)을 맡았다. 지금까지 지도학과 관련한 7권의 전문서와 많은 학술 논문을 출간하였으며 현재 유럽연구위원회(ERC) 연구 프로젝트인 Charting the Digital Project에서 '지도의 사회적인 삶(social lives of mapping)' 부분을 연구하고 있다.

에릭 델멜레(Eric Delmelle)는 미국 노스캐롤라이나 주립대학교(University of North Carolina) 지리학/지구과학과에서 부교수로 재직 중이다. 주요 강의와 연구는 GIS 알고리즘, 공간 분석 및 모델링, 공간 최적화, 지리적 시각화, 지리통계학 등이다. 카나로글루(Kanaroglou), 파에즈(Paez), 애쉬게이트(Ashgate) 등과 함께 2015년에 *Spatial Analysis in Health Geography*를 저술했다.

에릭 로리어(Eric Laurier)는 에든버러 대학교(University of Edinburgh) 지리학 및 상호작용 전공 부교수이다. 카페나 도시의 삶에 있어 장소에 관한 연구, 자동차와 거주 문제, 비디오 편집을 위한 직장에서의 역량, 문서와 디지털 지도로 길찾기, 개인 간 관계의 유지와 변형 등에 대한 프로젝트를 수행해 왔다. 예술이나 과학, 사회과학 분야의 보다 난해한 방법론들과 함께 일상 생활과 직장에서 공유하는 방법들과 같은 구성원 방법론(members' method)도 지속적인 연구 관심사이다.

피오나 스미스(Fiona M. Smith)는 던디 대학교(University of Dundee)의 인문지리학 전공 조교수이다. 주요 연구 분야는 독일의 현대 정치, 문화지리와 영국의 자원봉사 지리이다. 또한 언어와 비교문화 연구에도 관심이 있다. 이와 관련한 여러 논문을 발표했고, 니나 로리(Nina Laurie), 클레어 드와이어(Claire Dwyer), 세라 홀러웨이(Sarah Holloway)와 함께 *Geographies of New Femininities*(1999)를 저술했다.

조지 말란슨(George P. Malanson)은 미국 아이오와 대학교(University of Iowa) 지리 및 지속가능성 과학과의 Coleman-Miller 교수로 재직했다. 또한 미국 과학재단의 개체군 및 군집생태학 분과의 프로그램 책임자로 근무하기도 했다. 주요 연구 관심사는 고산지대 툰드라 식생과 수목한계선이 기후 변화에 반응하는 양상이며, 야외조사를 통해 식생 자료를 구득하고 컴퓨터 시뮬레이션과 통계 분석을 사용해 연구를 진행한다.

헬렌 워킹턴(Helen Walkington)은 옥스퍼드 브룩스 대학교(Oxford Brookes University) 지리학과 부교수이다. 더럼 대학교(Durham University)에서 학사를 마치고 레딩 대학교(University of Reading)에서 토양학으로 석사 학위를, 지리교육 전공으로 박사 학위를 받았다. 고고학적 맥락에서 퇴적과 토양에 대해 전문적으로 연구하고 있으며, 연구기반 학습을 통해 학생들의 학습 경험을 강화하기 위한 대학, 국가, 국제적 차원의 계획들을 추진하고 있다. 국내 학부생 연구 학술지인 *GEOverse*의 편집장이며, *Journal of Geography in Higher Education*의 편집위원, International Network for Learning and Teaching in Higher Education의 공동 의장을 맡고 있다.

힐다 쿠르츠(Hilda Kurtz)는 미국 조지아 대학교(University of Georgia)의 지리학 교수이다. 소외된 사회구성원들에 의한 정치적 실천의 지리적 측면을 미국 도시에서 나타나는 환경 정의, 음식 정의 및 주권, 인종화와 연결해 연구하고 있다.

이언 헤이(Iain Hay)는 오스트레일리아 플린더스 대학교(Flinders University) 지리학과의 Matthew Flinders 석좌 교수이다. 오스트레일리아 지리학회(Institute of Australian Geographers) 회장과 세계지리학회(International Geographical Union)의 부회장을 역임했다. 그의 연구 주제는 지배와 압제의 지리로 *Qualitative Research Methods in Human Geography*(4판, Oxford, 2016)와 *Handbook on Wealth and the Super-Rich*(Elgar, 2016)를 포함한 10권의 저자이자 편저자이며, *Applied Geography*, *Ethics*, *Place and Environment*, *Social and Cultural Geography* 등의 학술지 편집을 했다. 2006년에는 올해의 교사상(Australian University Teacher of the Year)으로 오스트레일리아 총리상을 수상했고, 2014년에는 영국 사회과학원(Academy of Social Sciences) 회원이 되었다.

제임스 밀링턴(James D. A. Millington)은 킹스 칼리지 런던 대학교(King's College London)의 자연지리학 및 계량지리학 전공 조교수이다. 공간 생태 및 사회 경제 형성 과정과 상호작용을 조사하기 위한 맞춤형 모델링 도구를 개발하는 데 전문성을 갖춘 광범위하게 훈련된 지리학자이자 경관생태학자이다. 산불과 같은 자연재해에 중점을 두고 북아메리카와 유럽의 다기능 산림 및 농업 경관에서 식생 천이와 교란 동역학과 인간의 의사 결정에 관심을 두고 있다. 그는 또한 다양한 인식론적 역할 모형 및 모델링이 지리적 이해를 증진하는 데 이바지할 수 있는 것에 관심이 있다. 그는 영국 왕립지리학회(Royal Geographical Society)의 회원이자 국제경관생태학회(International Association of Landscape Ecology)의 오랜 회원이다.

제니퍼 힐(Jennifer Hill)은 브리스틀의 웨스트잉글랜드 대학교(University of the West of England) 지리학 교수-학습 전공 부교수이다. 옥스퍼드 대학교(University of Oxford)에서 학사를 마치고, 열대 지역 수종 다양성에 대한 산림 세분화의 효과 연구로 스완지 대학교(Swansea University)에서 박사 학위를 받았다. 가나, 페루, 오스트레일리아의 열대 우림과 튀니지의 사막, 노르웨이 빙하 포어랜드(foreland)에서 현장 조사를 수행했다. 교육학에 관한 연구는 참여 교육에 초점을 맞추고 있으며, 특히 교수-학습의 활발한 통합을 통해 학생들의 자율권을 보다 강화하는 데 관심을 두고 있다. 그녀는 *Journal of Geography in Higher Education*의 편집위원이다.

조앤나 불러드(Joanna Bullard)는 러프버러 대학교(Loughborough University) 풍성 지형학 전공 교수이다. 에든버러 대학교(Edinburgh University)에서 학사 학위를 마치고 셰필드 대학교(University of Sheffield)에서 사구 지형학, 식생, 기후 사이의 관계를 연구해 박사 학위를 받았다. 빙하에서부터 열대 우림, 다양한 해안선, 모래 및 암석 사막 등 세계 곳곳을 답사하고 있다. 현재 영국지형학회(British Society for Geomorphology)와 세계풍성 연구학회(International Society for Aeolian Research)의 회장이다. 또한 러프버러 대학교의 학생부학장이자 고등교육원(Higher Education Academy)의 수석연구원이다.

로라 슈탈러(Laura N. Stahle)는 미국 몬태나 주립대학교((Montana State University)에서 고생태학을 연구하는 박사 과정 학생이다. 오스트레일리아의 홀로세 환경 변화를 추동했던 기후 요소와 인간 간의 관계를 파악하는 연구를 수행 중이다.

리즈 로버츠(Liz Roberts)는 문화지리학자로 현재 웨스트잉글랜드 대학교(University of the West of England)에서 디지털 스토리텔링과 물 희소성에 대한 RCUK 프로젝트(www.dryproject.co.uk)에 참여하고 있다. 엑서터 대학교(University of Exeter)에서 AHRC에서 지원을 받은 프로젝트 'Spectral Geographies of the Visual'를 수행하면서 박사 학위를 받았다. 현재 시각 이미지와 시각 기법, 묘사와 시각의 상호작용, 비재현 이론, 문화 이론, 그리고 지리학에서 시각과의 철학적·정치적 관계에 대해 연구하고 있다.

리즈 테일러(Liz Taylor)는 케임브리지 대학교(University of Cambridge)에서 교육학 전공 부교수로서, 주요 연구 분야는 장소와 공간에 대한 청년 세대의 재현과 경험, 지리교육, 아동 문학에서의 장소와 공간 이해에 관한 지리학적 연구이다.

마커스 돌(Marcus A. Doel)은 스완지 대학교(Swansea University)의 인문지리학 교수로서 연구 및 혁신 부학장의 역할도 맡고 있다. 브리스틀 대학교의 학부 과정을 통해 지리학에 입문했고, 같은 학교에서 박사 학위도 마쳤다. 영국 왕립지리학회(Royal Geographical Society)와 미국지리학회(Association of American Geographers)의 회원으로 활동하고 있다. 후기 구조주의 공간이론을 바탕으로 그래픽 소설과 영화, 모더니티와 포스트모더니티, 소비문화, 위험 사회에 대한 연구에 관심을 두고 있다. *Moving Pictures/Stopping Places: Hotels and Motels on Films*, *Jean Baudrillard: Fatal Theories*을 최근에 출간했고, 현재 폭력의 지리에 대한 연구를 수행하고 있다.

마크 그레이엄(Mark Graham)은 옥스퍼드 대학교(University of Oxford)의 옥스퍼드 인터넷 연구소(Oxford Internet Institute) 부교수 겸 선임연구원이다. 지리학, 언론정보학, 도시연구 분야의 주요 학술지들에 논문을 출간했으며, 주요 연구 결과는 수십 개국의 언론에서 다루어졌다. 2014년에 European Research Council Starting Grant를 받아 5년의 기간 동안 사하라 이남 아프리카에서의 '지식경제' 연구단의 연구책임자를 담당했다. 이 연구는 아프리카 전역에 걸쳐 정보생산, 낮은 수준[가상노동(virtual labour) 및 소액의 단순·단기 위탁 작업(microwork)] 지식 업무, 고급(혁신 중심지 및 맞춤형 정보 서비스) 지식 업무의 공간적 분포를 탐구하게 된다.

마틴 우스터(Martin J. Wooster)는 킹스 칼리지 런던 대학교(King's College London)의 지구 관측 과학 교수이자 NCEO(NERC National Center for Earth Observation)의 부장이다. 연구 관심 분야는 위성 지구 관측, 원격 탐사, 적외선 분광법이며, 그의 많은 연구 과제는 지구상의 화재와 이것이 지구 대기의 화학적 조성에 미치는 영향을 정량화하고 이해하기 위한 기술을 사용하고 있다. 그의 연구팀은 유럽 위성으로부터 2개의 위성 기반 화재 모니터링 자료의 구축을 책임지고 있다. 학술 활동 이전에는 영국 국제개발부(DFID)에서 개발도상국의 환경 모니터링에 위성 원격 탐사를 적용하는 작업을 수행했으며, 영국 왕립지리학회(Royal Geographical Society)의 Cuthbert Peak Award, 런던 개발청의 NERC Environmental Science Knowledge Transfer Award, 영국-일본 과학상의 Daiwa-Adrian Award를 수상했다.

매슈 윌슨(Matthew W. Wilson)은 미국 켄터키 대학교(University of Kentucky) 지리학 부교수이다. 그는 정보기술과 도시 간 관계에 관심을 두고 있으며, 주요 연구 주제는 지리정보과학과 비판지리학의 연결이며, 현재 관심 주제는 소비자 휴대 장치용 위치기반매체(locative media)의 확산이다. 롭 키친(Rob Kitchin), 트레이시 라우리

올트(Tracey Lauriault)와 함께 *Understanding Spatial Media*(Sage, 2016)의 공동 저자이다.

매슈 죽(Matthew Zook)은 미국 켄터키 대학교(University of Kentucky) 지리학과 교수이며, GIS 이니셔티브(GIS Initiative)의 소장이자 수십 억 개의 지리정보를 가진 소셜 미디어 정보공유저장소인 DOLLY 프로젝트의 연구책임자이다. 그의 연구는 기술과 혁신의 공간성, 그중에서도 특히 이것이 경제의 조직과 상호작용하는 방식에 관심을 두고 있다. 그 외 다른 연구는 일상생활, 삶의 지리적 공간 구축에 있어 이용자 생성 데이터와 규범, 공간, 장소 간 상호작용에 초점을 두고 있다.

메건 코프(Meghan Cope)는 미국 버몬트 대학교(University of Vermont) 지리학과 교수이다. 그녀의 연구 관심사는 청소년 지리, 도시사회 문제, 질적 연구 방법에 있으며, 어린이들의 버펄로 도시 내부 공간 개념화나 버몬트의 10대들의 독립적인 이동성에 대한 참여 연구 프로젝트, '미국 유년기 지도화'로 불리는 비판적 역사 지리와 관련한 새로운 형태의 프로젝트 등을 수행했다. 매우 다양한 인문지리학 학술지에 논문을 게재했으며, 세라 엘우드(Sarah Elwood)와 함께 *Qualitative GIS: A Mixed-Methods Approach*(Sage, 2009)의 공동 편저자이다.

믹 힐리(Mick Healey)는 2010년까지 글로스터셔 대학교(University of Gloucestershire) 지리학과 교수였고, 지금은 고등교육 자문가이자 연구원이다. 여러 가지 직위를 가지고 있는데 글로스터셔 대학교 명예교수, 유니버시티 칼리지 런던대학교(University College London) 방문교수, 맥매스터 대학교(McMaster University) 연구기반 학습 분야 훔볼트 석좌연구원, 오스트레일리아 매쿼리 대학교(Macquarie University) 겸임교수, 아일랜드 코크 대학교(University College Cork)의 국제 강의교수이다. *Journal of Geography in Higher Education*의 국제 편집자문단에 있으며 2000년에는 첫 번째 영국 국립교원(National Teaching Fellowship) 중 한 명으로 선정되었다. 2004년에는 '대학의 교수-학습법 진흥에 대한 기여'로 영국 왕립지리학회(Royal Geographical Society)가 수여한 Taylor and Francis 상을 받았다. 또한 고등교육원(Higher Education Academy) 핵심회원(Principal Fellow)으로 처음 선정된 사람 중 한 명이었다.

마이크 크랭(Mike Crang)은 더럼 대학교(University of Durham) 지리학과의 교수이다. 새로운 미디어와 더불어 경관, 관광, 시간성, 기억, 폐기물 등과 관련된 이슈를 탐구한다. 새로운 미디어 분야에서는 *Virtual Geographies*의 편저자로 참여했고, 이후로는 도시경제, 거버넌스, 사회적 삶에서 ICT의 역할에 주목한다. 특히 디지털 미디어와 맞닿은 도시의 일상생활에 지대한 관심을 둔다.

모니카 스티븐스(Monica Stephens)는 미국 뉴욕 주립대학교 버펄로(SUNY Buffalo) 지리학과의 지리정보과학 전공 조교수이다. 2012년에 애리조나 대학교(University of Arizona)에서 박사 학위를 취득한 후 켄터키 대학교(University of Kentucky)에서 초빙학자로, 그리고 캘리포니아의 훔볼트 주립대학교(Humboldt State University)에서 조교수로 재직했다. 주요 연구 주제는 사회관계망분석 및 빅데이터를 GIS의 방법론과 결합하는 데 있다. 젠더, 인종, 경제적 지위에 따른 불평등을 추적하기 위해 소셜 미디어 및 이용자가 생성한 콘텐츠로부터 얻은 데이터를 이용한 방법론을 활용하고 평가하고 있다.

머나 브라이트바트(Myrna M. Breitbart)는 1977년부터 햄프셔 대학(Hampshire College)의 지리학 및 도시연구 교수이자 커뮤니티 활동 및 협력학습 네트워크(Community Engagement and Collaborative Learning Network)를 이끌고 있다. 주요 교육 및 연구 관심은 참여적 계획, 사회적 행동, 공동체 기반의 경제발전, 사회적 변화에서 건조환경의 역할 등이다. 이런 활동에서 특히 청년층에 지대한 관심을 두고 있다. 2013년 *Creative Economies in Post-Industrial Cities: Manufacturing a (different) Scene*을 출간했는데, 이는 유사한 주제의 다른 책들과는 달리 소규모 도시에 주목하는 서적이다. 공동체 기반의 학습과 참여행동연구는 그녀가 헌신을 쏟는 분야로, 특히 매사추세츠 서부를 기반으로 한 주거 및 공동체 개발 단체, 도시 청년 공동체 예술 기관 등과 긴밀한 협력 관계를 유지하고 있다.

나오미 티럴(Naomi Tyrrell)은 플리머스 대학교(Plymouth University)에서 인문지리학을 가르치고 있다. 주요 강의와 연구는 인구 지리의 여러 분야를 포괄하는데, 특히 가족의 이주와 아동의 지리적 인식에 관심이 많다. 최근 연구 프로젝트는 영국에서 이주민 아동의 경험, 유럽에서 이동과 가족의 삶, 그리고 아동의 이주 경험이 이후 이주에 미치는 영향 및 군인 가족의 이주 등에 관한 것이다.

닉 드레이크(Nick A. Drake)는 킹스 칼리지 런던 대학교(King's College London)의 지리학 교수이다. 연구 관심 분야는 건조 및 반건조 환경에서의 지형 및 지형 형성과정에 대한 원격 탐사, 지형 분석, 지화학적 분석이다. 지난 몇 년 동안 사하라 사막과 같은 건조 지역에 관심을 집중해 왔다. 65개의 단독 또는 공동 논문, 22개의 서적, 31개의 학회 발표 논문을 출간했으며 *Spatial Modelling of the Terrestrial Environment*(Wiley, 2004)의 공동 저자이다.

닉 클리퍼드(Nick Clifford)는 킹스 칼리지 런던 대학교(King's College London) 자연지리학 전공 교수이며, 2016년 7월부터는 러프버러 대학교(Loughborough University)의 사회, 정치, 지리과학대학의 학장을 맡고 있다. 케임브리지 대학교(University of Cambridge)에서 학사 학위와 박사 학위를 받았다. 주요 연구 관심사는 하천 지형학, 지리 사상과 방법론 역사이다. *River Research and Applications* 학술지의 편집위원이며, 영국 지리협회(Geographical Association)의 대표 학술지인 *Geography*의 공동편집회원이고, *Progress in Physical Geography*의 운영편집장이다. *Turbulence: Perspectives on Flow and Sediment Transport*(with J.R. French and J. Hardisty; John Wiley, 1993), *Incredible Earth*(DK Books, 1996)와 같은 다양한 저서들을 출간했고, 하천 형성 및 과정, 지리학 역사와 철학을 가르치고 있다.

나이절 월퍼드(Nigel Walford)는 킹스턴 대학교(Kingston University)의 응용 GIS 교수이며, 자연 및 건조환경학부 산학협력단장을 맡고 있다. 주요 연구 및 교육 관심사는 지리공간 데이터, 특히 지리인구통계, 고령화, 역도시화, 농업 및 환경계획 분야이다. 지난 30여 년간 여러 편의 논문과 저서, 학술대회 논문요약집, 컴퓨터 기반의 강의 자료 등을 집필했으며, 최근에는 *Practical Statistics for Geographers and Earth Scientists*(2011)를 출간했다.

피터 글레이브스(Peter Glaves)는 뉴캐슬 노섬브리아 대학교(University of Northumbria)의 생태 및 환경 관리 전공의 부교수이다. 주요 관심 분야는 환경 관리 및 계획이며, 특히, 지속 가능한 해결을 성취하기 위한 생태계 서비스, 환경 평가 및 환경 감사의 실제 적용과 생태학 및 경제학 간의 접목이다.

피터 구스(Peter L. Guth)는 미국 해군 사관학교(US Naval Academy)의 해양학과에서 지질학, GIS, 및 연구 방법론을 가르친다. 주요 연구 관심 분야는 디지털 지형, 군사 지형 분석, 움직이는 지형 분석에서부터 더 작은 장치, 즉 1980년대에 시작된 개인용 컴퓨터, 그리고 이제는 태블릿 및 휴대전화에 이르기까지 경관을 측정하는 지형 계측학(Geomorphometry)에 중점을 두고 있다.

리처드 필드(Richard Field)는 노팅엄 대학교(University of Nottingham) 지리학과에서 생물지리학을 담당하는 부교수이다. 옥스퍼드 대학교(University of Oxford)에서 인문석사학위(MA)를 받았으며, 더럼 대학교(University of Durham)에서 자연석사학위(MSc), 임페리얼 칼리지 런던(Imperial College London)에서 박사 학위를 받았다. 주요 연구 주제는 범지구적, 그리고 국지적 식물의 다양성에 대한 연구, 대규모 생태학, 열도 생태지리학, 그리고 생태보존이다. 10회에 걸쳐 열대 및 아열대 지역에 탐사를 다녔으며, Operation Wallacea Trust의 관리자이며, *Global Ecology and Biogeography*와 *Frontiers of Biogeography* 학술지의 부편집장이다. 또한 영국 왕립지리학회(Royal Geographical Society), 고등교육원(Higher Education Academy) 회원이며, '국제 생물지리학(International Biogeography Society)의 총무를 맡고 있다. 대학에서는 생물지리, 정량분석, 환경관리 등의 과목을 가르치고 있다.

로빈 롱허스트(Robyn Longhurst)는 뉴질랜드 와이카토 대학교(University of Waikato)의 학술부총장보이자 교수이다. 주요 교육과 연구 분야는 '신체', 여성주의 지리학, 지식생산의 정치 그리고 질적 방법론이다. *Maternities: Gender, Bodies and Space*(Routledge, 2008)와 *Bodies: Exploring Fluid Boundaries* (Routledge, 2001)의 저자이며 *Space, Place and Sex: Geographies of Sexualities*(Rowman & Littlefield, 2010)와 *Pleasure Zones: Bodies, Cities, Spaces*(Syracuse University Press, 2001)의 공동 저자이다.

루스 크래그스(Ruth Craggs)는 킹스 칼리지 런던 대학교(King's College London)의 문화역사지리학 전공 조교수이다. 노팅엄 대학교(University of Nottingham)에서 학사, 석사 학위를 받았고, 전후 시기의 '현대' 영국 연방의 관계에 대한 연구로 동 대학원에서 박사 학위를 받았다. 이후 탈식민지화와 포스트식민주의 지정학의 문화에 대해 연구하고 있다. 현재는 영국의 전후 도시 재건에 대한 탈식민지화의 영향을 연구하고 있다. *The London Journal*과 *The Round Table: The Commonwealth Journal of International Affairs*의 편집위원으로 활동 중이다.

루스 힐리(Ruth L. Healey)는 체스터 대학교(University of Chester) 인문지리학 전공 부교수이다. 2009년 셰필드 대학교(University of Sheffield)에서 박사 학위를 받았다. 사회지리학자로 영국의 난민과 망명 신청자들에게 관심이 있으며, 교수-학습법에도 관심이 있다. *Journal of Geography in Higher Education*의 편집위원이며 고등교육원(Higher Education Academy)의 수석회원(Senior Fellow)이다.

사라 매클라퍼티(Sara L. McLafferty)는 미국 일리노이 대학교 어바나-샘페인(University of Illinois at Urbana-Champaign) 지리학과 교수이다. 공간분석기법과 GIS를 이용해 도시에서의 보건과 사회 이슈 그리고 여성의 사회 서비스와 고용 기회에 대한 접근성에 대한 연구를 하고 있다.

스콧 멘싱(Scott A. Mensing)은 미국 네바다 주립대학교(University of Nevada), 리노의 생물지리학자 및 고생태학자이다. 미국 대분지(Great Basin)와 캘리포니아 지역의 제4기 환경 변화를 복원해 왔다. 주요 연구 방법은 화분과 탄편 분석으로 학과 내 화분학 실험실을 갖고 있다. 나이테 분석과 사막숲쥐 두엄더미 분석에도 경험이 있다. 야외 조사를 즐기며 미국 서부 산간분지를 연구하는 데 열정적이다.

숀 프렌치(Shaun French)는 노팅엄 대학교(University of Nottingham) 경제지리 전공 부교수이다. 브리스틀 대학교(University of Bristol)에서 박사 학위를 받았고, 이후 빈곤 지역의 중소 규모 사업체의 금융 접근성에 대한 연구를 위해 잉글랜드 은행에 들어갔다. 금융 위험 기술, 금융 배제의 주체와 과정에 대해 오랫동안 관심을 두고 있었으며, 최근에는 장기 보험 부문(생명 보험, 건강 보험 및 연금)이나 사회적 책임 투자, 금융 센터에 관심을 두고 있다. 주요 연구는 산업 클러스터와 집적에 관한 보다 폭넓은 이론들과 관련되어 있으며, 직업, 전문직, 비즈니스 지식 커뮤니티 등과도 연관되어 있다. 특히 전자상거래와 비즈니스에서 점차 중요해지는 소프트웨어와 정보 커뮤니케이션, 예를 들어, 비즈니스 실천이 기술에 뿌리내리는 방식과 하드웨어와 소프트웨어가 새로운 경제적 실천과 관계를 생산하는 방식에 관심이 있다.

셸리 레이백(Shelly A. Rayback)은 미국 버몬트 대학교(University of Vermont)의 지리학 부교수이다. 다양한 시간적 및 공간적 규모에 따른 기후 및 기타 환경 변화에 대한 교목과 관목의 반응에 관심을 두고 있다. 또한 식물 성장과 번식에 대한 기후의 영향을 이해하고 기후를 재구성하기 위해, 극과 고산 지역의 왜성 관목과 북아메리카 동부의 교목을 대상으로 시계열 변화에 대한 연륜 연대 및 안정 동위원소 분석 기법을 사용한다.

시티 마지다 하지 모하맷(Siti Mazidah Haji Mohamad)은 브루나이 국립대학교(Universiti Brunei Darussalam) 인문사회대학에 소속된 지리학 강사이다. 더럼 대학교(University of Durham)에서 *Rooted Muslim Cosmopolitanism: An Ethnographic Study of Malay Malaysian Students' Cultivation and Performance of Cosmopolitanism on Facebook and Offline*이라는 제목의 논문으로 지리학 박사 학위를 받았다. 학위 논문에서는 온라인 및 오프라인 공간에서 코스모폴리터니즘 감수성을 육성하고 수행하는 데 있어 사회적 네트워크 공간으로서 페이스북, 그리고 오프라인의 사회적 상호작용과 경험의 역할을 분석했다. 현재 온라인의 맥락에서 여러 주제, 특히, 새로운 미디어 사용과 참여의 맥락에서 프라이버시, 종교 경관, 종교성의 수행에 관한 연구를 수행하고 있다.

스튜어트 바(Stewart Barr)는 엑스터 대학교(University of Exeter) 지리학과 교수이다. 1998년 엑스터 대학교 지리학과를 졸업 후, 같은 학과에서 「가정폐기물 분리수거 관련 활동 탐색」을 주제로 박사 학위 받았고, 이후 영국 경제사회연구위원회(ESRC) 연구프로젝트 지원을 받아 '가정에서의 환경 활동' 관련 주제로 2년 동안 박사후 연구를 수행했다. 2003년 엑스터 대학교 조교수를 시작으로 2008년과 2012년 부교수를 거쳐 2015년부터 정교수로 재직 중이다. 현재 엑스터 대학교 지리학과에서 환경과 지속가능성, 공간 책무성 연구 그룹을 이끌고 있고, 관련 연구 분야의 학부 강의를 담당하고 있다.

스튜어트 레인(Stuart N. Lane)은 스위스 로잔 대학교(Université de Lausanne)의 지형학 교수이자 지표면 동역학 연구소(Institute of Earth Surface Dynamics) 소장이다. 케임브리지 대학교(University of Cambridge)에서 학사, 케임브리지 및 런던 시티 대학교(City University, London)에서 박사 학위를 받았다. 지리 방법론과 역사에 폭넓은 관심을 두고 있으며, 모래와 자갈 하상 하천에서 형성 작용과 형태의 관계, 복잡 3차원 컴퓨터 코드를 이용한 하천 흐름의 측정 및 수치 시뮬레이션, 산지 지형학, 홍수 위험 및 확산 오염 모델링에 관한 주요 연구 과제를 수행하는 하천 지형학자이자 수문학자이다. 2011년 EGU Bagnold 메달과 2012년에 영국 왕립지리학회(Royal Geographical Society)의 Victoria 메달을 받았다.

테일러 셸턴(Taylor Shelton)은 미국 조지아 공과대학(Georgia Institute of Technology)의 도시혁신센터(Center for Urban Innovation) 박사후 연구원이다. 폭넓게 훈련된 인문지리학자로 도시의 과정을 이해하고 이에 관여하는 방법과 관련해 데이터가 새로 만들어 가는 여러 가지 방식들에 관심을 두고 있다. 특히 소셜 미디어 데이터를 지도화하기 위한 새로운 개념적·방법론적 접근을 개발하는 데 초점을 두고 있다. 켄터키 대학교(University of Kentucky)에서 학사와 석사 학위를, 클라크 대학교(Clark University) 지리학부 대학원에서 박사 학위를 취득했다.

토머스 스미스(Thomas Smith)는 킹스 칼리지 런던 대학교(King's College London)의 자연지리학 및 환경지리학 전공 조교수이다. 지구 시스템에서 산불의 역할에 관심이 많으며, 야외, 실험실, 컴퓨터 시뮬레이션 모델링 적용을 모두 포괄하고 있다. 오스트레일리아 북부의 사바나, 영국의 히스(heather) 황무지, 동남아시아의 열대 토탄 지역을 포함해, 열대 및 온대 생태계에서 연소되는 생물량으로부터 방출하는 온실 및 반응성 가스의 측정에 관심을 기울이고 있고, 야외와 실험실의 가스 연구를 위해 개방 경로 및 태양 추적 푸리에 변환 적외 분광법을 사용한다.

토머스 길레스피(Thomas W. Gillespie)는 미국 캘리포니아대학교 로스앤젤레스(University of California, Los Angeles) 지리학과 교수이다. 주요 연구 주제는 GIS와 원격 탐사 데이터를 사용해 종 풍부도와 동식물 희귀성에 대한 지역적 스케일의 패턴을 예측하는 데 있다.